아두이노를 활용한 PLC 통신

지멘스 S7-1200

한빛아카데미
Hanbit Academy, Inc.

지은이 **정완보** jwbrambo@naver.com

경남대학교 공과대학 전자공학과에서 학사와 석사 학위를 취득했으며, 현재 한국폴리텍Ⅱ대학 인천캠퍼스 메카트로닉스공학과 교수로 재직중이다. 주요 관심 분야는 PLC와 마이크로프로세서를 이용한 공장자동화이며, 주요 강의 과목은 PLC, 공유압, 마이크로프로세서 등이다.

주요 저서

- 『위치결정(모션)제어』 (2012년, 한국폴리텍대학)
- 『멜섹Q PLC IN/ OUT 프로그래밍 방법』 (2012년, 복두출판사)
- 『멜섹Q PLC 인버터, A/D, D/A, CC-Link 프로그래밍 방법』 (2012년, 복두출판사)
- 『멜섹Q PLC : PLC 이론과 실습(3판)』 (2015년, 복두출판사)
- 『실전에 강한 PLC』 (2015년, 한빛아카데미), 『지멘스 S7-300 PLC 이론과 실습(2판)』 (2015년, 복두출판사)
- 『기초부터 시작하는 PLC : 멜섹Q』 (2017년, 한빛아카데미)
- 『기초부터 시작하는 PLC : 지멘스 S7-1500』 (2018년, 한빛아카데미)
- 『실무로 완성하는 PLC : 멜섹Q』 (2020년, 한빛아카데미)
- 『기초부터 시작하는 PLC : OMRON NX』 (2022년, 한빛아카데미)

아두이노를 활용한 PLC 통신 : 지멘스 S7-1200

초판발행 2025년 1월 16일

지은이 정완보 / **펴낸이** 전태호
펴낸곳 한빛아카데미(주) / **주소** 서울시 서대문구 연희로 2길 62 한빛아카데미(주) 2층
전화 02-336-7112 / **팩스** 02-336-7199
등록 2013년 1월 14일 제2017-000063호 / **ISBN** 979-11-7340-016-2 93560

총괄 박현진 / **책임편집** 김평화 / **기획 · 편집** 임여울 / **교정** 이정현
디자인 윤혜원 / **전산편집** 백지선 / **제작** 박성우, 김정우
영업 김태진, 김성삼, 이정훈, 임현기, 이성훈, 김주성 / **마케팅** 김호철, 심지연

이 책에 대한 의견이나 오탈자 및 잘못된 내용은 출판사 홈페이지나 아래 이메일로 알려주십시오.
파본은 구매처에서 교환하실 수 있습니다. 책값은 뒤표지에 표시되어 있습니다.
홈페이지 www.hanbit.co.kr / 이메일 question@hanbit.co.kr

Published by HANBIT Academy, Inc. Printed in Korea

PLC 통신을 위한 기초 개념부터 아두이노 활용법까지

최근 전반적인 산업계의 핵심 트렌드는 단연 AI이다. 현재 AI는 입력한 데이터를 분석해 원인과 결과를 도출할 수는 있지만, 기계 장치를 직접적으로 제어할 수는 없다. 따라서 산업현장에서는 AI가 중요하다고 해도 실질적으로는 AI를 위해 생산현장에서 데이터를 수집하고, AI가 지시한 지령을 수행할 수 있는 PLC의 중요성이 더욱 커지고 있다. 모든 제어 장치가 이더넷으로 통합되는 시대에 통신 기술 역시 중요한 역할을 한다. 이 책은 이러한 시대의 흐름에 맞춰, PLC를 활용하여 고전적인 RS232 통신부터 이더넷 통신까지 광범위하게 실습을 해볼 수 있도록 구성했다.

필자의 경험에 의하면 PLC에 입문한 후에 좌충우돌하는 과정을 거쳐 초보 단계를 벗어나면, 그 다음에는 통신 기술을 배워 전문가로 성장하려는 경우가 많다. 단 통신을 하려면 PLC뿐만 아니라 상대 장치가 있어야 하는데, 혼자 학습하는 입장에서는 상대 장치를 구하는 것부터 사용하는 것까지 쉬운 것이 하나 없다. 따라서 이 책에서는 이러한 입장을 고려해 아두이노를 사용해 통신할 상대 장치를 직접 만들어서 통신을 해볼 수 있도록 구성했다.

이 책의 특징은 다음과 같다.

- 지멘스 코리아에서 발행한 공식 매뉴얼을 제외하면 S7-1200을 배울 수 있는 국내 유일한 교재이다.
- S7-1200의 프로그램 작성을 위한 TIA Portal의 사용 방법과 지멘스가 추구하는 객체지향 방식의 모듈화된 프로그램을 작성할 수 있다.
- 실무에 직접 응용할 수 있는 다양한 실습과제를 통해 명령어 사용 방법과 프로그램 작성 방법을 배울 수 있다.
- 아두이노를 사용해 RS232, RS485, 이더넷 통신에서 사용할 상대기기를 학습자 스스로 만들어보면서 실습과제를 수행할 수 있다.

이 책은 필자가 2018년 집필한 『기초부터 시작하는 PLC : 지멘스 S7-1500』의 후속작이라 할 수 있다. 만약 지멘스 PLC의 기본적인 기능과 특징 등에 대해 더 자세히 알고 싶다면 해당 교재를 참고하기 바란다.

감사의 글

이 책이 출간될 수 있었던 것은 독자들의 관심과 응원 덕분이다. 이 자리를 빌려 모든 독자들에게 감사드린다. 마지막으로 지멘스 코리아 관계자와 책을 집필할 수 있는 환경을 구축해주신 한국폴리텍 학교법인과 동료 교직원들, 그리고 한빛아카데미(주) 관계자들에게도 감사의 마음을 전한다.

지은이 **정 완 보**

CHAPTER 03

TIA Portal 살펴보기

이 장에서는 TIA Portal의 종류와 각 기능에 대해 살펴본다. 그리고 프로그램의 설치 방법을 살펴본 후 TIA Portal의 보안 정책과 함께 프로젝트 및 프로그램의 보안 설정 방법을 다룬다.

Keyword | TIA Portal | WinCC | Microsoft .NET Framework 3.5 |

| 장 도입글 |

해당 장의 내용을 왜 배우고, 무엇을 배우는지 소개합니다.

| Keyword |

해당 장에서 다루는 핵심 내용을 키워드로 보여줍니다.

3.1 TIA Portal의 종류와 기능

TIA(Totally Integrated Automation) Portal은 엔지니어링을 위해 필요한 소프트웨어를 통합하여 사용하기 쉽고, 파일 관리가 편리하도록 만들어 놓은 프레임워크(Framework)이다. 프레임워크를 사용하면 전체 시스템의 통합성과 일관성을 높일 수 있다. 따라서 거대하고 복잡한 프로젝트도 통일성 있게 빠르고 안정적으로 수행할 수 있다.

지멘스에서는 PLC 프로그램 작성을 위한 엔지니어링 툴을 STEP 7 **프로페셔널**(Professional)과 STEP 7 **베이직**(Basic)으로 구분해서 판매하고 있다. 먼저, STEP 7 프로페셔널은 SIMATC의 S7-1200, S7-1500, S7-300, S7-400 PLC와 HMI 작화를 위한 WinCC가 포함되어 있다. STEP 7 베이직은 SIMATIC S7-1200의 프로그래밍 도구로, HMI 작화를 위한 WinCC Basic이 포함되어 있고 지원하는 기능은 다음과 같다.

STEP 7 베이직에서 지원하는 기능

- 하드웨어 구성 및 파라미터 지정, 통신 설정
- 프로그래밍, 테스트, 시운전 및 작동/진단 기능 제공
- 문서화, WinCC를 이용한 HMI 작화
- 상세 온라인 도움말 기능 제공

| 강조 박스 |

본문에서 다루는 내용 중 주요 내용을 강조하여 설명합니다.

| 더 알아보기 |

본문을 이해하는 데 도움이 되는 추가 내용과 심화 내용을 소개합니다.

더 알아보기 TIA Portal 설치를 위한 PC 사양

TIA Portal을 설치하기 위한 시스템의 최소 요구 사항은 다음과 같다. 내 PC의 사양을 알아보려면 검색창에 '시스템 정보'를 입력하여 실행하거나, 바탕화면에서 '내 PC' 아이콘을 마우스 오른쪽 버튼으로 클릭한 후 [속성] 버튼을 클릭하면 된다.

- CPU : Intel Core I5-8400H(2.5 ~ 4.2GHz) 이상
- RAM : 16GB(최소 8GB, 최대 32GB) 권장
- HARD : 최소 50GB 여유 공간
- O/S : Window10(64bit)
    - Window10 Home Version 1909, 2004, 20H2
    - Window10 Professional Version 1909, 2004, 20H2
    - Window10 Enterprise Version 1909, 2004, 20H2

| 코드 박스 |

아두이노를 활용하여 작성한 프로그램 코드를 보여줍니다.

코드 11-2 TON 타이머를 사용한 아두이노 프로그램

```
#include <plclib.h>              // PLC 라이브러리
TON ton_1;                       // TON 타이머 설정
boolean I0, Q0, M1;              // 비트 전역 변수 설정
void setup() {                   // 초기화 작업
  pinMode(2, INPUT_PULLUP);      // 2번 핀 입력 설정(내부 풀업 사용)
  pinMode(8, OUTPUT);            // 8번 핀 출력 설정
  digitalWrite(8, HIGH);         // 8번 핀 출력을 High로 설정
```

실습 예제 11-1 **타이머 동작 확인하기**

[그림 11-18]은 TON, TOF, TP 타이머 동작을 나타낸 것이다. 아두이노의 PLC 라이브러리를 이용하여 PLC 프로그램을 작성하라.

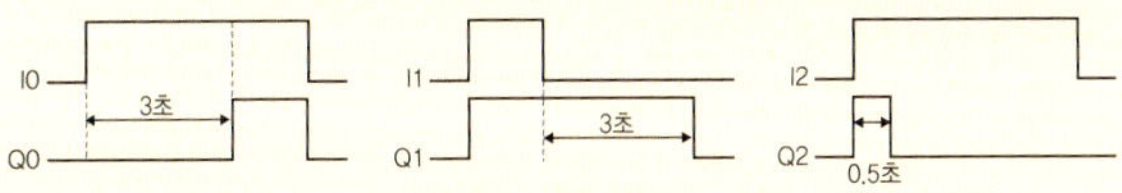

(a) TON 타이머 동작　(b) TOF 타이머 동작　(c) TP 타이머 동작

[그림 11-18] 타이머 동작

풀이

```
#include <plclib.h>            // PLC 라이브러리

boolean I0, I1, I2, I3;        // 입력 변수 설정
boolean Q0, Q1, Q2, Q3;        // 출력 변수 설정
TON ton_0;                     // 온 딜레이 타이머
TOF tof_0;                     // 오프 딜레이 타이머
TP tp_0;                       // 펄스 타이머

void setup() {
  for (int i = 2; i <= 5; i++)      // 2 ~ 5번 핀을 입력으로 설정
```

| 실습 예제 |

본문에서 다룬 개념을 적용한 간단한 실습 문제를 제공합니다.

| 실습과제 |

본문의 내용과 연계하여 아두이노 및 PLC 프로그램을 작성하는 방법을 소개합니다.

실습과제

11-8 온습도 및 설정값을 LCD에 표시하고 비교하기 11.7절

온습도 센서를 사용하여 LCD에 온습도 정보를 표시하는 프로그램의 작성법에 대해 학습해보자.

지구의 환경오염에 따른 변화에 의해 오늘날의 온습도 관리는 인간의 건강한 생활과도 직결된다. 이번 실습과제에서는 온습도 센서 DHT-11을 사용하여 LCD에 온습도를 표시하고, 설정한 온습도의 범위를 초과할 때 네오픽셀을 사용해 알람을 발생시키는 프로그램을 작성해볼 것이다. LCD와 함께 TM1637의 FND 모듈 2개를 사용하여 온도와 습도의 설정값과 현재값을 나타낸다.

동작 조건

❶ DHT-11 센서의 값을 읽어서 현재온도(TEMP)와 현재습도(HUMI)를 표시한다.

❷ TM1637 2개를 사용해서 설정온도(STP)를 0 ~50, 설정습도(SHI)를 20 ~ 99까지 표시한다. 전원이 ON되면 온도 설정값은 20, 습도 설정값은 30을 표시한다.

❸ 현재온도와 설정온도가 ±4℃ 차이, 현재습도와 설정습도가 ±10% 차이가 발생하면 네오픽셀의 적색 램프가 1Hz 간격으로 점멸한다.

| TIP |

참고로 알아두면 좋은 내용과 주의해야 할 사항을 설명합니다.

PLC 프로그램 작성

[표 13-26]은 바코드를 이용하여 물품을 분류하는 PLC 프로그램의 작성법을 나타낸 것이다.

[표 13-26] 바코드를 이용한 물품 분류 프로그램 작성

순서	구분	내용
1	DB에 변수 추가하기 [실습과제 13-2]에서 만든 DB(RCV_BARCODE_DATA)에 프로그램 작성에 필요한 변수를 추가한다. **TIP** 변수의 종류 • str_BARCODE : 수신 바코드 • PRODUCT_BARCODE : 제품명 바코드 • COMPANY_CODE : 회사명 코드 • PRODUCT_CODE : 제품명 코드 • ORGIN_CODE : 생산지 코드 • MANU_DATE : 제조년월 코드 • STR_COMPANY : 회사명 문자 코드 • STR_PRODUCT : 제품명 문자 코드	RCV_BARCODE_DATA

RCV_BARCODE_DATA

	Name	Data type	Offset
1	Static		
2	BARCODE_DATA	Array[0..64] of Byte	0.0
3	NDR	Bool	66.0
4	ERROR	Bool	66.1
5	STATUS	Word	68.0
6	LENGTH	Int	70.0
7	Str_BARCODE	String	72.0
8	PRODUCT_BARCODE	Array[0..64] of Byte	328.0
9	COMPANY_CODE	Array[0..1] of Byte	394.0
10	PRODUCT_CODE	Array[0..3] of Byte	396.0
11	ORIGIN_CODE	Array[0..1] of Byte	400.0
12	MANU_DATE	Array[0..3] of Byte	402.0
13	STR_COMPANY	String	406.0
14	STR_PRODUCT	String	662.0

강의 보조 자료

한빛아카데미 홈페이지에서 '교수회원'으로 가입하신 분은 인증 후 교수용 강의 보조 자료를 제공받을 수 있습니다. 한빛아카데미 홈페이지 상단의 〈교수전용공간〉 메뉴를 클릭하세요.
http://www.hanbit.co.kr/academy

표준 스케줄 표

주	장	주제
1	1장	S7-1200 PLC 살펴보기
2	2장	HMI 살펴보기
3	3장	TIA Portal 살펴보기
4	4~5장	PLC 및 HMI 설정하기, CPU 설정 및 유지 보수하기
5	6~7장	PLC 명령어 살펴보기, 입출력 프로그램 작성하기
6	8장	A/D 및 D/A 프로그래밍하기
7	9장	프로피넷 통신 및 제어하기
8		중간고사
9	10장	아두이노 살펴보기
10	11장	아두이노 프로그래밍하기
11	12장	시리얼 통신 살펴보기
12	13장	바코드 스캐너와 통신하기
13	14장	모드버스 통신 살펴보기
14	15장	아두이노를 이용한 모드버스 TCP 통신하기
15	16~17장	이더넷 통신 살펴보기, 아두이노를 이용한 UDP/TCP 통신하기
16		기말고사

참고 문헌

- 정완보, 『기초부터 시작하는 PLC : 지멘스 S7-1500』, 한빛아카데미, 2018
- 매뉴얼, 『S7-1200 Programmable controller System Manual』, SIEMENS, 2012
- 매뉴얼, 『미쓰비시전기범용인버터 E800 취급설명서(통신편)』, 한국미쓰비시전기오토메이션(주), 2024

PART 01 S7-1200 PLC

Contents

PART 02 TIA Portal

PART 03 PLC 프로그래밍

Contents

PART 05 RS232 시리얼 통신

PART 06 RS485 모드버스 통신

PART 07 이더넷 통신

PART 01

S7-1200 PLC

CONTENTS

PART 01
들어가기 전에

지멘스Siemens AG는 170년 이상의 역사를 가진 유럽 최대의 에너지 및 산업 자동화 분야의 전문기업이다. 지멘스는 1958년에 PLC를 처음 출시한 이후 1979년에는 S5 시리즈, 1994년에는 S7-300과 S7-400을 출시하면서 자동화 산업 분야의 PLC 선도기업으로 자리매김하게 되었다. 2012년에는 많은 시행착오를 거쳐 S7-1500을 출시하였고, 현재는 지멘스 PLC라고 하면 S7-1500 시리즈를 가장 먼저 떠올리게 되었다.

이 책에서는 2009년에 처음 출시된 S7-1200을 다룬다. 이 모델은 컴팩트한 크기가 특징으로 확장용 디지털 및 아날로그 입출력 모듈과 같은 다양한 통신 모듈을 갖추고 있어 자동화의 다양한 분야에 유연하게 적용할 수 있다. 또한 본체에 고속 카운터, 펄스 폭 변조, 펄스 시퀀스 출력, 속도 제어 및 위치 지정과 같은 통합 기술을 갖추고 있으므로 온도 제어, 펌프 및 팬 제어, 컨베이어 적용 분야, 포장 기계 등에 널리 사용되고 있다. S7-1200 CPU는 프로피넷 통신을 위한 포트를 제공하고 있어 HMI 및 주변 드라이브 장치와의 통신에 사용하고, 개방 이더넷 프로토콜을 사용하는 타사 PLC와의 통신을 지원한다.

CHAPTER 01

S7-1200 PLC 살펴보기

S7-1200 PLC는 기계의 제어 조건에 따라 CPU의 종류가 다양하다. 예를 들어, 필요에 따라서 기능을 확장할 수 있는 디지털 및 아날로그 입출력 모듈과 다양한 통신 모듈을 갖추고 있다. 이 장에서는 지멘스 PLC의 종류와 S7-1200 PLC의 CPU 종류, 확장 가능한 SM 모듈 및 CM 모듈에 대해 살펴보자.

Keyword | 지멘스 PLC | S7-1200 | 하드웨어 구성 | 메모리 공간 | 메모리 연결 | 프로그램 작성 |

1.1 지멘스 PLC의 종류

지멘스 PLC의 제품군은 시매틱SIMATIC이다. 이 명칭은 1958년 지멘스에서 PLC를 처음 출시하면서 사용한 것이고, 오늘날의 PLC와 같은 구성을 갖춘 것은 1979년에 출시된 SIMATIC S5 시리즈부터이다. 이때부터 PC에 프로그램 작성 툴인 STEP 5를 설치하여 프로그래밍 작업을 했다.

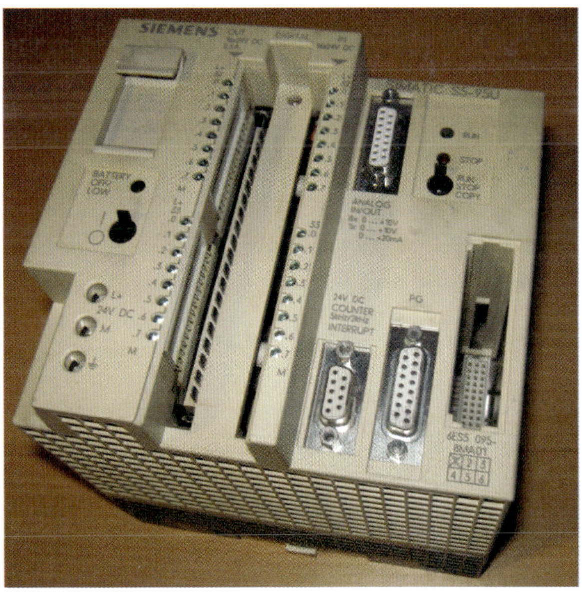

[그림 1-1] SIMATIC S5 PLC(출처 : ©Raizy, CC-BY-SA-2.5)

1994년에는 SIMATIC S7 시리즈로 S7-200, S7-300, S7-400을 출시하면서 프로피버스Profibus의 명칭을 가진 산업용 네트워킹 개념을 도입하였고, 이후 2009년에는 S7-1200, 2012년에는 S7-1500 PLC를 출시하였다.

S7-300 PLC

S7-300 PLC는 1994년에 출시된 S7 제품군 중에 가장 인기 있는 모델로, 지멘스가 자동화 산업에서 PLC 분야의 선두 주자로 자리매김하는 데 중요한 역할을 한 제품이다. S7-300 PLC는 22가지의 각각 기능이 다른 CPU를 가지고 있고, 4개(표준, 소형, 안전SAFETY, 기술TECHNOLOGY)의 카테고리로 구분된다. 그중 안전 PLC는 세이프티 기능을 통합[1]하고, 기술 PLC는 고급 모션 제어 기능이 포함되어 있다. S7-300 PLC는 현재(2024년) 제품단종 절차를 거치고 있고 2033년에는 최종 단종될 예정이다.

S7-1200 PLC

S7-1200 PLC는 S7-300에서 제시된 몇 가지 기술적 과제 해결을 위해 기획되었지만, CPU와 I/O를 갖춘 컴팩트한 크기로 인해 소형 기계를 제어하는 용도 또는 S7-1500에 의해 제어되는 분산 I/O 블록을 대체하는 용도로 사용한다.

S7-1500 PLC

S7-1500 PLC는 S7-300의 모든 기능을 포함하고 미래의 자동화 제어 기술을 염두에 두고 설계한 PLC이며, 표준, 소형, 안전이라는 3개의 카테고리로 분류된다. S7-1500에서는 S7-1200과 함께 표준 프로토콜로 프로피넷Profinet을 지원하고 CPU와 함께 조합되어 사용되는 로컬 I/O와 함께 ET200 시리즈로 불리는 분산 I/O와 함께 사용되도록 설계되었다.

(a) S7-200 (b) S7-300 (c) S7-400

(d) S7-1200 (e) S7-1500

[그림 1-2] 지멘스 PLC의 종류

1 제조 분야에서 사용되는 기계설비가 안전하고 올바르게 작동할 수 있도록 기계류 안전의 국제 표준인 IEC62061 및 ISO13849-1의 규격을 적용하는 것을 의미한다.

1.2 지멘스 PLC의 특징

PLC를 사용하는 많은 엔지니어들이 지멘스 PLC는 배우기 어렵다고 토로한다. 그 이유는 기존에 사용하던 PLC와 사용 환경이 다르기 때문이다. 지멘스 PLC를 배우고자 하는 사람은 주로 학교나 현업에서 LS산전 또는 멜섹 PLC를 사용하다가 필요에 의해 지멘스 PLC에 입문하게 되는 경우가 대다수일 것이다. PLC에 대한 경험이 있는 독자들이 지멘스 PLC를 쉽게 배우려면 어떻게 해야 할까? 먼저 기존에 배운 PLC와 지멘스 PLC의 차이점을 찾아보아야 한다. 그 차이를 명확하게 이해한다면 타사 PLC 기종에 대한 지식과 경험을 고스란히 지멘스 PLC에 응용할 수 있을 것이다.

PLC의 제조사가 다르다고 해서 PLC의 시스템 구성과 프로그램 작성법이 크게 달라지는 것이 아니다. 단지 제조사에 따라 사용법이 다를 뿐이다. 멜섹과 지멘스 PLC 간의 차이는 자동차의 운전석이 오른쪽과 왼쪽에 있는 차이와 비슷하다고 할 수 있다. 운전석의 위치에 따라 운전에 어색함과 불편함이 있을 수는 있지만, 운전을 할 수 있는 사람이라면 약간의 연습만으로 운전석의 위치에 관계없이 운전이 가능하다. 물론 프로그램 작성 방법도 크게 다르지 않다. 멜섹[2]과 지멘스 PLC 간의 차이점을 살펴보자.

1.2.1 PLC의 하드웨어 구성이 필요하다

지멘스 PLC를 사용하기 위해서는 TIA Portal에서 새로운 프로젝트 폴더를 생성한 후, '하드웨어 구성'이라는 절차를 통해 앞으로 사용할 PLC 시스템 하드웨어를 설정해야 한다.

멜섹 PLC에서는 하드웨어 구성이라는 절차를 거치지 않고, GX Works2와 같은 툴에서 통신으로 PLC의 하드웨어 구성을 읽어오는 경우가 대부분이다. 반면에 지멘스는 프로그램 작성 툴에서 엔지니어가 사용하고자 하는 PLC의 하드웨어를 직접 구성하도록 설정되어 있다. TIA Portal에는 CPU의 메모리에 저장되어 있는 하드웨어 구성을 읽어오는 기능이 있어서 기존에 사용했던 PLC는 하드웨어 구성을 별도로 하지 않아도 되지만, 처음 사용하는 경우에는 [그림 1-3]과 같이 하드웨어 카탈로그를 사용해서 반드시 PLC의 하드웨어를 구성해야 한다.

2 멜섹 Q 시리즈 PLC를 의미한다. 멜섹의 IQ-R 시리즈와 FX5U 시리즈를 사용하기 위한 GX Works3에서는 지멘스처럼 PLC의 하드웨어 구성 절차를 거쳐 PLC 시스템을 사용하도록 되어 있다.

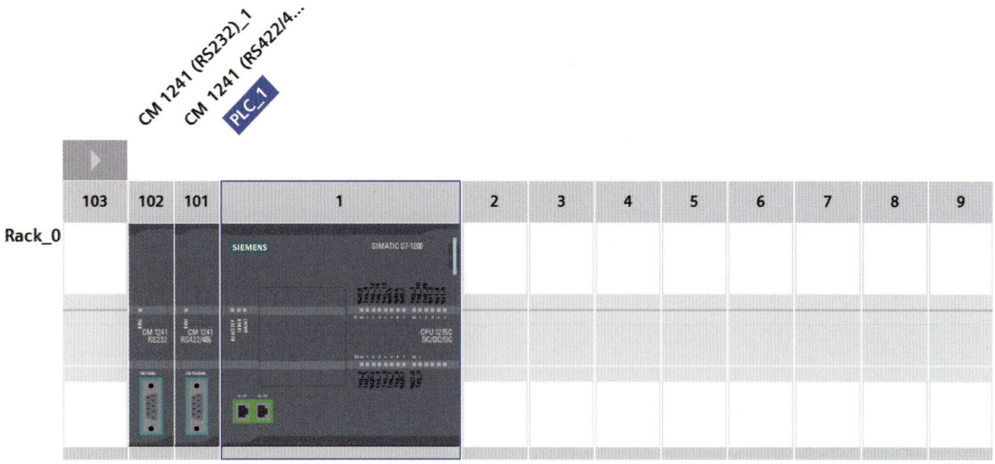

[그림 1-3] TIA Portal에서 설정한 S7-1200 하드웨어 구성

1.2.2 메모리의 사용법이 다르다

지멘스와 멜섹 PLC의 가장 큰 차이점은 메모리의 사용법이 다르다는 것이다. PLC의 프로그램이 실행되기 위해서는 PLC의 전원 ON/OFF에 관계없이 실행 프로그램을 저장할 수 있는 메모리와 프로그램 실행과 데이터를 저장할 수 있는 메모리를 필요로 한다.

[그림 1-4]는 지멘스 PLC에서 사용하는 메모리의 종류와 상호 연결 관계를 나타낸 것이다. PC에서 TIA Portal로 작성한 프로그램은 프로젝트 폴더 형태로 하드디스크에 저장할 수 있다(해당 파일을 압축하여 저장할 수도 있음).

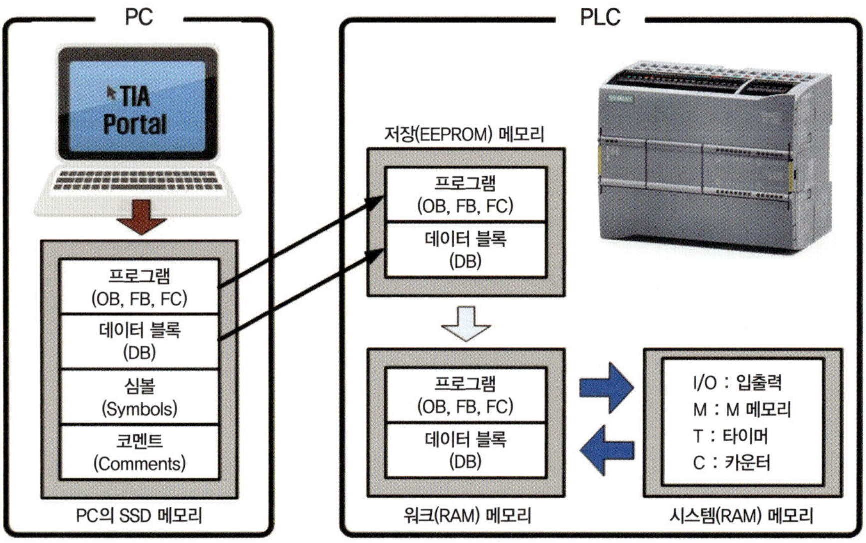

[그림 1-4] 지멘스 S7-1200에서 사용하는 메모리의 구조

PC에서 프로그램을 작성한 후 PLC로 다운로드하면, PLC CPU의 **EEPROM**에 프로그램과 데이터 블록 DB : Data Block이 저장된다. EEPROM에 저장된 프로그램 및 데이터 블록을 실행하기 위해서는 PLC의 RAM인 워크 메모리에 다시 이들을 가져와야 한다. 워크 메모리에 저장된 프로그램은 실행에 필요한 입출력 데이터를 시스템 메모리로부터 가져오고, 프로그램 실행 중에 필요한 데이터는 워크 메모리 영역에 보관한다.

멜섹에서도 지멘스의 EEPROM에 해당되는 메모리를 CPU에 내장하고 있지만, 해당 메모리의 사용은 사용자의 선택사항이다.

전원이 차단되었을 때 사용자 프로그램 보호를 위한 배터리가 필요 없다

컴퓨터는 2종류의 메모리를 가지고 있다. 프로그램 실행에 필요한 RAM과, 컴퓨터의 전원이 OFF되었을 때에도 사용할 프로그램을 보관할 수 있는 메모리인 하드디스크SSD이다. PLC도 컴퓨터와 동일하게, 전원 ON/OFF와 관계없이 프로그램 코드를 보관할 수 있는 **EEPROM**(컴퓨터의 하드디스크에 해당)과, 프로그램 코드를 CPU의 처리 속도에 맞추어 실행할 수 있는 **RAM**이라는 메모리를 필요로 한다.

컴퓨터	PLC
RAM	RAM
하드디스크	EEPROM

[그림 1-5] 컴퓨터와 PLC의 메모리 비교

그런데 RAM은 전원 공급이 차단되면 저장된 모든 데이터가 삭제되는 문제점을 가진다. 그렇기 때문에 전원 공급이 차단되면, CPU 모듈에 내장된 배터리의 전원을 RAM에 공급하여 RAM에 보관되어 있는 프로그램과 데이터가 지워지는 것을 방지한다. 그리고 배터리의 전원에도 문제가 발생했을 때를 대비해서 전원에 관계없이 한번 기록한 데이터를 영구적으로 저장하는 EEPROM을 제공한다.

EEPROM에 프로그램을 저장하면, 부팅 과정을 통해 EEPROM에 저장된 프로그램을 RAM으로 복사해서 실행할 수 있도록 PLC의 파라미터를 새롭게 설정해야 한다. 그런데 EEPROM에 프로그램을 저장하는 절차가 번거롭다 보니, PLC를 사용하는 현장에서는 프로그램을 수정했을 때 수정된 프로그램을 RAM에만 저장하고 EEPROM에는 저장하지 않는 경우가 많다. 그러다 백업용 배터리에 문제가 생겨서 RAM에 저장한 모든 프로그램이 삭제되어 버리면 기계 장치를 운전하지 못하는 경우도 발생한다. 이에 지멘스 PLC는 작성한 모든 프로그램은 반드시 EEPROM(S7-1500 CPU에서는 MC에 해당)에 저장한 후, 다시 RAM으로 복사되는 과정을 선택이 아닌 필수로 설정하여, 백업 배터리 또는 프로그램 관리의 잘못으로 인해 발생하는 다양한 문제점을 차단하고 있다.

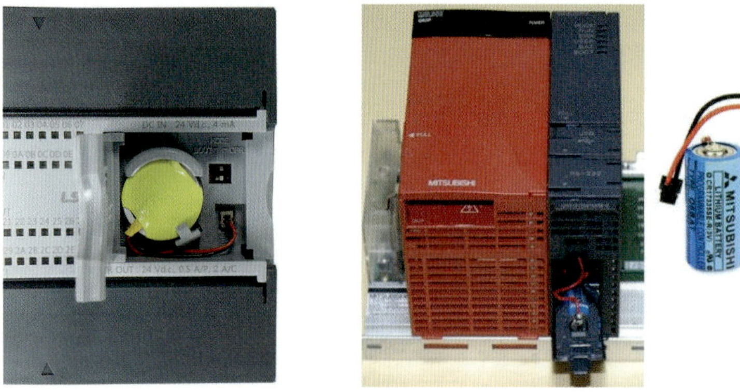

(a) LS산전의 PLC　　　　(b) 미쓰비시의 멜섹Q PLC

[그림 1-6] 타사 PLC의 백업 배터리 비교

프로그래머가 메모리 공간을 직접 구분한다

PLC의 프로그램은 데이터를 처리하기 위한 명령어로 구성되어 있다. 프로그램에서 처리해야 할 데이터는 RAM으로 구성된 메모리에 저장되어야 한다. 즉 데이터의 용도와 크기에 따라 적절한 메모리를 사용해야 한다. 따라서 멜섹 PLC는 데이터를 저장하기 위한 메모리를 용도별로 구분해서 사용자가 손쉽게 선택할 수 있도록 되어 있다.

	Sym.	Dig.	Device Points	Latch (1) Start	Latch (1) End	Latch (2) Start	Latch (2) End
Input Relay	X	16	8K				
Output Relay	Y	16	8K				
Internal Relay	M	10	8K				
Latch Relay	L	10	8K				
Link Relay	B	16	8K				
Annunciator	F	10	2K				
Link Special	SB	16	2K				
Edge Relay	V	10	2K				

[그림 1-7] 용도별로 구분된 멜섹 PLC의 데이터 저장용 메모리

[그림 1-7]처럼 멜섹은 데이터를 저장할 메모리를 용도별로 구분해 놓았기 때문에 필요에 따라 해당 메모리의 번지만 선택하면 된다. 한편 지멘스 PLC는 프로그램 실행과 관련된 메모리인 RAM을 2종류로 구분하고 있다. 하나는 **시스템 메모리**이고, 다른 하나는 **워크 메모리**이다. 시스템 메모리는 M으로 시작되는 메모리와 타이머, 카운터, 로컬 메모리로 구분되는데, 프로그램 작성에 사용되는 메모리는 M 메모리가 유일하다고 할 수 있다.

M 메모리는 멜섹 PLC와는 달리 메모리의 크기와 용도가 정해져 있지 않고, 사용자가 필요에 따라 메모리를 구분해서 사용하도록 하고 있다. 즉 메모리의 사용법을 모르면 프로그램을 작성할 수 없다는 의미이다.

[그림 1-8]은 M 메모리를 비트, 바이트, 워드, 더블워드 단위로 구분하고, 구분한 각 메모리에 번지를 어떻게 부여하는지를 나타낸 것이다. 지멘스에서 사용하는 메모리의 기본 단위는 **바이트**byte로, 바이트는 비트별로 분할해서 사용할 수 있다. 메모리의 기본 단위인 바이트 2개를 조합하면 16비트 워드word 크기의 메모리가 되며, 바이트 4개를 조합하면 32비트 크기의 더블워드double word 메모리가 된다. 메모리 번지는 M 메모리 번지를 표현하기 위해 M으로 시작하며 M 뒤에 오는 문자는 데이터 크기를 나타낸다. B는 바이트, W는 워드, D는 더블워드를 의미한다. 문자 다음의 숫자는 비트 번지를 나타내고, **'바이트 번지.비트 번지'**의 형식으로 표현한다.

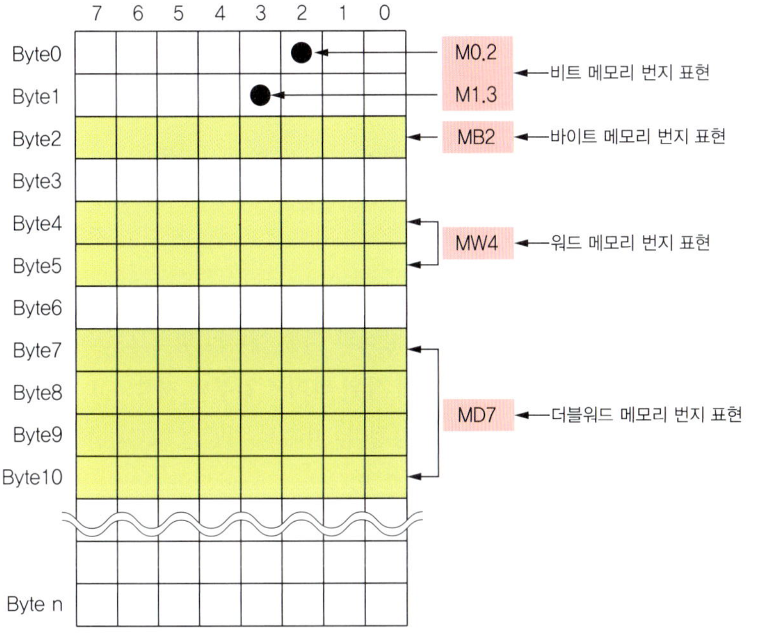

[그림 1-8] M 메모리의 비트, 바이트, 워드, 더블워드 단위의 번지 표현 방식

지멘스에서 사용하는 메모리는 사용자의 필요에 따라 나누어 사용하는 것이 자유롭기 때문에, 메모리를 사용할 때 메모리의 번지가 중첩되지 않도록 해야 한다. 예를 들어 [그림 1-8]에서 MD7이 MB7~MB10까지 4개의 바이트 번지를 사용하고 있는데, 이들 번지를 다른 용도로 사용하면 메모리 번지가 중첩되기 때문에 보관한 데이터에 오류가 발생하게 된다. 따라서 지멘스 PLC에서 프로그램을 작성할 때에는 프로그램을 작성해가면서 필요한 메모리를 사용하는 것이 아니라, 프로그램을 작성하기 전에 사용할 메모리의 종류가 어떤 것이 있는지를 확인한 후에 필요한 메모리를 어떻게 할당해서 사용할지를 고민해야 한다. [그림 1-8]에서 바이트 0번지에 M0.2 메모리가 사용되면 남은 7비트는 비트 크기 메모리로만 사용할 수 있다.

바이트 단위의 메모리 연결 방식이 다르다

앞서 이야기한 것처럼 지멘스 PLC에서 사용하는 메모리의 기본 단위는 바이트이다. 워드 또는 더블워드 메모리를 사용하기 위해서는 바이트 크기의 메모리를 2개 또는 4개를 연속해서 연결하는데, 그 연결 방식에 따라 빅 엔디안Big Endian과 리틀 엔디안Little Endian 방식으로 구분한다. 이때 지멘스 PLC와 멜섹 PLC의 연결 방식은 서로 다르다.

예를 들어 [그림 1-9]에서 MD7의 더블워드 메모리는 4개의 바이트를 나열해 32비트 크기의 메모리를 구성한다. [그림 1-9]를 보면 지멘스와 멜섹의 메모리 배열 순서가 서로 반대임을 알 수 있다. 따라서 메모리 배열이 다르기 때문에 지멘스 메모리에 값을 저장하면 멜섹과는 전혀 다른 형태로 값이 저장된다.

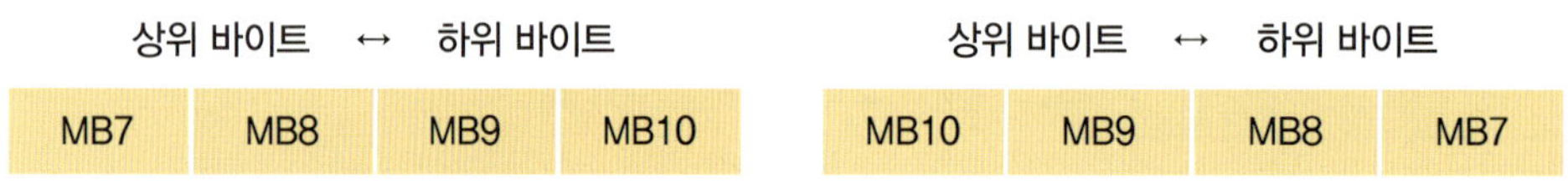

(a) 지멘스 PLC (b) 멜섹 PLC

[그림 1-9] 지멘스와 멜섹 PLC의 메모리 나열 방법

[그림 1-10]은 32비트 크기의 16진수 'FF000205'를 빅 엔디안 방식과 리틀 엔디안 방식으로 저장한 결과를 비교한 것이다. **빅 엔디안 방식은 낮은 메모리 주소 번지에 상위 바이트 값부터 저장**되고, **리틀 엔디안 방식은 낮은 메모리 주소 번지에 하위 바이트 값부터 저장**된다. 따라서 지멘스 PLC는 빅 엔디안 방식을 사용하며, 멜섹 PLC는 리틀 엔디안 방식을 사용함을 알 수 있다.

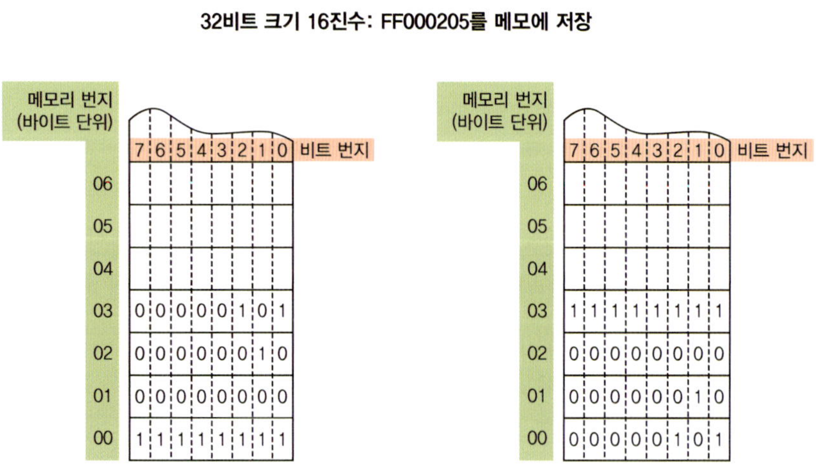

(a) 지멘스 PLC(빅 엔디안 방식) (b) 멜섹 PLC(리틀 엔디안 방식)

[그림 1-10] 빅 엔디안 방식과 리트 엔디안 방식

데이터를 저장하는 방식이 다를 때 가장 크게 문제가 발생하는 부분은 바로 PLC의 입출력 결선과 통신을 이용한 **데이터 송수신**에 있다. 지멘스 PLC의 입출력 결선을 멜섹과 같은 방식으로 하면 바이트 단위

의 입출력 메모리 위치가 서로 달라지게 된다. 지멘스 PLC가 다른 회사 PLC나 다른 회사 제품의 통신 기기와 통신을 할 때, 상대편 기기가 빅 엔디안 방식이 아닌 리틀 엔디안 방식으로 데이터를 처리하는 경우에 문제가 발생한다. 지멘스 PLC에서는 빅 엔디안 방식으로 데이터를 전송하고, 데이터를 수신하는 측에서는 리틀 엔디안 방식으로 데이터를 처리하면, 원래 전송 데이터와 수신 데이터가 달라져 버리는 문제가 발생하는 것이다.

[그림 1-11]은 데이터 통신을 통하여 빅 엔디안 방식의 PLC(지멘스)에서 리틀 엔디안 방식의 PLC(멜섹)로 **데이터를 전송**하는 순서와, 리틀 엔디안 방식의 PLC에 **데이터가 저장**되는 형태를 나타낸 것이다.

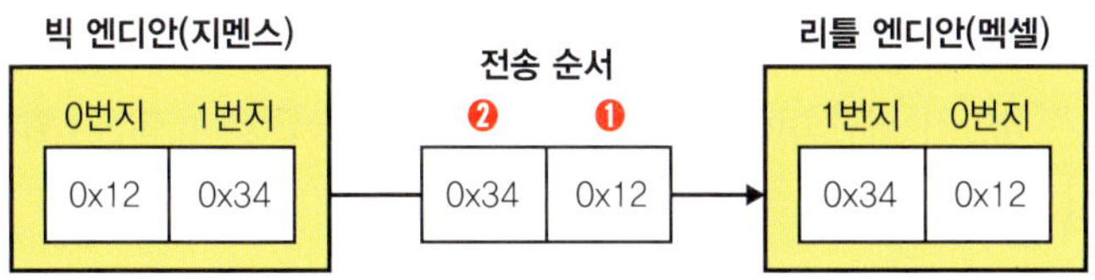

[그림 1-11] 빅 엔디안 방식의 PLC에서 리틀 엔디안 방식의 PLC로의 데이터 전송

빅 엔디안 방식으로 저장된 데이터 16진수 0x1234를 전송하면 리틀 엔디안 방식에서는 0x3412로 수신된다. 데이터 통신에서는 낮은 번지의 데이터부터 먼저 전송되고, 수신 쪽에서는 수신받은 데이터를 메모리의 낮은 번지부터 저장하기 때문이다. 따라서 빅 엔디안 방식에서 전송한 데이터를 리틀 엔디안에서 수신하면 원래 전송하고자 하는 데이터와 수신 데이터가 달라지기 때문에, 어느 한쪽에서 다른 한쪽의 데이터 저장 방식에 맞도록 전송해야 한다.

메모리 공간을 PLC O/S로부터 할당 받아야 한다

앞서 메모리의 구조를 나타낸 [그림 1-4]를 보면 데이터를 저장하기 위한 메모리 공간으로 시스템 메모리 영역의 M 메모리 외에 워크 메모리가 있다. M 메모리는 프로그램 작성자가 편리한 대로 사용할 수 있는 메모리이지만, 절대번지를 사용하기 때문에 동일 메모리의 이중 사용으로 인한 프로그램 오류가 발생할 수 있다. 지멘스 PLC는 동일한 작업 공정의 반복이 빈번한 계장제어 분야에 최적화된 PLC이다. 따라서 동일한 공정을 반복해서 사용할 때를 대비해서 프로그램을 각각의 기능별로 구분해서 FB^Function Block^와 FC^Function^로 작성하고, 동일 기능이 필요한 곳에는 사전에 작성한 FB와 FC를 복사해서 사용할 수 있다. FB와 FC를 복사해서 사용하기 위해서는 M 메모리와 같이 프로그램 전체에 영향을 미치는 절대 메모리 번지를 사용해서는 안 된다. 따라서 FB와 FC로 프로그램을 작성하는 경우에는 워크 메모리 영역에서 필요한 메모리를 PLC의 O/S에 요청해서 할당 받게 된다.

멜섹 PLC은 메모리를 용도에 맞게 구분해 놓기 때문에 절대번지(전역^Global^) 메모리를 사용하기가 쉽지만, 남은 메모리를 다른 용도로 사용할 수 없어 메모리를 낭비하는 셈이 된다. 또한 동일한 메모리 번지를 프로그램의 여러 곳에서 사용하면, 메모리 번지가 중첩되어 프로그램에서 오류가 발생한다.

프로그램의 작성이 복잡해져서 사용되는 메모리의 양이 증가하면, 프로그래머 입장에서는 **메모리 관리**가 가장 큰 부담이 될 수 있다. 지멘스는 운영체제(O/S)가 메모리 공간을 가지고 있고, 프로그래머가 요청할 때에만 메모리를 분할하는 방식으로, 한정된 공간의 메모리를 효율적으로 활용하며, 메모리 번지의 이중 사용으로 인한 프로그램의 오류를 줄일 수 있다. 메모리 공간을 분할 받고자 할 때에는 무조건 분할 받는 것이 아니라 분할 받을 메모리에 저장할 데이터의 크기와 타입, 메모리 용도를 지정해서 분할 요청을 해야 한다. 메모리 분할이라는 개념 자체가 생소할 만한 멜섹 PLC 경험자나 지멘스 초보자에게는 메모리를 분할 받는다는 의미를 이해하기 어려울 수 있다. 이것이 많은 이들이 지멘스 PLC가 어렵다고 느끼는 이유일 것이다.

[그림 1-12]는 FB에서 OS로부터 워크 메모리를 할당 받기 위해 작성한 메모리 사용 내역이다. 프로그램 작성에 필요한 메모리는 입력신호를 저장하기 위한 Input, 출력신호를 저장을 위한 Output, 그리고 프로그램 실행에 필요한 Static과 Temp를 필요로 한다. 따라서 프로그래머는 프로그램을 작성할 때 필요로 하는 메모리가 어떤 것이 있는지 파악하고 또는 해당 메모리가 어떤 용도로 사용되는지 구분해서 O/S에게 메모리 분할을 요청해야 한다.

LAMP_FAN_FLICKER

	Name	Data type	Default value	Retain	Accessible f...	Writa...	Visible in ...	Setpoint
1	▼ Input				☐	☐	☐	☐
2	ON	Bool	false	Non-retain	☑	☑	☑	☐
3	OFF	Bool	false	Non-retain	☑	☑	☑	☐
4	<Add new>				☐	☐	☐	☐
5	▼ Output				☐	☐	☐	☐
6	LAMP	Bool	false	Non-retain	☑	☑	☑	☐
7	FAN	Bool	false	Non-retain	☑	☑	☑	☐
8	WAR_LAMP	Bool	false	Non-retain	☑	☑	☑	☐
9	<Add new>				☐	☐	☐	☐
10	▼ InOut				☐	☐	☐	☐
11	<Add new>				☐	☐	☐	☐
12	▼ Static				☐	☐	☐	☐
13	K1	Bool	false	Non-retain	☑	☑	☑	☐
14	K2	Bool	false	Non-retain	☑	☑	☑	☐
15	K3	Bool	false	Non-retain	☑	☑	☑	☐
16	T1_Q	Bool	false	Non-retain	☑	☑	☑	☐
17	T1_ET	Time	T#0ms	Non-retain	☑	☑	☑	☐
18	▸ IEC_Timer_0_Instance	TOF_TIME		Non-retain	☑	☑	☑	☐
19	▸ IEC_Timer_0_Instance.	TON_TIME		Non-retain	☑	☑	☑	☐
20	<Add new>				☐	☐	☐	☐
21	▼ Temp				☐	☐	☐	☐
22	<Add new>				☐	☐	☐	☐
23	▼ Constant				☐	☐	☐	☐
24	<Add new>				☐	☐	☐	☐

[그림 1-12] FB에서 사용할 메모리를 O/S로부터 분할 받기 위한 메모리 사용 내역

멜섹 PLC도 최근 들어 라벨 프로그램 작성법과 FB로 프로그램을 작성하는 방법을 지원하고 있지만, 지멘스의 메모리 분할 방식처럼 완벽하지는 않다.

메모리의 종류에 따라 보관된 데이터의 보존 기간이 다르다

지멘스 PLC에서는 프로그램 실행에 필요한 각종 데이터를 저장하기 위해 PLC의 O/S가 관리하는 **워크 메모리**를 분할 받아야 한다. 메모리를 분할 받을 때 가장 중요한 기준은, 해당 메모리를 어떤 용도로 사용할 것인가이다. 그에 따라 메모리를 분할 받는 방법이 달라진다.

[그림 1-13]의 덧셈 연산을 살펴보자. 125+89의 연산을 위해서는 우선 일의 자리의 덧셈에서 발생한 자리올림 값을 저장하고, 이 자리올림 값과 십의 자리 값을 더한다. 또 발생한 자리올림 값을 저장한 후, 이 값에 백의 자리 값을 더해 최종 결과값을 구할 수 있다. 결과값이 구해지면 자리올림 데이터를 저장했던 메모리 공간은 더 이상 필요 없기 때문에 메모리의 원래 주인인 O/S에게 반납한다. 다만 연산 결과값은 계속해서 보관해야 할 필요가 있기 때문에 내가 원하는 기간 동안 결과값을 저장할 메모리를 갖고 있어야 한다.

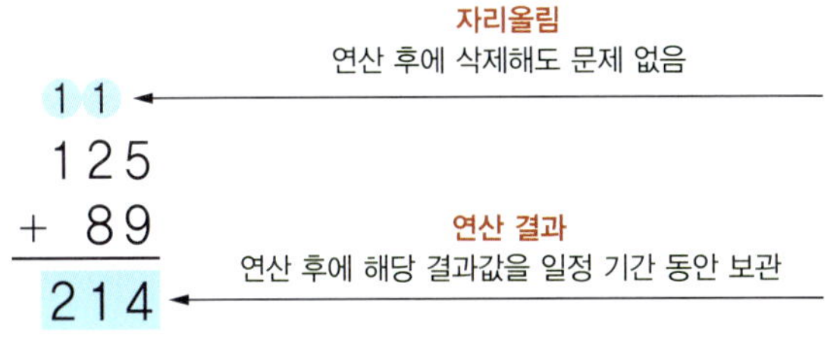

[그림 1-13] 덧셈연산의 메모리 보존 예

메모리를 분할 받을 때의 조건을 우리의 일상생활의 사례를 예로 들어 살펴보자. 여러분이 어떤 지역에 머물고자 할 때에는 숙소를 필요로 한다. 숙소를 구하고자 할 때 어떤 기준으로 구할까? 업무적인 출장으로 인해 하룻밤만 머물러야 한다면 호텔을 구할 것이다. 호텔에서 1박을 하려면 계약서를 작성하지 않고 일정 금액만 지불하면 된다. 하지만 다음 날 정해진 시간에 퇴실해야 한다는 조건이 있다. 일정 변경으로 다음 날 또 숙박을 위해 동일한 호텔을 찾아간다 하더라도 어제 숙박했던 방을 대여 받는다는 보장은 없다. 한편 2년 정도 장기 거주를 한다면 전세 계약서를 작성하고, 계약서에는 집의 크기, 방의 개수, 사용 용도 등을 기재해야 한다. 그러면 계약기간 동안 계약 범위 내에서 사용할 수 있는 전셋집이 구해진다. 하지만 전세 기간이 끝나면 주거 공간은 다시 원소유주의 것이 된다.

호텔과 같은 숙소는 임시숙소이기 때문에 [그림 1-13]의 덧셈연산에서 **자리올림** 데이터를 저장하는 메모리라 할 수 있다. 연산할 동안에만 해당 메모리가 필요하고 연산이 끝나면 해당 메모리를 보관할 필요가 없기 때문에 PLC의 O/S에 반납하면 된다. 한편 **연산 결과**를 보관하는 데이터는 전셋집에 해당될 것이다. 연산의 결과는 사용자가 필요로 하는 동안 데이터가 보존되어야 하기 때문에 메모리도 원하는 기간 동안 사용할 수 있어야 한다.

PLC는 기계 장치를 제어하기 위한 용도로 사용하는 제어 장치이다. 따라서 PLC는 입출력 장치를 위한 메모리와 프로그램 작성을 위한 메모리 공간이 분리되어 있다. 입출력을 위한 메모리의 집합을 **시스템 메모리**, 프로그램 작성에 필요한 메모리가 **워크 메모리**이다.

1 시스템 메모리에 존재하는 전역 메모리 : 시스템 메모리에 있는 I(입력), Q(출력), T(타이머), C(카운터), M으로 시작하는 메모리가 전역 메모리에 해당된다. 입력과 출력 메모리는 용도가 정해져 있고, M 메모리는 프로그래머의 필요에 따라 사용할 수 있는 메모리이다. M 메모리 번지는 프로그램 전체에 통용되기 때문에 동일 메모리 번지를 여러 곳에서 사용하면 이중 메모리 번지로 인해 프로그램에 문제가 발생한다.

시스템 메모리를 거주공간으로 구분한다면 법원의 등기부 등본에 소유주로 내 명의가 기재되어 있는 집이라 할 수 있다. 이 집은 다른 사람이 거주할 수 없는 오직 나만을 위한 주거지이며, 누구든지 집 주인이 누구인지를 알 수 있다. 시스템 메모리는 PLC의 프로그램 어디에서든지 사용할 수 있지만, 잘못 사용하면 메모리 충돌이 발생할 수 있는 문제점을 갖는데, 이는 하나의 집을 가지고 다수의 사람이 자기의 소유라고 주장하면 법적인 문제가 발생하는 것과 같은 원리이다.

2 워크 메모리에서 분할 받는 전역 메모리 : M 메모리의 사용 가능한 메모리 용량이 작기 때문에 워크 메모리 공간을 분할 받아서 전역 메모리 영역으로 사용할 수 있다. 워크 메모리 공간을 할당 받기 위해서는 필요한 메모리의 크기와 메모리에 저장할 데이터의 종류가 기재된 내역서, 즉 전역 DB를 만들어서 PLC의 O/S에게 제출해야 한다. 전역 DB에 기재된 메모리는 전역 메모리로 사용할 수 있고 프로그램 전체에 통용될 수 있다.

전역 메모리를 거주공간으로 구분한다면 영구임대 주택이라 할 수 있다. 내 명의로 되어 있지 않지만, 필요로 할 때까지는 내 명의로 된 주택과 동일하게 사용할 수 있다. 그렇기 때문에 앞에서 언급한 시스템 메모리와 동일한 효과를 가지고 있지만 해당 메모리의 주인은 PLC의 O/S이다. 따라서 필요가 없는 경우에 해당 메모리는 PLC의 O/S에게 반납되어야 한다.

3 FB에서만 사용되는 정적Static 변수용 메모리 : 정적 변수 메모리는 FB 내부에서 사용되는 메모리로 워크 메모리 공간을 분할 받는다. 따라서 FB에서 사용되는 정적 변수 메모리 할당을 위한 내역서를 만들어야 하는데 이 내역서는 프로그래머가 FB 내부에서 'Static'으로 지정된 영역에서 필요로 하는 변수명과 데이터 타입을 지정해서 만들어야 한다. FB에서 선언된 정적 변수는 FB가 실행될 때 메모리를 할당 받고 FB의 수명이 다할 때(PLC의 전원이 OFF될 때)까지 유지된다. 해당 FB가 사용되지 않을 때에는 분할 받은 메모리를 O/S에 반납한다. 즉 정적 메모리는 주인에게 필요할 때 빌려서 안정적으로 원하는 만큼 쓴 후, 나중에 다 쓰고 나면 다시 되돌려주는 전셋집과 비슷하다.

Static으로 선언된 변수의 설정값은, 할당할 때 초기 설정값을 따로 지정하지 않으면 0으로 자동 초기화된다. 정적 변수를 사용하는 FB는 OB에 호출될 때 정적 변수를 할당 받은 별도의 DB를 갖도록 되어 있다. FB가 실행될 때 자동으로 할당되는 DB를 인스턴스Instance DB라 한다. 한편 정적 변수와 정역 변수의 가장 큰 차이점은 사용 범위Scope이다. 정적 변수는 선언된 FB 내부에서만 사용 가능하지만, 전역 변수는 다른 블록에서도 접근이 가능하다.

4 FB와 FC에서 사용하는 임시(템프Temp) 메모리 : FB와 FC에서 사용하는 Temp 변수는 해당 블록 내부에서만 사용되는 변수이다. Temp 변수는 해당 블록이 OB에 호출될 때 스택 세그먼트 영역에 생성되고, 매 스캔마다 FB의 사용이 종료될 때마다 소멸한다. 따라서 Temp 변수에 선언한 데이터의 유지시간은 1 스캔 시간 내에서 해당 FB가 실행되는 시간 동안만 유효하다. 따라서 여러 스캔 시간에 걸쳐서 보존되어야 할 데이터는 Temp 변수에 보관해서는 안 된다. 거주지로 구분하면 호텔과 같은 임시숙소에 해당되는 메모리 공간이라 할 수 있다.

메모리의 크기에 따라 데이터 타입이 달라진다

메모리의 최소 단위는 비트이고, 비트가 8개 모여서 1개의 문자를 표현할 수 있는 정보의 기본 단위인 바이트가 된다. 따라서 메모리의 크기는 비트, 바이트, 워드, 더블워드로 구분된다. 멜섹의 경우에는 데이터를 저장할 메모리를 구분할 때 크게 3가지(비트, 워드, 더블워드)로 구분할 뿐, 메모리의 크기에 따라 저장할 수 있는 데이터 타입을 구분하지는 않는다. 따라서 해당 메모리에 어떤 데이터를 저장할지 결정하는 것은 프로그래머의 권한이고, 메모리에 저장한 데이터에 문제가 발생하면 그건 온전히 프로그래머의 책임으로 귀결된다. 하지만 지멘스에서는 메모리의 크기와 함께 해당 메모리에 저장할 데이터의 타입까지 구분되어 있다. 따라서 메모리를 할당 받기 위해서는 메모리의 크기뿐만 아니라 해당 메모리에 저장할 데이터의 타입도 파악해야 한다.

지멘스의 각종 명령어에 사용하는 데이터도 데이터 타입이 지정되어 있다. 따라서 맞지 않는 데이터 타입을 명령어에 지정하게 되면 프로그램의 컴파일 과정에서 에러로 처리되어 데이터의 오류를 사전에 검증할 수 있다. 이런 방식은 프로그래머가 잘못된 데이터 타입을 실수로 사용할 경우에 발생할 수 있는 오류를 최소한으로 줄여주기 때문에 좀 더 완벽한 프로그램을 작성하는 데 도움이 된다. 하지만 그만큼 여러 절차를 준수해야 하기 때문에, 멜섹을 사용하다가 지멘스를 사용하는 많은 이들이 이런 점에서 지멘스 PLC의 사용을 어려워하거나 불편해하곤 한다.

[표 1-1] 지멘스 PLC에서 사용하는 데이터 타입과 데이터 표현 방법

데이터 타입	비트 개수	숫자 유형	범위	표현 방법
Bool	1	Boolean	FALSE/TRUE	TRUE, 1
		2진수	0/1	0, 2#0
		8진수	8#0 또는 8#1	8#1
		16진수	16#0 또는 16#1	16#1
Byte	8	2진수	2#0 ~ 2#11111111	2#00001111
		부호 없는 정수	0 ~ 255	15
		8진수	8#0 ~ 8#377	8#17
		16진수	16#00 ~ 16#FF	16#F, 16#F

Word	16	2진수	2#0 ~ 2#1111111111111111	2#0000111100001111
		부호 없는 정수	0 ~ 65535	61680
		8진수	8#0 ~ 8#177777	8#170360
		16진수	16#0 ~16#FFFF	16#F0F0
DWord	32	2진수	2#0~ 2#111111111111111111111 11111111111	2#111100001111000011 1000011110000
		부호 없는 정수	0 ~ 4294967295	1579395
		8진수	8#0 ~ 8#37777777777	8#741717
		16진수	16#0000_0000 ~ 16#FFFF_FFFF	16#F0FF0F
USInt	8	정수형	0 ~ 255	78, 2#01001110
SInt	8		−128 ~ 127	+50, 16#50
UInt	16		0 ~ 65535	65295, 0
Int	16		−32768 ~ 32767	30000, +30000
UDInt	32		0 ~ 4294967295	4042322160
Dint	32		−2147483648 ~ 2147483647	−2131754992
Real	32	부동소수점 실수	$\pm 3.402823e^{+38}$	123.456, 1.0e−5
LReal	64		$\pm 1.7976931348623158e^{+308}$	1.2E+40
Time	32	−	T#−24d_20h_31m_23s_648ms ~ T#24d_20h_31m_23s_648ms	T#5m_30s T#1d_2h_15m_30s_45m
Date	16	−	D#1990−1−1 ~ D#2168−12−31	D#2009−12−31
Time_of_ Day	32	−	TOD#0:0:0.0 ~ TOD#23:59:59.999	TOD#10:20:30.400
DTL	12Byte	−	최소: DTL#1970−01−01−00:00:00.0 최대: DTL#2554−12−31−23:59:59.99 9 999 999	DTL#2008−12−16− 20:30:20.250
Char	8	−	ASCII 문자코드	'A', 't', '@'
String	n+2Byte	−	n은 0 ~ 254문자 바이트	'ABC'

지멘스 PLC에서는 프로그래머가 사용 가능한 메모리 번지인 M 메모리를 사용해서 프로그램을 작성할 수도 있고, FB 형태로 워크 메모리를 분할 받아서 프로그램을 작성할 수도 있으며, FC와 DB를 조합해서 프로그램을 작성할 수도 있다. 이처럼 사용하는 메모리에 따라 프로그램 작성 방법이 다양하다.

[그림 1−14]는 리셋 우선 자기유지 회로를 나타낸다. 이 회로를 구성하기 위한 프로그램을 지멘스 PLC에서 어떤 형태로 만들 수 있는지 살펴보자.

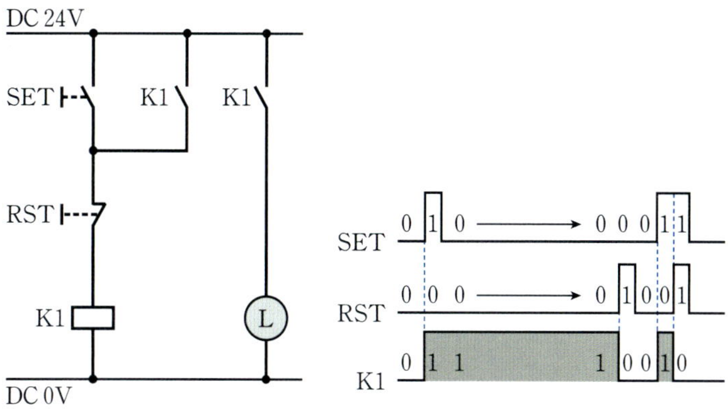

(a) 자기유지 회로 (b) 타이밍도

IN		OUT	
변수명	번지	변수명	번지
SET	I0.0	L	Q0.0
RST	I0.1		

(c) 입출력 번지 할당

[그림 1-14] 리셋 우선 자기유지 회로

[그림 1-14]의 자기유지 회로에서 SET와 RST은 입력 번지가 정해져 있고, 램프인 L은 출력 번지가 정해져 있다. 그런데 릴레이 K1에 대한 메모리 번지는 정해져 있지 않다. K1은 자기유지 회로의 셋과 리셋 정보를 기억하는 1비트 메모리에 해당된다. 지멘스에서는 K1의 용도로 사용할 비트 메모리로 어떤 메모리를 사용하느냐에 따라서 프로그램 작성법이 달라진다.

OB1에서 프로그램을 작성하는 방법

OB1은 PLC의 O/S에서 프로그램 실행을 위해 매 스캔마다 호출하는 프로그램 실행 전용 블록으로, 멜섹에서는 프로그램 MAIN에 해당된다고 할 수 있다. OB1에서 M 메모리를 사용해서 자기유지 회로 프로그램을 만들어 보자.

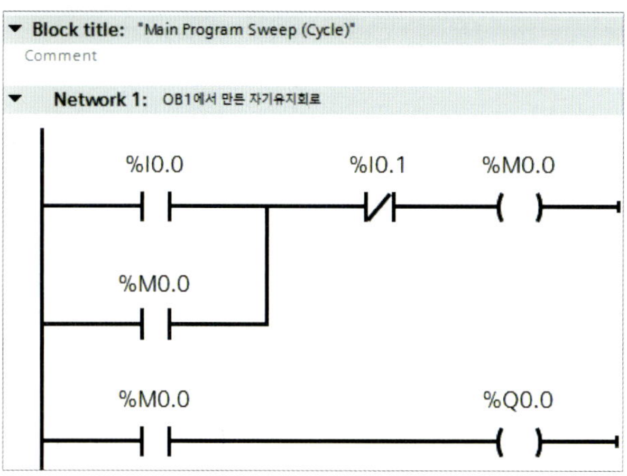

[그림 1-15] OB1에서 만든 자기유지 회로 프로그램

OB1에서 사용할 수 있는 변수로는 Temp 변수가 유일하다. 그러나 Temp 변수는 자기유지 회로의 셋과 리셋 상태를 기억할 수 없기 때문에 절대번지를 가진 **M 메모리**를 사용해서 프로그램을 작성해야 한다.

OB1에서 DB의 메모리를 이용해 프로그램을 작성하는 방법

OB1에서 M 메모리를 사용해 프로그램을 작성하게 되면 프로그램을 수정하기 위해 프로그래머가 직접 메모리를 관리해야 한다. 따라서 메모리를 프로그래머가 아닌 O/S가 관리하면 프로그래머의 메모리 관리 실수로 인한 오류 발생 가능성이 줄어들게 된다. 자기유지 회로 프로그램을 만들기 위해서는 [그림 1-14]의 K1에 해당되는 비트 메모리를 PLC의 O/S에 요청해서 워크 메모리를 분할 받아야 한다. 워크 메모리를 분할 받기 위해서는 필요한 메모리의 내역서를 작성해서 O/S에 제출해야 한다. 따라서 [그림 1-16]처럼 OB1에서 사용할 Global DB를 만들고, DB에서 자기유지 회로를 만드는 데 필요한 비트 메모리의 내역서를 작성한 후에 해당 DB를 컴파일하면 O/S로부터 비트 메모리를 할당 받아서 사용할 수 있다. 이 비트는 M 메모리처럼 프로그램 전체에서 사용 가능한 메모리이기 때문에 동일한 이름의 메모리가 프로그램 여러 곳에서 사용되지 않도록 해야 한다.

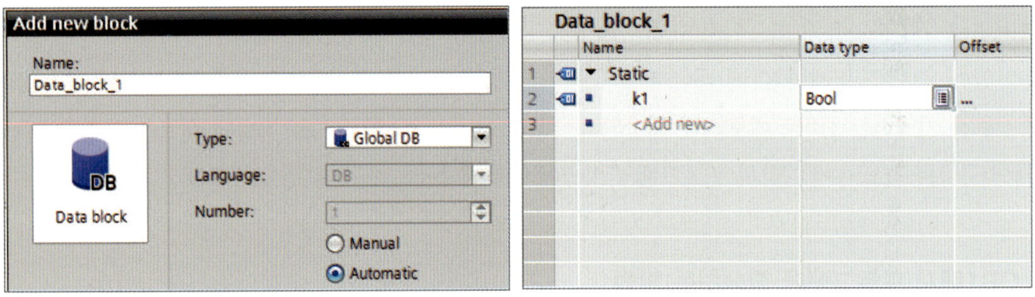

(a) DB 생성 (b) 사용할 메모리 내역서 작성

[그림 1-16] OB1에서 사용할 변수를 Global DB로 만드는 방법

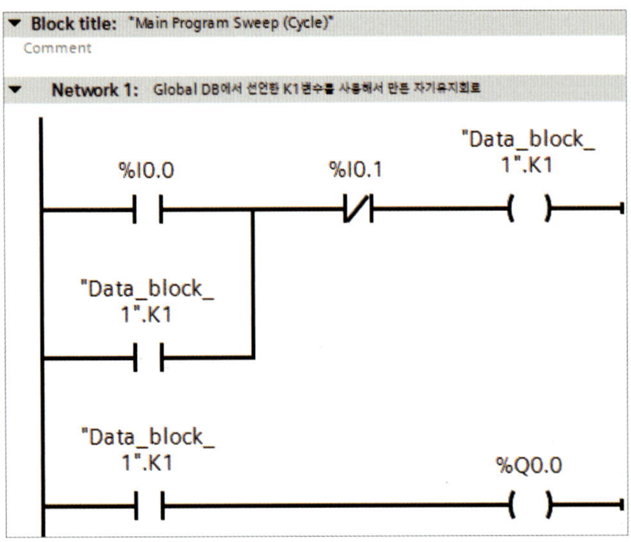

[그림 1-17] OB1에서 DB를 사용해서 만든 자기유지 회로

FB로 프로그램 작성 후 OB1에서 호출하는 방법

FB를 사용해서 자기유지 회로 프로그램을 만들기 위해서는, 먼저 사용할 FB를 만들고 FB 내부에서 사용할 메모리의 내역서를 작성한다. 이때 작성하는 메모리 내역서에는 K1과 함께 입력과 출력으로 사용할 메모리도 포함하여 작성한다.

[그림 1-18]은 자기유지 회로 프로그램을 작성할 FB의 생성과 함께 FB 내부에서 사용할 메모리의 내역서를 작성한 내용이다. FB에서는 자기유지 회로의 입력에 해당되는 SET과 RST가 입력 메모리로, LAMP가 출력 메모리로 사용된다. 그리고 자기유지 회로의 동작 상태를 기억하기 위한 K1이 Static 메모리로 지정되어 있다.

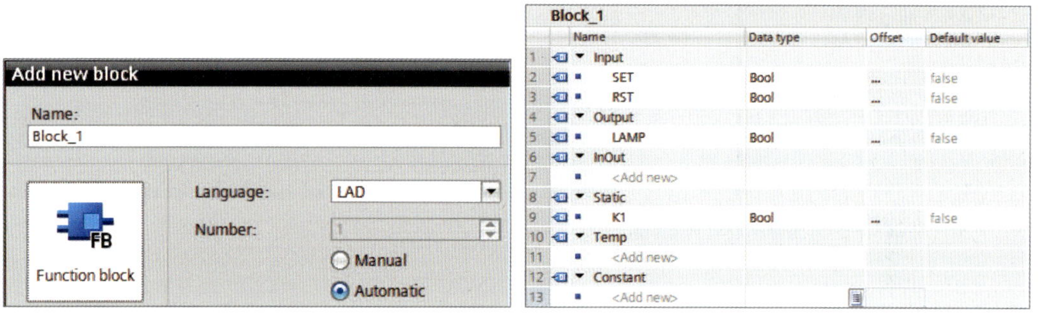

(a) FB 생성 (b) FB 내부에서 사용할 메모리에 대한 내역서 작성

[그림 1-18] FB에서 자기유지 회로 프로그램 작성

[그림 1-19]는 FB 내부에서 지정한 메모리를 사용해서 작성한 자기유지 회로 프로그램으로, OB1에서 작성한 프로그램과 비교해보면 변수 이름 앞에 붙은 식별자 부호가 다르다는 점을 확인할 수 있다. OB1에서는 식별자가 %인데, 이 식별자의 의미는 전역 메모리로 사용되는 변수명을 의미한다. 그리고 [그림 1-19]에서 변수 이름 앞의 #은 FB 내부에서만 사용 가능한 변수를 의미한다.

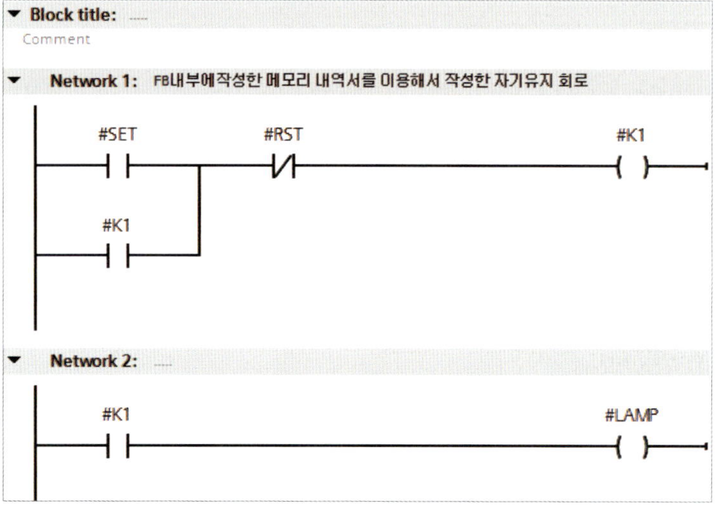

[그림 1-19] FB에서 작성한 자기유지 회로

[그림 1-20]과 같이 작성한 FB1을 실행시키기 위해 OB1에서 FB1을 드래그해서 네트워크 라인에 갖다 놓으면, FB1에서 사용할 메모리를 PLC O/S에 할당 받기 위한 〈Call options〉 창이 생성된다. 이 창은 O/S에서 분할 받은 워크 메모리 영역의 내역을 나타내는 DB로, Single instance DB라 한다. 이 DB는 오직 해당 FB의 내부에서 사용되는 데이터를 저장하기 위한 메모리만을 관리한다.

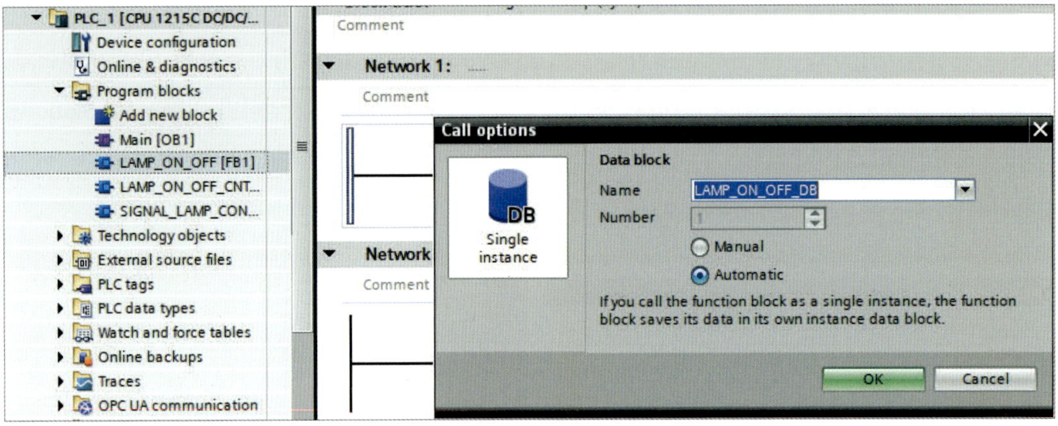

[그림 1-20] OB1에서 FB1을 호출할 때의 DB 할당

[그림 1-21]은 OB1에서 실행할 FB1을 호출한 모습이다. FB1에서 사용하는 워크 메모리 영역을 분할 받은 메모리를 관리하는 DB가 해당 FB1에 할당되어 있음을 확인할 수 있다.

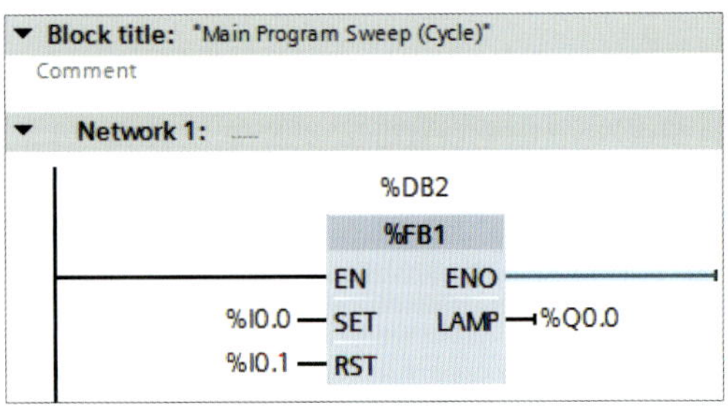

[그림 1-21] OB1에서 FB1을 호출한 모습

FC와 DB로 프로그램 작성 후 OB1에서 호출하는 방법

FB와 달리 FC 내부에서 사용하는 메모리 중에는 Static이 없다. 따라서 자기유지 회로와 같은 프로그램이 여러 스캔에 걸쳐서 실행될 때 회로의 상태를 기억하는 K1과 같은 메모리를 만들 수 없기 때문에, 원칙적으로는 FC에서는 자기유지 회로를 만들 수 없다. 하지만 [그림 1-16]에서 만든 Global DB의 K1을 사용하면 FC에서도 자기유지 회로를 만들 수 있다.

[그림 1-22]는 자기유지 회로 프로그램을 작성할 FC를 만들고, FC 내부에서 사용할 메모리의 내역서를 작성한 모습이다.

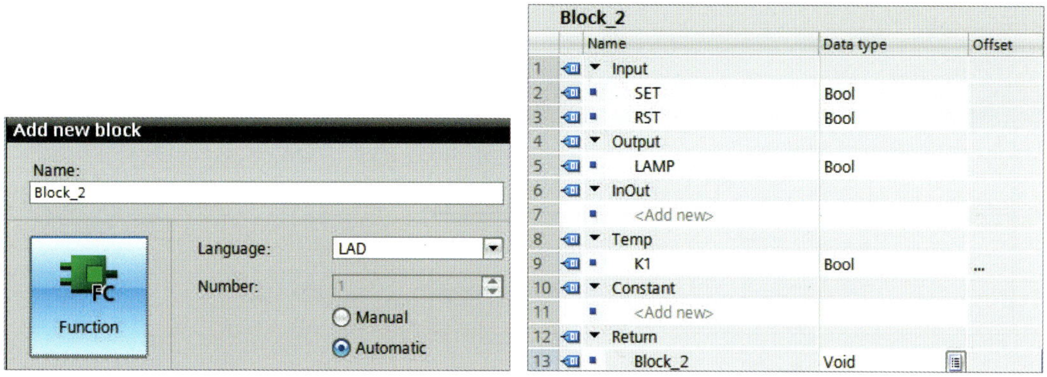

(a) FB 생성　　(b) FC 내부에서 사용할 메모리 내역서 작성

[그림 1-22] FC에서 Global DB에 선언된 변수를 사용한 자기유지 회로 프로그램 작성

[그림 1-23]은 자기유지 회로의 상태를 기억하는 K1을 Global DB에서 가져다 사용한 프로그램을 나타낸 것이다.

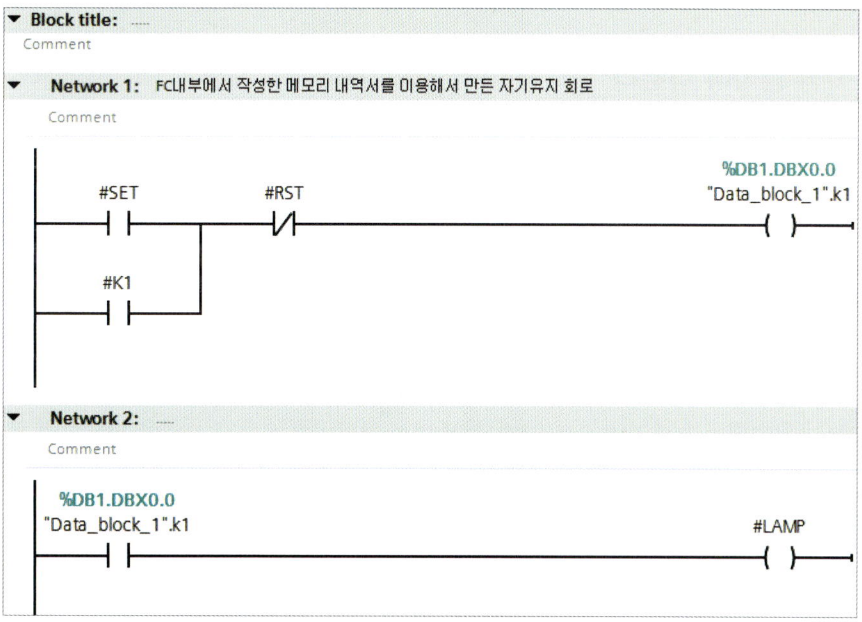

[그림 1-23] FC에서 작성한 자기유지 회로 프로그램

[그림 1-24]는 FC1을 실행하기 위해 OB1에서 FC1을 호출한 모습을 나타낸 것으로, FB와는 다르게 FC1에는 별도의 DB가 없음을 확인할 수 있다.

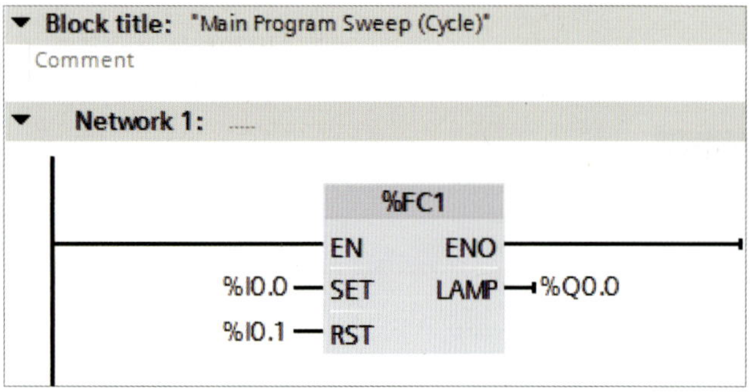

[그림 1-24] OB1에서 FC1 호출

앞에서 살펴본 것처럼 지멘스 PLC에서는 프로그램을 작성하는 방법이 다양하다는 것을 알 수 있다. 그렇다면 지멘스 PLC는 왜 이렇게 다양한 방법의 프로그램 작성을 허용하고 있을까? 이유는 많겠지만 가장 중요한 이유는 프로그램의 모듈화와 재활용을 통해서 복잡한 구조의 기계 장치를 제어하는 프로그램을 좀 더 단순하면서도 쉽게 작성하기 위함이다.

1.2.3 프로그램 작성 방식이 다르다

성능 향상과 더불어 가격도 저렴해진 PLC는 공장 자동화 외에도 인텔리전트 빌딩 제어, 수처리 분야 등 다양한 분야에 응용되고 있다. PLC의 성능 향상과 함께 PLC로 제어하는 기계 장치도 대형화되고 복잡해지면서 PLC 프로그램도 과거보다 훨씬 복잡해졌다. 또한 기계 장치의 내구성 증가 및 성능 개선 등으로 인해 프로그램의 유지 보수의 필요성은 지속적으로 증가하고 있다. 오늘날 공장 자동화 산업 현장에서 고성능의 PLC가 많이 사용되면서, 동작이 확실한 PLC 프로그램의 개발이 요구되고 있지만, 프로그램 개발 시간과 개발 인력의 부족으로, 완성된 프로그램에서 한두 개의 오류는 당연히 존재하는 것으로 인식되고 있다. 때로는 프로그램의 오류 발생으로 인해 수억 원의 개발비가 투자된 장비가 활용되지 못하고 폐기 처분되고 있는데, 이러한 상황이 프로그램 작성 방식에 어떤 영향을 끼치는지 생각해보자.

PLC와 PC에서 프로그램을 작성하는 방법에는 [그림 1-25]처럼 크게 3가지가 있다. 3가지 방법 중에서 PLC 프로그램 작성에 많이 사용되는 방법은 **리니어 프로그램**과 **영역으로 분할된 프로그램** 작성 방식이다. 이러한 두 방식은 절차식 프로그래밍이라고도 한다.

먼저 PLC 프로그램에서 오류가 발생하는 근본적인 문제를 살펴보자. PLC로 제어하는 장비는 시대의 흐름에 따라 대형화되고 복잡한 구조를 가지고 있는 데 반해, PLC 프로그램은 PLC가 처음 시판되던 1970년대의 단순한 기계 장치를 제어하기 위해 개발된 절차식 프로그래밍 방법으로 작성되고 있다.

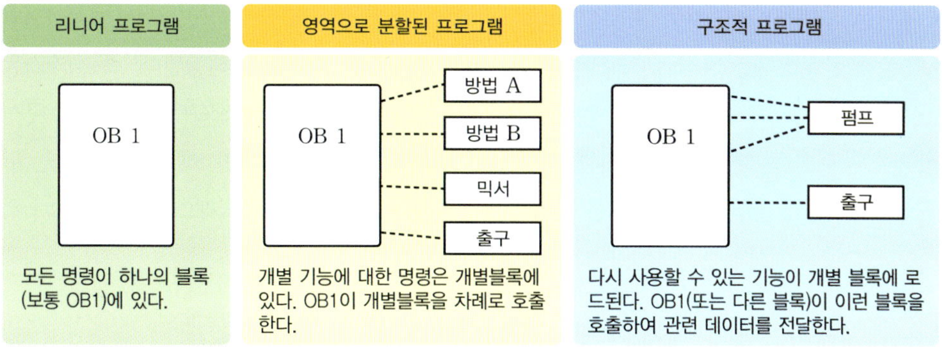

[그림 1-25] 지멘스 S7 PLC에서의 프로그램 작성

절차식 프로그래밍 방식

절차식 프로그래밍PP : Procedural Programming은 간결하고 빠른 실행 프로그램을 만드는 데 적합하지만, PLC로 제어할 기계 장치의 규모가 대형화되고 제어가 복잡해지면서 PLC 프로그램의 개발뿐만 아니라 개발된 PLC 프로그램의 유지 보수도 어려워지는 문제가 발생한다. 절차식에서는 문제를 해결하는 절차가 중심인데, 기계 장치의 제어는 절차식 외에도 복잡하고 특수한 동작 조건들을 가지고 있기 때문에 해결 방법도 장비의 동작 조건에 맞추어 고려되어야 한다.

예를 들어 모터를 제어하기 위해 인버터를 PLC로 제어하는 프로그램을 절차식 프로그래밍 방법으로 개발했다고 가정해보자. 장비를 사용하던 중 인버터 고장으로 인버터를 교체해야 하는데 동일한 모델이 단종되어 다른 인버터로 교체했다. 절차식 프로그램으로 새롭게 교체된 인버터를 제어하기 위해서는 기존에 개발된 프로그램을 수정하거나 새로 개발해야 하는데, 이때 수정보단 처음부터 프로그램을 새롭게 개발하는 게 더 수월할 수 있다.

절차식 프로그래밍 방식을 이용한 대규모 설비의 프로그램 개발에는 원래 오랜 개발 시간과 고도로 숙련된 많은 인력이 필요하지만, 현실에서는 둘 다 부족한 실정이다. 그렇다 보니 완성도 높은 프로그램의 개발은 어려워지고, 프로그램 개발 이후에도 프로그램의 수정 및 보완에 많은 시간을 투자하게 된다. 그 결과로 PLC 프로그램에 대한 신뢰도가 추락하는 경우가 많이 발생했다. 특히 그중에서도 가장 큰 문제는, 프로그램을 개발할 때 프로그램의 품질이나 유지 보수는 고려하지 않고 프로그래밍만 잘하려고 집착하다 보니, 다양하고 복잡해지는 프로그램의 요구 사항은 오히려 처리하지 못하는 것이다.

객체 지향 프로그래밍 방식

지멘스는 1996년 S7-300/400 PLC를 시장에 출시하면서 구조적 프로그램Structured Program 작성 방식을 도입하게 되는데([그림 1-25] 참조), 이 방식은 데이터 중심으로 프로그램 개발을 진행하는 **객체지향 프로그래밍**OOP : Object Oriented Programming 방식을 의미한다. 객체지향 프로그래밍이란 클래스Class와 객체Object를 사용해서 프로그래밍하는 방식인데, 클래스는 프로그램에서 처리할 데이터(멤버 변수)와 데이터를 처리하는 프로그램(메소드Methode 또는 멤버 함수Member Function)을 하나의 블록으로 만드는 것이다.

지멘스 PLC에서는 [그림 1-26]처럼 프로그램을 FB와 FC로 구분해서 작성하고, OB1에서 FB와 FC^Function^를 호출해서 실행하는 방식을 사용한다. 여기서 FB와 FC는 **클래스**에 해당된다. 즉 클래스는 미리 설정된 멤버 변수^Member Variable^와 처리해야 할 동작 조건을 나열해 놓은 래더도^Ladder Diagram^로 구성된 프로그램(멤버 함수 또는 메소드)을 의미한다. OB1에서 FB와 FC를 호출하면, 해당 FB와 FC는 워크 메모리에서 프로그램을 실행하면서 변수를 처리하는 동작을 하는데, 이처럼 클래스인 FB와 FC가 워크 메모리를 할당 받아서 실행하는 동작을 **인스턴스**^instance^라 부른다.

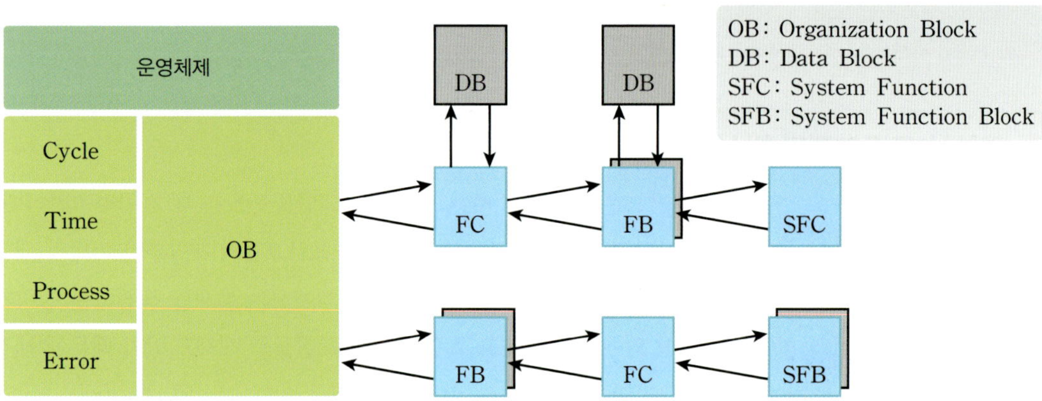

[그림 1-26] 지멘스 PLC의 프로그램 실행 방법

클래스는 재활용성이 아주 높아서 한 번 잘 만들어 놓으면 수정 없이 다른 프로젝트에도 사용할 수 있다. 심지어 기계부품을 조립하듯이 클래스를 조립하여 대규모의 PLC 프로그램을 단기간에 제작할 수도 있다. 객체지향 프로그래밍의 자세한 작성 방법은 S7-1200 PLC를 사용한 실습을 통해 이해해보자.

1.3 S7-1200 PLC의 특징 및 구성

SIMATIC S7-1200 PLC는 100점 미만의 입출력, 32개 미만의 아날로그 입출력, 산업용 시리얼 통신을 지원하는 소규모 제어 시스템에 적합한 PLC로, 다양한 CPU 모델을 가지고 있다.

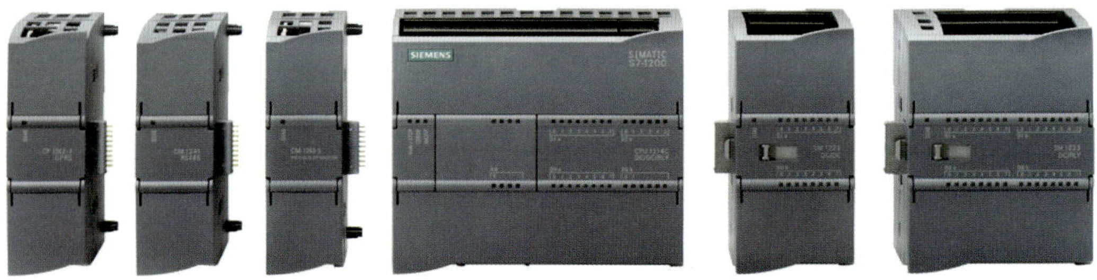

(a) CM(Communication Module) 모듈 (b) CPU 본체 (c) SM(Signal Module) 모듈

[그림 1-27] S7-1200 PLC의 본체와 확장 모듈의 구성

S7-1200 PLC의 주요 특징을 살펴보면 다음과 같다.

❶ **신호모듈Signal Module** : 확장 가능한 디지털 및 아날로그 I/O를 최대 8개까지 연결할 수 있다.

❷ **통합 프로피넷 인터페이스** : 통합된 프로피넷PROFINET 인터페이스는 프로그래밍은 물론 HMI 및 PLC 간 통신에 사용된다. 개방 이더넷 프로토콜을 사용하는 타사 장치와의 통신을 지원한다. 최대 16개의 이더넷 연결과 ISO on TCP 및 S7 통신 프로토콜을 제공한다.

❸ **속도, 위치 또는 듀티 사이클Duty Cycle 제어가 가능한 고속 펄스 출력** : 펄스 트레인Pulse Train 출력으로 스테핑 모터와 서보 드라이브를 제어할 수 있는 최대 100kHz의 고속 펄스 출력 2개를 제공한다.

❹ **PLCopen 모션 기능 블록** : 국제 표준인 PLCopen 모션 기능 블록을 사용할 수 있다.

❺ **PID 기능 제공** : 공정 제어를 위해 최대 16개의 PID 루프와 자동 튜닝을 지원한다.

1.3.1 CPU의 종류

S7-1200 PLC는 [표 1-2]와 같이 공급 전압과 필요한 I/O를 기준으로 CPU를 구분한다. 그중에서도 실습에서는 S7-1200 CPU1215C DC/DC/DC 타입을 사용한다.

[표 1-2] S7-1200 PLC의 CPU 종류

<table>
<tr><th colspan="2">CPU 종류</th><th colspan="3">CPU1211C</th><th colspan="3">CPU1212C</th><th colspan="3">CPU1214C</th><th colspan="3">CPU1215C</th><th colspan="3">CPU1217C</th></tr>
<tr><td rowspan="3">CPU 전원 구성</td><td>동작 전원</td><td>DC</td><td>AC</td><td>DC</td><td>DC</td><td>AC</td><td>DC</td><td>DC</td><td>AC</td><td>DC</td><td>DC</td><td>AC</td><td>DC</td><td>DC</td><td>DC</td><td>DC</td></tr>
<tr><td>입력 전원</td><td>DC</td><td>DC</td><td>DC</td><td>DC</td><td>DC</td><td>DC</td><td>DC</td><td>DC</td><td>DC</td><td>DC</td><td>DC</td><td>DC</td><td>-</td><td>-</td><td>-</td></tr>
<tr><td>출력 전원</td><td>DC</td><td>RY</td><td>RY</td><td>DC</td><td>RY</td><td>RY</td><td>DC</td><td>RY</td><td>RY</td><td>DC</td><td>RY</td><td>RY</td><td>-</td><td>-</td><td>-</td></tr>
<tr><td rowspan="3">메모리</td><td>작업</td><td colspan="3">30Kbyte</td><td colspan="3">50Kbyte</td><td colspan="3">75Kbyte</td><td colspan="3">100Kbyte</td><td colspan="3">150Kbyte</td></tr>
<tr><td>저장</td><td colspan="3">1Mbyte</td><td colspan="3">1Mbyte</td><td colspan="3">4Mbyte</td><td colspan="3">4Mbyte</td><td colspan="3">4Mbyte</td></tr>
<tr><td>정전</td><td colspan="3">10Kbyte</td><td colspan="3">10Kbyte</td><td colspan="3">10Kbyte</td><td colspan="3">10Kbyte</td><td colspan="3">10Kbyte</td></tr>
<tr><td colspan="2">입력 점수</td><td colspan="3">6</td><td colspan="3">8</td><td colspan="3">14</td><td colspan="3">14</td><td colspan="3">14(차동입력 4점)</td></tr>
<tr><td colspan="2">출력 점수</td><td colspan="3">4</td><td colspan="3">6</td><td colspan="3">10</td><td colspan="3">10</td><td colspan="3">10(차동출력 4점)</td></tr>
<tr><td colspan="2" rowspan="2">아날로그 입력</td><td colspan="3" rowspan="2">2(0-10V)</td><td colspan="3" rowspan="2">2(0-10V)</td><td colspan="3" rowspan="2">2(0-10V)</td><td colspan="3" rowspan="2">2(0-10V)</td><td rowspan="2">2</td><td colspan="2">0-10V</td></tr>
<tr><td colspan="2">4-20mA</td></tr>
<tr><td colspan="2" rowspan="2">아날로그 출력</td><td colspan="3" rowspan="2">-</td><td colspan="3" rowspan="2">-</td><td colspan="3" rowspan="2">-</td><td colspan="3" rowspan="2">2(0-20mA)</td><td rowspan="2">2</td><td colspan="2">0-20mA</td></tr>
<tr><td colspan="2">Line Drive</td></tr>
</table>

1.3.2 확장용 I/O 모듈의 종류

S7-1200 PLC의 본체가 가지고 있는 입출력은 최대 입력 14점, 출력 10점을 가지고 있으므로 디지털 I/O 및 아날로그 I/O의 확장을 필요로 하는 경우가 발생하면 필요한 I/O 모듈을 선택해서 입출력을 확장할 수 있다.

[표 1-3] 디지털 입출력 모듈

구분	SM1221 DC	SM 1222 DC	SM 1222 RLY	SM1223 DC/DC	SM1223 DC/RLY	SM1223 AC/RLY
종류	DI 8×24V DC	DO 8×24V DC	DO 8×RLY	DI 8/DO 8	DI 8/DO 8	DI 8/DO 8
	DI 16×24V DC	DO 16×24V DC	DO 16×RLY	DI 16/DO 16	DI 16/DO 16	

[표 1-4] 아날로그 입출력 모듈

구분	SM1231 AI	SM1231 RTD	SM1231 TC	SM1232 AO	SM 1234 AI/AO
종류	4채널 × 13bit	4채널 × 16bit	4채널 × 16bit	2채널 × 13bit	4채널 × 13bit AI 4채널 × 13bit AQ
	8채널 × 13bit	8채널 × 16bit	8채널 × 16bit	4채널 × 13bit	
	4채널 × 16bit	-	-	-	-

만약 소규모의 I/O 확장이 필요한 경우에는 [표 1-5]처럼 I/O 모듈 대신에 I/O 보드를 선택한다.

[표 1-5] 디지털 및 아날로그 입출력 보드

구분	디지털 입력 보드	디지털 출력 보드	아날로그 입력 보드	아날로그 출력 보드
종류	4 × 24Vdc	4 × 24Vdc	1채널 × 12bit	1채널 × 12bit
	4 × 5Vdc	4 × 5Vdc	1채널 × 16bit RTD	
	-	-	1채널 × 16bit TC	

더 알아보기 **확장용 통신 모듈**

CPU에는 이더넷 포트만 포함되어 있기 때문에, 시리얼 통신 및 프로피버스 DP 통신이 필요한 경우에는 [표 1-6]과 같은 확장용 통신 모듈을 선택한다.

[표 1-6] CM 모듈의 종류

구분	CM1241	CM1241	CM1243-2	CM1242-5	CM1243-5
통신 종류	RS232	RS422/485	AS-i master	PROFIBUS DP slave	PROFIBUS DP master

1.4 S7-1200 PLC의 입출력 결선

앞서 언급했듯이, 실습에 사용하는 S7-1200 PLC는 CPU1215 DC/DC/DC 타입을 사용한다. 해당 PLC의 동작 전원은 24Vdc를 사용하고 디지털 입력 14점, 디지털 출력 10점, 아날로그 입출력 각각 2점을 가지고 있다. PLC를 사용하기 위한 입출력 결선법에 대해 살펴보자.

1.4.1 싱크와 소스 전기회로

PLC의 입출력은 PLC를 유지 및 보수하는 작업자의 안전을 위해 대부분 24Vdc 전원을 사용하는 입출력 모듈을 사용한다. DC 전원을 이용해서 전기회로를 구성하는 경우에는 싱크 전기회로와 소스 전기회로로 구분해 회로를 만든다.

[그림 1-28]은 DC 전원을 사용해 램프를 점등하기 위한 결선 방법을 나타낸 것이다. 전기회로에서는 DC 전원의 극성 방향에 따라 싱크Sink 전기회로와 소스Source 전기회로로 구분된다.

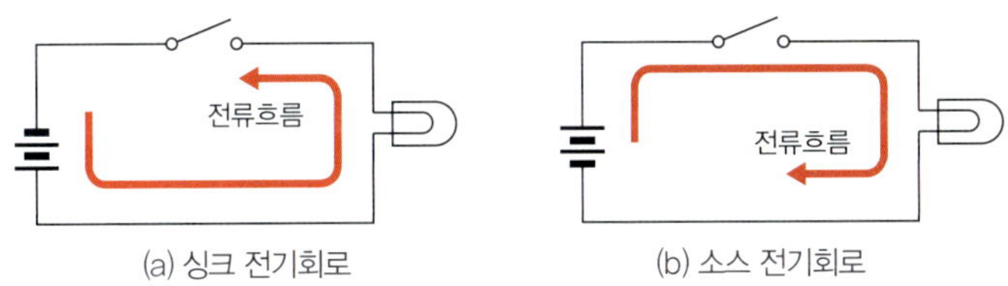

[그림 1-28] 싱크 전기회로와 소스 전기회로

싱크 전기회로(줄여서 '싱크 회로')는 [그림 1-28(a)]처럼 (+)극에서 출발한 전류가 부하를 거쳐서 전기 스위치에 의해 (-)극으로 흡수된다. 반대로 소스 전기회로(줄여서 '소스 회로')는 [그림 1-28(b)]처럼 (+)극에서 출발한 전류가 전기스위치를 거쳐서 부하로 공급된다. DC 전원을 이용한 전기회로를 구성할 때는 제일 먼저 싱크 타입의 전기회로를 구성할 것인지, 아니면 소스 타입의 전기회로를 구성할 것인지를 결정해야 한다.

1.4.2 싱크입력과 소스입력

[그림 1-29]와 같은 싱크입력은 PLC 입력모듈의 COM(공통단자)COMMON이 +24Vdc 전원에 연결된 것을 의미한다. 싱크입력과 같은 의미로 플러스(+) COM 입력모듈, IEC 표준에는 **네거티브 논리**Negative Logic라 한다. 싱크입력은 [그림 1-29(a)]처럼 입력에 연결된 스위치가 ON될 때, PLC 입력단자에서 스위치를 통해 전류가 유출되는 방식을 의미한다. 소스입력은 싱크입력과는 상반되는 의미의 용어로, [그림 1-29(b)]처럼 PLC 입력모듈의 COM이 0Vdc 전압에 연결된 것을 의미한다. 따라서 소스 입력모듈을 마이너스(-) COM 입력모듈, IEC 표준에서는 **포지티브 논리**Positive Logic라 한다. 소스입력은 PLC의

입력에 연결된 스위치가 ON될 때, 스위치를 통해서 PLC 내부로 전류가 유입되는 방식을 의미한다.

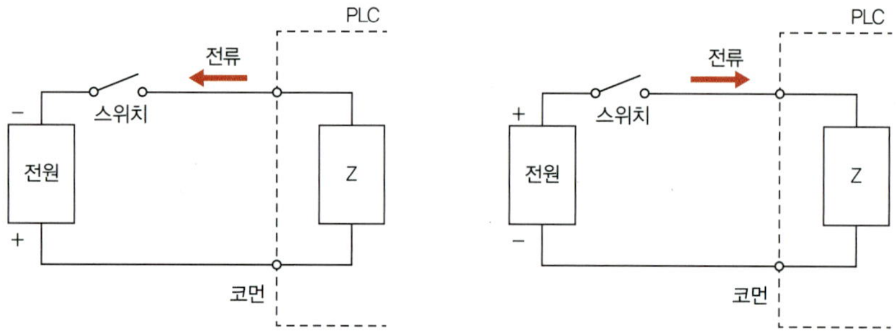

(a) 네거티브 논리 입력 (b) 포지티브 논리 입력

[그림 1-29] PLC의 네거티브와 포지티브 입력 결선 방식

더 알아보기 입력모듈 결선 방식이 싱크와 소스로 정해진 이유

[그림 1-30]은 여러 개의 스위치를 사용해 각각의 램프를 ON/OFF하기 위한 전기회로를 나타낸 것이다. 그림에서 스위치 COM과 램프 COM이 있음을 알 수 있다. 전기회로에서 COM은 동일한 극성의 전원을 공급하기 위해 여러 개의 전선을 하나로 묶은 전선 묶음을 의미한다. [그림 1-30]에서는 일반 램프를 사용했기 때문에 [그림 1-30(b)]와 같이 DC 전원의 극성에 관계없이 램프를 점등할 수 있다.

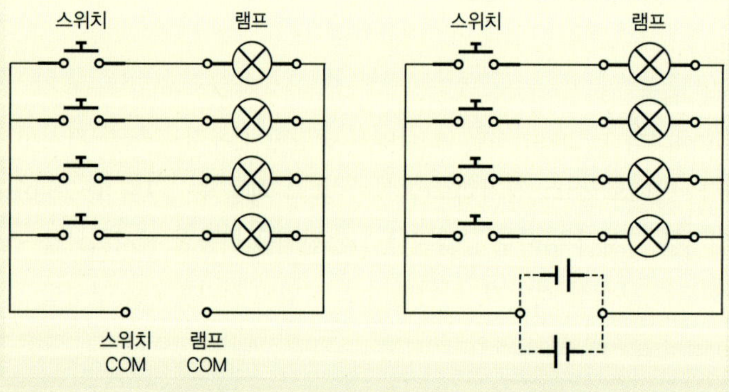

(a) (b)

[그림 1-30] 램프 점등을 위한 전기회로 구성 방법

[그림 1-31]처럼 일반 램프 대신 LED를 사용하면 어떻게 될까? LED는 전원 극성을 가지고 있어 LED의 COM 단자는 +COM과 −COM으로 구분된다. PLC의 입력에는 [그림 1-31]처럼 여러 개의 포토커플러 LED가 COM으로 연결되어 있기 때문에 +COM과 −COM으로 구분된다. [그림 1-31(a)]와 같이 스위치 COM에 (+)전원, LED의 COM에 (-)전원이 연결된 회로가 소스 회로에 해당하고, [그림 1-31(b)]와 같이 스위치 COM에 (−)전원, LED의 COM에 (+)전원이 연결된 회로가 싱크 회로에 해당한다.

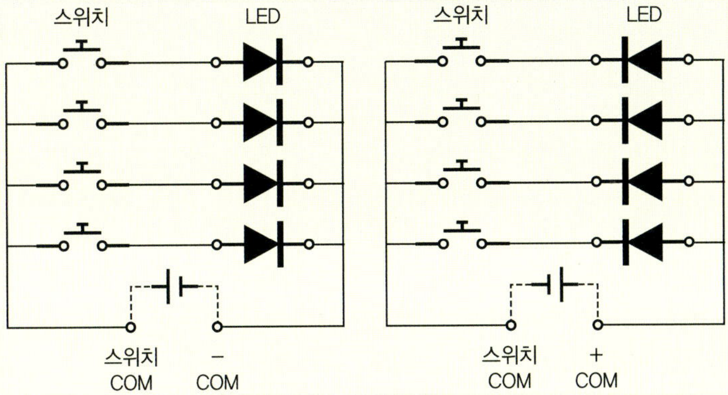

(a) 소스 회로 (b) 싱크 회로

[그림 1-31] LED 점등을 위한 전기회로 구성 방법

더 알아보기 **입력모듈에 COM 단자가 필요한 이유**

입력모듈에 COM 단자가 있는 이유는 결선을 위한 전선의 개수를 줄이기 위함이다. [그림 1-32(a)]와 같이 COM 단자 없이 입력모듈에 4개의 스위치를 연결하기 위해서는 8가닥의 전선 연결이 필요하다. [그림 1-32(b)]의 경우와 같이 COM이 있는 경우에는 5가닥의 전선 연결이 필요하다. 전기회로를 구현하는 데 문제가 발생하지 않는다면 결선의 수가 적은 것이 작업의 효율성이 높으므로 입력모듈에는 여러 개 입력의 공통 단자를 하나의 전선으로 모듈의 내부에서 연결한 COM 단자가 존재한다.

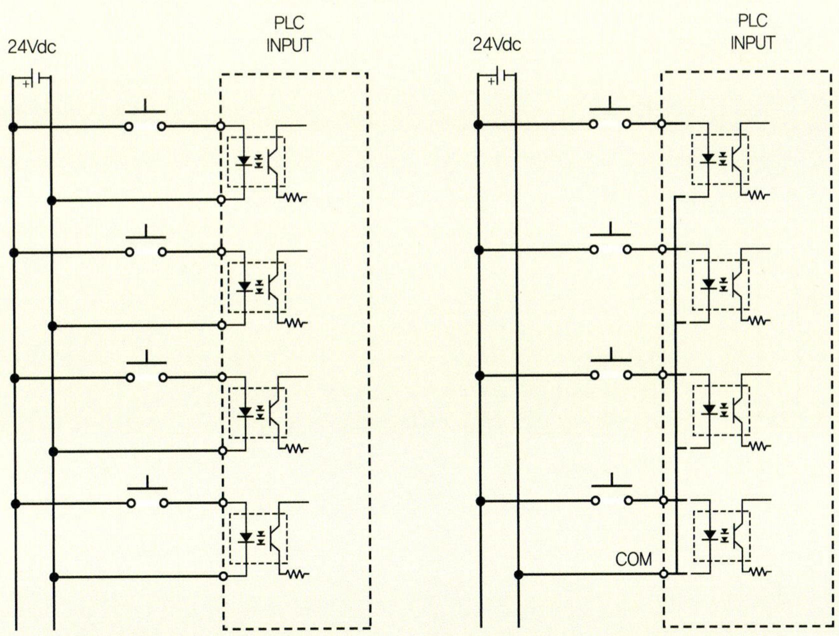

(a) COM 단자가 없는 경우의 결선법 (b) COM 단자가 있는 경우의 결선법

[그림 1-32] COM 단자가 필요한 이유

1.4.3 PLC CPU1215C DC/DC/DC의 입출력 결선

[그림 1-33]은 실습에 사용하는 PLC의 입출력 결선도를 나타낸 것이다. 결선도를 부분적으로 나눠서 설명하면 다음과 같다.

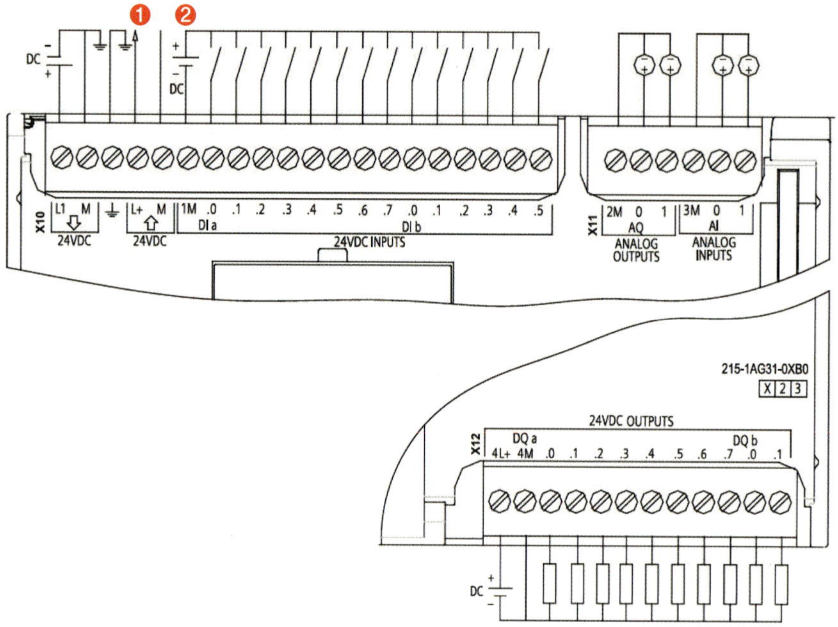

[그림 1-33] CPU1215C DC/DC/DC의 입출력 결선도

PLC의 동작 전원과 센서를 위한 출력 전원

PLC의 동작을 위해 외부에서 24Vdc 전원을 X10으로 표시된 L1과 M 단자에 연결한다. 그리고 PLC의 입력에 사용되는 센서의 동작을 위한 전원을 L+와 M을 통해서 제공한다. 만약 센서를 위한 전원을 사용하지 않더라도 외부 노이즈 방지를 위해 M을 차체 접지Chassis Ground를 한다.

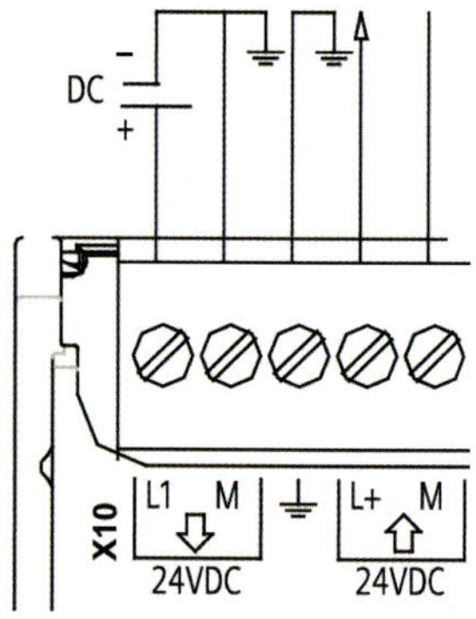

[그림 1-34] 출력 전원

PLC 동작

- DC전원 공급 범위 : 20.4Vdc ~ 28.8Vdc
- DC전원 전류 범위 : 1.5A 이상(CPU는 0.5A 소모)

센서 동작

- DC전원 전류 범위 : 400mA

PLC 입력 결선

CPU1215C DC/DC/DC 타입의 입력 결선은 1M 단자에 연결되는 전원의 극성에 따라 포지티브 논리와 네거티브 논리로 결선할 수 있다. PLC의 입력 결선이 두 논리를 선택해서 연결할 수 있는 이유는 [그림 1-35(b)]처럼 양방향 입력의 포토커플러를 사용하기 때문이다.

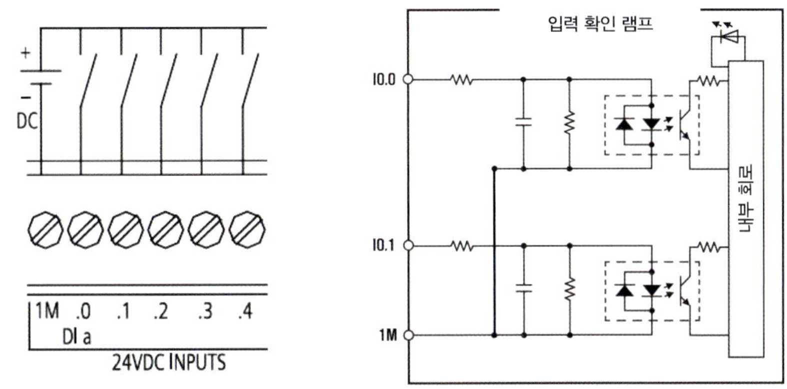

(a) PLC 입력 결선도(포지티브 논리)

(b) PLC 입력 내부 회로

[그림 1-35] PLC의 입력 결선 방법

PLC 출력 결선

CPU1215C DC/DC/DC 타입의 출력은 MOSFET을 사용한 소싱Sourcing 방식을 사용한다.

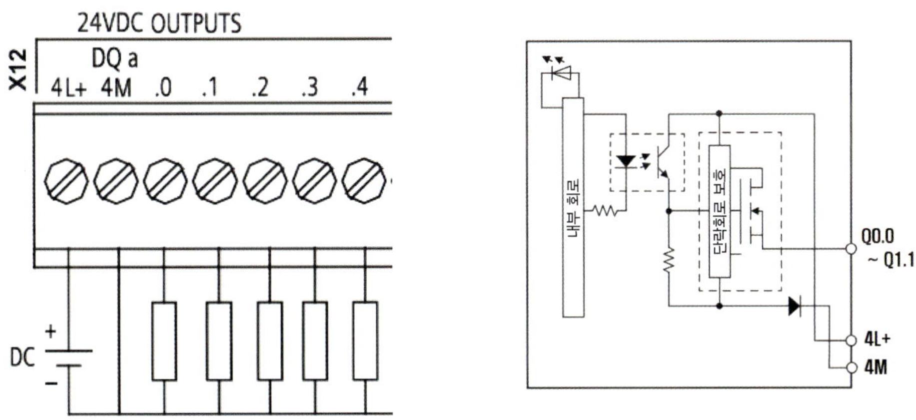

(a) PLC 출력 결선도(소싱)

(b) PLC 출력 내부 회로

[그림 1-36] PLC의 출력 결선 방법

PLC의 출력에는 외부에서 24Vdc 전원 공급(4L+, 4M)을 필요로 한다. [그림 1-36(b)] 에서 출력에 사용되는 전계효과 트랜지스터(FET)의 회로 동작이 포토커플러에 의해 PLC 내부 회로의 동작 전원과 전기적으로 절연되어 있기 때문에 출력회로 동작을 위한 전원을 외부에서 공급해야 한다.

1.5 이더넷 통신 연결

CPU1215C는 TIA Portal에서 작성한 PLC 프로그램을 이더넷을 사용해 CPU에 다운로드/업로드 또는 모니터링을 하도록 구성되어 있다. 따라서 CPU1215C를 사용하려면 이더넷 통신망을 구성해야 한다. 그리고 이더넷 통신망을 구성하려면 PC 또는 노트북에 TIA Portal이 설치되어 있어야 한다.

PLC의 프로그램 작성과 실습을 위한 시스템의 구성은 [그림 1-37]과 같다.

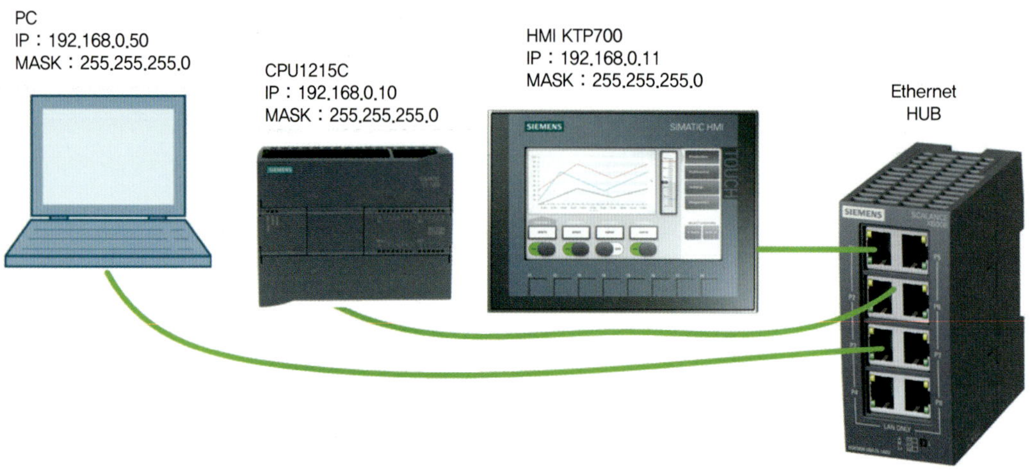

[그림 1-37] 이더넷을 이용한 PLC 시스템 구성

허브를 이용한 이더넷 통신 연결

이더넷 통신을 사용해서 컴퓨터와 PLC를 네트워크에 연결하기 위해서는 스위치용 허브HUB를 사용한다. [그림 1-37]의 이더넷 허브는 지멘스에서 시판하는 전용 스위칭 허브 대신에 시중에 판매되는 일반 스위칭 허브를 사용해도 무방하다.

[1단계] IP와 MASK의 설정

허브를 이용한 이더넷 통신을 위해 각각의 장치에 IP와 MASK가 설정되어야 한다. 실습에 사용하는 CPU1215C는 허브기능을 갖춘 2개의 이더넷 포트를 가진다. 제품이 출하될 때 이더넷 포트의 IP는 '192.168.0.1'로 설정되어 있다. 그리고 MASK는 '255.255.255.0'으로 설정되어 있다. 실습에서는 CPU의 이더넷 IP 설정을 변경하지 않고 사용한다. 그리고 실습에 사용할 HMI의 이더넷 IP도 기본 설정되어 있는 '192.168.0.2'를 변경하지 않고 사용한다.

더 알아보기 이더넷 통신을 할 때 IP와 MASK를 필요로 하는 이유

휴대폰의 보급으로 인해 일반 유선전화의 사용이 줄어들고 있다. 유선전화 번호는 '지역번호+전화번호'로 구성되어 있다. 같은 지역번호를 가진 전화기와 통화를 할 때에는 지역번호 없이 전화번호만 입력하면 상대방에게 전화를 걸 수 있다. 예를 들면 [그림 1-38]처럼 서울의 전화번호는 서울 전화국의 시내 교환기에 모든 전화가 연결되어 있기 때문에 별도의 지역번호를 입력하지 않고 전화번호 입력만으로도 상대 전화기에 전화를 걸 수 있게 된다. 하지만 서울에서 부산지역으로 통화를 하려면 시외교환기를 통과하기 때문에 지역번호와 전화번호를 함께 입력해야 통화가 가능해진다.

[그림 1-38] 유선전화망 구성도

이더넷 통신도 우리가 이전에 사용하던 전화망을 이용한 통신에서부터 발전한 기술이기 때문에 이더넷 통신에 사용하는 IP도 지역번호와 전화번호로 이루어져 있다. IP에서는 MASK를 사용하여 지역번호를 구분한다. 이더넷에서는 지역번호에 해당되는 것을 서브넷Subnet이라 하고 전화번호에 해당되는 것을 노드Node라 한다. 예를 들어 [표 1-7]에서 IP는 192.168.250.001, MASK는 255.255.255.000을 나타낸다.

[표 1-7] 네트워크 번호와 호스트 번호의 구분 방법

IP 주소	10진수 표현	192	168	0	1
	2진수 표현	1100 0000	1010 1000	0000 0000	0000 0001
MASK	10진수 표현	255	255	255	0
	2진수 표현	1111 1111	1111 1111	1111 1111	0000 0000
IP 구분		서브넷 번호			노드 번호

MASK에서 1이 연속으로 나열된 부분에 해당되는 IP인 '192.168.0'이 지역번호에 해당되는 서브넷 번호가 되고, MASK가 0인 부분에 해당되는 IP, 즉 IP의 네 번째 8비트가 전화번호인 노드 번호가 된다. 즉 192.168.0.1에서 MASK가 255.255.255.000이면, 서브넷 번호는 192.168.0, 노드 번호는 IP의 네 번째 자리의 숫자 0 ~ 255가 된다.

[그림 1-39]는 [그림 1-38]의 유선전화망과 비교해서 나타낸 이더넷 구성도이다. 같은 서브넷을 가진 PC 및 이더넷 장치는 허브를 통해서 서로 데이터를 주고받을 수 있는 네트워크가 구성된다. 하지만 서로 다른 서브넷을 가진 네트워크와는 허브를 사용해서 연결할 수 없고 라우터를 사용해서 연결할 수 있다.

[그림 1-39] 이더넷 구성도

허브를 사용해 PC, PLC, HMI를 연결하기 위해서는 동일한 서브넷을 가져야 하며, 허브에서 각각을 구분할 수 있는 노드 번호를 가져야 한다. [표 1-7]에서 사용 가능한 IP 번호 192.168.0.0 ~ 192.168.0.255 중 192.168.0.0번은 네트워크를 대표하는 번호이고, 192.168.0.255번은 브로드캐스트 주소로 사용되기 때문에, 1 ~ 254를 노드 번호로 사용할 수 있다. 허브를 사용해서 이더넷 통신을 하기 위해서는 허브에 연결되는 이더넷 장비의 서브넷 번호가 동일해야 한다. 따라서 PC의 서브넷 번호[3]를 PLC의 서브넷 번호와 일치시키고 노드 번호를 다르게 부여해야 한다.

[2단계] PC의 IP 확인하기

IP를 설정하기 전에, [그림 1-40]과 같이 PC의 IP가 어떻게 설정되어 있는지 확인해보자. ❶ 윈도우 검색창에 'CMD'를 입력하여 명령 프롬프트를 실행시키면, 명령 프롬프트 화면이 나타난다. 여기에 ❷ 'ipconfig'(대소문자 구분 없음)를 적고 엔터키를 누르면, ❸ 현재 PC에 설정된 IP를 확인할 수 있다. IPv4 주소는 '192.168.0.50'으로 설정되어 있기 때문에 IP 주소가 192.168.0.1인 PLC와는 통신할 수 있다.

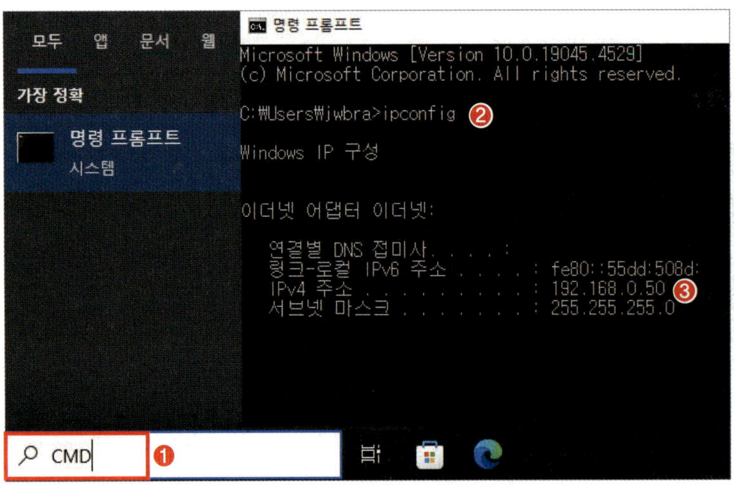

[그림 1-40] PC의 IP 확인

---

3 이 책에서는 [표 1-7]의 서브넷 번호 192.168.0을 의미한다.

실습에 사용하는 PC의 IP를 확인했을 때 서브넷 번호가 192.168.0이 아니라면 PC의 IP를 새로 설정해야 한다.

[3단계] PC의 IP 설정하기

PC의 IP를 설정하는 방법에 대해 살펴보자. [그림 1-41]과 같이 ❶ 윈도우 검색창에 '제어판'을 입력하여 실행한 후에 ❷ [네트워크 및 인터넷]을 선택하고, ❸ [네트워크 및 공유 센터]를 선택한다.

[그림 1-41] PC의 IP 설정을 위한 네트워크 환경 보기

[그림 1-42]의 〈네트워크 및 공유 센터〉 창에서 ❶ [어댑터 설정 변경]을 선택하면, PC에서 사용할 수 있는 네트워크의 종류가 나타난다. 랜선을 이용한 이더넷 연결을 하기 때문에 ❷ [이더넷]을 선택하고 ❸ 〈이더넷 상태〉 창에서 [속성] 버튼을 클릭한다. 그런 다음 '이 연결에 다음 항목 사용'에서 ❹ [인터넷 프로토콜 버전 4(TCP/IPv4)]를 체크하고, ❺ [속성] 버튼을 클릭한다.

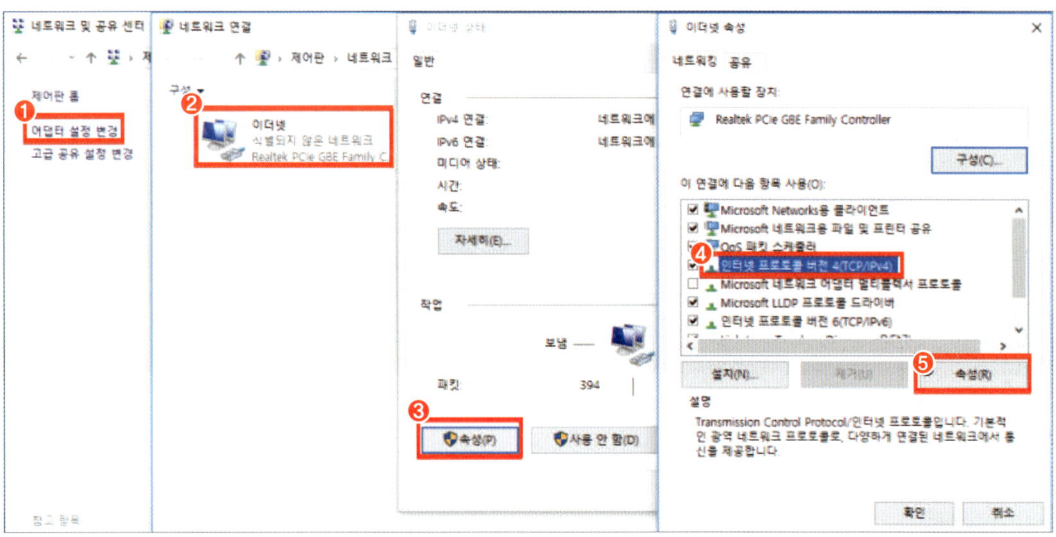

[그림 1-42] PC의 IP 설정을 위한 인터넷 프로토콜 속성 설정

[그림 1-43]과 같은 〈인터넷 프로토콜 버전 4(TCP/IPv4) 속성〉 창이 뜨면, [2단계]에서 알게 된 IP 주소와 서브넷 마스크를 설정한 후에 [확인] 버튼을 클릭한다. 그러면 PC의 IP가 '192.168.0.50'으로 설정된다.

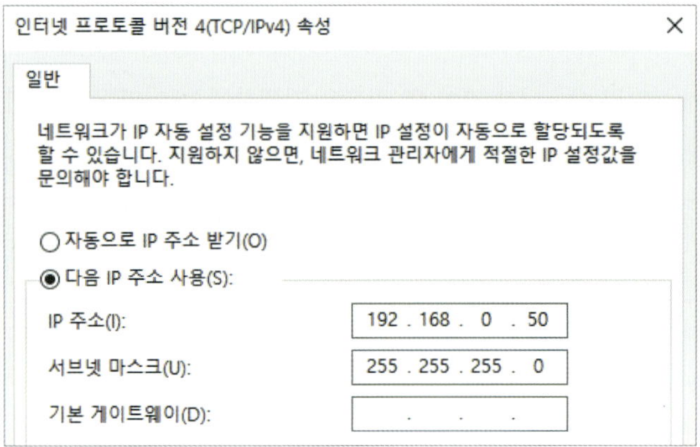

[그림 1-43] PC의 IP 설정(IP : 192.168.0.50)

현재 이더넷 스위치를 사용해서 PLC CPU와 PC를 이더넷으로 연결한 상태이다. 여기서 이더넷 연결에 사용한 랜선의 불량이나 랜 카드의 불량 문제가 발생할 수 있기 때문에 통신 설정 테스트를 통해 문제점이 없는지를 점검한다.

[4단계] 통신 설정 테스트하기(ping)

윈도우 검색창에서 'CMD'를 실행한 후, 프롬프트 화면이 나타나면 [그림 1-44]처럼 'ping 192.168.0.50'을 입력하고 실행한다. 새롭게 설정한 PC의 IP가 제대로 되어 있다면 [그림 1-44(a)]와 같은 결과를 확인할 수 있다.

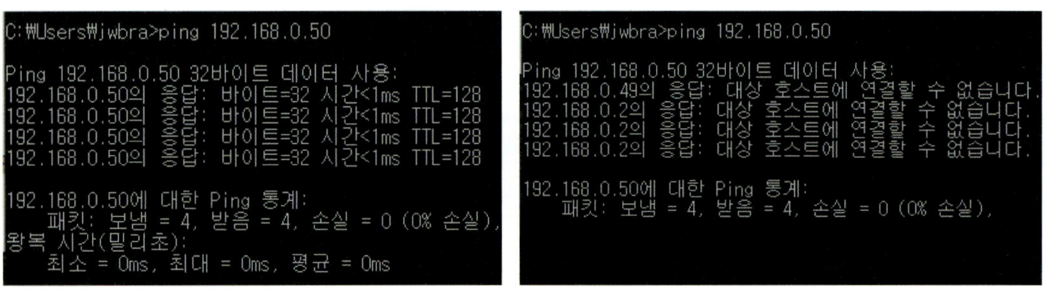

(a) 통신 정상 상태 (b) 통신 에러 상태

[그림 1-44] PC의 이더넷 포트의 동작(ping) 테스트

만약 [그림 1-44(b)]와 같은 에러가 발생하면, 이는 PC의 IP가 잘못 설정되었음을 알려주는 것이다. 이러한 경우에는 프롬프트 창에서 'ipconfig'를 사용해서 PC의 IP를 재차 확인한다.

CHAPTER 02

HMI 살펴보기

HMI는 기계 장치 제어용 패널에서 사용하던 스위치, 램프, 데이터 및 메시지 표시 등을 터치 모니터에서 사용할 수 있도록 만들어 놓은 제품으로, 제어 패널의 소형화 및 배선 비용 절감, 조작 성능 향상 등의 장점 때문에 자동화 기기에서 필수적으로 사용된다. 이 책에서는 지멘스의 기본 타입인 KTP700 HMI를 사용한다.

Keyword | HMI | S7-1200 | 이더넷 통신 | IP 설정 | 버튼 객체 | 램프 객체 |

2.1 HMI란?

HMIHuman Machine Interface는 인간-기계 상호작용이라는 뜻으로, PLC 시스템의 사용자에게 처리 데이터를 표시하고 사용자가 처리 과정을 제어할 수 있도록 하는 장치이다.

2.1.1 지멘스 HMI의 종류

지멘스의 HMI는 크게 기본Basic 타입과 고급Advanced 타입으로 구분된다. 기본 타입은 KTP 시리즈를, 고급 타입은 컴포트 패널Comfort Panels을 많이 사용한다. 이 책에서는 기본 타입인 KTP700 HMI를 사용한다. KTP700은 7인치 TFT 디스플레이를 가지며 65535가지 색상을 구현할 수 있는 HMI로, 다음과 같은 기능을 가지고 있다.

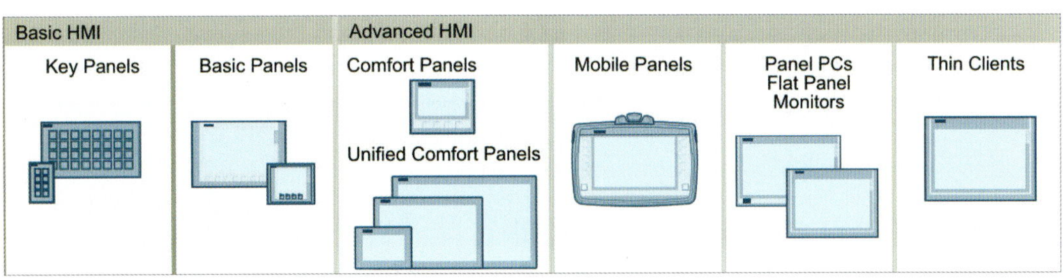

[그림 2-1] 지멘스의 HMI 종류

❶ **시각화 및 모니터링** : HMI는 PLC로부터 수집된 실시간 데이터를 다양한 형식의 차트와 그래픽으로 표현할 수 있다.

❷ **조작 및 제어** : HMI 화면에 작화된 버튼, 램프, 표시창 등을 통해 기계설비를 조작 및 제어할 수 있다.

❸ **알람 및 이벤트 표시** : 장비의 이상, 경고, 알람 등을 시각적으로 표시할 수 있다.

❹ **데이터 로깅 및 보고** : 장비의 운영 데이터를 기록하고 보고서를 생성할 수 있다.

❺ **사용자 인터페이스 커스터마이징** : 화면 레이아웃, 색상, 버튼 배치 등을 자유롭게 설정하여 사용 편의성을 높일 수 있다.

[표 2-1]은 KTP700 HMI의 외형과 각 구성부의 명칭을 나타낸 것이다.

[표 2-1] KTP700 HMI의 구조

구분	구성도	명칭
바닥면	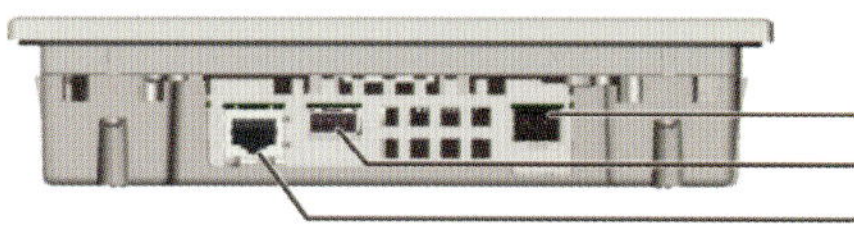	① 전원(24Vdc) 커넥터 ② USB 포트 ③ 프로피넷 커넥터
앞면	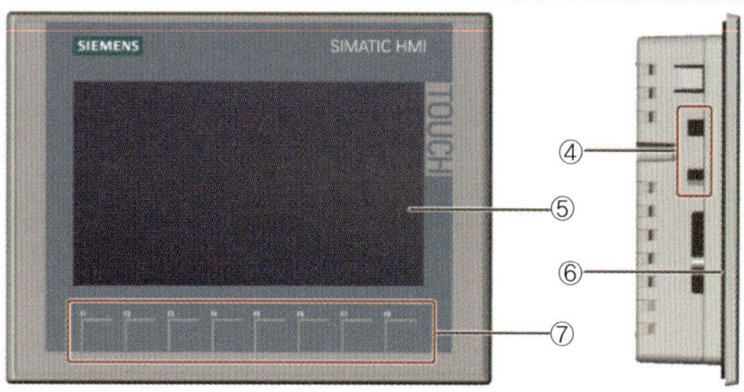	④ 고정클립 장착구멍 ⑤ 터치화면 ⑥ 판넬 고정 고무 ⑦ 펑션 키
뒷면	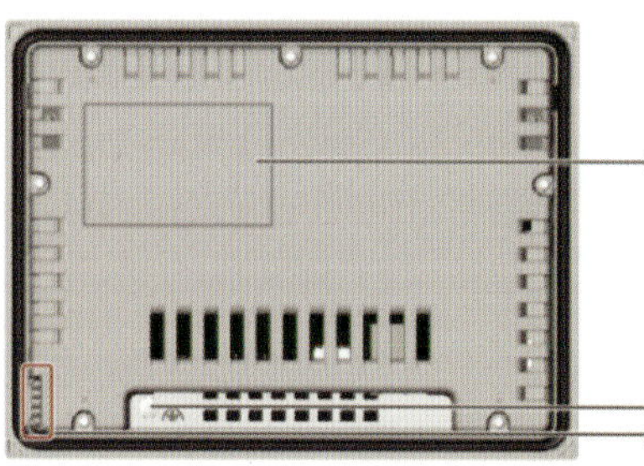	⑧ 제품 라벨 ⑨ 기능접지 단자 ⑩ 라벨링 스트립 가이드

2.1.2 HMI의 전원 공급과 네트워크 설정

KTP700 PC에 설치된 TIA Portal의 WinCC를 사용해서 화면 작화, 디버그, 유지 보수 등의 작업이 이루어지기 때문에 KTP700은 PC와 이더넷 통신으로 연결되어 있어야 한다. 이더넷 통신 연결 방법에는 PC와 KTP700을 **직접 연결하는 방법**과 **스위칭 허브를 사용하는 방법**이 있다.

KTP700의 IP는 [그림 2-2]와 같이 사용자가 설정해서 사용한다. 따라서 HMI에 동작 전원을 연결한 후에 IP 설정을 한다.

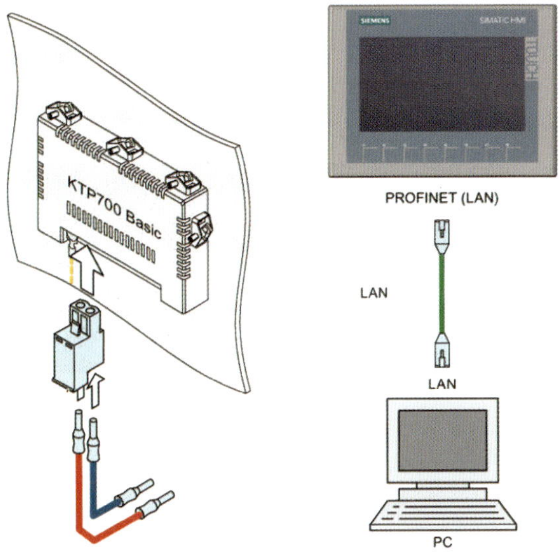

(a) KTP700의 전원(24Vdc) 연결 (b) HMI의 이더넷 연결

[그림 2-2] KTP700의 전원 및 이더넷 연결

[표 2-2] KTP700 HMI의 IP 설정 절차

<table>
<tr><th>순서</th><th colspan="2">내용</th></tr>
<tr><td>1</td><td colspan="2">전원 공급 및 설정창 접속하기
❶ HMI에 전원을 공급한다.
❷ Start Center의 메뉴에서 [Settings] 버튼을 클릭한다.
❸ Transfer, Network & Internet에서 [Network Interface]를 클릭한다.
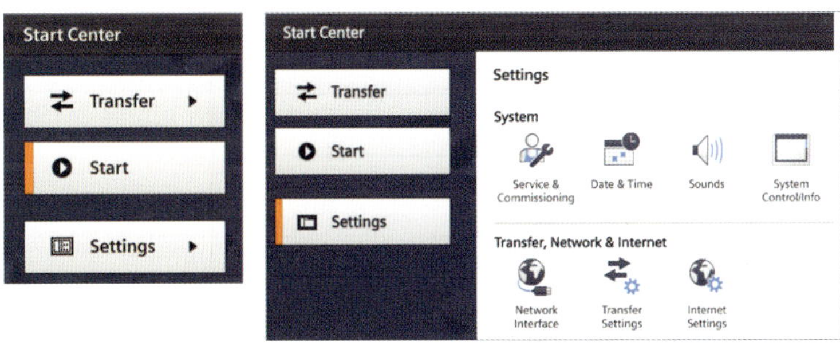
</td></tr>
<tr><td>2</td><td>설정값 입력하기
IP address에서 각각의 항목을 다음과 같이 입력한다.
• IP address : 192.168.0.11
• Subnet mask : 255.255.255.0
• Default gateway :172.16.20.1</td><td>
</td></tr>
</table>

IP 설정이 끝났으면 HMI의 이더넷 포트와 이더넷 케이블을 사용해서 PC와 연결한다. PC에서 CMD를 실행시킨 후, ping 테스트를 통해 PC와 HMI의 IP 설정과 케이블 연결에 문제가 없는지 확인한다.

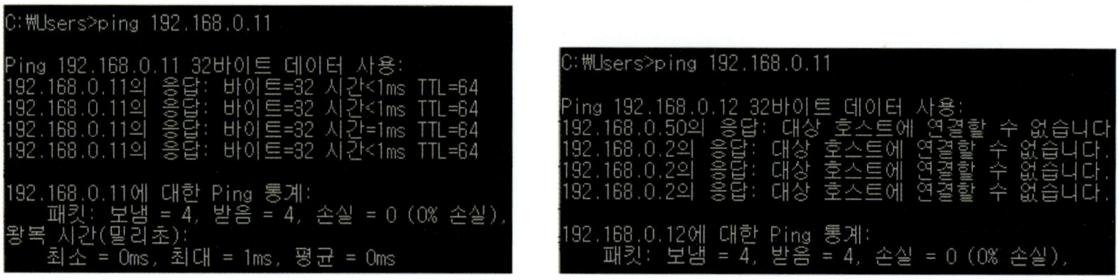

(a) 통신 정상 상태　　(b) 통신 에러 상태

[그림 2-3] PC의 이더넷 포트의 동작(ping) 테스트

2.2 PLC와 HMI의 변수 공유

KTP700은 PLC와 이더넷 통신으로 PLC 메모리의 데이터를 읽거나 쓰기를 통해서 HMI 화면에 작화된 스위치, 램프의 제어 및 숫자 표시창에 표시하는 역할을 한다.

[그림 2-4]처럼 HMI와 PLC는 글로벌 DB 또는 FB의 Static에 설정한 변수를 사용하여 데이터를 공유하게 된다. PLC 프로그램에서 HMI에 표시할 스위치와 램프, 숫자 표시창의 데이터를 글로벌 DB 또는 FB의 Static에 설정한 변수를 HMI의 객체의 변수 맵핑을 통해서 HMI 화면에서 사용할 수 있다.

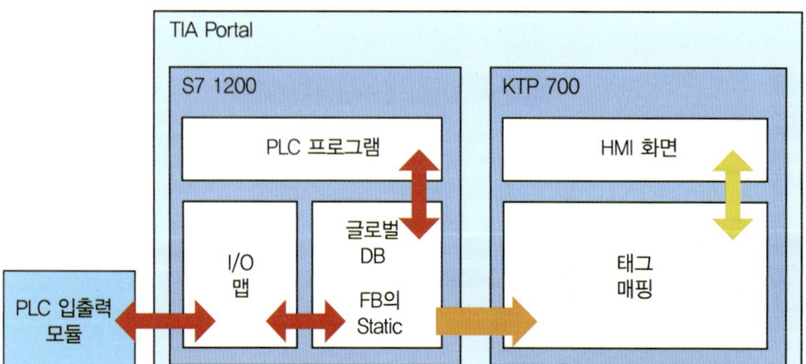

[그림 2-4] PLC와 NA의 메모리 공유 방법

2.2.1 객체의 종류와 기능

HMI에서 사용하는 스위치, 램프, 숫자 표시창과 같은 모든 부품은 속성과 동작을 갖는 객체에 해당되고, HMI 화면을 디자인하는 데 사용되는 그래픽 요소이다. HMI 작업화면의 우측에 있는 Toolbox에는 HMI에서 사용할 수 있는 모든 객체가 포함되어 있다.

[표 2-3] 객체의 종류와 기능

종류	기능
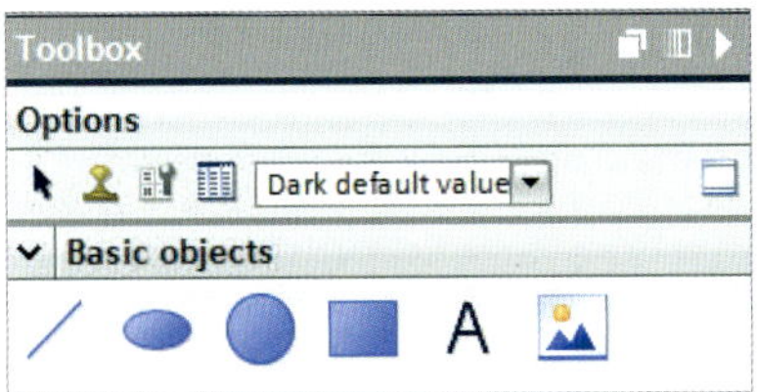	**기본 객체(Basic object)** 선, 원, 텍스트 필드, 그래픽 뷰와 같은 기본 그래픽 객체가 포함되어 있다.
	**엘리먼트(Elements)** ❶ I/O 필드 : 태그의 값을 출력하고, 태그에 값을 쓸 수 있는 숫자 또는 문자를 표시 및 출력한다. 태그 값의 범위를 설정할 수 있다. ❷ 버튼 : 버튼의 역할을 한다. ❸ 심볼릭 I/O 필드 : 태그의 값을 출력하거나 태그에 값을 쓰는 역할을 한다. ❹ 그래픽 I/O 필드 : 그래픽 목록의 그래픽이 태그의 값에 연동하여 표시된다. ❺ 시계 : 시스템 시간을 표시한다. ❻ 바Bar: 태그의 값을 막대 그래프 형태로 표시한다. ❼ 스위치 : 태그에 0과 1을 설정한다.
	**컨트롤(Controls)** ❶ 알람보기 : 알람 버퍼나 알람 로그에서 현재 보류 중인 알람이나 알람 이벤트를 표시한다. ❷ 트랜드뷰 : 태그의 값을 그래프로 표시한다. ❸ 사용자뷰 : HMI 장치를 관리할 때 사용된다. ❹ HTML 브라우저 : HTML 페이지를 표시한다. ❺ 레시피뷰 : 데이터 기록을 표시 및 편집한다. ❻ 시스템 진단 : 모든 진단장치의 개요를 제공한다.
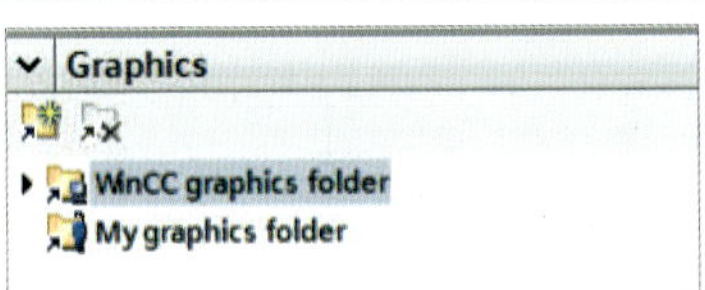	**그래픽(Graphics)** HMI 화면을 작화하는 데 필요한 여러 일러스트레이션이 들어 있다. 폴더는 항목별로 정리되어 있다.

2.2.2 객체 만들기

실습에서 HMI 화면을 작화할 때 많이 사용하는 객체는 버튼, 램프, 숫자 표시창이다. 3종류의 객체를 만들고 객체의 속성을 설정하는 방법에 대해 살펴보자.

버튼 객체 만들기

버튼Button은 기계를 제어하기 위한 전기신호의 ON/OFF를 제어하는 스위치의 일종이다. 버튼 객체는 소프트웨어로 구현한 스위치 동작과 관련된 속성과 기능을 가지고 있는 형상을 의미한다.

[표 2-4] 버튼 객체 만들기 절차

<table>
<tr><th>순서</th><th colspan="2">내용</th></tr>
<tr><td>1</td><td>

버튼 객체의 배치와 속성 설정하기

❶ Toolbox의 Elements에서 버튼 객체를 클릭하고 드래그해서 화면에 배치한다.

❷ 마우스 오른쪽 버튼을 클릭하고 'Properties'를 선택한다.

</td><td>

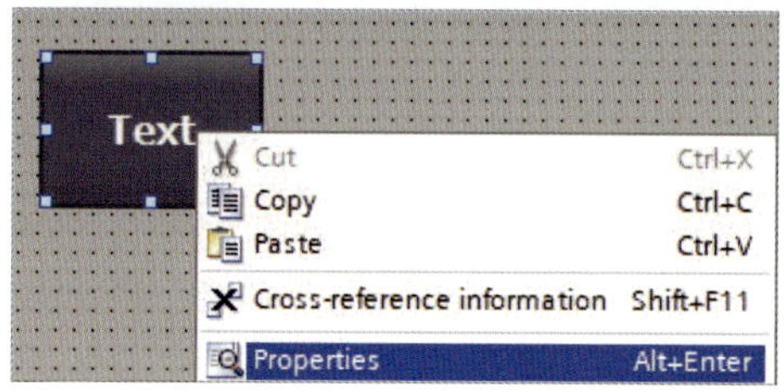

</td></tr>
<tr><td>2</td><td>

버튼의 표시문자 설정하기

❶ 'General'을 선택하고 Label에서 버튼이 눌러지지 않았을 때와 눌러졌을 때의 문자 표시 설정을 한다(이 책에서는 ON으로 설정).

❷ Text format 메뉴를 선택해서 글자의 폰트와 크기를 설정한다.

</td><td>

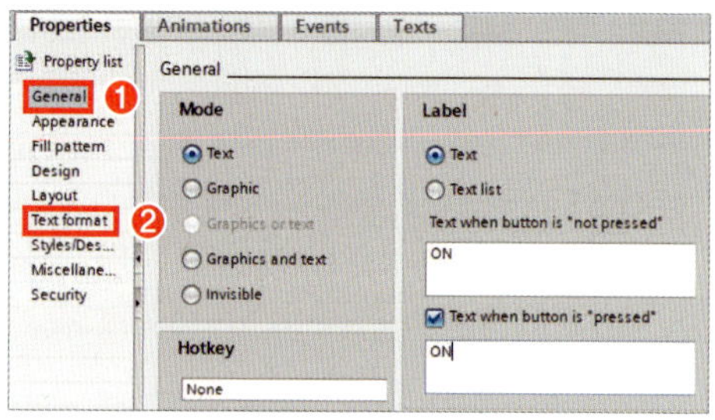

</td></tr>
<tr><td>3</td><td>

버튼의 동작 설정하기

❶ 상단의 [Events] 탭을 선택해서 버튼의 동작 형태를 설정한다.

❷ 푸시버튼 형태의 버튼 동작은 버튼을 누르고 있는 동안 ON이므로, 동작을 Press로 선택하고 Add function에서 'SetBitWhileKeyPressed'를 선택한다.

</td><td>

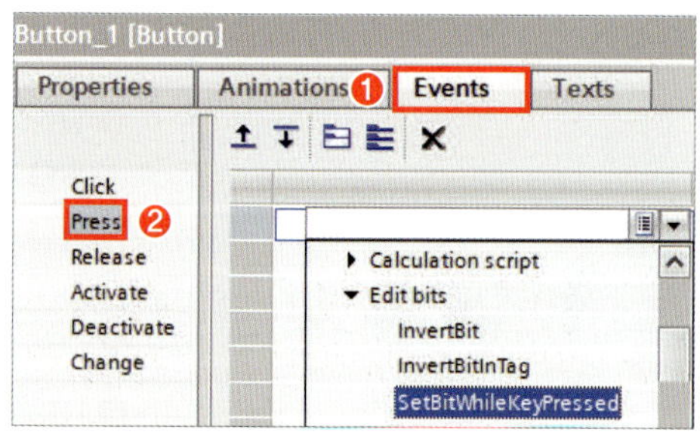

</td></tr>
<tr><td>4</td><td colspan="2">

버튼의 태그 연결하기

PLC의 글로벌 DB 또는 FB의 Static에 설정한 변수를 버튼에 맵핑한다.

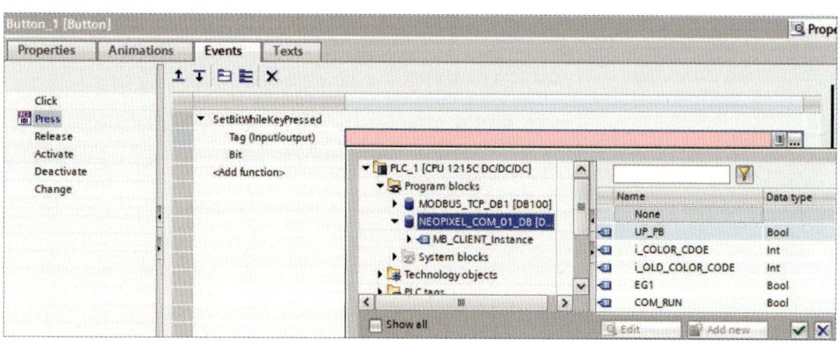

</td></tr>
</table>

램프 객체 만들기

램프Lamp는 전기신호의 ON/OFF를 시각적인 정보로 표현하는 전기부품이다. 램프 객체는 소프트웨어로 구현한 램프의 동작과 관련된 속성과 기능을 가지고 있는 형상을 의미한다.

[표 2-5] 램프 객체 만들기 절차

<table>
<tr><th>순서</th><th colspan="2">내용</th></tr>
<tr><td>1</td><td>Basic objects에서 Circle 선택하기
❶ 만들고자 하는 램프의 형상에 따라 원형 및 사각형 객체를 선택한다.
❷ 객체를 마우스 커서로 선택한 후에 오른쪽 버튼을 클릭하고 'Properties'를 선택한다.</td><td>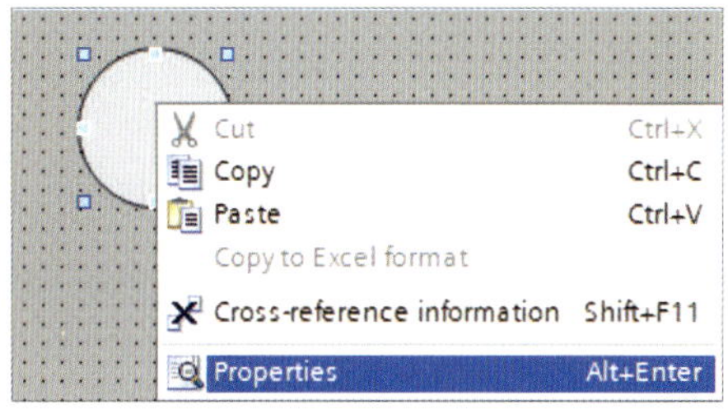
</td></tr>
<tr><td>2</td><td>램프의 표시 방법 설정하기
❶ 상단의 [Animations] 탭을 선택하고 Display 항목의 'Add new animation'을 선택한다.
❷ 새로 나타난 창에서 'Appearence'를 선택하고 [OK] 버튼을 클릭한다.</td><td>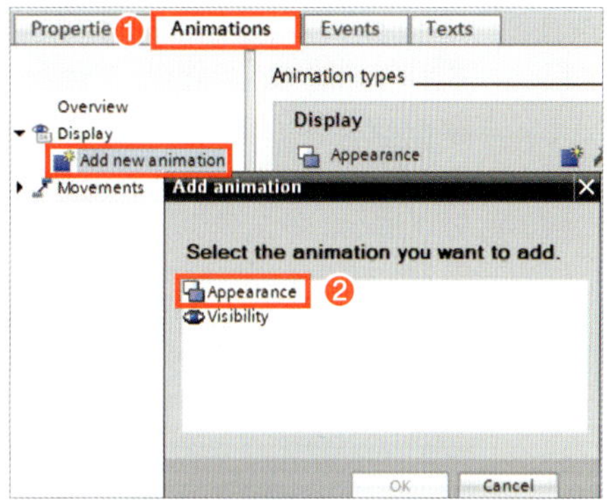
</td></tr>
<tr><td>3</td><td>램프의 표시 색상 설정하기
❶ 좌측의 [Appearence] 탭에서 램프가 OFF일 때와 ON일 때의 램프 표시 색상을 설정한다.
❷ Range 설정값이 0이면 OFF이고 색상은 회색, 1이면 ON이고 색상은 적색을 선택한다.</td><td>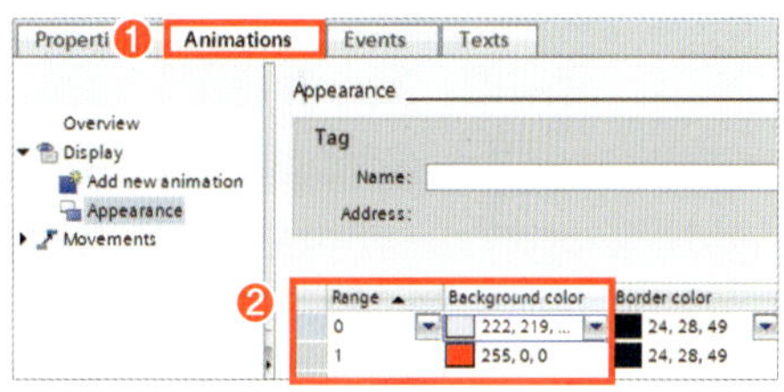
</td></tr>
<tr><td>4</td><td colspan="2">램프의 태그 연결하기
PLC의 글로벌 DB 또는 FB의 Static에 설정한 변수를 램프에 맵핑한다.
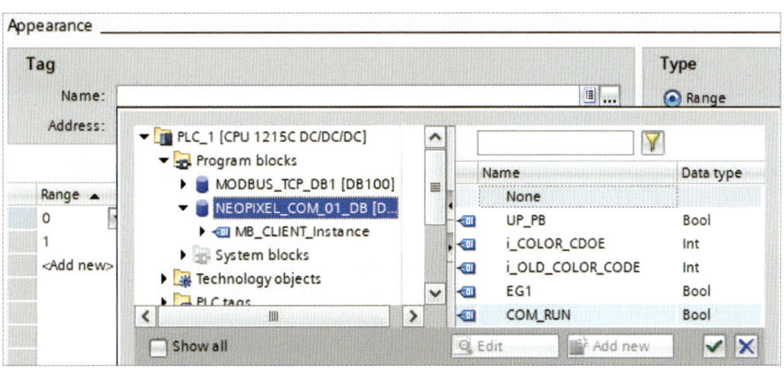
</td></tr>
</table>

숫자 표시창 및 설정창 만들기

숫자 표시창 및 설정창은 PLC의 메모리의 데이터를 숫자로 표현하거나 또는 해당 메모리에 숫자값을 설정할 수 있는 소프트웨어로 구현한 표시창의 기능을 가지고 있는 형상을 의미한다.

[표 2-6] 숫자 표시창 및 설정창 만들기 절차

순서	내용
1	**Elements에서 I/O field 선택하기** ❶ I/O field를 작업화면에 배치한다. ❷ I/O field를 마우스 커서로 선택한 후에 오른쪽 버튼을 클릭하고 'Properties'를 선택한다. 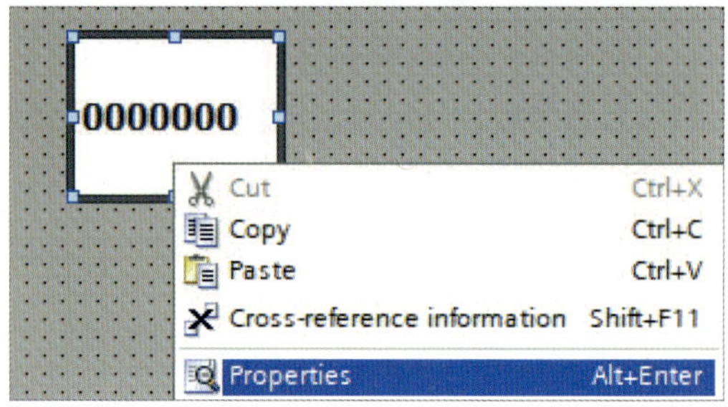
2	**숫자 표시창의 속성 설정하기** ❶ Process에서 PLC의 글로벌 DB 또는 FB의 Static에 설정한 변수를 맵핑한다. ❷ Type에서 숫자 입력, 출력, 입출력을 선택한다. ❸ Format의 Display format에서 숫자 표시 형태를, Format pattern에서 포맷 형식을 지정한다. ❹ 〈I/O field_1[I/O field]〉 창에서 General을 클릭한다. 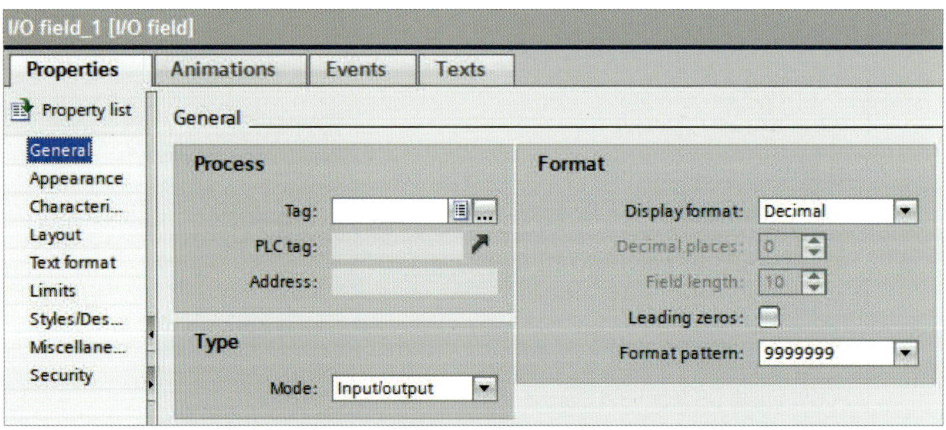

PART 02

TIA Portal

CONTENTS

PART 02
들어가기 전에

TIA Portal은 HMI, PLC, 그리고 자동화를 하는 데 필요한 모든 디바이스를 한데 묶은 통합 자동화 솔루션 소프트웨어이다. TIA Portal은 모든 자동화 작업에 적합한 일관된 엔지니어링 프레임워크를 제공하기 때문에 컨트롤러와 분산 I/O의 엔지니어링을 비롯해 HMI 장치의 구성, 프로세스 시각화(SCADA), 드라이브 및 안전 기능 시운전 등이 공통 소프트웨어 프레임워크에 통합돼 있는 것이 특징이다. 즉, PLC와 HMI 등을 실현하기 위해 각각의 소프트웨어 안에 별도의 프로그래밍 작업을 한 후 이들을 서로 연동시켜야 했던 기존과 달리, TIA Portal을 적용하면 각 디바이스들을 따로 작업할 필요가 없어 인건비 및 작업량을 줄일 수 있을 뿐더러 작업자가 사용하기에도 훨씬 편리하다.

PART 02에서는 TIA Portal을 사용해서 실습에 활용할 S7-1200 PLC의 하드웨어와 HMI의 구성 방법에 대해 학습하고, S7-1200 CPU의 펌웨어 업데이트 방법에 대해 살펴본다.

CHAPTER 03

TIA Portal 살펴보기

이 장에서는 TIA Portal의 종류와 각 기능에 대해 살펴본다. 그리고 프로그램의 설치 방법을 살펴본 후 TIA Portal의 보안 정책과 함께 프로젝트 및 프로그램의 보안 설정 방법을 다룬다.

Keyword | TIA Portal | WinCC | Microsoft .NET Framework 3.5 |

3.1 TIA Portal의 종류와 기능

TIA[Totally Integrated Automation] Portal은 엔지니어링을 위해 필요한 소프트웨어를 통합하여 사용하기 쉽고, 파일 관리가 편리하도록 만들어 놓은 프레임워크[Framework]이다. 프레임워크를 사용하면 전체 시스템의 통합성과 일관성을 높일 수 있다. 따라서 거대하고 복잡한 프로젝트도 통일성 있게 빠르고 안정적으로 수행할 수 있다.

TIA Portal에는 SIMATIC STEP 7이 포함되어 있는데, 이는 SIMATIC 컨트롤러를 구성하고 프로그래밍하기 위한 엔지니어링 도구이다. [그림 3-1]처럼 PLC를 사용한 제어 프로그램 작성에 필요한 핵심 소프트웨어 툴은 TIA Portal을 중심으로 한 6개의 툴이고, 6개를 둘러싸고 있는 툴들은 에드 인[Add-in]의 형태로 필요로 할 때 TIA Portal에 추가할 수 있다. 그리고 우측의 2개 줄에 해당되는 툴은 대형 플랜트 자동화 설비의 운영 및 점검을 위해서 주로 PC에서 동작하는 툴이다.

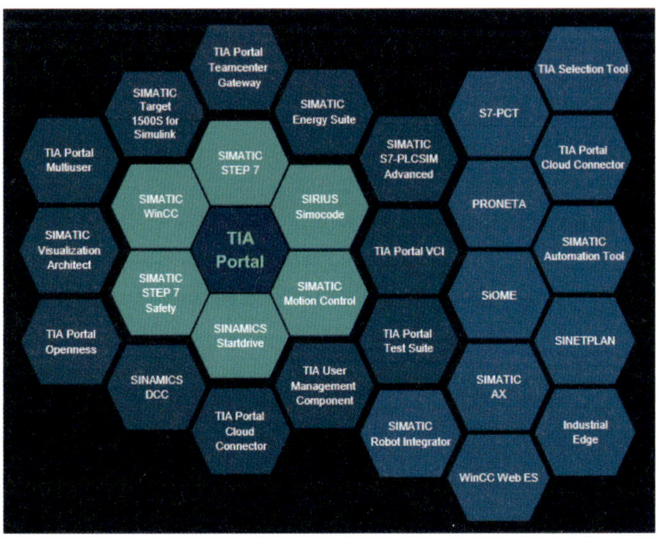

[그림 3-1] TIA Portal과 연결되는 지멘스의 엔지니어링 소프트웨어 종류

지멘스에서는 PLC 프로그램 작성을 위한 엔지니어링 툴을 **STEP 7 프로페셔널**Professional과 **STEP 7 베이직**Basic으로 구분해서 판매하고 있다. STEP 7 프로페셔널에는 SIMATC의 S7-1200, S7-1500, S7-300, S7-400 PLC와 HMI 작화를 위한 WinCC가 포함되어 있다. STEP 7 베이직은 SIMATIC S7-1200의 프로그래밍 도구로, HMI 작화를 위한 WinCC Basic이 포함되어 있고 지원하는 기능은 다음과 같다.

STEP 7 베이직에서 지원하는 기능

- 하드웨어 구성 및 파라미터 지정, 통신 설정
- 프로그래밍, 테스트, 시운전 및 작동/진단 기능 제공
- 문서화, WinCC를 이용한 HMI 작화
- 상세 온라인 도움말 기능 제공

3.2 TIA Portal 설치

TIA Portal은 지멘스 홈페이지에서 프로그램을 다운로드하여 설치할 수 있다. 라이선스 없이는 무료로 21일 동안 사용할 수 있다. 다음의 링크에 접속하면 TIA Portal V17을 다운로드할 수 있는 사이트로 연결된다. 다운로드를 위해서는 회원가입이 필요하며, 가입 시 요청하는 내용을 상세히 기재해야 한다. 지멘스 사의 승인을 받는 데 약 1주일 정도의 시간이 소요된다.

- **TIA Portal V17의 다운로드 사이트**

https://support.industry.siemens.com/cs/document/109784440/simatic-step-7-incl-safety-s7-plcsim-and-wincc-v17-trial-download?dti=0&lc=en-KR

3.2.1 TIA Portal 설치파일 다운로드

[그림 3-2]처럼 WinCC Unified 버전을 설치하면 하위 버전(BASIC, PRO)도 모두 호환할 수 있다.

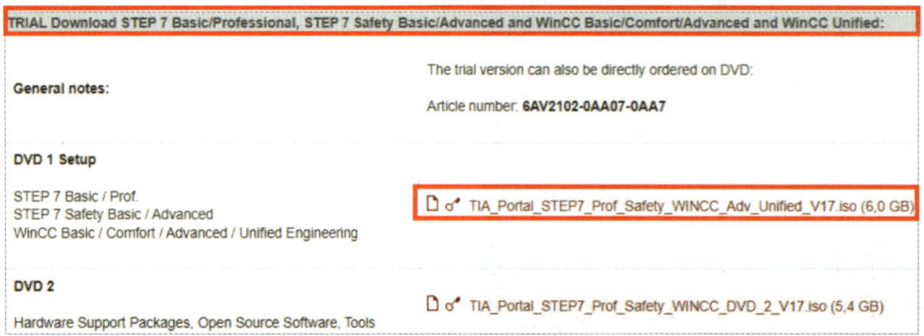

[그림 3-2] TIA Portal V17 설치를 위한 다운로드 항목

더 알아보기 **TIA Portal 설치를 위한 PC 사양**

TIA Portal을 설치하기 위한 시스템의 최소 요구 사항은 다음과 같다. 내 PC의 사양을 알아보려면 검색창에 '시스템 정보'를 입력하여 실행하거나, 바탕화면에서 '내 PC' 아이콘을 마우스 오른쪽 버튼으로 클릭한 후 [속성] 버튼을 클릭하면 된다.

- CPU : Intel Core I5–8400H(2.5 ~ 4.2GHz) 이상
- RAM : 16GB(최소 8GB, 최대 32GB) 권장
- HARD : 최소 50GB 여유 공간
- O/S : Window10(64bit)
  Window10 Home Version 1909, 2004, 20H2
  Window10 Professional Version 1909, 2004, 20H2
  Window10 Enterprise Version 1909, 2004, 20H2

3.2.2 통합 프로그램 설치

1 윈도우 기능 켜기/끄기 설정하기

WinCC가 통합된 TIA Portal V16부터 V19를 성공적으로 설치하고 사용하려면 윈도우의 특정 기능을 활성화해야 한다. V16은 사용자가 윈도우 기능을 사전에 설정해야 한다. 다만 이후 버전(V17~V18)은 설치 과정에서 윈도우 기능이 자동으로 구성되므로 해당 과정을 생략해도 된다. 특정 기능을 설정하는 과정에서 사용자 권한을 제한하면 필수 윈도우 기능이 활성화되지 않는다.

[표 3–1] 윈도우 기능 켜기/끄기 설정

순서	내용	
1	제어판 실행하기 ❶ 윈도우 검색창에서 '제어판'을 검색한다. ❷ 우측 항목에 'Windows 기능 켜기/끄기'를 선택한다.	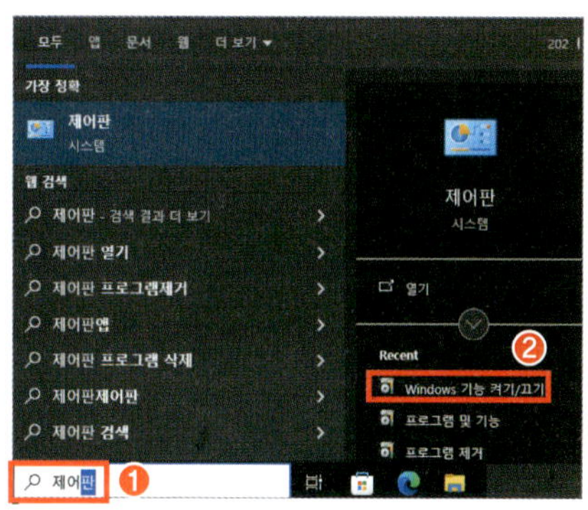

2	**인터넷 정보 서비스 항목 검색하기** ❶ 〈Windows 기능 켜기/끄기〉 창에서 인터넷 정보 서비스 항목을 체크한다. ❷ 오른쪽 그림과 같이 옵션을 활성화하고 [확인] 버튼을 클릭한다.	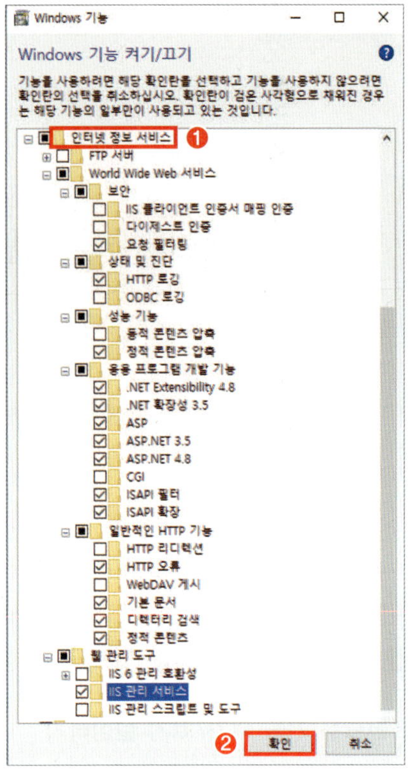

2 Microsoft .NET Framework 3.5 설치하기

WinCC가 통합된 TIA Portal V19는 Microsoft .NET Framework 3.5를 필요로 한다. 이를 설치하는 방법은 [표 3-2]와 같다.

[표 3-2] .NET Framework 설치

순서	내용	
1	**경고 메시지 확인하기** .NET Framework 3.5가 없으면 경고가 표시된다.	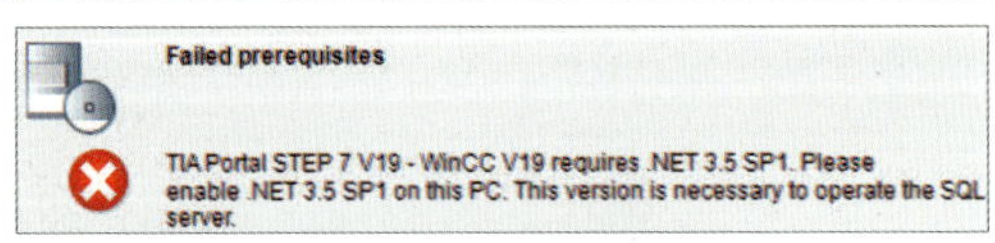
2	**Windows 기능 실행하기** 윈도우 검색창에서 'Windows 기능'을 검색한다.	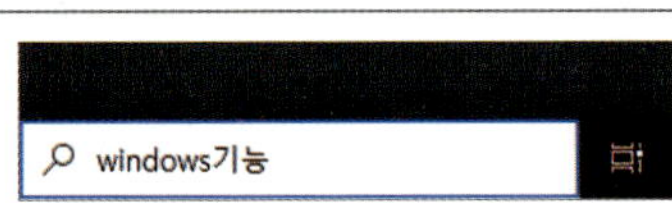
3	**.NET Framework 3.5 활성화하기** ❶ 〈Windows 기능〉 창에서 '.NET Framework 3.5(.NET 2.0 및 3.0 포함)'을 선택하고 [확인] 버튼을 클릭한다. ❷ 시스템 재시작 메시지가 나타나면 PC를 다시 시작한다.	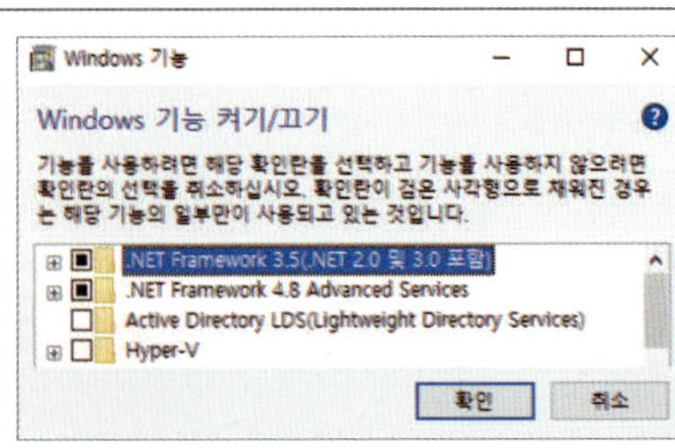

3 프로그램 설치하기

3.2.1절에서 다운로드한 [TIA_Portal_STEP7_Prof_WINCC_Adv_Unified_V17]의 폴더에서 TIA Portal V17을 설치하는 방법을 살펴보자. 자세한 과정은 [표 3-3]에 나타내었다.

[표 3-3] TIA Portal V17 설치

순서	내용	
1	**iso 파일을 가상 CD에 탑재하기** [TIA_Portal_STEP7_Prof_Safety_WINCC_Adv_Unified_V17.iso] 파일을 마우스 오른쪽 버튼으로 클릭하고 '탑재'를 클릭한다.	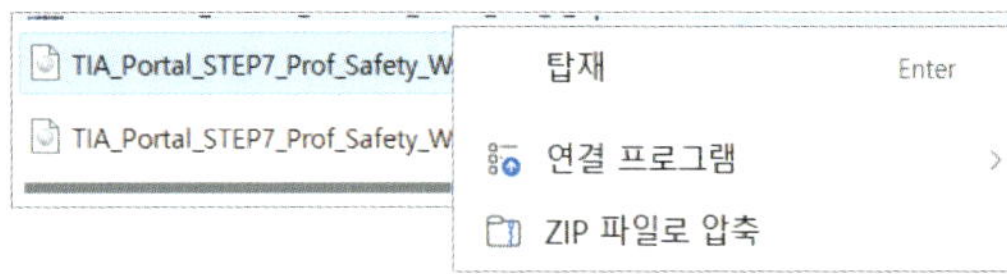
2	**관리자 권한으로 실행하기** ❶ [TIA_Portal_STEP7_Prof_Safety_WINCC_Adv_Unified_V17] 폴더를 연다. ❷ Start.exe 파일을 마우스 오른쪽 버튼으로 클릭하고 '관리자 권한으로 실행'을 클릭한다. **TIP** 만약 오른쪽 그림처럼 재부팅 메시지가 반복해서 나타나면 레지스트리를 별도로 삭제해야 한다([표 3-4] 참고).	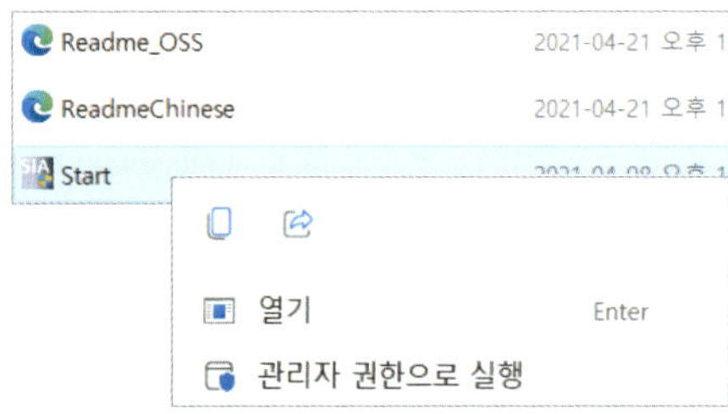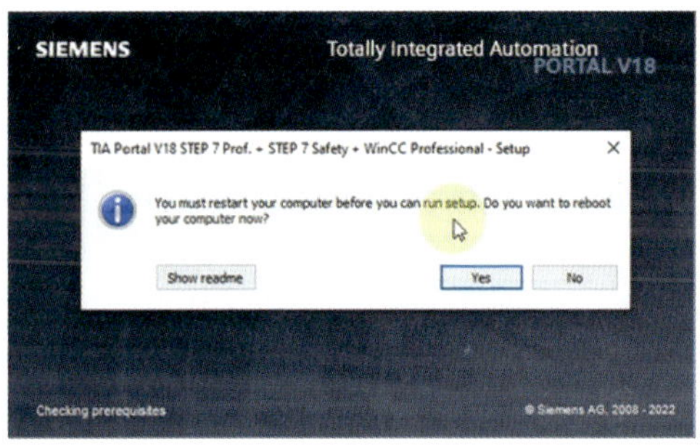
3	**사용 언어 선택하기** 실행 창이 나타나면 사용할 언어(영어)를 선택한 후에 [Next] 버튼을 클릭한다.	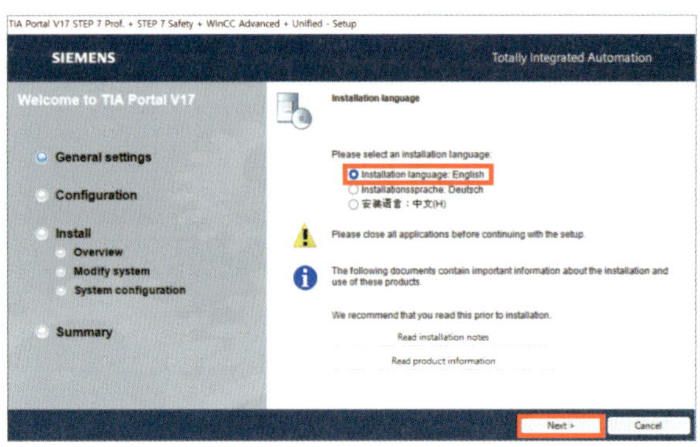

<table>
<tr>
<td>4</td>
<td>

설치할 프로그램 선택하기

설치할 프로그램의 종류와 설치 경로를 확인한 후에 [Next] 버튼을 클릭한다.

</td>
<td>

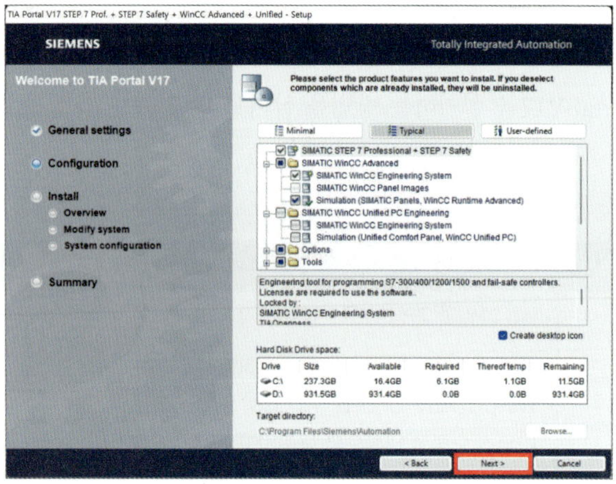

</td>
</tr>
<tr>
<td>5</td>
<td>

라이선스 사용 계약하기

하단의 동의 항목에 체크한 후 [Next] 버튼을 클릭한다.

</td>
<td>

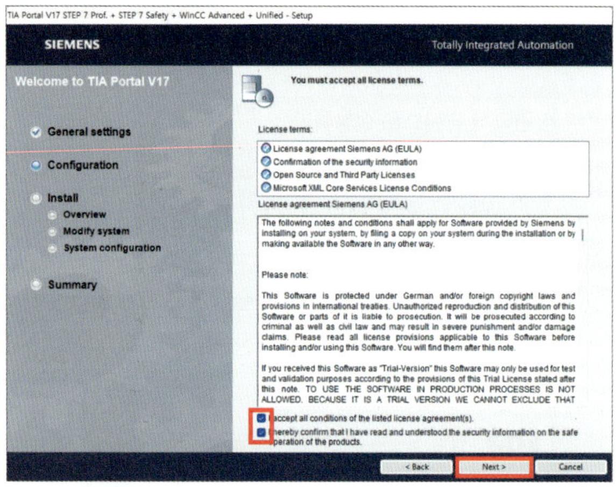

</td>
</tr>
<tr>
<td>6</td>
<td>

TIA Portal Update 설정하기

'TIA Automation Software Update Server' 항목을 선택한 후 [Next] 버튼을 클릭한다.

</td>
<td>

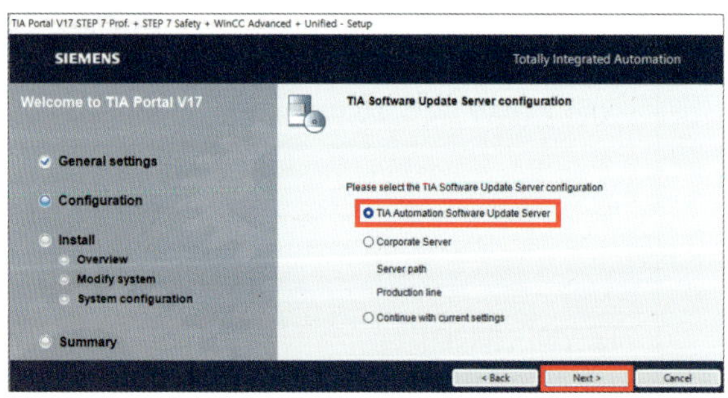

</td>
</tr>
</table>

7	**보안 설정에 동의하기** 사용하는 PC의 보안 및 권장 설정화면이 나타나면 하단의 동의 항목에 체크를 한 후에 [Next] 버튼을 클릭한다.	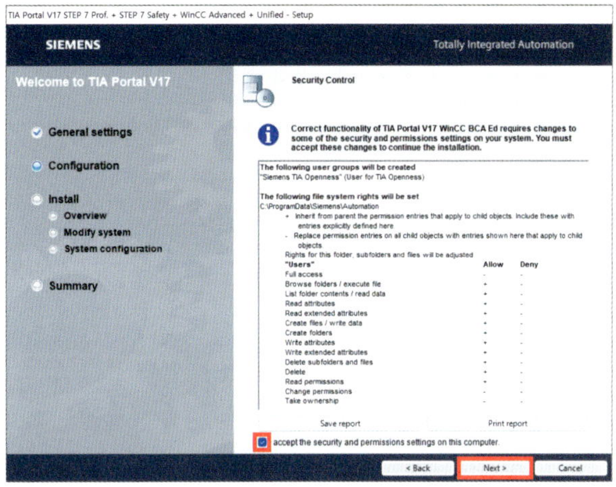
8	**프로그램 설치 시작하기** [Install] 버튼을 클릭해서 프로그램 설치를 시작한다.	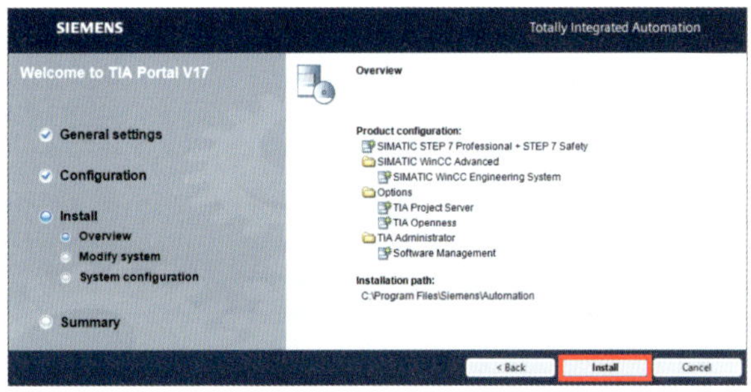
9	**설치 완료 화면 확인하기** 설치가 완료되면 PC를 재부팅한다.	

설치가 완료되면 다음의 프로그램을 순서대로 설치한다.

❶ DVD2 HARDWARE PACKAGE, TOOL 설치

❷ SIMATIC WINCC PANNEL IMAGE 설치

❸ S7-PLCSIM 설치

❹ STARTDRIVE ADVANCED 설치

3.2.3 설치 시 에러 조치 방법

만약 TIA Portal 설치 전 또는 설치 후 재부팅을 진행할 때 재부팅 메시지가 반복적으로 나타나면 [표 3-4]와 같이 레지스트리를 찾아서 삭제 후 재설치한다.

[표 3-4] TIA Portal 설치 시 부팅 메시지에 대한 조치 방법

<table>
<tr><th>순서</th><th colspan="2">내용</th></tr>
<tr><td>1</td><td>재부팅 메시지 확인하기
프로그램 설치를 위해 PC를 재부팅 시 계속해서 재부팅 메시지가 나타난다.</td><td>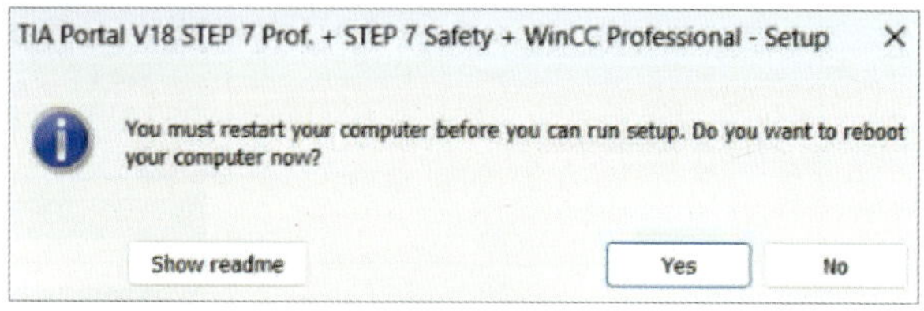
</td></tr>
<tr><td>2</td><td>윈도우 검색창에서 reg 입력하기
윈도우 검색창에서 'reg(또는 레지스트리)'를 입력하여 레지스트리 편집기를 실행한다.</td><td>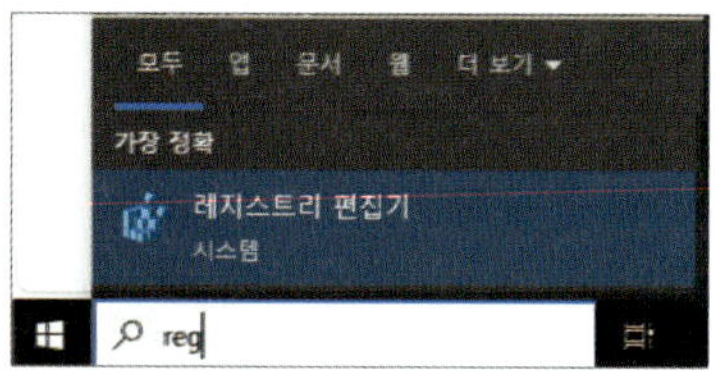
</td></tr>
<tr><td>3</td><td colspan="2">파일 삭제하기
❶ 화면 좌측에서 [ACHINE₩SYSTEM₩CurrentControlSet₩Control₩Session Manager] 폴더를 클릭한다.
❷ 화면 우측에서 'PendingFileRenameOperations'를 삭제한다.
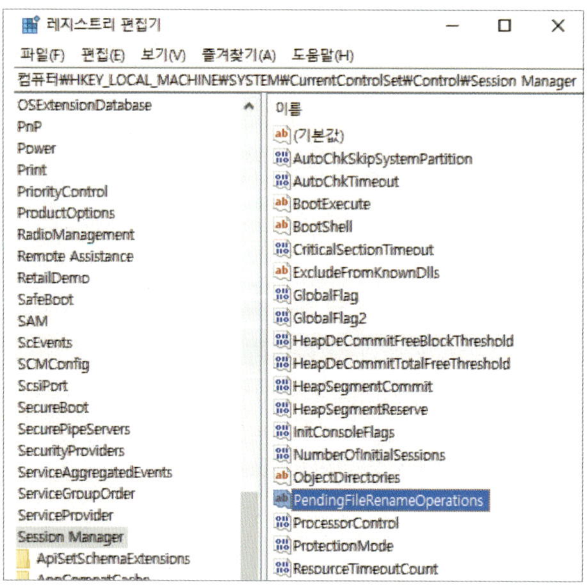
</td></tr>
</table>

3.3 TIA Portal 레이아웃

TIA Portal은 지멘스의 자동화 작업을 위한 프레임워크로, PLC의 기본 모델부터 고급 모델을 사용한 시스템 구성, 프로그래밍, 테스트 및 진단할 수 있는 통합 환경을 제공한다. TIA Portal에는 프로그램 작성을 시작할 수 있는 2가지 뷰가 있다. 그중 포탈 뷰는 과제 지향적이고 빠른 프로젝트 진입을 위한 것이고, 프로젝트 뷰는 계층적 프로젝트 구조와 모든 편집기, 매개변수 및 데이터에 접근 가능하다.

3.3.1 포탈 뷰

포탈 뷰Portal View는 작업 중심의 메뉴를 선택할 수 있는 화면으로, 초보자에게 적합한 화면이다. TIA Portal을 실행하면 처음 나타나며, 화면 구성은 [표 3-5]에 나타내었다.

[표 3-5] 포탈 뷰 화면의 기능

번호	기능	번호	기능
❶	TIA Portal의 다양한 메뉴	❸	이전에 작업한 프로젝트 목록
❷	작업 메뉴	❹	프로젝트 뷰 전환

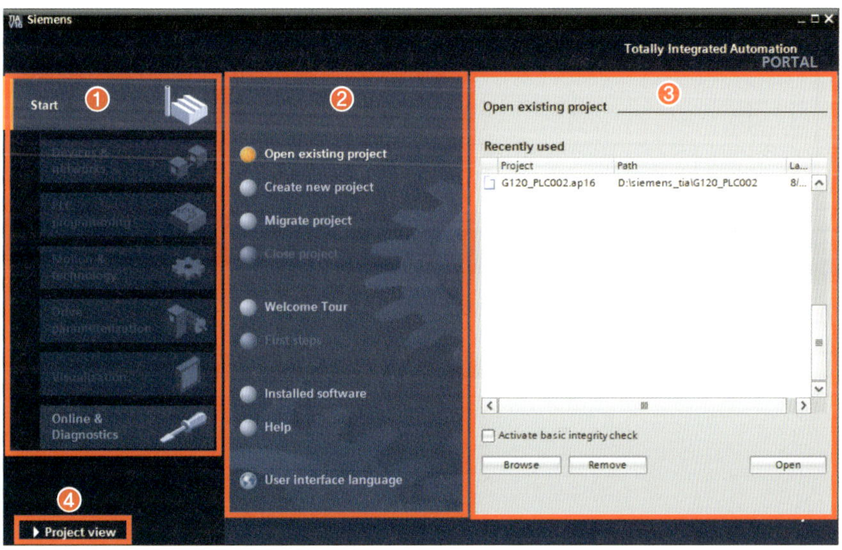

[표 3-5]에서 ❶번은 시스템 구성, 프로그래밍, 테스트 및 진단 메뉴로 구성되어 있고 해당 메뉴를 선택하면 ❷, ❸번 화면이 해당 메뉴의 상세 내역을 나타낸다. ❹번을 마우스 커서로 선택 후에 더블 클릭하면 프로젝트 뷰Project View 화면으로 전환된다.

3.3.2 프로젝트 뷰

프로젝트 뷰는 작업하고자 하는 프로젝트의 상세 내역을 표시하는 화면으로, 프로젝트 요소를 보다 자세히 살펴보고 작업 항목을 선택할 수 있도록 한다. 실습과제에서도 포탈 뷰보다는 프로젝트 뷰를 이용한 작업을 많이 한다.

[표 3-6] 프로젝트 뷰 화면의 구성

번호	기능	번호	기능
❶	메뉴 모음	❺	작업카드
❷	도구 모음	❻	세부 정보 표시
❸	프로젝트 트리	❼	관리자 창
❹	작업 영역	❽	포털 뷰 전환

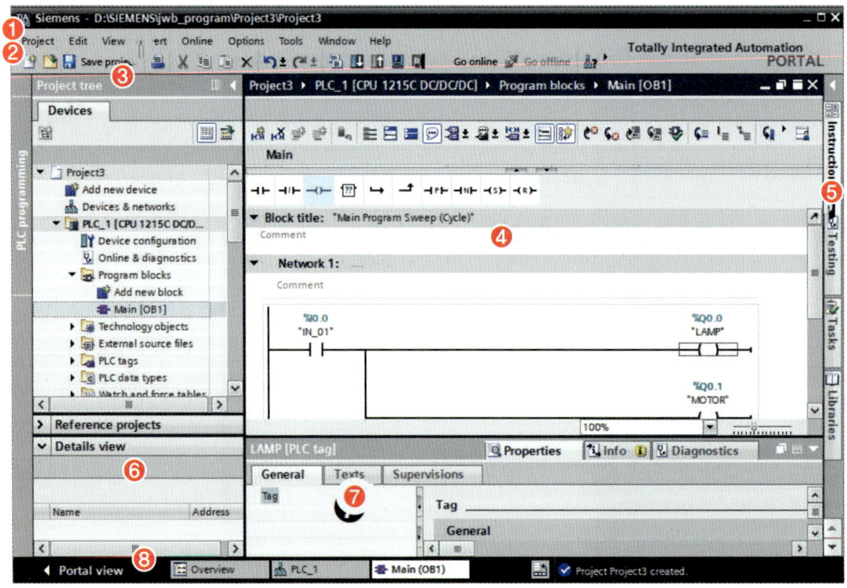

3.4 TIA Portal의 보안 정책

2011년에 4차 산업혁명을 뜻하는 인더스트리Industrie 4.0이 등장하면서 기업이 제품을 설계, 제조, 공급하는 시스템이 유기적으로 연결되었다. 또한 산업용 사물 인터넷, 클라우드, AI와 같은 디지털 기술에 대한 의존도가 높아지면서 정보 보안의 중요성도 더욱 커지고 있다. 지멘스에서는 TIA Portal V17 버전부터 지속적으로 사용자의 프로젝트와 프로그램 보호 정책을 강화해오고 있다.

3.4.1 프로젝트 보안 설정

V17 버전 이전에는 프로젝트를 열면 전체 파일의 내용을 자유롭게 사용할 수 있는 권한이 부여되었지만, V17부터는 PLC의 장치를 구성할 때부터 보안 설정을 하도록 구성되어 있다. [표 3-7]은 V17 버전에서 프로젝트의 보안을 설정하기 위한 방법을 나타낸 것이다.

[표 3-7] 프로젝트 보안 설정 절차

순서	내용	
1	**새로운 프로젝트 만들기** ❶ TIA Portal을 실행한 후에 프로젝트 뷰를 선택한다. ❷ [Project] 메뉴에서 [New]를 선택하여 새로운 프로젝트를 만든다.	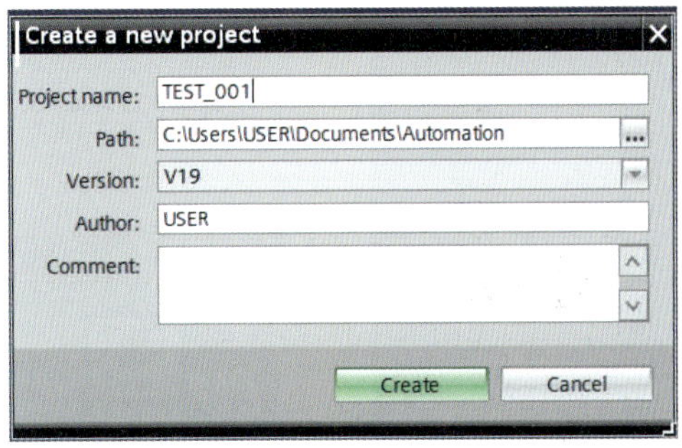
2	**사용할 PLC 설정하기** 좌측 탭에 있는 'Add new device' 항목을 더블 클릭하면 PLC를 선택할 수 있는 창이 생성된다.	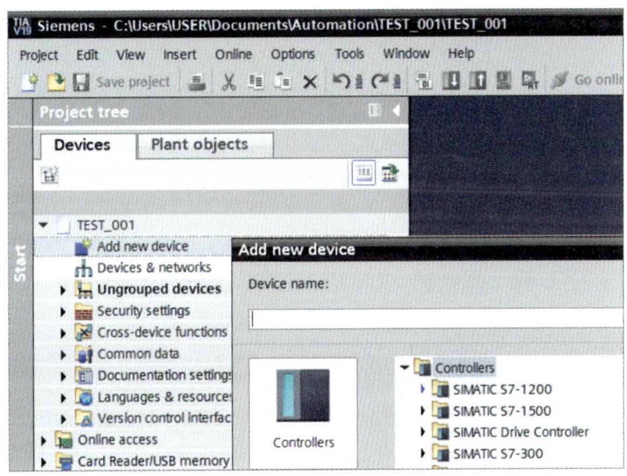
3	**사용할 PLC 선택하기** 〈Add new device〉 창에서 실습에 사용할 S7-1200 CPU와 펌웨어 버전을 선택하고 [OK] 버튼을 클릭한다.	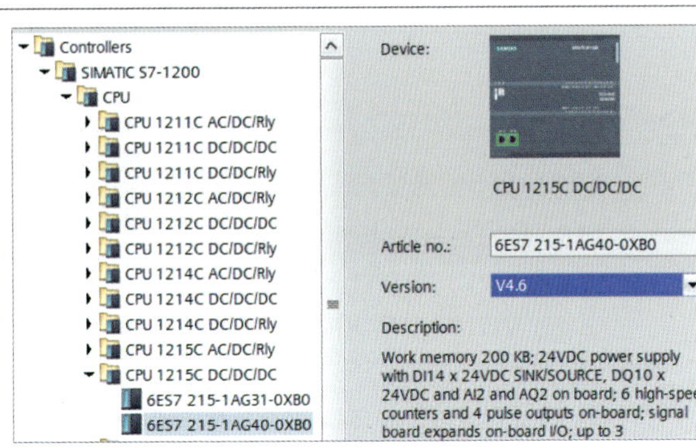

4

보안 설정하기

작업하고 있는 프로젝트에 대한 보안 설정을 위한 창이 생성된다. 보안이 필요 없는 경우에는 [Finish] 버튼을 클릭하고, 보안을 설정하려면 [Setup] 버튼을 클릭한다.

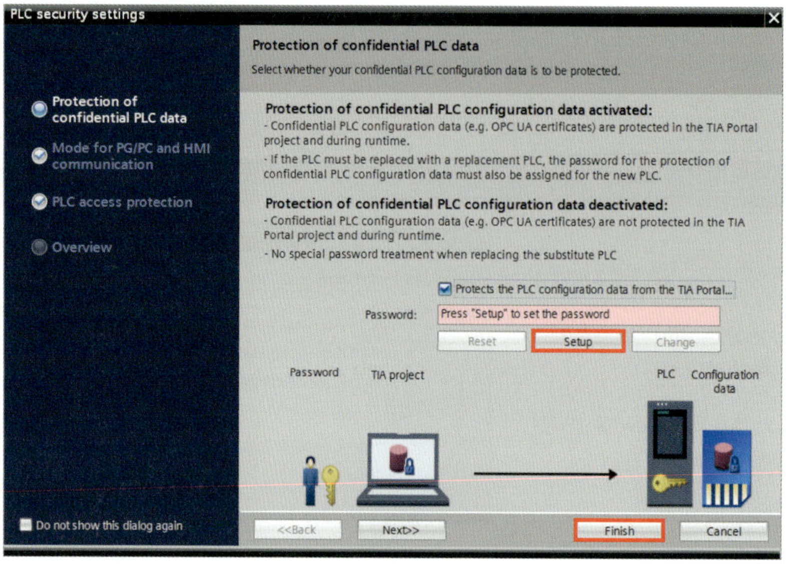

5

[보안 1단계]
PLC 구성 데이터 보호하기

❶ 4번 과정에서 [Setup] 버튼을 눌렀다면 비밀번호를 입력하는 〈Set password〉 창이 나타난다.

❷ 비밀번호는 영문자와 숫자를 포함한 8자 이상, 영문자 중 대문자를 하나 이상 입력해야 한다. 만약 비밀번호가 필요 없는 경우 앞선 화면 창에서 체크박스의 체크 표시를 해제해야 한다.

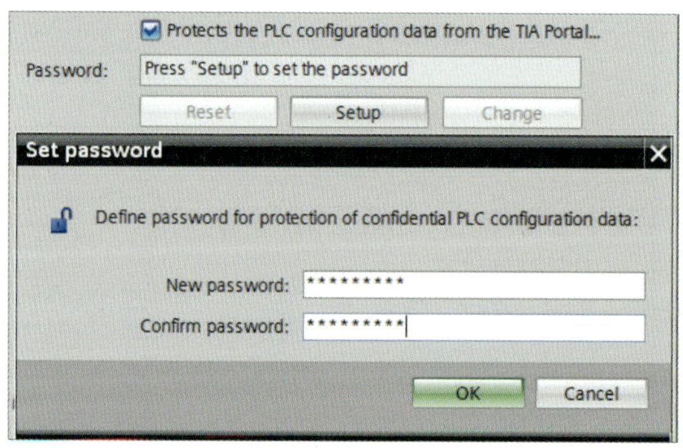

6

[보안 2단계]
PG/PC 및 HMI 통신 보호하기

PLC/HMI 또는 PC와 통신을 할 때 사용하는 툴이 V17 이상이면 체크박스에 체크하고, V17보다 낮은 버전으로 작업한 HMI 또는 PLC와 통신을 하기 위해서는 체크박스의 체크를 해제한 후에 [Next] 버튼을 클릭한다.

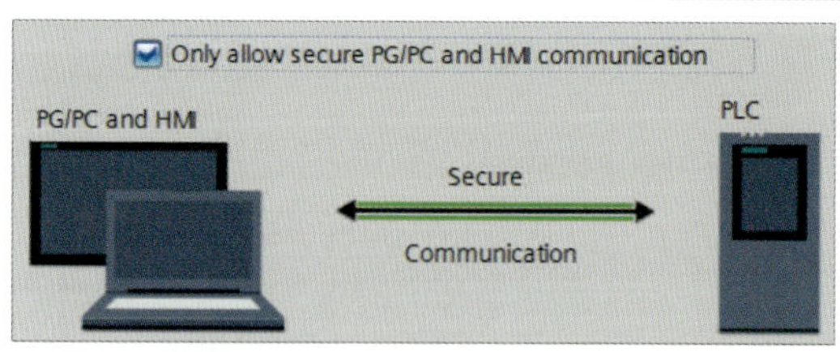

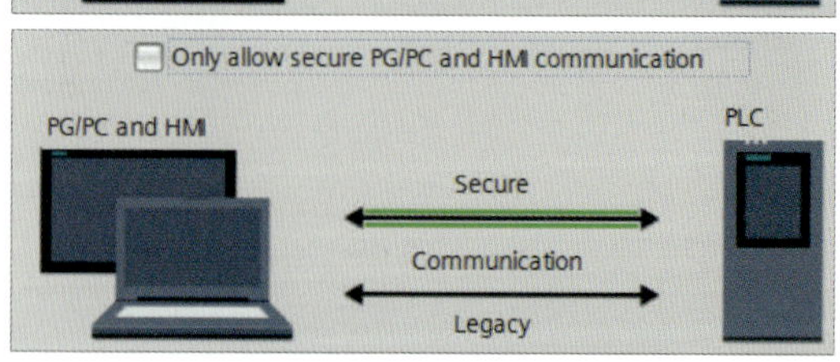

7	**[보안 3단계]** **PLC 엑세스 보호하기(PLC Access protection)** 실습에서는 'Full access(no protection)'로 설정한 후에 [Next] 버튼을 클릭한다. 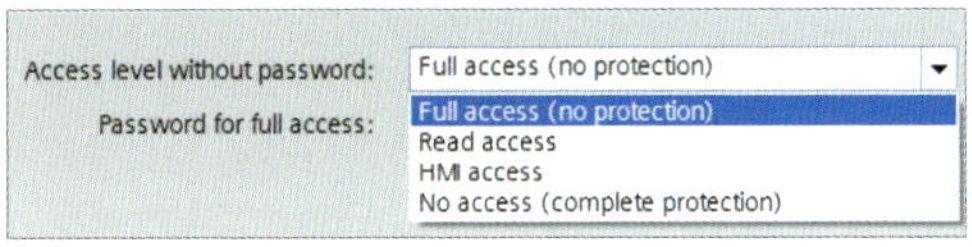
8	**보안 설정 내용 확인하기** 보안 설정 내용을 확인한 다음, 이상이 없으면 [Finish] 버튼을 클릭한다. 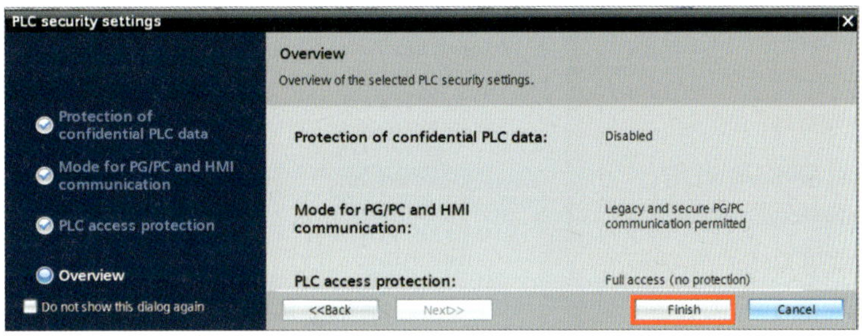
9	**작업 중에 보안 설정 내용 변경하기** 작업하고 있는 프로젝트에 대해 보안 설정을 변경하려면 해당 CPU의 [General] 탭을 선택한 후 [Protection & Security] 폴더에 있는 메뉴를 사용한다. 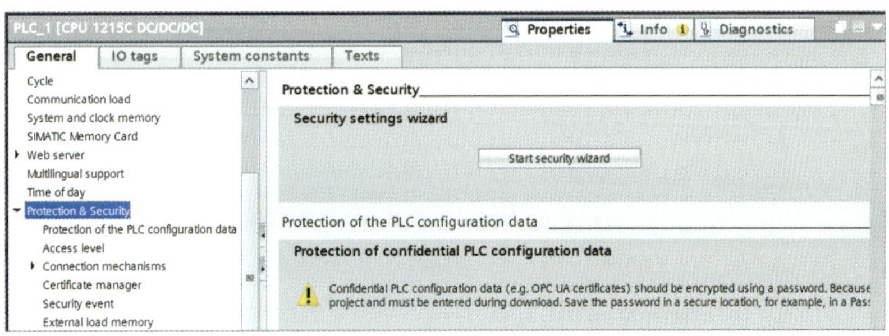

3.4.2 프로그램 블록의 보안 설정 절차

프로젝트 보안은 프로젝트 자체를 액세스하거나 수정하는 것만을 방지한다. 따라서 누군가 PLC에 접근해서 CPU에 저장되어 있는 프로그램 블록을 다운로드할 수 있다. 프로그램 블록에는 3가지 보안 방식이 있으며, 이를 설정하는 과정은 [표 3-8]에 나타내었다.

❶ **노하우 보호**Know-how Protection : 비밀번호로 OB, FC, FB 또는 글로벌 DB를 이용하여 블록을 열거나 블록의 속성을 수정하기 위해 암호를 필요로 한다. 블록에 대한 액세스를 방지하지만 원치 않는 수정을 방지하지는 않는다. (FB에 대한 노하우 보호는 관련 DB에도 적용된다.)

❷ **쓰기 방지**Write Protection : 노하우 보호와 달리, 블록에 쓰기 위한 암호를 정의할 수 있다. 블록을 읽을 수 있지만 '쓰기 보호' 암호 없이는 수정할 수 없다.

❸ **복사 방지**Copy Protection : 암호 또는 일련번호를 사용하여 프로그램 블록을 특정 메모리 카드 또는 CPU에 바인딩[1]하는 방법이다. 즉 바인딩된 메모리 카드 또는 CPU에서만 읽거나 실행할 수 있다. 이렇게 하면 프로그램을 다른 메모리 로드에 복사하는 것을 방지할 수 있다.

[표 3-8] 프로그램 보안 절차

<table>
<tr><th>순서</th><th colspan="2">내용</th></tr>
<tr><td>1</td><td>보안 프로그램 선택하기
[Program blocks] 폴더에서 바인딩할 프로그램을 선택한 다음, 마우스 오른쪽 버튼을 클릭하여 나타난 메뉴에서 'Properties'를 클릭한다.</td><td>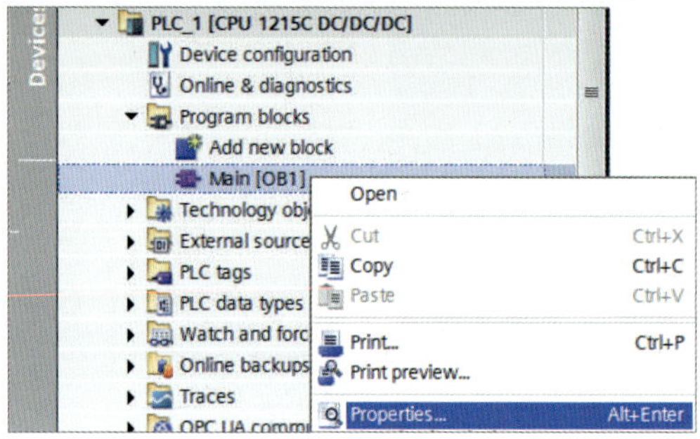</td></tr>
<tr><td>2</td><td colspan="2">보안 방법 선택하기
〈Main[OB1]〉 창의 좌측 탭에서 'Protection' 항목을 선택한 후에 보안 방법을 선택하고 필요한 내용을 설정한다.
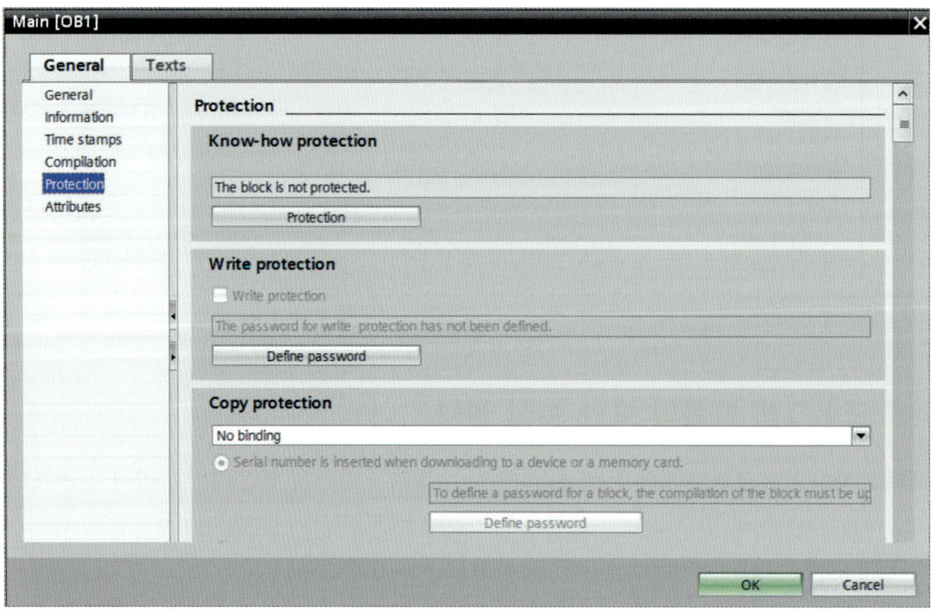</td></tr>
</table>

1 바인딩이란 컴퓨터 프로그래밍에서 각종 값들이 확정되어 더 이상 변경할 수 없는 구속(bind) 상태가 되는 것을 의미한다. 즉, 프로그램의 복사 및 실행을 위해서는 암호가 있어야 한다는 의미이다.

CHAPTER 04

PLC 및 HMI 설정하기

TIA Portal에서의 첫 번째 작업은 PLC의 시스템을 구성하는 것이다. 지멘스에서는 상대적으로 CPU의 종류가 세분화되어 있고, CPU의 펌웨어 버전에 따라 지원하는 기능이 달라진다. 따라서 사용자는 사용할 PLC의 CPU 기종과 펌웨어 버전 등을 확인한 후에 TIA Portal에서 PLC 시스템을 구성한다.

Keyword | 시스템 구성 | 보안 설정 | HMI 에러 | Panel Images |

4.1 S7-1200 PLC의 시스템 구성

[그림 4-1]은 실습에서 사용할 S7-1200 PLC의 시스템 구성을 나타낸 것이다. 이더넷 허브를 사용하여 CPU와 HMI 그리고 PC를 연결해서 사용한다. 실습환경에 따라서 기본 시스템 구성에 인버터를 포함한 주변장치를 더 추가할 수 있다.

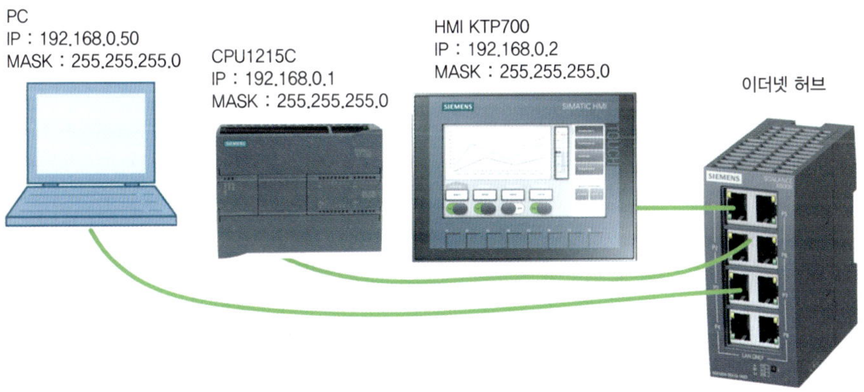

[그림 4-1] S7-1200 PLC의 시스템 구성

[그림 4-1]의 PLC 시스템 구성을 TIA Portal에서 구성하는 절차에 대해 살펴보자.

[표 4-1] TIA Portal에서 PLC와 HMI의 설치

<table>
<tr><th>순서</th><th colspan="2">내용</th></tr>
<tr><td>1</td><td>

새로운 프로젝트 만들기

TIA Portal을 실행한 후에 새로운 프로젝트를 만든다.

</td><td>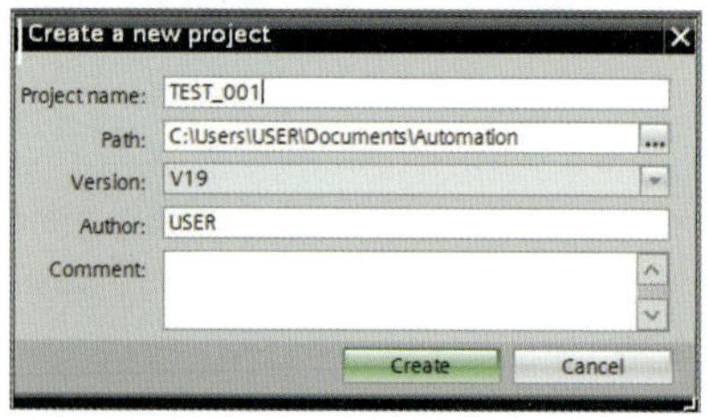
</td></tr>
<tr><td>2</td><td>

사용할 PLC 설정하기

좌측 탭에 있는 'Add new device' 항목을 더블 클릭하면 PLC를 선택할 수 있는 창이 생성된다.

</td><td>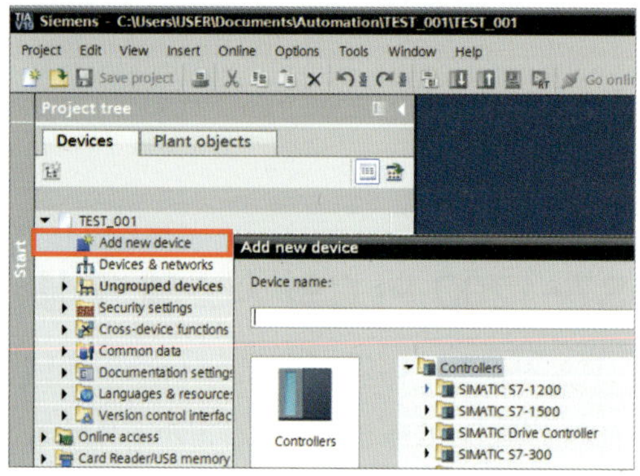
</td></tr>
<tr><td>3</td><td>

CPU와 펌웨어 버전 선택하기

실습에 사용할 S7-1200 CPU와 펌웨어 버전을 선택하고 [OK] 버튼을 클릭한다.

- CPU : CPU1215 DC/DC/DC
- Article no : 6ES7-215-1AG40-0XB0
- Version : 4.6

</td><td>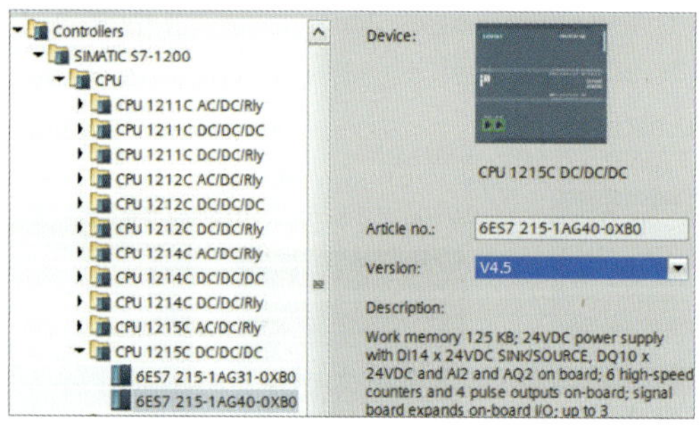
</td></tr>
<tr><td>4</td><td colspan="2">

사용할 PLC의 보안 설정하기

실습에 사용할 S7-1200 CPU의 프로젝트에 대한 보안 설정 작업을 한다. 보안 설정 방법은 [표 3-7]의 5~7번 과정과 동일하다.

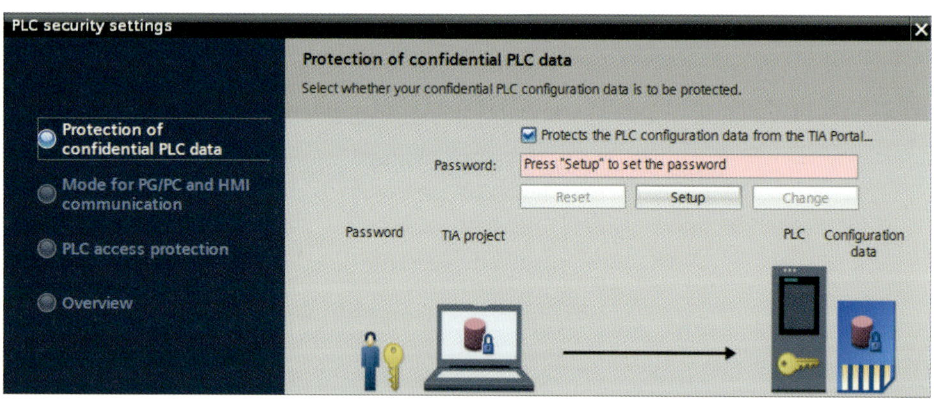

</td></tr>
</table>

5

사용할 PLC의 보안 설정하기

4번에서 별도의 작업을 하지 않은 상태에 [Finish] 버튼을 클릭했다면, CPU의 [General] 탭을 선택한 후, 'Protection & Security'에 있는 메뉴를 사용해서 보안 설정 작업을 한다.

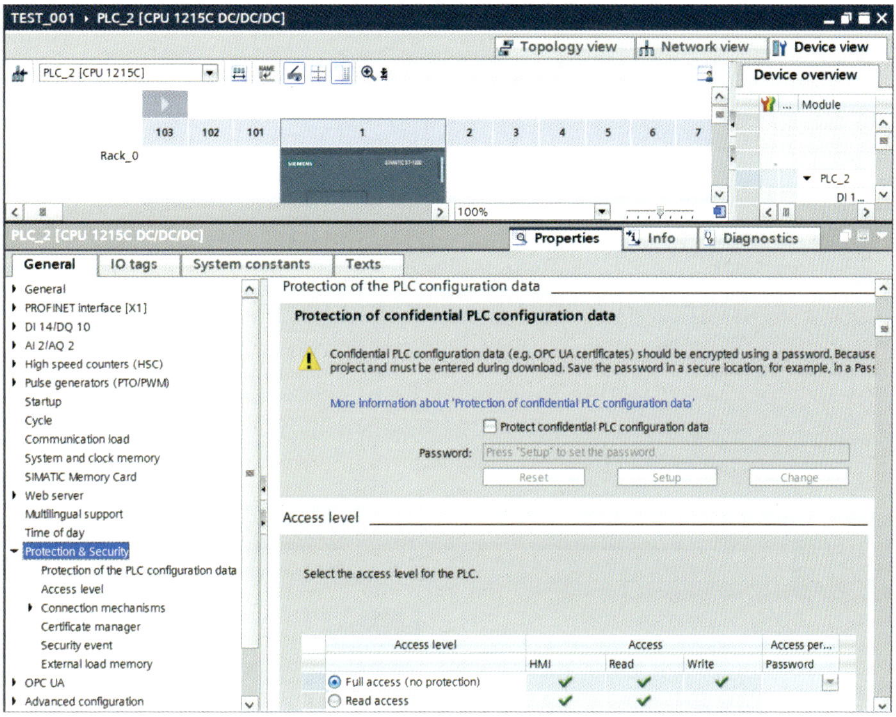

6

사용할 HMI 설정하기

PLC와 연동해서 사용할 HMI를 설정한다. 'Add new device' 항목을 선택해서 실습에 사용할 HMI 모델과 버전을 선택한 후에 [OK] 버튼을 클릭하면 HMI 설정을 위한 마법사 기능이 시작된다.

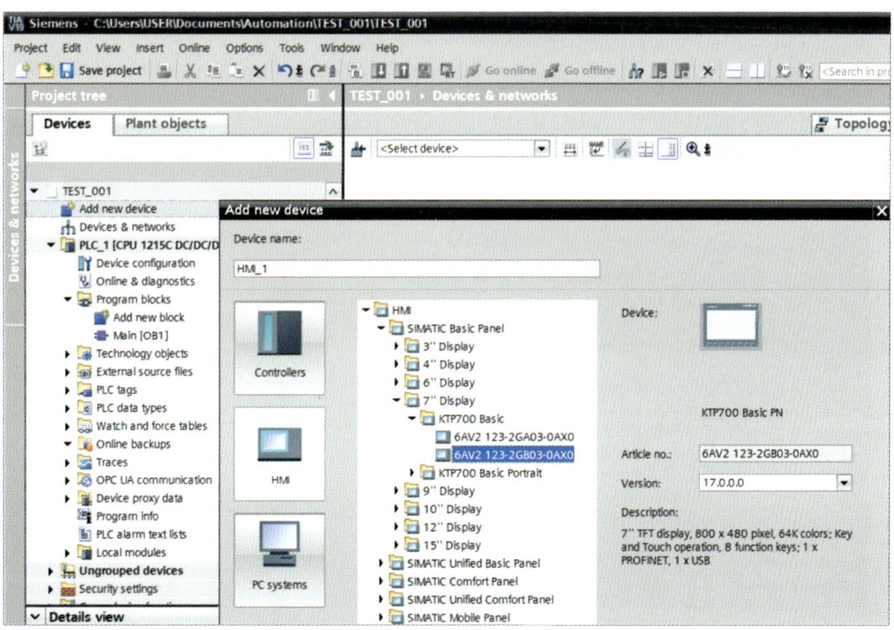

7

HMI와 연결할 PLC 설정하기

❶ 화면 우측 하단의 Select PLC에서 [Browse] 버튼을 클릭하면 앞에서 작업한 PLC가 나타난다.

❷ 사용할 PLC를 선택하고 녹색 체크박스를 선택하면 아래 그림처럼 HMI와 PLC 간에 통신 연결이 이뤄진 것을 볼 수 있다.

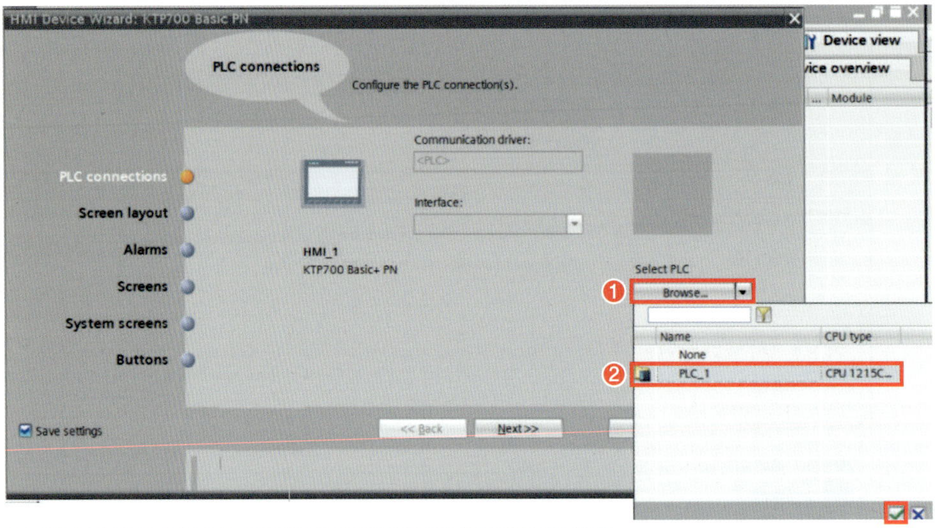

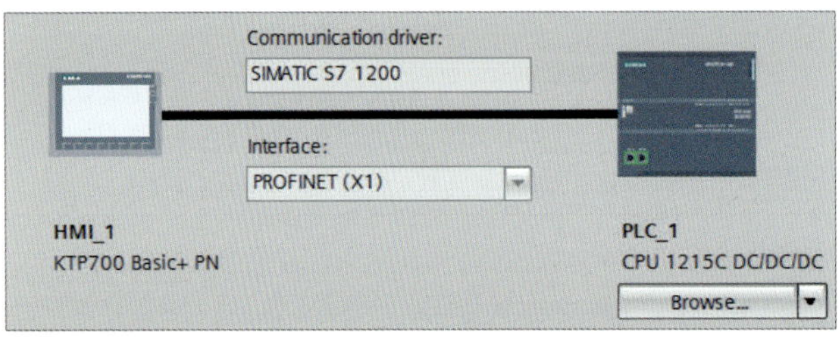

8

HMI 설정 마법사(PLC Connection) 실행하기

Screen layout부터 Button까지는 기본값을 변경하지 않고 [Next] 버튼을 눌러서 설정을 끝낸 후에 [Finish] 버튼을 클릭한다.

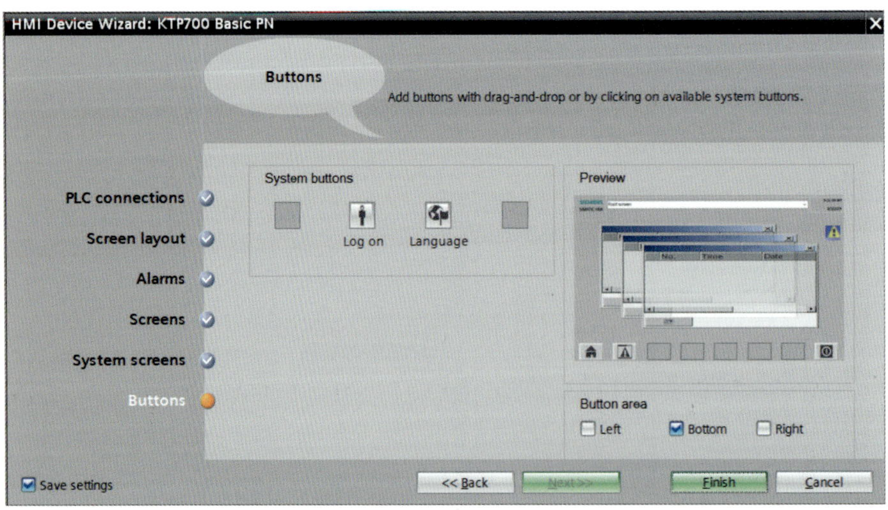

9

HMI 프로젝트 폴더 생성 확인하기

Project tree에서 HMI의 프로젝트 폴더가 생성되고, 작업화면에는 HMI 화면이 나타난다.

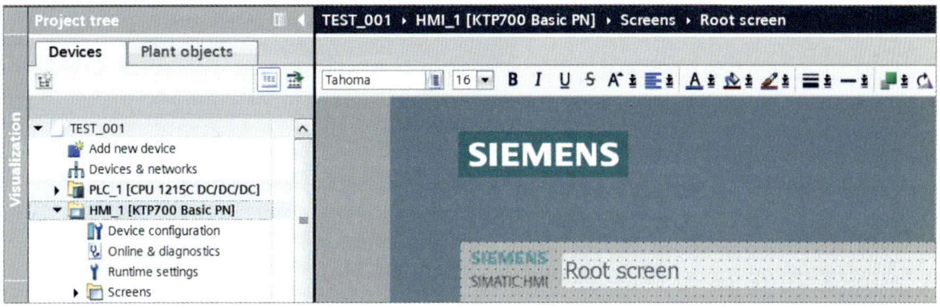

4.2 HMI의 판넬 이미지 설치

TIA Portal에서 HMI의 작업 내용을 컴파일한 후에 HMI에 다운로드할 때 [그림 4-2]와 같이 “Download has failed due to missing panel image”라는 에러 메시지가 나타나면 HMI 판넬 이미지가 설치되어 있지 않다는 의미이다.

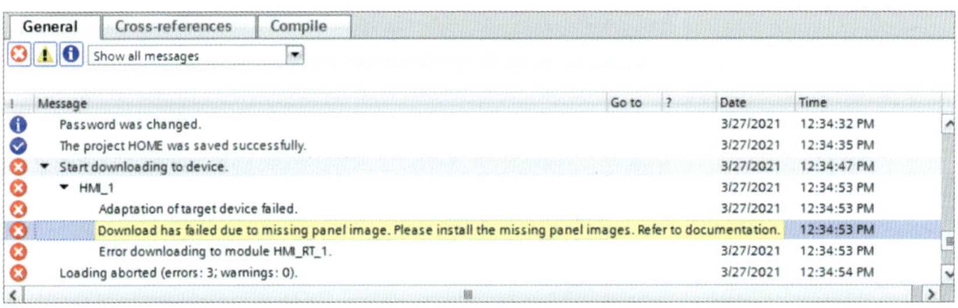

[그림 4-2] HMI 에러 메시지

이러한 에러가 발생하는 이유는 TIA Portal V15까지는 프로그램을 설치할 때 패널 이미지가 자동으로 설치되지만, V16부터는 사용자가 HMI에서 사용할 패널 이미지를 별도로 설치해야 하기 때문이다. 이런 경우에는 [그림 3-2]의 TIA Portal V17을 위한 다운로드 항목 중에서 [그림 4-3]의 iso 파일을 설치하면 해결된다.

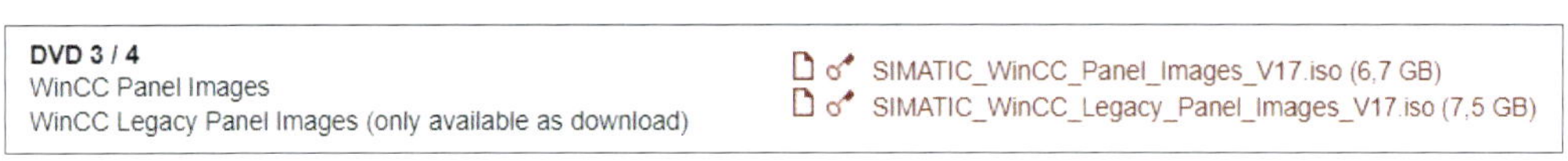

[그림 4-3] TIA Portal V17의 판넬 이미지 설치용 iso 파일

TIA Portal 17의 설치 순서처럼 iso 파일을 가상 CD 드라이브에 장착한 후에 폴더에 있는 실행 파일을 관리자 권한으로 실행한다.

[표 4-2] SIMATIC Wincc 판넬 이미지 설치

순서	내용	
1	**사용 언어 선택하기** 사용할 언어(영어)를 선택한 후에 [Next] 버튼을 클릭한다.	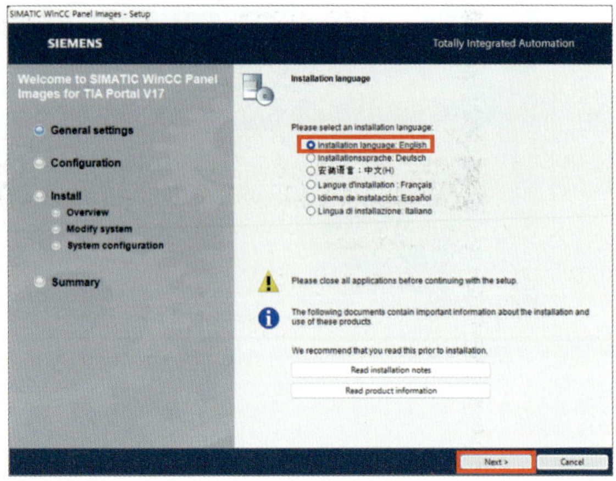
2	**설치할 프로그램 선택하기** 설치할 프로그램의 경로를 확인한 후에 [Next] 버튼을 클릭한다.	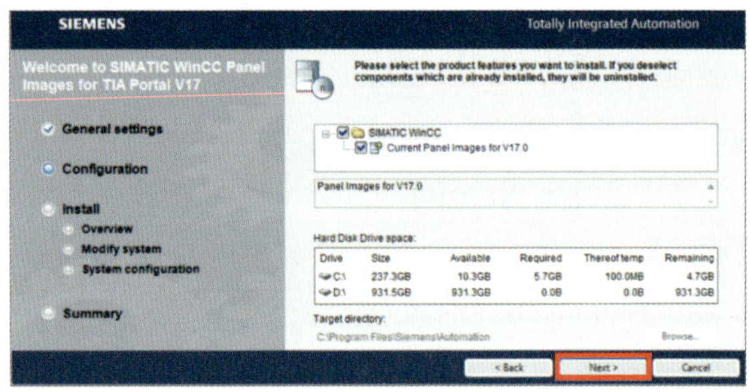
3	**라이선스 사용 계약하기** 라이선스 사용 계약 및 계약조건이 나타나면 하단의 동의 항목에 체크한 후에 [Next] 버튼을 클릭한다.	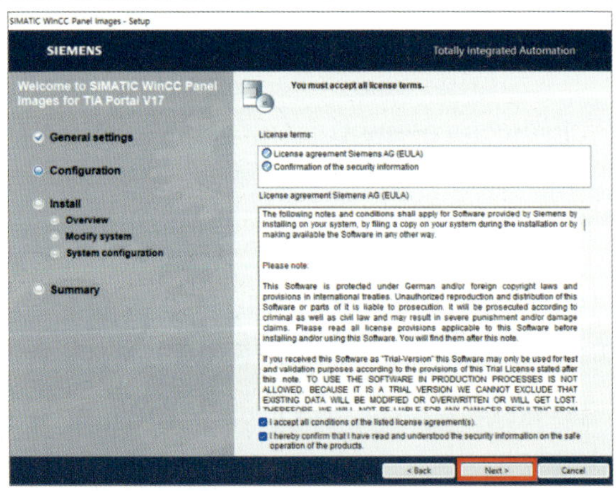
4	**판넬 이미지 설치 화면 확인하기** 설치가 끝나면 PC를 재부팅한다.	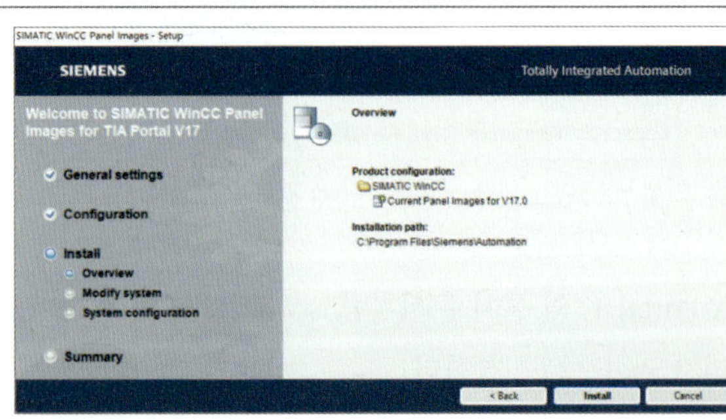

CHAPTER 05

CPU 설정 및 유지 보수하기

일상생활에서 휴대폰, 태블릿과 같은 디지털 기기를 사용하다 보면 펌웨어 업데이트 또는 시스템 업데이트를 하라는 메시지가 뜰 때가 있는데, 펌웨어는 전기기기의 하드웨어를 구동하는 소프트웨어를 의미한다. 따라서 해당 제품이 출시된 시기에는 지원되지 못한 새로운 기능의 추가, 동작의 효율성을 높이는 효과를 가져올 수 있다.

Keyword | 하드웨어 구성 | CPU | 동작 모드 | 펌웨어 |

5.1 하드웨어 구성 읽어오기

TIA Portal에서 CPU로 전송한 하드웨어 구성은 CPU의 EEPROM에 저장된다. 따라서 EEPROM에 저장된 하드웨어 구성을 TIA Portal로 다시 업로드하면, 별도의 하드웨어 구성 없이 손쉽게 하드웨어 구성을 완료할 수 있다. [표 5-1]은 기존 EEPROM에 저장되어 있는 하드웨어 구성을 TIA Portal로 업로드하는 방법을 나타낸 것이다.

[표 5-1] CPU의 MMC에 저장된 하드웨어 구성을 TIA Portal로 읽어오기

순서	내용	
1	**새로운 프로젝트 만들기** TIA Portal에서 프로젝트를 새로 만든 후에 'Add new device' 항목을 더블 클릭한다.	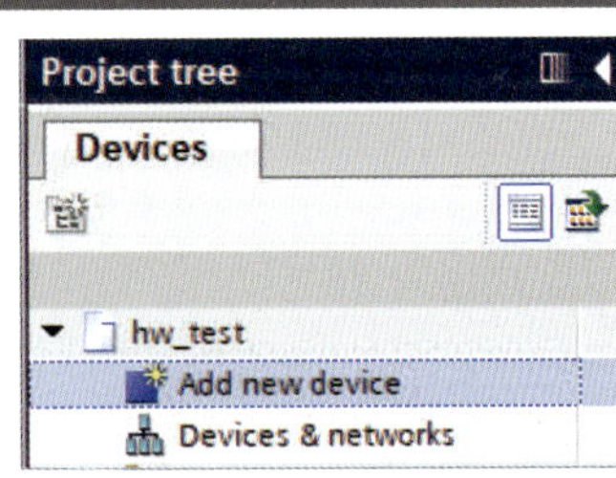
2	**새로운 디바이스 추가하기** ❶ 〈Add new device〉 창에서 [Controllers] 버튼을 클릭한 다음, 'Unspecified CPU 1200'을 클릭한다. ❷ CPU의 출력 포트가 위치한 하단 커버를 연 후에 '215-**'으로 시작하는 제품 주문 번호인 MLFB 번호를 확인하고 일치하는 CPU를 선택한다.	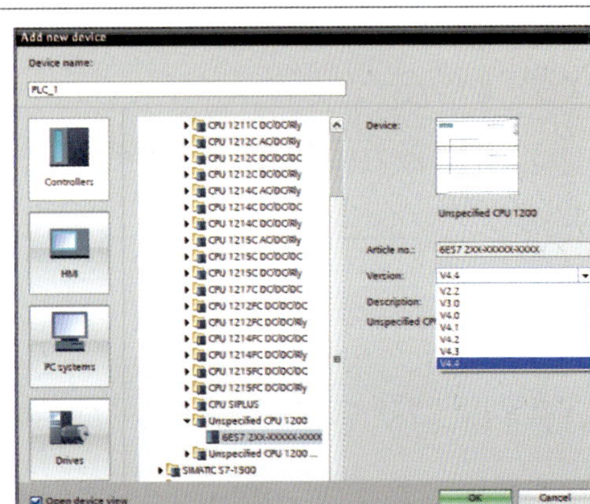

<table>
<tr>
<td>3</td>
<td>

하드웨어 구성 방법 선택하기

메시지 창에서 'detect'를 클릭한다.

</td>
<td>

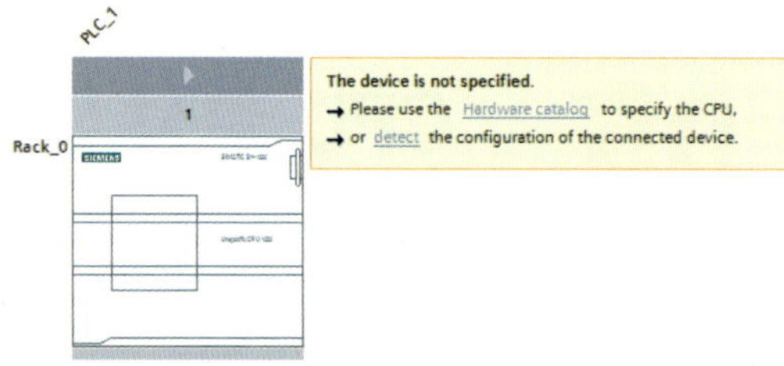

</td>
</tr>
<tr>
<td>4</td>
<td colspan="2">

하드웨어 구성을 읽어올 PLC 설정하기

❶ Type of the PG/PC interface에서 'PN/IE'를 선택한다.

❷ PC의 LAN 카드를 선택하고 [Start search] 버튼을 클릭한 다음, PC와 연결된 PLC를 검색한다.

❸ 검색된 PLC를 선택한 후에 [Detect] 버튼을 클릭한다.

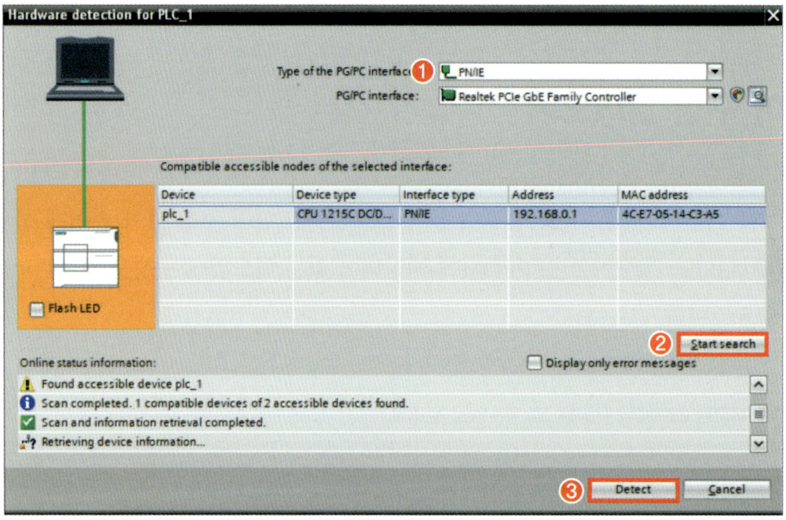

</td>
</tr>
<tr>
<td>5</td>
<td>

하드웨어 구성 읽어오기

❶ PLC의 EEPROM에서 하드웨어 구성이 읽혀지면 보안 설정 절차가 진행된다.

❷ 보안 설정을 끝내면 하드웨어 구성을 사용할 수 있다.

</td>
<td>

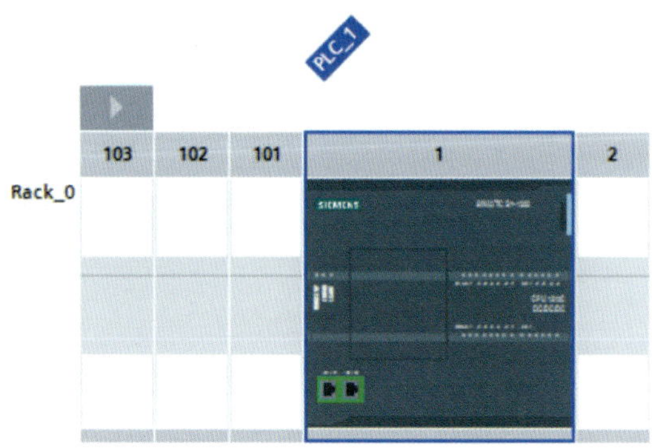

</td>
</tr>
</table>

5.2 프로그램 읽어오기

사전에 작업된 PLC에서 하드웨어 구성을 읽어왔다면, 작성된 프로그램을 읽어오는 방법에 대해 살펴보자.

[표 5-2] CPU에 저장된 프로그램 읽어오기

순서	내용
1	온라인 상태 설정하기 ❶ 상단 메뉴에서 [Go online]을 클릭해서 PC와 PLC를 온라인 상태로 만든다. ❷ 프로그램 블록의 우측에 경고 표시가 뜨는 것을 확인할 수 있다. 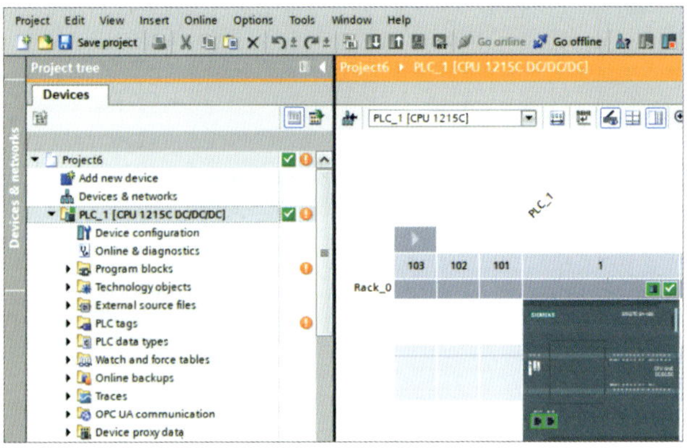 TIP 경고 표시(❗)가 뜨는 이유는 PC의 프로젝트 내용과 PLC의 내용이 다르기 때문이다.
2	디바이스 업로드하기 ❶ 온라인 상태의 CPU를 선택한 후에 마우스 왼쪽 버튼을 클릭한다. ❷ 메뉴에서 'Upload from device(software)'를 클릭한다. 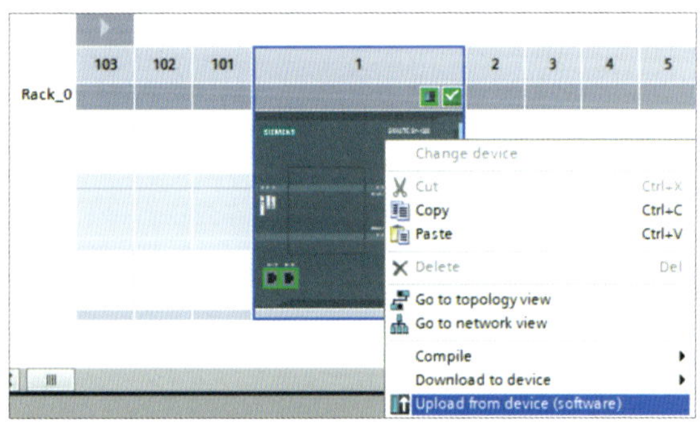
3	프로그램 읽어오기 업로드 메시지 창이 나타나면 체크 박스에 체크를 한 후에 [Upload from device] 버튼을 클릭한다. 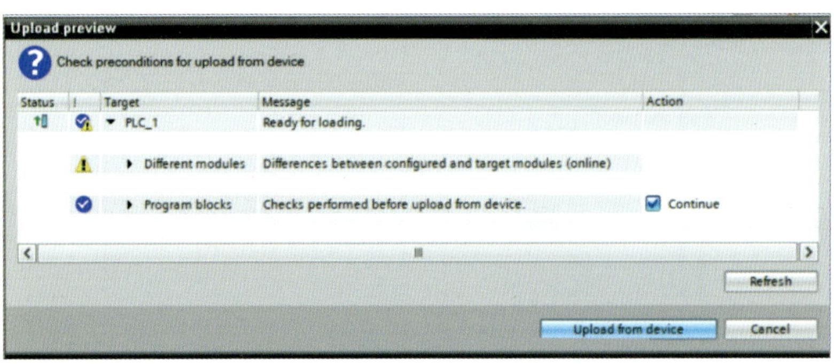

<table>
<tr><td>4</td><td>

읽어오기 완료창 확인하기

PLC의 프로그램이 PC의 프로젝트로 정상적으로 읽혀지면 프로그램 블록의 항목에 녹색 원형 표시가 된다. 이는 PC와 PLC의 내용이 일치한다는 의미이다.

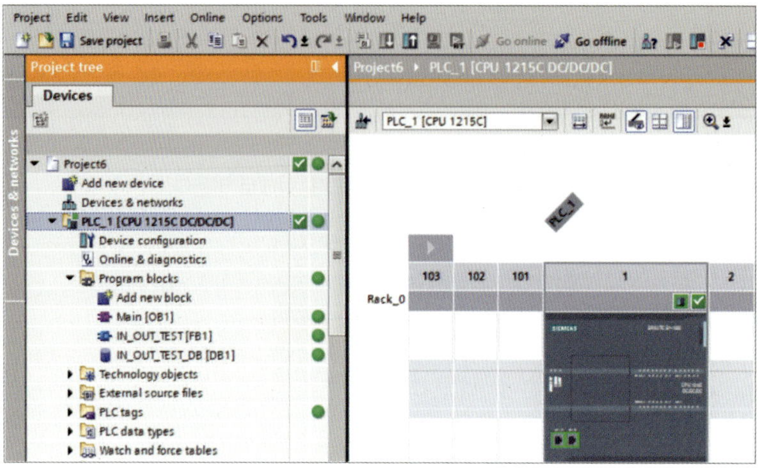

</td></tr>
</table>

5.3 CPU의 동작 모드 설정하기

CPU에는 RUN, STOP의 동작 모드와 리셋 모드가 있는데 이러한 모드를 선택하기 위해서는 TIA Portal에서 CPU를 온라인으로 연결해야 한다. CPU 리셋은 CPU의 워크 메모리와 시스템 메모리을 초기화하는 작업으로, EEPROM에 저장된 프로그램은 다시 CPU의 메모리로 전송된다.

[표 5-3] TIA Portal을 사용해서 CPU 동작 모드 설정

<table>
<tr><th>순서</th><th>내용</th></tr>
<tr><td>1</td><td>

동작 모드 선택하기

❶ 상단 메뉴에서 [Go online]을 선택해 온라인 상태로 만든 후 프로젝트 트리에서 'Online&diagnostics' 항목을 선택하면 우측의 'CPU operator panel'에 CPU의 동작 모드를 선택할 수 있는 버튼이 표시된다.

❷ [RUN], [STOP], [MRES] 버튼을 클릭하면 해당 동작 모드가 선택된다.

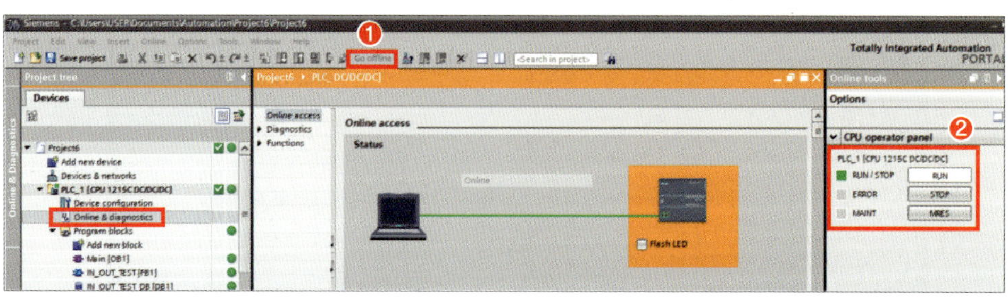

</td></tr>
</table>

2	**STOP 상태로 설정하기** ❶ [STOP] 버튼을 클릭하면 경고창이 나타난다. ❷ [OK] 버튼을 클릭하면 CPU의 동작 표시등이 주황색으로 변경된다.	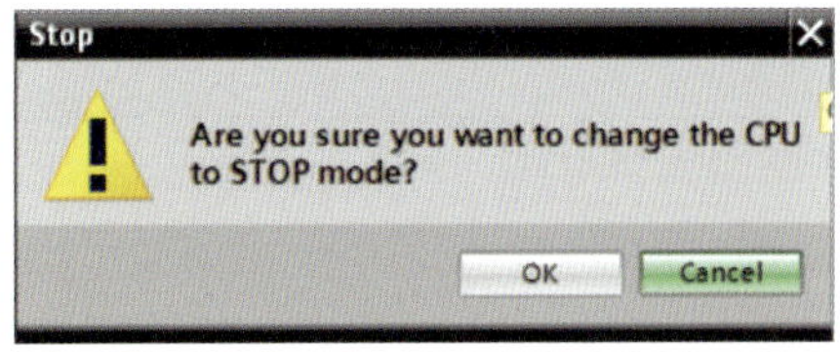
3	**RUN 상태로 설정하기** ❶ CPU를 STOP에서 RUN으로 변경하면 경고창이 나타난다. ❷ [OK] 버튼을 클릭하면 CPU의 동작 표시등이 녹색으로 변경된다.	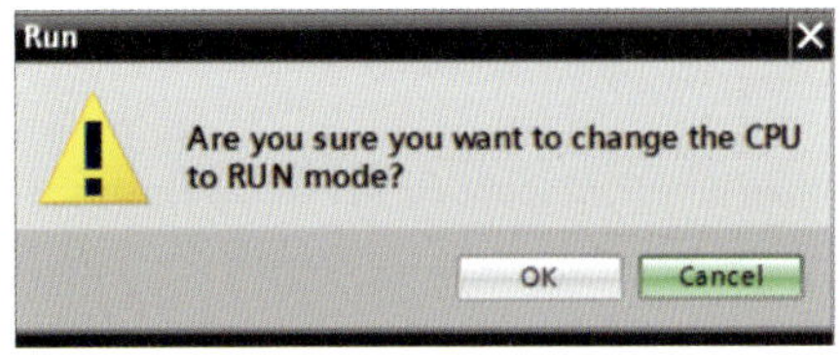
4	**MRES 상태로 설정하기** ❶ [MRES] 버튼을 클릭하면 경고창이 나타난다. ❷ [YES] 버튼을 클릭하면 워크 메모리와 시스템 메모리의 클리어 작업이 실행된다.	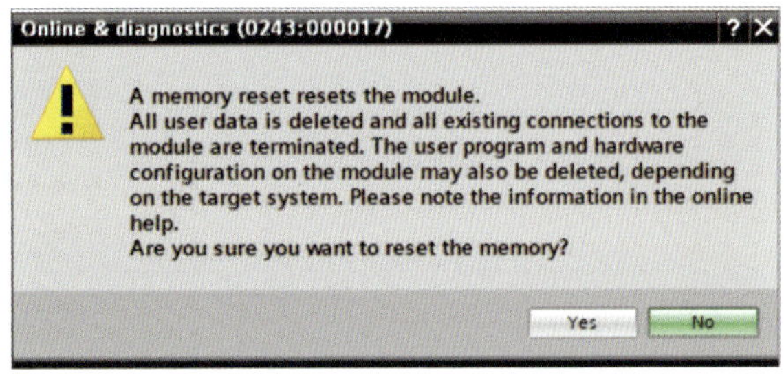
5	**RUN 상태로 변경하기** 리셋 후에는 온라인으로 동작 모드를 변경한 후, 1번 작업에서 [RUN] 버튼을 눌러서 CPU의 동작 모드를 RUN 상태로 변경한다.	

5.4 CPU 펌웨어 업데이트하기

우리가 사용하는 PC에는 윈도우라는 O/S가 존재하듯이 S7 시리즈의 PLC에도 PLC의 운영과 관련된 작업을 수행하는 프로그램이 있는데, 이러한 프로그램을 펌웨어Firmware라 한다. 펌웨어를 업데이트하면 기기 성능을 업그레이드할 뿐만이 아니라, 새로운 기능 추가, 문제점 해결, 시스템 보안 강화 등의 효과가 있다. 기존에 문제없이 잘 사용되고 있는 PLC의 펌웨어를 강제로 업데이트할 필요는 없지만, 새로운 프로젝트에 적용되는 PLC라면 최신의 펌웨어로 업데이트한 후에 사용하는 것을 권장한다.

최신 버전의 펌웨어를 다운로드하기 위해서는 지멘스 홈페이지에서 회원가입을 해야 하는데 PLC는 전략물자로 구분되기 때문에 가입 절차가 까다로운 편이며, 별도의 심사를 거쳐야 하므로 1주일 정도의 시간이 소요된다. 최신 펌웨어 파일이 PC에 준비되어 있다면 [표 5-4]의 절차에 따라 CPU의 펌웨어를 업데이트해보자.

[표 5-4] 펌웨어 업데이트 절차

순서	내용
1	**최신 펌웨어 다운로드하기** ❶ 지멘스 홈페이지에서 S7-1200 CPU 기종에 맞는 최신 펌웨어 파일을 다운로드한다. ❷ 압축을 풀어서 PC의 폴더에 저장한다. 캡처 화면은 2024년 7월 기준, 최신 펌웨어 버전(V4.6.1)이다. 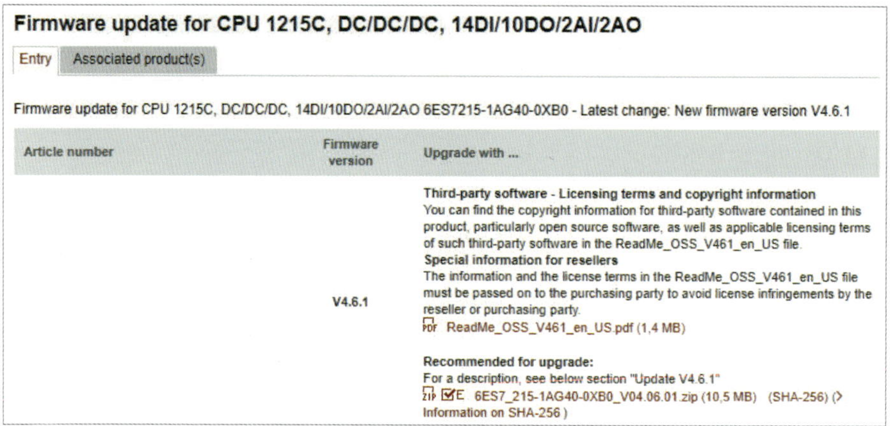
2	**TIA Portal에서 CPU 설정** 새로운 프로젝트에서 'Unspecified CPU'를 선택한 다음, 펌웨어를 업데이트할 PLC의 하드웨어를 구성한다. 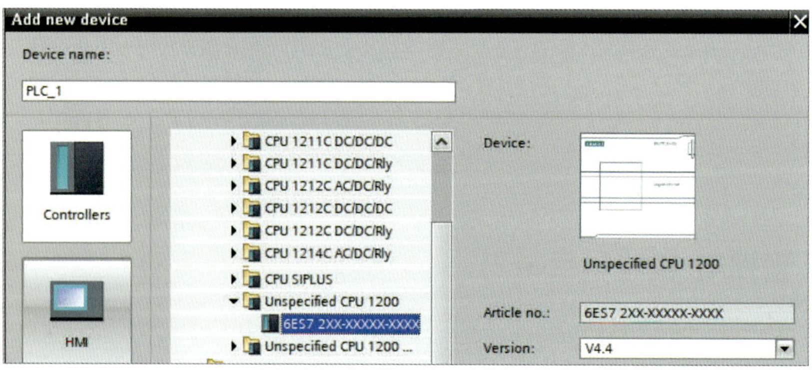
3	**하드웨어 구성 읽어오기** 메시지 창에서 'detect'를 클릭한다. 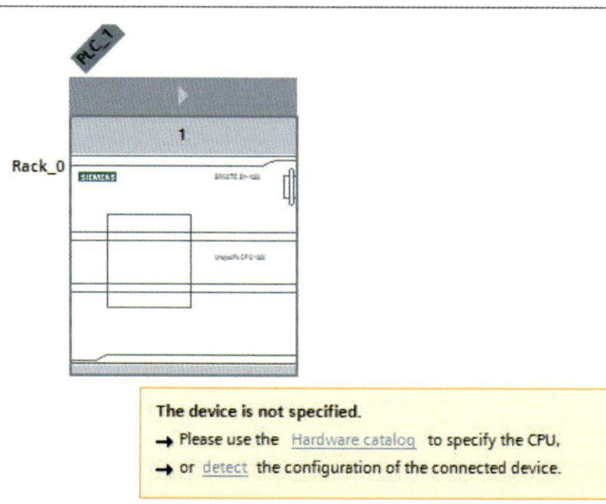

4

하드웨어 구성을 읽어올 PLC 설정하기

하드웨어 구성을 읽어올 PLC를 검색해서 지정한다.

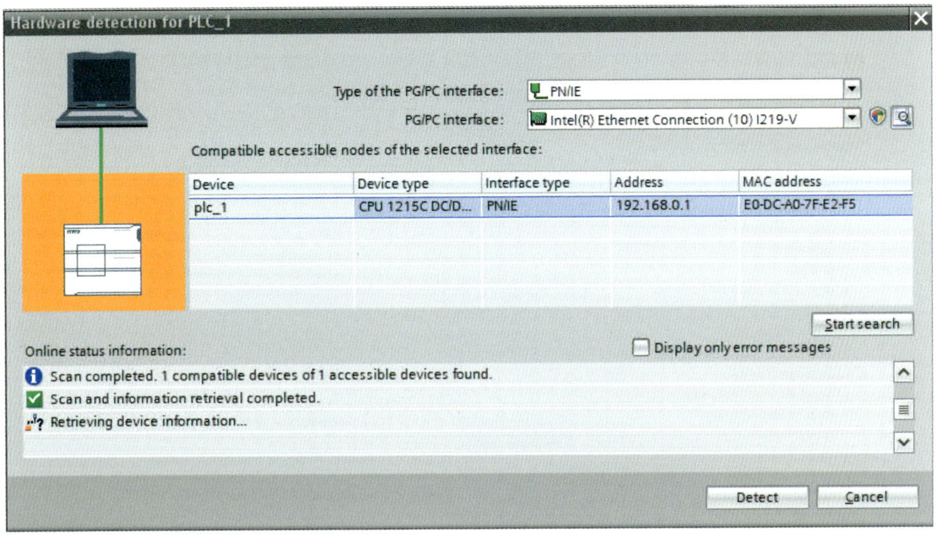

5

보안 설정 및 온라인 모드 설정하기

❶ 하드웨어 구성을 읽어오면 화면에 나타남과 동시에 보안 설정 내역이 나타난다.

❷ 보안 설정을 한 후에 CPU의 펌웨어 버전 확인을 위해 CPU를 선택한 다음, [Go online]을 선택한다.

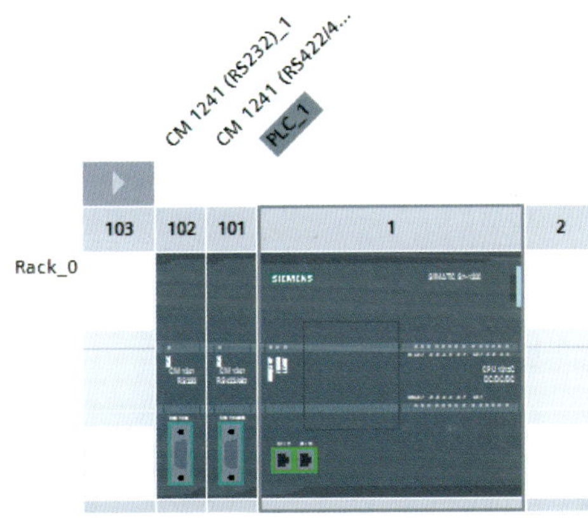

6

CPU의 펌웨어 버전 확인하기

프로젝트 트리에서 'Online & diagnostic' 항목을 더블 클릭하면 현재 사용하는 CPU의 펌웨어 버전을 확인할 수 있다(실습에 사용하는 CPU의 펌웨어 버전은 V4.2.3이다).

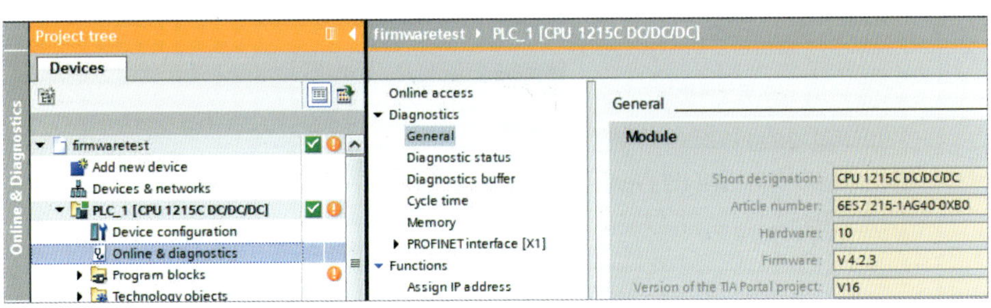

7

CPU의 펌웨어 버전 확인하기

❶ 'Firmware update' 항목을 선택하고 업데이트할 펌웨어 파일이 있는 폴더를 지정한 후에 [Run update] 버튼을 클릭한다.

❷ CPU의 동작 모드를 STOP 상태로 전환한 후에 펌웨어 업데이트를 한다는 메시지가 나오면 [확인] 버튼을 클릭하여 펌웨어 업데이트를 시작한다.

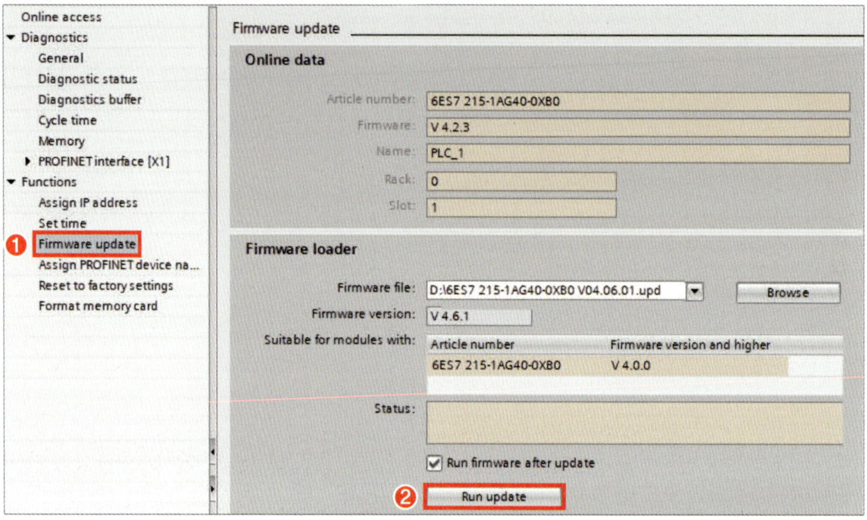

8

펌웨어 업데이트 실행하기

〈Firmware update〉 창이 나타나면서 업데이트를 진행한다.

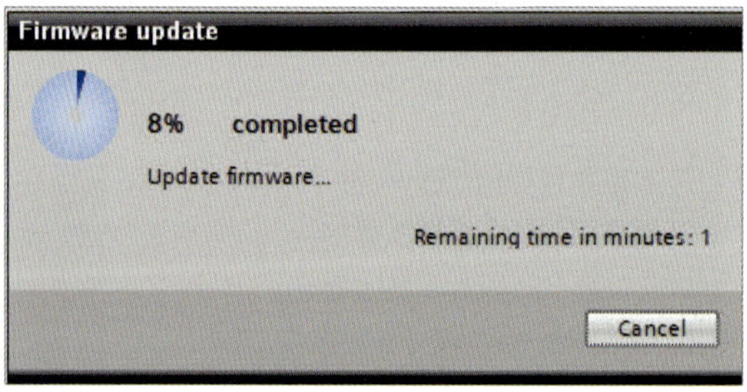

9

펌웨어 업데이트 완료하기

메시지 창이 나타나면 [OK] 버튼을 클릭한다.

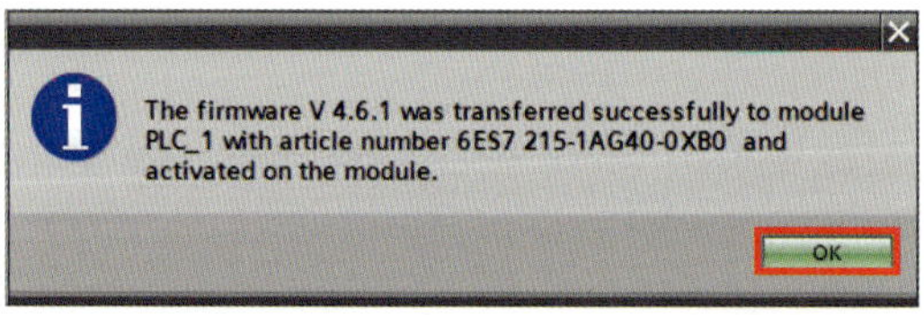

10

CPU를 RUN 모드로 전환하기

CPU의 동작 모드를 RUN으로 전환한다는 메시지 창이 나타나면 [Yes] 버튼을 클릭한다.

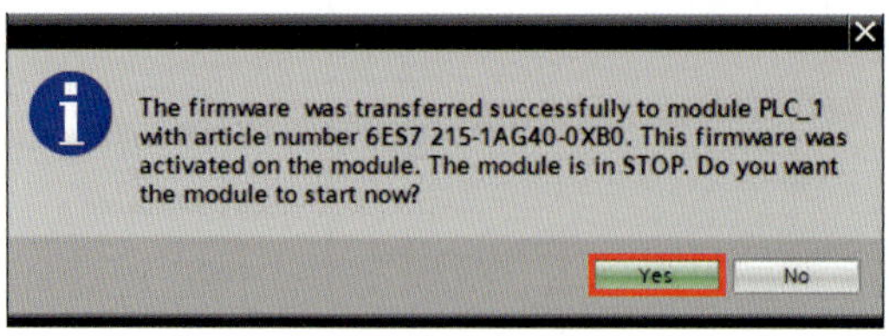

11

최종 펌웨어 버전 확인하기

최종 펌웨어 버전을 확인한다.

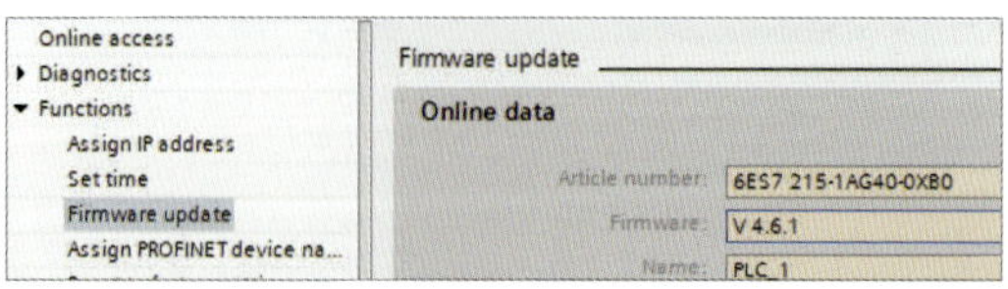

PART
03

PLC 프로그래밍

CONTENTS

PART 03
들어가기 전에

PLC 프로그램은 메모리에 저장된 데이터와 데이터를 처리하기 위한 명령어로 구성된다. 프로그래밍은 입력된 데이터를 사용자가 원하는 데이터로 변경하여 메모리에 저장하는 과정이다. 따라서 사용하는 명령어에 필요한 데이터가 무엇인지, 그리고 해당 명령어 실행 결과로 데이터가 어떻게 변경되는지를 파악하고 있어야 한다.

PLC의 대표적인 명령어는 시퀀스 명령어로, 기계 장치를 정해진 순서대로 동작하게 한다. 시퀀스 명령어로 만들어 낸 자기유지 회로를 사용해서 기계 장치를 정해진 순서대로 동작시키는 순차제어 프로그램을 작성할 수 있다. 여기에 타이머와 카운터를 결합하면 시간과 횟수를 제어한다. 시퀀스 명령은 단순하기 때문에 첨단 기계 장치의 제어에 필요한 파라미터 설정 및 복잡한 제어 동작을 구현하는 프로그램을 작성하기에는 한계가 있다. 따라서 기본 명령어를 시퀀스 명령어와 조합하여 사용함으로써 복잡한 제어 동작의 프로그램을 만들 수 있다.

PART 03에서는 지멘스 PLC의 프로그램 작성을 위한 FB와 FUN의 명령어 사용법에 대해 살펴보고 실습과제를 해결하면서 명령어의 사용 사례를 살펴볼 것이다. 그리고 일부 응용 명령어는 실습과제를 해결해나가면서 별도로 설명할 예정이다. S7 PLC에서 제공하는 모든 명령어를 이 책에서 다 살펴보진 못하지만, 산업현장에서 많이 활용되는 명령어를 중심으로 사용법을 익혀보자.

CHAPTER 06

PLC 명령어 살펴보기

지멘스 PLC의 명령어는 FB와 FC로 구성되어 있고, 명령어의 종류에 따라 기본, 응용, 모션, 통신 명령어 그룹으로 구분한다. PLC 프로그램은 PLC 제조사에서 제공하는 FB, FC와 사용자가 만드는 FB와 FC를 OB1에서 호출하는 방식으로 만들어진다. 따라서 프로그램을 작성하기 위해서는 명령어의 기능과 사용법에 대해 잘 알고 있어야 한다.

Keyword | PLC 명령어 | 시퀀스 명령어 | 데이터 전송 명령어 | 산술연산 명령어 | 비교연산 명령어 | 논리연산 명령어 | 로테이트 및 시프트 명령어 | 배열 |

6.1 명령어의 입출력 데이터 타입

PLC는 메모리에 저장된 데이터를 처리하기 위한 다양한 명령어를 제공하고 있다. TIA Portal에서는 S7-1200에서 사용하는 명령어를 [그림 6-2]처럼 4개 그룹으로 구분하고 있다. 이 장에서는 기본 명령어 중에서 많이 사용하는 명령어 위주로 살펴보고자 한다.

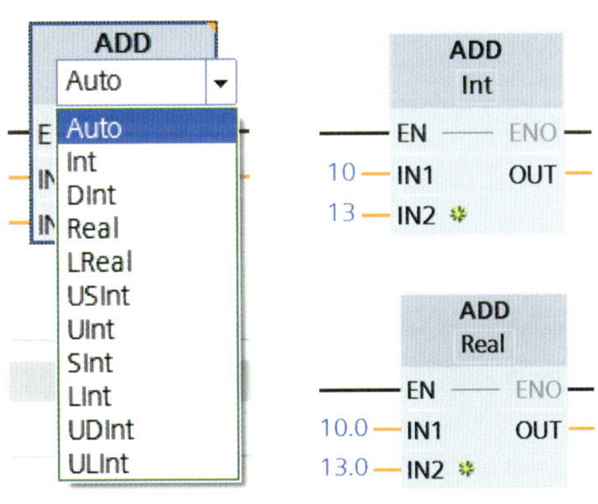

[그림 6-1] 정수와 실수 연산 명령어

지멘스 PLC의 명령어에 있는 입력과 출력에는 설정할 수 있는 **데이터 타입**Data Type이 지정되어 있다. 설정값 또는 변수가 지정된 데이터 타입과 일치하지 않는 경우에는 에러나 경고가 발생할 수 있다. 따라서 명령어를 사용하기 전에 명령어의 입출력에 해당하는 데이터 타입이 어떻게 설정되어 있는지를 확인해야 한다.

[표 6-1]은 덧셈(ADD) 명령어에 사용되는 입출력에 지정된 데이터 타입과 사용 가능 메모리의 종류를 나타낸 것이다.

[표 6-1] 명령어의 입출력 태그의 데이터 타입

명령어	명칭	입출력 구분	데이터 타입	사용 가능 메모리 종류
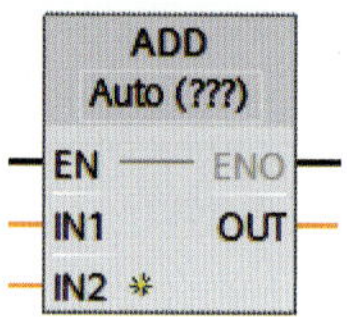	EN	Input	BOOL	I, Q, M, D, L
	ENO	Output	BOOL	I, Q, M, D, L
	IN1	Input	Int(정수), Real(실수)	I, Q, M, D, L, P, 상수
	IN2	Input	Int(정수), Real(실수)	I, Q, M, D, L, P, 상수
	OUT	Output	Int(정수), Real(실수)	I, Q, M, D, L, P

덧셈 명령어를 살펴보면, 입력과 출력에는 데이터 타입으로 정수 또는 실수 타입을 지정할 수 있다. 따라서 덧셈 명령어를 사용할 때에는 정수형 덧셈을 할지 실수형 덧셈을 할지에 따라 데이터 타입을 다르게 지정해야 한다. [그림 6-1]의 오른쪽 그림을 보면 데이터 타입의 지정에 따라 설정되는 상숫값의 표현 방법도 달라진다는 것을 확인할 수 있다.

6.2 PLC 명령어의 종류

[그림 6-2]는 지멘스 S7-1200 PLC의 프로그램 작성에 사용되는 전체 명령어를 기능별 폴더에 구분하여 나타낸 것이다.

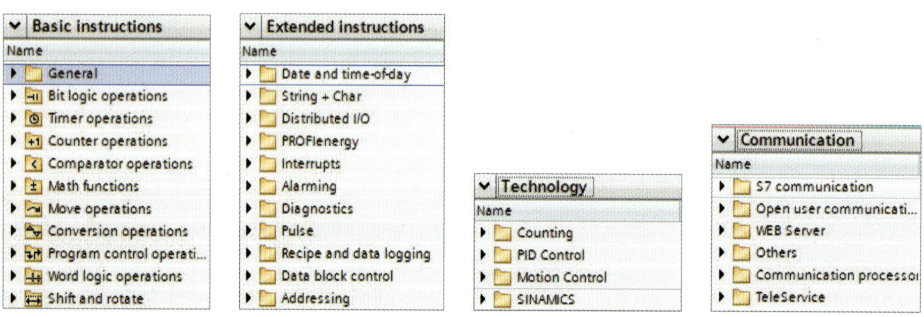

(a) 기본 명령어 (b) 응용 명령어 (c) 모션 명령어 (d) 통신 명령어

[그림 6-2] 기능별로 구분된 명령어 폴더

6.2.1 시퀀스 명령어

시퀀스 명령어는 PLC가 만들어지기 전에 사용된 것으로, 릴레이와 스위치로 만든 전기 시퀀스 회로를 PLC 프로그램으로 구현하기 위해 만들어졌다. [표 6-2]에서 지멘스 PLC의 시퀀스 명령어를 살펴보자.

[표 6-2] 시퀀스 명령어의 종류

구분	종류	설명
시퀀스 명령	접점 명령	a 접점(ㅓ ㅏ), b 접점(ㅓ/ㅏ), 상승펄스(ㅓPㅏ), 하강펄스(ㅓNㅏ)
	출력 명령	비트 출력(–( )ㅓ), 셋(SET) 출력(–(S)ㅓ), 리셋(RST) 출력(–(R)ㅓ)
	타이머 명령	TP : 펄스, TON : ON 딜레이, TOFF : OFF 딜레이, TONR : 적산
	카운터 명령	CTU : UP 카운터, CTD : DOWN 카운터, CTUD : UP–DOWN 카운터

시퀀스 명령어에는 전기 시퀀스 회로에서는 볼 수 없는 상승펄스와 하강펄스 입력신호가 있고, 출력 명령에는 셋(SET)과 리셋(RST) 출력을 포함하고 있다. 지멘스 PLC의 상승 및 하강펄스 입력신호는 다른 제조사의 PLC와 달리 2개의 입력태그를 필요로 한다. 그리고 앞에서도 언급했듯이 지멘스는 사용하는 메모리의 종류에 따라 프로그램이 달라질 수 있기 때문에 OB1에서 시퀀스 명령어를 사용할 때에는 전역태그에 해당되는 입출력의 직접번지와 M 메모리를 사용해야 한다. 실제 프로그램을 작성할 때에는 전역태그와 FB, FC의 내부에서 선언하는 로컬태그를 사용한다.

더 알아보기 **상승 및 하강펄스 신호의 판별 방법**

PLC는 입력신호의 상승 및 하강 시점을 어떻게 판별할까? 상승 및 하강 시점을 판별하기 위해서는 스위치의 입력신호를 판별하기 직전의 상태를 기억하고 있어야 한다. [그림 6-3]처럼 입력신호는 PLC의 스캔 동작에 의해 매 스캔마다 입력신호가 입력 이미지 메모리(PII)에 저장된다. 따라서 상승 및 하강펄스 신호는 현재의 입력 이미지 메모리와 직전의 입력 이미지 메모리를 비교함으로써 판별할 수 있다.

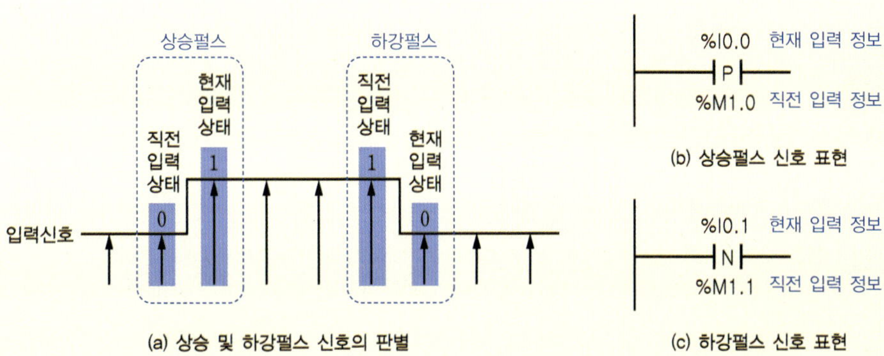

[그림 6-3] 상승 및 하강펄스 신호 판별법

상승펄스는 [그림 6-3(a)]처럼 직전의 입력 상태가 0이고, 현재의 입력 상태가 1일 때이다. 하강펄스는 직전의 입력 상태가 1이고 현재의 입력 상태가 0일 때이다. 따라서 상승 및 하강펄스 신호를 판별하기 위해서는 2개의 태그, 즉 직전의 상태를 기억하는 Bool 타입의 태그와 현재의 입력신호를 기억하는 Bool 타입의 태그가 필요함을 알 수 있다.

6.2.2 데이터 전송 명령어

PLC 프로그램에서 CPU 모듈의 메모리에 저장되어 있는 데이터를 처리하다 보면 필요에 의해 데이터를 메모리에 복사하거나 다른 메모리로 옮겨야 할 때가 있다. 이러한 상황에서 데이터 전송 명령어가 사용되며, 이 명령어는 다양한 기능을 제공한다.

[그림 6-4]는 MOVE 명령어의 종류를 나타낸 것으로, 이 명령어를 사용하기 위한 CPU 펌웨어 버전이 정해져 있다. 여기서 현재 사용하고 있는 CPU의 펌웨어 버전보다 높은 버전을 가진 명령어는 사용할 수 없다.

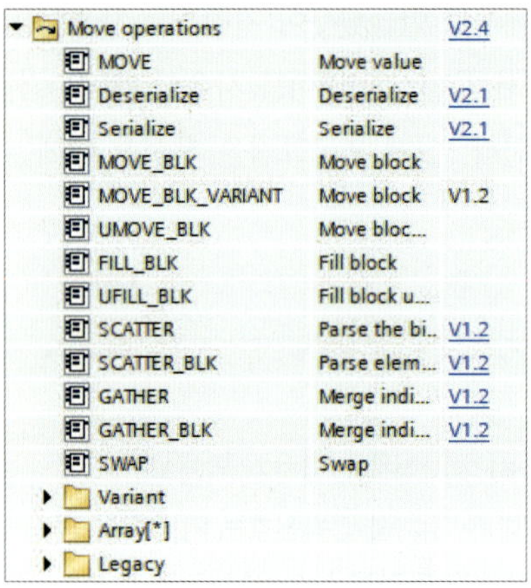

[그림 6-4] 데이터 전송 명령어의 종류

MOVE 명령어 중에서 실습에서 많이 사용하는 MOVE, MOVE_BLK, FILL_BLK, SWAP에 대해 살펴보자. MOV_BLK, FILL_BLK에 사용된 COUNT는 복사하고자 하는 메모리의 개수를 지정하는 입력 변수이다.

[표 6-3] 데이터 전송 명령어의 사용 (1)

구분	MOVE	MOVE_BLK
기능	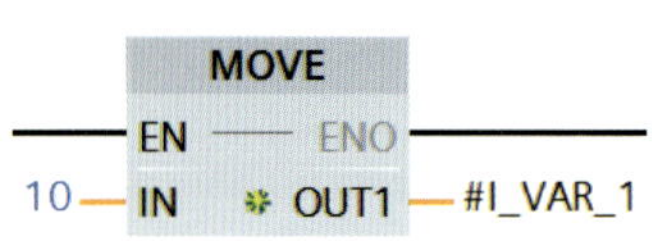	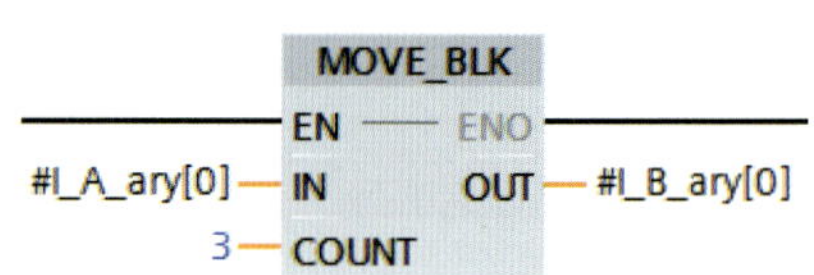
표현	입력에 설정된 상숫값 10을 OUT에 지정된 정수형 태그 I_VAR_1에 복사하는 기능을 갖는다. 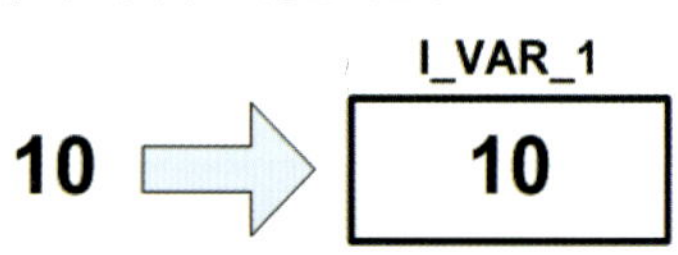	배열로 구성된 메모리의 값을 다른 배열로 1대1로 전송하는 기능을 갖는다. 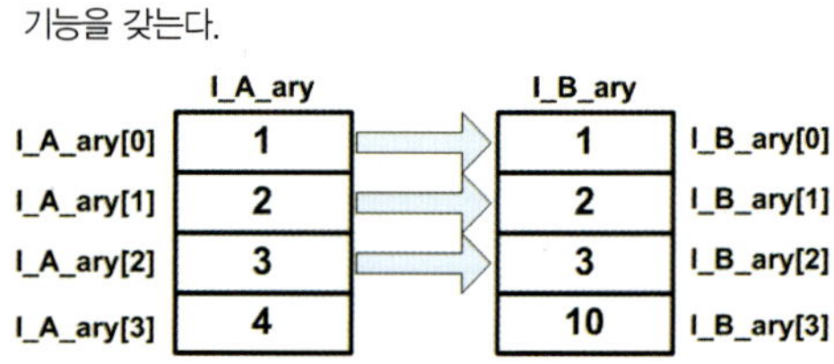

[표 6-4] 데이터 전송 명령어의 사용 (2)

구분	FILL_BLK	SWAP
기능	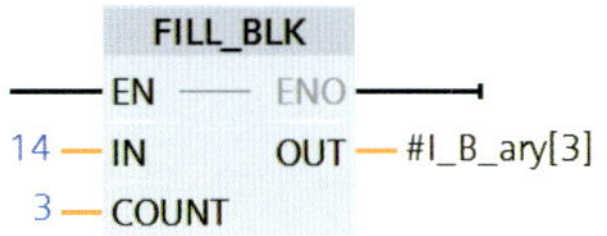	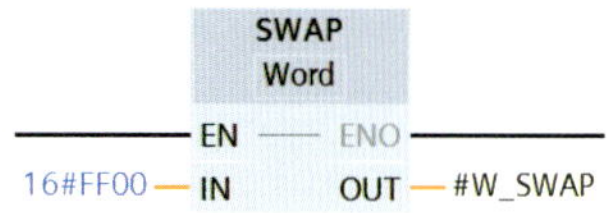
표현	입력에 설정된 상숫값 14를 출력에 지정된 배열 메모리에 동일한 값으로 복사하는 기능을 갖는다. 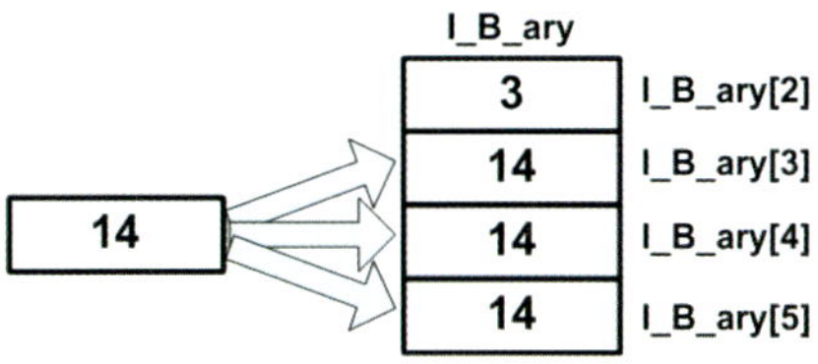	데이터 타입이 워드 또는 더블워드로, 2바이트의 16#FF00의 값을 상위 바이트와 하위 바이트의 위치를 변경해서 지정된 메모리에 복사하는 기능을 갖는다. 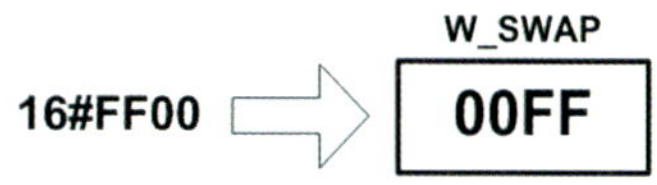

6.2.3 산술연산 명령어

PLC에서 산술연산은 **정수와 실수의 연산**으로 구분된다. 사람은 3을 2로 나누면 1.5라고 답하지만, PLC는 3을 2로 나눈 결과를 산술연산 방법에 따라 1 또는 1.5라고 답한다. 사람은 정수연산과 실수연산을 구분하지 않지만, PLC는 그 둘을 구분하기 때문이다. 따라서 PLC에게는 3 나누기 2의 결과값이 정수연산으로는 정수 1이고, 실수연산으로는 1.5인 것이다.

정수연산과 실수연산은 명령어에서 설정하는 데이터 타입에 따라 구분할 수 있다. 정수형 산술연산은 Int 타입인 16비트 크기와 DInt 타입인 32비트 크기로 구분된다. 16비트 산술연산의 범위는 −32768~32767이다. 만약 산술연산의 설정값이나 결과값이 16비트 크기의 범위를 초과하는 경우에는 32비트 크기의 산술연산을 선택해야 정확한 결과값을 구할 수 있다. 따라서 산술연산을 할 때에는 결과값을 예측해서 Int 타입 또는 DInt 타입으로 결정해야 한다.

Name	Description	Version
▼ Math functions		V1.0
CALCULATE	Calculate	
ADD	Add	
SUB	Subtract	
MUL	Multiply	
DIV	Divide	
MOD	Return remainder of di...	
NEG	Create twos complemen	
INC	Increment	
DEC	Decrement	
ABS	Form absolute value	
MIN	Get minimum	V1.0
MAX	Get maximum	V1.0
LIMIT	Set limit value	V1.0

Name	Description	Version
▼ Math functions		V1.0
SQR	Form square	
SQRT	Form square root	
LN	Form natural logarithm	
EXP	Form exponential value	
SIN	Form sine value	
COS	Form cosine value	
TAN	Form tangent value	
ASIN	Form arcsine value	
ACOS	Form arccosine value	
ATAN	Form arctangent value	
FRAC	Return fraction	
EXPT	Exponentiate	

[그림 6-5] S7-1200 PLC의 산술연산 명령어

S7-1200의 산술연산 명령어 중에서 가장 큰 변화는 복잡한 산술연산의 수식을 표현할 수 있는 CALCULATE 명령어가 추가되었다는 것이다. 수식 하나를 예로 들면 다음과 같다.

$$Y=((IN1*IN2)/IN3)+IN4$$

위 수식에서 결과값 Y를 구하는 데 필요한 산술연산에는 곱셈, 나눗셈 및 덧셈 명령어가 있다. CALCULATE 명령어를 사용하면 수식 그대로의 표현에 의해 Y의 값을 구할 수 있다.

[표 6-5] CALCULATE 산술연산 명령어의 사용

순서	내용
1	❶ 노란색 별모양을 클릭하면 입력을 추가할 수 있다. ❷ 산술연산을 위한 데이터 타입을 지정한다. ❸ 해당 사각 박스 부분을 더블 클릭한다. 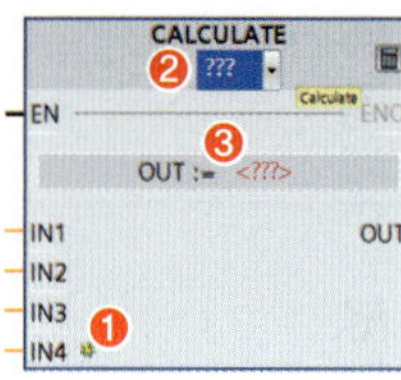
2	〈Edit "Clculate" Instruction〉 창이 나타나면 입력창에 계산하려고 하는 수식을 입력한다. 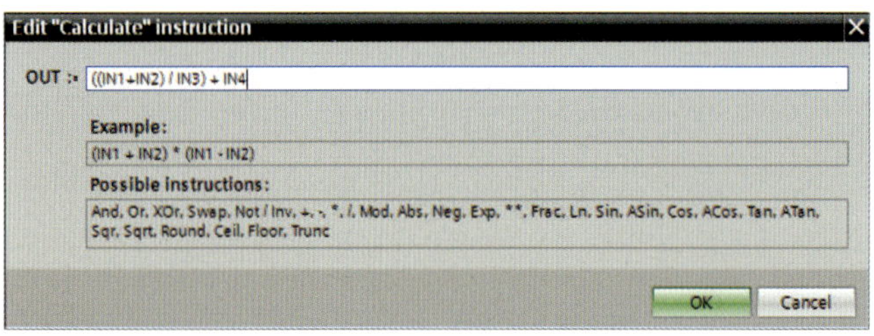 **TIP** 만약 Y의 결과값을 구하기 위한 입력값(수식에서 IN1, IN2, IN3, IN4에 해당)의 데이터 타입으로 정수와 실수가 함께 사용된다면, 모든 입력값을 실수 타입으로 지정해서 사용한다.

6.2.4 비교연산 명령어

산술연산을 할 때, 명령어에 사용하는 입력값이 아날로그 입력값(센서 등)이거나 정해진 범위를 초과할 우려가 있다면 반드시 비교연산 명령어를 통해서 값의 정상 여부를 판별해야 한다.

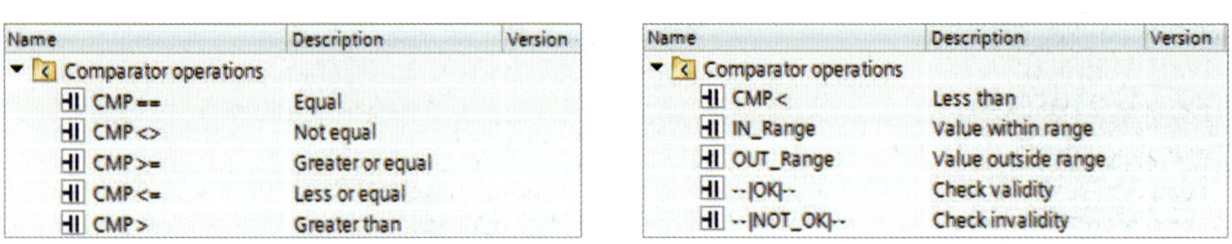

[그림 6-6] S7-1200 PLC의 비교연산 명령어

만약 이러한 절차를 소홀히 해서 결과값에 오류가 발생하는 경우, 출력이 오작동해서 자동화 장치의 운영에 심각한 손상을 초래할 수 있다. 따라서 산술연산을 하기 전에 설정값을 검사하거나 산술연산이 끝난 후에 비교연산 명령어를 사용해서 설정값과 결과값이 정확한지 검사해보는 것을 권장한다.

더 알아보기 **곱셈, 나눗셈 명령어 사용 시 주의점**

곱셈 명령어는 16비트 범위에서 연산을 하지만, 결과값은 16비트 크기의 Int 형의 범위를 초과하는 경우가 많기 때문에 사전에 검증해서 Int 형의 범위를 넘어서는 경우에는 처음부터 DInt 형의 곱셈 명령어로 연산을 해야 한다.

지멘스의 Int 형 나눗셈 명령어의 결과값은 몫만 구할 수 있다. 따라서 필요에 따라 나눗셈 결과에서 나머지를 구하고자 할 때에는 나머지 연산 명령어인 MOD 명령어를 별도로 사용해야 한다.

6.2.5 논리연산 명령어

논리연산 명령어는 특정 비트의 설정, 클리어, 반전 등의 데이터 조작이 필요할 때 사용한다. 논리연산 명령어는 데이터 타입으로 Word 또는 DWord 타입을 사용한다.

Name	Description	Version
Word logic operations		V1.4
AND	AND logic operation	
OR	OR logic operation	
XOR	EXCLUSIVE OR logic op...	
INVERT	Create ones complemer	
DECO	Decode	V1.2
ENCO	Encode	V1.1
SEL	Select	V1.4
MUX	Multiplex	
DEMUX	Demultiplex	

[그림 6-7] S7-1200 PLC의 논리연산 명령어

OR 명령어(특정 비트 설정)

주어진 데이터의 **특정 비트를 1로 설정**하려면 OR 명령어를 사용한다. [표 6-6]처럼 1로 설정하고자 하는 비트 위치에 1을 가진 값과 OR 연산을 하면, 해당 위치의 비트 값은 소스 값에 관계없이 무조건 1로 설정된다.

[표 6-6] OR 명령어를 사용하여 특정 비트를 1로 설정

명령어 표현 형식	명령어 실행 결과			
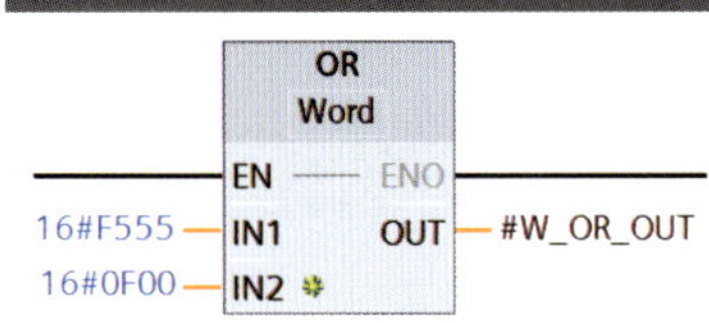	IN1	16#F555		1111 0101 0101 0101
	IN2	16#0F00	OR	0000 1111 0000 0000
	W_OR_OUT	16#FF55		1111 1111 0101 0101

AND 명령어(특정 비트 클리어)

주어진 데이터의 **특정 비트를 0으로 설정**, 즉 클리어Clear 하려면 AND 명령어를 사용한다. [표 6-7]처럼 0으로 설정하고자 하는 비트 위치에 0을 가진 값과 AND 연산을 하면, 해당 위치의 비트 값은 소스 값에 관계없이 무조건 0으로 설정된다.

[표 6-7] AND 명령어를 사용하여 특정 비트를 0으로 설정

<table>
<tr><th>명령어 표현 형식</th><th colspan="4">명령어 실행 결과</th></tr>
<tr><td rowspan="3">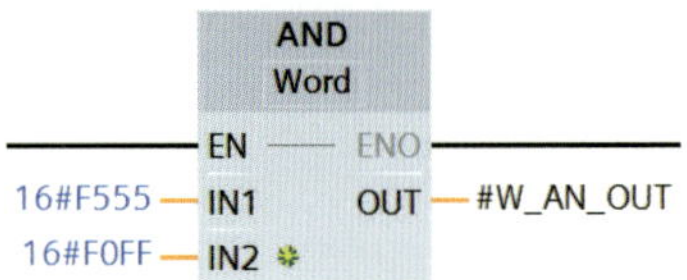</td><td>IN1</td><td>16#F555</td><td></td><td>1111 0101 0101 0101</td></tr>
<tr><td>IN2</td><td>16#F0FF</td><td>AND</td><td>1111 0000 1111 1111</td></tr>
<tr><td>W_AND_OUT</td><td>16#F055</td><td></td><td>1111 0000 0101 0101</td></tr>
</table>

XOR 명령어(특정 비트 반전)

주어진 데이터의 **특정 비트를 0 → 1(또는 1 → 0)로 반전**하기 위해서는 XOR 명령어를 사용한다. [표 6-8]처럼 반전하고자 하는 비트 위치에 0 또는 1을 가진 값과 XOR 연산을 하면 해당 위치의 비트 값이 반전된다.

[표 6-8] XOR 명령어를 사용한 특정 비트의 반전

<table>
<tr><th>명령어 표현 형식</th><th colspan="4">명령어 실행 결과</th></tr>
<tr><td rowspan="3">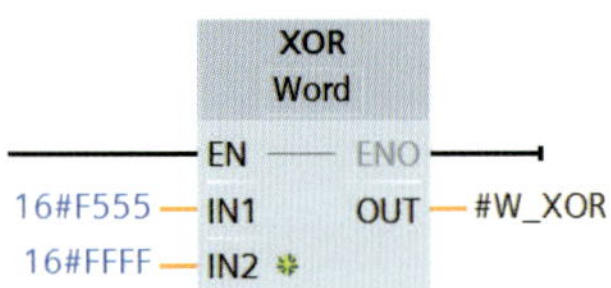</td><td>IN1</td><td>16#F555</td><td></td><td>1111 0101 0101 0101</td></tr>
<tr><td>IN2</td><td>16#FFFF</td><td>XOR</td><td>1111 1111 1111 1111</td></tr>
<tr><td>W_XOR</td><td>16#0AAA</td><td></td><td>0000 1010 1010 1010</td></tr>
</table>

6.2.6 로테이트 및 시프트 명령어

로테이트Rotate 명령어는 주어진 데이터를 좌측 또는 우측 방향으로 지정한 비트의 크기만큼 회전시키는 명령어이다. [그림 6-8]과 같이 4개의 명령어가 있으며, 입력 데이터 타입에 따라 각각 다르게 동작한다. 로테이트 및 시프트 명령어에 사용할 수 있는 데이터 타입은 크게 Word 타입과 Int 타입으로 구분된다.

Name	Description	Version
▼ Shift and rotate		
SHR	Shift right	
SHL	Shift left	
ROR	Rotate right	
ROL	Rotate left	

[그림 6-8] S7-1200 PLC의 로테이트 및 시프트 명령어

시프트Shift 명령어에서 SHR 명령어는 데이터 타입이 Word 타입일 때와 Int 타입일 때의 결과값이 다르게 나타난다. Word 타입에서는 시프트되고 남은 빈자리에 0이 채워진다. 하지만 Int 타입에서는 시프트되고 남은 빈자리에 최상위 비트인 부호비트가 채워진다. 그리고 SHL 명령어의 경우, 데이터 타입에 관계없이 시프트되고 남은 빈자리에 0이 채워진다.

[표 6-9] 시프트 명령어

명령어	표현	메모리 결과 비교
SHR Word	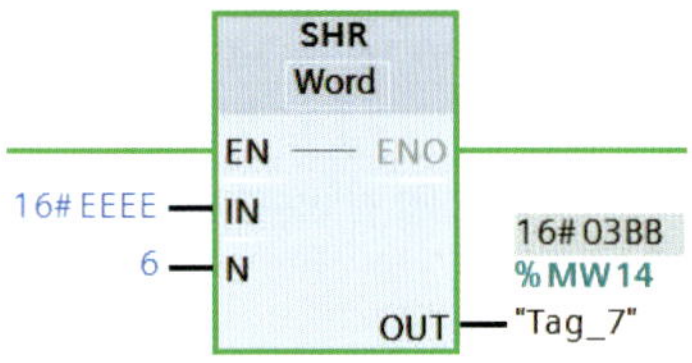 	b15 b14 b13 b12 b11 b10 b9 b8 b7 b6 b5 b4 b3 b2 b1 b0 1 1 1 0 1 1 1 0 1 1 1 0 1 1 1 0 N=6인 경우 6비트 좌측으로 시프트되고 b15 b14 b13 b12 b11 b10 b9 b8 b7 b6 b5 b4 b3 b2 b1 b0 0 0 0 0 0 0 1 1 1 0 1 1 1 0 1 1 빈자리에는 0이 채워진다.
SHR Int	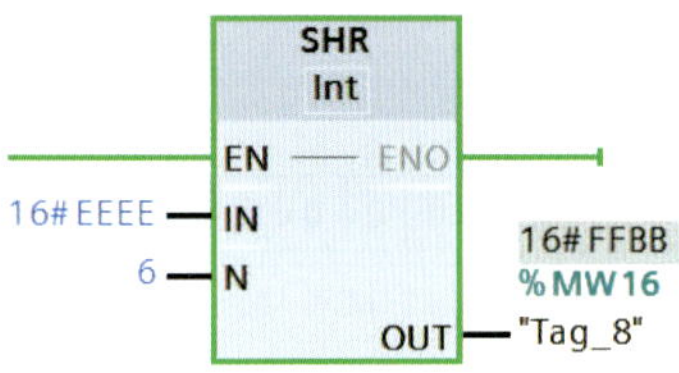 	b15 b14 b13 b12 b11 b10 b9 b8 b7 b6 b5 b4 b3 b2 b1 b0 1 1 1 0 1 1 1 0 1 1 1 0 1 1 1 0 부호비트 N=6인 경우 6비트 좌측으로 시프트되고 b15 b14 b13 b12 b11 b10 b9 b8 b7 b6 b5 b4 b3 b2 b1 b0 1 1 1 1 1 1 1 1 1 0 1 1 1 0 1 1 빈자리에는 부호비트가 채워진다.
SHL Int	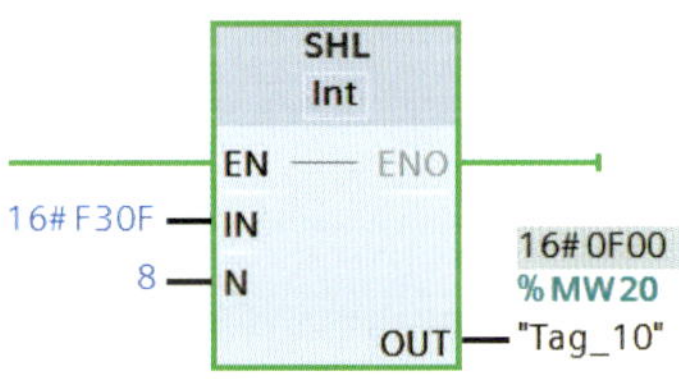 	b15 b14 b13 b12 b11 b10 b9 b8 b7 b6 b5 b4 b3 b2 b1 b0 1 1 1 1 0 0 1 1 0 0 0 0 1 1 1 1 N=8인 경우 8비트 우측으로 시프트되고 b15 b14 b13 b12 b11 b10 b9 b8 b7 b6 b5 b4 b3 b2 b1 b0 0 0 0 0 1 1 1 1 0 0 0 0 0 0 0 0 빈자리에는 0이 채워진다.

로테이트 명령어는 Byte, Word, DWord, LWord의 데이터 타입에 대해서만 사용할 수 있다. [표 6-10]에 로테이트 명령어의 실행 결과를 나타내었다.

[표 6-10] 로테이트 명령어

<table>
<tr><th>명령어</th><th colspan="17">메모리 결과 비교</th></tr>
<tr><td rowspan="4">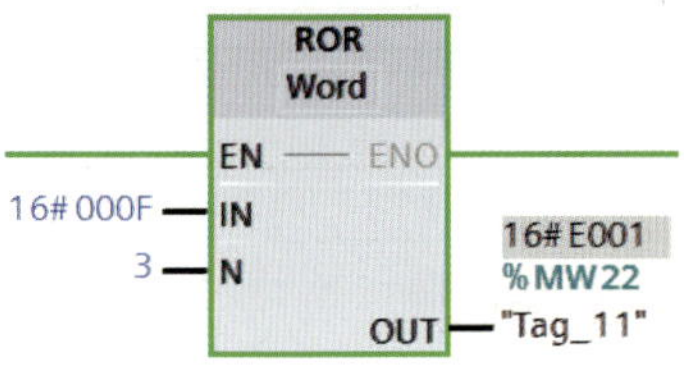</td><td></td><td>b15</td><td>b14</td><td>b13</td><td>b12</td><td>b11</td><td>b10</td><td>b9</td><td>b8</td><td>b7</td><td>b6</td><td>b5</td><td>b4</td><td>b3</td><td>b2</td><td>b1</td><td>b0</td></tr>
<tr><td>명령어 실행 전</td><td>0</td><td>0</td><td>0</td><td>0</td><td>0</td><td>0</td><td>0</td><td>0</td><td>0</td><td>0</td><td>0</td><td>0</td><td>1</td><td>1</td><td>1</td><td>1</td></tr>
<tr><td>명령어 실행 후</td><td>1</td><td>1</td><td>1</td><td>0</td><td>0</td><td>0</td><td>0</td><td>0</td><td>0</td><td>0</td><td>0</td><td>0</td><td>0</td><td>0</td><td>0</td><td>1</td></tr>
<tr><td></td><td colspan="3">실행 전 b2~b0의 내용</td><td colspan="12">실행 전 b15~b4의 내용</td><td>실행 전 b3의 내용</td></tr>
<tr><td rowspan="4">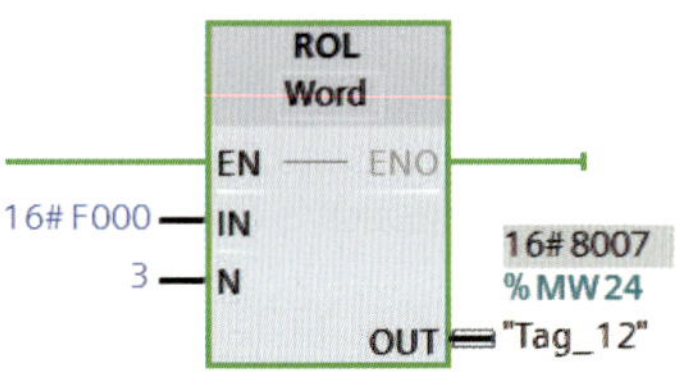</td><td></td><td>b15</td><td>b14</td><td>b13</td><td>b12</td><td>b11</td><td>b10</td><td>b9</td><td>b8</td><td>b7</td><td>b6</td><td>b5</td><td>b4</td><td>b3</td><td>b2</td><td>b1</td><td>b0</td></tr>
<tr><td>명령어 실행 전</td><td>1</td><td>1</td><td>1</td><td>1</td><td>0</td><td>0</td><td>0</td><td>0</td><td>0</td><td>0</td><td>0</td><td>0</td><td>0</td><td>0</td><td>0</td><td>0</td></tr>
<tr><td>명령어 실행 후</td><td>1</td><td>0</td><td>0</td><td>0</td><td>0</td><td>0</td><td>0</td><td>0</td><td>0</td><td>0</td><td>0</td><td>0</td><td>0</td><td>1</td><td>1</td><td>1</td></tr>
<tr><td></td><td>실행 전 b12의 내용</td><td colspan="12">실행 전 b11~b0의 내용</td><td colspan="3">실행 전 b15~b13의 내용</td></tr>
</table>

6.3 배열

자동 창고와 같은 시스템에서 창고의 각 셀에 저장되어 있는 물품을 관리하기 위해서는 창고 셀의 물품 보관 여부 및 보관하고 있는 물품의 종류, 보관일자 등을 파악하고 있어야 한다. 창고 셀의 개수만큼 태그를 만들고 창고 셀의 물품 저장 상태에 따라 해당 창고 셀의 태그에 물품의 수납상태를 등록하는 형태의 데이터 관리 방식을 사용하게 되는데, 이러한 용도로 사용하는 데이터 타입이 **배열**Array이다. 배열이란 동일한 데이터 타입의 태그를 연속해서 나열한 메모리 형식을 의미한다.

배열은 Global DB 또는 FB에서 사용할 수 있고, 배열을 사용하기 위해서는 배열의 선언이 필요하다. 배열은 동일한 데이터 타입을 메모리에 연속해서 나열하는 것이므로, 사용할 데이터 타입의 태그가 몇 개나 필요한지를 먼저 결정해야 한다.

예를 들어 FB 내에서 Int 타입의 태그가 10개 필요하다면 [표 6-11]과 같은 순서로 배열을 설정하면 된다.

[표 6-11] FB에서 Int 타입 태그 배열의 선언과 사용법

순서	내용	
1	**배열 선언하기** ❶ 오른쪽 그림과 같이 배열 이름을 설정한다. ❷ 데이터 타입 항목 리스트(▤)를 클릭한다. ❸ 데이터 타입 중에서 'Array_[lo..hi] of type'을 선택한다.	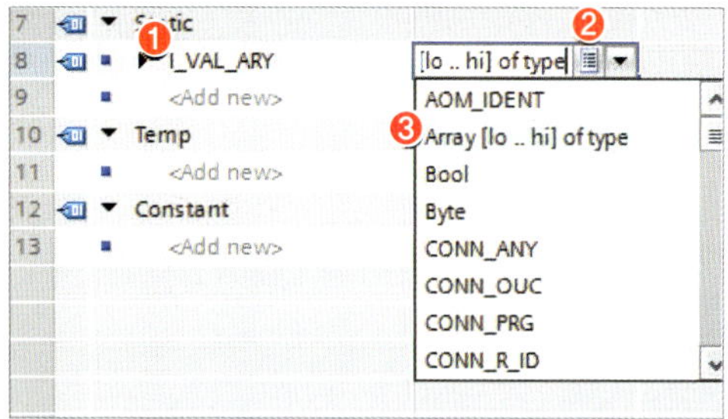
2	**배열 설정하기** ❶ 배열 설정 아이콘(▾)을 클릭한다. ❷ 배열의 데이터 타입을 INT로 설정한다. ❸ 태그의 개수를 0.9로 설정한다. ❹ 체크 버튼을 클릭한다.	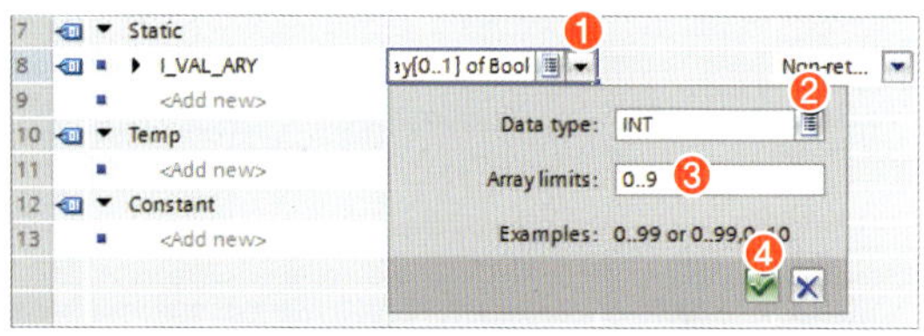
3	**배열 초깃값 설정하기** 필요에 따라 배열의 초깃값을 설정할 수 있다.	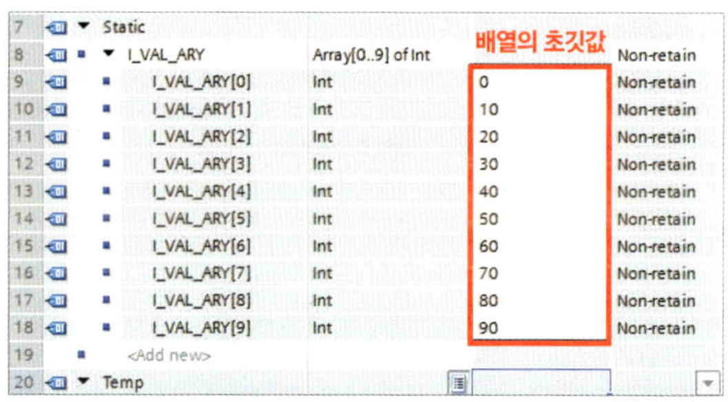
4	**배열 사용하기** 배열을 사용하기 위해 [ ] 안에 인덱스 숫자를 설정한다.	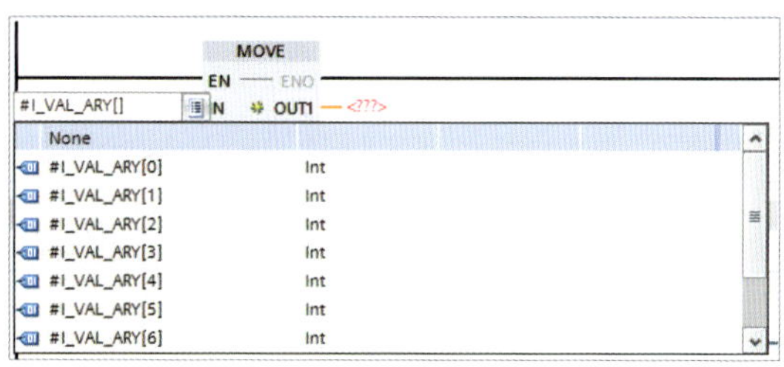
5	**배열 확인하기** I_VAL_ARY[5]에 설정한 초깃값 50이 MW10에 저장된다.	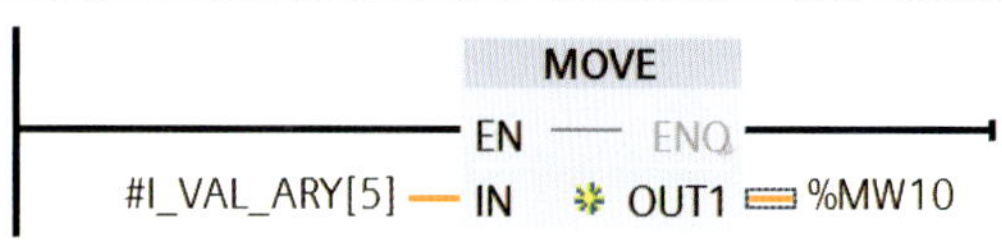

6.4 특수 기능 및 클록 비트

S7-1200 PLC에서는 S7-300에 없는 기능인 프로그램 작성에 필요한 특수 기능 비트와 클록Clock 비트를 제공한다. 특수 기능 및 클록 비트를 사용하려면 먼저 ❶ CPU를 선택해서 더블 클릭한다. 그리고 ❷ [General] 탭을 클릭한 다음, ❸ [System and clock memory]를 선택한다. 이때 ❹ System memory bits와 ❺ Clock memory bits의 상단 항목에 체크 표시를 하고 사용할 M 메모리 바이트 번지를 지정하면 된다.

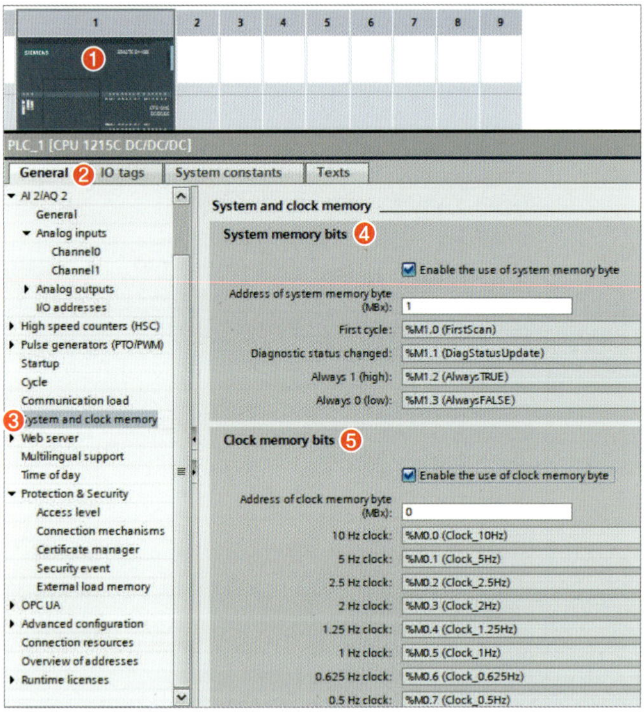

[그림 6-9] 특수 기능 및 클록 비트의 사용

이처럼 특수 기능 비트를 사용하기 위한 설정을 끝마친 후, 작업 내용을 컴파일하고 CPU로 다운로드하면, 프로그램 작성에 도움이 되는 특수 기능 비트와 클록 비트를 사용할 수 있다.

CHAPTER 07

입출력 프로그램 작성하기

6장에서 학습한 전기 시퀀스 회로 구현을 위한 프로그램 작성법에 대해 살펴보고 S7-1200 입출력 제어를 위한 명령어를 사용해 다양한 기계 장치의 제어를 위한 프로그램을 작성할 수 있다. 입출력 프로그램 작성을 위해 산업현장에서 물류 이송에 널리 사용하는 컨베이어를 사용한다. 공압 실린더 제어에 관한 입출력 프로그램 작성 방법은 『기초부터 시작하는 PLC : 지멘스 S7-1500』을 참고하기 바란다.

Keyword | YES 회로 | NOT 회로 | OR 회로 | AND 회로 | XOR 회로 | 자기유지 회로 | 타이머 회로 | 카운터 회로 | 실습용 컨베이어 장치 |

7.1 기본 전기회로

입출력 프로그램을 작성하기에 앞서, 기본적인 전기회로를 PLC 프로그램으로 어떻게 표현하는지 살펴보자. 전기회로에서는 YES, NOT, OR, AND, XOR와 같은 기본 회로를 조합하여 다양하고 복잡한 회로를 만들 수 있다.

YES(긍정) 회로

YES(긍정) 회로는 입력이 존재할 때 출력도 존재하는 전기회로를 의미한다. 즉 [그림 7-1]처럼 스위치 동작과 동일하게 출력이 ON/OFF되는 회로이다. YES 회로를 PLC 프로그램으로 나타내면 [그림 7-2]와 같다. PLC 프로그램과 YES 회로를 비교해보면, A에 해당하는 스위치는 I0.0으로, 램프는 Q0.0으로 대체되었다.

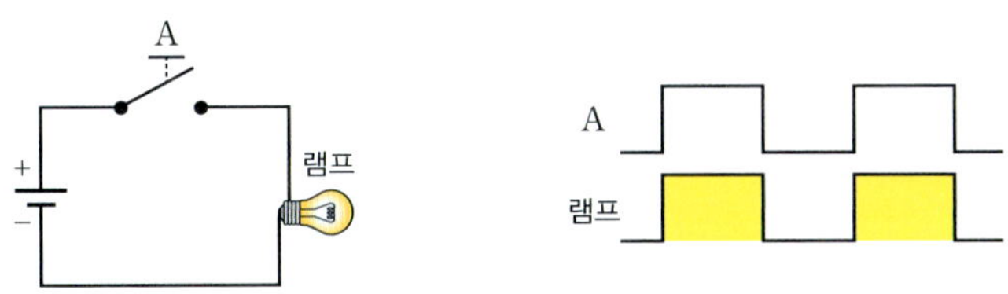

(a) YES 회로 (b) 타이밍도

A	램프
0	0
1	1

(c) 진리표

[그림 7-1] YES 회로

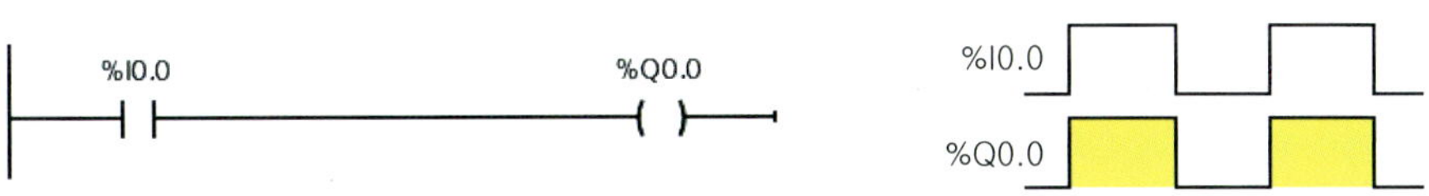

(a) YES 회로의 PLC 프로그램 (b) 타이밍도

[그림 7-2] YES 회로의 PLC 프로그램

NOT(부정) 회로

NOT(부정) 회로란 출력 상태가 입력 상태의 반대가 되는 전기회로로서 입력이 ON되면 출력이 OFF가 되고, 입력이 OFF되면 출력이 ON된다.

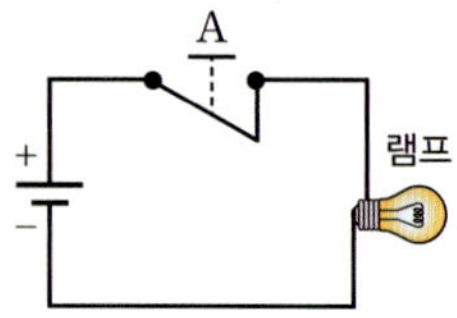

(a) NOT 회로

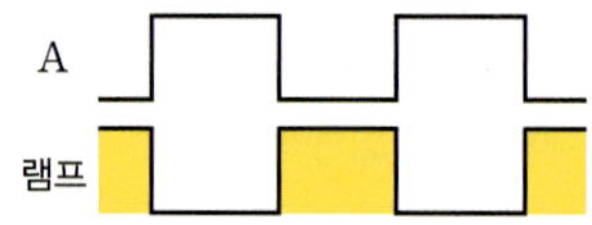

(b) 타이밍도

A	램프
0	1
1	0

(c) 진리표

[그림 7-3] NOT 회로

NOT 회로를 PLC 프로그램으로 나타내면 [그림 7-4]와 같다.

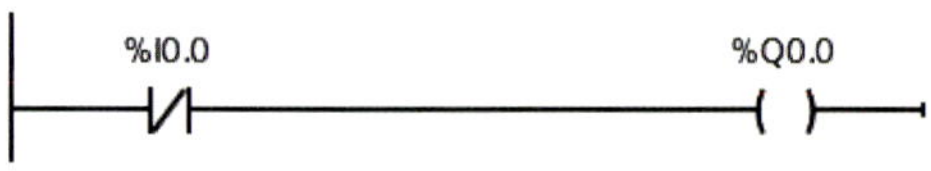

(a) NOT 회로의 PLC 프로그램

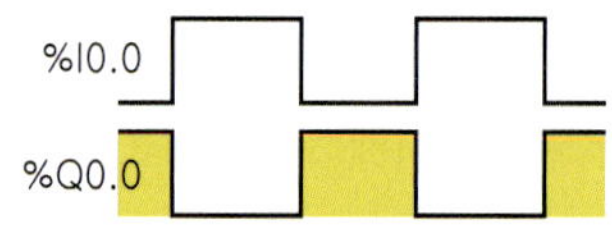

(b) 타이밍도

[그림 7-4] NOT 회로의 PLC 프로그램

AND(직렬) 회로

AND(직렬) 회로는 스위치 A와 B가 동시에 ON인 상태에서만 램프가 ON되는 회로이다.

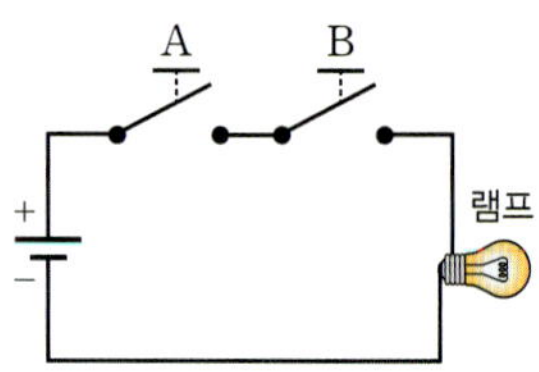

(a) AND 회로

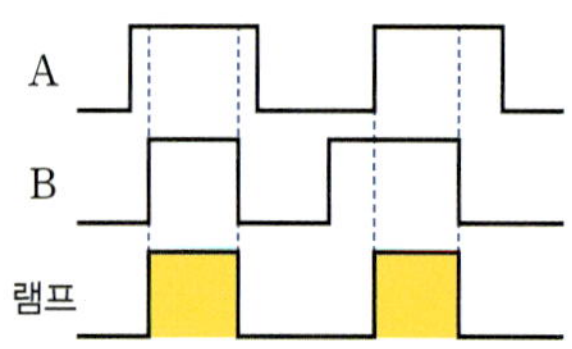

(b) 타이밍도

A	B	램프
0	0	0
0	1	0
1	0	0
1	1	1

(c) 진리표

[그림 7-5] AND 회로

AND 회로를 PLC 프로그램으로 나타내면 [그림 7-6]과 같다.

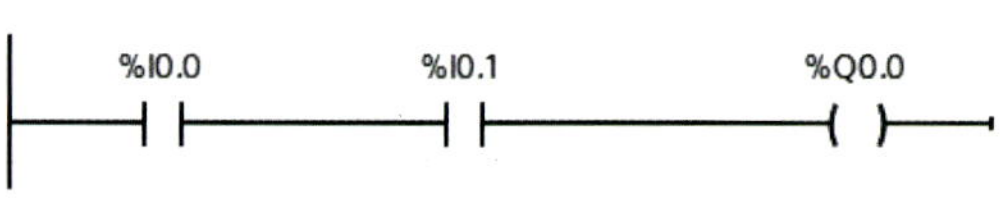

(a) AND 회로의 PLC 프로그램

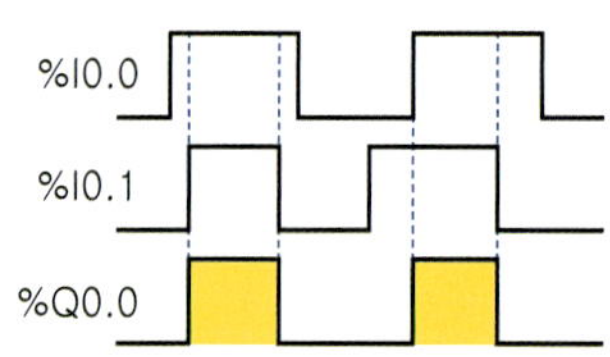

(b) 타이밍도

[그림 7-6] AND 회로의 PLC 프로그램

OR(병렬) 회로

OR(병렬) 회로는 여러 개의 입력 스위치 중 하나 또는 그 이상의 스위치가 ON되었을 때 램프가 ON되는 회로이다.

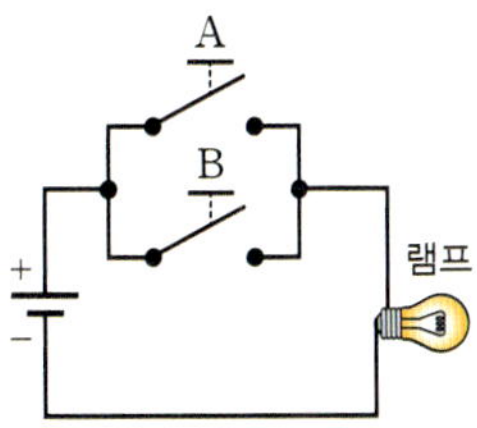

(a) OR 회로

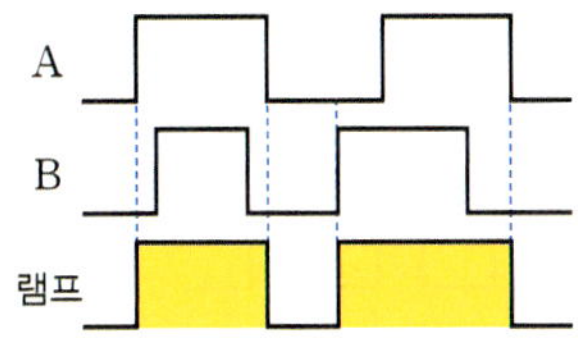

(b) 타이밍도

A	B	램프
0	0	0
0	1	1
1	0	1
1	1	1

(c) 진리표

[그림 7-7] OR 회로

OR 회로를 PLC 프로그램으로 나타내면 [그림 7-8(a)]와 같다. OR 회로는 [그림 7-8(c)]와 같은 형태로도 표현할 수 있다. [그림 7-8(d)]의 진리표를 살펴보면, 입력 A(%I0.0)와 B(%I0.1)를 각각 부정한 후에 AND($\overline{A} \cdot \overline{B}$)의 결과를 전체 부정($\overline{\overline{A} \cdot \overline{B}}$)한 결과가 [그림 7-7(c)]의 OR 회로의 결과와 동일함을 알 수 있다. 따라서 [그림 7-8(a)]와 [그림 7-8(c)]는 동일한 회로이다.

(a) OR 회로의 PLC 프로그램 1

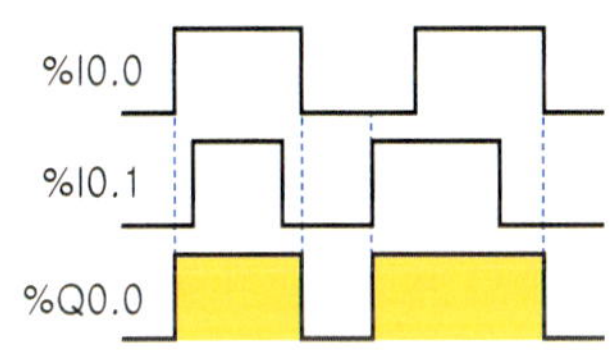

(b) 타이밍도

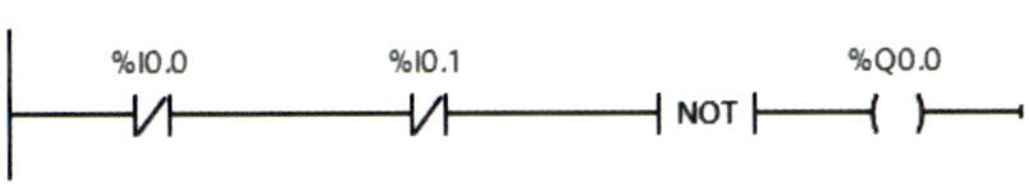

(c) OR 회로의 PLC 프로그램 2

A	B	$\overline{A}$	$\overline{B}$	$(\overline{A} \cdot \overline{B})$	$(\overline{\overline{A} \cdot \overline{B}})$
0	0	1	1	1	0
0	1	1	0	0	1
1	0	0	1	0	1
1	1	0	0	0	1

(d) 진리표

[그림 7-8] OR 회로의 PLC 프로그램

여러 개의 입력 접점을 [그림 7-8(a)]와 같이 OR로 연결하면서 여러 줄로 프로그램을 작성하면 모니터링이 불편하다. 대신 [그림 7-8(c)]와 같이 한 줄에 여러 개의 접점을 놓게 되면 입력 ON/OFF 상태의 모니터링이 편해진다. 이러한 이유로 산업현장에서는 [그림 7-8(c)]와 같은 형태를 주로 사용한다. OR 회로 프로그램에 대한 이 두 종류의 표현 방법에 대해 잘 알아둘 필요가 있다.

XOR(배타적 논리합) 회로

2개의 입력이 일치하지 않을 때 램프가 ON되는 회로를 XOR(배타적 논리합)Exclusive OR 회로라 한다.

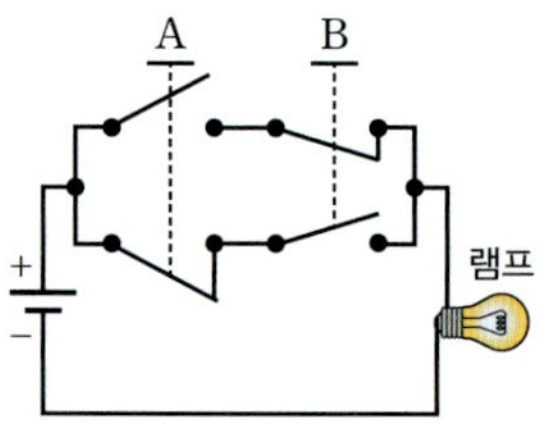

(a) XOR 회로

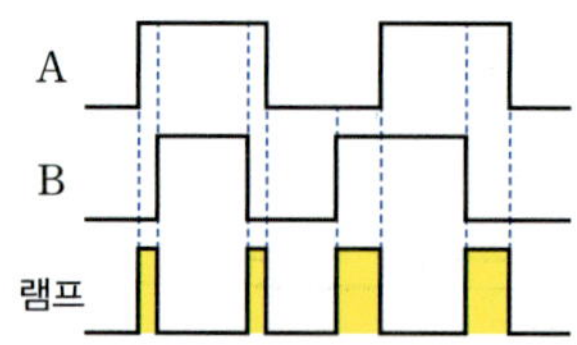

(b) 타이밍도

A	B	램프
0	0	0
0	1	1
1	0	1
1	1	0

(c) 진리표

[그림 7-9] XOR 회로

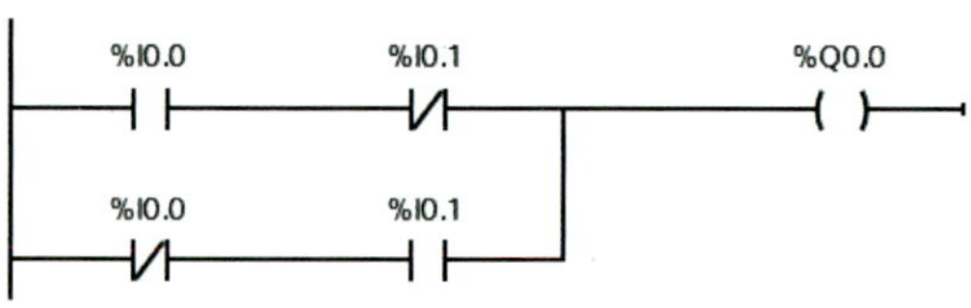

(a) XOR 회로의 PLC 프로그램

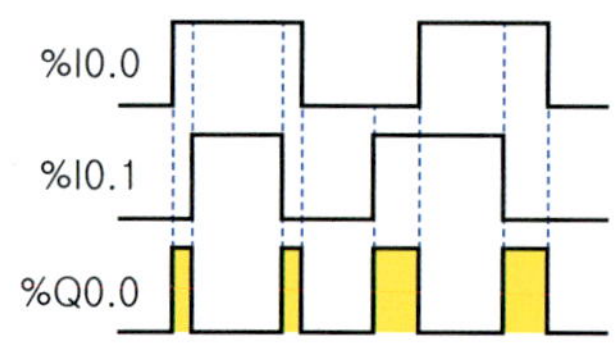

(b) 타이밍도

[그림 7-10] XOR 회로의 PLC 프로그램

XOR은 1의 값을 가진 입력의 개수가 홀수이면 출력이 1이 되는 논리회로이다. 입력이 3개인 XOR의 경우에는 어떤 식으로 프로그램이 구현되는지 살펴보자.

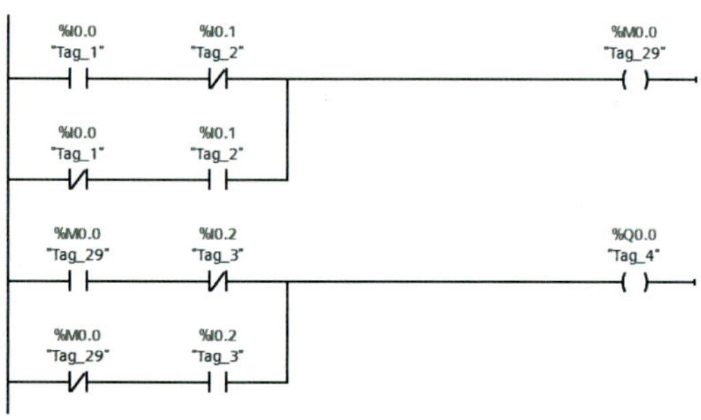

(a) 3개의 입력을 갖는 XOR 회로의 PLC 프로그램

A	B	C	A⊕B	A⊕B⊕C
0	0	0	0	0
0	0	1	0	1
0	1	0	1	1
0	1	1	1	0
1	0	0	1	1
1	0	1	1	0
1	1	0	0	0
1	1	1	0	1

(b) 진리표

[그림 7-11] 입력이 3개인 경우 XOR 회로의 PLC 프로그램

[그림 7-11(b)]를 보면 1인 입력신호의 개수가 홀수일 때만 A⊕B⊕C의 값이 1이 됨을 확인할 수 있다.

XNOR(배타적 논리합 부정) 회로

2개의 입력이 일치할 때 램프가 ON되는 회로를 XNOR(배타적 논리합 부정)Exclusive NOR 회로라 한다.

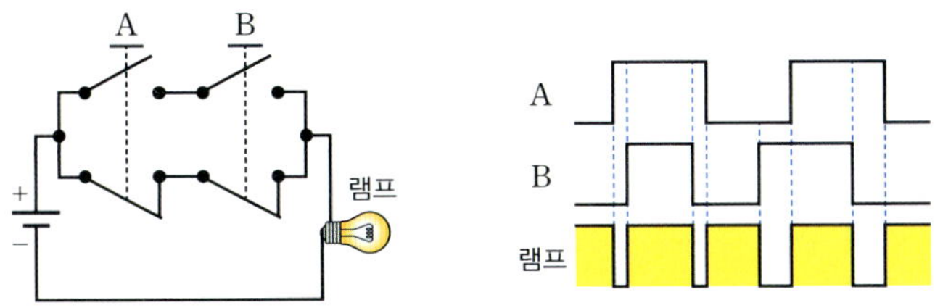

(a) XNOR 회로　　(b) 타이밍도

A	B	램프
0	0	1
0	1	0
1	0	0
1	1	1

(c) 진리표

[그림 7-12] XNOR 회로

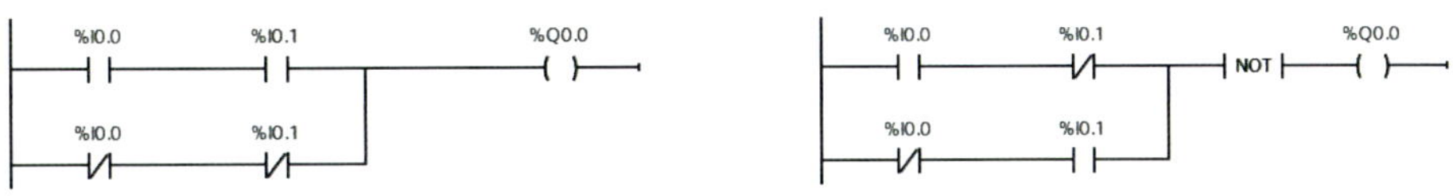

(a) XNOR 회로의 PLC 프로그램　　(b) XOR 결과를 NOT해서 만든 XNOR PLC 프로그램

[그림 7-13] XNOR 회로의 PLC 프로그램

[그림 7-13(b)]는 배타적 논리합(XOR) 회로의 결과를 NOT해서 만든 배타적 논리합 부정 회로의 PLC 프로그램이다. [그림 7-9(c)]의 XOR 진리표의 램프 결과를 NOT하면, [그림 7-12(c)]의 진리표의 결과와 일치하기 때문에 [그림 7-13(b)]의 프로그램이 성립된다.

더 알아보기 일상 속에서 쓰이는 XOR과 XNOR 회로

XOR과 XNOR 회로는 일상생활에서 계단이나 복도의 전등을 스위치로 ON/OFF할 때 많이 사용하는 회로이다. [그림 7-14]처럼 복도나 계단을 통행하고자 하는 사람이 들어오는 입구에 있는 전등 스위치를 누르면(출구에 있는 전등 스위치와 반대 위치가 됨) 전등이 점등되고, 복도 통과 후에 출구에 있는 전등 스위치를 누르면(이전 상태의 반대) 전등이 소등된다. 이러한 동작을 하는 전기회로는 XOR 또는 XNOR 회로를 사용해서 구성할 수 있다.

[그림 7-14] XOR과 XNOR을 이용해서 만든 복도의 전등

7.2 자기유지 회로

7.1절에서 언급한 YES, NOT, OR, AND 회로를 사용하여 자동화를 위한 전기회로에서 가장 중요한 역할을 하는 자기유지 회로를 만들어보자. 자기유지 회로는 셋과 리셋 기능을 가진 2개의 푸시버튼 스위치와 1개의 릴레이로 구성되는 전기회로로, **셋 우선 자기유지 회로**와 **리셋 우선 자기유지 회로**로 구분된다.

[그림 7-15]와 [그림 7-16]에서 셋 또는 리셋 우선 자기유지 회로의 진리표를 살펴보면, 릴레이 K1이 셋 동작과 리셋 동작을 기억하고 있음을 알 수 있다. 타이밍도에서 셋과 리셋이 0인 상태를 살펴보면, 셋과 리셋이 0이 되기 이전의 상태에서 셋이 ON이면 1을 기억하고, 리셋이 ON이면 0을 기억한다.

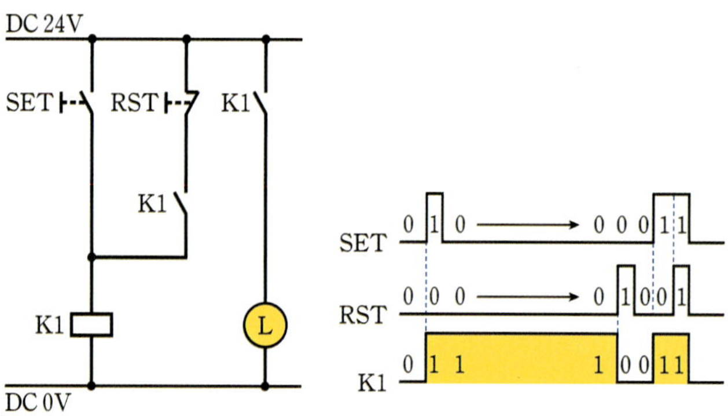

(a) 자기유지 회로 (b) 타이밍도

SET	RST	K1
0	0	이전 상태 기억
0	1	0
1	0	1
1	1	1

(c) 진리표

[그림 7-15] 셋 우선 자기유지 회로

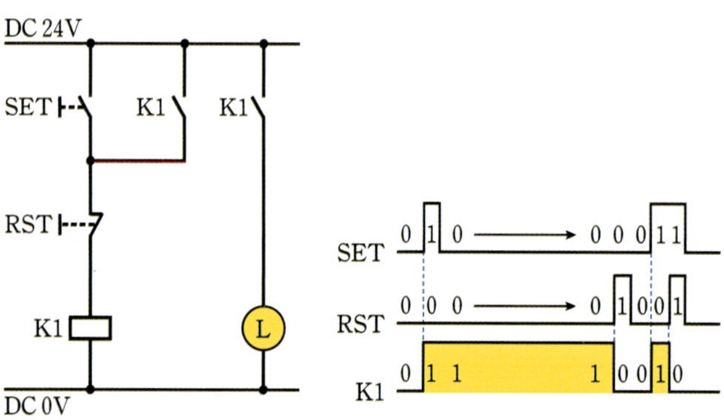

(a) 자기유지 회로 (b) 타이밍도

SET	RST	K1
0	0	이전 상태 기억
0	1	0
1	0	1
1	1	0

(c) 진리표

[그림 7-16] 리셋 우선 자기유지 회로

자기유지 회로는 반도체로 만드는 **플립플롭**Flip-Flop이라는 회로의 원조이다. 플립플롭은 논리 게이트로 만든 1비트 정보를 보관, 유지할 수 있는 디지털 논리회로로, 컴퓨터의 주기억장치나 CPU 캐시, 레지스터를 이루는 기본 회로 중 하나이다. 플립플롭으로 만들어진 반도체 메모리를 SRAM이라 한다.

지멘스 PLC에서는 자기유지 회로를 [그림 7-17]처럼 6가지 방식으로 만들어 사용할 수 있지만, 이중 출력 금지 조건 때문에 [그림 7-17(c)~(d)]의 방식을 많이 사용한다.

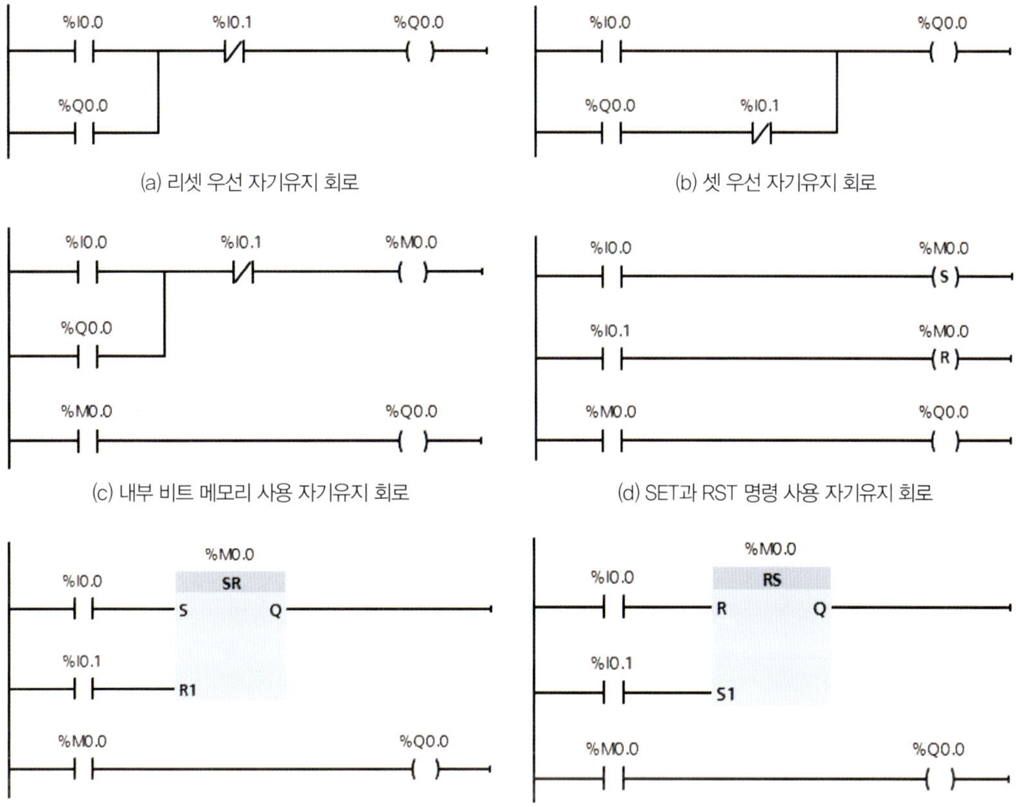

(a) 리셋 우선 자기유지 회로
(b) 셋 우선 자기유지 회로
(c) 내부 비트 메모리 사용 자기유지 회로
(d) SET과 RST 명령 사용 자기유지 회로
(e) SR 플립플롭을 이용한 리셋 우선 자기유지 회로
(f) RS 플립플롭을 이용한 셋 우선 자기유지 회로

[그림 7-17] 자기유지 회로의 PLC 프로그램

[그림 7-17(e)~(f)]는 플립플롭 형태로 만든 자기유지 회로이다. [그림 7-17(e)]의 플립플롭의 입력을 보면 S는 셋 입력이고, R1은 리셋 입력이다. 여기서 R1은 셋, 리셋 입력이 동시에 ON되면 **리셋이 우선되는 플립플롭**이라는 뜻이다. [그림 7-17(f)]의 플립플롭의 셋 입력은 S1으로 되어 있기 때문에 **셋 우선 플립플롭**이라는 뜻이다. 필자는 [그림 7-17(c)~(d)] 형태의 자기유지 회로를 선호하지만, 독자들은 본인들이 편안한 회로를 선택해서 사용하면 된다.

선입 우선회로

선입 우선회로는 현재 실행되고 있는 작업이 있을 경우에 다른 작업의 실행을 거부하는 전기회로이다. 즉 선입 우선회로는 먼저 입력된 정보를 기억하고, 다른 정보의 입력을 막는 역할을 하는 전기회로를 의미한다. 흔히 TV 퀴즈 프로그램에서 먼저 버튼을 누른 참가자의 램프가 ON되면, 진행자가 리셋 버튼을 누르지 않는 한, 다른 참가자가 버튼을 눌러도 자신의 램프가 ON되지 않는 경우를 볼 수 있는데, 이런 동작이 선입 우선회로의 예이다. 선입 우선회로는 리셋 우선 자기유지 회로로 구성된다.

[그림 7-18]은 퀴즈 출연자 3명이 사용하는 시스템 구성을 나타낸 것이다. 출연자 3명 중 먼저 버튼을 누른 사람의 램프가 점등되면, 다른 출연자가 버튼을 눌러도 그 사람의 램프는 점등되지 않는다. 진행자가 리셋 버튼을 누르면 켜져 있던 출연자의 램프는 소등되며, 이 상태에서 출연자 중 누군가가 다시 버튼을 누르면 해당 출연자의 램프가 점등된다.

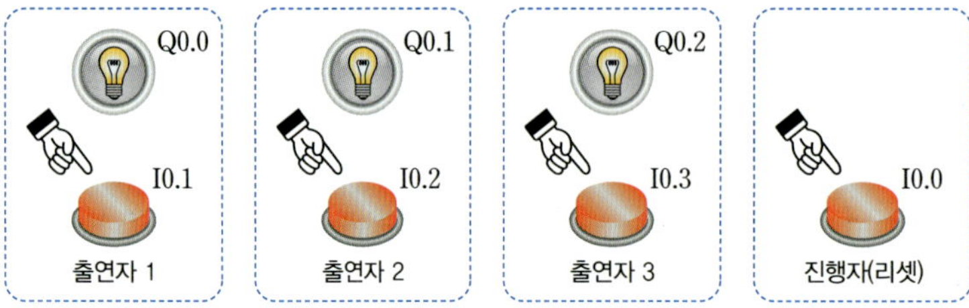

[그림 7-18] 퀴즈를 위한 시스템 구성

[그림 7-19]는 리셋 우선 자기유지 회로를 사용해서 구성한 선입 우선회로이다. 입력 I0.0은 리셋을 위한 것으로, 3개의 자기유지 회로 모두에 적용되는 접점이다. 따라서 리셋 버튼을 누르면 출연자에 관계없이 모든 자기유지 회로가 리셋된다.

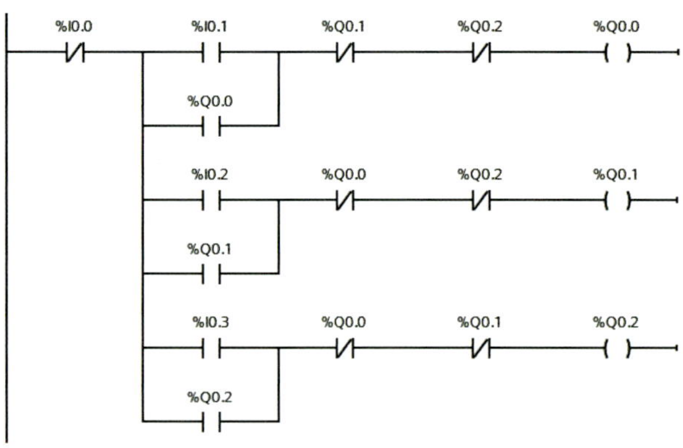

(a) 선입 우선 자기유지 회로

입력
I0.0 : 리셋 푸시버튼
I0.1 : 출연자1 푸시버튼
I0.2 : 출연자2 푸시버튼
I0.3 : 출연자3 푸시버튼

출력
Q0.0 : 출연자1 램프
Q0.1 : 출연자2 램프
Q0.2 : 출연자3 램프

(b) 입출력 접점의 기능

[그림 7-19] 리셋 우선 자기유지 회로를 사용한 선입 우선회로 PLC 프로그램

후입 우선회로

후입 우선회로는 현재 실행 중인 작업이 있어도, 다음 작업의 동작신호가 입력되면 실행하던 작업을 종료하고 최근에 입력된 작업을 수행한다. 선풍기 바람의 세기를 선택하는 풍속 선택 회로가 바로 후입 우선회로에 해당한다. 이처럼 후입 우선회로는 나중에 입력된 정보가 먼저 입력된 정보를 지우고 대신 기억되는 전기회로이다. 후입 우선회로는 셋 우선 자기유지 회로로 구성된다.

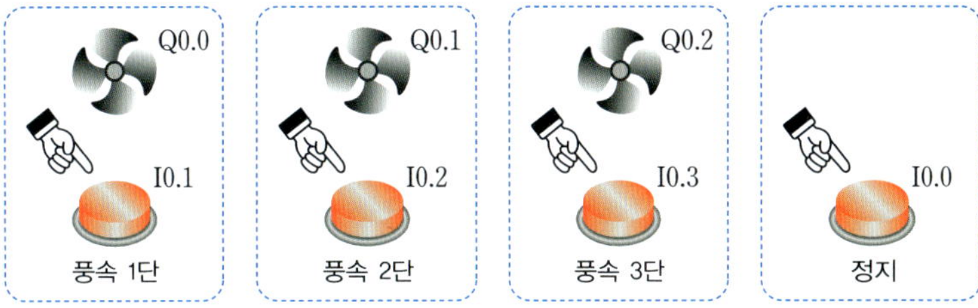

[그림 7-20] 선풍기 풍속 선택 회로

더 알아보기 **일상 속에서 쓰이는 후입 우선회로**

후입 우선 자기유지 회로는 1개의 시스템으로 여러 종류의 동작 모드를 선택해서 사용할 때, 즉 동작 모드 선택 기능을 만들 때 주로 사용된다. 세탁기는 [그림 7-21]과 같이 하나의 기계 장치에 대해 세탁, 헹굼, 탈수의 세 가지 기능 중에서 하나를 선택할 수 있다. 특정 버튼을 누르면 해당 기능이 선택되는데, 이후 다른 버튼을 누르면 이전에 선택되었던 기능은 해제되고, 마지막으로 누른 버튼의 기능이 선택된다.

[그림 7-21] 세탁기의 동작 모드 선택

체인 회로

체인Chain 회로란 정해진 순서에 따라 차례대로 입력신호가 입력되었을 때에만 출력이 ON되고, 순서가 틀렸을 경우에는 동작하지 않는 회로의 구성을 의미한다. 이는 정해진 순서대로 작동이 필요한 컨베이어나, 기동 순서가 틀리면 안 되는 기계설비 등에 적용된다. 체인 회로를 **직렬 우선회로**라고도 한다.

[그림 7-22]에서는 체인 회로의 입력 접점을 상승펄스 신호로 처리하였다. 이는 고의적으로 3개의 입력 버튼 모두를 눌렀을 때 발생하는 오동작을 방지하기 위한 것이다. 릴레이를 이용한 시퀀스 회로에서는 입력신호를 상승펄스 신호로 만들기 어렵기 때문에 이러한 방법을 잘 사용하지 않지만, PLC에서는 앞에서 학습한 것처럼 4가지의 입력(a 접점, b 접점, 상승펄스, 하강펄스) 중에서 입력신호를 선택해서 사용하기 때문에 회로에 가장 적합한 입력신호를 선택한 것이다.

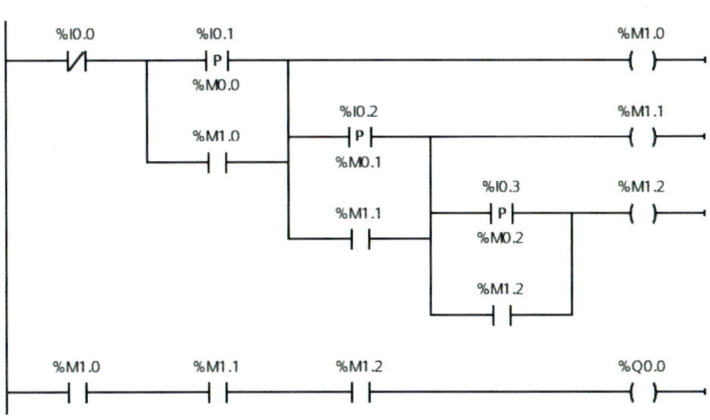

(a) 체인 회로

입력
%I0.0 : 리셋
%I0.1 : 입력 1 푸시버튼
%I0.2 : 입력 2 푸시버튼
%I0.3 : 입력 3 푸시버튼

출력
%Q0.0 : 선택 램프

(b) 입출력 접점의 기능

[그림 7-22] 체인 회로의 PLC 프로그램

인터록 우선회로

전기장치의 보호 또는 작업자의 안전을 위해 전기장치의 동작 상태를 나타내는 접점을 사용하여 연관된 전기장치의 동작을 금지하는 회로를 인터록Inter-Lock 회로라 한다. 다른 용어로는 **선행동작 우선회로** 또는 **상대동작 금지회로**라 한다. 인터록은 해당 출력의 b 접점을 상대측 회로에 직렬로 연결해, 어느 한 출력이 동작 중일 때는 관련된 다른 출력이 동작할 수 없도록 규제한다. 인터록은 주로 모터의 정역 제어 또는 공압 실린더의 전후진 제어에 많이 사용된다. 앞에서 살펴본 선입 우선 자기유지 회로에 해당 출력이 ON되면 다른 출력이 동작하지 않도록 인터록 회로가 구성된다.

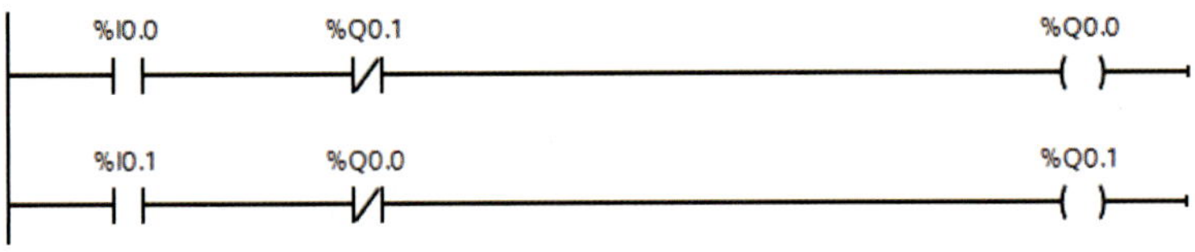

[그림 7-23] 인터록 회로의 PLC 프로그램

7.3 타이머 회로

자기유지 회로는 자동화를 구성하는 수많은 전기회로 중 가장 중요한 회로이다. 이러한 자기유지 회로에 타이머가 결합하면 시간을 제어할 수 있다. 지멘스 PLC에서 사용하는 IEC 타이머 명령어는 TON(온 딜레이 타이머), TOFF(오프 딜레이 타이머), TONR(적산 타이머), TP(펄스 타이머)가 있다. 지멘스 S7 PLC에는 S5 PLC부터 사용해오던 타이머와 S7-300 이후에 새롭게 만들어진 IEC 명령어 타이머가 존재하는데, 이 책에서는 IEC 타이머를 사용한다.

TON(온 딜레이 타이머)

TON은 입력이 ON되면 사전 설정된 시간(PT)이 경과한 후에 타이머의 출력이 ON되고, 입력이 OFF되면 출력도 함께 OFF된다. [그림 7-24]의 타이밍도에서 알 수 있듯이 TON에서 입력의 ON 시간이 타이머의 설정시간보다 작으면 타이머의 출력은 동작하지 않는다.

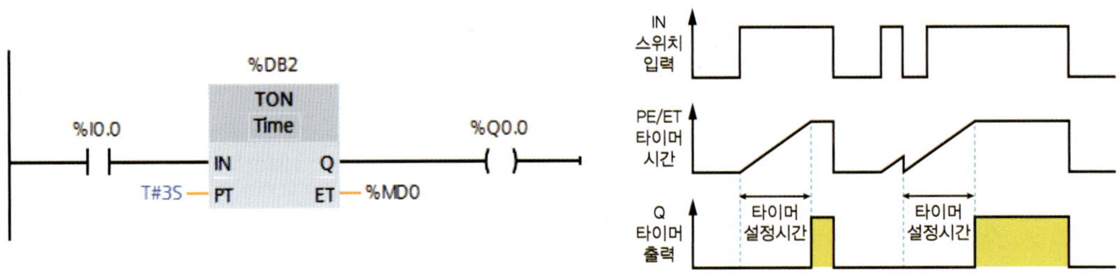

(a) TON (b) 타이밍도

[그림 7-24] TON의 PLC 프로그램

TON과 같은 블록형 명령어를 사용하기에 앞서, 해당 명령어의 입출력에 대한 데이터 타입을 명확하게 알고 있어야 한다. 지멘스에서는 사전에 지정된 입출력 데이터 타입과 일치하지 않는 변수는 명령어에 사용할 수 없다. 해당 명령어의 입출력 데이터 타입은 [표 7-1]처럼 명령어 도움말에서 확인할 수 있다.

[표 7-1] 명령어 도움말

<table>
<tr><th>순서</th><th colspan="2">내용</th></tr>
<tr><td>1</td><td>명령어 선택하기
도움말을 보고자 하는 명령어를 마우스 커서로 선택한다. 그러면 선택된 명령어의 사각박스의 테두리가 짙은 색으로 표시된다.</td><td>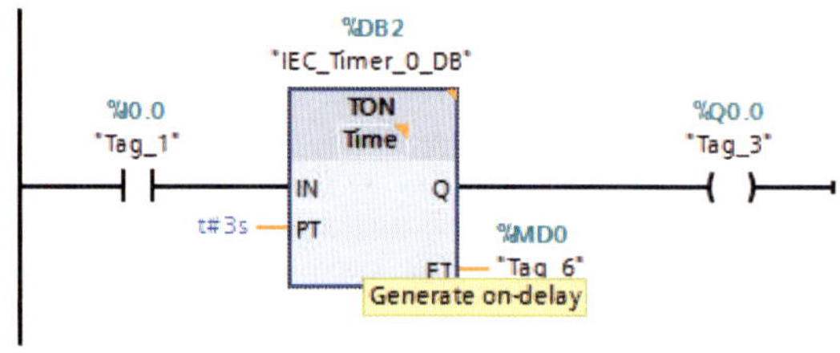
</td></tr>
<tr><td>2</td><td>명령어 도움말 실행하기
❶ 키보드의 펑션 키 F1을 누른다.
❷ 좌측 상단의 검색창에서 'TON'을 입력한 후에 [Search] 버튼을 클릭한다.</td><td>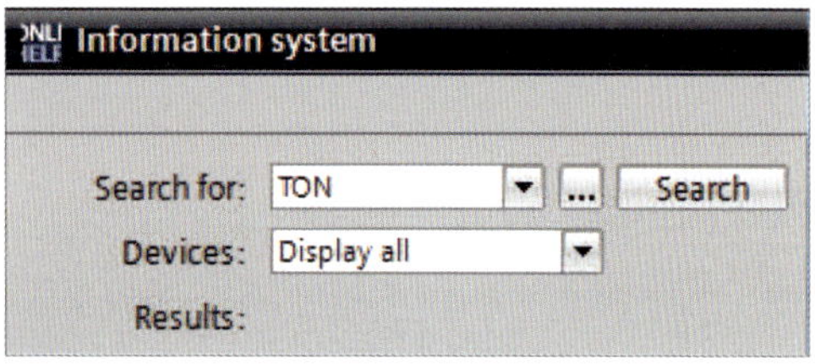
</td></tr>
<tr><td>3</td><td colspan="2">파라미터 항목 검색하기
명령어 도움말에서 TON 명령어의 파라미터 항목을 확인한다.
<table>
<tr><th>Parameters</th><th>Declaration</th><th>Data type</th><th>Memory area</th><th>Description</th></tr>
<tr><td>IN</td><td>Input</td><td>BOOL</td><td>I, Q, M, D, L</td><td>Start input</td></tr>
<tr><td>PT</td><td>Input</td><td>TIME</td><td>I, Q, M, D, L, P,
or constant</td><td>Duration of the on-delay
The value of the PT parameter must be positive.</td></tr>
<tr><td>Q</td><td>Output</td><td>BOOL</td><td>I, Q, M, D, L</td><td>Output that is set when the time PT expires.</td></tr>
<tr><td>ET</td><td>Output</td><td>TIME</td><td>I, Q, M, D, L</td><td>Current time value</td></tr>
</table></td></tr>
</table>

TON의 입출력 태그 타입을 나타낸 도표에서 ET는 타이머가 동작될 때 현재 경과시간을 나타내는 출력으로 태그 타입이 TIME이다. TIME은 32비트를 사용하기 때문에 [그림 7-24]의 TON의 출력 ET에 32비트 크기의 메모리인 %MD0을 설정한 것이다. 지멘스 PLC에서 사용하는 명령어가 처음이거나 입출력 변수의 태그 타입을 잘 알지 못하는 경우에는 반드시 도움말 검색을 통해서 태그 타입을 확인한 후에 형식에 맞는 태그를 설정해야 한다.

TOFF(오프 딜레이 타이머)

TOFF는 타이머의 입력 IN이 ON되면 출력 Q도 함께 ON되고, 입력 IN이 OFF되어도 출력 Q는 사전 설정된 시간 지연(PT) 이후 OFF되는 타이머이다. [그림 7-25]의 타이밍도의 출력에서 짙은 색으로 표시된 부분이 사전 설정된 시간에 의해 ON 출력이 지연되는 구간이다.

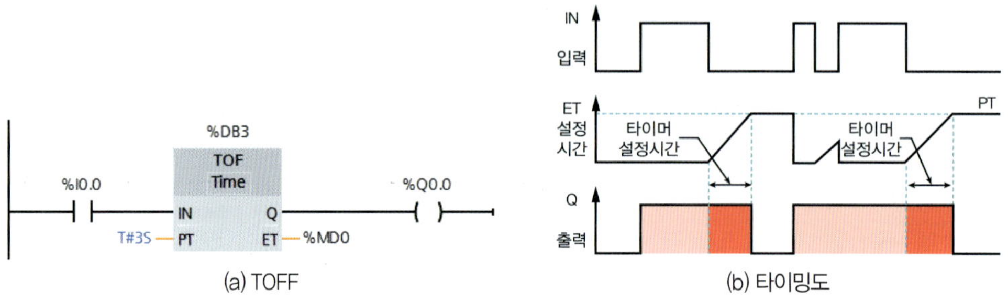

[그림 7-25] TOFF의 PLC 프로그램

플리커 타이머

타이머의 입력신호가 ON되면 일정 시간 간격으로 ON/OFF 동작을 반복하는 기능을 플리커 타이머 Flicker Timer라 한다. 예를 들어 자동차의 좌회전/우회전에 사용되는 방향 지시등이 일정한 시간 간격으로 깜박이는 동작을 구현할 때 사용된다. 지멘스 PLC의 타이머 명령어에는 플리커 타이머 명령어가 따로 없지만, 경고 및 알람 램프를 점멸시킬 때 플리커 타이머 기능을 많이 사용한다. 그렇다면 플리커 타이머를 만드는 방법을 알아보자.

[그림 7-26]과 같이 플리커 타이머는 2개의 온 딜레이 타이머로 만들 수 있으며, T1과 T2의 설정시간을 변경하면 다양한 ON/OFF 주기를 가진 클록 신호를 만들 수 있다. 출력신호의 경우, OFF 신호가 먼저 출력되는 %Q0.0 신호와, ON이 먼저 출력되는 %Q0.1 신호의 사용을 구분해 놓았다. 사용 조건에 맞게 신호를 선택해서 사용한다.

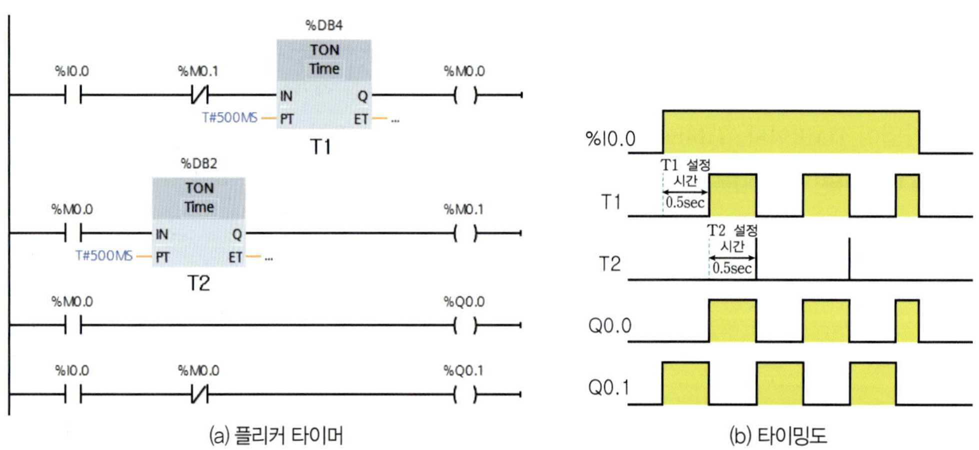

[그림 7-26] 플리커 타이머의 PLC 프로그램 1

[그림 7-27]은 1개의 온 딜레이 타이머를 사용해서 플리커 타이머를 만드는 방법을 나타낸 것이다. ON/OFF의 1주기 시간을 설정한 온 딜레이 타이머를 동작시킨 후, 타이머의 경과시간(ET)을 비교해서 해당 출력의 동작을 점멸하도록 하고 있다.

[그림 7-27]을 살펴보면, 타이머의 경과시간 ET의 값을 M 메모리 32비트 크기인 %MD10에 저장한 후, 경과시간의 대소 비교를 통해서 출력을 ON/OFF하고 있다.

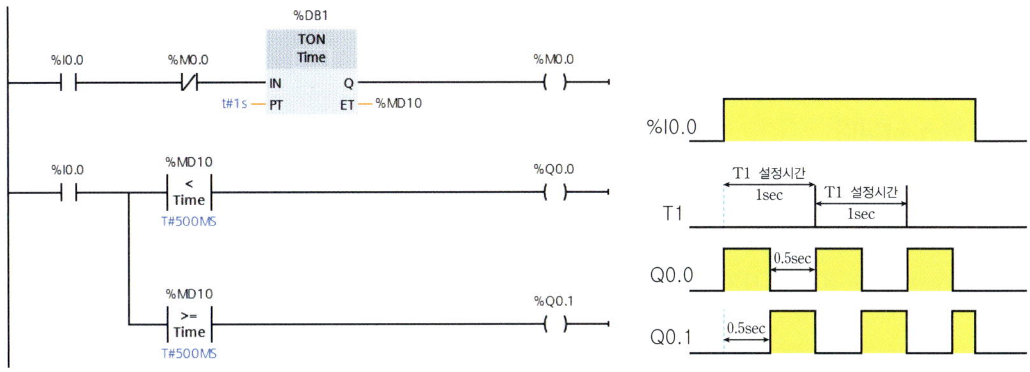

(a) 플리커 타이머 (b) 타이밍도

[그림 7-27] 플리커 타이머의 PLC 프로그램 2

TONR(적산 타이머)

자동차의 속도계에는 차량의 운행거리를 기록하는 적산거리계가 있다. 적산Retentive이라는 말은 측정하거나 계산한 값을 차례차례 더해가는 동작을 의미한다. 자동차에는 차량 출고부터 폐차까지 계속해서 운행거리가 누적되는 적산거리계와, 사용자가 리셋할 수 있는 적산거리계가 내장되어 있다. 자동차의 적산거리계처럼 TONR는 동작시간을 적산하는 기능을 가지고 있는 타이머를 의미한다.

[그림 7-28] 자동차의 적산거리계

TONR는 자동화 장치에서 사용되는 장비의 가동시간 또는 소모품의 교체 시기를 알고자 할 때 주로 사용된다. TONR는 입력이 ON된 시간을 누적해서 설정시간과 비교한 후, 두 값이 같으면 시간 누적을 정지하고 타이머의 출력을 ON한다. 타이머의 누적시간은 별도의 리셋 입력이 ON될 때 0으로 설정되고, 타이머의 출력도 OFF된다. 따라서 TONR에는 다른 타이머와 달리 누적시간을 0으로 설정하기 위한 리셋 입력이 별도로 존재한다.

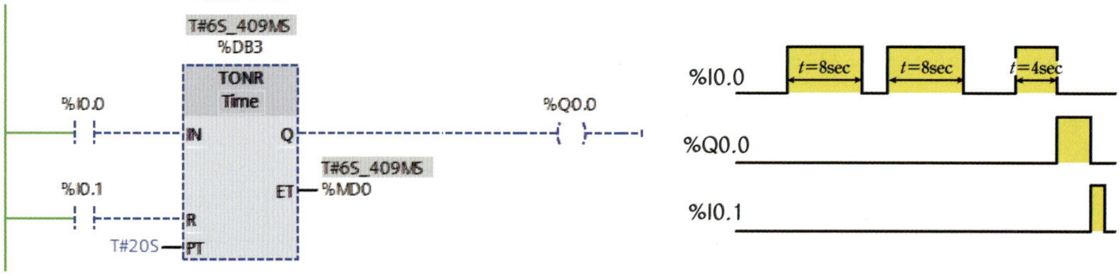

(a) TONR (b) 타이밍도

[그림 7-29] TONR의 PLC 프로그램

TP(펄스 타이머)

TP는 타이머 설정시간 PT에 관계없이 입력만 ON되면 일정한 시간 동안 타이머의 출력이 ON된다. TP의 IN 입력에 [그림 7-30]처럼 a 접점 신호를 사용하면 IN 입력신호가 ON된 시간에 관계없이 출력은 PT 입력에 설정된 시간만큼 ON된다.

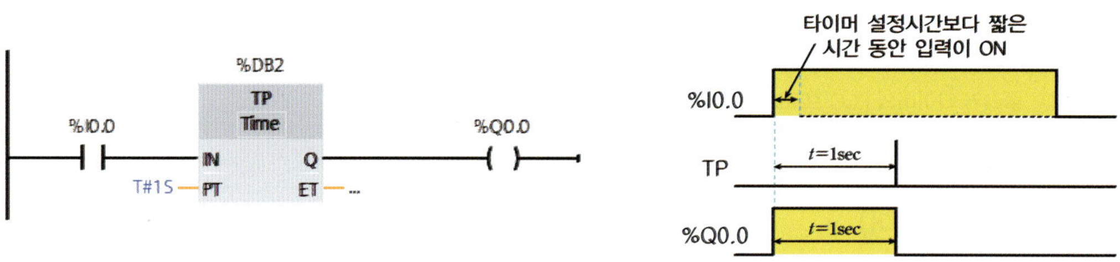

(a) TP(입력 ON 후 펄스신호 출력) (b) 타이밍도

[그림 7-30] TP의 PLC 프로그램 (1)

TP의 IN 입력에 하강펄스 신호를 사용하게 되면 [그림 7-31]처럼 IN 입력신호가 OFF된 후에 출력이 PT에서 설정한 시간만큼 ON된다. 입력신호의 시간에 관계없이 입력신호가 ON되면 출력이 정해진 일정 시간 동안 ON되는 TP 동작을 원 샷 타이머One Shot Timer라 부르기도 한다.

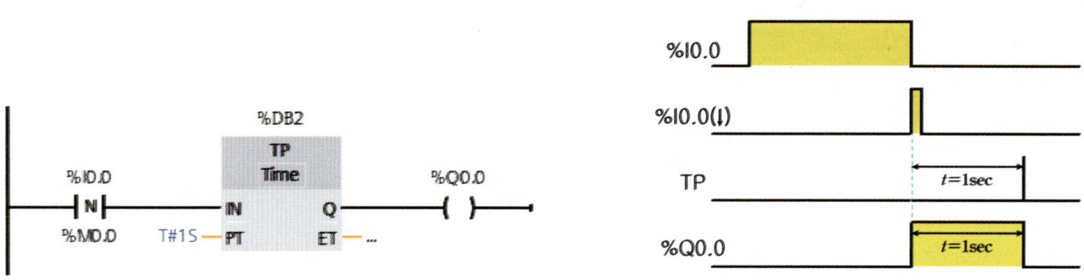

(a) TP(입력 OFF 후 펄스신호 출력) (b) 타이밍도

[그림 7-31] TP의 PLC 프로그램 (2)

7.4 카운터 회로

카운터Counter는 '수를 세는 장치'라는 의미로 이름 붙여졌다. 자동화 전기회로에서 카운터는 전기 스위치의 ON/OFF 횟수를 세거나, 센서의 ON/OFF 신호를 세는 역할을 한다. 지멘스 S7 PLC에서는 타이머와 비슷하게 S5 PLC부터 사용하던 카운터와 IEC 카운터 명령어로 구분한다. 이 책에서는 IEC 카운터만을 다루며, IEC 카운터는 동작 기능에 따라 가산 카운터(CTU)와 감산 카운터(CTD), 가감산 카운터(CTUD)로 구분된다.

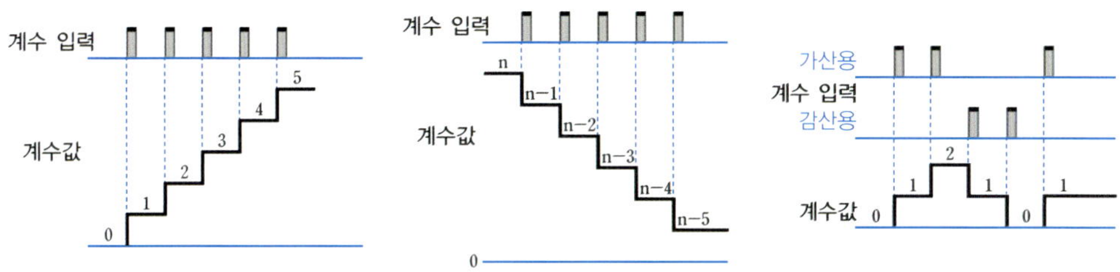

(a) 가산 카운터의 동작 (b) 감산 카운터의 동작 (c) 가감산 카운터의 동작

[그림 7-32] 동작 기능에 따른 카운터의 동작

CTU(가산 카운터)

CTU 또는 업(UP) 카운터라 불리는 이 카운터는 입력신호가 ON/OFF될 때마다 현재값에 1을 더하고, 설정값과 비교하여 같거나 크면 카운터의 출력이 ON된다. 출력이 ON된 후에는 리셋 명령을 통해 현재값을 강제로 0으로 만들며, 이때 카운터의 출력도 OFF된다.

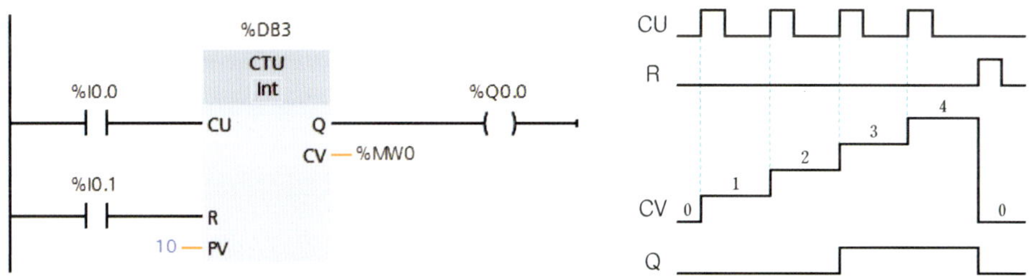

(a) CTU의 PLC 프로그램 (b) 타이밍도

[그림 7-33] CTU(가산 카운터)의 PLC 프로그램

더 알아보기 **CTU 사용 시 주의점 : 펄스신호의 사용**

카운터의 입력신호로 사용할 수 있는 것은 a접점, b접점, 상승펄스, 하강펄스 신호이다. 여러 종류의 입력신호가 카운터의 입력으로 사용되어도, 카운터는 입력신호의 상승펄스 신호를 체크하여 카운터의 현재값을 1씩 증가시킨다. 이는 PLC 프로그램이 **스캔 처리 방식**으로 실행되기 때문에 입력신호가 여러 스캔에 걸쳐 ON되었을 때에도 카운터의 현재값을 1씩 증가시키기 위함이다.

자기유지 회로와 플리커 타이머를 사용해서 램프의 점멸을 10회 실행하고자 할 때, 일반 접점을 사용하면 어떤 문제가 발생하는지 [그림 7-34]에 주어진 프로그램을 작성해서 확인해보자. 첫 번째 프로그램 라인의 동작은 I0.0의 버튼을 누르면 M1.0의 비트 메모리 값이 1로 설정되고, 두 번째와 세 번째 프로그램은 주기가 1sec(500ms ON, 500ms OFF)인 플리커 타이머 동작을 하게 된다. 프로그램의 네 번째 라인은 플리커 타이머에 의해 ON되는 펄스신호를 CTU를 사용해서 카운팅한다. CTU가 10개의 펄스신호를 카운팅하면, CTU의 PV의 설정값과 같아지기 때문에 CTU의 출력 Q가 ON되고, 이때 비트가 리셋되면 두 번째 프로그램 라인의 M1.0도 OFF되어 플리커 타이머의 동작을 중지시킨다. 이때 CTU도 자신의 출력으로 스스로를 리셋한다.

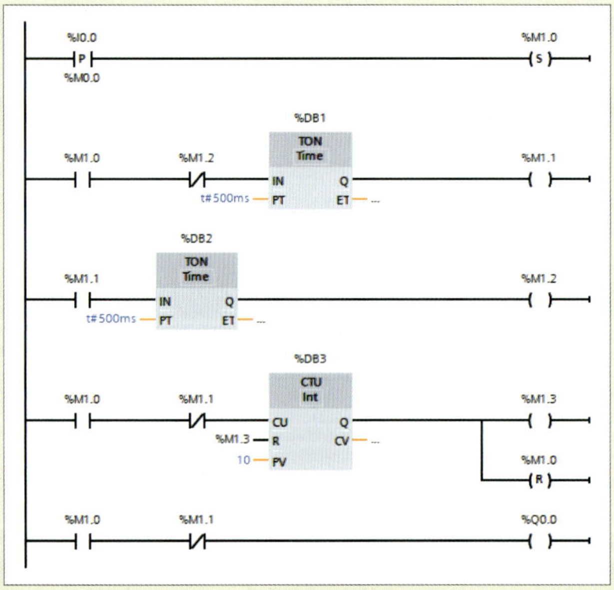

[그림 7-34] CTU를 이용한 램프 10회 점멸 프로그램

[그림 7-34]의 프로그램을 작성해서 실제로 동작시켜보면, 램프가 10회가 아닌 9회만 점멸 동작하는 것을 확인할 수 있다. 왜 그럴까? [그림 7-35]를 보면, 카운터는 입력신호의 상승펄스에서 카운터의 값을 증가시킨다. 따라서 상승펄스 신호가 10번째 입력되는 순간, 플리커 타이머의 동작이 중지되면서 램프가 9회만 점등된 것이다. 램프의 점멸을 10회 반복하려면 [그림 7-36]처럼 카운터의 입력신호를 하강펄스 신호로 변경하면 된다.

ON/OFF되는 입력신호를 카운트하려면, 앞에서 살펴본 것처럼 어떤 입력 조건을 카운터의 입력으로 사용할지 잘 판단해야 한다. 따라서 카운터의 입력신호로 접점이 아닌 상승 또는 하강펄스 신호를 조건에 맞게 선택하여 사용하는 게 좋다.

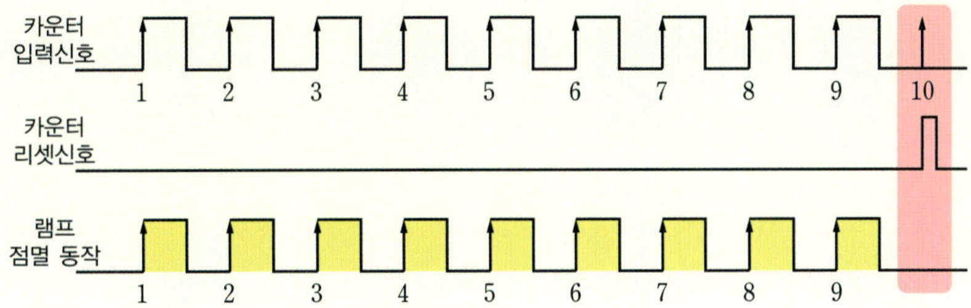

[그림 7-35] 카운터의 상승펄스 신호에 의한 램프 점멸 동작

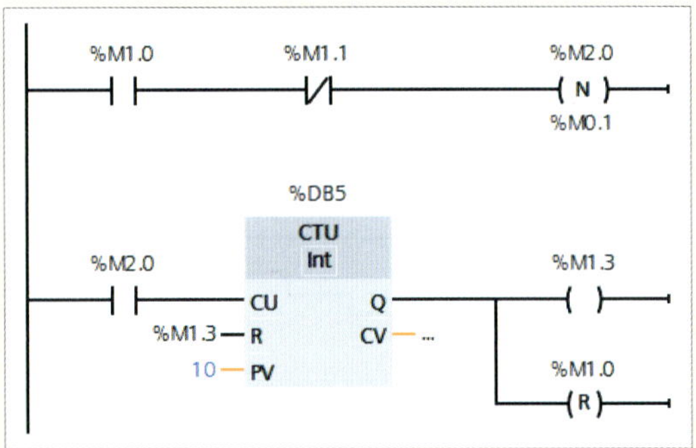

(a) 하강펄스 신호를 카운터의 입력으로 사용

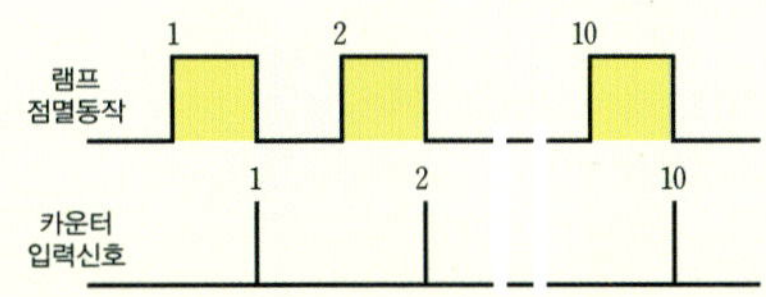

(b) 타이밍도

[그림 7-36] [그림 7-34]의 프로그램에서 카운터의 입력신호를 하강펄스 신호로 사용

CTD(감산 카운터)

CTD 또는 다운(DOWN) 카운터라 불리는 이 카운터는 입력신호가 ON/OFF될 때마다 설정된 현재값에서 1씩 감산하다가 현재값이 0과 같거나 작으면 카운터의 출력을 ON시킨다. 출력이 ON된 후 LD 입력을 ON하면, PV에 설정된 값이 CV로 전송되면서 CV의 값이 0보다 크게 설정되기 때문에 출력이 OFF된다.

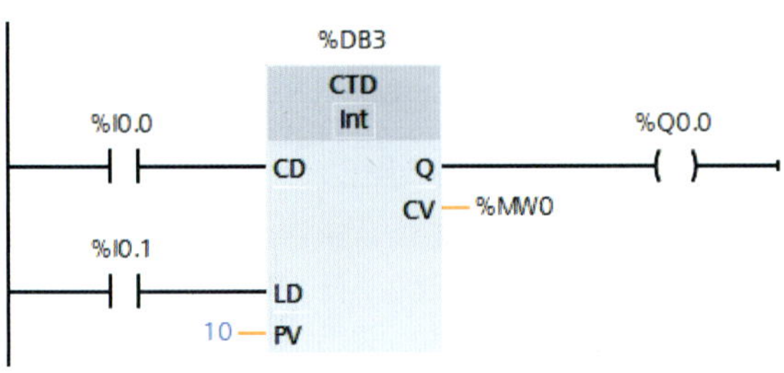

(a) CTD의 PLC 프로그램

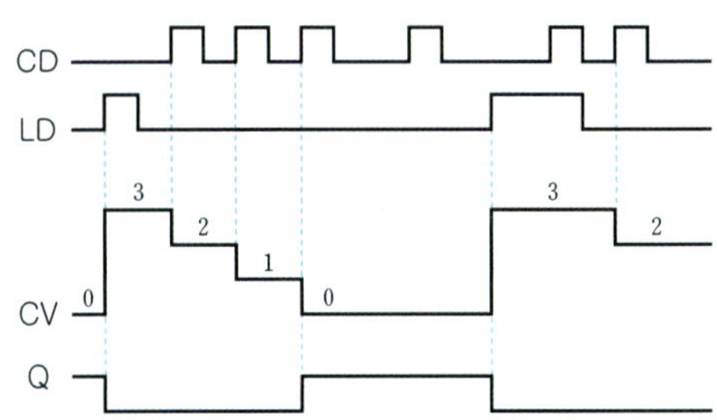

(b) 타이밍도

[그림 7-37] CTD의 PLC 프로그램

CTUD(가감산 카운터)

CTUD는 UP/DN 카운터라고도 하며, 앞에서 학습한 가산 카운터와 감산 카운터를 합쳐놓은 기능을 가진 카운터 명령어이다. [그림 7-38]의 CTUD 명령어를 살펴보면 카운터의 출력이 2개임을 확인할 수 있다. QU는 업 카운터 출력으로, 카운터의 현재값 CV가 설정값 PV보다 크면 ON되는 출력이다. QD는 다운 카운터 출력으로, CV 값이 0과 같거나 작을 때 ON된다. 카운터 입력의 LD는 다운 카운터의 LD 입력 기능처럼 해당 입력이 ON되면 현재값이 설정값과 동일하게 설정된다. 이때 카운터의 출력 QU가 ON된다.

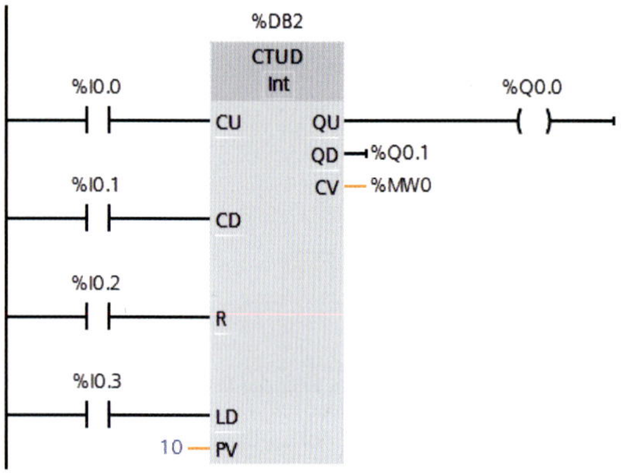

(a) UDCNT1을 이용한 CTUD의 PLC 프로그램

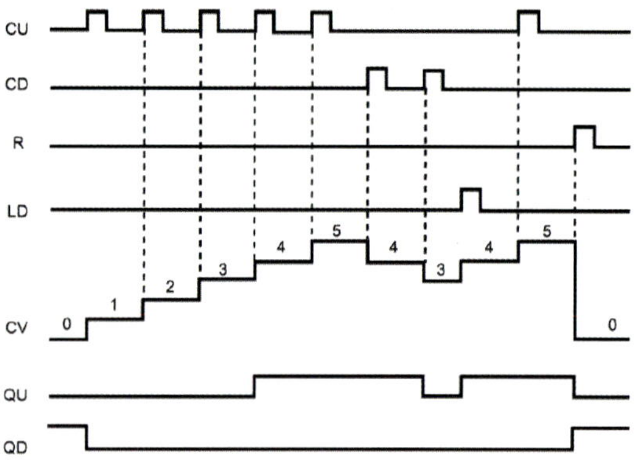

(b) 타이밍도

[그림 7-38] UDCNT1을 이용한 CTUD의 PLC 프로그램

CTUD는 카운터의 출력을 사용하기보다는 카운터의 현재값을 사용하고자 할 때 주로 사용하는 카운터라 할 수 있다.

더 알아보기 일상 속에서 쓰이는 가감산 카운터

대형 쇼핑몰의 주차장 입구에는 차량의 주차 대수를 확인할 수 있는 전광판이 설치되어 있는 경우를 볼 수 있는데, 이는 차량의 출입에 따라 주차장에 주차한 차량대수를 파악함으로써 주차장을 효율적으로 운영하기 위한 것이다. [그림 7-39]의 프로그램에서 차량 입고 검출 센서는 %I0.0에, 차량 출고 검출 센서는 %I0.1에 연결하고, 만차 표시 램프는 %Q0.0에, 주차 표시 램프는 %Q0.1에 연결하면 차량 입출고를 제어할 수 있다.

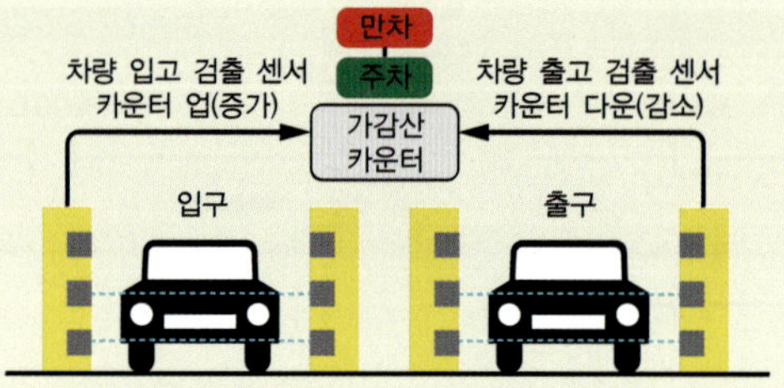

[그림 7-39] 차량 입출고 시스템

7.5 실습용 컨베이어 장치

시퀀스 명령어 실습을 위해 [그림 7-40]의 컨베이어 장치를 사용한다. 컨베이어는 24Vdc 전원에 의해 동작하는 감속기 모터를 사용해서 컨베이어를 좌우로 이동시키고, 컨베이어 상에 움직이는 물품을 검출하기 위한 반사형 광센서를 사용한다. 그리고 컨베이어 회전을 검출하기 위해 컨베이어 회전 축에 엔코더 휠을 설치하고 포토 인터럽트 센서를 사용한다.

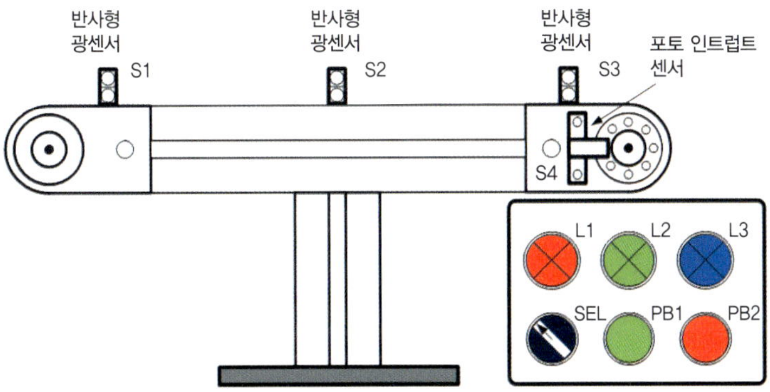

[그림 7-40] 실습용 컨베이어 장치의 시스템 구성

[표 7-2] 실습용 컨베이어의 입출력

입력			출력			
번지	명칭	기능	번지	명칭	기능	
I0.0	SEL	2단 셀렉터 스위치	Q0.0	L1	적색 램프	
I0.1	PB1	푸시버튼	Q0.1	L2	녹색 램프	
I0.2	PB2	푸시버튼	Q0.2	L3	청색 램프	
I0.3	S1	반사형 광센서	Q0.3	RY1	릴레이 1	
I0.4	S2	반사형 광센서	Q0.4	RY2	릴레이 2	
I0.5	S3	반사형 광센서	Q0.5	RY3	릴레이 3	CW
I0.6	S4	포토 인터럽트	Q0.6	RY4	릴레이 4	CCW

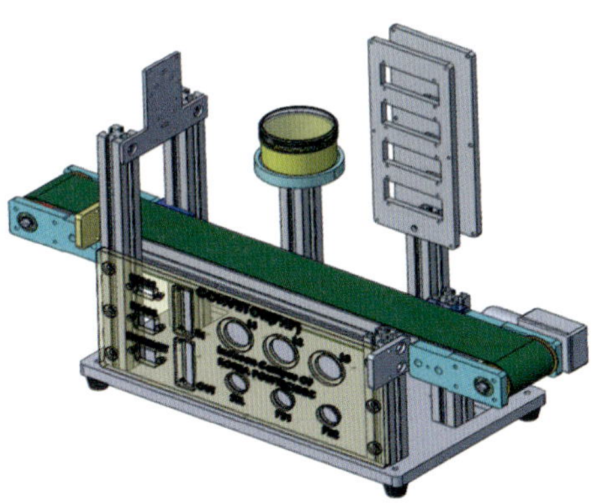

[그림 7-41] 실습용 컨베이어 장치의 3D 모델링

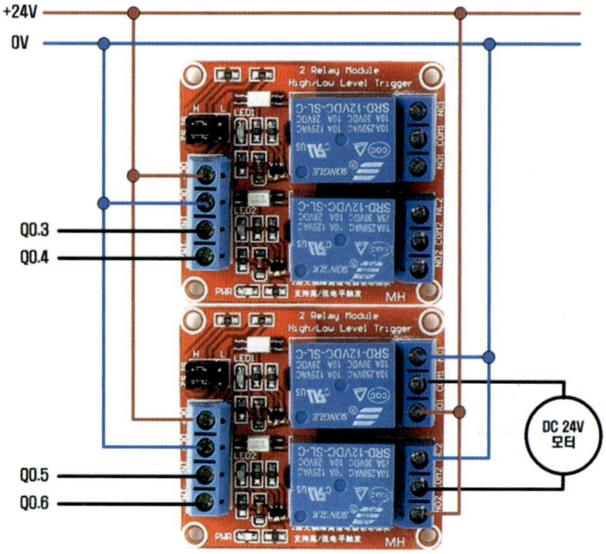

(a) 릴레이를 이용한 DC 모터 정역 제어 회로 구성

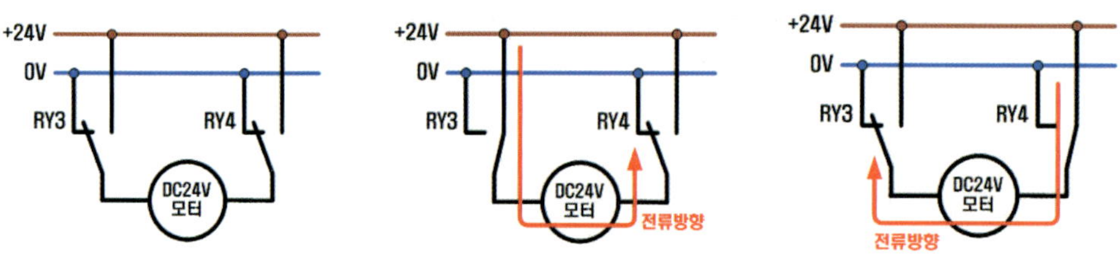

(b) 모터 정지 상태

(c) 모터 CW 방향 회전

(d) 모터 CCW 방향 회전

[그림 7-42] 컨베이어 좌우 이동을 위한 DC 모터 정역 제어 회로

실습과제

7-1 기본 전기회로를 프로그램으로 표현하기

7.1~7.3절

시작 버튼이 눌러지면 정지 버튼이 눌러질 때까지 램프가 정해진 시간 간격으로 적색 → 녹색 → 청색 순서로 연속해서 점등하는 프로그램의 작성법에 대해 살펴보자.

타이머를 사용하여 [그림 7-43]의 동작 타이밍도처럼 1초 간격으로 적색, 녹색, 청색 순서로 램프를 점등하는 프로그램의 작성법에 대해 학습한다.

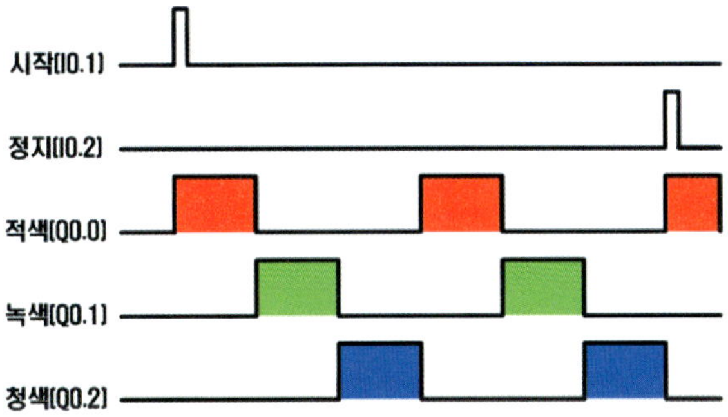

[그림 7-43] 동작 타이밍도

동작 조건

❶ 시스템의 전원이 ON되면 모든 램프는 OFF 상태이다.

❷ 시작 버튼을 누르면 1초 간격으로 램프가 적색, 녹색, 청색 순서로 점등되고 정지 버튼을 누를 때까지 동작한다.

PLC 프로그램 작성

PLC는 정해진 순서대로 동작하는 기계 장치를 제어하기 위해서 사용하는 제어기기다. 따라서 PLC의 프로그램은 정해진 순서대로 동작하게 작성한다.

[표 7-3] 램프 점등을 위한 프로그램 동작

순서	동작	내용
1	시작과 정지 버튼	시작과 정지 버튼에 의해 동작 비트(RUN_BIT)를 1로 설정한다.
2	동작 순서 1	• 동작 비트가 1이면 동작 순서를 1로 설정한다. • 적색 램프를 점등한다. • 1초 점등을 위한 타이머를 동작한다. • 타이머 출력 비트를 사용해 동작 순서를 2로 설정한다.

3	동작 순서 2	• 녹색 램프를 점등한다. • 1초 점등을 위한 타이머를 동작한다. • 타이머 출력 비트를 사용해 동작 순서를 3으로 설정한다.
4	동작 순서 3	• 청색 램프를 점등한다. • 1초 점등을 위한 타이머를 동작한다. • 타이머 출력 비트를 사용해 동작 순서를 4로 설정한다.
5	동작 순서 4	• 동작 비트가 ON 상태이면 동작 순서를 1로 설정한다. • 동작 비트가 OFF 상태이면 동작 순서를 0으로 설정한다.

[표 7-4] 램프 점등을 위한 PLC 프로그램 작성

순서	내용	
1	**PLC IP 설정하기** 실습에 사용할 PLC의 IP를 192.168.0.10으로 설정한다.	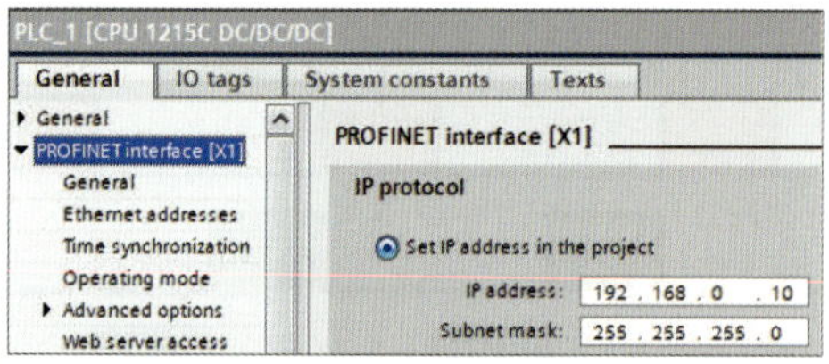
2	**FB 만들기** 램프 점등을 위한 새로운 FB를 만든다.	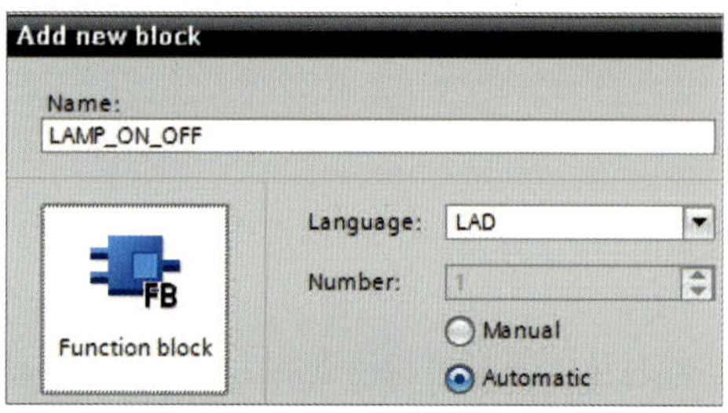
3	**FB의 내부 변수 설정하기** 프로그램 작성에 필요한 내부 변수를 설정한다. 타이머의 인스턴스는 프로그램을 작성할 때 타이머 사용 시 필요로 하는 DB를 멀티플 인스턴스(IEC_Timer_0_Instance)로 설정하면 자동으로 설정된다.	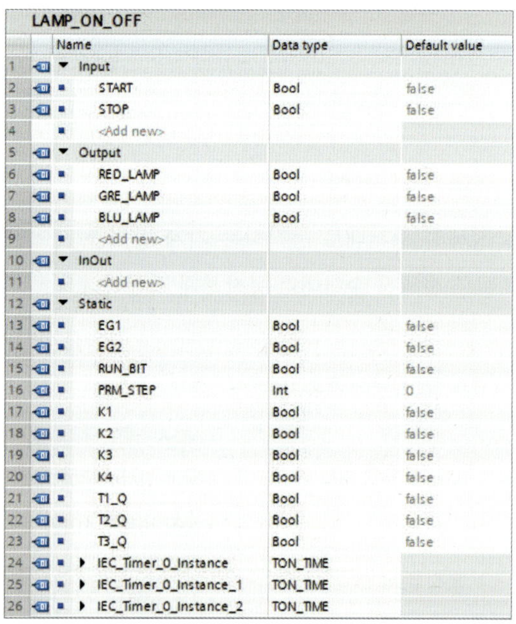

LAMP_ON_OFF

	Name	Data type	Default value
1	Input		
2	START	Bool	false
3	STOP	Bool	false
4	<Add new>		
5	Output		
6	RED_LAMP	Bool	false
7	GRE_LAMP	Bool	false
8	BLU_LAMP	Bool	false
9	<Add new>		
10	InOut		
11	<Add new>		
12	Static		
13	EG1	Bool	false
14	EG2	Bool	false
15	RUN_BIT	Bool	false
16	PRM_STEP	Int	0
17	K1	Bool	false
18	K2	Bool	false
19	K3	Bool	false
20	K4	Bool	false
21	T1_Q	Bool	false
22	T2_Q	Bool	false
23	T3_Q	Bool	false
24	IEC_Timer_0_Instance	TON_TIME	
25	IEC_Timer_0_Instance_1	TON_TIME	
26	IEC_Timer_0_Instance_2	TON_TIME	

4	**FB 프로그램 작성하기** (네트워크 1번) 시작과 정지 버튼을 사용해서 동작 실행 비트(RUN_BIT)를 ON/OFF한다.	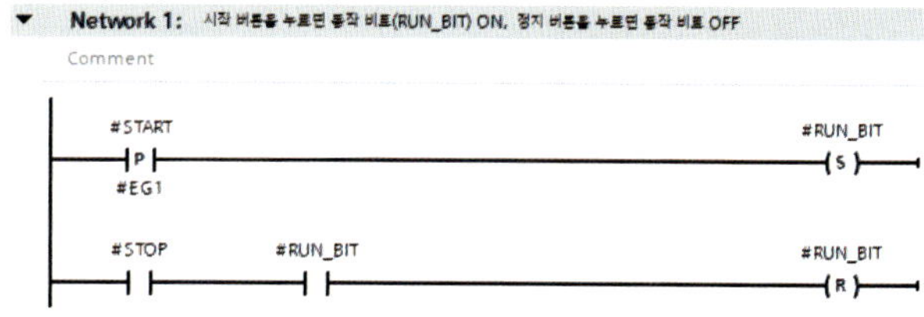
5	**FB 프로그램 작성하기** (네트워크 2번) 동작 비트가 ON되면 동작 순서를 1로 설정한다. ❶ 동작 순서가 1이면 K1을 ON한다. ❷ 1초 점등을 위한 타이머를 동작시킨다. ❸ 타이머 출력이 ON되면 동작 순서를 2로 설정한다.	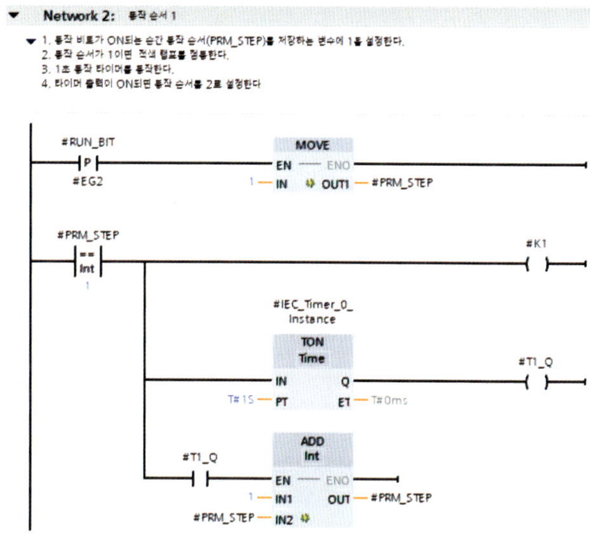
6	**FB 프로그램 작성하기** (네트워크 3번) ❶ 동작 순서가 2이면 K3를 ON한다. ❷ 1초 점등을 위한 타이머를 동작시킨다. ❸ 타이머 출력이 ON되면 동작 순서를 3으로 설정한다.	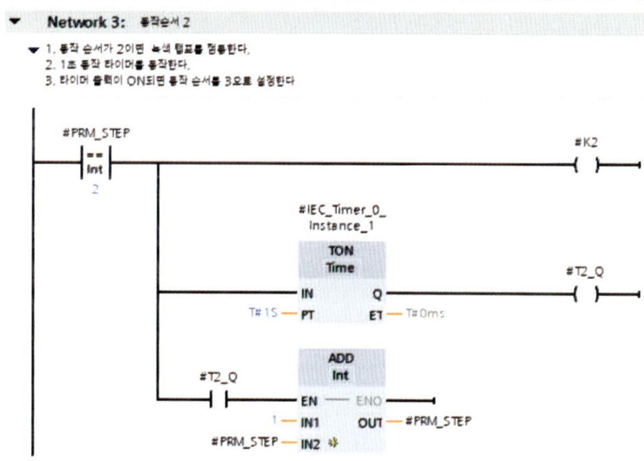
7	**FB 프로그램 작성하기** (네트워크 4번) ❶ 동작 순서가 3이면 K3를 ON한다. ❷ 1초 점등을 위한 타이머를 동작시킨다. ❸ 타이머 출력이 ON되면 동작 순서를 4로 설정한다.	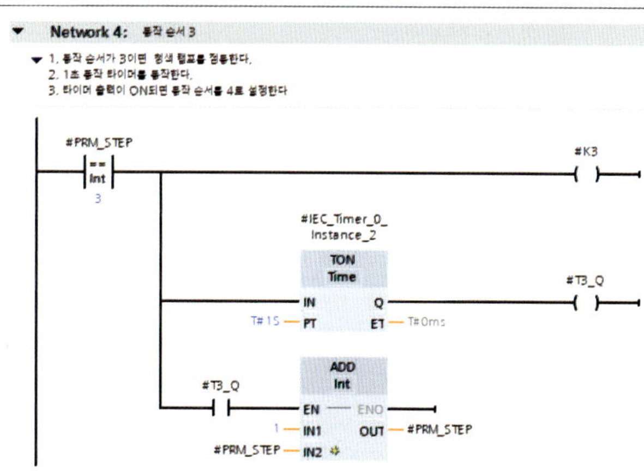

8

FB 프로그램 작성하기
(네트워크 5번)

❶ 실행비트가 ON이면 동작 순서를 1로 설정해서 동작을 반복한다.

❷ 실행비트가 OFF이면 동작 순서를 0으로 설정해서 동작을 종료한다.

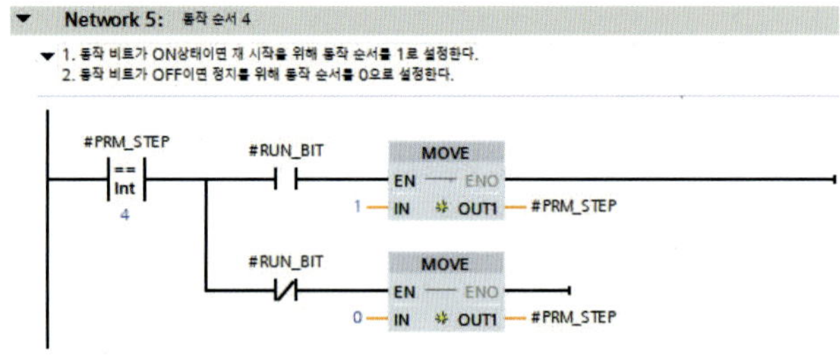

9

FB 프로그램 작성하기
(네트워크 6번)

램프 점등을 위한 K1, K2, K3의 비트를 출력 비트에 연결한다.

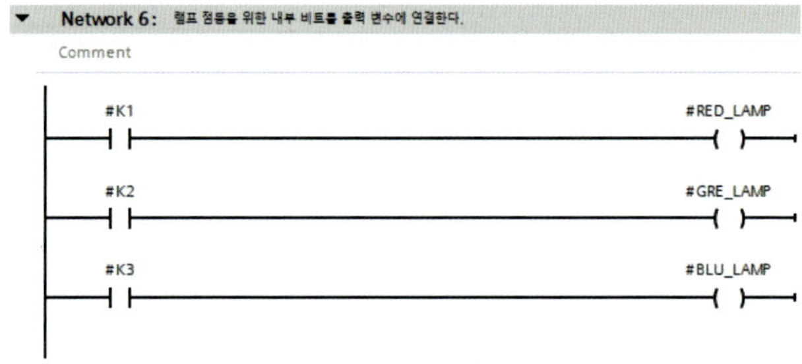

10

FB1 저장 및 컴파일하기

작성한 FB1을 저장한 후 컴파일한다.

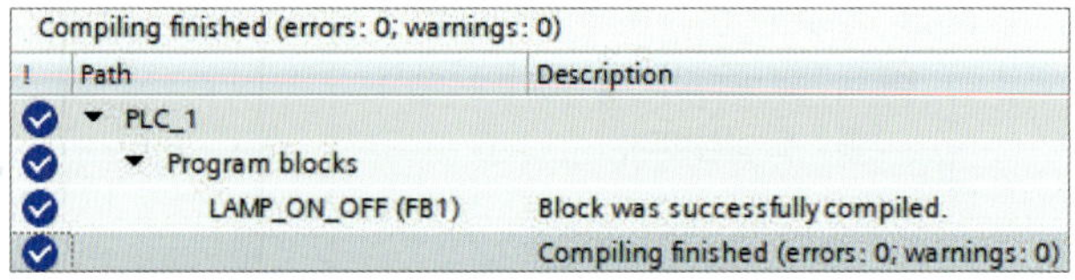

11

OB1에서 FB1을 호출하기

작성한 FB1을 OB1에서 호출하고 입출력 변수에 실제 입력과 출력 절대번지를 설정한다.

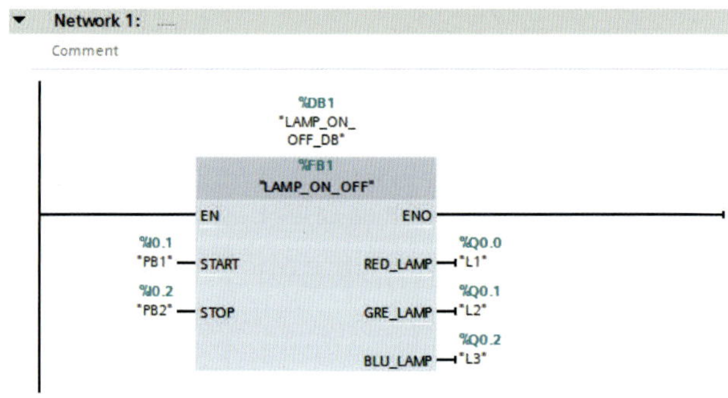

12

OB1 저장 및 컴파일하기

작성한 OB1을 저장하고 컴파일한 후에 PLC에 전송한다.

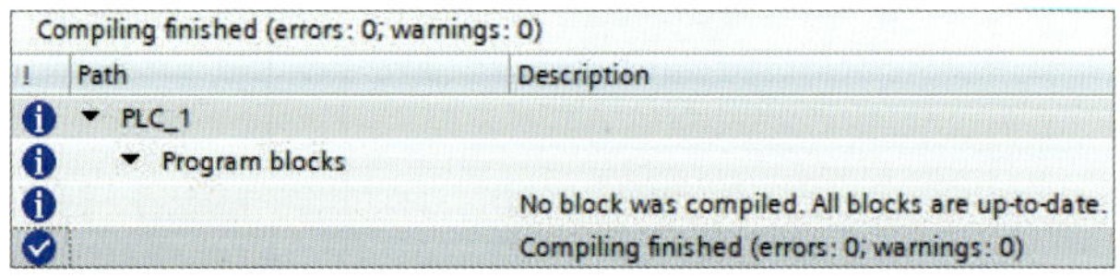

실습과제

7-2 카운터를 사용한 램프의 순차제어 동작하기

7.1~7.4절

시작 버튼이 눌러지면 램프가 정해진 시간 간격으로 적색 → 녹색 → 청색 순서로 정해진 횟수만큼 동작하는 프로그램의 작성법에 대해 학습한다.

카운터에서 설정한 횟수만큼 [실습과제 7-1]의 동작 타이밍도와 같이 동일하게 동작하는 PLC 프로그램을 작성해보자.

동작 조건

❶ 시스템의 전원이 ON되면 모든 램프는 OFF 상태이고 카운터의 설정값은 3이 표시된다.

❷ 증가(UP) 버튼을 누르면 설정값은 1씩 증가하고 최대 99까지 증가한다. 그리고 증가 버튼을 1.5초 이상 누르고 있으면 이후부터는 0.1초 간격으로 설정값이 1씩 증가한다.

❸ 감소(DN) 버튼을 누르면 설정값은 1씩 감소하고 최소 1까지 감소한다. 그리고 감소 버튼을 1.5초 이상 누르고 있으면 이후부터는 0.1초 간격으로 설정값이 1씩 감소한다.

❹ 시작(START) 버튼을 누르면 카운터에서 설정한 횟수만큼 1초 간격으로 램프가 적색, 녹색, 청색 순서로 점등되고 설정한 횟수만큼 반복 동작을 완료하면 자동 정지한다.

❺ 동작 중에 정지(STOP) 버튼을 누르면 현재 진행 중인 사이클을 완료한 후에 정지한다.

PLC 프로그램 작성

[실습과제 7-1]에서 작성한 FB1을 복사해서 FB2로 변경한 후에 기능을 추가하는 형태로 프로그램을 작성하는 방법을 사용한다.

[표 7-5] 카운터를 이용한 램프의 순차제어를 위한 프로그램 동작

순서	동작	내용
1	증가 버튼 눌림	• 동작 비트가 OFF 상태일 때 증가 버튼이 눌러질 때마다 카운터의 설정값이 99보다 작으면 1씩 증가한다. • 증가 버튼을 1.5초 이상 계속 누르고 있으면 타이머의 출력과 시스템 클록 비트를 사용해서 0.1초 간격으로 설정값이 1씩 증가한다.
2	감소 버튼 눌림	• 동작 비트가 OFF 상태일 때 감소 버튼이 눌러질 때마다 카운터의 설정값이 1보다 크면 1씩 감소한다. • 감소 버튼을 1.5초 이상 계속 누르고 있으면 타이머의 출력과 시스템 클록 비트를 사용해서 0.1초 간격으로 설정값이 1씩 감소한다.
3	시작과 정지 버튼	시작, 정지 버튼에 의해 동작 비트(RUN_BIT)를 설정한다.

4	동작 순서 1	• 동작 비트가 1이면 동작 순서를 1로 설정한다. • 적색 램프를 점등한다. • 1초 점등을 위한 타이머를 동작한다. • 타이머 출력 비트를 사용해 동작 순서를 2로 설정한다.
5	동작 순서 2	• 녹색 램프를 점등한다. • 1초 점등을 위한 타이머를 동작한다. • 타이머 출력 비트를 사용해 동작 순서를 3으로 설정한다.
6	동작 순서 3	• 청색 램프를 점등한다. • 1초 점등을 위한 타이머를 동작한다. • 타이머 출력 비트를 사용해 동작 순서를 4로 설정한다.
7	동작 순서 4	• 동작 비트가 ON 상태이면 카운터를 한다. • 카운터의 출력이 OFF 상태이고 RUN_BIT가 ON 상태이면 동작 순서를 1로 재설정하고, RUN_BIT가 OFF가 되면 동작 순서를 0으로 설정한다. 카운터의 출력이 ON 상태이면 카운터를 리셋하고 동작 순서를 0으로 재설정한다.

[표 7-6] 카운터를 이용한 램프의 순차제어를 위한 PLC 프로그램 작성

순서	내용	
1	**System and clock memory 설정하기** ❶ PLC에서 제공하는 클럭 신호를 사용하기 위해 [Device configurationd]에서 [System and clock memory]를 설정한다. ❷ PLC의 IP는 192.168.0.10으로 설정한다.	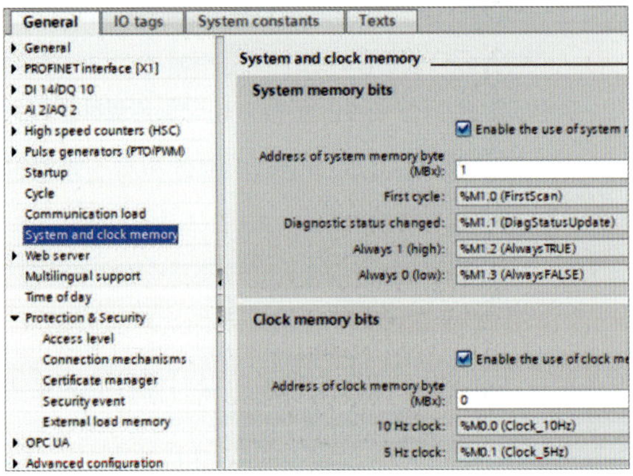
2	**FB 복사하기** [실습과제 7-1]에서 만든 FB1을 선택해서 'Copy'를 한 후에 'Paste'를 선택해서 FB1을 복사한다.	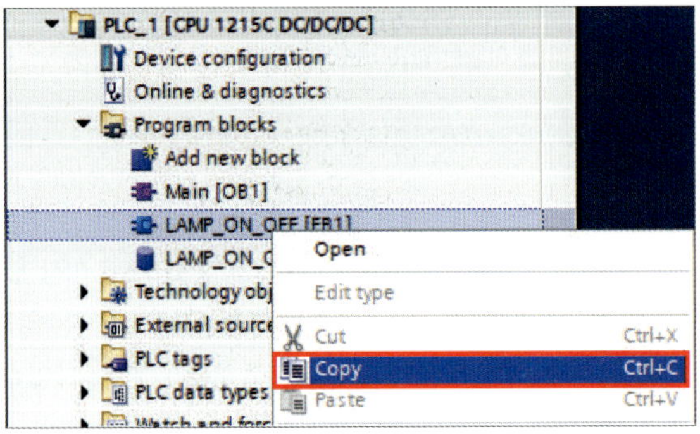

3

FB의 이름 변경하기

복사한 FB의 이름을 변경한다.

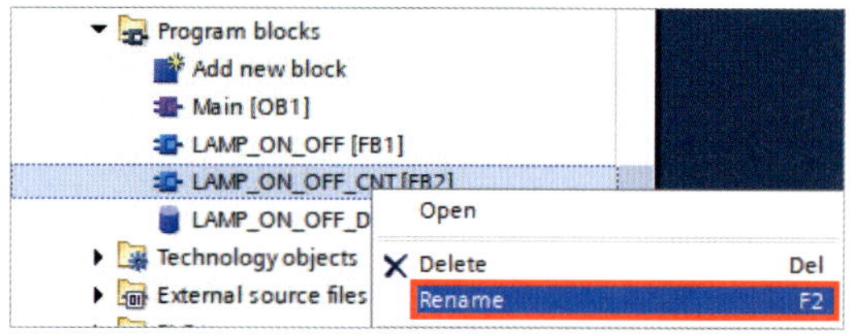

4

FB의 속성 변경하기

복사한 FB의 속성에서 FB의 번호를 2로 변경한다.

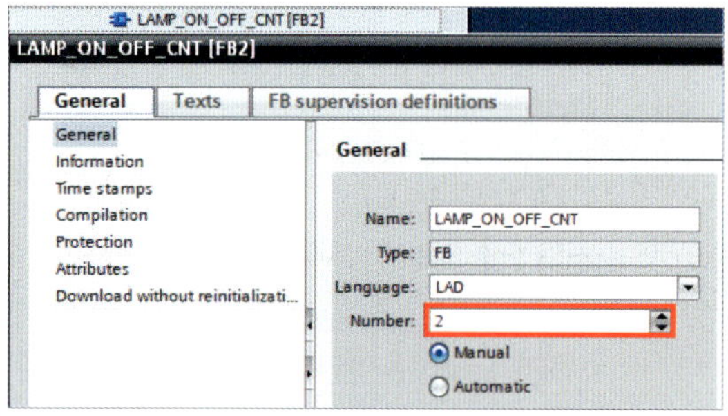

5

FB2의 내부 변수 설정하기

복사한 FB의 내용을 수정해서 새로운 FB를 만들기 위해 필요로 하는 변수를 추가하거나 타이머 또는 카운터를 멀티플 인스턴스 방식으로 추가한다.

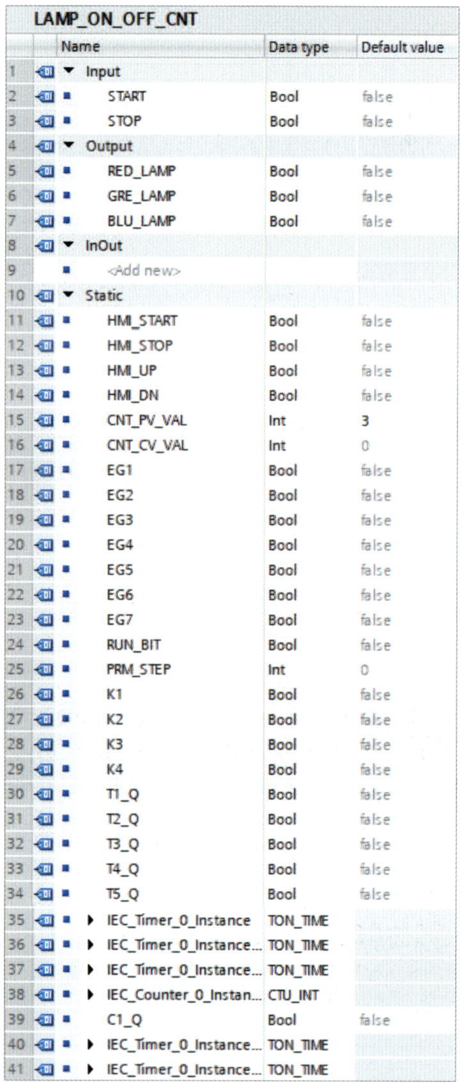

6	**FB2 프로그램 작성하기** (네트워크 1번) ❶ 동작 비트(RUN_BIT)가 OFF 상태에서 증가 버튼이 눌러지면 카운터 설정값이 99보다 작으면 1씩 증가한다. ❷ 증가 버튼이 1.5초 이상 계속 눌러지면 시스템 클럭을 사용해서 0.1초 간격으로 1씩 증가한다.	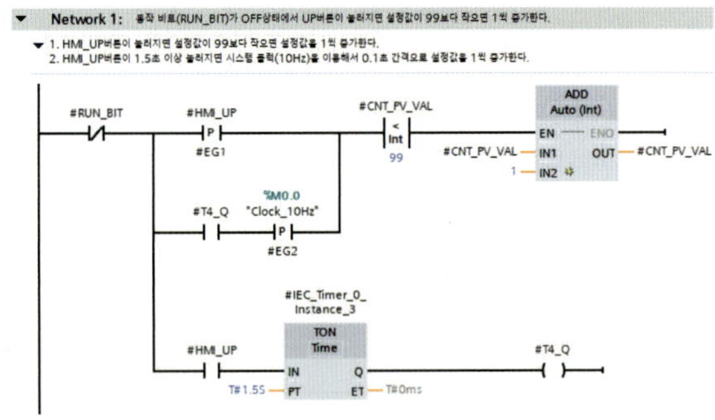
7	**FB2 프로그램 작성하기** (네트워크 2번) ❶ 동작 비트(RUN_BIT)가 OFF 상태에서 감소 버튼이 눌러지면 카운터 설정값이 1보다 크면 1씩 감소한다. ❷ 감소 버튼이 1.5초 이상 계속 눌러지면 시스템 클럭을 사용해서 0.1초 간격으로 1씩 감소한다.	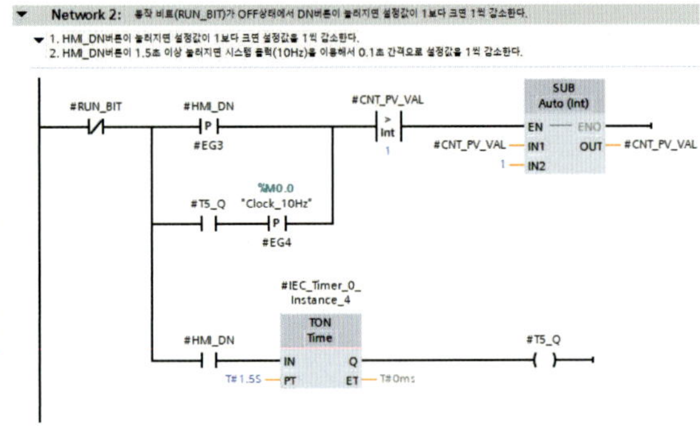
8	**FB2 프로그램 작성하기** (네트워크 3번) 시작과 정지 버튼을 사용해서 동작 실행 비트(RUN_BIT)를 ON/OFF한다.	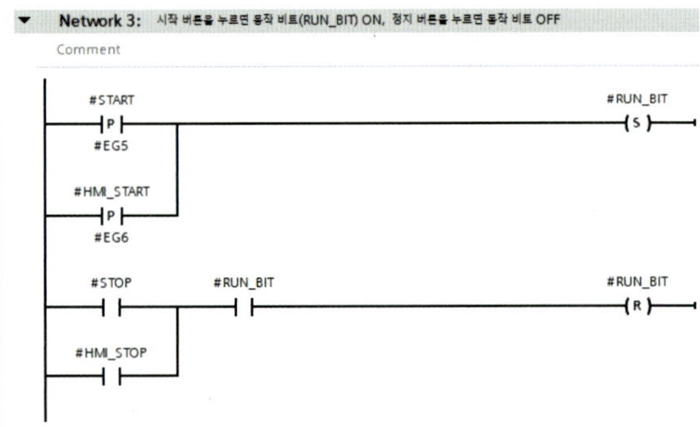
9	**FB2 프로그램 작성하기** (네트워크 4번) ❶ 동작 비트가 ON되면 동작 순서를 1로 설정한다. ❷ 동작 순서가 1이면 K1을 ON한다. ❸ 1초 점등을 위한 타이머 동작을 한다. ❹ 타이머 출력이 ON되면 동작 순서를 2로 설정한다.	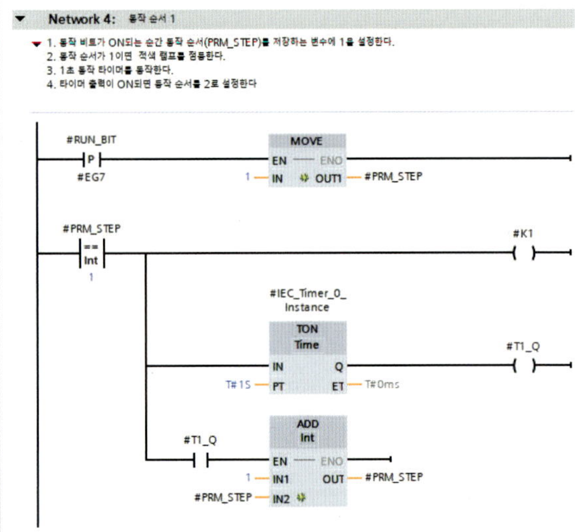

<table>
<tr>
<td>10</td>
<td>

FB2 프로그램 작성하기

(네트워크 5번)

❶ 동작 순서가 2이면 K2를 ON한다.

❷ 1초 점등을 위한 타이머 동작을 한다.

❸ 타이머 출력이 ON되면 동작 순서를 3으로 설정한다.

</td>
<td>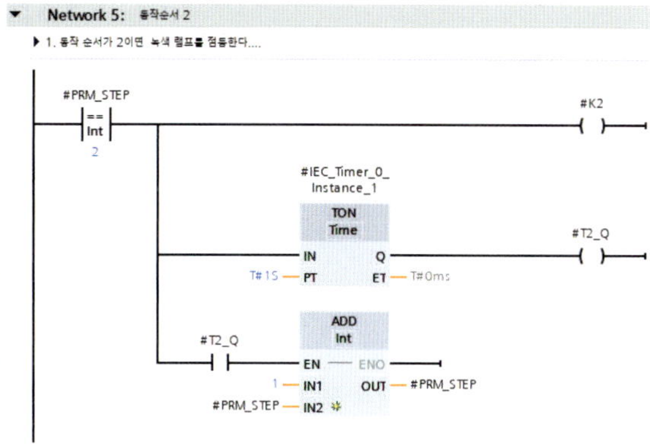</td>
</tr>
<tr>
<td>11</td>
<td>

FB2 프로그램 작성하기

(네트워크 6번)

❶ 동작 순서가 3이면 K3를 ON한다.

❷ 1초 점등을 위한 타이머 동작을 한다.

❸ 타이머 출력이 ON되면 동작 순서를 4로 설정한다.

</td>
<td>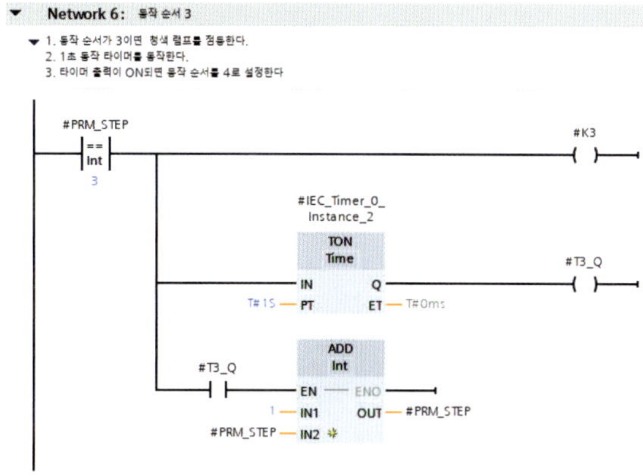</td>
</tr>
<tr>
<td>12</td>
<td>

FB2 프로그램 작성하기

(네트워크 7번)

❶ 동작 순서가 4일 때마다 카운터의 값을 1씩 증가시킨다.

❷ 카운터의 출력이 ON되면 카운터 리셋 및 동작 실행 비트를 리셋한다.

❸ 카운터의 출력이 OFF 상태에서 동작 실행 비트가 ON되면 동작 순서를 1로 설정해서 재실행한다.

❹ 카운터 출력이 ON이거나 동작 실행 비트가 OFF이면 동작 순서를 0으로 설정해서 동작을 중지한다.

</td>
<td>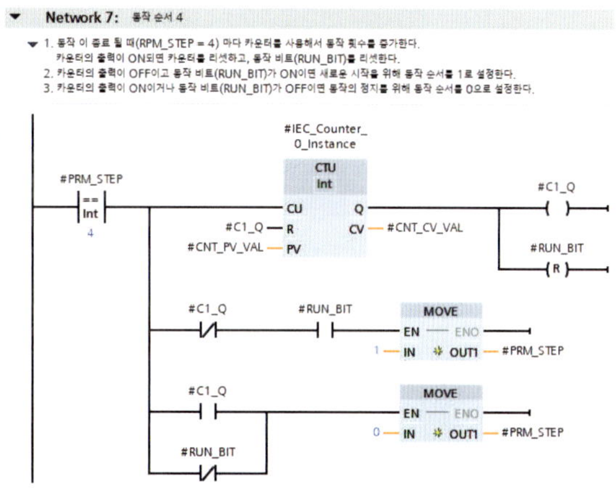</td>
</tr>
<tr>
<td>13</td>
<td>

FB2 프로그램 작성하기

(네트워크 8번)

램프 점등을 위한 K1, K2, K3의 비트를 출력 비트에 연결한다.

</td>
<td>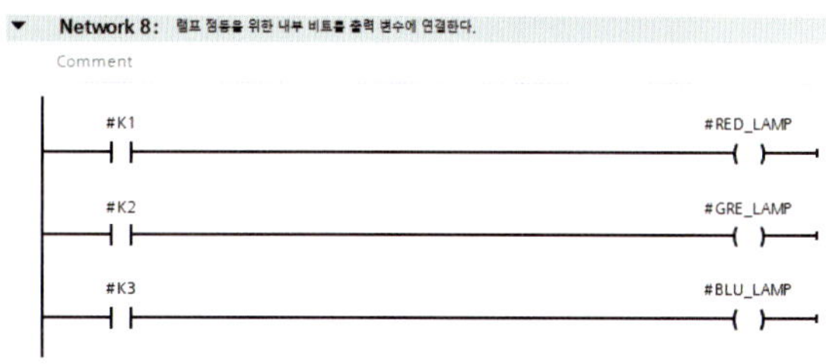</td>
</tr>
</table>

14

FB2 저장 및 컴파일하기

작성한 FB2를 저장한 후에 컴파일한다.

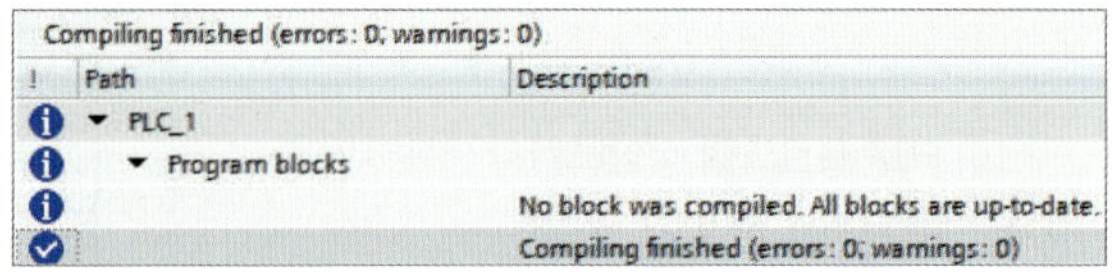

15

OB1에서 FB2를 호출하기

작성한 FB2를 OB1에서 호출하고 입출력 변수에 실제 입력과 출력 절대번지를 설정한다.

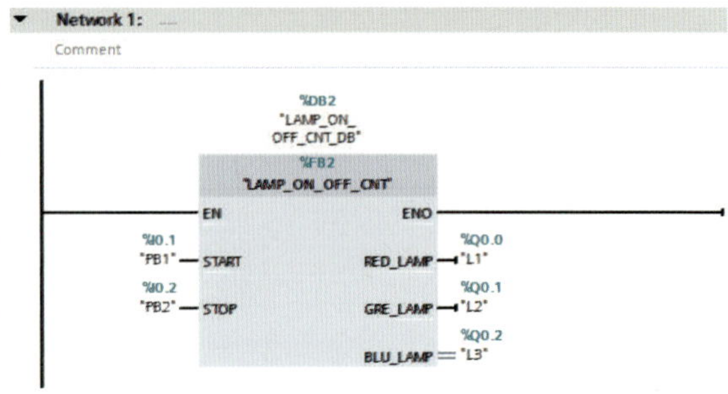

16

OB1 저장 및 컴파일하기

작성한 OB1을 저장하고 컴파일한 후에 PLC에 전송한다.

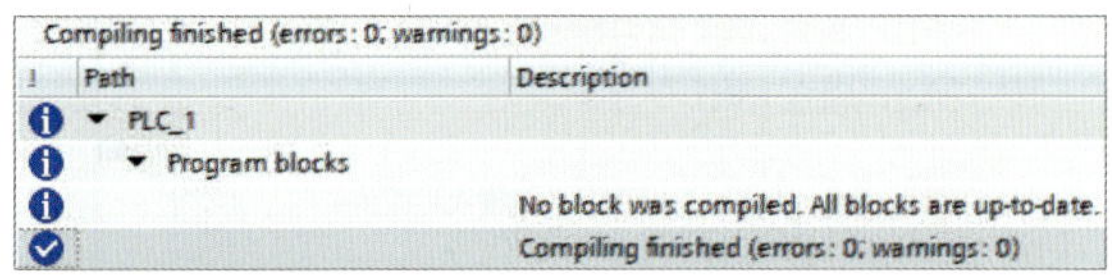

17

HMI 작화하기(램프 작화)

❶ [Animations] 탭에서 [Display]를 클릭하여 [Apperance]를 선택한다.

❷ Tag는 FB 내부 변수로 RED_LAMP, GRE_LAMP, BLU_LAMP를 사용한다.

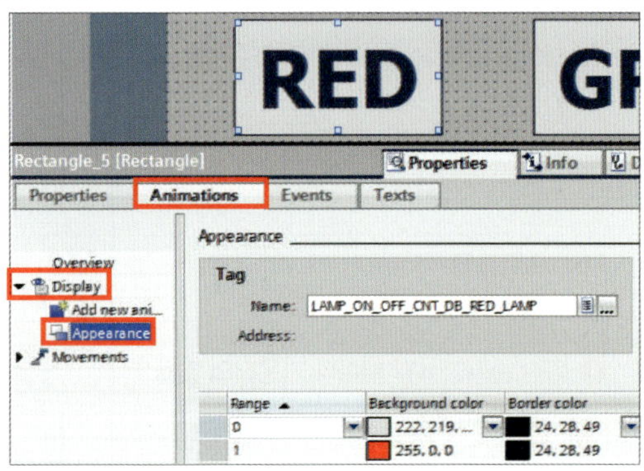

18

HMI 작화하기(모니터용 숫자 표시창)

카운터의 현재값과 설정값을 표시할 수 있는 숫자 표시창을 작화한다. 현재값의 숫자 표시창은 Type을 Output으로 설정하고 설정값의 숫자 표시창의 Type은 Input/Output으로 설정한다.

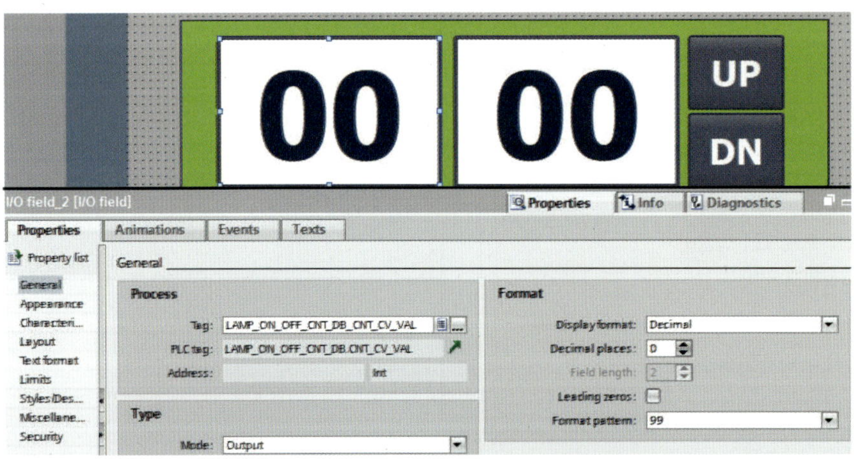

19

HMI 작화하기(버튼 작화)

START, STOP, UP, DN의 버튼을 작화한다.

각의 버튼의 [Events] 탭을 클릭한 다음 [Press]를 선택하고 버튼의 태그를 설정한다.

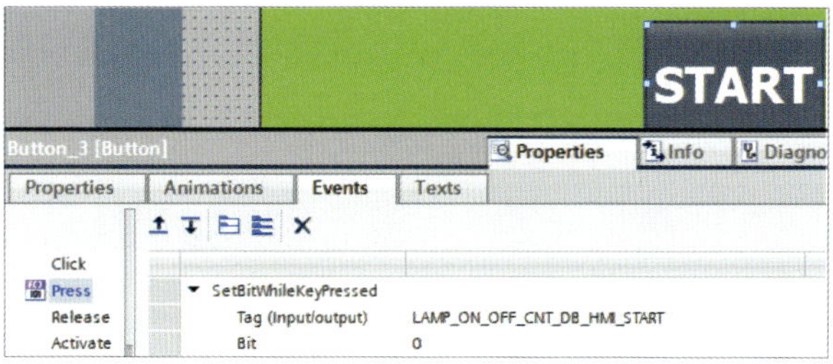

20

HMI 태그 시간 변경하기

HMI에 사용한 태그의 동작 시간을 100ms 간격으로 변경한다.

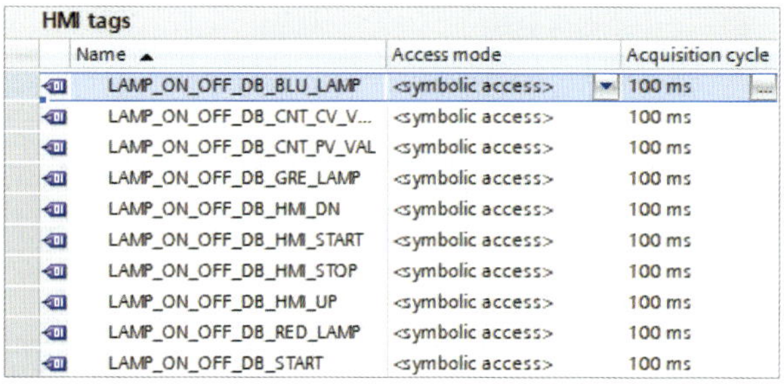

HMI tags

Name	Access mode	Acquisition cycle
LAMP_ON_OFF_DB_BLU_LAMP	<symbolic access>	100 ms
LAMP_ON_OFF_DB_CNT_CV_V...	<symbolic access>	100 ms
LAMP_ON_OFF_DB_CNT_PV_VAL	<symbolic access>	100 ms
LAMP_ON_OFF_DB_GRE_LAMP	<symbolic access>	100 ms
LAMP_ON_OFF_DB_HMI_DN	<symbolic access>	100 ms
LAMP_ON_OFF_DB_HMI_START	<symbolic access>	100 ms
LAMP_ON_OFF_DB_HMI_STOP	<symbolic access>	100 ms
LAMP_ON_OFF_DB_HMI_UP	<symbolic access>	100 ms
LAMP_ON_OFF_DB_RED_LAMP	<symbolic access>	100 ms
LAMP_ON_OFF_DB_START	<symbolic access>	100 ms

21

HMI 컴파일하기

HMI를 컴파일하면 경고 5개가 발생한다. 이때 경고는 무시하고 HMI에 다운로드한다.

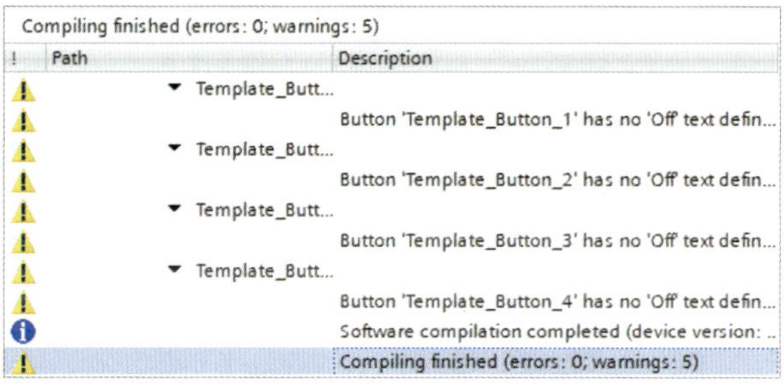

Compiling finished (errors: 0; warnings: 5)

!	Path	Description
⚠	Template_Butt...	
⚠		Button 'Template_Button_1' has no 'Off' text defin...
⚠	Template_Butt...	
⚠		Button 'Template_Button_2' has no 'Off' text defin...
⚠	Template_Butt...	
⚠		Button 'Template_Button_3' has no 'Off' text defin...
⚠	Template_Butt...	
⚠		Button 'Template_Button_4' has no 'Off' text defin...
i		Software compilation completed (device version: ...
⚠		Compiling finished (errors: 0; warnings: 5)

TIP 경고가 발생하는 이유는 HMI의 폴더 Screen management의 Templates에 있는 Template_1에 사용되는 5개의 버튼에 대한 기능이 설정되어 있지 않기 때문이다.

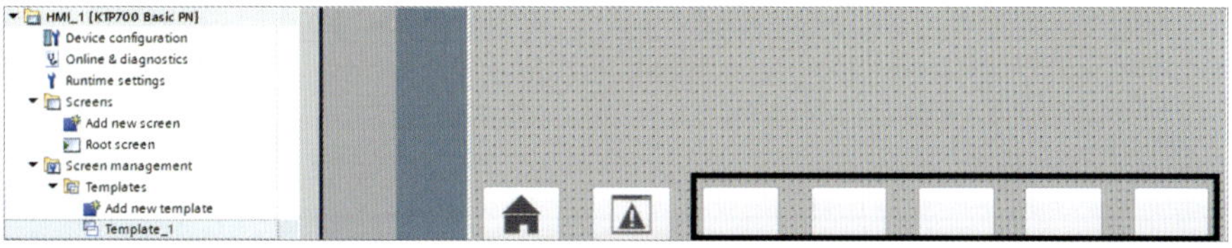

22

PLC 재시작하기

프로그램의 전송을 완료했다면 Online으로 접속한 다음, [CPU operator panel]에서 [STOP] 버튼을 클릭한 후 [RUN] 버튼을 클릭하여 재설정한다.

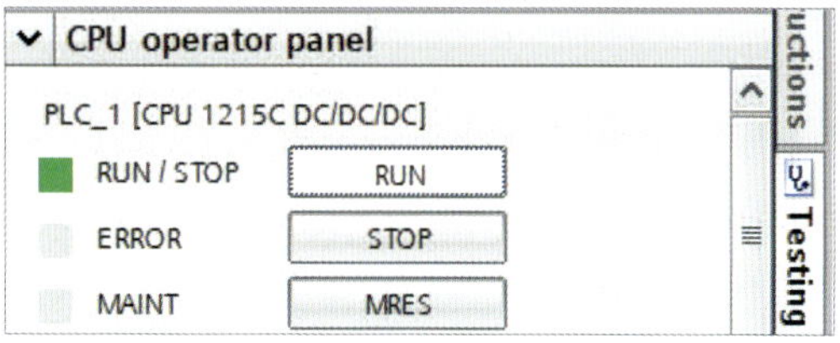

[표 7-7]은 카운터를 사용한 램프 순차제어의 HMI 화면을 나타낸 것이다.

[표 7-7] 카운터를 사용한 램프 순차제어의 HMI 화면

번호	구분	기능	변수명	변수 위치	구분	타입
❶	적색 램프	램프	RED_LAMP	글로벌 DB 변수	Static	Word
❷	녹색 램프	램프	GRE_LAMP	FB_인스턴스	OUTPUT	Bool
❸	청색 램프	램프	BLU_LAMP	FB_인스턴스	INPUT	Bool
❹	카운터 현재값	숫자 출력	CNT_CV_VAL	FB_인스턴스	Static	Bool
❺	카운터 설정값	숫자 입출력	CNT_PV_VL	FB_인스턴스	Static	Bool
❻	설정값 증가	푸시버튼	HMI_UP	FB_인스턴스	OUTPUT	Bool
❼	설정값 감소	푸시버튼	HMI_DN	FB_인스턴스	INPUT	Bool
❽	시작	푸시버튼	HMI_START	FB_인스턴스	Static	Bool
❾	정지	푸시버튼	HMI_STOP	FB_인스턴스	Static	Bool

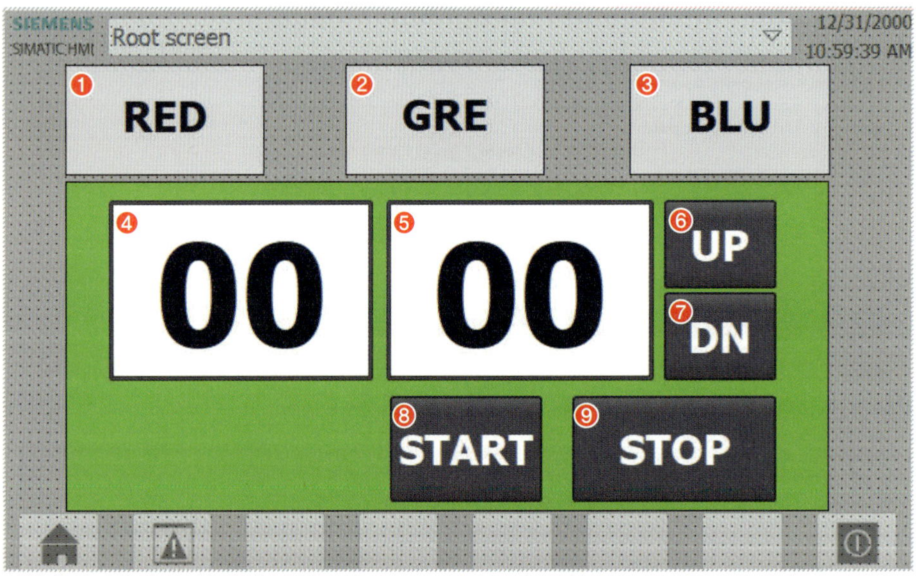

실습과제

7-3 보행자 신호등 만들기

7.1~7.4절

타이머 기능을 사용하여 일상생활에서 볼 수 있는 보행자 신호등의 동작을 구현하는 프로그램을 작성해보자.

타이머와 순차제어 프로그램 작성법을 사용해서 보행자 신호등을 제어하는 프로그램을 작성해보자. 인적이 드문 도로에 설치된 횡단보도는 일정한 시간 간격으로 신호등이 동작하는 게 아니라, 신호등 기둥에 설치된 보행자 버튼이 눌리면 [그림 7-45]의 타이밍도처럼 동작한다. 이러한 프로그램을 작성해보자.

(a) 보행자 신호등

입력	기능	출력	기능
I0.1	보행자 버튼	Q0.0	적색 램프
		Q0.1	녹색 램프

(b) 입출력 리스트

[그림 7-44] 보행자 신호등 제어

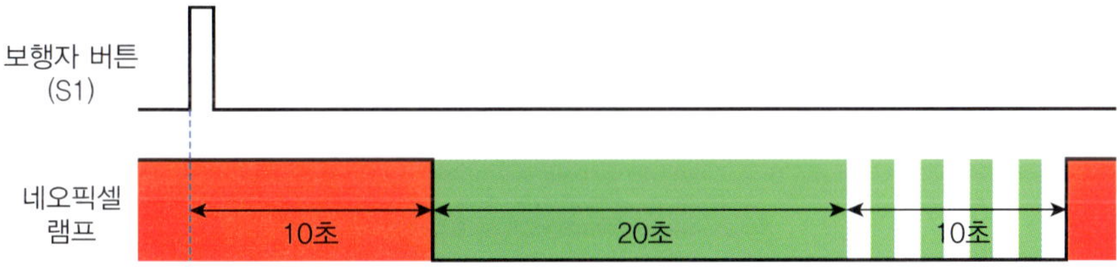

[그림 7-45] 신호등 동작 타이밍도

동작 조건

❶ 시스템의 전원이 ON되면 적색 램프가 ON되어 있다.

❷ 보행자 버튼을 누르면 적색 램프가 10초간 더 점등된 상태를 유지한다.

❸ 적색 램프는 소등되고 녹색 램프가 20초간 점등된다.

❹ 녹색 램프가 10초간 점멸(0.5초 OFF, 0.5초 ON) 동작을 한 후에 적색 램프가 점등된다.

PLC 프로그램 작성

[그림 7-45]의 신호등 동작 타이밍도를 살펴보면 보행자 버튼이 눌러지면 3가지의 동작이 실행된다. 첫 번째는 적색 램프를 10초간 점등하고, 두 번째는 20초간 녹색 램프를 점등하며, 세 번째는 10초간 녹색 램프가 점멸되는 동작을 실행한다.

[표 7-8] 신호등 동작을 위한 프로그램 동작

순서	동작	내용
1	보행자 버튼 눌림	보행자 버튼에 의해 동작 비트(RUN_BIT)를 설정한다.
2	동작 순서 1	• 동작 비트가 1이면 동작 순서를 1로 설정한다. • 적색 램프를 점등한다. • 10초 점등을 위한 타이머를 동작한다. • 타이머 출력 비트를 사용해 동작 순서를 2로 설정한다.
3	동작 순서 2	• 녹색 램프를 점등한다. • 20초 점등을 위한 타이머를 동작한다. • 타이머 출력 비트를 사용해 동작 순서를 3으로 설정한다.
4	동작 순서 3	• 녹색 램프의 점멸 동작을 한다. • 10초 주기의 타이머를 동작한다. • 1초 주기의 타이머를 사용해서 플리커 타이머를 동작한다.

[표 7-9] 신호등 제어를 위한 PLC 프로그램 작성

순서	내용	
1	**FB3 만들기** 신호등 제어 프로그램 작성을 위한 새로운 FB를 만든다.	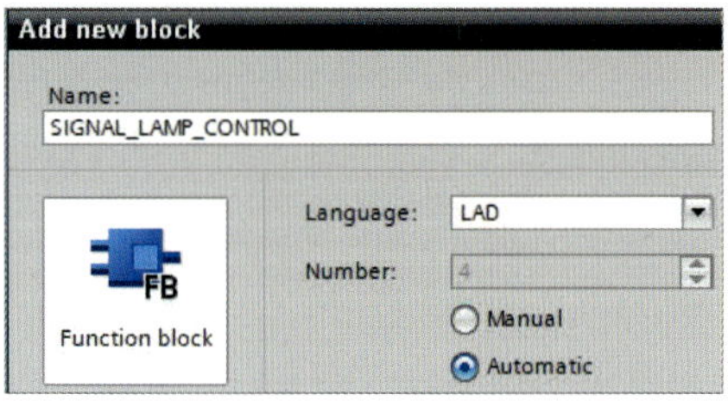

2

FB3의 내부 변수 설정하기

신호등 제어에 필요한 내부 변수를 설정한다. 타이머는 멀티플 인스턴스로 설정한다.

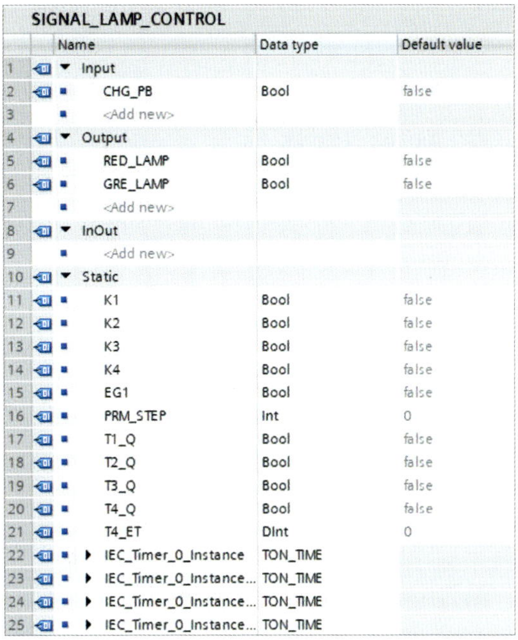

SIGNAL_LAMP_CONTROL

	Name	Data type	Default value
1	▼ Input		
2	CHG_PB	Bool	false
3	<Add new>		
4	▼ Output		
5	RED_LAMP	Bool	false
6	GRE_LAMP	Bool	false
7	<Add new>		
8	▼ InOut		
9	<Add new>		
10	▼ Static		
11	K1	Bool	false
12	K2	Bool	false
13	K3	Bool	false
14	K4	Bool	false
15	EG1	Bool	false
16	PRM_STEP	Int	0
17	T1_Q	Bool	false
18	T2_Q	Bool	false
19	T3_Q	Bool	false
20	T4_Q	Bool	false
21	T4_ET	DInt	0
22	▶ IEC_Timer_0_Instance	TON_TIME	
23	▶ IEC_Timer_0_Instance...	TON_TIME	
24	▶ IEC_Timer_0_Instance...	TON_TIME	
25	▶ IEC_Timer_0_Instance...	TON_TIME	

3

FB3 프로그램 작성하기

(네트워크 1번)

보행자 버튼(CHG_PB)이 눌러지면 동작 순서(PRM_STEP)를 1로 설정한다.

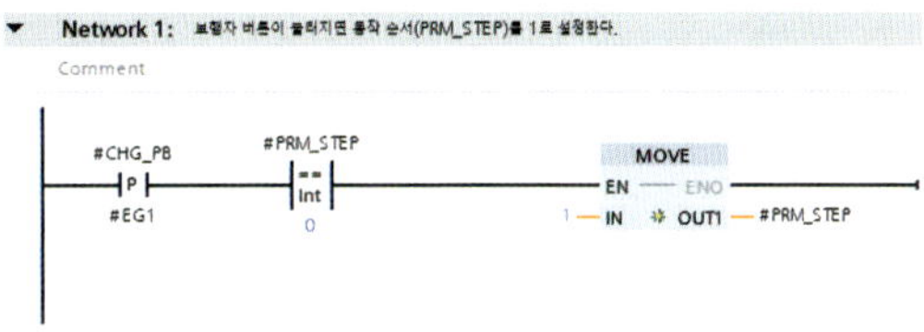

4

FB3 프로그램 작성하기

(네트워크 2번)

❶ 동작 순서가 1이면 적색 램프를 위한 설정시간 10초 타이머를 동작한다.

❷ 타이머의 출력이 ON되면 MOVE 명령(또는 ADD 명령)을 사용해서 동작 순서를 2로 설정한다.

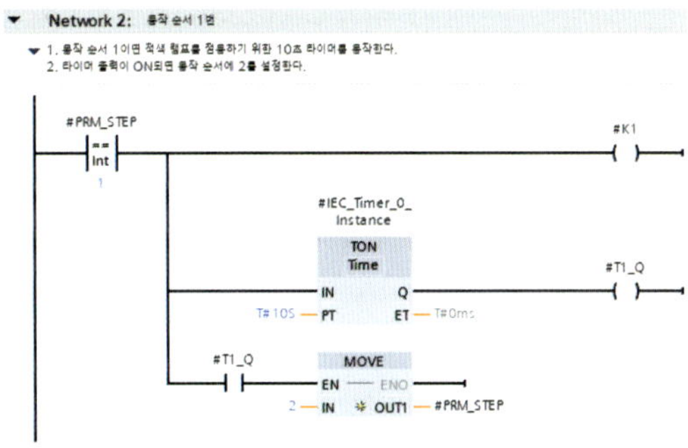

5

FB3 프로그램 작성하기

(네트워크 3번)

❶ 동작 순서가 2이면 녹색 램프를 위한 설정시간 20초 타이머를 동작한다.

❷ 타이머의 출력이 ON되면 MOVE 명령을 사용해서 동작 순서를 3으로 설정한다.

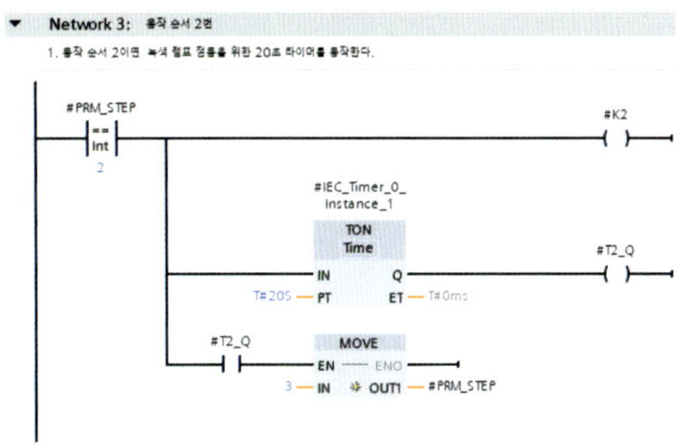

6	**FB3 프로그램 작성하기** (네트워크 4번) ❶ 동작 순서가 3이면 녹색 램프 점멸을 위한 10초 타이머를 동작한다. 그리고 10초 타이머 동작 동안 램프 점멸 신호를 만들기 위한 1초 타이머를 동작한다. ❷ 10초 타이머 출력이 ON되면 동작 순서를 0으로 설정하고 작업을 종료한다.	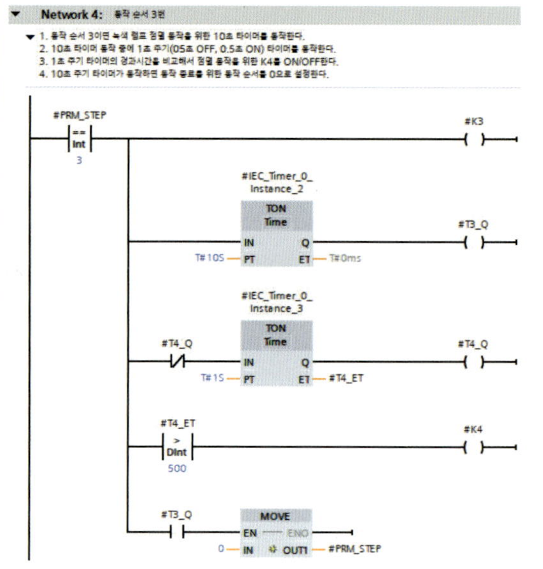
7	**FB3 프로그램 작성하기** (네트워크 5번) ❶ 적색과 녹색 램프 점등을 위한 출력을 연결한다. ❷ 적색 램프는 녹색 램프가 점등, 점멸할 때에는 OFF하고 나머지 시간에는 점등된다.	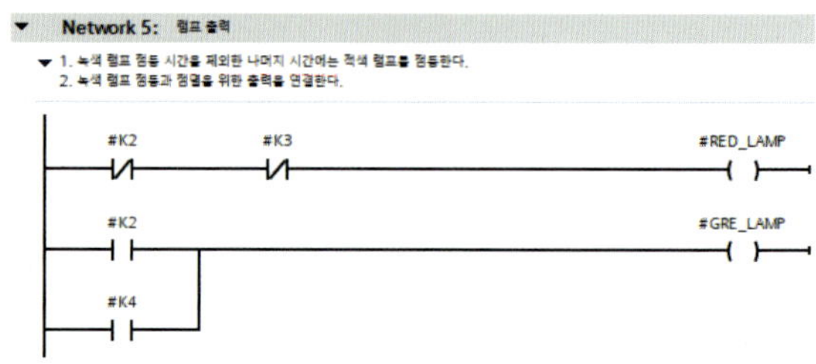
8	**FB3 저장 및 컴파일하기** 작성한 FB3를 저장한 후에 컴파일한다.	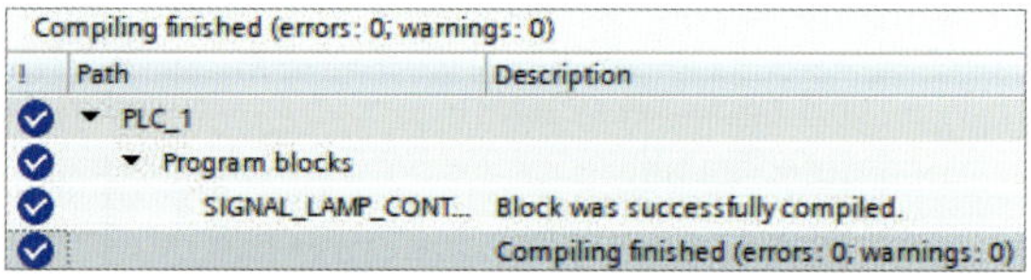
9	**OB1에서 FB3를 호출하기** 작성한 FB3를 OB1에서 호출하고 입출력 변수에 실제 입력과 출력 절대번지를 설정한다.	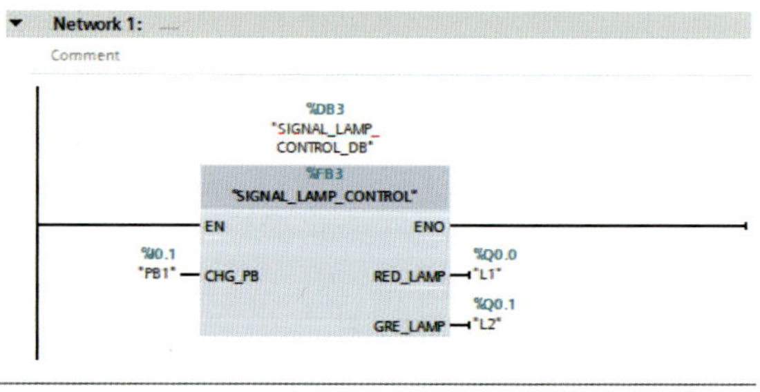
10	**OB1 저장 및 컴파일하기** 작성한 OB1을 저장하고 컴파일한 후 PLC에 전송한다.	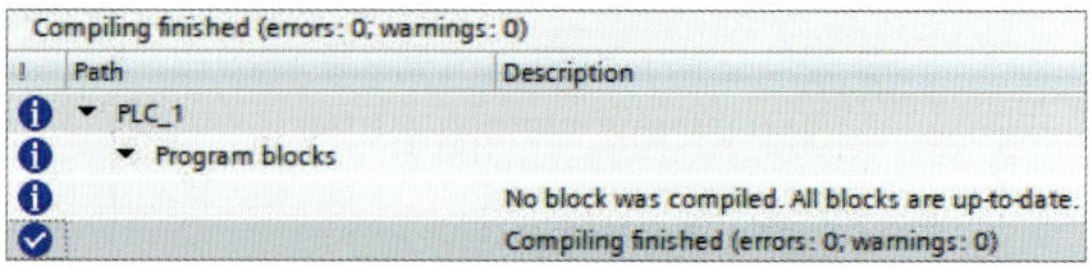
11	**PLC 재시작하기** 프로그램의 전송을 완료했다면 Online으로 접속한 다음, [CPU operator panel]에서 [STOP] 버튼을 클릭하고 [RUN] 버튼을 클릭하여 재설정한다.	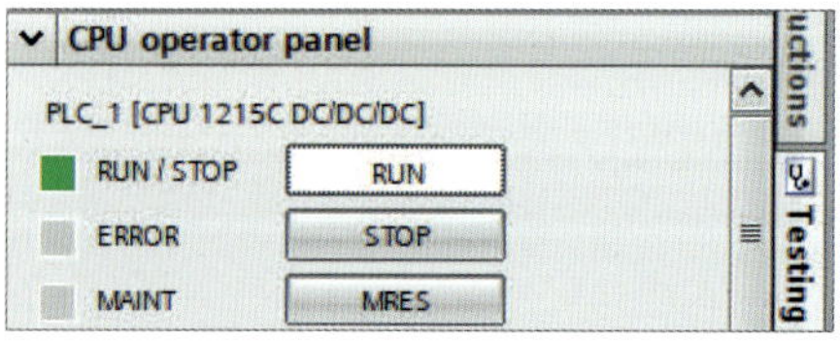

실습과제

7-4 컨베이어 ON/OFF 제어하기

7.1~7.5절

컨베이어는 분업을 통한 물품의 대량 생산 시스템의 핵심이라 할 수 있다. PLC를 사용하여 컨베이어의 동작을 제어하는 프로그램의 작성법에 대해 살펴보자.

실습에 사용하는 컨베이어에는 물품을 검출하기 위한 3개의 광센서가 설치되어 있다. 그중에서도 좌우에 위치한 광센서 2개를 사용하여 컨베이어 제어를 위한 프로그램을 작성해보자.

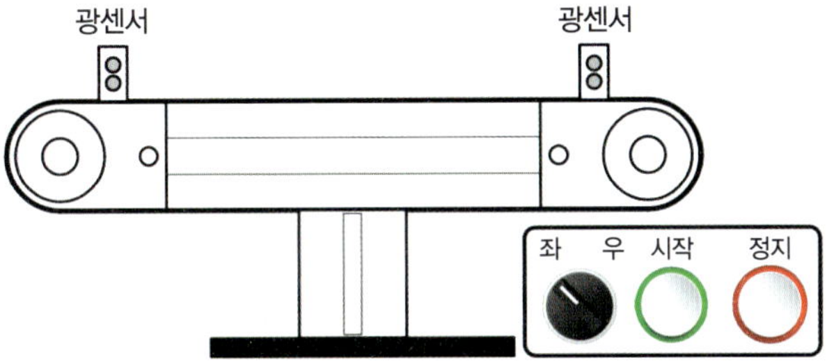

[그림 7-46] 컨베이어

[표 7-10] 실습용 컨베이어의 입출력

입력			출력			
번지	명칭	기능	번지	명칭	기능	
I0.0	SEL	2단 셀렉터 스위치	Q0.0	L1	적색 램프	
I0.1	PB1	시작 푸시버튼	Q0.1	L2	녹색 램프	
I0.2	PB2	정지 푸시버튼	Q0.2	L3	청색 램프	
I0.3	L_SEN	왼쪽 광센서	Q0.5	RY3	릴레이 3	CW
I0.5	R_SEN	오른쪽 광센서	Q0.6	RY4	릴레이 4	CCW

동작 조건

❶ 셀렉터 스위치를 사용하여 좌우 이동을 선택한다.

❷ 시작 버튼을 누르면 컨베이어가 셀렉터 스위치의 선택 조건에 따라 컨베이어의 좌우 운전이 결정된다. 컨베이어가 동작하면 적색 램프가 점등된다.

❸ 컨베이어에 의해 물품 이동 중에 광센서가 동작하면 컨베이어의 동작이 일시 정지한다. 물품을 제거하면 컨베이어는 다시 동작한다. 컨베이어 벨트 일시 정지 상태에서는 녹색 램프가 점멸 동작을 한다.

- 컨베이어 좌이동 중에 좌측센서의 동작에 의해 컨베이어 정지
- 컨베이어 우이동 중에 우측센서의 동작에 의해 컨베이어 정지

❹ 정지 버튼을 누르면 컨베이어가 정지한다. 컨베이어가 정지하면 적색 램프가 소등된다.

PLC 프로그램 작성

앞에서 학습한 [실습과제 7-1] ~ [실습과제 7-3]은 시작 버튼을 누르면 정해진 순서대로 동작하도록 프로그램을 작성하면 손쉽게 프로그램을 작성할 수 있다. [실습과제는 7-4]는 여러 개의 입출력을 사용하고 있다. 여러 개의 입출력을 사용하는 장치의 프로그램 작성은 각각의 입력신호가 ON되었을 때 해당 입력이 실행해야 할 일의 순서를 정하면 된다. 그리고 입력신호 동작에 의한 프로그램 작성이 끝나면 출력 동작을 어떤 입력 동작과 연결할 것인지를 결정한다.

[표 7-11] 컨베이어 ON/OFF 제어를 위한 프로그램 동작

입출력신호	동작 내용
셀렉터 스위치 시작 버튼	셀렉터 스위치와 시작 버튼을 조합해서 컨베이어의 좌우 이동을 결정한다. • SEL(OFF) 상태에서 시작 버튼이 눌러지면 우측으로 이동한다. • SELE(ON) 상태에서 시작 버튼이 눌러지면 좌측으로 이동한다.
정지 버튼	정지 버튼이 눌러지면 컨베이어는 정지한다.
L_SEN R_SEN	• 컨베이어 좌이동 중에 L_SEN이 ON되면 출력을 일시정지한다. • 컨베이어 우이동 중에 R_SEN이 ON되면 출력을 일시정지한다.
L1	컨베이어가 동작하면 해당 램프를 점등한다.
L2	L_SEN, R_SEN이 동작 중에 점멸 동작을 한다.

[표 7-12] 컨베이어 ON/OFF 제어를 위한 PLC 프로그램 작성

순서	내용	
1	**FB4 만들기** 컨베이어 제어 프로그램 작성을 위한 새로운 FB를 만든다.	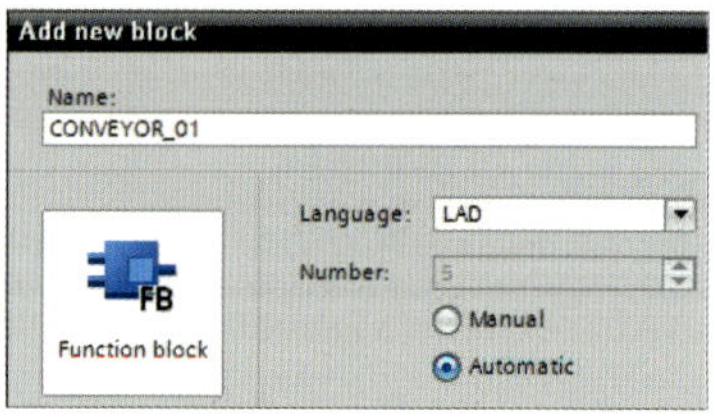
2	**FB4의 내부 변수 설정하기** 컨베이어 제어에 필요한 내부 변수를 설정한다.	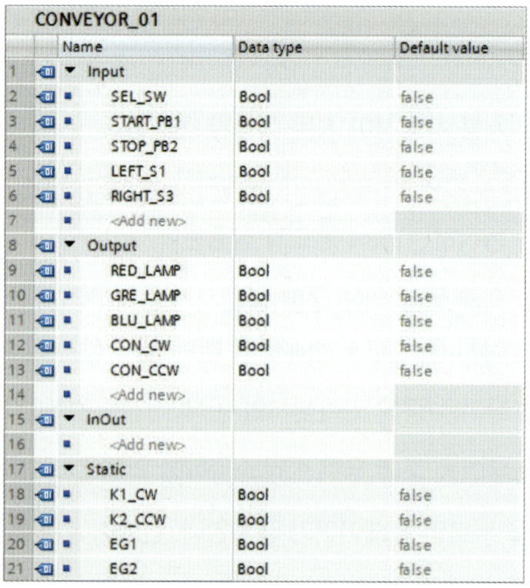

3	FB4 프로그램 작성하기 (네트워크 1번) 셀렉터 스위치가 OFF 상태에서 시작 버튼이 눌러지면 컨베이어를 CW 방향으로 회전하게 한다.	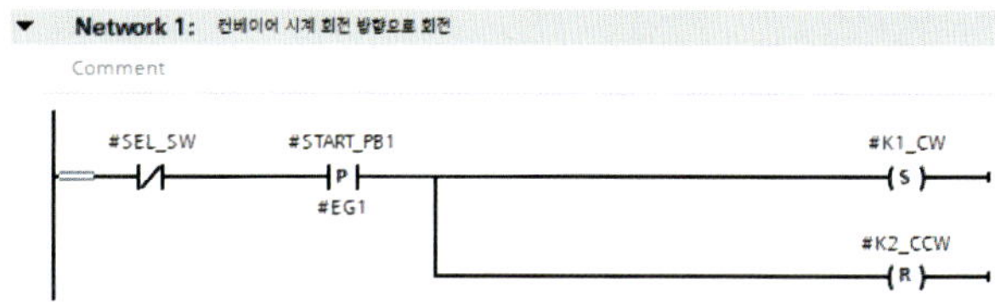
4	FB4 프로그램 작성하기 (네트워크 2번) 셀렉터 스위치가 ON 상태에서 시작 버튼이 눌러지면 컨베이어를 CCW 방향으로 회전하게 한다.	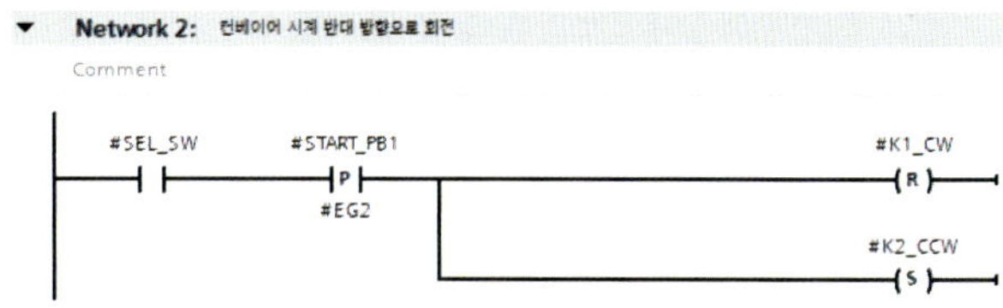
5	FB4 프로그램 작성하기 (네트워크 3번) 정지 버튼을 누르면 컨베이어 동작 비트를 리셋한다.	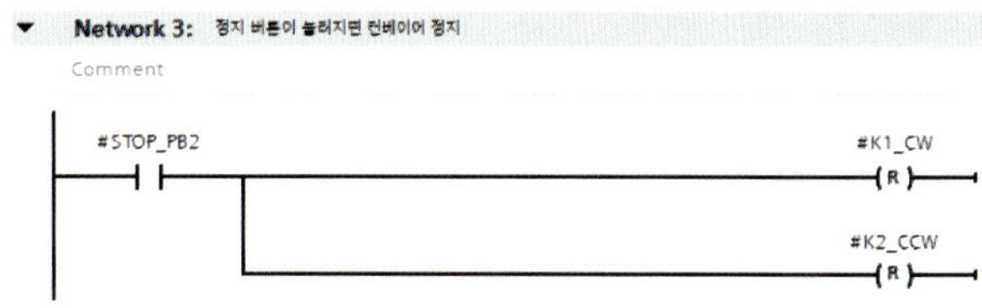
6	FB4 프로그램 작성하기 (네트워크 4번) 컨베이어 동작 중에는 적색 램프를 점등한다. ❶ 컨베이어 이동 중에 좌우 센서가 동작하면 시스템 클럭 신호를 사용해서 녹색 램프를 점멸한다. ❷ 컨베이어 CW 동작 중에 우측 센서가 동작하면 일시 정지한다. ❸ 컨베이어 CCW 동작 중에 좌측 센서가 동작하면 일시 정지한다.	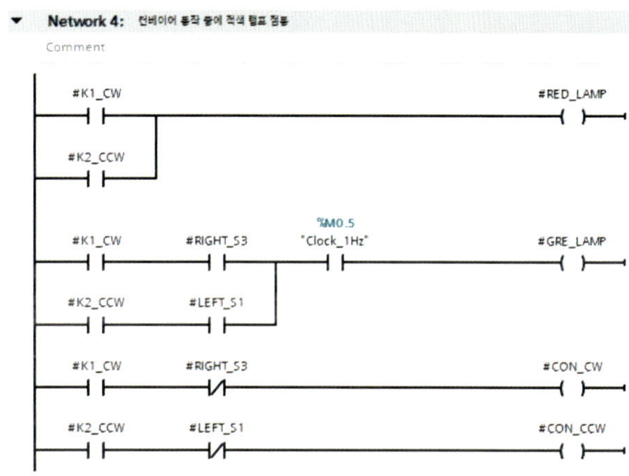
7	FB4 저장 및 컴파일하기 작성한 FB4를 저장한 후에 컴파일한다.	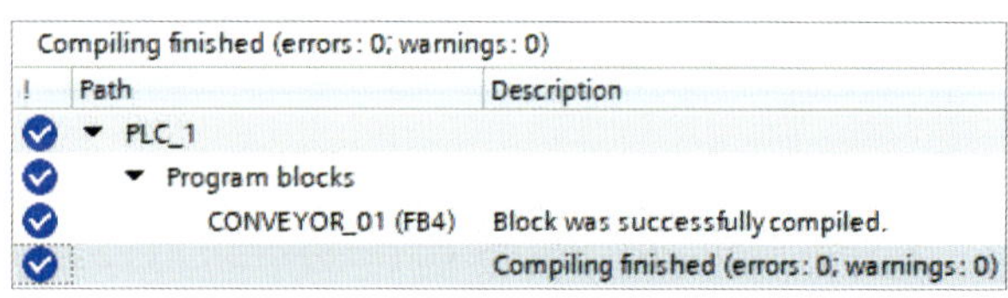

<table>
<tr>
<td>8</td>
<td>OB1에서 FB4를 호출하기
작성한 FB4를 OB1에서 호출하고 입출력 변수에 실제 입력과 출력 절대번지를 설정한다.</td>
<td>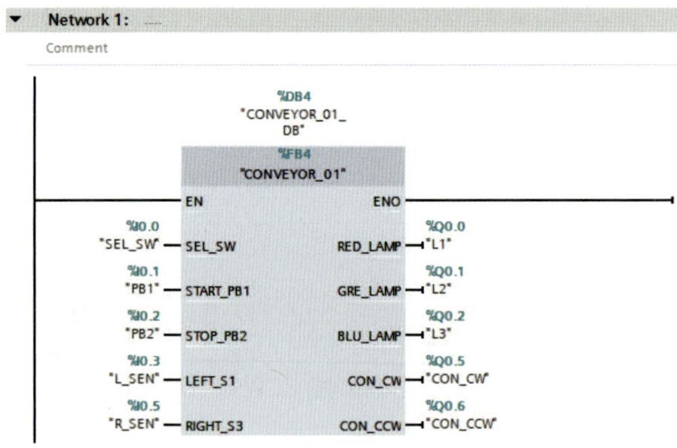
</td>
</tr>
<tr>
<td>9</td>
<td>OB1 저장 및 컴파일하기
작성한 OB1을 저장하고 컴파일한 후에 PLC에 전송한다.</td>
<td>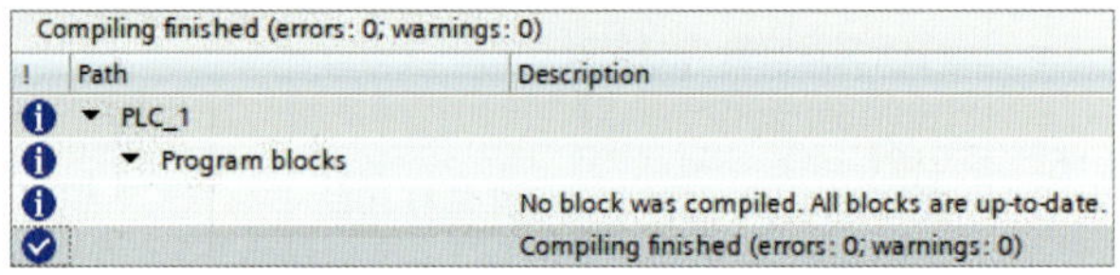
</td>
</tr>
</table>

실습과제

7-5 자동문 동작 구현하기

7.1~7.5절

네오픽셀 그리고 타이머 기능을 사용하여 버튼을 누르면 일정시간 출입문이 열리는 프로그램의 작성법에 대해 학습해보자.

일상생활에서 식당과 같은 장소의 출입문이 자동화되어 있는 경우를 볼 수 있다. 해당 출입문을 열기 위해 문열림 버튼을 누르면 출입문이 자동으로 열리는 동작을, 컨베이어의 좌우측에 설치되어 있는 광센서와 버튼을 사용해서 구현하는 프로그램을 작성해보자.

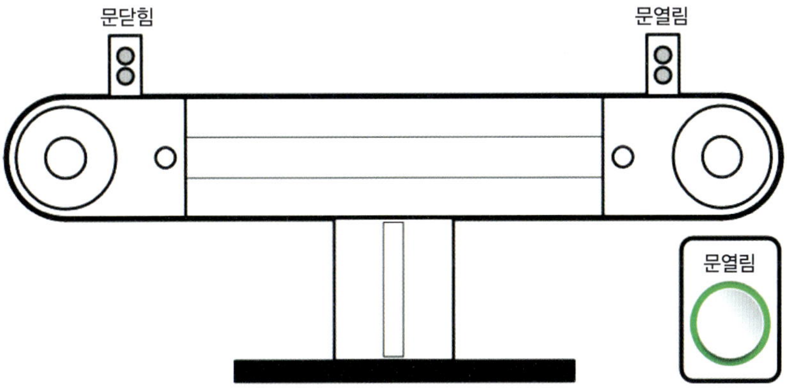

[그림 7-47] 컨베이어를 이용한 자동문

[표 7-13] 실습용 컨베이어의 입출력

입력			출력			
번지	명칭	기능	번지	명칭	기능	
I0.1	PB1	문열림 푸시버튼	Q0.0	L1	적색 램프	
I0.3	L_SEN	왼쪽 광센서(문닫힘)	Q0.1	L2	녹색 램프	
I0.5	R_SEN	오른쪽 광센서(문열림)	Q0.2	L3	청색 램프	
			Q0.5	RY3	릴레이3	CW
			Q0.6	RY4	릴레이4	CCW

동작 조건

❶ 문닫힘 센서가 ON된 상태에서 문열림 버튼을 누르면 컨베이어가 좌측으로 이동한다. 이때 문열림 동작 중임을 나타내기 위해 적색 램프가 점등된다.

❷ 문열림 동작 중에 문열림 검출 센서가 ON되면 컨베이어 벨트의 동작 중지와 함께 적색 램프는 소등되고, 청색 램프가 0.5초 간격으로 점멸 동작을 한다.

❸ 문열림 상태에서 5초가 경과하면 문닫힘 동작을 위해 컨베이어 벨트가 좌측으로 이동하며 청색 램프는 소등되고 녹색 램프가 점등된다.

❹ 문닫힘 동작 중에 문열림 버튼이 눌러지면 ❷~❸의 동작이 반복된다.

❺ 문닫힘 동작 중에 문닫힘 검출용 센서가 ON되면 컨베이어 벨트의 동작이 중지되고 모든 램프는 소등된다.

PLC 프로그램 작성

자동문 동작을 위한 프로그램 동작 순서를 [표 7-14]에 나타내었다. 정해진 순서대로 동작할 수 있도록 MOVE 명령을 사용해서 동작 순서를 결정한다.

[표 7-14] 자동문 동작을 위한 프로그램 동작

순서	동작	내용
1	문열림 버튼 눌림	문열림 버튼이 눌러지면 동작 순서를 1로 설정한다.
2	동작 순서 1	• 문열림을 위해 K1을 ON한다. • 문열림 동작 중 문열림 센서가 ON되면 동작 순서 2를 설정한다.
3	동작 순서 2	• 일시정지를 위한 타이머 동작을 위해 K2를 ON한다. • 타이머 출력이 ON되면 동작 순서 3을 설정한다.
4	동작 순서 3	• 문닫힘을 위해 K3를 ON한다. • 문닫힘 동작 중 문닫힘 센서가 ON되면 동작 순서 0을 설정한다.

[표 7-15] 자동문 동작을 위한 PLC 프로그램 작성

순서	내용	
1	FB5 만들기 컨베이어 제어 프로그램 작성을 위한 새로운 FB를 만든다.	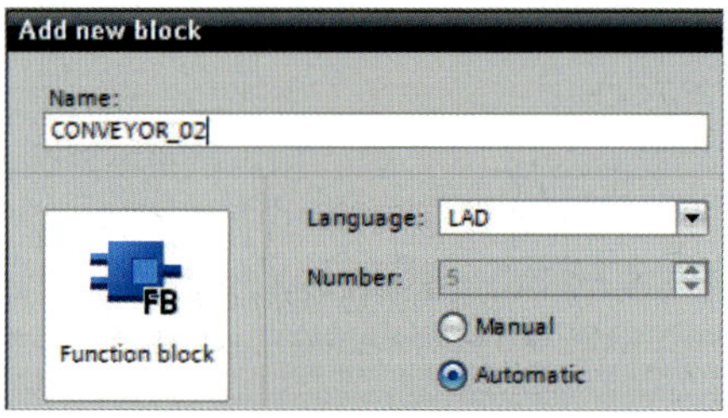

2

FB5의 내부 변수 설정하기

컨베이어 제어에 필요한 내부 변수를 설정한다.

CONVEYOR_02

	Name	Data type	Default value
1	▼ Input		
2	OPEN_PB	Bool	false
3	CLOSE_SEN	Bool	false
4	OPEN_SEN	Bool	false
5	<Add new>		
6	▼ Output		
7	RED_LAMP	Bool	false
8	GRE_LAMP	Bool	false
9	BLU_LAMP	Bool	false
10	OPEN_CW	Bool	false
11	CLOSE_CCW	Bool	false
12	<Add new>		
13	▼ InOut		
14	<Add new>		
15	▼ Static		
16	K1	Bool	false
17	K2	Bool	false
18	K3	Bool	false
19	EG1	Bool	false
20	PRM_STEP	Int	0
21	T1_Q	Bool	false
22	▸ IEC_Timer_0_Instance	TON_TIME	

3

FB5 프로그램 작성하기

(네트워크 1번)

문닫힘 검출 센서 또는 문닫힘 동작(K3) 중에 문열림 버튼이 눌러지면 동작 순서(PRM_STEP)에 1을 설정한다.

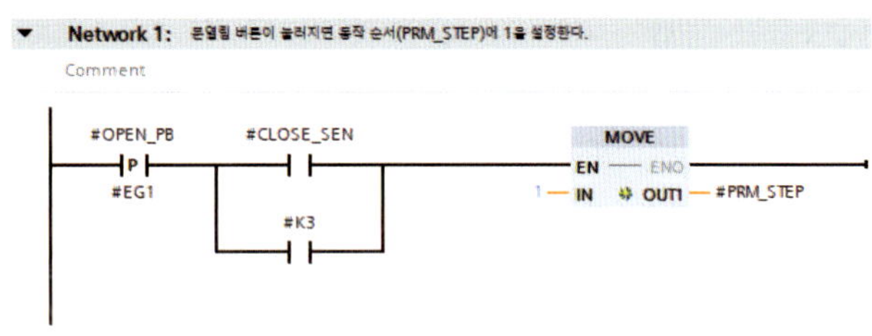

4

FB5 프로그램 작성하기

(네트워크 2번)

동작 설정이 1이면 문열림 동작(K1)을 ON하고 문열림 센서가 ON되면 동작 순서에 2를 설정한다.

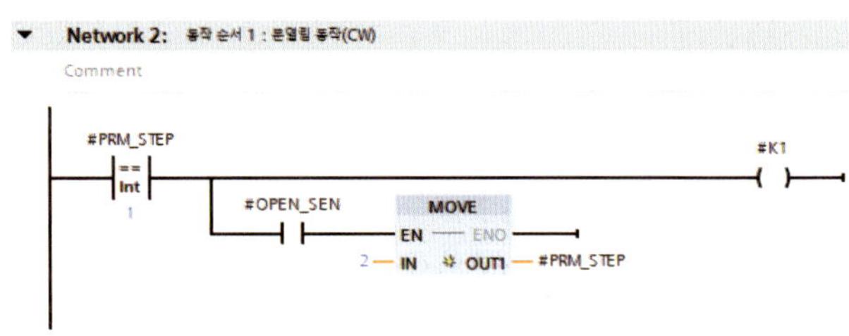

5

FB5 프로그램 작성하기

(네트워크 3번)

❶ 동작 설정이 2이면 문열림 동작을 중지하고 5초 대기를 위한 타이머를 동작한다.

❷ 타이머 출력이 ON되면 동작 순서에 3을 설정한다.

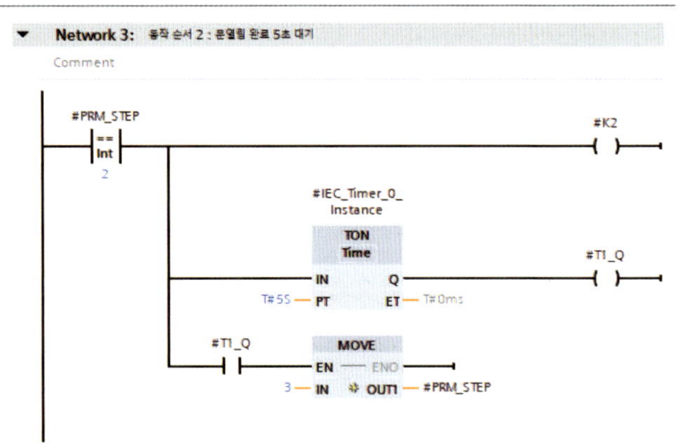

<table>
<tr>
<td>6</td>
<td>

FB5 프로그램 작성하기
(네트워크 4번)

❶ 동작 설정이 3이면 문열림 동작을 중지하고 5초 대기를 위한 타이머를 동작한다.

❷ 타이머 출력이 동작을 종료하기 위해 0을 설정한다.

</td>
<td>

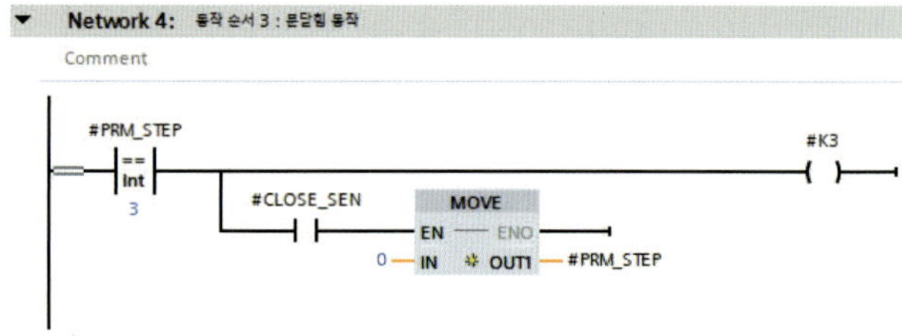

</td>
</tr>
<tr>
<td>7</td>
<td>

FB5 프로그램 작성하기
(네트워크 5번)

동작에 따른 출력을 연결한다.

- K1 : 문열림 및 적색 램프 점등
- K2 : 대기 상태로 청색 램프 점멸
- K3 : 문닫힘 및 녹색 램프 점등

</td>
<td>

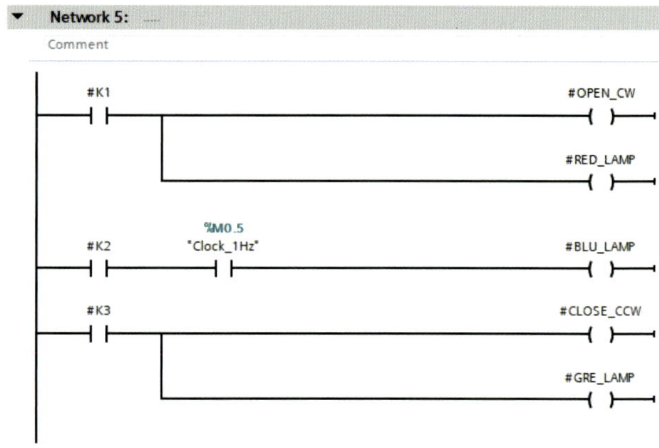

</td>
</tr>
<tr>
<td>8</td>
<td>

FB5 저장 및 컴파일하기

작성한 FB5를 저장한 후에 컴파일한다.

</td>
<td>

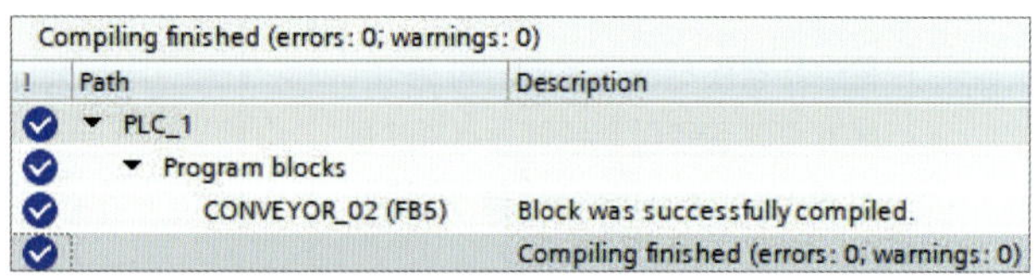

</td>
</tr>
<tr>
<td>9</td>
<td>

OB1에서 FB5를 호출하기

작성한 FB5를 OB1에서 호출하고 입출력 변수에 실제 입력과 출력 절대번지를 설정한다.

</td>
<td>

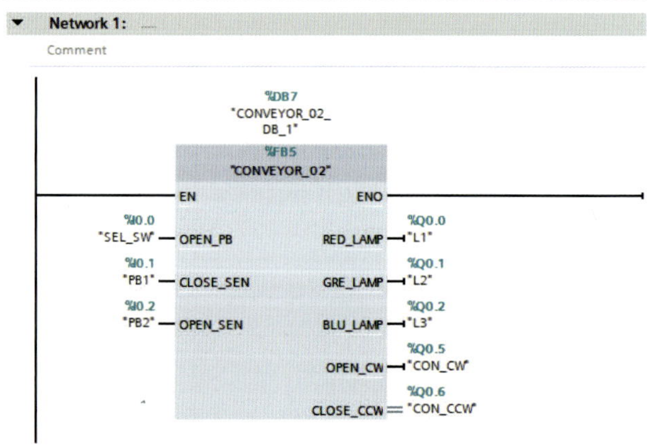

</td>
</tr>
<tr>
<td>10</td>
<td>

OB1 저장 및 컴파일하기

작성한 OB1을 저장하고 컴파일한 후에 PLC에 전송한다.

</td>
<td>

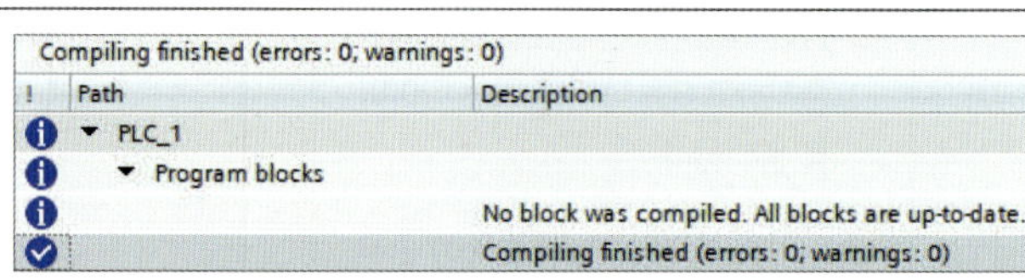

</td>
</tr>
</table>

실습과제

7-6 센서를 사용해 위치제어하기

7.1~7.5절

DC 모터의 정역 제어를 사용하면 컨베이어를 좌우로 이동할 수 있다. 컨베이어의 회전을 검출할 수 있는 센서를 사용해서 위치제어를 할 수 있는 프로그램의 작성법에 대해 학습해보자.

컨베이어 시스템은 4개의 센서를 사용해서 컨베이어의 이동을 검출할 수 있도록 구성되어 있다. 반사형 광센서 S1, S3, S4를 사용해서 사용자가 선택한 위치로 이동하는 프로그램의 작성법에 대해 살펴보자.

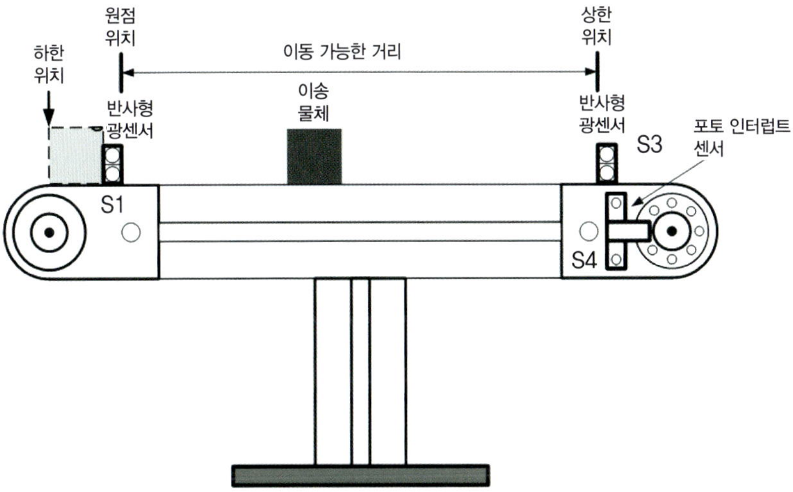

[그림 7-48] 컨베이어를 이용한 위치제어

[표 7-16] 실습용 컨베이어의 입출력

입력			출력			
번지	명칭	기능	번지	명칭	기능	
I0.1	PB1	원점복귀	Q0.0	L1	적색 램프	
I0.2	PB2	기동	Q0.1	L2	녹색 램프	
I0.3	L_SEN	왼쪽 광센서	Q0.2	L3	청색 램프	
I0.5	R_SEN	오른쪽 광센서	Q0.5	RY3	릴레이 3	CW
i0.6	ENC_SEN	포토 인터럽트 센서	Q0.6	RY4	릴레이 4	CCW

동작 조건

❶ S1과 S3는 컨베이어에서 이동하는 물체의 움직이는 거리는 제한하는 좌이동 금지(S1 : 원점 및 하한 위치 검출)와 우이동 금지(S3 : 상한 위치 검출)를 검출하는 역할을 한다.

❷ 컨베이어 S1과 S3의 사이에 이송시키는 물체를 위치시킨다.

❸ 원점복귀 버튼을 누르면 컨베이어는 좌측으로 이동한다. 이때 이송되는 물체가 S1에 의해 검출되면 HMI에서 작화한 현재위치 표시창의 위치 좌표값을 0으로 설정한다.

❹ HMI에서 작화한 이동위치 설정창에서 이동위치를 설정한다.

❺ 기동 버튼을 누르면 HMI에 작화된 현재위치와 이동위치를 비교해서 설정한 이동위치로 컨베이어 상에 있는 물체가 이송된다. 컨베이어가 좌로 이동하면 포토 인터럽트 센서의 신호를 사용해서 현재위치값을 감소시키고, 우로 이동하면 현재위치값을 증가시켜 사용자가 설정한 설정위치와 현재위치를 비교해서 동일한 값일 때 컨베이어는 정지한다.

PLC 프로그램 작성

컨베이어와 센서를 사용해서 위치제어를 하는 프로그램도 입출력신호가 ON되었을 때 동작 순서를 나열하고 출력은 입력의 동작 순서에서 출력 제어 사항을 연결하면 된다.

[표 7-17] 센서를 이용한 위치제어 프로그램 작성 절차

입출력신호	동작 내용
FirstScan	시스템 클럭을 사용해서 PLC의 전원이 ON될 때 현재위치와 설정위치를 0으로 설정한다.
ENC_SEN	• 컨베이어가 좌측으로 동작하면 ENC_SEN이 ON될 때 현재위치가 감소한다. • 컨베이어가 우측으로 동작하면 ENC_SEN이 ON될 때 현재위치가 감소한다.
ORG HMI_ORG_PB	• ORG 버튼이 눌러지면 컨베이어는 좌로 이동한다. • 좌이동 중에 L_SEN이 ON되면 컨베이어를 정지한다. • 원점복귀 램프를 점등과 함께 현재위치를 0으로 설정한다.
LEFT_JOG RIGHT_JOG	• LEFT_JOG PB가 눌러지면 컨베이어가 좌측으로 이동한다. • RIGHT_JOG PB가 눌러지면 컨베이어가 우측으로 이동한다.
START_PB HMI_START	• 기동 버튼이 눌러지면 현재위치와 설정위치를 비교해서 컨베이어 좌우 이동을 판별하고 컨베이어를 동작한다. • 컨베이어 동작 중에 현재위치와 설정위치가 같으면 컨베이어를 정지한다.
RY3 RY4	입력신호의 프로그램 작성 중에 발생한 컨베이어 좌우 출력 조건을 정리해서 실제 컨베이어를 구동하는 출력을 제어한다.

[표 7-18] 센서를 이용한 위치제어 PLC 프로그램 작성

<table>
<tr><th>순서</th><th colspan="2">내용</th></tr>
<tr><td>1</td><td>시스템 및 클럭 메모리 활성화하기
시스템 메모리를 사용하기 위해 시스템 및 클럭 메모리를 활성화한다.</td><td>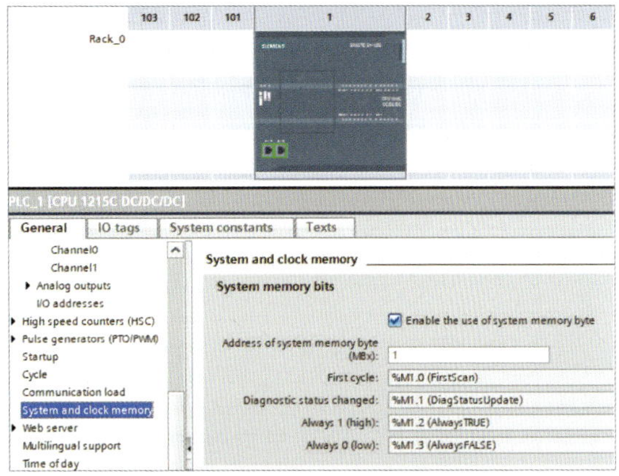
</td></tr>
<tr><td>2</td><td>FB6 만들기
컨베이어 제어 프로그램 작성을 위한 새로운 FB를 만든다.</td><td>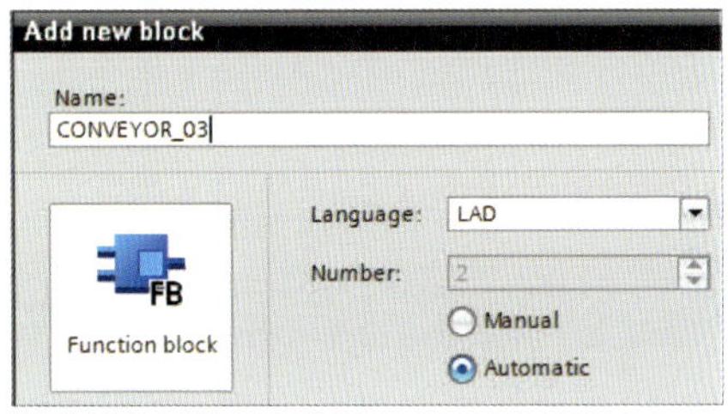
</td></tr>
<tr><td>3</td><td>FB6의 내부 변수 설정하기
컨베이어 제어에 필요한 내부 변수를 설정한다.</td><td>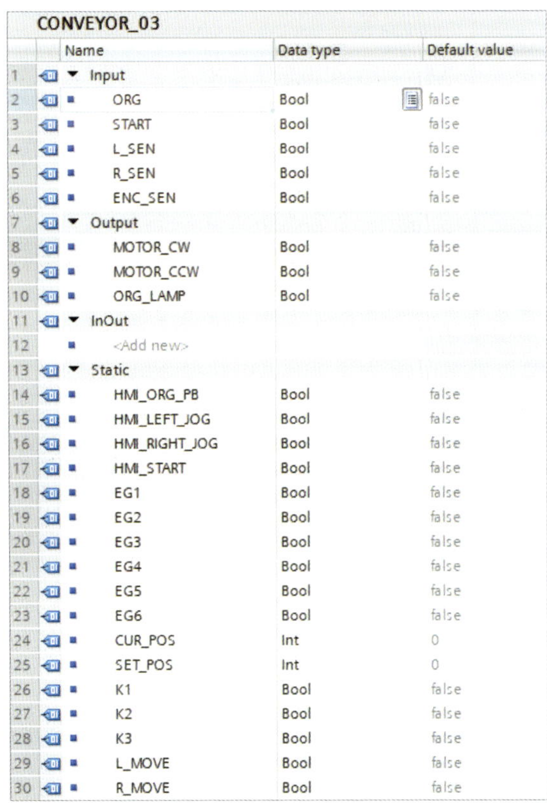
</td></tr>
</table>

<table>
<tr>
<td>4</td>
<td>FB6 프로그램 작성하기
(네트워크 1번)
시스템 클럭을 사용해서 현재위치값과 설정위치값을 0으로 설정한다.</td>
<td>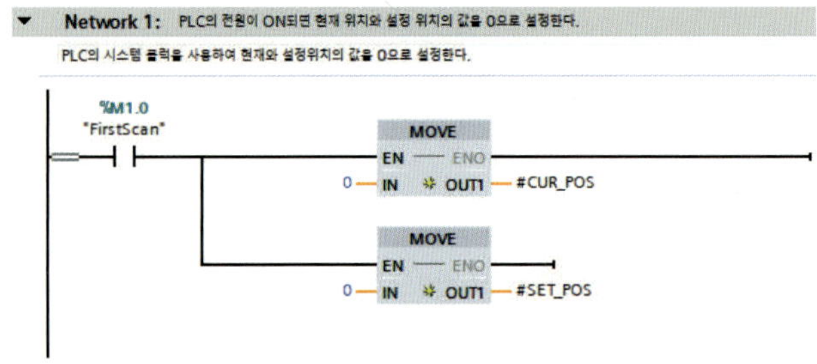
</td>
</tr>
<tr>
<td>5</td>
<td>FB6 프로그램 작성하기
(네트워크 2번)
컨베이어가 좌우 이동을 할 때 엔코더 센서가 ON될 때마다 현재위치를 증가 또는 감소한다.</td>
<td>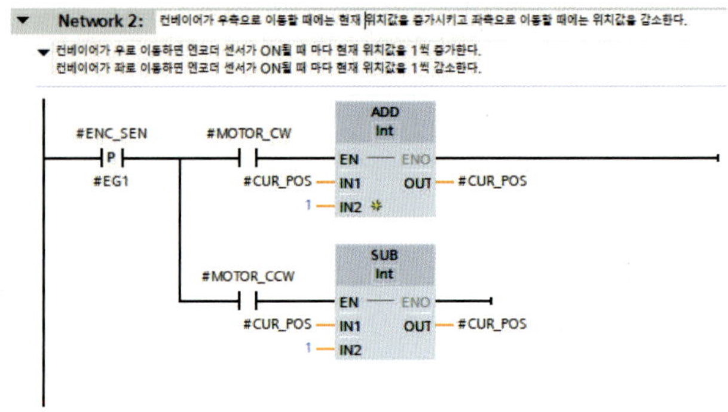
</td>
</tr>
<tr>
<td>6</td>
<td>FB6 프로그램 작성하기
(네트워크 3번)
원점복귀(ORG) 버튼이 눌러지면 컨베이어를 좌측으로 이동시킨다.
이동 중 L_SEN이 동작하면 컨베이어를 정지하고 원점복귀 완료 램프를 점등한다.</td>
<td>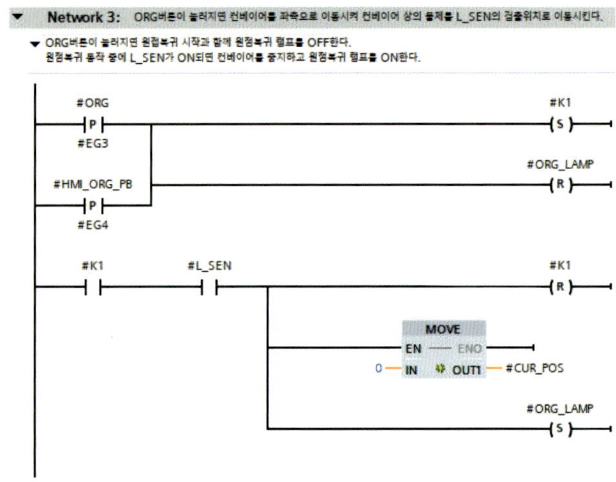
</td>
</tr>
</table>

7

FB6 프로그램 작성하기

(네트워크 4번)

❶ 원점복귀가 완료된 후에 기동(START) 버튼이 눌러지면 현재 위치와 설정위치를 판별해서 컨베이어 좌우 이동을 결정한다.

❷ 컨베이어 좌우이동 중에 현재위치와 설정위치가 같아지면 컨베이어의 동작을 중지한다.

❸ 그리고 좌우 센서가 동작하면 컨베이어가 정지한다.

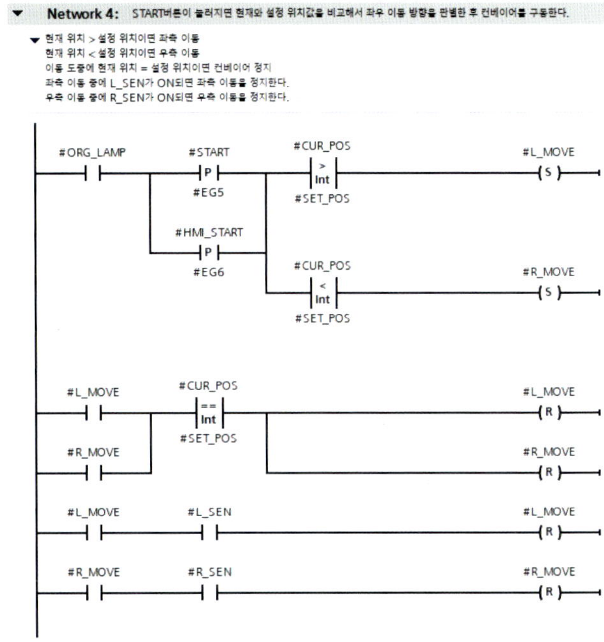

8

FB6 프로그램 작성하기

(네트워크 5번)

컨베이어를 좌우 이동하기 위한 출력을 ON한다.

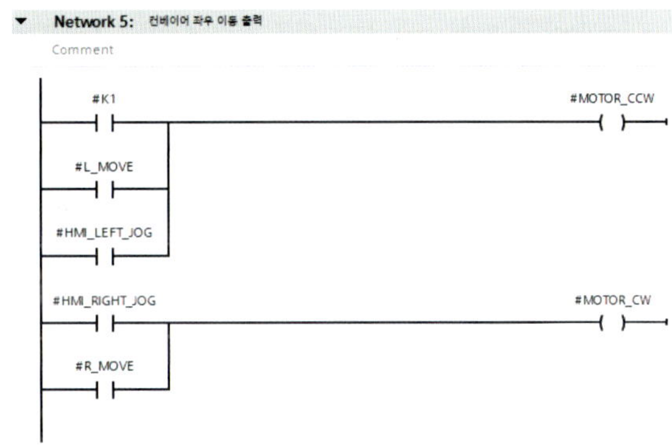

9

FB6 저장 및 컴파일하기

작성한 FB6를 저장한 후에 컴파일한다.

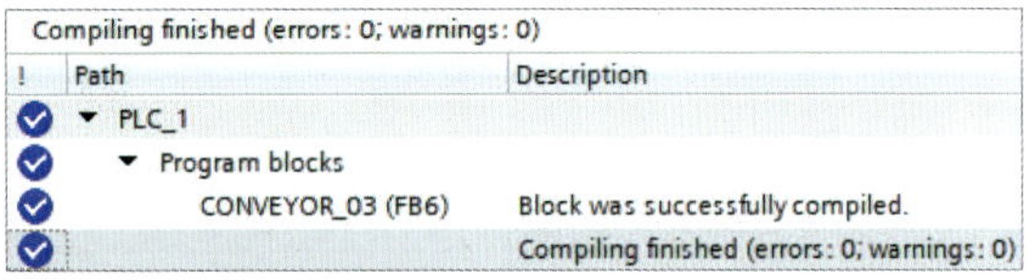

10

OB1에서 FB6를 호출하기

작성한 FB6를 OB1에서 호출하고 입출력 변수에 실제 입력과 출력 절대번지를 설정한다.

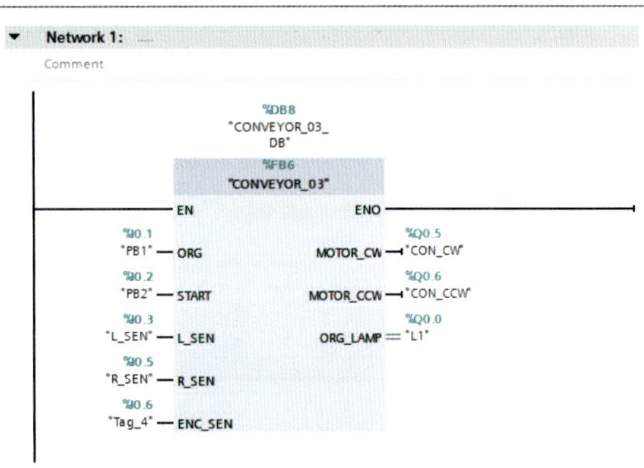

11

OB1 저장 및 컴파일하기

작성한 OB1을 저장하고 컴파일한 후에 PLC에 전송한다.

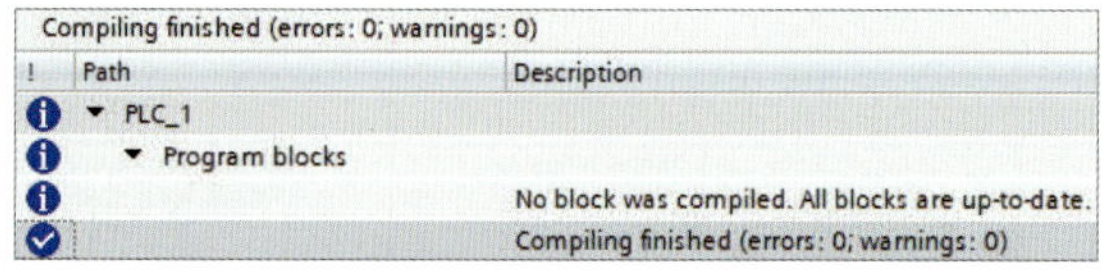

12

HMI 작화하기(이송 물품 & 컨베이어)

- Toolbox의 [Graphics]를 클릭하여 컨베이어 위에 이동할 물품을 선택한다.
- Toolbox의 [Graphics]에서 컨베이어 아이콘을 HMI 화면에 위치시키고 적당한 크기로 확대한다.

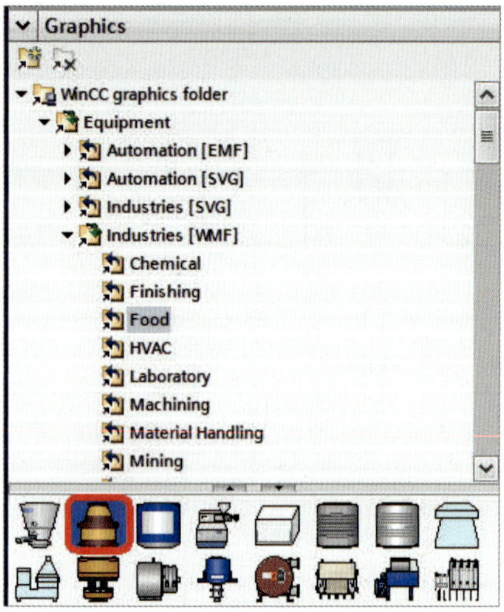

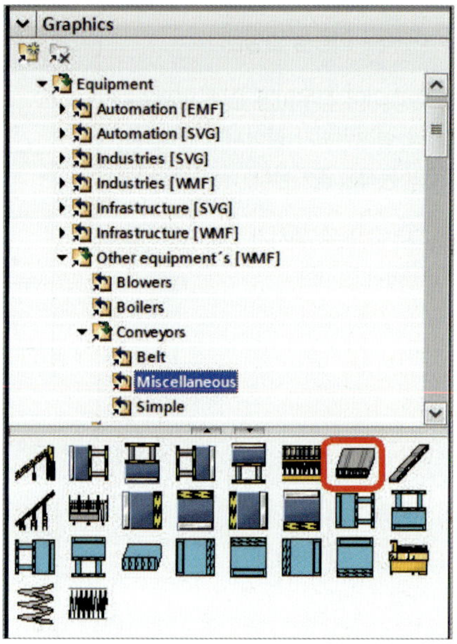

13

HMI 작화하기(이동 거리 설정)

컨베이어에 위치한 물품의 이동을 표시하기 위해 애니메이션에서 수평 이동을 선택하고 화살표를 이동할 위치까지 드래그 하면 X축의 좌표값이 변경된다. 이때 Tag에 FB6에서 사용하는 현재위치 정수형 태그를 지정하고 변위값을 설정하면 된다.

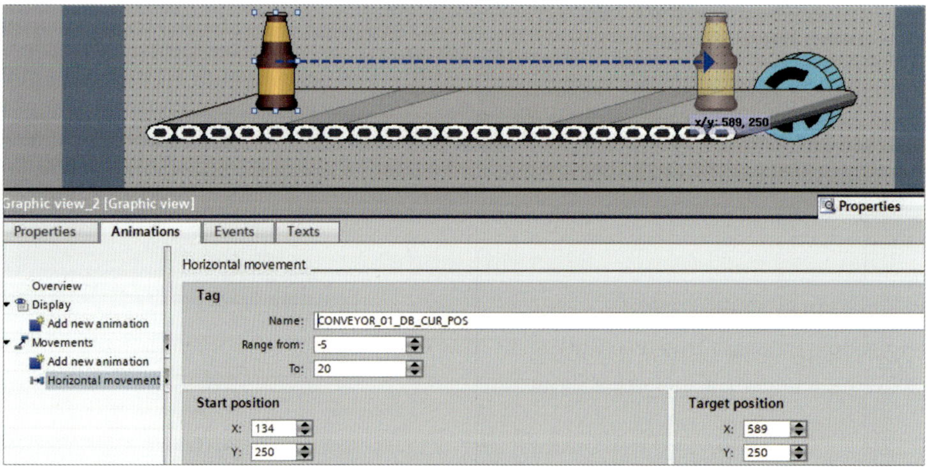

숫자 표시 및 설정창은 램프, 푸시버튼 등은 [표 7-19]를 참고해서 작화하면 된다.

[표 7-19] 위치제어를 위한 HMI 화면

구분	기능	변수명	변수 위치	구분	타입
CUR.POS.(현재위치)	숫자 표시창	CUR_POS	FB_인스턴스	Static	Int
SET.POS.(설정위치)	숫자 입력창	SET_POS	FB_인스턴스	Static	Int
ORG(원점)	푸시버튼	HMI_ORG_PB	FB_인스턴스	Static	Bool
LEFT JOG(좌이동)	푸시버튼	HMI_LEFT_JOG	FB_인스턴스	Static	Bool
RIGHT JOG(우이동)	푸시버튼	HMI_RIGHT_JOG	FB_인스턴스	Static	Bool
START(기동)	푸시버튼	HMI_START	FB_인스턴스	Static	Bool
L_SEN	램프	L_SEN	FB_인스턴스	Input	Bool
R_SEN	램프	R_SEN	FB_인스턴스	Input	Bool
ENC_SEN	램프	ENC_SEN	FB_인스턴스	Input	Bool

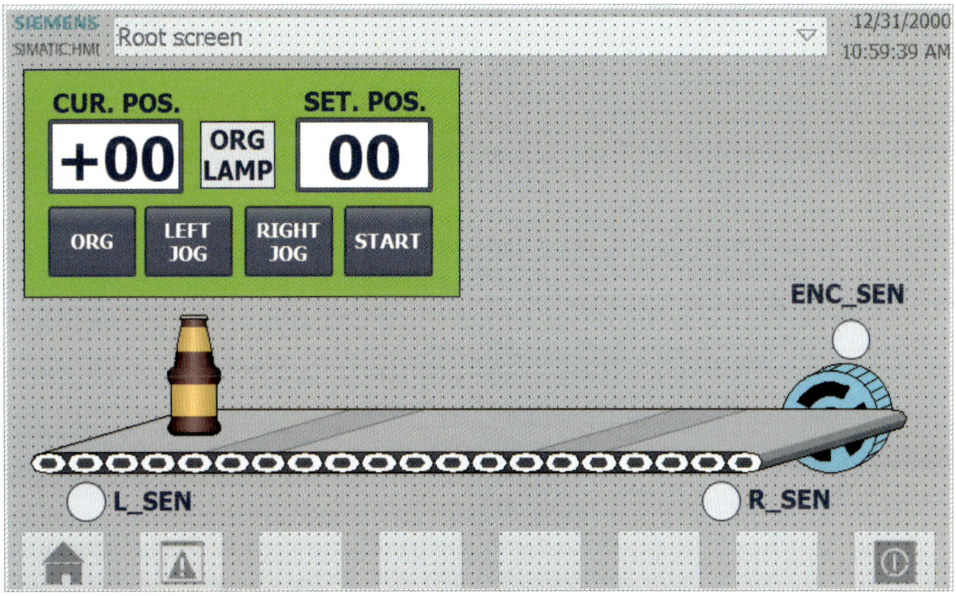

CHAPTER 08

A/D 및 D/A 프로그래밍하기

실습에 사용하는 S7-1215C PLC 본체는 0 ~ 10V의 아날로그 전압 입력을 처리할 수 있는 A/D 2채널, 0 ~ 20mA의 전류 출력이 가능한 D/A 2채널을 가지고 있고, 필요하면 별도로 증설 가능한 A/D, D/A 변환 모듈이 있다. 이 장에서는 본체에 있는 A/D와 D/A의 사용법을 학습한다.

Keyword | 아날로그 양 | 디지털 양 | A/D 및 D/A 변환 모듈 | 분해능 | 스무딩 | 노이즈 | NORM_X | SCALE_X | 캘리브레이터 |

8.1 아날로그와 디지털

아날로그는 크기가 연속적으로 변하는 값으로 전압, 전류, 온도, 속도, 압력, 유량 등의 일반적인 물리량을 말한다. 디지털은 아날로그와 반대되는 개념으로 0과 1의 2가지 숫자만을 가지고 모든 수를 표현하는 방법의 의미한다.

8.1.1 아날로그 양

아날로그 양Analog Quantity은 사람이 일상생활에서 느끼는 온도, 습도, 바람의 세기, 소리의 높낮이와 같이 시간에 따라 **연속적으로 변화하는 양**을 의미한다. 예를 들면 온도는 [그림 8-1]과 같이 시간에 따라 연속해서 변화한다. 이처럼 연속해서 변화하는 온도를 계측하기 위해서는 온도의 변화에 비례하는 전압 또는 전류로 변환하는 트랜스듀서를 사용해 아날로그 입력 모듈에 입력해야 한다.

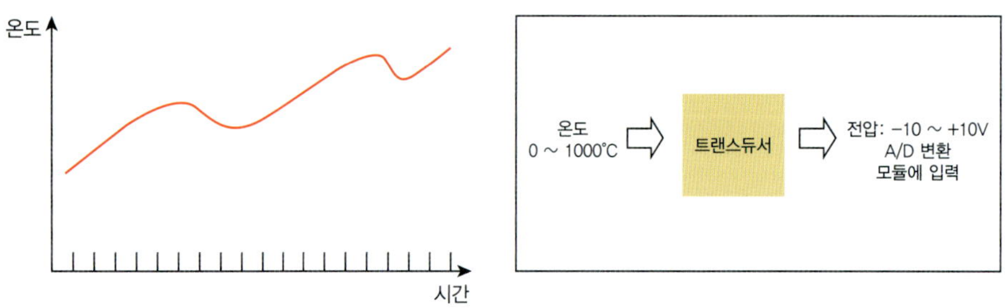

[그림 8-1] 아날로그 양

아날로그 입력 모듈에 입력된 아날로그 값을 디지털 값으로 변환하는 방법은 [그림 8-2]와 같다. 아날로그 입력신호는 표본화Sampling, 양자화Quantizing, 부호화Binary Encoding를 거쳐 이진 디지털 신호Binary Digital Signal로 변환된다.

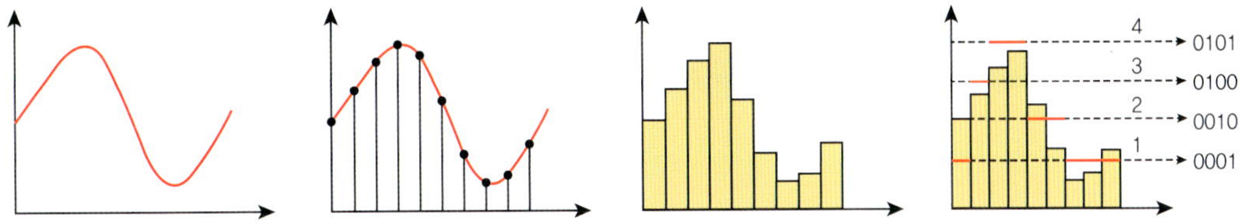

(a) 아날로그 신호 (b) 표본화 (c) 양자화 (d) 이진 디지털 신호

[그림 8-2] A/D 변환 과정

8.1.2 디지털 양

디지털 양Digital Quantity은 **0과 1로 표현한 데이터나 물리량의 표현**을 의미한다. 따라서 [그림 8-3]과 같이 0과 1이 연속되는 하나의 스트링으로 구성된다. 디지털 양은 2진수 또는 BCD 코드로 표현된다.

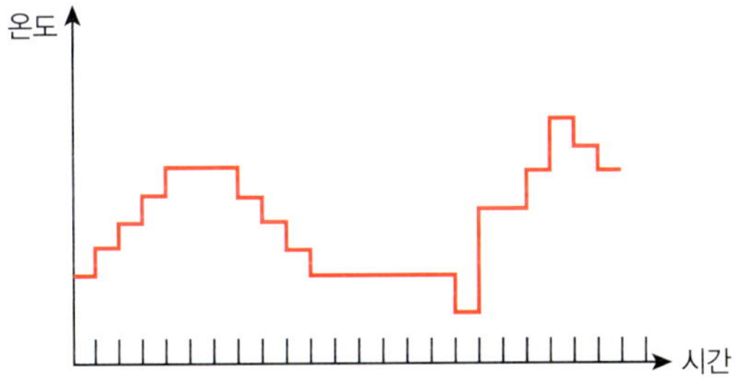

[그림 8-3] 디지털 양

8.1.3 A/D 변환 모듈 및 D/A 변환 모듈

PLC는 0과 1로 구성된 디지털 값을 다루는 제어기기로 아날로그 값을 직접 입력할 수 없다. 따라서 트랜스듀서를 이용해 아날로그 값을 전압 또는 전류로 변환하고, 전압 또는 전류 값에 비례하는 디지털 값으로 변환해야 한다. 이러한 역할을 하는 장치를 A/D 변환 모듈이라 한다. 반대로 D/A 변환 모듈은 PLC가 출력하는 디지털 값에 비례하는 전압 또는 전류로 변환하는 장치이다.

[그림 8-4]는 A/D 변환 모듈과 D/A 변환 모듈의 역할을 나타낸 것이다.

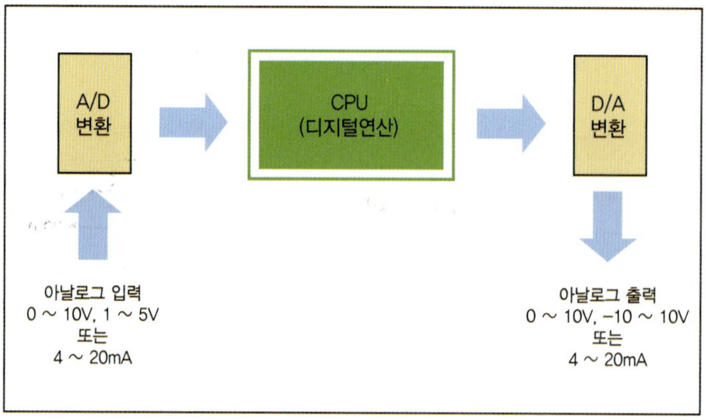

[그림 8-4] A/D 변환 모듈 및 D/A 변환 모듈

밸브의 개폐시스템이나 모터의 속도를 제어하는 제어기기 대부분이 전압 또는 전류의 변화에 따라 작동하도록 설계되어 있다. 따라서 이러한 제어기기를 제어하기 위해 전압 또는 전류신호를 사용하는데, 전압 또는 전류로 동작하는 제어기기를 제어하기 위해 필요한 모듈이 D/A 변환 모듈이다.

A/D, D/A 변환 모듈의 분해능

A/D 및 D/A 변환 모듈의 성능을 평가할 때, 분해능과 변환속도는 가장 기본적인 지표이다. 변환속도는 주어진 아날로그 신호를 디지털 값으로 변환 또는 디지털 값을 아날로그 신호로 변환하는 데 걸리는 시간을 나타내고, 분해능은 신호를 어느 정도 세밀하게 분해할 수 있는지를 나타낸다. 분해능은 비트 수로 표현하며 2의 제곱으로 표시된다.

예를 들면 8비트의 A/D 및 D/A 변환기는 $\frac{1}{2^8}=\frac{1}{256}$단계로 신호를 분해할 수 있다. 즉, 8비트의 분해능을 가진 A/D 변환 모듈에 입력 가능한 아날로그 전압이 0 ~ 5V이면, 5V의 입력 전압을 256단계로 구분하여 디지털 신호로 변환한다는 의미이다. 따라서 비트 수가 클수록 좀 더 세밀하게 아날로그 전압을 디지털 신호로 변환할 수 있다.

[표 8-1]은 A/D 및 D/A 변환 모듈의 비트 수에 따른 분해능을 나타낸 것이다.

[표 8-1] 비트 수에 따른 A/D, D/A 변환 모듈의 분해능

비트수	8	9	10	11	12	13	14	16
분해능	$\frac{1}{256}$	$\frac{1}{512}$	$\frac{1}{1024}$	$\frac{1}{2048}$	$\frac{1}{4096}$	$\frac{1}{8192}$	$\frac{1}{16384}$	$\frac{1}{65536}$

만약 입력되는 아날로그 전압이 −5V ~ +5V의 범위라면 분해능을 나타내는 비트의 최상위 비트를 부호비트로 사용한다. 8비트의 경우에는 −128 ~ +127까지의 분해능을 표현할 수 있다. 지멘스 PLC의 A/D 및 D/A는 분해능의 비트 크기에 상관없이 모든 분해능을 [표 8−2]처럼 −32768 ~ +32767의 값으로 표현한다.

[표 8−2] 지멘스 PLC의 A/D 분해능 표시 방법(★ : 0 또는 1)

A/D 비트 크기	비트번호	15	14	13	12	11	10	9	8	7	6	5	4	3	2	1	0
	분해능	부호	2^{14}	2^{13}	2^{12}	2^{11}	2^{10}	2^9	2^8	2^7	2^6	2^5	2^4	2^3	2^2	2^1	2^0
8	128단위 증가	★	★	★	★	★	★	★	★	1	0	0	0	0	0	0	0
9	64단위 증가	★	★	★	★	★	★	★	★	★	1	0	0	0	0	0	0
10	32단위 증가	★	★	★	★	★	★	★	★	★	★	1	0	0	0	0	0
11	16단위 증가	★	★	★	★	★	★	★	★	★	★	★	1	0	0	0	0
12	8단위 증가	★	★	★	★	★	★	★	★	★	★	★	★	1	0	0	0
13	4단위 증가	★	★	★	★	★	★	★	★	★	★	★	★	★	1	0	0
14	2단위 증가	★	★	★	★	★	★	★	★	★	★	★	★	★	★	1	0
15	1단위 증가	★	★	★	★	★	★	★	★	★	★	★	★	★	★	★	1

이는 A/D 변환된 값을 사용자에게 제공할 때 항상 16비트 크기로 표현하기 때문이며, 16비트의 최상위 비트는 부호 비트로 사용한다. 따라서 지멘스의 A/D 변환값은 2의 보수로 표시된다.

또 다른 예로, [표 8−2]에서 A/D 컨버터의 분해능이 8비트인 경우를 살펴보면 8비트 크기의 A/D 변환값을 16비트 메모리에 대입해서 좌측으로 7비트 시프트한 결과를 최종 A/D 변환값으로 제공하는 것을 알 수 있다. 이러한 방법을 사용하면 A/D 컨버터의 물리적인 분해능에 관계없이 이론적으로 제공하는 분해능은 항상 −32768 ~ +32767 사이의 값으로 표현할 수 있다. 8비트 A/D 변환에서 1이 변화하면 이론적인 16비트 표현값은 128크기의 단위로 변화한다는 것을 기억해야 한다.

지멘스에서 A/D 변환 가능한 아날로그 입력센서의 신호로는 [그림 8−5]처럼 전압, 전류, 저항, 온도가 있다.

범위	전압 예 :		전류 예 :		저항 예 :		온도 예 : Pt100	
	측정 범위 ± 10V	단위	측정 범위 4 .. 20mA	단위	측정 범위 4 .. 300Ω	단위	측정 범위 −200 .. +850℃	단위
오버플로우	>= 11.759	32767	>= 22.815	32767	>= 352.778	32767	>= 1000.1	32767
초과 범위	11.7589 : 10.0004	32511 : 27649	22.810 : 20.0005	32511 : 27649	352.767 : 300.011	32511 : 27649	1000.0 : 850.1	10000 : 8501
동급 범위	10.00 7.50 : -7.5 -10.00	27648 20736 : -20736 -27648	20.000 16.000 : : 4.000	27648 20736 : : 0	300.000 225.000 : : 0.000	27648 20736 : : 0	850.0 : : : -200.0	8500 : : : -2000
미달 범위	-10.0004 : -11.759	-27649 : -32512	3.9995 : 1.1852	-1 : -4864	음수 값 사용 불가	-1 : -4864	-200.1 : -243.0	-2001 : -2430
언더플로우	<= -11.76	-32768	<= 1.1845	-32768		-32768	<= -243.1	-32768

[그림 8-5] 아날로그 입력신호의 범위 설정

A/D 변환값은 −32768 ~ +32768의 값을 구분하여 전압과 전류의 정상적인 값은 −27648 ~ +27648이고 정상 범위를 초과하거나 미달되는 구간을 별도로 구분하는 것을 볼 수 있다. 저항은 음수의 값이 없기 때문에 저항의 값의 변화에 따라 0 ~ 27648의 정상 범위가 존재하고, 온도는 온도 변화에 따른 값으로 대체될 수 있도록 850.0℃의 온도 값은 8500으로 변환되는 것을 확인할 수 있다. 따라서 지멘스 PLC에서는 아날로그 센서의 값의 종류와 정상동작의 출력 범위를 확인해야 한다.

아날로그의 스무딩과 노이즈

PLC의 A/D에 연결되는 장치의 대부분이 **아날로그 센서**Analog Sensor이다. 아날로그 센서는 주변의 환경적인 요인에 의해 센서의 값이 순간적으로 변화하면 센서의 값에 동작하는 다른 장치의 제어에 영향을 미치게 된다. 따라서 순간적으로 변화하는 값을 평균화하면 순간적으로 급격하게 변화하는 값을 상쇄시킬 수 있다.

아날로그 센서는 전자 회로와 조합되어 만들어진다. 이상적인 전자 회로에서는 노이즈가 발생하지 않지만, 실제로 제작된 전자회로에서는 구성된 요소에 따라 자체적으로 일정 수준의 고유한 노이즈가 발생한다. 이러한 노이즈가 아날로그 신호와 결합되면 [그림 8-6]처럼 아날로그 센서의 신호 값이 순간적으로 변화한다.

노이즈에 의해 변화하는 값을 누적 평균처리를 하여 순간적으로 급격하게 변화하는 값을 상쇄시키는 방법을 **스무딩**Smoothing이라 하고 [그림 8-6]의 굵은 선처럼 표현된다.

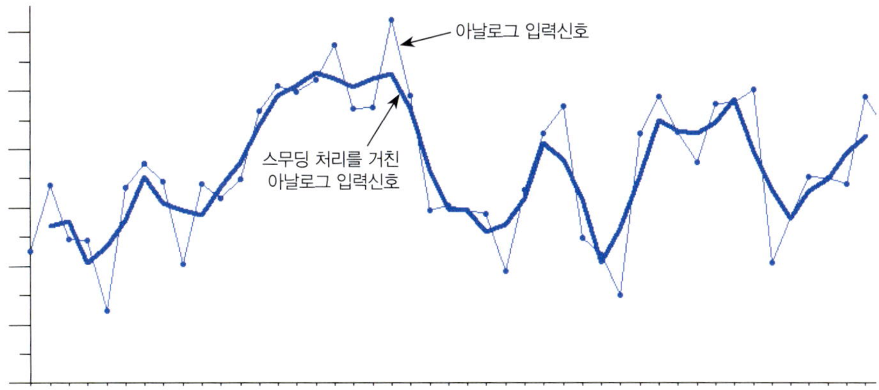

[그림 8-6] 아날로그 입력신호의 스무딩

설치환경이 열악하여 노이즈 유입을 피할 수 없거나, 노이즈 유입 억제를 위한 조치에도 불구하고 노이즈가 효과적으로 줄어들지 않는다면, 신호 노이즈 필터Signal Noise Filter를 사용하면 된다. 일반적으로 노이즈 신호는 고주파의 특성을 가지고 있기 때문에 신호 필터는 신호 전송 과정에 차단주파수Cut-off Frequency를 설정함으로써, 설정주파수 이하의 신호만을 통과시키는 저대역 필터Low Pass Filter를 사용해서 신호에서 특정 주파수 이상의 노이즈를 제거한다. 노이즈 필터의 차단주파수를 낮게 설정할수록 신호의 응답속도는 느려진다.

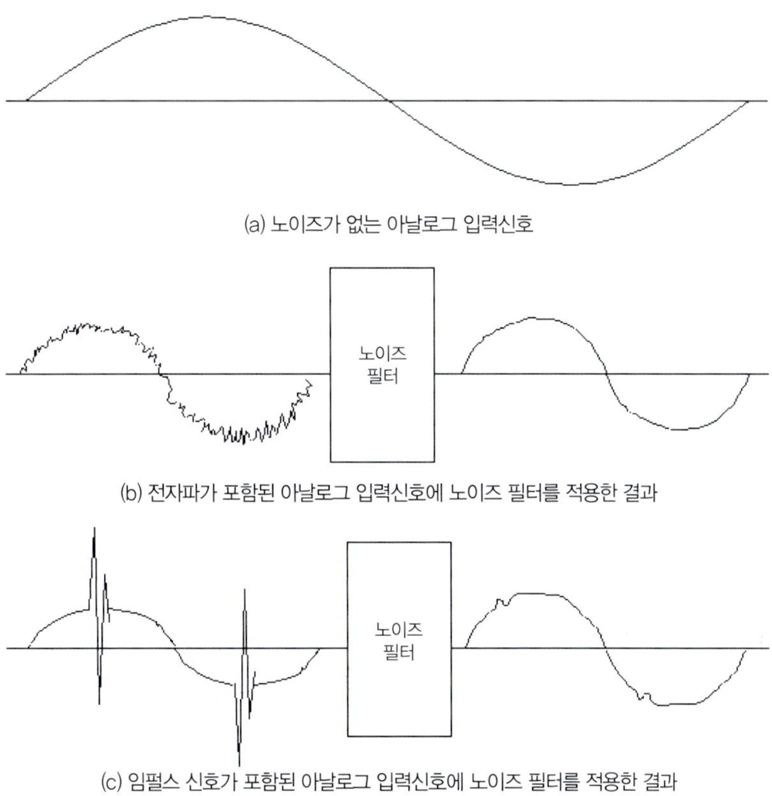

[그림 8-7] 신호 노이즈 필터의 역할

아날로그 센서는 전기를 사용하는 장치이기 때문에 센서의 신호에는 전력 라인 주파수(50Hz 또는 60Hz) 성분의 노이즈가 발생하는 경우가 많다. 이러한 노이즈는 아날로그 신호의 샘플링 속도로 제거할 수 있는데, [그림 8-8]처럼 'Intergration time' 항목에 사용하는 전원 주파수를 선택하고 스무딩을 위한 평균필터 횟수를 설정한다.

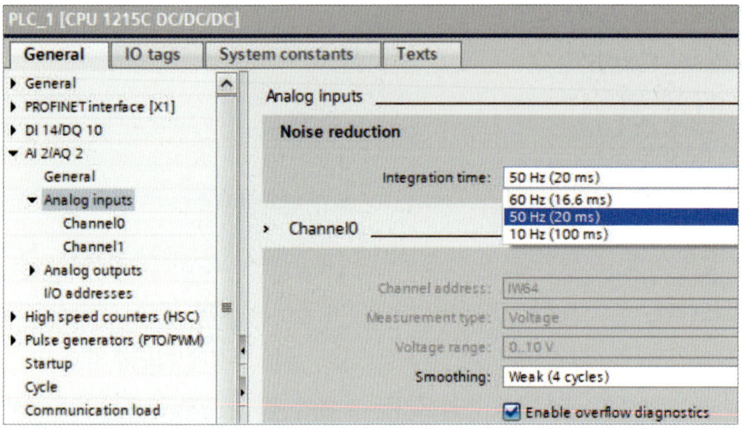

[그림 8-8] 아날로그 채널의 노이즈 감쇠와 스무딩 설정

CPU1215C의 A/D, D/A 채널

실습에 사용하는 지멘스 S7-1200 CPU1215C는 [표 8-3]과 같은 사양을 가진 각각 2개의 A/D 채널과 D/A 채널을 가지고 있고, 보다 많은 아날로그 채널이 필요할 때에는 [표 8-4]에 나타낸 아날로그 모듈을 사용하면 된다. 실습에 사용하는 S7-1200 CPU1215C의 본체에 내장된 A/D와 D/A 채널에 할당된 메모리 번지는 [그림 8-9]처럼 A/D는 IW64, IW66, D/A는 QW64, QW66에 할당되어 있다.

[표 8-3] S7-1200 CPU1215C에 내장된 아날로그 입출력 채널 구성

구성도	아날로그 입력 채널(A/D)		아날로그 출력 채널(D/A)	
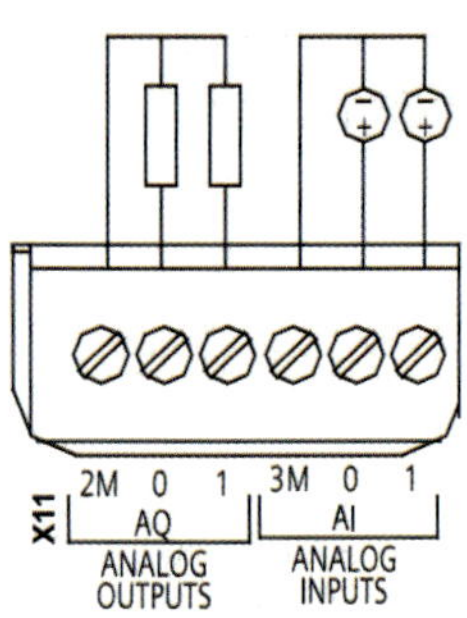	채널 수	2	채널 수	2
	입력	전압(0 ~ 10V)	출력	전류(0 ~ 20mA)
	변환값	0 ~ 27648	변환값	0 ~ 27648
	분해능	10bit	분해능	10bit
	최대입력	35Vdc	절연 방식	비절연

[표 8-4] 아날로그 모듈의 종류

A/D 모듈	SM1231 AI 4×13bit	SM1231 AI 8×13bit	SM1231 AI 4×16bit
채널 수	4	8	4
입력 종류	전압 및 전류		
입력 범위	±10, ±5, ±2.5, 0 ~ 20mA, 4 ~ 20mA		좌측 범위에 ±1.25 추가
분해능	12bit + 부호비트		15bit + 부호비트

D/A 모듈	SM1232 AQ 2×14bit	SM1232 AQ 4×14bit
채널 수	2	4
출력 종류	전압(±10V) 및 전류(0 ~ 20mA, 4 ~ 20mA)	
분해능	전압(14bit), 전류(13bit)	

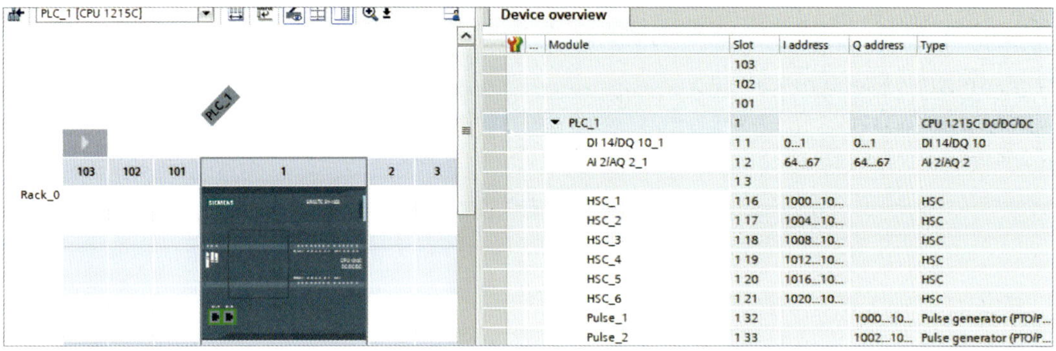

[그림 8-9] 아날로그 채널의 입출력 번지

8.2 아날로그 명령어

지멘스의 A/D 변환은 아날로그 입력신호인 전압, 전류, 저항, 온도의 변화값을 –27648 ~ +27648 사이의 디지털 값으로 변환한다. 변환된 디지털 값을 가지고 아날로그 센서가 계측한 물리적인 값으로 변환하기 위해 사용하는 명령어를 살펴보자.

[표 8-5] 아날로그 처리에 사용하는 명령어

명령어	기능
NORM_X	입력값을 0.0 ~ 1.0 범위의 값으로 정규화
SCALE_X	정규화된 입력 0.0 ~ 1.0의 값을 사용자가 설정한 단위로 변환
ROUND	소수점 자리의 숫자를 반올림(예 : 3.4 ⇒ 3, 5.6 ⇒ 6, 9.5 ⇒ 10)
CEIL	소수점 자리의 숫자를 올림(예 : 99.2 ⇒ 100, 0.111 = 1, 5.9 ⇒ 6)
FLOOR	소수점 자리의 숫자를 버림(예 : 3.6 ⇒ 3, 5.1 ⇒ 5, –1.6 ⇒ –2)
TRUNC	소수점 자리의 숫자를 버림(예 : 3.6 ⇒ 3, 5.1 ⇒ 5, –1.6 ⇒ –1)

[표 8-5]의 명령어 중에서 NORM_X, SCALE_X를 제외한 나머지는 소수점 처리에 관한 명령어이다. FLOOR와 TRUNC 명령어를 살펴보면 소수점 이하의 자리를 버릴 때 양수값은 차이가 없지만 음수값은 차이가 있다.

NORM_X

정규화Normalization는 **어떤 대상을 일정한 규칙이나 기준에 따르는 '정규적인' 상태로 바꾸거나 비정상적인 대상을 정상적으로 되돌리는 과정**을 의미한다. 지멘스 PLC에서는 [그림 8-10]처럼 입력되는 값을 0.0 ~ 1.0 사이의 값으로 변환한다.

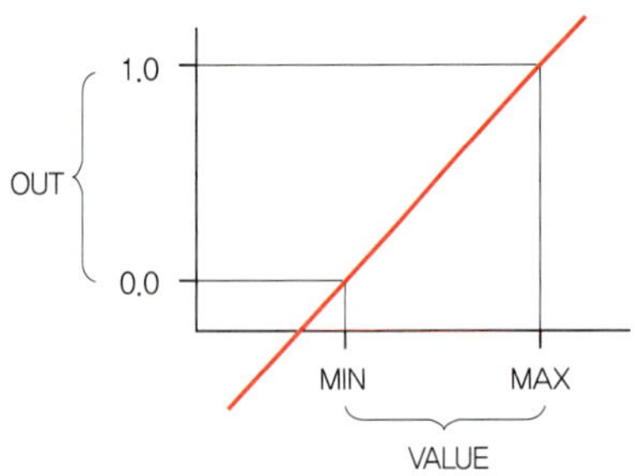

(a) NORM_X 명령어의 동작 원리

$$OUT = \frac{VALUE - MIN}{MAX - MIN}$$

400 ~ 2000의 입력을 0.0 ~ 1.0의 값으로
변환할 때 1200의 값이 입력되면
(1200 - 400) / (2000 - 400) = .0.5이 된다.

(b) NORM_X 명령어의 수식

[그림 8-10] NORM_X 명령어의 동작 원리와 수식

[표 8-6] NORM_X 명령어

NORM_X 블록	변수명	기능
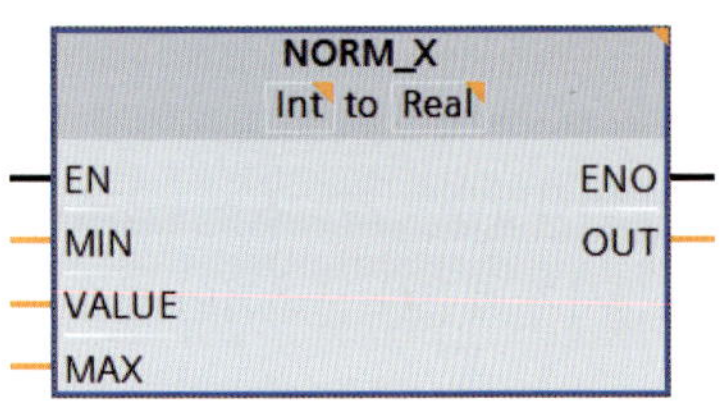	MIN	변환하는 하한값 설정
	VALUE	스케일할 입력값(부동 소수점)
	MAX	변환하는 값의 상한값 설정
	OUT	스케일 변환 출력(정수)

SCALE_X

스케일Scale의 사전적인 의미는 '길이의 비례관계'이다. 지멘스 PLC에서의 SCALE_X 명령어는 단위를 변환할 때 사용한다. SCALE_X 명령어의 입력 VALUE에 입력된 부동 소수점 값을 입력 MIN과 MAX에서 설정한 값의 범위로 변환하여 정수 타입의 값으로 출력한다.

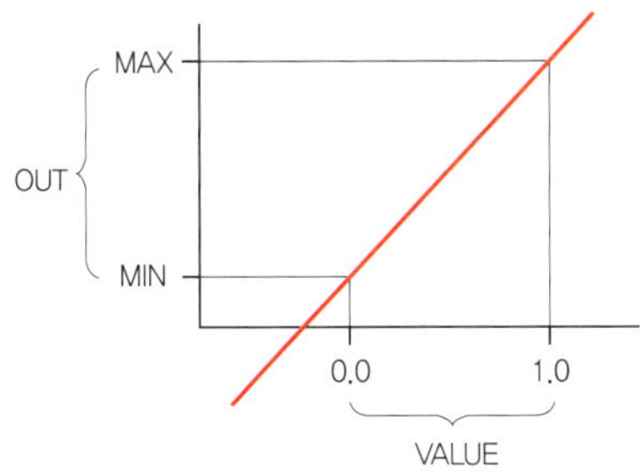

(a) SCALE_X 명령어의 동작 원리

OUT = (VALUE × (MAX-MIN) + MIN

0.0 ~ 1.0의 입력을 400 ~ 2000의 값으로
변환할 때 0.5의 값이 입력되면
0.5 × (2000 – 400) + 400 = 1200이 된다.

(b) SCALE_X 명령어의 수식

[그림 8-11] SCALE_X 명령어의 동작 원리와 수식

[표 8-7] SCALE_X 명령어

SCALE_X 블록	변수명	기능
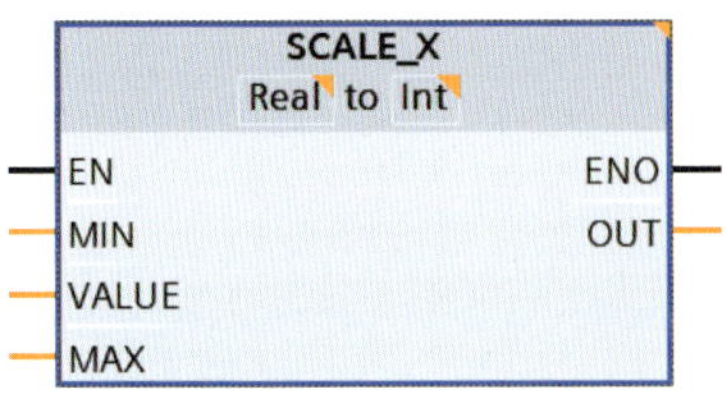	MIN	변환하는 하한값 설정
	VALUE	스케일할 입력값(부동 소수점)
	MAX	변환하는 값의 상한값 설정
	OUT	스케일 변환 출력(정수)

더 알아보기 **캘리브레이터**

캘리브레이터Calibrator란 산업현장에 사용하는 계측기(예 : 디지털 멀티미터, 전압, 전류 모니터링 계기 등)의 교정을 위해 사용하는 기기로, 계측기의 정확성을 검증하고 조정하는 데 사용되는 기기를 의미한다. 아날로그 실습을 위해서는 전압, 전류, 저항, 온도센서 등의 아날로그 신호를 필요로 하는데, 캘리브레이터는 필요로 하는 다양한 아날로그 신호를 생성할 수 있다.

[그림 8-12(a)]와 같은 계측기 교정용 기기는 수백에서 수천만 원을 호가하지만 정밀도가 ±0.1%인 기기는 몇 만원부터 수십만 원으로 하나쯤 구비해두면 다양한 용도로 사용할 수 있다.

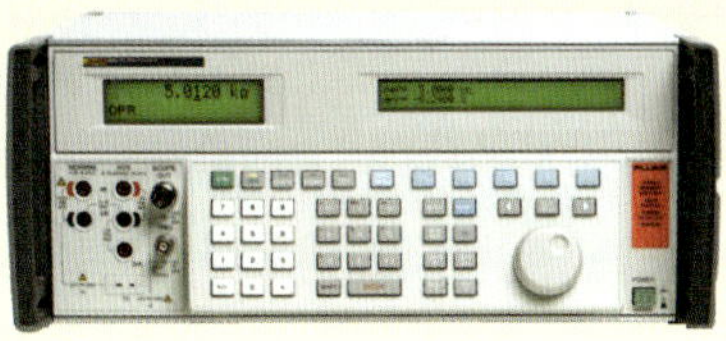

(a) 고가형

(b) 중가형

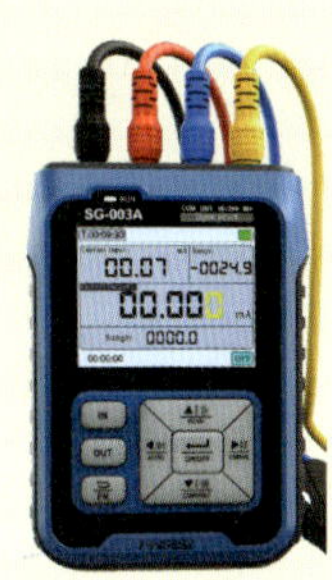

(c) 저가형

[그림 8-12] 다양한 종류의 캘리브레이터

실습과제

8-1 디지털 전압계 만들기

8.1~8.2절

A/D 변환 모듈의 채널 1번에 입력된 0~10V의 전압을 계측하여 HMI에서 해당 전압을 표시하는 프로그램의 작성법을 학습해보자.

건전지 또는 제어 장치에 사용되는 전압을 계측하기 위해 [그림 8-13]과 같이 멀티미터라는 명칭을 가진 계측기를 사용한다.

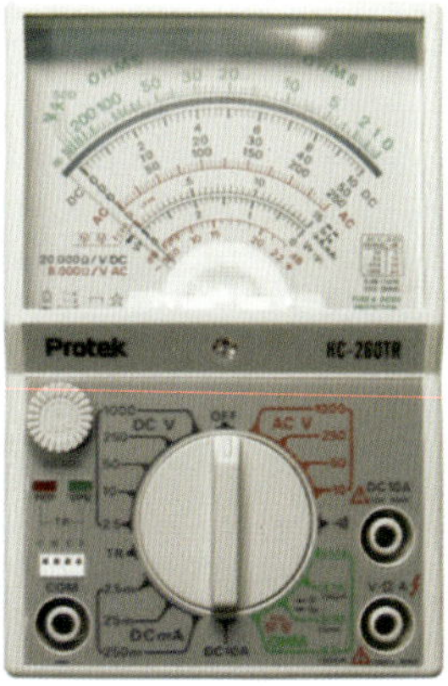

(a) 아날로그 멀티미터

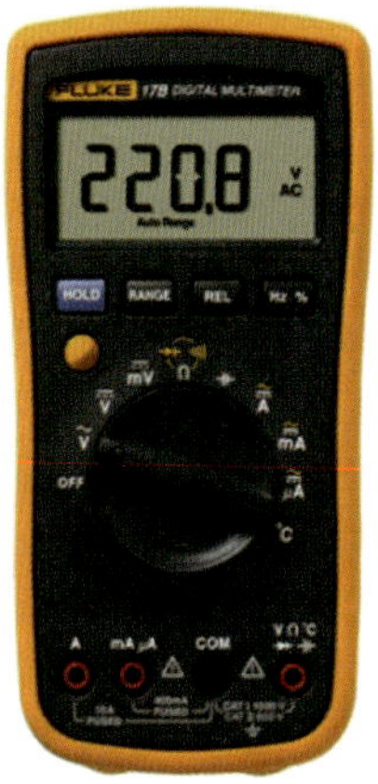

(b) 디지털 멀티미터

[그림 8-13] 아날로그 및 디지털 멀티미터

멀티미터는 계측된 값을 바늘 지시로 표시하는 아날로그 타입과 숫자로 표시하는 디지털 타입으로 구분된다. 아날로그 입력에서 계측된 0 ~ 27648의 변환된 값을 HMI를 통해 0.0 ~ 10.00V의 전압값으로 표시하는 방법에 대해 살펴보자.

생각해봅시다

가변 전압 발생장치 만들기

PLC에서 사용하는 전원은 24Vdc로 고정되어 있는데, 아날로그 입력을 테스트하기 위해 0 ~ 10Vdc의 범위에서 자유롭게 전압을 조정할 수 있는 장치가 필요하다. 이런 경우에는 캘리브레이터를 사용하는 것이 가장 좋은 방법이나, 캘리브레이터를 준비하지 못한다면 DC-DC 컨버터를 사용해 원하는 DC 전원을 만들 수 있다.

일상생활에서 쉽게 볼 수 있는 것은 [그림 8-14]의 좌측에 있는 차량용 휴대폰 충전 플러그로, 자동차의 12Vdc 전원을 휴대폰 충전을 위한 5Vdc 전원으로 변경해주는 역할을 한다.

[그림 8-14] 차량용 충전기

[그림 8-15]는 PLC에서 사용되는 24Vdc 전원을 AQ 0번의 아날로그 전압 입력으로 사용할 0 ~ 10Vdc 전원으로 만드는 방법을 나타낸다.

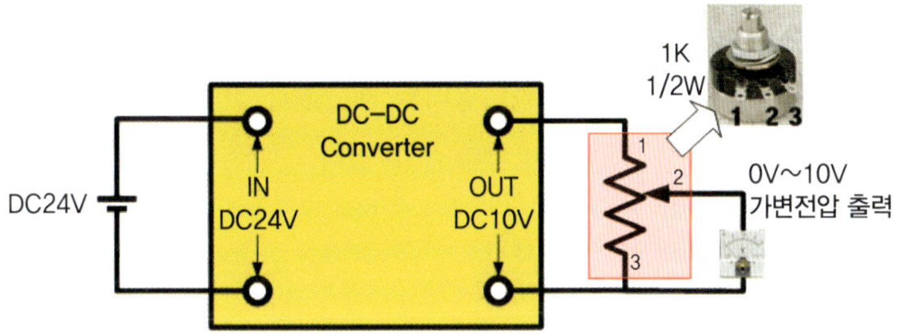

[그림 8-15] DC-DC 컨버터를 사용한 가변 전원 장치

[그림 8-15]에서 만든 DC 가변 전원 장치를 [그림 8-16]과 같이 AI 0번에 연결한다.

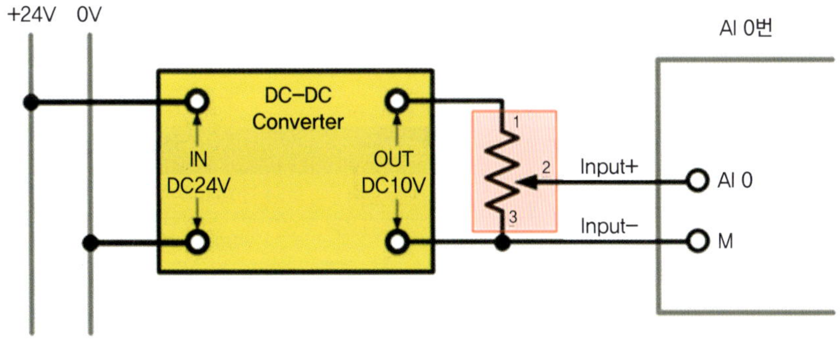

[그림 8-16] AI 0번에 가변 전원 장치 연결

프로그램 작성하기

아날로그 채널 0번에 연결된 가변저항을 조절하면 0 ~ 10V의 전압이 조정되고, 채널 0번에 지정된 입력 메모리 IW64에 0 ~ 27648의 값이 설정된다. 이 값을 가지고 HMI 화면에 작화된 전압 표시창에 0~10.00V의 전압을 표시하고, 게이지는 0 ~ 1000까지 변화할 수 있도록 해야 한다. 실제 전압 창에도 0 ~ 1000까지의 값을 표시한 후에 뒤에서 두 번째 자리에 소수점을 표시하면 1000의 정수 표현이 10.00과 같이 실수처럼 보이게 된다. 단위를 변환할 때에 사용되는 명령어는 나눗셈과 곱셈 명령어라 할 수 있다. 그렇다면 [그림 8-17]처럼 0 ~ 27648의 값이 입력되면 0 ~ 100의 값이 출력되는 수식의 프로그램을 만들어보자.

[그림 8-17] 0 ~ 27648의 입력값을 0 ~ 1000으로 변환

여기서 [그림 8-17]의 사각박스에 들어가야 할 수식은 무엇일까? 입력의 최솟값과 최댓값을 X_L, X_H, 출력의 최솟값과 최댓값을 Y_L, Y_H라고 하면 수식은 다음과 같이 나타낼 수 있다.

$$\frac{Y_H - Y_L}{X_H - X_L} = \frac{1000-0}{27648-0} = \frac{1000}{27648}$$

곱셈과 나눗셈 연산을 할 때에 좀 더 정확한 값을 구하기 위해서는 정수연산이 아닌 실수연산을 해야 한다. 따라서 정수를 실수 형태로 변환한 후에 연산을 실행하고, 연산이 끝난 후에는 결과값을 반올림 처리한 다음 정수 형태로 변환하게 되면 정확한 값을 구할 수 있게 된다. [표 8-8]은 실습에 사용하는 아날로그 입력 채널의 사양을 나타낸 것이다.

[표 8-8] 내장형 아날로그 입력의 사양

항목	사양	항목	사양
아날로그 입력 채널 수	2	출력 초과 디지털 범위	27649 ~ 32511
아날로그 입력 타입	전압	분해능	10bits(9.76mV)
아날로그 입력 범위	0 ~ 10V	출력 임피던스	≥100KΩ
변환 디지털 범위	0 ~ 27648	절연 방식	비절연
아날로그 입력 초과 범위	10.001 ~ 11.759V	노이즈 필터 주파수	10, 50, 60Hz

동작 조건

❶ 아날로그 입력 채널 AI 0번에 0 ~ 10V의 전압을 인가한다.

❷ AI 0번의 아날로그 입력 전압값에 대한 디지털 변환값을 사용하여 HMI에 0.00 ~ 10.00의 값을 표시한다.

PLC 프로그램 작성

[표 8-9]는 아날로그 채널을 사용해 디지털 전압계를 만드는 PLC 프로그램의 작성법을 나타낸 것이다.

[표 8-9] 아날로그 채널을 사용한 디지털 전압계 만들기 프로그램 작성 절차

<table>
<tr><th>순서</th><th colspan="2">내용</th></tr>
<tr><td>1</td><td>FB1 만들기
아날로그 입력신호를 처리할 FB를 만든다.</td><td>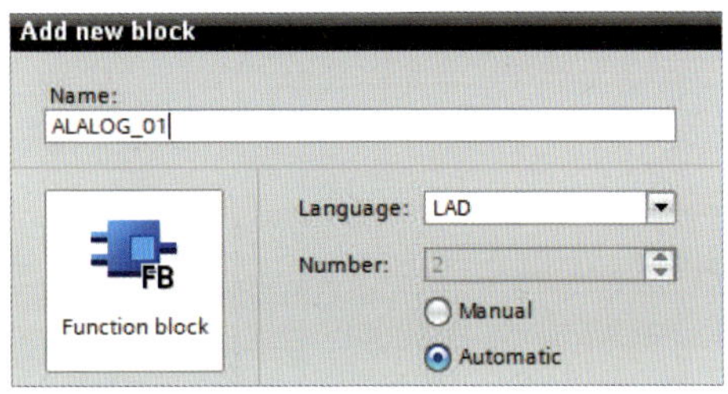
</td></tr>
<tr><td>2</td><td>FB1의 내부 변수 설정하기
아날로그 입력신호 처리에 필요한 내부 변수를 설정한다.</td><td>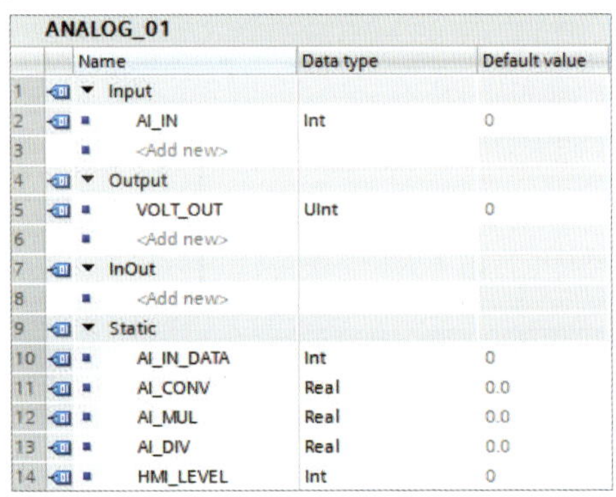
</td></tr>
<tr><td>3</td><td>FB1 프로그램 작성하기
(네트워크 1번)
아날로그 입력값을 다른 정수형 변수에 저장한다.</td><td>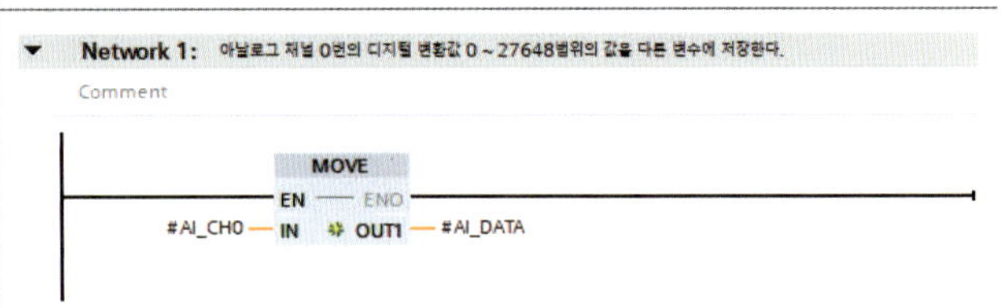
</td></tr>
</table>

4	**FB1 프로그램 작성하기** (네트워크 2번) 아날로그 입력값이 0 ~ 27648의 범위를 초과하면 강제로 0 ~ 27648의 범위로 설정한다.	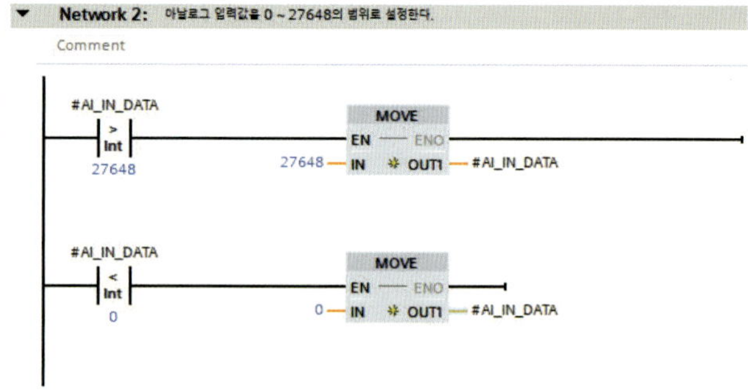
5	**FB1 프로그램 작성하기** (네트워크 3번) 아날로그 입력값의 정밀한 연산을 위해 정수를 실수로 변환한다.	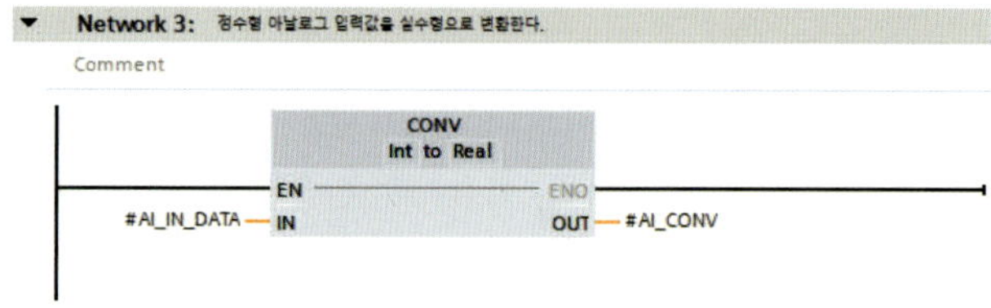
6	**FB1 프로그램 작성하기** (네트워크 4번) 아날로그 실수값에 1000.0을 곱한다.	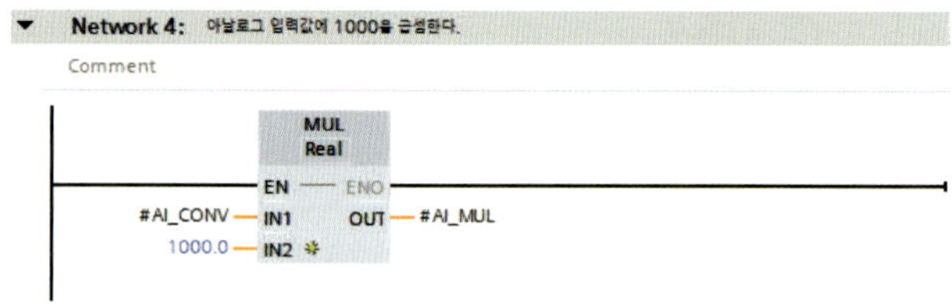
7	**FB1 프로그램 작성하기** (네트워크 5번) 1000.0을 곱한 값을 가지고 27648.0으로 나눈다.	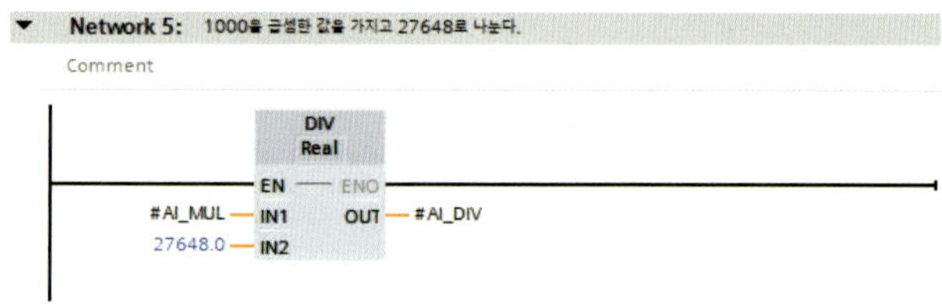
8	**FB1 프로그램 작성하기** (네트워크 6번) 실수값을 정수값으로 변환하기 위해 소수점 자리를 반올림하는 ROUND 명령을 사용한다. HMI의 레벨 게이지 표시를 위해 0 ~ 1000의 값을 10으로 나누어서 0 ~ 100의 값을 구한다.	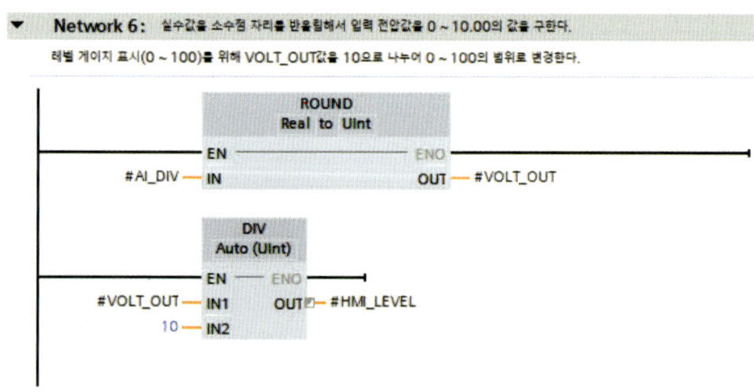
9	**FB1 저장 및 컴파일하기** 작성한 FB1을 저장한 후에 컴파일 한다.	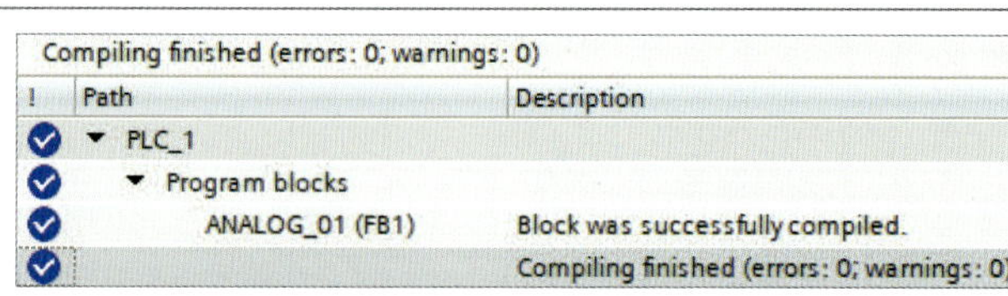

10	**OB1에서 FB1을 호출하기** 작성한 FB1을 OB1에서 호출하고 입출력 변수에 실제 입력과 출력 절대번지를 설정한다.	
11	**OB1 저장 및 컴파일하기** 작성한 OB1을 저장하고 컴파일한 후에 PLC에 전송한다.	

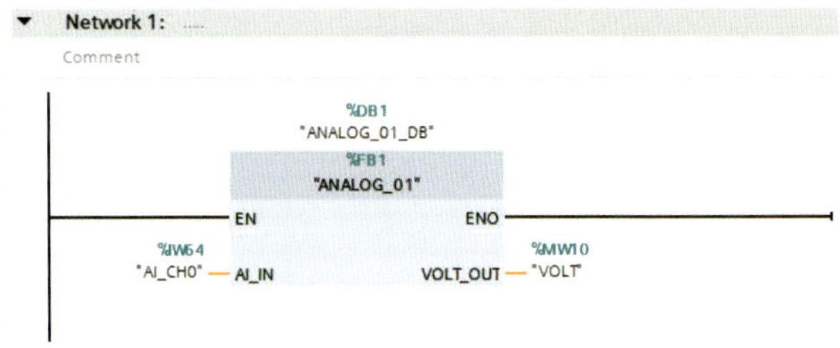

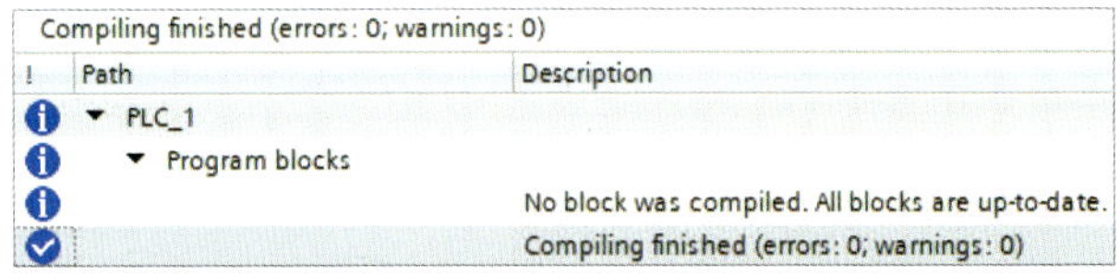

12 **HMI 작화하기(컨베이어)**

전압값을 표시할 수 있는 숫자 표시창을 만들고 숫자 표시의 뒤에서 두 번째 자리에 소수점 표시를 할 수 있도록 설정한다.

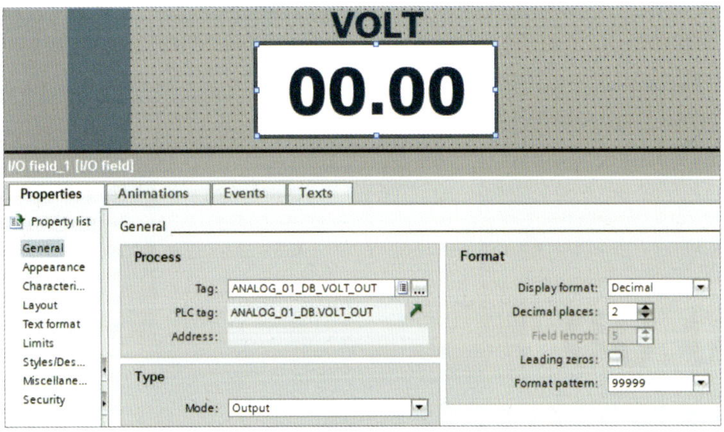

13 **HMI 작화하기(바 그래프 설정)**

Toolbox의 [Graphics]에서 Bar 아이콘을 선택해서 레벨 게이지를 만든다.

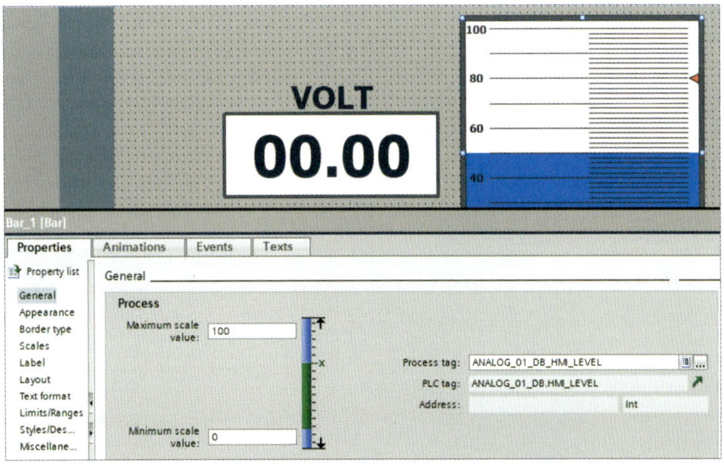

14	**HMI 작화하기(태그 시간 설정)** 전압과 레벨 게이지의 Tag의 시간을 100ms로 변경한 후 컴파일하고 다운로드한다. 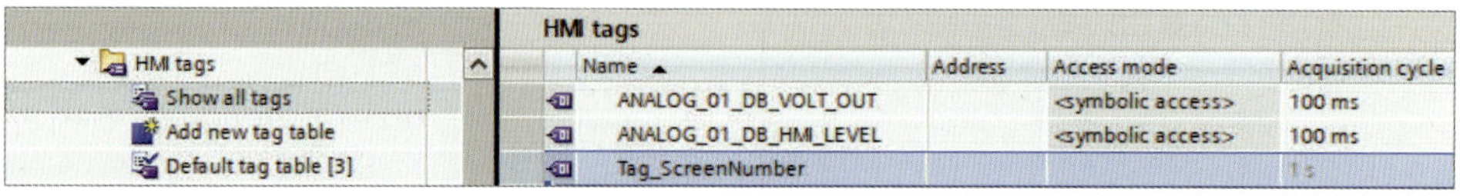

[표 8-10]은 디지털 전압계를 위한 HMI 화면을 나타낸 것이다.

[표 8-10] 디지털 전압계를 위한 HMI 화면

구분	기능	변수명	변수 위치	구분	타입
입력 전압	숫자 표시창	VOLT_OUT	FB_인스턴스	Static	Int
레벨 표시	바 그래프	HMI_LEVEL	FB_인스턴스	Static	Int

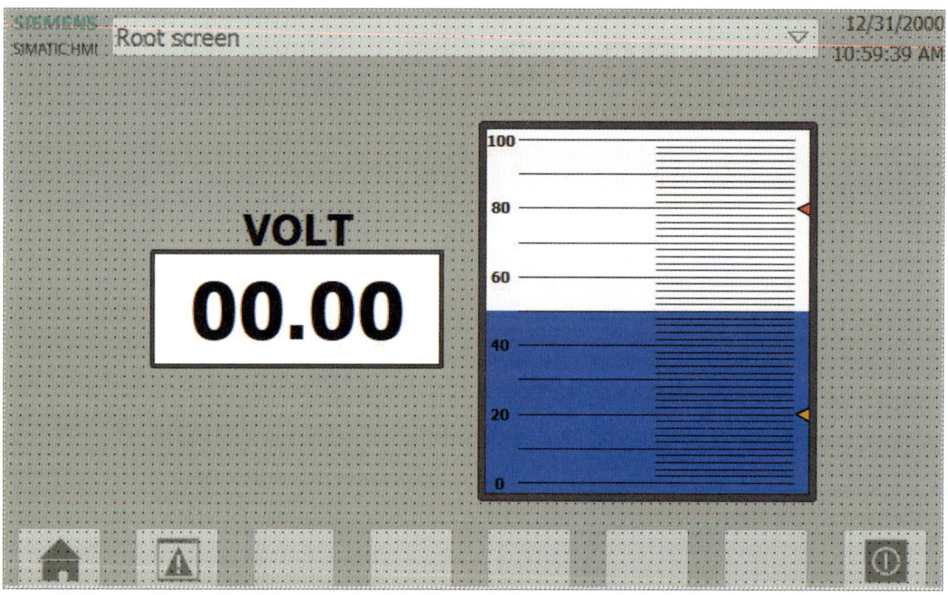

실습과제

8-2 NORM_X, SCALE_X 명령어 사용하기

8.1~8.2절

[실습과제 8-1]에서는 실수형 산술연산을 사용해 아날로그 입력값을 사용자가 원하는 형태의 값으로 변환하는 과정을 살펴보았다. 이번 실습과제에는 정규화 및 스케일 명령을 사용하여 [실습과제 8-1]에서 제시한 아날로드 입력값을 전압값으로 변환해보자.

아날로그 채널 0번에 아날로그 전압 0 ~ 10V의 전압을 가변하면 디지털 값은 0 ~ 27648로 변환된다. 이 값을 정규화 명령 NORM_X를 사용하면 0.0 ~ 1.0의 값으로 변환되고, 이 값을 가지고 SCALE_X를 사용해서 0 ~ 1000 값으로 변환한다.

PLC 프로그램 작성

[표 8-11]은 NORM_X와 SCALE_X를 사용해 아날로그 입력값을 변환하는 PLC 프로그램의 작성법을 나타낸 것이다.

[표 8-11] NORM_X, SCALE_X를 사용한 아날로그 입력값의 변환

순서	내용	
1	**FB2 만들기** 아날로그 입력신호를 처리할 FB를 만든다.	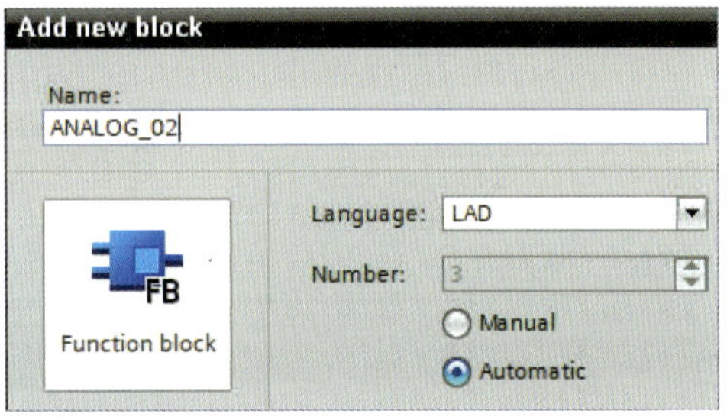
2	**FB2의 내부 변수 설정하기** 아날로그 입력신호 처리에 필요한 내부 변수를 설정한다.	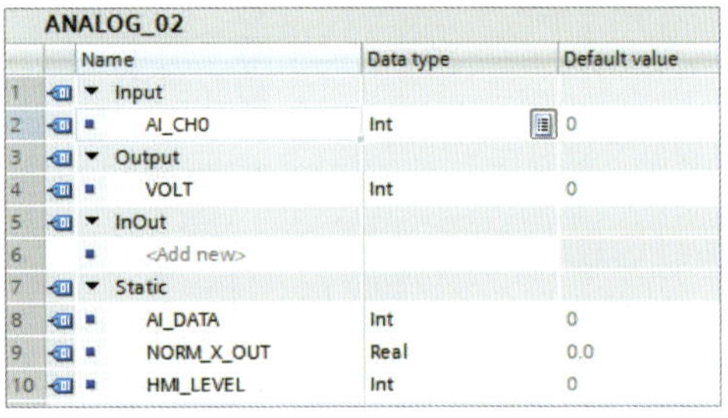 ANALOG_02 Name / Data type / Default value 1 Input 2 AI_CH0 / Int / 0 3 Output 4 VOLT / Int / 0 5 InOut 6 <Add new> 7 Static 8 AI_DATA / Int / 0 9 NORM_X_OUT / Real / 0.0 10 HMI_LEVEL / Int / 0
3	**FB2 프로그램 작성하기** (네트워크 1번) 아날로그 입력값을 다른 정수형 변수에 저장한다.	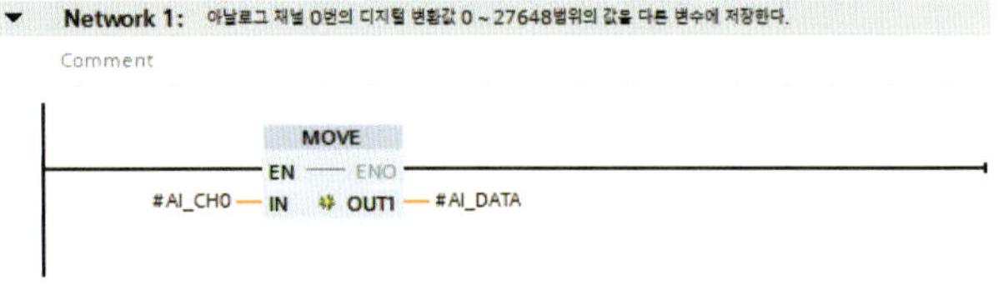

4	**FB2 프로그램 작성하기** (네트워크 2번) 아날로그 입력값이 0 ~ 27648의 범위를 초과하면 강제로 0 ~ 27648의 범위로 설정한다.	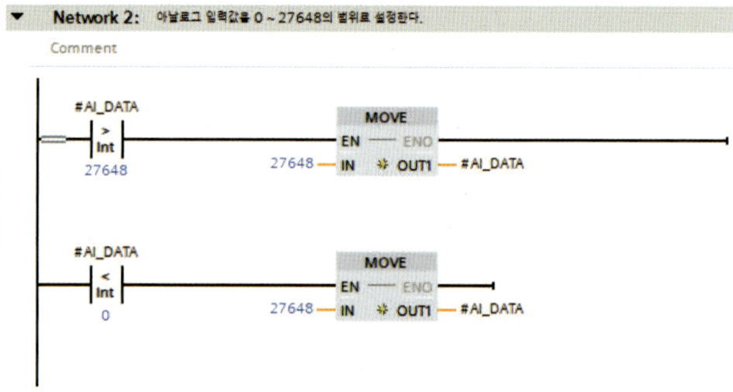
5	**FB2 프로그램 작성하기** (네트워크 3번) 0 ~ 27648의 값을 정규화 명령을 사용해서 0.0 ~ 1.0의 값으로 변환한다.	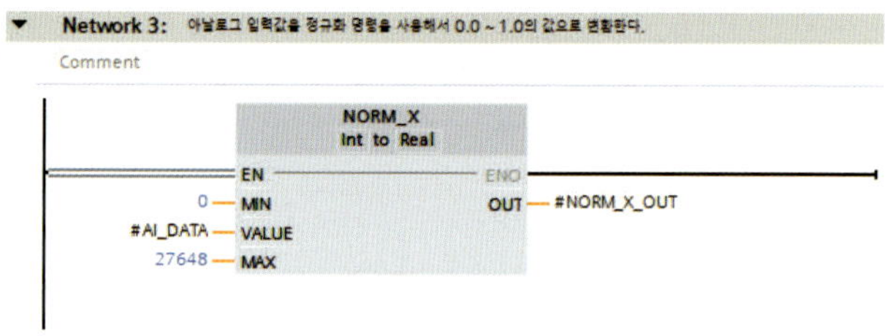
6	**FB2 프로그램 작성하기** (네트워크 4번) ❶ SCALE_X 명령을 사용해서 정규화된 0.0 ~ 1.0의 값을 사용자가 원하는 0 ~ 1000의 값으로 변환한다. ❷ HMI에 바 그래프를 표시하기 위해 DIV 명령을 사용해서 0 ~ 1000의 값을 10으로 나누어 0 ~ 100으로 변환한다.	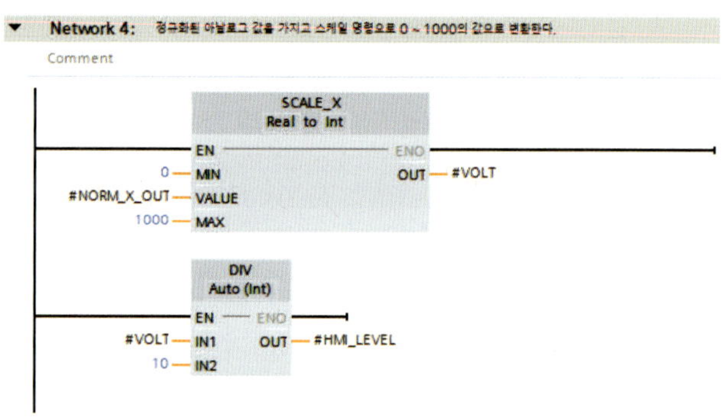
7	**FB2 저장 및 컴파일하기** 작성한 FB2를 저장한 후에 컴파일한다.	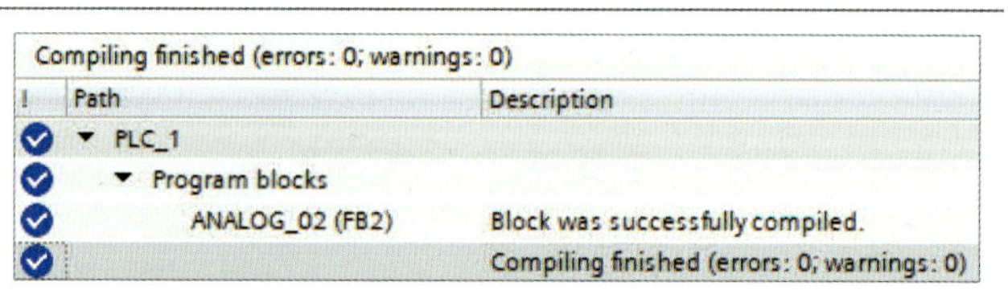
8	**OB1에서 FB2를 호출하기** 작성한 FB2를 OB1에서 호출하고 입출력 변수에 실제 입력과 출력 절대번지를 설정한다.	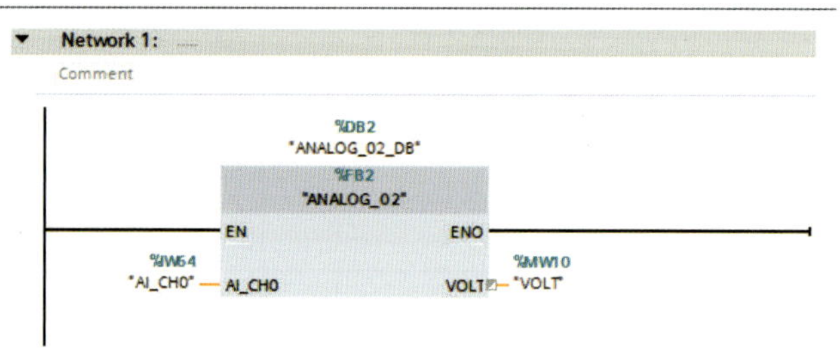
9	**OB1 저장 및 컴파일하기** 작성한 OB1을 저장하고 컴파일한 후에 PLC에 전송한다.	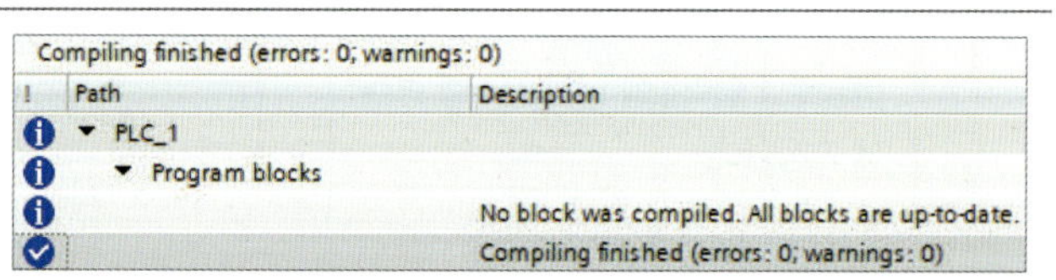

<table>
<tr>
<td>10</td>
<td>HMI의 태그 변경하기
전압값을 표시하는 숫자창의 태그와 바 그래프를 표시하는 태그를 FB2에서 설정한 태그로 변경한다.</td>
<td>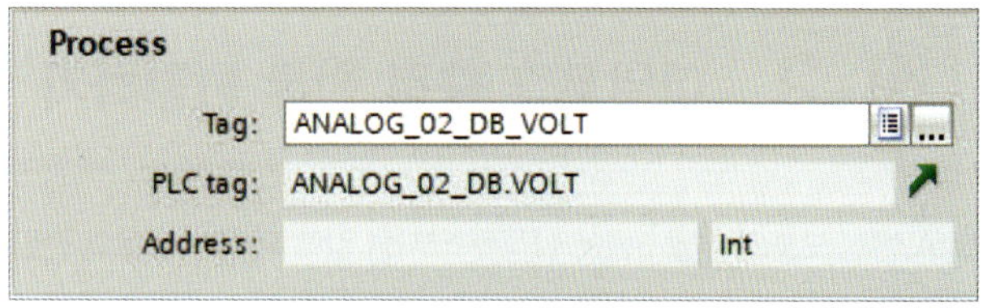

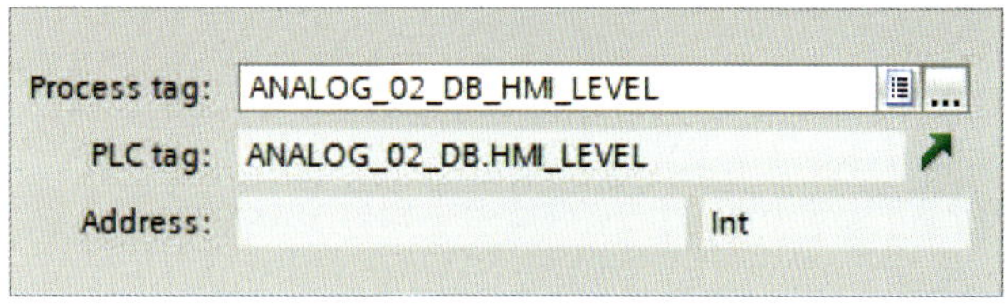
</td>
</tr>
</table>

실습과제

8-3 아날로그 출력 전류 변경하기

8.1~8.2절

D/A 변환 모듈의 채널 0번에 설정된 디지털 값에 의해 아날로그 전압을 출력하는 프로그램의 작성법에 대해 살펴보자.

전기는 눈에 보이지 않는다. 따라서 전기를 구성하는 전압과 전류를 측정하기 위해서는 [실습과제 8-1]에서 살펴본 디지털 미터, 아날로그 미터 등을 사용해야 한다. 전압과 전류의 측정 방법은 [그림 8-18]과 같다.

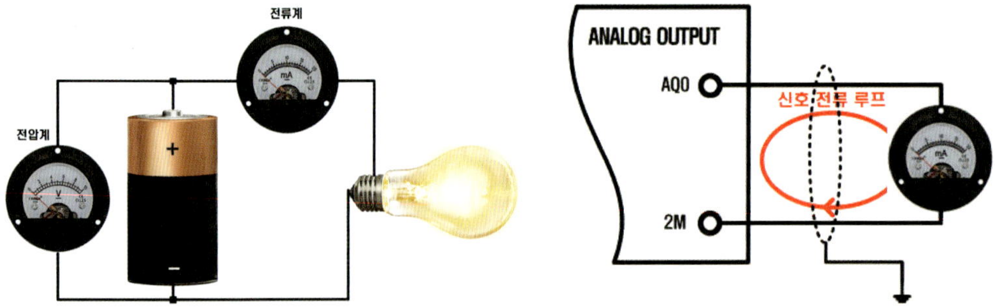

(a) 전압과 전류 측정 방법 (b) S7-1200 아날로그 출력 측정 방법

[그림 8-18] 전압과 전류 측정 방법

실습에 사용하는 S7-1200 CPU1215C에 내장된 아날로그 출력은 아날로그 출력 메모리에 2진수로 구성된 디지털 값인 0 ~ 27648을 설정하면 디지털 값에 비례한 아날로그 출력 전류를 0 ~ 20mA로 출력한다. 아날로그 출력의 상세 사양은 [표 8-12]와 같다.

[표 8-12] S7-1200 CPU1215C에 내장된 아날로그 출력의 사양

항목	사양	항목	사양
아날로그 출력 채널 수	2	출력 초과 디지털 범위	27649 ~ 32511
아날로그 출력 타입	전류	분해능	10bits(19.53μA)
아날로그 출력 범위	0 ~ 20mA	출력 임피던스	≤500Ω
디지털 설정 범위	0 ~ 27648	절연 방식	비절연
아날로그 출력 초과 범위	20.01 ~ 23.52mA	변환속도	2ms

동작 조건

❶ HMI에 작화된 증가 버튼을 누를 때마다 전류 출력 설정값이 1씩 증가하고 최대 20까지 증가한다.

❷ HMI에 작화된 감소 버튼을 누를 때마다 전류 출력 설정값이 1씩 감소하고 최소 0까지 감소한다. 증가 버튼을 1.5초 이상 계속 누르면 0.1초 간격으로 자동 증가한다.

❸ HMI에 설정된 전류값에 해당되는 전류가 아날로그 출력 채널 0번을 통해서 출력된다.

PLC 프로그램 작성

아날로그 출력 전류를 제어하기 위해서는 아날로그 출력으로 설정된 메모리(QW64)에 0 ~ 27648을 설정하면 디지털 값에 비례한 0 ~ 20mA의 전류가 출력된다. 따라서 정규화 명령과 스케일 명령을 사용해서 0 ~ 20의 설정값을 정규화 명령으로 0.0 ~ 1.0으로 변환한 후에 스케일 명령을 사용해서 0 ~ 27648의 값으로 변환한다.

[표 8-13] 아날로그 출력을 위한 프로그램 작성 절차

<table>
<tr><th>순서</th><th colspan="2">내용</th></tr>
<tr><td>1</td><td>FB3 만들기
아날로그 입력신호를 처리할 FB를 만든다.</td><td>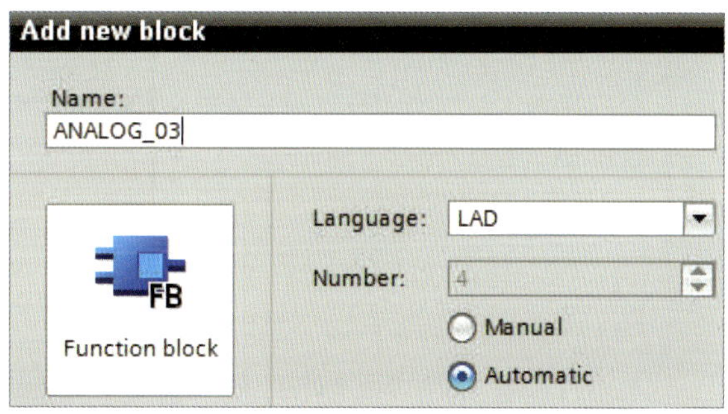
</td></tr>
<tr><td>2</td><td>FB3의 내부 변수 설정하기
아날로그 입력신호 처리에 필요한 내부 변수를 설정한다.</td><td>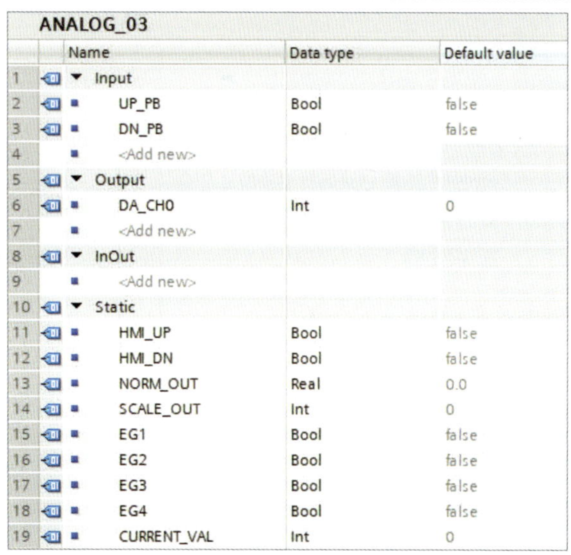
ANALOG_03
<table>
<tr><th></th><th>Name</th><th>Data type</th><th>Default value</th></tr>
<tr><td>1</td><td>▼ Input</td><td></td><td></td></tr>
<tr><td>2</td><td>UP_PB</td><td>Bool</td><td>false</td></tr>
<tr><td>3</td><td>DN_PB</td><td>Bool</td><td>false</td></tr>
<tr><td>4</td><td><Add new></td><td></td><td></td></tr>
<tr><td>5</td><td>▼ Output</td><td></td><td></td></tr>
<tr><td>6</td><td>DA_CH0</td><td>Int</td><td>0</td></tr>
<tr><td>7</td><td><Add new></td><td></td><td></td></tr>
<tr><td>8</td><td>▼ InOut</td><td></td><td></td></tr>
<tr><td>9</td><td><Add new></td><td></td><td></td></tr>
<tr><td>10</td><td>▼ Static</td><td></td><td></td></tr>
<tr><td>11</td><td>HMI_UP</td><td>Bool</td><td>false</td></tr>
<tr><td>12</td><td>HMI_DN</td><td>Bool</td><td>false</td></tr>
<tr><td>13</td><td>NORM_OUT</td><td>Real</td><td>0.0</td></tr>
<tr><td>14</td><td>SCALE_OUT</td><td>Int</td><td>0</td></tr>
<tr><td>15</td><td>EG1</td><td>Bool</td><td>false</td></tr>
<tr><td>16</td><td>EG2</td><td>Bool</td><td>false</td></tr>
<tr><td>17</td><td>EG3</td><td>Bool</td><td>false</td></tr>
<tr><td>18</td><td>EG4</td><td>Bool</td><td>false</td></tr>
<tr><td>19</td><td>CURRENT_VAL</td><td>Int</td><td>0</td></tr>
</table></td></tr>
</table>

3	**FB3 프로그램 작성하기** (네트워크 1번) 아날로그 출력 전류값을 설정하기 위한 UP, DOWN 버튼이 눌러졌을 때 CURRENT_VALUE 변수에 0 ~ 20의 값을 설정한다.	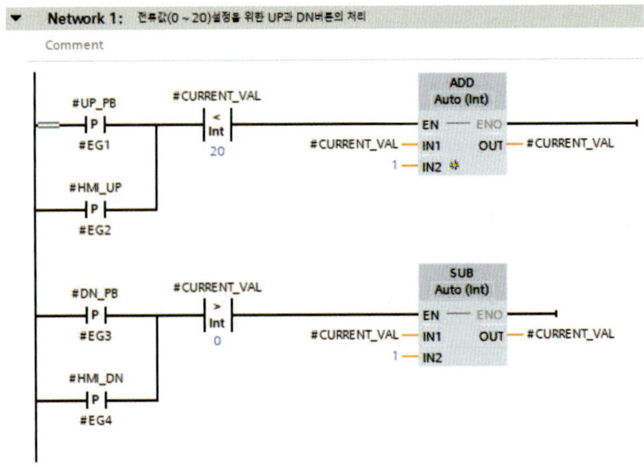
4	**FB3 프로그램 작성하기** (네트워크 2번) 네트워크 1번에서 설정한 0 ~ 20의 값을 NORM_X 명령어를 사용해 0.0 ~ 1.0의 값으로 변환한다.	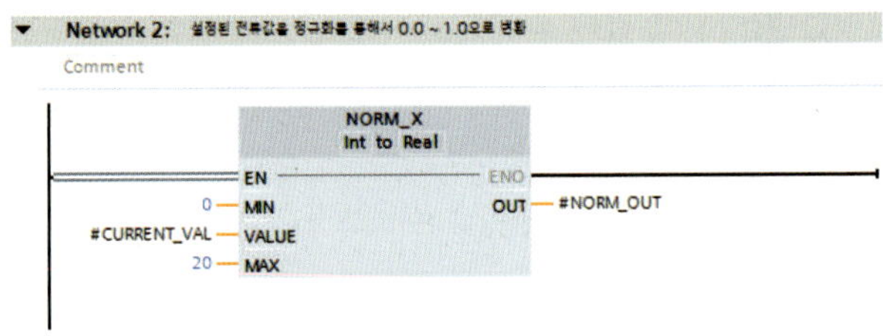
5	**FB3 프로그램 작성하기** (네트워크 3번) 정규화된 0.0 ~ 1.0의 값을 SCALE_X 명령어를 사용해 사용자가 원하는 0 ~ 27648의 값으로 변환한다.	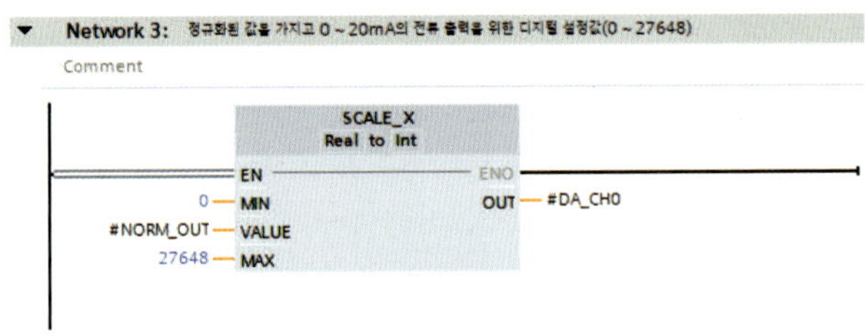
6	**FB3 저장 및 컴파일하기** 작성한 FB3를 저장한 후에 컴파일한다.	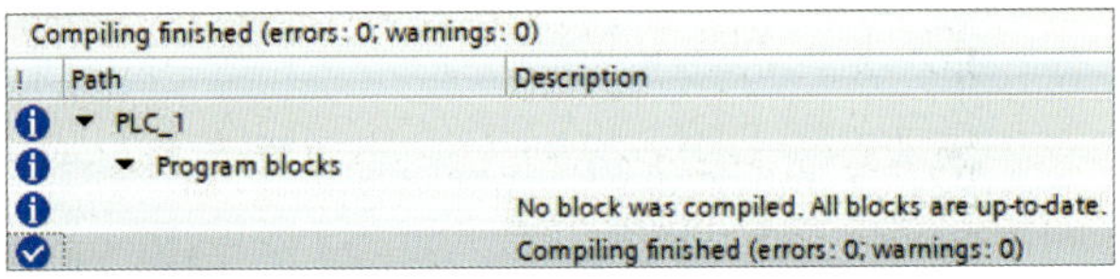
7	**OB1에서 FB3를 호출하기** 작성한 FB3를 OB1에서 호출하고 입출력 변수에 실제 입력과 출력 절대번지를 설정한다.	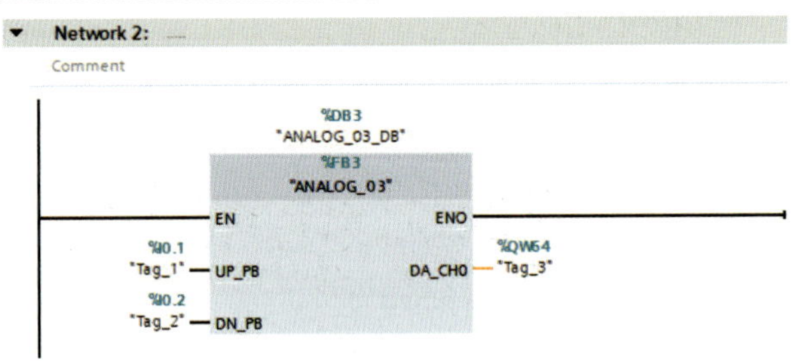
8	**OB1 저장 및 컴파일하기** 작성한 OB1을 저장하고 컴파일한 후에 PLC에 전송한다.	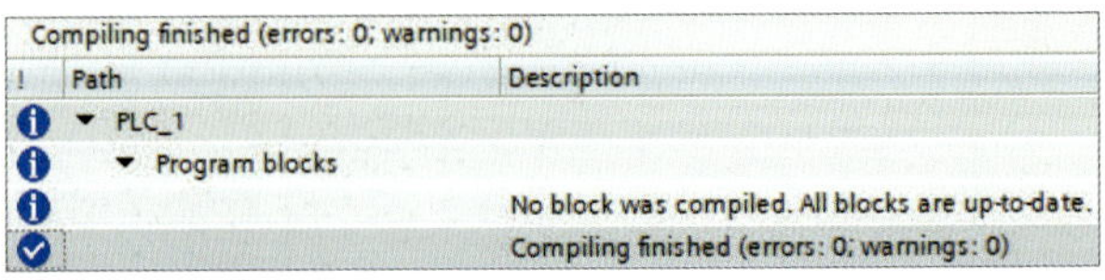

9

HMI 작화하기(UP, DOWN 버튼)

HMI의 Elements에서 버튼을 화면에 배치하고 FB3의 태그를 설정한다.

- UP 버튼 Tag: HMI_UP
- DOWN 버튼 Tag : HMI_DN

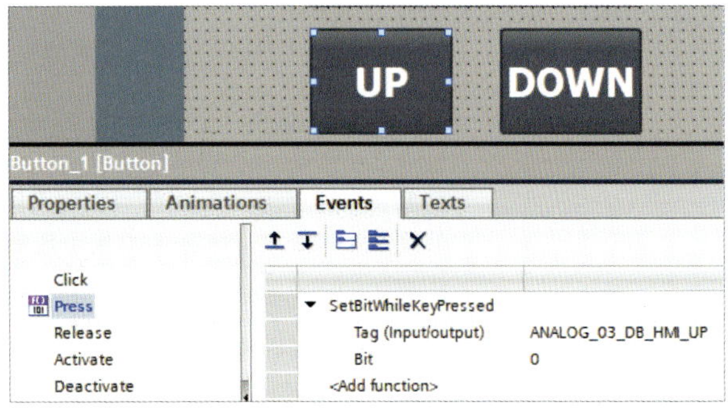

10

HMI 작화하기(전류 설정 표시창)

HMI에 숫자 표시창을 설정하고 10진수 2자리를 표시하도록 설정한다. 그리고 FB3의 태그를 설정한다.

- Tag : CURRENT_VAL

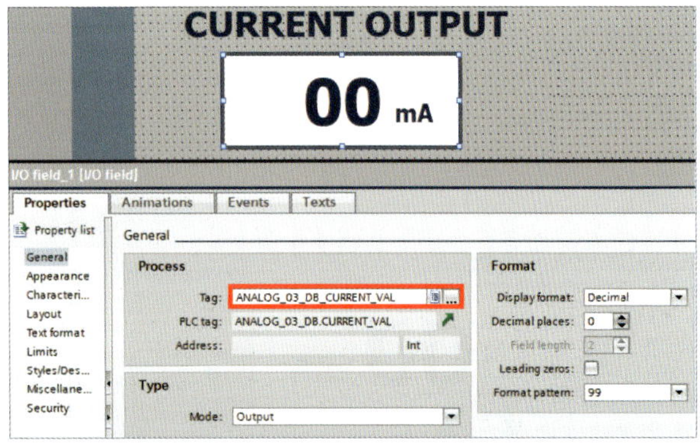

11

HMI 작화하기(디지털 설정 표시창)

HMI에 숫자 표시창을 설정하고 10진수 5자리를 표시하도록 설정한다. 그리고 FB3의 태그를 설정한다.

- Tag : DA_CH0

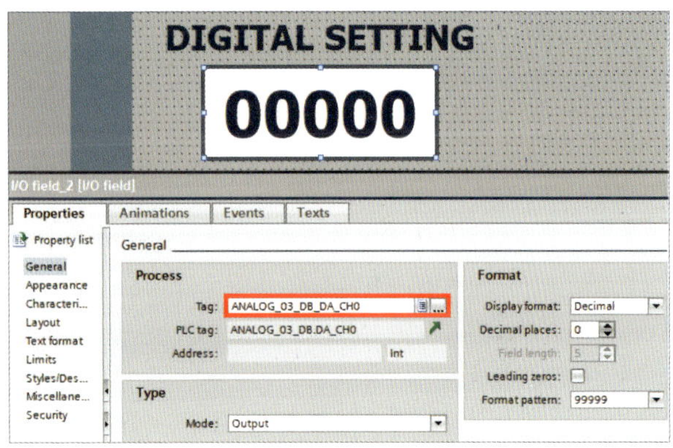

12

HMI 작화하기(태그 갱신 시간 변경)

HMI 폴더의 HMI tags의 'Show all tags'의 항목에서 태그 갱신 시간을 100ms로 설정한다.

HMI tags

Name	PLC tag	Address	Access mode	Acquisition cycle
Tag_ScreenNumber	<Undefined>			1 s
ANALOG_03_DB_CURRENT_VAL	ANALOG_03_DB.CURRENT_VAL		<symbolic access>	100 ms
ANALOG_03_DB_HMI_UP	ANALOG_03_DB.HMI_UP		<symbolic access>	100 ms
ANALOG_03_DB_HMI_DN	ANALOG_03_DB.HMI_DN		<symbolic access>	100 ms
ANALOG_03_DB_DA_CH0	ANALOG_03_DB.DA_CH0		<symbolic access>	100 ms

[표 8-14]는 아날로그 출력 제어를 위한 HMI 화면을 나타낸 것이다.

[표 8-14] 아날로그 출력 제어를 위한 HMI 화면

구분	기능	변수명	변수 위치	구분	타입
UP	푸시버튼	HMI_UP	FB_인스턴스	Static	Bool
DOWN	푸시버튼	HMI_DN	FB_인스턴스	Static	Bool
전류 출력 설정	숫자 표시창	CURRENT_VAL	FB_인스턴스	Static	Int
디지털 출력 설정	숫자 표시창	DA_CH0	FB_인스턴스	Static	Int

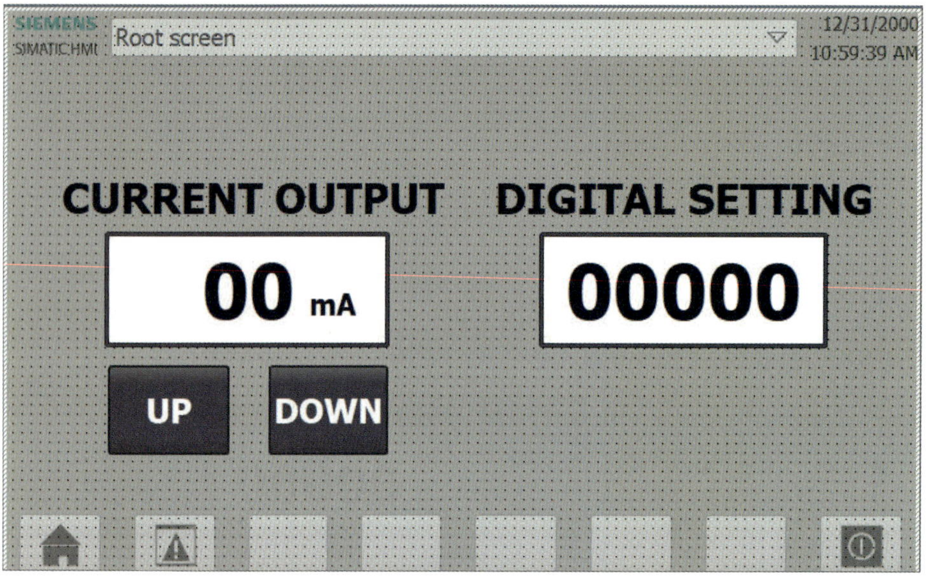

CHAPTER
09

프로피넷 통신 및 제어하기

산업용 이더넷 통신에는 30종류가 있는데, 그중에서 많이 사용하는 통신으로는 Modbus TCP, EtherNet/IP, EtherCAT, POWERLINK, CC-Link/IE, 프로피넷 등이 있다. 이 중에서 Modbus TCP, EtherNet/IP, 프로피넷이 모든 산업용 이더넷 응용 분야의 약 75%를 차지하고 있다. 이 장에서는 프로피넷 통신에 대해 살펴본 후에, 프로피넷 리모트 I/O와 디바이스 장치를 제어하는 방법에 대해 학습한다. 리모트 I/O는 지멘스의 ET200SP 모듈을 사용하고, 디바이스는 미쓰비시 FR-E800을 사용한다.

Keyword | 프로피넷 통신 | ET200SP | 리모트 I/O | FR-E800 인버터 |

9.1 프로피넷 통신

3차 산업혁명으로 일컬어지는 공장 자동화 시대의 산업용 네트워크는 주로 제어의 목적에 맞추어져 있었기 때문에 공장 내 설비의 연결을 위한 것이었다. 하지만 4차 산업혁명 시대에 들어와 모든 기기, 디바이스, 시스템, 작업자가 네트워크로 연결되는 산업용 사물 인터넷 개념의 IIoT Industrial Internet of Things 가 부상하면서 산업용 이더넷이 급격히 확산되기 시작하였다.

[그림 9-1]은 스웨덴에 있는 HMS Industrial Networks 사에서 발표한 산업용 네트워크의 2024년 시장 점유율 전망이다. RS485 통신을 기반으로 한 필드버스의 시장은 점차 축소되고, 산업용 이더넷 시장이 점차 확대되어 가고 있는 추세이며, 무선통신 분야도 더욱 커지고 있다는 것을 확인할 수 있다. 국내에서도 스마트 팩토리 KS 표준화 작업의 일환으로 국가기술표준원이 6가지 산업용 이더넷 프로토콜에 대한 표준화를 진행했다. EtherNet/IP와 PROFINET, EtherCAT, POWERLINK, CC-Link/IE, 그리고 국내 기업인 LS산전이 개발한 RAPIEnet이 KS 인증을 획득했다.

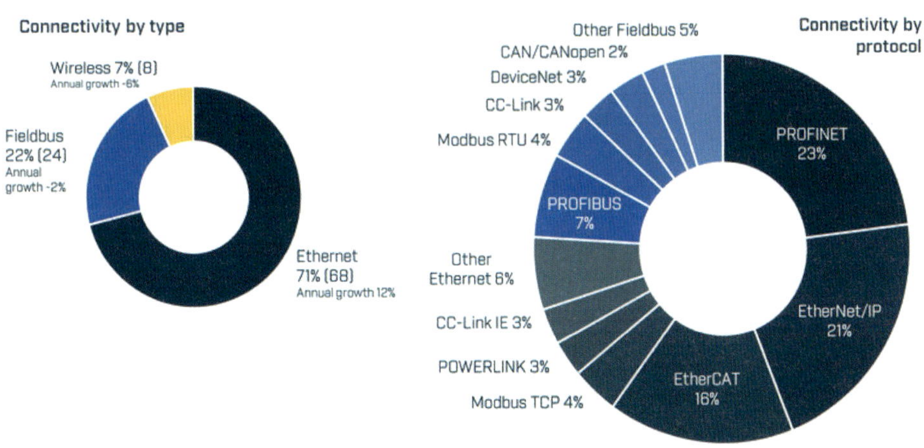

[그림 9-1] 2024년 산업용 네트워크 시장 점유율 전망 (출처 : www.hms-networks.com)

오늘날 이더넷은 비용 대비 높은 효율성을 자랑한다. 단순한 물리적 연결만으로도 향상된 속도를 제공하기 때문이다. 많은 산업용 통신이 이더넷 기반 솔루션으로 변모하는 이유가 바로 그러한 장점에 있다. TCP/IP를 활용한 이더넷 통신은 일반적으로 비결정적이며, 반응 시간은 100ms 남짓이지만, 산업용 이더넷 프로토콜은 수정을 거친 매체 접근 제어 MAC^Media Access Control 층을 활용해 대기시간을 줄이고, 결정적 응답성^Deterministic Responses을 높여 반응시간이 μs 단위까지 도달하였다. 이더넷을 활용하면 네트워크 토폴로지를 유연하게 선택할 수 있으며, 하나의 시스템에서 여러 개의 노드를 유연하게 구성할 수 있기 때문에 산업용 이더넷 통신의 사용이 점차 확대되어 가고 있다.

프로피넷은 공장 자동화를 위해 지멘스가 **이더넷을 사용해서 만든 산업용 통신**으로, 현재는 공개 표준화되어 PI^PROFIBUS & PROFINET International 협회가 관리하고 있다. 프로피넷은 이더넷 TCP/IP를 기반으로 한 통신으로 프로피버스 기술을 발전시킨 산업용 통신이다.

9.1.1 프로피넷 통신의 종류

프로피넷 통신에는 [그림 9-2]와 같이 분산형 입출력 장치 통합을 위한 프로피넷 I/O와, [그림 9-3]과 같이 분산형 자동화에서 모듈 방식의 설비를 만들어내기 위한 프로피넷 CBA가 있다. 프로피넷 I/O와 프로피넷 CBA는 제어 장치를 제어하는 방법으로 구분한 통신 방식이다.

프로피넷 I/O

프로피넷 I/O는 프로피넷 CBA에 포함되어 사용된다. 프로피버스의 리모트 I/O와 디바이스를 제어하는 방법은 동일하지만, 통신 방식으로 이더넷을 사용하기 때문에 이더넷 사용을 위한 내용이 프로피버스의 프로토콜에 부가되어 사용된다.

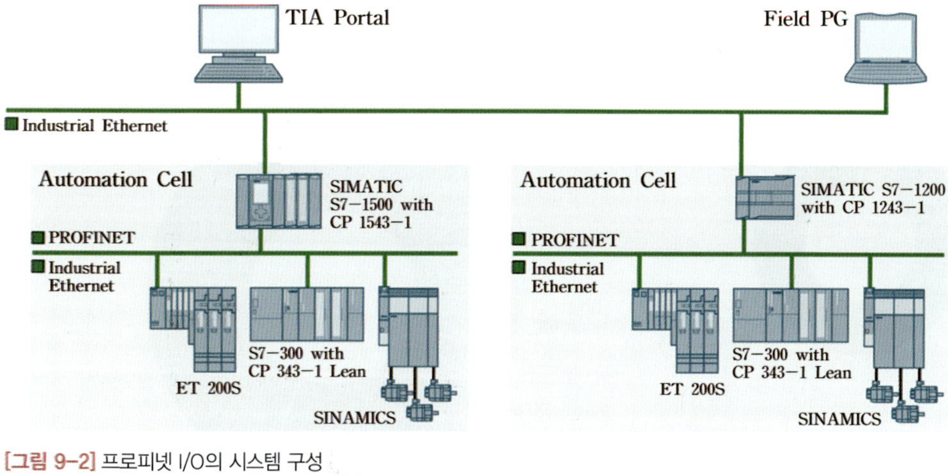

[그림 9-2] 프로피넷 I/O의 시스템 구성

프로피넷 CBA

프로피넷 CBA^Component Based Automation^는 전체 작업 공정을 여러 개의 서브 작업 공정으로 세분화하여 전체 공정을 만드는 것으로, 객체 지향 모델링을 적용하여 시스템을 구성하는 방식을 의미한다.

[그림 9-3(a)]와 같은 음료수 제조 공정을 살펴보면, 공정별로 각각 다른 업체에서 제작된 여러 종류의 기계 장치들이 연결되어 전체 시스템이 만들어진다. 각각의 서브 작업 공정은 그림 [그림 9-3(b)~(c)] 처럼 해당 공정 작업을 세분화해서 프로그램 작업을 통해 만들어진다. 업체에서 제작해서 제공한 프로그램인 [그림 9-3(d)]를 [그림 9-3(e)]처럼 프로피넷 전용 툴을 이용하여 작업하게 되면 장비 제작업체로부터 독립적인 프로그램을 완성할 수 있다.

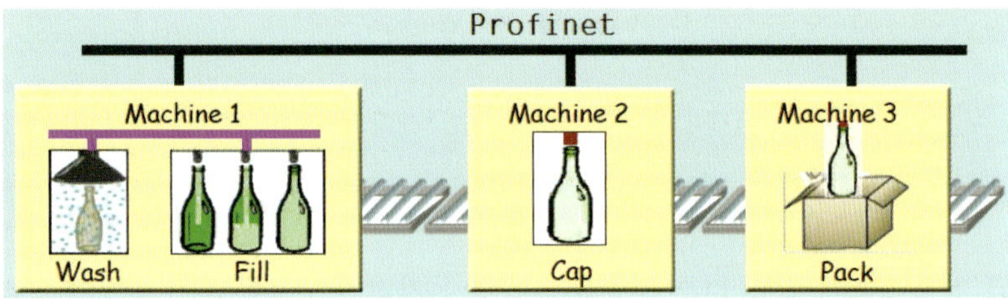

(a) 전체 공정을 서브 작업 공정으로 분류

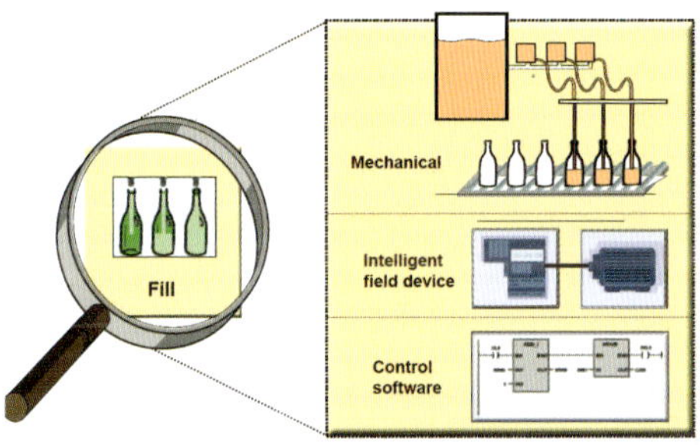

(b) 서브 작업 공정의 시스템 구성

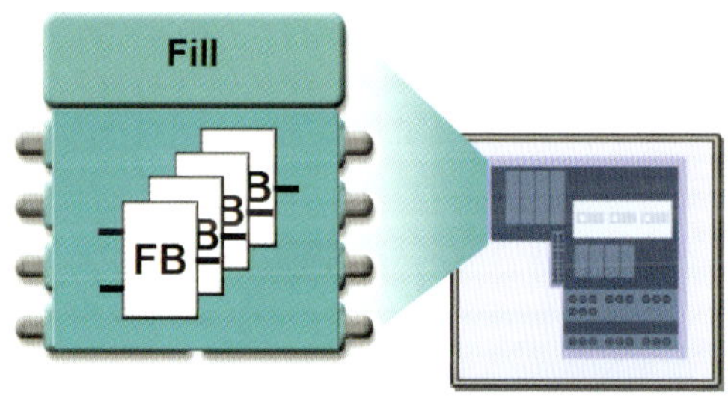

(c) 서브 작업 공정의 프로그램 구성

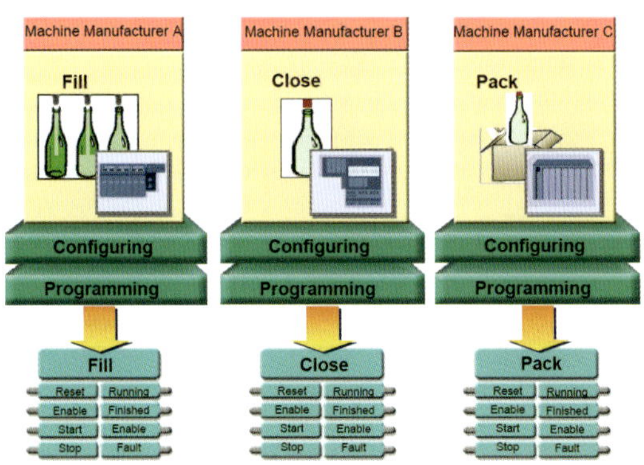

(d) 공정별로 프로그램 작성

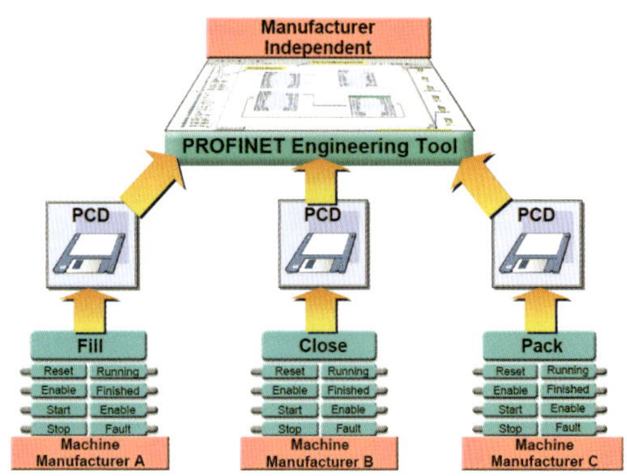

(e) 공정별 프로그램을 통합하여 전체 프로그램 완성

[그림 9-3] 프로피넷 CBA의 시스템 구성 (계속)

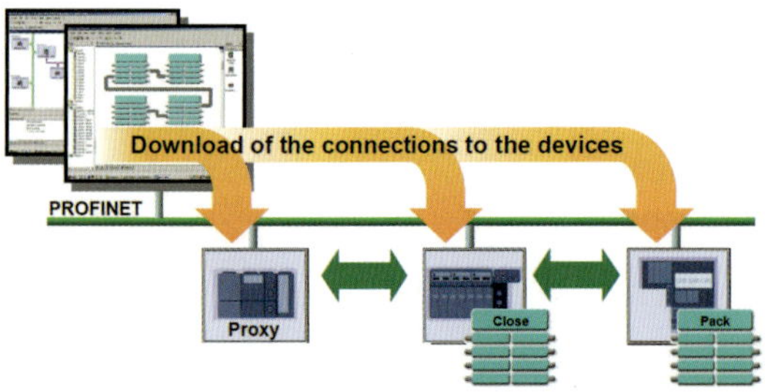

(f) 공정별 프로그램을 해당 장비에 다운로드

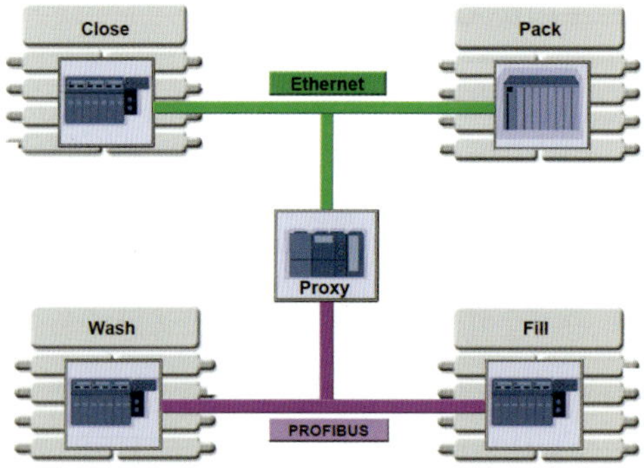

(g) 공정별 네트워크 구성으로 시스템 완성

[그림 9-3] 프로피넷 CBA의 시스템 구성
(출처 : http://www.profibus.org.pl/index.php?option=com_docman&task=doc_view&gid=24)

완성된 프로그램을 각각의 서브 공정에 다운로드([그림 9-3(f)])하고, 각각의 서브 공정을 프로피버스와 프로피넷으로 연결하면 전체 시스템의 구성이 완성된다([그림 9-3(g)]).

각기 다른 업체에서 공급된 기계 장치는 각기 다른 자동화 환경과 독자적인 구조를 갖고 있으며, 개별적인 PLC에 의해 제어되지만, 프로피넷 CBA를 사용하면 이들을 손쉽게 통합할 수 있다. 따라서 오늘날 복잡한 자동화 시스템을 구성하는 데 널리 사용되고 있다.

[그림 9-4]는 프로피넷 CBA의 구성도를 나타낸 것이다.

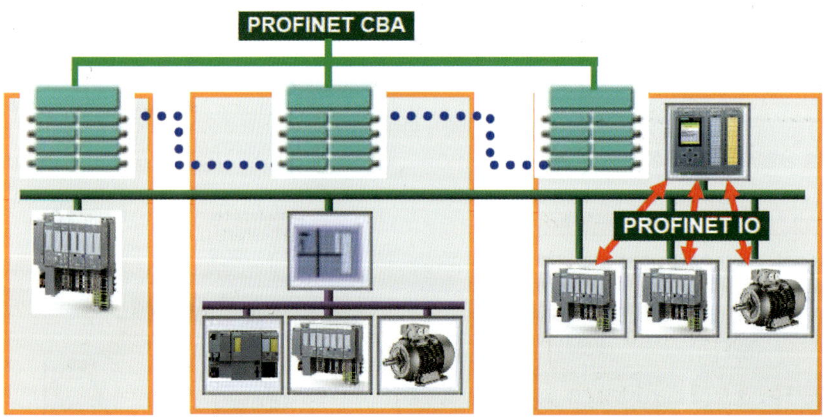

[그림 9-4] 프로피넷 CBA의 구성도

9.1.2 통신 속도에 따른 프로피넷 통신 방식의 구분

프로피넷 통신에는 이더넷이 사용되기 때문에 통신 장비들이 동시에 통신하면서 발생하는 충돌을 방지하기 위한 방법의 하나로 CSMA/CD[Carrier Sense Multiple Access with Collision Detection] 프로토콜을 사용한다. 데이터 충돌을 해결하는 프로토콜은 데이터 전송을 불규칙하게 지연시키는 문제를 발생시킨다. 산업용 이더넷 통신은 정해진 시간 내에 통신을 할 수 있어야 하기 때문에 산업용 이더넷 포트는 **전이중화**(양방향 통신Full-Duplex)를 지원하는 이더넷 스위치를 사용한다. 전이중화는 전송 및 수신을 위한 물리적인 개별 회선을 보유하고 있으므로 전송 및 수신 신호 사이에 데이터 충돌이 발생하지 않는다.

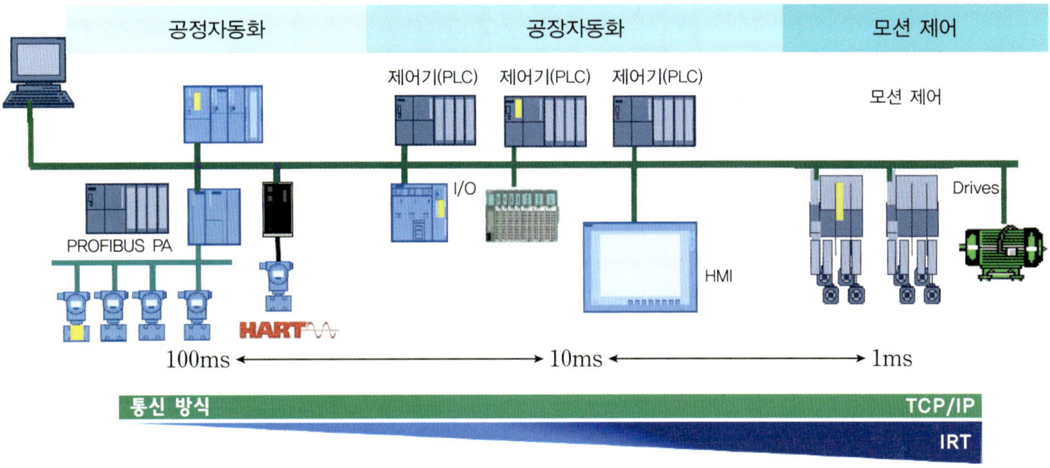

[그림 9-5] 프로피넷의 통신 속도에 따른 산업 환경 구분

프로피넷 NRT

프로피넷 NRTNon Real Time는 빠른 송수신 통신이 필요하지 않은 경우에 사용하는 프로피넷 통신 방식으로서, 통신 사이클 타임이 100ms이며 통신 프로토콜로 UDP/IP를 사용한다. 이는 프로피넷 I/O 및 프로피넷 CBA에서 주로 사용하는 통신 방식이다.

프로피넷 RT

프로피넷 RTReal Time는 빠른 송수신 통신이 필요한 경우에 사용하는 프로피넷 통신 방식으로, 통신 사이클 타임이 10ms이다. I/O 데이터는 이더넷 프로토콜을 사용하여 직접 데이터 통신을 하고 진단과 구성은 일반 UDP/IP를 사용한다. 빠른 처리 속도를 요구하는 프로피넷 I/O 및 프로피넷 CBA에서 사용하고 모션 제어에도 사용한다.

프로피넷 IRT

프로피넷 IRTIsochronous Real Time는 운송장비 또는 로봇처럼 복잡한 드라이브 시스템으로 구성된 모션 제어에 사용되는 프로피넷 통신 방식으로서, 통신 사이클 타임은 1ms 미만이다. 따라서 고속동작을 필요로 하는 모션제어 장치에 사용한다.

9.2 프로피넷 통신을 이용한 리모트 I/O 및 디바이스 제어

프로피넷 통신을 사용해서 리모트 I/O와 인버터를 제어하는 방법을 살펴보자. 실습에 사용하는 시스템 구성은 [그림 9-6]처럼 S7-1200 CPU와 리모트 I/O인 ET200SP, 인버터 FR-E800과 G120이 프로피넷에 연결되어 있다.

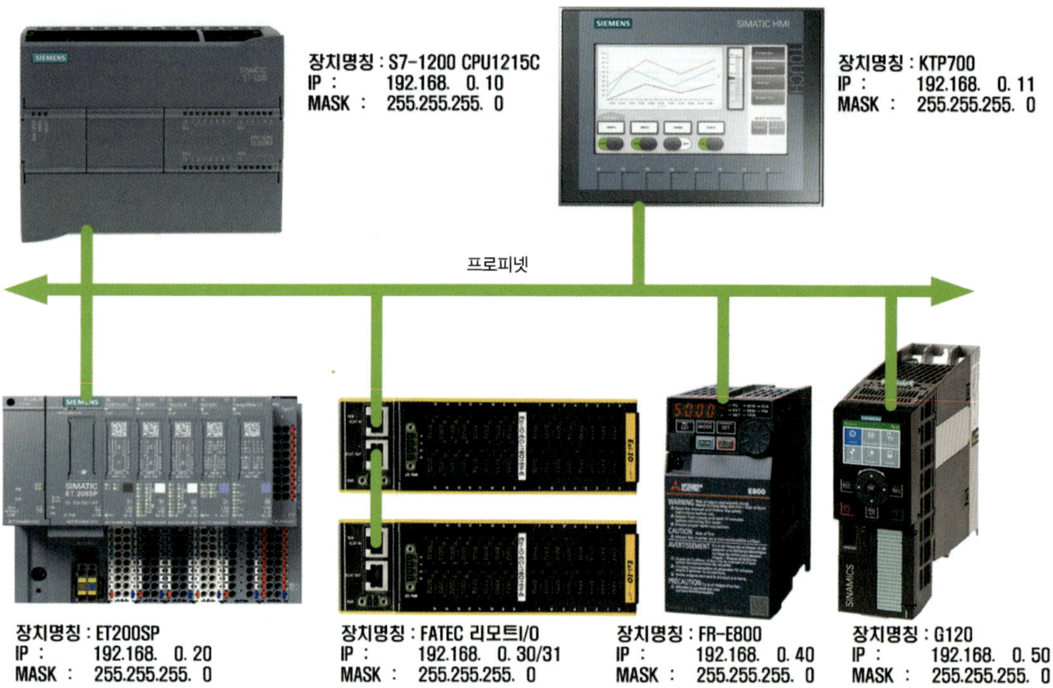

[그림 9-6] 실습에 사용할 프로피넷의 전체 시스템 구성도

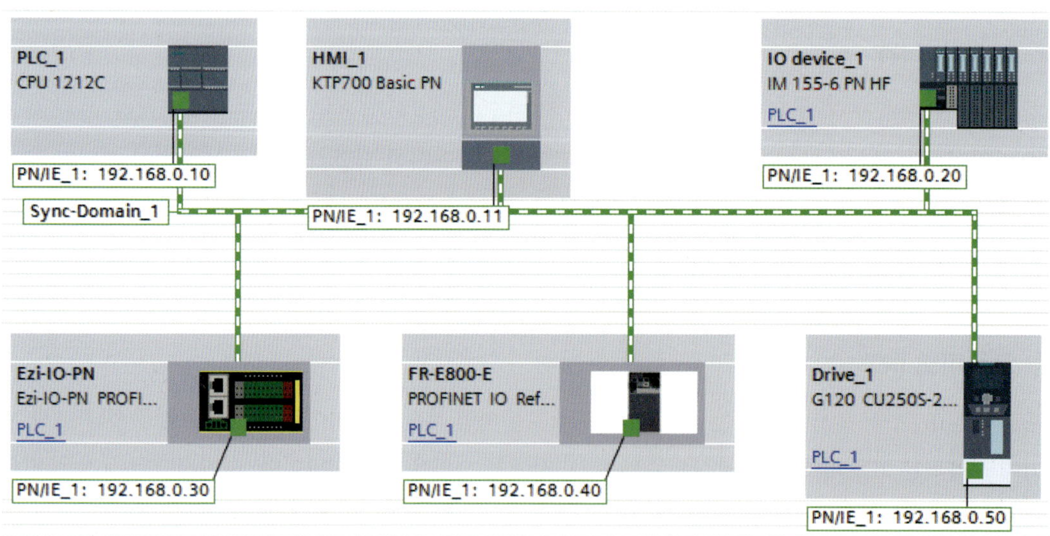

[그림 9-7] 프로피넷 통신을 위한 시스템 구성도

프로피넷 통신은 통신 선로로 이더넷을 사용한다는 것만 다를 뿐, PLC의 입출력 메모리를 사용하여 데이터 통신하는 방식은 프로피버스 통신 방식과 동일하다. 따라서 프로피넷 통신을 위해 필요한 작업은, TIA Portal에서 S7-1200 CPU와 리모트 I/O 및 인버터를 프로피넷 통신으로 연결하는 작업을 통해 인버터 제어에 필요한 기능을 CPU의 입출력 메모리에 할당하는 것이다. 이 작업이 완료되면, PLC의 입출력 메모리를 사용하듯이 프로피넷 통신으로 연결된 장치들을 사용할 수 있다.

9.2.1 ET200SP의 구성

이 책의 실습에 사용하는 ET200SP는 리모트 I/O 모듈이다. 이 모듈은 프로피넷 통신을 지원하는 2개의 이더넷 포트가 장착되어 있어 이중화 통신이 가능하다는 장점이 있다.

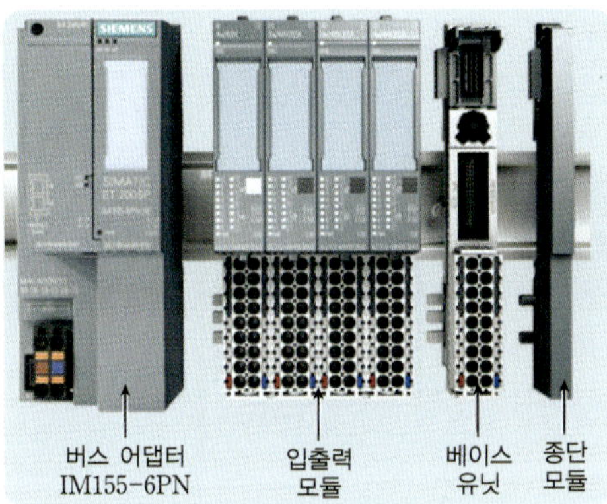

- 버스 어댑터Bus Adapter 및 인터페이스 모듈 : 프로피넷 통신에 ET200SP를 연결하는 모듈
- 보조 모듈Peripherie Module : 버스 어댑터를 통해 연결되는 디지털 입출력과 아날로그 입출력 모듈
- 베이스 유닛Base Unit : 보조 모듈이 설치되고 신호선을 연결하는 유닛
- 종단 모듈Server Module : ET200SP의 구성 끝단에 설치되는 모듈

[그림 9-8] ET200SP의 구성품 종류 및 역할

실습에 사용하는 ET200SP의 구성은 [표 9-1]과 같다. ET200SP를 사용하기 위해서는 사전에 프로피넷에 연결할 ET200SP의 구성을 파악하고 있어야 한다. 따라서 [표 9-1]처럼 사용할 ET200SP의 구성품에 대한 도표를 만들면, TIA Portal에서 프로피넷 시스템을 구성할 때 편하다. 실습에 사용하는 ET200SP의 구성을 살펴보면 디지털 입력 8점, 디지털 출력 8점으로 구성되어 있다.

[표 9-1] 실습에 사용할 ET200SP의 구성

구분	제품명	품번	버전
버스 어댑터 및 인터페이스 모듈	BA 2×RJ45	6ES7 193-6AR00-0AA0	
	IM155-6PN-HF	6ES7 155-6AU00-0CN0	V3.3
입력 모듈	DI 8×24Vdc HF	6ES7 131-6BF00-0CA0	V2.0
출력 모듈	DQ 8×24Vdc/0.5A HF	6ES7 132-6BF00-0CA0	V2.0
종단 모듈	Server Module	6ES7 193-6PA00-0AA0	V1.1

프로피넷 통신을 위해 시스템을 구성하는 방법은 [표 9-2]를 참고하기 바란다.

[표 9-2] 프로피넷 통신을 위한 시스템 구성 절차

순서	내용
1	**ET200SP를 추가 설치하기 위한 하드웨어 구성하기** 실습에 사용하는 PLC CPU와 HMI를 설치하고 실습 조건에 맞게 IP를 변경한다. 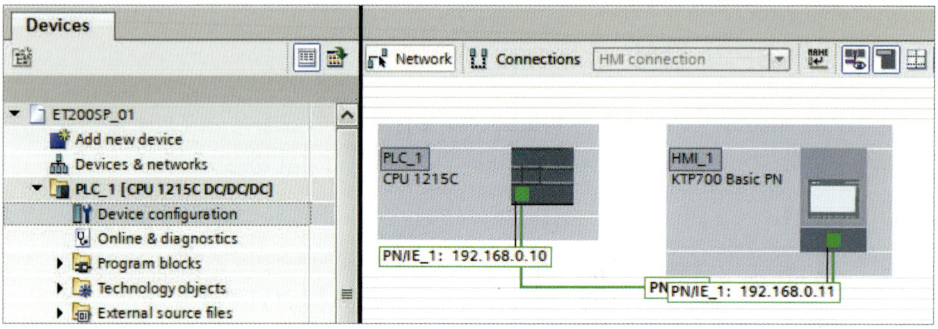
2	**하드웨어 카탈로그 살펴보기** 하드웨어 카탈로그에서 실습에 사용할 ET200SP의 인터페이스 모듈을 선택해 〈Network view〉 창에 마우스 커서로 드래그해서 설치한다. 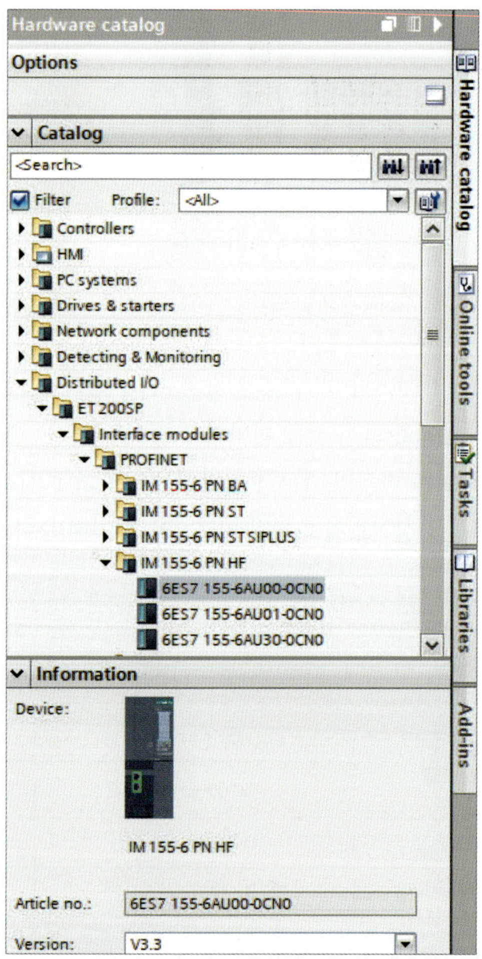

3	**ET200SP 설치하기** 하드웨어 카탈로그에서 〈Network view〉 창으로 가져온 ET200SP의 이더넷 IP를 192.168.0.20으로 설정한다.	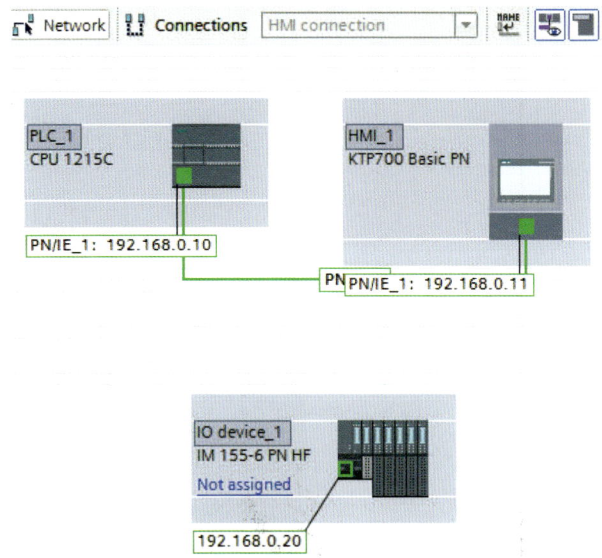
4	**ET200SP의 프로피넷 연결하기(1)** ❶ CPU의 이더넷 포트와 ET200SP의 이더넷 포트를 마우스 커서로 선택해서 서로 연결한다. ❷ ET200SP의 이더넷 포트를 선택한 후 마우스 오른쪽 버튼을 눌러 나타난 항목을 선택한다.	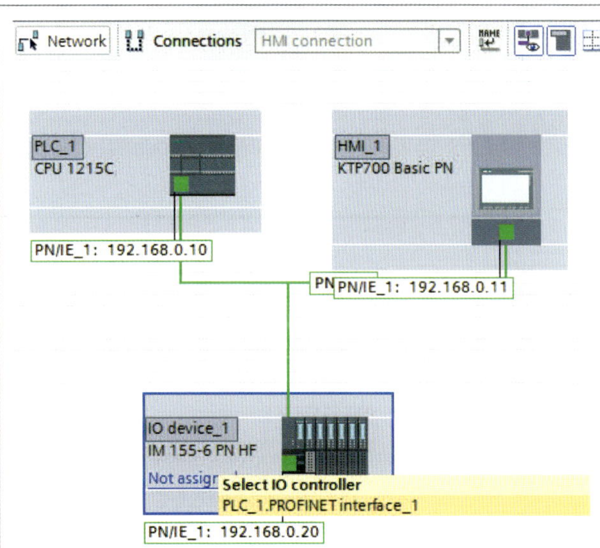
5	**ET200SP의 프로피넷 연결하기(2)** ET200SP의 프로피넷 연결이 완성된 모습이다. 프로피넷 연결이 완성된 ET200SP를 마우스 왼쪽 버튼을 더블 클릭해서 상세 항목을 설정한다.	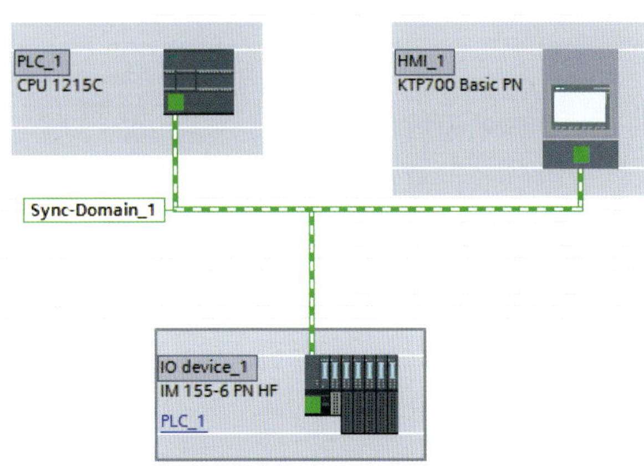

6

ET200SP의 상세 항목 설정하기

[표 9-1]의 ET200SP의 구성 내용을 가지고 하드웨어 카탈로그에서 해당 항목을 해당 슬롯에 설치한다.

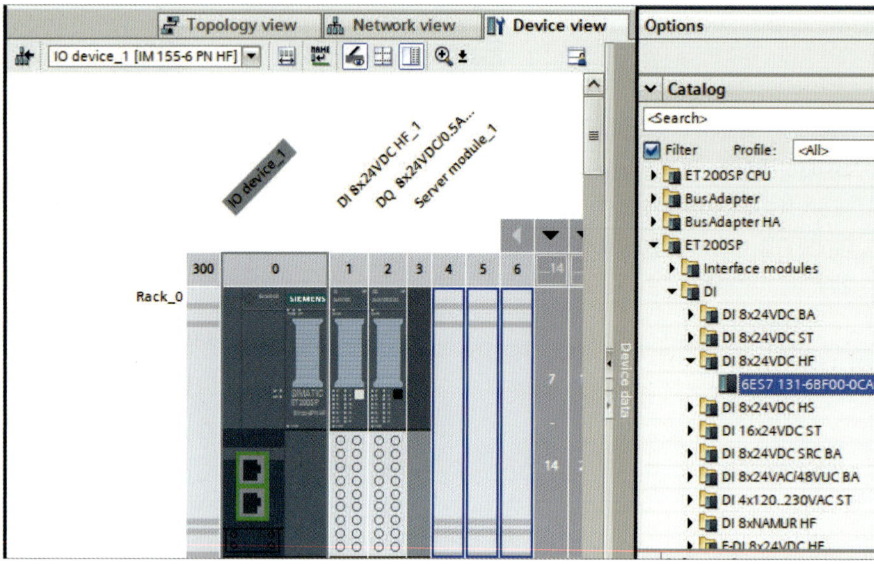

7

입출력 모듈의 속성 설정하기

ET200SP에 사용되는 입출력 모듈의 [Properties] 탭을 클릭하고 [General] 탭을 클릭한 후, Potential group의 메뉴에서 'Enable new potential...' 항목을 선택한다.

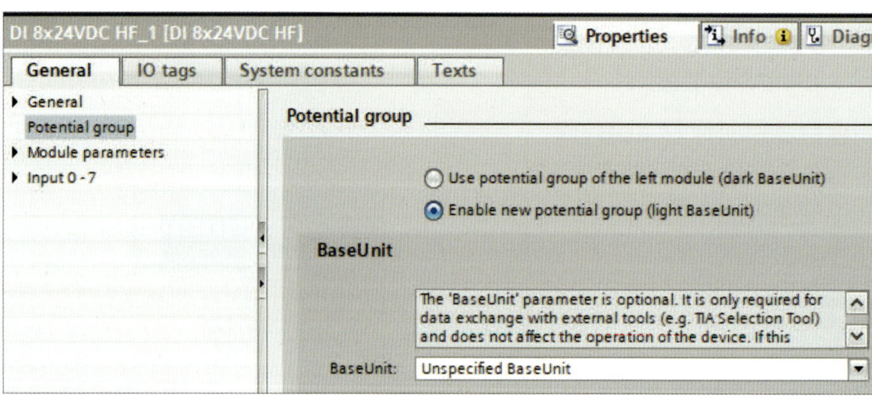

8

하드웨어 구성 컴파일하기

하드웨어 구성을 컴파일해서 문제가 없는지 확인한다.

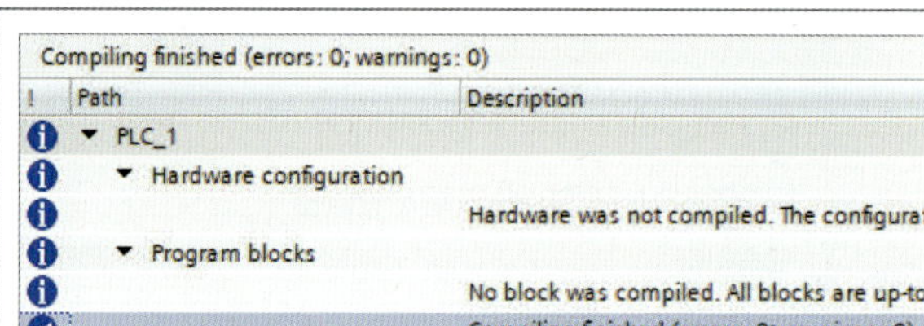

9 **ET200SP의 입출력 모듈에 할당된 입출력 번지 확인하기**

ET200SP의 구성을 마친 하드웨어를 컴파일하도록 입출력 모듈에 메모리 번지가 할당되는 것을 확인할 수 있다. 실습에서는 하드웨어 구성에서 설정된 입력 번지를 %IB10, 출력 %QB10으로 변경한다. 필요에 따라 입출력 번지를 변경해서 사용한다.

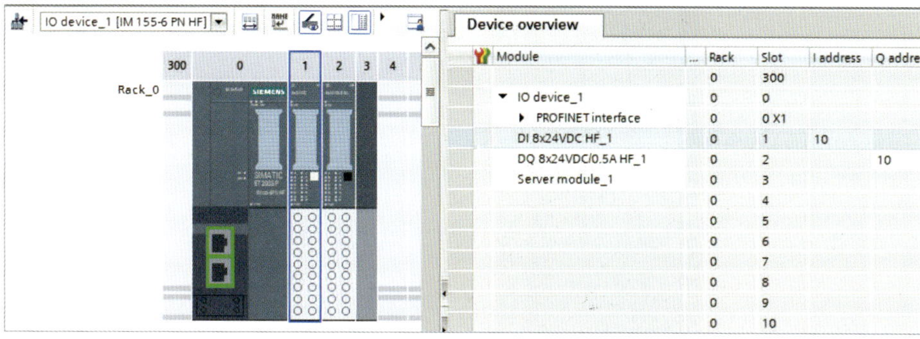

9.2.2 파스텍 리모트 I/O 설치

파스텍 사는 모션 컨트롤 분야에 필요한 모션 제어기기와 함께 고속 이더넷을 기반으로 한 필드버스 리모트 I/O 제어기기를 제작하는 업체로, 프로피넷을 지원하는 리모트 I/O를 시판하고 있다.

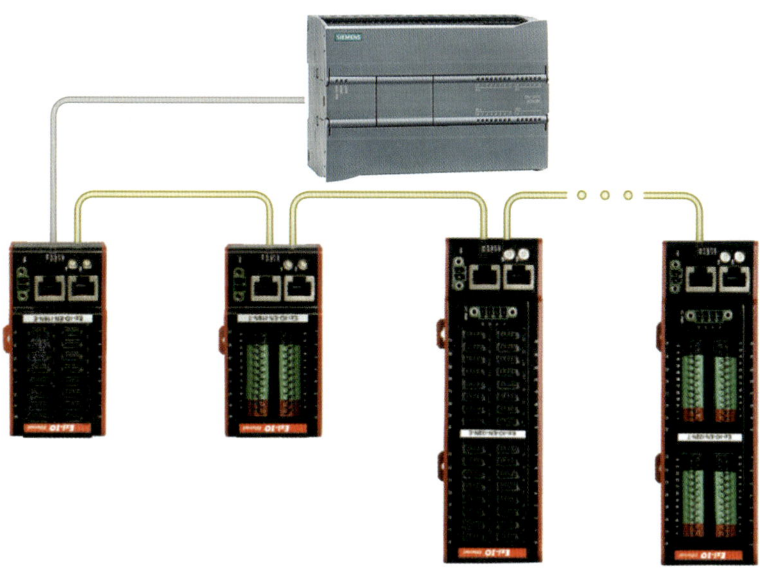

[그림 9-9] 파스텍 리모트 I/O 시스템 구성

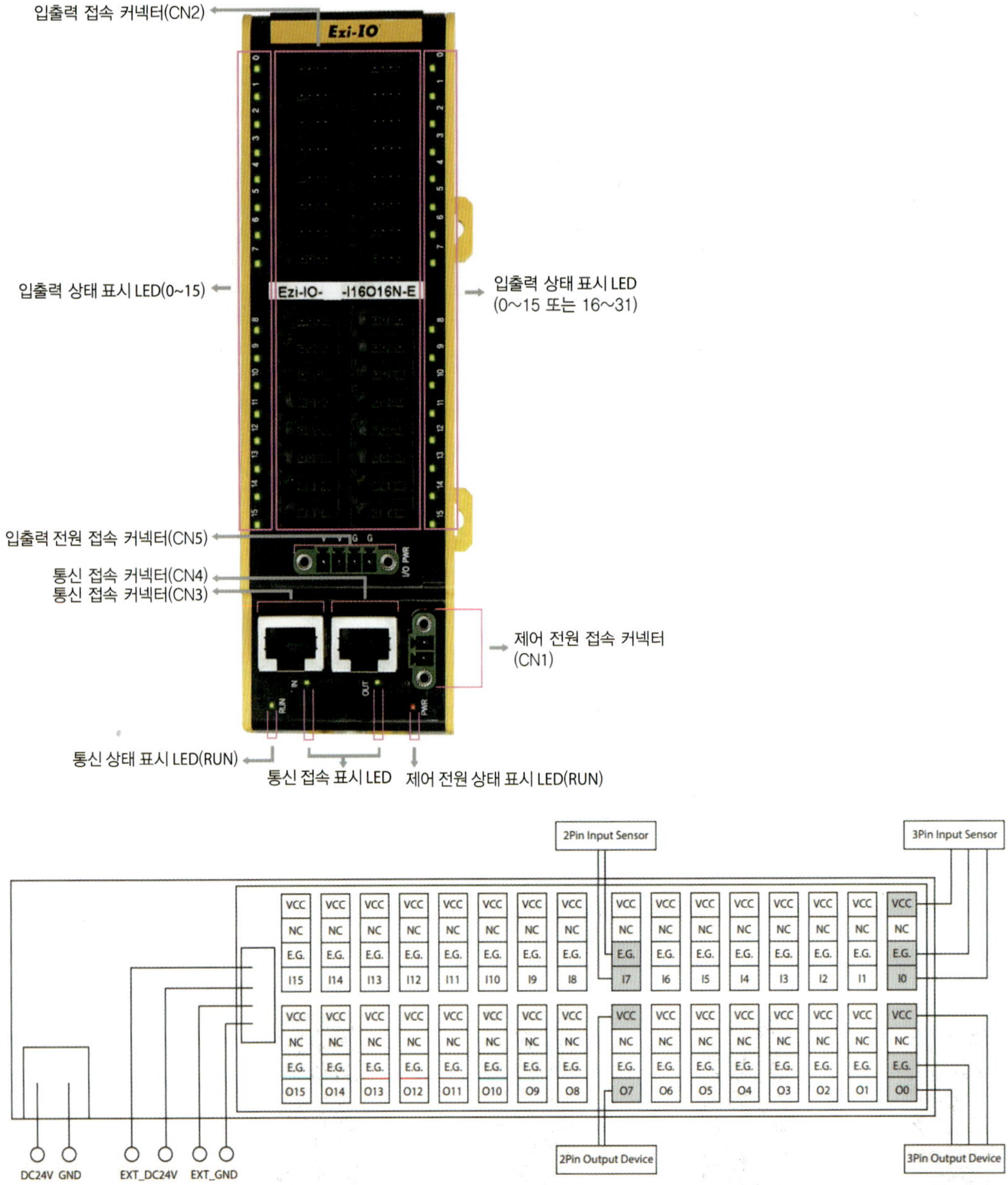

[그림 9-10] Ezi-IO-PN-I16016N-E 모듈의 외형과 입출력 결선 방법

실습에서는 [그림 9-10]에 나타낸 입출력 혼합모듈을 사용하는데, 해당 제품을 사용하기 위해서는 파스텍에서 지원하는 GSD 파일을 TIA Portal의 하드웨어 카탈로그에 포함해야 시스템을 구성할 수 있다.

GSD 파일을 사용한 FATEC 리모트 I/O를 사용하기 위하여 GSD 파일을 하드웨어 카탈로그에 포함하는 절차를 살펴보자.

[표 9-3] 파스텍의 GSD 파일 설치 절차

<table>
<tr><th>순서</th><th colspan="2">내용</th></tr>
<tr><td>1</td><td>GSD 파일 설치 메뉴 선택하기
TIA Portal의 상단 메뉴에서 [Options] 탭을 클릭한 후 GSD 설치를 위한 세부 메뉴를 선택한다.</td><td>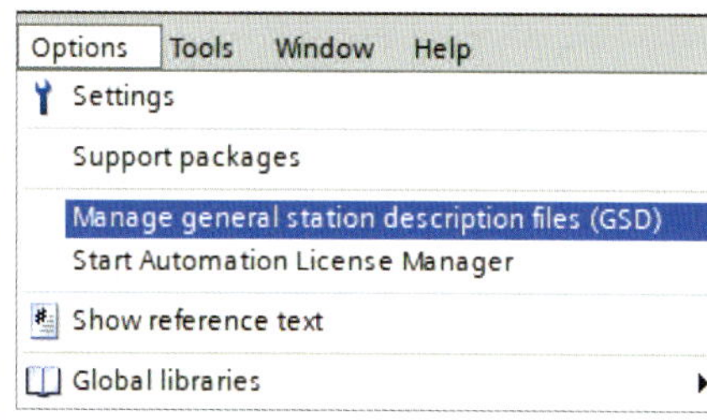
</td></tr>
<tr><td>2</td><td>GSD 파일이 있는 폴더 선택하기
❶ 설치할 GSD 파일이 있는 폴더를 선택한다. 폴더를 선택해도 상세 파일 내용이 나타나지 않을 수 있다.
❷ [Install] 버튼을 클릭하면 GSD 파일이 설치되고 설치가 완료되면 하드웨어 카탈로그에 제품이 추가된다.</td><td>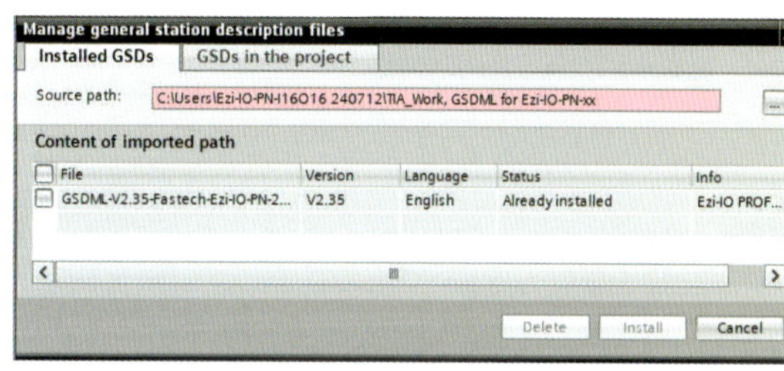
</td></tr>
<tr><td>3</td><td>파스텍 제품의 카탈로그 추가하기
GSD 파일이 성공적으로 설치되면 TIA Portal의 하드웨어 카탈로그에 파스텍 제품이 포함된 것을 확인할 수 있다.</td><td>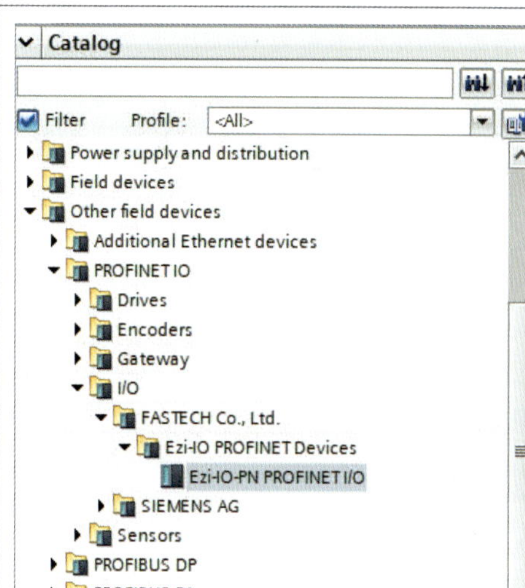
</td></tr>
</table>

4

하드웨어 구성에 파스텍 추가하기

하드웨어 카탈로그에서 파스텍의 프로피넷 I/O 모듈을 TIA Portal의 〈Network view〉 창에서 추가한다.

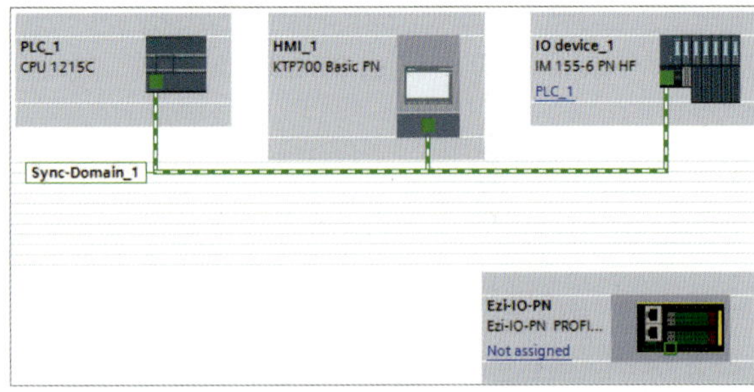

5

파스텍 모듈에 상세 제품 설정하기

파스텍 모듈을 더블 클릭해서 나타난 화면에서 [Device overview]에서 실제로 사용할 상세 제품(Ezi-IO-PNI16O16)을 추가한다.

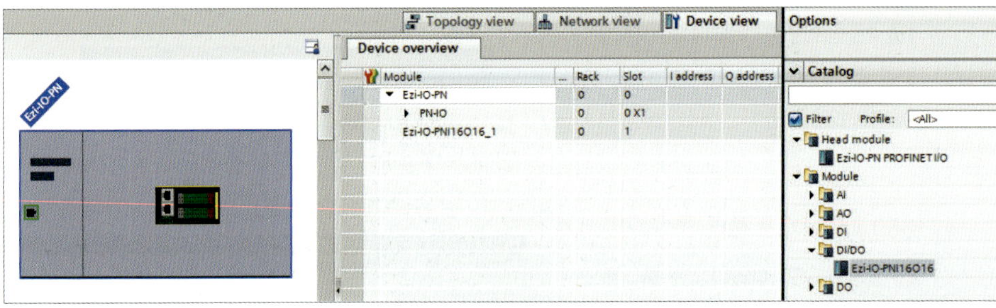

6

파스텍 모듈의 Assign 설정하기

설치된 파스텍 모듈의 항목에서 Not assigned을 마우스로 선택한 후에 오른쪽 버튼을 클릭하여 나타난 메뉴에서 'Assign to'를 선택한 다음 PLC1과 연결한다.

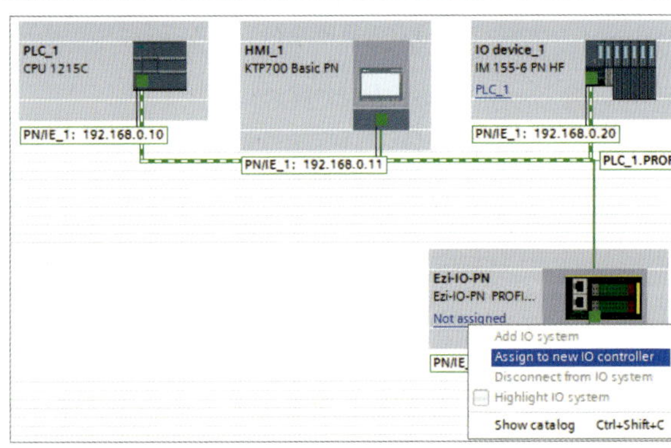

7

파스텍 Device overview 살펴보기

입력 16점, 출력 16점을 사용하는 Ezi-IO-PNI16O16 모듈에 2바이트 크기의 입출력 메모리가 할당된 것을 확인할 수 있다.

Device overview

Module	...	Rack	Slot	I address	Q address	Type
▼ Ezi-IO-PN		0	0			Ezi-IO-PN PROFINE...
▶ PN-IO		0	0 X1			Ezi-IO-PN
Ezi-IO-PNI16O16_1		0	1	3...4	3...4	Ezi-IO-PNI16O16

9.2.3 FR-E800 인버터

미쓰비시 사가 시판하는 [표 9-4]의 ER-800-EPB를 사용해 유도 전동기의 속도를 제어하는 프로그램의 작성법에 대해 살펴보자.

[표 9-4] FR-E800 인버터에서 지원하는 통신 프로토콜의 종류

형명	CC-Link IE TSN	CC-Link IE 필드	MODBUS TCP	PROFINET	EtherNet/IP	BACnet/IP
FR-E800-EPA	●	●	●	-	●	●
FR-E800-EPB	●	●	●	●	-	-

프로피넷 통신을 위한 이더넷 케이블의 접속방법은, 라인 접속으로 통신 커넥터 PROT1은 마스터 측에 접속하고 PORT2 커넥터를 다음 통신용 커넥터(PORT1)에 접속한다.

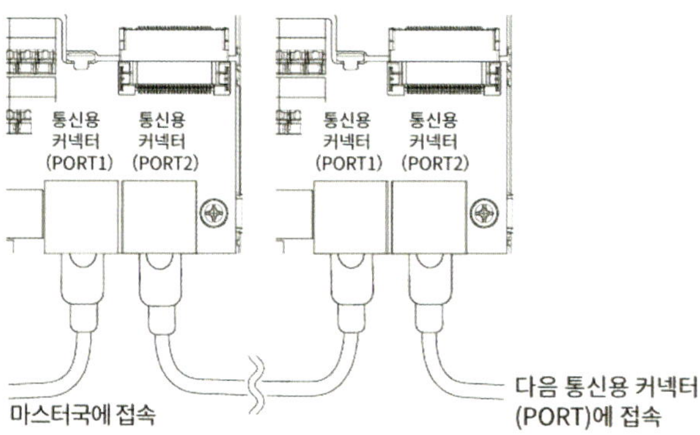

[그림 9-11] FR-E800 이더넷 케이블 결선도

타사 제품을 프로피넷으로 연결하기 위해서는 제품을 하드웨어 카탈로그에 추가하기 위해 GSD 파일을 다운로드해야 한다. 다음의 홈페이지에 접속하면 해당 프로그램을 다운로드할 수 있다.

- **GSD 파일 다운로드 사이트**

  https://www.mitsubishielectric.co.jp/fa/products/drv/inv/support/e800/network.html

[표 9-5] FR-E800 인버터의 GSD 파일 설치 절차

순서	내용	
1	**GSD 파일 압축 풀기** 다운로드한 압축파일을 해제한다.	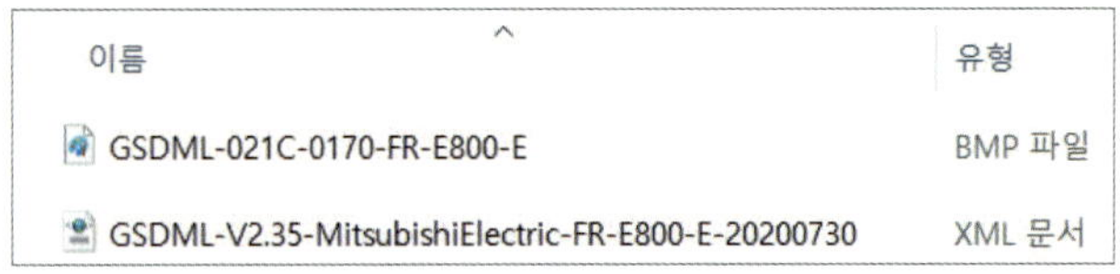
2	**GSD 설치 메뉴 선택하기** TIA Portal의 상단 메뉴에서 [Options] 탭을 클릭한 후 GSD 설치를 위한 세부 메뉴를 선택한다.	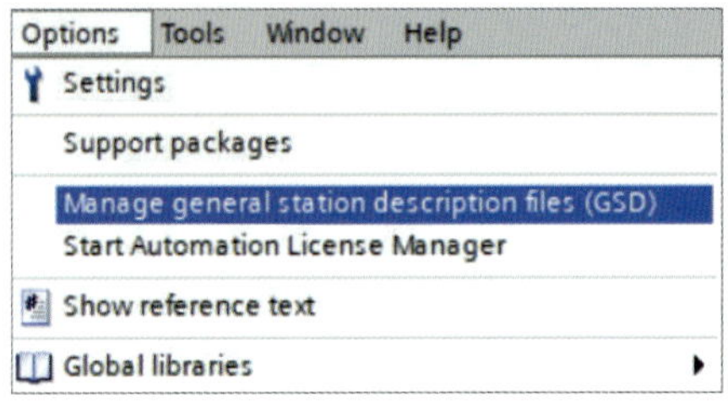
3	**GSD 설치 폴더 선택하기** Source path에서 GSD 파일이 설치된 폴더를 선택한다.	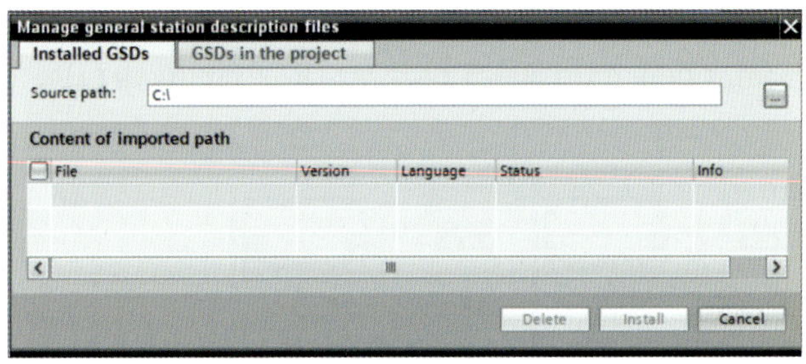
4	**폴더 선택하기** GSD 파일이 설치된 폴더를 선택했을 때 '일치하는 항목이 없습니다'라는 빈 화면이 나타나도 하단의 [폴더 선택] 버튼을 클릭한다.	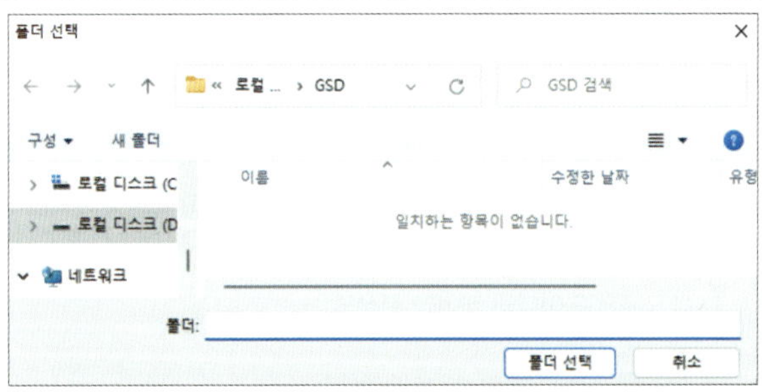
5	**설치할 GSD 파일 선택 및 설치하기** 설치할 GSD 파일을 선택한 후에 [Install] 버튼을 클릭한다.	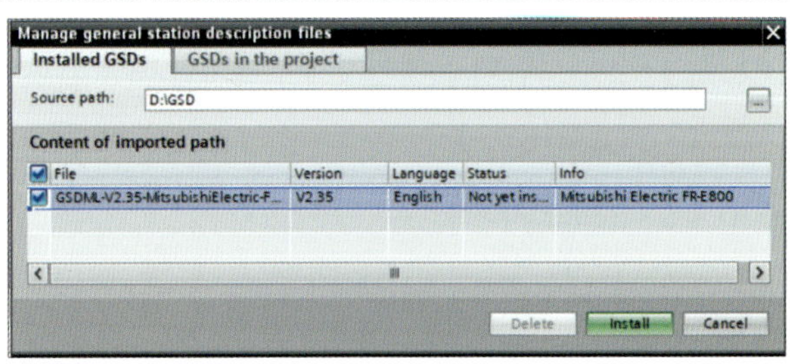
6	**하드웨어 카탈로그에 추가하기** [Install additonal files] 버튼을 클릭하여 GSD 파일의 내용을 TIA Portal의 하드웨어 카탈로그에 추가한다.	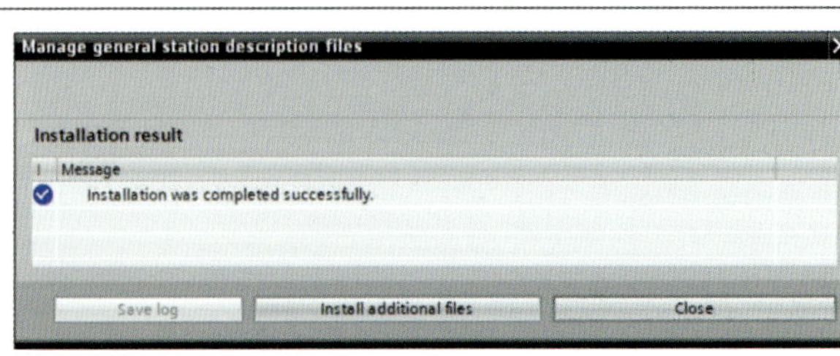

7	**하드웨어 카탈로그 추가 화면** GSD 파일의 내용을 하드웨어 카탈로그에 추가하는 동안 로딩창이 나타난다. 이때 창이 자동으로 닫힐 때까지 잠시 기다린다.	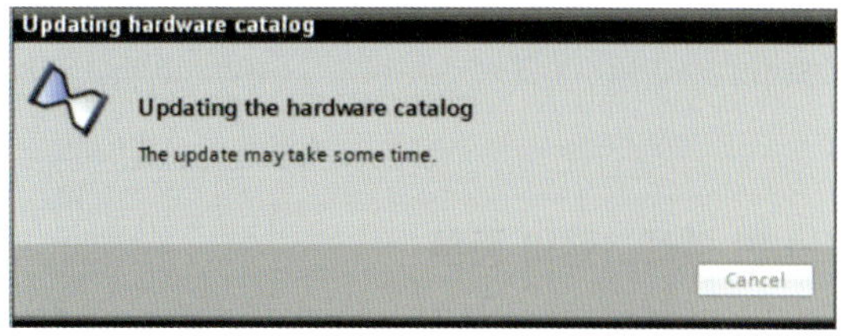
8	**설치한 GSD 파일 확인하기** ❶ 하드웨어 카탈로그에서 Filter 항목의 체크 표시를 해제하면 모든 카탈로그 항목이 나타난다. ❷ [Other field devices] 폴더의 내부를 살펴보면 실습에 사용할 FR-E800 인버터가 추가되어 있음을 확인할 수 있다.	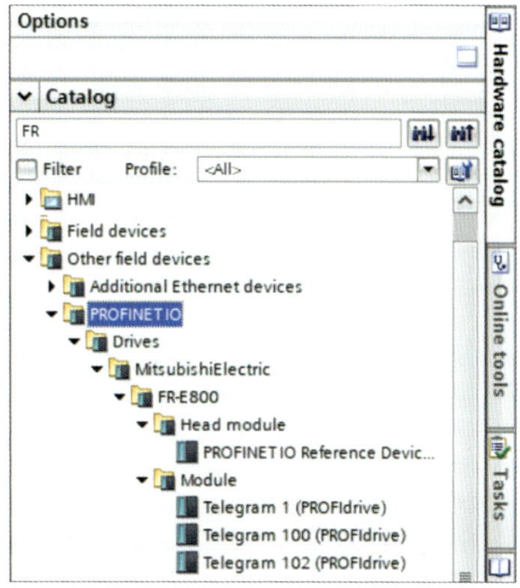

FR-E800 인버터의 파라미터 설정

프로피넷으로 인버터를 제어하기 위해서는 인버터의 IP를 설정하고 인버터에서 사용할 통신 프로토콜을 프로피넷으로 설정해야 한다. 프로토콜 설정은 Pr.1427 ~ Pr.1430에서 이루어지며, Pr.1429에는 초깃값이 45238(CC-Link IE TSN)이므로 34962(프로피넷)로 변경해야 한다. 만약 Pr.1427 ~ Pr.1430 중에 45238이 설정되어 있으면 CC-Link IE TSN이 우선 적용되고 프로피넷은 무시된다.

[표 9-6] FR-E800 인버터를 프로피넷으로 사용하기 위한 파라미터 설정 항목

파라미터 번호	명칭	초깃값	설정 범위	실제 설정내용
Pr.1434	인버터 IP 설정	192	0 ~ 255	192
Pr.1435		168		168
Pr.1436		50		0
Pr.1437		1		40
Pr.1427	통신 프로토콜 선택	5001	502, 5000~5002, 5006~5008 5010~5013, 9999, 34962, 45237, 45238, 61450	-
Pr.1428		45237		-
Pr.1429		45238		34962
Pr.1430		9999		-

[표 9-6]처럼 파라미터를 실습조건에 맞게 변경한 후에 인버터의 전원을 OFF → ON할 때 변경된 파라미터가 적용된다.

사용 가능한 텔레그램의 종류

지멘스에서는 드라이브(인버터 또는 서보) 제어를 위한 다양한 통신용 제어 데이터 형식을 가지고 있는데, 이를 텔레그램Telegram이라 한다. 우리말로 번역하면 전화기가 나오기 이전에 모스 부호를 사용하여 멀리 떨어진 곳에 있는 친인척에게 긴급한 연락사항을 문자로 전달하는 '전보'를 의미한다. 텔레그램의 형식은 한 종류로 고정되어 있지 않고 제어하는 내용에 따라 여러 종류로 구분되어 있으며, 필요한 텔레그램을 선택해서 사용할 수 있다.

FR-E800에서 사용 가능한 텔레그램의 종류를 [표 9-7]에 나타내었다. 실습에서는 [표 9-7]처럼 송수신이 각각 2워드로 구성된 텔레그램 1번을 사용한다.

[표 9-7] FR-E800 인버터에서 지원하는 텔레그램의 종류

텔레그램 종류	설명	데이트 크기(워드)
1	Standard Telegram 1 (Speed control)	2
100	Telegram 100(Torque control)	3
102	Telegram 102(Custom)	Setpoint Telegram : 21 Actual Telegram : 29

텔레그램 1번의 송신용 텔레그램은 인버터의 동작 상태를 제어하기 위해 비트별 설정을 해야 하는 STW1과 인버터의 운전속도 설정을 위한 16비트 워드 크기의 NSOLL_A로 구성되어 있다. 수신용 텔레그램도 인버터 동작 상태 각각의 비트별로 확인 가능한 ZSW1과 인버터의 실제 운전속도를 확인할 수 있는 16비트 워드 크리의 NIST_A로 구성되어 있다.

[표 9-8] 텔레그렘 1번의 구성 내용

송신용 텔레그램(PLC → FR-E800)			수신용 텔레그램(PLC ← FR-E800)		
명칭	크기	기능	명칭	크기	기능
STW1	16비트	Control word	ZSW1	16비트	Status word
NSOLL_A	16비트	Main setpoint value	NIST_A	16비트	Main actual value

[표 9-9] 텔레그램 1번의 송수신용 STW1과 ZSW1의 비트별 용도

STW1 비트별 기능		ZSW1 비트별 기능	
비트	용도	비트	용도
0	ON/OFF	0	동작 준비 상태
1	출력차단	1	동작 대기 상태
2	긴급정지	2	운전 상태
3	운전허가	3	알람 상태
4	미사용	4	출력차단 상태
5	가감속	5	긴급정지 상태
6	설정주파수 유효	6	정지 상태
7	에러 클리어	7	경고 발생
8	미사용	8	–
9	미사용	9	제어 상태
10	PLC에서 제어 유효	10	미사용
11	설정 토크 유효	11	미사용
12	기동지령방향	12	미사용
13	미사용	13	미사용
14	미사용	14	미사용
15	미사용	15	미사용
16	미사용	16	미사용

인버터의 유도 전동기 정지 방법

프로피넷 통신으로 제어되는 FR-E800에 연결된 유도 전동기를 정지하는 방법은 [그림 9-12]처럼 3가지로 구분된다.

(a) OFF1 정지 : 정상 정지 방법으로 인버터의 파라미터에 설정한 감속시간에 따라서 감속 정지한다.

(b) OFF2 정지 : 인버터에서 유도 전동기로 공급되는 전원을 차단하여 정지하는 방법으로, 유도 전동기는 자체 관성으로 스스로 정지한다.

(c) OFF3 정지 : 정상 정지 방법으로 별도의 파라미터(Pr.1103)에 설정한 감속시간에 의해 정지하는 방법이다.

(d) 시동조건 : 인버터의 운전은 STW의 비트1, 비트2가 ON되어 있는 상태에서 비트0의 상승펄스에서 시작된다. 따라서 OFF2와 OFF3에 의한 정지가 발생하면 정지 버튼을 누른 후에 단수 버튼을 눌러야 정상 동작한다.

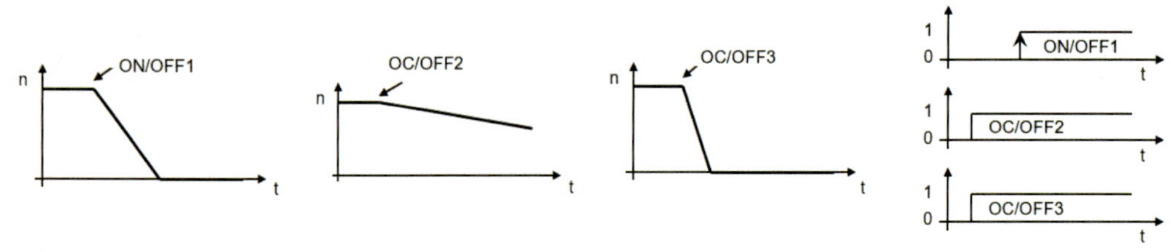

(a) OFF1 정지　(b) OFF2 정지　(c) OFF3 정지　(d) 시동조건

[그림 9-12] 인버터 정지 방법

STW의 비트별 기능

[표 9-10]에 인버터를 제어하기 위한 STW의 비트별 기능과 인버터 제어 용도에 따라 STW의 16진수 값을 나타내었다.

[표 9-10] STW의 비트별 기능과 제어를 위하여 16진수로 표현된 설정값

STW 비트별 기능		정지 ON/OFF1	정지 OFF2	정지 OFF3	운전	역회전	에러 해제
비트	기능						
0	ON/OFF	0	1	1	1	1	0
1	출력차단	1	0	1	1	1	1
2	긴급정지	1	1	0	1	1	1
3	운전허가	1	1	1	1	1	1
4	미사용	0	0	0	0	0	0
5	가감속	1	1	1	1	1	1
6	설정주파수 유효	1	1	1	1	1	1
7	에러 클리어	0	0	0	0	0	1
8	미사용	0	0	0	0	0	0
9	미사용	0	0	0	0	0	0
10	PLC에서 제어 유효	1	1	1	1	1	1
11	설정 토크 유효	0	0	0	0	0	0
12	기동지령 방향	0	0	0	0	1	0
13	미사용	0	0	0	0	0	0
14	미사용	0	0	0	0	0	0
15	미사용	0	0	0	0	0	0
Hexcode		16#046E	16#046D	16#046B	16#046F	16#146F	16#04EE

ZSW의 비트별 기능

[표 9-11]에 인버터의 동작 상태를 모니터링하기 위한 ZSW의 비트별 기능과 인버터 동작 상태에 따라서 모니터링되는 16진수 값을 나타내었다. 인버터의 정상 정지 상태는 16#0231의 값이 모니터링된다.

[표 9-11] ZSW의 비트별 기능과 모니터링을 위한 16진수 표현값

ZSW 비트별 기능		정상 정지	인버터 정상 동작	OFF2 정지	OFF3 정지		에러 발생
비트	기능				정지 동작 중	정지 완료	
0	동작 준비 상태	1	1	0	1	0	0
1	동작 대기 상태	0	1	0	1	0	0
2	운전 상태	0	1	0	0	0	0
3	알람 상태	0	0	0	0	0	1
4	출력차단 상태	1	1	1	1	1	0
5	긴급정지 상태	1	1	1	0	1	1
6	정지 상태	0	0	1	0	1	1
7	경고 발생	0	0	0	1	0	0
8	-	0	0	0	0	0	0
9	제어 상태	1	1	1	1	1	1
10	미사용	0	0	0	0	0	0
11	미사용	0	0	0	0	0	0
12	미사용	0	0	0	0	0	0
13	미사용	0	0	0	0	0	0
14	미사용	0	0	0	0	0	0
15	미사용	0	0	0	0	0	0
Hexcode		16#0231	16#0237	16#0270	16#0293	16#0270	16#0268

Setpoint / Actual Point Value

[표 9-12]에서 STW와 NSOLL_A는 FR-E800에 연결된 유도 전동기의 회전 방향과 속도(출력 최고주파수가 60Hz인 경우) 설정값을 설정하기 위한 것이다. 유도 전동기의 회전방향을 정회전으로 하기 위해 STW의 설정값을 16#046F로 설정한 후에 NSOLL_A의 설정값을 음수로 설정하면 유도 전동기의 회전 방향은 역회전이다.

[표 9-12] G120의 모터 회전속도에 따른 NSOLL_A의 설정값

구분	STW 설정값	NSOLL_A 설정값 및 기능		
		설정값 (16진수)	설정값 (10진수)	인버터 주파수 (Hz)
정회전	16#046F	0x4000	16384	60
		0x3000	12288	45
		0x2000	8192	30
		0x1500	5376	19.68
		0x1000	4096	15
		0x0500	1280	4.69
		0x0000	0	0
역회전		0xF000	–4096	–15
		0xE000	–8192	–30
		0xC000	–16384	–60

통신 확인 램프

PLC와 인버터와의 통신이 정상적으로 연결되면 인버터의 LED는 다음과 같이 표시된다.

[표 9-13] FR-E800 인버터의 동작 확인 램프

LED 명칭	기능	LED 상태	비고	정상
NS	통신 상태	소등	전원 OFF/인버터 리셋 중	녹색 점등
		녹색점멸	마스터와 접속 미확립	
		녹색점등	마스터와 접속 확립	
MS	인버터 상태	소등	전원 OFF/인버터 리셋 중	녹색 점등
		녹색점멸	정상 동작	
		녹색점등	중고장 검출	
LINK1	통신 커넥터 PORT1 상태	소등	전원 OFF/링크 다운	녹색 점멸
		녹색점멸	링크 업(데이터 수신 중)	
		녹색점등	링크 업	
LINK2	통신 커넥터 PORT1 상태	소등	전원 OFF/링크 다운	
		녹색점멸	링크 업(데이터 수신 중)	
		녹색점등	링크 업	

실습과제

9-1 프로피넷으로 FR-E800 테스트 운전하기

9.1~9.2절

프로피넷으로 FR-E800 인버터를 연결하여 표준 텔레그램 1번을 사용하여 인버터의 동작를 확인할 수 있는 프로그램의 작성 절차에 대해 살펴보자.

[그림 9-7]의 프로피넷 구성도에서 파스텍의 리모트 I/O와 FR-E800의 인버터를 [표 9-14]처럼 입출력 번지를 할당하고 인버터에 연결된 유도 전동기의 속도를 제어하는 프로그램을 작성해보자.

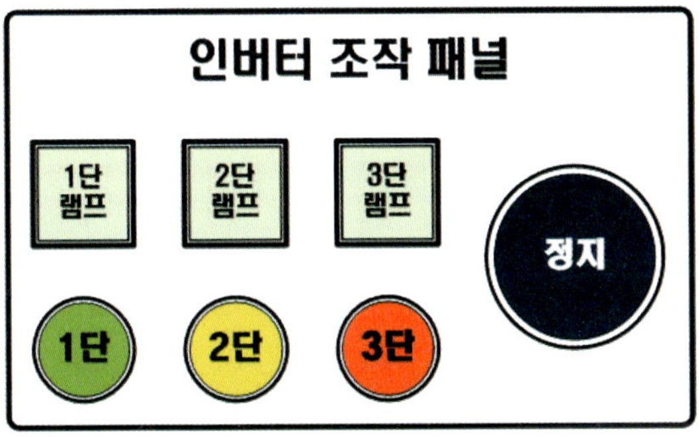

[그림 9-13] 인버터 조작 패널의 구성

[표 9-14] 파스텍 리모트 I/O와 FR-E800의 IP 및 입출력 할당 번지

구분	IP	입력번지	출력번지
파스텍 리모트 I/O	192.168.0.30	IB20, IB21	%QB20, %QB21
FR-E800	192.168.0.40	%IW30, %IW32	%QW30, %QW32

[표 9-15] 파스텍 리모트 I/O의 입출력 번지의 기능

입력번지	기능	출력번지	기능
I20.0	정지 버튼	Q20.0	1단 선택 램프
I20.1	1단 버튼	Q20.2	2단 선택 램프
I20.2	2단 버튼	Q20.2	3단 선택 램프
I20.3	3단 버튼	-	
I20.4	OFF2 버튼	-	
I20.5	OFF3 버튼	-	
IW30	인버터 ZSW	QW30	인버터 STW
IW32	인버터 NIST_A	QW32	인버터 NSOLL_A

생각해봅시다

프로피넷 통신으로 동작하는 FR-E800 인버터는 프로피넷 설정에서 할당된 출력 메모리를 사용해서 제어된다. [표 9-15]의 STW에 해당되는 출력 메모리에 비트별 기능을 조합한 16진수의 값을 설정하고, NSOLL_A에 해당되는 출력 메모리에 0 ~ 16384의 값을 설정하면 0 ~ 60Hz의 출력 주파수를 사용해서 인버터에 연결된 유도 전동기의 회전을 제어할 수 있다. 따라서 1단 ~ 3단의 단수 선택에 의해 인버터의 출력 주파수가 정해져 있기 때문에 먼저 각각의 단수에 맞는 인버터 출력 주파수 제어를 위한 NSOLL-A의 설정값을 구하면 [표 9-16]과 같다.

[표 9-16] FR-E800의 운전주파수 설정을 위한 텔레그램 NSOLL_A의 설정값

구분	정지	1단	2단	3단
운전주파수	0Hz	15Hz	45Hz	60Hz
NSOLL_A 설정값	0	4096	12288	16384

비트 슬라이스 기능 사용하기

인버터의 동작을 제어하기 위해서는 인버터의 동작 상태를 파악할 수 있는 ZSW에 할당되어 있는 IW30의 워드 메모리를 비트별로 구분해서 인버터의 동작 상태를 판별해야 한다. 따라서 FB 내부에서는 전역 변수에 해당되는 메모리의 사용을 자제해야 하기 때문에 워드 타입으로 설정한 입력 변수에 IW30의 동작 상태를 저장한 후에 비트 슬라이스 기능을 사용해서 인버터의 동작 상태 판별을 위한 용도로 사용한다.

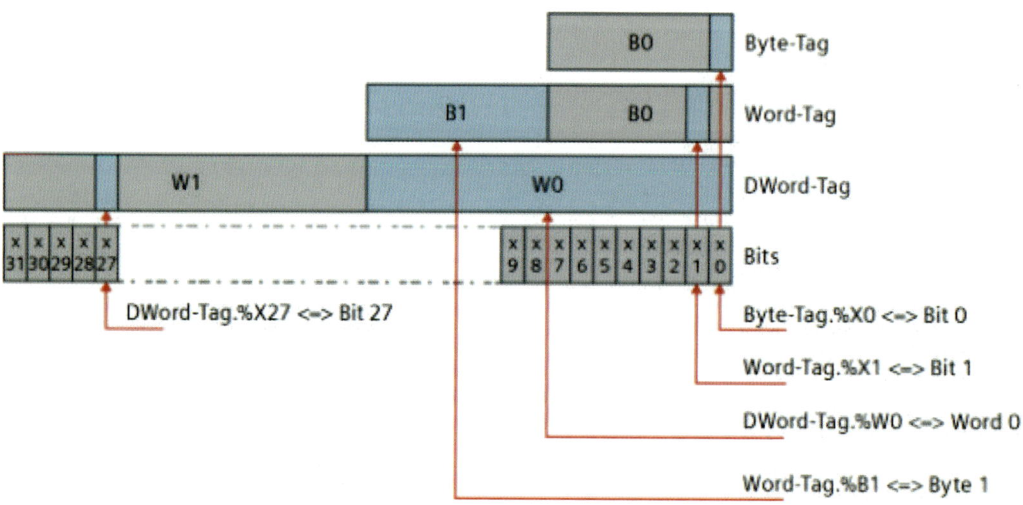

[그림 9-14] 태그 슬라이스에 의한 메모리 번지의 위치

[표 9-17] FR-E800의 텔레그램 1번의 ZSW의 비트별 기능

ZSW 비트별 기능		비트 슬라이스 태그 변수 부여 방법 (IW30 → INV_ZSW의 변수에 대입한 경우)		
비트	기능	비트 슬라이스	바이트 슬라이스	워드 슬라이스
0	동작 준비 상태	#INV_ZSW.%X0	#INV_ZSW.%B0	#INV_ZSW.%W0
1	동작 대기 상태	#INV_ZSW.%X1		
2	운전 상태	#INV_ZSW.%X2		
3	알람 상태	#INV_ZSW.%X3		
4	출력차단 상태	#INV_ZSW.%X4		
5	긴급정지 상태	#INV_ZSW.%X5		
6	정지 상태	#INV_ZSW.%X6		
7	경고 발생	#INV_ZSW.%X7		
8	-	#INV_ZSW.%X8	#INV_ZSW.%B1	
9	제어 상태	#INV_ZSW.%X9		
10	미사용	#INV_ZSW.%X10		
11	미사용	#INV_ZSW.%X11		
12	미사용	#INV_ZSW.%X12		
13	미사용	#INV_ZSW.%X13		
14	미사용	#INV_ZSW.%X14		
15	미사용	#INV_ZSW.%X15		

동작 조건

❶ [그림 9-7]의 프로피넷 구성도에서 파스텍 리모트 I/O와 FR-E800 인버터를 사용한다.

❷ 인버터의 동작과 관련된 최고 출력 주파수와 가감속 시간을 [표 9-18]처럼 설정한다.

[표 9-18] 실습을 위한 FR-E800의 설정 파라미터 내역

파라미터 번호	기능	초기 설정값	실습용 설정값
Pr.1	상한 주파수	120Hz	60Hz
Pr.7	가속 시간	5s	1s
Pr.8	감속 시간	5s	1s

❸ [그림 9-13]의 조작 패널의 단수 설정 버튼의 조작에 의해 인버터는 [표 9-19]처럼 동작한다.

[표 9-19] 단수 설정에 따른 인버터의 운전주파수

구분	정지	1단	2단	3단
운전주파수	0Hz	15Hz	45Hz	60Hz

❹ 버튼에 의해 선택된 단수 램프가 점등된다. 정지 버튼이 눌러지면 모든 램프는 소등된다.

[표 9-20]은 FR-E800의 다단 속도 제어를 위한 PLC 프로그램의 작성법을 나타낸 것이다.

[표 9-20] FR-E800을 이용한 다단 속도제어 프로그램 작성

<table>
<tr><th>순서</th><th>내용</th></tr>
<tr><td>1</td><td>

하드웨어 구성하기

하드웨어 구성을 사용해 실습에 사용할 PLC CPU와 HMI를 설치하고 프로피넷으로 연결한다.

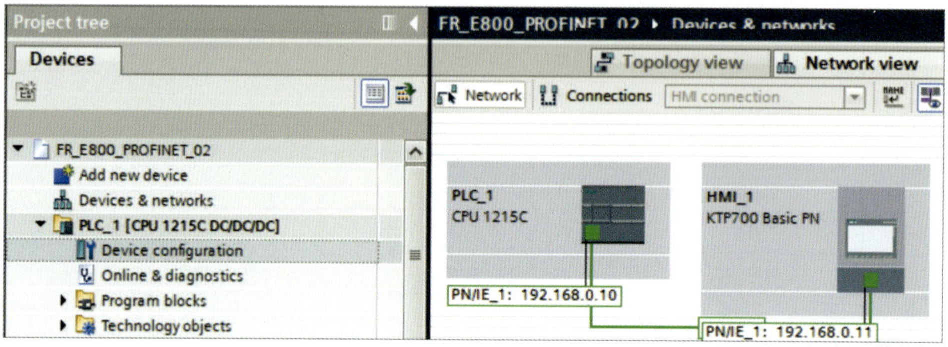

</td></tr>
<tr><td>2</td><td>

FR-E800 설치하기

❶ 〈Network view〉 창에 하드웨어 카탈로그에 있는 FR-E800을 마우스 커서로 드래그해서 배치한다.

❷ 인버터의 IP를 192.168.0.40으로 변경한다.

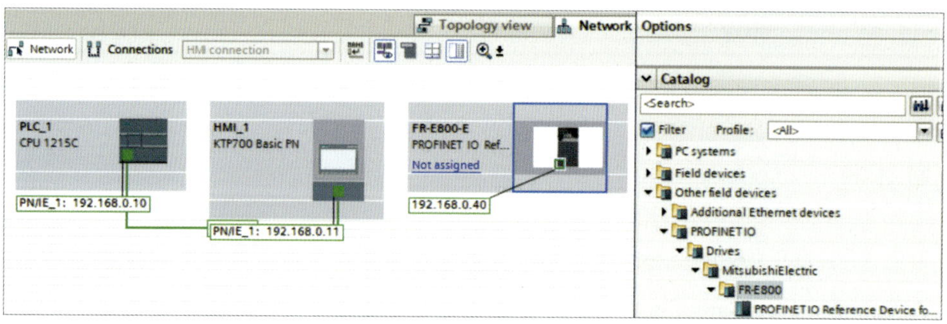

</td></tr>
<tr><td>3</td><td>

FR_E800 프로피넷 연결하기

FR-E800의 이더넷 포트를 마우스 커서로 선택한 다음, 드래그해서 기존의 HMI에 연결된 녹색 프로피넷에 연결한다.

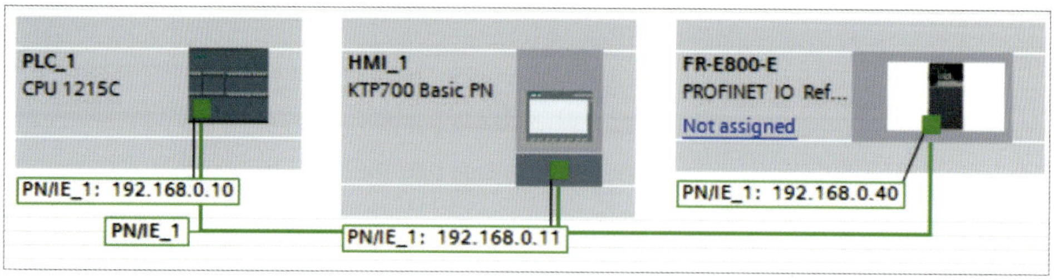

</td></tr>
</table>

4

FR-E800 텔레그램 지정하기

〈Network view〉 창의 FR-E800을 마우스 커서로 선택해서 더블 클릭하면 FR-E800만을 볼 수 있는 Device view로 변경된다. 이때 〈Device overview〉 창의 Port1의 아래에 카탈로그 창에 있는 텔레그램 1번을 마우스 커서로 드래그해서 설치한다.

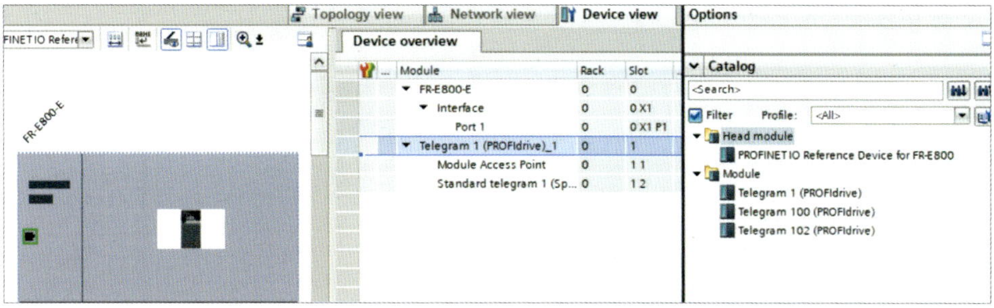

5

FR-E800 Assigned 실행하기

'Not Assigned'를 마우스 커서로 선택한 후에 오른쪽 버튼을 눌러서 나타난 메뉴에서 연결할 인터페이스를 선택한다.

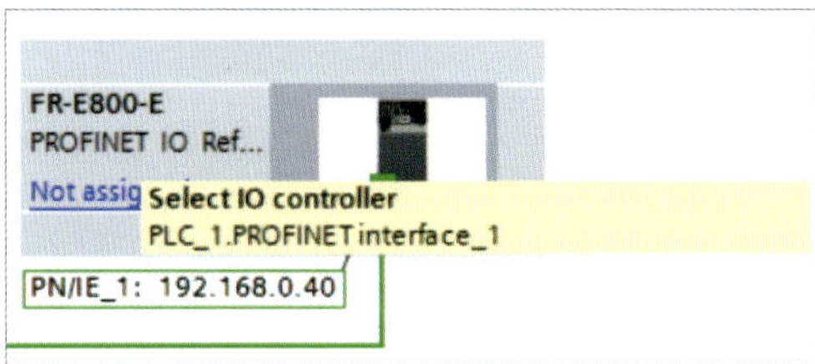

6

리모트 I/O 설치하기

〈Network view〉 창에 하드웨어 카탈로그에 있는 파스텍의 리모트 I/O를 마우스 커서로 드래그해서 배치하고 IP를 192.168.0.30으로 설정한다.

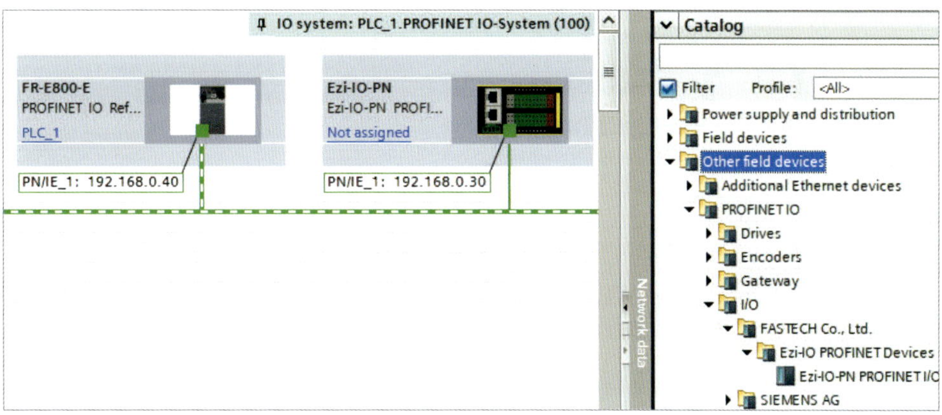

7

리모트 I/O 설정하기

〈Network view〉 창의 리모트 I/O를 마우스 커서로 선택해서 더블 클릭하면 리모트 I/O만을 볼 수 있는 Device view로 변경된다. 이때 〈Device overview〉 창의 PN-IO의 하단에 카탈로그 창의 리모트 I/O 입출력 모듈을 마우스 커서로 드래그해서 설치한다.

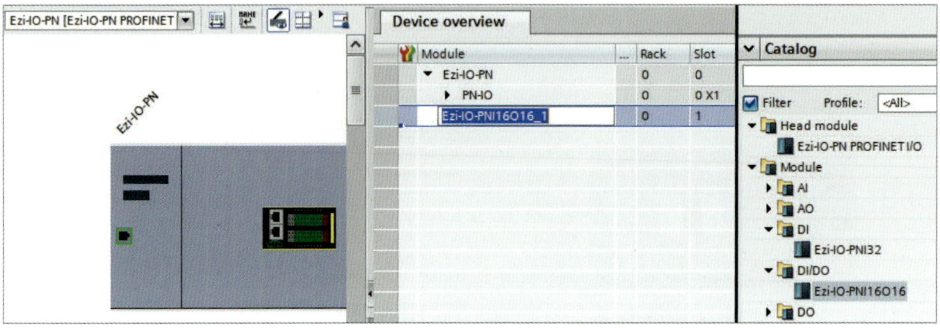

8

리모트 I/O Assigned 실행하기

'Not Assigned'를 마우스 커서로 선택한 후에 오른쪽 버튼을 눌러 나타난 메뉴에서 연결할 인터페이스를 선택한다.

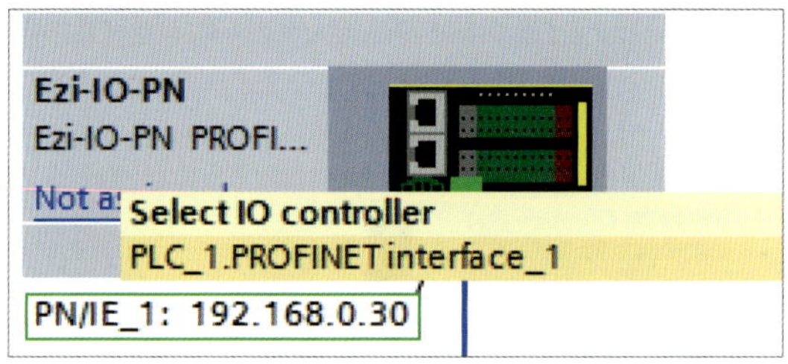

9

하드웨어 구성을 저장 및 컴파일하기

하드웨어 구성을 저장한 후 컴파일한다. 〈Network view〉 창에서 FR-E800 인버터와 리모트 I/O를 더블 클릭한 후 Device overview를 다시 살펴보면 설치한 텔레그램에 각각 2개의 입출력 워드 메모리(68...71)가 설정된 것을 확인할 수 있다.

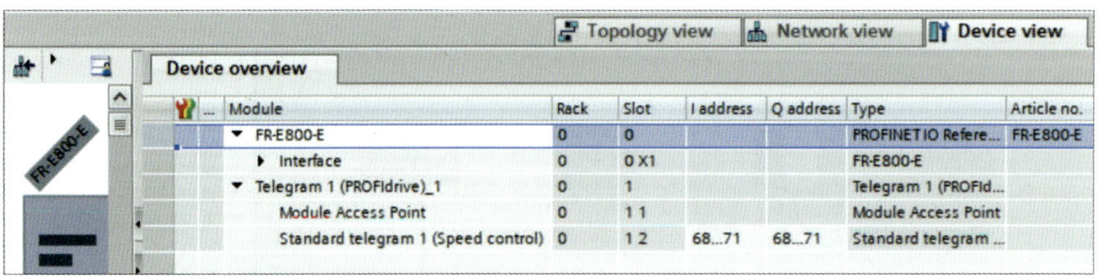

10

프로피넷 모듈의 입출력 번지 재할당과 컴파일 및 다운로드하기

각각의 장치에 시스템에서 할당한 입출력 메모리를 실습 조건에 맞게 변경한 후에 하드웨어 구성을 다시 컴파일하고 나서 PLC CPU에 다운로드한다.

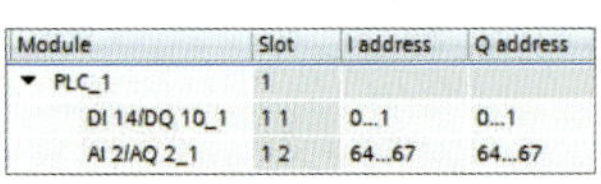

(a) CPU I/O 입출력 할당

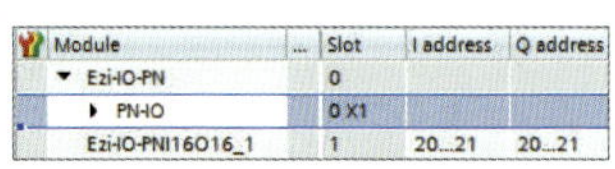

(b) 리모트 I/O 입출력 할당

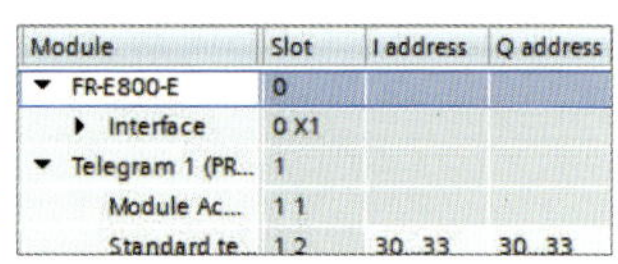

(c) 인버터 입출력 할당

11	**FB 만들기** 인버터를 다단 속도로 제어하기 위한 FB를 만든다.	(아래 그림)
12	**FB의 내부 변수 설정하기** 인버터의 다단 속도 제어에 필요한 내부 변수를 설정한다.	(아래 표)
13	**FB1 프로그램 작성하기** (네트워크 1번) 정지, 1단, 2단, 3단 버튼이 눌러지면 STEP_CNT 변수에 0, 1, 2, 3을 설정한다.	(아래 그림)

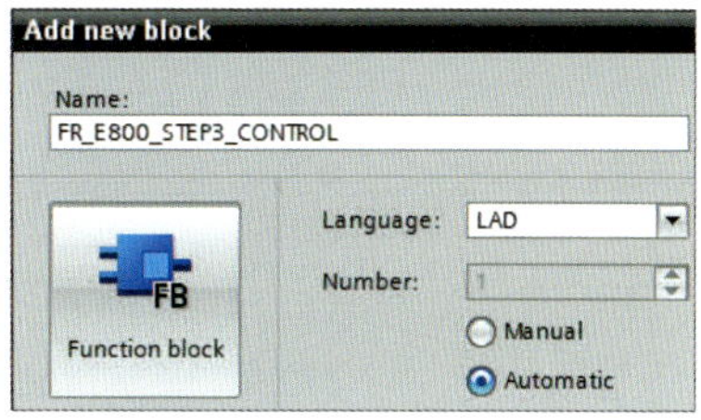

FR_E800_STEP3_CONTROL

	Name	Data type	Default value
1	▼ Input		
2	STOP_PB	Bool	false
3	STEP1_PB	Bool	false
4	STEP2_PB	Bool	false
5	STEP3_PB	Bool	false
6	OFF2_STOP	Bool	false
7	OFF3_STOP	Bool	false
8	INV_ZSW	Word	16#0
9	▼ Output		
10	STEP1_LP	Bool	false
11	STEP2_LP	Bool	false
12	STEP3_LP	Bool	false
13	INV_STW	Word	16#0
14	INV_NSOLL	Int	0
15	<Add new>		
16	▼ InOut		
17	<Add new>		
18	▼ Static		
19	EG1	Bool	false
20	EG2	Bool	false
21	EG3	Bool	false
22	STEP_CNT	Int	0

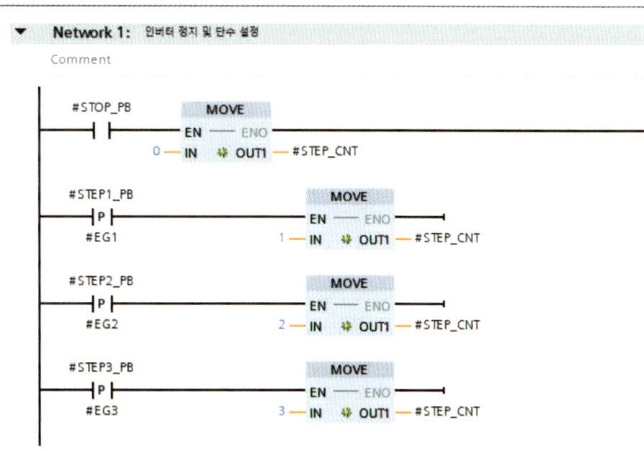

<table>
<tr>
<td>14</td>
<td>FB1 프로그램 작성하기
(네트워크 2번)
인버터 단수 설정에 따른 텔레그램 1번의 STW1과 NSOLL_A에 설정값을 설정한다.</td>
<td>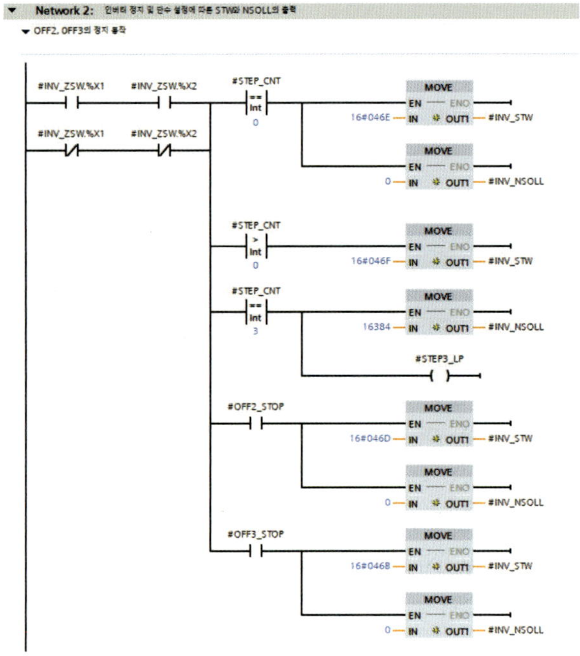
</td>
</tr>
<tr>
<td>15</td>
<td>FB1 저장 및 컴파일하기
작성한 FB1을 저장한 후에 컴파일한다.</td>
<td>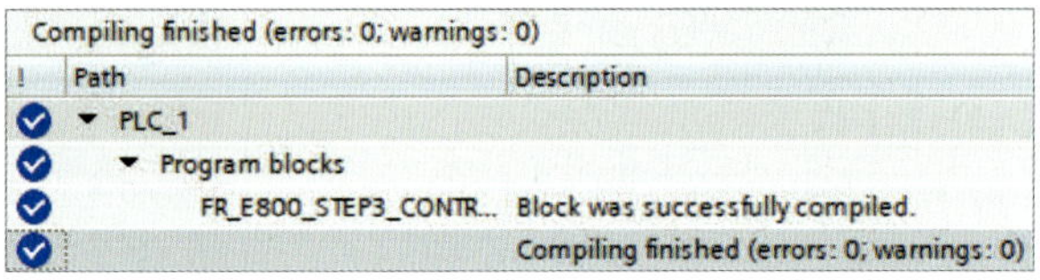
</td>
</tr>
<tr>
<td>16</td>
<td>OB1에서 FB1을 호출하기
작성한 FB1을 OB1에서 호출하고 입출력 변수에 실제 입력과 출력 절대번지를 설정한다.</td>
<td>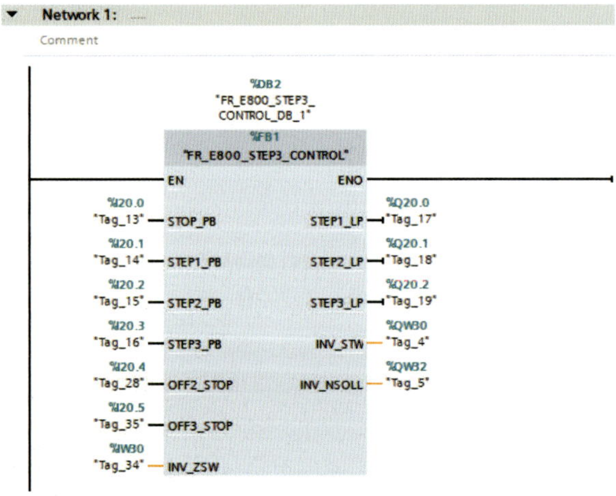
</td>
</tr>
</table>

17

OB1 저장 및 컴파일하기

작성한 OB1을 저장하고 컴파일한 후에 PLC에 전송한다.

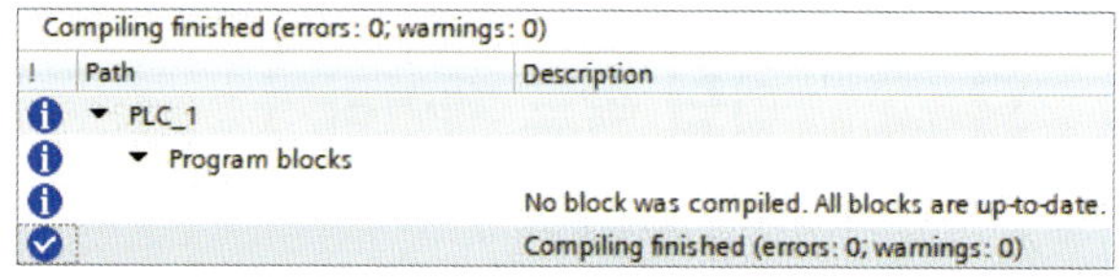

18

인버터 동작 상태 모니터링을 위한 Watch Table 작성하기

❶ 인버터의 동작 상태를 모니터링하기 위해 프로젝트 트리에서 [Watch ans force table]의 폴더에 있는 'Add new watch table'을 더블 클릭해서 새로운 Watch Table을 생성한다.

❷ Address에 인버터 텔레그램에 할당된 입출력 메모리 번지를 설정한 다음, Online 모드로 변경하고 인버터를 동작한다. 이때 모니터링 아이콘()을 클릭하면 동작 상태를 확인할 수 있다.

	i	Name	Address	Display format	Monitor value	Modify value
1		"Tag_34"	%IW30	Bin	2#0000_0010_0011_0001	
2			%IW32	Hex	16#0000	
3		"Tag_4"	%QW30	Hex	16#046E	
4		"Tag_5"	%QW32	Hex	16#0000	

실습과제

9-2 다단 속도 제어하기

9.1~9.2절

NORM_X, SCALE_X 명령어를 사용해 인버터의 속도를 1 ~ 15단까지 순차적으로 제어하는 프로그램을 작성해 보자.

FR-E800 인버터는 파라미터 Pr.1과 Pr.18의 설정에 의해 최고 출력 주파수가 정해진다. [실습과제 9-1]에서는 최고 출력 주파수를 60Hz로 동작하도록 설정되어 있다. 프로피넷으로 설정된 출력 메모리 QW32에 0 ~ 16384의 값을 설정하면 0~60Hz까지 인버터의 출력 주파수가 변경된다. ET200SP의 입출력 모듈을 사용한 외부 입력으로 HMI와 함께 제어할 수 있도록 프로그램을 작성해보자.

[표 9-21] ET200SP 입출력 번지 할당 리스트

ET200SP	DI 8×24Vdc HF	DQ 8×24Vdc/0.5A HF
입출력 번지	%IB10	%QB10

동작 조건

❶ START 버튼이 ON되면 단수는 1로 설정되고 FR-E800에 연결된 인버터는 4.0Hz로 동작한다.

❷ STOP 버튼이 눌러지면 단수는 0으로 설정되고 인버터의 출력 주파수는 0.0Hz가 된다.

❸ START 버튼에 의해 인버터 동작 중에 UP 버튼이 눌러질 때마다 단수가 증가하는데 최대 15까지 증가하고 운전주파수는 60Hz까지 증가한다.

❹ START 버튼에 의해 인버터 동작 중에 DN 버튼이 눌러질 때마다 단수가 감소하는데 최소 1까지 감소한다.

PLC 프로그램 작성

프로피넷 통신으로 연결된 인버터는 송수신되는 텔레그램 데이터에 의해 제어된다. 따라서 텔레그램을 구성하고 있는 STW1과 NSOLL_A의 설정값을 제어해야 한다.

[표 9-22] 인버터 운전지령을 위한 텔레그램 STW1의 설정값

구분	정지	정회전
STW1	16#046E	16#046F

[표 9-23] 인버터 운전속도 지령을 위한 텔레그램 NSOLL_A의 설정값

단수	0	1	2	3	4	5	6	7
NSOLL_A	0	1092	2185	3277	4369	5461	6554	7646
단수	**8**	**9**	**10**	**11**	**12**	**13**	**14**	**15**
NSOLL_A	8738	9830	10923	12015	13107	14199	15292	16384

인버터 운전속도 지령을 위한 NSOLL_A의 설정값을 단수에 맞게 계산하는 방법은 여러 형태가 있지만 실습에서는 NORM_X, SCALE_X 명령을 사용해 설정값을 구하는 방법을 사용한다. [표 9-24]는 다단 속도 제어를 위한 PLC 프로그램의 작성법을 나타낸 것이다.

[표 9-24] FR-E800을 이용해 1 ~ 15단으로 제어하는 프로그램 작성 절차

<table>
<tr><th>순서</th><th colspan="2">내용</th></tr>
<tr><td>1</td><td>FB1 만들기
FR-E800을 이용해 1 ~ 15단의 속도제어를 위한 FB를 만든다.</td><td>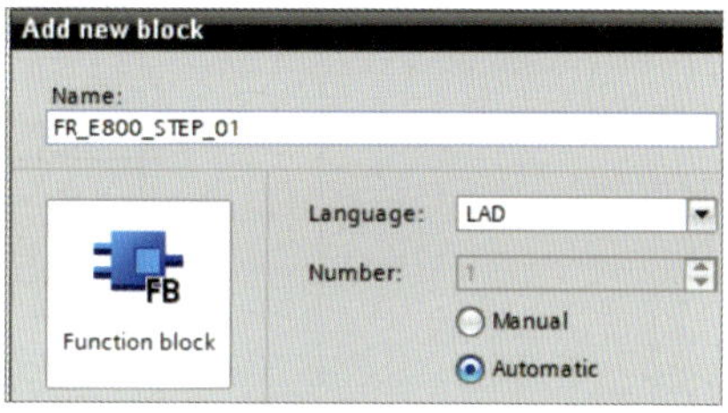
</td></tr>
<tr><td>2</td><td>FB1의 내부 변수 설정하기
다단 속도제어에 필요한 내부 변수를 설정한다.</td><td>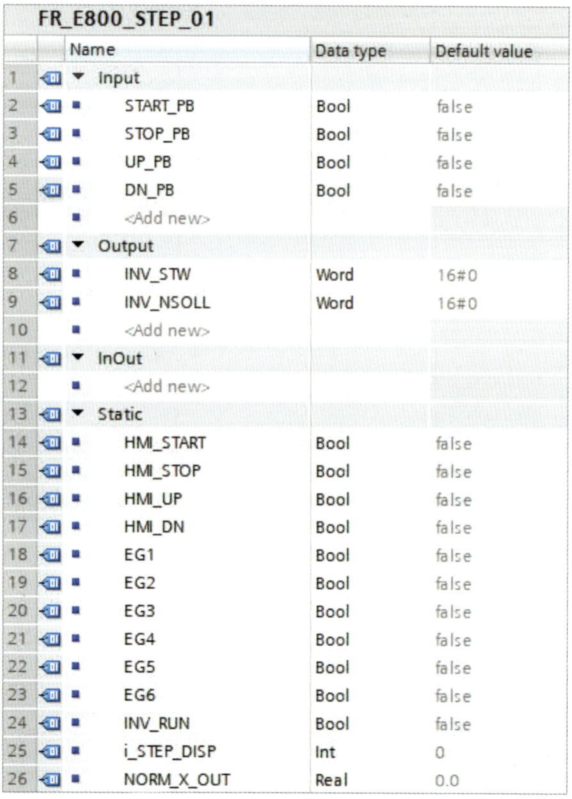
</td></tr>
</table>

3	**FB1 프로그램 작성하기** (네트워크 1번) ET200SP의 입력에 연결된 푸시버튼과 HMI에 작화된 START와 STOP 버튼을 사용해서 인버터의 동작을 제어한다.	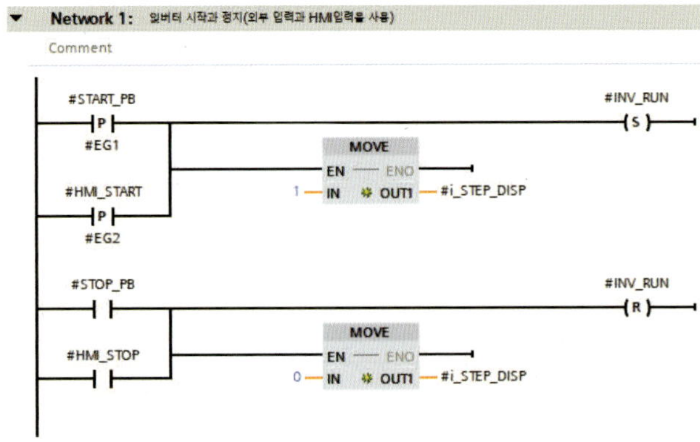
4	**FB1 프로그램 작성하기** (네트워크 2번) 시작 버튼에 의해 인버터가 운전 상태일 때 증가, 감소 버튼을 조작해서 단수를 증가 및 감소시킨다.	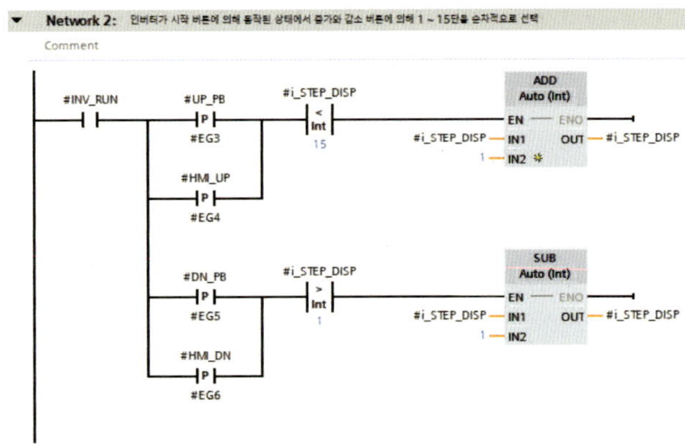
5	**FB1 프로그램 작성하기** (네트워크 3번) 단수 설정이 0이면 인버터 정지 출력, 0이 아니면 인버터 운전 출력을 위한 설정값을 INV_STW 변수에 설정한다.	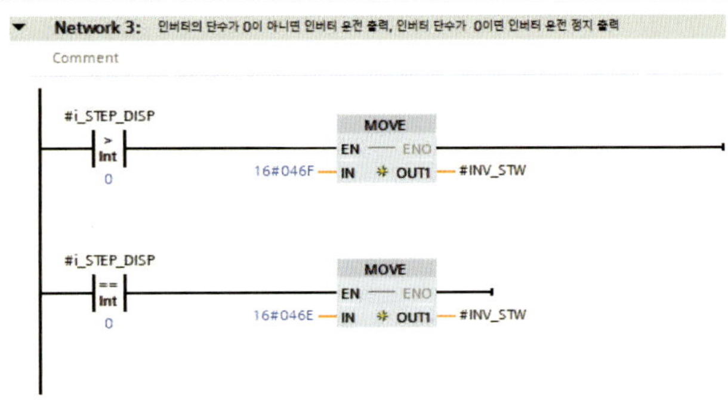
6	**FB1 프로그램 작성하기** (네트워크 4번) NORM_X 명령을 사용해 단수 설정값 0 ~ 15를 0.0 ~ 1.0으로 변환한다.	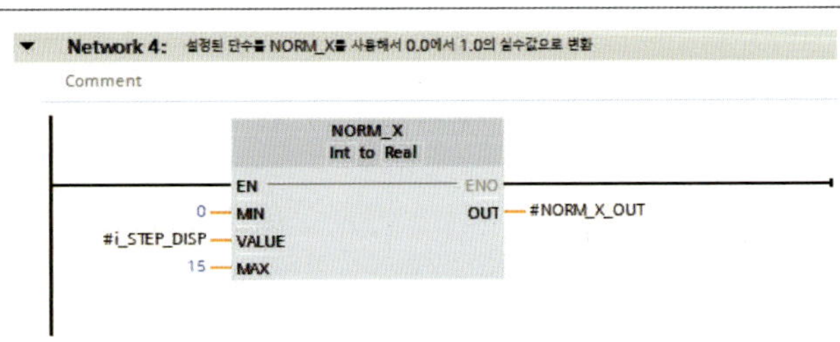
7	**FB1 프로그램 작성하기** (네트워크 5번) 0.0 ~ 1.0의 값을 가지고 인버터 운전을 위한 속도값 0 ~ 16384를 출력한다.	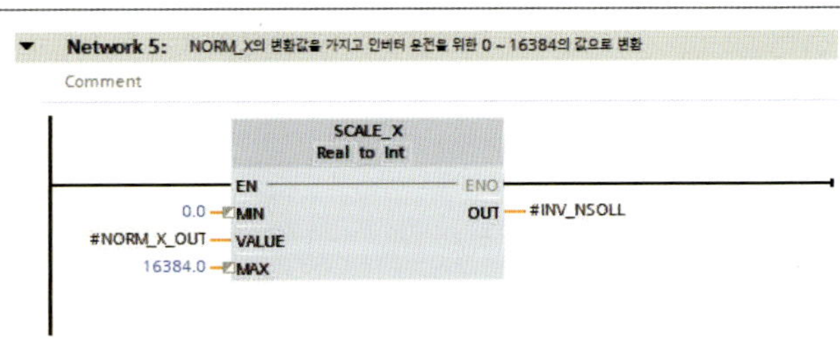

8

FB1 저장 및 컴파일하기

작성한 FB1을 저장한 후에 컴파일 한다.

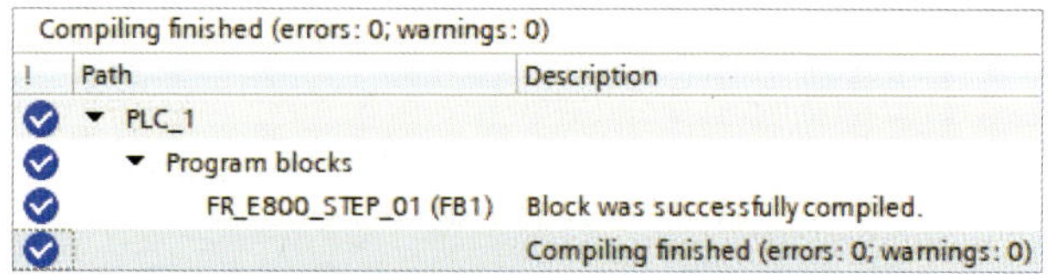

9

OB1에서 FB1을 호출하기

작성한 FB1을 OB1에서 호출하고 입출력 변수에 ET200SP의 입력모듈에 할당된 번지를 설정한다.

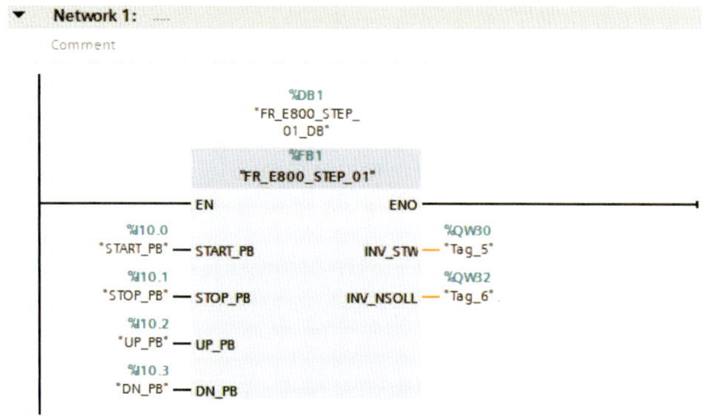

10

OB1 저장 및 컴파일하기

작성한 OB1을 저장하고 컴파일한 후에 PLC에 전송한다.

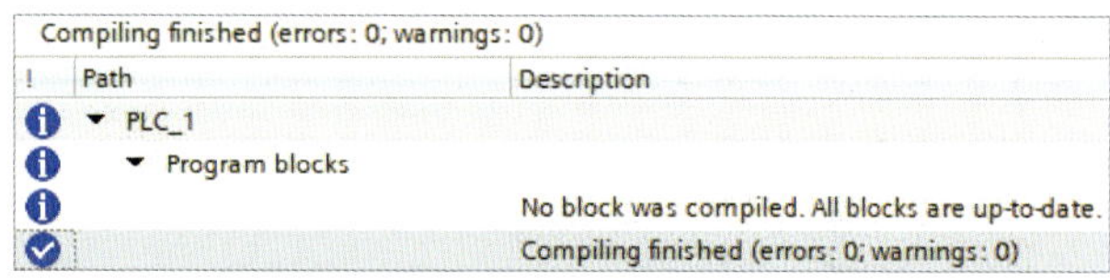

11

HMI 작화하기(단수 설정 표시창)

인버터의 단수 설정 숫자를 표시하기 위한 숫자 표시창을 작화한다.

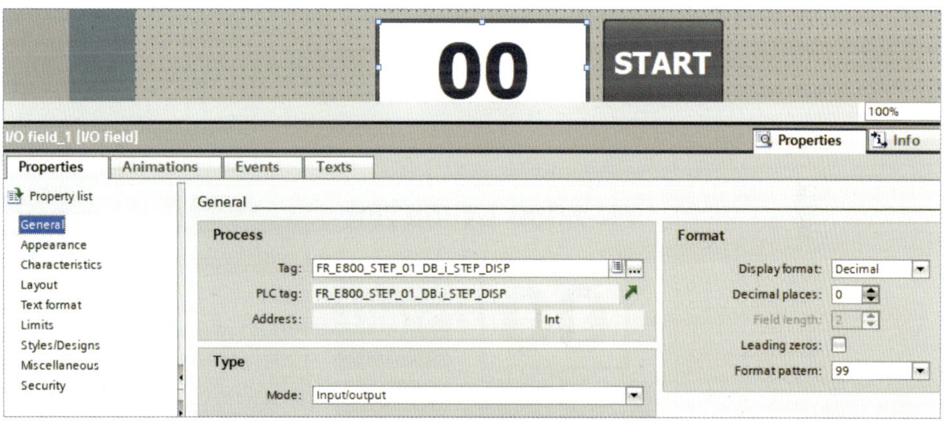

12

HMI 작화하기(푸시버튼)

4개의 버튼을 푸시버튼으로 작화한 후에 [Events] 탭에서 [Press]를 선택하고 버튼의 기능(SetBitWhileKeyPresses)을 선택한 후에 버튼에 맞는 Tag를 설정한다.

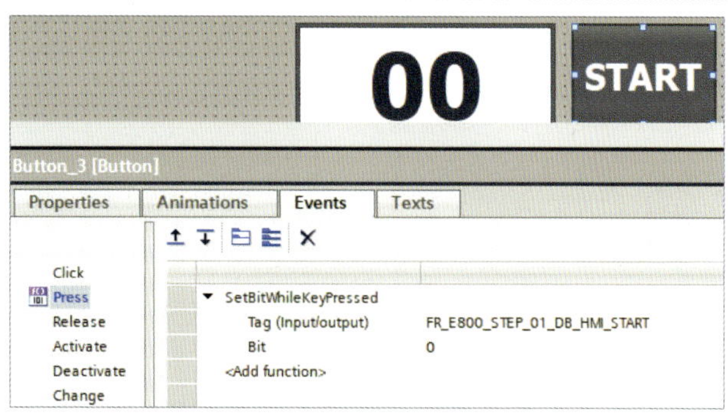

13

HMI 작화하기(태그 모니터링 시간 변경)

작화된 HMI의 태그의 모니터링 시간을 1s에서 100ms로 변경한다.

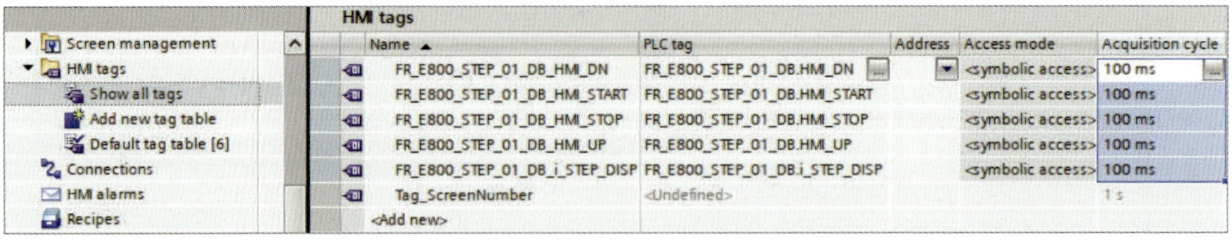

Name	PLC tag	Address	Access mode	Acquisition cycle
FR_E800_STEP_01_DB_HMI_DN	FR_E800_STEP_01_DB.HMI_DN		<symbolic access>	100 ms
FR_E800_STEP_01_DB_HMI_START	FR_E800_STEP_01_DB.HMI_START		<symbolic access>	100 ms
FR_E800_STEP_01_DB_HMI_STOP	FR_E800_STEP_01_DB.HMI_STOP		<symbolic access>	100 ms
FR_E800_STEP_01_DB_HMI_UP	FR_E800_STEP_01_DB.HMI_UP		<symbolic access>	100 ms
FR_E800_STEP_01_DB_i_STEP_DISP	FR_E800_STEP_01_DB.i_STEP_DISP		<symbolic access>	100 ms
Tag_ScreenNumber	<Undefined>			1 s
<Add new>				

[표 9-25]는 인버터를 1~15단까지 변경할 수 있는 조작 패널을 만들어서 인버터에 연결된 유도 전동기의 회전 속도를 제어하는 HMI 화면을 나타낸 것이다.

[표 9-25] 1~15단의 속도 제어를 위한 HMI 화면

구분	기능	변수명	변수 위치	구분	타입
단수 표시창	단수 표시창	i_STEP_DISP	FB_인스턴스	Static	Int
START	푸시버튼	HMI_START	FB_인스턴스	Static	Int
STOP	푸시버튼	HMI_STOP	FB_인스턴스	Static	Int
UP	푸시버튼	HMI_UP	FB_인스턴스	Static	Int
DN	푸시버튼	HMI_DN	FB_인스턴스	Static	Int

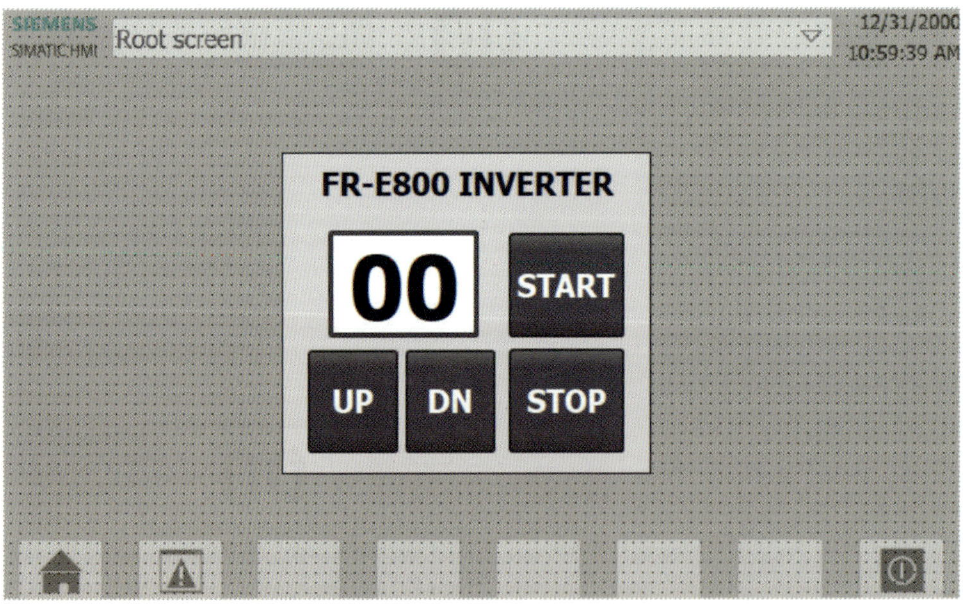

PART 04

아두이노

CONTENTS

PART 04
들어가기 전에

아두이노는 오픈소스를 기반으로 한 마이크로컨트롤러로, 이를 이용하여 다양한 제품을 만들 수 있다. 여기에는 단일 보드 마이크로컨트롤러로 완성된 보드와 더불어, 쉽게 코드를 작성하고 실행할 수 있는 개발 도구IDE : Integrated Development Environment가 포함되어 있다. 아두이노는 2005년 이탈리아에서 개발되어 현재 전 세계에서 사용되고 있다. 국내에서는 2007년부터 사용자가 차츰 증가하다 2014년에 국제전기전자기술자협회IEEE가 2014 사물인터넷 세계포럼World Forum on Internet of Things을 개최한 것을 기점으로 국내 대학의 교육에 도입하기 시작하면서 초등학교부터 대학교 그리고 기업의 프로젝트에도 널리 사용되고 있다.

아두이노의 장점은 오픈소스라는 개념을 도입해서 펌웨어 소스와 하드웨어 모듈 개발 설계를 모두 개방하여 누구나 쉽게 따라 만들 수 있게 함으로써 비전공자도 쉽게 사용할 수 있게 한 것이다. 이 책에서는 아두이노와 오픈소스로 제공하는 PLC 라이브러리를 사용해서 적은 비용으로 PLC처럼 사용할 수 있는 컨트롤러 제작과 프로그램 작성법을 학습한다.

PART 06~07에서는 PLC에서 제공하지 않는 기능을 아두이노로 구현하여 RS485와 이더넷 통신을 사용해 슬레이브Slave 또는 서버Server 장치로 사용한다.

CHAPTER 10

아두이노 살펴보기

아두이노는 오픈소스를 기반으로 한 마이크로컨트롤러Microcontroller[1]를 사용할 수 있는 완성된 보드와 관련 개발 도구 및 환경을 의미한다. 10장에서는 실습에 사용할 아두이노 우노의 기능과 프로그램 작성에 필요한 아두이노 IDE의 설치 방법에 대해 학습한다.

Keyword | 아두이노 | 오픈소스 | 아두이노 우노 | 쉴드 | IDE |

10.1 아두이노의 종류

아두이노는 이탈리아의 디자인 교육기관인 IDII Interaction Design Institute Ivera에서 처음 고안되었는데, 하드웨어에 익숙지 않았던 디자인학과 대학원생들이 만든 작품을 제어하기 위해 만들어졌다. 처음에 아트멜사[2]의 AVR이라는 마이크로컨트롤러를 기반으로 만들어졌으며, 현재는 ARM[3] 계열의 Cortex-M4를 사용한 Arduino UNO R4 Minima와 Arduino UNO R4 WiFi 보드가 출시되어 있다.

[그림 10-1]처럼 아두이노는 현재 나노Nano 계열, MKR 계열, 메가Mega 계열, 클래식Classic 계열이 있다. 각각의 계열에는 다양한 종류의 보드가 개발되어 시판되고 있지만, 클래식 계열에 포함되어 있는 **아두이노 우노**가 전 세계적으로 가장 많이 사용되고 있다. 아두이노 우노는 아트멜의 8비트 CPU인 AVR을 사용한 것이 특징으로, 가격이 저렴하고, 사용할 수 있는 라이브러리가 많이 개발되어 있는 것이 큰 장점이다.

(a) 아두이노 우노 (b) 아두이노 우노 Minima (c) 아두이노 우노 WiFi

[그림 10-1] 다양한 종류의 아두이노 공식 보드 (계속)

1 마이크로프로세서와 입출력 모듈을 하나의 칩으로 만들어 정해진 기능을 수행할 수 있는 반도체 칩으로 임베디드 시스템에 널리 사용된다.

2 미국의 반도체 회사로 AVR이라는 명칭을 가진 마이크로프로세서를 만든 기업이다.

3 영국의 임베디드 프로세서 설계 전문 기업의 명칭으로, AP(Application Processor), SoC를 설계하고 설계도면을 반도체 생산 전문 업체에 라이선스하는 기업이다. 아이폰과 갤럭시 같은 스마트폰에서 CPU의 역할을 하는 AP로 사용되면서 널리 알려졌다.

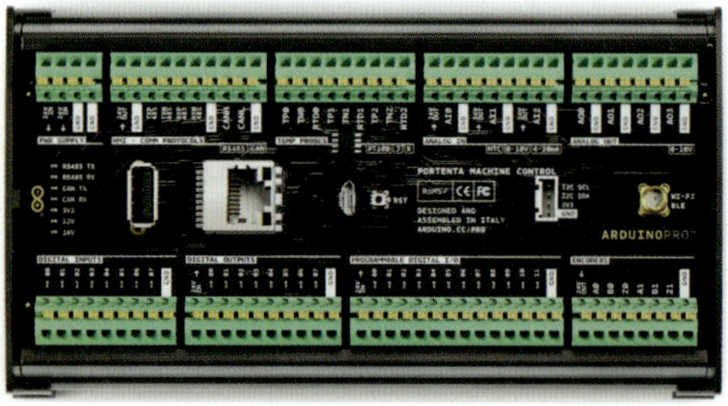

(d) 아두이노 포텐타

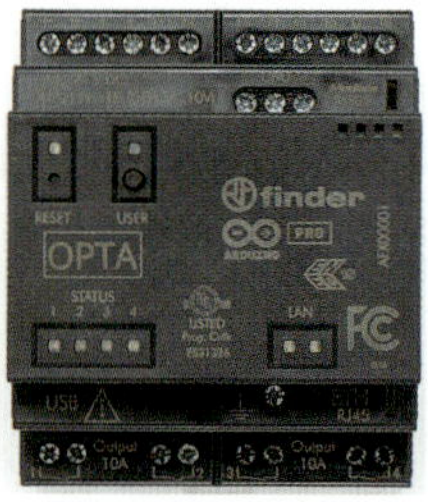

(e) 아두이노 PLC

[그림 10-1] 다양한 종류의 아두이노 공식 보드

하지만 8비트 CPU의 한계로 인해 고성능 기능을 요구하는 곳에서는 ARM 계열의 32비트 CPU를 사용한 아두이노 포텐타Portenta, 산업용으로는 아두이노 PLC가 쓰이고 있지만 가격이 고가라 대중화되지 못하고 있다.

이 책에서는 아두이노 우노를 실습에 사용하지만, PLC와 연결하지 않고 아두이노 자체만을 가지고 PLC처럼 사용한다면 [그림 10-2]처럼 산업용 제품으로 출시된 아두이노 메가 제품을 추천한다.

[그림 10-2] 산업용 아두이노(출처 : 컴파일 테크놀리지)

10.1.1 아두이노 우노

아두이노 우노는 아두이노의 표준 보드로 아두이노 홈페이지 또는 인터넷 등에서 제시하는 대부분의 예제가 우노 보드에 맞추어져 있어 아두이노 입문자들이 많이 사용한다.

[그림 10-3]에서 아두이노에서 사용하는 커넥터와 입출력 핀의 기능을 살펴보자.

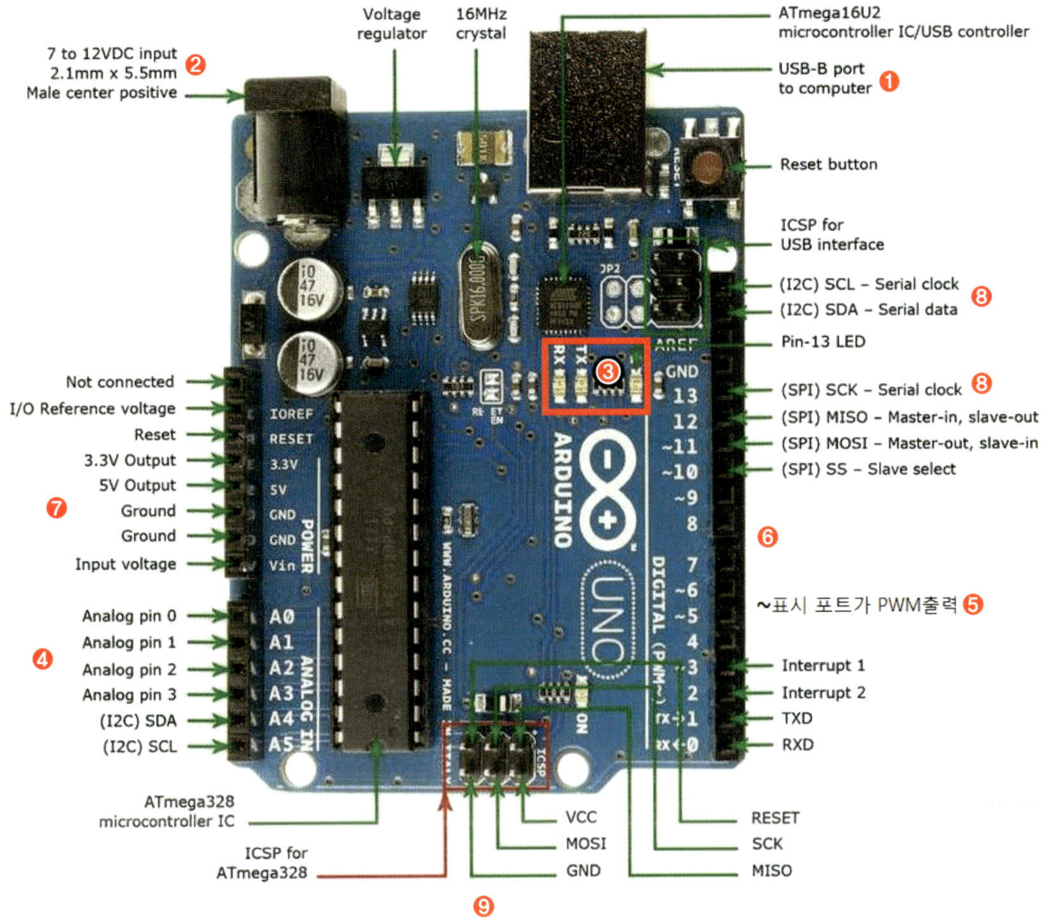

[그림 10-3] 아두이노 우도 보드 및 핀 배열과 기능
(출처 : https://www.researchgate.net/figure/The-board-of-the-ARDUINO-UNO-R33_fig6_315337631)

❶ **USB 포트** : 아두이노 IDE에서 작성한 프로그램을 업로드하거나 시리얼 모니터에서 PC와의 데이터를 송수신하는 통신포트로 사용된다. 보통 아두이노 보드의 작동에 필요한 5Vdc의 전원을 공급하는 역할을 한다. 컴퓨터의 USB 포트는 5Vdc 전압에 500mA의 전류를 공급할 수 있기 때문에, USB 포트의 공급전류보다 큰 부하를 동작시킬 경우에는 외부 전원 커넥터(❷번)를 통해 별도의 전원을 공급해서 사용해야 한다.

❷ **외부 전원 커넥터** : 외부에서 7~12Vdc의 전원을 공급하면 아두이노 보드에 장착된 전압 레귤레이터Volt Regulator MC33269D-5.0을 통해 5Vdc의 전원을 공급할 수 있는데, 최대 전류는 800mA이다. 따라서 외부 전원 커넥터를 사용한 5Vdc 전원을 사용해서 부하를 제어할 때에는 최대 허용 전류 이내에서 사용해야 한다.

❸ **LED 3개** : 아두이노 보드에는 시리얼 통신 확인을 위한 TX, RX LED가 장착되어 있으며, 13번 핀에는 PWM 출력을 지원하는 LED가 연결되어 아두이노의 동작 상태를 점검할 때 주로 사용된다.

❹ **아날로그 입력 포트** : 아두이노 보드에서 A 문자로 시작하는 핀을 의미한다. 아날로그 입력 포트로 사용하지 않을 때는 디지털 입출력으로 사용이 가능하다. 아날로그 입력 포트의 0~5Vdc 범위의 전압을 입력받아 0~1023의 디지털 정수 값으로 변환한다. 따라서 분해능은 5Vdc÷1024 = 0.0049Vdc이다.

❺ **아날로그 출력 포트** : 아두이노의 아날로그 출력 포트는 일반적으로 생각하는 전압 또는 전류를 출력하는 것이 아닌 PWM(펄스 폭 변조) 신호를 출력한다.

❻ **디지털 입출력 포트** : 아두이노의 입출력 포트는 입력과 출력을 선택해서 사용할 수 있는 양방향 입출력 포트로 사용하기 전에 입력으로 사용할지 출력으로 사용할지를 설정한 후에 사용한다.

❼ **전원과 접지 포트** : 3.3Vdc, 5Vdc의 전원과 GND가 있다. Vin 포트는 외부 전원을 연결할 수 있는 포트로 DC 전원 커넥터를 사용하지 않고, 보드에 외부 전원을 공급할 때 5Vdc 전원을 연결해서 사용할 수 있다.

❽ **I2C와 SPI 포트** : 동기식 시리얼 통신을 할 수 있는 포트로 전송 거리는 짧지만 빠른 통신 속도를 사용할 수 있다. I2C 통신은 SCL, SDA 신호선을 사용하고, SPI는 SCK, MISO, MOSI, SS 신호선을 사용한다.

❾ **ISP** : 아두이노 보드에 장착된 MCU에는 아두이노 스케치에서 작성한 사용자 프로그램을 USB 통신으로 전송하면 자동으로 실행해주는 전용 프로그램이 내장되어 있다. MCU에 내장된 전용 프로그램에 의해 사용자 프로그램이 실행되는 방식을 **부트로더**Bootloader라고 한다. ISPIn-System Programming는 부트로더 전용 프로그램이 없는 MCU에 부트로더와 같은 프로그램을 플래시메모리에 쓰거나 지우는 방식을 의미한다.

10.1.2 아두이노 쉴드

아두이노가 전 세계적으로 많은 사용자를 확보할 수 있게 된 이유 중 하나는 [그림 10-4]처럼 다양한 쉴드Shield를 지원하기 때문이다. 쉴드는 아두이노 보드에 연결하여 성능을 확장하는 하드웨어 보드를 의미한다. 전자 기술이 적용된 하드웨어를 만들기 위해서는 오랜 경험을 가진 역량 있는 엔지니어를 필요로 하지만, 아두이노에서는 원하는 기능을 가진 하드웨어 쉴드를 아두이노 보드에 연결만 하면 되기 때문에 하드웨어 제작에 대해 전혀 모르는 비전공자들도 원하는 기능을 쉽게 구현할 수 있다.

(a) RS485 쉴드

(b) 모터제어 쉴드

(c) 이더넷 쉴드

(d) 아두이노 보드에 쉴드를 장착한 모습과 장착 방법

[그림 10-4] 다양한 아두이노 쉴드와 쉴드를 장착하는 방법

10.2 아두이노 IDE

아두이노 IDEIntegrated Development Environment는 소프트웨어 개발을 위한 통합 개발환경을 의미하는 용어로, 개발자가 작성한 프로그램 소스코드를 컴파일하고 아두이노에 업로드 및 모니터링을 할 수 있는 소프트웨어를 의미한다.

10.2.1 아두이노 IDE 설치하기

아두이노에서 실행되는 프로그램은 세 단계의 과정을 거쳐서 완성된다. 먼저 아두이노에 전원이 공급되었을 때 실행할 제어용 프로그램을 작성한다. 다음으로 작성한 프로그램에 오류가 없는지 컴파일과정을 거쳐서 확인한 후, 마지막으로 컴파일이 완료된 프로그램을 아두이노로 업로드한다. 이러한 세 가지 과정을 모두 아두이노 IDE에서 한다.

그렇다면 아두이노를 사용하기 위한 IDE를 다운로드하여 PC에 설치하는 방법을 살펴보자.

1 아두이노 홈페이지 접속하기

아두이노 IDE를 다운로드하기 위해 아두이노 홈페이지에 접속한다.

• 아두이노 공식 홈페이지
https://www.arduino.cc/

2 다운로드 항목 선택하기

아두이노 홈페이지의 메인 메뉴에서 [SOFTWARE]를 선택하면 [그림 10-5]처럼 다운로드를 위한 화면이 나타난다. 우측 하단의 [DOWNLOAD OPTIONS]에서 본인의 PC 환경에 맞는 다운로드 항목을 선택한다.

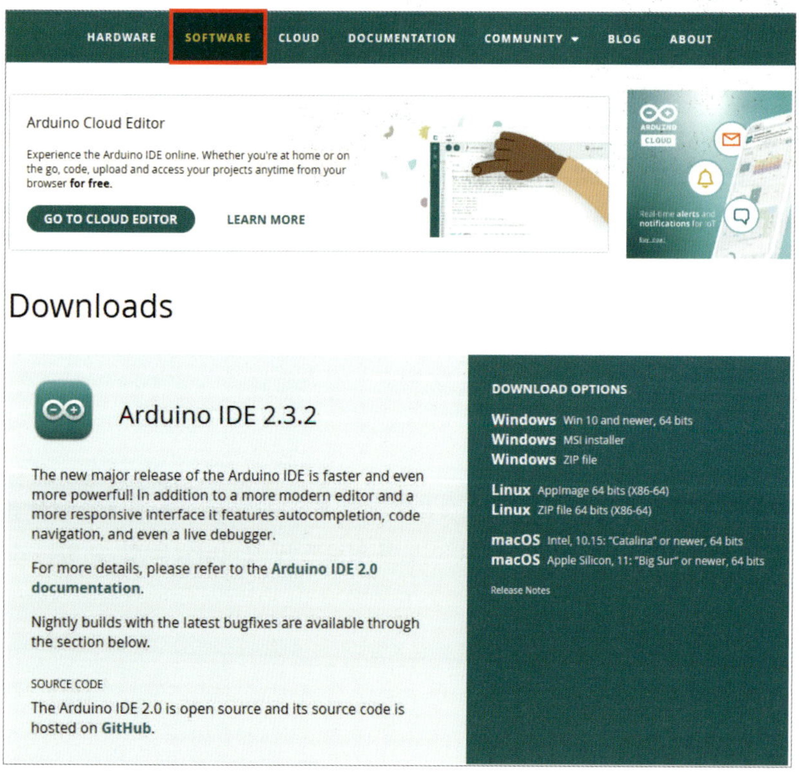

[그림 10-5] 아두이노 IDE 다운로드

다운로드 항목은 '설치파일을 다운로드해서 PC에 설치하는 방법'과 '압축파일을 다운로드해서 설치 과정 없이 PC에 설치하는 방법' 중에서 선택하면 된다.

3 기부 화면 넘어가기

다운로드 항목을 선택하면 [그림 10-6]처럼 기부 화면과 함께 [JUST DOWNLOAD]나 [CONTRIBUTE & DOWNLOAD]를 선택하는 메뉴가 화면 하단에 나타나면 [JUST DOWNLOAD]를 선택한다.

[그림 10-6] 아두이노 기부 화면

4 실행 아이콘 설치하기

다운로드된 압축파일을 풀고 인스톨Install 파일을 설치한다. 모든 설치 과정이 완료Completed되었을 때 [Close] 버튼을 클릭하면 [그림 10-7(a)]처럼 바탕화면에 아두이노 실행 아이콘이 설치된다. [그림 10-7(b)]는 실행 아이콘을 클릭하여 아두이노를 실행했을 때의 초기화면이다.

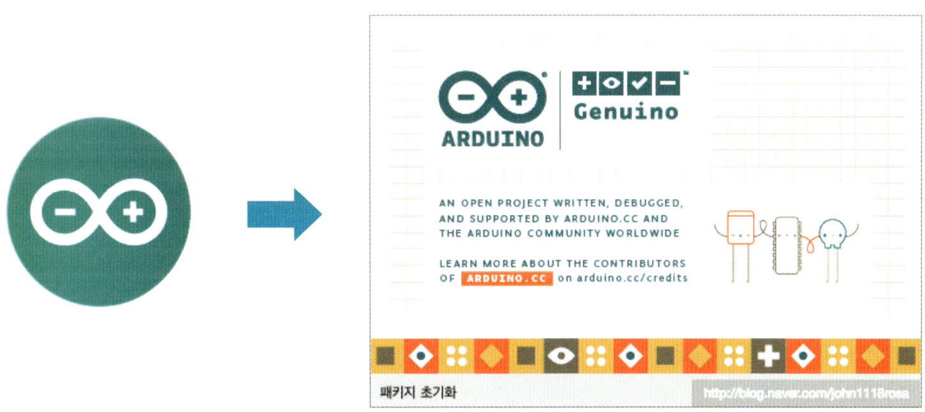

(a) 실행 아이콘

(b) 아두이노 실행 초기화면

[그림 10-7] 아두이노 실행

10.2.2 아두이노와 PC 연결하기

아두이노 IDE의 설치를 끝냈다면 아두이노와 PC를 연결하는 방법을 살펴보자. 아두이노와 PC는 [그림 10-8]처럼 USB 통신으로 연결된다.

(a) 아두이노와 PC의 연결　　(b) USB A-B 케이블

[그림 10-8] 아두이노와 PC의 연결

1 아두이노 USB 드라이버 설치하기

아두이노 IDE를 설치할 때 USB 드라이버가 자동으로 설치되지만, USB 케이블로 PC와 아두이노를 연결했을 때 간혹 PC에서 아두이노를 인식하지 못하는 경우도 있다. 이런 경우에는 아두이노 접속에 필요한 USB 드라이버를 별도로 설치해야 한다.

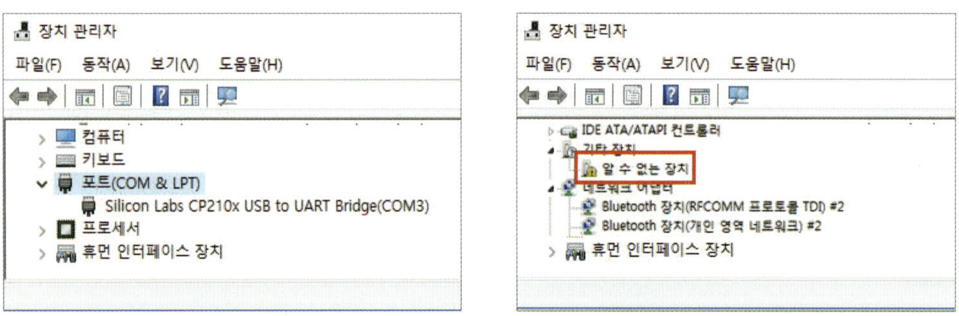

(a) 아두이노를 인식하는 경우　　(b) 아두이노를 인식하지 못하는 경우

[그림 10-9] 아두이노 USB 드라이버 설치 (1)

[그림 10-9(b)]처럼 아두이노를 자동으로 인식 못하는 경우에는 장치 관리자에서 '알 수 없는 장치'를 선택하고 마우스 오른쪽 버튼을 클릭해서 [그림 10-10(b)]와 같이 드라이버 파일이 있는 경로를 지정한 후에 드라이버를 업데이트해야 한다.

드라이버 파일 경로는 아두이노 폴더 내부에 있는 [drivers] 폴더이다. 해당 드라이버가 정상적으로 설치되면 [그림 10-10(c)]와 같은 창이 나타난다. 아두이노의 드라이버가 정상적으로 설치되면 [그림 10-9(a)]처럼 장치 관리자의 '포트(COM & LPT)'에서 아두이노의 COM 포트 번호를 확인해야 한다.

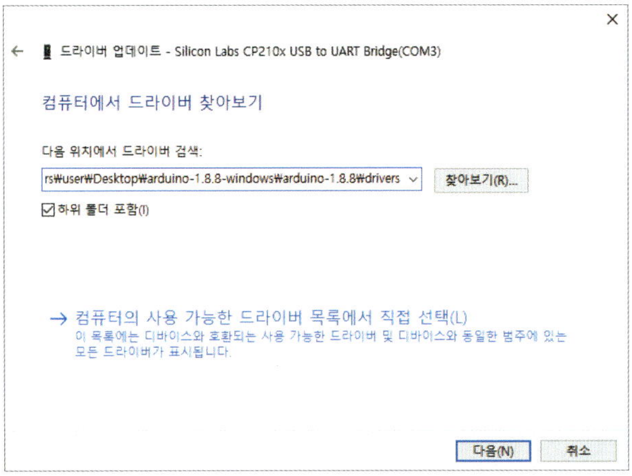

(a) 아두이노의 드라이버 업데이트

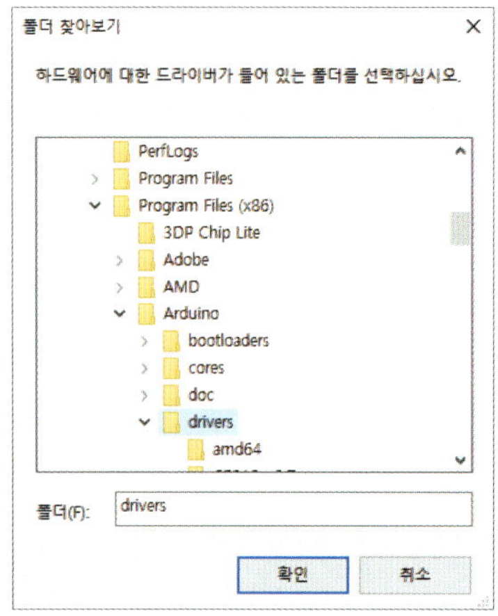

(b) 드라이버 폴더 경로

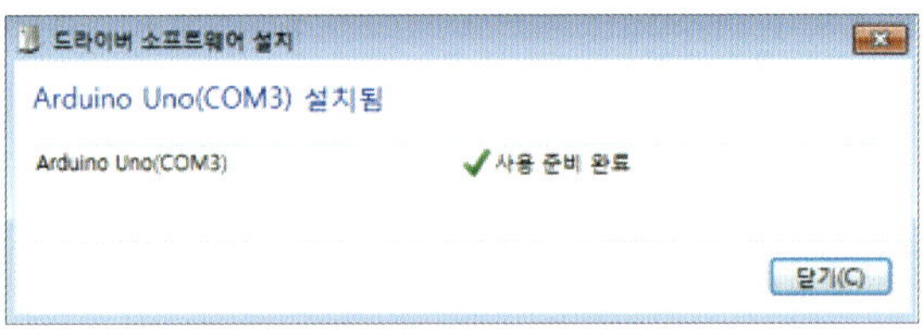

(c) 드라이버 정상 설치 완료

[그림 10-10] 아두이노 USB 드라이버 설치 (2)

2 아두이노 IDE에서 아두이노 보드의 종류와 시리얼 포트 설정하기

PC의 바탕화면에 있는 아두이노 실행 아이콘을 더블 클릭해서 IDE를 실행한다. IDE가 실행되면 프로그램을 작성하기 전에, IDE에서 사용할 아두이노 보드의 종류와 시리얼 포트 번호를 설정한 후에 프로그램을 작성한다([그림 10-11] 참고).

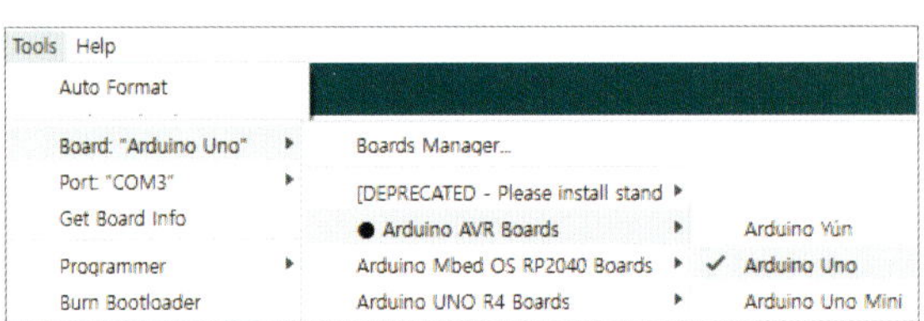

(a) 아두이노 보드 설정 화면

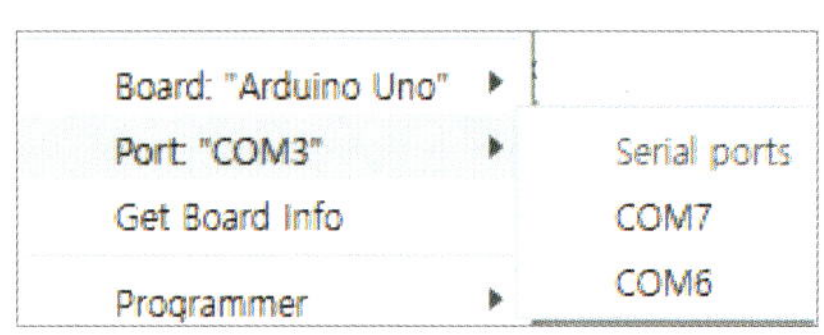

(b) 아두이노 시리얼 포트 설정

[그림 10-11] 아두이노 보드 및 시리얼 포트 설정

CHAPTER 11

아두이노 프로그래밍하기

아두이노는 오픈소스를 사용한다. 따라서 유능한 아두이노 개발자들이 만든 라이브러리를 잘 활용하면 별다른 어려움 없이 다양한 프로그램을 만들 수 있다. 하지만 프로그램의 전체 구조와 기본적인 입출력 프로그램을 사용자가 직접 작성해야 하기 때문에 프로그램 작성에 필요한 기본적인 내용을 학습한 후에 라이브러리를 사용한 프로그램 작성법에 대해 학습해볼 것이다.

Keyword | 아두이노 프로그램 작성 | 숫자 표현 | 데이터 타입 | 함수 | 연산자 | 제어문 | 라이브러리 |

11.1 아두이노 프로그램의 기초

아두이노 프로그램은 표준 C 언어, C++ 문법을 사용하기 때문에 C 언어에 대한 기본적인 이해만 있다면 손쉽게 프로그램을 작성할 수 있다. 프로그램 작성을 위해 필요한 내용을 살펴보자.

11.1.1 숫자 표현

프로그램을 실행할 때 사용되는 모든 데이터는 아두이노에 사용된 MCU[Micro Controller Unit]가 인식할 수 있는 2진수로 구성되어야 하지만, 프로그램의 작성은 사람이 하는 작업이기 프로그램을 작성할 때에는 [표 11-1]처럼 실수, 10진수, 16진수, 8진수. 2진수 형식의 방법을 사용해서 프로그램에서 필요로 하는 데이터를 설정할 수 있다.

[표 11-1] 아두이노에서 사용하는 숫자의 형식과 표현 방법

형식	표현	형식	표현
실수	3.15, -3.15, 1.234E2	8진수	0123
10진수	123	2진수	B11011101
16진수	0x12, 0X12		

11.1.2 데이터 타입

프로그램에서 사용하는 데이터는 변수와 상수로 구분된다. 데이터는 메모리에 저장되는 숫자를 의미한다. 상수는 한번 지정한 값을 변경할 수 없고 변수는 값을 변경할 수 있다.

변수를 사용하기 위한 메모리를 설정할 때에는 반드시 데이터 타입을 지정해야 한다. [표 11-2]에 데이터의 타입과 설정 범위를 나타내었다.

[표 11-2] 아두이노에서 사용하는 데이터 타입 및 설정 범위

데이터 타입	크기	내용	설정값 범위
boolean	1바이트	참, 거짓	true(1), false(0)
char	1바이트	문자(ASCII 코드)	-127 ~ +128
byte	1바이트	바이트	0 ~ 255
int	2바이트	16비트 크기 정수	-32,768 ~ 32,767
unsigned int	2바이트	부호 없는 16비트 정수	0 ~ 65535
word	2바이트	부호 없는 16비트 정수	0 ~ 65535
long	4바이트	32비트 크기 정수	-2,147,483,648 ~ -2,147,483,647
unsigned long	4바이트	부호 없는 32비트 정수	0 ~ 4,294,967,295
float	4바이트	실수	-3.4028234E+38 ~ +3.4028234E+38
double	4바이트	실수(float와 동일)	-3.4028234E+38 ~ +3.4028234E+38
string	배열	문자열 저장 배열	

11.1.3 함수

아두이노에서는 IDE에서 제공하는 공식 함수와 오픈소스로 만들어지는 사용자 함수가 존재한다. 이 책에서는 많이 사용되는 함수만을 [표 11-3]에서 간략하게 설명한다. 함수는 매개변수를 사용하기 때문에 함수를 사용할 때에는 함수의 사용법을 확인한 후에 사용해야 한다.

[표 11-3] 아두이노에서 사용하는 함수의 종류 및 내용

함수 구분과 이름		내용
아날로그 입출력	analogReference	아날로그 변환을 위해 사용하는 기준 전압을 설정
	analogRead	지정한 아날로그 핀에서 아날로그 값 읽기
	analogWrite	지정한 아날로그 핀에 서 아날로그 값 쓰기
디지털 입출력	digitalWrite	지정한 디지털 핀에서 값(HIGH 또는 LOW)을 쓰기
	digitalRead	지정한 디지털 핀에서 값(HIGH 또는 LOW)을 읽기
	pinMode	지정한 디지털 핀을 입력 또는 출력으로 동작하도록 설정
시간	delay	설정한 시간 동안 프로그램 실행을 멈춤(설정단위 1/100초)
	delayMicroseconds	설정한 시간 동안 프로그램 실행을 멈춤(설정단위 1/1,000초)
	micros	전원이 ON된 시점부터 경과 시간을 반환(설정단위 1/1,000초)
	millis	전원이 ON된 시점부터 경과 시간을 반환(설정단위 1/100초)

외부 인터럽터	attachinterrupt	외부 인터럽터 핀을 통한 인터럽터 허용
	detachinterrupt	외부 인터럽터 핀을 통한 인터럽터 금지
인터럽터	interrupts	인터럽터 동작 허용
	noInterrupts	인터럽터 동작 금지
고급 입출력	tone	설정한 주파수의 구형파 발생
	noTone	tone에 의해 시작된 구형파 발생을 중지
	pulseIn	입력된 펄스신호의 ON/OFF 시간 계측(최소 10us/최대 3min)
	shiftIn	비트 단위의 입력 데이터를 바이트 단위로 변환
	ShiftOut	바이트 단위의 데이터를 비트 단위의 출력으로 변환
비트 및 바이트	bit	특정 비트의 값을 계산
	bitClear	설정한 변수의 비트 위치의 값을 0으로 설정
	bitRead	설정한 변수의 비트 위치의 값을 읽기
	bitSet	설정한 변수의 비트 위치의 값을 1로 설정
	bitWrite	설정한 변수의 비트 위치의 값을 설정한 값(0, 1)으로 설정
	highByte	워드크기의 변수에서 상위 바이트 추출
	lowByte	워드크기의 변수에서 하위 바이트 추출
통신	Serial	시리얼 통신에 사용

11.1.4 연산자

[표 11-4]에 아두이노에서 사용 가능한 연산자의 종류와 사용 예시를 나타내었다.

[표 11-4] 아두이노에서 사용 가능한 연산자의 종류와 사용 예시

분류	연산자	의미	예제	결과
산술연산 A = 7, B = 5 일 때 연산결과를 구하는 예제	+	더하기	Y = A + B;	Y = 12
	-	빼기	Y = A – B;	Y = 2
	*	곱하기	Y = A * B;	Y = 35
	/	나누기	Y = A / B;	Y = 1
	%	나머지	Y = A % B;	Y = 2
	++	+1	Y = A++;	Y = 8
	--	–1	Y = B--;	Y = 4
관계연산 A = 7, B = 5 일 때 연산결과를 구하는 예제	==	같다	A == B;	FALSE(0)
	!=	같지 않다	A != B;	TRUE(1)
	>	왼쪽이 크다	A > B;	TRUE(1)
	<	왼쪽이 작다	A < B;	FALSE(0)
	>=	왼쪽이 크거가 같다	A >= B;	TRUE(1)
	<=	왼쪽이 작거나 같다	A <= B;	FALSE(0)

<table>
<tr><td rowspan="6">논리연산
boolean M0 = 1,
boolean M1 = 0
일 때 연산결과를
구하는 예제</td><td>&</td><td>AND</td><td>M0 & M1;</td><td>0</td></tr>
<tr><td>¦</td><td>OR</td><td>M0 | M1;</td><td>1</td></tr>
<tr><td>!</td><td>NOT</td><td>!M0;</td><td>0</td></tr>
<tr><td>^</td><td>XOR</td><td>M0 ^ M1;</td><td>1</td></tr>
<tr><td>¦¦</td><td>OR(관계 및 평가)</td><td>if((M0==1) ||
(M1==1))</td><td>1</td></tr>
<tr><td>&&</td><td>AND(관계 및 평가)</td><td>if((M0==1) &&
(M1==1))</td><td>0</td></tr>
<tr><td rowspan="5">할당연산
A = 7,
B = 5
일 때 연산결과를
구하는 예제</td><td>+=</td><td>더해서 할당</td><td>A += 2;</td><td>A = 9</td></tr>
<tr><td>-=</td><td>빼서 할당</td><td>B -= 2;</td><td>B = 3</td></tr>
<tr><td>*=</td><td>곱해서 할당</td><td>A *= 2;</td><td>A = 14</td></tr>
<tr><td>/=</td><td>나누어서 할당</td><td>A /= 2;</td><td>A = 3</td></tr>
<tr><td>%=</td><td>나눈 나머지 할당</td><td>A %= 2;</td><td>A = 1</td></tr>
<tr><td rowspan="3">비트연산
A = B11001100</td><td><<</td><td>좌측으로 이동</td><td>Y = A << 2;</td><td>Y = 00110000</td></tr>
<tr><td>>></td><td>우측으로 이동</td><td>Y = A >> 2;</td><td>Y = 00110011</td></tr>
<tr><td>~</td><td>1의 보수</td><td>Y = ~A;</td><td>Y = 00110011</td></tr>
</table>

11.1.5 제어문

프로그램 실행은 프로그램의 시작부터 종료까지 순차적으로 실행하는 것을 기본으로 하지만, 필요에 따라 프로그램의 흐름을 변경해야 할 수도 있다. 이때 보통 사용하는 것이 제어문이다. 흔히 사용되는 제어문의 종류를 [표 11-5]에 나타내었다.

[표 11-5] 제어문의 종류 및 내용

제어문 명령어	내용
break	for, while 또는 do~while, switch case의 loop 문을 강제로 빠져나갈 때 사용
continue	for, while 또는 do~while의 반복을 실행하지 않고 loop 문을 빠져나갈 때 사용
do~while	loop 문으로 1번은 반드시 실행하고 조건 테스트 후에 loop 문 실행 결정
else	if 문에서 다중 테스트할 때 사용
for	for 문은 중괄호로 둘러싸인 문의 블록을 반복할 때 사용
goto	프로그램 흐름을 지정한 라벨로 강제로 점프
if	조건을 체크하기 위한 제어문
return	함수에서 호출한 함수로 값을 반환
switch case	조건을 비교해서 같은 값이 있으면 해당하는 case에 정의되는 코드 블록을 실행
while	조건식이 거짓일 때까지 반복

if ~ else 문과 if 문 사용

if ~ else 문과 if 문은 [그림 11-1]처럼 조건에 따라 다르게 처리를 하고 싶을 때 사용하는 제어문이다. if ~ else 문은 조건문이 참과 거짓인 경우를 모두 처리해야 할 때 사용하고, if 문은 참인 경우만 처리해야 할 때 사용한다.

```
if(조건문) {
 (조건이 참일 때 실행)
} else {
 (조건이 거짓일 때 실행)
}
```

(a) if ~ else 문 사용

```
if(조건문) {
 (조건이 참일 때 실행)
}
```

(b) if 문 사용

[그림 11-1] if ~ else 문과 if 문 사용 방법

연속된 if ~ else 문과 switch ~ case 문 사용

연속된 if ~ else 문은 [그림 11-2(a)]처럼 여러 조건 중에 성립되는 조건에 따라 각각 다른 처리를 하고자 하는 경우에 사용한다. switch ~ case 문은 [그림 11-2(b)]처럼 여러 개의 조건 중에 성립되는 조건을 선택해서 실행할 때 사용한다.

```
if(조건문 1) {
  (조건문 1이 참일 때 실행)
} else if(조건문 2) {
   (조건문 2가 참일 때 실행)
} else if(조건문 3) {
   (조건문 3이 참일 때 실행)
else
  (조건이 성립되지 않을 때)
```

(a) 연속된 if ~ else 문 사용

```
switch(식)
{
  case 값 1:
   (값이 1일 때 실행)
   break:
  case 값 2:
   (값이 2일 때 실행)
   break:
      …
  default :
    (값이 성립되지 않을 때 실행)
}
```

(b) switch ~ case 문 사용

[그림 11-2] 연속된 if ~ else 문과 switch ~ case 문 사용 방법

for 문 사용

for 문은 정해진 횟수만큼 실행을 반복할 때 사용하는 제어문이다. 사용 방법은 [그림 11-3]과 같다.

```
for(int i=0; i<=10; i++) {
   (조건이 성립할 때 실행)
}
```

(a) for 문 사용

```
for(int i=0; i<=10; i++) {
  for(int j=0; j<=10; j++) {
     (조건이 성립할 때 실행)
  }
}
```

(b) 2중 for 문 사용

[그림 11-3] for 문과 다중 for 문 사용 방법

while 문과 do ~ while 문 사용

while 문은 어떤 조건이 성립하는 동안 반복적으로 실행하는 제어문이고, do ~ while 문은 먼저 실행을 한 다음에 조건을 비교하기 때문에 조건이 성립하지 않아도 한 번은 무조건 실행되는 제어문이다. 사용 방법은 [그림 11-4]와 같다.

```
while(조건) {
 (조건이 참일 때 실행)
}
```

(a) while 문 사용

```
do {
 (실행/조건이 참일 때 실행)
} while(조건)
```

(b) do ~ while 문 사용

[그림 11-4] while 문과 do ~ while 문 사용 방법

11.2 아두이노 프로그램의 전체 구조

앞서 아두이노 프로그램 작성을 위해 필요한 연산자, 함수, 제어문 등을 살펴보았다. 지금부터는 아두이노를 사용해서 자동화 장치를 제어하기 위한 기본 프로그램 작성법을 학습해보자.

아두이노 프로그램의 전체 구조는 [코드 11-1]에 나타낸 것처럼 5개 부분으로 구분할 수 있다.

코드 11-1 아두이노 프로그램의 전체 구조

```
/* 전처리기와 헤더 파일 및 클래스 선언 */
#include <TM1637Display.h>              // 전처리기(TM1637 라이브러리 포함)
#define CLK                 A0          // 전처리기(TM1637 CLK 핀 A0 사용)
#define DIO                 A1          // 전처리기(TM1637 DIO 핀 A1 사용)
TM1637Display display_1(CLK, DIO);      // TM1637을 display 이름의 객체로 생성

/* 프로그램에 사용할 전역 변수 선언 */
boolean I0, I1, I2, I3, I4, I5, I6, I7;
boolean Q0, Q1, Q2, Q3, Q4, Q5, Q6, Q7;
boolean M0, M1, M2, M3, M4, M5, M6, M7;

/* 프로그램의 초기화 처리 */
void setup() {
    …
}

/* 메인 프로그램 */
void loop() {
    /* [메인 프로그램 작성 부분] */
}

/* 사용자 정의 함수 */
boolean InSignalRisingPulse(boolean *X, boolean *LX)
{
    …
}
```

전처리기와 헤더 파일 및 클래스 선언

전처리기는 프로그램이 특수문자 '#'으로 시작하고 프로그램을 컴파일할 때 컴파일 전에 먼저 처리하라는 의미이다. 그리고 헤더 파일은 확장자 '.h'를 갖는 파일로 〈TM1637Display.h〉가 헤더 파일을 의미한다. 프로그램 실행에 필요할 때 해당 내용이 포함된다.

```
#include <TM1637Display.h>              // 전처리기(TM1637 라이브러리 포함)
#define CLK                 A0          // 전처리기(TM1637 CLK 핀 A0 사용)
#define DIO                 A1          // 전처리기(TM1637 DIO 핀 A1 사용)
TM1637Display display_1(CLK, DIO);      // TM1637을 display 이름의 객체로 생성
```

[그림 11-5] 전처리기와 헤더 파일 및 클래스 선언

전역 변수 선언

프로그램 작성에 필요한 전역 변수를 미리 선언해둔다. 선언된 전역 변수는 후반부 실습과제를 해결하기 위해 반드시 필요하므로, 특별한 경우가 아니면 여기서 제시한 내용을 그대로 사용하기를 권한다. 추후 어느 정도 프로그램이 익숙해졌다면 전역 변수의 내용을 조건에 맞춰 변경해서 사용하면 된다.

```
boolean I0, I1, I2, I3, I4, I5, I6, I7;
boolean Q0, Q1, Q2, Q3, Q4, Q5, Q6, Q7;
boolean M0, M1, M2, M3, M4, M5, M6, M7;
```

[그림 11-6] 프로그램에 사용할 전역 변수 선언

void setup( )

setup( )은 아두이노 프로그램 실행 시 전원이 ON되거나, MCU가 리셋될 때 최초로 실행되는 코드가 작성되는 부분이다. 주로 입출력 포트를 설정하거나 초기화해야 할 작업을 이곳에 작성한다. 이는 실습과제의 조건에 따라 변경될 때 별도로 제시해야 하기 때문에 별다른 언급이 없으면 첫 번째 실습과제의 내용을 복사해서 사용하면 된다.

```
void setup() {
    …
}
```

[그림 11-7] 프로그램의 초기화 처리

void loop( )

loop( )은 매 스캔마다 실행할 프로그램을 작성하는 영역이다. 아두이노의 프로그램을 PLC처럼 사용하기 위해 입력 4점과 출력 4점에 대한 입출력 메모리 리프레시를 위한 프로그램이 존재한다. 처음에는 입력과 출력 각각 4점에 대해 리프레시를 하고, 추후 필요로 할 때 입출력을 추가한다.

```
void loop() {
    /* [메인 프로그램 작성 부분] */
}
```

[그림 11-8] 메인 프로그램

사용자 정의 함수

프로그램 실행에 필요한 별도의 함수가 있는 경우에 void loop( )의 하단에 제시된다. 다양한 사용자 정의 함수가 제시되기 때문에 제시될 때마다 추가해서 사용하기 바란다.

```
boolean InSignalRisingPulse(boolean *X, boolean *LX)
{
    …
}
```

[그림 11-9] 사용자 정의 함수

11.3 프로그램 테스트를 위한 하드웨어 구성

실습을 통해 아두이노 프로그램의 작성법을 학습하기 위한 하드웨어 구성은 [표 11-6]에 나타내었다. 입력과 출력을 부논리Active Low로 사용하고 있다.

[표 11-6] 실습을 위한 아두이노 하드웨어 구성

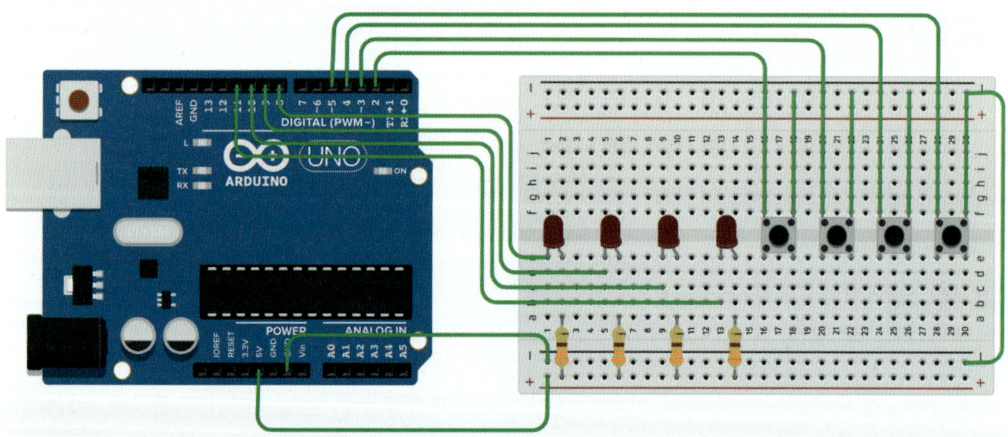

부품 명칭	핀 번호	용도	신호
푸시버튼(PB1)	2	입력 내부 풀업저항 사용	푸시버튼이 눌러지지 않을 때는 +5V 신호 입력, 푸시버튼이 눌러지면 0V 신호 입력
푸시버튼(PB2)	3		
푸시버튼(PB3)	4		
푸시버튼(PB4)	5		
LED1	8	출력	출력이 0V일 때 LED 점등 출력이 5V일 때 LED 소등
LED2	9		
LED3	10		
LED4	11		

11.4 아두이노 라이브러리 추가

전 세계의 메이커Maker들이 아두이노에 열광하면서, 다양한 변종 보드와 쉴드를 만들어낼 수 있었던 이유는 오픈소스의 힘이 가장 컸다고 할 수 있다. 오픈소스는 소프트웨어 분야에서 생겨난 용어로, 저작권자가 소스코드를 공개하여 누구나 특별한 제한 없이 자유롭게 사용, 복제, 배포, 수정할 수 있는 소프트웨어를 의미한다. 아두이노 개발자인 마시모 반지Massimo Banzi와 동료들이 아두이노의 하드웨어 설계도면과 소프트웨어 소스를 모두 공개한 결과, 오늘날에는 단돈 몇 천원에 아두이노 보드 복제품을 살 수 있고, 수없이 많은 변종 아두이노 보드들과 아두이노 기능을 업그레이드할 수 있는 쉴드 보드가 만들어져 여러 분야에서 활용되고 있다.

아두이노의 성공 요인은 한마디로 말해서 사용자가 원하는 기능을 구현한 하드웨어 쉴드 보드이고, 이는 누구나 손쉽게 사용할 수 있는 오픈소스 소프트웨어인 라이브러리를 제공하고 있기 때문이라 할 수 있다. 아두이노 라이브러리는 쉽게 말해 아두이노에서 여러 가지 제어 장치를 제어할 수 있도록 제공하는 소스코드를 의미한다.

11.4.1 라이브러리의 종류

아두이노 라이브러리는 아두이노 공식 홈페이지에서 제공하는 IDE에 내장되어 있는 표준 라이브러리와 아두이노 사용자들이 직접 만들어 공유하는 사용자 라이브러리로 구분된다. 아두이노 라이브러리의 기능에 대해서 궁금한 점이 있다면 아두이노 공식 홈페이지에서 제공하는 라이브러리(https://www.arduino.cc/reference/en/libraries/)를 이용하는 방법이 가장 좋다. 이밖에 깃허브Github, 아두이노 플레이그라운드Arduino Playground, 에이다프룻Adafruit과 같은 홈페이지에서도 찾아볼 수 있다.

라이브러리 폴더의 위치

아두이노의 라이브러리는 아두이노 설치 폴더 내 [libraries] 폴더에 위치하고 있어야 IDE에서 라이브러리를 불러올 수 있다. 해당 폴더는 [그림 11-10]처럼 문서Document 폴더에 있는 [Arduino] 폴더를 클릭하면 나타난다.

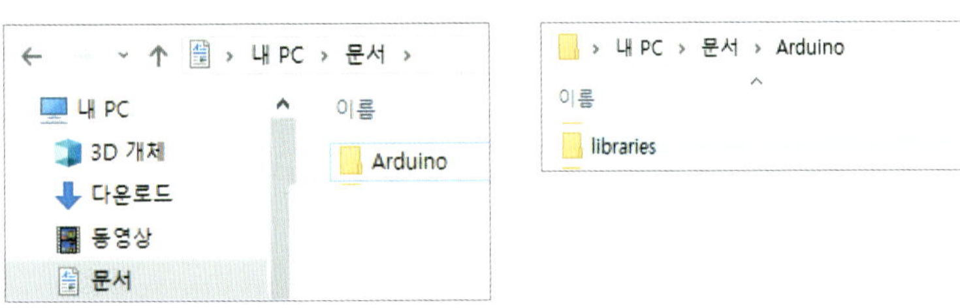

[그림 11-10] 아두이노 라이브러리의 위치

라이브러리의 구성요소

라이브러리는 기본적으로 폴더 단위로 구성되어 있고, 폴더 내부에는 [그림 11-11]처럼 헤더 파일(.h), 소스코드 파일(.cpp 또는 .c), 아두이노 실행 예제 파일이 존재한다. 그중에서도 헤더 파일과 아두이노 실행 예제 파일은 반드시 있어야 하고, 소스코드 파일은 선택사항이다.

› 내 PC › 문서 › Arduino › libraries › Adafruit_NeoPixel ›

이름	수정한 날짜	유형	크기
examples	2024-05-19 오전 8:05	파일 폴더	
Adafruit_NeoPixel.cpp	2024-05-19 오전 8:05	C++ 원본 파일	122KB
Adafruit_NeoPixel.h	2024-05-19 오전 8:05	C Header 원본 파일	20KB
CONTRIBUTING.md	2024-05-19 오전 8:05	Markdown 원본 ...	2KB
COPYING	2024-05-19 오전 8:05	파일	8KB
esp.c	2024-05-19 오전 8:05	C 원본 파일	7KB
esp8266.c	2024-05-19 오전 8:05	C 원본 파일	3KB
kendyte_k210.c	2024-05-19 오전 8:05	C 원본 파일	3KB
keywords.txt	2024-05-19 오전 8:05	텍스트 문서	2KB
library.properties	2024-05-19 오전 8:05	Properties 원본 파...	1KB
README.md	2024-05-19 오전 8:05	Markdown 원본 ...	9KB
rp2040_pio.h	2024-05-19 오전 8:05	C Header 원본 파일	2KB

[그림 11-11] 아두이노 라이브러리 폴더의 구성

11.4.2 PLC 라이브러리 사용하기

이 책에서는 아두이노 프로그램을 PLC 프로그램처럼 작성하는 방법을 학습한다. 따라서 PLC 프로그램에서 사용하는 타이머, 카운터, 상승 및 하강펄스 신호를 만들어서 사용할 수 있는 PLC 라이브러리를 사용해서 프로그램을 작성한다.

다음 링크에 접속해서 PLC 라이브러리를 다운로드한 다음, 각자의 PC의 아두이노 라이브러리 폴더에 설치한다. 해당 라이브러리를 설치하면 [표 11-7]에 나타낸 PLC 명령어를 사용할 수 있다.

- **아두이노용 PLC 라이브러리 다운로드 사이트**

https://github.com/stlehmann/arduino_plclib

[표 11-7] 아두이노 PLC 라이브러리에서 지원하는 함수의 종류

함수명	PLC 명령어	기능
CTD	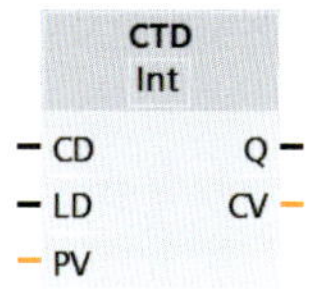	다운 카운터
CTU	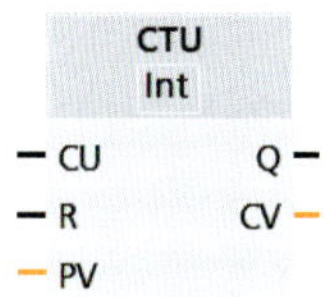	업 카운터
CTUD	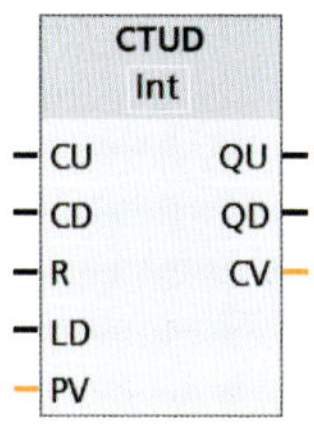	업 다운 카운터
F_TRIG	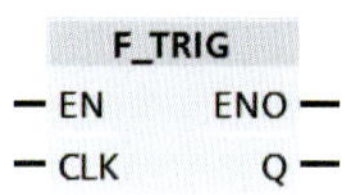	입력신호의 상승펄스 검출
R_TRIG	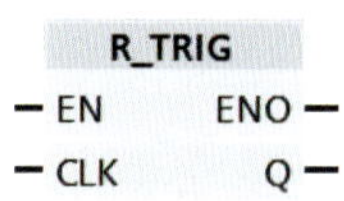	입력신호의 하강펄스 검출
RS	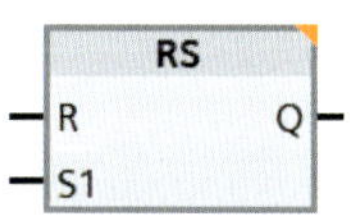	리셋 우선 플립플롭 (자기유지 회로)
SR	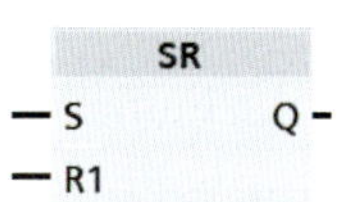	셋 우선 플립플롭 (자기유지 회로)
TOF	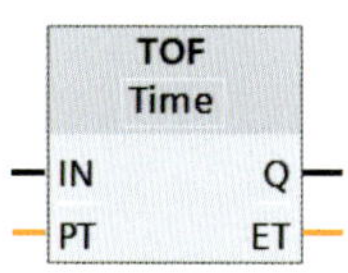	오프 딜레이 타이머
TON	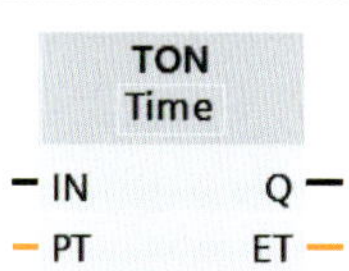	온 딜레이 타이머
TP	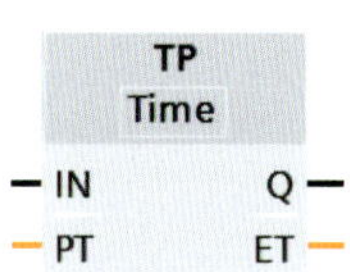	펄스 타이머

[표 11-7]에 아두이노에서 사용하는 PLC 라이브러리가 지원하는 함수의 종류와 PLC의 명령어를 비교해서 나타내었다. 명령어를 사용하는 방법은 앞서 소개한 깃허브 사이트에서 참고할 수 있다. 이 책에서는 주로 사용되는 카운터, 타이머 명령어에 대해 살펴보고 나머지 명령어는 실습을 통해 사용법을 터득하기 바란다.

TON 타이머

PLC의 온 딜레이 타이머와 동일한 동작을 한다. 설정시간과 경과시간은 32비트 양수값을 사용한다. 설정시간은 1ms 단위이고 최대 4,294,967,295($2^{32}-1$)ms로 시간 설정이 가능하다.

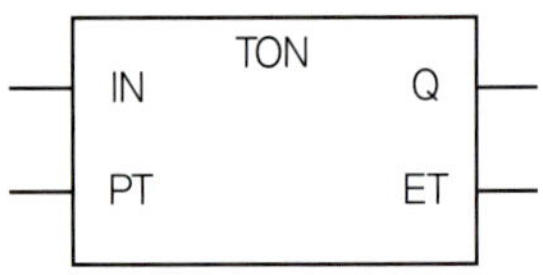

(a) TON 타이머 심볼

명칭 및 기능	데이터 타입
IN : 타이머 기동 조건	Boolean
PT : 설정시간	unsigned long
Q : 타이머 출력	Boolean
ET : 경과시간	unsigned long

(b) TON 타이머 입출력 기능 및 데이터 타입

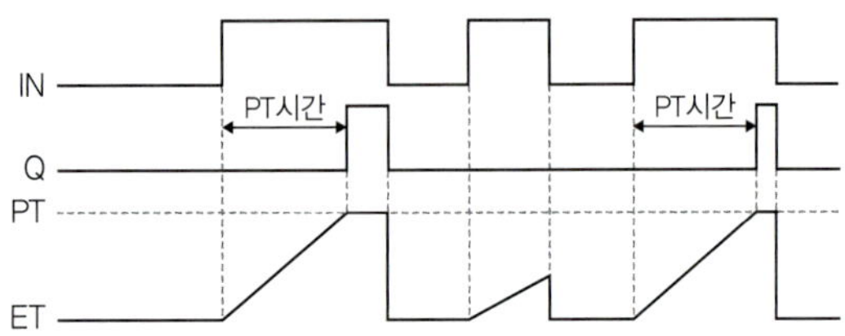

(c) TON 타이머 동작 타이밍도

[그림 11-12] 아두이노 PLC 라이브러리의 TON 타이머 구조

[그림 11-13]은 지멘스 PLC에서 입력 버튼(I0)이 ON되면 5초 동안 램프(Q0)를 점등하는 프로그램을 나타낸 것이다. [코드 11-2]는 아두이노의 PLC 라이브러리를 이용하여 [그림 11-13]의 PLC 프로그램을 작성한 것이다. PLC에서 사용하는 타이머의 입력의 명칭이 IN으로 사용되지만, 아두이노의 PLC 라이브러리에서는 타이머의 IN 입력을 process로 사용한다.

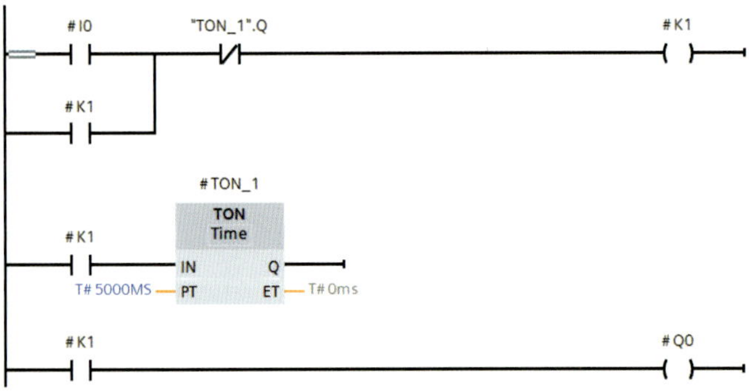

[그림 11-13] TON 타이머를 사용한 지멘스 PLC 프로그램

코드 11-2 TON 타이머를 사용한 아두이노 프로그램

```
#include <plclib.h>              // PLC 라이브러리

TON ton_1;                       // TON 타이머 설정
boolean I0, Q0, M1;              // 비트 전역 변수 설정
void setup() {                   // 초기화 작업
  pinMode(2, INPUT_PULLUP);      // 2번 핀 입력 설정(내부 풀업 사용)
  pinMode(8, OUTPUT);            // 8번 핀 출력 설정
  digitalWrite(8, HIGH);         // 8번 핀 출력을 High로 설정
}

void loop() {
/*========= 입력 리프레시 ========= */
  I0 = !digitalRead(2);          // ON 버튼
  M1 = (I0 | M1) & !ton_1.Q;     // 자기유지 회로
  ton_1.PT = 5000;               // 타이머 동작시간 설정(5초)
  ton_1.process(M1);             // 타이머 입력 K1이 1일 때 타이머 동작
  Q0 = M1;                       // 램프 출력
/* ========== 출력 리프레시 ========== */
  digitalWrite(8, !Q0);
}
```

TOF 타이머

PLC의 오프 딜레이 타이머와 동일한 동작을 한다. 설정시간과 경과시간은 32비트 양수값을 사용하고 설정시간은 1ms 단위이고 최대 4,294,967,295($2^{32}-1$)ms로 시간 설정이 가능하다.

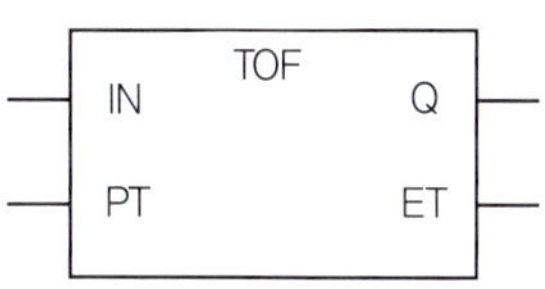

(a) TOF 타이머 심볼

명칭 및 기능	데이터 타입
IN : 타이머 기동 조건	Boolean
PT : 설정시간	unsigned long
Q : 타이머 출력	Boolean
ET : 경과시간	unsigned long

(b) TOF 타이머 입출력 기능 및 데이터 타입

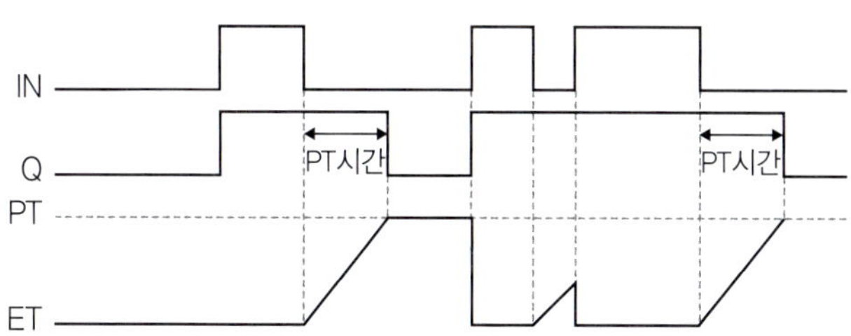

(c) TOF 타이머 동작 타이밍도

[그림 11-14] 아두이노 PLC 라이브러리의 TOF 타이머 구조

[그림 11-15]는 지멘스 PLC에서 입력 버튼(I0)이 ON되면 램프(Q0)를 점등하고, 입력 버튼이 OFF되면 TOF 타이머에서 설정한 2초 후에 램프가 OFF되는 프로그램이다.

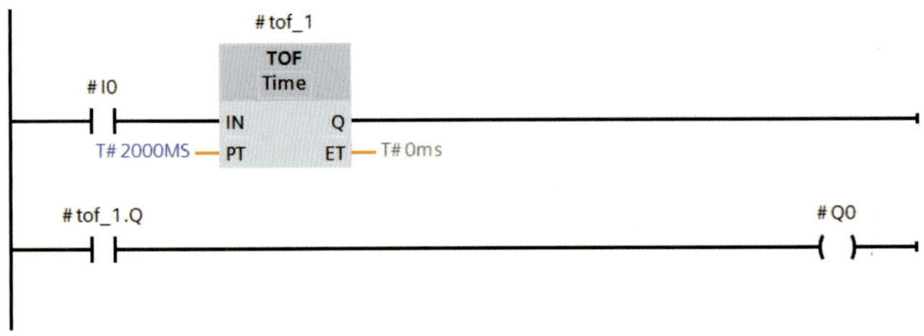

[그림 11-15] TOF 타이머를 사용한 지멘스 PLC 프로그램

[코드 11-3]은 아두이노의 PLC 라이브러리를 이용하여 [그림 11-15]의 PLC 프로그램을 작성한 것이다.

코드 11-3 TOF 타이머를 사용한 아두이노 프로그램

```
#include <plclib.h>             // PLC 라이브러리

TOF tof_1;                      // TOF 타이머 설정
boolean I0, Q0;                 // 비트 전역 변수 설정

void setup() {                  // 초기화 작업
  pinMode(2, INPUT_PULLUP);     // 2번 핀 입력 설정(내부 풀업 사용)
  pinMode(8, OUTPUT);           // 8번 핀 출력 설정
  digitalWrite(8, HIGH);        // 8번 핀 출력을 High로 설정
}

void loop() {
/*========= 입력 리프레시 ========= */
  I0 = !digitalRead(2);        // ON 버튼 입력 리프레시
  tof_1.PT = 2000;             // 타이머 동작시간 설정(2초)
  tof_1.process(I0);           // 타이머 입력 I0가 1일 때 타이머 동작
  Q0 = tof_1.Q;                // 타이머 출력으로 램프 점등
/* ========== 출력 리프레시 ========== */
  digitalWrite(8, !Q0);
}
```

CTU

PLC의 업 카운터와 동일한 동작을 한다. [그림 11-17]은 입력신호가 10회 이상 ON될 때 카운터의 출력이 ON되어 램프가 점등되고, 카운터의 리셋 입력(I1)이 ON되면 램프가 OFF되는 동작을 나타낸다.

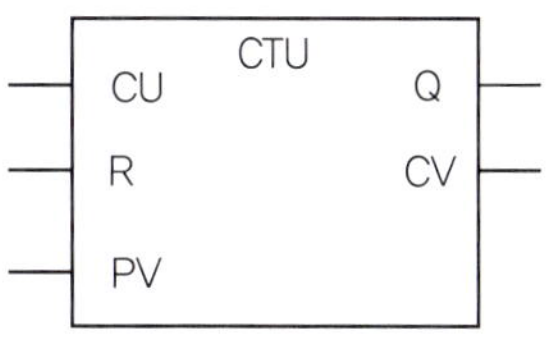

(a) CTU 타이머 심볼

명칭 및 기능	데이터 타입
CU : 업 카운터 펄스	Boolean
R : 카운터 CV 값 리셋	Boolean
PV : 타이머 설정값	unsigned Int
Q : 카운터 출력	Boolean
CV : 카운터 현재값	unsigned Int

(b) CTU 타이머 입출력 기능 및 데이터 타입

[그림 11-16] 아두이노 PLC 라이브러리의 CTU 타이머 구조

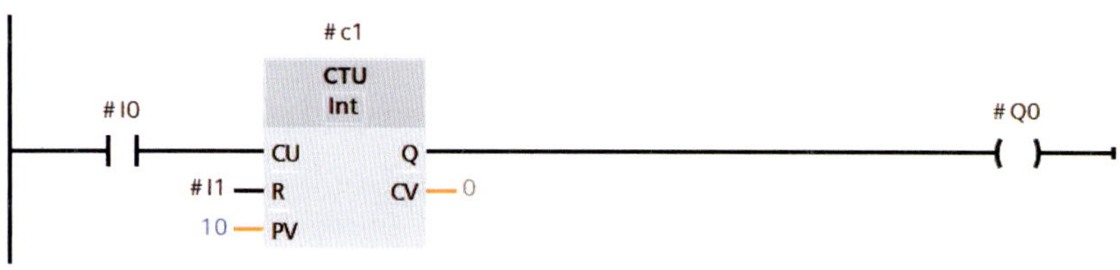

[그림 11-17] CTU 타이머를 사용한 지멘스 PLC 프로그램

[코드 11-4]는 아두이노의 PLC 라이브러리를 이용하여 [그림 11-17]의 PLC 프로그램을 작성한 것이다.

코드 11-4 CTU 타이머를 사용한 아두이노 프로그램

```
#include <plclib.h>

CTU c1;
boolean I0, I1, Q0;

void setup() {                    // 초기화 작업
  pinMode(2, INPUT_PULLUP);       // 2번 핀 입력 설정(내부 풀업 사용)
  pinMode(3, INPUT_PULLUP);       // 3번 핀 입력 설정(내부 풀업 사용)
  pinMode(8, OUTPUT);             // 8번 핀 출력 설정
  digitalWrite(8, HIGH);          // 8번 핀 출력을 High로 설정
  c1.PV = 10;                     // 카운터의 PV(설정값)을 10으로 설정
}
```

```
void loop() {

/*========= 입력 리프레시 ========= */
  I0 = !digitalRead(2);          // 카운터 CU 입력
  I1 = !digitalRead(3);          // 카운터 리셋 입력
  c1.process(I0, I1);            // 카운터 동작(CU 입력, 리셋 입력)
  Q0 = c1.Q;                     // 카운터 출력
/* ========== 출력 리프레시 ========== */
  digitalWrite(8, !Q0);
}
```

실습 예제 11-1 **타이머 동작 확인하기**

[그림 11-18]은 TON, TOF, TP 타이머 동작을 나타낸 것이다. 아두이노의 PLC 라이브러리를 이용하여 PLC 프로그램을 작성하라.

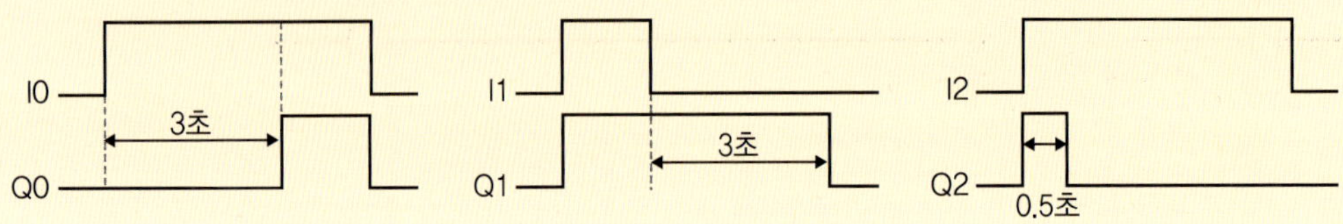

(a) TON 타이머 동작 (b) TOF 타이머 동작 (c) TP 타이머 동작

[그림 11-18] 타이머 동작

풀이

```
#include <plclib.h>            // PLC 라이브러리

boolean I0, I1, I2, I3;        // 입력 변수 설정
boolean Q0, Q1, Q2, Q3;        // 출력 변수 설정
TON ton_0;                     // 온 딜레이 타이머
TOF tof_0;                     // 오프 딜레이 타이머
TP tp_0;                       // 펄스 타이머

void setup() {
  for (int i = 2; i <= 5; i++)      // 2 ~ 5번 핀을 입력으로 설정
    pinMode(i, INPUT_PULLUP);
  for (int i = 8; i <= 11; i++) {   // 8 ~ 11번 핀을 출력으로 설정
    pinMode(i, OUTPUT);
    digitalWrite(i, HIGH);          // Low_Active로 사용하기 위해 출력을 High로 설정
}
  ton_0.PT = 3000;     // 3초 시간 설정
  tof_0.PT = 3000;     // 3초 시간 설정
  tp_0.PT = 500;       // 0.5초 시간 설정
}
```

```
void loop() {
/* ============ 입력 리프레시  ============ */
  I0 = !digitalRead(2);  I1 = !digitalRead(3);
  I2 = !digitalRead(4);  I3 = !digitalRead(5);
  ton_0.process(I0);              // 온 딜레이 타이머
  Q0 = ton_0.Q;
  tof_0.process(I1);              // 오프 딜레이 타이머
  Q1 = tof_0.Q;
  tp_0.process(I2);               // 펄스 타이머
  Q2= tp_0.Q;
/* ============ 출력 리프레시  ============ */
  digitalWrite(8, !Q0);  digitalWrite(9, !Q1);
  digitalWrite(10, !Q2);  digitalWrite(11, !Q3);
}
```

실습 예제 11-2 **플리커 타이머 만들기**

[그림 11-19]는 플리커 타이머 동작과 PLC 프로그램을 나타낸 것이다. 아두이노의 PLC 라이브러리를 이용하여 PLC 프로그램을 작성하라.

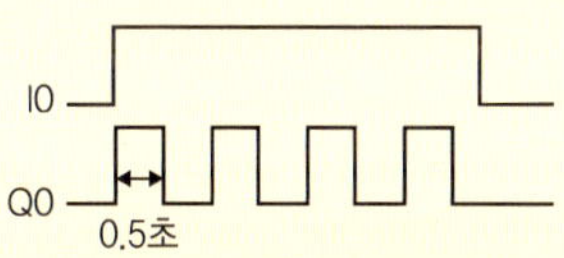

(a) 플리커 타이머 동작

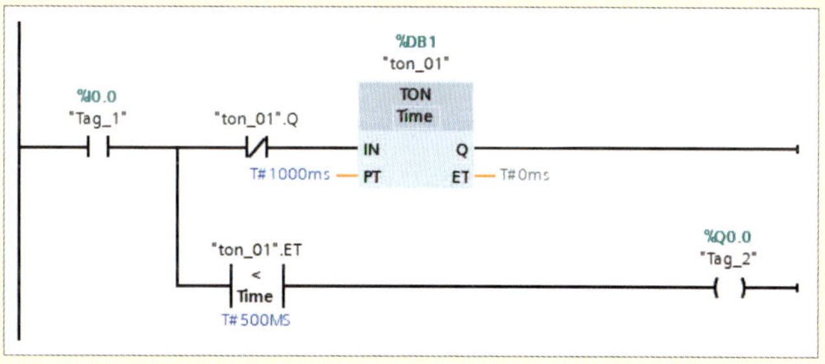

(b) 플리커 타이머 동작의 PLC 프로그램

[그림 11-19] 플리커 타이머 동작

풀이

```
#include <plclib.h>           // PLC 라이브러리

boolean I0, I1, I2, I3;       // 입력 변수 설정
boolean Q0, Q1, Q2, Q3;       // 출력 변수 설정
TON ton_0;                    // 온 딜레이 타이머
TOF tof_0;                    // 오프 딜레이 타이머
TP tp_0;
```

```
void setup() {
  for (int i = 2; i <= 5; i++)          // 2 ~ 5번 핀을 입력으로 설정
    pinMode(i, INPUT_PULLUP);
  for (int i = 8; i <= 11; i++) {       // 8 ~ 11번 핀을 출력으로 설정
    pinMode(i, OUTPUT);
    digitalWrite(i, HIGH);              // Low_Active로 사용하기 위해 출력을 High로 설정
}
  ton_0.PT = 1000;                      // 온 딜레이 타이머 1초 시간 설정
}

void loop() {
/* ============ 입력 리프레시  ============ */
  I0 = !digitalRead(2);  I1 = !digitalRead(3);
  I2 = !digitalRead(4);  I3 = !digitalRead(5);
  ton_0.process(I0 & !ton_0.Q);        // 플리커 타이머
  if(I0 & (ton_0.ET < 500))
    Q0 = 1;
  else
    Q0 = 0;
/* ============ 출력 리프레시  ============ */
  digitalWrite(8, !Q0);  digitalWrite(9, !Q1);
  digitalWrite(10, !Q2);  digitalWrite(11, !Q3);
}
```

실습 예제 11-3 상승과 하강펄스 신호 만들기

입력신호를 ON, 상승펄스, 하강펄스 신호로 구분하여 아두이노 시리얼 모니터를 통해 동작 상태를 확인할 수 있는 프로그램을 작성하라.

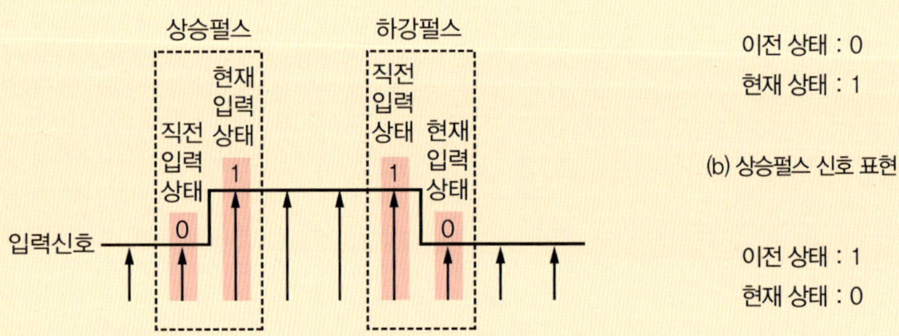

(a) 상승과 하강펄스 신호 판별

(b) 상승펄스 신호 표현

(c) 하강펄스 신호 표현

[그림 11-20] 상승과 하강펄스 신호 판별하는 방법

풀이

```
#include <plclib.h>          // PLC 라이브러리

boolean I0, I1, I2, I3;      // 입력 변수 설정
boolean Q0, Q1, Q2, Q3;      // 출력 변수 설정

R_TRIG rEg0;                 // 상승펄스 검출용
F_TRIG fEg0;                 // 하강펄스 검출용

void setup() {
  for (int i = 2; i <= 5; i++)
    pinMode(i, INPUT_PULLUP);

  for (int i = 8; i <= 11; i++)
    pinMode(i, OUTPUT);

  Serial.begin(9600);          // 시리얼 모니터 사용
}

void loop() {
/* ============ 입력 리프레시  ============ */
  I0 = !digitalRead(2);  I1 = !digitalRead(3);
  I2 = !digitalRead(4);  I3 = !digitalRead(5);
  if(I0)                     // 단순한 ON 입력 처리
    Serial.println("I0 = ON");

  rEg0.process(I1);          // 입력신호 상승펄스 처리
  if(rEg0.Q)
    Serial.println("I1 = ON");

  fEg0.process(I2);          // 입력신호 하강펄스 처리
  if(fEg0.Q)
    Serial.println("I2 = OFF");
/* ============ 출력 리프레시  ============ */
  digitalWrite(8, !Q0);  digitalWrite(9, !Q1);
  digitalWrite(10, !Q2);  digitalWrite(11, !Q3);
}
```

11.5 네오픽셀

네오픽셀NeoPixel은 에이다프룻 사에서 만들어서 판매하는 LED 제품으로, 단일 LED, 줄Strip 타입, 원형Ring 타입, 막대Stick 타입, 쉴드 타입 등 다양한 모양의 제품이 존재하고, 최근에는 저렴한 가격의 다양한 복제품이 판매되고 있다. 제조사에서 제공하는 Adafruit_NeoPixel 라이브러리를 사용해 제어하므로 사용법은 간단하다.

(a) 원형 타입 (b) 막대 타입 (c) 사각 타입 (d) 줄 타입

[그림 11-21] 다양한 형상의 네오픽셀

네오픽셀은 3원색의 LED를 사용해 다양한 색상을 표현할 수 있다. LED 모양에 따라 다양한 프로젝트에 여러 방법으로 응용하여 사용할 수 있고, 사용 방법이 하나의 라이브러리로 통일되어 있기 때문에 LED 타입이 달라도 제어 방법은 동일하다. 대신 에이다프룻 사에서 제공하는 라이브러리를 통해서만 제어가 가능하기 때문에 에이다프룻 사의 도움을 받아 프로젝트를 했다는 느낌을 받는 것이 단점이다.

아두이노와 네오픽셀의 결선과 프로그램

아두이노와 네오픽셀의 결선도를 [그림 11-22]에 나타내었다. 아두이노의 5V 전원을 네오픽셀에 연결하고 네오픽셀의 DI핀에 아두이노 6번 핀을 연결한다.

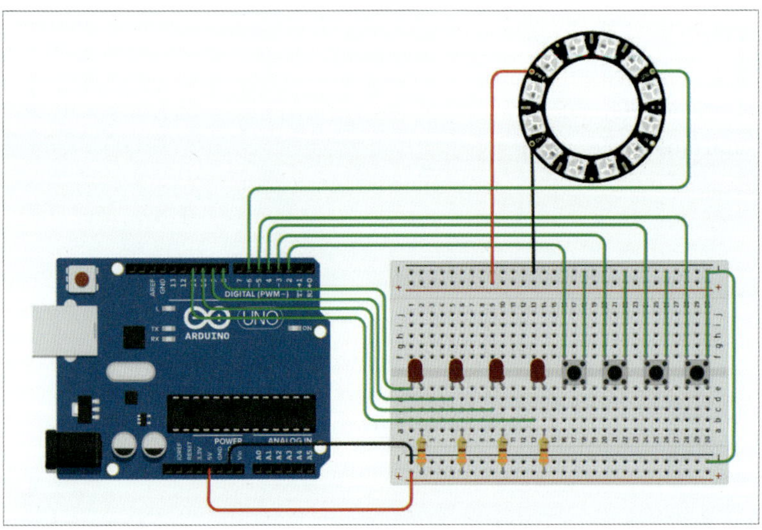

[그림 11-22] 네오픽셀 사용을 위한 아두이노 결선도

11.5.1 네오픽셀 라이브러리 설치 방법

[표 11-8]은 네오픽셀의 라이브러리 설치 방법을 나타낸 것이다.

[표 11-8] 네오픽셀 라이브러리 설치

순서	내용	
1	**라이브러리 설치 메뉴 선택하기** ❶ 아두이노를 실행한 후, 상단 메뉴에서 [Sketch] 탭을 선택한다. ❷ [Include Library]를 선택한다. ❸ [Manage Libraries...]를 선택한다.	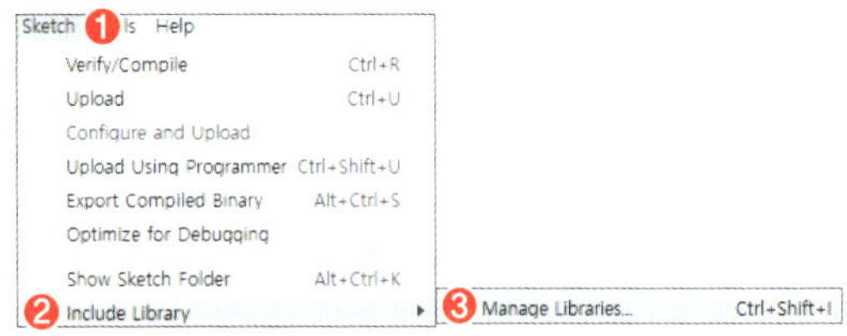
2	**라이브러리 검색하기** ❶ LIBRARY MANAGER의 검색창에 'neopixel'을 입력한다. ❷ 검색된 라이브러리에서 'Adafruit NeoPixel by Adafruit' 항목을 확인하고 [INSTALL] 버튼을 클릭한다.	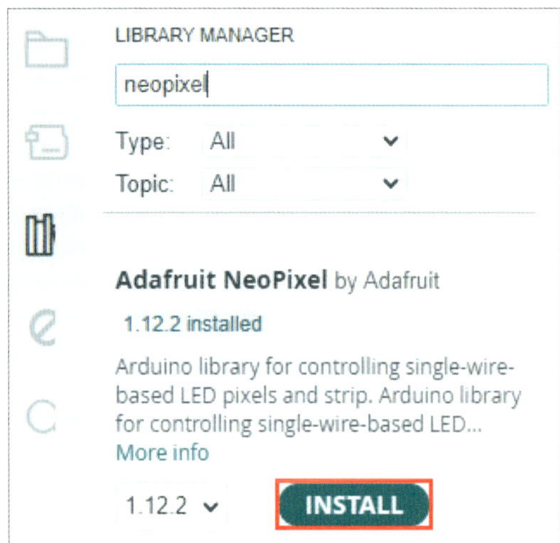
3	**라이브러리 샘플 예제 실행하기** ❶ 상단 메뉴에서 [File] 탭을 클릭한다. ❷ 이후 [Examples] 〉 [Adafruit NeoPixel] 〉 [strandtest]를 순서대로 클릭한다.	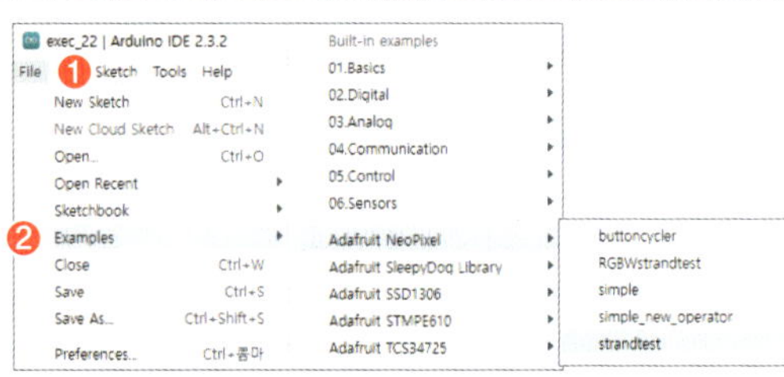

4	**라이브러리 샘플 예제 수정 및 실행하기**
	• 실습에 사용하는 네오픽셀의 조건에 맞춰 내용을 수정한다.
	• 실습에서는 LED_PIN은 6번이고, LED_COUNT는 8로 수정해서 사용한다.
		`#define LED_PIN     6`
		
		`// How many NeoPixels are`
		`#define LED_COUNT   8`

11.5.2 라이브러리를 이용하여 네오픽셀 점등하기

[코드 11-5]는 네오픽셀의 0번 위치의 LED를 점등시키기 위한 프로그램의 작성법이다.

코드 11-5 네오픽셀 점등 테스트 프로그램

```
/* 아두이노 전원이 ON되면 0번 위치의 네오픽셀이 적색으로 점등 */

#include <Adafruit_NeoPixel.h>

#define NEO_PIN         6
#define NEO_PIXELS      8

Adafruit_NeoPixel
     pixel = Adafruit_NeoPixel(NEO_PIXELS, NEO_PIN, NEO_GRB + NEO_KHZ800);

void setup() {
  pixel.begin();                      // 네오픽셀 객체 실행
  pixel.clear();                      // 네오픽셀 소등 설정
  pixel.show();                       // 네오픽셀 소등 실행
  pixel.setBrightness(200);           // 네오픽셀 밝기 설정(최대 255까지 설정)
  pixel.setPixelColor(0, 255, 0, 0);  // 0번 LED를 적색 설정
  pixel.show();                       // 점등 실행
}

void loop() {

}
```

네오픽셀 객체의 인자

네오픽셀을 동작시키기 위해서는 라이브러리에서 제공하는 객체를 생성해야 한다. 이 객체를 만들 때에는 몇 가지 필수 인자를 설정해야 하는데, 주요 인자를 나타내면 다음과 같다.

❶ NEO_PIXELS : 네오픽셀의 LED 개수

❷ NEO_PIN : 네오픽셀의 데이터 통신 선을 연결할 아두이노 포트 번호

❸ NEO_RGB + NEO_KHZ800 : 네오픽셀의 RGB 색상 전송 순서와 속도 설정

- NEO_GRB : WS2812의 네오픽셀 사용(대부분의 네오픽셀에 해당됨)
- NEO_RGB : WS2811의 네오픽셀 사용(에이다프룻 사의 FLORA 제품에 해당됨)
- NEO_RGBW : LED가 RGBW 형태로 구성된 네오픽셀에 사용
- NEO_KHZ800 : WS2812에 사용
- NEO_KHZ400 : WS2811에 사용

setPixelColor(LED 번호, 적색, 녹색, 청색)

[코드 11–6]은 반복문을 활용하여 네오픽셀의 모든 LED를 점등시키기 위한 프로그램의 작성법이다.

코드 11-6 네오픽셀 점등 테스트 프로그램

```
/* 아두이노 전원이 ON되면 8개의 네오픽셀을 적색으로 점등 */

#include <Adafruit_NeoPixel.h>

#define NEO_PIN         6
#define NEO_PIXELS      8

Adafruit_NeoPixel
     pixel = Adafruit_NeoPixel(NEO_PIXELS, NEO_PIN, NEO_GRB + NEO_KHZ800);

void setup() {
  pixel.begin();              // 네오픽셀 객체 실행
  pixel.clear();              // 네오픽셀 소등 설정
  pixel.show();               // 네오픽셀 소등 실행
  pixel.setBrightness(200);   // 네오픽셀 밝기 설정(최대 255까지 설정)

  for(int k=0; k<8; k++)
    pixel.setPixelColor(k, 255, 0, 0); // 0 ~ 7번 LED를 적색으로 설정

  pixel.show(); // 적색 점등 실행
}

void loop() {

}
```

앞서 네오픽셀을 적색으로 점등시켰다면 지금부터 다른 색상으로 점등시키는 방법에 대해 알아보자. 네오픽셀의 색상 설정용 변수는 다음과 같으며, 이를 이용하여 적색(RED), 녹색(GREEN)과 파란색(BLUE)으로 점등시킬 수 있다.

```
- uint32_t RED = pixel.Color(255, 0, 0);
- uint32_t GREEN = pixel.Color(0, 255, 0);
- uint32_t BLUE = pixel.Color(0, 0, 255);
```

[그림 11-23] 네오픽셀의 색상 설정용 변수

또한 fill 함수를 이용하여 네오픽셀 전체를 점등하는 방법도 있다.

네오픽셀의 fill 함수

```
pixel.fill(pixel.Color(255,0,0)); // 8개의 네오픽셀 전체를 적색으로 점등
pixel.fill(GREEN); // 8개의 네오픽셀 전체를 녹색으로 점등
```

[그림 11-24] 네오픽셀의 fill 함수 사용

[코드 11-7]은 색상 설정용 변수와 fill 함수를 이용하여 LED를 정해진 색상으로 점등시키기 위한 프로그램의 작성법을 나타낸 것이다.

코드 11-7 네오픽셀 점등 테스트 프로그램

```
/* 아두이노 전원이 ON되면 네오픽셀이 정해진 색상으로 점등 */

#include <Adafruit_NeoPixel.h>

#define NEO_PIN         6
#define NEO_PIXELS      8

Adafruit_NeoPixel
     pixel = Adafruit_NeoPixel(NEO_PIXELS, NEO_PIN, NEO_GRB + NEO_KHZ800);

uint32_t RED = pixel.Color(255,0,0);
uint32_t GREEN = pixel.Color(0,255,0);
uint32_t BLUE = pixel.Color(0,0,255);

void setup() {
  pixel.begin();                       // 네오픽셀 객체 실행
  pixel.clear();                       // 네오픽셀 소등 설정
  pixel.show();                        // 네오픽셀 소등 실행

pixel.setBrightness(200);              // 네오픽셀 밝기 설정(최대 255까지 설정)
  pixel.fill(pixel.Color(255,0,0));    // 색상 정보 설정
  pixel.show();                        // 적색 점등 실행
  delay(1000);
```

```
  pixel.clear();
  pixel.show();

  pixel.fill(GREEN);              // 사전에 설정된 색상 정보 설정
  pixel.show();                   // 녹색 점등 실행
  delay(1000);

  pixel.clear();
  pixel.show();

  pixel.fill(BLUE);               // 사전에 설정된 색상 정보 설정
  pixel.show();                   // 청색 점등 실행
  delay(1000);
}

void loop() {

}
```

11.5.3 스위치를 이용하여 네오픽셀 점등하기

[표 11-9]는 스위치별 램프와 네오픽셀의 색상을 나타낸 것이다.

[표 11-9] 스위치별 램프 및 네오픽셀의 색상

스위치 번호	램프 색상	네오픽셀 색상		
		R	G	B
I0	적색	255	0	0
I1	녹색	0	255	0
I2	청색	0	0	255
I3	황색	255	255	0

스위치가 눌러지면 네오픽셀을 사용해서 1초 동안 정해진 색상의 램프를 점등하는 프로그램의 작성법을 [코드 11-8]에 나타내었다.

코드 11-8 스위치를 이용한 네오픽셀 점등 프로그램

```
#include <plclib.h>                    // PLC 라이브러리
#include <Adafruit_NeoPixel.h>         // 네오픽셀 라이브러리

#define NEO_PIN           6            // 네오픽셀 연결 아두이노 포트 핀
#define NEO_PIXELS        8            // 네오픽셀 LED 개수

Adafruit_NeoPixel
pixel = Adafruit_NeoPixel(NEO_PIXELS, NEO_PIN, NEO_GRB + NEO_KHZ800);
uint32_t RED = pixel.Color(255, 0, 0);         // 적색 설정
uint32_t GREEN = pixel.Color(0, 255, 0);       // 녹색 설정
uint32_t BLUE = pixel.Color(0, 0, 255);        // 청색 설정
uint32_t YELLOW = pixel.Color(255, 255, 0);    // 황색 설정

boolean I0, I1, I2, I3;                        // 입력 변수 설정
boolean Q0, Q1, Q2, Q3;                        // 출력 변수 설정
boolean M0, M1, M2, M3;                        // 내부 변수 설정

TP tp0, tp1, tp2, tp3, tp4;;                   // 펄스 타이머 설정
R_TRIG rEg0, rEg1, rEg2, rEg3, rEg4;           // 상승펄스 설정

void setup() {
  for (int i = 2; i <= 5; i++)                 // 2 ~ 5번 포트 입력 핀으로 설정
    pinMode(i, INPUT_PULLUP);                  // 내부 풀업 사용
  for (int i = 8; i <= 11; i++)                // 8 ~ 11번 포트 출력 핀으로 설정
    pinMode(i, OUTPUT);

  pixel.begin();                               // 네오픽셀 객체 실행
  pixel.clear();                               // 네오픽셀 소등
  pixel.show();                                // 네오픽셀 점등

  tp0.PT = 1000;                               // 펄스 타이머 1초 시간 설정
  tp1.PT = 1000;                               // 펄스 타이머 1초 시간 설정
  tp2.PT = 1000;                               // 펄스 타이머 1초 시간 설정
  tp3.PT = 1000;                               // 펄스 타이머 1초 시간 설정
}

void loop() {

  /* ============ 입력 리프레시 ============ */
  I0 = !digitalRead(2); I1 = !digitalRead(3);
  I2 = !digitalRead(4); I3 = !digitalRead(5);

  tp0.process(I0);          // 입력 I0가 ON되면 펄스 타이머 0번 동작
  tp1.process(I1);          // 입력 I1이 ON되면 펄스 타이머 1번 동작
  tp2.process(I2);          // 입력 I2가 ON되면 펄스 타이머 2번 동작
  tp3.process(I3);          // 입력 I3가 ON되면 펄스 타이머 3번 동작
```

```
    rEg0.process(tp0.Q);        // 펄스 타이머 출력의 ON 시점 검출
    rEg1.process(tp1.Q);        // 펄스 타이머 출력의 ON 시점 검출
    rEg2.process(tp2.Q);        // 펄스 타이머 출력의 ON 시점 검출
    rEg3.process(tp3.Q);        // 펄스 타이머 출력의 ON 시점 검출

    if (rEg0.Q) {               // 펄스 타이머 0번 출력이 ON될 때 네오픽셀 점등
      pixel.fill(RED);
      pixel.show();
    }
    if (rEg1.Q) {               // 펄스 타이머 1번 출력이 ON될 때 네오픽셀 점등
      pixel.fill(GREEN);
      pixel.show();
    }
    if (rEg2.Q) {               // 펄스 타이머 2번 출력이 ON될 때 네오픽셀 점등
      pixel.fill(BLUE);
      pixel.show();
    }
    if (rEg3.Q) {               // 펄스 타이머 3번 출력이 ON될 때 네오픽셀 점등
      pixel.fill(YELLOW);
      pixel.show();
    }
     if (!tp0.Q && !tp1.Q && !tp2.Q && !tp3.Q) { // 펄스 타이머 출력이 없을 때
      pixel.clear();                           // 네오픽셀 소등
      pixel.show();
    }
    Q0 = tp0.Q;  Q1 = tp1.Q;                   // 펄스 타이머 출력으로 LED 램프 점등
    Q2 = tp2.Q;  Q3 = tp3.Q;
    /* ============ 출력 리프레시  ============ */
    digitalWrite(8, !Q0);  digitalWrite(9, !Q1);
    digitalWrite(10, !Q2);  digitalWrite(11, !Q3);
  }
```

11.5.4 타이머를 이용하여 네오픽셀 점등하기

[코드 11-9]는 타이머를 이용하여 네오픽셀 램프를 점등시키기 위한 프로그램의 작성법을 나타낸 것이다. 시작 버튼이 눌러지면 정지 버튼이 눌러질 때까지 네오픽셀 램프가 정해진 시간 간격으로 적색 → 녹색 → 청색 → 황색 순서로 연속해서 점등된다.

코드 11-9 타이머를 이용한 네오픽셀 램프 순차 점등 프로그램

```
#include <plclib.h>                     // PLC 라이브러리
#include <Adafruit_NeoPixel.h>          // 네오픽셀 라이브러리

#define NEO_PIN         6               // 네오픽셀 연결 아두이노 포트 핀
#define NEO_PIXELS      8               // 네오픽셀 LED 개수

Adafruit_NeoPixel
pixel = Adafruit_NeoPixel(NEO_PIXELS, NEO_PIN, NEO_GRB + NEO_KHZ800);

uint32_t RED = pixel.Color(255, 0, 0);         // 적색 색상 변수 선언
uint32_t GREEN = pixel.Color(0, 255, 0);       // 녹색 색상 변수 선언
uint32_t BLUE = pixel.Color(0, 0, 255);        // 청색 색상 변수 선언
uint32_t YELLOW = pixel.Color(255, 255, 0);    // 황색 색상 변수 선언

boolean I0, I1, I2, I3;                        // 입력 변수 설정
boolean Q0, Q1, Q2, Q3;                        // 출력 변수 설정
boolean M0, M1, M2, M3, M4, M5;                // 내부 변수 설정

TON ton1, ton2, ton3, ton4;;                   // 온 딜레이 타이머 설정
R_TRIG rEg0, rEg1, rEg2, rEg3, rEg4, rEg5;     // 상승펄스 설정
int red, gre, blu;

void setup() {
  for (int i = 2; i <= 5; i++)           // 2 ~ 5번 포트 입력 핀으로 설정
    pinMode(i, INPUT_PULLUP);            // 내부 풀업 사용
  for (int i = 8; i <= 11; i++)          // 8 ~ 11번 포트 출력 핀으로 설정
    pinMode(i, OUTPUT);

  pixel.begin();                // 네오픽셀 객체 실행
  pixel.clear();                // 네오픽셀 소등
  pixel.show();                 // 네오픽셀 점등

  ton1.PT = 500;                // 타이머 0.5초 시간 설정
  ton2.PT = 500;                // 타이머 0.5초 시간 설정
  ton3.PT = 500;                // 타이머 0.5초 시간 설정
  ton4.PT = 500;                // 타이머 0.5초 시간 설정
}

void loop() {

   /* ============ 입력 리프레시  ============ */
  I0 = !digitalRead(2);  I1 = !digitalRead(3);
  I2 = !digitalRead(4);  I3 = !digitalRead(5);
  M0 = (I0 | M0) & !I1;             // I0 : 시작, I1 : 정지
  rEg0.process(M0);
```

```
  M1 = (rEg0.Q ¦ M1 ¦ (M0 & M5)) & !M2;   // 적색 점등
  ton1.process(M1);
  M2 = ((ton1.Q & M1) ¦ M2) & !M3;        // 녹색 점등
  ton2.process(M2);
  M3 = ((ton2.Q & M2) ¦ M3) & !M4;        // 청색 점등
  ton3.process(M3);
  M4 = ((ton3.Q & M3) ¦ M4) & !M5;        // 황색 점등
  ton4.process(M4);
  M5 = ton4.Q & M4;                       // 사이클 종료
  rEg1.process(M1);                       // M1 ~ M4의 신호 상승펄스 처리
  rEg2.process(M2);
  rEg3.process(M3);
  rEg4.process(M4);
  if (rEg1.Q) {                 // 네오픽셀 적색 점등
    pixel.fill(RED);
    pixel.show();
  }
  if (rEg2.Q) {                 // 네오픽셀 녹색 점등
    pixel.fill(GREEN);
    pixel.show();
  }
  if (rEg3.Q) {                 // 네오픽셀 청색 점등
    pixel.fill(BLUE);
    pixel.show();
  }
  if (rEg4.Q) {                 // 네오픽셀 황색 점등
    pixel.fill(YELLOW);
    pixel.show();
  }
  rEg5.process(!M1 && !M2 && !M3 && !M4);   // 네오픽셀 소등
  if (rEg5.Q) {
    pixel.clear();
    pixel.show();
  }
  Q0 = M1;  Q1 = M2;
  Q2 = M3;  Q3 = M4;
  /* ============ 출력 리프레시  ============ */
  digitalWrite(8, !Q0);  digitalWrite(9, !Q1);
  digitalWrite(10, !Q2);  digitalWrite(11, !Q3);
}
```

실습 예제 11-4 **카운터를 이용하여 동작을 반복하는 프로그램 작성하기**

카운터를 사용해서 [코드 11-9]의 동작을 3회 실행 후에 정지하는 프로그램을 작성하라.

풀이

```
#include <plclib.h>                       // PLC 라이브러리
#include <Adafruit_NeoPixel.h>            // 네오픽셀 라이브러리

#define NEO_PIN          6                // 네오픽셀 연결 아두이노 포트 핀
#define NEO_PIXELS       8                // 네오픽셀 LED 개수

Adafruit_NeoPixel
pixel = Adafruit_NeoPixel(NEO_PIXELS, NEO_PIN, NEO_GRB + NEO_KHZ800);

uint32_t RED = pixel.Color(255, 0, 0);          // 적색 설정
uint32_t GREEN = pixel.Color(0, 255, 0);        // 녹색 설정
uint32_t BLUE = pixel.Color(0, 0, 255);         // 청색 설정
uint32_t YELLOW = pixel.Color(255, 255, 0);     // 황색 설정

boolean I0, I1, I2, I3;                         // 입력 변수 설정
boolean Q0, Q1, Q2, Q3;                         // 출력 변수 설정
boolean M0, M1, M2, M3, M4, M5;                 // 내부 변수 설정
TON ton1, ton2, ton3, ton4;                     // 온 딜레이 타이머 설정
R_TRIG rEg0, rEg1, rEg2, rEg3, rEg4, rEg5;      // 상승펄스 설정
CTU ctu0;                                       // 카운터 객체 선언

void setup() {
  for (int i = 2; i <= 5; i++)            // 2 ~ 5번 포트 입력 핀으로 설정
    pinMode(i, INPUT_PULLUP);             // 내부 풀업 사용
  for (int i = 8; i <= 11; i++)           // 8 ~ 11번 포트 출력 핀으로 설정
    pinMode(i, OUTPUT);

  pixel.begin();                     // 네오픽셀 객체 실행
  pixel.clear();                     // 네오픽셀 소등
  pixel.show();                      // 네오픽셀 점등

  ton1.PT = 500;                     // 타이머 0.5초 시간 설정
  ton2.PT = 500;                     // 타이머 0.5초 시간 설정
  ton3.PT = 500;                     // 타이머 0.5초 시간 설정
  ton4.PT = 500;                     // 타이머 0.5초 시간 설정
  ctu0.PV = 3;                       // 카운터 설정값을 3으로 설정
}
void loop() {
/* ============ 입력 리프레시  ============ */
  I0 = !digitalRead(2);  I1 = !digitalRead(3);
  I2 = !digitalRead(4);  I3 = !digitalRead(5);

  rEg0.process(I0);                 // 시작 버튼 상승펄스 처리
```

```
    M1 = (rEg0.Q | M1 | (!ctu0.Q & M5)) & !M2; // 적색 점등
    ton1.process(M1);

    M2 = ((ton1.Q & M1) | M2) & !M3;           // 녹색 점등
    ton2.process(M2);

    M3 = ((ton2.Q & M2) | M3) & !M4;           // 청색 점등
    ton3.process(M3);

    M4 = ((ton3.Q & M3) | M4) & !M5;           // 황색 점등
    ton4.process(M4);

    M5 = ton4.Q & M4;                          // 사이클 종료

    ctu0.process(M5, ctu0.Q);                  // 사이클 종료 신호 카운터 및 리셋 조건
    rEg1.process(M1);    rEg2.process(M2);
    rEg3.process(M3);    rEg4.process(M4);

    if (rEg1.Q) {        // 네오픽셀 적색 점등
      pixel.fill(RED);
      pixel.show();
    }
    if (rEg2.Q) {        // 네오픽셀 녹색 점등
      pixel.fill(GREEN);
      pixel.show();
    }
    if (rEg3.Q) {        // 네오픽셀 청색 점등
      pixel.fill(BLUE);
      pixel.show();
    }
    if (rEg4.Q) {        // 네오픽셀 황색 점등
      pixel.fill(YELLOW);
      pixel.show();
    }
    rEg5.process(!M1 && !M2 && !M3 && !M4);        // 네오픽셀 소등
    if (rEg5.Q) {
      pixel.clear();
      pixel.show();
    }
    Q0 = M1;  Q1 = M2;
    Q2 = M3;  Q3 = M4;
    /* ============ 출력 리프레시  ============ */
    digitalWrite(8, !Q0);  digitalWrite(9, !Q1);
    digitalWrite(10, !Q2);  digitalWrite(11, !Q3);
}
```

11.6 TM1637

TM1637은 타이탄 마이크로일렉트로닉스Titan Micro Electronics 사에서 설계한 LED 드라이버 IC로, [그림 11-25]처럼 최대 48개의 LED와 16개의 푸시버튼 입력을 제어할 수 있는 버튼 매트릭스 입력도 지원한다.

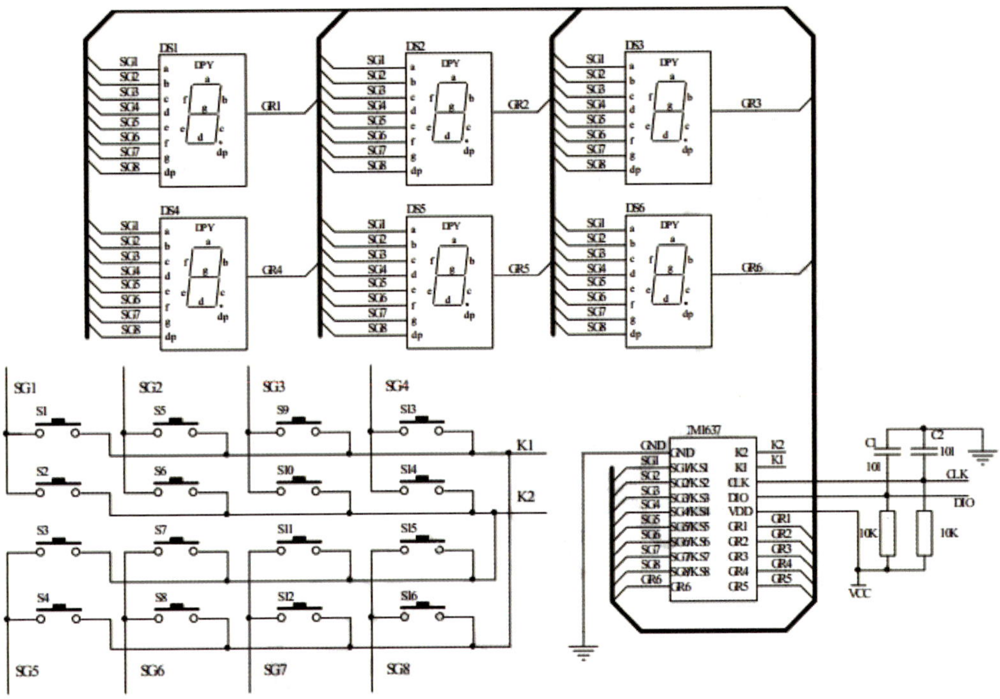

[그림 11-25] TM1637을 사용한 FND 제어와 버튼 매트릭스 입력 제어 도면

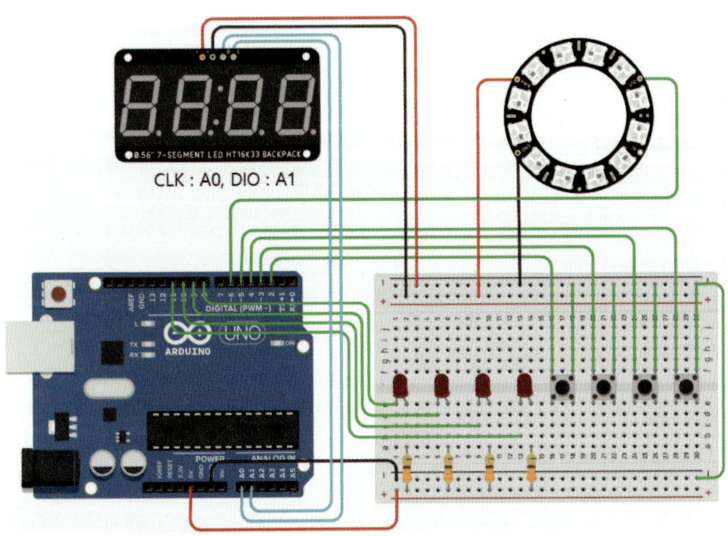

[그림 11-26] TM1637 제어용 FND 모듈과 아두이노의 결선 방법

[그림 11-26]과 같이 4개의 FND를 제어하기 위해 각각의 핀을 1:1로 연결한다면 출력 포트가 최소 28개 이상 있어야 하며, 스캔 방식으로 연결해도 11개 이상은 있어야 하기 때문에 FND를 제어할 때에는 많은 출력 포트를 사용하는 것이 부담이 될 수 있다. 이러한 경우에는 TM1637 IC를 사용하기 위해 2개의 출력을 사용한 I2C 통신으로 48개의 LED와 16개의 푸시버튼의 입출력을 제어할 수 있다. 아두이노 우노와 TM1637의 라이브러리를 사용해서 FND 제어를 위한 프로그램을 작성해보자.

11.6.1 TM1637 라이브러리 다운로드

아두이노 IDE의 상단 메뉴에서 [Sketch]를 클릭한 후, [Include Library] 〉 [Manage Libraries …]를 선택한다. 검색창에 TM1637을 입력해서 라이브러리 검색하면 많은 종류가 라이브러리가 검색되는데, 실습에서는 [그림 11-27]의 라이브러리를 사용한다.

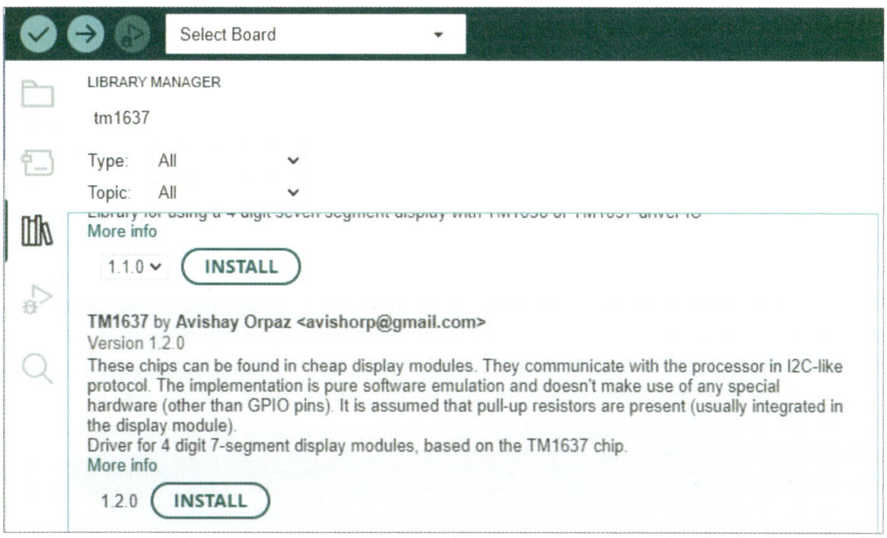

[그림 11-27] 아두이노 IDE에서 검색한 TM1637의 라이브러리

11.6.2 TM1637 FND 모듈의 제어 프로그램 작성

[그림 11-26]처럼 아두이노 2번 포트에 TM1637의 CLK 핀을 연결하고, 3번 포트에 DIO 핀을 연결하고, 5Vdc 전원을 연결하고 [그림 11-28]과 같이 TM1637의 라이브러리에 포함되어 있는 'TM1637Test' 프로그램을 아두이노 우노에 다운로드한 후에 TM1637의 FND에 어떤 표시가 되는지 확인해보자.

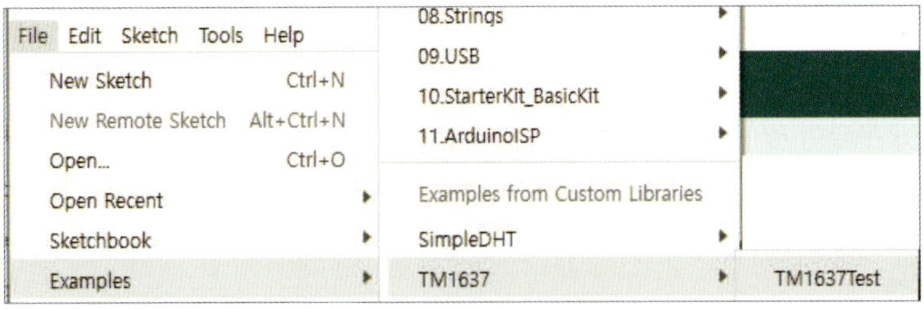

[그림 11-28] TM1637 라이브러리에 포함된 샘플 프로그램

11.6.3 TM1637Display 라이브러리에서 사용하는 함수

TM1637Display 라이브러리에서 사용하는 주요 함수를 나타내면 다음과 같다.

❶ TM1637Display(CLK, DIO, bitDelay) : 매개변수에서 bitDelay 값은 옵션이며, 기본값인 10㎲로 설정되어 있다. 해당 시간을 조정하면 7세그먼트 간의 전환 속도가 빨라지거나 늦어지게 된다.

❷ setBrightness(brightness, onoff) : 모듈의 밝기를 설정하는 함수로, 해당 함수를 한 번은 실행시켜야 모듈의 7세그먼트에 숫자가 표시된다.

❸ setSegments(segments, length, position) : setSegments( ) 함수는 디스플레이 7세그먼트 전체 또는 원하는 위치에 숫자를 표시할 수 있다. 7세그먼트의 LED의 점멸 위치를 설정하면 숫자와 다양한 문자를 표시할 수 있다.

[표 11-10] TM1637Display 라이브러리에서 사용하는 함수

함수	매개변수		용도
TM1637Display (CLK, DIO, bitDelay)	pinCLK		모듈 CLK 핀과 연결된 아두이노 핀 번호
	pinDIO		모듈 DIO 핀과 연결된 아두이노 핀 번호
	bitDelay		7세그먼트 간의 표시 전환 지연시간
setBrightness (brightness, onoff)	brightness	0 ~ 7	7세그먼트 밝기 설정
	onoff	true/false	표시 on/off(기본값 : true)
setSegments (segments, length, position)	segments		표시할 데이터가 저장된 바이트 배열
	length		표시할 숫자의 자릿수(바이트 수)
	position		표시할 시작 위치(0 ~ 3)

7세그먼트는 7개의 LED의 ON/OFF 제어를 통해서 숫자를 표시한다. [표 11-11]은 소수점 표시를 위한 DP를 제외한 6개의 LED 제어를 위한 8비트 메모리의 비트 위치를 나타낸 것이다.

[표 11-11] 7세그먼트의 LED 위치

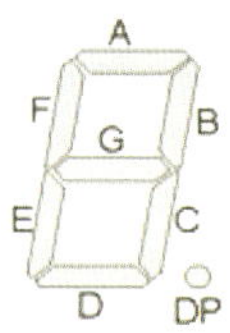 	비트 위치	6	5	4	3	2	1	0
	LED 위치	G	F	E	D	C	B	A

4개의 7세그먼트를 이용해서 'PLAY'라는 문자를 표시하기 위한 데이터 설정을 살펴보자.

[표 11-12] 'PLAY'를 만들기 위한 7세그먼트 LED 점등 조건

표시할 문자	비트 위치							BIN	HEX
	6	5	4	3	2	1	0		
P	G	F	E	–	–	B	A	01110011	0x73
	1	1	1	0	0	1	1		
L	–	F	E	D	–	–	–	00111000	0x38
	0	1	1	1	0	0	0		
A	G	F	E	–	C	B	A	01110111	0x77
	1	1	1	0	1	1	1		
Y	G	F	–	D	C	B	–	01101110	0x6E
	1	1	0	1	1	1	0		

[코드 11-10]은 [표 11-12]에서 설정한 'PLAY'라는 문자 설정용 16진수 HEX를 가지고 TM1637 모듈에 'PLAY'를 표시하기 위한 프로그램의 작성법을 나타낸 것이다.

코드 11-10 TM1637을 이용한 'PLAY' 표시 프로그램

```
#include <TM1637Display.h>          // TM1637 라이브러리

#define CLK           A0            // CLK 핀 2번 연결
#define DIO           A1            // DIO 핀 3번 연결

TM1637Display display(CLK, DIO);    // display 객체 생성
void setup()
{
  display.setBrightness(7);        // 밝기 조절 0 ~ 7까지
  display.clear();                 // 디스플레이 모두 지우기
}

void loop()
{
  byte data[] = {0x73, 0x38, 0x77, 0x6E};
  display.setSegments(data);
}
```

디스플레이에서 숫자나 데이터를 출력할 때 사용되는 함수를 나타내면 다음과 같다.

❶ clear( ) : TM1637 모듈의 7세그먼트의 모든 표시를 지우는 함수이다.

❷ showNumberDec(num, leading_zero, length, pos) : TM1637 모듈의 7세그먼트에 10진수 숫자를 표시할 때 사용하는 함수이다.

함수	매개변수		용도
showNumberDEC(num, leading_zero, length, pos)	num		7세그먼트에 표시할 10진수
	leading_zero	true	숫자 앞에 0을 표시
		faulse	0을 표시하지 않음(기본 설정)
	length		표시할 숫자 자리수(기본값 : 4)
	pos		표시할 시작 위치(기본값 : 0)

❸ showNumberDecEx(num, dots, leading_zero, length, pos) : showNumberDec와 동일한 기능의 함수로 매개변수 dots의 위치에 0x40을 설정하면 7세그먼트에 콜론(:)이 표시된다.

❹ showNumbeeHexEx(num, dots, leading_zero, length, pos) : showNumberDexEx와 동일한 기능의 함수로 매개변수 num에 16진수를 설정한다.

❺ encoderDigit(digit) : 0 ~ 15의 16진수를 7세그먼트에 표시하기 위한 코드를 반환해주는 함수이다.

11.6.4 TM1637 모듈을 사용해서 스크롤되는 문자 표시

TM1637에 의해 제어되는 4개의 7세그먼트 디스플레이에 'HELLO'라는 문자를 우측에서 좌측으로 스크롤하면서 표시하는 프로그램을 작성해보자. 먼저 'HELLO'의 각 글자를 7세그먼트에 표시할 수 있는 16진수를 만들어보자.

[표 11-13] 'HELLO'를 만들기 위한 7세그먼트 LED 점등 조건

표시할 문자	비트 위치							BIN	HEX
	6	5	4	3	2	1	0		
	G	F	E	D	C	B	A		
H	1	1	1	–	1	1	–	01110110	0x76
E	1	1	1	1	–	–	1	01111001	0X79
L	–	1	1	1	–	–	–	00111000	0x38
L	–	1	1	1	–	–	–	00111000	0x38
O	–	1	1	1	1	1	1	00111111	0X3F

7세그먼트의 우측에서 좌측으로 'HELLO'라는 문자가 흐르는 모양으로 스크롤되기 때문에 처음 나타낼 데이터는 앞의 세 글자에 빈 데이터가 포함되고 스크롤의 뒷 부분에도 빈 데이터 4개가 들어가야 하기 때문에 총 배열에 포함할 문자의 개수는 12개(3 + 5 + 4)가 된다. [코드 11-11]은 [표 11-13]에서 설정한 'HELLO'라는 문자 설정용 16진수 HEX를 가지고, TM1637 모듈에 'HELLO'를 표시하기 위한 프로그램의 작성법을 나타낸 것이다.

```
□□□H → □□HE → □HEL → HELL → ELLO
  → LLO□ → LO□□ → O□□□ → □□□□
```

[그림 11-29] 7세그먼트에 표시할 문자의 순서 (□ : 표시 안 됨)

코드 11-11 TM1637을 이용한 'HELLO' 표시 프로그램

```
#include <TM1637Display.h>                       // TM1637 라이브러리

#define CLK 2                                    // CLK 핀 2번 연결
#define DIO 3                                    // DIO 핀 3번 연결

TM1637Display display(CLK, DIO);                 // display 객체 생성

void setup() {
  display.setBrightness(7);                      // 밝기 조절 0 ~ 7까지
  display.clear();                               // 디스플레이 모두 지우기
}

void loop() {
  byte HELLO[] = { 0x00, 0x00, 0x00, 0x76,
                   0x79, 0x38, 0x38, 0x3F,
                   0x00, 0x00, 0x00, 0x00 };     // 스크롤할 문자 배열
  for (int i=0; i<=8; i++) {                     // 스크롤 문자배열 표시를 위한 루프문
    display.setSegments(HELLO + i);
    delay(200);
  }
}
```

11.7 LCD 디스플레이

TM1637 보드를 사용해서 설정값을 변경하고 FND에 표시하는 실습과제를 장 후반부에서 살펴볼 수 있다. FND에 문자와 같은 다양한 정보를 표시하기에는 한계가 있다. 지금부터 [그림 11-30]과 같이 사람에게 친숙한 문자와 관련된 다양한 정보를 표시할 수 있는 문자 표시용 LCD 디스플레이의 사용법에 대해 살펴보자.

(a) 문자 표시용 LCD

(b) 그래픽 LCD

[그림 11-30] 다양한 종류의 LCD

LCD의 결선 방법

LCD를 사용하기 위해서는 아두이노와의 결선이 필요하다. 결선은 5Vdc의 전원 연결과 LCD 모듈과의 I2C 통신 결선을 한다. [그림 11-31]처럼 아두이노 보드의 I2C 통신용 커넥터에 LCD를 연결한다. LCD 뒷면을 보면 I2C 통신을 통해 LCD에 정보를 표시해주는 별도의 LCD 컨트롤러 보드가 장착되어 있다. 이 보드에는 4개의 연결 핀 단자가 있는데 SCL, SDA, VCC, GND로 표시되어 있다.

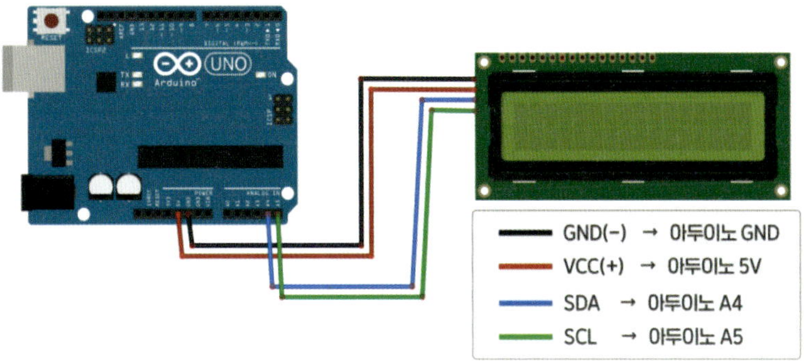

[그림 11-31] 아두이노와 LCD의 결선

LCD 라이브러리 설치 및 동작 테스트 프로그램 작성

LCD를 사용하기 위해서는 전용 라이브러리를 아두이노 IDE에 설치해야 한다. IDE 메뉴를 사용해서 라이브러리를 설치해보자. 라이브러리를 설치하려면 라이브러리 사이트에 연결되어야 하기 때문에 PC에는 인터넷 연결이 되어 있어야 한다.

라이브러리 매니저 창의 검색 항목 입력칸에 'liquid crystal i2c'라고 입력하면 여러 종류의 라이브러리 항목이 나타난다. 그중에서 [그림 11-32]에 표시한 항목의 [INSTALL] 버튼을 눌러서 설치하면 된다.

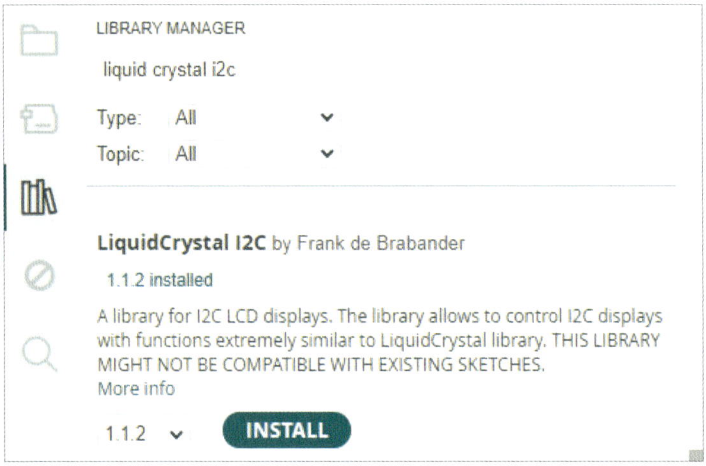

[그림 11-32] LCD 사용을 위한 라이브러리 설치

LCD에 문자 표시 프로그램 작성

[그림 11-33]과 같이 실습에 사용하는 LCD는 하나의 라인에 20개의 영문자 및 숫자를 표시할 수 있고 전체 4개의 라인을 가지고 있다. 번호는 0번부터 시작한다.

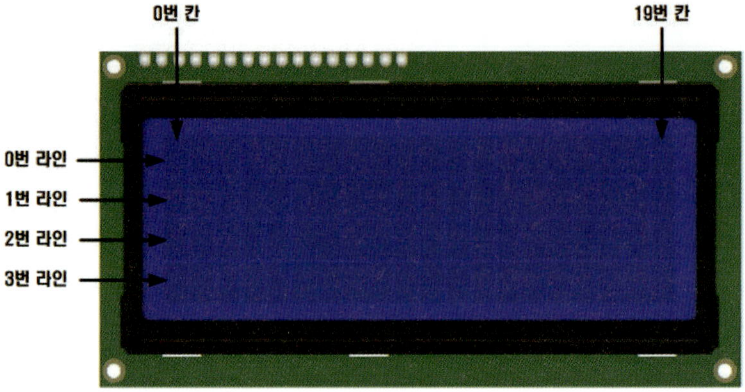

[그림 11-33] 실습에 사용하는 LCD 문자 표시 영역

[코드 11-12]는 LCD에 문자를 표시하는 프로그램의 작성법을 나타낸 것이다.

코드 11-12 LCD에 문자 표시

```
#include <Wire.h>                  // I2C 통신을 위한 헤더 파일 선언
#include <LiquidCrystal_I2C.h>     // LCD 제어를 위한 헤더 파일 선언

//LCD 제어를 위한 클래스 선언(I2C 통신을 위한 LCD 주소 0x27, 20문자 4줄 LCD)
LiquidCrystal_I2C lcd(0x27,20,4);

void setup()
{
  lcd.init();                      // LCD 초기화
  lcd.backlight();                 // LCD 백라이트 점등
  lcd.setCursor(3,0);              // 문자 표시 위치(0번 줄 3번째 칸부터 문자 표시)
  lcd.print("Hello, world!");      // 표시할 문자
  lcd.setCursor(2,1);              // 문자 표시 위치(1번 줄 2번째 칸부터 문자 표시)
  lcd.print("Korea Polytech!");    // 표시할 문자
  lcd.setCursor(0,2);              // 문자 표시 위치(2번 줄 0번째 칸부터 문자 표시)
  lcd.print("Arduino LCD Display"); // 표시할 문자
  lcd.setCursor(4,3);              // 문자 표시 위치(3번 줄 4번째 칸부터 문자 표시)
  lcd.print("2024. 12. 14.");      // 표시할 문자
}
void loop()
{

}
```

11.8 온습도계 DHT-11

구글에서 '아두이노 온습도 센서'라는 키워드를 가지고 검색해보면 DHT-22와 DHT-11에 관한 방대한 자료를 확인할 수 있다. 실습에 사용하는 DHT-11은 [그림 11-34]와 같이 1개의 단일 버스 데이터 핀을 사용해서 온습도 데이터를 읽어올 수 있는 제품이다. DHT-11의 기술사양은 다음과 같다.

- 작동전압 : 3.3V ~ 5Vdc
- 습도 측정 범위 : 20 ~ 90% RH(25°에서, 오차 범위 ±5% RH)
- 출력신호 : 단일 버스 디지털 신호
- 온도 측정 범위 : 0 ~ 50℃(오차 범위 ±2℃)

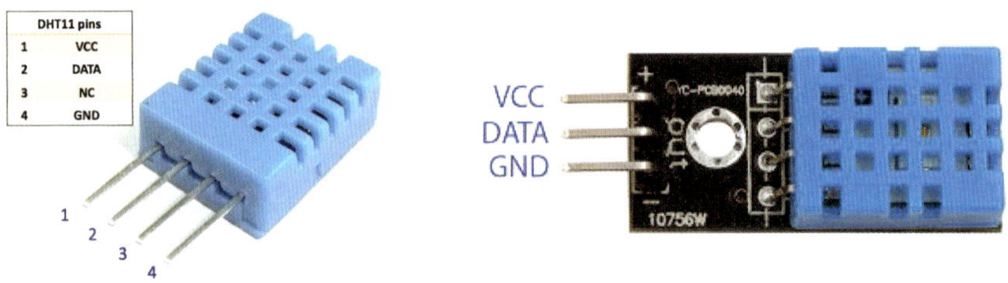

(a) DHT-11 센서의 핀 배치도 (b) 실습에 사용할 DHT-11의 핀 배치도

[그림 11-34] DHT-11 온습도 센서의 외형 및 핀 배치도

DHT-11 사용을 위한 라이브러리 설치

DHT-11을 사용하기 위한 다양한 라이브러리가 존재하지만, 여기서는 DHTlib 라이브러리를 사용한다.

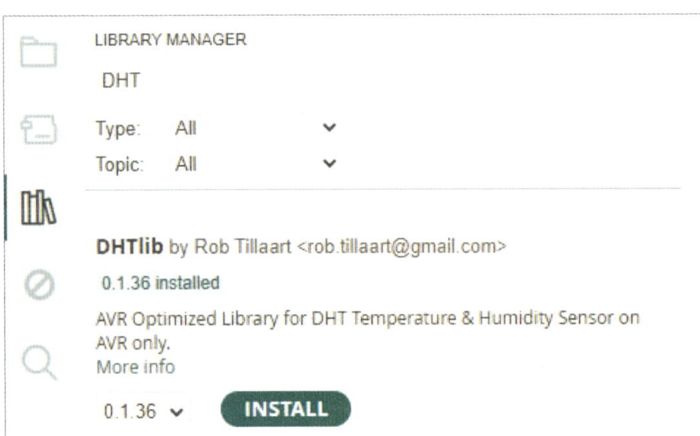

[그림 11-35] 검색된 DHTlib 라이브러리

DHT-11 사용을 위한 예제 프로그램 실행

라이브러리 설치가 완료되었으면 온습도 센서 DHT-11로부터 온습도 데이터를 읽어오기 위한 프로그램을 실행해보자. 해당 프로그램의 결과는 시리얼 모니터를 통해서 확인할 수 있다. [코드 11-13]에서 핵심은 DHT.read11(DHT11_PIN) 부분이다. 이는 선언된 클래스의 객체를 실행시켜 온습도를 읽어오는 기능을 갖는다.

코드 11-13 DHT-11을 사용한 온습도 읽어오기 프로그램

```
#include <dht.h>
dht DHT;

#define DHT11_PIN A3

void setup()
{
  Serial.begin(9600);
}

void loop()
{
  int chk = DHT.read11(DHT11_PIN);
  float t = DHT.temperature;
  float h = DHT.humidity;
  Serial.print("temperature : ");
  Serial.print(t);
  Serial.print(",\t");
  Serial.print("humidity : ");
  Serial.println(h);
  delay(2000);
}
```

DHT-11 센서로부터 온습도 값을 읽어오기 위한 프로그램이 한 줄로 만들어지는 것이 오픈소스의 힘이라 할 수 있다. 실제 이 프로그램이 실행되기 위해서 [코드 11-13]에 나타나지는 않지만, 컴파일 과정에서 첫 번째 줄에 선언되어 있는 〈dht.h〉 헤더에 DHT-11의 온습도 데이터를 읽어오기 위한 프로그램이 작성되어 있다. 실행 결과는 시리얼 모니터를 통해서 확인할 수 있다.

[그림 11-36]은 시리얼 모니터 화면으로, 온도와 습도가 표시되는 것을 확인할 수 있다.

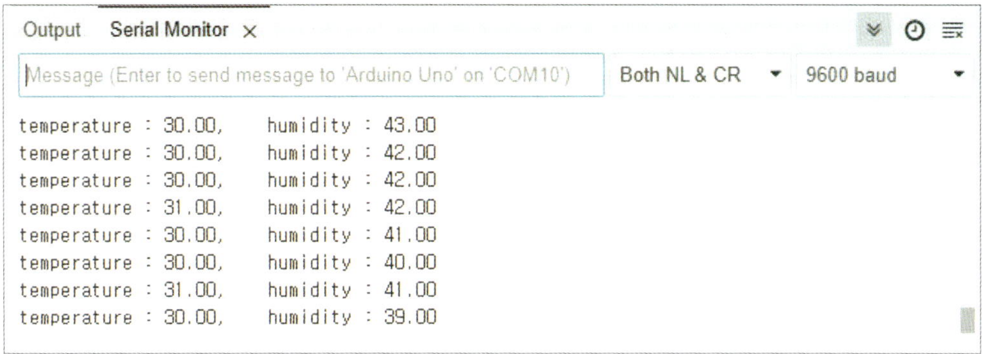

[그림 11-36] 온습도 데이터가 표시되는 시리얼 모니터 화면

실습과제

11-1 기본 전기회로를 프로그램으로 표현하기

11.1~11.3절

아두이노 프로그램의 연산자를 이용해서 아두이노의 입력에 연결된 푸시버튼과 출력 표시용 LED 램프를 사용하여 기본 전기회로를 표현하는 방법에 대해 학습해보자.

아두이노의 입력 배선은 일반적으로 풀업Pull-up 입력으로, 스위치를 누르면 LOW(0V 전압)가 입력된다. [그림 11-37]처럼 2가지 방식으로 아두이노 입력에 스위치를 연결할 수 있다.

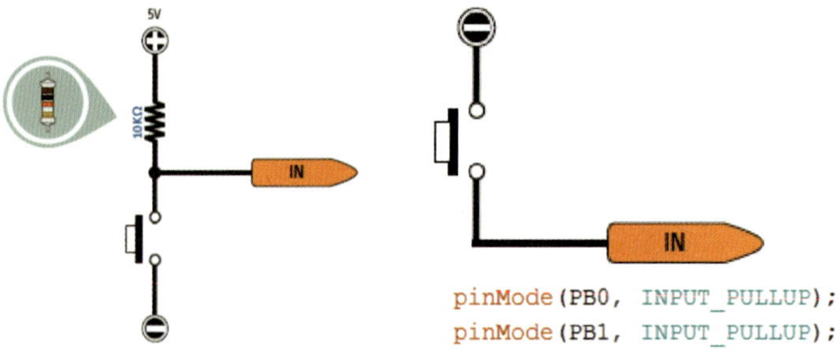

(a) 풀업저항을 사용한 입력 배선 (b) 아두이노 CPU의 내부 풀업저항 사용

[그림 11-37] 아두이노 입력에 스위치를 연결하는 방법

아두이노 입력에 연결된 스위치가 ON될 때 LOW, HIGH 중에서 어떤 입력신호가 유효한지 확인해야 한다. 실습에서는 입력에 [그림 11-37(b)]와 같이 풀업저항을 사용하기 때문에 스위치 OFF 상태에서는 HIGH 신호가 입력되고, 스위치가 ON되면 LOW 신호가 입력된다. 또한 아두이노 출력에 연결된 릴레이는 출력이 LOW일 때 ON 동작을 한다. 따라서 아두이노의 입력신호와 출력신호를 반전NOT해서 사용한다.

[코드 11-14]를 작성해서 아두이노에 업로드한 후에 동작을 확인해보자. 입력할 수 있는 입출력 개수가 한정적이기 때문에 AND, XOR은 주석으로 처리하였다. 이는 주석을 해제한 후 입력하면 마찬가지로 동작을 확인할 수 있다.

코드 11-14 기본 입출력 동작 확인 프로그램

```
boolean I0, I1, I2, I3;         // 입력용 전역 비트 변수
boolean Q0, Q1, Q2, Q3;         // 출력용 전역 비트 변수
boolean M0, M1, M2, M3;         // 내부용 전역 비트 변수

void setup() {
  for (int i = 2; i <= 5; i++)      // 2 ~ 5번 포트를 입력으로 설정
    pinMode(i, INPUT_PULLUP);       // 내부 풀업 사용
  for (int i = 8; i <= 11; i++)     // 8 ~ 11번 포트를 출력으로 설정
    pinMode(i, OUTPUT);
  for (int i = 8; i <= 11; i++)     // 8 ~ 11번 포트의 출력신호를 High로 설정
    digitalWrite(i, HIGH);
}

void loop() {
/* ============ 입력 리프레시  ============ */
  I0 = !digitalRead(2); I1 = !digitalRead(3);     // 입력신호 반전(NOT)
  I2 = !digitalRead(4); I3 = !digitalRead(5);     // 입력신호 반전(NOT)

  Q0 = I0;              // YES 회로
  Q1 = !I1;             // NOT 회로
  Q2 = I2 | I3;         // OR 회로
//Q3 = I2 & I3;         // AND 회로
//Q3 = I2 ^ I3;         // XOR 회로

/* ============ 출력 리프레시  ============ */
  digitalWrite(8, !Q0); digitalWrite(9, !Q1);       // 출력이 LOW일 때 램프 점등
  digitalWrite(10, !Q2); digitalWrite(11, !Q3);     // 출력을 반전(NOT)해서 사용
}
```

실습과제

11-2 자기유지 회로 만들기

11.1~11.3절

자동화 프로그램 작성에서 제일 많이 사용되는 자기유지 회로 프로그램을 작성해보자.

자기유지 회로는 셋 우선과 리셋 우선 자기유지 회로로 구분된다. 푸시버튼과 릴레이를 이용한 자기유지 회로는 [그림 11-38] ~ [그림 11-39]와 같다.

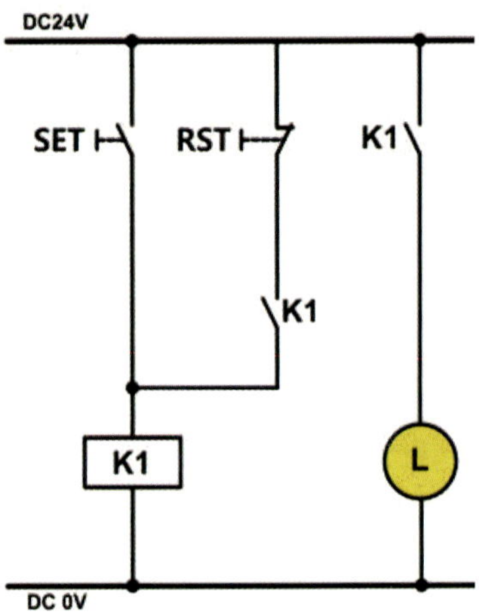

(a) 자기유지 회로

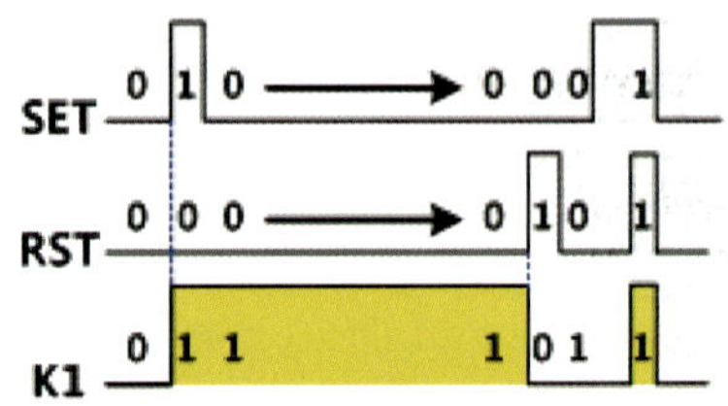

(b) 타이밍도

SET	RST	K1
0	0	이전 상태 기억
0	1	0
1	0	1
1	1	1

(c) 진리표

[그림 11-38] 셋 우선 자기유지 회로

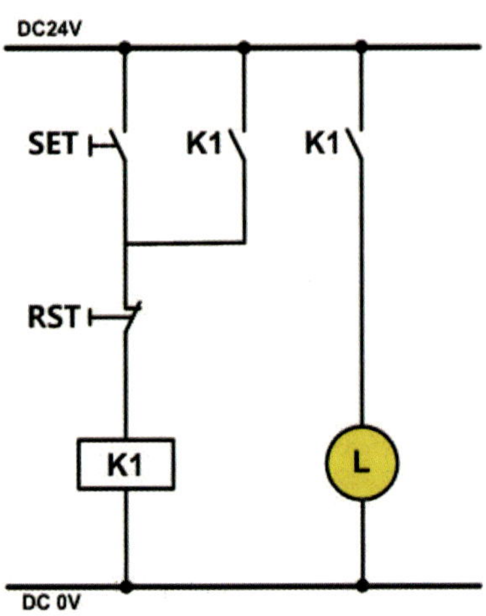

(a) 자기유지 회로

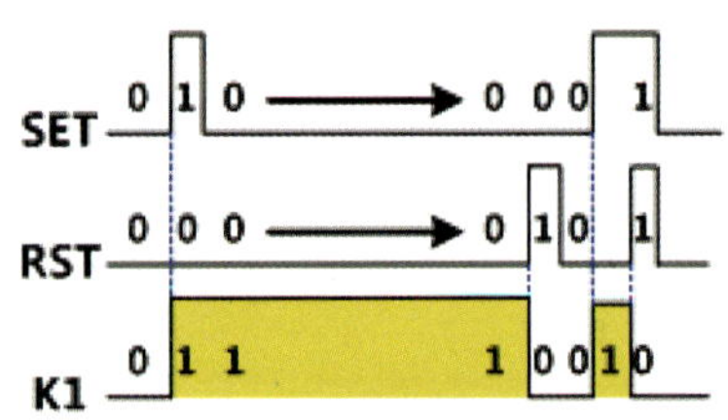

(b) 타이밍도

SET	RST	K1
0	0	이전 상태 기억
0	1	0
1	0	1
1	1	0

(c) 진리표

[그림 11-39] 리셋 우선 자기유지 회로

[그림 11-38]과 [그림 11-39]의 자기유지 회로는 논리식으로 표현될 수 있다. 전기회로에서는 스위치를 이용한 논리를 구성하지만 프로그램에서는 AND, OR, NOT을 이용해서 논리를 구성한다. 스위치와 릴레이로 구성한 자기유지 회로가 프로그램으로 어떻게 변환되는지 확인해보자.

코드 11-15 자기유지 회로 프로그램

```
boolean I0, I1, I2, I3;        // 입력용 전역 비트 변수
boolean Q0, Q1, Q2, Q3;        // 출력용 전역 비트 변수
boolean M0, M1, M2, M3;        // 내부용 전역 비트 변수

void setup() {
  for (int i = 2; i <= 5; i++)     // 2 ~ 5번 포트를 입력으로 설정
    pinMode(i, INPUT_PULLUP);      // 내부 풀업 사용
  for (int i = 8; i <= 11; i++)    // 8 ~ 11번 포트를 출력으로 설정
    pinMode(i, OUTPUT);
  for (int i = 8; i <= 11; i++)    // 8 ~ 11번 포트의 출력신호를 High로 설정
    digitalWrite(i, HIGH);
}

void loop() {
/* ============ 입력 리프레시  ============ */
  I0 = !digitalRead(2);  I1 = !digitalRead(3);    // 입력신호 반전(NOT)
  I2 = !digitalRead(4);  I3 = !digitalRead(5);    // 입력신호 반전(NOT)

// I0, I1, Q0는 셋 우선 자기유지 회로의 셋과 리셋 입력 그리고 출력에 사용
  M0 = (I0 | M0) & !I1;          // 셋 우선 자기유지 회로
  Q0 = M0;

// I2, I3, Q1은 리셋 우선 자기유지 회로의 셋과 리셋 입력 그리고 출력에 사용
  M1 = I2 | (M1 & !I3);          // 리셋 우선 자기유지 회로
  Q1 = M1;

/* ============ 출력 리프레시  ============ */
  digitalWrite(8, !Q0);  digitalWrite(9, !Q1);      // 출력이 LOW일 때 램프 점등
  digitalWrite(10, !Q2);  digitalWrite(11, !Q3);    // 출력을 반전(NOT)해서 사용
}
```

실습과제

11-3 타이머를 사용한 빔 프로젝트 제어하기

11.4절

회의를 할 때 여러 사람들이 자료를 쉽게 볼 수 있도록 하기 위해 빔 프로젝트를 많이 사용한다. 이번 과제에서는 빔 프로젝트의 제어 조건을 만족하는 프로그램을 작성해보자.

[그림 11-40]은 빔 프로젝트 제어를 위한 시스템의 구성도와 동작 타이밍도를 나타낸 것이다.

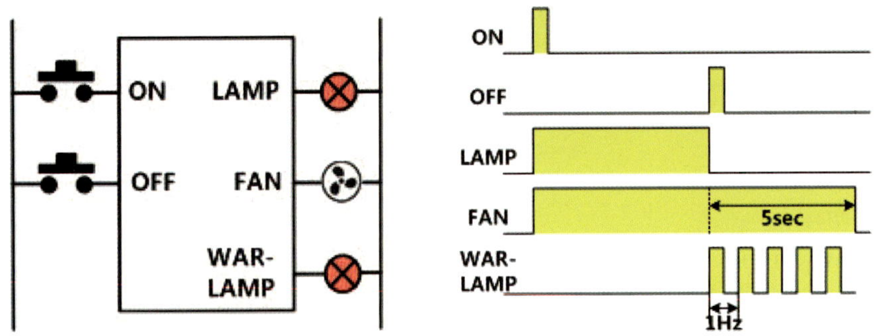

(a) 램프와 팬 제어를 위한 시스템 구성도

(b) 타이밍도

[그림 11-40] CTU 램프와 팬 제어를 위한 시스템 구성도 및 타이밍도

[표 11-14]는 빔 프로젝트 제어 시스템을 구성하기 위한 아두이노의 입출력 할당 내역을 나타낸 것이다. 빔 프로젝트는 동작을 제어하기 위한 ON과 OFF 버튼이 있고 출력으로는 빔 램프와 램프에서 발생하는 열을 외부로 방출하기 위한 냉각팬 그리고 동작 상태를 표시하는 표시등으로 구성된다.

[표 11-14] 아두이노 입출력 할당

입력번호	넘버링	기능	출력번호	넘버링	기능
I0	ON	시작	Q0	LAMP	빔 램프
I1	OFF	정지	Q1	FAN	냉각팬
			Q2	WAR-LAMP	동작 중 표시등

동작 조건

❶ 시스템의 전원이 ON되면 램프와 팬, 경고 램프는 OFF 상태이다.

❷ ON 버튼을 누르면 램프와 팬은 ON된다.

❸ OFF 버튼을 누르면 램프는 소등하고 팬은 5초 동안 더 동작한 후에 정지한다.

❹ 팬만 동작할 때 경고 램프가 1Hz 간격으로 점멸 동작을 한다.

생각해봅시다

모든 제어 장치의 출력은 입력신호에 의해 ON/OFF의 제어 동작이 이루어진다. 따라서 프로그램을 작성할 때 각각의 출력이 어떤 입력에 의해 ON/OFF가 되는지 살펴보면 된다.

1 빔 램프 출력 제어

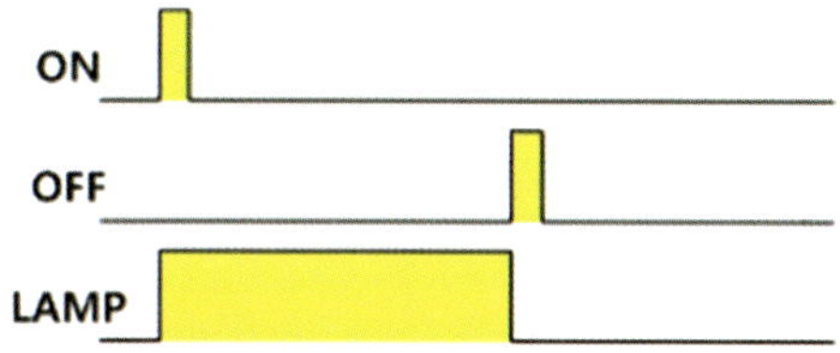

빔 램프의 제어는 입력 ON과 OFF 버튼에 의해 제어된다. 동작 타이밍도를 살펴보면 앞에서 학습한 자기유지 회로의 동작이다. ON 버튼이 셋, OFF 버튼이 리셋에 해당된다.

2 팬 출력 제어

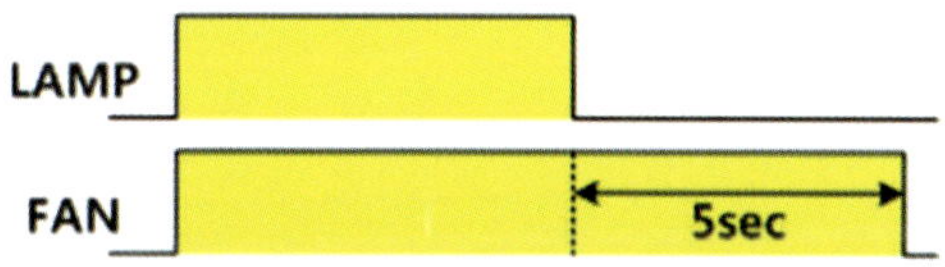

좌측 타이밍도는 빔 램프와 팬의 동작을 나타낸 것이다. 빔 램프가 팬의 입력으로 동작한다고 가정하면 팬의 동작은 램프 입력신호의 오프 딜레이 타이머의 동작이다.

3 동작 중 표시등 출력 제어

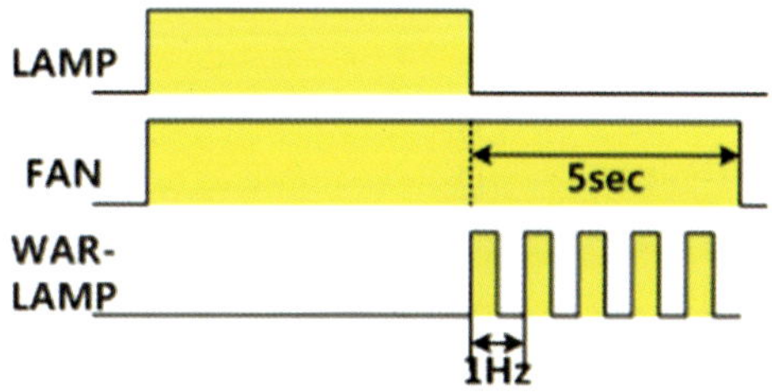

동작 중 표시등의 출력 타이밍도를 살펴보면 플리커 타이머 동작이다. 플리커 타이머의 동작은 램프의 동작과 팬의 동작 조건을 비교해서 빔 램프가 소등되고 팬만 동작할 때 플리커 타이머가 동작한다.

아두이노 프로그램 작성

빔 프로젝트의 동작을 살펴보면 ON과 OFF 버튼에 의한 램프 제어 동작과 팬 출력 동작은 LAMP 신호를 입력으로 사용한 오프 딜레이 타이머 동작을 의미한다. 표시등을 램프는 OFF, 팬은 ON 상태일 때의 플리커 타이머 동작이다.

[코드 11-16]을 살펴보면 M0는 램프 동작을 제어하기 위한 자기유지 회로, M1은 팬 제어를 위한 오프 딜레이 타이머, M2는 표시등 제어를 위한 플리커 타이머 동작을 구현한 것이다.

코드 11-16 타이머를 사용한 빔 프로젝트 제어 프로그램

```
#include <plclib.h>              // PLC 라이브러리

boolean I0, I1, I2, I3;          // 입력 변수
boolean Q0, Q1, Q2, Q3;          // 출력 변수
boolean M0, M1, M2, M3;          // 내부 변수
TON ton0, ton1, ton2;            // TON 타이머 설정
TOF tof0;                        // TOF 타이머 설정
R_TRIG rEg0, rEg1;               // 상승펄스 설정
F_TRIG fEg0, fEg1;               // 하강펄스 설정

void setup() {
  for (int i = 2; i <= 5; i++)     // 2 ~ 5번 포트 입력 핀으로 설정
    pinMode(i, INPUT_PULLUP);      // 내부 풀업 사용
  for (int i = 8; i <= 11; i++) {  // 8 ~ 11번 포트 출력 핀으로 설정
    pinMode(i, OUTPUT);
    digitalWrite(i, HIGH);
  }
  tof0.PT = 5000;                  // 오프 딜레이 타이머 5초 시간 설정
  ton0.PT = 1000;                  // 온 딜레이 타이머 1초 시간 설정
}

void loop() {
/* ============ 입력 리프레시  ============ */
  I0 = !digitalRead(2);  I1 = !digitalRead(3);
  I2 = !digitalRead(4);  I3 = !digitalRead(5);
  M0 = (I0 | M0) & !I1;               // 램프 동작
  tof0.process(M0);                   // 팬 동작 오프 딜레이 타이머
  M1 = tof0.Q;                        // 팬 동작
  ton0.process(!M0 & M1 & !ton0.Q);   // 램프 소등되고 팬만 동작할 때 5초 타이머 동작
  if(!M0 & M1 & (ton0.ET < 500))      // 점멸 동작을 위한 플리커 타이머 동작
    M2 = 1;
  else
    M2 = 0;

  Q0 = M0;               // 램프 출력
  Q1 = M1;               // 팬 출력
  Q2 = M2;               // 경고램프 출력
/* ============ 출력 리프레시  ============ */
  digitalWrite(8, !Q0);  digitalWrite(9, !Q1);
  digitalWrite(10, !Q2);  digitalWrite(11, !Q3);
}
```

실습과제

11-4 버튼 1개로 ON/OFF 제어하기

11.5절

버튼 1개를 사용해서 ON/OFF 제어가 가능한 프로그램의 작성법에 대해 살펴보자.

[그림 11-41]처럼 노트북의 전원 버튼은 푸시버튼에 해당한다. 전원이 OFF된 상태에서 전원 버튼을 누르면 전원이 ON되고, 전원이 ON된 상태에서 전원 버튼을 누르면 전원이 OFF되는 형태로 동작한다.

(a) 노트북 전원 버튼

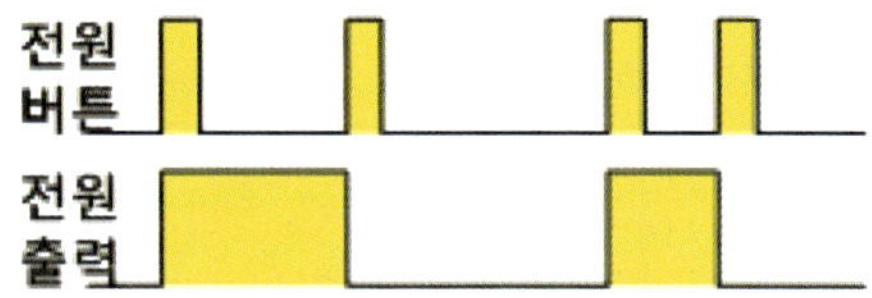

(b) 전원 버튼의 타이밍도

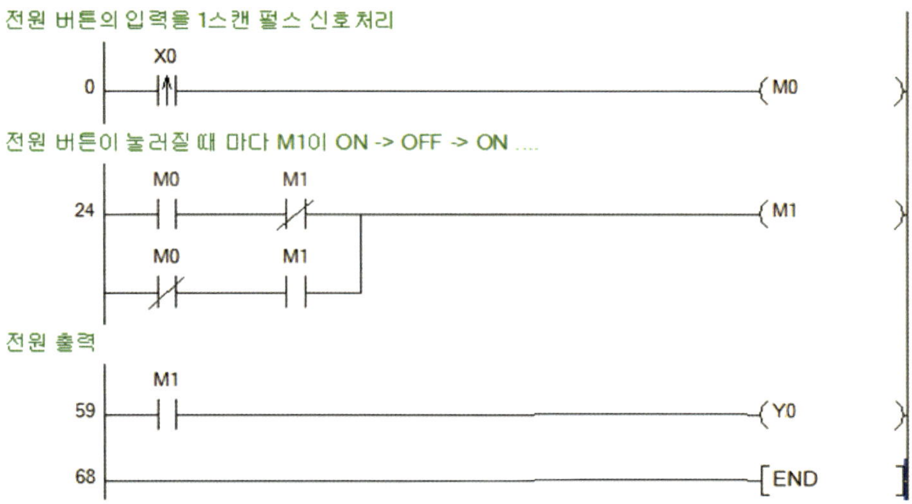

(c) PLC 프로그램

[그림 11-41] 버튼 1개로 ON/OFF 동작 구현하기

전원 버튼은 푸시버튼임에도 불구하고 토글버튼과 같은 형태로 동작한다. 이러한 동작은 앞에서 학습한 푸시버튼의 상승펄스 신호와 내부 메모리 비트를 사용해서 구현할 수 있다. [코드 11-17]은 ON/OFF 제어를 위한 프로그램의 작성법을 나타낸 것이다.

코드 11-17 입력의 상승펄스 신호를 사용한 ON/OFF 제어 프로그램

```
#include <plclib.h>
#include <Adafruit_NeoPixel.h>

#define NEO_PIN          6
#define NEO_PIXELS       8
Adafruit_NeoPixel
   pixel = Adafruit_NeoPixel(NEO_PIXELS, NEO_PIN, NEO_GRB + NEO_KHZ800);

uint32_t RED = pixel.Color(255, 0, 0);         // 적색 설정
uint32_t GREEN = pixel.Color(0, 255, 0);       // 녹색 설정
uint32_t BLUE = pixel.Color(0, 0, 255);        // 청색 설정
uint32_t YELLOW = pixel.Color(255, 255, 0);    // 황색 설정

boolean I0, I1, I2, I3;           // 입력 변수 설정
boolean Q0, Q1, Q2, Q3;           // 출력 변수 설정
boolean M0, M1, M2, M3;           // 내부 변수 설정
R_TRIG rEg0, rEg1;                // 상승펄스 설정
F_TRIG fEg0, fEg1;                // 하강펄스 설정

void setup() {
  for (int i = 2; i <= 5; i++)          // 2 ~ 5번 포트 입력 핀으로 설정
    pinMode(i, INPUT_PULLUP);           // 내부 풀업 사용
  for (int i = 8; i <= 11; i++)         // 8 ~ 11번 포트 출력 핀으로 설정
    pinMode(i, OUTPUT);
  pixel.begin();               // 네오픽셀 객체 실행
  pixel.clear();               // 네오픽셀 소등
  pixel.show();                // 네오픽셀 점등
}

void loop() {
  /* ============ 입력 리프레시 ============ */
  I0 = !digitalRead(2);  I1 = !digitalRead(3);
  I2 = !digitalRead(4);  I3 = !digitalRead(5);
  rEg0.process(I0);               // I0 입력 상승펄스 처리
  M0 = rEg0.Q;                    // 상승펄스 신호 M0에 저장
  M1 = (M0 & !M1) | (!M0 & M1);   // 토글버튼 기능
  rEg1.process(M1);               // M1이 ON될 때 네오픽셀 녹색 점등
```

```
  if (rEg1.Q) {
    pixel.fill(GREEN);
    pixel.show();
  }
fEg1.process(M1);            // M1이 OFF될 때 네오픽셀 소등
  if (fEg1.Q) {
    pixel.clear();
    pixel.show();
  }

  Q0 = M1;

  /* ============ 출력 리프레시  ============ */
  digitalWrite(8, !Q0);  digitalWrite(9, !Q1);
  digitalWrite(10, !Q2);  digitalWrite(11, !Q3);
}
```

실습과제

11-5 보행자 신호등 만들기 (1)

11.5절

네오픽셀과 타이머 기능을 사용하여 일상생활에서 볼 수 있는 보행자 신호등의 동작을 구현하는 프로그램을 작성해 보자.

타이머와 순차제어 프로그램 작성법을 사용해서 보행자 신호등을 제어하는 프로그램을 작성해보자. 인적이 드문 도로에 설치된 횡단보도는 일정한 시간 간격으로 신호등이 동작하지 않고, [그림 11-42(a)] 처럼 신호등 기둥에 설치된 보행자 버튼이 눌리면 [그림 11-43]의 타이밍도처럼 동작한다. 주어진 타이밍도와 동작 조건을 만족하는 프로그램을 작성해보자.

(a) 보행자 신호등

입력	기능	출력	기능
S1	보행자 버튼	네오 픽셀	보행자 램프

(b) 입출력 리스트

[그림 11-42] 보행자 신호등 제어

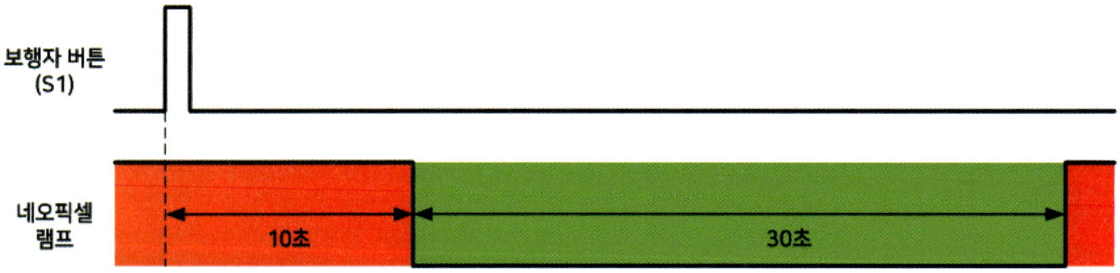

[그림 11-43] 신호등 동작 타이밍도

동작 조건

❶ 보행자 버튼은 길 양쪽 편 신호등에 설치되므로, 한 횡단보도에 총 2개가 설치된다.

❷ [그림 11-43]의 타이밍도와 같이 보행자 버튼이 눌리면 10초간 적색으로 점등되어 있다가 30초간 녹색으로 점등된다.

아두이노 프로그램 작성

[코드 11-18]은 네오픽셀과 타이머를 이용하여 보행자 신호등의 동작을 제어하는 프로그램의 작성법을 나타낸 것이다.

코드 11-18 보행자 신호등 제어 프로그램

```
#include <plclib.h>                    // PLC 라이브러리
#include <Adafruit_NeoPixel.h>         // 네오픽셀 라이브러리

#define NEO_PIN         6              // 네오픽셀 연결 아두이노 포트 핀
#define NEO_PIXELS      8              // 네오픽셀 LED 개수

Adafruit_NeoPixel
      pixel = Adafruit_NeoPixel(NEO_PIXELS, NEO_PIN, NEO_GRB + NEO_KHZ800);

uint32_t RED = pixel.Color(255, 0, 0);          // 적색 색상 변수 선언
uint32_t GREEN = pixel.Color(0, 255, 0);        // 녹색 색상 변수 선언
uint32_t BLUE = pixel.Color(0, 0, 255);         // 청색 색상 변수 선언
uint32_t YELLOW = pixel.Color(255, 255, 0);     // 황색 색상 변수 선언
boolean I0, I1, I2, I3;                         // 입력 변수 설정
boolean Q0, Q1, Q2, Q3;                         // 출력 변수 설정
boolean M0, M1, M2, M3;                         // 내부 변수 설정
TON ton0, ton1, ton2;
R_TRIG rEg0, rEg1, rEg2, rEg3;

void setup() {
  for (int i = 2; i <= 5; i++)          // 2 ~ 5번 포트 입력 핀으로 설정
    pinMode(i, INPUT_PULLUP);           // 내부 풀업 사용
  for (int i = 8; i <= 11; i++)         // 8 ~ 11번 포트 출력 핀으로 설정
    pinMode(i, OUTPUT);
  pixel.begin();
  pixel.clear();
  pixel.show();
  pixel.fill(RED);
  pixel.show();

  ton0.PT = 10000;                    // 타이머 10초 시간 설정
  ton1.PT = 30000;                    // 타이머 30초 시간 설정
}
```

```
void loop() {

/* ============ 입력 리프레시  ============ */
  I0 = !digitalRead(2);  I1 = !digitalRead(3);
  I2 = !digitalRead(4);  I3 = !digitalRead(5);

  rEg0.process(I0);              // 보행자 버튼 상승펄스 처리

  M0 = (rEg0.Q | M0) & !M1;      // 10초 타이머 작동(적색 점등)
  ton0.process(M0);

  M1 = ((ton0.Q & M0) | M1) & !M2; // 30초 타이머 작동(녹색 점등)
  ton1.process(M1);

  M2 = ton1.Q & M1;              // 사이클 종료(적색 점등)

  rEg1.process(M1);              // M1 상승펄스 처리
  rEg2.process(M2);              // M2 상승펄스 처리

  if (rEg1.Q) {                  // 네오픽셀 녹색 점등
    pixel.fill(GREEN);
    pixel.show();
  }

  if (rEg0.Q || rEg2.Q) {        // 네오픽셀 적색 점등
    pixel.fill(RED);
    pixel.show();
  }

  Q0= M0;  Q1 = M1;

/* ============ 출력 리프레시  ============ */
  digitalWrite(8, !Q0);  digitalWrite(9, !Q1);
  digitalWrite(10, !Q2);  digitalWrite(11, !Q3);
}
```

실습과제

11-6 보행자 신호등 만들기 (2)

11.5절

네오픽셀과 타이머 기능을 사용하여 일상생활에서 볼 수 있는 보행자 신호등의 동작을 구현하는 프로그램을 작성해 보자.

타이머와 순차제어 프로그램의 작성법을 사용해서 보행자 신호등을 제어하는 프로그램을 작성해보자. 인적이 드문 도로에 설치된 횡단보도는 일정한 시간 간격으로 신호등이 동작하지 않고, [그림 11-44(a)]처럼 신호등 기둥에 설치된 보행자 버튼이 눌리면 [그림 11-45]의 타이밍도처럼 동작한다. 주어진 타이밍도와 동작 조건을 만족하는 프로그램을 작성해보자.

(a) 보행자 신호등

입력	기능	출력	기능
S1	보행자 버튼	네오 픽셀	보행자 램프

(b) 입출력 리스트

[그림 11-44] 보행자 신호등 제어

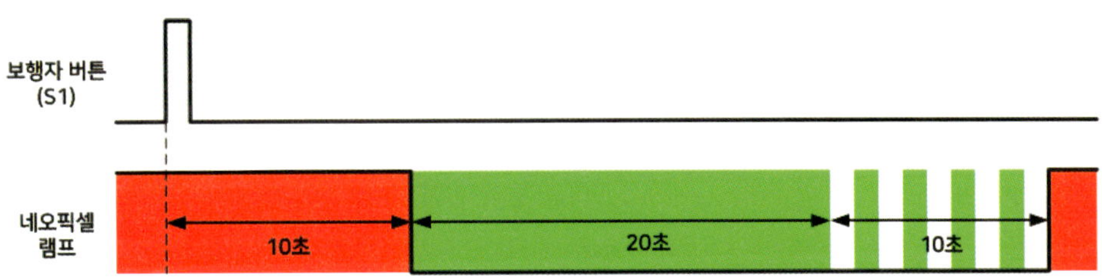

[그림 11-45] 신호등 동작 타이밍도

동작 조건

❶ 보행자 버튼은 길 양쪽 편 신호등에 설치되므로, 한 횡단보도에 총 2개가 설치된다.

❷ [그림 11-45]의 타이밍도와 같이 보행자 버튼이 눌리면 10초 간 적색으로 점등된다. 그 다음에는 20초 간 녹색으로 점등되었다가 10초간 깜빡인다.

아두이노 프로그램 작성

플리커 타이머 만들기

[그림 11-46]에는 녹색 신호등이 점멸하는 구간이 있다. 녹색 신호를 점멸하는 동작을 구현할 때 사용하는 타이머를 플리커 타이머라 한다. 플리커 타이머는 온 딜레이 타이머를 사용해서 만들 수 있다. I0의 입력으로 1초 간격으로 점멸을 하는 동작을 구현한다.

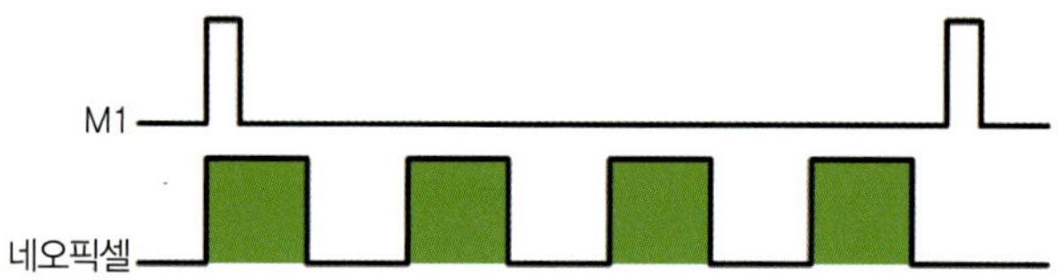

[그림 11-46] 플리커 타이머 동작 타이밍도

코드 11-19 온 딜레이 타이머를 사용한 플리커 타이머 만들기 프로그램

```
#include <plclib.h>                         // PLC 라이브러리
#include <Adafruit_NeoPixel.h>              // 네오픽셀 라이브러리

#define NEO_PIN             6               // 네오픽셀 연결 아두이노 포트 핀
#define NEO_PIXELS          8               // 네오픽셀 LED 개수

Adafruit_NeoPixel
    pixel = Adafruit_NeoPixel(NEO_PIXELS, NEO_PIN, NEO_GRB + NEO_KHZ800);

uint32_t GREEN = pixel.Color(0, 255, 0);         // 녹색 색상 변수 선언

boolean I0, I1, I2, I3;                          // 입력 변수 설정
boolean Q0, Q1, Q2, Q3;                          // 출력 변수 설정
boolean M0, M1, M2, M3;                          // 내부 변수 설정
TON ton0;                                        // 온 딜레이 타이머 설정
R_TRIG rEg0, rEg1, rEg2;                         // 상승펄스 설정
F_TRIG fEg0, fEg1, fEg2;                         // 하강펄스 설정

void setup() {
  for (int i = 2; i <= 5; i++)          // 2 ~ 5번 포트 입력 핀으로 설정
    pinMode(i, INPUT_PULLUP);           // 내부 풀업 사용
  for (int i = 8; i <= 11; i++)         // 8 ~ 11번 포트 출력 핀으로 설정
    pinMode(i, OUTPUT);
  pixel.begin();                 // 네오픽셀 객체 실행
  pixel.clear();                 // 네오픽셀 소등
  pixel.show();                  // 네오픽셀 점등
  ton0.PT = 2000;                // 타이머 2초 시간 설정
}
```

```
void loop() {
  /* ============ 입력 리프레시  ============ */
  I0 = !digitalRead(2);  I1 = !digitalRead(3);
  I2 = !digitalRead(4);  I3 = !digitalRead(5);

  /* ============ 토글버튼 기능  ============ */
  rEg0.process(I0);              // I0 입력 상승펄스 처리
  M0 = rEg0.Q;                   // 상승펄스 신호 M1에 저장
  M1 = (M0 & !M1) | (!M0 & M1); // 토글버튼 기능
  /* ====================================== */

  /* ============ 플리커 타이머 기능  ============ */
  ton0.process(M1 & !ton0.Q);
  if(M1 && (ton0.ET <= 1000))
    M2 = 1;
  else
    M2 = 0;
  /* =========================================== */

  rEg2.process(M2);
  fEg2.process(M2);

  if (rEg2.Q) {             // 네오픽셀 녹색 점등
    pixel.fill(GREEN);
    pixel.show();
  }

  if (fEg2.Q) {             // 네오픽셀 소등
    pixel.clear();
    pixel.show();
  }

  Q0 = M1;                  // 토글버튼 출력
  Q1 = M2;                  // 플리커 타이머 출력
  /* ============ 출력 리프레시  ============ */
  digitalWrite(8, !Q0);  digitalWrite(9, !Q1);
  digitalWrite(10, !Q2);  digitalWrite(11, !Q3);
}
```

신호등 프로그램 작성하기

[코드 11-20]은 [코드 11-19]를 이용하여 보행자 신호등 제어 프로그램의 작성법을 나타낸 것이다.

코드 11-20 녹색 램프 점멸 기능을 추가한 보행자 신호등 제어 프로그램

```
#include <plclib.h>                    // PLC 라이브러리
#include <Adafruit_NeoPixel.h>         // 네오픽셀 라이브러리

#define NEO_PIN          6             // 네오픽셀 연결 아두이노 포트 핀
#define NEO_PIXELS       8             // 네오픽셀 LED 개수

Adafruit_NeoPixel
pixel = Adafruit_NeoPixel(NEO_PIXELS, NEO_PIN, NEO_GRB + NEO_KHZ800);

uint32_t RED = pixel.Color(255, 0, 0);          // 적색 색상 변수 선언
uint32_t GREEN = pixel.Color(0, 255, 0);        // 녹색 색상 변수 선언
uint32_t BLUE = pixel.Color(0, 0, 255);         // 청색 색상 변수 선언
uint32_t YELLOW = pixel.Color(255, 255, 0);     // 황색 색상 변수 선언
boolean I0, I1, I2, I3;                         // 입력 변수 설정
boolean Q0, Q1, Q2, Q3;                         // 출력 변수 설정
boolean M0, M1, M2, M3, M4;                     // 내부 변수 설정
TON ton0, ton1, ton2, ton3;                     // 온 딜레이 타이머 객체 선언
R_TRIG rEg0, rEg1, rEg2, rEg3, rEg4;            // 상승펄스 신호 객체 선언
F_TRIG fEg0, fEg1, fEg2, fEg3, fEg4;            // 하강펄스 신호 객체 선언

void setup() {
  for (int i = 2; i <= 5; i++)                  // 2 ~ 5번 포트 입력 핀으로 설정
    pinMode(i, INPUT_PULLUP);                   // 내부 풀업 사용
  for (int i = 8; i <= 11; i++)                 // 8 ~ 11번 포트 출력 핀으로 설정
    pinMode(i, OUTPUT);

  pixel.begin();                               // 네오픽셀 객체 실행
  pixel.clear();                               // 네오픽셀 소등
  pixel.show();                                // 네오픽셀 점등
  pixel.fill(RED);                             // 네오픽셀 적색 설정
  pixel.show();                                // 네오픽셀 점등

  ton0.PT = 10000;                             // 타이머 10초 시간 설정
  ton1.PT = 20000;                             // 타이머 20초 시간 설정
  ton2.PT = 30000;                             // 타이머 30초 시간 설정
  ton3.PT = 1000;                              // 타이머 1초 시간 설정
}

void loop() {
/* ============ 입력 리프레시  ============ */
  I0 = !digitalRead(2);  I1 = !digitalRead(3);
```

```
  I2 = !digitalRead(4);  I3 = !digitalRead(5);
  rEg0.process(I0);                         // 보행자 버튼 상승펄스 처리
  M0 = (rEg0.Q | M0) & !M1;                 // 10초 타이머 작동(적색 점등)
  ton0.process(M0);

  M1 = ((ton0.Q & M0) | M1) & !M2;          // 20초 타이머 작동(녹색 점등)
  ton1.process(M1);

  M2 = ((ton1.Q & M1) | M2) & !M3;          // 10초 타이머 작동(녹색 점멸)
  ton2.process(M2);

  M3 = ton2.Q & M2;                         // 사이클 종료(적색 점등)

  ton3.process(M2 & !ton3.Q);               // 플리커 타이머(0.5초 ON/OFF)
  if (M2 && (ton3.ET <= 500))
    M4 = 1;                                 // 점멸 동작(녹색 점등)
  else
    M4 = 0;                                 // 점멸 동작(녹색 소등)

  rEg1.process(M0);                         // M0 상승펄스 신호 처리
  rEg2.process(M1);                         // M1 상승펄스 신호 처리
  rEg4.process(M4);                         // M4 상승펄스 신호 처리
  fEg4.process(M4);                         // M4 하강펄스 신호 처리

  if (rEg1.Q || M3) {                       // 네오픽셀 적색 점등
    pixel.fill(RED);
    pixel.show();
  }

  if (rEg2.Q || rEg4.Q) {                   // 네오픽셀 녹색 점등
    pixel.fill(GREEN);
    pixel.show();
  }

  if (fEg4.Q) {                             // 네오픽셀 소등
    pixel.clear();
    pixel.show();
  }
  Q0 = M0;      Q1 = M1;
  Q2 = M2;      Q3 = M4;

  /* ============ 출력 리프레시  ============ */
  digitalWrite(8, !Q0);  digitalWrite(9, !Q1);
  digitalWrite(10, !Q2);  digitalWrite(11, !Q3);
}
```

실습과제

11-7 TM1637을 이용한 설정값 표시하기

11.6절

푸시버튼 스위치와 TM1637을 이용한 FND, 네오픽셀을 사용해서 스위치의 눌린 횟수를 표시하는 프로그램을 작성해보자.

TM1637은 I2C라는 통신 방식으로 2개의 신호선을 사용해서 4개의 FND 모듈을 제어할 수 있다. 주어진 동작 조건을 만족하는 프로그램의 작성법에 대해 학습해보자.

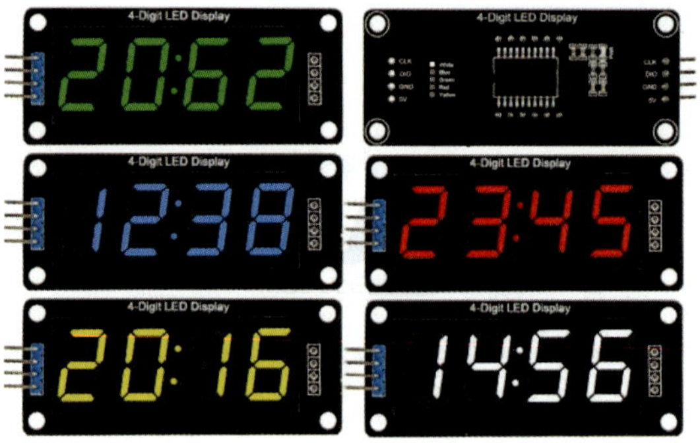

스위치	기능
PB1	UP : 설정값의 증가
PB2	DN : 설정값의 감소
PB3	RST : 설정값을 0으로 설정

네오픽셀	기능
녹색	설정값이 0 ~ 49일 때 점등
청색	설정값이 50 ~ 79일 때 점등
적색	설정값이 80 ~ 100일 때 점등

[그림 11-47] TM1637 FND 보드와 스위치 및 네오픽셀 램프의 기능 할당

동작 조건

❶ 시스템의 전원이 ON되면 TM1637에는 ' 0'이 표시된다.

❷ 증가 버튼(S1)을 누를 때마다 카운터 값이 1씩 증가하고 최대 199까지 증가한다. 그리고 증가 버튼을 1.5초 이상 계속 누르고 있으면 0.1초 간격으로 증가한다.

❸ 감소 버튼(S2)을 누를 때마다 카운터 값은 1씩 감소하고 최소 0까지 감소한다. 그리고 감소 버튼을 1.5초 이상 계속 누르고 있으면 0.1초 간격으로 감소한다.

❹ 카운터 값은 FND에 표시된다.

❺ 카운터 값을 비교하여 네오픽셀의 램프 점등 색상을 결정하고 점등한다.

❻ 리셋 버튼(S3)을 누르면 카운터 값은 0으로 초기화된다.

아두이노 프로그램 작성

[코드 11-21]은 스위치가 눌린 횟수를 표시하는 프로그램의 작성법을 나타낸 것이다.

코드 11-21 TM1637을 이용한 설정값 변경 및 표시 프로그램

```
#include <plclib.h>                                    // PLC 라이브러리
#include <TM1637Display.h>                             // TM1637 라이브러리
#include <Adafruit_NeoPixel.h>                         // 네오픽셀 라이브러리

#define NEO_PIN         6                              // 네오픽셀 연결 아두이노 포트 핀
#define NEO_PIXELS      8                              // 네오픽셀 LED 개수
#define CLK              A0                            // TM1637 CLK 핀 A0 연결
#define DIO              A1                            // TM1637 DIO 핀 A1 연결

Adafruit_NeoPixel
    pixel = Adafruit_NeoPixel(NEO_PIXELS, NEO_PIN, NEO_GRB + NEO_KHZ800);
uint32_t RED = pixel.Color(255, 0, 0);                 // 적색 설정
uint32_t GREEN = pixel.Color(0, 255, 0);               // 녹색 설정
uint32_t BLUE = pixel.Color(0, 0, 255);                // 청색 설정

TM1637Display display(CLK, DIO);                       // TM1637을 display 이름의 객체로 생성

boolean I0, I1, I2, I3;                                // 입력 변수 설정
boolean Q0, Q1, Q2, Q3;                                // 출력 변수 설정
boolean M0, M1, M2, M3;                                // 내부 변수 설정
boolean T_100ms, green_on, red_on, blue_on;            // 비트 변수 설정
int pb_cnt;                                            // 정수 변수 설정
TON ton0, ton1, ton2;                                  // 온 딜레이 타이머 객체 생성
R_TRIG rEg0, rEg1, rEg2, rEg3, rEg4, rEg5, rEg6;       // 상승펄스 객체 생성
F_TRIG fEg4, fEg5, fEg6;                               // 하강펄스 객체 생성

void setup() {
  for (int i = 2; i <= 5; i++)                // 2 ~ 5번 포트 입력 핀으로 설정
    pinMode(i, INPUT_PULLUP);                 // 내부 풀업 사용
  for (int i = 8; i <= 11; i++)               // 8 ~ 11번 포트 출력 핀으로 설정
    pinMode(i, OUTPUT);
  pixel.begin();                        // 네오픽셀 객체 실행
  pixel.clear();                        // 네오픽셀 소등
  pixel.show();                         // 네오픽셀 점등
  display.setBrightness(7);             // TM1637의 밝기 조절 0 ~ 7까지
  display.clear();                      // TM1637의 디스플레이 모두 지우기
  ton0.PT = 100;                        // 타이머 100ms 시간 설정
  ton1.PT = 1500;                       // 타이머 1.5초 시간 설정
  ton2.PT = 1500;                       // 타이머 1.5초 시간 설정
}
```

```
void loop()
{
/* ============ 입력 리프레시  ============ */
  I0 = !digitalRead(2);  I1 = !digitalRead(3);
  I2 = !digitalRead(4);  I3 = !digitalRead(5);
  rEg0.process(I0);                // 증가 버튼(I0) 상승펄스 신호 처리
  rEg1.process(I1);                // 감소 버튼(I1) 상승펄스 신호 처리
  rEg2.process(I2);                // 리셋 버튼(I2) 상승펄스 신호 처리
/* --------- 100ms 주기를 가진 클럭 신호 만들기 ---------- */
  ton0.process(!ton0.Q);
  if(ton0.ET <=50)
    T_100ms = 1;
  else
    T_100ms = 0;
  rEg3.process(T_100ms);           // 100ms 주기의 상승펄스 신호
/* ------------------------------------------------- */
  ton1.process(I0);           // 증가 버튼을 1.5초 이상 누르면 ton1.Q가 ON
  ton2.process(I1);           // 감소 버튼을 1.5초 이상 누르면 ton2.Q가 ON
  if(((rEg0.Q == 1) || (ton1.Q && rEg3.Q)) && (pb_cnt < 100))     // 증가 버튼 동작
    pb_cnt += 1;              // 설정값이 100보다 작으면 1 증가
  if(((rEg1.Q == 1) || (ton2.Q && rEg3.Q)) && (pb_cnt > 0))       // 감소 버튼 동작
    pb_cnt -= 1;                        // 설정값이 0보다 크면 1 감소
  if(rEg2.Q == 1)                       // 리셋 버튼 동작
    pb_cnt = 0;                         // 설정값을 0으로 설정
  display.showNumberDec(pb_cnt);        // TM1637에 설정값을 표시
/* --------- 설정값을 비교해서 네오픽셀 점등 ---------- */
  if((pb_cnt >= 0) && (pb_cnt <50))     // 설정값이 0 ~ 49 범위이면
    green_on = 1;                       // 네오픽셀 녹색 점등
  else
    green_on = 0;
  if((pb_cnt >= 50) && (pb_cnt < 80))   // 설정값이 50 ~ 79 범위이면
    blue_on = 1;                        // 네오픽셀 청색 점등
  else
    blue_on = 0;
  if((pb_cnt >= 80) && (pb_cnt <=100))  // 설정값이 80 이상이면
    red_on = 1;                         // 네오픽셀 적색 점등
  else
    red_on = 0;
// 네오픽셀의 점등 신호를 상승과 하강펄스 신호로 구분하여 해당 신호가 ON/OFF될 때에만
// 네오픽셀의 점등을 위한 통신을 실행시켜 아두이노의 실행 부하를 감소시킨다.
    rEg4.process(green_on);        // 네오픽셀 점등 신호의 상승펄스 처리
    rEg5.process(blue_on);
    rEg6.process(red_on);
```

```
    fEg4.process(green_on);          // 네오픽셀 소등 신호의 하강펄스 처리
    fEg5.process(blue_on);
    fEg6.process(red_on);
    if(fEg4.Q | fEg5.Q | fEg6.Q) {  // 네오픽셀 전체 소등
      pixel.clear();
      pixel.show();
    }

    if(rEg4.Q) {                     // 네오픽셀 녹색 점등
      pixel.fill(GREEN);
      pixel.show();
    }
    if(rEg5.Q) {                     // 네오픽셀 청색 점등
      pixel.fill(BLUE);
      pixel.show();
    }

    if(rEg6.Q) {                     // 네오픽셀 적색 점등
      pixel.fill(RED);
      pixel.show();
    }
  /* ============ 출력 리프레시  ============ */
  digitalWrite(8, !Q0);  digitalWrite(9, !Q1);
  digitalWrite(10, !Q2);  digitalWrite(11, !Q3);
}
```

실습과제

11-8 온습도 및 설정값을 LCD에 표시하고 비교하기 11.7절

온습도 센서를 사용하여 LCD에 온습도 정보를 표시하는 프로그램의 작성법에 대해 학습해보자.

지구의 환경오염에 따른 변화에 의해 오늘날의 온습도 관리는 인간의 건강한 생활과도 직결된다. 이번 실습과제에서는 온습도 센서 DHT-11을 사용하여 LCD에 온습도를 표시하고, 설정한 온습도의 범위를 초과할 때 네오픽셀을 사용해 알람을 발생시키는 프로그램을 작성해볼 것이다. LCD와 함께 TM1637의 FND 모듈 2개를 사용하여 온도와 습도의 설정값과 현재값을 나타낸다.

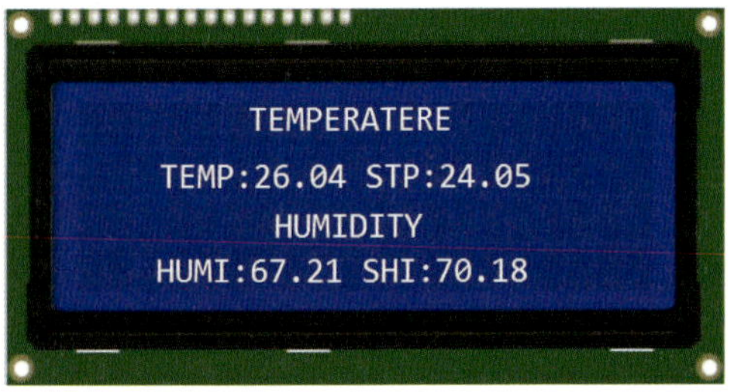

[그림 11-48] LCD 표시 내용

[표 11-15] 온습도를 LCD에 표시하기 위한 아두이노 결선

핀 번호	기능	핀 번호	기능	
2	푸시버튼(PB1)	A0	CLK	TM1637
3	푸시버튼(PB2)	A1	DIO_1	
4	푸시버튼(PB3)	A2	DIO_2	
5	푸시버튼(PB4)	A3	DHT-11	
6	네오픽셀	A4	SDA	LCD
		A5	SCL	

스위치	기능
I0	UP : 온도 설정값의 증가
I1	DN : 온도 설정값의 감소
I2	UP : 습도 설정값의 증가
I3	DN : 습도 설정값의 감소
TM1637_1	온도 설정값 표시
TM1637_2	습도 설정값 표시

[그림 11-49] TM1638 실습용 보드와 스위치 및 FND 기능 할당

동작 조건

❶ DHT-11 센서의 값을 읽어서 현재온도(TEMP)와 현재습도(HUMI)를 표시한다.

❷ TM1637 2개를 사용해서 설정온도(STP)를 0 ~50, 설정습도(SHI)를 20 ~ 99까지 표시한다. 전원이 ON되면 온도 설정값은 20, 습도 설정값은 30을 표시한다.

❸ 현재온도와 설정온도가 ±4℃ 차이, 현재습도와 설정습도가 ±10% 차이가 발생하면 네오픽셀의 적색 램프가 1Hz 간격으로 점멸한다.

아두이노 프로그램 작성

[코드 11-22]는 LCD에 온습도를 표시하는 프로그램의 작성법을 나타낸 것이다.

코드 11-22 LCD에 온습도 표시하고 비교하기

```
#include <plclib.h>                        // PLC 라이브러리
#include <TM1637Display.h>                 // TM1637 라이브러리
#include <Adafruit_NeoPixel.h>             // 네오픽셀 라이브러리
#include <LiquidCrystal_I2C.h>             // LCD 라이브러리
#include <dht.h>                           // 온습도 센서(DHT-11) 라이브러리
#define NEO_PIN             6              // 네오픽셀 DI 핀 번호
#define NEO_PIXELS          8              // 네오픽셀 LED 개수
#define CLK                 A0             // TM1637 CLK 핀 A0 연결
#define DIO_1               A1             // TM1637_1 DIO 핀 A1 연결
#define DIO_2               A2             // TM1637_2 DIO 핀 A1 연결
#define DHT11_PIN           A3             // DHT-11 OUT 핀

TM1637Display display_1(CLK, DIO_1);        // TM1637을 display_1 이름의 객체로 생성
TM1637Display display_2(CLK, DIO_2);        // TM1637을 display_2 이름의 객체로 생성
LiquidCrystal_I2C lcd(0x27,20,4);           // LCD 객체 생성
dht DHT;                         // DHT-11 객체 생성
Adafruit_NeoPixel                // 네오픽셀 객체 생성
            pixel = Adafruit_NeoPixel(NEO_PIXELS, NEO_PIN, NEO_GRB + NEO_KHZ800);
uint32_t RED = pixel.Color(255, 0, 0);           // 적색 색상 변수 선언
uint32_t GREEN = pixel.Color(0, 255, 0);         // 녹색 색상 변수 선언

R_TRIG rEg0, rEg1, rEg2, rEg3, rEg4;         // 상승펄스 처리용 변수 선언
TON ton0;                                    // 온 딜레이 타이머 변수 선언
boolean I0, I1, I2, I3;                      // 입력 변수 설정
boolean clk_1Hz, alarm;                      // 알람 변수
int setTemp = 20, setHumi = 30;              // 설정용 온습도 변수
int Temp[10], Humi[10], difTemp, difHumi;    // 온습도 배열 및 온습도 편차 변수
```

```
int curTemp, curHumi, sumTemp, sumHumi, firstScan, scanCnt;  // 온습도 변수
int avrTemp, avrHumi;                                         // 온습도 평균 변수
String TempDisp, HumiDisp;                                    // 온습도 문자열 변수

void setup() {
  for (int i = 2; i <= 5; i++)          // 2 ~ 5번 포트 입력 핀으로 설정
    pinMode(i, INPUT_PULLUP);           // 내부 풀업 사용
  for (int i = 8; i <= 11; i++)         // 8 ~ 11번 포트 출력 핀으로 설정
    pinMode(i, OUTPUT);

  pixel.begin();                        // 네오픽셀 객체 실행
  pixel.setBrightness(200);             // 네오픽셀 밝기 설정
  pixel.clear();                        // 네오픽셀 소등 설정
  pixel.show();                         // 네오픽셀 점등

  display_1.setBrightness(7);           // TM1637_1의 밝기 조절 0 ~ 7까지
  display_1.clear();                    // TM1637_1의 디스플레이 모두 지우기
  display_2.setBrightness(7);           // TM1637_1의 밝기 조절 0 ~ 7까지
  display_2.clear();                    // TM1637_1의 디스플레이 모두 지우기

  display_1.showNumberDec(setTemp);     // TM1637_1에 온도 설정값을 표시
  display_2.showNumberDec(setHumi);     // TM1637_2에 습도 설정값을 표시

  lcd.init();                           // LCD 초기화
  lcd.backlight();                      // LCD 백라이트 점등
  lcd.setCursor(5,0);                   // 문자 표시 위치 지정
  lcd.print("TEMPEATURE");              // LCD 0번 라인 문자 표시
  lcd.setCursor(6,2);                   // 문자 표시 위치 지정
  lcd.print("HUMIDITY");                // LCD 2번 라인 문자 표시
  LcdDisplay(30, setTemp, 40, setHumi); // LCD에 온습도 표시용 함수 호출

  ton0.PT = 1000;                       // 1초 주기 클럭을 위한 타이머 설정
  Serial.begin(9600);                   // 시리얼 통신 시작
}

void loop() {
  /* ============ 입력 리프레시  ============ */
  I0 = !digitalRead(2);  I1 = !digitalRead(3);
  I2 = !digitalRead(4);  I3 = !digitalRead(5);
  rEg0.process(I0);             // I0 푸시버튼 상승펄스 신호 처리
  rEg1.process(I1);             // I1 푸시버튼 상승펄스 신호 처리
  rEg2.process(I2);             // I2 푸시버튼 상승펄스 신호 처리
  rEg3.process(I3);             // I3 푸시버튼 상승펄스 신호 처리
```

```
/* --------- 1Hz 주기를 가진 클럭 신호 만들기 ---------- */
  ton0.process(!ton0.Q);
  if(ton0.ET <=500)
    clk_1Hz = 1;
  else
    clk_1Hz = 0;
  rEg4.process(clk_1Hz);    // 100ms 주기의 상승펄스 신호
/* --------- 1Hz 주기로 DHT-11의 온습도 읽어오기 및 평균 필터 처리 ---------- */
  if(rEg4.Q) {
    int chk = DHT.read11(DHT11_PIN);
    curTemp = (int)DHT.temperature;
    curHumi = (int)DHT.humidity;
    if(!firstScan) {                // 첫 번째 온습도 읽을 때는 온습도 배열 모두에
      for(int i=0; i<10; i++){      // 첫 번째 온습도 값으로 저장
        Temp[i] = curTemp;
        Humi[i] = curHumi;
      }
      firstScan = 1;
    }
    if(firstScan) {                 // 두 번째 온습도 읽을 때부터는 1초 주기로
      Temp[scanCnt] = curTemp;      // 배열 번호를 변경해 가면서 온습도 저장
      Humi[scanCnt] = curHumi;
      scanCnt++;
      if(scanCnt > 9)
        scanCnt = 0;
    }
    for(int i=0; i<10; i++) {       // 배열에 저장된 값의 합을 구하기
      sumTemp += Temp[i];
      sumHumi += Humi[i];
    }
    avrTemp = sumTemp / 10;         // 배열의 합을 10으로 나누어 평균 필터 처리된 온도
    avrHumi = sumHumi / 10;         // 배열의 합을 10으로 나누어 평균 필터 처리된 습도
    Serial.print("scanCnt:"); Serial.print(scanCnt);
    Serial.print("\t sumTemp:"); Serial.print(sumTemp);
    Serial.print("\t sumHumi:"); Serial.print(sumHumi);
    Serial.print("\t avrTemp:"); Serial.print(avrTemp);
    Serial.print("\t avrHumi:"); Serial.print(avrHumi);
    Serial.print("\t curTemp:"); Serial.print(curTemp);
    Serial.print("\t curHumi:"); Serial.println(curHumi);
    LcdDisplay(avrTemp, setTemp, avrHumi, setHumi);
    sumTemp = 0;
    sumHumi = 0;
  }
```

```
/* ---------------  설정 온습도 변경하기  ---------------- */
  if((rEg0.Q == 1) && (setTemp < 50))      // I0가 ON
   setTemp += 1;                           // 설정온도가 50보다 작으면 1 증가
  if((rEg1.Q == 1) && (setTemp > 0))       // I1이 ON
    setTemp -= 1;                          // 설정값이 0보다 크면 1 감소
  if((rEg2.Q == 1) && (setHumi < 99))      // I2가 ON
   setHumi += 1;                           // 설정온도가 50보다 작으면 1 증가
  if((rEg3.Q == 1) && (setHumi > 20))      // I3가 ON
    setHumi -= 1;                          // 설정값이 0보다 크면 1 감소
  if((rEg0.Q == 1) || (rEg1.Q == 1) || (rEg2.Q == 1) || (rEg3.Q == 1)) {
    LcdDisplay(avrTemp, setTemp, avrHumi, setHumi);
    display_1.showNumberDec(setTemp);      // TM1637에 설정값을 표시
    display_2.showNumberDec(setHumi);      // TM1637에 설정값을 표시
  }
/* --------  온습도 편차 구하기 및 네오픽셀 점등 ------------ */
  difTemp = avrTemp - setTemp;             // 온도 편차
  difHumi = avrHumi - setHumi;             // 습도 편차

  if((abs(difTemp) >= 4) || (abs(difHumi) >= 10))
    alarm = 1;
  else
    alarm = 0;
  if(alarm == 0) {                         // 녹색 램프 점등
    pixel.setBrightness(200);
    pixel.fill(GREEN);
    pixel.show();
  }
  if(alarm && clk_1Hz == 1) {              // 적색 램프 점멸(적색 점등)
    pixel.setBrightness(200);
    pixel.fill(RED);
    pixel.show();
  }
   if(alarm && clk_1Hz == 0) {             // 적색 램프 점멸(적색 소등)
    pixel.setBrightness(200);
    pixel.clear();
    pixel.show();
  }
}

void LcdDisplay(int temp, int settemp, int humi, int sethumi)
{
```

```
    TempDisp = " TEMP: " + String(temp) + "   STP: " + String(settemp);
    lcd.setCursor(0,1);                     // 문자 표시 위치 지정
    lcd.print(TempDisp);                    // LCD 1번 라인 문자 표시
    HumiDisp = " HUMI: " + String(humi) + "   SHI: " + String(sethumi);
    lcd.setCursor(0,3);                     // 문자 표시 위치 지정
    lcd.print(HumiDisp);                    // LCD 1번 라인 문자 표시
  }
```

아두이노를 활용해 PLC 라이브러리를 사용하여 PLC와 같은 형태의 프로그램을 문자 형식으로 작성하는 방법에 대해 살펴보았다. 그리고 PLC에서 사용하기 불가능한 TM1637을 이용한 FND 모듈과 네오픽셀을 사용한 다양한 색상의 램프 점등 문자 표시가 가능한 LCD의 사용법에 대해 살펴보았다. 이러한 것을 아두이노의 사용으로 끝내는 것이 아니라 PLC와 통신을 통하여 PLC에서 구현하지 못했던 다양한 기능을 구현해보자고 한다.

다음 장에서는 4부에서 배운 내용을 바탕으로, 아두이노를 슬레이브 장치 또는 서버로 활용해 PLC의 시리얼 통신과 이더넷 통신에서 PLC의 기능을 향상시키는 방법에 대해 학습해볼 것이다.

PART

05

RS232 시리얼 통신

CONTENTS

PART 05
들어가기 전에

'통신'의 사전적인 의미는 '인간의 의사·지식·감정 또는 각종 자료를 포함한 정보를 먼 거리에서 주고받는 작용 또는 현상'이다. 인터넷을 통해 전 세계 사람들이 정보를 주고받듯이 자동화 산업현장에서도 수많은 기계 장치의 제어와 상태 모니터링을 위한 데이터 수집 및 관리를 위해 통신을 사용한다.

PLC 통신은 1969년 EIA[Electonic Industries Association]에 의해 발표된 RS232라고 불리는 시리얼 통신으로부터 시작되었다. RS232는 처음엔 개인용 PC의 시리얼 통신포트로 사용되었다. 1979년 PLC를 최초로 개발한 모디콘 사에서 이 RS232에 통신 프로토콜을 적용해 모드버스[Modbus]라는 통신을 시작했는데, 이것이 최초의 PLC 통신이다. RS232 통신은 최초로 등장한 후 50년이라는 시간이 지났음에도 산업현장에서 널리 사용되고 있다. RS232를 기반으로 RS422/485가 만들어졌고, RS485를 통해 PLC의 필드버스 통신인 CC-Link, Profibus-DP, DeviceNet과 같은 통신이 만들어졌다. 그로부터 이더넷 통신이 발전된 것이다. 따라서 PLC 통신을 잘 활용하기 위해서는 반드시 RS232를 기반으로 한 시리얼 통신을 학습해야 한다.

PART 05에서는 시리얼 통신의 원리와 사용법에 대해 학습한 후, 예제를 통해서 RS232C 통신의 사용법을 익힌다. 그리고 아두이노와 PLC의 시리얼 통신에 대해 학습할 것이다.

CHAPTER 12

시리얼 통신 살펴보기

PLC의 시리얼 통신은 RS232와 RS422/RS485를 이용한 통신을 의미한다. 시리얼 통신을 사용하기 위해서는 통신이 이루어지기 위한 다양한 규칙과 통신선의 결선 방법, 통신 테스트 방법을 알고 있어야 한다. 12장은 PLC에서 시리얼 통신을 사용하기 위한 가장 기본적인 내용을 설명하고 있다. 이 장의 학습을 통해 우리는 시리얼 통신의 규칙과 통신을 위한 준비물, 통신 결선 방법, 그리고 통신 케이블을 사용한 간단한 시리얼 통신 테스트를 할 수 있을 것이다.

Keyword | 시리얼 통신 | 동기식 방식 | 비동기식 방식 | 데이터 전송 | 통신 케이블 | 컨버터 |

12.1 시리얼 통신의 종류

PLC의 시리얼Serial 통신은 오므론, LS산전, 미쓰비시, 지멘스, AB 등 PLC의 제조사마다 각각 다른 명칭을 가지지만, 전송 신호를 전달하는 방법에 따라 동기식과 비동기식으로 구분할 수 있고, PLC의 통신은 비동기 통신 방식인 RS232, RS422/485로 구분할 수 있다. 비동기 통신 방식에 데이터 송수신 절차를 표준으로 규정한 방식의 프로토콜을 사용해서 통신하는 필드버스Fieldbus 통신이 있다.

시리얼 통신의 구분 방식

- 신호 전달 방법에 따른 구분 : 동기식, 비동기식
- 전송선로에 따른 구분 : 전이중, 반이중
- 전송 신호 방법에 따른 구분 : RS232C, RS422, RS485

12.1.1 신호 전달 방법에 따른 시리얼 통신의 구분

동기식 방식과 비동기식 방식

시리얼 통신은 **동기식**Synchronous과 **비동기식**Asynchronous 방식으로 구분된다. 동기식은 [그림 12-1]과 같이 데이터를 클록Clock 신호의 동작과 동기화시켜서 송수신하는 방법으로, 주로 마이크로프로세서를 이용한 제품의 통신에 사용된다. 대표적으로 SPI, I2C가 동기식 통신 방식을 사용한다.

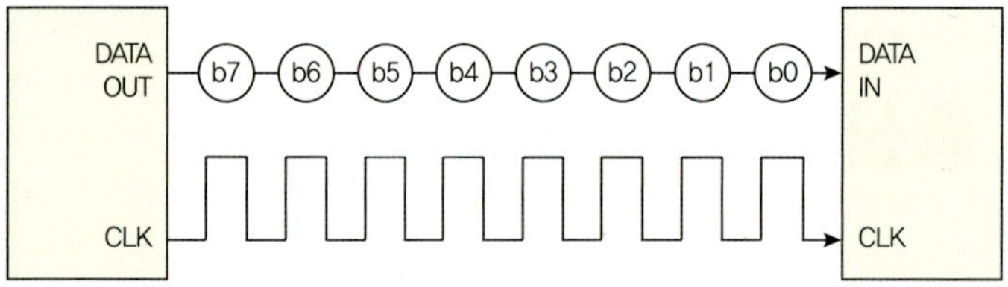

[그림 12-1] 동기식 시리얼 통신

비동기식은 클록 신호 없이 데이터를 전송하는 방식으로, 산업현장에서의 시리얼 통신의 대부분이 이 방식을 사용한다. 비동기식 통신 방식으로는 RS232, RS422/RS485, GPS, 블루투스, XBee 등의 방식이 있다.

비동기식 통신 방식의 전송 규칙

비동기식은 데이터를 송수신할 때, 데이터 전송 동기용 클록 신호를 사용하지 않기 때문에 미리 정해진 규칙을 사용해 데이터를 송수신한다. 비동기식 통신 방식의 정해진 규칙은 다음과 같다.

데이터 전송 형식

시리얼 통신은 한 번에 1비트의 데이터만 전송할 수 있기 때문에 병렬로 구성된 데이터를 직렬로 전송하는 방법이 정해져 있다. [그림 12-2]는 1바이트 크기의 데이터를 RS232 및 RS422/485 시리얼 통신으로 전송할 때 사용하는 데이터의 형식을 나타낸 것이다.

명칭	Start	Data	Parity	Stop
비트 크기(bit)	1	5 ~ 9	0 ~ 1	1 ~ 2

[그림 12-2] 시리얼 통신으로 전송하는 데이터의 형식

1 동기화 비트 : 데이터를 송수신할 때 비동기식 통신 방식에서는 [그림 12-1]의 동기식 통신처럼 별도의 데이터 전송 동기용 클록을 사용하지 않는다. 대신 데이터의 전송 시작과 전송 종료를 의미하는 동기화 비트Synchronization Bits를 사용해서 데이터를 전송하는 동기를 맞춘다. [그림 12-2]에서 스타트, 스톱비트가 전송 시작과 종료를 표시하는 동기화 비트이다.

스타트 비트는 데이터를 전송하지 않을 때 1의 상태를 유지하다가, 데이터 전송 시작과 동시에 0의 상태로 변경되어 수신 측에 데이터의 전송이 시작되었음을 알린다. 한편 스톱비트는 패리티 비트까지 정해진 비트에 해당되는 데이터 전송이 끝나면, 1의 상태로 변경되어 데이터의 전송이 종료되었음을 수신 측에 통보하는 비트이다.

2 데이터 영역 : 데이터 영역Data Chunk은 시리얼 통신으로 상대에게 전송할 데이터를 의미한다. 5 ~ 9비트를 사용할 수 있는데, 대부분 8비트 크기의 데이터를 전송한다. 8비트의 데이터는 바이너리Binary 값 또는 ASCII 코드를 사용한다.

3 패리티 비트 : 패리티 비트Parity Bits는 데이터를 전송할 때 통신 선로의 노이즈로 인해 발생할 수 있는 데이터 오류를 검출하기 위해 설정하는 비트로, 전송하는 데이터에 포함된 1의 개수를 홀수Odd 또는 짝수Even로 설정하기 위한 비트이다. 그러나 오늘날의 PLC 통신에서는 전송하는 데이터에 대한 다양한 오류 체크 방법을 사용하기 때문에 대부분 패리티 비트는 사용하지 않는다.

데이터 전송속도(보레이트)

보레이트Baud Rate는 시리얼 통신으로 데이터를 전송하는 속도를 뜻하는 용어로, 단위는 bpsbit per second를 사용한다. 이 값을 바탕으로 데이터 1비트가 전송되는 시간을 계산할 수 있다. 그 계산된 시간은 시리얼 통신으로 1비트를 전송할 때 해당 비트의 High/Low 유지시간을 의미한다. 표준화된 보레이트로는 1200, 2400, 4800, 9600, 19200, 38400, 57600, 135200 등이 있다. 보레이트의 값이 높으면, 데이터의 전송속도는 빠르겠지만, 노이즈에 의한 데이터 손실 발생 확률도 높아지게 된다. 데이터 전송속도는 송신 측과 수신 측이 항상 동일해야 된다.

데이터 전송 사례

비동기식 시리얼 통신 방식에서 통신 방식이 19200, 8, N, 1로 설정됐을 때, 데이터 전송이 어떻게 실행되는지 살펴보자. 먼저 각 설정값의 의미부터 알아보자.

- 19200 : 통신 속도인 보레이트가 19200이다.
- 8 : 데이터 비트 크기가 8비트이다.
- N : 패리티 비트는 사용하지 않는다.
- 1 : 스톱비트는 1비트를 사용한다.

설정된 통신 방식으로 ASCII 코드 'AB'로 구성된 두 문자를 전송한다고 할 때, [그림 12-3]의 형식으로 전송할 시리얼 데이터가 어떻게 만들어지는지 살펴보자. 문자 1개를 전송하는 데 사용되는 비트는 10비트이며, 이는 시작비트 1개, 데이터 비트 8개, 스톱비트 1개로 구성된다. 따라서 2개의 문자를 전송하는 데 필요한 비트는 20비트이다.

데이터 전송 방향 →																			
1	0	1	0	0	0	0	1	0	0	1	0	1	0	0	0	0	0	1	0
stop	b7	b6	b5	b4	b3	b2	b1	b0	start	stop	b7	b6	b5	b4	b3	b2	b1	b0	start
문자 'B' 전송										문자 'A' 전송									

[그림 12-3] 시리얼 통신으로 문자 'AB'를 전송하기 위한 데이터 형식

전송속도인 보레이트가 19200bps로 설정되어 있기 때문에 1비트 전송시간은 1sec/19200bps로 계산하여 52μs가 된다. 또한 10비트로 구성된 데이터를 초당 1920개 전송할 수 있다.

알파벳 문자의 ASCII 코드값은 16진수로, 'A'는 0x41, 'B'는 0x42이다. [그림 12-4]는 [그림 12-3]에 나타낸 시리얼 통신을 위한 데이터 전송 형식을 전기신호 방식으로 표현한 것이다.

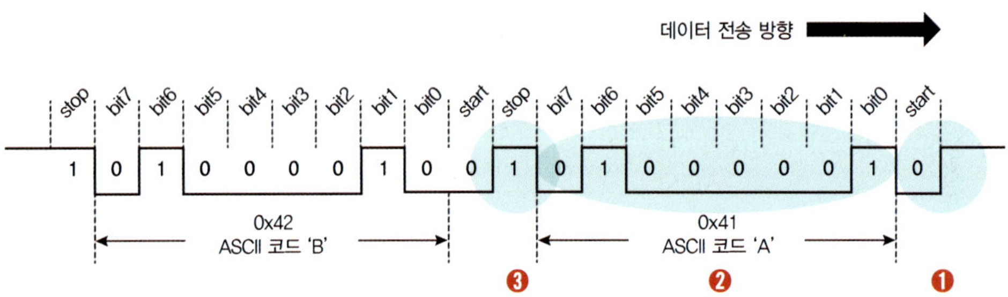

[그림 12-4] [그림 12-3]의 데이터 전송을 전기신호로 표현

데이터의 전송 절차를 살펴보면 다음과 같다.

❶ 데이터를 수신하는 측에서 전기신호가 1의 상태에서 0의 상태로 변화는 시점을 파악해서 송신 측에서 데이터 전송을 시작했음을 확인한다. 따라서 수신 측에서는 데이터를 수신할 준비를 한다.

❷ 시작신호(스타트 비트)를 인지한 후, 전송속도(보레이트)에 따라 일정시간 간격(여기에서는 전송속도가 19200bps로 설정되어 있기 때문에 52μs 간격)으로 전기신호를 확인하고, 0과 1의 상태를 파악하여 비트 순서로 저장한다. 전송 데이터의 크기가 8비트로 지정되었기 때문에 8비트의 데이터를 수신한다.

❸ 8비트의 데이터를 수신한 후에 전기신호가 1임을 확인하고, 데이터가 전송완료 되었음을 확인한 후, 수신된 8비트 크기의 데이터를 사용자가 지정한 메모리에 저장한다.

이 ❶ ~ ❸의 절차를 반복하면서 송신 측에서 전송하는 데이터를 수신한다.

12.1.2 전송선로에 따른 시리얼 통신의 구분

시리얼 통신에는 데이터를 전송하기 위한 전송선로가 송신과 수신으로 각각 구분되는 **전이중 통신**Full Duplex과, 송신과 수신에 1개의 전송선로를 공동으로 사용하는 **반이중 통신**Half Duplex 방식이 있다.

전이중 통신

데이터의 전송선로가 송신과 수신으로 각각 구분되어 동시에 송수신이 이루어질 수 있는 통신 방식을 전이중 통신이라 한다. 대표적인 전이중 통신의 사례 중 하나가 바로 전화기인데, 전화기에서는 전송과 수신라인이 구분되어 있어 통화 시 송신과 수신이 동시에 이루어진다. 이를 자동차가 다니는 2차선 도로로 표현하면, 상행선 도로와 하행선 도로가 구분되어 있어 자동차의 통행이 자유로운 도로와 유사하다.

반이중 통신

데이터의 송수신이 동시에 이루어지지 못하고, 송신과 수신을 각각 구분해서 전송하는 방법으로, 무전기를 이용한 통신 방식이 반이중 통신 방식이다. 무전기의 경우, 상대방이 송신할 때 반대편에서는 수신만 가능하다. 도로로 표현한다면 왕복이 불가능한 1차선 도로라 할 수 있다. 차선이 하나만 있기 때문에 누군가 차선에 다니는 자동차의 통행을 제어해야만 충돌 사고가 생기지 않는다.

산업현장에서는 전이중 통신 방식보다 반이중 통신 방식을 더 많이 사용한다. 반이중 통신에서는 데이터 전송을 요청하면 수신 측이 응답하는 절차로 이루어지며, 동시에 송신과 수신이 발생하지 않는다. 결국 가격이 비싼 통신선의 전선 개수가 줄어들기 때문에 반이중 통신 방식이 경제적으로 이득이다.

12.1.3 전송 방법에 따른 시리얼 통신의 구분

시리얼 통신은 전기신호의 전달 방식에 따라 RS232, RS422, RS485로 구분된다. 산업현장에서는 송수신하는 데이터의 전달 형식과 절차를 표준화시킨 프로토콜을 사용하는데, 이처럼 프로토콜이 정해져 있는 통신 방식에 명칭을 붙인 것을 PLC에서는 **필드버스 통신**이라 한다.

RS232 통신

RS232는 1969년 미국의 EIA에 의해 정해진 시리얼 통신 방식으로, 가장 오래된 방식이자 시리얼 통신의 원조이다. 이는 전이중 통신 방식을 지원한다. 단점은 통신거리가 짧고(최대 15m 이내), 노이즈의 영향을 많이 받는다는 것이다.

RS232 통신 방식에 프로토콜을 정의해서 개발된 최초의 시리얼 통신은 모디콘MODICON 사에서 만든 **모드버스**Modbus이다. 모드버스는 최초의 필드버스 통신으로, PLC 이외에도 산업체의 다양한 디지털 제어기기에서 이 통신 방식을 지원하고 있어 그 사용 범위가 가장 넓다고 할 수 있다. 그리고 프로토콜이 정해져 있지 않은 RS232 통신 방식도 바코드 리더, 센서, 전자저울과 같은 디지털 제어기기 및 계측기, 통신 등 다양한 산업 분야에서 여전히 널리 사용되고 있다.

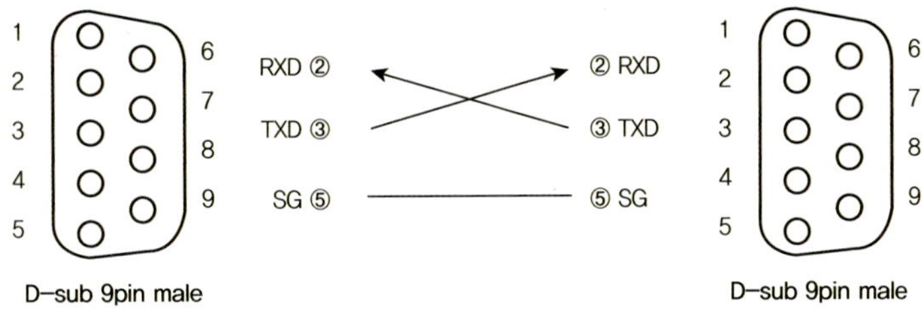

[그림 12-5] RS232 통신 결선도

RS422 통신

RS422 통신은 전이중 통신 방식으로, 아이폰으로 유명한 스티브 잡스Steve Jobs가 애플의 매킨토시 컴퓨터에 적용한 시리얼 통신 방식이다. RS232가 접지 참조된 불균형 신호를 채택하고 있는 것과는 달리, RS422는 차동 전기신호를 사용한다. RS422 통신은 별도의 전송 장비 없이 먼 거리(최대 1.2km 이내)까지 데이터 통신이 가능하고, 전기 노이즈에 강한 특성을 가지고 있다.

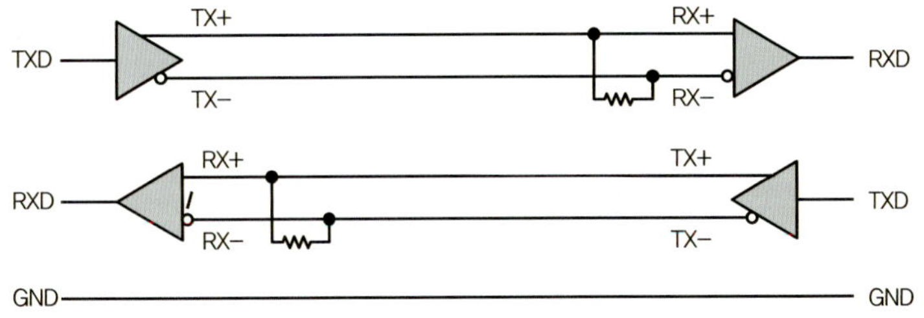

[그림 12-6] RS422 통신 결선도

RS485 통신

RS485 통신은 반이중 통신 방식으로, 1개의 전송선로에 여러 대의 장비를 연결하고, 마스터Master에서 슬레이브Slave와의 데이터 송수신을 제어하는 방식의 네트워크를 형성할 수 있어, PLC의 통신 방식으로 가장 많이 사용된다.

RS485 통신은 RS422 통신에서의 송신과 수신의 통신선로를 [그림 12-7]처럼 연결해서 1개의 통신선로를 갖는 형태로 만든 통신 방식이다. 통신선로가 1개만 있기 때문에 동시에 송수신이 이루어질 수 없다. 따라서 누군가는 통신선로의 데이터 송수신을 관리해서 송신과 수신이 동시에 발생하지 않도록 해야 한다. 통신선로의 송수신을 관리하는 장치를 마스터, 관리를 받는 장치를 슬레이브라 하고, 이러한 연결 방식을 **멀티드롭**Multidrop이라 한다.

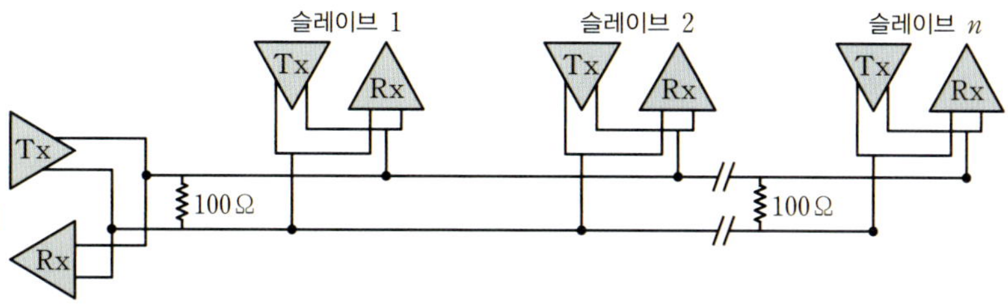

[그림 12-7] RS485 통신의 멀티드롭 방식의 연결

멀티드롭 방식은 슬레이브에서 송수신할 데이터의 양이 적을 때에 효과적이며, 회선을 공유하기 때문에 회선 비용을 절감할 수 있는 장점이 있다. 그러나 마스터가 고장나면 전체 통신이 불가능하고, 통신 회선이 단선되면 연결된 슬레이브와는 통신이 불가능하다는 단점을 가지고 있다.

더 알아보기 RS422와 RS485 통신선로에 종단저항이 필요한 이유

RS232 통신과는 달리, RS422와 RS485 통신에는 통신선로의 양단 끝에 **종단저항**Terminating Resistance을 붙여야 한다. 종단저항을 연결하는 이유는 노이즈가 통신선로에 영향을 끼쳐서 데이터 오류가 발생하는 현상을 방지하기 위함이다. 송수신 장치가 가까운 거리일 때에는 종단저항이 없어도 대부분의 경우에 통신이 이루어지지만, 통신선로의 길이가 길고, 통신선로의 구성이 복잡하거나 전기 노이즈가 발생하는 장소라면 반드시 종단저항을 설치해야 한다. 통신장비에 따라 종단저항으로 100Ω ~ 140Ω의 저항을 사용하는데, 정확한 저항 크기는 사용하는 장비의 매뉴얼을 참고하면 된다.

통신선로의 양 끝단에 종단저항을 설치하면, 송수신 장치에서는 종단저항 양단에 걸리는 전압의 크기를 측정해서 데이터의 송수신 유무를 확인한다. 이때 송수신 데이터의 전기신호는 해당 종단저항에 전압을 발생시킬 수 있는 충분한 크기의 전압과 전류를 흐르게 하지만, 전기 노이즈는 아주 미약한 전류를 흐르게 해서 종단저항 양단에 전압을 발생시킬 수 없기 때문에, 종단저항이 전기 노이즈를 차단하는 효과를 나타낸다. 더불어 종단저항은 종단반사[1]를 예방할 수 있으므로 통신선로에는 종단저항을 반드시 설치하도록 한다.

1 끝단이 절단된 형태로 되어 있는 통신 케이블에 높은 주파수 신호를 흐르게 했을 때, 절단면에서 반사된 신호와 원래의 신호가 섞여 신호를 구분할 수 없게 되는 현상을 말한다.

12.2 시리얼 통신 데이터 확인

통신으로 송수신되는 데이터는 육안으로 확인할 수 없고, 평소에 익숙하게 사용하는 멀티미터 또는 오실로스코프 같은 계측기로도 확인하기 어렵기 때문에, 통신에 문제가 발생하면 해결 방법을 찾기가 쉽지 않다. 하지만 통신으로 송수신되는 데이터를 육안으로 확인하고 점검할 수 있다면 통신상의 문제점을 해결하는 데 큰 도움이 될 것이다. PLC 통신을 학습하기 전에 PC를 사용해 시리얼 통신으로 송수신되는 데이터가 어떻게 전송되고 수신되는지를 육안으로 확인하는 방법을 먼저 살펴보자.

12.2.1 프로토콜 분석을 위한 프로그램 설치

시리얼 통신의 송수신 데이터를 육안으로 확인하는 방법은 여러 가지가 있지만, 돈 들이지 않고 별도의 계측기 없이 개인 PC에 시리얼 통신 프로토콜 분석용 프로그램을 설치해서 사용하는 방법이 있다. 이 책에서는 무료 프로그램인 CFTerm을 사용한다. 다음과 같이 컴파일테크놀리지 사 홈페이지에 접속하면 해당 프로그램을 다운로드할 수 있다.

- **CFTerm 다운로드 사이트**
  https://www.comfile.co.kr/shop/board/view.php?id=program&no=4

TIP CFTerm 대신 다른 분석기를 사용하려면, 구글에서 본인에게 적합한 시리얼 통신 프로토콜 분석용 프로그램을 검색하여 PC에 설치하면 된다.

[그림 12-8]은 CFTerm의 실행화면을 나타낸 것으로, 통신포트 설정을 위한 창과, 송수신 데이터 표시창, 통신 프로토콜을 선택하는 창으로 구성되어 있다. 통신포트 설정과 통신 프로토콜을 선택하고, 송신할 데이터를 설정한 후에 전송 버튼을 누르면, 설정한 데이터가 지정된 통신포트를 통해 상대 기기에 전송된다.

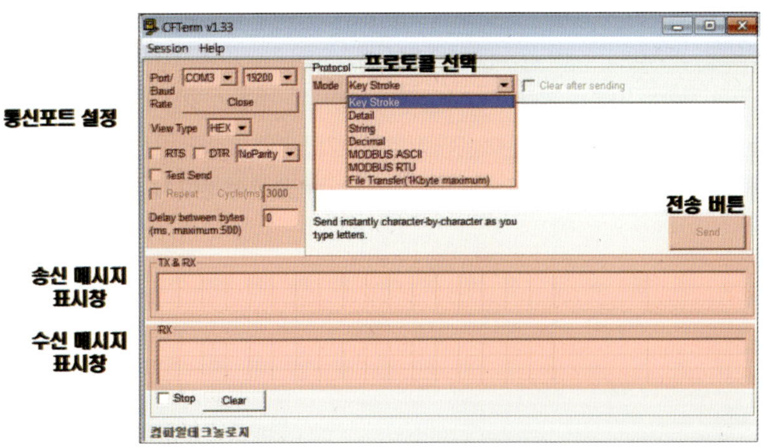

[그림 12-8] CFTerm의 실행 화면

12.2.2 통신 컨버터 연결 및 데이터 확인

시리얼 통신 모듈이 장착된 제어 장치와 PC 간의 통신을 위해서는 통신 케이블을 연결해야 한다. 이때 양쪽 모두 통신포트가 있어야 하는데, 요즘 사용되는 PC나 노트북에는 RS232 포트가 없기 때문에 USB 통신을 시리얼(RS232 또는 RS485)로 변환해주는 컨버터를 준비한다.

(a) 통신 케이블　　(b) USB ↔ RS232 컨버터　　(c) RS232 ↔ RS422/485 컨버터

[그림 12-9] PC의 시리얼 통신 케이블 및 컨버터의 종류

USB ↔ RS232 통신 컨버터를 PC의 USB 포트에 연결하고, PC에서 ❶ 윈도우의 검색창에 '제어판'을 입력하여 → ❷ 제어판을 열고 → ❸ [장치 관리자]를 선택한 후에 [포트(COM & LPT)]에서 USB-Serial에 설정된 COM 번호를 확인한다.

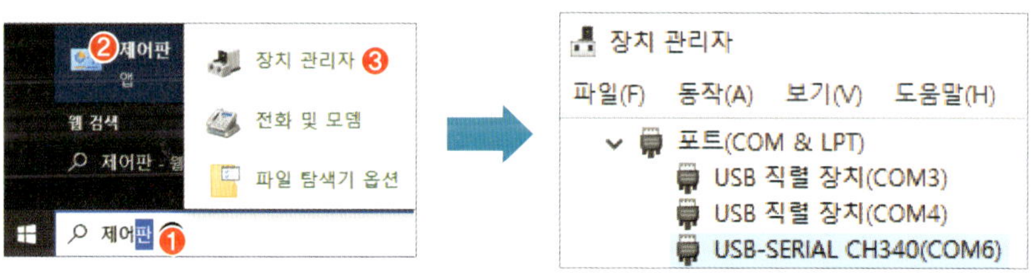

[그림 12-10] USB-Serial 컨버터의 COM 포트 번호 확인 절차

[그림 12-11]처럼 2대의 PC와 컨버터와 시리얼 통신을 위한 크로스 케이블을 사용해서 RS232 통신으로 데이터의 송수신 절차를 확인할 수 있다.

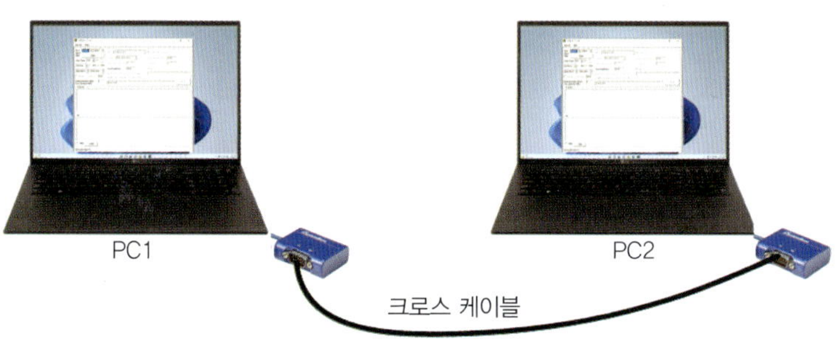

[그림 12-11] 컨버터와 통신 케이블 이상 유무 동작 테스트 방법

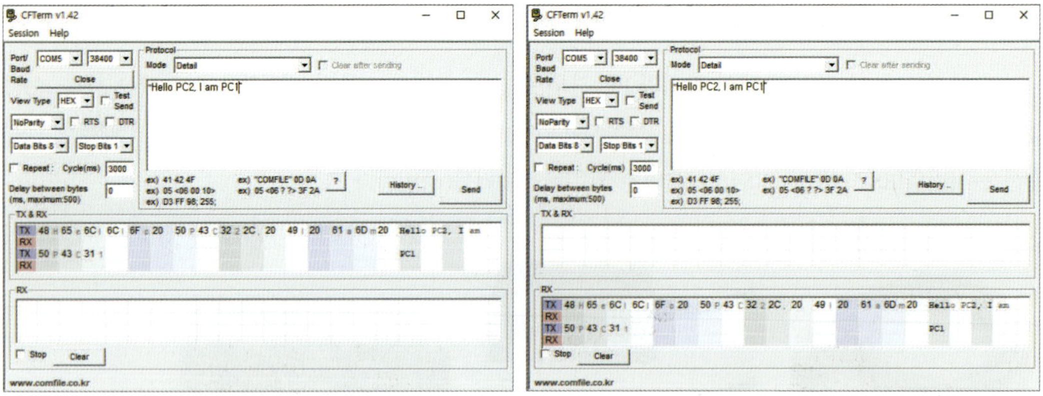

(a) PC1의 CFTerm(PC2로 데이터 전송) (b) PC2의 CFTerm(PC1에서 데이터 수신)

[그림 12-12] 컨버터와 케이블 동작 확인을 위한 CFTerm의 송수신 화면

12.3 S7-1200의 CM1241(RS232) 모듈

S7-1200의 RS232 통신을 위해서는 CM1241이라는 명칭을 가진 통신 모듈Communication Module을 사용한다. CM1241은 2종류로 구분되는 CM1241(RS232)와 CM1241 RS422/RS485가 있다. 실습에서는 RS232 통신을 위한 CM1241(RS232) 모듈을 사용한다. 해당 모듈은 ASCII, USS[2], 모드버스 RTU 프로토콜을 지원한다.

CM1241(RS232) 모듈을 CPU의 좌측면에 장착해야 한다. 이 책에서는 [그림 12-13]처럼 CPU의 101슬롯에 CM1241 RS422/485 모듈을 장착하고 102슬롯에 RS232 모듈을 장착해서 사용한다.

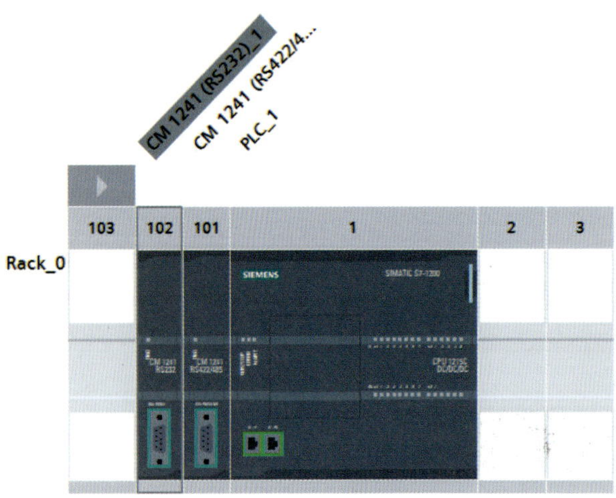

[그림 12-13] S7-1200에 설치한 통신 모듈의 위치

2 Universal Serial Interface Protocol의 약자로 지멘스 드라이브 제어를 위해 사용하는 텔레그램 기반의 통신을 의미한다. RS485 통신을 사용한다.

12.3.1 CM1241(RS232) 모듈의 커넥터

CM1241(RS232) 모듈의 커넥터는 [표 12-1]처럼 Male 타입의 D-SUB 9핀으로 구성되어 있다.

[표 12-1] CM1241(RS232)의 커넥터 형상과 핀 명칭

커넥터 형상	핀 구조	핀 번호	핀 명칭	용도
	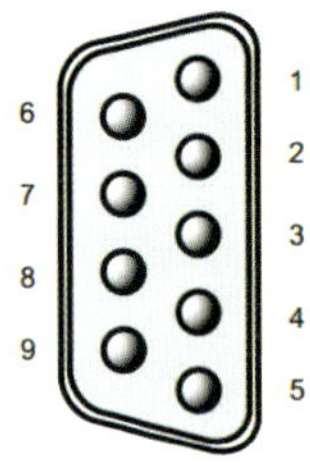 D-SUB 9PIN Male	1	DCD	사용하지 않음
		2	**RxD**	**데이터 수신**
		3	**TxD**	**데이터 송신**
		4	DTR	터미널 준비
		5	**GND**	**신호 그라운드**
		6	DSR	데이터 세트 준비
		7	RTS	송신 요구
		8	CTS	송신 가능
		9	RI	사용하지 않음

RS232 통신에는 암Female 커넥터와 숫Male 커넥터가 결합되어 사용된다. RS232 통신에서는 [표 12-2]와 같이 암수 커넥터의 핀 기능이 정의되어 있다.

[표 12-2] RS232 통신용 커넥터 형상의 핀 기능

커넥터 형상	핀 번호 및 기능		커넥터 형상	핀 번호 및 기능	
 D-SUB 9PIN Female	1	CD	 D-SUB 9PIN Male	1	CD
	2	**TxD**		**2**	**RxD**
	3	**RxD**		**3**	**TxD**
	4	DTR		4	DTR
	5	**GND**		**5**	**GND**
	6	DSR		6	DSR
	7	CTS		7	RTS
	8	RTS		8	CTS
	9	RI		9	RI

RS232 통신에 사용되는 기본적인 신호선은 2, 3, 5번이다. 그중에서 데이터 송수신 역할을 하는 TxD, RxD에 해당되는 핀 번호의 기능을 살펴보면 암수 커넥터의 핀 기능이 서로 바뀌어 있는 것을 알 수 있다.

CM1241(RS232) 모듈에 연결되는 통신 장치의 핀 구성에 따라 연결되는 케이블은 **크로스**Closs 케이블과 **다이렉트**Direct 케이블로 구분되다. 연결되는 통신 장치의 커넥터가 수–수 타입 또는 암–암 타입이면 [그림 12–14(a)]와 같은 크로스 케이블을 사용해서 연결하고, 암–수 연결이면 [그림 12–14(b)]와 같은 다이렉트 케이블로 연결한다.

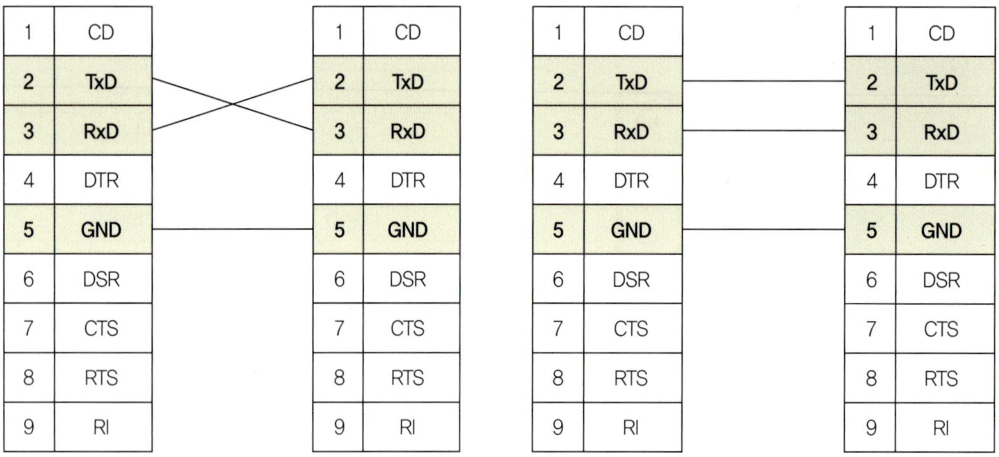

(a) 크로스 케이블 (b) 다이렉트 케이블

[그림 12–14] 크로스 케이블과 다이렉트 케이블 방식

12.3.2 RS232 통신의 흐름제어

RS232 통신을 할 때 수신 측의 버퍼의 용량보다 많은 데이터를 한꺼번에 전송하면 데이터 처리 지연으로 인해 이전 데이터가 새로운 데이터를 수신하는 과정에서 손실될 수 있다. 이러한 문제를 방지하기 위해 수신 측에서 송신 측으로 "버퍼가 부족하니 데이터 전송 중지"라는 메시지를 전달하고, 이 메시지를 받은 송신 측은 수신 측에서 "데이터 전송" 메시지를 받을 때까지 기다렸다가 데이터를 전송하게 되면 수신버퍼 부족으로 발생하는 데이터 유실을 막을 수 있다.

이처럼 RS232 통신 시 상대 장비의 상태를 확인하고 상대 장비가 수신 가능한 상태일 때 데이터를 전송하는 방식이 RS232 통신의 흐름제어다. 이는 **하드웨어 흐름제어**와 **소프트웨어 흐름제어**로 구분된다.

하드웨어 흐름제어

RS232 커넥터의 핀의 신호선을 사용하는 방식으로 RTS/CTS 신호선을 사용한다. 따라서 하드웨어 흐름제어를 사용하기 위해서는 [그림 12–15]처럼 RXD, TXD, GND 신호선과 함께 RST, CTS 신호선을 연결한다. RTS 신호는 자신의 수신버퍼가 충분하면 active(–3V ~ –15V) 신호를 상대 측에 전송하고, 수신버퍼가 불충분하면 inactive(+3V ~ +15V) 신호를 상대 측에 전송한다. CTS는 상대 측의 RTS 신호를 수신하는 용도이다.

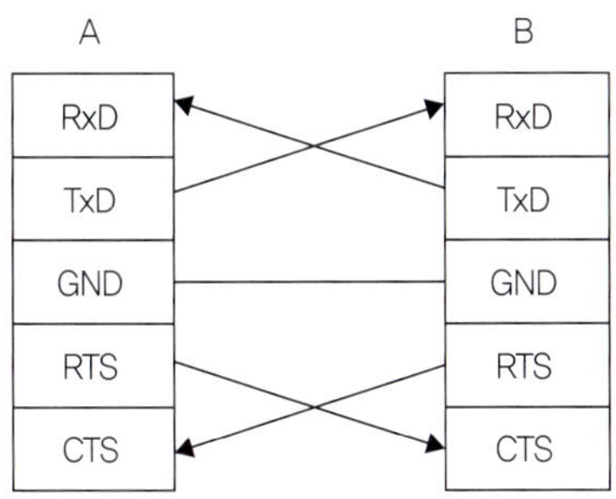

[그림 12-15] 하드웨어 흐름제어를 위한 연결

소프트웨어 흐름제어

하드웨어 흐름제어와 달리 신호선을 사용하지 않고 흐름제어 정보를 송수신 데이터로 전송하는 방식이다. 소프트웨어 흐름제어를 위해 사용하는 데이터는 XON과 XOFF를 사용한다.

[표 12-3] 소프트웨어 흐름제어

신호	데이터	기능
XON	0x11	수신버퍼 여유 있음
XOFF	0x13	수신버퍼 여유 없음. 데이터 송신 금지

12.3.3 CM1241(RS232) 모듈의 명령어 살펴보기

CM1241(RS232) 모듈에서 데이터 송수신을 위해 사용하는 전용 명령어는 [표 12-4]와 같다. 이 책에서는 RS232 통신을 위해 필요한 PORT_CFG, SEND_PTP, RCV_PTP에 대해서만 살펴본다.

[표 12-4] CM1241(RS232) 모듈에서 사용 가능한 명령어

명령어	기능
PORT_CFG	통신 파라미터를 프로그램 실행 중에 변경할 수 있는 명령어
SEND_CFG	송신과 관련된 통신 파라미터를 프로그램 실행 중에 변경할 수 있는 명령어
RCV_CFG	수신과 관련된 통신 파라미터를 프로그램 실행 중에 변경할 수 있는 명령어
SEND_PTP	데이터를 상대기기에 송신할 때 사용하는 명령어
RCV_PTP	상대기기로부터 데이터를 수신할 때 사용하는 명령어
RCV_RST	상대기기로부터 데이터를 수신 받는 버퍼 메모리를 클리어할 때 사용하는 명령어
SGN_GET	통신 모듈의 신호 상태를 모니터링할 때 사용하는 명령어
SGN_SET	통신 모듈의 신호 상태를 제어할 때 사용하는 명령어

PORT_CFG

시리얼 통신을 위한 전송속도, 패리티, 정지 비트 등의 통신 파라미터를 설정하는 명령어이다. 통신 설정 파라미터는 일반적으로 통신 모듈의 디바이스 구성을 할 때 TIA Portal에서 설정한다. 하지만 통신 실행 중에 통신 파라미터의 변경이 필요할 경우에는 해당 명령어를 사용한다. 동작상태(STATUS)의 코드의 의미는 [표 12-6]에 나타내었다.

[표 12-5] PORT_CFG

PORT_CFG 블록	변수명	기능
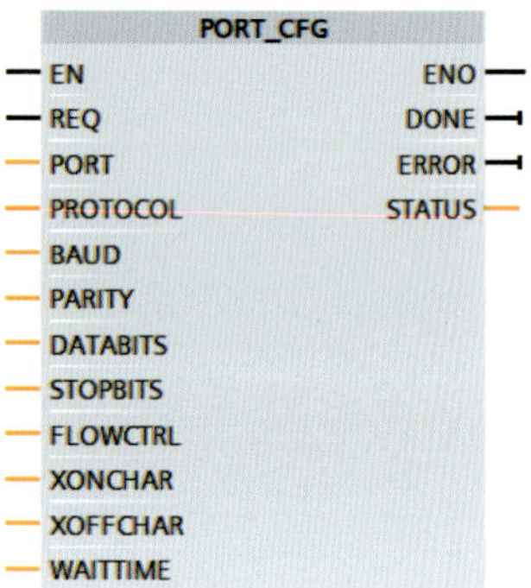	REQ	명령 실행 입력(상승펄스)
	PORT	사용할 통신 모듈의 HW-ID 설정
	PROTOCOL	전송할 프로토콜 설정
	BAUD	통신 속도 설정(300 ~ 115200)
	PARITY	패리티 설정(기본설정 : 사용하지 않음)
	DATABITS	데이터 비트 설정(기본설정 : 8비트)
	STOPBITS	스톱비트 설정(기본설정 : 1비트)
	FLOWCTRL	흐름제어 사용 설정(기본설정 : 사용하지 않음)
	XONCHAR	소프트웨어 흐름제어 전송 개시 문자 설정
	XOFFCHAR	소프트웨어 흐름제어 전송 정지 문자 설정
	WAITTIME	흐름제어 대기시간 설정(기본 : 2000ms)
	DONE	실행완료 (0 : 실행대기, 1 : 실행완료)
	ERROR	에러발생 (0 : 에러 없음, 1: 에러 발생)
	STATUS	동작상태 코드

[표 12-6] PORT_CFG의 STATUS의 코드(16진수 표현) 의미

STATUS	의미	STATUS	의미
80A0	지정한 프로토콜 설정 에러	80A4	지정한 스톱비트 설정 에러
80A1	지정한 통신 속도 설정 에러	80A5	지정한 흐름제어 설정 에러
80A2	지정한 패리티 설정 에러	80A6	흐름제어 대기시간 설정 에러
80A3	지정한 데이터 비트 크기 에러	80A7	XON, XOFF 설정 에러

SEND_PTP

시리얼 통신을 통해 데이터를 전송하는 명령어이다. SEND_PTP 명령어 실행과 관련한 STATUS의 코드 의미를 [표 12-8]에 나타내었다.

[표 12-7] SEND_PTP

SEND_PTP 블록	변수명	기능
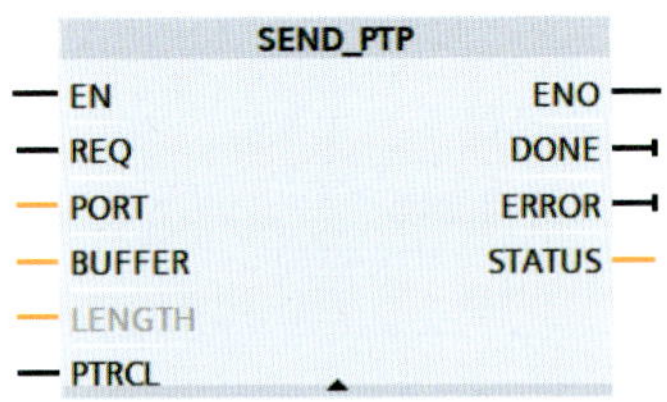	REQ	전송 실행 입력(상승펄스)
	PORT	사용할 통신 모듈의 HW-ID 설정
	BUFFER	전송할 데이터가 저장되어 있는 주소 포인터
	LENGTH	전송할 데이터(바이트) 길이
	PTRCL	지멘스 프로토콜로 통신 시 사용(기본 : 사용안함)
	DONE	실행완료 (0 : 실행대기, 1 : 실행완료(1스캔))
	ERROR	에러발생 (0 : 에러 없음, 1: 에러 발생)
	STATUS	동작상태 코드

[표 12-8] SEND_PTP의 STATUS의 코드 의미

STATUS	의미	STATUS	의미
7000	전송 명령 실행대기	80D0	전송 명령 실행 중 전송 요청
7001	전송 명령 실행 중	80D1	흐름제어 대기시간 초과
7002	전송 명령 실행 중	80D2	상대기기에서 통신 불가
8080	통신포트 설정 에러	80D3	전송 크기(1024bytes) 초과
8088	전송 데이터 길이 불일치	-	

[그림 12-16]은 SEND_PTP 명령어의 실행과 관련된 타이밍도를 나타낸 것이다. REQ 입력이 ON될 때 SEND_PTP 명령은 데이터 전송을 시작하고 전송조건에 따라서 STATUS의 표시 값이 변경된다.

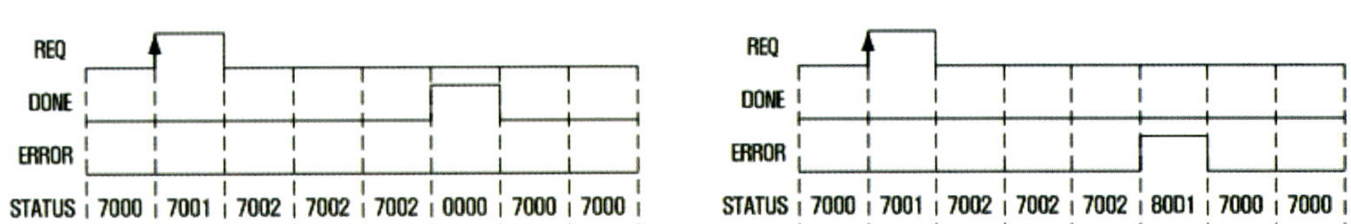

(a) 명령어 정상 실행 타이밍도와 STATUS (b) 명령어 에러 실행 타이밍도와 STATUS

[그림 12-16] 명령어 실행 타이밍도

RCV_PTP

시리얼 통신에서 상대기기의 데이터 수신을 위한 명령어이다.

[표 12-9] RCV_PTP

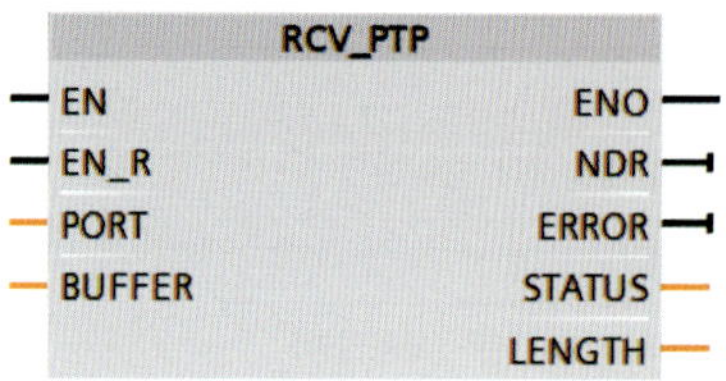

RCV_PTP 블록	변수명	기능
	EN_R	명령 실행 입력(상승펄스)
	PORT	사용할 통신 모듈의 HW-ID설정
	BUFFER	수신버퍼 메모리의 시작 주소
	NDR	수신완료 (0 : 수신대기, 1 : 수신완료(1스캔))
	ERROR	에러발생 (0 : 에러 없음, 1 : 에러 발생)
	STATUS	동작상태 코드
	LENGTH	동작상태 코드

[표 12-10] RCV_PTP의 STATUS의 코드 의미

STATUS	의미	STATUS	의미
0000	수신대기	80E0	수신버퍼 오버플로우 수신 종료
0094	수신 데이터 최대 크기 초과	80E1	패리티 오류 수신 종료
0095	수신 설정 시간 초과	80E2	프레밍 오류 수신 종료
0096	문자 간 수신 설정 시간 초과	80E3	오버런 오류 수신 종료
0097	응답시간 초과	80E4	버퍼크기 초과 수신 종료
0098	수신 데이터 크기 정상 종료	80E5	단선
0099	수신 조건 충족 정상 종료	833A	BUFFER에 DB 설정되지 않음

CHAPTER
13
바코드 스캐너와 통신하기

바코드는 굵기가 다른 흑백 막대로 조합시켜 만든 코드이다. 일상생활에서 사용되는 제품의 포장지에 인쇄되며, 바코드 스캐너로 제품의 정보를 확인할 때 사용된다. 바코드는 일상생활뿐만 아니라 공장 자동화에서도 널리 사용되는 기능으로, 바코드의 종류와 바코드 스캐너와 PLC와의 시리얼 통신을 통해서 데이터를 처리하는 프로그램의 작성법에 대해 학습한다.

Keyword | 바코드 | UPC | KAN | 바코드 스캐너 | GM65 | 문자열 처리 명령어 |

13.1 바코드

바코드[Barcode]는 바코드 스캐너가 읽을 수 있는 막대[Bar]와 선의 연속된 기호로 부호화[Encoder]한 것으로, 다양한 정보를 담고 있다. 바코드는 슈퍼마켓에서 상품의 정보를 인식하고 자동으로 계산하기 위한 용도로 개발되었고, 1970년대 중반에 미국 IBM 사에서 만든 바코드가 표준으로 채택되어 오늘날 우리가 사용하는 표준 바코드가 된다.[1]

오늘날의 바코드 기술은 레이저를 사용한다. 레이저는 바코드의 길이만큼 스캔하고, 이때 반사되는 빛을 센서가 측정한다. 흰 공백이 검은색 막대보다 훨씬 많은 빛을 반사하기 때문에 센서에서 어두운 부분과 밝은 부분을 구별하여 정보를 판별한다.

[표 13-1] 바코드의 동작 원리

<table>
<tr><th>바코드 동작</th><th>동작 내용</th></tr>
<tr><td rowspan="6">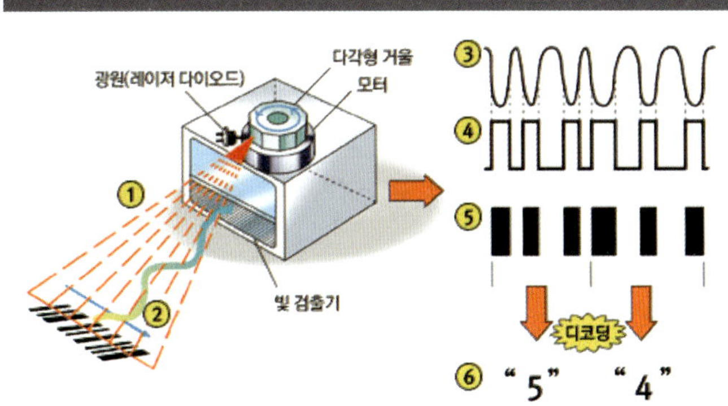
</td><td>① 바코드에 레이저를 조사한다.</td></tr>
<tr><td>② 바코드에 의해 레이저 빛이 반사한다.</td></tr>
<tr><td>③ 빛 검출기에 의해 빛이 전기신호로 변환된다.</td></tr>
<tr><td>④ 전기신호를 2진수 0과 1로 변경한다.</td></tr>
<tr><td>⑤ 2진수 0과 1을 조합한다.</td></tr>
<tr><td>⑥ 2진수 조합으로 문자와 숫자를 식별한다.</td></tr>
</table>

1 『알기 쉬운 바코드의 기본』(키엔스 코리아)

검은색 막대와 공백으로 구성된 1차원 바코드는 여러 종류가 있지만, 기본적으로 같은 방식으로 정보를 식별한다. 바코드의 구성에 따라 더 많은 정보를 부호화하거나 더 적은 정보를 부호화하지만, 결국 모두 2진수를 사용하여 정보를 판별한다는 원리는 동일하다.

여러 종류의 바코드 중에서 국제 제품 코드인 UPC[Universal Product Codes]를 가지고 바코드가 어떻게 구성되어 있는지 살펴보자.

13.1.1 국제 제품 바코드 UPC

모든 바코드는 동일한 넓이를 갖도록 일정하게 나누어진다. UPC는 [그림 13-1]처럼 95개의 영역(또는 비트)으로 구분되어 있다. 바코드의 검은색 바와 공백은 2 ~ 3개의 일정한 넓이를 가진 영역이 모여서 만들어진다. 검은색 막대가 1을 나타내고 공백이 0을 의미하기 때문에 바코드는 2진수의 정보를 표현할 수 있다.

UPC 바코드의 정보 표현 방법

[그림 13-1]에서 좌측[Left Guard]과 우측[Right Guard]의 3bit는 바코드의 시작과 끝을 나타내고 가운데[Center Guard]의 5bit는 정렬을 도와주는 표시자[Maker]를 나타낸다. 그리고 남은 공간을 7개 단위(비트)로 구분해 보면 12종류의 숫자로 구분된 2진수 정보를 나타낸 것이다.

[그림 13-1] 바코드의 정보 표현 방법

UPC 바코드의 숫자 표현 패턴

[그림 13-1]에서 7비트로 구성된 UPC의 바코드는 가운데를 기준으로 [표 13-2]처럼 좌측 패턴과 우측 패턴으로 나눠서 각각 다르게 표현된다.

[표 13-2] UPC 바코드의 좌측과 우측의 숫자 표현 패턴

숫자	좌측 패턴	우측 패턴
0	0001101	1110010
1	0011001	1100110
2	0010011	1101100
3	0111101	1000010
4	0100011	1011100
5	0110001	1001110
6	0101111	1010000
7	0111011	1000100
8	0110111	1001000
9	0001011	1110100

UPC 바코드에 포함되어 있는 정보의 의미

UPC 바코드는 대부분의 국가에서 판매 상품에 사용하는 바코드로 나라마다 각각 다른 명칭을 사용하고 있다. UPC 바코드는 현재 12자리의 숫자를 표현할 수 있는 UPC-A와 8자리의 숫자를 표현할 수 있는 UPC-E로 두 종류가 사용된다.

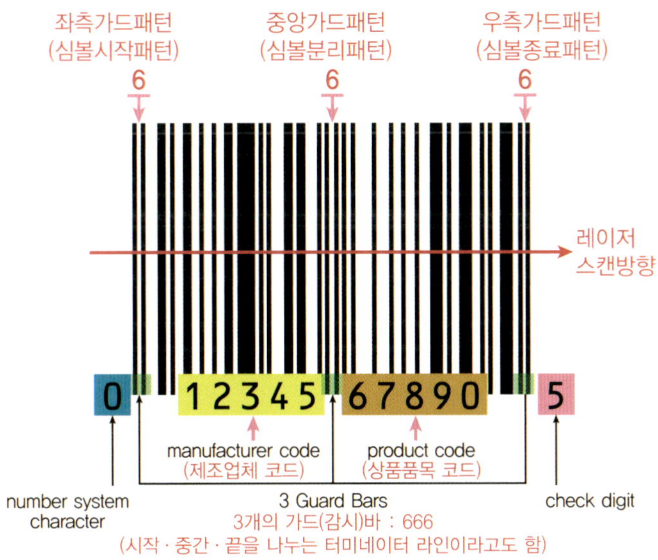

[그림 13-2] 바코드에 포함된 정보의 종류

UPC 바코드의 특징은 첫 번째 자리의 숫자를 넘버 시스템 캐릭터Number System Character라고 하며 이 값에 따라 정보의 내용이 달라진다는 것이다.

13.1.2 한국 표준 바코드 KAN

전 세계에서 사용되는 UPC/EAN 바코드를 국내에서는 KAN^Korea Article Number^ 코드란 명칭으로 국내에서 사용하다가, 국제상품코드 표준화 협회인 GS1의 발족으로 인해 대한상공회의소 유통물류진흥원에서 국제표준 상품식별코드(GTIN^Global Trade Item Number^)라는 명칭을 사용한다. 국내에서 사용하는 GTIN 유형은 [표 13-3]과 같다.

[표 13-3] 한국 표준 바코드의 구성

GTIN 유형	바코드 구성			
	물류 식별자	업체코드	상품코드	검증번호
GTIN-8	-	N1 N2 N3 N4 N5 N6	N7	N8
GTIN-13	-	N1 N2 N3 N4 N5 N6 N7 N8 N9	N10 N11 N12	N13
GTIN-14	N1	N2 N3 N4 N5 N6 N7 N8 N9 N10	N11 N12 N13	N14

❶ **물류식별자** : 박스나 팔렛트와 같은 물류단위를 식별하는 바코드의 가장 왼쪽 숫자로, 세부 구성품 단위, 즉 포장 단위를 구별하기 위해 사용하면 숫자 1부터 8까지 사용 가능하다.

❷ **업체코드** : 대한상공회의소 유통물류진흥원이 부여하는 바코드에서의 업체 식별번호로 7~9자리를 사용한다.

❸ **상품코드** : 업체코드를 보유한 유통표준코드회원이 부여하여 식별번호 업체코드 길이에 따라 3~5자리를 사용한다.

❹ **검증번호**^Check Digit^ : 바코드의 가장 오른쪽 숫자로 코드체계의 구성을 검증하는 숫자이다.

13.1.3 널리 사용되는 바코드의 종류

세계에서 사용되는 바코드의 종류는 100종이 넘지만 그중에서 가장 많이 사용되는 대표적인 5종류의 바코드를 살펴보자.

1차원 바코드

1차원 바코드는 크게 **연속형 바코드**^Continuous Barcode^와 **이산형 바코드**^Discrete Barcode^로 구분할 수 있다. [표 13-4]는 대표적인 연속형 바코드인 EAN/UPC와 ITF를 나타낸 것이다. 연속형 바코드는 문자 간 구분을 하지 않고, 연속적인 패턴으로 구성된 것이 특징이다.

[표 13-4] 연속형 바코드의 종류와 특징

구분	EAN/UPC	ITF
바코드 모양	1 234567 890128	1 88 01234 56001 3
사용 문자	숫자(0~9)만 사용	
문자 수	13자리 / 8자리	짝수 자릿수 (보통 14자리 사용)
특징	– 가장 많이 사용되는 유통 코드 – 미국과 캐나다에서 사용되는 UPC와 호환성을 가진 국제 공통 상품 코드	같은 자릿수라면 다른 코드에 비해 바코드의 크기를 줄일 수 있음
바 구성	– 바의 크기는 4종류 – 스타트/스톱 문자가 없음 – 바 2개, 공백 2개로 1문자 표시	– 바의 크기는 2종류 – 스타트/스톱 문자가 없음 – 바 5개(또는 공백 5)로 1문자 표시
활용 분야	– 세계 공통 코드로 거의 모든 생활용품에 인쇄되어 사용되고 있음 – 서적, 잡지, 가전, 의류, 생활용품	물류창고 등에서 물류자동화에 사용

[표 13-5]는 대표적인 이산형 바코드인 CODE39, NW-7 CODABAR, CODE128을 나타낸 것이다. 이산형 바코드는 문자 사이를 구분하기 위해 공백이 포함된 것이 특징이다. 바코드 스캐너는 공백을 통해 개별 문자를 인식할 수 있다.

[표 13-5] 이산형 바코드의 종류와 특징

구분	CODE39	NW-7 CODABAR	CODE128
바코드 모양	*CODE 39*	A 2 3 3 4 2 4 5 3 D	123ABCabc
사용 문자	– 숫자(0~9) – 알파벳 대문자 – 기호 (-, 스페이스, $, /, +, %, *)	– 숫자(0~9) – 기호(-, $, /, ., +)	ASCII 코드 전체 사용 (숫자, 알파벳, 기호, 제어문자)
문자 수	표현 문자 수 제한 없음		108개의 문자 표현 (스타트 문자 3개, 스톱문자 2개 포함)
특징	알파벳과 기호를 다룰 수 있어 자동차 산업 등에서 부품의 품번으로 많이 사용	일부 알파벳(A ~ D)과 기호의 표현이 가능	다양한 종류의 문자를 표시
바 구성	– 바의 크기는 2종류 – 스타트/스톱 문자는 * 사용 – 바 5개, 공백 4개로 1문자 표시	– 바의 크기는 2종류 – 스타트/스톱 문자는 A~D 사용 – 바 4개, 공백 3개로 1문자 표시	– 바의 크기는 4종류 – 스타트/스톱 문자가 3종류로 종류에 따라 표시할 수 있는 문자의 종류가 다름. – 바 3개, 공백 3개로 1문자 표시
활용 분야	공업용으로 많이 사용 자동차 부품, 전자부품	혈액은행, 택배전표 도서관의 대출관리 등	백화점 멤버십 카드 등

2차원 바코드

최근에는 1차원 바코드에 비해 100배나 많은 정보를 담을 수 있는 2차원 바코드의 사용도 늘어나고 있는 추세이다. 1차원 바코드는 대부분 인식된 숫자 데이터 또는 문자 데이터를 바탕으로 데이터베이스와 연동되어 필요로 하는 정보를 표시하는 방법을 사용하는 데 비해, 2차원 바코드는 바코드 자체에 각각 2,000자 내외의 영어, 숫자 데이터를 저장할 수 있다. 즉 데이터베이스와 연동하지 않고도 필요로 하는 정보를 표시할 수 있는 장점 때문에 사용범위가 점차 확대되어가고 있는 추세이다.

대표적인 2차원 바코드의 종류를 [표 13-6]에 나타내었다.

[표 13-6] 2차원 바코드의 종류와 특징

구분	DataMatrix	PDF-417	QR 코드
바코드 모양			
표현 가능 데이터	128문자용 ASCII 256문자용 ASCII	128문자용 ASCII 256문자용 ASCII	128문자용 ASCII 256문자용 ASCII
종류	매트릭스형 2D	연속형, 다층형	매트릭스형 2D
크기	정사각형(가변)	직사각형 (가로×세로 가변)	정사각형(가변)
데이터 용량	영숫자 2334바이트 숫자 3116바이트	영숫자 1850바이트 숫자 2710바이트	영숫자 1520바이트 숫자 2509바이트
보정률	13단계 오류검증	8단계 오류검증	3단계 오류검증
개발사	Intl Matrix(1989)	Symbol(1989)	Nippondenso(1994)

실생활에 많이 사용하는 QR 코드의 구성은 [표 13-7]과 같다.

[표 13-7] QR 바코드의 구성

구분	DataMatrix
	❶ 경계 : 다른 이미지와 구분하는 공간
	❷ 파인더 : QR코드 인식용 3개의 정사각형
	❸ 얼라인먼트 : 코드 스캔 방향 확인용. ❷보다 작음
	❹ 타이밍 패턴 : 정보가 포함된 범위 표시
	❺ 버전 정보 : QR코드의 버전 정보 표시
	❻ 개별 단위 : 정보를 표시하는 셀Cell

13.2 바코드 스캐너

바코드 스캐너는 [그림 13-3]과 같이 산업용과 일반용으로 구분된다. 산업용 바코드 스캐너는 다양한 종류가 있지만, 가장 큰 특징은 고속으로 바코드를 읽을 수 있는 기능과 외부에서 동작을 제어할 수 있는 입력Trigger을 가지고 있다는 것이다. 이 부분을 제외하고는 일반 핸디형 바코드 스캐너와 사용에 차이가 없기 때문에 실습에서는 핸디형 바코드 스캐너를 사용한다.

(a) 산업용 바코드 스캐너　　　(b) 일반 바코드 스캐너

[그림 13-3] 산업용과 일반용 바코드 스캐너

13.2.1 핸디용 바코드 스캐너

실습에서 사용하는 바코드 스캐너는 손잡이 하단부에 RJ-45 커넥터(10핀)를 연결하여 바코드 스캐너 동작을 위한 전원과 바코드 정보를 상대기기에 전송하기 위한 통신 데이터 선을 함께 사용하고 있다.

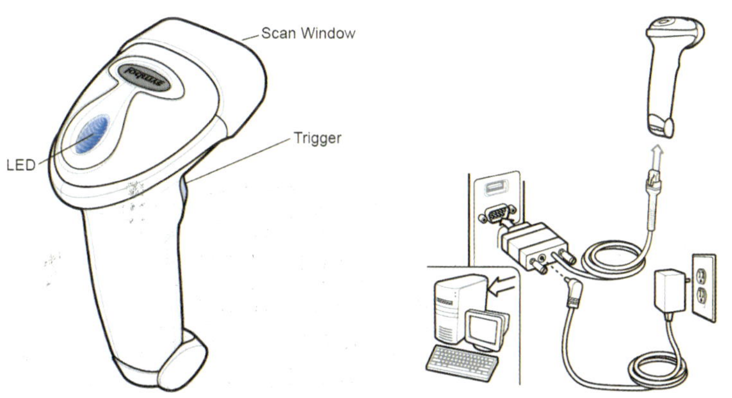

(a) 핸디형 바코드 스캐너 구성　　　(b) 전원 공급과 RS232 통신 케이블 연결

[그림 13-4] 핸디형 바코드 스캐너

바코드 스캐너의 동작 전원과 통신을 위한 케이블 가격이 만만치 않기 때문에 랜 케이블을 사용해서 바코드 스캐너 전용 케이블을 만들어서 사용하면 된다.

케이블 제작

바코드 스캐너의 하단에 연결되는 RJ45-10P는 [표 13-8]과 같이 랜 케이블에 사용되는 RJ45-8P와 호환된다.

[표 13-8] 핸디형 바코드의 핀 번호 및 기능

외형	핀 번호		기능	
	RJ45-10P	RJ45-8P		
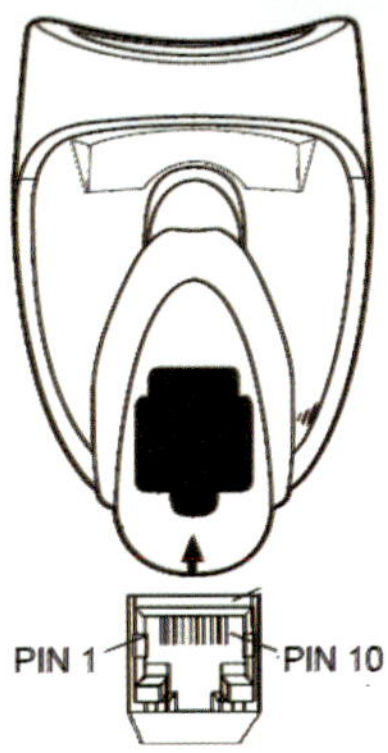	1	–	예약	
	2	1	Power	DC5V 전원 공급
	3	2	Ground	
	4	3	TxD	
	5	4	RxD	
	6	5	RTS	
	7	6	CTS	
	8	7	예약	
	9	8	예약	
	10	–	예약	

[그림 13-5(a)]는 바코드 스캐너와 CIF210의 연결을 위한 인터페이스 보드 제작 도면이고 [그림 13-5(b)]는 제작 도면을 가지고 만든 통신 보드이다. 핀 배치도는 핸디용 1차원, 2차원 바코드 스캐너 모두 동일하다. 실습에는 2차원 핸디용 바코드를 사용해서 1차원과 2차원 바코드를 인식하는 방법에 대해 학습한다.

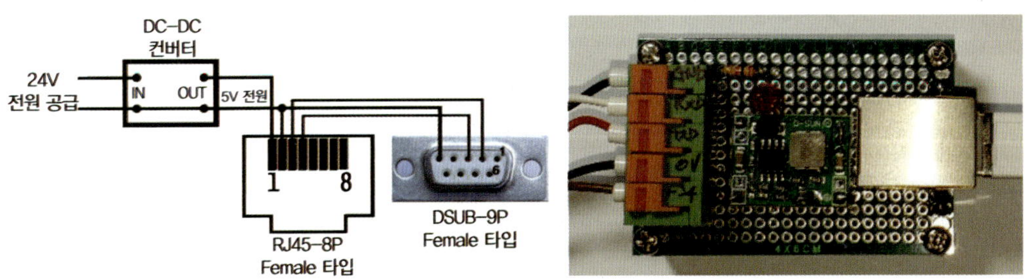

(a) 바코드 스캐너 RS232 케이블 제작용 도면

(b) 제작한 통신 보드

[그림 13-5] 핸디형 바코드의 통신 및 전원 케이블 만들기

동작 테스트

앞서 제작한 바코드 스캐너의 RS232 **케이블**과 USB **시리얼 컨버터**를 사용해서 바코드 스캐너의 시리얼 통신 동작 모드를 설정한 다음, 바코드 테스트를 통해서 스캐너의 동작을 확인해보자. 바코드 스캐너의 동작 모드는 제조사에서 제공해주는 바코드를 사용해서 설정할 수 있다. 실습에 사용하는 바코드 스캐너는 제브라ZEBRA 사의 제품명 DS46인 2차원 바코드 스캐너이다.

[표 13-9]는 바코드 스캐너의 동작을 설정하기 위한 바코드를 나타낸 것이다. 실습에 필요로 하는 부분만 나타낸 것으로, 보다 자세한 내용은 실습에 사용하는 바코드 스캐너의 매뉴얼을 참고하기 바란다.

[표 13-9] 바코드 스캐너의 통신 모드 설정용 바코드

순서	작업 내용 및 바코드	
1	**통신모드 설정하기** • 통신모드 : RS232 • 통신 속도 : 9600 • 데이터 : 8비트 • 패리티 : None • 스톱비트 : 1비트 • Beep 소리 : OFF	*Standard RS-232
2	**통신 속도 변경하기** • 9600 → 38,400으로 변경	Baud Rate 38,400
3	**종료코드** • CR, LF 부여	Add Enter Key

바코드 스캐너가 동작하는 상태에서 [표 13-9]의 바코드를 순차적으로 인식하면 통신 설정이 '38400, 8, N, 1'로 설정된다. 또한 바코드가 인식될 때마다 삑 소리가 나고 바코드 스캐너로부터 송신되는 바코드 인식 데이터 끝에 CR, LF가 첨부된다.

[표 13-9]의 순서로 바코드 스캐너를 연결한 후에 주변의 제품에 인쇄되어 있는 바코드를 인식해보자. 1차원용 바코드 스캐너를 사용한다면 1차원 바코드를 인식해보고, 2차원 바코드 스캐너를 사용한다면 1차원과 2차원 바코드를 모두 인식해보자.

(a) 현대 아반떼 홈페이지 (b) 삼성전자 홈페이지 (c) I love you 문자열

[그림 13-6] 2차원 바코드 예시

[표 13-10]은 [그림 13-6(c)]의 "I love you"라는 정보가 포함된 2차원 바코드의 인식결과이다.

[표 13-10] 바코드 스캐너 사용법

<table>
<tr><th>순서</th><th colspan="2">내용</th></tr>
<tr><td>1</td><td>바코드 스캐너 PC에 연결하기
바코드 스캐너 연결용 인터페이스 보드의 통신 케이블을 USB 시리얼 컨버터에 연결한다.</td><td>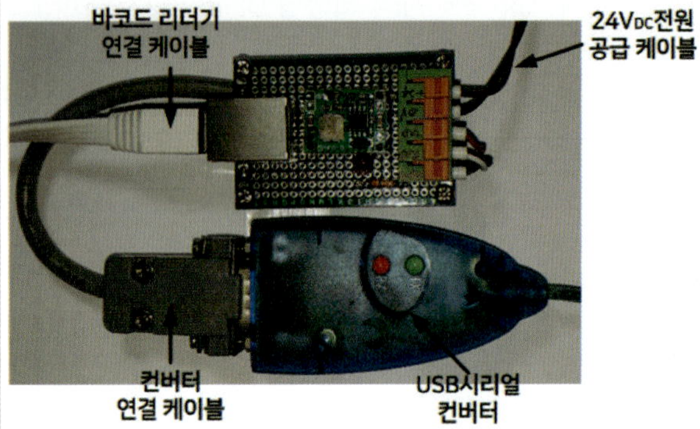
</td></tr>
<tr><td>2</td><td>바코드 스캐너의 통신모드 설정하기
[표 13-9]를 사용하여 바코드 스캐너의 통신모드를 "38400, 8, N, 1"로 설정하고, 테일에는 CR, LF가 부가되도록 설정한다.</td><td>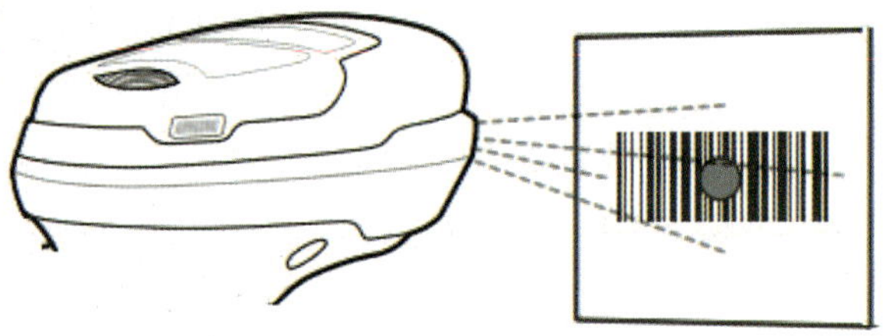</td></tr>
<tr><td>3</td><td colspan="2">CFTerm에서 바코드 스캐너의 데이터 수신하기
PC에서 CFTerm을 실행시키고 통신모드를 바코드 스캐너와 동일하게 설정한 후에 바코드를 읽어서 바코드의 정보가 수신되는지 확인한다.
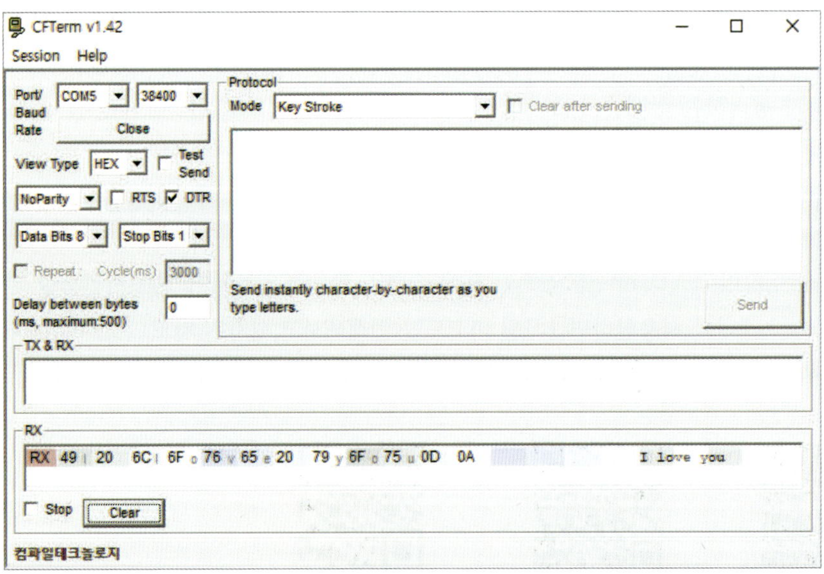
</td></tr>
</table>

13.2.2 GM65 바코드 스캐너

실습에 사용할 또 다른 바코드 스캐너 GM65는 중국의 그로우GROW 사에서 시판하는 1, 2차원 바코드 스캐너이다. GM65는 통신 데이터 전송을 통해 스캔 동작의 시작 트리거 신호를 전송할 수 있다는 것이 핸디형과 큰 차별점이다. GM65는 핸디형 바코드 스캐너와 동일하게 5Vdc의 전원에서 동작하고 USB, UART 통식 방식을 지원한다. 따라서 핸디형 바코드와 같이 스캐너 동작을 위한 장치를 제작해야 한다.

[그림 13-7]에 GM65를 RS232 통신으로 사용하기 위한 인터페이스 장치 제작 방법과 필요 부품을 나타내었다.

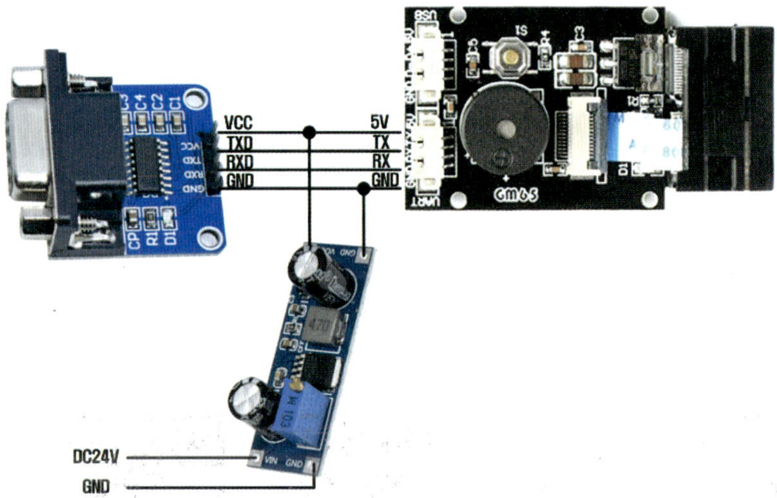

(a) GM65 바코드 스캐너의 전체 연결 모습

(b) GM65 바코드 스캐너

(c) UART → RS232 컨버터

(d) 24V → 5V 감압 DC 컨버터

[그림 13-7] GM65 바코드 스캐너의 전원 및 시리얼 통신 신호 인터페이스 제작 방법

동작 테스트

GM65도 앞에서 살펴본 핸디형 스캐너와 동일한 방법으로 스캐너의 동작 조건을 설정하기 위해서는 설정용 바코드를 필요로 한다. 따라서 GM65의 동작 설정을 위한 매뉴얼을 [그림 13-8]과 같이 인터넷에서 검색해서 다운로드해야 한다.

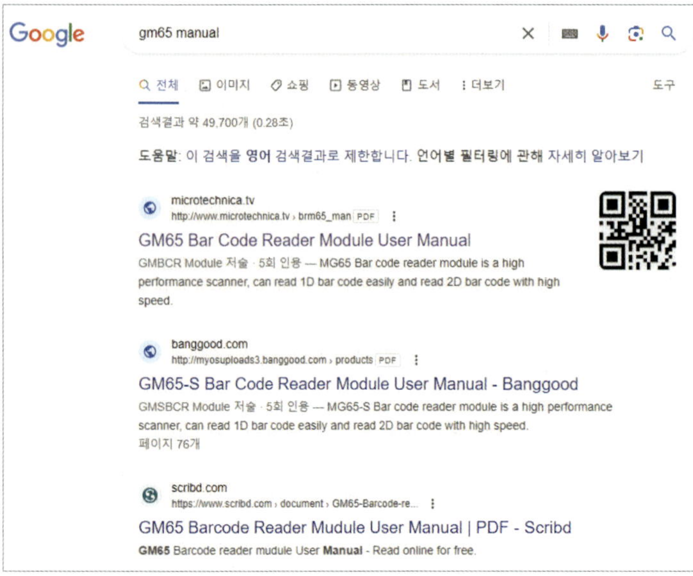

[그림 13-8] 구글에서 GM65 바코드 스캐너 매뉴얼을 검색한 결과

[그림 13-9]는 GM65의 매뉴얼에서 RS232 통신과 통신 파라미터를 '38400, 8, N, 1'과 통신을 통한 트리거 모드로 동작하기 위한 설정용 바코드를 나타낸 것이다. 해당 바코드를 순차적으로 스캔해서 GM65의 동작 상태를 설정해보자.

Reset	Series Output	38400bps	tail "CRLF"	triggered mode
(a) 공장 초기화	(b) 시리얼 통신	(c) 통신 속도	(d) 종료문자	(e) 트리거 모드

[그림 13-9] 바코드 스캐너의 동작 설정용 바코드

GM65의 몸체에 있는 버튼을 사용해서 공장 초기화 바코드를 스캔하면 일정 시간이 지난 후 부저음과 함께 GM65가 초기화된다. 그 다음에는 버튼을 사용해서 [그림 13-9(b)]의 시리얼 통신부터 순차적으로 [그림 13-9(e)]의 트리거 모드까지 순차적으로 바코드를 스캔하면 GM65는 시리얼 통신 트리거 모드로 동작한다.

초기화 작업이 끝난 바코드 스캐너 DS46과 GM65를 [그림 13-10]처럼 USB to RS232 컨버터를 사용해 연결한 다음, PC에 CFTerm 프로그램을 실행하여 스캐너의 동작 상태를 확인해보자.

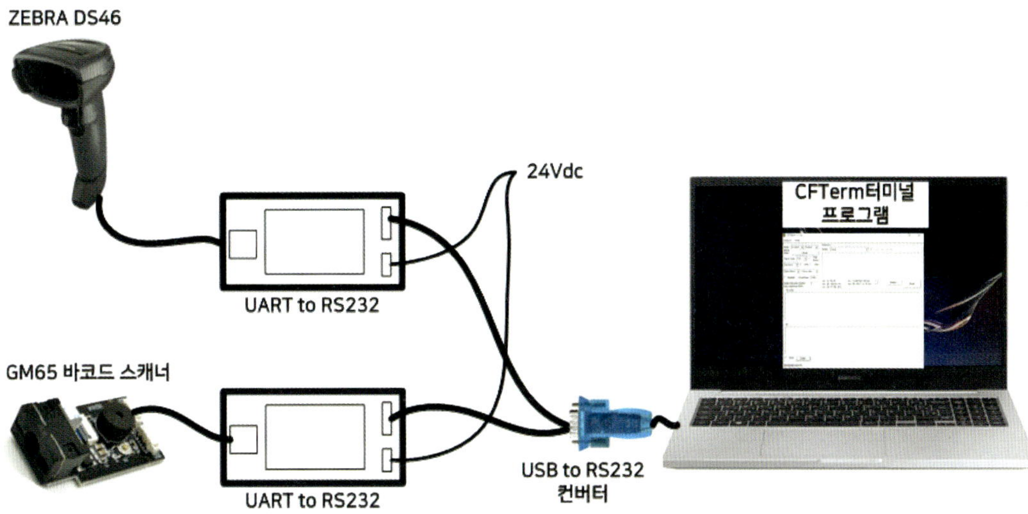

[그림 13-10] 바코드 스캐너 테스트 시스템 구성

제브라 DS46에서 1D/2D 바코드를 스캔했을 때 CFTerm의 RX 창에 스캔한 바코드 데이터가 수신되는지 확인한다. GM65는 트리거 모드로 설정되어 있지만 GM65의 본체에 있는 트리거 버튼을 누르면 바코드 스캔 동작을 수동모드로 실행할 수 있다.

[그림 13-11]처럼 CFTerm에서 GM65의 트리거 데이터 '7E 00 08 01 00 02 01 AB CD'를 전송했을 때 GM65로부터 바코드 스캔 데이터가 정상적으로 수신되는지 확인한다. 수신된 데이터에는 GM65의 수신 확인용 데이터를 포함하여 수신된다.

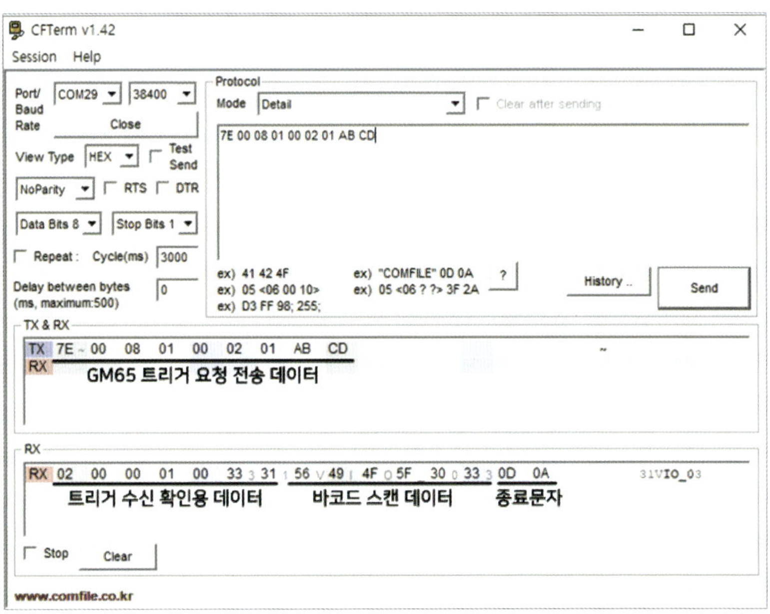

[그림 13-11] GM65의 트리거 요청 데이터 전송에 의한 바코드 스캔 결과

13.3 바코드 스캐너의 통신

13.3.1 시리얼 통신용 프레임 형식

시리얼 통신에 사용되는 프레임은 [그림 13-12]와 같은 형식 중에서 하나를 사용한다.

1		데이터			
2		데이터	CR+LF		
3		데이터	터미네이터		
4		데이터	터미네이터	CR+LF	
5		데이터	터미네이터	섬체크	
6		데이터	터미네이터	섬체크	CR+LF
7	헤더	데이터			
8	헤더	데이터	CR+LF		
9	헤더	데이터	터미네이터		
10	헤더	데이터	터미네이터	CR+LF	
11	헤더	데이터	터미네이터	섬체크	
12	헤더	데이터	터미네이터	섬체크	CR+LF

[그림 13-12] 시리얼 통신에 사용되는 프레임의 종류

[표 13-8]과 [그림 13-11]에서 CFTerm을 사용해 확인한 것처럼 제브라 DS46 스캐너와 GM65는 [그림 13-12]의 **2번 형식(데이터, CR+LF)**의 통신 프레임을 사용한다.

GM65에서 PLC의 통신 모듈로 전송하는 데이터를 살펴보면 '트리거 데이터 수신 확인용 데이터 + 바코드 데이터 + 종료신호 데이터'의 형식을 갖춘 것을 볼 수 있다. **제브라 DS46 스캐너**의 수신 데이터는 '바코드 데이터 + 종료신호 데이터'의 형식을 갖는다. 따라서 GM65에서 전송하는 데이터에는 트리거 데이터 수신 확인용 데이터가 추가되어 있다는 것을 기억해야 한다. 그리고 바코드 프레임에서 사용되는 데이터는 문자 데이터 ASCII 코드를 사용한다.

13.3.2 CM1241(RS232) 파라미터 설정

바코드 스캐너와 CM1241(RS232) 통신 모듈의 시리얼 통신에 사용되는 프레임으로 [그림 13-12]의 2번 형식을 사용한다고 했다. 제브라 **DS46**은 스캐너로부터 데이터를 수신하는 기능만을 사용하고, **GM65**는 스캐너 동작을 위한 데이터 송신과 수신 기능을 사용한다. 그리고 GM65의 데이터 수신 동작에는 트리거 데이터 수신 확인용 데이터 수신 후 약간의 시간 지연(300ms)이 발생한 후에 바코드 데이터가 수신된다. 따라서 데이터 수신을 할 때 시간 지연 부분을 설정해야 한다는 것을 기억해두자.

[표 13-11]에 바코드 스캐너와의 시리얼 통신을 위한 파라미터 설정 절차를 나타내었다. 표를 참고해서 CM1241(RS232)의 파라미터를 설정해보자.

[표 13-11] CM1241(RS232) 모듈의 파라미터 설정

<table>
<tr><th>순서</th><th colspan="2">내용</th></tr>
<tr><td>1</td><td>CM1241(RS232) 파라미터 설정하기
파라미터 설정을 위한 통신 모듈을 선택한다.
❶ TIA Portal의 프로젝트 창에서 〈Project tree〉 창을 선택한다.
❷ [Device configuration]을 선택한다.
❸ CM1241(RS232) 모듈을 선택한다.</td><td>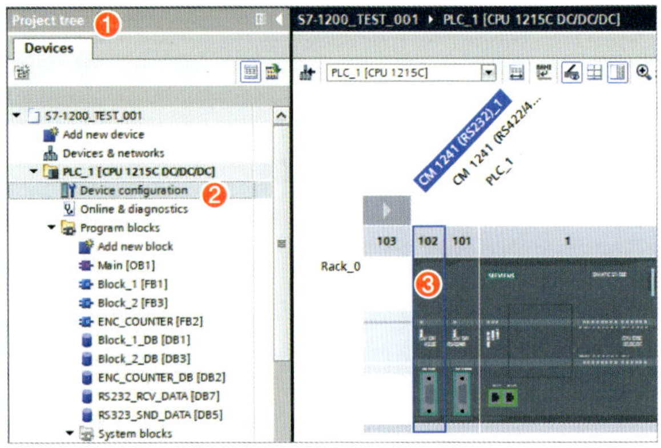</td></tr>
<tr><td>2</td><td>Port configuration 설정하기
바코드 스캐너와 동일한 형식의 시리얼 통신 설정을 한다.
• Protocol : Freeport
• Baud rate : 38.4kbps
• Parity : No Parity
• Data bits : 8bits per character
• Stop bits : 1bit
• Flow control : None
• Wait time : 500</td><td>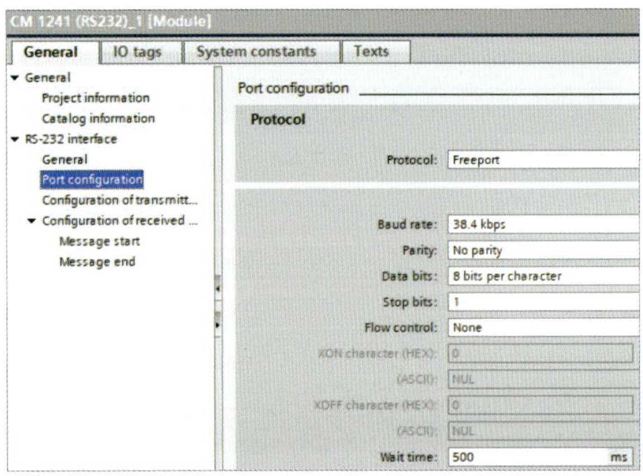</td></tr>
<tr><td>3</td><td>데이터의 수신 시작/종료 방법 설정하기
바코드 스캐너의 데이터의 수신 시작/종료 방법에 대한 설정을 한다.
❶ [Message start] 탭에서 'Start on any character'를 선택하여 바코드 스캐너에서 데이터가 수신되는 즉시 수신되도록 한다.
❷ [Message end] 탭에서 본인이 원하는 수신 종료 방법을 설정한다.</td><td>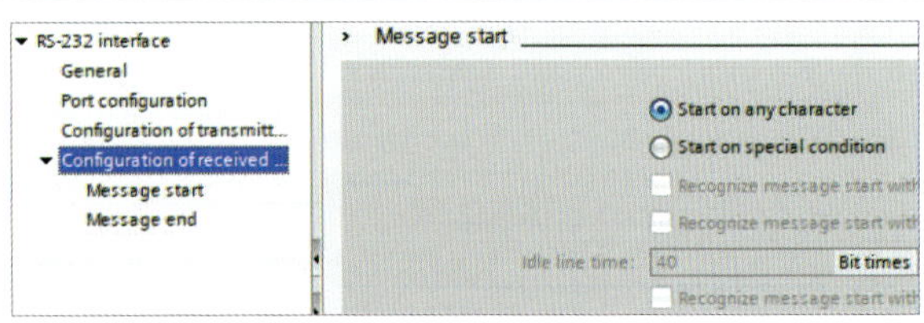
(a) 수신 시작 방법 설정
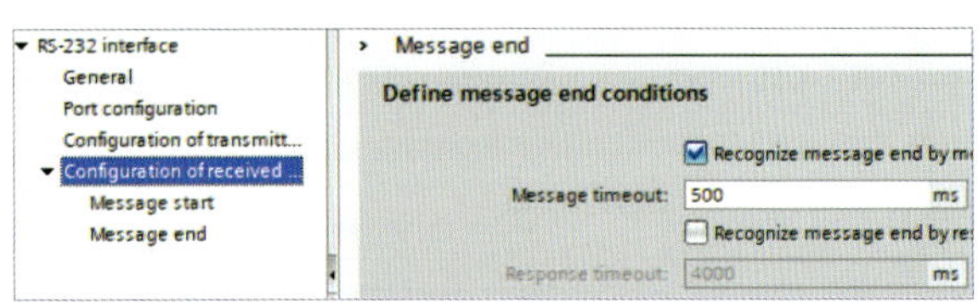
(b) 수신 종료 방법 설정 (1)</td></tr>
</table>

3	**TIP 수신 종료 모드** • **시간의 의한 종료** : 500ms 이상 데이터가 수신되지 않으면 수신 종료 (GM65만 해당) • **종료 코드에 의한 종료** : 수신 데이터에서 0D0A가 검출되면 수신 종료	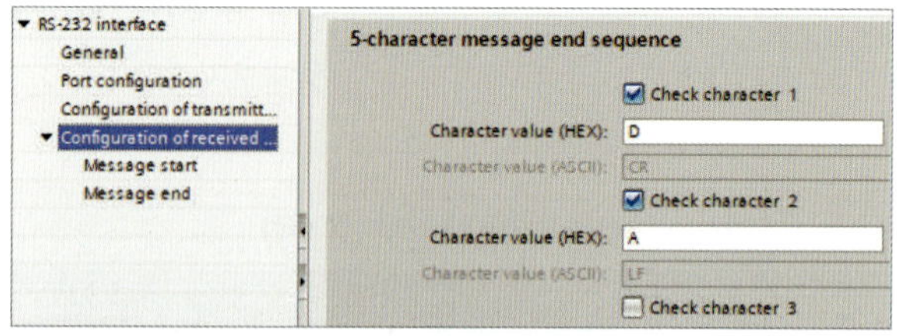 (c) 수신 종료 방법 설정 (2)

13.3.3 문자열 처리 명령어

RS232 통신을 통해서 송수신되는 데이터의 기본 단위는 바이트이다. 바이트에 저장되는 데이터는 2진수 형태의 숫자로 표현하는 **바이너리 형태의 값**과 [표 13-12]처럼 바이트를 가지고 표현할 수 있는 2진수에 특별한 의미를 부여한 **ASCII 코드 값**으로 구분할 수 있다. 바코드 데이터는 문자열로 구성된 데이터이다.

[표 13-12] ASCII 코드표

Dec	Hex	Oct	Char		Dec	Hex	Oct	Char	Dec	Hex	Oct	Chr	Dec	Hex	Oct	Char
0	00	000	NUL	(null)	32	20	040	Space	64	40	100	@	96	60	140	'
1	01	001	SOH	(start of heading)	33	21	041	!	65	41	101	A	97	61	141	a
2	02	002	STX	(start of text)	34	22	042	“	66	42	102	B	98	62	142	b
3	03	003	ETX	(end of text)	35	23	043	#	67	43	103	C	99	63	143	c
4	04	004	EOT	(end of transmission)	36	24	044	$	68	44	104	D	100	64	144	d
5	05	005	ENQ	(enquiry)	37	25	045	%	69	45	105	E	101	65	145	e
6	06	006	ACK	(acknowledge)	38	26	046	&	70	46	106	F	102	66	146	f
7	07	007	BEL	(bell)	39	27	047	‘	71	47	107	G	103	67	147	g
8	08	010	BS	(backspace)	40	28	050	)	72	48	110	H	104	68	150	h
9	09	011	TAB	(horizontal tab)	41	29	051	(	73	49	111	I	105	69	151	i
10	0A	012	LF	(NL line feed, new line)	42	2A	052	*	74	4A	112	J	106	6A	152	j
11	0B	013	VT	(vertical tab)	43	2B	053	+	75	4B	113	K	107	6B	153	k
12	0C	014	FF	(NP form feed, new page)	44	2C	054	'	76	4C	114	L	108	6C	154	l
13	0D	015	CR	(carriage return)	45	2D	055	–	77	4D	115	M	109	6D	155	m
14	0E	016	SO	(shift out)	46	2E	056	.	78	4E	116	N	110	6E	156	n
15	0F	017	SI	(shift in)	47	2F	057	/	79	4F	117	O	111	6F	157	o
16	10	020	DLE	(data link escape)	48	30	060	0	80	50	120	P	112	70	160	p
17	11	021	DC1	(device control 1)	49	31	061	1	81	51	121	Q	113	71	161	q
18	12	022	DC2	(device control 2)	50	32	062	2	82	52	122	R	114	72	162	r
19	13	023	DC3	(device control 3)	51	33	063	3	83	53	123	S	115	73	163	s

20	14	024	DC4	(device control 4)	52	34	064	4	84	54	124	T	116	74	164	t
21	15	025	NAK	(negative acknowledge)	53	35	065	5	85	55	125	U	117	75	165	u
22	16	026	SYN	(synchronous idle)	54	36	066	6	86	56	126	V	118	76	166	v
23	17	027	ETB	(end of trans. block)	55	37	067	7	87	57	127	W	119	77	167	w
24	18	030	CAN	(cancel)	56	38	070	8	88	58	130	X	120	78	170	x
25	19	031	EM	(end of medium)	57	39	071	9	89	59	131	Y	121	79	171	y
26	1A	032	SUB	(substitute)	58	3A	072	:	90	5A	132	Z	122	7A	172	z
27	1B	033	ESC	(escape)	59	3B	073	;	91	5B	133	[	123	7B	173	{
28	1C	034	FS	(file separator)	60	3C	074	<	92	5C	134	＼	124	7C	174	|
29	1D	035	GS	(group separator	61	3D	075	=	93	5D	135	]	125	7D	175	}
30	1E	036	RS	(record separator)	62	3E	076	>	94	5E	136	^	126	7E	176	~
31	1F	037	US	(unit separator)	63	3F	077	?	95	5F	137	_	127	7F	177	DEL

바코드의 데이터는 ASCII 코드가 나열된 문자열이다. 문자열 데이터는 ASCII 코드로 구성된 문자 코드가 나열된 형태의 데이터를 의미하고 문자열의 끝에는 반드시 널(0x00)Null 코드가 있어야 한다.

문자 및 문자열을 처리하기 위해 TIA Portal에서 지원하는 명령어를 [표 13-13]에 나타내었다.

[표 13-13] S7-1200에서 사용가능한 문자열 처리 명령어

명령어	기능
S_MOV	문자열 복사
S_CONV	데이터 타입 변경
STRG_VAL	10진 문자열 → 정수, 실수 변환
VAL_STRG	정수, 실수 → 10진 문자열 변환
Strg_TO_Chars	문자열을 문자배열로 변환
Chars_TO_Strg	문자배열을 문자열로 변환
MAX_LEN	문자열에 할당된 메모리 최대 길이
ATH	ASCII 코드를 16진수로 변환
HTA	16진수를 ASCII 코드로 변환
LEN	문자열의 문자 개수 검출
CONCAT	2개의 문자열 연결
LEFT	문자열 왼쪽부터 문자 추출
RIGHT	문자열 오른쪽부터 문자 추출
MID	문자열의 임의 위치에서 문자 추출
DELETE	문자 삭제
INSERT	문자 삽입
REPLACE	문자 변경
FIND	문자 검색

13.4 아두이노와 시리얼 통신

아두이노는 오픈소스를 사용하여 PLC에서는 사용할 수 없는 다양한 통신 방법을 사용할 수 있다. 이번 장에서는 PLC와 아두이노를 RS232 통신으로 연결한 후에 PLC에서는 제어가 불가능한 네오필셀과 LCD 모듈을 RS232 통신으로 제어하는 방법을 학습해보자.

지멘스 S7-1200의 CM1241(RS232) 모듈과 아두이노의 통신을 위해 아두이노용으로 시판되는 **RS232 쉴드**를 사용한다. 쉴드는 [그림 13-13(a)]처럼 아두이노와 결합할 수 있다.

(a) 아두이노와 RS232 쉴드의 조합

(b) RS232 쉴드의 기능

[그림 13-13] 아두이노용 RS232 쉴드

RS232 쉴드 보드는 아두이노의 하드웨어 시리얼 통신포트 0번과 1번을 사용하기 때문에 아두이노 프로그램을 업로드할 때에는 PLC와 통신이 불가능하다. 하지만 하드웨어 시리얼 통신포트를 사용하기 때문에 소프트웨어 시리얼 통신 방법보다는 신뢰성 높은 통신을 할 수 있는 장점이 있다. 아두이노에 프로그램을 업로드할 때에는 프로그램/동작 모드 선택 스위치를 OFF 상태를 두고 업로드 완료 후 PLC와 통신할 때는 ON 상태로 위치시킨다.

아두이노와 지멘스 PLC의 RS232 통신 실습에서는 4장에서 학습한 네오픽셀과 TM1637 모듈, LCD를 사용한다. 아두이노의 입출력 결선은 [표 13-14]처럼 한다.

[표 13-14] 아두이노에 네오픽셀, LCD 연결

핀 번호		기능	핀 번호		기능
8	DIO	네오픽셀	A4	SDA	I2C 통신용 LCD
-	-	-	A5	SCL	

실습과제

13-1 바코드 스캐너에서 데이터 수신하기

13.1~13.3절

제브라 DS46 스캐너의 통신 케이블 인터페이스의 RS232 신호 케이블을 CM1241(RS232) 커넥터에 연결한 다음, 바코드 데이터 수신 프로그램의 작성법을 살펴보자.

앞에서도 살펴보았지만 바코드 스캐너는 RS232 통신을 사용한다. 통신 파라미터는 38400, 8, N, 1로 설정되어 있고 상대기기에 송신하는 바코드의 데이터 끝단에 종료문자(터미네이터)로 0x0D, 0X0A를 첨부한다.

동작 테스트

제브라 DS46 스캐너를 사용해서 스캔할 바코드를 [표 13-15]에 나타내었다. 해당 바코드를 스캔했을 때 바코드에 기재된 숫자 값이 ASCII 코드 형식으로 PLC에서 수신되는지 확인해보자.

[표 13-15] 테스트용 바코드

번호	바코드	번호	바코드
1	1 234567 890128	2	2 345678 901234

[표 13-15]의 번호 1번에 해당되는 바코드를 스캔하면, PLC에서 [표 13-16]처럼 ASCII 코드로 표현된 데이터가 수신되어야 한다.

[표 13-16] 수신된 바코드 데이터의 ASCII 코드

바코드 데이터	1	2	3	4	5	6	7	8	9	0	1	2	8	Cr	Lf
ASCII 코드 (16진수)	31	32	33	34	35	36	37	38	39	30	31	32	38	0D	0A

PLC 프로그램 작성

바코드 스캐너의 시리얼 통신을 위한 프로그램 작성 절차는 다음과 같다.

❶ PLC에 바코드 스캐너와의 통신 케이블 연결 및 통신 파라미터 설정 및 쓰기

❷ 바코드 데이터 수신 프로그램 작성 후 PLC에 쓰기

❸ 바코드 스캐너에서 바코드 읽기

❹ PLC에서 수신한 데이터 확인하기

[표 13-17]은 RS232 모듈에서 바코드 데이터를 수신하기 위한 PLC 프로그램의 작성법을 나타낸 것이다.

[표 13-17] CM1241(RS232) 모듈의 파라미터 설정

순서	내용	
1	**수신 데이터 저장용 DB 만들기** CM1241 모듈에서 수신한 바코드 데이터를 저장할 DB를 만든다. ❶ 좌측 탭의 [Program blocks] 폴더에서 [Add new block] 버튼을 클릭한다. ❷ Name 입력창에 'RCV_BARCODE_DATA'를 입력하여 DB 명칭을 설정한 후 [OK] 버튼을 클릭한다. **TIP 바코드의 데이터 타입** 수신한 바코드 데이터는 바이트 단위의 ASCII 코드가 연속되어 입력된 방식이기 때문에, 최대 64바이트의 데이터를 저장할 수 있는 바이트 배열 형식의 데이터 타입으로 만든다.	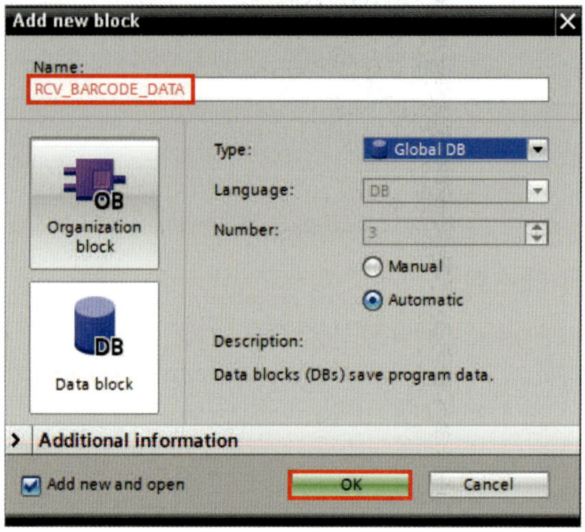
2	**DB의 변수 설정하기** 바코드 데이터 수신용 DB에 64바이트 데이터를 저장할 수 있는 배열과 명령어에 사용할 변수를 설정한다.	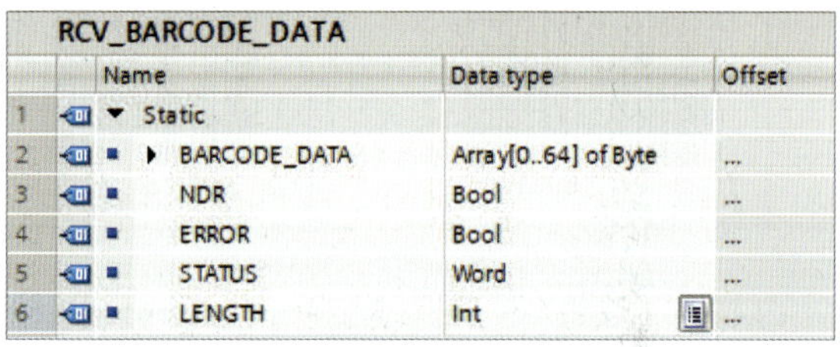
3	**DB 파라미터 변경하기** ❶ DB를 선택한 후에 마우스 오른쪽 버튼을 클릭하여 나타난 메뉴에서 'Properties...'를 선택한다. ❷ [Attributes] 탭을 선택해서 나타난 항목 중에서 'Optimized block access' 항목의 체크를 해제한 후에 [OK] 버튼을 클릭한다.	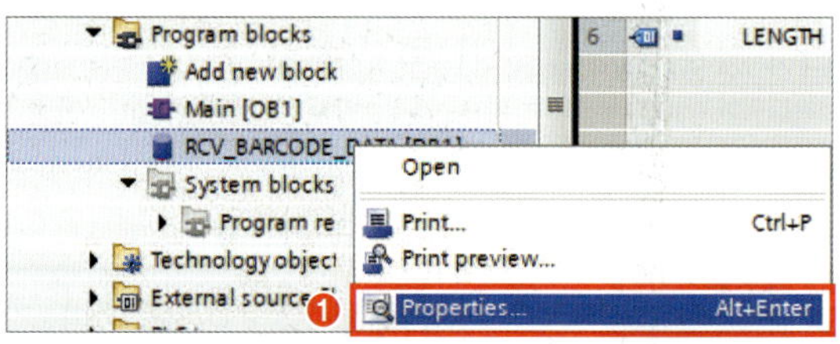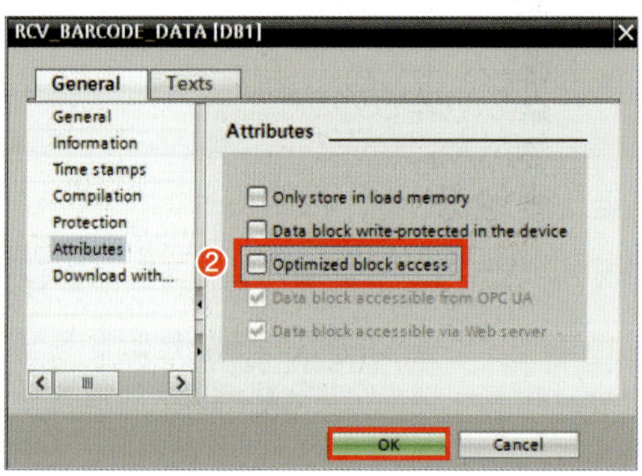

<table>
<tr><td>4</td><td>

DB 컴파일하기

❶ 메인 메뉴에서 이제까지 작업한 내용을 저장한 후에 컴파일하면 DB가 컴파일된다.

❷ DB의 Offset 항목을 살펴보면 변수에 Offset 번지가 할당된 것을 확인할 수 있다.

</td><td>

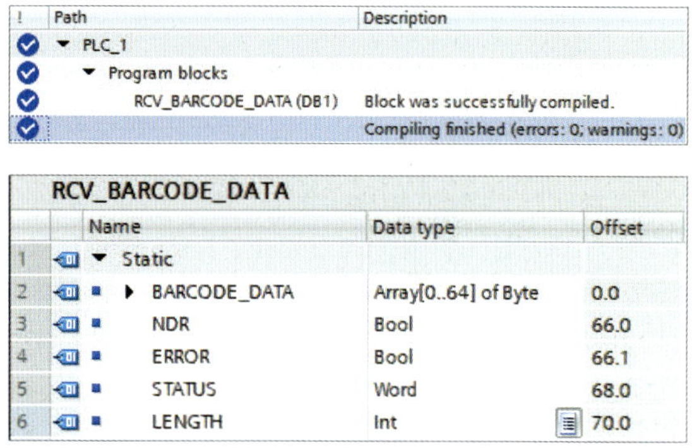

</td></tr>
<tr><td>5</td><td>

RS232 통신 명령어 살펴보기

RS232 통신 데이터를 수신하기 위해서는 TIA Portal에서 제공하는 통신 명령어를 사용한다.

데이터 수신을 위해서는 RCV_PTP 명령을 사용한다.

</td><td>

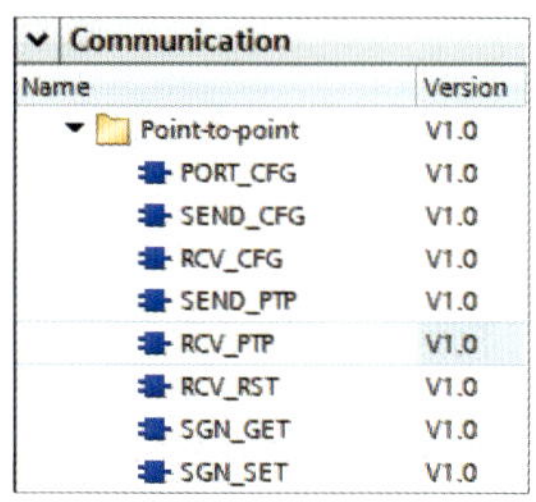

</td></tr>
<tr><td>6</td><td>

OB1에서 수신 프로그램 작성하기

바코드 스캐너 DS46에서 수신되는 데이터를 수신하기 위한 프로그램을 작성한다.

❶ RCV_PTP 명령어를 네트워크 1번에 배치한다.

❷ 명령어의 입력과 출력에 DB에서 작성한 변수를 설정한다.

</td><td>

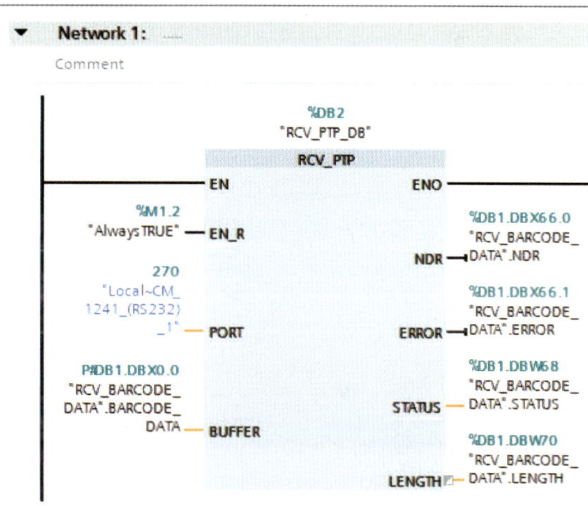

</td></tr>
<tr><td>7</td><td>

OB1에서 수신 프로그램 작성하기

RCV_PTP 명령어의 입력 PORT에는 하드웨어 구성을 통해서 사전에 설정되어 있는 CM1241(RS232)의 장치 번호를 선택한다.

</td><td>

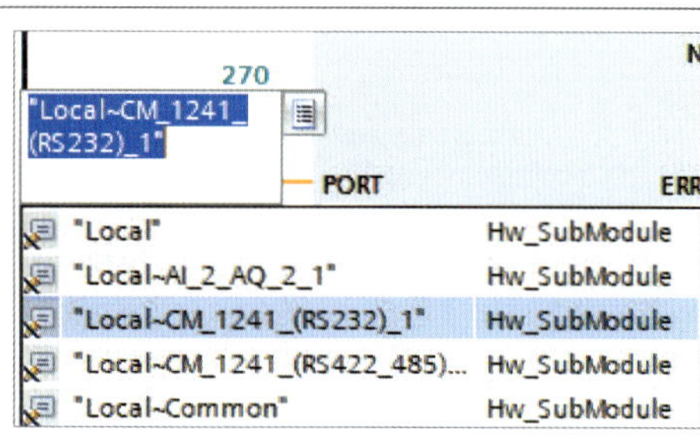

</td></tr>
</table>

실행 결과 확인

[표 13-18]의 절차를 통해서 스캐너와 RS232 통신을 위한 파라미터 설정과 프로그램 설정을 마쳤으면 프로그램을 컴파일 및 다운로드한 후에 모니터링을 통해서 스캐너로부터 바코드 데이터가 수신되는지 확인한다.

[표 13-18] 바코드 통신을 위한 프로그램의 실행 및 모니터링

순서	내용	
1	**프로그램 컴파일 및 다운로드하기** ❶ PLC 프로젝트 폴더에서 작성 중인 PLC 폴더를 선택한 후 저장한다. ❷ 프로젝트 전체를 컴파일한 후 PLC에 다운로드한다.	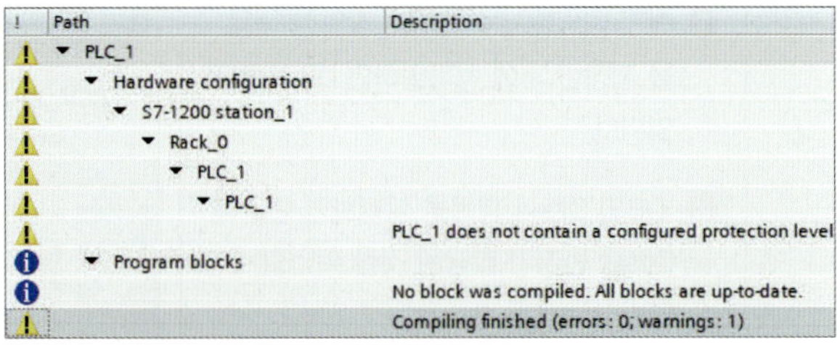
2	**DB의 변수 설정하기** 바코드 데이터 수신용 DB에 64바이트 데이터를 저장할 수 있는 배열과 명령어에 사용할 변수를 설정한다.	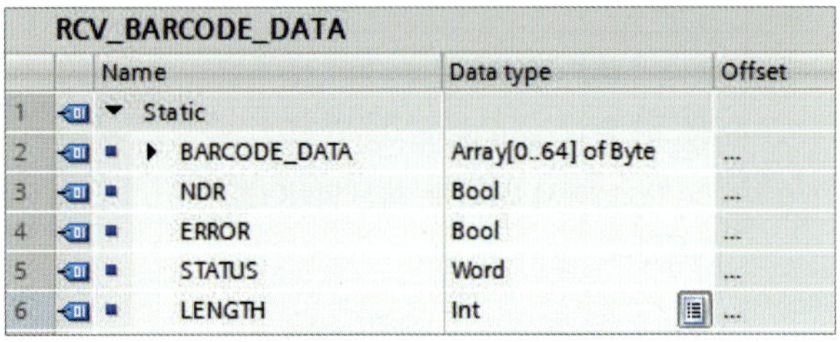
3	**프로그램 및 DB 모니터링하기** ❶ 작성한 프로그램과 바코드 데이터를 저장하는 DB를 모니터링 상태로 만든다. ❷ [표 13-15]의 1번 바코드를 스캔했을 때 DB의 바코드 데이터 저장 배열에 [표 13-16]에 나타낸 ASCII 코드값과 일치된 데이터가 수신되는지 확인한다. ❸ [표 13-15]의 2번 바코드를 스캔했을 때 정상적인 ASCII 코드값이 수신되는지 확인한다. 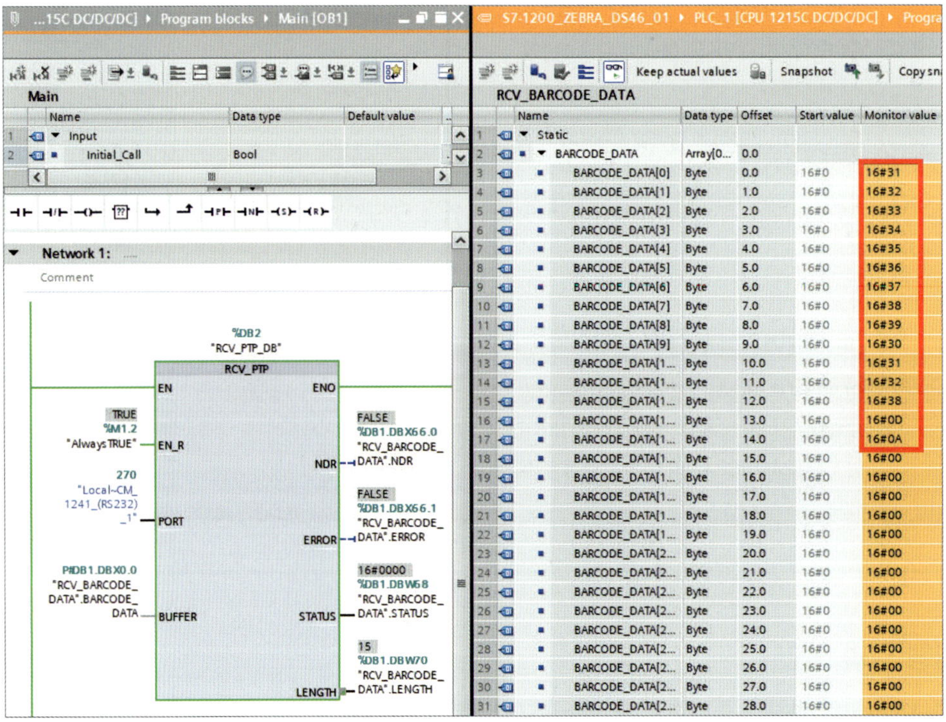	

실습과제

13-2 바코드 데이터 처리하기

13.1~13.3절

수신한 바코드 데이터를 처리하여 사용자가 원하는 결과값이 나올 수 있는 프로그램 작성법에 대해 살펴보자.

[표 13-19]는 색상 표현을 위한 바코드를 나타낸 것이다. 그중에서 첫 번째 숫자를 가지고 HMI에 색상을 표현하는 PLC 프로그램 작성에 대해 살펴보자.

[표 13-19] 색상 표현을 위한 바코드

색상	바코드	색상	바코드	색상	바코드
청색	1 234567 890128	적색	2 345678 901234	황색	3 456789 012340
녹색	4 567890 123456	주황색	5 678901 234562	자색	6 789012 345678

PLC 프로그램 작성

[표 13-20]은 바코드 데이터를 수신하기 위한 PLC 프로그램의 작성법을 나타낸 것이다.

[표 13-20] 바코드 데이터 수신을 위한 프로그램 작성

<table>
<tr><th>순서</th><th colspan="2">내용</th></tr>
<tr><td>1</td><td>DB에 변수를 추가하기
❶ [실습과제 13-1]과 동일하게 RCV_PTP에서 사용할 바코드로부터 수신한 데이터를 저장할 배열 변수와 출력 변수를 설정한다.
❷ 수신한 바코드 데이터를 복사해서 저장할 배열 변수, 색상 판별 정수 변수, 바코드 데이터를 HMI에 표시할 문자열 변수를 추가로 설정한다.</td><td>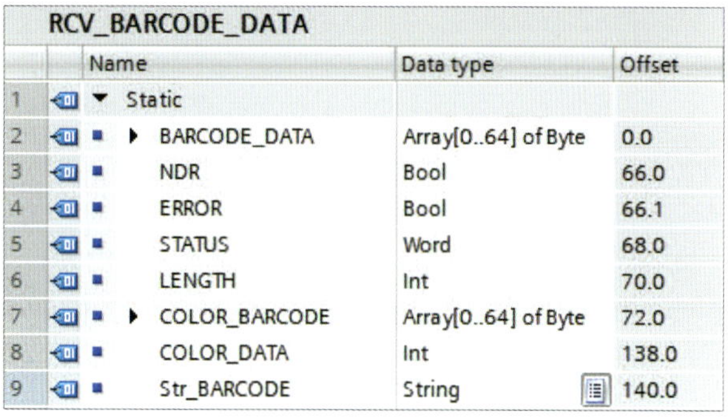
<table>
<tr><th colspan="4">RCV_BARCODE_DATA</th></tr>
<tr><th></th><th>Name</th><th>Data type</th><th>Offset</th></tr>
<tr><td>1</td><td>▼ Static</td><td></td><td></td></tr>
<tr><td>2</td><td>▸ BARCODE_DATA</td><td>Array[0..64] of Byte</td><td>0.0</td></tr>
<tr><td>3</td><td>NDR</td><td>Bool</td><td>66.0</td></tr>
<tr><td>4</td><td>ERROR</td><td>Bool</td><td>66.1</td></tr>
<tr><td>5</td><td>STATUS</td><td>Word</td><td>68.0</td></tr>
<tr><td>6</td><td>LENGTH</td><td>Int</td><td>70.0</td></tr>
<tr><td>7</td><td>▸ COLOR_BARCODE</td><td>Array[0..64] of Byte</td><td>72.0</td></tr>
<tr><td>8</td><td>COLOR_DATA</td><td>Int</td><td>138.0</td></tr>
<tr><td>9</td><td>Str_BARCODE</td><td>String</td><td>140.0</td></tr>
</table></td></tr>
</table>

2	**OB1에서 프로그램 작성하기** (네트워크 1번) 바코드 스캐너로부터 바코드 데이터를 수신하기 위해 RCV_PTP 명령어를 사용한다.	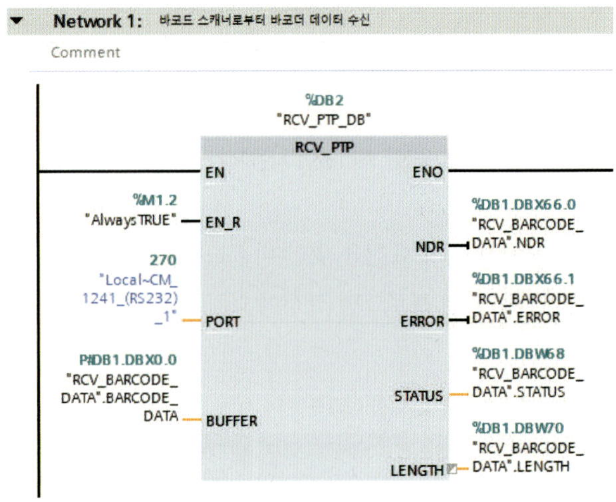
3	**OB1에서 프로그램 작성하기** (네트워크 2번) 스캐너에서 바코드 데이터가 수신되면 FILL_BLK 명령어를 사용해서 수신할 바코드 데이터를 복사할 바이트 배열의 변수를 클리어한다. ❶ 배열 변수 복사 명령어인 MOVE_BLK_VARIENT를 사용해서 수신한 바코드 데이터를 복사한다. ❷ FILL_BLK 명령을 사용해서 수신한 바코드 배열을 다음 수신을 위해 클리어 작업을 한다.	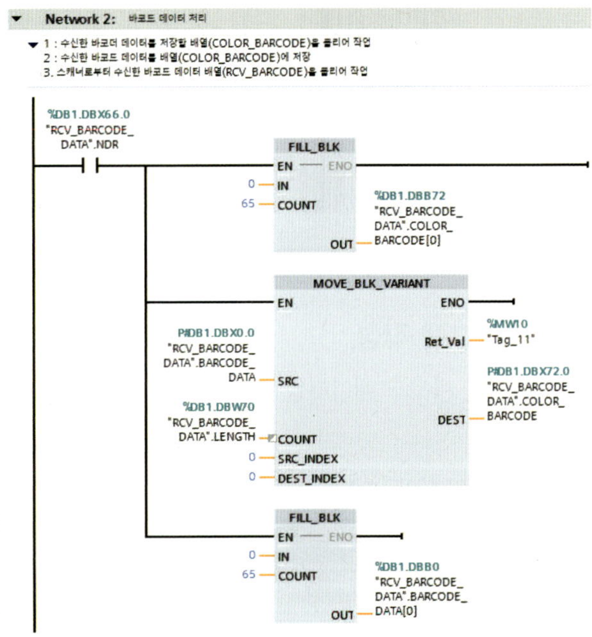
4	**OB1에서 프로그램 작성하기** (네트워크 3번) 바코드 스캐너로부터 수신한 바코드 데이터를 HMI에 표시하기 위해 문자열로 변환한다.	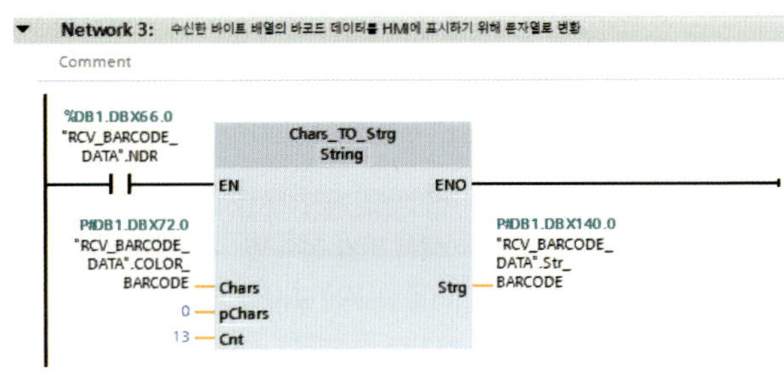

<table>
<tr>
<td>5</td>
<td>

OB1에서 프로그램 작성하기

(네트워크 4번)

❶ MOVE_BLK_VARIANT 명령으로 복사한 바코드 데이터 배열의 첫 번째 바이트 데이터를 비교 명령어를 통해 판별한다.

❷ 색상 판별 정보를 저장하기 위한 정수형 변수 COLOR_DATA에 색상값을 저장한다.

</td>
<td>

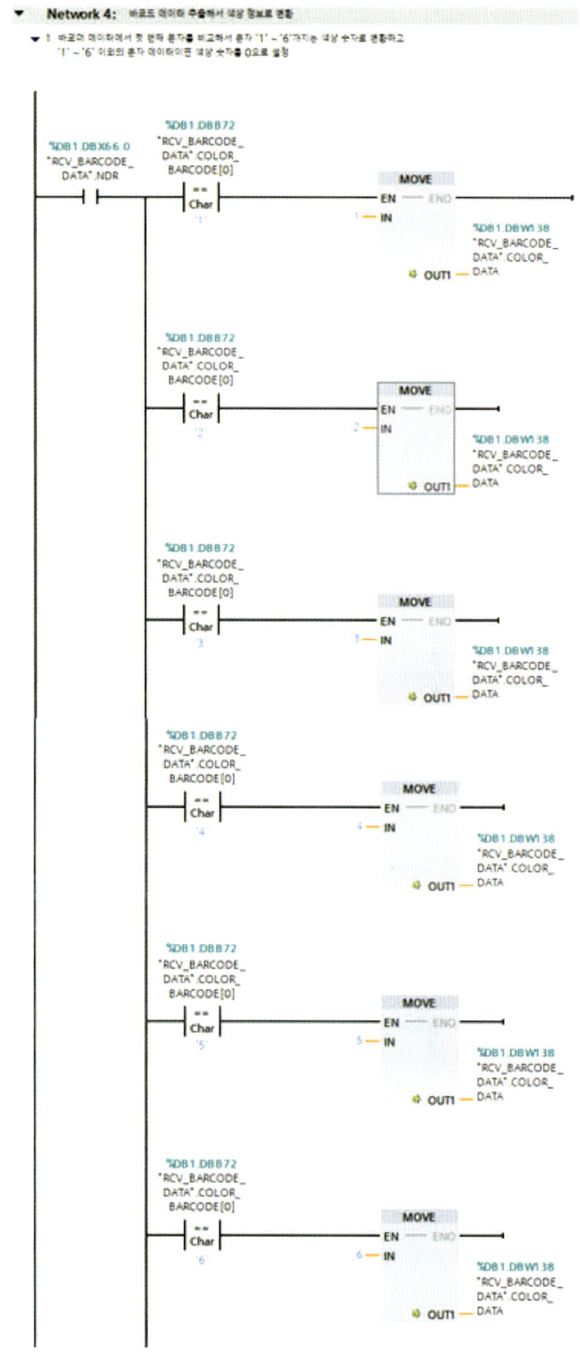

</td>
</tr>
</table>

5

❸ 첫 번째 바이트 문자 데이터가 '1'보다 작거나 '6'보다 큰 경우에는 0을 설정한다.

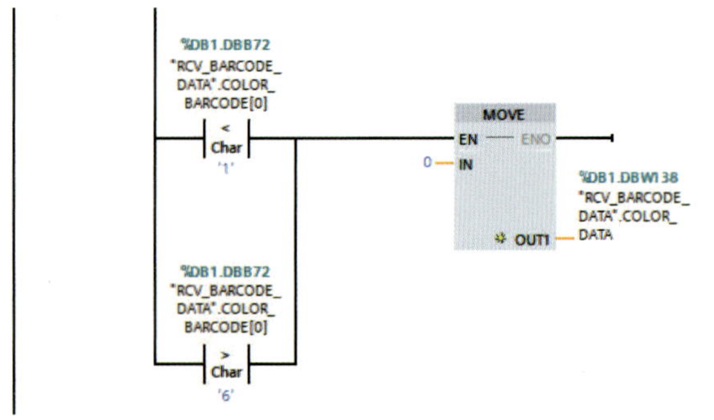

6

I/O 필드 설정하기

❶ Element 항목에 있는 I/O field를 사용해 바코드 스캔 시 13자리의 숫자 데이터가 HMI 화면에 표시되도록 설정한다.

❷ 〈I/O field_1〉 창에서 Tag는 DB1의 Str_BARCODE로 설정한다.

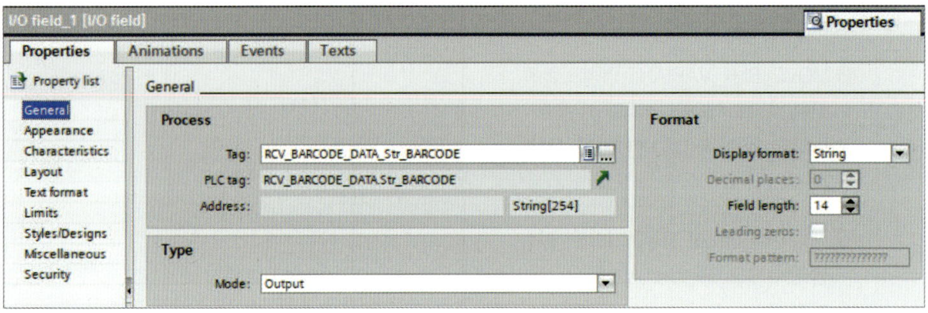

7

바코드 데이터의 판별에 의한 색상 표시하기

❶ 색상 표시창은 툴박스의 'Basic object' 항목에 있는 사각 표시( )를 사용해서 만든다.

❷ 색상 표시창의 Tag에는 DB1의 Int형 COLOR_DATA로 설정한다.

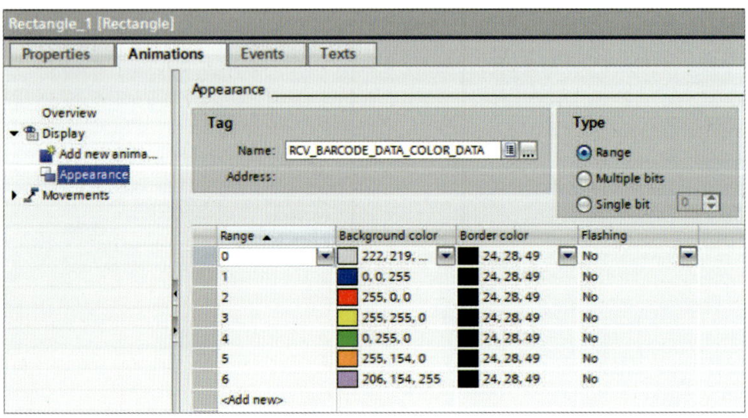

[표 13-21]은 HMI 화면의 구성을 나타낸 것으로, 바코드의 데이터를 읽어와 색상 표현을 하기 위해 S7-1200 PLC에 연결된 HMI 화면에 바코드 데이터를 표시한 다음, 바코드의 첫 번째 문자를 비교해서 색상을 표시하도록 한다.

[표 13-21] HMI 화면의 구성

구분	기능	변수명	변수 위치	구분	타입
BARCODE No.	문자열 표시	str_BARCODE	FB_인스턴스	Static	String
색상 표시	숫자 표시	COLOR_DATA	FB_인스턴스	Static	Int

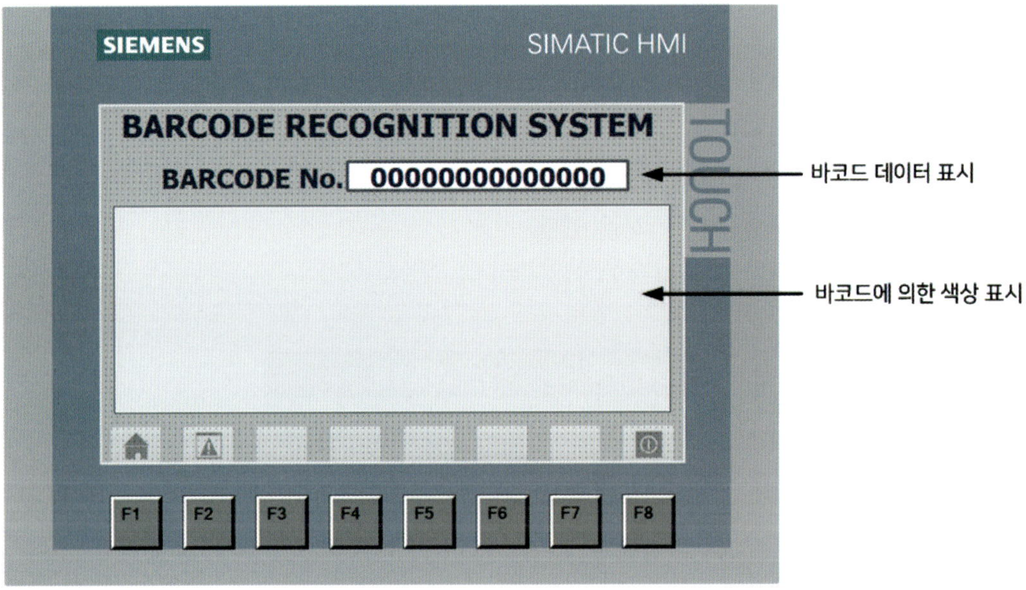

실습과제

13-3 바코드를 이용하여 물품 분류하기

13.1~13.3절

수신한 바코드 데이터를 처리하여 바코드에 등록된 물품의 정보를 파악하여 HMI에 표시하는 프로그램의 작성법에 대해 살펴보자.

바코드의 13자리 숫자를 구분하여 물품의 정보를 표현하는 방법에 대해 살펴보자. 바코드는 13자리 숫자로 이루어진 문자열이며, 검사를 제외한 4개의 코드로 분할하여 사용한다.

[표 13-22] 바코드 데이터의 구분

회사명 코드		제품명 코드				생산지 코드		제조년월 코드				검사
A	B	C	D	E	F	G	H	I	J	K	L	M

각 코드의 정보는 [표 13-23]~[표 13-24]와 같다.

[표 13-23] 회사 코드 및 제품 코드

회사명 코드	회사명	제품명 코드	제품명칭
11	SAMSUNG	1234	WASHER (세탁기)
		1245	FRIDGE (냉장고)
21	LG	1256	VACCUM CLEANER (청소기)
		1267	AIR CONDITIONER (에어컨)
88	CJ	3412	INSTANT RICE (햇반)
		3413	FLOUR (밀가루)
99	OTTOGI	3415	DUMPLING (만두)
		3416	INSTANT NOODLES (라면)

[표 13-24] 생산지 코드 및 제조년월 코드

생산지 코드	생산지	제조년월 코드	제조년월 표시
11	KOREA	2001	2020/01
12	CHINA	1906	2019/06
13	VIETNAM	1804	2018/04
14	THAILAND	1712	2017/12

[표 13-25]는 제품 바코드의 예시이다.

[표 13-25] 제품 바코드

바코드	바코드	바코드	바코드
1 112341 120015	8 834121 120048	2 112671 418126	9 934151 318091
바코드	바코드	바코드	바코드
8 834131 219121	1 112561 318049	1 223452 188907	1 112451 219067
바코드	바코드	바코드	바코드
1 123456 789011	2 112341 117120	2 112451 120010	2 112561 220075
바코드	바코드	바코드	바코드
2 112671 319089	8 834131 120038	9 934121 120013	9 934131 219080
바코드	바코드	바코드	바코드
8 834151 320012	8 834131 820112	9 934161 318098	1 112671 417120

PLC 프로그램 작성

[표 13-26]은 바코드를 이용하여 물품을 분류하는 PLC 프로그램의 작성법을 나타낸 것이다.

[표 13-26] 바코드를 이용한 물품 분류 프로그램 작성

<table>
<tr><th>순서</th><th colspan="2">내용</th></tr>
<tr><td>1</td><td>DB에 변수 추가하기
[실습과제 13-2]에서 만든 DB(RCV_BARCODE_DATA)에 프로그램 작성에 필요한 변수를 추가한다.

TIP 변수의 종류
• str_BARCODE : 수신 바코드
• PRODUCT_BARCODE : 제품명 바코드
• COMPANY_CODE : 회사명 코드
• PRODUCT_CODE : 제품명 코드
• ORGIN_CODE : 생산지 코드
• MANU_DATE : 제조년월 코드
• STR_COMPANY : 회사명 문자 코드
• STR_PRODUCT : 제품명 문자 코드
• STR_ORGIN : 생산지 문자 코드
• STR_DATE : 제조년월 문자 코드
• STR_COMPANY_NAME : 회사명
• STR_PRODUCT_NAME : 제품명
• STR_ORGIN_NAME : 생산지
• STR_DATE_NAME : 제조년월
• STR_YEAR : 연 코드
• STR_MONTH : 월 코드
• STR_CONCAT_TEMP : 연월 조합</td><td>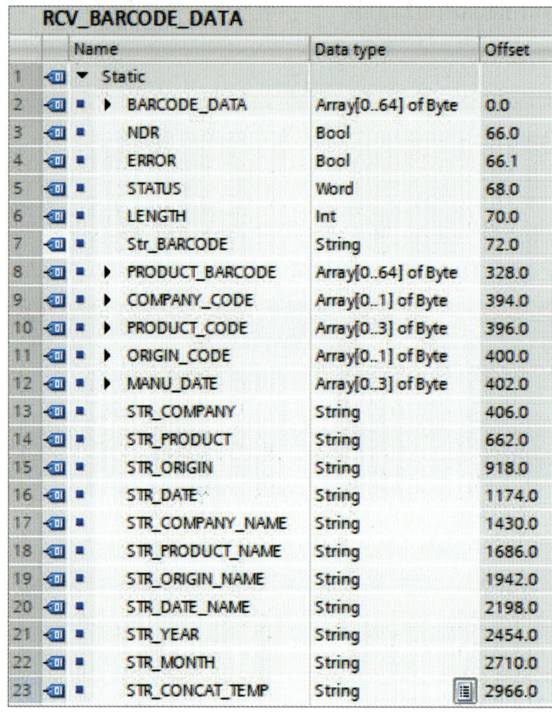
<table>
<tr><th colspan="3">RCV_BARCODE_DATA</th></tr>
<tr><th>Name</th><th>Data type</th><th>Offset</th></tr>
<tr><td>1 Static</td><td></td><td></td></tr>
<tr><td>2 BARCODE_DATA</td><td>Array[0..64] of Byte</td><td>0.0</td></tr>
<tr><td>3 NDR</td><td>Bool</td><td>66.0</td></tr>
<tr><td>4 ERROR</td><td>Bool</td><td>66.1</td></tr>
<tr><td>5 STATUS</td><td>Word</td><td>68.0</td></tr>
<tr><td>6 LENGTH</td><td>Int</td><td>70.0</td></tr>
<tr><td>7 Str_BARCODE</td><td>String</td><td>72.0</td></tr>
<tr><td>8 PRODUCT_BARCODE</td><td>Array[0..64] of Byte</td><td>328.0</td></tr>
<tr><td>9 COMPANY_CODE</td><td>Array[0..1] of Byte</td><td>394.0</td></tr>
<tr><td>10 PRODUCT_CODE</td><td>Array[0..3] of Byte</td><td>396.0</td></tr>
<tr><td>11 ORIGIN_CODE</td><td>Array[0..1] of Byte</td><td>400.0</td></tr>
<tr><td>12 MANU_DATE</td><td>Array[0..3] of Byte</td><td>402.0</td></tr>
<tr><td>13 STR_COMPANY</td><td>String</td><td>406.0</td></tr>
<tr><td>14 STR_PRODUCT</td><td>String</td><td>662.0</td></tr>
<tr><td>15 STR_ORIGIN</td><td>String</td><td>918.0</td></tr>
<tr><td>16 STR_DATE</td><td>String</td><td>1174.0</td></tr>
<tr><td>17 STR_COMPANY_NAME</td><td>String</td><td>1430.0</td></tr>
<tr><td>18 STR_PRODUCT_NAME</td><td>String</td><td>1686.0</td></tr>
<tr><td>19 STR_ORIGIN_NAME</td><td>String</td><td>1942.0</td></tr>
<tr><td>20 STR_DATE_NAME</td><td>String</td><td>2198.0</td></tr>
<tr><td>21 STR_YEAR</td><td>String</td><td>2454.0</td></tr>
<tr><td>22 STR_MONTH</td><td>String</td><td>2710.0</td></tr>
<tr><td>23 STR_CONCAT_TEMP</td><td>String</td><td>2966.0</td></tr>
</table></td></tr>
<tr><td>2</td><td>OB1에서 프로그램 작성하기
(네트워크 1번)
바코드 스캐너로부터 바코드 데이터를 수신하기 위해 RCV_PTP 명령어를 사용한다.</td><td>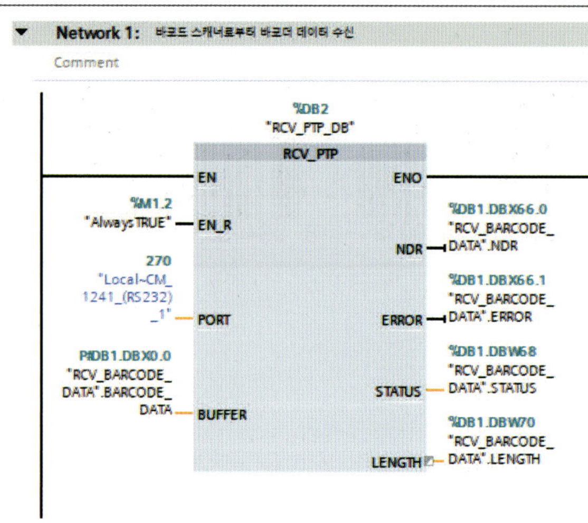
</td></tr>
</table>

3	**OB1에서 프로그램 작성하기** (네트워크 2번) ❶ 스캐너에서 바코드 데이터가 수신되면 수신할 바코드 데이터를 FILL_BLK 명령을 사용해서 복사할 바이트 배열의 변수를 클리어한다. ❷ 배열 변수 복사 명령어인 MOVE_BLK_VARIENT 명령을 사용해서 수신한 바코드 데이터를 복사한다. ❸ FILL_BLK 명령을 사용해서 수신한 바코드 배열을 다음 수신을 위해 클리어 작업을 한다.	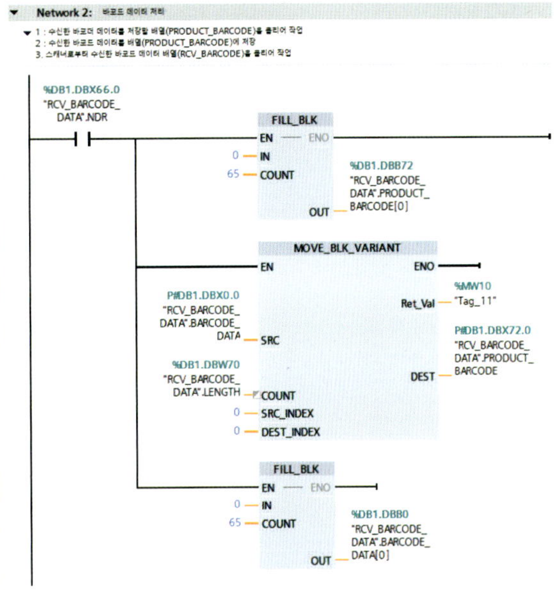
4	**OB1에서 프로그램 작성하기** (네트워크 3번) 바이트 배열 변수에 저장된 수신한 바코드 데이터를 HMI에 표시하기 위해 문자열로 변환한다.	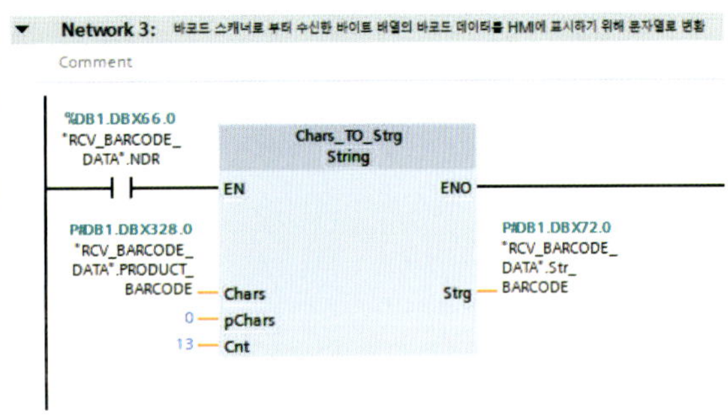
5	**OB1에서 프로그램 작성하기** (네트워크 4번) 수신한 바코드 데이터를 주어진 조건에 맞게 회사명 코드, 제품명 코드, 생산지 코드, 제조년월 코드로 구분해서 배열 변수에 저장한다.	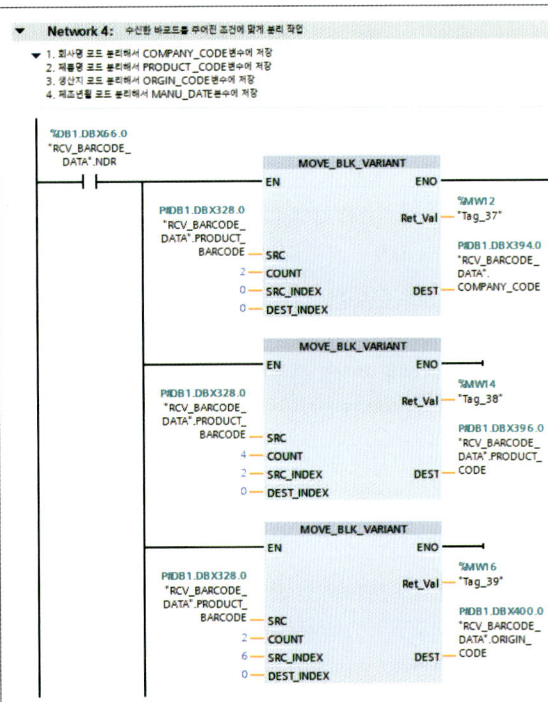

5		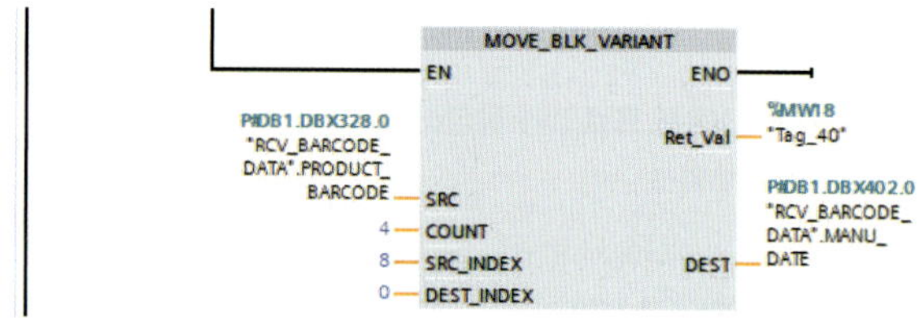
6	**OB1에서 프로그램 작성하기** (네트워크 5번) 5번 과정에서 분리한 배열 변수 코드를 문자열로 변환한다.	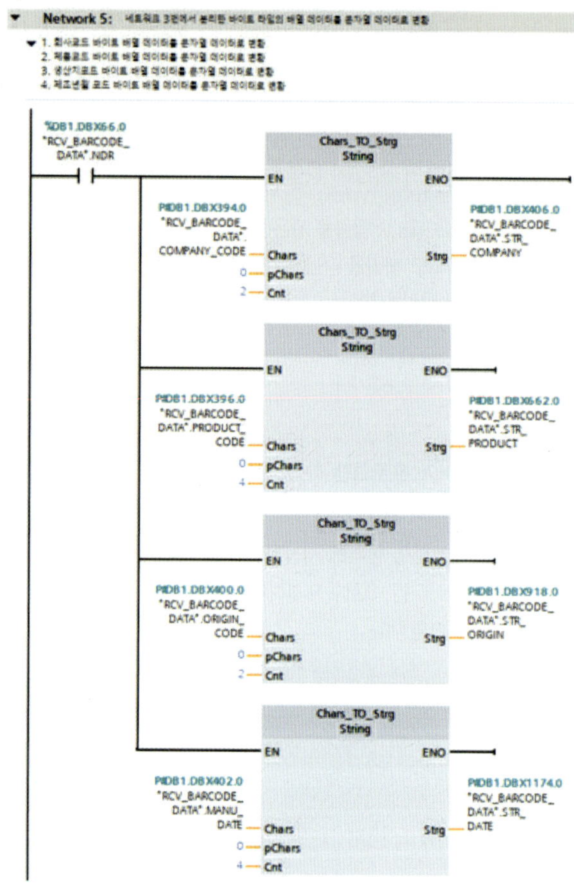
7	**OB1에서 프로그램 작성하기** (네트워크 6번) 분리한 코드 문자열을 비교해서 실제 회사명, 제품명, 생산지 국가, 제조년월을 저장하기 위한 문자열 변수에 미등록 문자열을 사전에 저장한다. ❶ HMI에 표시할 코드창의 문자열 변수에 초기값으로 Not registered(미등록)를 설정한다. ❷ 네트워크 7번에서 인식한 코드를 표시하고 만약 인식하지 못하는 코드가 있다면 Not registered(미등록)을 표시하게 한다.	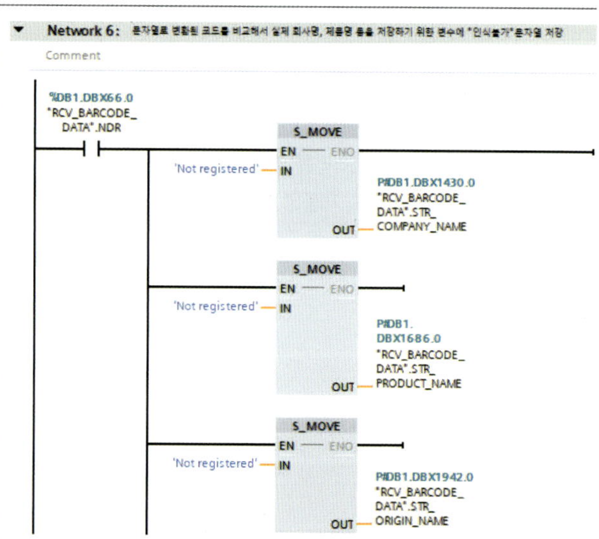

<table>
<tr><td>7</td><td></td><td>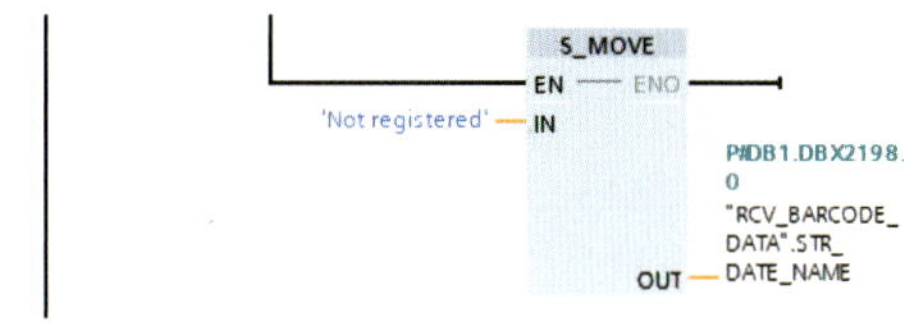
</td></tr>
<tr><td>8</td><td>OB1에서 프로그램 작성하기
(네트워크 7번)
회사명 코드의 문자열을 비교해서 실제 회사명을 문자열 변수에 저장한다.</td><td>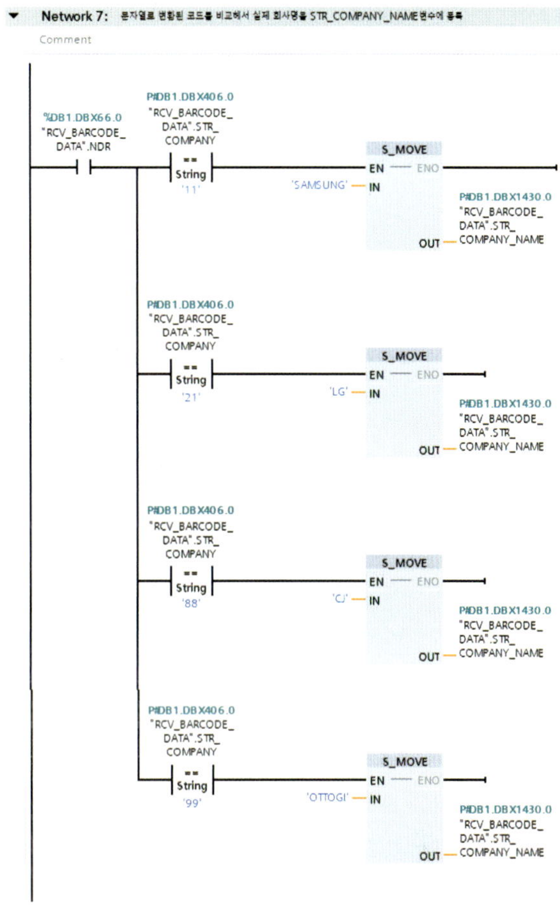
</td></tr>
<tr><td>9</td><td>OB1에서 프로그램 작성하기
(네트워크 8번)
제품명 코드의 문자열을 비교해서 실제 제품명을 문자열 변수에 저장한다.</td><td>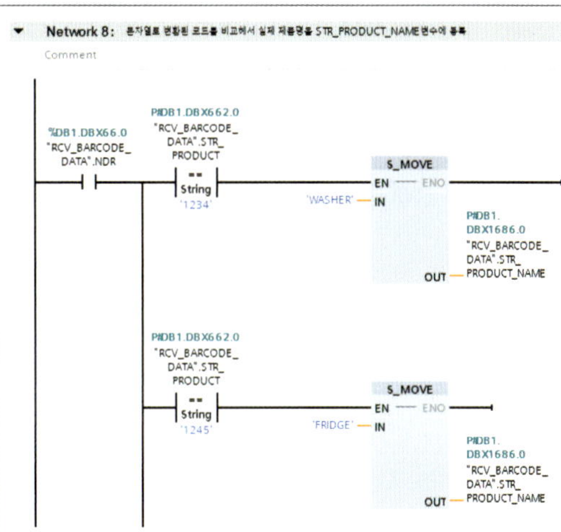
</td></tr>
</table>

9		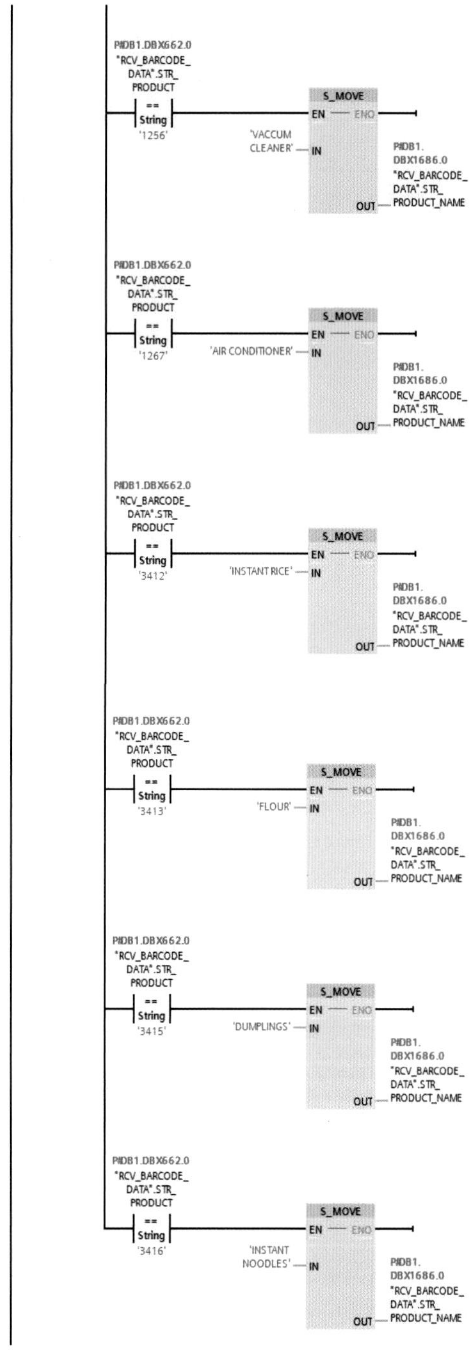

P#DB1.DBX662.0
"RCV_BARCODE_DATA".STR_PRODUCT
==
String
'1256'
S_MOVE
EN
ENO
'VACCUM CLEANER'
IN
OUT
P#DB1.DBX1686.0
"RCV_BARCODE_DATA".STR_PRODUCT_NAME
P#DB1.DBX662.0
"RCV_BARCODE_DATA".STR_PRODUCT
==
String
'1267'
S_MOVE
EN
ENO
'AIR CONDITIONER'
IN
OUT
P#DB1.DBX1686.0
"RCV_BARCODE_DATA".STR_PRODUCT_NAME
P#DB1.DBX662.0
"RCV_BARCODE_DATA".STR_PRODUCT
==
String
'3412'
S_MOVE
EN
ENO
'INSTANT RICE'
IN
OUT
P#DB1.DBX1686.0
"RCV_BARCODE_DATA".STR_PRODUCT_NAME
P#DB1.DBX662.0
"RCV_BARCODE_DATA".STR_PRODUCT
==
String
'3413'
S_MOVE
EN
ENO
'FLOUR'
IN
OUT
P#DB1.DBX1686.0
"RCV_BARCODE_DATA".STR_PRODUCT_NAME
P#DB1.DBX662.0
"RCV_BARCODE_DATA".STR_PRODUCT
==
String
'3415'
S_MOVE
EN
ENO
'DUMPLINGS'
IN
OUT
P#DB1.DBX1686.0
"RCV_BARCODE_DATA".STR_PRODUCT_NAME
P#DB1.DBX662.0
"RCV_BARCODE_DATA".STR_PRODUCT
==
String
'3416'
S_MOVE
EN
ENO
'INSTANT NOODLES'
IN
OUT
P#DB1.DBX1686.0
"RCV_BARCODE_DATA".STR_PRODUCT_NAME

<table>
<tr>
<td>10</td>
<td>

OB1에서 프로그램 작성하기

(네트워크 9번)

생산지 코드의 문자열을 비교해서 실제 생산국가를 문자열 변수에 저장

</td>
<td>

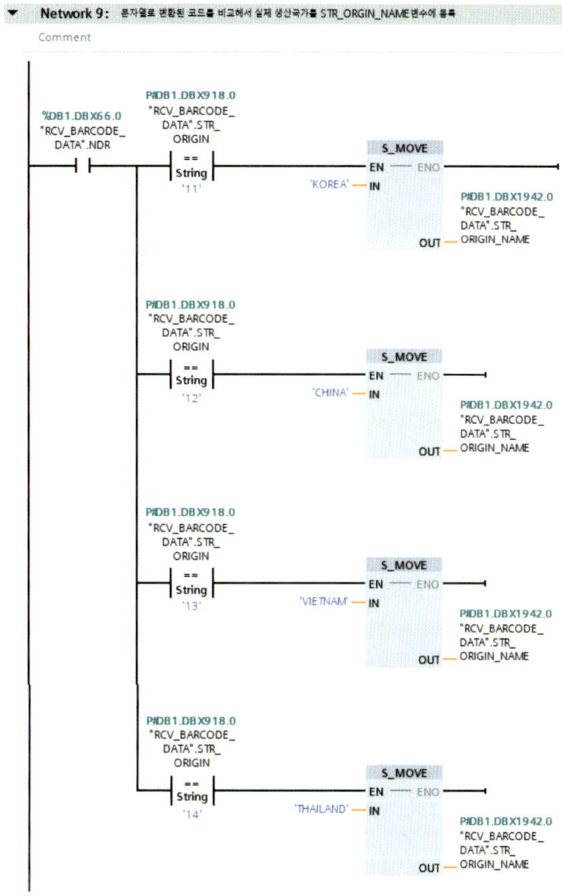

</td>
</tr>
<tr>
<td>11</td>
<td>

OB1에서 프로그램 작성하기

(네트워크 10번)

제조년월 코드의 문자열을 년과 월을 각각 분리한 후에 20과 년을 결합해서 4자리 년도 문자열을 만든 후에 이어서 '/'을 결합한 후에 월 문자열과 결합해서 최종 제조년월(20**/**)형식의 문자열을 정해진 문자열 변수에 저장

</td>
<td>

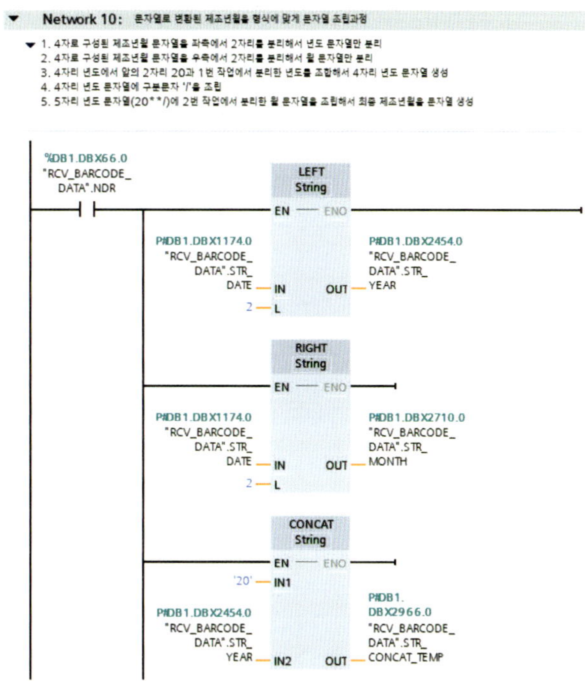

</td>
</tr>
</table>

11

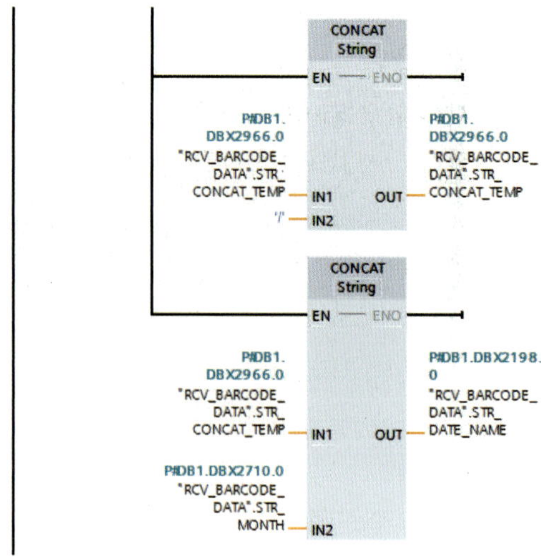

12

OB1 컴파일하기

OB1의 컴파일을 통해 에러 유무를 확인한다.

Compiling finished (errors: 0; warnings: 0)

!	Path	Description
✔	▼ PLC_1	
✔	▼ Program blocks	
✔	Main (OB1)	Block was successfully compiled.
✔		Compiling finished (errors: 0; warnings: 0)

13

화면 작업 내용 및 바코드 데이터 표시하기

❶ Tool box의 Basic object 항목에 있는 Text 있는 기능을 사용해서 BARCODE RECOGNITION SYSTEM과 BARCODE No.를 작성한다.

❷ 툴박스의 Element 항목에 있는 I/O Field를 사용해서 수신한 바코드 데이터를 표시한다.

❸ Tag는 DB1에 있는 str_BARCODE를 지정하고, 표시 문자열은 13문자로 설정한다.

14	**회사 코드와 명칭 표시하기** I/O Field를 사용해서 CODE 창과 NAME 창을 만든다. • CODE Tag : STR_COMPANY, 타입 String, 문자 수는 2로 설정한다. • NAME Tag : STR_COMPANY_NAME, 타입 String, 문자 수는 16으로 설정한다.	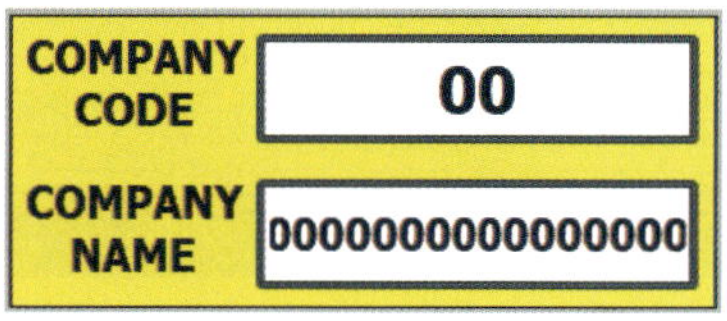
15	**상품 코드와 명칭 표시하기** I/O Field를 사용해서 CODE 창과 NAME 창을 만든다. • CODE Tag : STR_PRODUCT, 타입 String, 문자 수는 2로 설정한다. • NAME Tag : STR_PRODUCT_NAME, 타입 String, 문자 수는 16으로 설정한다.	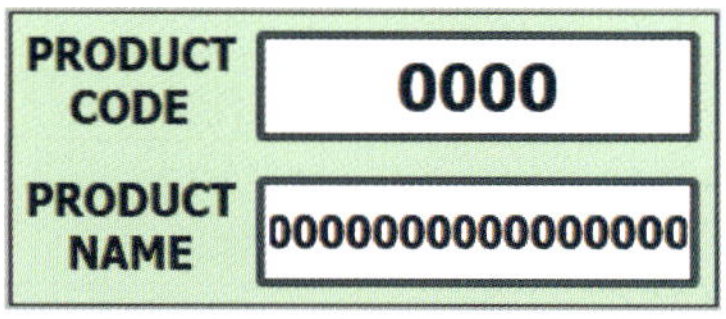
16	**생산지 코드와 명칭 표시하기** I/O Field를 사용해서 CODE 창과 NAME 창을 만든다. • CODE Tag : STR_ORIGIN, 타입 String, 문자 수는 2로 설정한다. • NAME Tag : STR_ORIGIN_NAME, 타입 String, 문자 수는 16으로 설정한다.	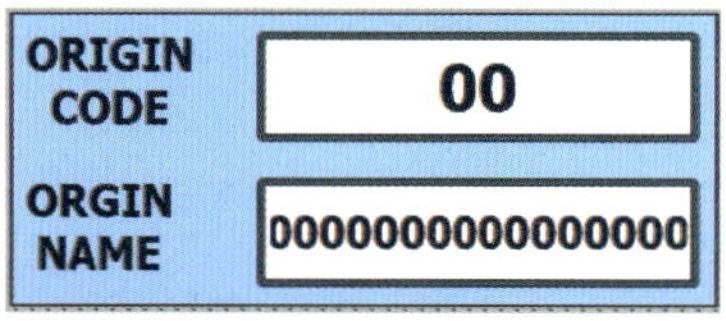
17	**제조년월 코드와 명칭 표시하기** I/O Field를 사용해서 CODE 창과 DATE 창을 만든다. • CODE Tag : STR_DATE, 타입 String, 문자 수는 2로 설정한다. • Date Tag : STR_CONCAT_TEMP, 타입 String, 문자 수는 16으로 설정한다.	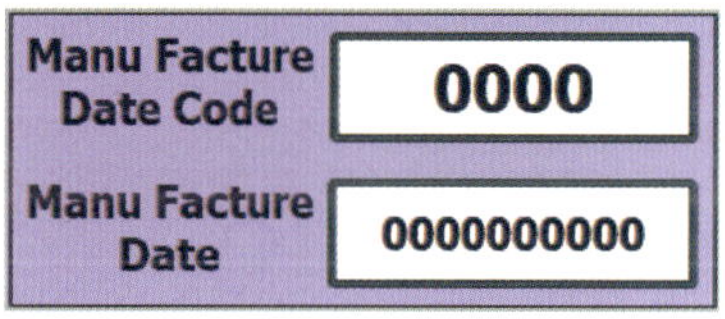

[표 13-27]은 바코드를 이용해 물품을 분류하는 프로그램의 HMI 화면을 나타낸 것이다.

[표 13-27] HMI 화면의 구성

구분	기능	변수명	변수 위치	구분	타입
BARCODE No.	바코드 전체 데이터	str_BARCODE	FB_인스턴스	Static	String
COMPANY CODE	바코드 회사 코드	STR_COMPANY	FB_인스턴스	Static	String
COMPANY NAME	회사 명칭	STR_COMPANY_NAME	FB_인스턴스	Static	String
ORIGIN CODE	바코드 생산지 코드	STR_ORIGIN	FB_인스턴스	Static	String
ORIGIN NAME	생산지 명칭	STR_ORIGIN_NAME	FB_인스턴스	Static	String
PRODUCT CODE	바코드 제품 코드	STR_PRODUCT	FB_인스턴스	Static	String
PORDUCT NAME	제품 명칭	STR_PRODUCT_NAME	FB_인스턴스	Static	String
Manu Facture Date Code	바코드 제조년월 코드	STR_DATE	FB_인스턴스	Static	String
Manu Facture Date	제조년월	STR_CONCAT_TEMP	FB_인스턴스	Static	String

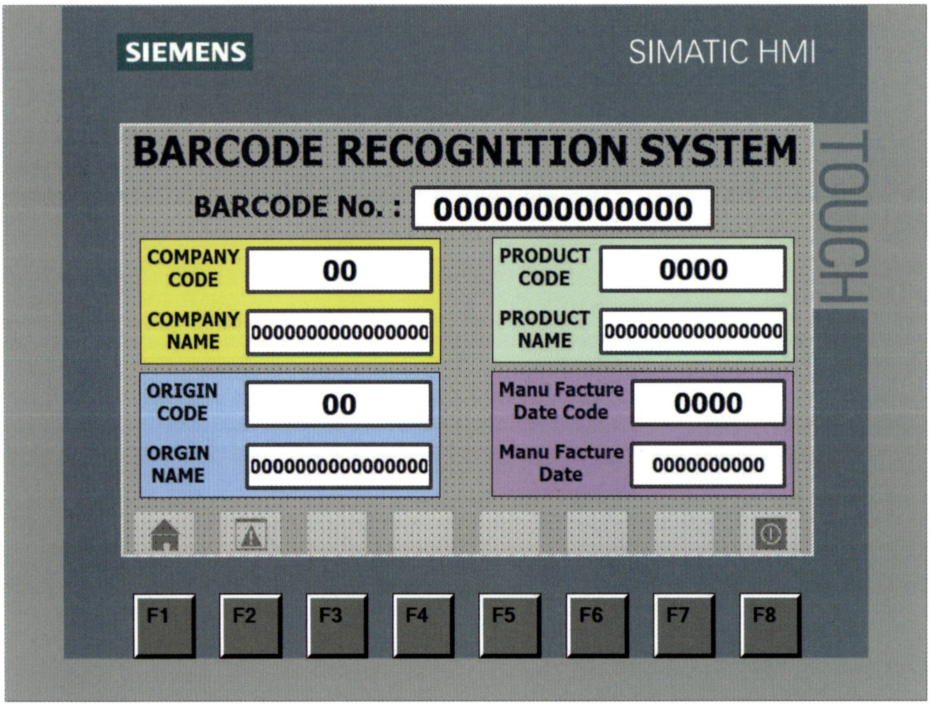

실습과제

13-4 GM65를 사용하여 RS232 송수신하기

13.1~13.3절

바코드 스캐너 GM65는 RS232 통신으로 스캐너의 동작을 제어할 수 있는 COMMAND TRIG MODE를 가지고 있다. RS232 송신을 사용해서 GM65를 동작시켜서 바코드를 스캔하는 방법에 대해 살펴보자.

CM1241과 GM65의 데이터 송수신 절차

GM65의 지령모드COMMAND TRIG MODE의 동작은 [그림 13-14]처럼 나타낼 수 있다. ❶ CM1241의 통신 모듈에서 GM65로 바코드 스캔 요청 메시지를 전송하면 ❷ GM65에서는 스캔 요청 메시지 수신에 대한 응답을 전송한 후에 바코드 스캔을 위한 동작을 시작하고 ❸ 바코드 스캔이 정상적으로 완료되면 바코드 스캔 메시지를 전송하는 순서로 동작을 한다. 따라서 ❷ ~ ❸번의 메시지 전송에는 시간 지연이 발생하게 된다. 만약 바코드 스캔을 하지 못하면 ❸번의 메시지는 전송하지 않고 ❷번 동작 후 바코드 스캔 설정 시간이 완료되면 바코드 스캔 동작을 종료한다.

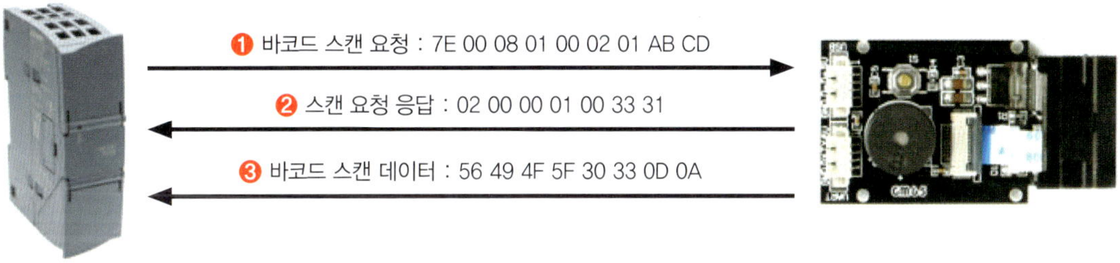

[그림 13-14] CM1241과 GM65의 통신 절차

바코드 스캔이 정상적으로 이루어지면 CM1214에서 수신하는 메시지는 [표 13-28]과 같은 형태가 된다. 그리고 메시지 중간에 바코드 스캔에 걸리는 시간이 있기 때문에 스캔 시간을 고려하지 않으면 CM1241에서는 2번에 걸친 수신 동작을 하게 되어 문제가 발생할 수 있다. 그리고 바코드 스캔 데이터 마지막에는 데이터의 종료문자 0D 0A가 포함되어 수신된다.

[표 13-28] 바코드 송수신 절차

스캔 요청 응답	바코드 스캔 시간	바코드 스캔 데이터
02 00 00 01 00 33 31	100ms ~ 300ms	56 49 4F 5F 30 33 0D 0A

따라서 CM1241(RS232) 모듈의 파라미터 설정에서 수신 종료는 **종료문자가 수신되면 종료**하거나 바코드 스캔 시간보다 더 **긴 시간(500ms 이상) 동안 데이터가 수신되지 않으면 종료**하는 것으로 설정하면 된다.

[표 13-29]는 GM65로 인식할 바코드를 나타낸 것이다. 해당 2차원 바코드에 어떤 데이터가 포함되어 있는지 확인을 위해 독자가 가지고 있는 스마트 폰을 이용해서 바코드를 인식해보기 바란다.

[표 13-29] 색상 표현을 위한 2D 바코드

색상	바코드	색상	바코드
청색 (BLU)		적색 (RED)	
황색 (YEL)		녹색 (GRE)	
주황색 (ORG)		자색 (VIO)	

GM65의 동작 조건

GM65의 지령모드는 컨베이어에서 이송되는 물품의 바코드를 인식할 때 많이 사용한다. 후반부 실습을 통해 [그림 13-15]와 같은 컨베이어를 통해서 물품이 이송되는 시스템을 사용해서 제어 프로그램을 작성하는 방법을 살펴볼 예정이다.

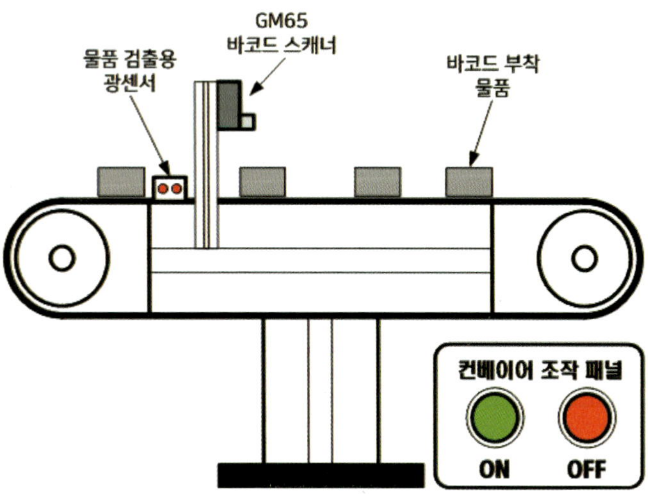

[그림 13-15] 컨베이어를 이용한 물품의 바코드 인식 시스템 구성

[표 13-30] 컨베이어 시스템의 입출력 구성

입력		출력	
ON 버튼	I1.0	컨베이어 ON	Q0.0
OFF 버튼	I1.1	컨베이어 정지 중 램프	Q0.5
물품 검출 광센서	I0.2	컨베이어 동작 중 램프	Q0.6

컨베이어는 [표 13-30]과 같이 2개의 푸시버튼과 1개의 물체 검출용 광센서, 컨베이어 동작을 위한 출력 1개, 컨베이어 동작 상태를 표시하기 위한 2개의 출력으로 구성되어 있다. [그림 13-15]에서 물품 검출용 광센서와 GM65 바코드 스캐너 검출 위치는 일치하지 않는다. 따라서 물품 검출용 광센서에서 바코드를 스캔할 물품이 검출되면 타이머를 사용해서 GM65의 스캔 위치에 도달하면 CM1241에서 GM65 트리거 메시지를 전송할 수 있도록 프로그램을 작성한다.

파라미터 설정

[표 13-31]은 CM1241(RS232) 모듈의 파라미터 설정 방법을 나타낸 것이다.

[표 13-31] CM1241(RS232) 모듈의 파라미터 설정

<table>
<tr><th>순서</th><th colspan="2">내용</th></tr>
<tr><td>1</td><td>CM1241(RS232) 파라미터 설정하기
파라미터 설정을 위한 통신 모듈을 선택한다.
❶ TIA Portal의 프로젝트 창에서 〈Project tree〉 창을 선택한다.
❷ 좌측에서 [Device configuration] 탭을 선택한다.
❸ CM1241(RS232) 모듈을 선택한다.</td><td>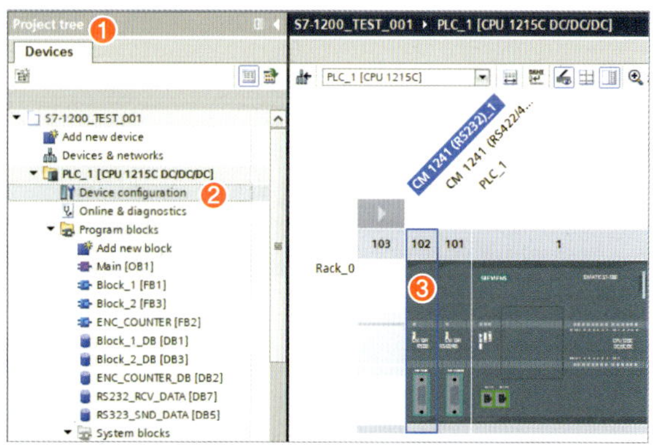
</td></tr>
<tr><td>2</td><td>Port configuration 설정하기
바코드 스캐너와 동일한 형식의 시리얼 통신 설정을 한다.
• Protocol : Freeport
• Baud rate : 38.4kbps
• Parity : No Parity
• Data bits : 8bits per character
• Stop bits : 1bit
• Flow control : None
• Wait time : 500</td><td>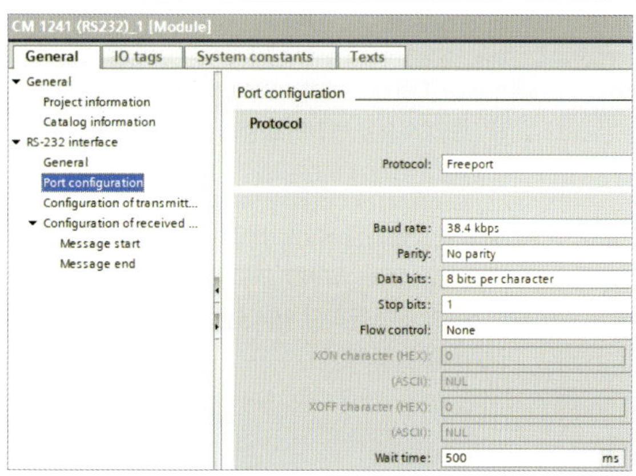
</td></tr>
</table>

순서	내용	
3	**데이터 수신 시작/종료 방법 설정하기** 바코드 스캐너의 데이터의 수신 시작/종료 방법에 대한 설정을 한다. ❶ [Message start] 탭에서 'Start on any character'을 선택하여 바코드 스캐너에서 데이터가 수신되는 즉시 수신되도록 한다. ❷ [Message end] 탭에서 본인이 원하는 수신 종료 방법을 설정한다. **TIP 수신 종료 모드** • **시간의 의한 종료** : 500ms 이상 데이터가 수신되지 않으면 수신 종료 (GM65만 해당) • **종료 코드에 의한 종료** : 수신 데이터에서 0D0A가 검출되면 수신 종료	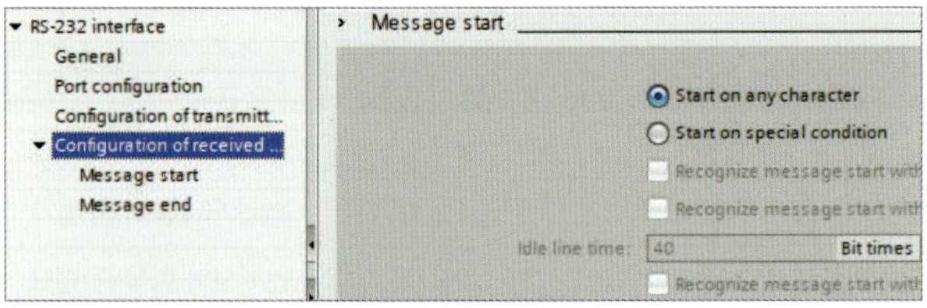 (a) 수신 시작 방법 설정 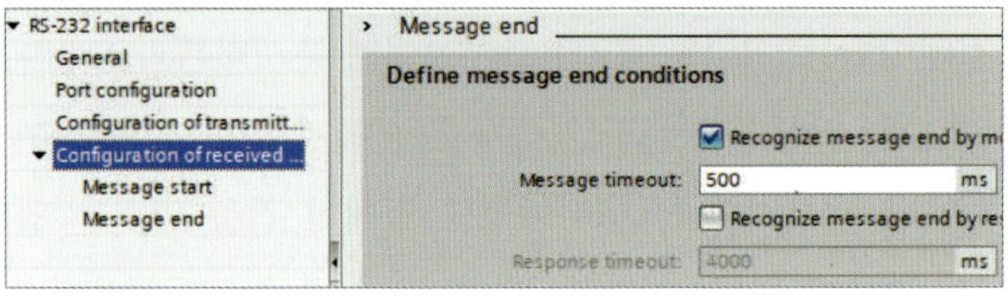 (b) 수신 종료 방법 설정 (1) 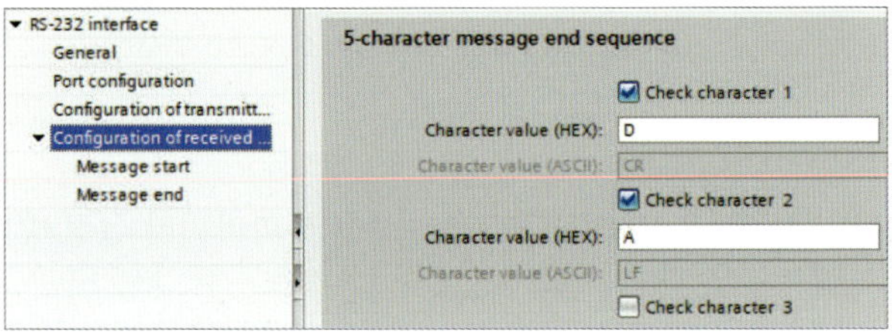 (c) 수신 종료 방법 설정 (2)

PLC 프로그램 작성

[표 13-32]는 RS232 송신을 사용해 GM65를 동작시키는 PLC 프로그램의 작성법을 나타낸 것이다.

[표 13-32] 컨베이어를 이용한 바코드 물품 분류 프로그램 작성

순서	내용	
1	**글로벌 DB에 변수 작성하기** ❶ 글로벌 DB를 만들고 프로그램 작성에 필요한 변수를 설정한다. ❷ DB에서 Offset 번지를 나타내기 위해 DB의 속성을 변경하고 컴파일하면 Offset 번지가 나타난다. ❸ 첫 번째에 등록된 바이트 배열 변수(GM65_TRIG_SEND_DATA)에 GM65의 스캔 동작을 위한 트리거 메시지를 등록한다.	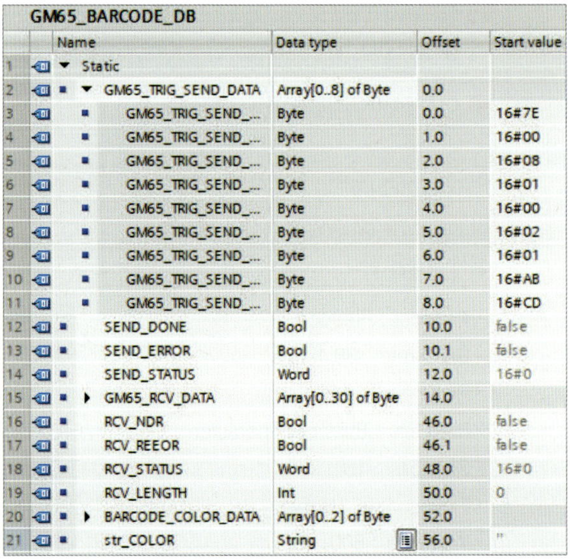

GM65_BARCODE_DB

	Name	Data type	Offset	Start value
1	▼ Static			
2	▼ GM65_TRIG_SEND_DATA	Array[0..8] of Byte	0.0	
3	GM65_TRIG_SEND_...	Byte	0.0	16#7E
4	GM65_TRIG_SEND_...	Byte	1.0	16#00
5	GM65_TRIG_SEND_...	Byte	2.0	16#08
6	GM65_TRIG_SEND_...	Byte	3.0	16#01
7	GM65_TRIG_SEND_...	Byte	4.0	16#00
8	GM65_TRIG_SEND_...	Byte	5.0	16#02
9	GM65_TRIG_SEND_...	Byte	6.0	16#01
10	GM65_TRIG_SEND_...	Byte	7.0	16#AB
11	GM65_TRIG_SEND_...	Byte	8.0	16#CD
12	SEND_DONE	Bool	10.0	false
13	SEND_ERROR	Bool	10.1	false
14	SEND_STATUS	Word	12.0	16#0
15	▶ GM65_RCV_DATA	Array[0..30] of Byte	14.0	
16	RCV_NDR	Bool	46.0	false
17	RCV_REEOR	Bool	46.1	false
18	RCV_STATUS	Word	48.0	16#0
19	RCV_LENGTH	Int	50.0	0
20	▶ BARCODE_COLOR_DATA	Array[0..2] of Byte	52.0	
21	str_COLOR	String	56.0	''

2

FB1 만들고 내부 변수 설정하기

❶ 〈Projet tree〉 창의 [Program blocks] 폴더에 있는 'Add new block'을 선택한다.

❷ 컨베이어 제어를 위해 CONVEYOR_ON_OFF라는 이름을 가진 FB를 만들고 내부 변수를 설정한다.

TIP 내부 변수

- Static에 있는 HMI로 시작되는 변수는 외부 입력과 HMI에서 작성한 버튼과 구분해서 사용하기 위해 만든 변수이다.
- IEC_Timer_0_Instance는 프로그램 작성할 때 사용하는 TON 타이머의 인스턴스로 멀티플 인스턴스로 등록한 것이다.

CONVEYOR_ON_OFF

	Name	Data type	Default val...
1	▼ Input		
2	ON	Bool	false
3	OFF	Bool	false
4	SEN_IN	Bool	false
5	OK_IN	Bool	false
6	RST_IN	Bool	false
7	▼ Output		
8	RUN	Bool	false
9	STATE	Bool	false
10	TRIG_OUT	Bool	false
11	▼ InOut		
12	<Add new>		
13	▼ Static		
14	HMI_ON	Bool	false
15	HMI_OFF	Bool	false
16	HMI_RST	Bool	false
17	K1	Bool	false
18	K2	Bool	false
19	K3	Bool	false
20	EG1	Bool	false
21	EG2	Bool	false
22	▸ IEC_Timer_0_Instance	TON_TIME	

3

FB1 프로그램 작성하기

(네트워크 1번)

외부 입력 또는 HMI 입력에 의해 컨베이어 구동을 위한 내부 비트 K1의 on/off를 제어한다.

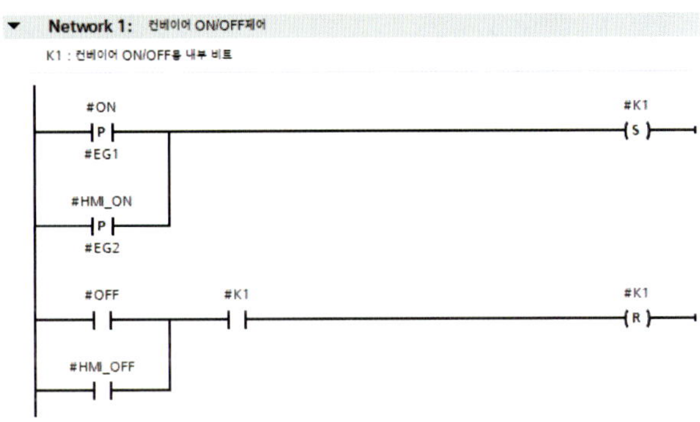

4

FB1 프로그램 작성하기

(네트워크 2~3번)

- 네트워크 2번 : 바코드 스캔 물품이 검출용 광센서에 의해 검출되면 타이머를 동작시켜 물품이 GM65 스캔 위치에 동작할 때 컨베이어를 일시 정지하고, 바코드 스캔 완료 신호 OK_IN이 on되면 타이머 동작을 중지해서 컨베이어가 동작하도록 한다.
- 네트워크 3번 : 컨베이어 구동을 위한 출력과 컨베이어 동작 상태 출력을 on 한다.

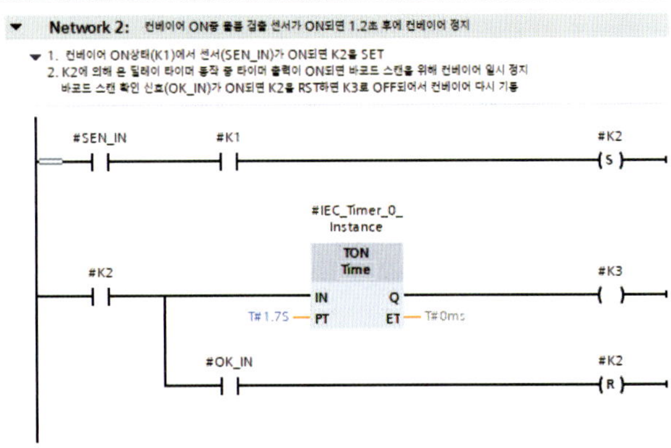

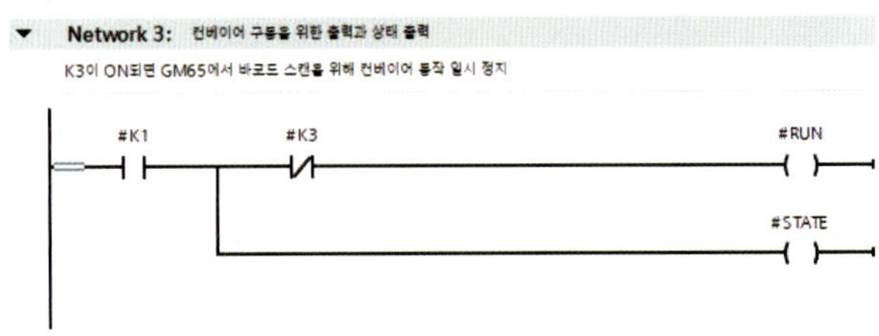

5

FB1 프로그램 작성하기

(네트워크 4~5번)

- 네트워크 4번 : GM65가 바코드 스캔을 위한 메시지 전송을 위한 트리거 신호를 출력한다.
- 네트워크 5번 : 외부 및 HMI에서 리셋 입력에 의해 내부 변수 K1, K2, K3를 리셋한다.

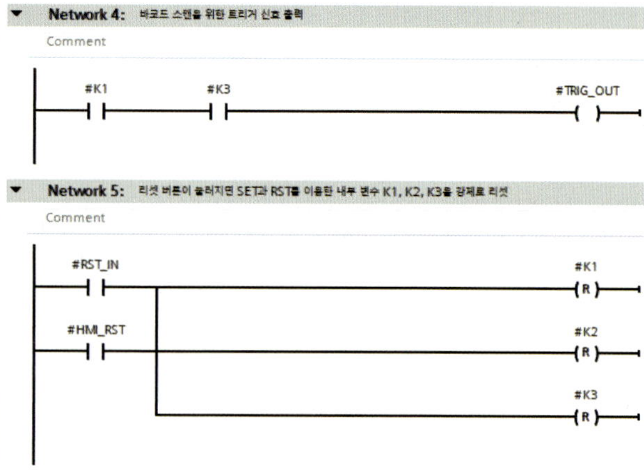

6

FB1 컴파일하기

컨베이어 제어를 위한 프로그램 작성을 완료한 후에 해당 FB를 컴파일한다.

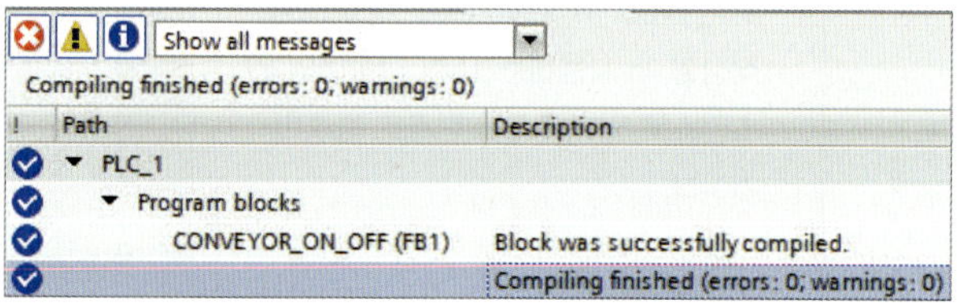

7

FB2 만들고 내부 변수 설정하기

❶ GM65를 사용해서 바코드를 스캔하기 위한 GM65_BARCODE_SCAN이라는 이름을 가진 FB를 만들고 해당 FB에서 사용할 변수를 등록한다.

❷ 프로그램을 작성하면서 SFB를 호출할 때 멀티플 인스턴스로 등록한다.

TIP SFB용 인스턴스

Static에 등록한 변수 중 _instance로 끝나는 변수를 말한다.

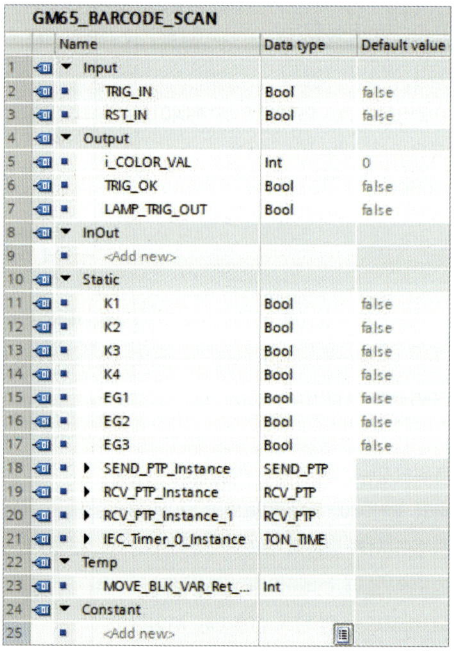

GM65_BARCODE_SCAN

	Name	Data type	Default value
1	Input		
2	TRIG_IN	Bool	false
3	RST_IN	Bool	false
4	Output		
5	i_COLOR_VAL	Int	0
6	TRIG_OK	Bool	false
7	LAMP_TRIG_OUT	Bool	false
8	InOut		
9	<Add new>		
10	Static		
11	K1	Bool	false
12	K2	Bool	false
13	K3	Bool	false
14	K4	Bool	false
15	EG1	Bool	false
16	EG2	Bool	false
17	EG3	Bool	false
18	SEND_PTP_Instance	SEND_PTP	
19	RCV_PTP_Instance	RCV_PTP	
20	RCV_PTP_Instance_1	RCV_PTP	
21	IEC_Timer_0_Instance	TON_TIME	
22	Temp		
23	MOVE_BLK_VAR_Ret_...	Int	
24	Constant		
25	<Add new>		

<table>
<tr>
<td>8</td>
<td>

FB2 프로그램 작성하기
(네트워크 1번)

SEND_PTP 명령어를 사용해서 GM65 트리거 메시지를 전송한다.

</td>
<td>

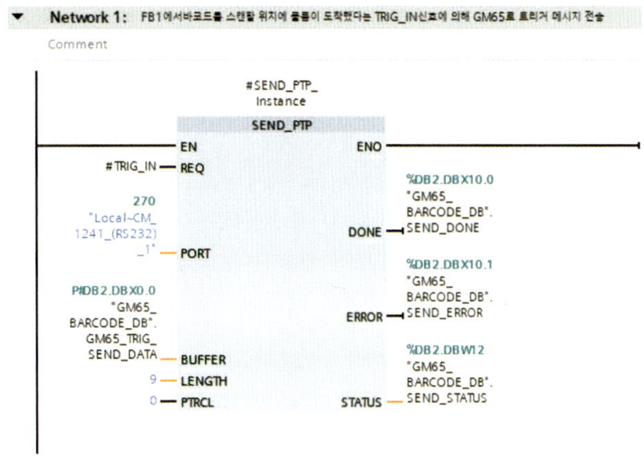

</td>
</tr>
<tr>
<td>9</td>
<td>

FB2 프로그램 작성하기
(네트워크 2번)

❶ SEND_PTP의 동작 완료 신호를 사용해서 GM65로부터 메시지를 수신하는 RCV_PTP 명령을 실행한다.

❷ GM65로부터 메시지 수신을 완료하면 다음 물품의 바코드 스캔을 위해 컨베이어 일시정지를 해제할 TRIG_OK 출력을 ON한다.

</td>
<td>

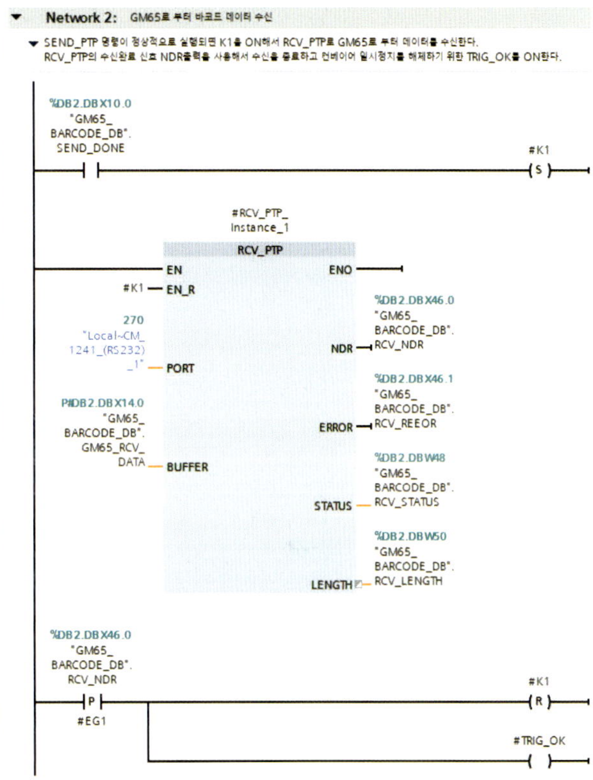

</td>
</tr>
</table>

10

FB2 프로그램 작성하기

(네트워크 3번)

GM65에서 수신한 메시지에는 색상 정보 데이터 외에도 CM1241에서 GM65로 전송한 트리거 메시지를 정상적으로 수신했다는 7바이트의 데이터가 포함되어 있다.

따라서 GM65로부터 수신한 데이터 배열에서 색상 정보 3바이트를 분리할 때 트리거 확인용 바이트 7바이트를 제외하고, 색상 정보 3바이트만을 MOVE_BLK_VARIANT 명령의 출력 DEST에 설정한 배열에 저장한다.

색상 정보 데이터 분리 작업이 완료되면 다음 메시지 수신을 위해 수신 배열을 클리어한다.

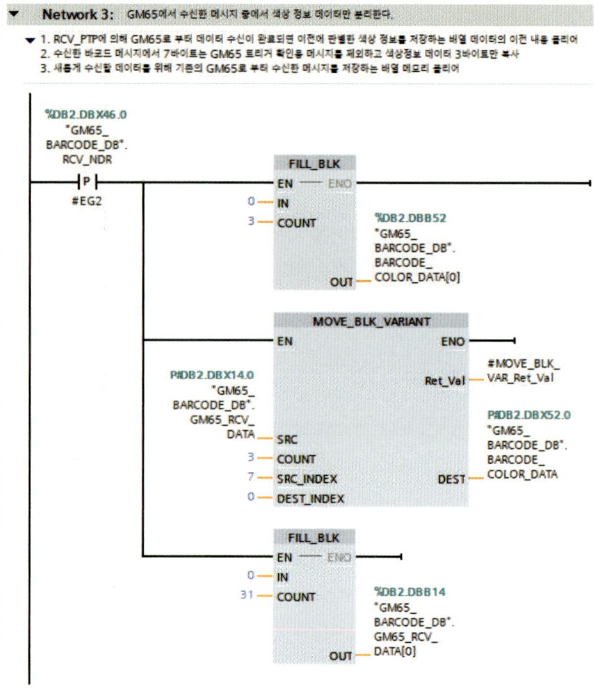

11

FB2 프로그램 작성하기

(네트워크 4번)

❶ 네트워크 3번에서 작업한 색상 정보 3바이트의 문자 데이터를 문자열로 변환한다.

❷ 문자열로 변환한 데이터를 기준 색상 문자열과 비교하여 HMI에 표현할 색상 정보 정수로 변환한다.

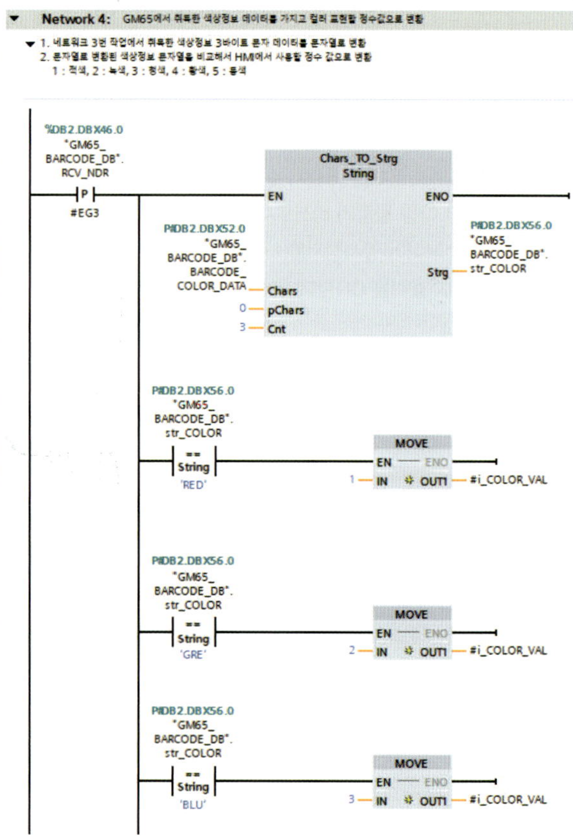

11		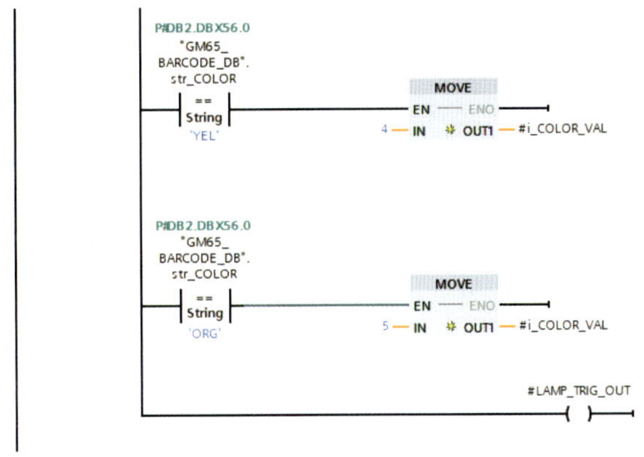
12	**FB2 프로그램 작성하기** (네트워크 5번) 색상 판별 완료 신호를 사용해서 온 딜레이 타이머를 1초로 설정한 다음, 1초 후에 색상 판별 정보를 초기화한다.	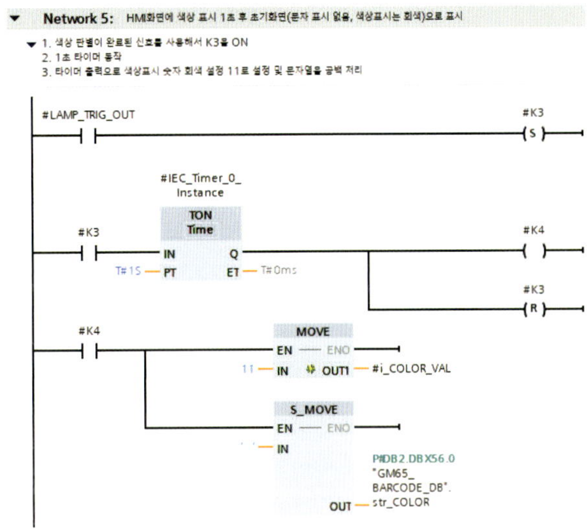
13	**FB2 프로그램 작성하기** (네트워크 6번) 외부 및 HMI에서 리셋 입력에 의해 내부 변수 K1, K2를 리셋한다.	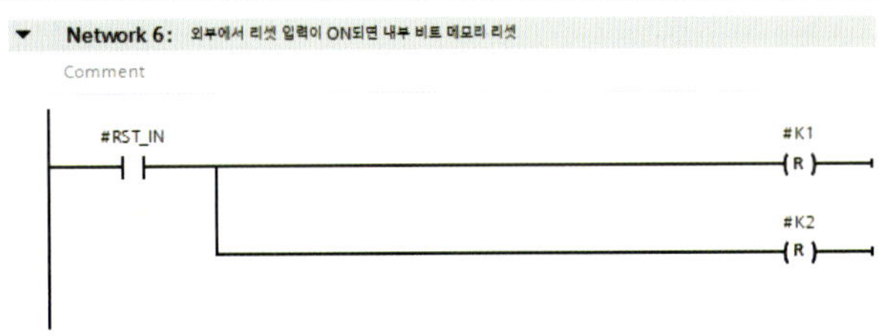
14	**FB2 컴파일하기** 바코드 스캔을 위한 프로그램 작성을 완료한 후에 해당 FB를 컴파일한다.	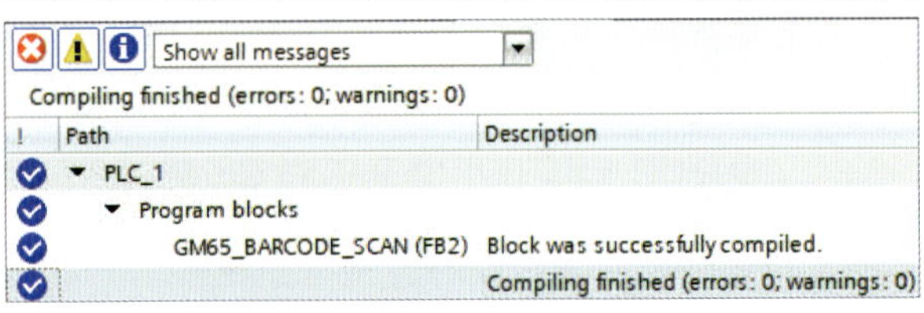

<table>
<tr><td>15</td><td>OB1 작성하기
(네트워크 1번)
컨베이어 제어를 위한 FB1을 호출하고 입출력 변수를 설정한다.</td><td>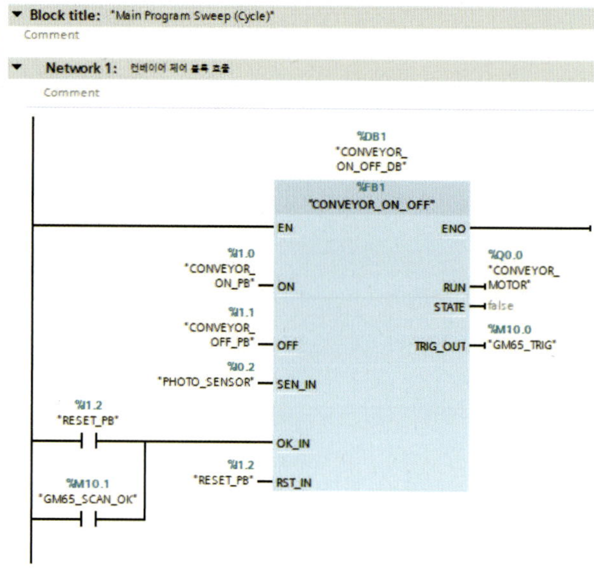
</td></tr>
<tr><td>16</td><td>OB1 작성하기
(네트워크 2번)
바코드 스캔을 위한 FB2를 호출하고 입출력 변수를 설정한다.</td><td>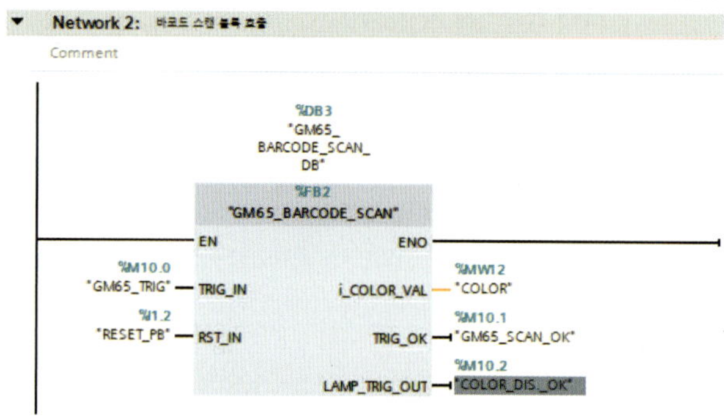
</td></tr>
<tr><td>17</td><td>OB1 컴파일하기
컨베이어 제어를 위한 프로그램 작성을 완료한 후에 해당 FB를 컴파일한다.</td><td>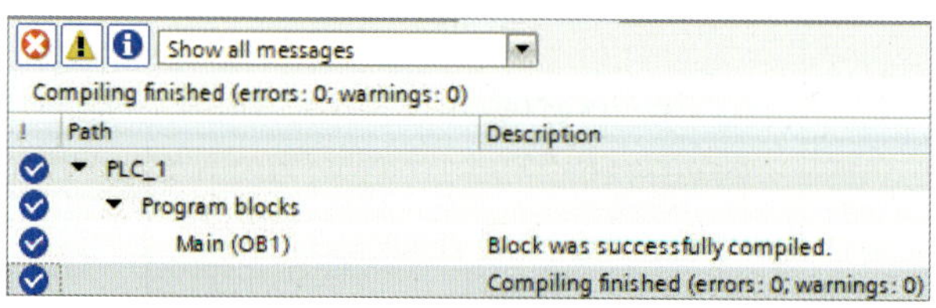
</td></tr>
<tr><td>18</td><td colspan="2">화면 작업 내용 표시와 바코드 데이터 표시
❶ BARCODE RECOGNITION SYSTEM과 BARCODE DATA는 툴박스의 Basic object 항목에 있는 'Text 있는 기능'을 사용해서 작성한다.
❷ 수신한 바코드 데이터를 표시하는 창은 툴박스의 Element 항목에 있는 I/O Field를 사용해서 만든다.
❸ Tag는 GM65_BARCODE_DB의 str_COLOR를 지정하고 디스플레이 포맷은 String, Field length는 4문자로 설정한다.

</td></tr>
</table>

<table>
<tr>
<td>19</td>
<td>

색상 표시 사각 박스

❶ Basic object에 있는 사각박스를 사용해서 색상 표시용 박스를 만든다.

❷ 속성 메뉴에서 [Animations] 탭의 [Apperance]를 선택하고 Tag는 'GM65_BARCODE_SCAN_DB의 i_COLOT_VAL'을 지정하고 해당 값에 의해 색상을 지정한다.

</td>
<td>

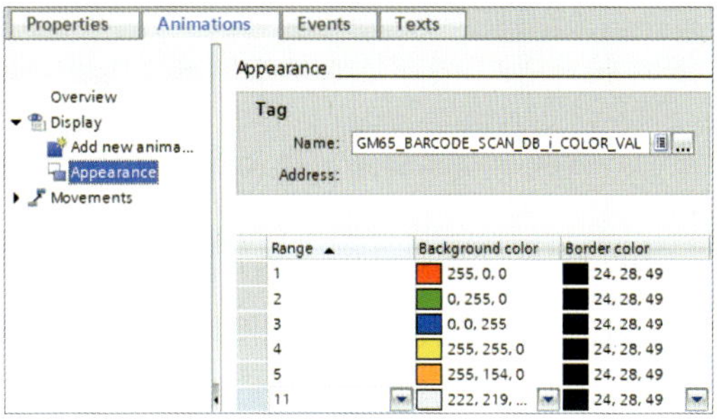

</td>
</tr>
<tr>
<td>20</td>
<td>

컨베이어 제어용 판넬

CONVEYOR CONTROL PANNEL의 문자는 툴 박스의 Basic object 항목에서 'Text 있는 기능'을 사용해서 작성한다.

❶ 램프는 Basic object에 있는 사각 박스를 사용해서 만든다.

❷ 속성 메뉴에서 [Animations] 탭의 [Apperance]를 선택하고 CONVEYOR_ON_OFF_DB에 있는 STATE를 Tag로 지정한다(0일 때는 회색, 1일 때는 녹색으로 설정).

❸ ON, OFF, RST는 Tool box의 Element 항목에 있는 Button을 이용해서 만든다.

</td>
<td>

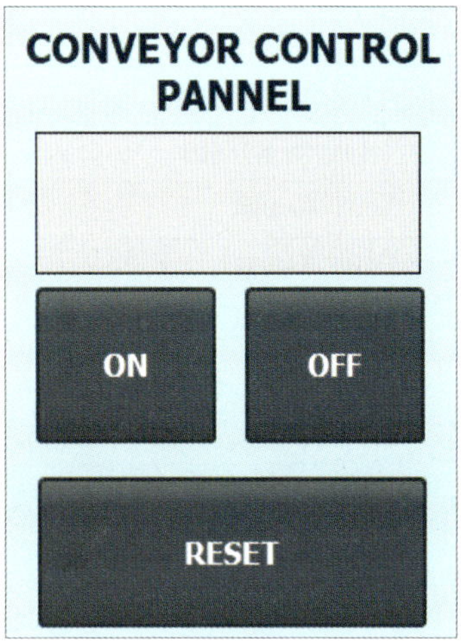

</td>
</tr>
<tr>
<td>21</td>
<td>

컨베이어 제어용 판넬

❶ ON 버튼의 속성에서 [Events] 탭을 선택하고 좌측의 [Press]를 선택한다.

❷ SetWhileKeyPressed를 선택한 다음, Tag는 CONVEYOR_ON_OFF_DB에 있는 HMI_ON을 지정한다.

❸ OFF와 RST 버튼의 속성도 ON 버튼과 동일한 조건으로 설정한다. Tag의 경우 OFF 버튼에는 HMI_OFF, RST 버튼에는 HMI_RST로 지정한다.

</td>
<td>

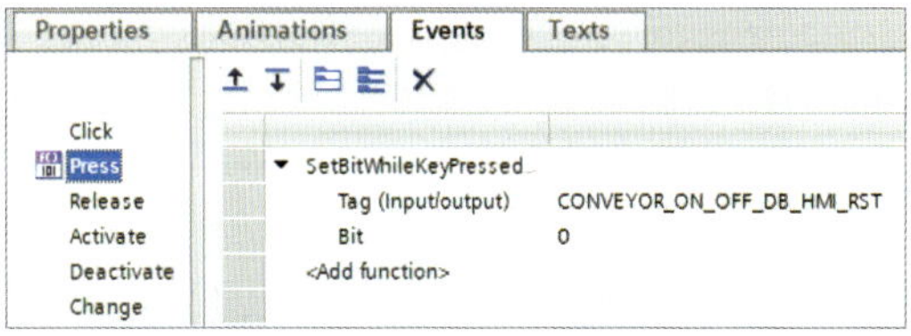

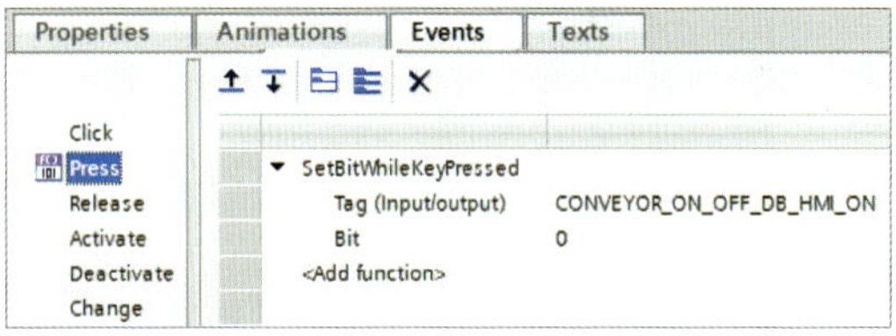

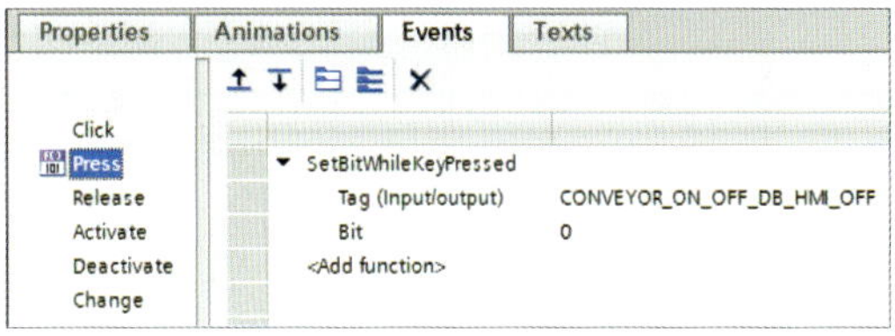

</td>
</tr>
</table>

바코드 스캔을 통한 색상 판별 프로그램의 작성을 완료했으면 작성한 전체 프로그램 폴더를 선택해 프로젝트를 저장, 컴파일한 후 에러가 없으면 PLC로 다운로드한다.

[표 13-33]은 컨베이어에 의해 이송되는 물품의 바코드에 등록된 색상 정보를 판별하는 시스템 구성을 조작하기 위한 HMI의 구성을 나타낸 것이다.

[표 13-33] HMI 화면의 구성

구분	기능	변수명	변수 위치	구분	타입
BARCODE DATA	색상 문자 표시	str_COLOR	글로벌 DB	Static	String
색상 표시 램프	색상 문자 램프 표시	i_COLOR_VAL	FB_인스턴스	Static	Int
컨베이어 동작 램프	컨베이어 동작 램프	STATE	FB_인스턴스	Static	Bool
ON	푸시버튼	HMI_ON	FB_인스턴스	Static	Bool
OFF	푸시버튼	HMI_OFF	FB_인스턴스	Static	Bool
RESET	푸시버튼	HMI_RST	FB_인스턴스	Static	Bool

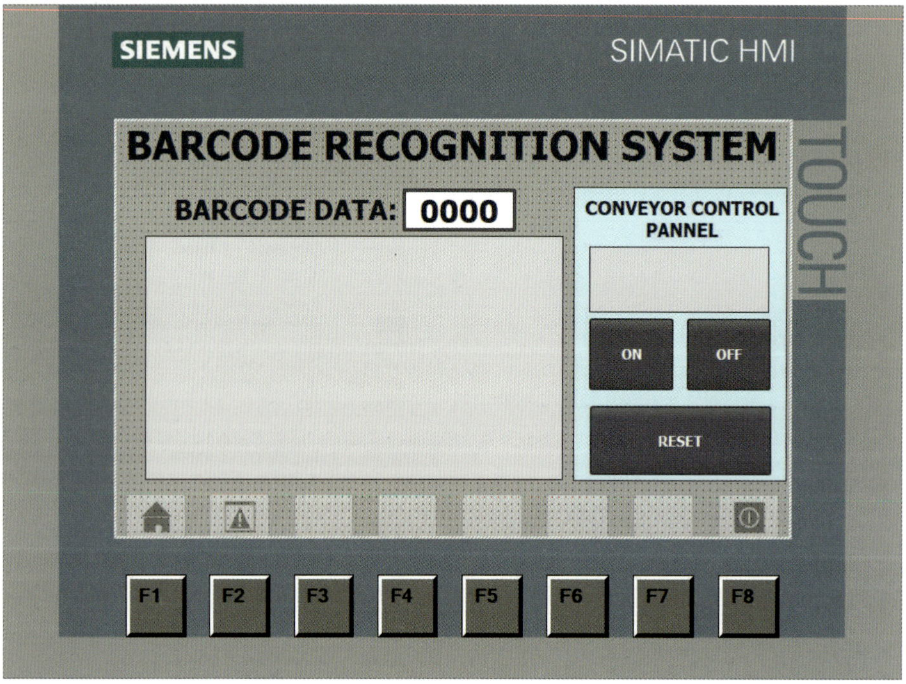

실습과제

13-5 아두이노와 RS232 통신하기(네오픽셀 제어) 13.4절

S7-1200 PLC의 RS232 통신 모듈을 사용하여 아두이노와의 통신을 통해서 네오픽셀을 제어하는 방법에 대해 살펴보자.

PLC의 입력에 연결된 버튼을 조작하여 아두이노에 연결되어 있는 네오픽셀의 색상을 RS232 통신을 사용해서 제어하는 방법에 대해 살펴보자.

네오픽셀에 적색 색상의 램프 점등을 위해 PLC에서는 RS232 통신으로 아두이노로 '0x52 0x0D 0x0A'로 구성된 3바이트 데이터를 송신하면, 아두이노는 해당 데이터를 수신하여 첫 번째 바이트의 ASCII 코드값이 'R(0x52)'이면 적색으로 점등, 'G(0x47)'이면 녹색, 'B(0x42)'이면 청색, '1(0x31)'이면 백색으로 점등된다. 그리고 '2(0x32)'이면 네오픽셀을 소등한다. 네오픽셀의 색상 제어를 위해 [표 13-34]처럼 HMI 화면에 5개의 버튼을 만든다. 해당 버튼을 누르면 사전에 정의한 네오픽셀 램프 점등을 위한 데이터를 전송한다.

[표 13-34] PLC의 입력에 따른 송신 조건과 아두이노 동작 조건

PLC 송신 데이터(16진수 표현)			아두이노 동작 조건
RED 버튼	52 0D 0A	→	네오픽셀이 적색으로 점등된다.
GRE 버튼	47 0D 0A	→	네오픽셀이 녹색으로 점등된다.
BLU 버튼	42 0D 0A	→	네오픽셀이 청색으로 점등된다.
WHI 버튼	31 0D 0A	→	네오픽셀이 백색으로 점등된다.
OFF 버튼	32 0D 0A	→	네오픽셀이 소등된다.

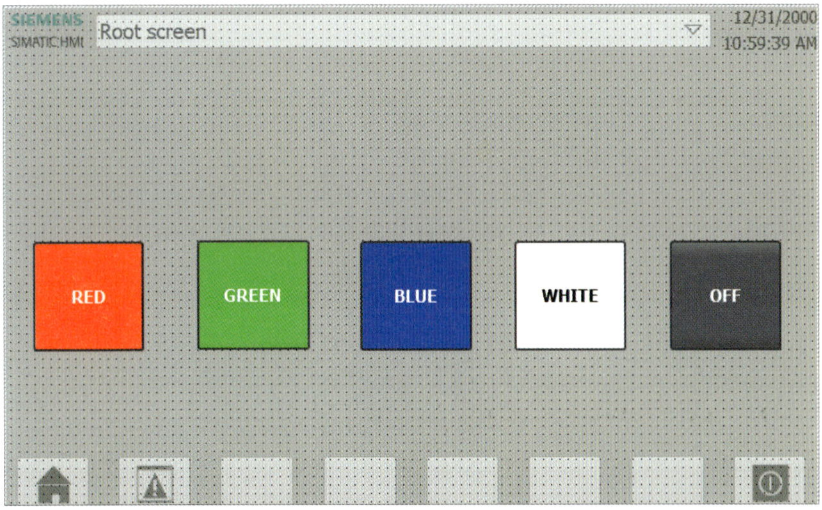

아두이노 우노의 프로그램 작성

[표 13-14]처럼 아두이노에 네오픽셀과 LCD 디스플레이의 결선을 하고 [코드 13-1]을 아두이노 IDE에서 작성한 후에 실습을 위한 아두이노 우노에 전송한다. 프로그램을 전송할 때 실습에 사용하는 RS232 쉴드의 프로그램/동작 모드 선택 스위치를 OFF 상태로 두어야 한다. 다운로드를 완료한 후에는 PLC와 아두이노 우노의 RS232 통신을 위해 ON 상태로 변경한다.

코드 13-1 네오픽셀 제어를 위한 시리얼 통신 프로그램

```
#include <Adafruit_NeoPixel.h>

#define NEO_PIN         8          // 네오픽셀 연결 아두이노 핀 번호
#define NEO_PIXELS      8          // 네오픽셀 LED의 개수

Adafruit_NeoPixel
           pixel = Adafruit_NeoPixel(NEO_PIXELS, NEO_PIN, NEO_GRB + NEO_KHZ800);

uint32_t RED = pixel.Color(255, 0, 0);            // 적색 색상 변수 선언
uint32_t GRE = pixel.Color(0, 255, 0);            // 녹색 색상 변수 선언
uint32_t BLU = pixel.Color(0, 0, 255);            // 청색 색상 변수 선언
uint32_t WHI = pixel.Color(255, 255, 255);        // 백색 색상 변수 선언

byte rcvData[3];        // 수신 데이터 저장용 바이트 배열
int rcvCnt;             // 수신 데이터 카운터 변수

void setup() {
  Serial.begin(9600);   // 시리얼 통신 9600, 8, N, 1
  pixel.begin();        // 네오픽셀 객체 실행
  pixel.clear();        // 네오픽셀 소등 동작 설정
  pixel.show();         // 네오픽셀 소등 실행
}

void loop() {
  if(Serial.available()){             // 수신 데이터가 있다면
    char data = Serial.read();        // 수신 데이터 읽어오기
    if(rcvCnt < 3){                   // 수신 데이터 바이트 개수가 3보다 작으면
      rcvData[rcvCnt] = data;         // 수신 데이터 배열에 저장
      rcvCnt++;                       // 수신 데이터 바이트 개수 증가
    }
    if(rcvCnt == 3){                   // 수신 데이터 바이트 개수가 3이면
      neopixelDisplay(rcvData[0]);     // 네오픽셀 점등용 함수 호출
      rcvCnt = 0;                      // 수신 데이터 개수 클리어
    }
  }
}
```

```
/* 네오픽셀 점등을 위한 함수 */
void neopixelDisplay(byte Data) {
  switch(Data) {
    case 'R':                 // 네오픽셀 적색 점등
      pixel.fill(RED);
      pixel.show();
      break;
    case 'G':
      pixel.fill(GRE);        // 네오픽셀 녹색 점등
      pixel.show();
      break;
    case 'B':
      pixel.fill(BLU);        // 네오픽셀 청색 점등
      pixel.show();
      break;
    case '1':                 // 네오픽셀 백색 점등
      pixel.fill(WHI);
      pixel.show();
      break;
    case '2':                 // 네오픽셀 소등
      pixel.clear();
      pixel.show();
      break;
    default:
      break;
  }
}
```

아두이노 동작 확인

아두이노와 PLC를 사용해서 통신 실습을 하기 전에 전송한 프로그램이 정상 동작하는지 확인절차를 거쳐야 한다. CFTerm을 사용해서 아두이노 프로그램의 동작을 확인하는 절차를 살펴보자.

[표 13-35] CFTerm을 사용한 아두이노 프로그램 동작 확인 절차

<table>
<tr><th>순서</th><th colspan="2">내용</th></tr>
<tr><td>1</td><td>

CFTerm을 이용한 동작 테스트

아두이노의 프로그램 작성과 다운로드를 마쳤으면 아두이노 RS232 쉴드에 있는 프로그램/동작 모드 스위치를 ON 상태로 변경한 후에 CFTerm을 이용해서 아두이노의 정상 동작 여부를 확인한다.

CFTerm을 실행한 후에 통신 속도는 9600, 패리티 없음, 스톱비트는 1비트로 설정한 후에 OPEN 버튼을 클릭한다.

</td><td>
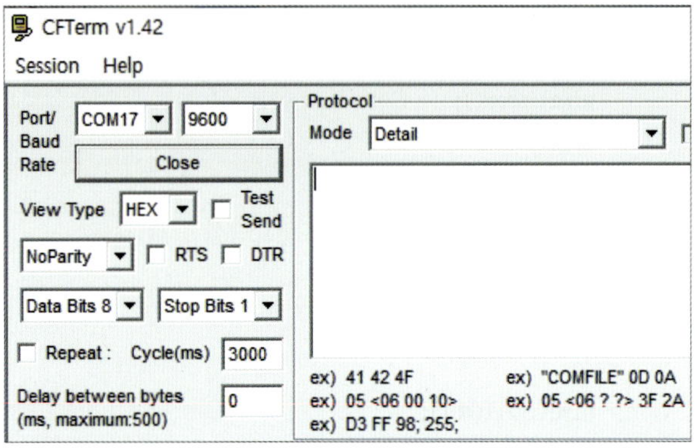

</td></tr>
<tr><td>2</td><td>

네오픽셀 적색 점등

CFTerm의 프로토콜 모드를 'Detail'로 설정하고 적색 램프를 점등하기 위한 16진수 3자리 '52 0D 0A'를 입력한 후에 [Send] 버튼을 클릭해 아두이노로 전송했을 때 네오픽셀 램프가 적색으로 점등되는지 확인한다.

</td><td>
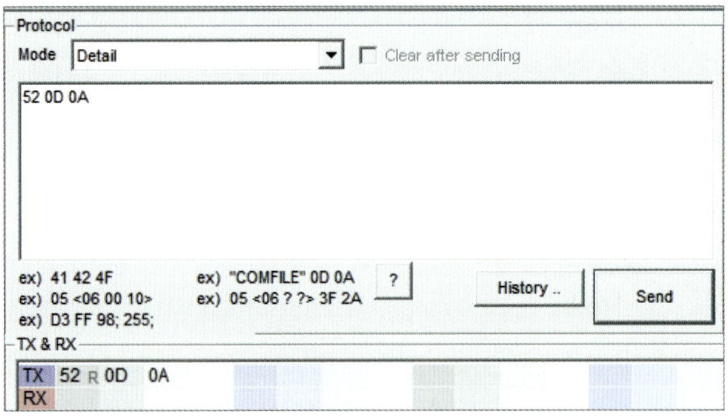

</td></tr>
<tr><td>3</td><td>

네오픽셀 소등

네오픽셀 램프를 소등하기 위한 16진수 3자리 '32 0D 0A'를 입력한 후에 [Send] 버튼을 클릭해 아두이노로 전송했을 때 네오픽셀 램프가 소등되는지 확인한다.

</td><td>
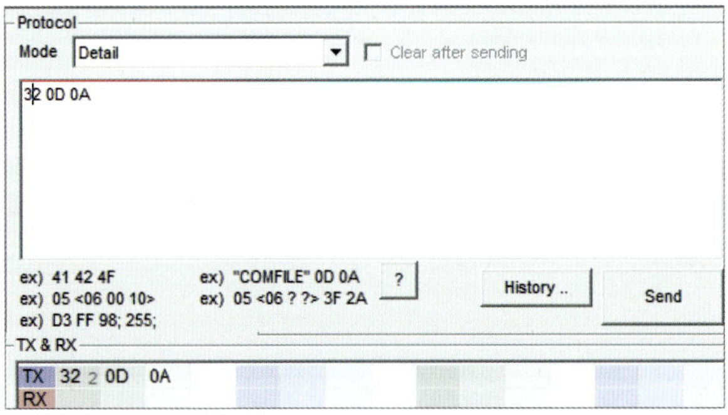

</td></tr>
</table>

PLC 프로그램 작성

CM1241(RS232) 모듈을 사용한 통신 프로그램 작성 절차는 [표 13-38]과 같다. 아두이노의 RS232의 통신 속도 Baud rate를 9600bps로 설정해 놓았기 때문에 CM1241에서도 동일한 조건으로 통신 파라미터를 설정한다.

[표 13-36] 아두이노와 RS232 통신을 위한 프로그램 작성

<table>
<tr><th>순서</th><th>내용</th></tr>
<tr><td>1</td><td>

CM1241 통신포트 파라미터 설정하기

아두이노와 통신을 위한 RS232 통신포트의 파라미터를 설정한다.

- Protocol : Freeport
- Baud rate : 9600bps
- Parity : No parity
- Data bits : 8bits
- Stop bits : 1
- Flow control : None
- Wait time : 20000

이번 실습과제는 PLC에서 아두이노로 데이터를 송신만 하기 때문에 수신을 위한 설정은 필요 없다.

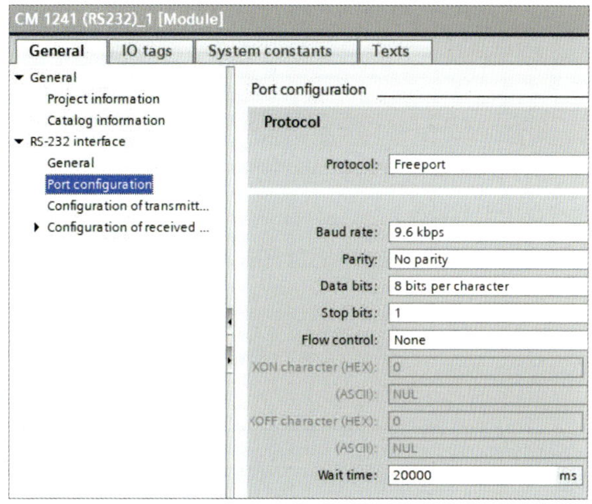

</td></tr>
<tr><td>2</td><td>

글로벌 DB 만들기

아두이노에 전송할 데이터를 저장할 글로벌 DB를 만든다. 아두이노에 전송할 데이터는 3바이트로 고정되어 있고, 첫 번째 바이트의 내용만 컬러 색상 설정에 따라 달라지고 나머지 2바이트는 항상 고정된 값이 사용된다. 따라서 3개의 바이트 배열로 변수를 설정하고 2, 3번째 바이트에는 고정값 0D, 0A를 설정한다.

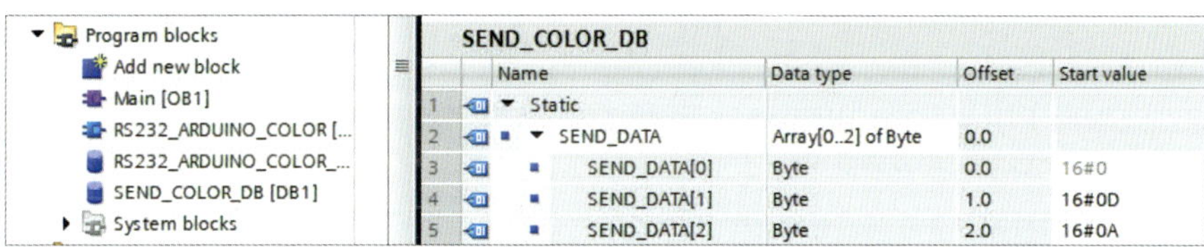

</td></tr>
<tr><td>3</td><td>

DB 파라미터 변경하기 (1)

DB를 선택한 후에 마우스 오른쪽 버튼을 클릭해 나타난 메뉴에서 'Properties...'를 선택한다.

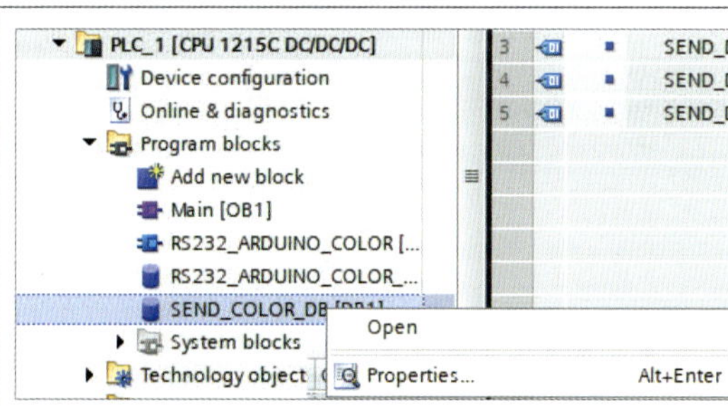

</td></tr>
<tr><td>4</td><td>

DB 파라미터 변경하기 (2)

[Attributes]를 선택해서 나타난 항목 중에서 'Optimized...' 항목의 체크 박스의 체크를 해제한 후에 [OK] 버튼을 클릭한다.

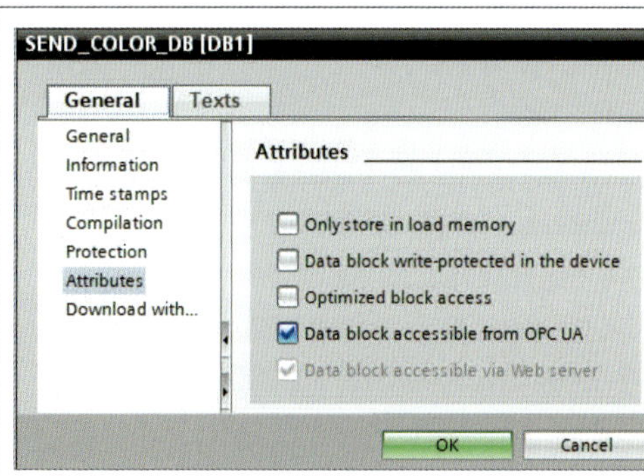

</td></tr>
</table>

5

DB 컴파일하기

글로벌 DB의 속성 변경을 완료한 후에 컴파일하면 Offset에 메모리 번지가 나타난다.

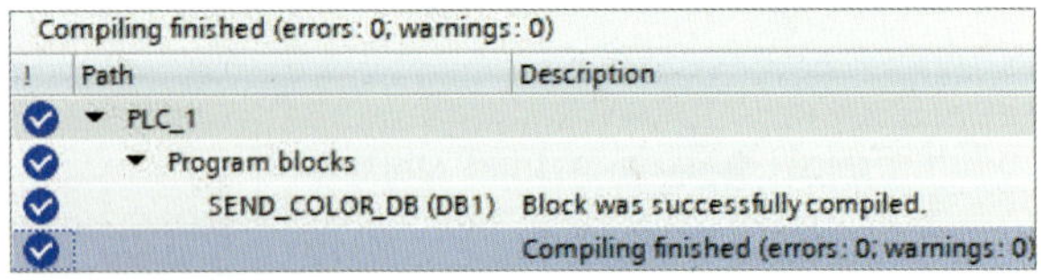

6

FB1 만들기

아두이노와 통신에 사용할 FB를 새롭게 만든다.

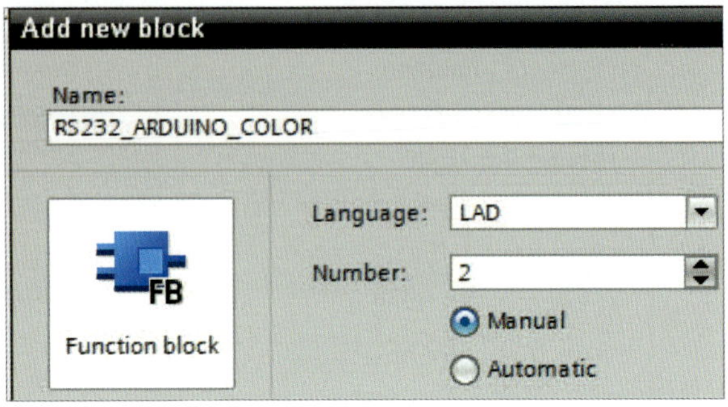

7

FB1의 내부 변수 설정하기

FB 프로그램 작성에 필요한 변수를 설정한다.

Data type에서 SEND_PTP는 전송에 필요한 SEND_PTP 명령어를 사용할 때 DB를 멀티플 인스턴스로 설정한 것을 나타낸다. 따라서 프로그램 작성 중에 만들어지는 변수이고 나머지는 사전에 설정하거나 또는 프로그램을 작성할 때 필요할 때 설정하면 된다.

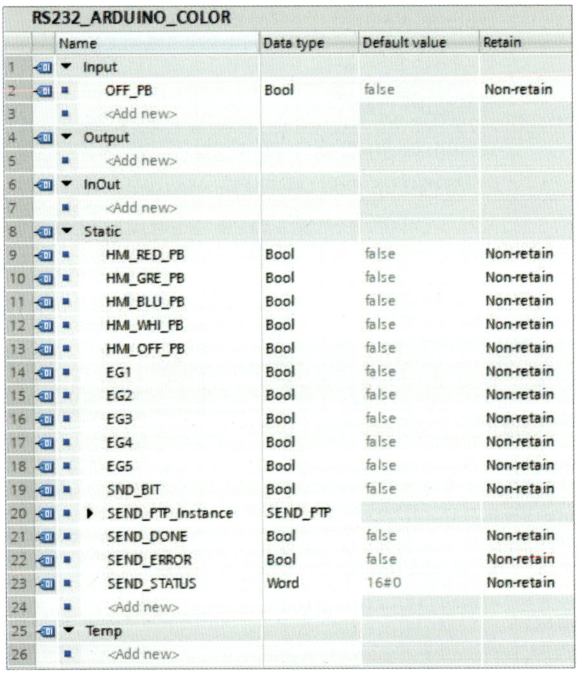

	Name	Data type	Default value	Retain
1	Input			
2	OFF_PB	Bool	false	Non-retain
3	<Add new>			
4	Output			
5	<Add new>			
6	InOut			
7	<Add new>			
8	Static			
9	HMI_RED_PB	Bool	false	Non-retain
10	HMI_GRE_PB	Bool	false	Non-retain
11	HMI_BLU_PB	Bool	false	Non-retain
12	HMI_WHI_PB	Bool	false	Non-retain
13	HMI_OFF_PB	Bool	false	Non-retain
14	EG1	Bool	false	Non-retain
15	EG2	Bool	false	Non-retain
16	EG3	Bool	false	Non-retain
17	EG4	Bool	false	Non-retain
18	EG5	Bool	false	Non-retain
19	SND_BIT	Bool	false	Non-retain
20	SEND_PTP_Instance	SEND_PTP		
21	SEND_DONE	Bool	false	Non-retain
22	SEND_ERROR	Bool	false	Non-retain
23	SEND_STATUS	Word	16#0	Non-retain
24	<Add new>			
25	Temp			
26	<Add new>			

8

FB1 프로그램 작성하기

(네트워크 1번)

네오픽셀 점등을 위한 버튼이 눌러질 때마다 네오픽셀 색상 점등용 데이터를 설정한다. 전송할 데이터 3바이트 중 종료 문자에 해당되는 CR, LF는 DB를 작성할 때 설정해 놓았고 네오픽셀 색상 점등을 위한 데이터만 설정한다.

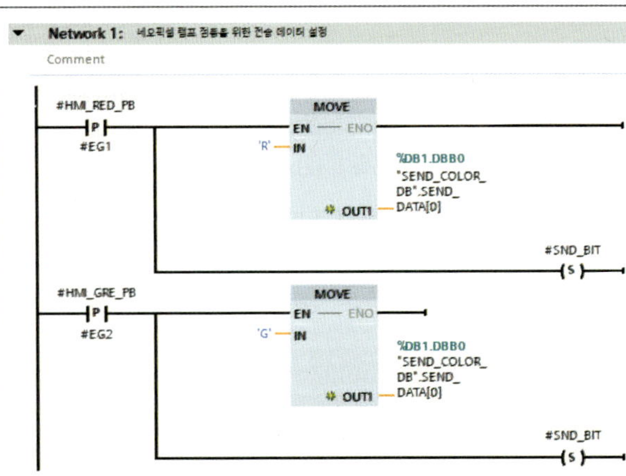

8

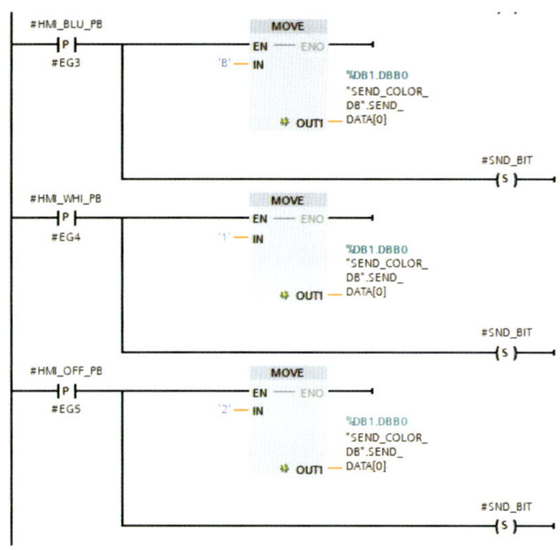

9

FB1 프로그램 작성하기

(네트워크 2번)

❶ 전송 명령어 SEND_PTP를 사용해서 네트워크 1번에서 설정한 데이터를 아두이노로 전송한다.

❷ SEND_PTP 명령어에서 PORT 번호 항목을 마우스로 클릭하면 나타나는 항목에서 RS232를 선택한다.

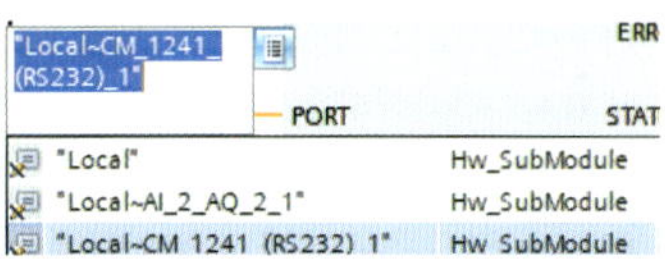

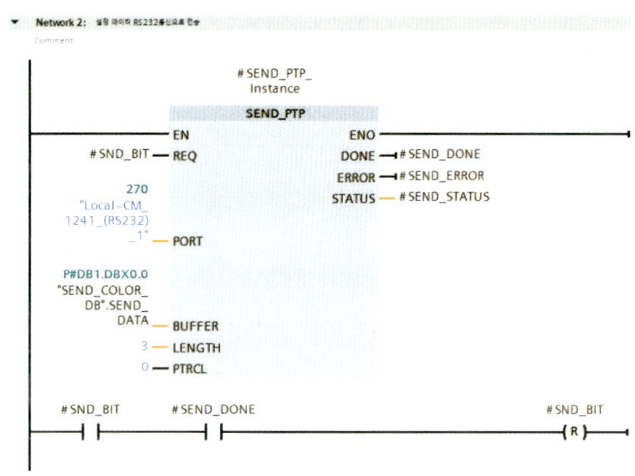

10

FB1 컴파일하기

작성한 FB1을 컴파일해서 에러가 없는지 확인한다.

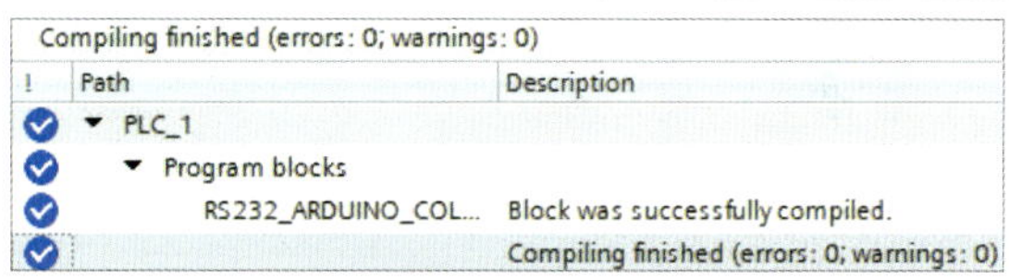

11

OB1에서 FB1 호출하기

FB1을 실행하기 위해 OB1에서 호출한다. 이때 입력 변수는 네오픽셀 램프 소등을 위한 OFF_PB에 I0.0로 설정한다.

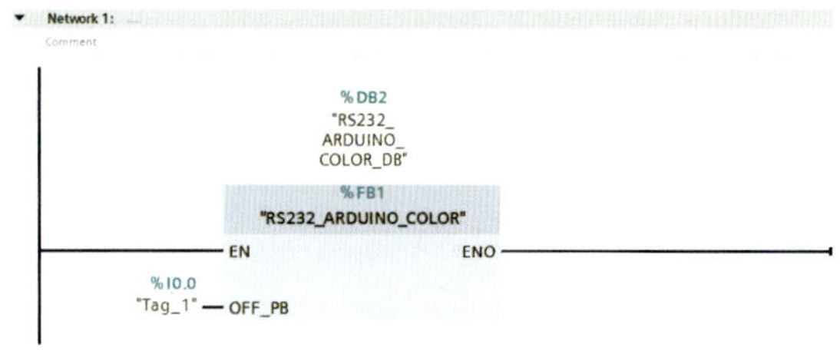

12

OB 컴파일하기

컴파일이 완료되면 해당 프로그램을 PLC로 다운로드한다.

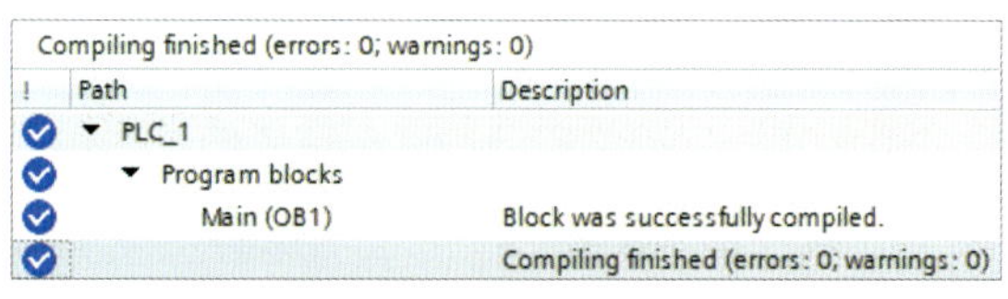

13	**HMI을 추가하기** 실습에 사용할 HMI를 추가한다.	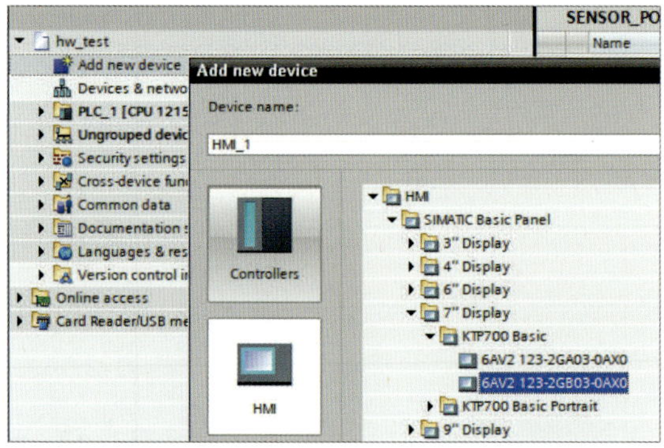
14	**HMI와 연결할 PLC 연결하기** HMI와 연결할 PLC를 설정한 후에 HMI의 마법사 기능을 종료한다.	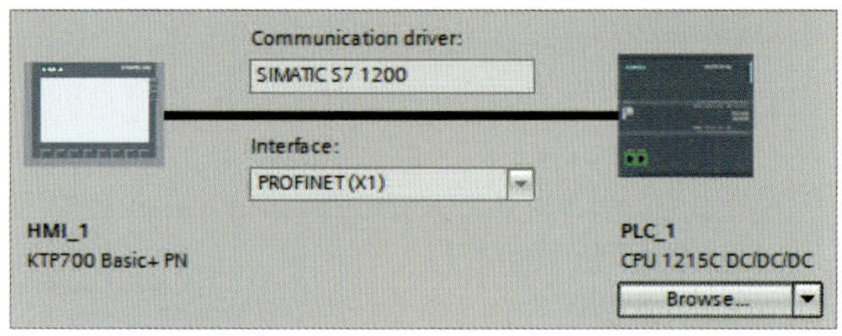
15	**램프 점등을 위한 버튼 설치하기** 버튼의 색상을 설정하기 위한 작업이다. 나머지 4개의 조작 버튼도 동일한 방법으로 색상과 버튼의 동작방법 및 Tag를 설정한다.	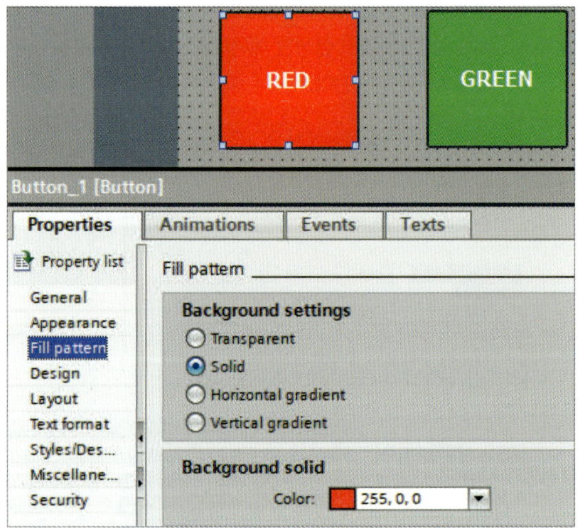
16	**버튼의 동작 방법 및 Tag 설정하기** FB2의 DB를 열어서 버튼에 연결할 Tag(HMI_RED_PB)를 설정한다. 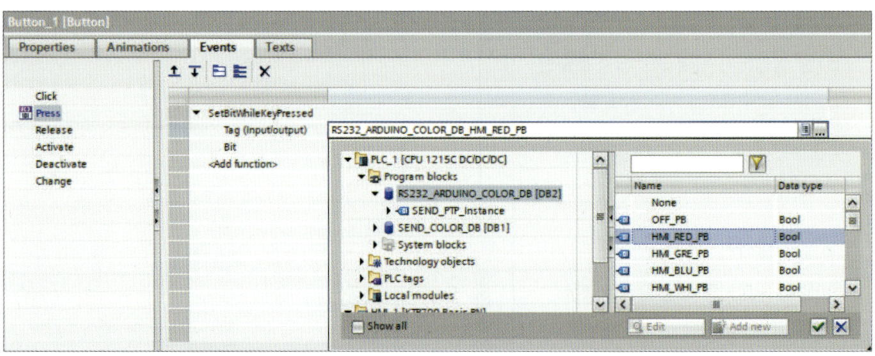	

실습과제

13-6 아두이노와 RS232 통신하기(LCD 제어)

13.4절

PLC와 아두이노가 RS232 통신으로 문자열을 송수신하고 송수신 문자열을 LCD에 표시하는 프로그램의 작성법에 대해 살펴보자.

PLC는 HMI를 사용하여 다양한 정보 및 제어 방법을 사용자에게 제공할 수 있다. 하지만 HMI 자체가 비싸기 때문에 간단한 정보를 전달하기 위해 사용하는 것만으로도 비용 부담이 커진다. 대신 아두이노에서 널리 사용되는 LCD를 사용한다면 저렴한 비용으로 목적을 달성할 수 있다. 이번 실습에서는 사전에 정의된 문자열String을 PLC에서 아두이노에 전송하면 해당 문자열에 대한 정해진 응답 문자열을 PLC로 전송하는 프로그램을 작성해보자.

[그림 13-16]은 PLC와 아두이노 간의 송수신 문자열을 나타낸 것이다. PLC에서는 HMI에서 작성한 입력 버튼을 사용해서 해당 버튼이 눌러지면 정해진 문자열을 전송하고, 아두이노에서는 PLC로부터 수신한 문자열을 검사해서 정해진 문자열을 PLC로 전송한다. 아두이노에서는 송수신된 문자열을 LCD에 표시하고 정상 수신과 비정상 수신에 따라 네오픽셀 램프를 녹색(정상 수신)과 적색(비정상 수신)으로 0.5초간 점등한다. 송수신 문자열의 송수신 종료시점을 판단하기 위해 문자열의 끝에는 CR(0x0D) LF(0x0A)를 추가해서 보낸다. 그리고 아두이노에서는 PLC에서 전송한 문자열이 정해진 문자열이 아닌 경우에는 PLC로 "Don't understand"라는 문자열을 PLC로 전송한다.

PLC에서 아두이노로 전송하는 문자열	
PB1	Hello
PB2	How are you
PB3	Good morning
PB4	Thank you
PB5	Good Bye
PB6	********

아두이노에서 PLC로 응답하는 문자열
Hi
I am fine
Good morning
You are welcome
Good Bye
Don't understand

[그림 13-16] 송수신 문자열

아두이노에서의 LCD와 네오픽셀 연결 방법은 11.7절 'LCD 디스플레이'를 참고하면 된다. 아두이노 포트에 연결하는 방법은 [표 13-13]을 참고하기 바란다.

아두이노 우노의 프로그램 작성

다음은 PLC와 아두이노 우노를 RS232 통신으로 연결해서 송수신 데이터를 아두이노에 의해 제어되는 LCD에 표시하기 위한 프로그램 작성법을 나타낸 것이다.

코드 13-2 PLC와 아두이노의 문자열 송수신용 프로그램

```
#include <plclib.h>
#include <Adafruit_NeoPixel.h>
#include <LiquidCrystal_I2C.h>

#define NEO_PIN        8
#define NEO_PIXELS     8
LiquidCrystal_I2C lcd(0x27, 20, 4);

Adafruit_NeoPixel
    pixel = Adafruit_NeoPixel(NEO_PIXELS, NEO_PIN, NEO_GRB + NEO_KHZ800);
uint32_t RED = pixel.Color(255, 0, 0);          // 적색 색상 변수 선언
uint32_t GRE = pixel.Color(0, 255, 0);          // 녹색 색상 변수 선언

TON ton[10];                  // 온 딜레이 타이머 객체 변수 선언
R_TRIG rEg[10];               // 상승펄스 객체 변수 선언
String s, lcdRx, lcdTx;       // 수신 문자열 저장 변수 선언
boolean rcvOK, rcvNG;

void setup() {
  Serial.begin(9600);               // 시리얼 통신 객체 선언
  pixel.begin();                    // 네오픽셀 객체 실행
  pixel.clear();                    // 네오픽셀 소등 동작 설정
  pixel.show();                     // 네오픽셀 소등 실행

  lcd.init();                       // LCD 초기화
  lcd.backlight();                  // LCD 백라이트 점등
  lcd.setCursor(1, 0);              // LCD 첫 번째 라인 선택
  lcd.print("Tx/Rx Data Dispaly");    // LCD 첫 번째 라인에 문자 표시
  lcd.setCursor(1, 1);                // LCD 두 번째 라인 선택
  lcd.print("==================");    // LCD 두 번째 라인에 문자 표시
  lcd.setCursor(0, 2);                // LCD 세 번째 라인 선택
  lcd.print("Rx: ");                  // LCD 세 번째 라인에 문자 표시
  lcd.setCursor(0, 3);                // LCD 네 번째 라인 선택
  lcd.print("Tx: ");                  // LCD 네 번째 라인에 문자 표시
  ton[0].PT = 500;                    // 네오픽셀 램프 점등 시간 설정
}

  void loop() {
  ton[0].process(rcvOK | rcvNG);      // 종료문자가 수신완료되면 타이머 작동
  rEg[0].process(rcvOK);              // 수신문자 정상
  rEg[1].process(rcvNG);              // 수신문자 오류
```

```
 if (rEg[0].Q) {                          // rcvOK가 ON될 때
   pixel.fill(GRE);                       // 네오픽셀 녹색 램프 점등
   pixel.show();
   lcd.setCursor(4, 2);                   // LCD 세 번째 라인의 4번 열의 위치 선택
   lcd.print("                ");         // LCD 세 번째 라인의 이전 문자 클리어
   lcd.setCursor(4, 2);                   // LCD 세 번째 라인의 4번 열의 위치를 선택
   lcd.print(lcdRx);                      // LCD 세 번째 라인에 수신 문자 표시
   lcd.setCursor(4, 3);                   // LCD 네 번째 라인의 4번 위치 선택
   lcd.print("                ");         // LCD 네 번째 라인의 이전 문자 클리어
   lcd.setCursor(4, 3);                   // LCD 네 번째 라인의 4번 열의 위치를 선택
   lcd.print(lcdTx);                      // LCD 네 번째 라인에 송신 문자 표시
 }
 if (rEg[1].Q) {                          // rcvNG가 ON될 때
   pixel.fill(RED);                       // 네오픽셀 적색 램프 점등
   pixel.show();
   lcd.setCursor(4, 2);                   // LCD 이전 수신 문자열 클리어
   lcd.print("                ");
   lcd.setCursor(4, 2);                   // LCD 수신 문자열 표시
   lcd.print(lcdRx);
   lcd.setCursor(4, 3);                   // LCD 이전 수신 문자열 클리어
   lcd.print("                ");
   lcd.setCursor(4, 3);                   // LCD 송신 문자열 표시
   lcd.print(lcdTx);
 }
 if (ton[0].Q) {                          // 네오픽셀 소등 및 송수신 비트 및 문자열 클리어
   rcvOK = 0;  rcvNG = 0;
   lcdRx = ""; lcdTx = "";
   pixel.clear();
   pixel.show();
 }
}

void serialEvent() {                          // 시리얼 통신 인터럽트
 while (Serial.available())
 {
   char inChar = (char)Serial.read();         // 1 byte를 읽어들임
   if (inChar == '\r' || inChar == '\n')      // 수신 종료문자(CR, LF) 검사
     {
       lcdRx = s;                             // 수신 문자열 저장
       lcdTx = "Hi";                          // 송신 문자열 "Hi" 설정
       Serial.println(lcdTx);                 // 문자열 송신
       s = "";                                // 문자열을 비움
       rcvOK = 1;                             // 정상 문자열 수신 OK
     }
```

```
      else if (s.equals("How are you")) {     // 수신 문자열 "How are you" 비교
        lcdRx = s;                            // 수신 문자열 LCD에 표시
        lcdTx = "I am fine";                  // 송신 문자열 LCD에 표시
        Serial.println(lcdTx);                // "Hi" 문자열 송신
        s = "";                               // 문자열을 비움
        rcvOK = 1;                            // 정상 문자열 수신 OK
      }
      else if (s.equals("Good morning")) {    // 수신 문자열 "Good morning" 비교
        lcdRx = s;                            // 수신 문자열 LCD에 표시
        lcdTx = "Good morning";               // 송신 문자열 LCD에 표시
        Serial.println(lcdTx);                // "Good morning" 문자열 송신
        s = "";                               // 문자열을 비움
        rcvOK = 1;                            // 정상 문자열 수신 OK
      }
      else if (s.equals("Thank you")) {       // 수신 문자열 "Thank you" 비교
        lcdRx = s;                            // 수신 문자열 LCD에 표시
        lcdTx = "You are welcome";            // 송신 문자열 LCD에 표시
        Serial.println(lcdTx);                // "You are welcome" 문자열 송신
        s = "";                               // 문자열을 비움
        rcvOK = 1;                            // 정상 문자열 수신 OK
      }
      else if (s.equals("Good Bye")) {        // 수신 문자열 "Good bye" 비교
        lcdRx = s;                            // 수신 문자열 LCD에 표시
        lcdTx = "Good Bye";                   // 송신 문자열 LCD에 표시
        Serial.println(lcdTx);                // "Good bye" 문자열 송신
        s = "";                               // 문자열을 비움
        rcvOK = 1;                            // 정상 문자열 수신 OK
      }
      else {                                  // 잘못된 문자열을 수신한 경우
        lcdRx = s;                            // 수신 문자열 LCD에 표시
        lcdTx = "Don't understand";           // 송신 문자열 LCD에 표시
        Serial.println(lcdTx);                // "Don't understand" 문자열 송신
        s = "";                               // 문자열을 비움
        rcvNG = 1;                            // 오류 문자열 수신 비트 ON
      }
    }
  }
  else {                                      // 수신 종료 문자가 아니면 문자열에 저장
    s += inChar;                              // 바이트 단위 수신 문자을 종료 문자(CR,LF)가
  }                                           // 수신될 때까지 수신 문자를 저장
 }
}
```

아두이노 우노의 동작 확인

아두이노와 PLC를 사용해서 통신 실습을 하기 전에 전송한 프로그램이 정상 동작하는지 확인하는 절차를 거쳐야 한다. [표 13-37]은 CFTerm을 사용해 아두이노 프로그램의 동작을 확인하는 절차를 나타낸 것이다.

[표 13-37] 아두이노 동작 확인 절차

순서	내용	
1	**CFTerm을 이용한 동작 테스트하기** ❶ 아두이노의 프로그램 작성을 마친 후, 아두이노 RS232 쉴드에 있는 프로그램/동작 모드 스위치를 ON 상태로 변경한다. ❷ CFTerm을 이용해 아두이노의 정상 동작 여부를 확인한다. ❸ CFTerm을 실행한 후에 통신 속도는 9600, 패리티 없음, 스톱비트는 1비트로 설정한 다음 [OPEN] 버튼을 클릭한다.	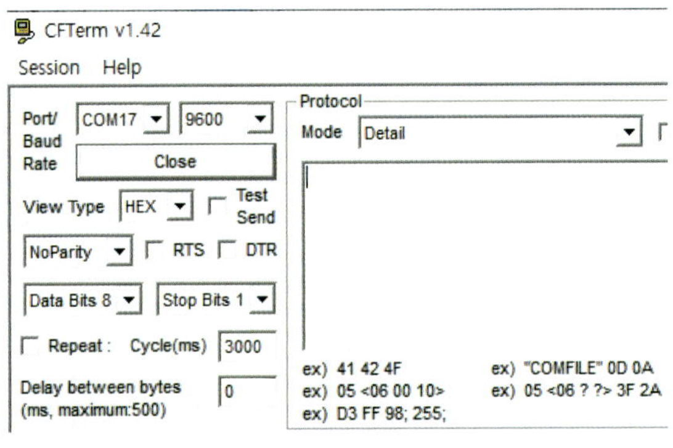
2	**Hello 문자열 전송하기** ❶ CFTerm의 프로토콜 모드를 'Detail'로 설정한 후에 "Hello" 0D, 0A를 전송하면 RX 표시창에 "Hi" 0D, 0A가 수신되는 것을 확인할 수 있다. ❷ 아두이노의 LCD 표시창에도 송수신 문자가 표시되고 0.5초간 녹색 램프가 점등된다. 다른 문자열도 전송해서 동작 여부를 확인한다.	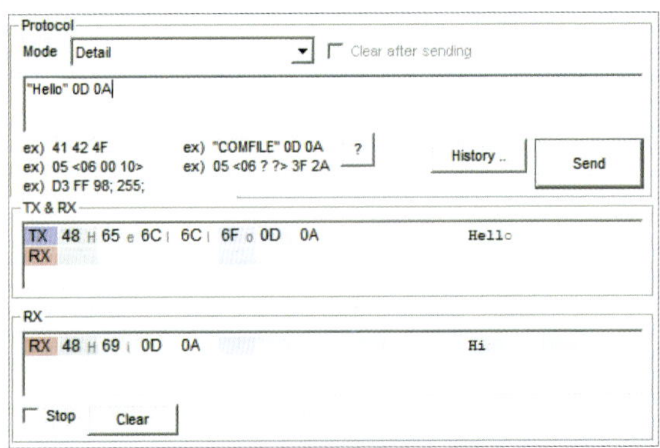

PLC 프로그램 작성

CM1241(RS232) 모듈을 사용하여 송수신 문자열을 LCD에 표시하는 프로그램 작성 절차는 [표 13-38]과 같다.

[표 13-38] 문자열 송수신을 위한 PLC 프로그램 작성

순서	내용	
1	**CM1241 통신포트 파라미터** 아두이노와 통신을 위한 RS232 통신포트의 파라미터를 설정한다. • Protocol : Freeport • Baud rate : 9.6kbps • Parity : No parity • Data bits : 8bits per character • Stop bits : 1 • Flow control : None • Wait time : 20000 **TIP** 이번 실습과제는 PLC에서 아두이노로 데이터를 송신만 하기 때문에 수신을 위한 설정은 필요 없다.	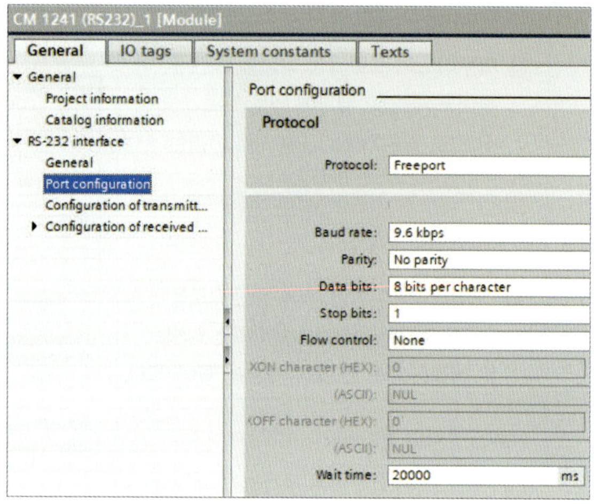
2	**글로벌 DB 만들기** 아두이노에 전송할 문자열을 저장할 글로벌 DB를 만든다. 문자열(String)과 전송할 문자열의 끝에 종료문자 0D, 0A를 추가하기 위해 문자 배열(Array)을 사용한다. 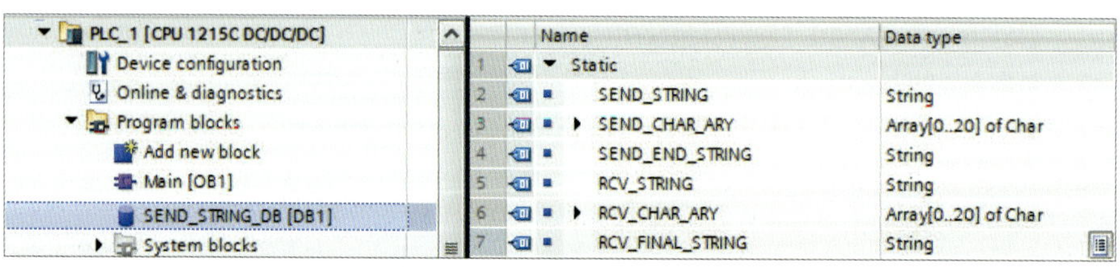	
3	**DB 파라미터 변경하기** DB를 선택한 후에 마우스 오른쪽 버튼을 클릭해 나타난 메뉴에서 'Properties...'를 선택한다.	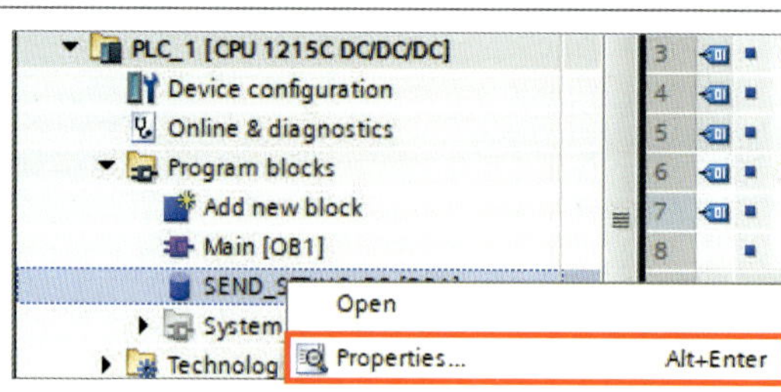

3

[Attributes]를 선택해서 나타난 항목 중에서 'Optimized...' 항목의 체크 박스의 체크를 해제한 후에 [OK] 버튼을 클릭한다.

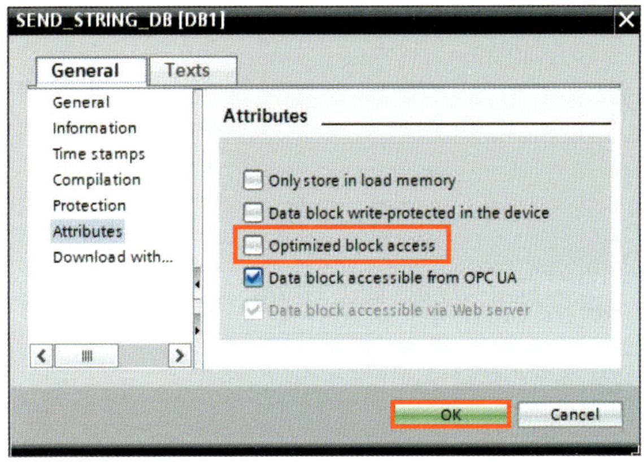

4

FB1의 내부 변수 설정하기

❶ 문자열을 전송할 때 HMI에 작성한 버튼만을 사용하기 때문에 INPUT과 OUTPUT은 설정할 변수가 없다.

❷ Static에는 프로그램 작성에 필요한 변수를 설정한다.

TIP

Data type에서 SEND_PTP와 RCV_PTP는 송수신 명령어를 FB1에서 사용할 때 멀티플 인스턴스로 DB를 생성할 때 만들어지는 변수이다.

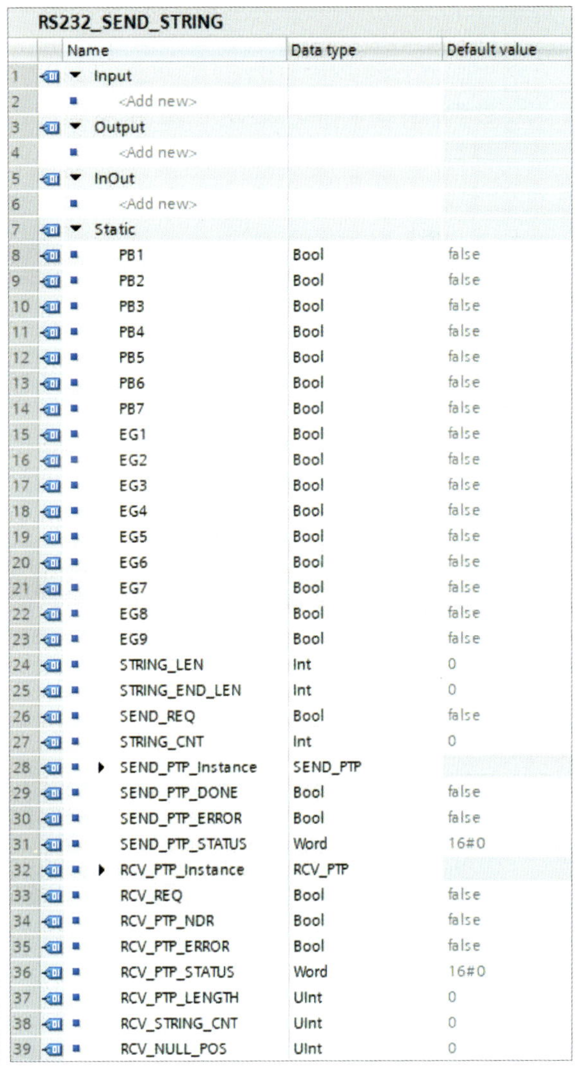

RS232_SEND_STRING

	Name	Data type	Default value
1	▼ Input		
2	<Add new>		
3	▼ Output		
4	<Add new>		
5	▼ InOut		
6	<Add new>		
7	▼ Static		
8	PB1	Bool	false
9	PB2	Bool	false
10	PB3	Bool	false
11	PB4	Bool	false
12	PB5	Bool	false
13	PB6	Bool	false
14	PB7	Bool	false
15	EG1	Bool	false
16	EG2	Bool	false
17	EG3	Bool	false
18	EG4	Bool	false
19	EG5	Bool	false
20	EG6	Bool	false
21	EG7	Bool	false
22	EG8	Bool	false
23	EG9	Bool	false
24	STRING_LEN	Int	0
25	STRING_END_LEN	Int	0
26	SEND_REQ	Bool	false
27	STRING_CNT	Int	0
28	▶ SEND_PTP_Instance	SEND_PTP	
29	SEND_PTP_DONE	Bool	false
30	SEND_PTP_ERROR	Bool	false
31	SEND_PTP_STATUS	Word	16#0
32	▶ RCV_PTP_Instance	RCV_PTP	
33	RCV_REQ	Bool	false
34	RCV_PTP_NDR	Bool	false
35	RCV_PTP_ERROR	Bool	false
36	RCV_PTP_STATUS	Word	16#0
37	RCV_PTP_LENGTH	UInt	0
38	RCV_STRING_CNT	UInt	0
39	RCV_NULL_POS	UInt	0

5

FB1 프로그램 작성하기

(네트워크 1번)

HMI에서 작성한 버튼이 눌러졌을 때 전송할 문자열을 글로벌 DB에서 만든 문자열(String) 변수에 저장한 후에 전송 요청 비트인 SEND_REQ를 1로 설정한다.

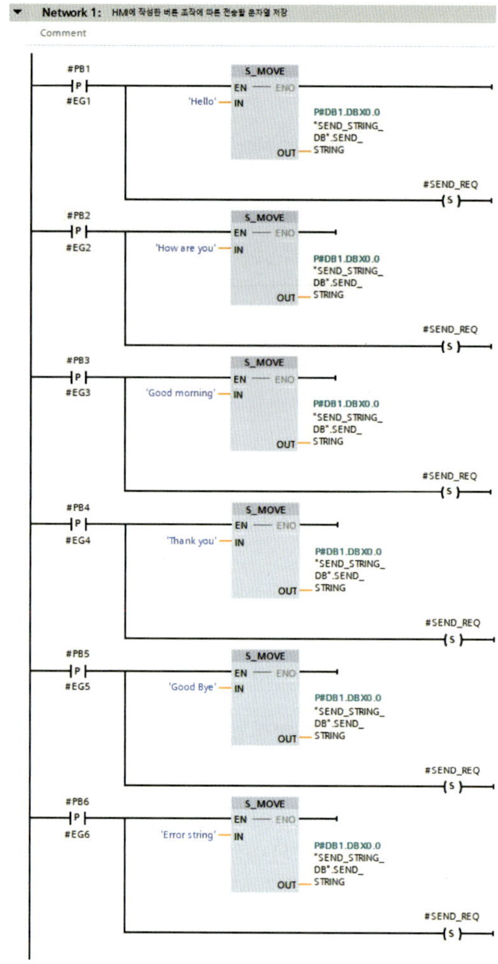

6

FB1 프로그램 작성하기

(네트워크 2번)

전송을 위한 문자열의 끝에 송수신에 필요한 종료문자(CR, LF)를 추가하기 위해 문자열을 문자배열로 변환한다.

❶ LEN 명령어를 사용해서 문자열의 길이를 구한다.

❷ 문자배열의 모든 데이터를 NULL($00) 문자로 초기화한다. 초기화를 하는 이유는 전송할 문자열의 길이가 각각 다르기 때문에 저장할 문자열의 길이가 짧으면 이전에 저장된 긴 문자열의 쓰레기 값이 존재하기 때문이다.

❸ Strg_TO_Chars 명령을 사용해서 문자열을 문자배열로 변환한다. 이때 문자열의 길이를 #STRING_CNT에 저장해둔다.

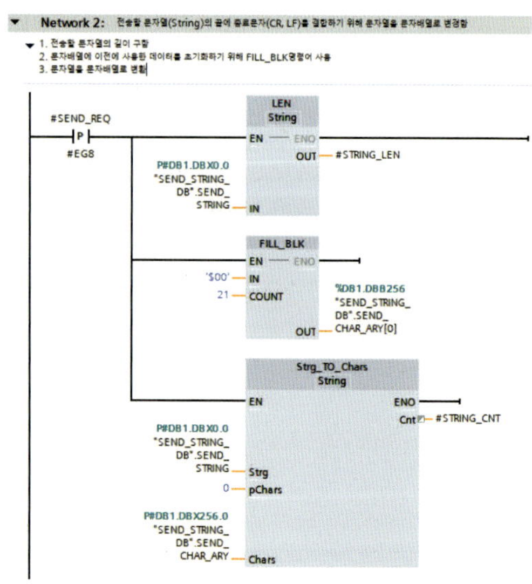

7	**FB1 프로그램 작성하기** (네트워크 3번) 문자배열의 저장된 전송할 문자열의 끝에 종료문자 CR, LF를 추가한다. ❶ 문자배열의 끝(#STRING CNT로 끝을 찾음)에 CR($R)을 추가한다. ❷ 문자배열의 끝에 CR을 추가했기 때문에 #STRING_CNT의 값에 1을 더한다. ❸ 문자배열 끝에 LF($L) 추가한다. ❹ 문자배열을 문자열로 변환한다. ❺ 전송할 문자열의 길이를 구한다.	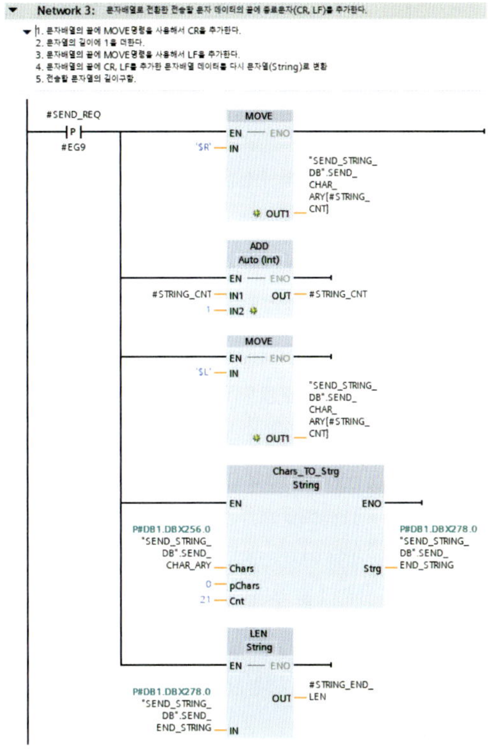
8	**FB1 프로그램 작성하기** (네트워크 4번) ❶ 종료문자(CR, LF)가 추가된 문자열을 아두이노로 전송한다. ❷ 전송이 완료되면 아두이노로부터 데이터를 수신하기 위한 비트인 RCV_REQ를 1로 설정한다.	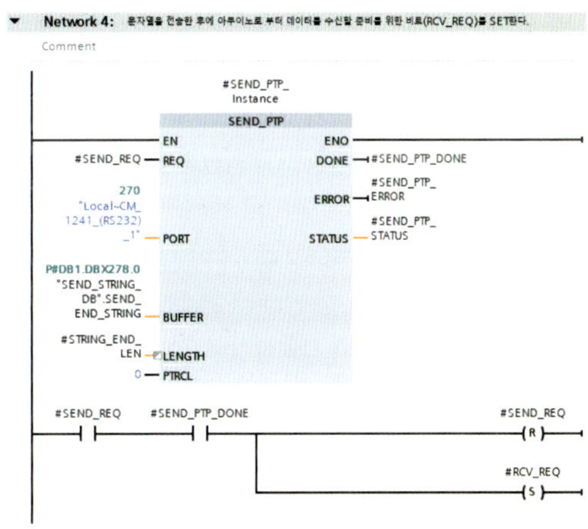
9	**FB1 프로그램 작성하기** (네트워크 5번) 아두이노로부터 문자열을 수신한다. 아두이노에서 수신한 문자열에는 CR, LF가 추가되어 있다.	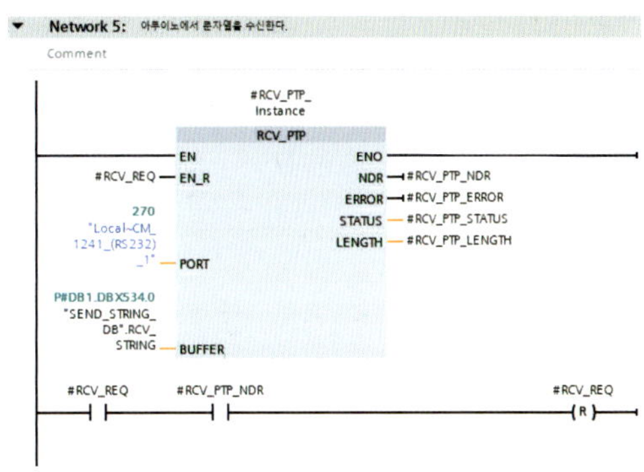

<table>
<tr><td>10</td><td>

FB1 프로그램 작성하기

(네트워크 6번)

아두이노에서 수신한 문자열의 끝에 CR, LF를 삭제한다.

❶ 수신한 문자열을 문자배열로 변환하고 문자열의 길이를 구한다.

❷ 문자열의 길이에서 2를 빼면 종료문자 CR, LF를 제외한 순수한 문자열의 길이를 구할 수 있다.

❸ 문자열의 끝은 NULL 문자로 판별하기 때문에 문자열 길이에서 2를 뺀 값을 가지고 문자열 끝을 나타내는 NULL을 추가한다.

❹ NULL 문자가 추가된 문자배열을 문자배열로 변환한다.

</td><td>

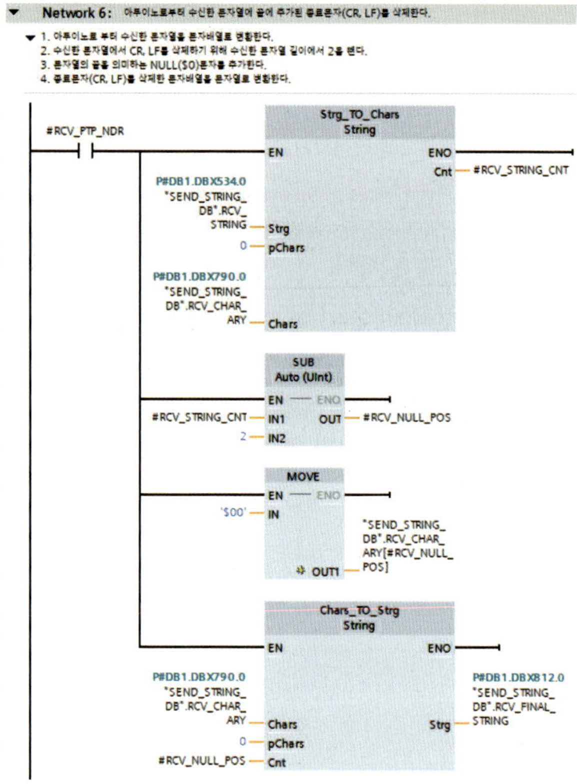

</td></tr>
<tr><td>11</td><td>

FB1 컴파일하기

컴파일을 통해서 에러 유무를 확인한다.

</td><td>

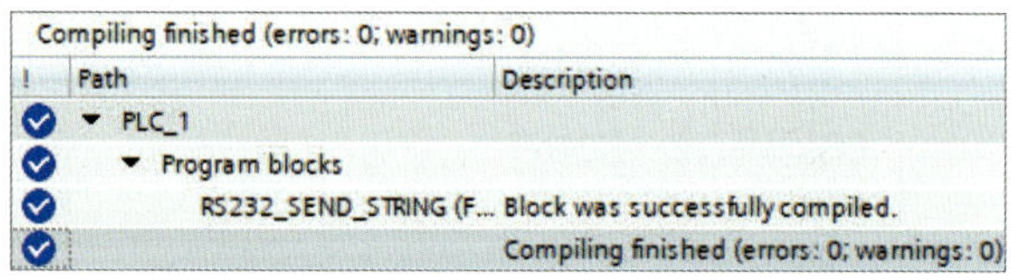

</td></tr>
<tr><td>12</td><td>

OB1에서 FB1 호출하기

FB1을 실행하기 위해 OB1에서 호출한다.

</td><td>

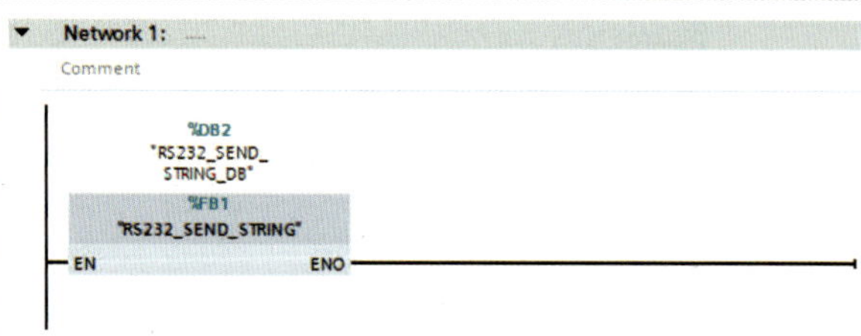

</td></tr>
<tr><td>13</td><td>

OB 컴파일하기

컴파일이 완료되면 해당 프로그램을 PLC로 다운로드한다.

</td><td>

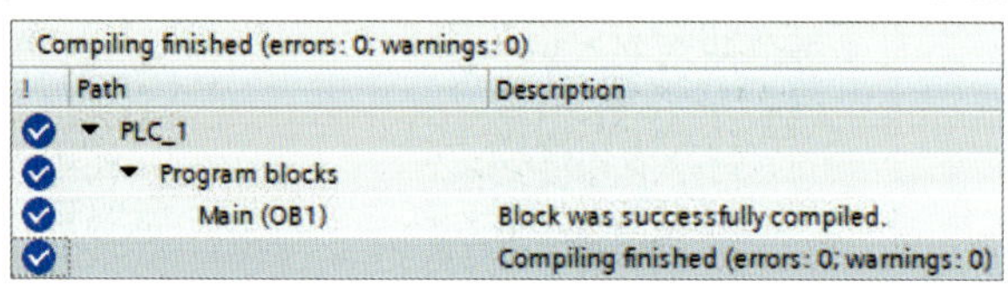

</td></tr>
</table>

14

HMI를 추가하기

실습에 사용하는 HMI를 하드웨어 구성을 통해서 추가한다. HMI를 클릭해서 나타난 메뉴에서 7인치를 선택한 후 사용할 제품을 선택한다.

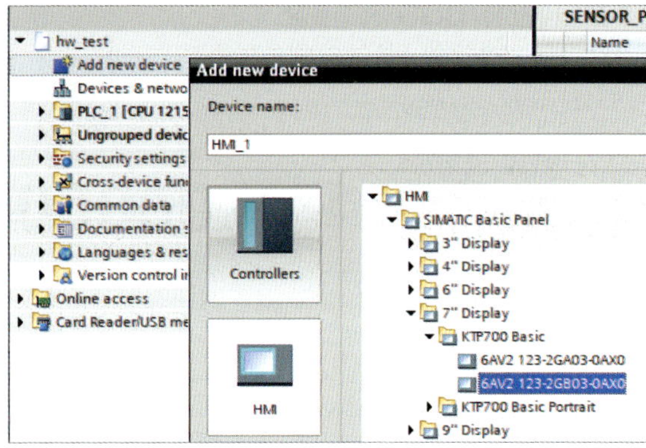

15

HMI와 PLC 연결하기

HMI를 하드웨어에서 추가하면 HMI를 PLC와 연결하기 위한 마법사 기능이 실행된다.

마법사의 첫 번째 기능에서 [Browse...] 버튼을 클릭하여 PLC를 선택한 다음, [Finish] 버튼을 클릭하여 연결 설정을 종료한다.

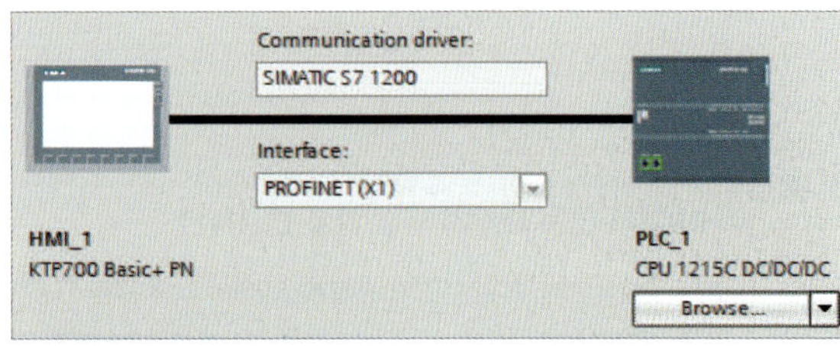

16

전송 버튼 작성하기

문자열을 전송하기 위한 버튼을 만든다.

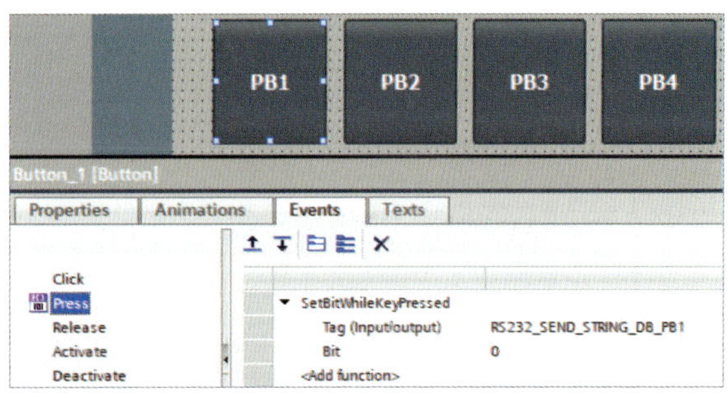

17

전송 문자열 표시창 만들기

PLC에서 아두이노로 전송할 문자열 표시창을 만든다. 표시할 문자열은 글로벌 DB에서 설정한 "SEND_STRING"을 사용한다.

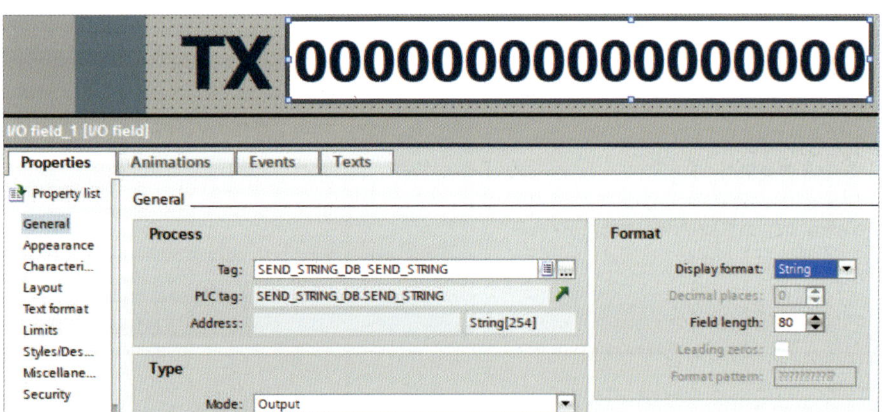

18

수신 문자열 표시창 만들기

아두이노에서 수신한 문자열 표시창을 만든다. 표시할 문자열은 종료문자가 제거된 문자열이 저장되는 글로벌 DB에서 설정한 "RCV_FINAL_STRING"을 사용한다.

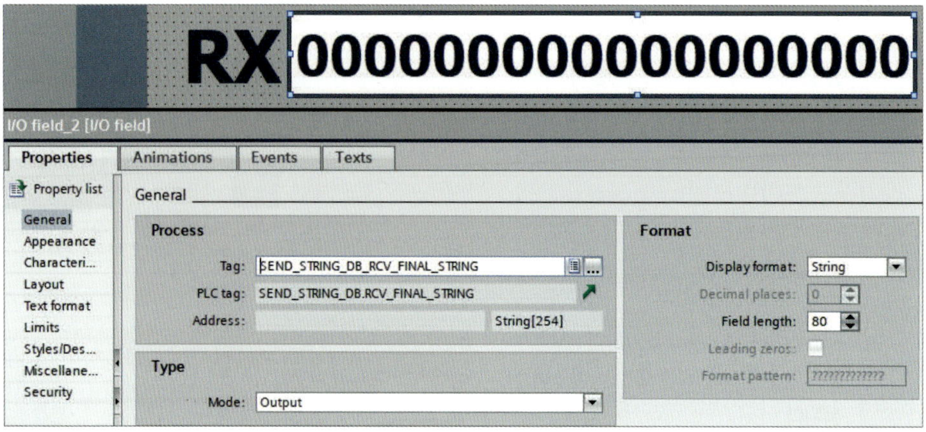

19

HMI에서 만든 Tag의 시간 설정 변경하기

HMI Tag의 목록에서 Acquisiton cycle의 설정을 100ms로 변경한다.

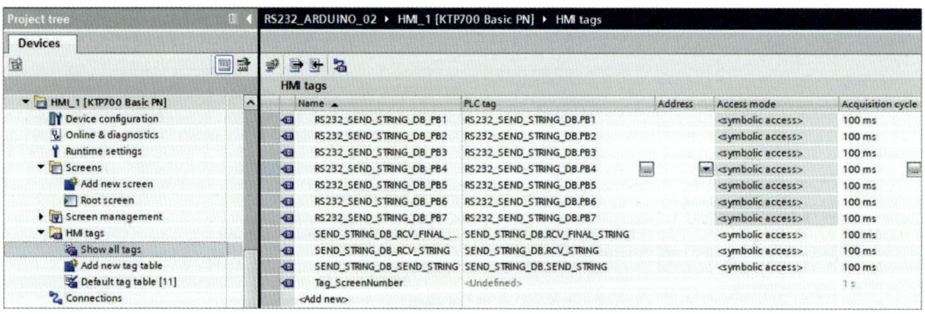

20

HMI 컴파일하기

작성이 완료된 HMI를 컴파일한다.

TIP 경고가 뜨는 이유

템플레이터에서 만든 버튼에 대한 설정이 누락되었기 때문에 발생한다.

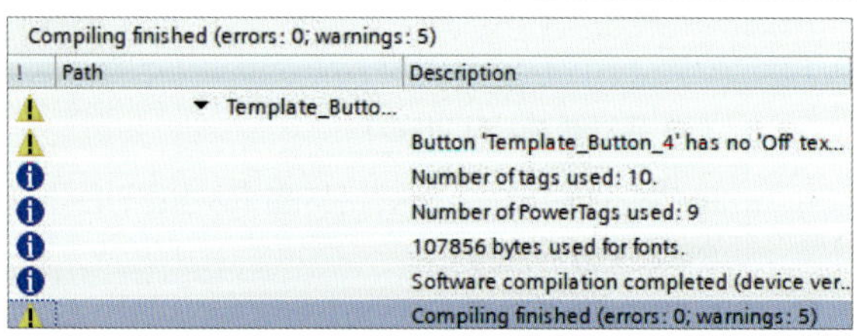

21

HMI 전송하기

컴파일이 완료된 HMI를 전송한다.

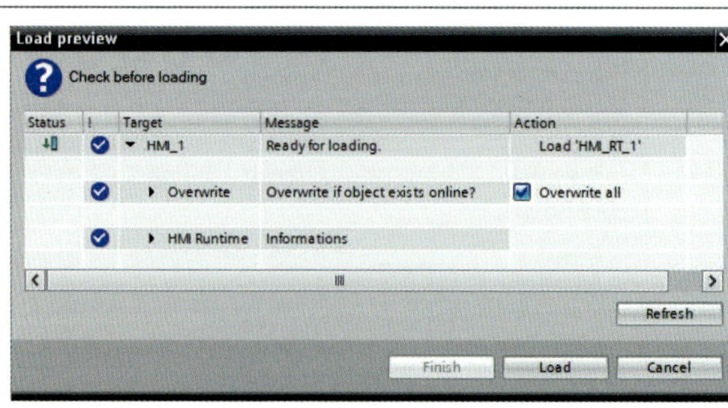

[표 13-39]는 아두이노와 RS232 통신으로 문자열 송수신을 위한 HMI 화면 구성을 나타낸 것이다. HMI에 설정된 PB1 ~ PB7을 누르면 전송할 문자열은 TX의 문자열 표시창에 표시되고, 아두이노로부터 수신한 문자열은 RX의 문자열 표시창에 표시된다.

[표 13-39] LCD와 네오픽셀 연결을 위한 HMI 화면

구분	기능	변수명	변수 위치	구분	타입
TX	전송 문자열	SEND_STRING	글로벌 DB	Static	String
RX	수신 문자열	RCV_FINAL_STRING	글로벌 DB	Static	String
PB1	푸시버튼	PB1	FB_인스턴스	Static	Bool
PB2	푸시버튼	PB2	FB_인스턴스	Static	Bool
PB3	푸시버튼	PB3	FB_인스턴스	Static	Bool
PB4	푸시버튼	PB4	FB_인스턴스	Static	Bool
PB5	푸시버튼	PB5	FB_인스턴스	Static	Bool
PB6	푸시버튼	PB6	FB_인스턴스	Static	Bool
PB7	푸시버튼	PB7	FB_인스턴스	Static	Bool

PART 06

RS485 모드버스 통신

CONTENTS

PART 06
들어가기 전에

모드버스 통신은 1979년 모디콘 사에서 만든 직렬 통신 프로토콜로, PLC 통신을 위해 만들어진 최초의 필드버스 통신이다. 모드버스 통신 프로토콜 개발 이후 PLC 제조사별로 전용 프로토콜을 개발했는데, 지멘스 사에서는 프로피버스Profibus, 미쓰비시 사에서는 CC-Link, AB 사에서는 디바이스넷DeviceNet이라는 이름으로 산업현장에서 사용하고 있다. 타사 필드버스 통신 프로토콜은 비공개 프로토콜이지만, 모드버스 프로토콜은 무료로 사용할 수 있는 오픈 프로토콜이기 때문에 자동화 산업에서 널리 사용되면서 표준 프로토콜의 지위를 얻게 되었다. 현재는 RS232, RS422/485 통신을 기반으로 한 모드버스 ASCII, 모드버스 RTU뿐만 아니라 이더넷 통신을 기반으로 하는 모드버스 TCP/IP 통신 프로토콜까지 발전하였다. 모드버스 프로토콜은 1979년에 개발된 프로토콜이기 때문에 오늘날의 네트워크 환경에서 사용하기에는 여러 가지 제약이 있지만 현재 PLC를 사용하는 산업현장에서 가장 많이 이용된다.

PART 06에서는 RS485 모드버스 통신의 기본적인 개념과 함께 아두이노를 사용한 모드버스 TCP 통신 방법에 대해 학습한다.

CHAPTER 14

모드버스 통신 살펴보기

모드버스는 PLC를 최초로 만든 모디콘 사에서 PLC와 제어기기 간의 통신에 사용할 목적으로 만든 시리얼 통신 프로토콜이다. 이 장에서는 모드버스 프로토콜에 대해서 학습하고 필요한 모드버스 프로토콜을 구성하는 방법에 대해 학습한다.

Keyword | 필드버스 통신 | 모드버스 통신 | 메시지 프레임 형식 | RTU 통신모드 |

14.1 모드버스 통신의 특징

모드버스는 마스터와 슬레이브 기반의 프로토콜로, 마스터의 요청에 대한 슬레이브의 응답이라는 단순 절차를 통해 장비 제어, 모니터링에 필요한 기능을 수행할 수 있다. 모드버스 통신의 특징은 다음과 같다.

❶ **마스터-슬레이브 프로토콜** : 단일 네트워크에서 오직 1개의 마스터만 사용 가능하고, 1개의 마스터에 최대 247개까지의 슬레이브를 연결할 수 있다. 다만 통신 장비에 따라 연결 가능한 슬레이브의 개수가 각기 다르기 때문에 사용할 통신 장비의 매뉴얼을 참고해야 한다.

❷ **통신모드**

- **유니캐스트 모드** : 마스터의 요청에 대해 해당 국번의 슬레이브가 응답하는 형식
(슬레이브 국번은 1 ~ 247)
- **브로드캐스트 모드** : 마스터의 요청을 모든 슬레이브가 실행하는 형식
(메시지에서 국번은 0번으로 설정)

❸ **통신 속도** : 1200, 2400, 4800, 9600, 19200, 56000, 115200bps

❹ **최대 통신거리** : 1000m

슬레이브의 메모리 번지 기능

모드버스 프로토콜의 기본 기능은 마스터에서 국번으로 지정한 슬레이브의 입출력 메모리(또는 내부 메모리)를 읽거나 쓰는 것이다. 모드버스 프로토콜에서는 모든 슬레이브의 메모리 용도와 번지를 표준화시켜 놓았기 때문에, 마스터에 연결되는 슬레이브 장치가 달라도 마스터에서 읽고 쓰기 위한 메모리 번지는 동일하다.

슬레이브의 입출력 메모리는 [표 14-1]과 같이 크게 4가지 형태의 메모리 번지로 구분된다.

[표 14-1] 모드버스 통신을 위한 입출력 메모리 번지

메모리 번지	기능
0x00001 ~ 0x10000	읽고 쓰기 가능한 비트 단위의 메모리 번지
0x10001 ~ 0x20000	비트 단위의 읽기 전용 메모리 번지
0x30001 ~ 0x40000	16비트 크기의 읽기 전용 메모리 번지
0x40001 ~ 0x50000	읽고 쓰기 가능한 16비트 크기의 메모리 번지

14.1.1 모드버스 통신의 송수신 절차

[그림 14-1]은 모드버스의 송수신 절차를 나타낸 것이다. 마스터에서 슬레이브에 ❶ 요청 메시지 프레임Frame을 보내면, 슬레이브는 요청한 일에 대한 처리 결과인 ❷ 응답 메시지 프레임을 마스터에게 보내 통신이 이루어진다. 모드버스는 마스터/슬레이브 기반의 프로토콜이기 때문에 마스터에서 요청 메시지를 전송한 경우에 한해 해당 국번의 슬레이브가 응답 메시지를 전송할 수 있다.

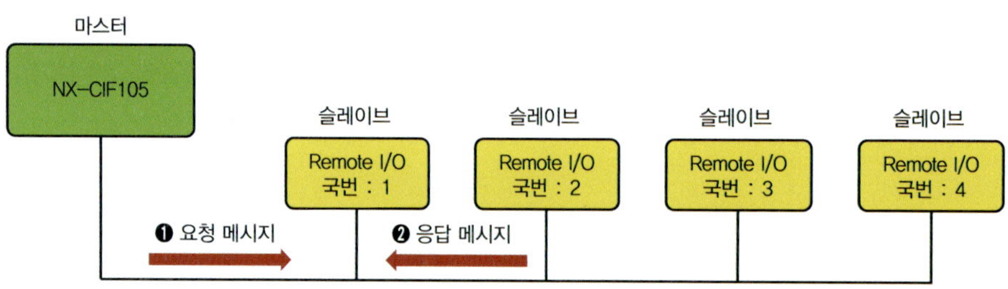

[그림 14-1] 모드버스 송수신 절차

[그림 14-2]에서 **요청 메시지 프레임**의 구성을 살펴보자. 먼저 요청 메시지를 수신할 슬레이브의 ❶ 국번을 설정한다. ❷ 슬레이브 메모리를 읽거나 쓰기 위해 사전에 정해진 기능코드를 설정한 후, ❸ 슬레이브 메모리 번지와 메모리에 설정한 데이터 또는 읽어올 데이터의 개수를 설정한다. ❹ 에러를 체크하여 송수신할 때 발생할 수 있는 전기 노이즈 등에 의한 데이터 손상을 확인하기 위한 CRCCyclic Redundancy Check[1]를 설정한다.

1 우리말로는 순환 중복 검사라 한다. 네트워크 등을 통해 데이터를 전송할 때 전송된 데이터에 에러가 있는지 확인하기 위해 사용하는 데이터 검사 방법으로, 다항식을 이용한 수신 데이터로부터 CRC 값을 구하고, 수신된 CRC 값을 비교해서 에러 유무를 검출한다.

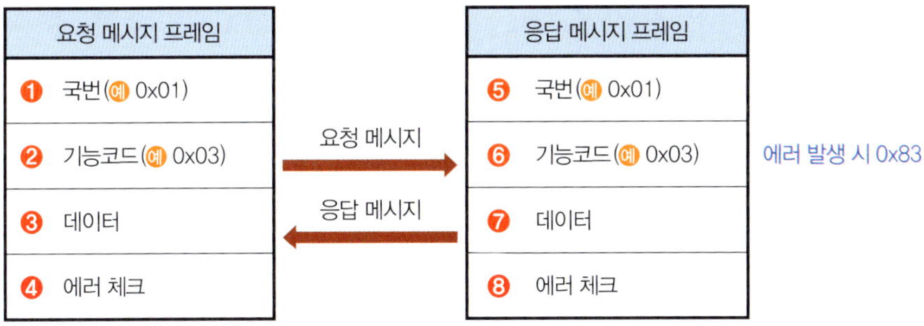

[그림 14-2] 요청과 응답 메시지 프레임

이제 마스터의 요청 메시지에 대한 **응답 메시지 프레임**을 살펴보자. 요청 메시지의 ❺ 국번과 ❻ 기능코드는 그대로 복사하고, 요청한 결과의 ❼ 데이터(마스터에서 요청한 슬레이브 메모리의 데이터)와 ❽ 에러 체크로 응답한다.

이때 존재하지 않는 국번이나 기능코드를 설정하여 해당 요청을 수행할 수 없는 경우에는 응답 메시지의 ❻ 기능코드 Bit7의 값을 1로 설정(0x83)하고, ❼ 데이터에는 에러 코드를 설정해서 응답한다.

14.1.2 메시지 프레임 형식

모드버스의 프로토콜 메시지 프레임 형식은 모드버스 ASCII와 모드버스 RTU로 구분된다. 모드버스 통신을 할 때 많이 사용하는 RTU 메시지 프레임을 살펴보자.

이 통신모드의 특징은 다음과 같다.

RTU 통신모드의 특징

- 16진수 데이터를 사용하여 통신한다.
- 시작과 끝은 공백시간(≥3.5문자 전송시간)으로 구분한다.
- CRC를 사용하여 국번, 기능코드, 데이터의 에러를 체크한다.

[표 14-2]는 모드버스 RTU의 메시지 프레임 형식이다.

[표 14-2] 모드버스 RTU의 메시지 프레임

구분	시작(❶)	국번(❷)	기능코드(❸)	데이터(❹)	CRC(❺)	종료(❶)
값	3.5문자 전송시간	××	××	× … ×	LO_HI	3.5문자 전송시간
바이트 크기		1	1	N	2	

[표 14-2]의 메시지 프레임의 구성요소에 대해 살펴보자.

❶ **시작과 종료** : 메시지 프레임의 송수신 시작과 종료를 구분하기 위해 사용하는 것으로, 3.5개 문자를 전송할 만큼의 대기시간을 사용한다. 만약 RTU 모드에서 대기시간을 두지 않고 메시지를 연속으로 전송하면, 메시지 프레임을 구분할 방법이 없기 때문에 통신 에러가 발생한다.

❷ **국번** : 마스터의 요청 메시지를 처리할 슬레이브의 국번을 지정한다. 슬레이브 국번은 1 ~ 247까지 사용할 수 있다. 마스터의 요청 메시지의 국번이 0번인 경우에는 마스터에 연결된 모든 슬레이브가 해당 메시지를 수신한다. 그러나 이 경우, 슬레이브에서 마스터로의 응답 메시지는 없다. 요청 메시지를 수신한 모든 슬레이브가 동시에 응답할 수는 없기 때문이다.

❸ **기능코드** : 기능코드Function Code는 마스터가 요청하는 메시지를 수신한 슬레이브가 처리해야 할 일을 특정한 숫자로 정해놓은 것이다. 마스터의 요청 메시지는 슬레이브의 메모리를 읽거나 쓰려는 것이다. 비트 메모리를 비트 단위로 읽거나 쓸 것인지, 아니면 여러 개의 비트를 한꺼번에 읽거나 쓸 것인지, 그 동작을 숫자로 정해놓는다. 자주 사용하는 기능코드를 [표 14-3]에 나타내었다.

❹ **데이터** : 기능코드에 의해 처리되어야 할 슬레이브의 메모리 번지와 해당 메모리 번지에 쓰기 또는 읽기 동작할 데이터를 의미한다. 기능코드의 기능에 따라 데이터의 크기는 각각 다르게 구성될 수 있다.

[표 14-3] 모드버스 기능코드

기능코드		비트/워드 구분	기능	해당 메모리 번지
10진수	16진수			
01	0x01	비트	비트 단위 출력 읽기 동작	00001~10000
02	0x02	비트	비트 단위 입력 읽기 동작	10001~20000
05	0x05	비트	비트 단위 출력 쓰기 동작	00001~10000
15	0x0F	비트	바이트 단위 출력 쓰기 동작	00001~10000
03	0x03	워드	워드 단위 메모리 연속 읽기 동작	40001~50000
04	0x04	워드	워드 단위 메모리 읽기 동작	30001~40000
06	0x06	워드	워드 단위 메모리 쓰기 동작	40001~50000
16	0x10	워드	워드 단위 메모리 연속 쓰기 동작	40001~50000
08	0X08	워드	자기 진단용	

❺ **LRC/CRC** : 메시지 프레임이 송수신될 때 데이터에 노이즈로 인한 에러가 발생할 수 있다. 이러한 에러를 검출하기 위해 특정한 에러 검출용 값을 설정한 부분이 LRC/CRC이다. 모드버스 RTU의 에러를 검출하기 위해서는 CRC를 사용한다. 인터넷에서 공개된 CRC 계산기를 사용해 CRC를 구하는 방법을 살펴보자. [표 14-4]는 모드버스 RTU의 요청 메시지를 나타낸다.

[표 14-4] CRC를 구하기 위한 모드버스 RTU 요청 메시지

국번 (Slave Address)	기능코드 (Function Code)	시작번지 (Starting Address)		읽어올 데이터 개수 (No. of Point)		에러 체크 (CRC Check)	
0x01	0x03	0x03	0xEB	0x00	0x03		

다음의 링크에 접속하면 CRC 계산기를 다운로드할 수 있는 사이트로 연결된다.

- **CRC 계산기의 다운로드 사이트**

  https://www.lammertbies.nl/comm/info/crc-calculation

[표 14-5]의 CRC 계산기에서 하여 ❶ 데이터 타입을 HEX로 지정하고 ❷ [표 14-4]의 국번부터 CRC 항목을 제외한 메시지를 입력한 후 ❸ [Calculate CRC] 버튼을 클릭한다. 그러면 여러 종류의 CRC가 계산되는데, 그중에서 ❹ CRC-16(Modbus) 항목이 우리가 구하고자 하는 CRC이다.

[표 14-5] CRC 계산

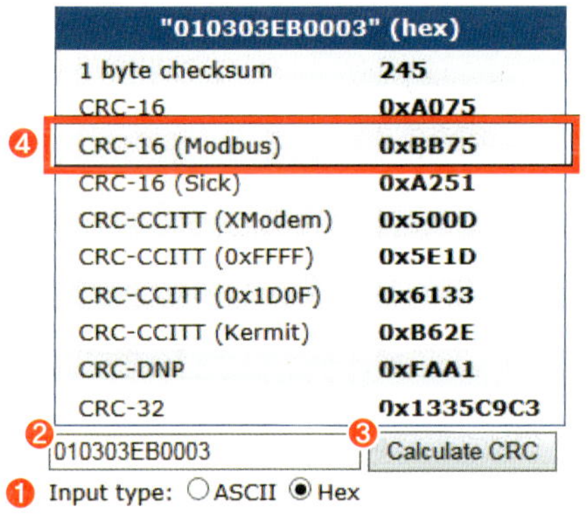

CRC 계산기 조작 순서
❶ 데이터 타입을 Hex로 지정한다.
❷ CRC 계산을 위한 데이터를 입력한다.
❸ [계산(Calculate CRC)] 버튼을 클릭한다.
❹ 계산된 CRC 값을 확인한다. (Modbus용 CRC-16의 결과값)

CRC의 결과값은 0xBB75인 것을 확인할 수 있다. 그러나 모드버스 RTU의 CRC는 상위와 하위 바이트의 값의 위치를 서로 변경해서 사용하기 때문에 [표 14-6]의 CRC에 설정될 값은 0x75BB가 된다.

[표 14-6] 완성된 모드버스 RTU의 요청 메시지

국번 (Slave Address)	기능코드 (Function Code)	시작번지 (Starting Address)		읽어올 데이터 개수 (No. of Point)		에러 체크 (CRC Check)	
0x01	0x03	0x03	0xEB	0x00	0x03	0x75	0xBB

14.2 S7-1200의 CM1241 RS485 모듈

RS485 통신은 산업용 필드버스 통신으로 널리 사용된다. 산업현장에서 필드는 디지털 및 아날로그 입출력을 이용한 장비 또는 장치를 의미한다. PLC가 출시된 초기에는 입출력을 이용한 장치제어가 대부분이었지만, 통신 기술이 발전되면서 오늘날에는 통신을 이용한 장치제어가 주류가 되었다. 특히 산업용 이더넷 통신이 등장하기 전에는 RS485를 이용한 필드버스 통신이 대세였다. CM1241을 사용한 모드버스 RTU를 이용한 통신 방법에 대해 학습한다.

지멘스 S7-1200 PLC에서 RS485 통신을 하기 위해서는 [그림 14-3]과 같은 CM1241 또는 CB1241 모듈이 있어야 한다.

(a) CM1241 RS422/485 (b) CM1241 RS485 (c) CB1241 RS485

[그림 14-3] S7-1200의 RS485 통신 모듈 및 보드의 종류

[표 14-7] CM1241 RS485의 커넥터 형상과 핀 명칭

D-SUB 9PIN FEMALE

(a) CM1241 RS485 커넥터

핀 번호	핀 명칭	용도
1	GND	
2	TxD+	RS422 TxD B
3	**TxD+**	**TxD+/RxD+, RxD B**
4	RTS	TTL Level
5	GND	
6	PWR	+5V
7	–	
8	**TxD–**	**TxD–/RxD–, RxD A**
9	TxD–	RS422 TxD A

(b) CM1241 RS422/485 포트 핀 기능

실습에서는 RS422/485 통신이 가능한 CM1241 모듈을 사용한다. RS485 통신은 2개의 통신선을 이용한 송수신을 한다. 통신 환경에 따라서는 [표 14-8]의 첫 번째 그림처럼 통신의 시작 시점과 끝단에 종단저항 120Ω을 설치한다.

[표 14-8] CM1241의 통신 결선도

구분	결선도
CM1241 RS485	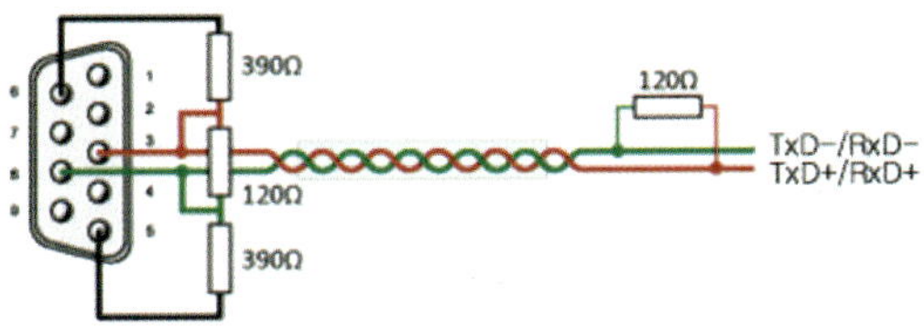
CB1241 RS485	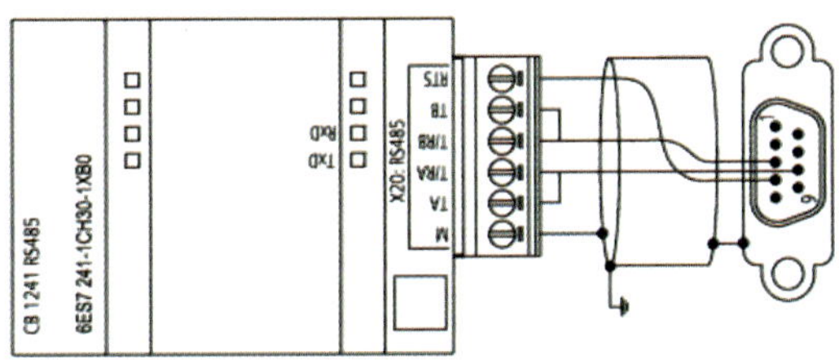

14.2.1 모드버스 RTU 명령어

S7-1200 PLC에서 모드버스 RTU 통신을 위해 사용하는 명령어를 살펴보자. 통신 명령어는 TIA Portal의 명령어 카탈로그의 [Communication processor] 폴더에서 확인할 수 있다.

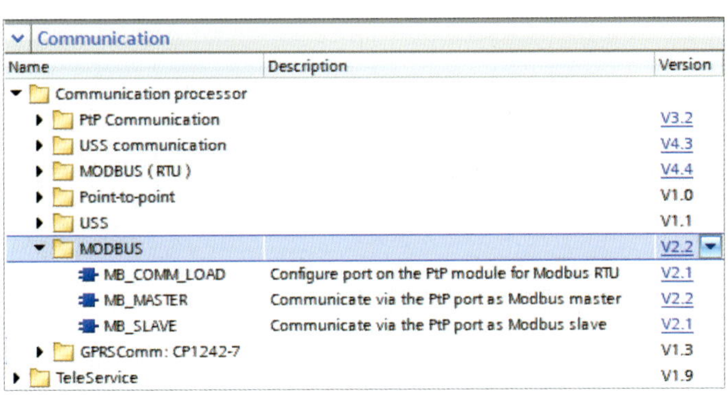

[그림 14-4] 모드버스 통신을 위한 명령어 살펴보기

MB_COMM_LOAD

모드버스 RTU 통신에 사용하는 CM1241, CB1241 모듈의 통신 파라미터를 설정할 때 사용하는 명령어이다. [표 14-9]는 MB_COMM_LOAD 명령어의 구조를 나타낸 것으로, RS485 통신에서 FLOW_CTRL, RTS_ON_DLY, RTS_OFF_DLY는 사용하지 않는다.

[표 14-9] MB_COMM_LOAD 명령어의 구조

MB_COMM_LOAD 블록	변수명	기능	데이터 타입
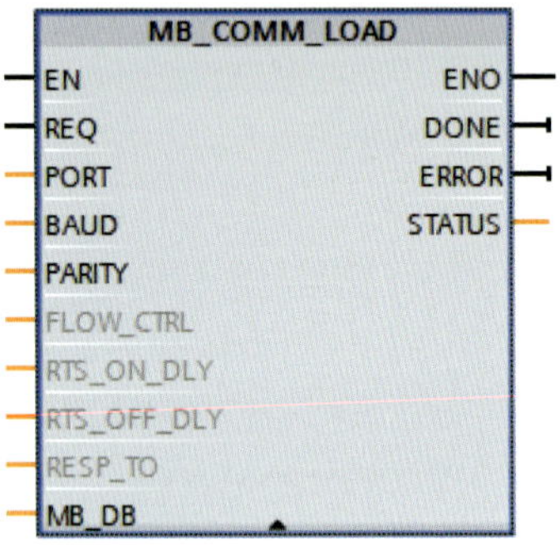	REQ	명령 실행 입력	BOOL
	PORT	통신 모듈의 HW_Submobule 번호	PORT
	BAUD	통신 속도 (300 ~ 115,200bps)	UDINT
	PARITY	패리티 설정 (0, 1, 2)	UINT
	FLOW_CTRL	흐름제어 설정 (0, 1, 2)	UINT
	RTS_ON_DLY	RTS on 딜레이 설정(0, 1 ~ 65535)	UINT
	RTS_OFF_DLY	RTS off 딜레이 설정(0, 1 ~ 65535)	UINT
	RESP_TO	응답 타임 아웃 설정(5 ~ 65535ms)	UINT
	MB_DB	적용할 명령어 DB 설정	MB_BASE
	DONE	실행 완료	BOOL
	ERROR	에러 발생	BOOL
	STATUS	에러 코드	WORD

❶ **BAUD** : 300, 600, 1200, 2400, 4800, 9600, 19200, 38400, 57600, 76800, 115200

❷ **PARITY** : 0(None), 1(Odd), 2(Even)

❸ **RESP_TO** : 슬레이브 모듈의 응답 시간 설정(초기설정 : 1000ms)

❹ **MB_DB** : 해당 통신 파라미터 설정을 적용할 MB_MASTER, MB_SLAVE 명령어에 적용할 인스턴스 DB 지정

❺ **STATUS** : 에러 코드 ([표 14-10] 참고)

[표 14-10] MB_COMM_LOAD 명령어의 에러 코드 및 원인

에러 코드	원인	에러 코드	원인
0000	에러 없음	8183	FLOW_CTRL 설정 에러
8180	PORT 설정 에러	8184	RESP_TO 설정 에러
8181	BAUD 설정 에러	8185	MB_DB 설정 에러
8182	PARITY 설정 에러		

MB_MASTER

모드버스 RTU 통신에 사용되는 CM1241, CB1241 모듈을 이용하여 PLC가 **마스터 기능**으로 동작할 때, 슬레이브 장치에 데이터를 전송하기 위한 명령어이다. 이는 MB_COMM_LOAD 명령어를 먼저 실행한 후에 사용된다.

해당 명령어를 사용할 때 만들어지는 인스턴스 DB를 MB_COMM_LOAD 명령어의 MB_DB 입력에 설정해야 통신이 실행된다. 1개의 CM1241 모듈에서 MB_MASTER와 MB_SLAVE 명령어를 함께 사용할 수 없다. [표 14-11]은 MB_MASTER 명령어의 구조를 나타낸 것이다.

[표 14-11] MB_MASTER 명령어의 구조

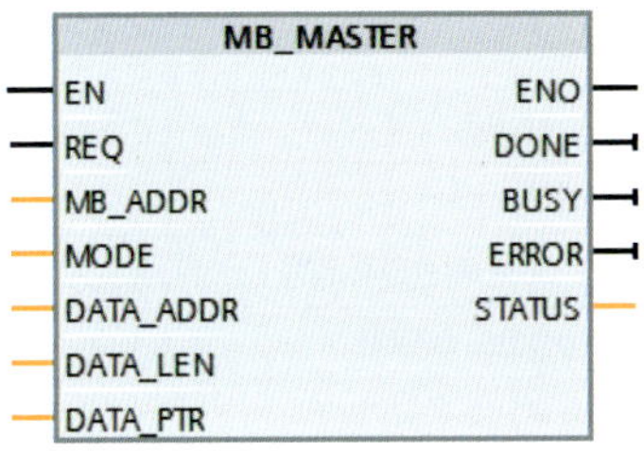

MB_MASTER 블록	변수명	기능	데이터 타입
	REQ	명령 실행 입력	BOOL
	MB_ADDR	슬레이브 장치의 국번	UINT
	MODE	모드버스 펑션에 따른 설정값	USINT
	DATA_ADDR	읽기/쓰기 할 슬레이브 메모리 주소	UDINT
	DATA_LEN	읽기/쓰기 할 데이터 수	UINT
	DATA_PTR	전송할 데이터가 있는 메모리 번지	VARIANT
	DONE	실행 완료	BOOL
	BUSY	명령어 실행 중	BOOL
	ERROR	에러 발생	BOOL
	STATUS	에러 코드	WORD

❶ **MODE** : 모드버스 펑션코드를 사용해서 슬레이브 장치의 메모리를 읽고 쓰기 위하여 [표 14-12]에 표시한 동작 코드를 설정한다.

[표 14-12] 슬레이브 장치의 메모리를 읽고 쓰기 위한 모드 설정

모드	모드버스 기능	데이터 길이 (확장주소 사용 시)	기능	모드버스 주소
0	01	1~2000 (1992)	비트 단위 출력 읽기 동작	1~9999
0	02	1~2000 (1992)	비트 단위 입력 읽기 동작	10001~19999
0	03	1~125 (124)	워드 단위 메모리 연속 읽기 동작	40001~49999 400001~465535
0	04	1~125 (124)	워드 단위 메모리 읽기 동작	30001~39999
1	05	1	비트 단위 출력 쓰기 동작	1~9999
1	06	1	워드 단위 메모리 쓰기 동작	40001~49999 400001~465535
1	15	2~1968 (1960)	비트 단위 출력 연속 쓰기 동작 (최소 2비트 이상)	1~9999
1	16	2~123 (122)	워드 단위 메모리 연속 쓰기 동작 (최소 2워드 이상)	40001~49999 400001~465535
2	15	1(2)~1968 (1960)	비트 단위 출력 연속 쓰기 동작 (최소 1비트 이상)	1~9999
2	16	1(2)~123 (122)	워드 단위 메모리 연속 쓰기 동작 (최소 1워드 이상)	40001~49999 400001~465535
11	11	0	슬레이브 장치 동작 상태 확인	-
80	08	1	오류 발생 시 자기 진단용	-
81	08	1	슬레이브 이벤트 카운터 리셋	-

❷ **STATUS** : [표 14-13]의 도표에서 회색으로 표시된 8380 ~ 8388은 모드버스 프로토콜의 설정이 잘못되었을 때 발생하는 에러 코드이다.

[표 14-13] MB_MASTER 명령어의 에러 코드 및 원인

에러 코드	원인	에러 코드	원인
0000	에러 없음	818C	DATA_PTR 설정 에러
80C8	슬레이브 응답 없음	8200	CM1241이 전송 요청 처리 중
80E0	수신버퍼 오버플로워	8380	CRC 에러 발생
80E1	패리티 에러	8381	펑션코드 에러
80E2	프레이밍 에러[2]	8382	데이터 길이 에러
80E3	오버런 에러[3]	8383	메모리 번지 에러
80E4	수신 데이터 버퍼 메모리 초과	8384	데이터 에러
8180	portID 설정 에러	8385	펑션코드 08을 지원하지 않음
8186	슬레이브 국번 설정 에러	8386	송수신 펑션코드 불일치
8189	데이터 어드레스 설정 에러	8387	잘못된 슬레이브 응답 발생
818A	데이터 길이 설정 에러	8388	슬레이브의 잘못된 응답
818B	펑션코드와 설정 데이터 불일치		

MB_SLAVE

모드버스 RTU 통신에 사용되는 CM1241, CB1241 모듈을 이용하여 PLC가 슬레이브 기능으로 동작할 때 사용하는 명령어이다. 마스터로부터 수신한 펑션코드에 따라 [표 14-14] ~ [표 14-15]처럼 PLC의 입출력 메모리와 글로벌 DB를 읽기/쓰기 할 수 있다.

[표 14-14] MB_SLAVE 명령어에서 단위 메모리의 읽기/쓰기용 펑션코드

단위	펑션 코드	기능	설정 메모리 주소 범위	CPU 맵핑 주소
비트	01	비트 단위 출력 읽기	1 ~ 8192	Q0.0 ~ Q1023.7
	02	비트 단위 입력 읽기	10001 ~ 18192	I0.0 ~ I1023.7
	04	워드 단위 입력 연속 읽기	30001 ~ 30512	IW0 ~ IW1022
	05	비트 단위 출력 단위 쓰기	1 ~ 8192	Q0.0 ~ Q1023.7
	15	비트 단위 출력 연속 쓰기	1 ~ 8192	Q0.0 ~ Q1023.7
워드	03	워드 단위 연속 읽기	40001 ~ 49999	DW0 ~ DW19998 DW0 ~ DW131068 (또는 MW0 ~ 최대 크기)
			400001 ~ 465535	
	06	워드 단위 쓰기	40001 ~ 49999	
			400001 ~ 465535	
	16	워드 단위 연속 쓰기	40001 ~ 49999	
			400001 ~ 465535	

2 송신 측과 수신 측의 샘플링 시점이 달라서 발생하는 에러이다. 일반적으로 통신 선로가 불안정하거나 통신 속도가 불일치 될 때 주로 발생한다.
3 데이터의 수신 속도가 CM1241의 데이터 처리 능력을 초과할 때 발생하는 에러이다. 데이터를 저장하는 버퍼 메모리의 용량을 초과할 때 발생한다.

지멘스 S7-1200 PLC의 메모리 번지는 바이트 단위이다. 따라서 모드버스로 워드 단위의 주소를 사용할 때에는 바이트 단위의 메모리 번지가 중첩되지 않도록 주의해야 한다. 예를 들어 모드버스 마스터에서 워드 단위의 데이터 쓰기를 위해 5개의 메모리 번지(40001 ~ 40005)를 설정했다고 가정해보자. MB_SLAVE 명령의 MB_HOLD_REG를 글로벌 DB 또는 M 메모리 번지에 설정했을 때 맵핑되는 주소를 잘 살펴봐야 한다.

[표 14-15] MB_SLAVE의 워드 단위 쓰기 주소에 따른 DB 및 M 메모리 주소

수신한 쓰기용 주소	MB_HOLD_REG 설정 주소	
	MW100	DB10.DBW0
40001	MW100	DB10.DBW0
40002	MW102	DB10.DBW2
40003	MW104	DB10.DBW4
40004	MW106	DB10.DBW6
40005	MW108	DB10.DBW8

MB_SLAVE 명령어는 MB_COMM_LOAD 명령어를 사용하여 CM1241의 통신포트를 활성화한 이후에 사용하고 MB_MASTER와 동시에 사용할 수 없다. 그리고 MB_SLAVE 명령어는 OB1에서 매 스캔마다 실행할 수 있도록 프로그램을 작성한다.

[표 14-16] MB_SLAVE 명령어의 구조

MB_SLAVE 블록	변수명	기능	데이터 타입
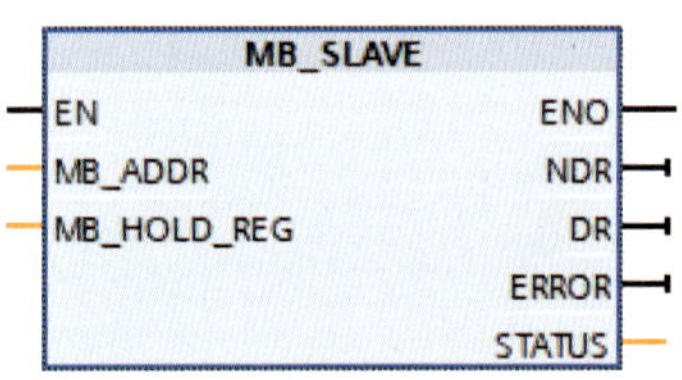	MB_ADDR	PLC에서 사용할 슬레이브 주소	USINT, UINT
	MB_HOLD_REG	읽기/쓰기 할 PLC 메모리 주소	VARIANT
	NDR	0 : 수신 데이터 없음	BOOL
		1 : 마스터로부터 데이터 수신	
	DR	0 : 읽은 데이터 없음	BOOL
		1 : 마스터에서 데이터 읽음	
	ERROR	에러 발생	BOOL
	STATUS	에러 코드	WORD

[표 14-17] MB_SLAVE 명령어의 에러 코드 및 원인

에러 코드	원인	에러 코드	원인
80D1	흐름제어 시 수신대기 시간 초과	8187	MB_HOLD_REG 설정 에러
80D2	DCE에서 DSR 미감지로 전송 중단	818C	M 또는 DB 주소 설정 에러
80E0	수신버퍼 오버플로워	8380	CRC 에러 발생
80E1	패리티 에러	8381	펑션코드 에러
80E2	프레이밍 에러	8382	데이터 길이 에러
80E3	오버런 에러	8383	메모리 번지 에러
80E4	수신 데이터 버퍼 메모리 초과	8384	데이터 에러
8180	portID 설정 에러	8385	펑션코드 08을 지원하지 않음
8186	슬레이브 국번 설정 에러		

실습과제

14-1 아두이노와 모드버스 RTU 통신하기 (1)

14.1~14.2절

아두이노 우노와 RS485 통신 쉴드를 사용해서 FND와 네오픽셀을 이용하여 램프 색상을 제어하는 통신 프로그램의 작성법에 대해 살펴보자.

아두이노는 PLC에서 구현하기 어려운 것들도 다양하게 구현할 수 있다. 예를 들어 PART 04에서 학습한 FND 디스플레이 TM1637로 설정값을 표시하고, 네오픽셀을 통해 램프의 색상을 제어함으로써, 산업현장에서 사용하는 시그널 타워램프와 같은 장치로 사용할 수 있다. 이를 RS485 통신을 이용하여 제어하는 방법에 대해 학습해보자.

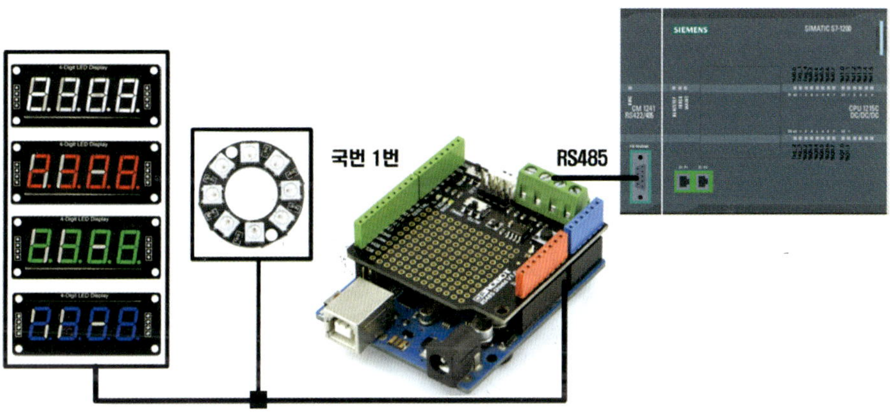

[그림 14-5] 아두이노와 모드버스 RTU 통신을 위한 PLC 시스템 구성

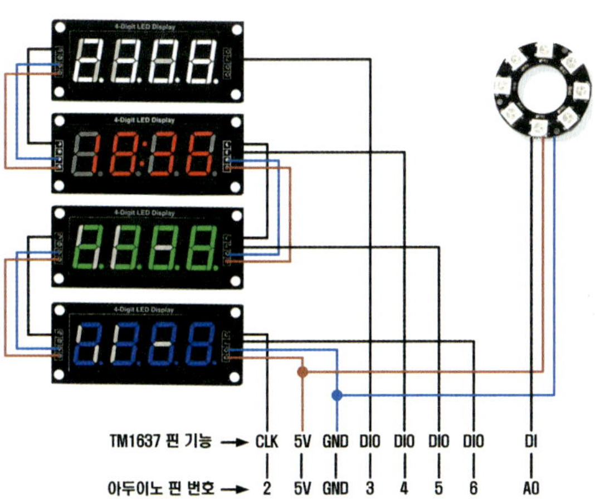

[그림 14-6] 아두이노 결선도

[표 14-18] PLC의 입출력 할당표

입력		출력	
번지	기능	번지	기능
I0.1	COM_START	Q0.0	COM_ERR
I0.2	COLOR_CHG_PB	Q0.1	COM_OK

생각해봅시다

아두이노 RS485 쉴드

아두이노를 이용한 RS485 통신을 위해서는 UART 통신을 RS485 통신 방식으로 변경하는 쉴드가 필요하다. 아두이노와 RS485 쉴드를 [그림 14-7]처럼 조합한 후에 USB to RS485 컨버터와 CFTerm을 사용해서 RS485 통신을 테스트할 수 있다.

(a) 아두이노와 RS485 쉴드의 조합

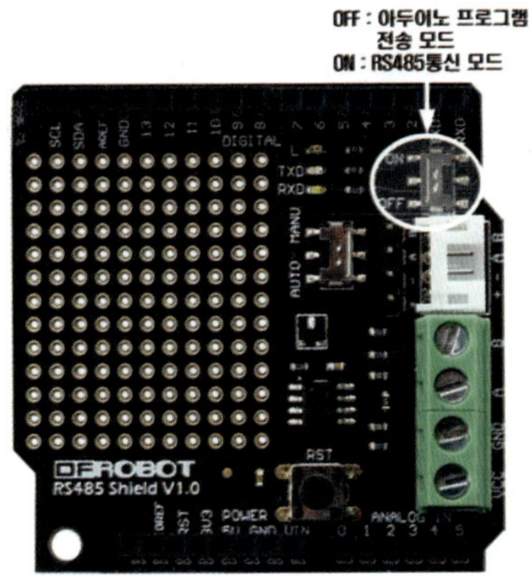

(b) RS485 쉴드의 기능

[그림 14-7] 아두이노용 RS485 쉴드

[그림 14-8] USB to RS485 컨버터의 종류

아두이노에 프로그램을 전송한다고 할 때, RS485 통신 쉴드를 이용한 RTU 통신을 할 때에는 동작 모드 스위치가 OFF 위치에 있어야 하고, RS485를 사용한 모드버스 통신을 할 때에는 ON 위치에 있어야 한다.

아두이노 우노와 RS485 통신 쉴드를 결합해서 [그림 14-9]처럼 PLC CPU의 RS422/485의 CM1241 모듈과 연결할 수 있다.

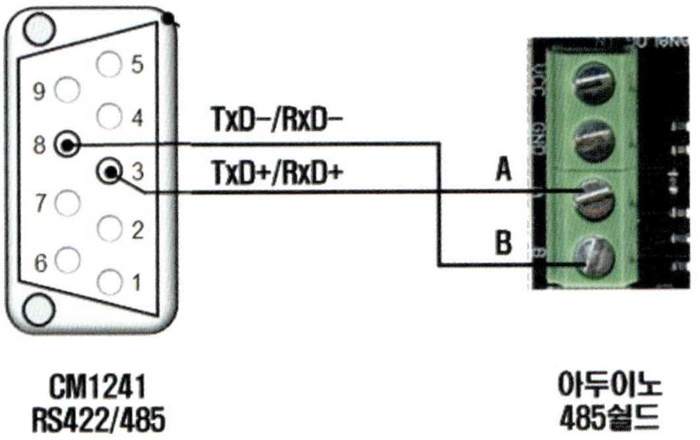

[그림 14-9] CM1241 모듈과 RS485 쉴드의 통신 결선

아두이노에 연결된 네오픽셀 램프는 10가지의 색상을 표현할 수 있다. 아두이노 우노에는 모드버스 RTU 슬레이브로 작동하고 메모리 0번지 ~ 4번지의 설정값에 따라 FND에 표시되는 값과 네오픽셀에 의해 점등되는 램프의 색상이 변경된다.

[표 14-19]는 아두이노의 모드버스 RTU에 사용되는 메모리 번지와 그 기능을 나타낸 것이고, [표 14-20]은 아두이노 4번지의 설정값에 따른 네오픽셀의 색상을 나타낸 것이다.

[표 14-19] 아두이노의 모드버스 읽기용 번지의 기능

메모리 번지	0번지	1번지	2번지	3번지	4번지
기능	FND_01 표시	FND_02 표시	FND_03 표시	FND_04 표시	네오픽셀 색상 표시

[표 14-20] 모드버스 4번지의 설정값에 따른 네오픽셀 점등 색상

설정값	1	2	3	4	5	6	7	8	9	10	11
네오픽셀 색상	적색 점등	녹색 점등	청색 점등	황색 점등	주황 점등	적색 점멸	녹색 점멸	청색 점멸	황색 점멸	주황 점멸	소등

동작 조건

❶ COM_START 버튼 또는 HMI에 작화된 COM_STAR T 버튼이 눌러지면 모드버스 RTU 통신 연결이 시작되고 정상 연결되면 출력에 연결된 COM_OK 램프와 HMI의 COM_OK 램프가 점등된다.

❷ COM_OK 램프가 점등된 상태에서 HMI에 작화된 FND의 설정값을 변경하거나 네오픽셀 램프를 점등하기 위한 버튼을 조작하면 아두이노에 연결된 FND와 네오픽셀 램프의 색상이 변경된다.

아두이노 프로그램 작성

아두이노를 모드버스 슬레이브 장치로 설정해 FND와 네오픽셀 제어를 위해서는 오픈소스 라이브러리를 설치해야 한다.

모드버스 슬레이브 라이브러리 설치

[표 14-21] 모드버스 슬레이브 라이브러리 설치

순서	내용	
1	**라이브러리 설치 메뉴 선택하기** ❶ 아두이노 프로그램의 상단 메뉴에서 [Sketch] 메뉴를 선택한다. ❷ 'Include Library'를 선택한다. ❸ 'Manage Libraries'를 선택한다.	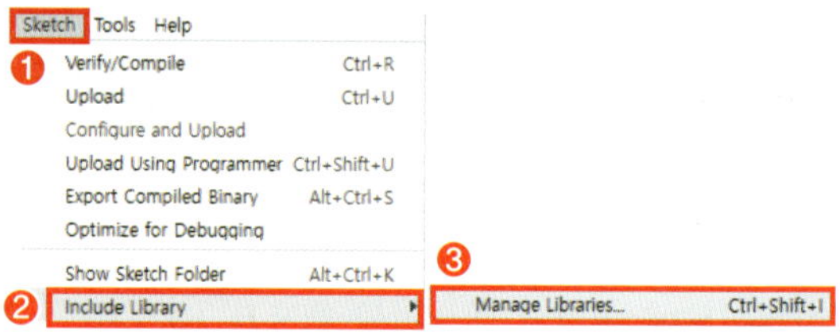
2	**라이브러리 검색하기** ❶ LIBRARY MANAGER의 검색창에 'MODBUSRTU'를 입력한다. ❷ 검색된 라이브러리에서 'ModbusRTUSlave by C. M. Bulliner' 항목을 클릭하여 라이브러리를 설치한다.	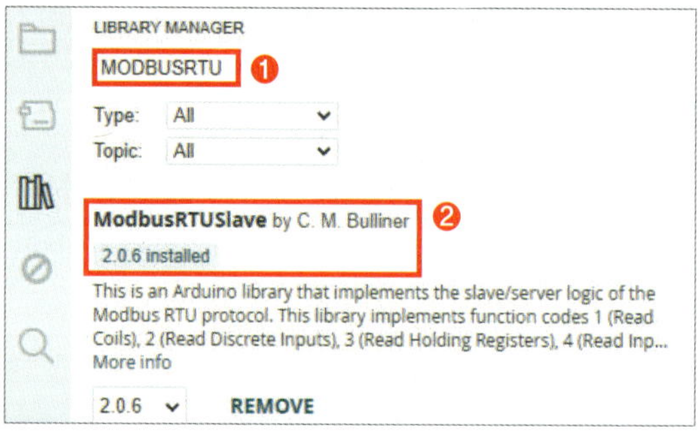

모드버스 슬레이브 라이브러리를 이용한 프로그램 작성

코드 14-1 모드버스 슬레이브 동작의 아두이노 프로그램

```
#include <ModbusRTUSlave.h>          // 모드버스 RTU 슬레이브 라이브러리
#include <TM1637Display.h>           // TM1637 라이브러리
#include <plclib.h>
#include <Adafruit_NeoPixel.h>       // 네오픽셀 라이브러리

#define CLK   2                      // CLK 핀 연결
#define DIO_1 3                      // TM1637_01의 DIO 핀 연결
#define DIO_2 4                      // TM1637_02의 DIO 핀 연결
#define DIO_3 5                      // TM1637_03의 DIO 핀 연결
#define DIO_4 6                      // TM1637_04의 DIO 핀 연결

ModbusRTUSlave modbus(Serial);       // 모드버스 RTU 슬레이브 객체 선언
```

```
TM1637Display display_1(CLK, DIO_1); // 디스플레이 객체 생성
TM1637Display display_2(CLK, DIO_2); // 디스플레이 객체 생성
TM1637Display display_3(CLK, DIO_3); // 디스플레이 객체 생성
TM1637Display display_4(CLK, DIO_4); // 디스플레이 객체 생성

Adafruit_NeoPixel pixel              // 네오픽셀 객체 선언
          = Adafruit_NeoPixel(8, 7, NEO_GRB + NEO_KHZ800);

uint32_t RED = 0x00ff0000;        // 적색 표시 설정값
uint32_t GRE = 0x0000ff00;        // 녹색 표시 설정값
uint32_t BLU = 0x000000ff;        // 청색 표시 설정값
uint32_t YEL = 0x00ffff00;        // 황색 표시 설정값
uint32_t ORG = 0x008b4000;        // 주황색 표시 설정값

uint16_t holdingRegisters[5];     // 모드버스 쓰기용 워드 레지스터 메모리

TON ton1;                         // 온 딜레이 타이머 객체 설정
R_TRIG reg1;                      // 상승펄스 신호 객체 설정
F_TRIG feg1;                      // 하강펄스 신호 객체 설정
boolean sec_clk;                  // 비트 변수 설정

void setup() {

  modbus.configureHoldingRegisters(holdingRegisters, 5); // 레지스터 설정
  modbus.begin(1, 38400);         // (국번, 통신 속도)

  display_1.setBrightness(7);     // 밝기 조절 0 ~ 7까지
  display_1.clear();              // 디스플레이 모두 지우기
  display_2.setBrightness(7);     // 밝기 조절 0 ~ 7까지
  display_2.clear();              // 디스플레이 모두 지우기
  display_3.setBrightness(7);     // 밝기 조절 0 ~ 7까지
  display_3.clear();              // 디스플레이 모두 지우기
  display_4.setBrightness(7);     // 밝기 조절 0 ~ 7까지
  display_4.clear();              // 디스플레이 모두 지우기

  pixel.begin();                  // 네오픽셀
  pixel.setBrightness(200);       // 네오픽셀 밝기 설정
  pixel.clear();                  // 네오픽셀 소등 설정
  pixel.show();                   // 네오픽셀 설정값에 의한 점등

  ton1.PT = 1000;                 // 타이머 시간 설정
}
void loop() {
  modbus.poll();                                  // 모드버스 통신을 위한 폴링
  display_1.showNumberDec(holdingRegisters[0]);   // TM1637 FND1에 숫자 표시
  display_2.showNumberDec(holdingRegisters[1]);   // TM1637 FND2에 숫자 표시
  display_3.showNumberDec(holdingRegisters[2]);   // TM1637 FND3에 숫자 표시
  display_4.showNumberDec(holdingRegisters[3]);   // TM1637 FND4에 숫자 표시
```

```
//======== 네오픽셀 점멸 동작을 위한 1초 클럭 신호 만들기 =========
  ton1.process(!ton1.Q);
  if(ton1.ET <= 500)
    sec_clk = 1;
  else
      sec_clk = 0;
//===========================================================
  reg1.process(sec_clk);              // 1초 클럭 상승펄스 처리
  feg1.process(sec_clk);              // 1초 클럭 하강펄스 처리
//============= 네오픽셀 적색 램프 점등 및 점멸 =================
  if(holdingRegisters[4] == 1) {                        // 적색 점등
    pixel.fill(RED);pixel.show();
    holdingRegisters[4] = 0;
  }
  // 점멸 동작은 클럭 신호의 엣지 신호로 동작하기 때문에 레지스터의 값을 유지함
  if((holdingRegisters[4]== 6) && (reg1.Q == 1)) {      // 적색 점멸(점등)
    pixel.fill(RED);pixel.show();
  }
  if((holdingRegisters[4] == 6) && (feg1.Q == 1)) {    // 적색 점멸(소등)
    pixel.clear();  pixel.show();
  }
//============= 네오픽셀 녹색 램프 점등 및 점멸 =================
  if(holdingRegisters[4] == 2) {                        // 녹색 점등
    pixel.fill(GRE);pixel.show();
    holdingRegisters[4] = 0;
  }
  // 점멸 동작은 클럭 신호의 엣지 신호로 동작하기 때문에 레지스터의 값을 유지함
  if((holdingRegisters[4] == 7) && (reg1.Q == 1)) {    // 녹색 점멸(점등)
    pixel.fill(GRE);pixel.show();
  }
    if((holdingRegisters[4] == 7) && (feg1.Q == 1)) { // 녹색 점멸(소등)
    pixel.clear();  pixel.show();
  }
//============= 네오픽셀 청색 램프 점등 및 점멸 =================
  if(holdingRegisters[4] == 3) {                        // 청색 점등
    pixel.fill(BLU);pixel.show();
    holdingRegisters[4] = 0;
  }
// 점멸 동작은 클럭 신호의 엣지 신호로 동작하기 때문에 레지스터의 값을 유지함
  if((holdingRegisters[4] == 8) && (reg1.Q == 1)) {  // 청색 점멸(점등)
    pixel.fill(BLU);
    pixel.show();
  }
    if((holdingRegisters[4] == 8) && (feg1.Q == 1)) {  // 청색 점멸(소등)
    pixel.clear();  pixel.show();
  }
```

```
//============= 네오픽셀 황색 램프 점등 및 점멸 =================
  if(holdingRegisters[4] == 4) {                    // 황색 점등
    pixel.fill(YEL);pixel.show();
    holdingRegisters[4] = 0;
  }
// 점멸 동작은 클럭 신호의 엣지 신호로 동작하기 때문에 레지스터의 값을 유지함
  if((holdingRegisters[4] == 9) && (reg1.Q == 1)) {  // 황색 점멸(점등)
    pixel.fill(YEL);pixel.show();
  }
  if((holdingRegisters[4] == 9) && (feg1.Q == 1)) {  // 황색 점멸(소등)
    pixel.clear();  pixel.show();
  }
//============= 네오픽셀 주황색 램프 점등 및 점멸 =================
  if(holdingRegisters[4] == 5) {                    // 주황색 점등
    pixel.fill(ORG);pixel.show();
    holdingRegisters[4] = 0;
  }
// 점멸 동작은 클럭 신호의 엣지 신호로 동작하기 때문에 레지스터의 값을 유지함
  if((holdingRegisters[4] == 10) && (reg1.Q == 1)) {  // 주황색 점멸(점등)
    pixel.fill(ORG);pixel.show();
  }
  if((holdingRegisters[4] == 10) && (feg1.Q == 1)) {  // 주황색 점멸(소등)
    pixel.clear();  pixel.show();
  }
//======= 램프 소등 ========
  if(holdingRegisters[4] == 11) {
    pixel.clear();  pixel.show();
    holdingRegisters[4] = 0;
  }
}
```

아두이노와 CFTerm의 통신 확인

앞서 나타낸 [그림 14-5] ~ [그림 14-6]을 참고하여 아두이노 시스템을 구성하고, 프로그램을 전송한다. 그리고 PLC와 통신 연결을 하기 전에 아두이노의 프로그램 정상 여부를 CFTerm을 사용해서 확인한다. [그림 14-10]에서 펑션코드 0x10을 사용해 4개의 FND에는 255를 표시하고 네오픽셀에는 녹색 램프를 점등하여 통신이 되는지 확인한다.

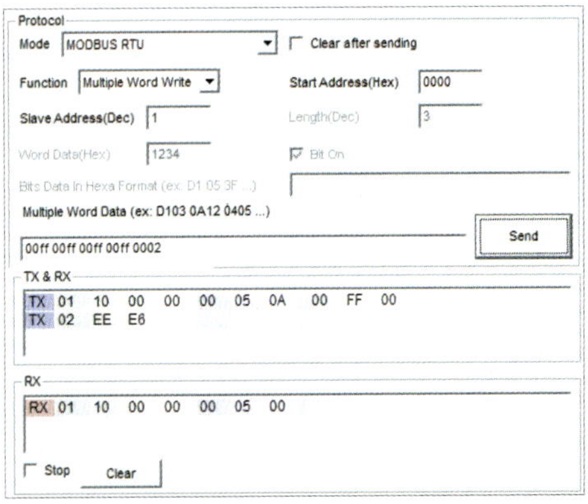

[그림 14-10] CFTerm을 이용한 통신 확인

PLC 프로그램 작성

[표 14-22]는 모드버스 마스터로 작동하는 PLC 프로그램의 작성법을 나타낸 것이다.

[표 14-22] 모드버스 마스터로 작동하는 PLC 프로그램 작성

<table>
<tr><th>순서</th><th colspan="2">내용</th></tr>
<tr><td>1</td><td>CM1241(RS422/485)의 통신 파라미터 설정하기
Port configuration에서 실습에 사용할 통신 모듈 CM1241의 파라미터를 설정한다.
• Protocol : Freeport
• Operating mode : Half duplex (RS485) 2-wire operation
• Receive line initial state : None
• Baud rate : 38400bps
• Parity : No parity
• Data bits : 8bits per character
• Stop bits : 1
하단의 4개 값은 초기 설정값을 나타낸 것으로, 통신 환경에 맞게 재설정해야 한다.</td><td>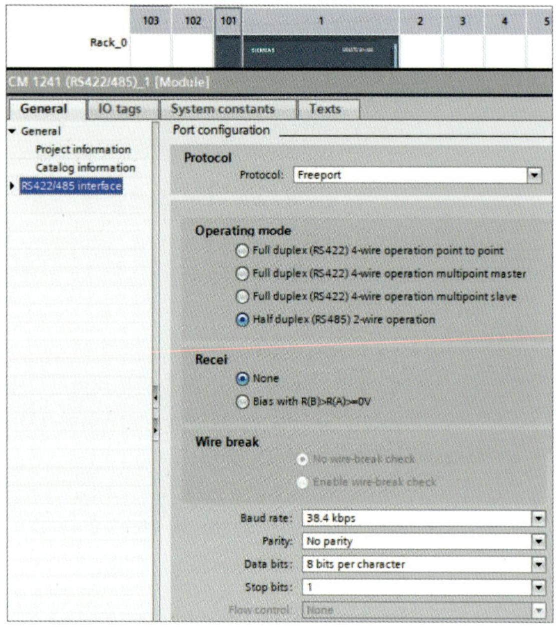
</td></tr>
<tr><td>2</td><td>글로벌 DB 설정하기
아두이노의 FND 4개와 네오픽셀 제어를 위한 데이터 1개를 저장할 글로벌 변수를 DB를 생성한다.</td><td>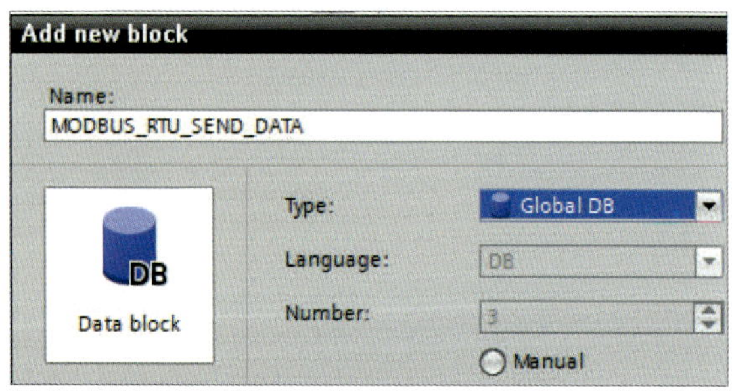
</td></tr>
<tr><td>3</td><td>통신에 사용할 메모리 설정하기
• SND_DATA
: 아두이노에 전송할 데이터 저장
• OLD_SND_DATA
: SND_DATA와 비교를 위한 데이터
• COLOR_DATA : 네오픽셀 데이터
• FND_1_DATA ~ FND_4_DATA
: FND 데이터</td><td>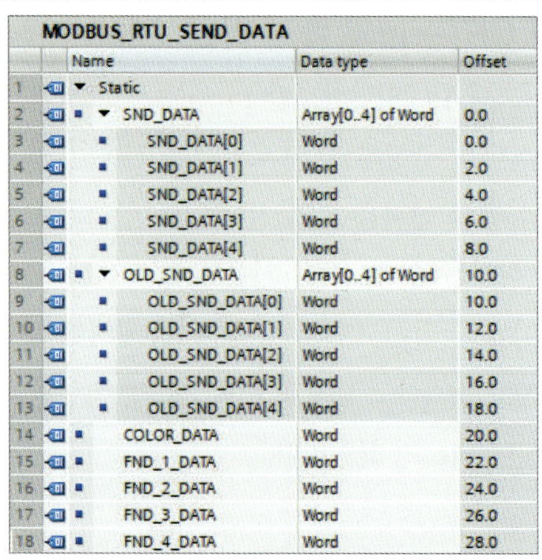
<table>
<tr><th colspan="4">MODBUS_RTU_SEND_DATA</th></tr>
<tr><th></th><th>Name</th><th>Data type</th><th>Offset</th></tr>
<tr><td>1</td><td>Static</td><td></td><td></td></tr>
<tr><td>2</td><td>SND_DATA</td><td>Array[0..4] of Word</td><td>0.0</td></tr>
<tr><td>3</td><td>SND_DATA[0]</td><td>Word</td><td>0.0</td></tr>
<tr><td>4</td><td>SND_DATA[1]</td><td>Word</td><td>2.0</td></tr>
<tr><td>5</td><td>SND_DATA[2]</td><td>Word</td><td>4.0</td></tr>
<tr><td>6</td><td>SND_DATA[3]</td><td>Word</td><td>6.0</td></tr>
<tr><td>7</td><td>SND_DATA[4]</td><td>Word</td><td>8.0</td></tr>
<tr><td>8</td><td>OLD_SND_DATA</td><td>Array[0..4] of Word</td><td>10.0</td></tr>
<tr><td>9</td><td>OLD_SND_DATA[0]</td><td>Word</td><td>10.0</td></tr>
<tr><td>10</td><td>OLD_SND_DATA[1]</td><td>Word</td><td>12.0</td></tr>
<tr><td>11</td><td>OLD_SND_DATA[2]</td><td>Word</td><td>14.0</td></tr>
<tr><td>12</td><td>OLD_SND_DATA[3]</td><td>Word</td><td>16.0</td></tr>
<tr><td>13</td><td>OLD_SND_DATA[4]</td><td>Word</td><td>18.0</td></tr>
<tr><td>14</td><td>COLOR_DATA</td><td>Word</td><td>20.0</td></tr>
<tr><td>15</td><td>FND_1_DATA</td><td>Word</td><td>22.0</td></tr>
<tr><td>16</td><td>FND_2_DATA</td><td>Word</td><td>24.0</td></tr>
<tr><td>17</td><td>FND_3_DATA</td><td>Word</td><td>26.0</td></tr>
<tr><td>18</td><td>FND_4_DATA</td><td>Word</td><td>28.0</td></tr>
</table></td></tr>
</table>

4

DB의 파라미터 변경하기

❶ [Program blocks] 폴더에 있는 DB를 선택한 후에 마우스 오른쪽 버튼을 클릭한 다음, 'Properties' 항목을 선택한다.

❷ 〈MODBUS_RTU_SEND_DATA[DB1]〉창에서 'Optimized block access' 항목의 체크 표시를 해제한다.

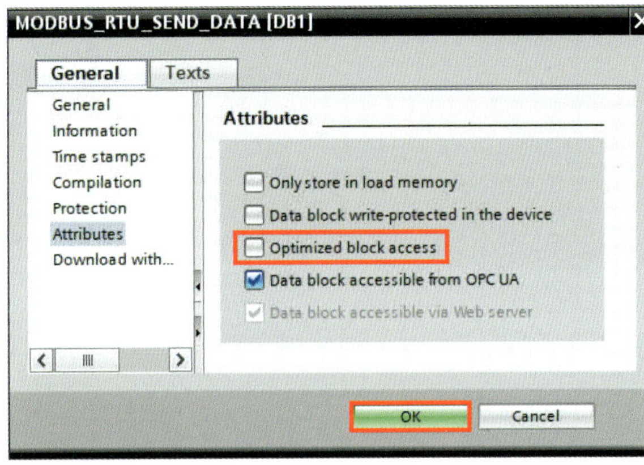

5

DB 컴파일하기

❶ 파라미터를 변경한 DB를 마우스 커서로 선택한 후 컴파일을 실행한다.

❷ 컴파일이 정상 완료되면 해당 DB의 Offset에 변수에 할당되는 메모리 번지가 나타난다.

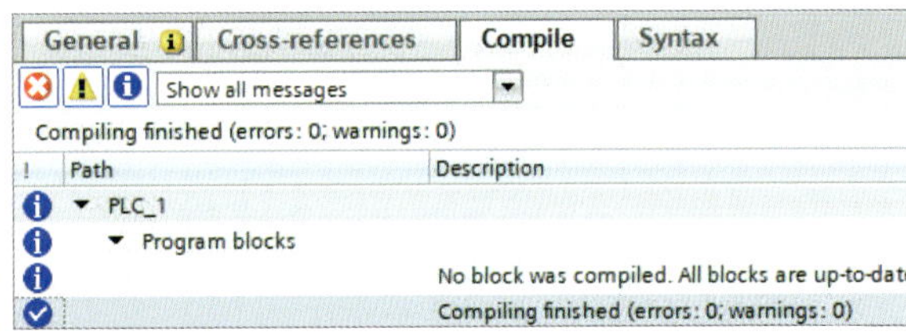

6

FB1 만들기

아두이노와 통신할 프로그램을 작성할 FB를 새롭게 만든다.

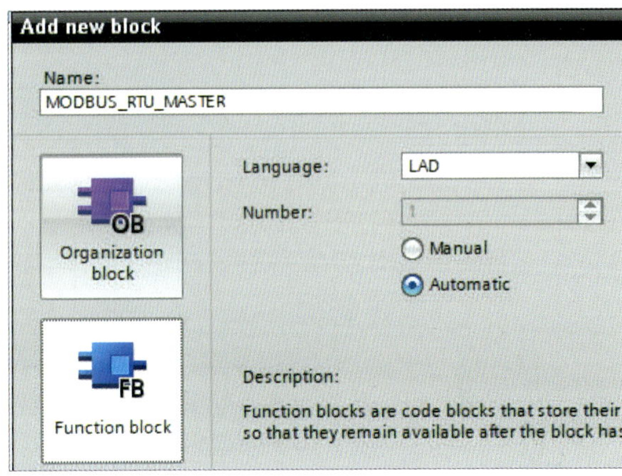

7

FB1의 내부 변수 설정하기

프로그램 작성에 필요한 내부 변수를 설정한다.

MB_COMM_LOAD 명령어와 MB_MASTER 명령어는 멀티플 인스턴스로 Static에 설정되도록 한다.

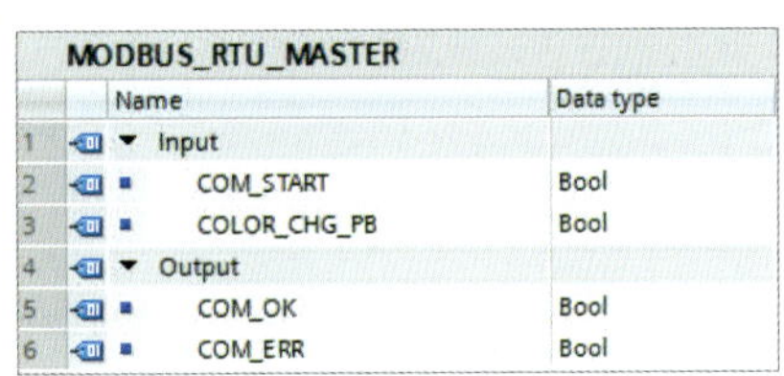

7

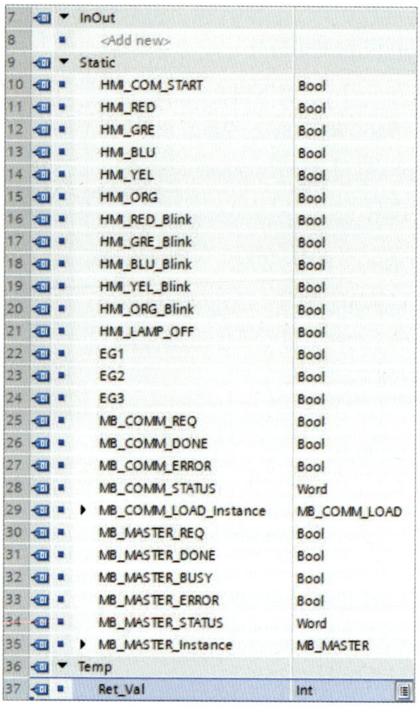

8

FB1 프로그램 작성하기

(네트워크 1번)

❶ 입력 COM_START(또는 HMI의 HMI_COM_START) 버튼이 눌러지면 모드버스 RTU 통신 시작을 위한 비트 MB_COMM_REQ를 셋한다.

❷ MB_COMM_LOAD가 정상적으로 실행한 결과 비트 MB_COMM_DONE을 사용해서 MB_COMM_REQ를 리셋한다.

❸ MB_COMM_LOAD와 MB_MASTER에서 에러가 발생하면 에러 램프를 점멸하도록 한다.

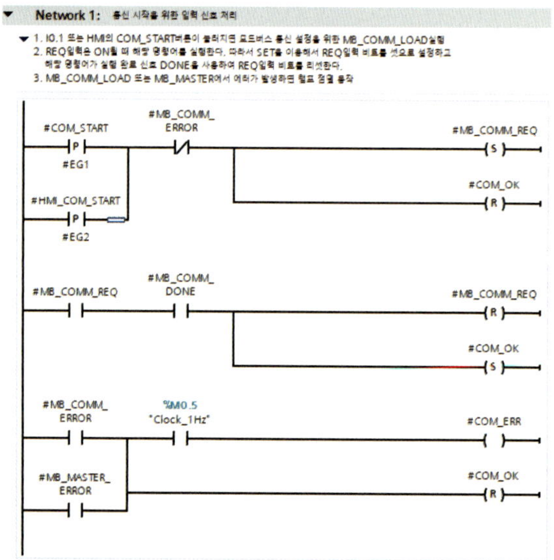

9

FB1 프로그램 작성하기

(네트워크 2번)

❶ MB_COMM_LOAD 명령어를 사용해서 통신을 시작한다. MB_COMM_LOAD의 입력 MB_DB에는 MB_MASTER의 멀티플 인스턴스 DB를 설정해야 한다.

❷ MB_DB 입력을 비워두고 MB_MASTER 명령어의 멀티플 인스턴스를 만든 후에 설정한다.

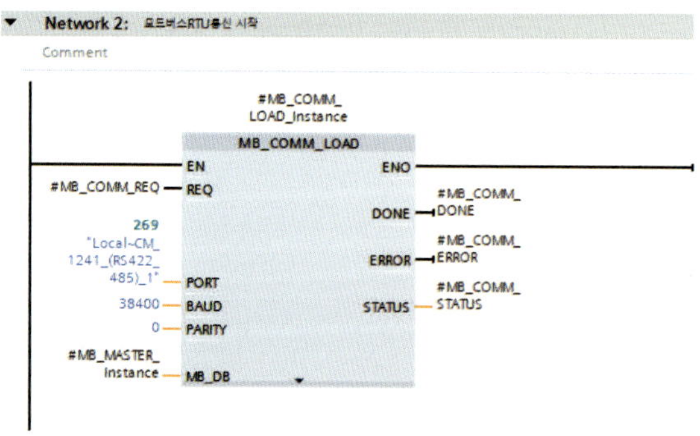

<table>
<tr>
<td>10</td>
<td>FB1 프로그램 작성하기
(네트워크 3번)

네오픽셀의 색상을 변경하기 위한 입력 버튼이 ON될 때마다 색상 변경을 위한 값을 변경한다.</td>
<td>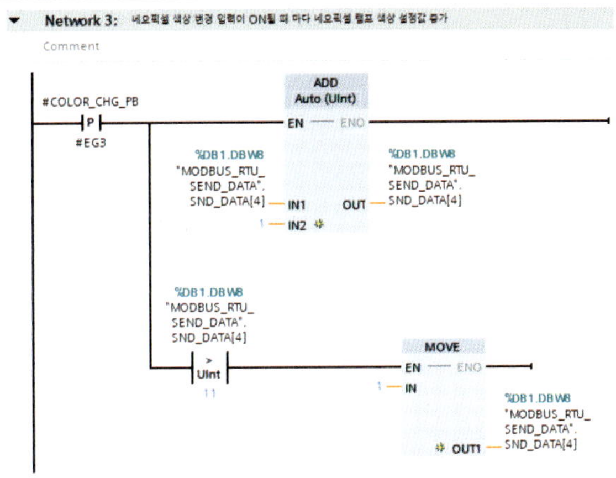
</td>
</tr>
<tr>
<td>11</td>
<td>FB1 프로그램 작성하기
(네트워크 4번)

HMI에 만든 네오픽셀 색상 설정 버튼이 눌러졌을 때 색상 표시를 위한 값을 설정한다.</td>
<td>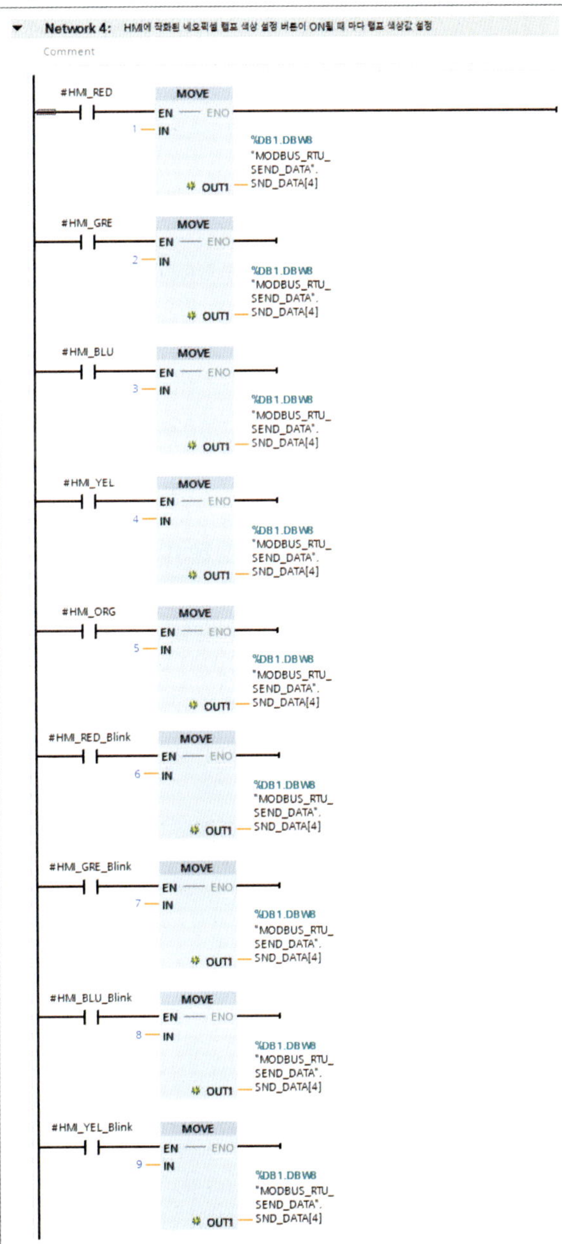
</td>
</tr>
</table>

<table>
<tr><td>11</td><td></td><td>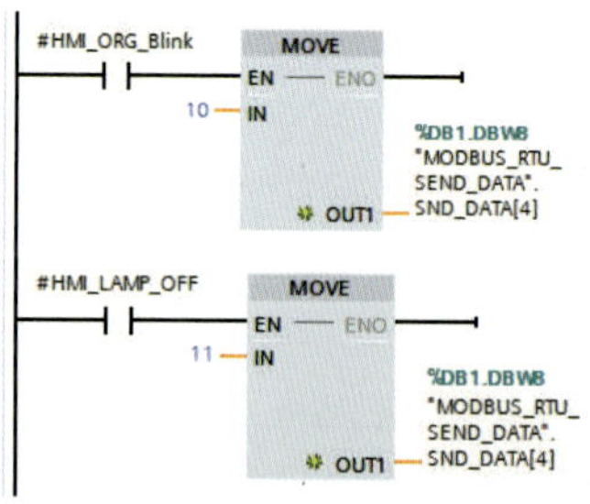
</td></tr>
<tr><td>12</td><td>FB1 프로그램 작성하기
(네트워크 5번)
❶ FND 및 네오픽셀의 설정값을 기억하는 글로벌 DB의 SEND_DATA와 과거의 값을 기억하는 OLD_SEND_DATA를 비교한다.
❷ 값이 다르면 통신으로 변경된 데이터를 전송하기 위한 비트 MB_MASTER_REQ를 셋으로 만들고 SEND_DATA를 OLD_SEND_DATA에 저장한다.
❸ 데이터 전송이 완료되면 MASTER_REQ를 리셋한다.</td><td>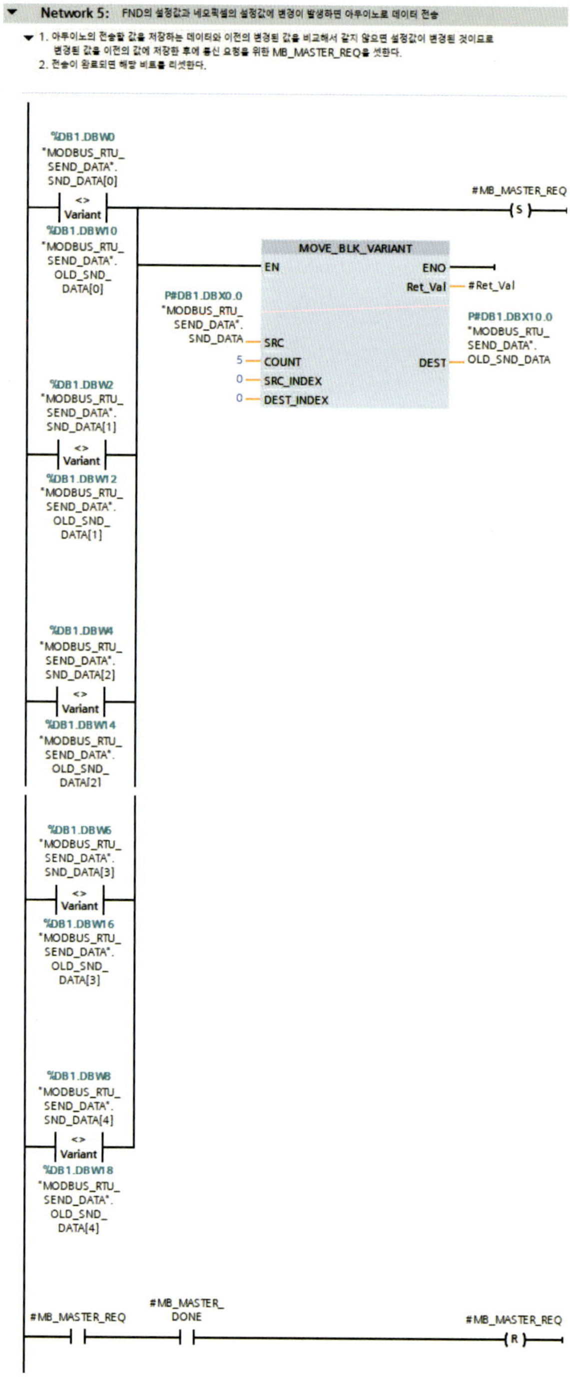
</td></tr>
</table>

<table>
<tr><td>13</td><td>

FB1 프로그램 작성하기

(네트워크 6번)

모드버스 RTU 프로토콜을 이용하여 FND 및 네오픽셀의 설정값을 아두이노로 전송하는 명령어를 실행한다.

- MB_ADDR : 1(아두이노 국번)
- MODE : 1(펑션코드 16을 사용)
- DATA_ADDR : 40001(0번지 설정)
- DATA_LEN : 5(5개 워드 데이터)

</td><td>
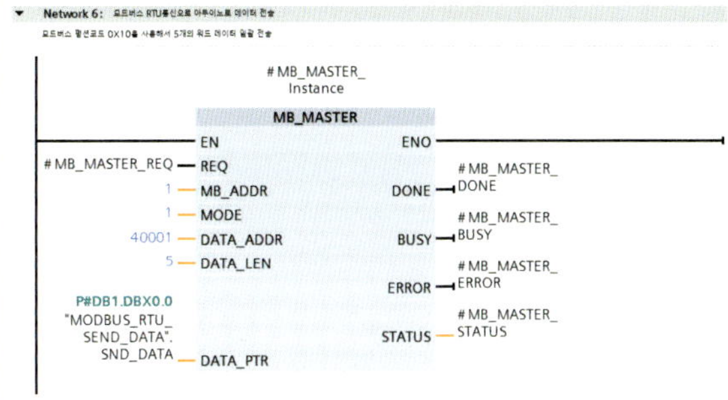

</td></tr>
<tr><td>14</td><td>

FB1 컴파일하기

컴파일을 통해 에러 유무를 확인한다.

</td><td>
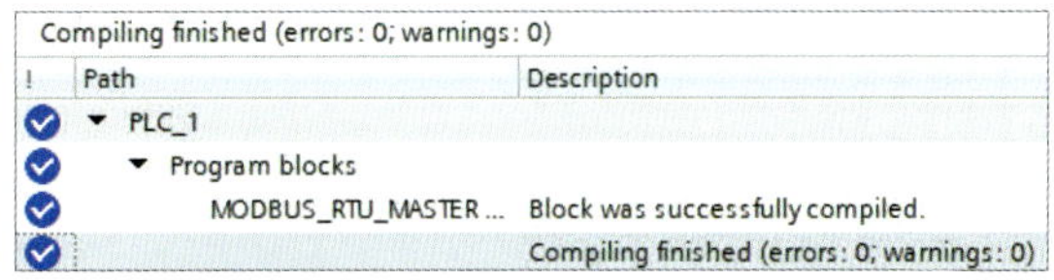

</td></tr>
<tr><td>15</td><td>

OB1 작성하기

모드버스 통신으로 아두이노의 FND에 네오픽셀 점등을 위한 FB1을 실행하기 위해 OB1에서 FB1을 호출한다.

</td><td>
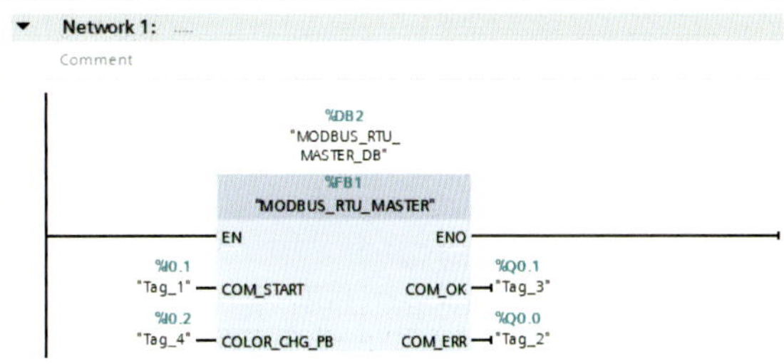

</td></tr>
<tr><td>16</td><td>

OB1 컴파일하기

OB1의 컴파일을 통해 에러 유무를 확인한다.

</td><td>
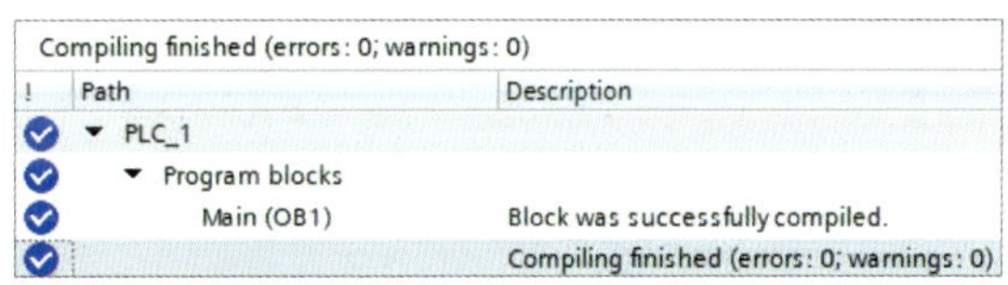

</td></tr>
<tr><td>17</td><td>

HMI 작화하기(COM_START 버튼)

HMI에 [COM_START] 버튼을 만들고 [Events] 탭에서 Tag를 설정한다.

</td><td>
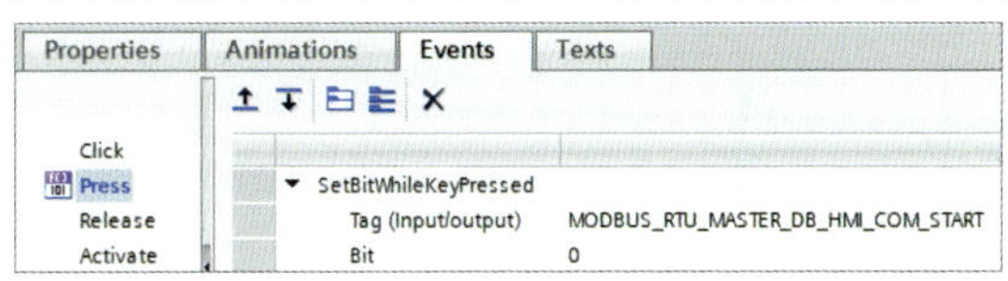

</td></tr>
<tr><td>18</td><td>

HMI 작화하기(COM_ERR 램프)

통신 에러가 발생했을 때 점멸 동작을 할 램프에 [Animations] 탭에서 [Apperance]의 기능을 부여하고 Tag를 설정한다.

</td><td>
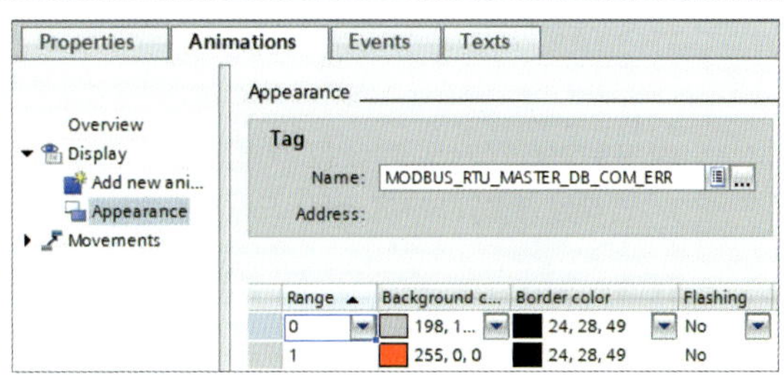

</td></tr>
<tr><td>19</td><td>

HMI 작화하기(COM_OK 램프)

통신의 정상 상태를 나타내는 램프에 [Animations] 탭에서 [Appearance]의 기능을 부여하고 Tag를 설정한다.

</td><td>
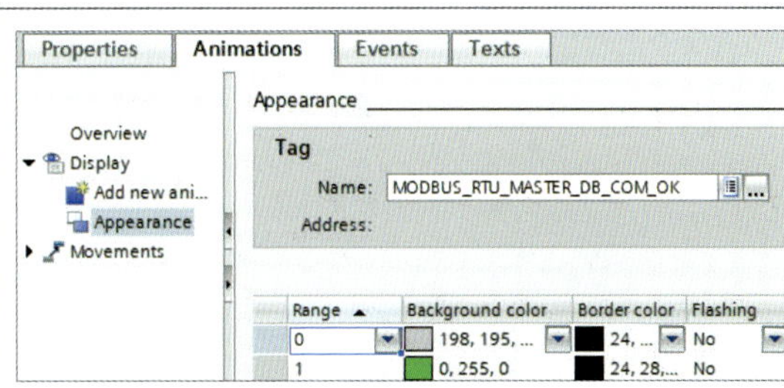

</td></tr>
</table>

20

HMI 작화하기(FND)

FND는 숫자 설정창으로 [I/O field] 메뉴에서 4개 모두 동일한 방법으로 만들고 Tag만 글로벌 DB에서 변경해서 설정한다.

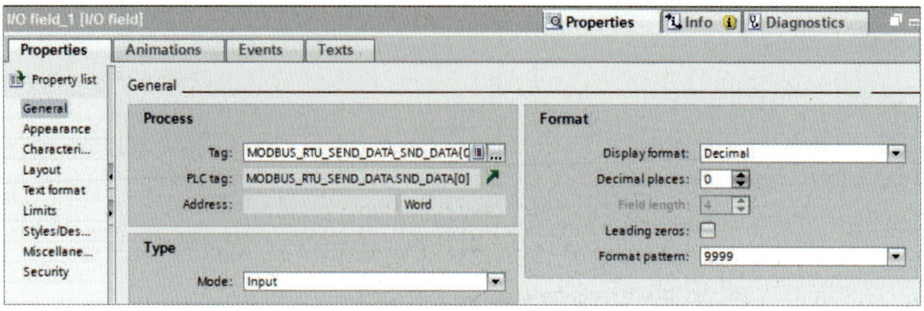

21

HMI 작화하기(네오픽셀 램프)

❶ 네오픽셀에 표시되는 램프의 색상을 표시하기 위한 램프에 [Animations] 탭에서 [Appearance]의 기능을 부여하고 Tag를 설정한다.

❷ Range 설정값은 0 ~ 11까지이고 6부터는 점멸 기능인 Flashing 기능을 설정한다.

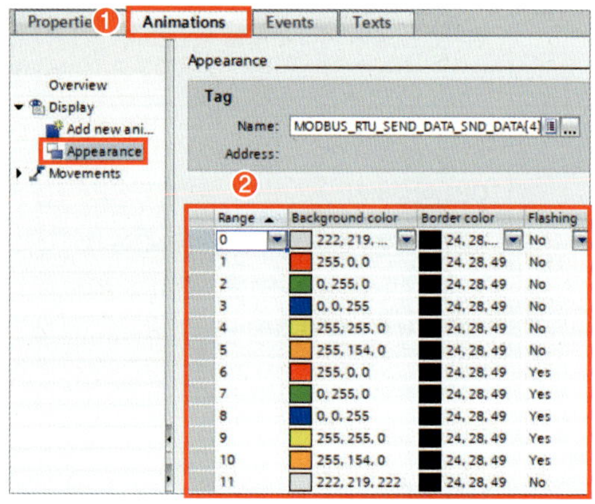

22

HMI 작화하기(색상 설정 버튼)

11개의 램프 색상 설정용 버튼에 [Events] 탭의 기능을 부여하고 각각의 Tag를 설정한다.

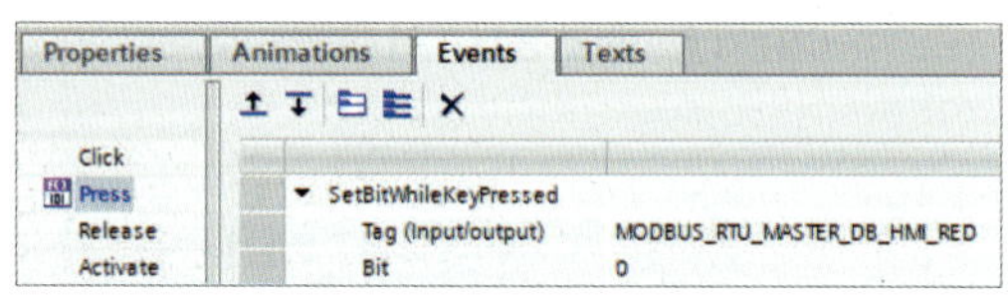

23

HMI 컴파일하기

❶ 작업한 내용을 컴파일하면 5개의 경고가 발생한다.

❷ 프로그램과 HMI의 컴파일이 에러 없이 끝났으면 해당 PLC와 HMI에 다운로드해서 실행한다.

TIP 경고는 HMI 템플레이트에 설정되어 있는 버튼에 대한 설정이 누락되어 있기 때문에 발생한다.

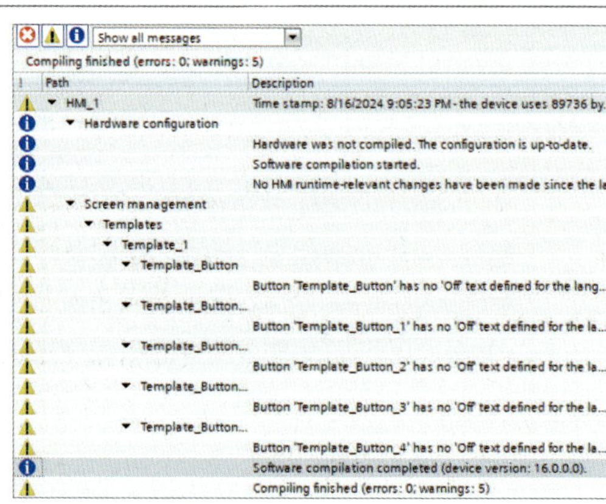

[표 14-23]은 아두이노의 모드버스 통신을 위한 HMI 화면을 나타낸 것이다.

[표 14-23] 아두이노의 모드버스 통신을 위한 HMI 화면

구분	기능	변수명	변수 위치	구분	데이터 타입
COM_OK	램프	COM_OK	FB_인스턴스	OUTPUT	Bool
COM_ERR	램프	COM_ERR	FB_인스턴스	OUTPUT	Bool
COM_START	푸시버튼	COM_START	FB_인스턴스	INPUT	Bool
FND1	숫자설정	SND_DATA[0]	글로벌 DB 변수	Static	Array[0..4] of Word
FND2	숫자설정	SND_DATA[1]	글로벌 DB 변수		
FND3	숫자설정	SND_DATA[2]	글로벌 DB 변수		
FND4	숫자설정	SND_DATA[3]	글로벌 DB 변수		
Neo_Lamp	멀티 램프	SND_DATA[4]	글로벌 DB 변수		
RED	푸시버튼	HMI_RED	FB_인스턴스	Static	Bool
GRE	푸시버튼	HMI_BLU	FB_인스턴스	Static	Bool
BLU	푸시버튼	HMI_BLU	FB_인스턴스	Static	Bool
YEL	푸시버튼	HMI_YEL	FB_인스턴스	Static	Bool
ORG	푸시버튼	HMI_ORG	FB_인스턴스	Static	Bool
RED Blink	푸시버튼	HMI_RED Blink	FB_인스턴스	Static	Bool
GRE Blink	푸시버튼	HMI_GRE Blink	FB_인스턴스	Static	Bool
BLU Blink	푸시버튼	HMI_BLU Blink	FB_인스턴스	Static	Bool
YEL Blink	푸시버튼	HMI_YEL Blink	FB_인스턴스	Static	Bool
ORG Blink	푸시버튼	HMI_ORG Blink	FB_인스턴스	Static	Bool
LAMP OFF	푸시버튼	HMI_LAMP OFF	FB_인스턴스	Static	Bool

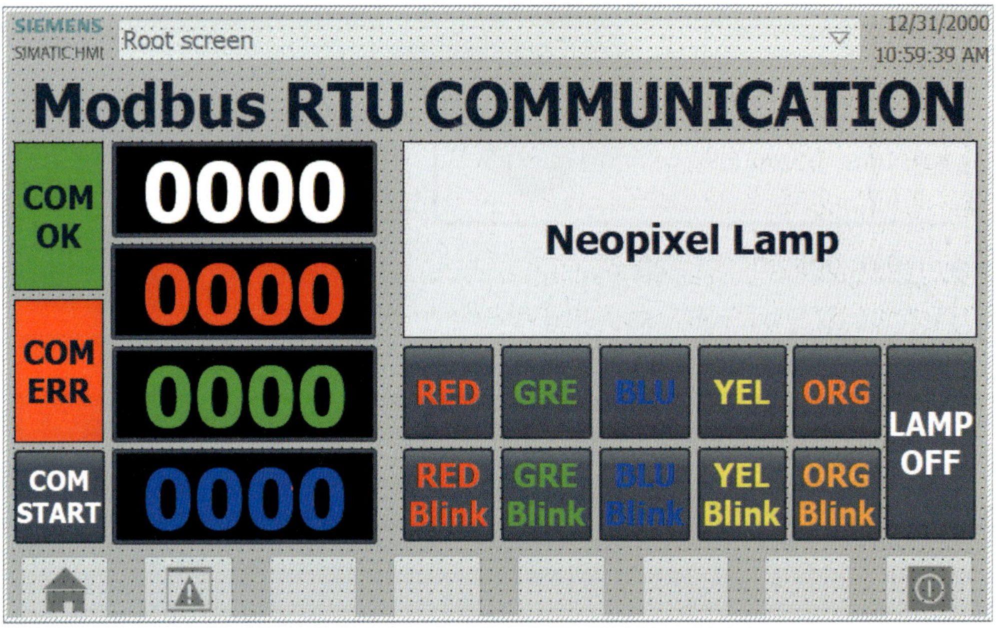

실습과제

14-2 아두이노와 모드버스 RTU 통신하기 (2)

14.1~14.2절

아두이노 우노용으로 시판되는 온습도 센서 DHT-11을 사용해서 현재 온습도를 계측 및 LCD에 표시하는 아두이노 시스템을 구성한 후에, RS485 쉴드를 사용해서 PLC에서 온습도 센서의 데이터와 설정 온습도를 설정할 수 있는 프로그램의 작성법에 대해 살펴보자.

[실습과제 14-1]에서는 FND 디스플레이 TM1637과 다양한 색상을 표현할 수 있는 네오픽셀을 사용하는 방법에 대해 살펴보았다. 아두이노용으로 시판되는 온습도 센서 DHT-11과 LCD 디스플레이를 사용해 아두이노 시스템을 구성한 다음, 모드버스 RTU 라이브러리를 사용해서 PLC에서 온습도 계측 데이터를 모니터링하고 현재 온습도와 비교해서 네오픽셀의 램프를 점등할 수 있는 프로그램을 작성해보자.

[그림 14-11]은 실습에 사용할 전체 시스템의 구성을 나타낸 것이다. 아두이노에 RS485 통신 쉴드를 결합한 후에 LCD와 네오픽셀 그리고 온습도 센서 DHT-11을 연결한 후에 PLC의 CM1241 RS485 통신 포트에 연결한다.

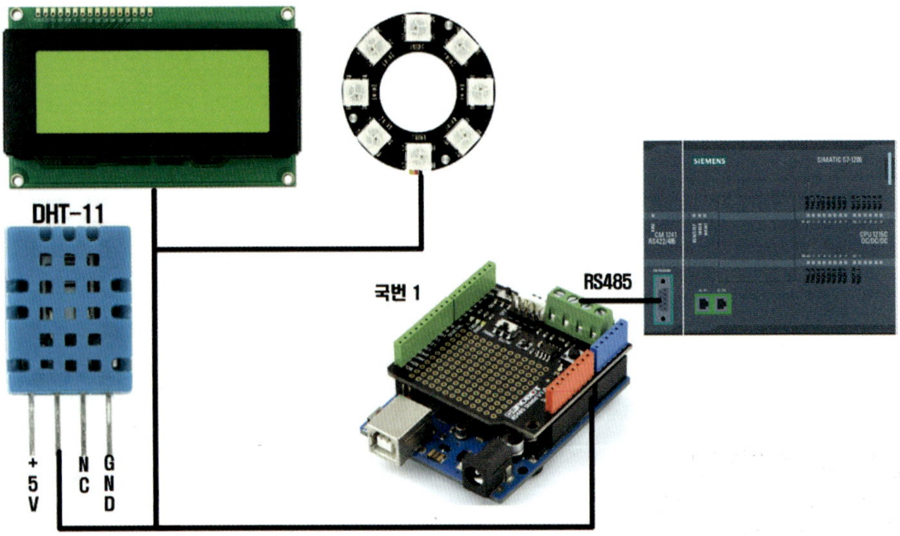

[그림 14-11] 온습도 계측을 위한 전체 시스템의 구성

[표 14-24] 아두이노에 네오픽셀, LCD, DHT-11 연결

핀 번호		기능	핀 번호		기능
8	DIO	네오픽셀	A4	SDA	I2C 통신용 LCD
A3	Data	온습도 센서 DHT-11	A5	SCL	

생각해봅시다

온습도계 DHT-11

구글에서 '아두이노 온습도 센서'라는 키워드를 검색해보면 DHT-22와 DHT-11에 관한 방대한 자료를 살펴볼 수 있다. 실습에 사용하는 DHT-11은 [그림 14-12]와 같이 1개의 단일 버스 데이터 핀을 사용해서 온습도 데이터를 읽어올 수 있는 제품이다. DHT-11의 기술사양은 다음과 같다.

- 작동전압 : 3.3 ~ 5Vdc
- 출력신호 : 단일 버스 디지털 신호
- 습도 측정 범위 : 20 ~ 90% RH(25°에서 오차 범위 ±5% RH)
- 온도 측정 범위 : 0 ~ 50℃(오차 범위 ±2℃)

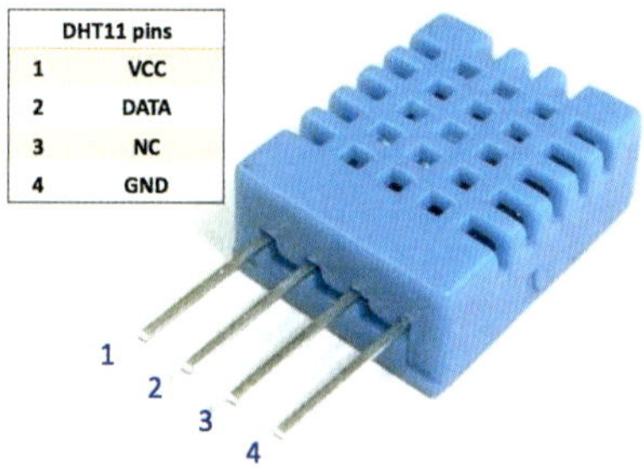

(a) DHT-11의 핀 배치도

(b) 실습에 사용할 DHT-11의 핀 배치도

[그림 14-12] DHT-11 온습도 센서의 외형 및 핀 기능

DHT-11 사용을 위한 라이브러리 설치

[표 14-25] DHT-11 사용을 위한 라이브러리 설치

순서	내용	
1	**라이브러리 설치 메뉴 선택하기** ❶ 아두이노에서 [Sketch] 메뉴를 선택한다. ❷ 'Include Library'를 선택한다. ❸ 'Manage Libraries'를 선택한다.	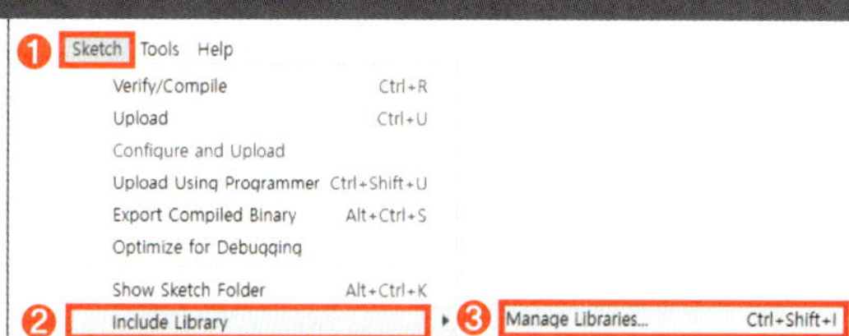
2	**라이브러리 검색하기** ❶ LIBRARY MANAGER의 검색창에서 'DHTlib'을 입력한다. ❷ 검색된 라이브러리에서 'DHTlib by Rob Tillaart' 항목을 클릭하여 라이브러리를 설치한다.	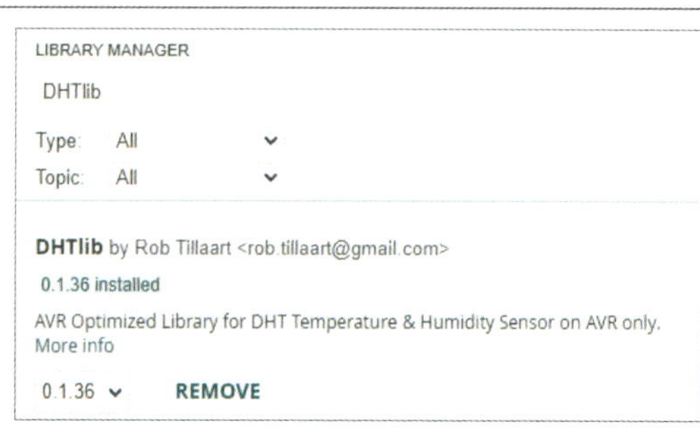

DHT-11 사용을 위한 예제 프로그램 실행

라이브러리 설치가 완료되었으면 온습도 센서 DHT-11로부터 온습도 데이터를 읽어오기 위한 예제 프로그램을 실행해보자. 해당 프로그램의 결과는 시리얼 모니터를 통해서 확인할 수 있다.

코드 14-2 DHT-11을 사용한 온습도 읽어오기 예제 프로그램

```
#include <dht.h>
dht DHT;

#define DHT11_PIN A3
void setup()
{
  Serial.begin(9600);
}
void loop()
{
  int chk = DHT.read11(DHT11_PIN);
  float t = DHT.temperature;
  float h = DHT.humidity;
  Serial.print("temperature : ");
  Serial.print(t);
  Serial.print(",\t");
  Serial.print("humidity : ");
  Serial.println(h);

  delay(2000);
}
```

이 코드에서 핵심은 DHT.read11(DHT11_PIN) 부분이다. 선언된 클래스의 객체를 실행시켜 온습도를 읽어오는 기능을 한다. 이처럼 단 한 줄의 코드로 온습도 값을 읽어올 수 있었던 건 오픈소스가 있기 때문이다. 실제 이 프로그램이 실행되기 위해 [코드 14-2]에 나타나지는 않지만, 컴파일 과정에서 첫 번째 줄에 선언되어 있는 dht.h 헤더에 DHT-11의 온습도 데이터를 읽어오기 위한 프로그램이 작성되어 있다. [코드 14-2]의 실행 결과는 시리얼 모니터를 통해서 확인할 수 있다.

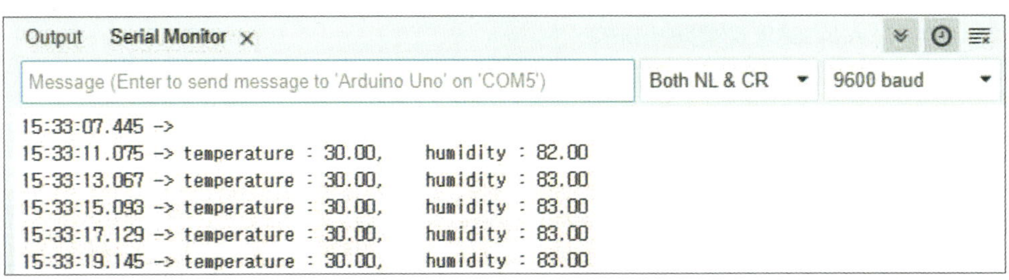

[그림 14-13] 온습도 데이터가 표시되는 시리얼 모니터 화면

동작 조건

❶ DHT-11 센서의 값을 읽어 현재온도(TEMP)와 현재습도(HUMI)를 LCD에 표시한다.

❷ 모드버스 RTU 통신으로 설정온도(STP)를 0 ~ 50, 설정습도(SHI)를 20 ~ 99까지 설정한다.

❸ 현재온도와 설정온도에 ±4℃ 차이, 현재습도와 설정습도에 ±10% 차이가 발생하면 네오픽셀의 적색 램프가 1Hz 간격으로 점멸한다.

[표 14-26] 아두이노의 모드버스 읽기용 번지의 기능

구분	0번지	1번지	2번지	3번지
기능	현재온도 저장	현재습도 저장	설정온도 저장	설정습도 저장

❹ COM_START 버튼이 눌러지면 모드버스 RTU 통신 연결이 시작되고 정상 연결되면 출력에 연결된 COM_OK 램프가 점등된다.

❺ COM_OK 램프가 점등된 상태에서 HMI에 작화된 설정 온습도 증가와 감소 버튼을 조작하면 아두이노의 설정 온습도가 변경되고, DHT-11에서 계측된 현재 온습도가 HMI에 표시된다.

아두이노 프로그램 작성

코드 14-3 모드버스 RTU로 현재 온습도 모니터링 및 설정 프로그램

```
#include <plclib.h>
#include <Adafruit_NeoPixel.h>
#include <LiquidCrystal_I2C.h>
#include <dht.h>
#include <ModbusRTUSlave.h>          // 모드버스 RTU 슬레이브 라이브러리

ModbusRTUSlave modbus(Serial, 13);   // ModbusRTUSlave 객체 생성
uint16_t holdingRegisters[4];        // 모드버스 통신에 사용할 메모리 설정
#define NEO_PIN         8            // 네오픽셀 연결 아두이노 핀 번호
#define NEO_PIXELS      8            // 네오픽셀 LED 개수
#define DHT11_PIN       A3           // 온습도 센서 데이터 핀 연결 아두이노 핀 번호
LiquidCrystal_I2C lcd(0x27,20,4);

dht DHT;
Adafruit_NeoPixel
            pixel = Adafruit_NeoPixel(NEO_PIXELS, NEO_PIN, NEO_GRB + NEO_KHZ800);

uint32_t RED = pixel.Color(255, 0, 0);         // 적색 색상 변수 선언
uint32_t GRE = pixel.Color(0, 255, 0);         // 녹색 색상 변수 선언
```

```
TON ton1;                                   // 온 딜레이 타이머 객체 설정
R_TRIG reg1;                                // 상승펄스 신호 객체 설정
F_TRIG feg1;                                // 하강펄스 신호 객체 설정
boolean sec_clk, alarm;                     // 1초 클럭, 알람 변수 설정

int setTemp = 20, setHumi = 30;             // 설정용 온습도 변수(초깃값 설정)
int Temp[10], Humi[10], difTemp, difHumi;   // 온습도 배열 및 온습도 변차 변수
int curTemp, curHumi, sumTemp, sumHumi, firstScan, scanCnt; // 온습도 변수
int avrTemp, avrHumi;                       // 온습도 평균 변수
String TempDisp, HumiDisp;                  // 온습도 문자열 변수

void setup() {
  modbus.configureHoldingRegisters(holdingRegisters, 4); // 모드버스 홀딩레지스터 설정
  modbus.begin(1, 38400);                          // 모드버스 통신 설정 (국번, 통신 속도)

  pixel.begin();                                   // 네오픽셀 초기화
  pixel.setBrightness(200);                        // 네오픽셀 밝기 설정
  pixel.clear();                                   // 네오픽셀 소등
  pixel.show();                                    // 네오픽셀 점등

  holdingRegisters[2] = 25;                        // 초기 설정온도(25℃)
  holdingRegisters[3] = 70;                        // 초기 설정습도(70 %)
  lcd.init();                                      // LCD 초기화
  lcd.backlight();                                 // LCD 백라이트 점등
  lcd.setCursor(5,0);                              // 문자 표시 위치 지정
  lcd.print("TEMPEATURE");                         // LCD 0번 라인 문자 표시
  lcd.setCursor(6,2);                              // 문자 표시 위치 지정
  lcd.print("HUMIDITY");                           // LCD 2번 라인 문자 표시
  LcdDisplay(30, setTemp, 40, setHumi);            // LCD에 현재 및 설정 온습도 표시 함수 호출

  ton1.PT = 1000;                                  // 램프 점멸 동작용 클럭 신호 타이머 시간 설정
}

void loop() {
  modbus.poll();                          // 모드버스 RTU 통신

//======= 1초 클럭 신호 만들기 ========
  ton1.process(!ton1.Q);
  if(ton1.ET <= 500)
    sec_clk = 1;
  else
    sec_clk = 0;
//================================
  reg1.process(sec_clk);                  // 1초 클럭 상승펄스 처리
  feg1.process(sec_clk);                  // 1초 클럭 하강펄스 처리
```

```
/* --------- 1Hz 주기로 DHT-11의 온습도 읽어오기 및 평균필터 처리 ---------- */
  if(reg1.Q) {
    int chk = DHT.read11(DHT11_PIN);
    curTemp = (int)DHT.temperature;
    curHumi = (int)DHT.humidity;
    if(!firstScan) {                // 첫 번째 온습도 읽을 때는 온습도 배열 모두에
      for(int i=0; i<10; i++){      // 첫 번째 온습도 값으로 저장
        Temp[i] = curTemp;
        Humi[i] = curHumi;
      }
      firstScan = 1;
    }
    if(firstScan) {                 // 두 번째 온습도 읽을 때부터는 1초 주기로
      Temp[scanCnt] = curTemp;      // 배열 번호를 변경해 가면서 온습도 저장
      Humi[scanCnt] = curHumi;
      scanCnt++;
      if(scanCnt > 9)
        scanCnt = 0;
    }
    for(int i=0; i<10; i++) {       // 배열에 저장된 값의 합을 구하기
      sumTemp += Temp[i];
      sumHumi += Humi[i];
    }
    avrTemp = sumTemp / 10;         // 배열의 합을 10으로 나누어 평균필터 처리된 온도
    avrHumi = sumHumi / 10;         // 배열의 합을 10으로 나누어 평균필터 처리된 습도
    holdingRegisters[0] = avrTemp;  // 모드버스 RTU 홀딩레지스터 0번지에 현재온도 저장
    holdingRegisters[1] = avrHumi;  // 모드버스 RTU 홀딩레지스터 1번지에 현재습도 저장
    setTemp = holdingRegisters[2];  // 모드버스 RTU 홀딩레지스터 2번지의 설정온도
    setHumi = holdingRegisters[3];  // 모드버스 RTU 홀딩레지스터 3번지의 설정습도
    LcdDisplay(avrTemp, setTemp, avrHumi, setHumi);  // LCD 온습도 표시함수 호출
    sumTemp = 0;                    // 배열 온도 합을 초기화
    sumHumi = 0;                    // 배열 습도 합을 초기화
  }
/* --------  온습도 편차 구하기 및 네오픽셀 점등 ------------ */
  difTemp = avrTemp - setTemp;      // 온도 편차
  difHumi = avrHumi - setHumi;      // 습도 편차
  if((abs(difTemp) >= 4) || (abs(difHumi) >= 10))
    alarm = 1;
  else
    alarm = 0;
  if(alarm == 0) {                  // 녹색 램프 점등
    pixel.fill(GRE);
    pixel.show();
  }
```

```
    if(alarm && reg1.Q == 1) {          // 적색 램프 점멸(적색 점등)
      pixel.fill(RED);
      pixel.show();
    }
    if(alarm && feg1.Q == 1) {          // 적색 램프 점멸(적색 소등)
      pixel.clear();
      pixel.show();
    }
  }
  void LcdDisplay(int temp, int settemp, int humi, int sethumi)
  {
    TempDisp = " TEMP: " + String(temp) + "   STP: " + String(settemp);
    lcd.setCursor(0,1);                     // 문자 표시 위치 지정
    lcd.print(TempDisp);                    // LCD 1번 라인 문자 표시
    HumiDisp = " HUMI: " + String(humi) + "   SHI: " + String(sethumi);
    lcd.setCursor(0,3);                     // 문자 표시 위치 지정
    lcd.print(HumiDisp);                    // LCD 1번 라인 문자 표시
  }
```

아두이노와 CFTerm의 통신 확인

아두이노 시스템 구성과 프로그램 전송을 완료한 후에 PLC와 통신 연결을 하기 전에 아두이노의 프로그램 정상 여부를 CFTerm을 사용해서 확인한다.

[표 14-27] CFTerm을 이용한 통신 확인

순서	내용	
1	**슬레이브 1번 현재온도 읽어오기** 아두이노에 연결된 DHT-11에서 계측된 현재온도를 읽어오기 위해 Funtion은 'Word Read'로 설정하고, Start Address(Hex)에는 '0000'을 입력하면 현재온도가 26℃(0x001A)인 것을 확인할 수 있다.	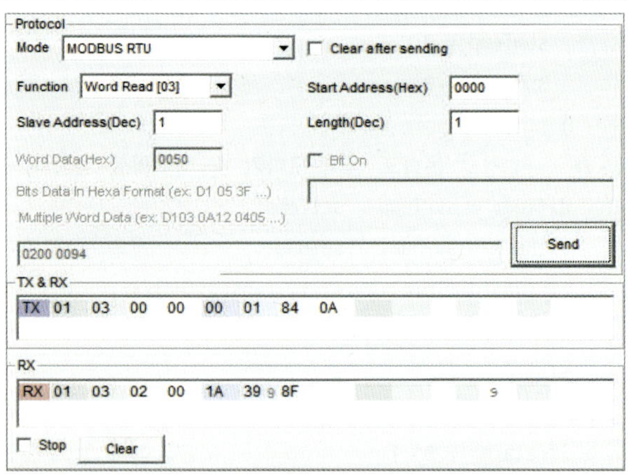

<table>
<tr>
<td>2</td>
<td>슬레이브 1번
현재습도 읽어오기
아두이노에 연결된 DHT-11에서 계측된 현재습도를 읽어오기 위하여 Funtion은 'Word Read'로 설정하고, Start Address(Hex)에는 '0001'을 입력하면 현재습도가 68%(0x0044)인 것을 확인할 수 있다.</td>
<td>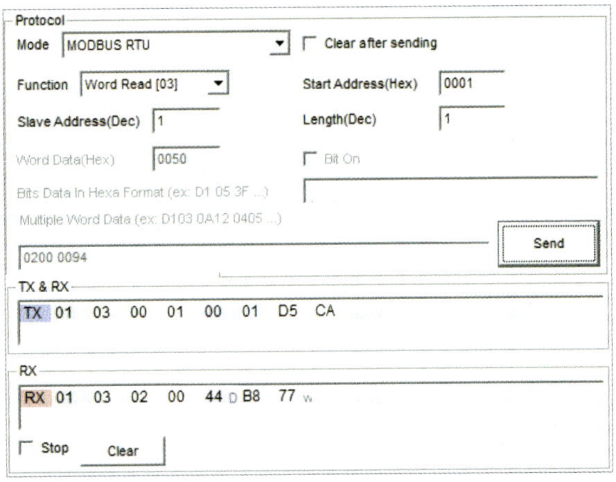
</td>
</tr>
<tr>
<td>3</td>
<td>슬레이브 1번
설정온도 쓰기
아두이노에 연결된 DHT-11에서 계측된 현재온도와 비교하기 위한 설정온도(30℃(0x001E)를 홀딩 레지스터 0x0002번지에 쓰기를 하면 아두이노 LCD에서 설정온도가 변경되는 것을 확인할 수 있다.</td>
<td>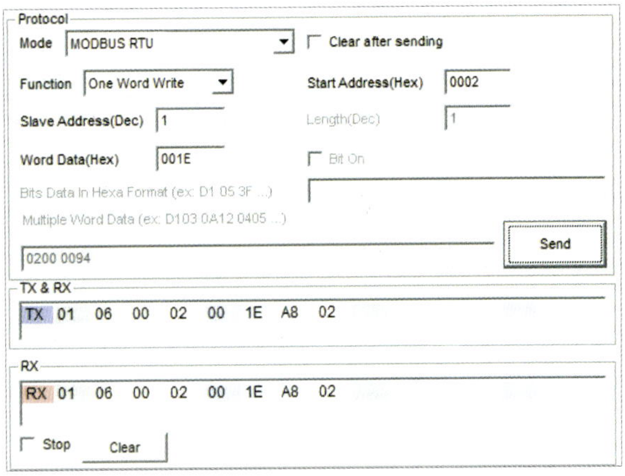
</td>
</tr>
<tr>
<td>4</td>
<td>슬레이브 1번
설정습도 쓰기
아두이노에 연결된 DHT-11에서 계측된 현재습도와 비교하기 위한 설정습도(75%(0x004B)를 홀딩 레지스터 0x0003번지에 쓰기를 하면 아두이노 LCD에서 설정습도가 변경되는 것을 확인할 수 있다.</td>
<td>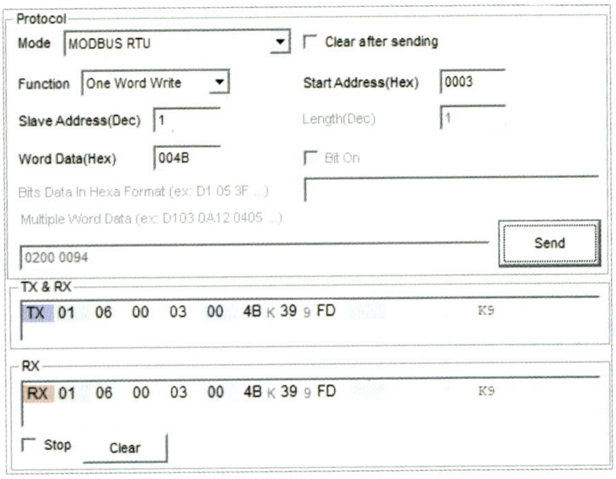
</td>
</tr>
</table>

PLC 프로그램 작성

[표 14-28]은 아두이노로 통신하는 PLC 프로그램의 작성법을 나타낸 것이다.

[표 14-28] 아두이노와 통신하는 PLC 프로그램 작성

순서	내용	
1	**CM1241(RS422/485) 통신 파라미터 설정하기** Port configuration에서 실습에 사용할 통신 모듈 CM1241의 파라미터를 설정한다. • Protocol : Freeport • Operating mode : Half duplex (RS485) 2-wire operation • Receive line initial state : None • Baud rate : 38.4kbps • Parity : No parity • Stop bits : 1 하단의 4개 값은 초기 설정값을 나타낸 것으로, 통신 환경에 맞게 재설정해서 사용한다.	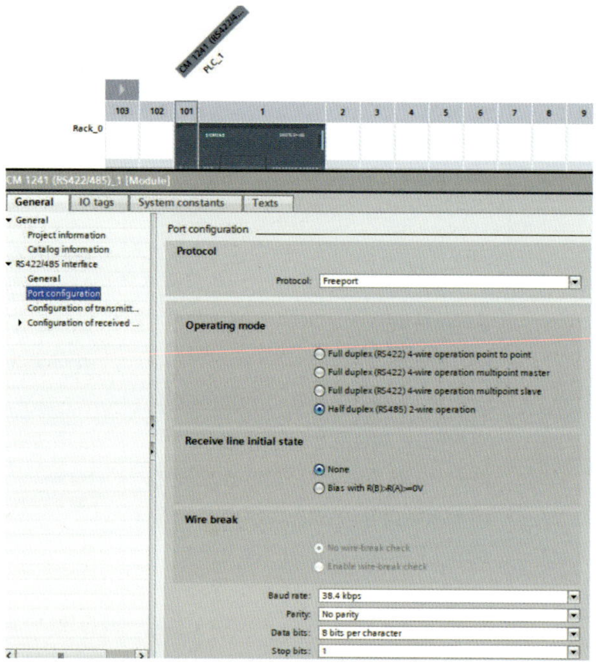
2	**글로벌 DB 만들기** 아두이노의 온습도 센서의 모니터링과 설정값의 저장을 위한 글로벌 DB를 만든다.	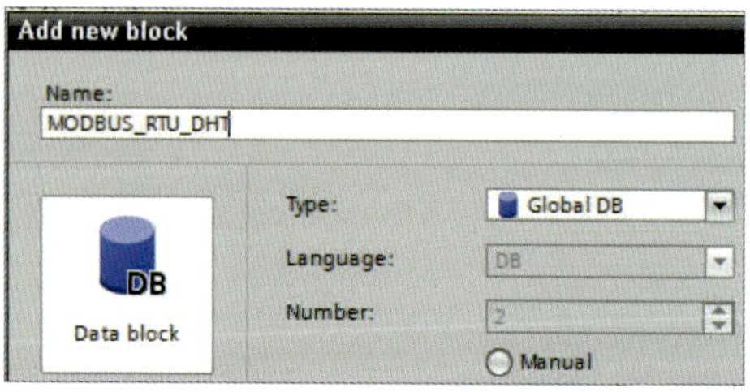
3	**통신에 사용할 메모리 설정하기** – 읽기용 메모리 • HOLDING_DATA[0] : 현재온도 • HOLDING_DATA[1] : 현재습도 • HOLDING_DATA[2] : 설정온도 • HOLDING_DATA[3] : 설정습도 – 쓰기용 메모리 • SET_DATA[0] : 설정온도 • SET_DATA[1] : 설정습도	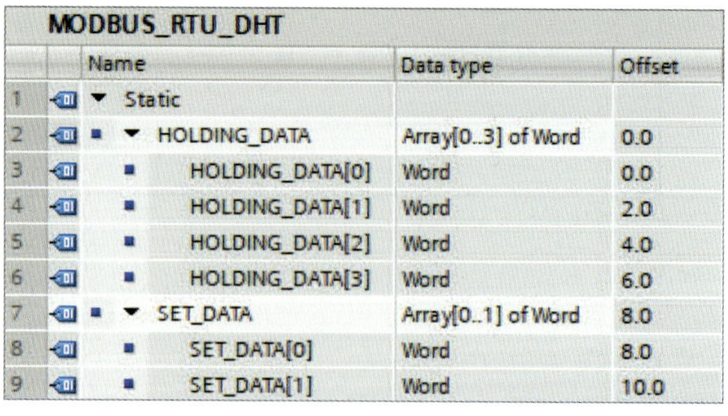

4

DB의 파라미터 변경하기

❶ [Program blocks] 폴더에 있는 DB를 선택한 후에 마우스 오른쪽 버튼을 클릭한 다음, 'Properties' 항목을 선택한다.

❷ 〈MODBUS_RTU_DHT[DB1]〉 창에서 'Optimized block access' 항목의 체크 표시를 해제한다.

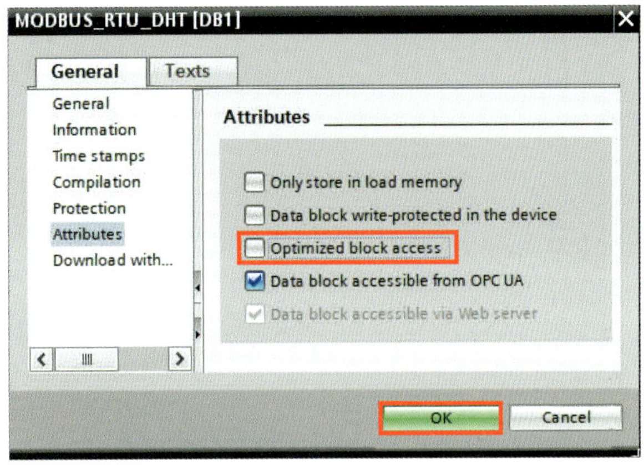

5

DB 컴파일하기

❶ 파라미터를 변경한 DB를 마우스 커서로 선택한 후에 컴파일을 실행한다.

❷ 컴파일이 정상 완료되면 해당 DB의 Offset에 변수에 할당되는 메모리 번지가 나타난다.

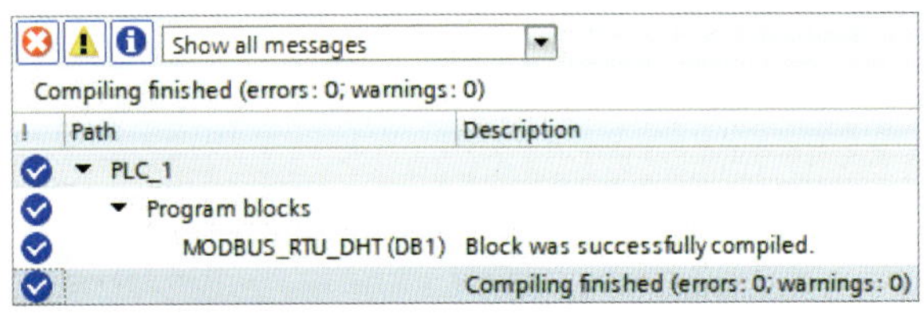

6

FB1 만들기

인버터와 통신할 프로그램을 작성할 FB1을 새롭게 만든다.

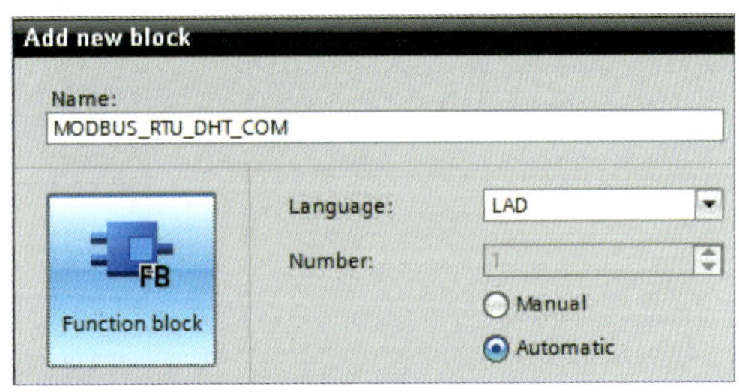

7

FB1의 내부 변수 설정하기

프로그램 작성에 필요한 변수를 설정한다.

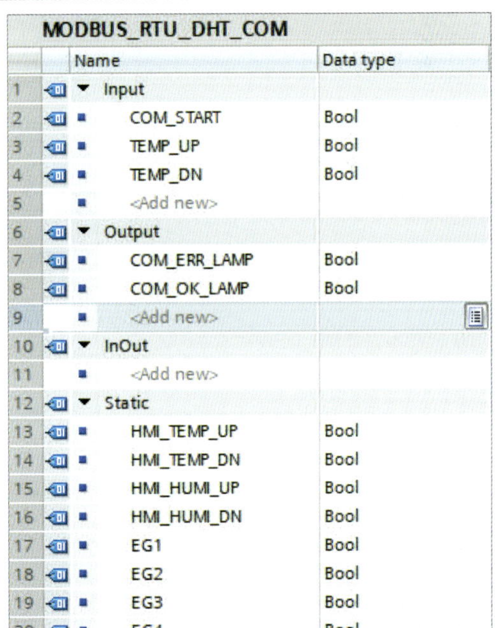

7

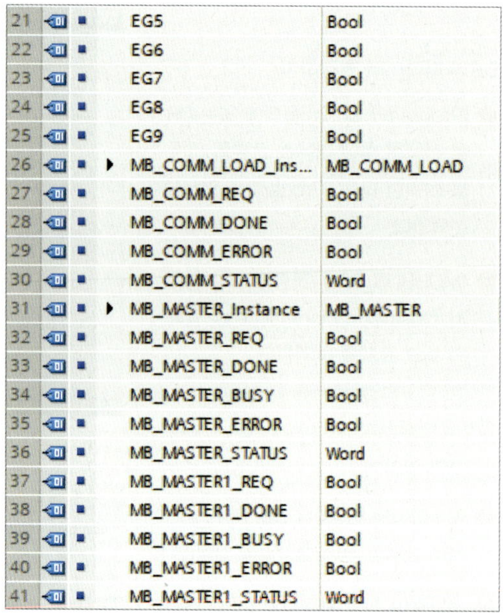

8

FB1 프로그램 작성하기

(네트워크 1번)

❶ 아두이노와 통신을 위해 입력 I0.0에 연결된 COM_START 버튼이 눌러지면 MB_COMM_LOAD 명령을 실행하기 위한 MB_COMM_REQ 비트를 셋한다.

❷ 에러가 발생하면 에러 램프 점등을 위한 조건을 설정한다.

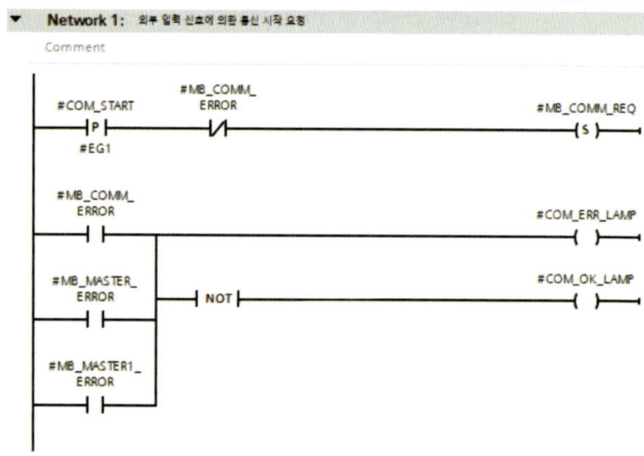

9

FB1 프로그램 작성하기

(네트워크 2번)

MB_COMM_REQ가 ON되는 순간 모드버스 RTU 통신 연결을 위한 명령어 MB_COMM_LOAD가 실행된다.

이때 명령어 입력 MB_DB에는 송수신에 사용되는 MB_MASTER의 멀티플 인스턴스 DB가 설정되어야 한다.

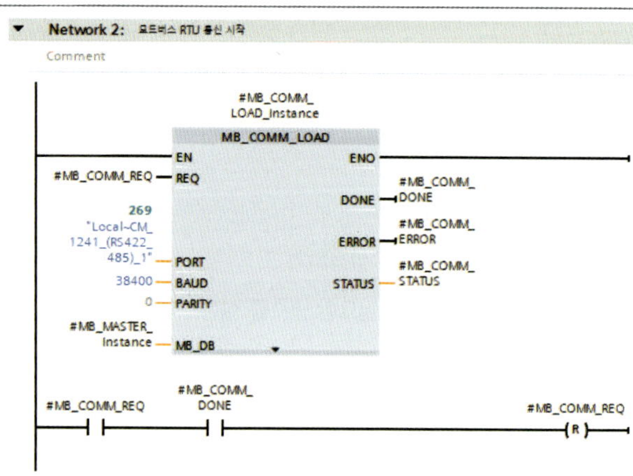

<table>
<tr><td>10</td><td>FB1 프로그램 작성하기
(네트워크 3번)
아두이노의 DHT-11의 온습도 계측 시간이 1초 주기이다. 따라서 1초 주기로 현재 온습도를 읽어오기 위한 신호를 셋한다.</td><td>
</td></tr>
<tr><td>11</td><td>FB1 프로그램 작성하기
(네트워크 4번)
1초 주기로 아두이노에서 현재 및 설정 온습도를 읽어온다. 이때 사용되는 모드버스 펑션코드는 0x03이다.</td><td>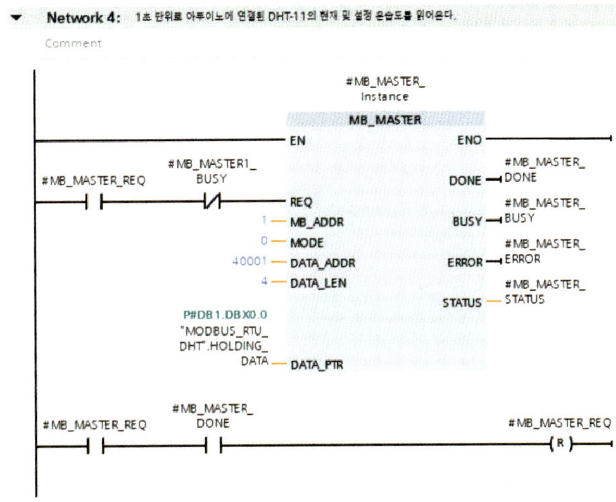
</td></tr>
<tr><td>12</td><td>FB1 프로그램 작성하기
(네트워크 5번)
아두이노에서 읽어온 설정 온습도를 SET_DATA의 변수에 저장한다.</td><td>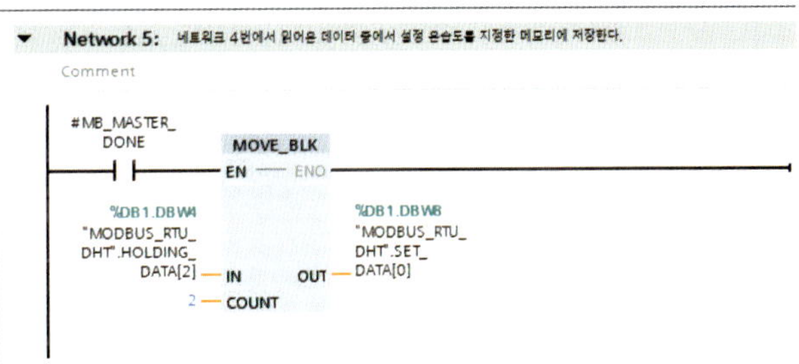
</td></tr>
<tr><td>13</td><td>FB1 프로그램 작성하기
(네트워크 6번)
아두이노에서 읽어온 설정온도를 입력에 연결된 버튼 또는 HMI에 만든 증가와 감소 버튼에 의해 변경한 다음, 아두이노에 전송할 메모리에 저장한다.</td><td>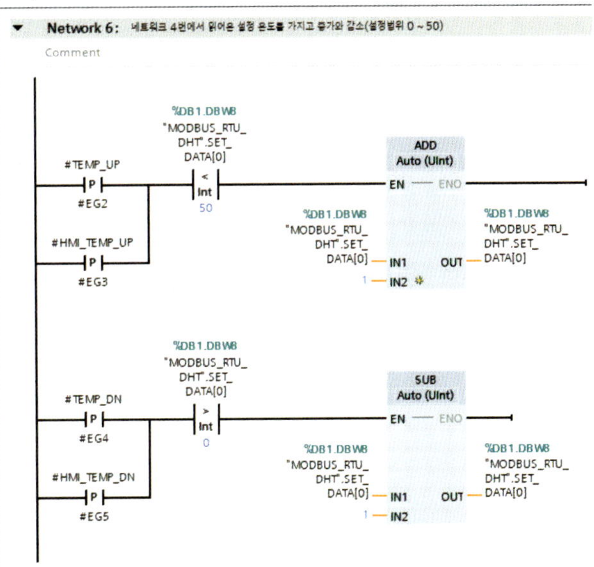
</td></tr>
</table>

14

FB1 프로그램 작성하기

(네트워크 7번)

아두이노에서 읽어온 설정습도를 HMI에 만든 증가와 감소 버튼에 의해 변경한 다음, 아두이노에 전송할 메모리에 저장한다.

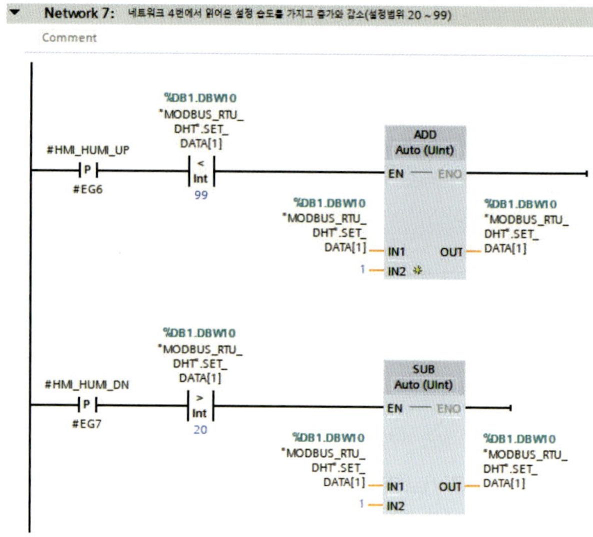

15

FB1 프로그램 작성하기

(네트워크 8번)

설정 온습도가 변경될 때마다 변경된 내용을 아두이노로 전송하기 위한 비트를 셋한다.

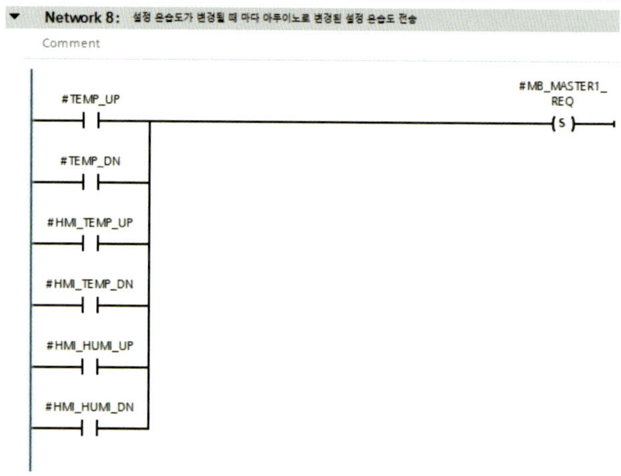

16

FB1 프로그램 작성하기

(네트워크 9번)

변경된 설정 온습도를 아두이노로 전송한다.

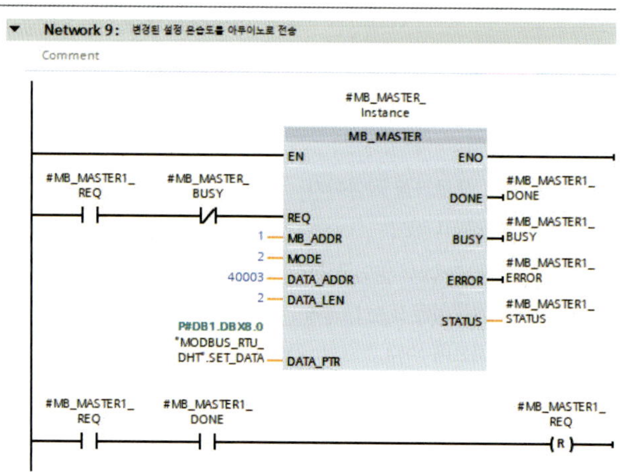

17

FB1 컴파일하기

컴파일을 통해 에러 유무를 확인한다.

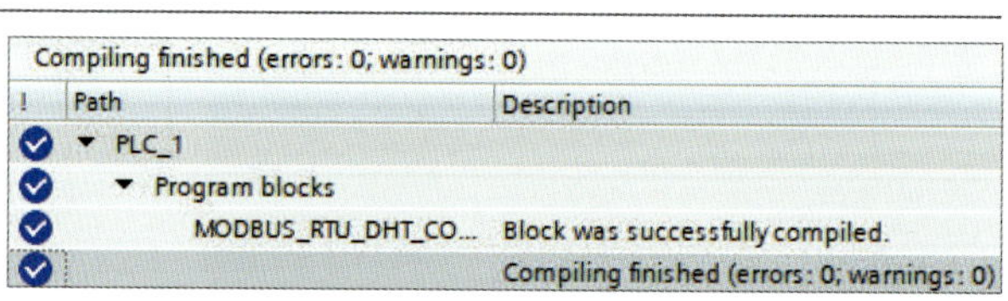

18

OB1 작성하기

DHT-11의 온습도 모니터링 및 변경을 위한 FB1을 OB1에서 호출하고 입출력 번지를 설정한다.

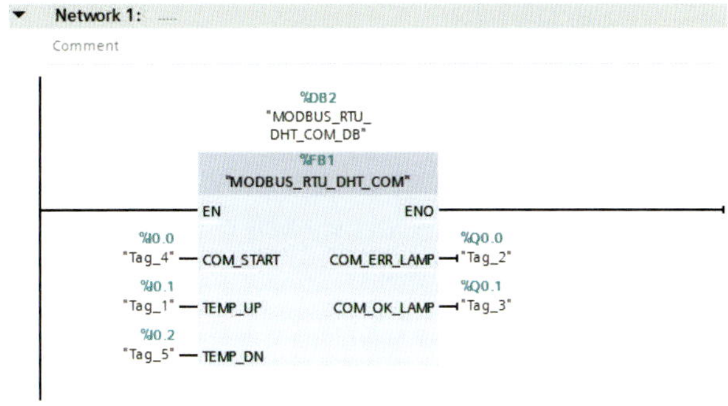

19

OB1 컴파일하기

OB1의 컴파일을 통해 에러 유무를 확인한다.

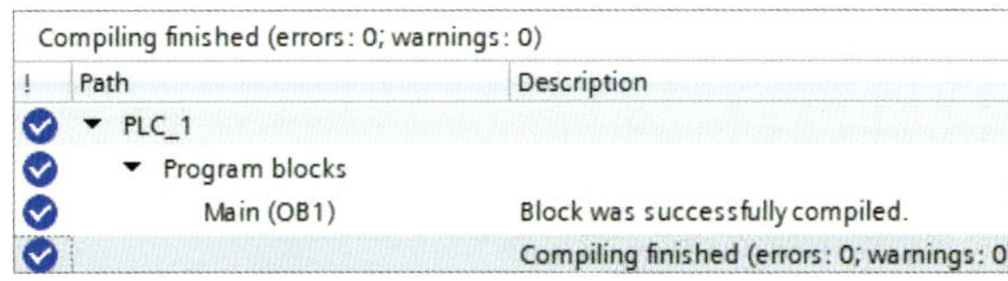

20

HMI 작화하기(현재 온습도 표시창)

I/O field 기능을 사용해 아두이노에서 읽어온 현재 온습도 표시창을 만든다.

Tag는 글로벌 DB에 설정한 'HOLDING_DATA[0]'과 'HOLDING_DATA[1]'을 사용한다.

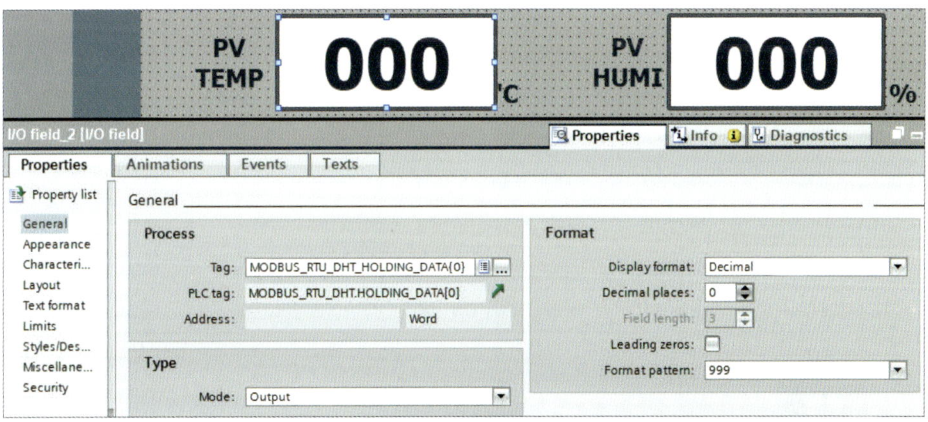

21

HMI 작화하기(증가/감소 버튼)

온습도 설정을 위한 증가/감소 버튼을 만들고 버튼이 눌러졌을 때 동작하도록 설정한다.

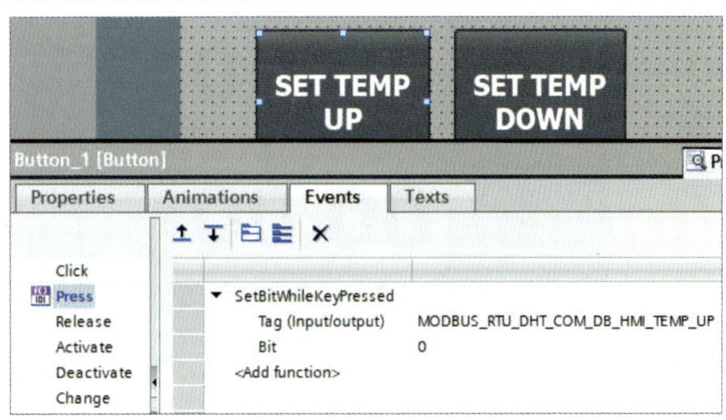

22	**HMI 컴파일하기** ❶ 작업한 내용을 컴파일하면 5개의 경고가 발생한다. ❷ 프로그램과 HMI의 컴파일이 에러 없이 끝났으면 해당 PLC와 HMI에 다운로드해서 실행한다. **TIP** 경고는 HMI 템플레이트에 설정되어 있는 버튼에 대한 설정이 누락되어 있기 때문에 발생한다.	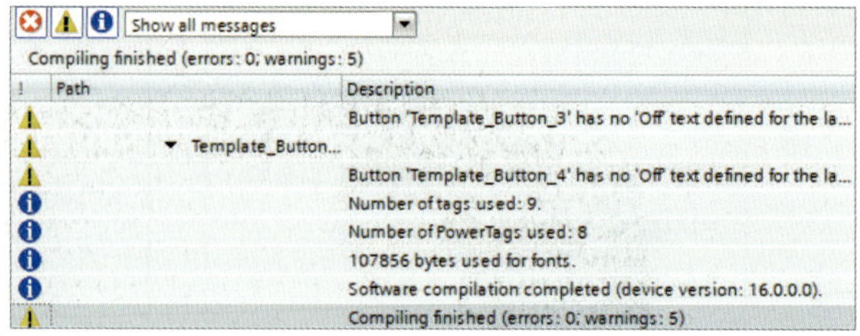

[표 14-29]는 온습도 제어를 위한 HMI 화면을 나타낸 것이다.

[표 14-29] 온습도 제어를 위한 HMI 화면

구분	기능	변수명	변수 위치	구분	타입
PV TEMP	숫자 표시	HOLDING_DATA[0]	글로벌 DB 변수	Static	Array[0..4] OF Word
SET TEMP	숫자 표시	HOLDING_DATA[1]	글로벌 DB 변수	Static	
PV HUMI	숫자 표시	HOLDING_DATA[2]	글로벌 DB 변수	Static	
SET HUMI	숫자 표시	HOLDING_DATA[3]	글로벌 DB 변수	Static	
SET TEMP UP	푸시버튼	HMI_TEMP_UP_PB	FB_인스턴스	Static	Bool
SET TEMP DN	푸시버튼	HMI_TEMP_DN_PB	FB_인스턴스	Static	Bool
SET HUMI UP	숫자 표시	HMI_HUMI_UP_PB	FB_인스턴스	Static	Bool
SET HUMI DN	숫자 표시	HMI_HUMI_DN_PB	FB_인스턴스	Static	Bool

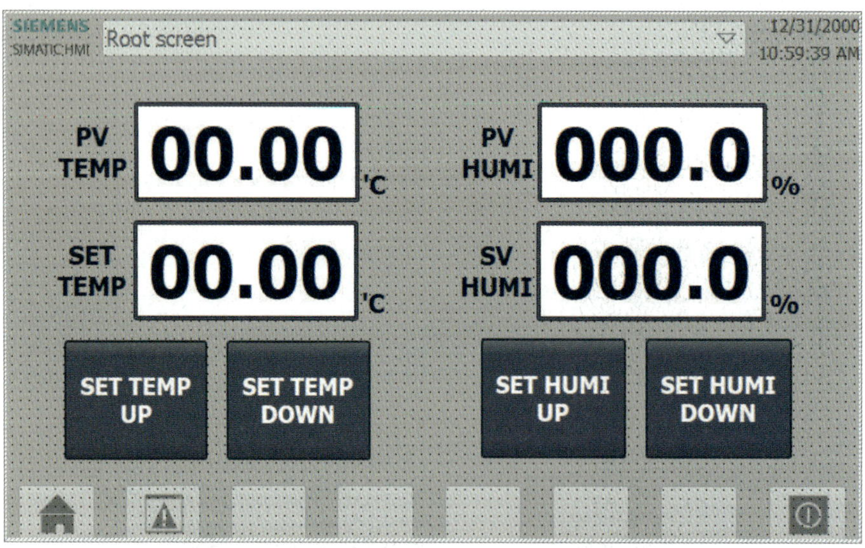

실습과제

14-3 온도조절기와 모드버스 RTU 통신하기

14.1~14.2절

산업현장에서 온도를 조절할 때 사용하는 온도조절기와 모드버스 RTU 통신으로 현재온도와 설정온도를 읽어오고, 변경한 설정온도는 온도조절기로 전송하는 프로그램의 작성법에 대해 살펴보자.

산업현장에서 온도를 조절해야 하는 경우에는 온도조절기를 사용한다. 대부분의 온도조절기에는 모드버스 RTU 통신 기능이 탑재되어 있기 때문에 현재온도, 설정온도 등을 원격으로 관리할 수 있다. 지금부터 온도조절기의 설정온도의 변경과 함께 현재온도 및 히터 등을 제어하기 위한 출력 상태를 모니터링하는 프로그램의 작성법에 대해 학습해보자.

[그림 14-14]는 실습에 사용할 시스템 구성을 나타낸 것으로, PLC CPU의 RS422/485 통신 모듈 CM1241에 국번 3번으로 설정된 오토닉스Autonics 사의 TX4L 온도조절기가 연결되어 있다.

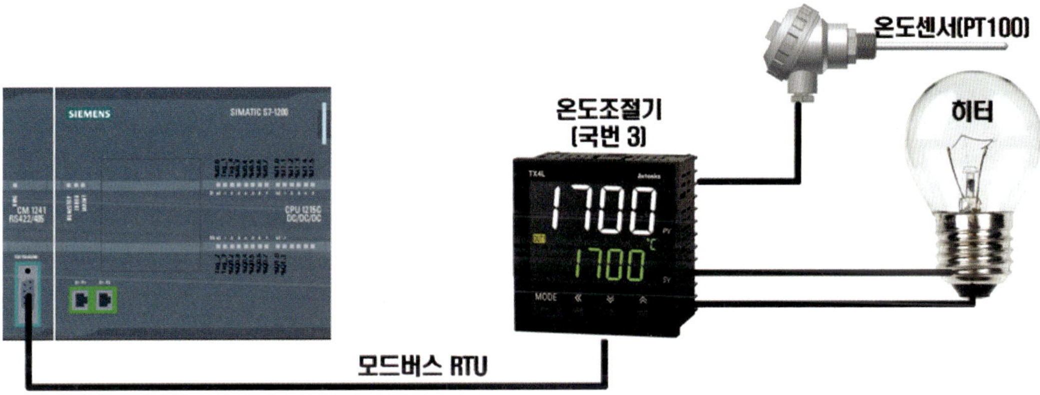

[그림 14-14] 모드버스 RTU 통신으로 온도조절기 모니터링 시스템의 구성

[표 14-30]은 온도조절기와 통신, 설정온도 설정을 위한 입력 버튼, 그리고 출력에 연결된 램프를 사용해 온도조절기의 동작 상태를 살펴보기 위한 입출력을 나타낸 것이다.

[표 14-30] PLC 입출력 리스트

입력		출력	
번지	기능	번지	기능
I0.0	COM_START	Q0.0	COM_ERR_LAMP
I0.1	TEMP_UP_PB	Q0.1	COM_OK_LAMP
I0.2	TEMP_DN_PB	Q0.2	INV_RUN_LAMP

생각해봅시다

온도조절기(TX4L)

실습에 사용하는 온도조절기는 오토닉스 사에서 판매하는 TX4L이다. 해당 온도조절기에는 옵션으로 모드버스 RTU 통신 기능이 내장되어 있다.

[표 14-31] 온도조절기(TX4L)

구분	성능
전송로	RS485 멀티드롭
통신 방식	RS485(2선식 반이중)
프로토콜	Modbus RTU
통신 속도	2400, 4800, 9600, 19200, 38400bps
패리티	None, Odd, Even
데이터 비트	8비트
스톱비트	1비트, 2비트

TX4L의 파라미터 설정 방법

[표 14-32]에 온도조절기(TX4L)의 화면 표시와 조작 버튼의 기능을 나타내었다.

[표 14-32] TX4L의 화면 표시와 조작 버튼의 기능

1. PV 표시부(백색 표시)
2. SV 표시부(녹색 표시)
3. 설정키
4. 표시등

표시	명칭	기능
℃, %, ℉	단위	선택 단위에 따라 점등
AT	오토 튜닝	오토튜닝 시 1초 간격 점멸
OUT1	제어 출력	제어출력1 ON 시 점등
AL1/2	경보 출력	해당 경보 출력 ON 시 점등

설정키의 모드 버튼을 사용하여 파라미터 설정 모드를 선택한 후에 화살표 키를 사용하여 파라미터 설정값의 자릿수 이동 및 값을 변경할 수 있다. 동작 모드 설정 방법을 [그림 14-15]에 나타내었다.

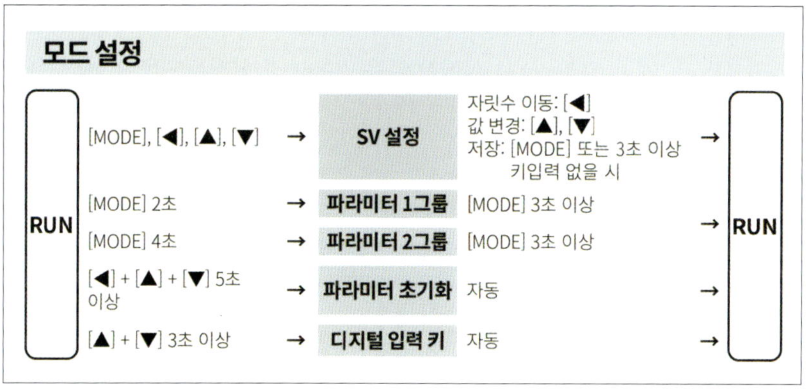

[그림 14-15] TX4L의 모드 설정 방법

TX4L에는 온도 측정을 위한 온도 센서로 **열전대**Thermocouple와 **측온저항체**(RTD)를 사용할 수 있다. 실습에는 PT100Ω 측온저항체를 사용하고, [표 14-33]처럼 입력 사양의 설정값은 Dpt.L로 설정한다.

[표 14-33] 온도센서 선택

입력 사양		소수점	표시	사용 범위(℃)	사용 범위(℉)
측온저항체 (RTD)	Cu50Ω	1	CU5.H	-50~200	-58~392
		0.1	CU5.L	-50.0~200.0	-58.0~392.0
	DPt100Ω	1	dPt.H	-100~400	-148~752
		0.1	dPt.L	-100.0~400.0	-148.0~752.0

실습에 사용하는 온도조절기를 모드버스 RTU로 통신하기 위해서는 파라미터를 설정해야 한다. 해당 파라미터는 파라미터2 그룹에 위치하고 있다. [표 14-34]와 같이 통신용 파라미터를 설정한다.

[표 14-34] TX4L의 통신 파라미터 설정

번호	명칭	표시	초기 설정값	설정 내용
2-22	통신 국번	AdRS	1	3
2-23	통신 속도	bPS	96	384
2-24	패리티비트	PRty	NoNE	NoNE
2-25	스톱비트	StP	2	1
2-26	응답대기시간	RSW.t	20	20
2-27	통신쓰기 허가/금지	CoMW	ENA	ENA

CFTerm을 이용한 TX4L과 PC의 통신

TX4L의 통신 설정이 완료되었으면 PC에서 CFTerm을 실행한 다음, TX4L의 현재온도를 읽어보고 설정온도를 변경해보자.

[표 14-35] TX4L의 현재온도와 설정온도의 주소 번지 및 펑션코드

주소	용도	설명	읽기/쓰기	펑션코드
301001(0x03E8)	현재값	PV에 표시되는 현재온도	읽기전용	04
301005(0x03EC)	전면표시램프	OUT 표시등	읽기전용	04
400001(0x0000)	목표값	SV에 표시되는 설정온도	읽기와 쓰기	03/06

CFTerm에서 모드버스 RTU 프로토콜 설정

CFTerm은 모드버스 RTU 프로토콜을 사용할 수 있는 환경을 제공한다. 모드버스 펑션코드 0x04는 16비트 크기의 워드 메모리의 내용을 마스터로 읽어오는 기능을 가지고 있다. [그림 14-16]은 TX4L의 현재온도를 읽어오기 위한 모드버스 프로토콜을 CFTerm에서 설정하는 방법을 나타낸 것이다.

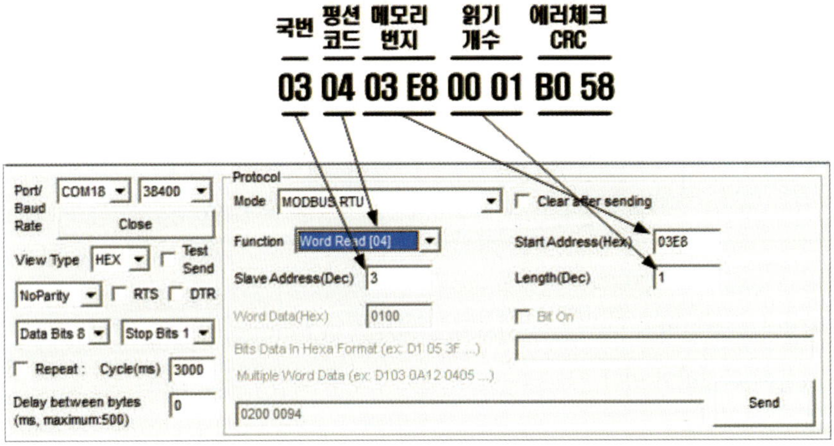

[그림 14-16] CFTerm에서 메시지 프레임 설정 방법

[표 14-36]은 PC와 TX4L을 RS485 통신으로 연결한 후에 CFTerm을 사용해서 현재온도와 설정온도를 모드버스 RTU 프로토콜로 메모리의 내용을 읽거나 쓰는 방법을 나타낸 것이다. 만약 TX4L에서 응답이 없으면 파라미터 설정이 잘못되었거나 통신 선로상의 문제가 발생한 것이다.

[표 14-36] CFTerm의 모드버스 통신으로 현재 및 설정온도 읽기와 쓰기

<table>
<tr><th>순서</th><th colspan="2">내용</th></tr>
<tr><td>1</td><td>

슬레이브 1번
PV(현재온도) 읽어오기

E5CC의 PV(현재온도)를 읽어오기 위하여 Funtion은 'Word Read'로 설정하고, Start Address(Hex)에는 '03e8'을 입력하면 현재온도가 43℃(0x002B)인 것을 확인할 수 있다.

</td><td>

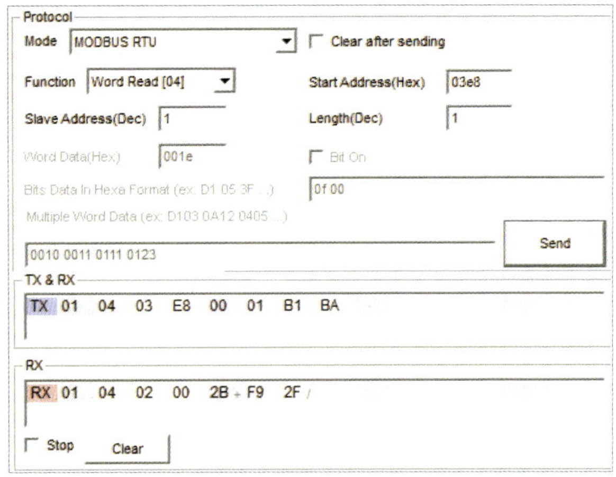

</td></tr>
<tr><td>2</td><td>

SV(설정온도) 읽어오기

TX4L의 SV(설정온도)를 읽어오기 위하여 Funtion은 'Word Read'로 설정하고, Start Address(Hex)에는 '0000'을 입력하면 설정온도가 30℃(0x001E)인 것을 확인할 수 있다.

</td><td>

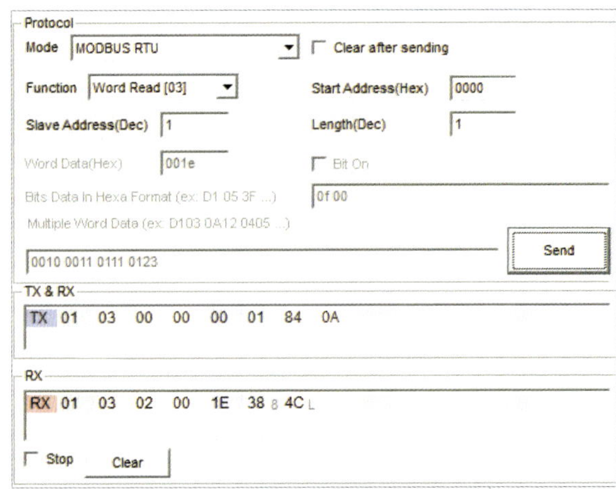

</td></tr>
<tr><td>3</td><td>

SV(설정온도) 쓰기

❶ TX4L의 SV(설정온도)를 변경하기 위하여 Funtion은 'One Word Write'로 설정하고, Start Address(Hex)에는 '0000'을 입력하여 0x0000번지 메모리에 설정온도 30℃(0x001E)를 쓴다.

❷ 해당 메시지를 전송한 후에 TX4L의 SV 설정의 표시가 30으로 변경되어 있는지 확인한다.

</td><td>

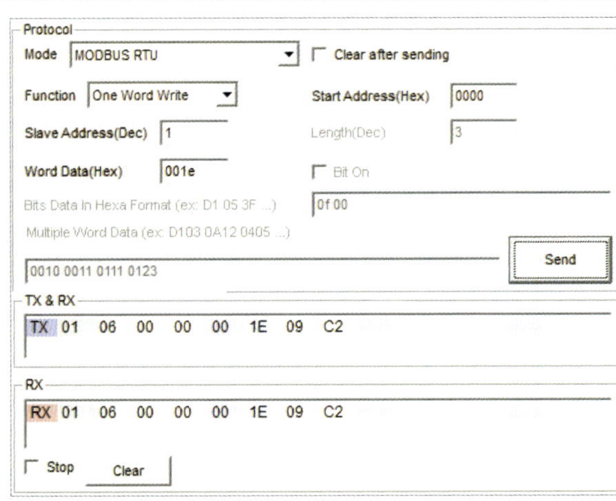

</td></tr>
</table>

모드버스 RTU 메모리 번지

실습에 사용하는 온도조절기 TX4L의 모드버스 RTU의 메모리 번지는 5자리의 숫자가 아닌 6자리의 숫자를 사용하고 있다. 지멘스 S7-1200 PLC에서는 5자리의 메모리 번지와 펑션코드에 따른 동작 모드를 설정하도록 하고 있다. 지금부터 5자리와 6자리의 메모리 번지의 차이점에 대해 살펴보자.

모드버스 RTU에서는 메모리를 4종류(Coils, Discrete Inputs, Input Registers, Holding Registers)로 구분해서 사용한다. 5자리의 메모리 주소 표기 방법 중 첫 번째 숫자는 메모리의 종류를 구분한다.

[표 14-37] 모드버스 RTU의 5자리의 메모리 구분

메모리 종류	메모리 크기(비트)	동작	메모리 주소
Coils	1	읽기/쓰기	00001~09999
Discrete Inputs	1	읽기	10001~19999
Input Registers	16	읽기	30001~39999
Holding Registers	16	읽기/쓰기	40001~49999

[표 14-37]과 같은 방법을 사용하면, 메모리 구분을 위한 첫 번째 자리를 제외한 나머지 4자리로 사용 가능한 메모리는 최대 10,000개이다. 모드버스 장치의 기능과 용도가 증가함에 따라서 더 많은 메모리를 필요로 하게 되었고, 따라서 최근의 모드버스 RTU 메모리 번지는 6자리 숫자로 구성하고 있다.

[표 14-38] 모드버스 RTU의 6자리의 메모리 구분

메모리 종류	메모리 크기(비트)	동작	메모리 주소
Coils	1	읽기/쓰기	000001~065536
Discrete Inputs	1	읽기	100001~165536
Input Registers	16	읽기	300001~365536
Holding Registers	16	읽기/쓰기	400001~465536

6자리 주소 방식을 사용하면 첫 번째 자리의 숫자를 제외한 5자리의 숫자를 가지고 최대 65536개의 메모리를 사용할 수 있다. 따라서 6자리의 메모리 표현 방법에는 뒤에서 4자리의 숫자가 1 ~ 9999까지는 다섯 번째 0을 생략하면 된다.

[표 14-39] 6자리 메모리 주소를 5자리 메모리 주소로 변환

6자리 메모리 주소	5자리 메모리 주소	설명
301001	31001	PV에 표시되는 현재온도
301005	31005	OUT 표시등
400001	40001	SV에 표시되는 설정온도

PLC 프로그램 작성

S7-1200 PLC와 온도조절기(TX4L)의 모드버스 RTU 통신을 위한 주요 명령어의 사용 절차를 살펴보자.

[표 14-40] TX4L과 통신을 위한 명령어 사용 절차

순서	내용	명령어
1	MB_COMM_LOAD • 기능 : 통신 모듈(CM1241)을 사용자가 설정한 파라미터로 동작하도록 한다. • 동작 : 입력 I0.0에 의해 1회만 실행된다.	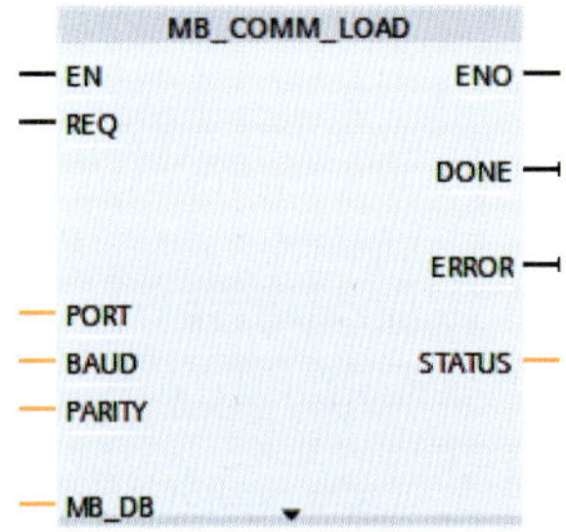
2	MB_MASTER • 기능 : 사용자가 설정한 설정온도(SV)가 변경될 때마다 온도조절기로 변경된 설정온도를 전송한다. • 동작 : 입력 I0.1과 I0.2 그리고 HMI의 증가와 감소 버튼이 눌러질 때마다 실행된다.	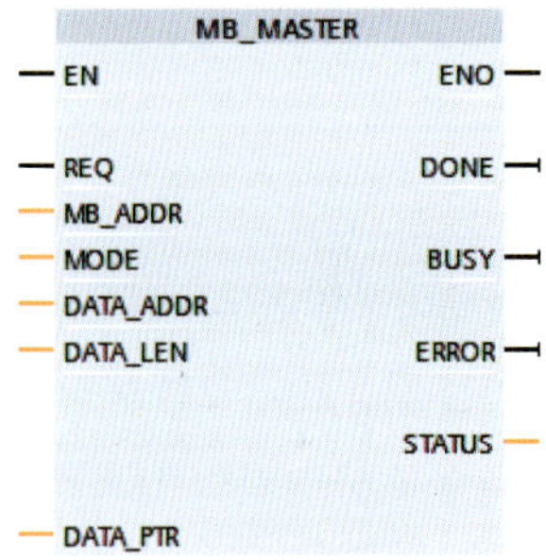
3	MB_MASTER • 기능 : 온도조절기에서 설정온도(40001번지)를 PLC로 읽어온다. • 동작 : 시스템 클럭 신호(2.5Hz)가 ON될 때마다 주기적으로 동작한다.	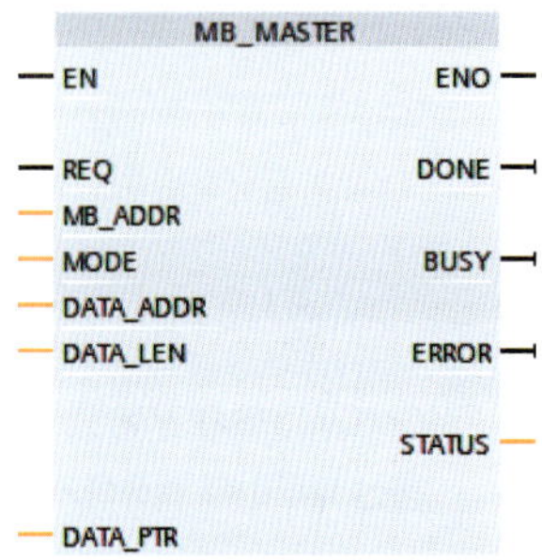
4	MB_MASTER • 기능 : 온도조절기에서 현재온도(31001번지)를 PLC로 읽어온다. • 동작 : 3번의 동작을 종료한 후에 동작한다.	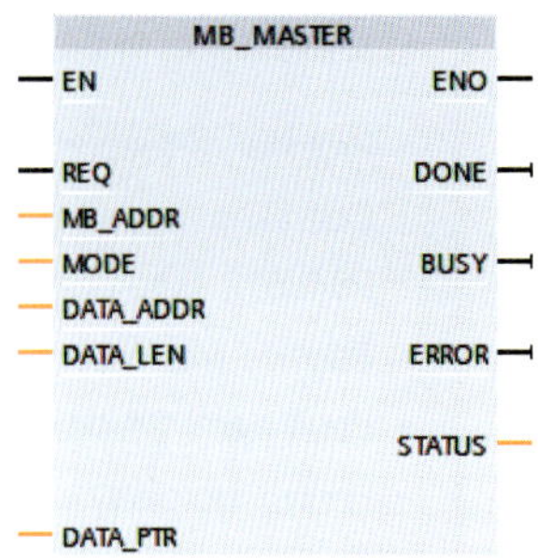

5	MB_MASTER • 기능 : 온도조절기의 동작 상태(31005번지)를 PLC로 읽어온다. • 동작 : 4번의 동작을 종료한 후에 동작한다.	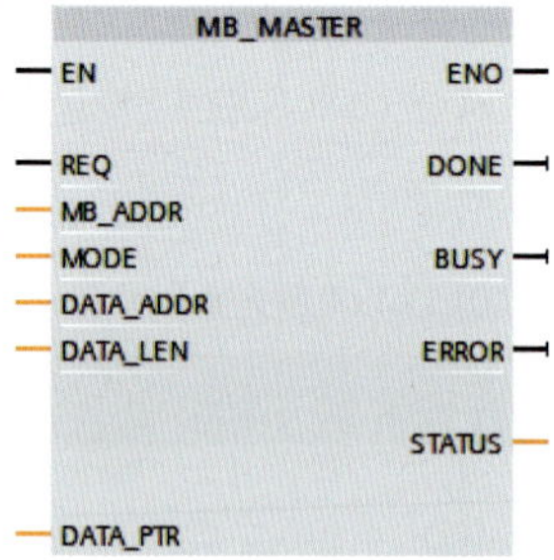
6	MB_MASTER • 기능 : 온도조절기에서 설정온도(40001번지)를 PLC로 읽어온다. • 동작 : 5번의 동작을 종료한 후에 동작한다.	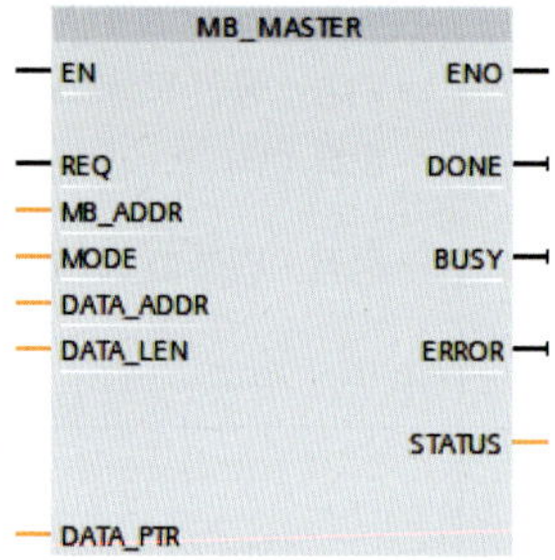

[표 14-40]에서 온도조절기로부터 모드버스 RTU로 데이터를 읽거나 쓰기 위해서 5개의 MB_MASTER 명령어를 사용한다. 2번 동작은 설정온도가 변경된 경우에 한해서만 전송 동작이 이루어지고, 3번 ~ 6번 동작은 2.5Hz 클럭 신호를 사용하기 때문에 250ms 간격으로 반복적으로 동작하는 구조이다.

[표 14-41]은 TX4L과 통신하는 PLC 프로그램의 작성법을 나타낸 것이다.

[표 14-41] TX4L과 통신하는 PLC 프로그램 작성

순서	내용	
1	CM1241(RS422/485) 통신 파라미터 설정하기 Port configuration에서 실습에 사용할 통신 모듈 CM1241의 파라미터를 설정한다. • Protocol : Freeport • Operating mode : Half duplex (RS485) 2-wire operation • Receive line initial state : None • Baud rate : 38.4kbps • Parity : No parity • Stop bits : 1 하단의 4개 값은 초기 설정값을 나타낸 것으로, 통신 환경에 맞게 재설정해서 사용한다.	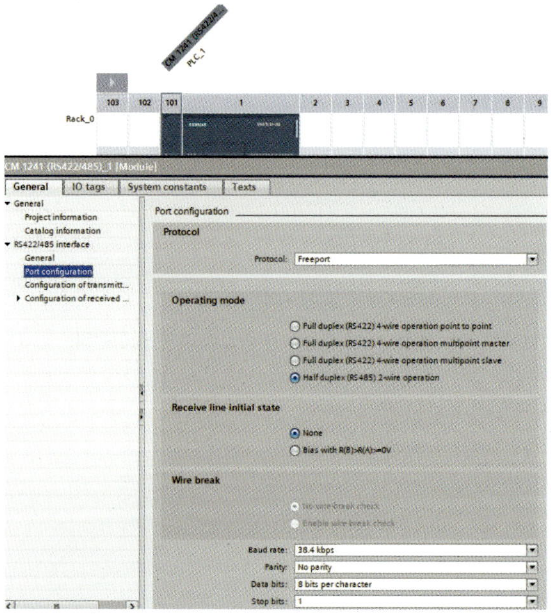

2	**글로벌 DB 만들기** 온도조절기 통신의 송수신에 필요한 데이터 메모리를 글로벌 DB에 작성한다.	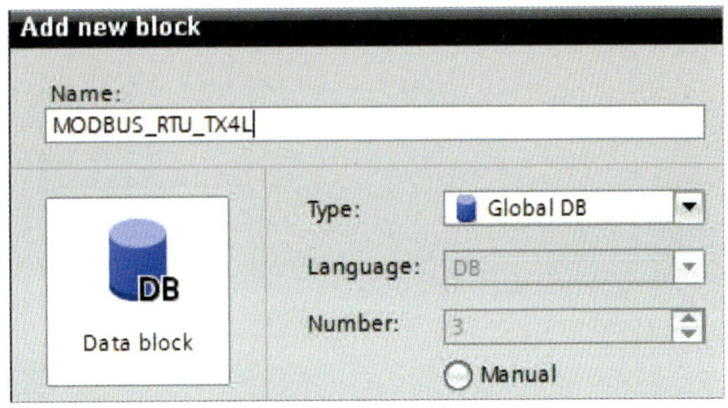
3	**통신에 사용할 메모리 설정하기** • PV_TEMPERATURE : 현재온도 • OLD_SV_TEMP : 설정온도 비교용 • SET_TEMPERATURE : 설정온도 • TEMP_STATUS : 표시램프 데이터	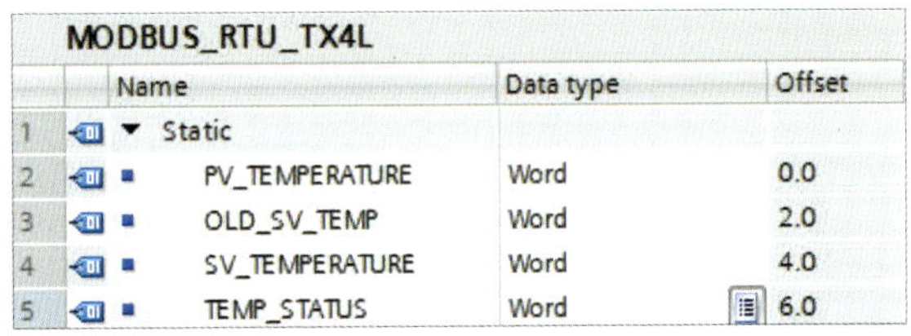
4	**DB의 파라미터 변경하기** ❶ [Program blocks] 폴더에 있는 DB를 선택한 후에 마우스 오른쪽 버튼을 클릭한 다음, 'Properties' 항목을 선택한다. ❷ 〈MODBUS_RTU_SEND_DATA[DB1]〉 창에서 'Optimized block access' 항목의 체크 표시를 해제한다.	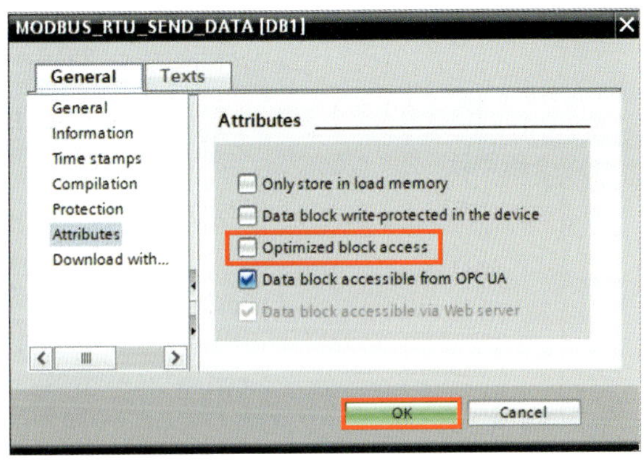
5	**DB 컴파일하기** ❶ 파라미터를 변경한 DB를 마우스 커서로 선택한 후에 컴파일을 실행한다. ❷ 컴파일이 정상 완료되면 해당 DB의 Offset에 변수에 할당되는 메모리 번지가 나타난다.	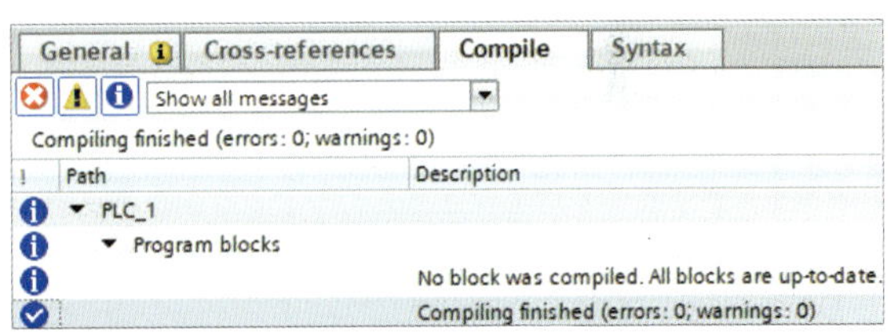
6	**FB1 만들기** 인버터와 통신할 프로그램을 작성할 FB1을 새롭게 만든다.	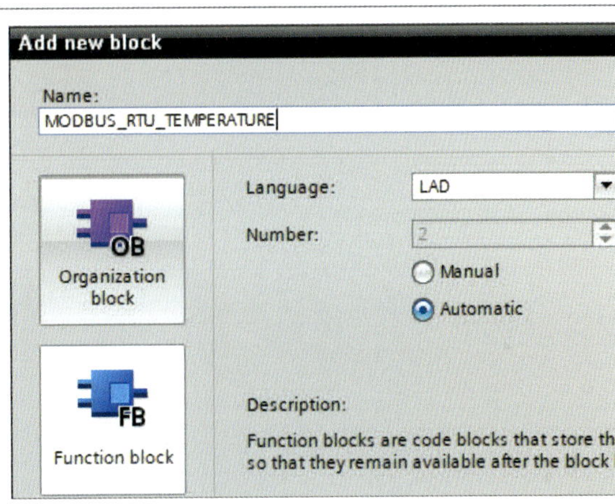

7

FB1의 내부 변수 설정하기

프로그램 작성에 필요한 변수를 설정한다.

MODBUS_RTU_TEMPERATURE

	Name	Data type
1	▼ Input	
2	COM_START	Bool
3	TEMP_UP_PB	Bool
4	TEMP_DN_PB	Bool
5	<Add new>	
6	▼ Output	
7	COM_ERR_LAMP	Bool
8	COM_OK_LAMP	Bool
9	TEMP_OUT_ON	Bool
10	<Add new>	
11	▼ InOut	
12	<Add new>	
13	▼ Static	
14	HMI_UP_PB	Bool
15	HMI_DN_PB	Bool
16	EG1	Bool
17	EG2	Bool
18	EG3	Bool
19	EG4	Bool
20	EG5	Bool
21	EG6	Bool
22	MB_COMM_REQ	Bool
23	MB_COMM_DONE	Bool
24	MB_COMM_ERROR	Bool
25	MB_COMM_STATUS	Word

MODBUS_RTU_TEMPERATURE

	Name	Data type
26	MB_MASTER_REQ	Bool
27	MB_MASTER_DONE	Bool
28	MB_MASTER_BUSY	Bool
29	MB_MASTER_ERROR	Bool
30	MB_MASTER_STATUS	Word
31	MB_MASTER1_REQ	Bool
32	MB_MASTER1_DONE	Bool
33	MB_MASTER1_BUSY	Bool
34	MB_MASTER1_ERROR	Bool
35	MB_MASTER1_STATUS	Word
36	MB_MASTER2_REQ	Bool
37	MB_MASTER2_DONE	Bool
38	MB_MASTER2_BUSY	Bool
39	MB_MASTER2_ERROR	Bool
40	MB_MASTER2_STATUS	Word
41	MB_MASTER3_REQ	Bool
42	MB_MASTER3_DONE	Bool
43	MB_MASTER3_BUSY	Bool
44	MB_MASTER3_ERROR	Bool
45	MB_MASTER3_STATUS	Word
46	READ_BUSY	Bool
47	▶ MB_COMM_LOAD_Ins...	MB_COMM_LOAD
48	▶ MB_MASTER_Instance	MB_MASTER
49	<Add new>	

<table>
<tr>
<td>8</td>
<td>

FB1 프로그램 작성하기

(네트워크 1번)

❶ 온도조절기와 통신을 위해 입력 I0.0에 연결된 COM_START 버튼이 눌러지면 MB_COMM_LOAD 명령을 실행하기 위한 MB_COMM_REQ 비트를 셋한다. 그리고 통신 확인용 비트의 리셋과 셋이 이루어진다.

❷ 에러가 발생하면 에러 램프 점등을 위한 조건을 설정한다.

</td>
<td>
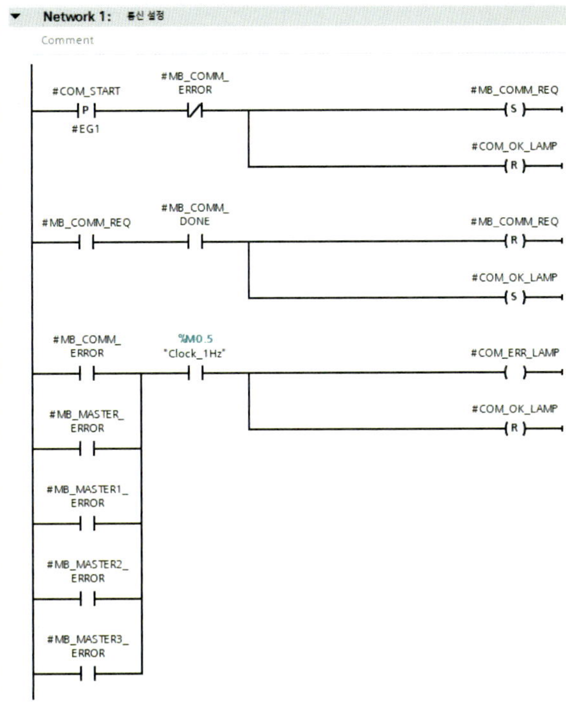

</td>
</tr>
<tr>
<td>9</td>
<td>

FB1 프로그램 작성하기

(네트워크 2번)

MB_COMM_REQ가 ON되는 순간 모드버스 RTU 통신 연결을 위한 명령어 MB_COMM_LOAD가 실행된다.

이때 명령어 입력 MB_DB에는 송수신에 사용되는 MB_MASTER의 멀티플 인스턴스 DB가 설정되어야 한다.

</td>
<td>
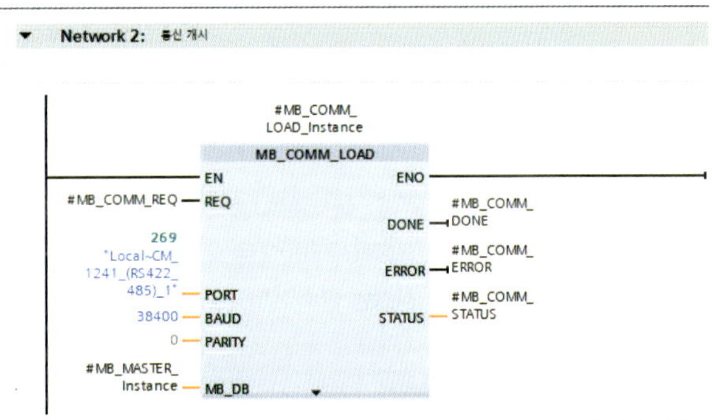

</td>
</tr>
<tr>
<td>10</td>
<td>

FB1 프로그램 작성하기

(네트워크 3번)

입력 I0.1, I0.2, HMI에 작화된 UP/DN PB를 조작할 때마다 0.1도 단위로 설정온도가 증가하거나 감소한다. 설정온도 범위는 0.0 ~ 100.0이다.

설정온도와 이전의 설정온도가 다르면 TX4L의 설정온도 변경을 위해 통신 요청 비트 MB_MASTER_REQ를 셋하고 설정온도를 이전 설정온도에 저장한다.

</td>
<td>
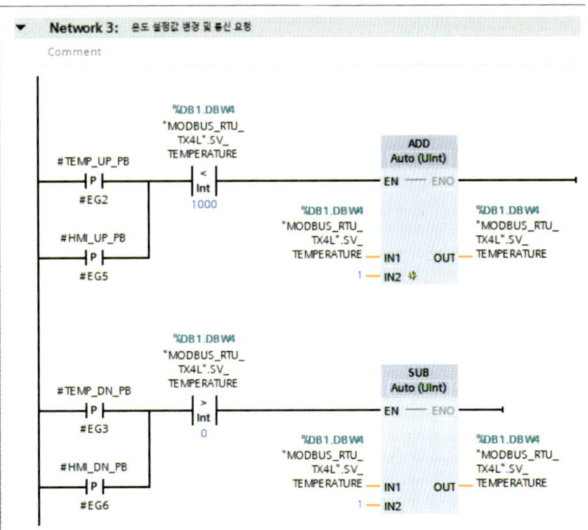

</td>
</tr>
</table>

<table>
<tr><td>10</td><td></td><td>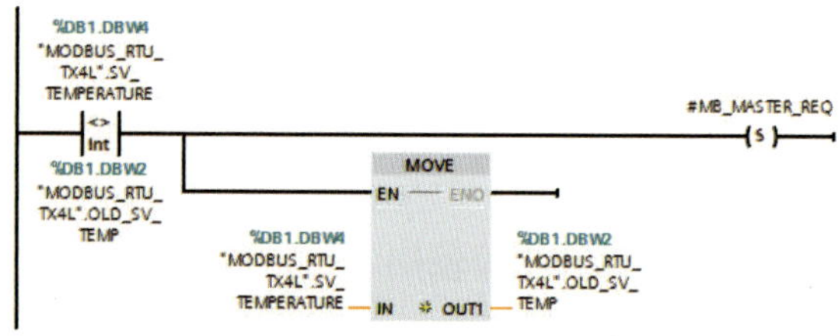
</td></tr>
<tr><td>11</td><td>

FB1 프로그램 작성하기

(네트워크 4번)

TX4L의 설정온도를 변경하기 위해 모드버스 RTU의 펑션코드 0X06을 사용해서 1워드 데이터 쓰기를 한다.

</td><td>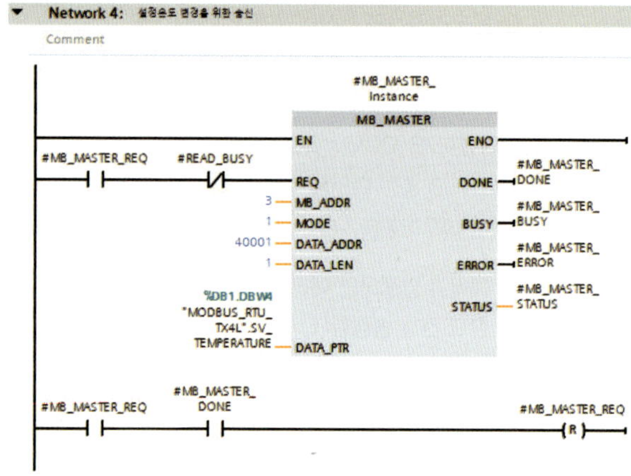
</td></tr>
<tr><td>12</td><td>

FB1 프로그램 작성하기

(네트워크 5번)

❶ TX4L의 현재온도, 램프출력, 설정온도를 일정 시간 간격(0.25초)으로 모니터링하기 위해 시스템 클럭 2.5Hz을 사용해 모니터링 시작비트 MB_MASTER1_REQ을 ON한다.

❷ 현재온도의 메모리가 31001번지이고 펑션코드 0X04를 사용하기 때문에 MODE에 0을 설정한다.

</td><td>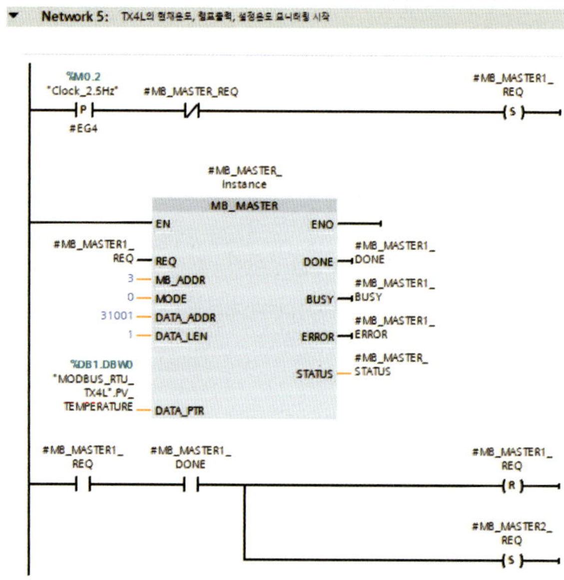
</td></tr>
</table>

13

FB1 프로그램 작성하기

(네트워크 6번)

❶ 램프의 동작 상태를 읽어오기 위해 메모리 31005번지의 데이터를 펑션코드 0X04를 사용해서 읽어온다.

❷ 읽어온 메모리의 2번지 비트(세 번째 비트)가 히터의 동작 상태를 표시한다. 모니터링 중에 설정값 변경 동작 중이면 세 번째 모니터링 조건을 실행하지 않는다.

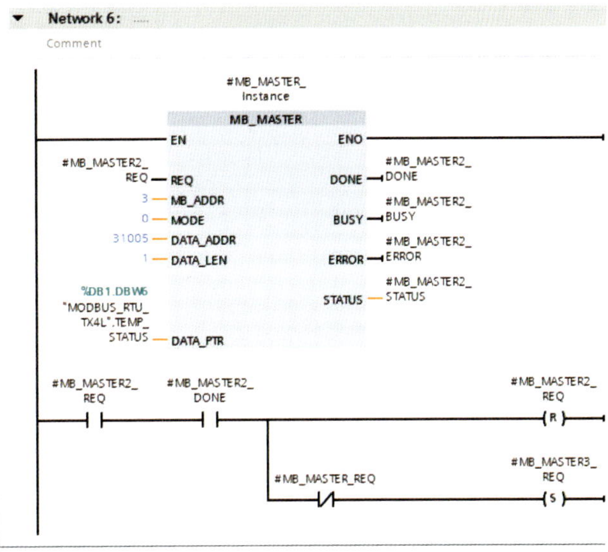

14

FB1 프로그램 작성하기

(네트워크 7번)

설정온도를 읽어오기 위해 메모리 40001번지를 펑션코드 0X03을 사용해서 읽어온다.

설정온도는 TX4L에서도 변경 가능하므로 TX4L에서 변경하는 설정온도와 HMI에서 설정하는 온도를 일치시키기 위해 읽어오는 모니터링 동작을 실행한다.

TIP 모니터링 중에 설정온도 변경을 요청하게 되면 실시간으로 설정온도가 변경되지 않는 문제가 발생한다.

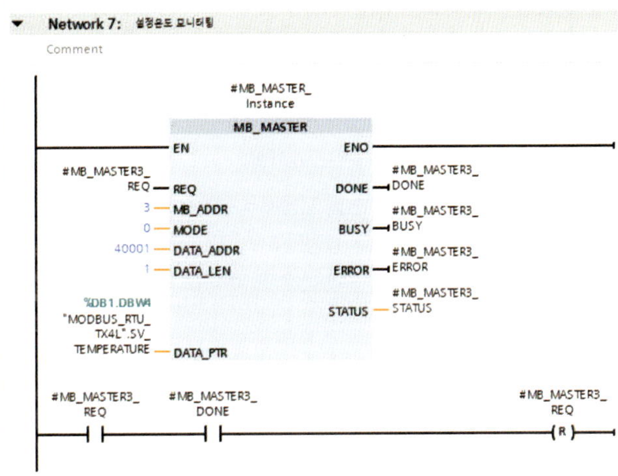

15

FB1 프로그램 작성하기

(네트워크 8번)

부하동작 상태를 나타내는 램프 동작을 위해 모니터링한 데이터의 비트 슬라이스 기능으로 램프를 점등한다.

16

FB1 프로그램 작성하기

(네트워크 9번)

모니터링 상태를 파악하기 위해 MB_MASTER 명령어의 BUSY 출력신호를 사용해서 동작 중 비트를 ON한다.

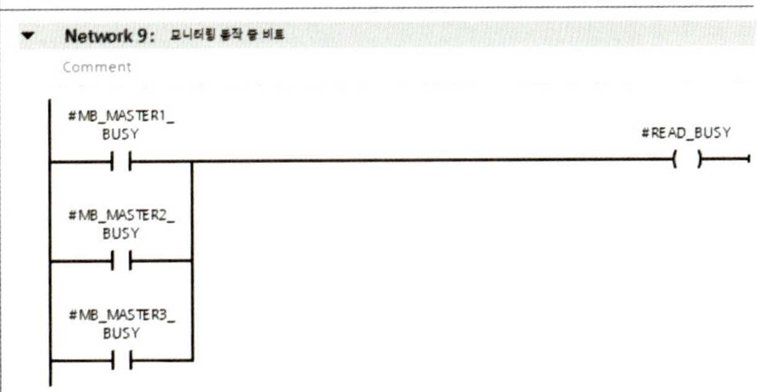

17	**FB1 컴파일하기** 컴파일을 통해 에러 유무를 확인한다.	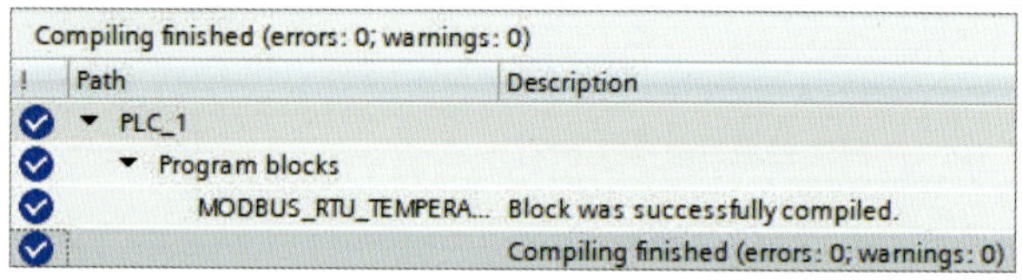
18	**OB1 작성하기** 모드버스 통신으로 아두이노의 FND에 네오픽셀 점등을 위한 FB1을 실행하기 위해 OB1에서 FB1을 호출한다.	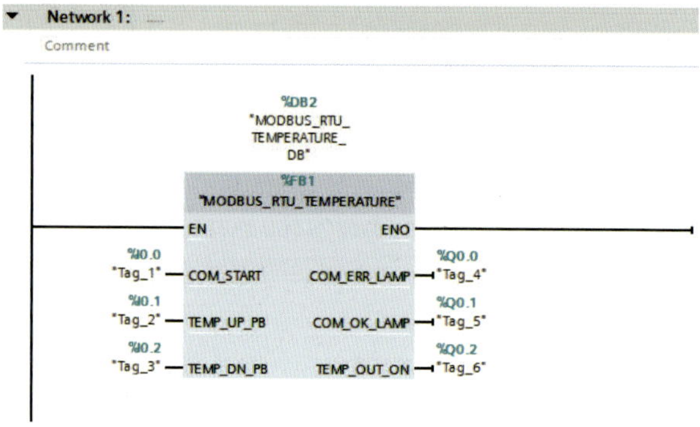
19	**OB1 컴파일하기** OB1의 컴파일을 통해 에러 유무를 확인한다.	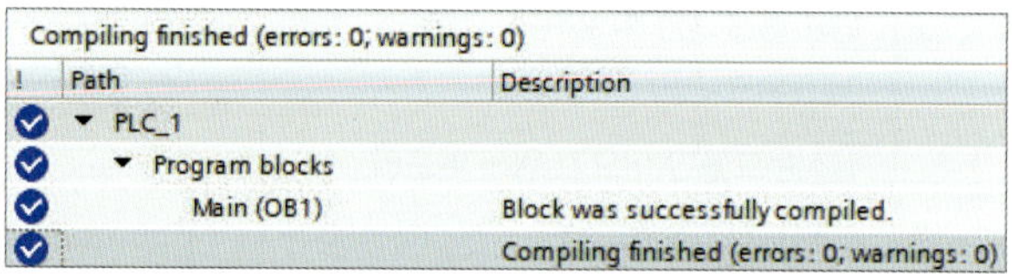
20	**HMI 작화하기(현재온도 표시창)** HMI에 I/O field 기능을 사용해서 현재온도 표시창을 만든다. Tag는 글로벌 DB에 설정한 'PV_TEMPERATURE'를 사용한다. 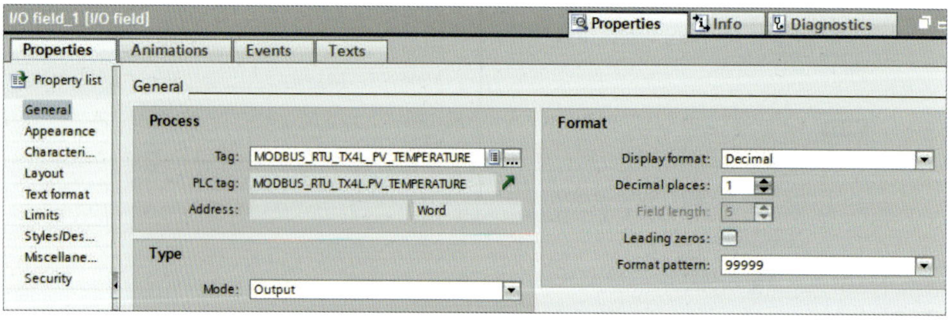	
21	**HMI 작화하기(설정온도 표시창)** HMI에 I/O field 기능을 사용해서 설정온도 표시창을 만든다. Tag는 글로벌 DB에 설정한 'SV_TEMPERATURE'를 사용한다. 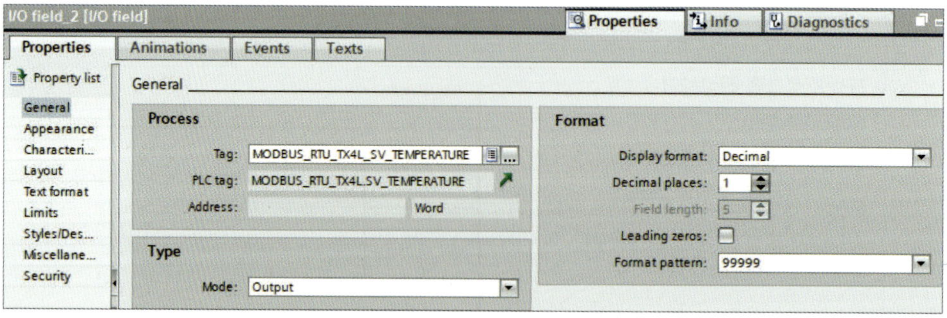	

HMI 작화하기(증가/감소 버튼)

❶ HMI에 BUTTON 기능을 사용해서 증가와 감소 버튼을 만들고 버튼의 표면에 화살표 그림을 추가한다.

❷ Graphic에서 선택 버튼을 누르면 기본 그림 항목이 나타난다. 이때 필요로 하는 그림을 선택하면 버튼에 해당 그림이 나타난다.

❸ [Events] 탭에서 버튼의 동작과 Tag를 설정한다.

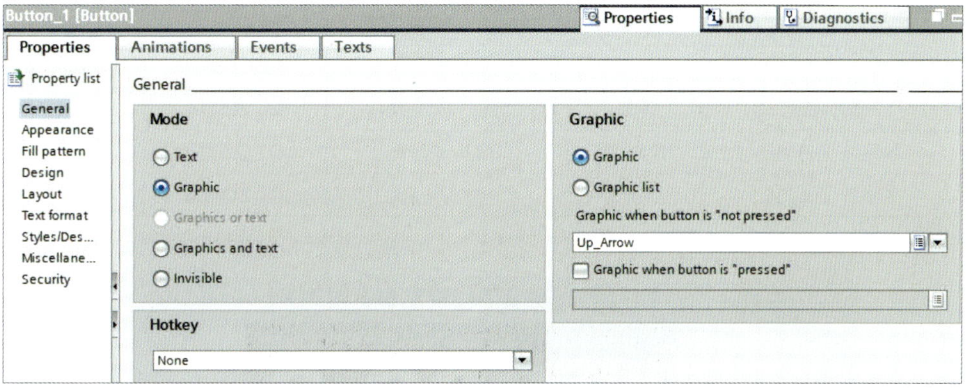

22

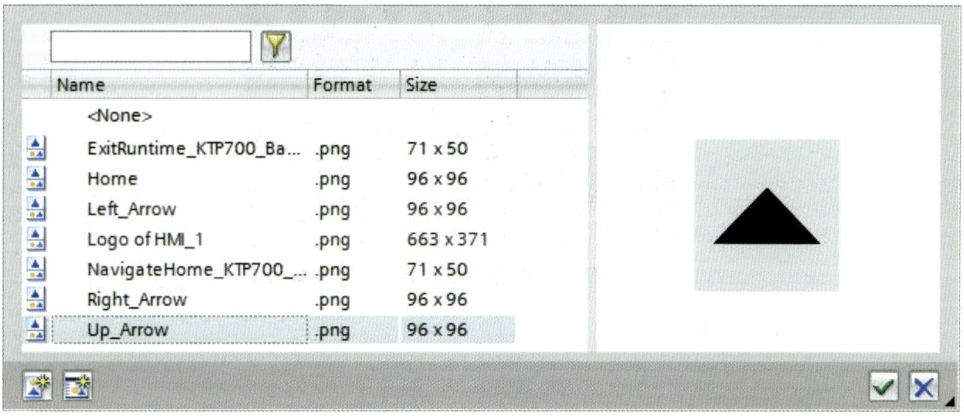

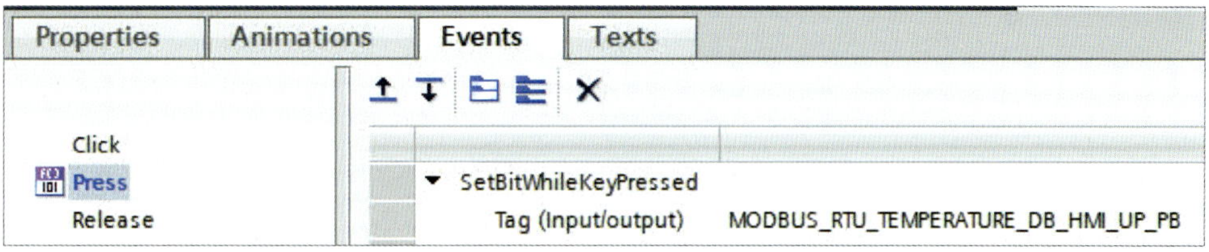

[표 14-42]는 TX-4L 온도조절기의 HMI 화면을 나타낸 것이다. 설정온도와 현재온도를 온도조절기와 동일하게 표시하며, 증가와 감소 버튼을 사용해서 설정온도를 조절할 수 있다.

[표 14-42] TX-4L 온도조절기 HMI 화면

구분	기능	변수명	변수 위치	구분	타입
현재온도 표시	숫자 표시	PV_TEMPERATURE	글로벌 DB 변수	Static	Word
설정온도 표시 및 설정	숫자 표시	SV_TEMPERATURE	글로벌 DB 변수	Static	Word
출력 램프	램프	TEMP_OUT_ON	FB_인스턴스	Output	Bool
설정온도 증가 버튼	푸시버튼	HMI_UP_PB	FB_인스턴스	Static	Bool
설정온도 감소 버튼	푸시버튼	HMI_DN_PB	FB_인스턴스	Static	Bool

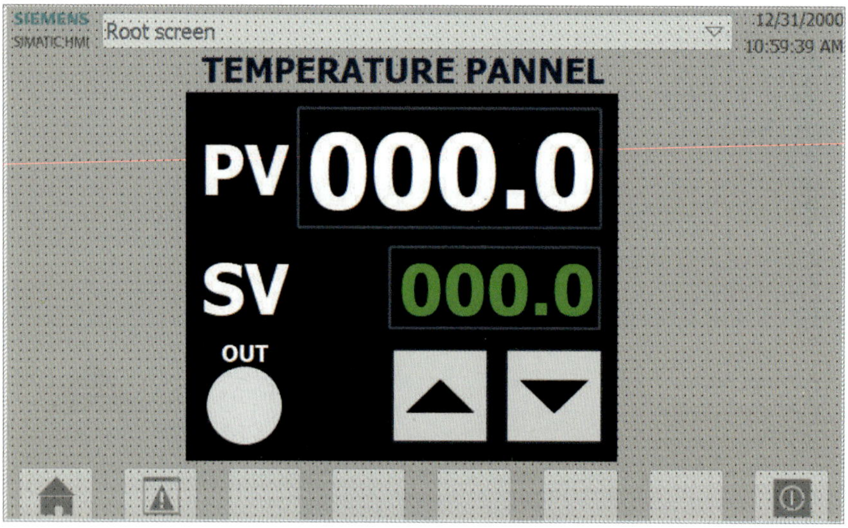

실습과제

14-4 인버터 제어를 위한 모드버스 RTU 통신하기

모드버스 RTU 통신으로 인버터의 운전주파수를 설정하고 모니터링을 통해서 운전주파수와 전압, 전류의 값을 모니터링하는 프로그램의 작성법에 대해 살펴보자.

산업현장에서는 유도전동기의 속도 제어를 위해 인버터를 사용한다. 인버터는 다양한 회사에서 생산되는데, 대부분의 인버터에는 기본적으로 RS485 통신으로 동작하는 모드버스 RTU 통신 기능을 탑재하고 있다. 이 책에서는 미쓰비시 사의 FR-E800 시리즈 인버터를 사용해 모드버스 RTU로 유도전동기의 속도를 제어하는 프로그램의 작성법에 대해 학습한다.

[그림 14-17]은 실습에 사용할 전체 시스템 구성을 나타낸 것이다. PLC CPU의 RS422/485 통신 모듈 CM1241에 국번 2번으로 설정된 FR-E800이 연결되어 있다.

[그림 14-17] 인버터 제어

[표 14-43] PLC 입출력 할당표

입력		출력	
번지	기능	번지	기능
I0.1	COM_START	Q0.0	COM_ERR_LAMP
I0.2	STEP_CHG_PB	Q0.1	COM_OK_LAMP
		Q0.2	INV_RUN_LAMP

생각해봅시다

FR-E800 인버터

FR-E800 인버터의 RS485 통신포트의 위치와 커넥터의 핀 명칭을 [그림 14-18]에 나타내었다. 랜포트와 동일한 RJ45 커넥터로 통신포트가 만들어져 있으므로 랜선을 이용하면 결선을 쉽게 할 수 있다. 하지만 랜카드와 인버터를 랜선으로 연결하면 랜카드 또는 RS485 통신포트가 파손될 수 있다.

RJ45 커넥터 핀 번호	명칭	내용
❶	SG	신호접지
❷	–	조작 패널 전원
❸	RDA	인버터 수신 +
❹	SDB	인버터 송신 –
❺	SDA	인버터 송신 +
❻	RDB	인버터 수신 –
❼	SG	신호접지
❽	–	조작 패널 전원

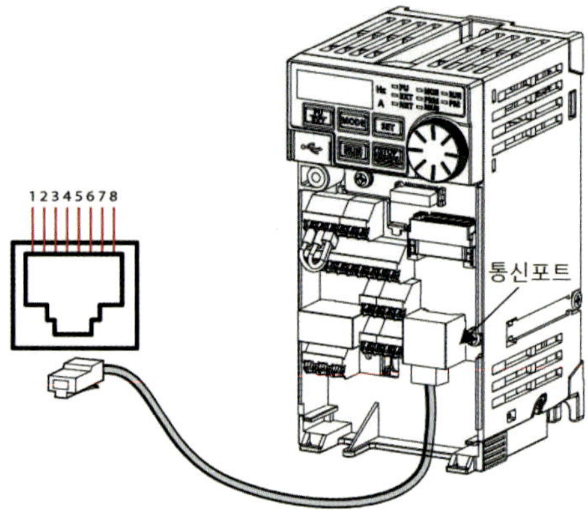

[그림 14-18] 인버터의 통신포트

2선식 결선 방식

[그림 14-19]에서 알 수 있듯이 4개의 통신선으로 통신 결선 방법을 4선식 방식과 2선식 방식을 선택해서 사용할 수 있는데 실습에서는 2선식 방식으로 결선 방식을 사용한다.

2선식 결선 방식은 송신과 수신 신호선을 구분하지 않고 2개의 통신 전선을 가지고 송신과 수신을 교대로 사용하는 반이중 통신 방식의 결선이다. 4선식에 비해 비용이 절감되며 모드버스 RTU 프로토콜 자체가 반이중 통신이기 때문에 2선식 결선 방식을 사용한다.

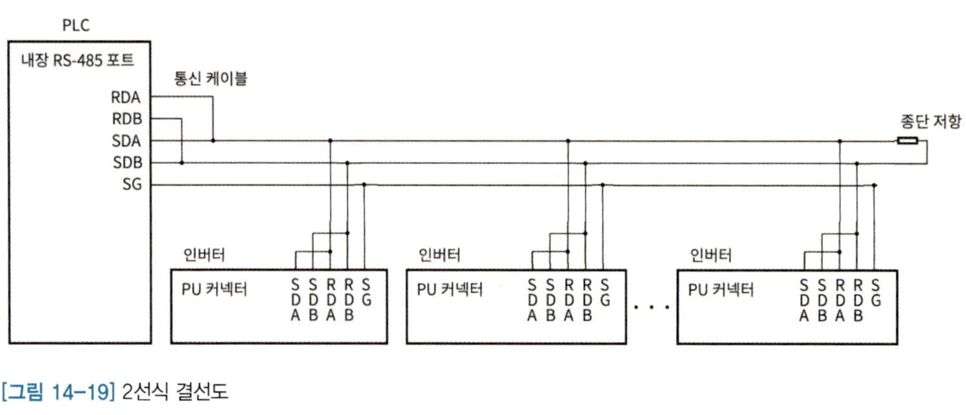

[그림 14-19] 2선식 결선도

모드버스 통신 사양

[표 14-44]는 FR-E800 인버터에서 지원하는 모드버스 통신 사양을 나타낸 것이다.

[표 14-44] FR-E800 인버터의 통신 사양

<table>
<tr><th>항목</th><th>내용</th><th colspan="2">항목</th><th colspan="2">내용</th></tr>
<tr><td>통신 프로토콜</td><td>MODBUS-RTU</td><td rowspan="6">통신
사양</td><td>데이터</td><td colspan="2">Binary(8bit 고정)</td></tr>
<tr><td>통신 규격</td><td>EIA-485(RS485)</td><td>스타트비트</td><td colspan="2">1bit</td></tr>
<tr><td>통신 속도</td><td>4800/9600/19200/38400
57600/76800/115200</td><td rowspan="2">스톱/패리티</td><td rowspan="2">2bit/없음
1bit/홀수
1bit/짝수</td><td rowspan="2">3종류 중에
1종류 선택</td></tr>
<tr><td>제어 순서</td><td>비동기 방식</td></tr>
<tr><td>통신 방법</td><td>반이중 방식</td><td>에러체크</td><td colspan="2">CRC 코드</td></tr>
</table>

모드버스 통신을 위한 인버터의 파라미터 설정

인버터는 파라미터 설정을 이용해 사용자 환경에 맞는 제어 동작을 구현하도록 되어 있다. 따라서 모드버스 통신을 하기 위해서는 [표 14-45]처럼 해당 파라미터의 설정 내용을 변경해야 한다. 인버터의 파라미터를 설정하는 순서는 다음과 같다.

❶ PU 유닛을 조작해서 Pr79의 설정값을 0으로 한다. PU 램프가 점등한다.

❷ [표 14-45]와 같이 인버터의 파라미터 설정값을 변경한다.

❸ 인버터의 전원을 OFF한 후에 ON한다. NET 램프가 점등한다.

❹ 인버터의 파라미터를 변경할 경우에는 PU 유닛에 있는 PU/EXT 버튼을 누를 때마다 NET → PU → JOG → NET의 순서로 동작 모드가 변경된다. 따라서 PU/EXT 버튼을 조작해서 PU모드를 선택한 후에 파라미터를 변경하면 된다.

[표 14-45] 모드버스 통신을 위한 인버터 파라미터 설정

<table>
<tr><th>파라미터</th><th>명칭</th><th>초기
설정값</th><th>설정
범위</th><th colspan="2">내용</th><th>설정값</th></tr>
<tr><td>79</td><td>운전모드 선택</td><td>0</td><td>0~4, 6, 7</td><td colspan="2">외부/PU절환모드</td><td>0</td></tr>
<tr><td>340</td><td>통신 시작 모드</td><td>0</td><td>0, 1, 10</td><td colspan="2">통신 시동 모드 선택</td><td>10</td></tr>
<tr><td rowspan="2">117</td><td rowspan="2">통신 국번</td><td rowspan="2">0</td><td>0</td><td colspan="2">브로드캐스터 통신</td><td rowspan="2">1</td></tr>
<tr><td>1~247</td><td colspan="2">인버터 통신 국번 지정</td></tr>
<tr><td>118</td><td>통신 속도</td><td>96</td><td>48, 96, 192, 384</td><td colspan="2">설정치×100bps</td><td>384</td></tr>
<tr><td rowspan="4">119</td><td rowspan="4">스톱비트 길이
선택</td><td rowspan="4">1</td><td>0</td><td>1bit</td><td rowspan="4">Pr.120 = 0일 때
유효</td><td rowspan="4">0</td></tr>
<tr><td>1</td><td>2bit</td></tr>
<tr><td>10</td><td>1bit</td></tr>
<tr><td>11</td><td>2bit</td></tr>
</table>

120	스톱/패리티 선택	2	0	없음(스톱비트 Pr.119 설정)	0
			1	홀수(스톱비트는 1bit)	
			2	짝수(스톱비트는 1bit)	
122	PU통신 체크 시간 간격	0	0	RS485 통신 기능	9999
			0.1~999.9s	단선 검출 시간 설정	
			9999	통신선 단선검출 없음	
343	통신에러 횟수	0	(0~999)	읽기전용	–
502	통신 이상 시 정지모드 선택	0	0	프리 런 정지	0
			1, 2	감속 정지	
			2	Pr.779의 주파수로 운전	
549	프로토콜 선택	0	0	미쓰비시 프로토콜	1
			1	모드버스 RTU 프로토콜	
			2	BACnet MS/TP 프로토콜	

모드버스 통신을 위한 인버터의 내부 메모리 주소와 기능

모드버스 프로토콜에서는 슬레이브 메모리의 용도에 따라 주소가 정해져 있다. FR-E800 인버터는 40000번지 대역의 16비트의 워드 메모리를 사용해서 인버터를 제어하도록 되어 있다. 실제로 메시지 프레임에 사용하는 메모리 주소는 [표 14-46]처럼 실제주소를 사용하는 방법과 '실제주소 - 40001'의 결과값을 주소로 사용하는 방법 중 하나를 선택해서 사용한다.

[표 14-46] 인버터 제어용 메모리 주소

유지 레지스터 주소		정의	읽기(R) 쓰기(W)	비고
실제 주소	통신용 주소			
40002	0001	인버터 리셋	W	임의 값 사용
40003	0002	파라미터 클리어	W	0x965A 설정
40004	0003	파라미터 올 클리어	W	0x99AA 설정
40006	0005	파라미터 클리어	W	0x5A96 설정
40007	0006	파라미터 올 클리어	W	0xAA99 설정
40009	0008	인버터 상태/제어 입력	R/W	[표 14-47] 참조
40010	0009	운전모드/인버터 설정	R/W	
40014	0013	운전주파수(RAM)	R/W	
40015	0014	운전주파수(EEPROM)	W	

[표 14-47]은 [표 14-46]의 40009번지의 인버터 제어 및 상태를 모니터링하기 위한 메모리를 비트 단위의 기능으로 정리한 것이다. 인버터의 정회전 지령을 하기 위해서는 40009번지에 비트 1번지를 1로 설정하면 인버터는 정회전 운전 상태가 된다.

[표 14-47] 메모리 주소 40009의 비트별 읽기와 쓰기의 기능

비트	정의		비트	정의	
	제어입력 명령	인버터 상태		제어입력 명령	인버터 상태
0	정지 지령	정지	8	AU(전류입력 선택)	0
1	정회전 지령	정회전 중	9	0	0
2	역회전 지령	역회전 중	10	MRS(출력정지)	0
3	RH(고속 지령)	SU(주파수 도달)	11	0	0
4	RM(중속 지령)	OL(과부하)	12	RES(리셋)	0
5	RL(저속 지령)	0	13	0	0
6	0	FU(주파수 검출)	14	0	0
7	RT(제2기능 선택)	ABC(이상)	15	0	이상발생

[표 14-48]은 인버터의 동작 상태를 실시간으로 모니터링할 수 있는 메모리의 주소를 나타낸 것이다.

[표 14-48] 인버터 동작 상태 모니터링 메모리 주소

유지 레지스터 주소		내용	단위	유지 레지스터 주소		내용	단위
실제	통신용			실제	통신용		
40201	0200	출력 주파수	0.01Hz	40216	0215	출력단자 상태	-
40202	0201	출력 전류	0.01A	40220	0219	적산통전 시간	1h
40203	0202	출력 전압	0.1V	40223	0222	실가동 시간	1h
40205	0204	주파수설정치	0.01Hz	40224	0223	모터 부하율	0.1%

CFTerm을 이용한 인버터 동작 확인

인버터의 결선과 파라미터 설정이 끝나면, CFTerm을 이용해 인버터의 동작여부를 확인해보자. 인버터의 운전에 필요한 유지 레지스터는 40014, 40009번지이다. CFTerm에서는 4자리 유지 레지스터 번지를 사용하기 때문에 다음과 같이 계산을 통해서 구할 수 있다.

- 운전주파수 설정 번지 : 40014 − 40001 = 13(0x000D)
- 운전지령 설정 번지 : 40009 − 40001 = 8(0x0008)

인버터의 운전은 운전주파수 설정과 운전지령으로 구성된다. 먼저 인버터를 60.00Hz로 운전을 한다고 가정하면 운전주파수 설정 번지인 0x000D번지에 6000에 해당되는 0x1770을 설정한 후, 운전지령 설정 번지인 0x0008에 [표 14-47]의 비트별 제어를 위해 0x0002를 설정하면 인버터에 연결된 유도전동기는 회전하게 된다. 정지는 운전지령 설정 번지 0x0008에 0x0001(또는 0x0000)을 설정하면 인버터는 유도전동기의 회전을 감속 정지한다.

[표 14-49] CFTerm을 이용한 인버터의 동작 확인 절차

순서	내용	
1	**슬레이브 2번** **인버터 운전주파수 설정하기** 펑션코드 0X06을 사용해서 인버터의 운전 주파수 60.00Hz에 해당되는 0x1770을 홀딩 레지스터 0X0D번지에 쓰기를 한다.	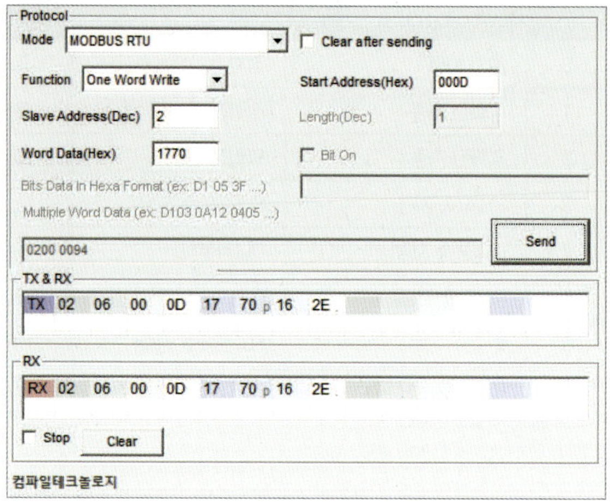
2	**슬레이브 2번** **인버터 운전지령 설정하기** 펑션코드 0X06을 사용해서 인버터의 정회전 운전지령에 해당되는 0x0002를 홀딩 레지스터 0X08번지에 쓰기를 한다. 인버터를 살펴보면 운전주파수가 증가하면서 인버터에 연결된 유도전동기가 회전한다. 최대 60.00Hz까지 증가한다.	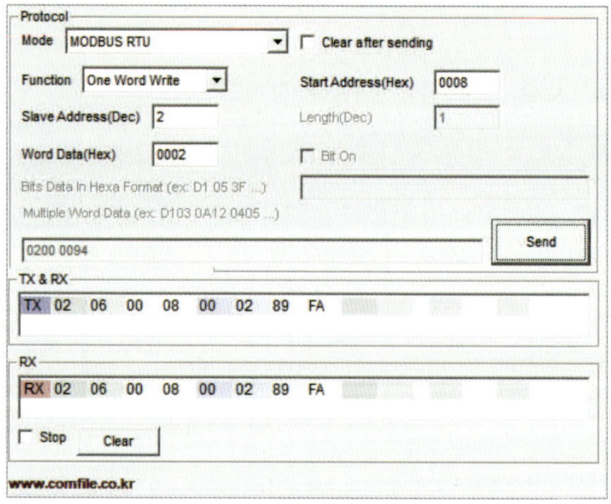
3	**슬레이브 2번** **인버터 운전정지 설정하기** 펑션코드 0X06을 사용해서 인버터의 정지 운전지령에 해당되는 0x0001을 홀딩 레지스터 0X08번지에 쓰기를 한다. 인버터를 살펴보면 운전주파수가 감소하면서 인버터에 연결된 유도전동기가 정지한다.	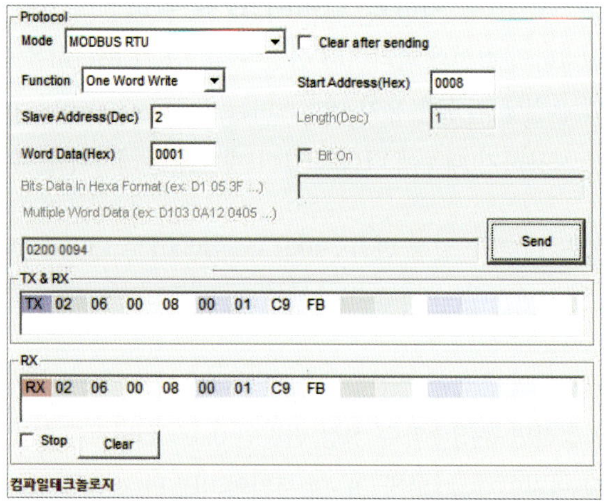

PLC 프로그램 작성

인버터 제어를 위한 모드버스 RTU 통신 순서는 주파수 설정 버튼(STOP 버튼 포함)이 눌러지면 첫 번째 인버터의 유지 레지스터 40014번지에 운전주파수 설정, 두 번째 유지 레지스터 40009번지의 정회전 또는 정지를 위한 0x0002 또는 0x0001을 설정한다. 그리고 시스템 클럭(10Hz)을 사용해서 0.1초 간격으로 모니터링을 위한 유지 레지스터 40210 ~ 40213번지의 데이터를 읽어오는 동작을 무한히 반복하는 것이다. 따라서 RS485 통신 설정을 위한 MB_COMM_LOAD 명령어 1개와 3개의 MB_MASTER 명령어를 사용해서 프로그램을 작성한다.

[표 14-50] 인버터 제어를 위한 PLC 프로그램 작성

<table>
<tr><th>순서</th><th colspan="2">내용</th></tr>
<tr><td>1</td><td>CM1241(RS422/485)
통신 파라미터 설정하기
Port configuration에서 실습에 사용할 통신 모듈 CM1241의 파라미터를 설정한다.
• Protocol : Freeport
• Operating mode : Half duplex (RS485) 2-wire operation
• Receive line initial state : None
• Baud rate : 38.4kbps
• Parity : No parity
• Stop bits : 1
하단의 4개 값은 초기 설정값을 나타낸 것으로, 통신 환경에 맞게 재설정해서 사용한다.</td><td>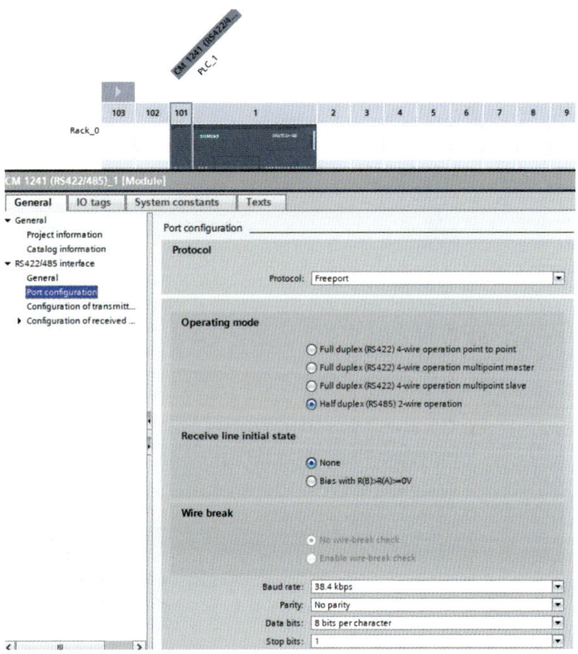
</td></tr>
<tr><td>2</td><td>글로벌 DB 만들기
인버터와 통신의 송수신에 필요한 데이터 메모리를 글로벌 DB에 작성한다.</td><td>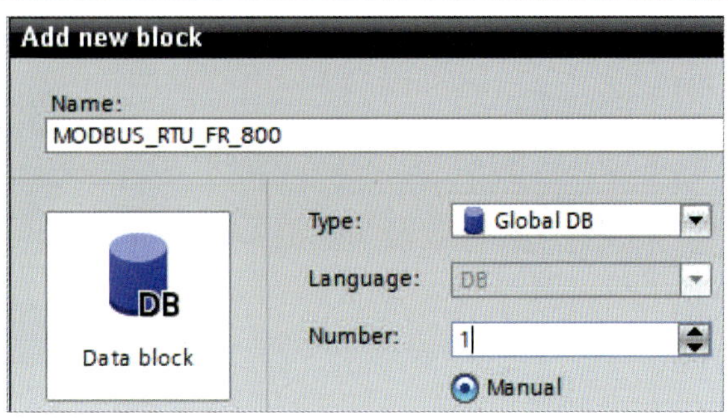
</td></tr>
</table>

3

통신에 사용할 메모리 설정하기

- SET_FREQUENCY : 운전주파수 설정용
- SET_OLD_FREQUENCY : 운전주파수 비교 및 저장
- SET_INV_ACT_MODE : 운전지령 설정용
- MONITOR_DATA : 인버터 모니터링 데이터

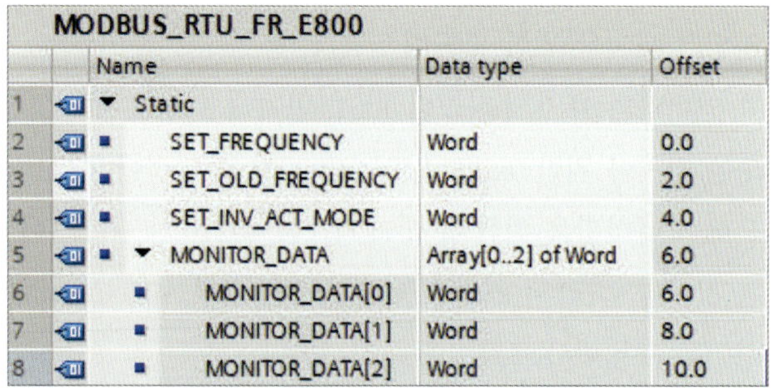

4

DB의 파라미터 변경하기

❶ [Program blocks] 폴더에 있는 DB를 선택한 후에 마우스 오른쪽 버튼을 클릭한 다음, 'Properties' 항목을 선택한다.

❷ 〈MODBUS_RTU_SEND_DATA[DB1]〉 창에서 'Optimized block access' 항목의 체크 표시를 해제한다.

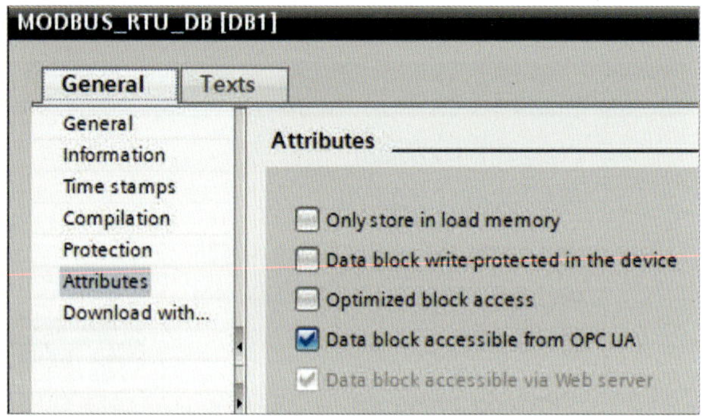

5

DB 컴파일하기

❶ 파라미터를 변경한 DB를 마우스 커서로 선택한 후에 컴파일을 실행한다.

❷ 컴파일이 정상 완료되면 해당 DB의 Offset에 변수에 할당되는 메모리 번지가 나타난다.

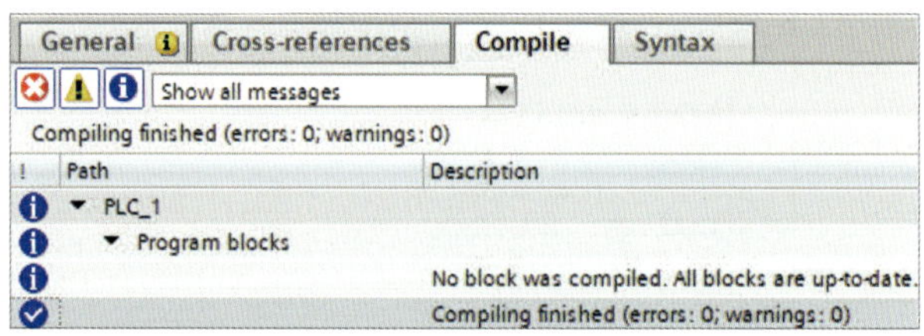

6

FB1 만들기

인버터와 통신할 프로그램을 작성할 FB를 새롭게 만든다.

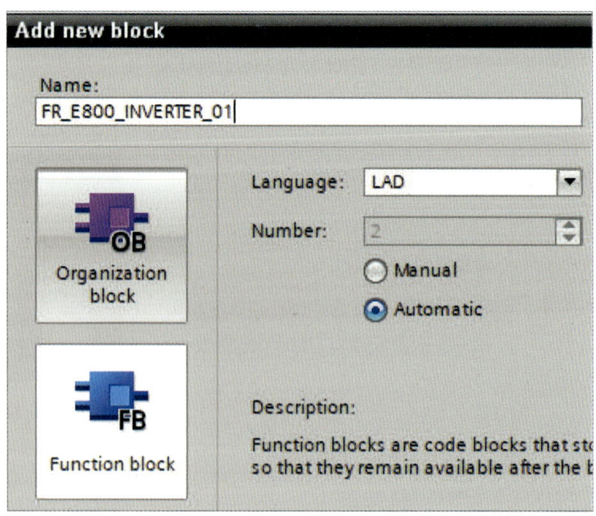

7

FB1의 내부 변수 설정하기

프로그램 작성에 필요한 변수를 설정한다.

프로그램 작성에는 통신 연결을 위한 1개의 MB_COMM_LOAD와 3개의 COM_MASTER 명령어를 사용한다. COM_MASTER 명령어는 1개의 멀티플 인스턴스를 생성해서 나머지 2개의 COM_MASTER에 복사해서 사용한다.

FR_E800_INVERTER_01

	Name	Data type
1	▼ Input	
2	COM_START	Bool
3	STEP_CHG_PB	Bool
4	▼ Output	
5	COM_ERR_LAMP	Bool
6	COM_OK_LAMP	Bool
7	INV_RUN_LAMP	Bool
8	▼ InOut	
9	<Add new>	
10	▼ Static	
11	INV_SET_FRQ	Int
12	INV_SET_RUN	Int
13	EG1	Bool
14	EG2	Bool
15	EG3	Bool
16	HMI_STOP_PB	Bool
17	HMI_10HZ_PB	Bool
18	HMI_20HZ_PB	Bool
19	HMI_30HZ_PB	Bool
20	HMI_40HZ_PB	Bool
21	HMI_50HZ_PB	Bool
22	HMI_60HZ_PB	Bool
23	MB_COMM_REQ	Bool
24	MB_COMM_DONE	Bool
25	MB_COMM_ERROR	Bool
26	MB_COMM_STATUS	Word
27	MB_MASTER_REQ	Bool
28	MB_MASTER_DONE	Bool
29	MB_MASTER_BUSY	Bool
30	MB_MASTER_ERROR	Bool
31	MB_MASTER_STATUS	Word
32	MB_MASTER1_REQ	Bool
33	MB_MASTER1_DONE	Bool
34	MB_MASTER1_BUSY	Bool
35	MB_MASTER1_ERROR	Bool
36	MB_MSATER1_STATUS	Word
37	▶ MB_COMM_LOAD_Instance	MB_COMM_LOAD
38	▶ MB_MASTER_Instance	MB_MASTER
39	MB_MASTER2_DONE	Bool
40	MB_MSATER2_BUSY	Bool
41	MB_MASTER2_ERROR	Bool
42	MB_MASTER2_STATE	Word

8

FB1 프로그램 작성하기

(네트워크 1번)

❶ 입력 COM_START 버튼이 눌러지면 MB_COMM_LOAD 실행을 위한 MB_COMM_REQ 비트를 셋한다.

❷ 통신 설정이 완료되면 MB_COMM_REQ의 리셋과 함께 COM_OK_LAMP를 셋한다.

❸ 통신 에러가 발생하면 에러 램프를 점멸한다.

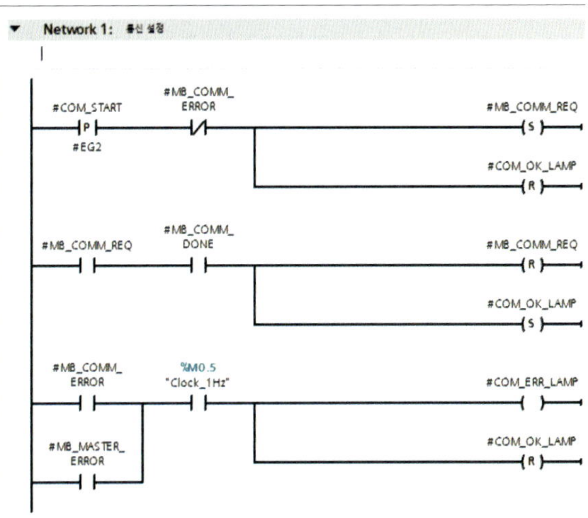

<table>
<tr>
<td>9</td>
<td>FB1 프로그램 작성하기
(네트워크 2번)

MB_COMM_REQ가 ON되는 순간 모드버스 RTU 통신 연결을 위한 명령어 MB_COMM_LOAD가 살행될 때 멀티플 인스턴스를 설정해 FB에 DB를 생성한다.

그리고 MB_DB에는 MB_MASTER의 멀티플 인스턴스 DB를 설정한다.</td>
<td>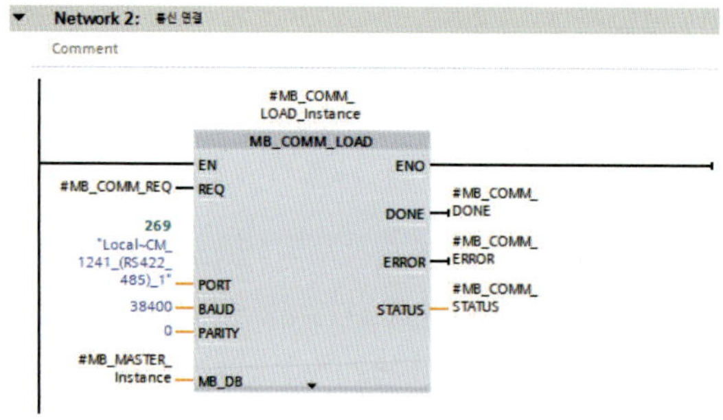
</td>
</tr>
<tr>
<td>10</td>
<td>FB1 프로그램 작성하기
(네트워크 3번)

STEP_CHG_PB에 연결된 외부 입력 버튼이 ON될 때마다 인버터의 운전주파수 설정값이 10.00Hz 단위로 증가하고 60.00Hz를 초과하면 0.00Hz로 재설정된다.</td>
<td>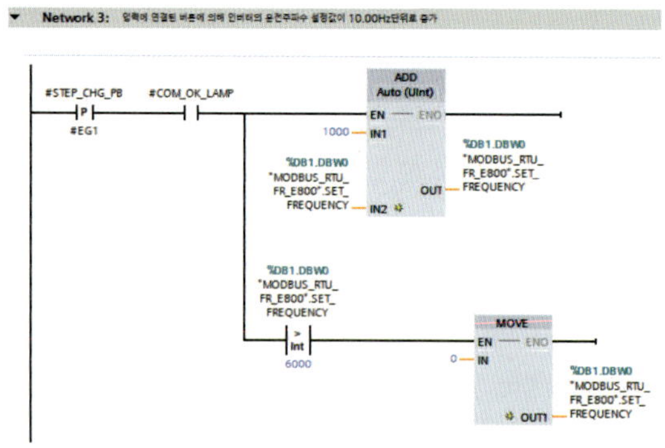
</td>
</tr>
<tr>
<td>11</td>
<td>FB1 프로그램 작성하기
(네트워크 4번)

HMI 화면에 작화된 운전주파수 설정 버튼이 눌러질 때 사전에 정해진 운전주파수가 설정된다.</td>
<td>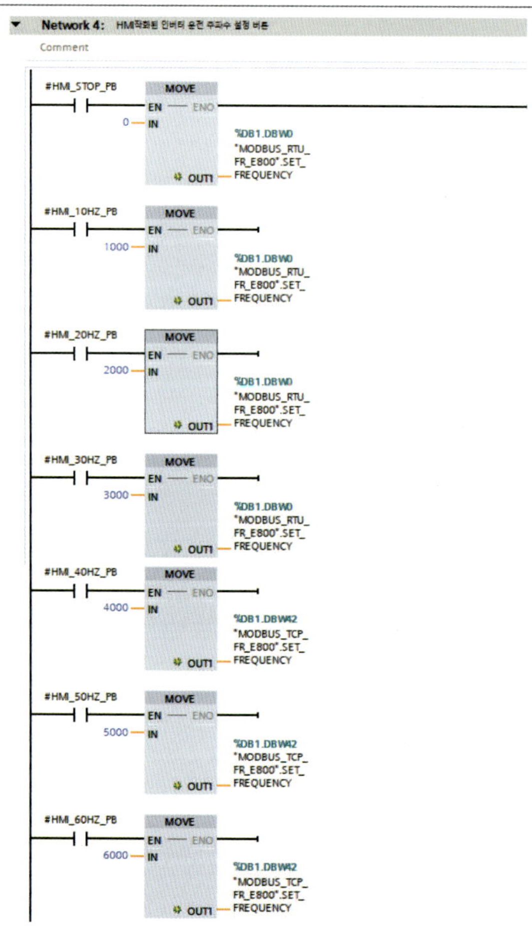
</td>
</tr>
</table>

<table>
<tr>
<td>12</td>
<td>

FB1 프로그램 작성하기

(네트워크 5번)

❶ 설정된 운전주파수가 0보다 크면 인버터 운전지령을 2로 설정하고 아니면 운전지령을 0으로 설정한다.

❷ 설정된 운전주파수와 이전에 설정된 운전주파수가 다르다면 변경된 운전주파수를 저장한 후에 인버터에 전송하기 위한 MB_MASTER_REQ를 셋한다.

</td>
<td>
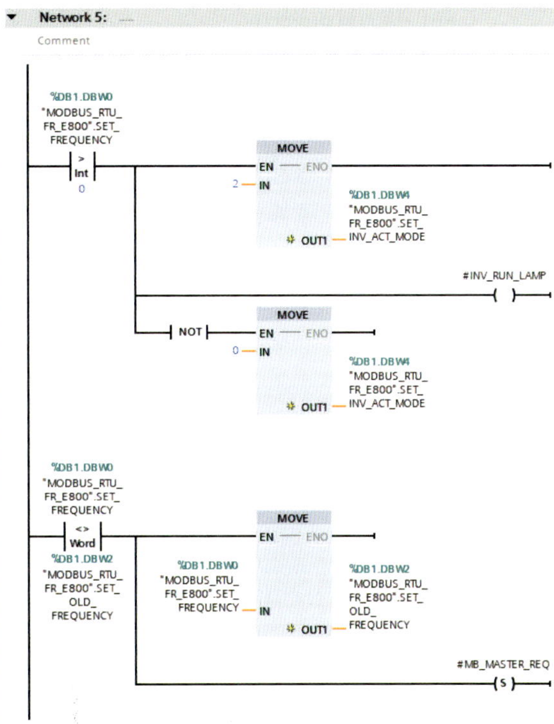

</td>
</tr>
<tr>
<td>13</td>
<td>

FB1 프로그램 작성하기

(네트워크 6번)

❶ 설정된 운전주파수를 인버터에 전송하기 위한 MB_MASTER 명령을 실행한다.

❷ MB_MASTER 명령의 DB는 멀티플 인스턴스로 FB 내부에 만들고 해당 DB는 MB_COMM_LOAD의 입력 MB_DB에 사용한다.

❸ 운전주파수는 인버터의 유지 레지스터 40014에 전송한다.

❹ MB_MASTER 명령이 실행 완료되면 운전지령 전송을 위한 MB_MASTER 명령 실행을 위해 MB_MASTER1_REQ를 셋한다.

</td>
<td>
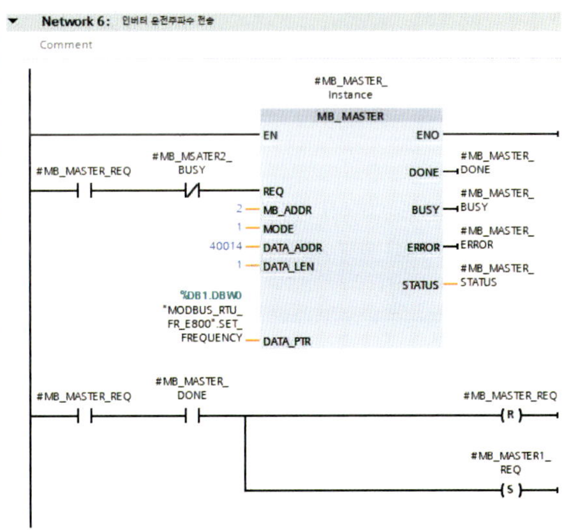

</td>
</tr>
</table>

14

FB1 프로그램 작성하기

(네트워크 7번)

❶ 운전지령 전송을 위한 MB_MASTER 명령어의 DB는 별도로 만들지 않고 첫 번째 MB_MASTER(네트워크 6번) 명령을 만들 때 만들어진 DB의 명칭을 복사해서 사용한다.

❷ 운전지령은 인버터의 유지 레지스터 40009번지에 전송한다.

❸ MB_MASTER 명령이 정상적으로 실행되면 전송 요청 비트인 MB_MASTER1_REQ 리셋한다.

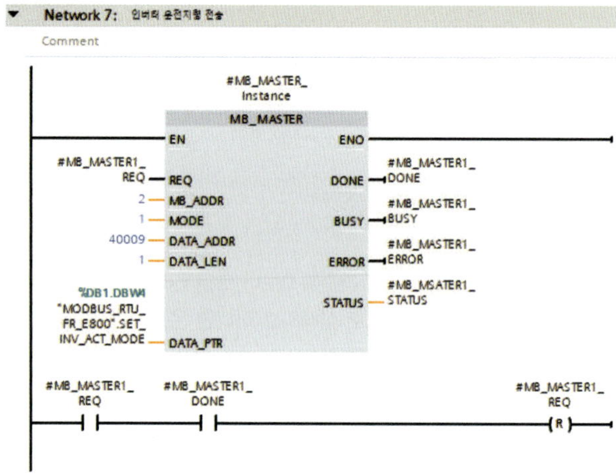

15

FB1 프로그램 작성하기

(네트워크 8번)

❶ 인버터의 동작 상태의 모니터링을 위한 MB_MASTER 명령어도 첫 번째 MB_MASTER 명령을 만들 때 만든 DB의 명칭을 복사해서 사용한다.

❷ 모니터링은 시스템 클럭을 사용해서 0.1초 간격으로 인버터 유지 레지스터 40201 ~ 40203의 내용을 읽어와 글로벌 DB에 저장한다.

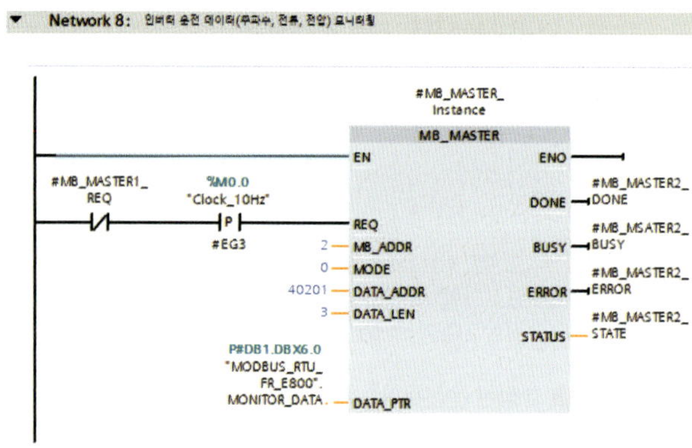

16

FB1 컴파일하기

컴파일을 통해 에러 유무를 확인한다.

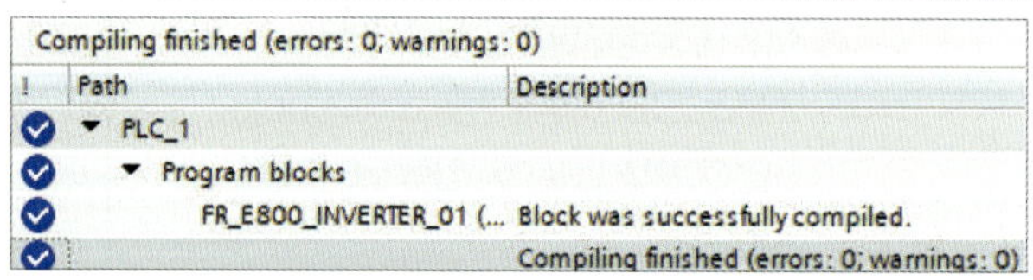

17

OB1 작성하기

OB1에서 인버터와 통신을 위한 FB1을 호출하고 외부 입출력 연결을 위한 번지를 설정한다.

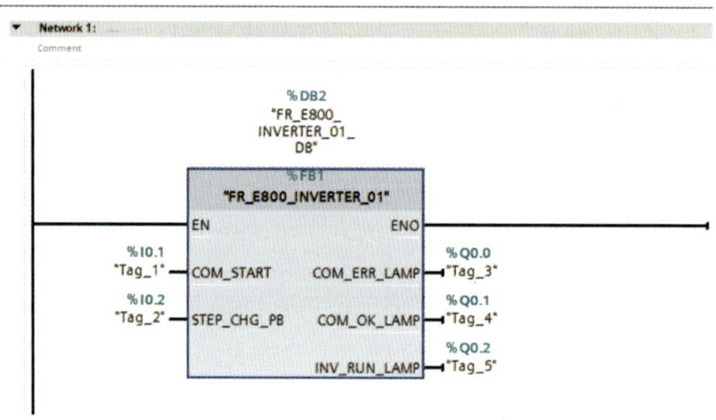

18

OB1 컴파일하기

OB1의 컴파일을 통해 에러 유무를 확인한다.

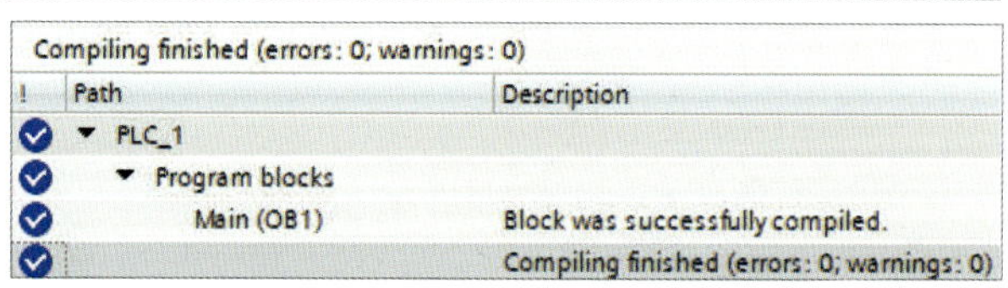

19

HMI 작화하기(설정주파수 표시창)

❶ HMI에 I/O field 기능을 사용해서 인버터 제어를 위한 설정주파수 표시창을 만든다. Tag는 글로벌 DB에 설정한 'SET_FREQUENCY'를 사용한다.

❷ 소수점 설정인 Decimal places는 Tag 변수를 설정했을 때 기능이 활성화된다. 소수점도 자리를 차지하기 때문에 숫자 표시 형태는 소수점 포함 5자리로 설정한다.

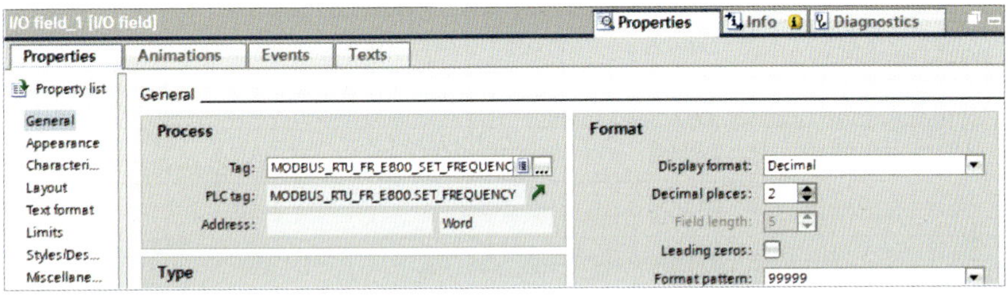

20

HMI 작화하기(램프)

램프는 인버터의 정지와 운전 상태를 나타내며, 정지 상태에서는 녹색, 운전 중에는 적색으로 표시된다. Tag는 FB1의 내부 변수 'INV_RUN_LAMP'를 사용한다.

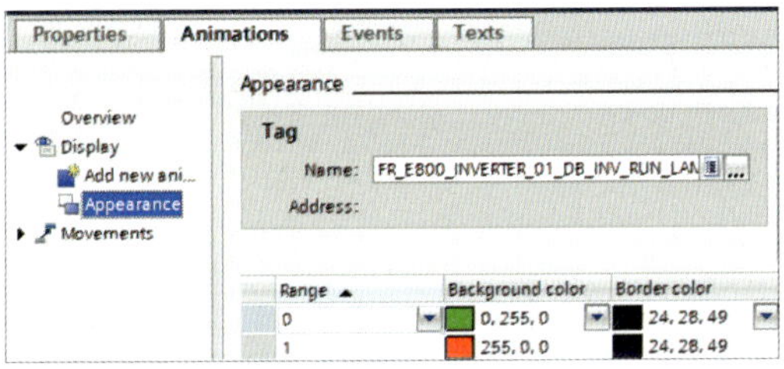

21

HMI 작화하기(운전주파수 설정 버튼)

인버터의 운전주파수 설정을 위한 7개의 버튼을 동일한 방법으로 작성한다.

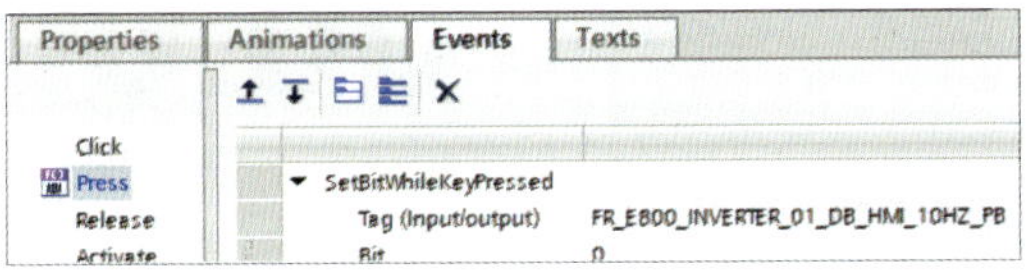

22

HMI 작화하기 (모니터용 숫자 표시창)

❶ 인버터의 동작을 모니터링하는 숫자 표시창 3개를 동일한 방법으로 작화한다. 소수점 설정인 Decimal places는 Tag 변수를 설정했을 때 기능이 활성화된다.

❷ 소수점도 자리를 차지하기 때문에 숫자 4자리면 5개의 숫자 표시를 선택해야 한다.

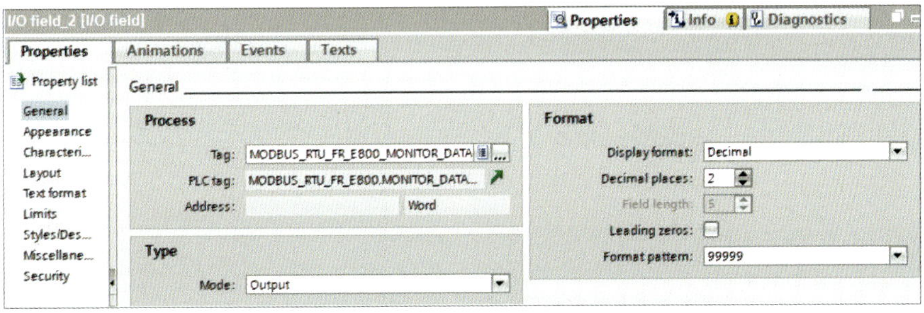

[표 14-51]은 인버터의 운전주파수 제어와 모니터링을 위한 HMI 화면을 나타낸 것이다.

[표 14-51] 인버터 제어를 위한 HMI 화면

번호	구분	기능	변수명	변수 위치	구분	타입
❶	설정주파수 표시	숫자 표시	SET_FREQUENCY	글로벌 DB 변수	Static	Word
❷	운전 상태 표시	램프	INV_RUN_LAMP	FB_인스턴스	OUTPUT	Bool
❸	STOP 버튼	푸시버튼	HMI_STOP_PB	FB_인스턴스	INPUT	Bool
❸	주파수 설정(10Hz)	푸시버튼	HMI_10Hz_PB	FB_인스턴스	Static	Bool
❸	주파수 설정(20Hz)	푸시버튼	HMI_20Hz_PB	FB_인스턴스	Static	Bool
❸	주파수 설정(30Hz)	푸시버튼	HMI_30Hz_PB	FB_인스턴스	Static	Bool
❸	주파수 설정(40Hz)	푸시버튼	HMI_40Hz_PB	FB_인스턴스	Static	Bool
❸	주파수 설정(50Hz)	푸시버튼	HMI_50Hz_PB	FB_인스턴스	Static	Bool
❸	주파수 설정(60Hz)	푸시버튼	HMI_60Hz_PB	FB_인스턴스	Static	Bool
❹	운전주파수 표시	숫자 표시	MONITOR_DATA[0]	글로벌 DB 변수	Static	Word
❹	전류 표시	숫자 표시	MONITOR_DATA[0]	글로벌 DB 변수	Static	Word
❹	전압 표시	숫자 표시	MONITOR_DATA[0]	글로벌 DB 변수	Static	Word

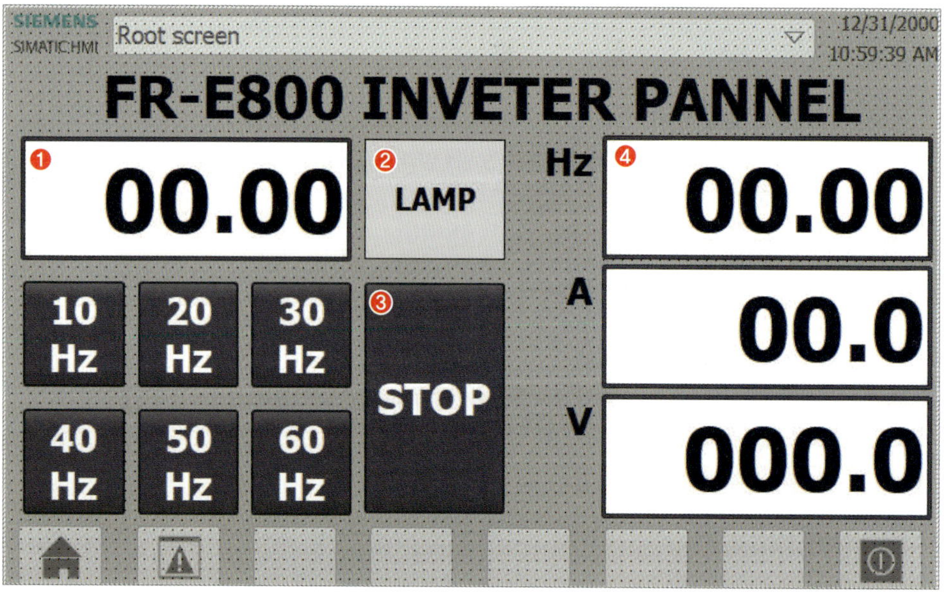

실습과제

14-5 3개의 슬레이브와 모드버스 RTU 통신하기

14.1~14.2절

[실습과제 14-1]~[실습과제 14-4]에서 학습한 내용을 가지고 아두이노, 인버터, 온도조절기를 모드버스 RTU 통신으로 설정하고 모니터링하는 방법에 대해 살펴보자.

아두이노, 인버터, 온도조절기를 RS485 통신으로 연결한 후에 모드버스 RTU 통신으로 인버터 및 온도조절기를 조작하고 모니터링한 데이터를 아두이노를 이용하여 FND에 표시하고 네오픽셀 램프를 점등하는 프로그램을 작성해보자.

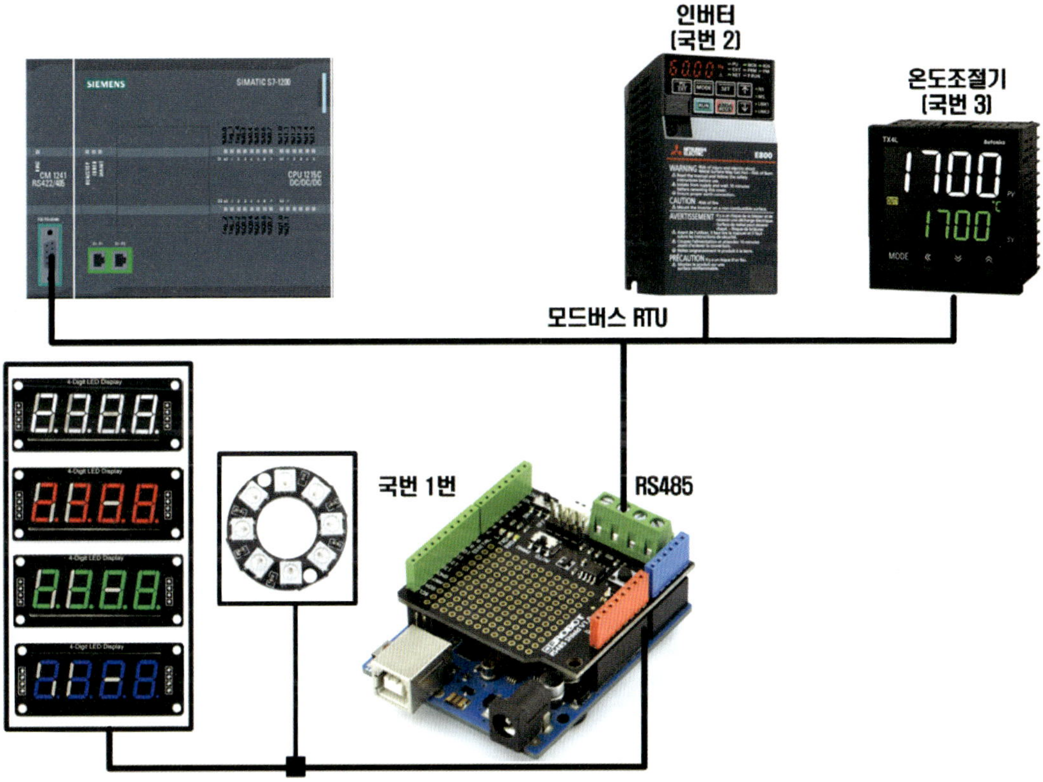

[그림 14-20] PLC의 전체 시스템 구성

[표 14-52] PLC의 입출력 할당표

입력		출력	
번지	기능	번지	기능
I0.1	COM_START	Q0.0	COM_ERR_LAMP
I0.2	STEP_CHG_PB	Q0.1	COM_OK_LAMP
		Q0.2	INV_RUN_LAMP

PLC 프로그램 작성

[그림 14-20]의 시스템 구성을 살펴보면 1개의 마스터(CM1241 RS422/RS485)에 3개의 슬레이브 장치가 연결되어 있다. 따라서 폴링Polling 방식[4]을 사용한 통신 프로그램을 작성한다.

폴링 방식을 사용한 3개의 슬레이브와 통신을 통한 제어 프로그램은 [그림 14-21]과 같은 형식으로 실행된다.

[그림 14-21] 3개의 슬레이브와 통신을 위한 폴링 방식의 통신 절차

[그림 14-21]을 살펴보면 입력 I0.1에 연결된 COM_START 푸시버튼이 눌러지면 통신 설정을 위한 MB_COMM_LOAD 명령이 실행된다. 그리고 ❶ ~ ❻까지 순차적으로 실행하고 반복처리하면서 슬레이브 장치와 통신한다.

4 폴링이란 하나의 장치(혹은 프로그램)가 충돌 회피 또는 동기화 처리 등을 목적으로 다른 장치(또는 프로그램)의 상태를 주기적으로 검사하여 일정한 조건을 만족할 때 송수신 등의 자료처리를 하는 방식을 의미한다.

[표 14-53]은 모드버스 RTU 통신을 이용한 PLC 프로그램의 작성법을 나타낸 것이다.

[표 14-53] 모드버스 RTU 통신을 이용한 PLC 프로그램 작성 절차

순서	내용	
1	**CM1241(RS422/485) 통신 파라미터 설정하기** Port configuration에서 실습에 사용할 통신 모듈 CM1241의 파라미터를 설정한다. • Protocol : Freeport • Operating mode : Half duplex (RS485) 2-wire operation • Receive line initial state : None • Baud rate : 38.4kbps • parity : No parity • Stop bits : 1 하단의 4개 값은 초기 설정값을 나타낸 것으로, 통신 환경에 맞게 재설정해서 사용한다.	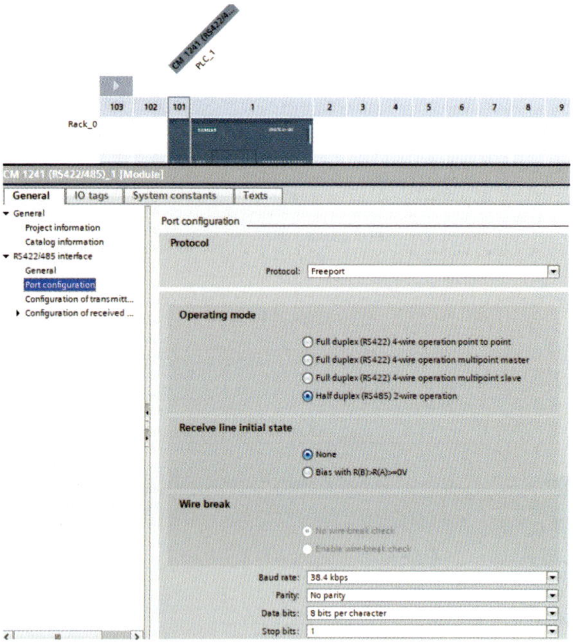
2	**글로벌 DB 만들기** 아두이노, 인버터, 온도조절기와의 통신에 필요한 글로벌 DB를 새롭게 작성한다.	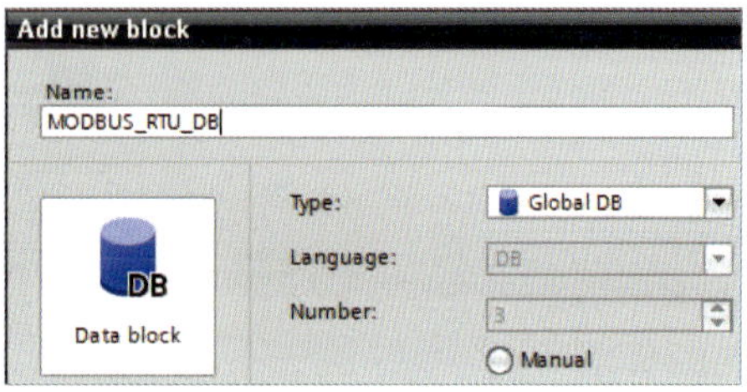
3	**통신에 사용할 메모리 설정하기** ARUINO_SND_DATA[0] ~ [4] : [0] : 인버터 설정주파수 [1] : 인버터 운전주파수 [2] : TX4L 현재온도 [3] : TX4L 설정온도 [4] : 네오픽셀 램프 점등	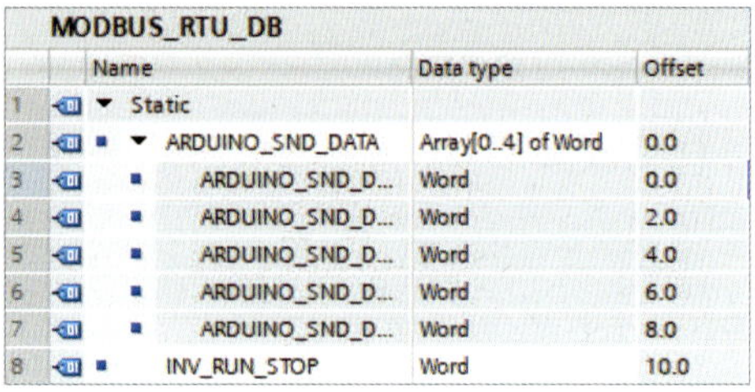MODBUS_RTU_DB Name / Data type / Offset 1 Static 2 ARDUINO_SND_DATA / Array[0..4] of Word / 0.0 3 ARDUINO_SND_D... / Word / 0.0 4 ARDUINO_SND_D... / Word / 2.0 5 ARDUINO_SND_D... / Word / 4.0 6 ARDUINO_SND_D... / Word / 6.0 7 ARDUINO_SND_D... / Word / 8.0 8 INV_RUN_STOP / Word / 10.0

<table>
<tr><td>4</td><td> DB의 파라미터 변경하기 ❶ [Program blocks] 폴더에 있는 DB를 선택한 후에 마우스 오른쪽 버튼을 클릭한 다음, 'Properties' 항목을 선택한다. ❷ 〈MODBUS_RTU_DB[DB1]〉 창에서 'Optimized block access' 항목의 체크 표시를 해제한다. </td><td>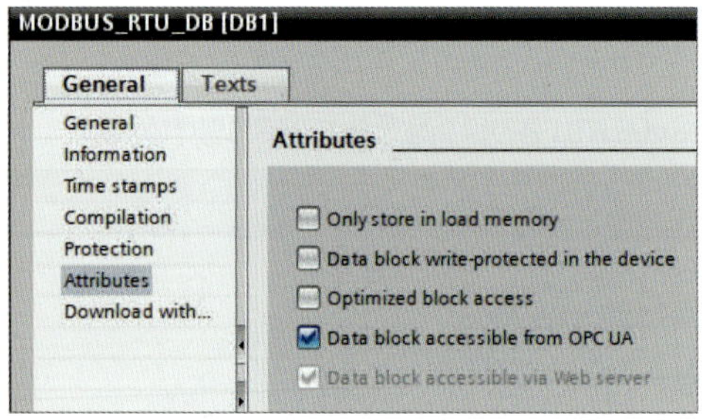
</td></tr>
<tr><td>5</td><td> DB 컴파일하기 ❶ 파라미터를 변경한 DB를 마우스 커서로 선택한 후 컴파일을 실행한다. ❷ 컴파일이 정상 완료되면 해당 DB의 Offset에 변수에 할당되는 메모리 번지가 나타난다. </td><td>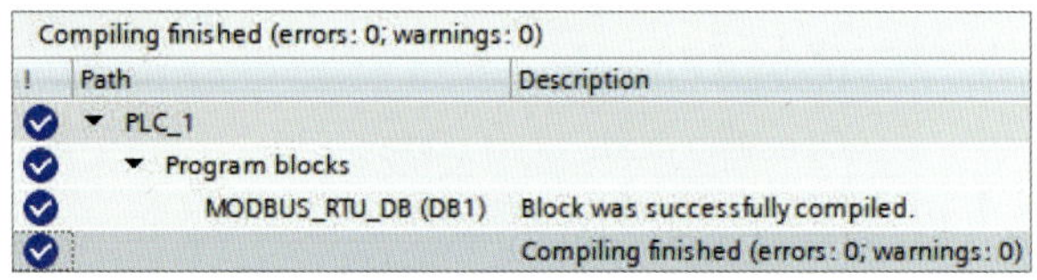
</td></tr>
<tr><td>6</td><td> FB1 만들기 아두이노, 인버터, 온도조절기와 통신할 FB1을 작성한다. </td><td>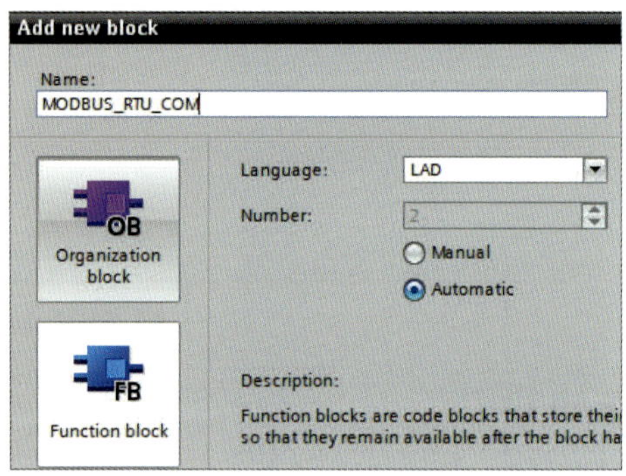
</td></tr>
</table>

7

FB1의 내부 변수 설정하기

프로그램 작성에 필요한 변수를 설정한다.

❶ FB1 내부에서 모드버스 RTU 통신을 위해 1개의 MB_COMM_LOAD와 6개의 MB_MASTER 명령어를 사용한다.
해당 명령어에 사용할 모니터링 변수를 FB 내부의 Static에 설정한다.

❷ MB_COMM_LOAD는 멀티플 인스턴스로 FB1 내부에 DB를 생성하게 한다.
처음 사용하는 MB_MASTER 명령어는 멀티플 인스턴스로 DB를 FB1 내부에 생성한 후에 나머지 MB_MASTER 명령에서는 처음 MB_MASTER 명령어를 만들 때 생성한 DB를 복사해서 사용한다.

MODBUS_RTU_COM

	Name	Data type
1	▼ Input	
2	COM_START	Bool
3	<Add new>	
4	▼ Output	
5	COM_ERR_LAMP	Bool
6	COM_OK_LAMP	Bool
7	<Add new>	
8	▼ InOut	
9	<Add new>	
10	▼ Static	
11	Static_1	Bool
12	HMI_INV_UP_PB	Bool
13	HMI_INV_DN_PB	Bool
14	HMI_SV_UP_PB	Bool
15	HMI_SV_DN_PB	Bool
16	MB_COM_ERROR	Bool
17	MB_COM_ERR1	Bool
18	MB_COM_ERR2	Bool
19	EG1	Bool
20	EG2	Bool
21	EG3	Bool
22	EG4	Bool
23	EG5	Bool
24	EG6	Bool
25	COM_REPEAT	Bool
26	▶ MB_COMM_LOAD_Instance	MB_COMM_LOAD
27	MB_COMM_REQ	Bool
28	MB_COMM_DONE	Bool
29	MB_COMM_ERROR	Bool
30	MB_COMM_STATUS	Word
31	▶ MB_MASTER_Instance	MB_MASTER
32	MB_MASTER_01_REQ	Bool
33	MB_MASTR_01_DONE	Bool
34	MB_MASTER_01_BUSY	Bool
35	MB_MASTER_01_ERROR	Bool
36	MB_MASTER_01_STATUS	Word
37	MB_MASTER_02_REQ	Bool
38	MB_MASTER_02_DONE	Bool
39	MB_MASTER_02_BUSY	Bool
40	MB_MASTER_02_ERROR	Bool
41	MB_MASTER_02_STATUS	Word
42	MB_MASTER_03_REQ	Bool
43	MB_MASTER_03_DONE	Bool
44	MB_MASTER_03_BUSY	Bool
45	MB_MASTER_03_ERROR	Bool
46	MB_MASTER_03_STATUS	Word
47	MB_MASTER_04_REQ	Bool
48	MB_MASTER_04_DONE	Bool
49	MB_MASTER_04_BUSY	Bool
50	MB_MASTER_04_ERROR	Bool
51	MB_MASTER_04_STATUS	Word
52	MB_MASTER_05_REQ	Bool
53	MB_MASTER_05_DONE	Bool
54	MB_MASTER_05_BUSY	Bool
55	MB_MASTER_05_ERROR	Bool
56	MB_MASTER_05_STATUS	Word
57	MB_MASTER_06_REQ	Bool
58	MB_MASTER_06_DONE	Bool
59	MB_MASTER_06_BUSY	Bool
60	MB_MASTER_06_ERROR	Bool
61	MB_MASTER_06_STATUS	Word
62	<Add new>	

8	**FB1 프로그램 작성하기** (네트워크 1번) ❶ 외부 입력 COM_START가 ON될 때 통신 시작을 위한 MB_COMM_LOAD 명령을 실행하기 위한 MB_COMM_REQ를 ON한다. ❷ 통신을 반복 실행하기 위해 COM_REPEAT를 사용한다. ❸ MB 명령어가 정상 동작이면 COM_OK_LAMP를 ON하고 에러가 발생하면 COM_ERR_LAMP를 점등한다.	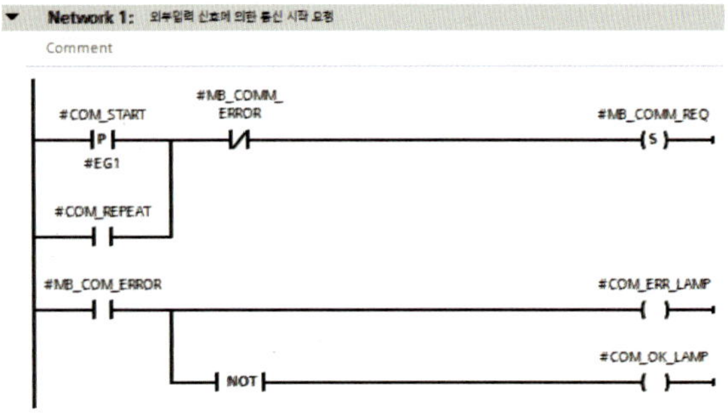
9	**FB1 프로그램 작성하기** (네트워크 2번) ❶ 모드버스 RTU 통신 시작을 위한 MB_COMM_LOAD 명령어를 실행한다. ❷ 실행 완료 비트를 사용해서 아두이노에 데이터 전송을 위한 MB_MASTER 명령을 실행하기 위해 비트 MB_MASTER_01_REQ를 ON한다.	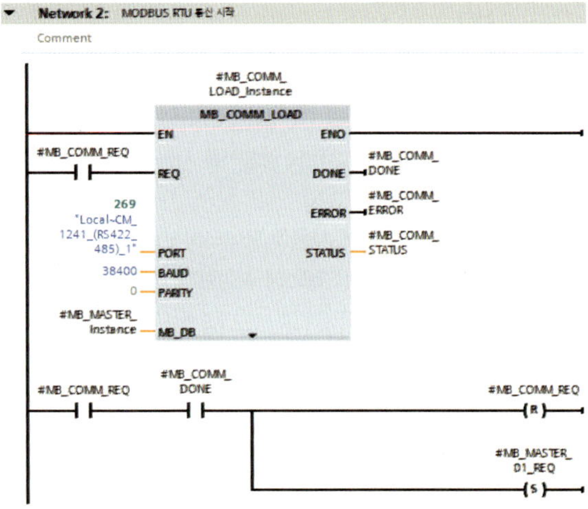
10	**FB1 프로그램 작성하기** (네트워크 3번) MB_COMM_LOAD 명령어의 실행 완료 비트 MB_COMM_DONE을 사용해서 통신이 처음 시작될 때 FND 및 네오픽셀의 데이터를 0으로 설정해서 초기화한다.	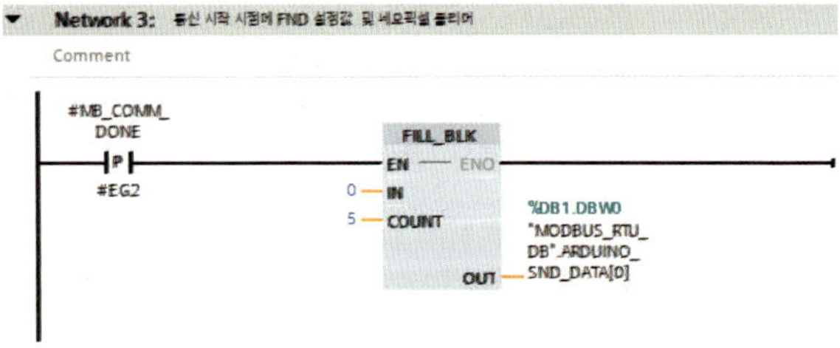

11	**FB1 프로그램 작성하기** (네트워크 4번) ❶ 국번 1번으로 설정된 4개의 FND 및 1개의 네오픽셀 램프 제어를 위한 5개의 워드 데이터를 전송한다. ❷ 전송이 완료되면 인버터의 운전주파수 전송을 위한 비트를 셋(MB_MASTER_02_REQ)한다.	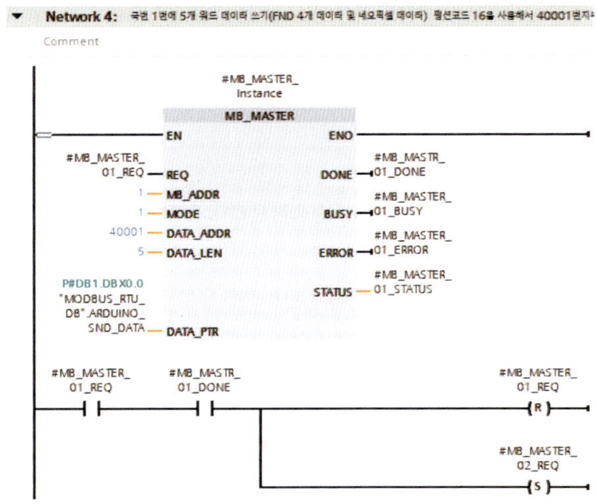
12	**FB1 프로그램 작성하기** (네트워크 5번) 인버터의 운전주파수 설정과 그에 따른 네오픽셀 램프의 점등을 위한 프로그램이다. ❶ HMI에 작화된 인버터의 운전주파수 설정용 증가/감소 버튼이 눌러질 때마다 10.00Hz 단위로 증가 및 감소한 값을 글로벌 DB의 워드 배열 0번지에 설정한 운전주파수를 저장한다. ❷ 인버터의 설정 운전주파수가 0보다 크면 네오픽셀이 적색으로 점등되기 위해 글로벌 DB의 워드 배열 4번지에 램프 색상 값을 설정한다. ❸ 인버터의 운전지령을 글로벌 DB에 설정한 INV_RUN_STOP에 1(정지) 또는 2(운전)를 설정한다.	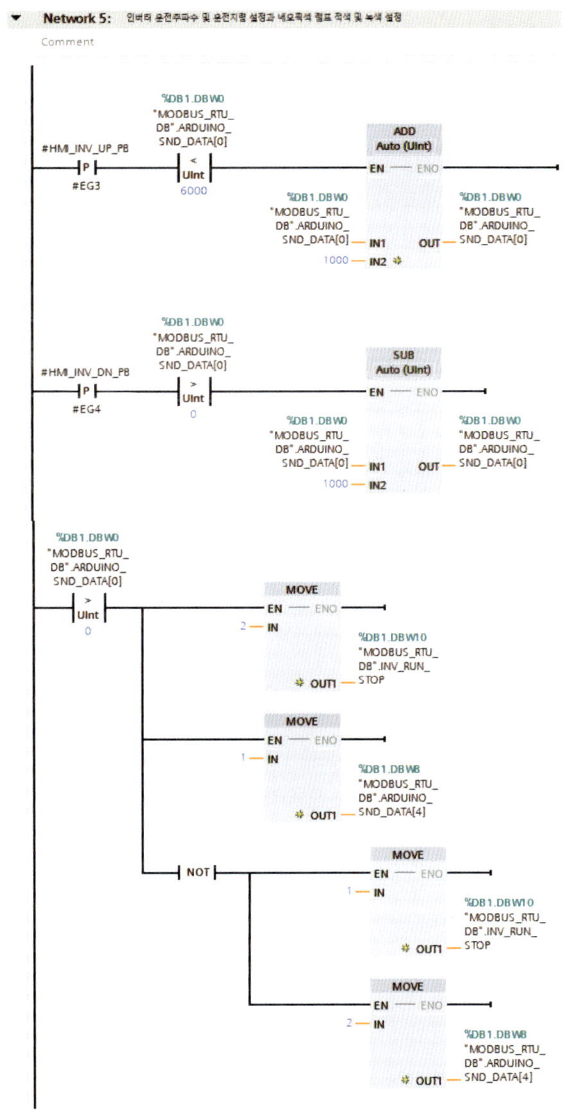

<table>
<tr>
<td>13</td>
<td>

FB1 프로그램 작성하기

(네트워크 6번)

네트워크 5번에서 설정한 인버터 운전주파수를 전송한다.

전송 명령어인 MB_MASTER에 사용되는 DB는 첫 번째 MB_MASTER에서 생성한 DB의 명칭을 복사해서 사용한다.

</td>
<td>

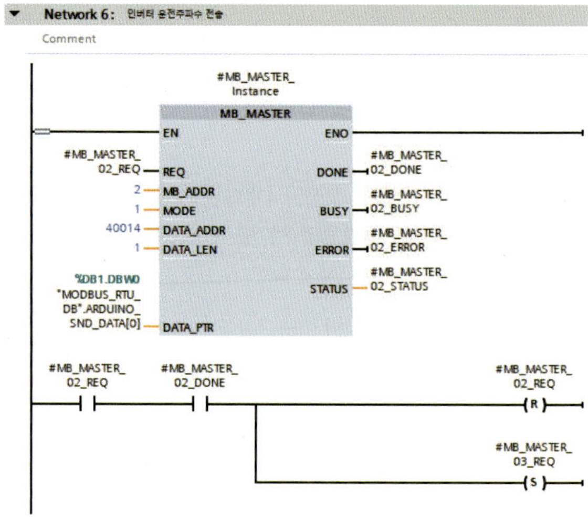

</td>
</tr>
<tr>
<td>14</td>
<td>

FB1 프로그램 작성하기

(네트워크 7번)

네트워크 6번에서 인버터의 운전주파수 전송에 이어서 인버터의 운전지령을 전송한다.

전송 명령어인 MB_MASTER에 사용되는 DB는 첫 번째 MB_MASTER에서 생성한 DB의 명칭을 복사해서 사용한다.

</td>
<td>

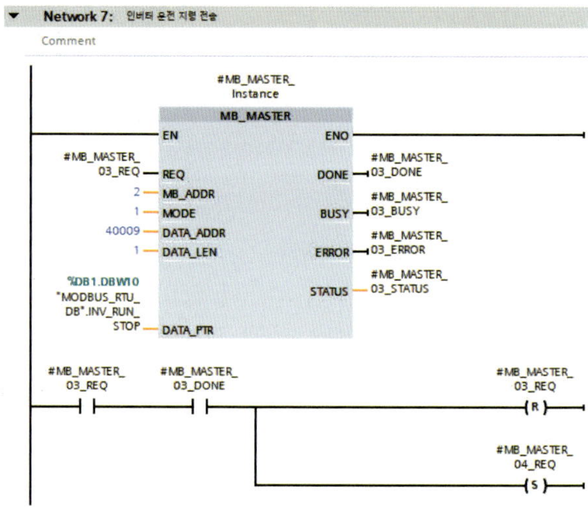

</td>
</tr>
<tr>
<td>15</td>
<td>

FB1 프로그램 작성하기

(네트워크 8번)

HMI에 작화된 버튼을 사용해 온도조절기(TX4L)의 설정온도를 1.0℃ 단위로 증가 및 감소하게 하는 프로그램이다.

증가 버튼을 눌렀을 때 SV 값이 100.0℃보다 작으면 1.0℃ 단위로 증가하고, 감소 버튼을 눌렀을 때 SV 값이 0℃보다 크면 1.0℃ 단위로 감소한다.

</td>
<td>

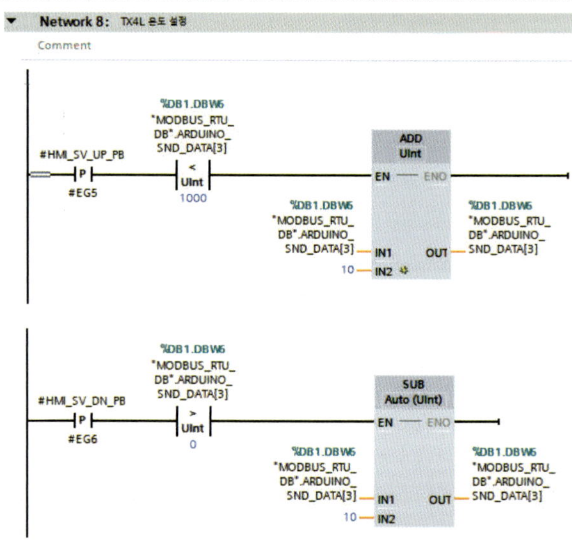

</td>
</tr>
</table>

16	**FB1 프로그램 작성하기** (네트워크 9번) 네트워크 8번에서 설정한 온도조절기(TX4L)의 설정온도를 전송한다. 전송 명령어인 MB_MASTER에 사용되는 DB는 첫 번째 MB_MASTER에서 생성한 DB의 명칭을 복사해서 사용한다.	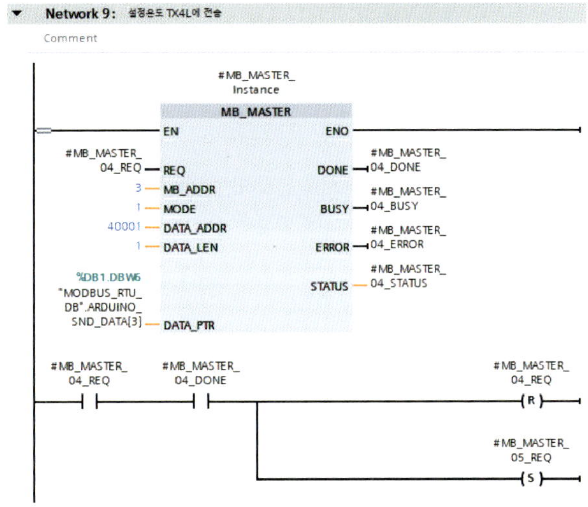
17	**FB1 프로그램 작성하기** (네트워크 10번) [그림 14-18]의 ❺의 작업을 위해 인버터의 운전주파수를 읽어오기 위한 명령어이다. 인버터에서 읽어온 운전주파수를 아두이노에 전송할 배열 메모리 1번지에 값을 저장한다. 전송 명령어인 MB_MASTER에 사용되는 DB는 첫 번째 MB_MASTER에서 생성한 DB의 명칭을 복사해서 사용한다.	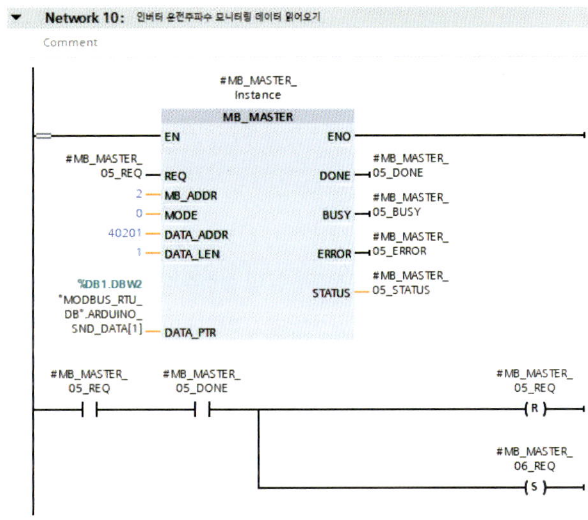
18	**FB1 프로그램 작성하기** (네트워크 11번) [그림 14-18]의 ❻의 작업을 위해 TX4L에서 PV(현재온도)를 읽기 위한 명령어이다. 읽어온 현재온도는 아두이노에 전송할 배열 메모리 2번지에 값을 저장한다. 전송 명령어인 MB_MASTER에 사용되는 DB는 첫 번째 MB_MASTER에서 생성한 DB의 명칭을 복사해서 사용한다. 통신 사이클의 반복용 COM_REPEAT를 ON한다.	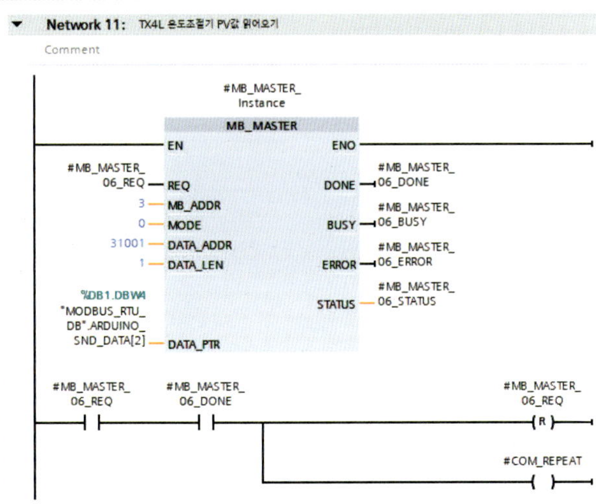

19

FB1 프로그램 작성하기

(네트워크 12번)

MB_COMM_LOAD와 MB_MASTER에서의 에러 검출을 위한 프로그램이다.

여러 개의 비트를 OR를 연결하는 방식 대신에 B 접점과 NOT을 이용한 OR 회로를 사용해서 에러 비트를 ON한다.

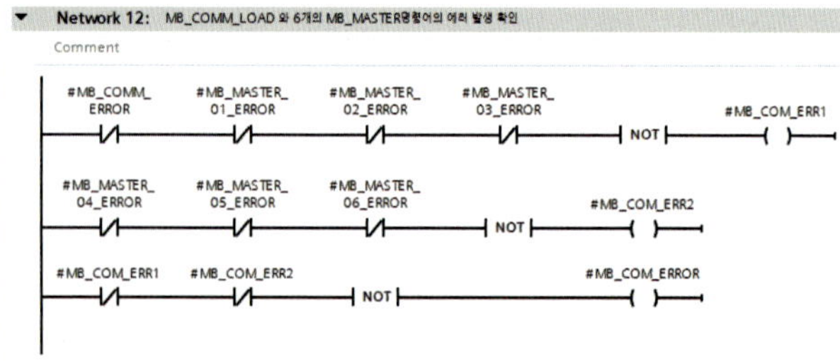

20

FB1 컴파일하기

컴파일을 통해 에러 유무를 확인한다.

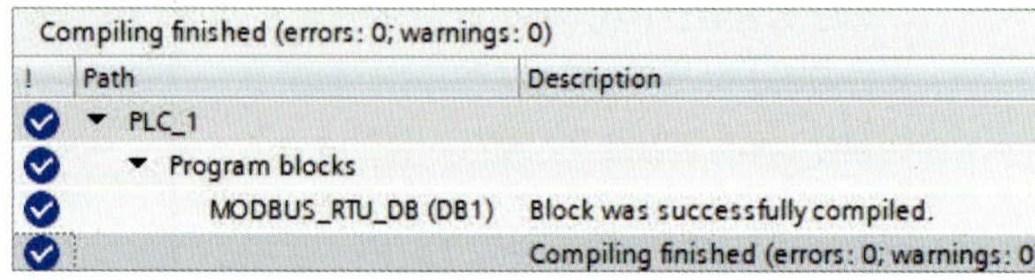

21

OB1 작성하기

OB1에서 슬레이브와 통신을 위한 FB1을 호출하고 외부 입출력 연결을 위한 번지를 설정한다.

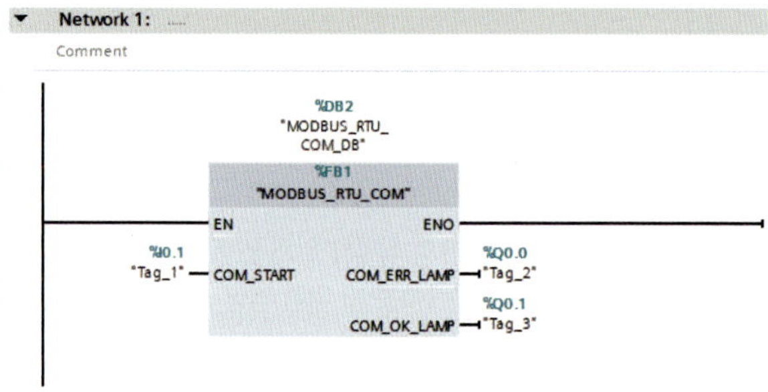

22

HMI 작화하기(운전주파수 및 설정주파수 표시창)

❶ HMI에 I/O field 기능을 사용해서 인버터의 운전주파수 표시창을 만든다.
Tag는 글로벌 DB에 설정한 'ARDUINO_SND_DATA[1]'을 사용한다.

❷ 소수점 설정인 Decimal places는 Tag 변수를 설정했을 때 기능이 활성화된다. 소수점도 자리를 차지하기 때문에 숫자 표시 형태는 소수점 포함 5자리로 설정한다.

동일한 방법으로 인버터의 설정주파수 표시창을 함께 만든다. 설정주파수의 Tag는 글로벌 DB에 설정한 'ARDUINO_SND_DATA[0]'을 사용한다.

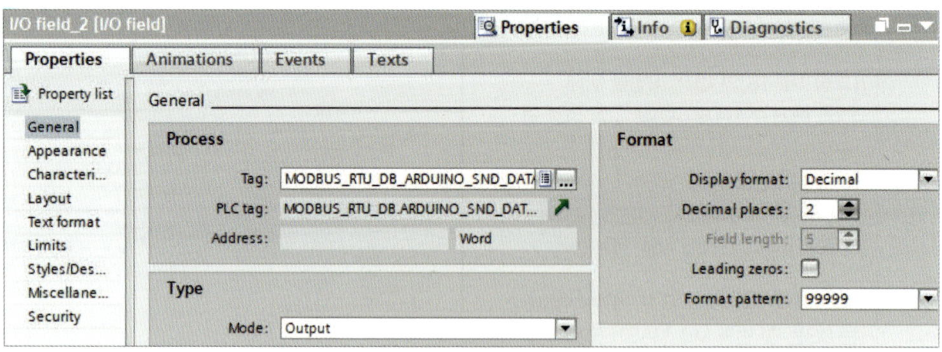

23

HMI 작화하기(운전주파수 설정 버튼)

인버터의 운전주파수의 증가와 감소를 위한 푸시버튼을 작화한다.

- INVERTER UP 버튼의 Tag : HMI_INV_UP
- INVERTER UP 버튼의 Tag : HMI_INV_DN

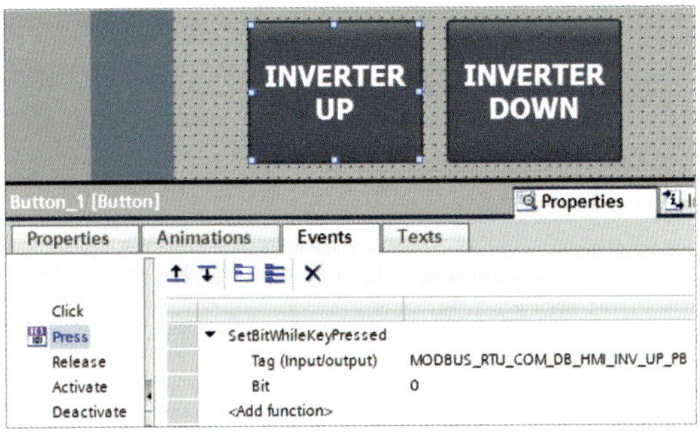

24

HMI 작화하기(TX4L의 현재온도 및 설정온도 표시창)

❶ HMI에 I/O field 기능을 사용해서 온도조절기 TX4L의 현재온도 표시창을 만든다. Tag는 글로벌 DB에 설정한 'ARDUINO_SND_DATA[2]'를 사용한다.

❷ 소수점 설정인 Decimal places는 Tag 변수를 설정했을 때 기능이 활성화된다. 소수점도 자리를 차지하기 때문에 숫자 표시 형태는 소수점 포함 5자리로 설정한다.

동일한 방법으로 설정온도 표시창을 함께 만든다. 설정주파수의 Tag는 글로벌 DB에 설정한 'ARDUINO_SND_DATA[3]'을 사용한다.

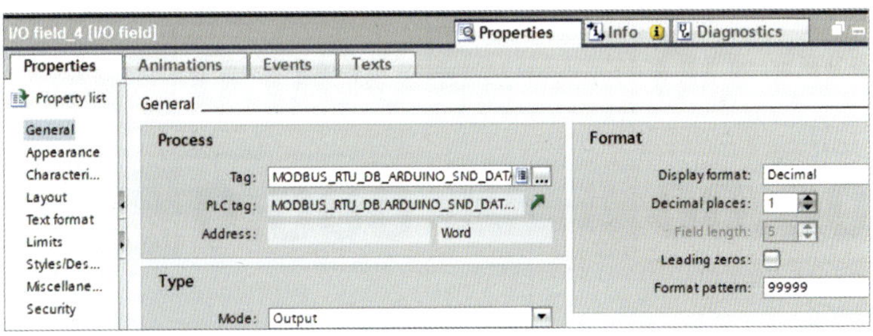

25

HMI 작화하기(온도 설정 버튼)

온도조절기의 설정온도의 증가와 감소를 위한 푸시버튼을 작화한다.

- TX4L TEMP UP 버튼의 Tag : HMI_SV_UP_PB
- TX4L TEMP DN 버튼의 Tag : HMI_SV_DN_PB

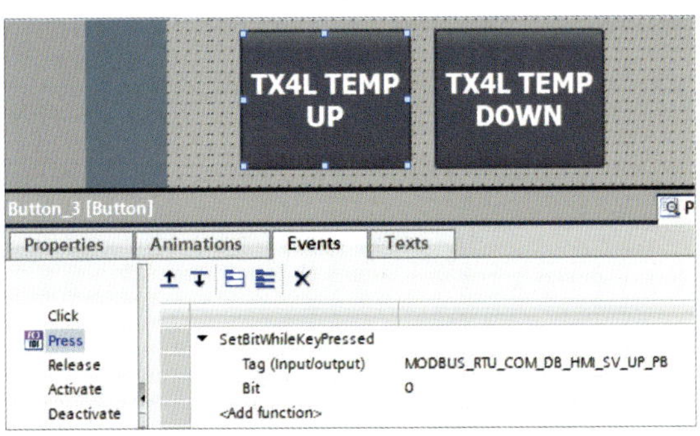

[표 14-54]는 슬레이브로 연결된 인버터의 설정 운전주파수의 증가 및 감소, 실제 운전주파수의 모니터링과 TX4L 온도조절기의 현재온도 모니터링과 설정온도 증가 및 감소를 위한 HMI 화면을 나타낸 것이다.

[표 14-54] 인버터 제어를 위한 HMI 화면

구분	기능	변수명	변수 위치	구분	타입
운전주파수 표시	숫자 표시	ARDUINO_SND_DATA[1]	글로벌 DB 변수	Static	Array[0..4] OF Word
설정주파수 표시	숫자 표시	ARDUINO_SND_DATA[0]	글로벌 DB 변수	Static	
현재온도 표시	푸시버튼	ARDUINO_SND_DATA[2]	글로벌 DB 변수	Static	
설정온도 표시	푸시버튼	ARDUINO_SND_DATA[3]	글로벌 DB 변수	Static	
인버터 증가 버튼	푸시버튼	HMI_INV_UP_PB	FB_인스턴스	Static	Bool
인버터 감소 버튼	푸시버튼	HMI_INV_DN_PB	FB_인스턴스	Static	Bool
설정온도 증가 버튼	숫자 표시	HMI_SV_UP_PB	FB_인스턴스	Static	Bool
설정온도 감소 버튼	숫자 표시	HMI_SV_DN_PB	FB_인스턴스	Static	Bool

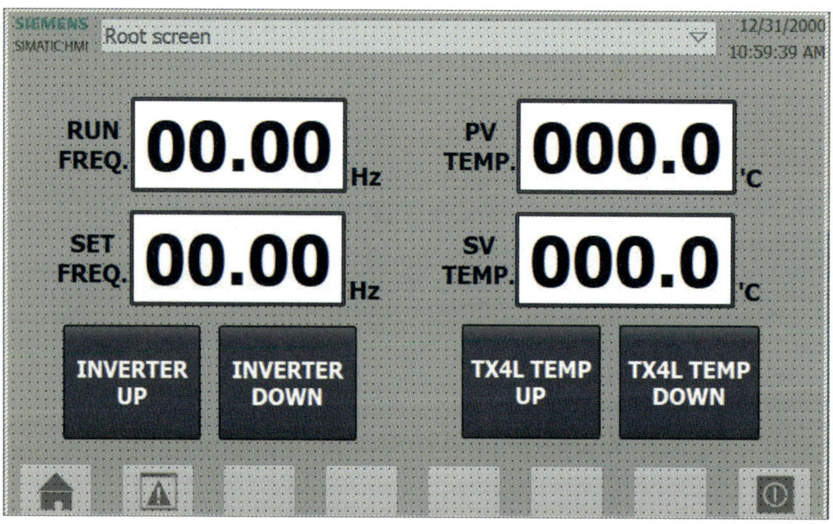

CHAPTER 15

아두이노를 이용한 모드버스 TCP 통신하기

모드버스 통신은 RS232C/RS485 통신 방식을 사용하는 모드버스 시리얼(Modbus Serial)과 모드버스 플러스(Modbus Plus), 모드버스 TCP/IP로 구분된다. 모드버스 TCP 통신은 이더넷 통신의 TCP/IP 통신 방식에 모드버스 시리얼 프로토콜을 접목한 이더넷 필드버스 표준 통신 방식이다. 모드버스 TCP 통신은 이더넷 통신카드만 있으면 별도의 장치 없이 통신이 가능하기 때문에 이더넷 필드버스 통신 방식 중 가장 널리 사용되고 있다.

Keyword | 모드버스 TCP | 펑션코드 | TCP 프로토콜 | 빅 엔디안 | 리틀 엔디안 |

15.1 모드버스 TCP의 특징

1990년대 이후 급속한 공장 자동화가 진행되었지만, RS485를 사용한 필드버스 통신에서는 1개의 마스터에 슬레이브의 개수가 최대 254개를 넘지 못하게 설계되어 대규모의 설비제어에 한계가 있었다. 2000년대에는 공장 자동화에 이더넷 통신이 도입되면서 모드버스 TCP의 사용이 증가하기 시작했고 지금은 많은 분야에 사용되고 있다. 모드버스 TCP는 [그림 15-1]처럼 **클라이언트**(모드버스에서 마스터에 해당)와 **서버**(모드버스에서 슬레이브에 해당)로 역할이 구분되어 있다.

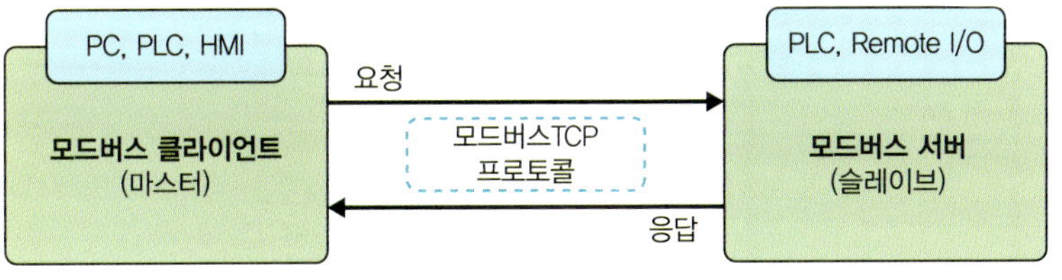

[그림 15-1] 모드버스 TCP 통신의 개념도

서버는 클라이언트에서 요청하는 동작만을 하는 수동적인 위치에 있고 클라이언트는 원하는 데이터를 서버 역할을 하는 장치로부터 읽거나 쓰는 역할을 한다. 따라서 클라이언트는 PC, PLC가, 서버는 리모트 I/O 장치, 인버터, HMI, PLC와 같은 장치가 된다.

[그림 15-2]는 모드버스 TCP를 이용한 네트워크의 구성을 나타낸 것이다.

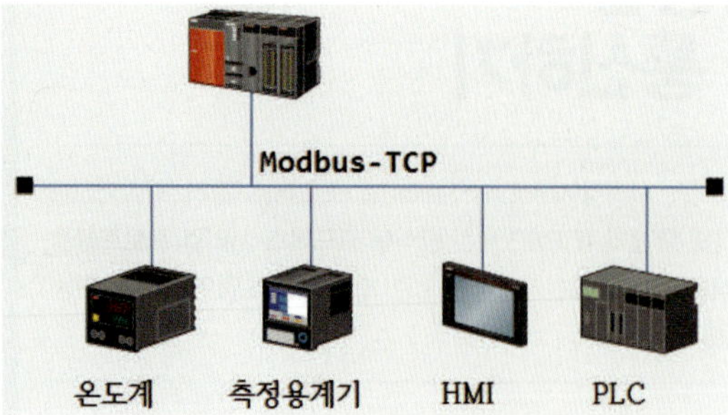

[그림 15-2] 모드버스 TCP의 네트워크 구성도

15.2 모드버스 TCP 프로토콜

모드버스 TCP는 이더넷 통신의 TCP/IP 패킷을 사용하는 프로토콜이다. 따라서 모드버스 TCP 통신을 기존에 사용하던 모드버스 시리얼 통신과 함께 OSI 7 계층Layer과 비교하면 [그림 15-3]과 같은 형태로 통신 계층이 구성되어 있다.

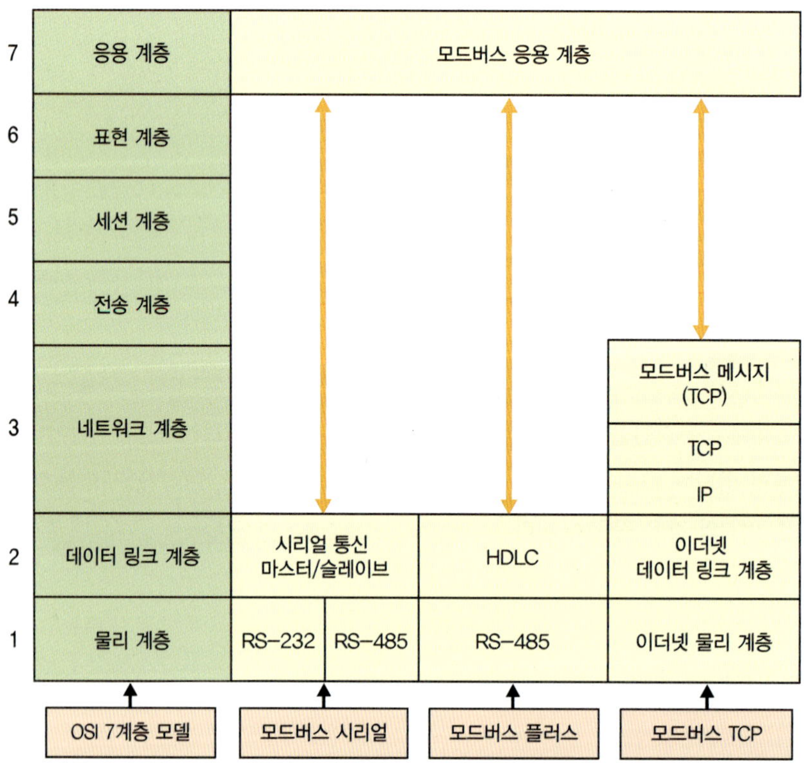

[그림 15-3] OSI 모델과 모드버스 TCP의 비교

모드버스 시리얼Modbus Serial 통신은 데이터 링크층Data Link에서 통신할 상대기기와 통신 국번, 통신 속도, 데이터 비트 크기, 패리티 사용 유무, 스톱비트 크기 등을 결정하고 물리층Physical에서 통신을 하는 방식이다. 모드버스 플러스Modbus Plus는 데이터 링크층에서 HDLCHigh-level Data Link Control 프로토콜을 채용한 시리얼 통신으로 고속 데이터 전송을 위해 만든 비트 지향형 프로토콜이다.

모드버스 TCP 통신은 [그림 15-4]의 이더넷 TCP/IP 패킷 형식을 사용한다. 따라서 [그림 15-4]의 패킷에서 데이터Data에 해당되는 부분을 모드버스 TCP의 프로토콜 형식에 맞게 16진수로 구성되는 데이터로 설정하면 모드버스 TCP 통신을 위한 이더넷 패킷이 완성된다.

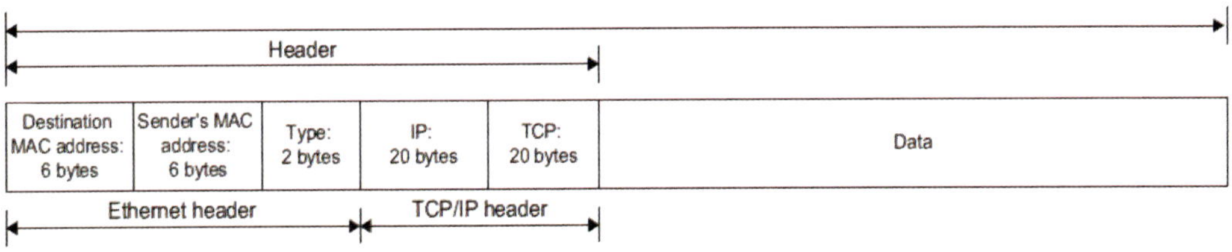

[그림 15-4] TCP/IP 패킷 형식

데이터에 해당되는 부분은 [표 15-1]처럼 ADUApplication User-Data라 부르는데, ADU에는 사용자가 상대기기의 메모리를 읽고 쓰는 방법을 설정하는 PDUProtocol Data Unit가 포함되어 있다.

[표 15-1] 모드버스 TCP ADU의 구성

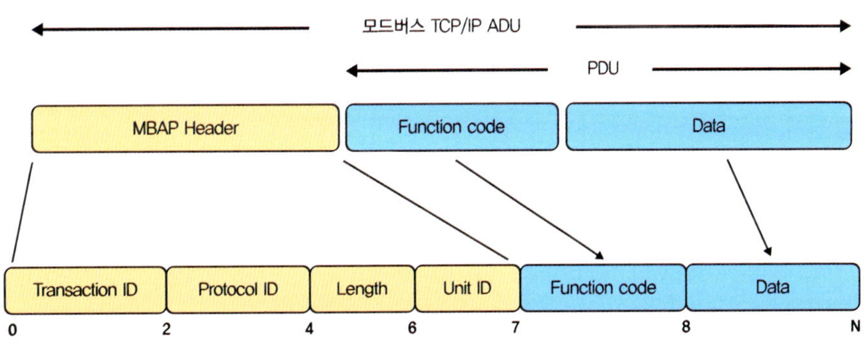

구분	데이터 크기 (byte 단위)	용도
Transaction ID	2	클라이언트(마스터)가 최초 0x0000 값부터 통신 시작 시 1씩 증가시키며 서버(슬레이브)는 그 값을 그대로 복사해서 사용한다. 요청과 응답에 대해 한 쌍으로 작업이 이루어졌는지를 확인하는 부분이다. 일반적으로 증가시키면서 사용하지 않고 0x0000을 고정해서 사용하는 경우가 많다.
Protocol ID	2	프로토콜의 ID를 나타내며 모드버스 TCP는 0x0000의 고정값을 사용한다.
Length	2	전송할 데이터의 바이트 수를 설정한다. Unit ID ~ Data 끝까지의 바이트의 개수를 설정한다.
Unit ID	1	서버의 제어기기를 구분하는 정보이다. 제어기기의 종류에 따라 설정값이 달라서 제어기기의 매뉴얼을 참고해 설정한다.
Function code	1	모드버스 프로토콜에서 사용되는 코드로 메모리를 읽고 쓰는 방법에 따라 코드가 구분되어 있다.

ADU의 PDU 부분은 서버에 해당되는 제어기기의 메모리를 읽고 쓰기 위해서 펑션코드에 맞는 통신 데이터를 설정하는 형태로 구성되어 있는데, 펑션코드는 모드버스 시리얼의 펑션코드와 기능이 동일하다.

15.2.1 펑션코드의 종류

모드버스 프로토콜의 표준 문서에 정의되어 있는 펑션코드는 1 ~ 64, 73 ~ 99, 111 ~ 127이다. 이때 많이 사용되는 펑션코드는 [표 15-2]와 같고 그중에서도 0x03, 0x06, 0x10이 가장 많이 사용된다.

[표 15-2] 모드버스 TCP 통신에서 사용하는 펑션코드의 종류

데이터 타입	구분	기능	펑션코드	서브코드
Bit	입력	Read Discrete Inputs	0x01	
	출력	Read Coils	0x02	
		Write Single Coil	0x05	
		Write Multiple Coils	0x0F	
Word (16Bit)	입력	Read Input Registers	0x04	
	입력/출력	Read Holding Registers	0x03	
	출력	Write Single Register	0x06	
	출력	Write Multiple Registers	0x10	
진단 Read Device Identification		Read Exception Status	0x07	0x0E
		0x2B		

15.2.2 송수신 데이터의 정렬 방식

모드버스 통신이 처음 만들어졌던 1979년에는 CPU의 비트 처리 능력이 8비트 크기인 바이트 단위였다. 반도체 기술이 발전하면서 2바이트, 4바이트, 8바이트 단위의 처리 능력을 갖춘 CPU가 등장하게 되었고, 송수신할 데이터를 2, 4, 8바이트 단위의 메모리에 저장할 때 어떤 순서로 저장할 것인가를 고민하게 되었다. 이때 각각의 CPU 제조사들은 **빅 엔디안**Big Endian과 **리틀 엔디안**Little Endian이라는 두 가지 방법 중 하나를 선택해서 사용하게 되었다.

바이트 단위로 된 4개의 데이터를 메모리에 저장할 때, 메모리 번지가 낮은 데이터가 상위 바이트에 저장되고, 메모리 번지가 높은 데이터가 하위 바이트에 저장되는 방식을 빅 엔디안 방식이라고 한다. 반면에 리틀 엔디안은 빅 엔디안과 반대로 바이트 단위의 데이터가 저장된다.

구분	상위 바이트 ↔ 하위 바이트			
번지	4	3	2	1
데이터	DB1	DB2	DB3	DB4

(a) 빅 엔디안 방식

구분	상위 바이트 ↔ 하위 바이트			
번지	4	3	2	1
데이터	DB4	DB3	DB2	DB1

(b) 리틀 엔디안 방식

[그림 15-5] 4바이트 단위의 메모리에 바이트 단위의 데이터를 저장하는 방법(DB는 Data Byte)

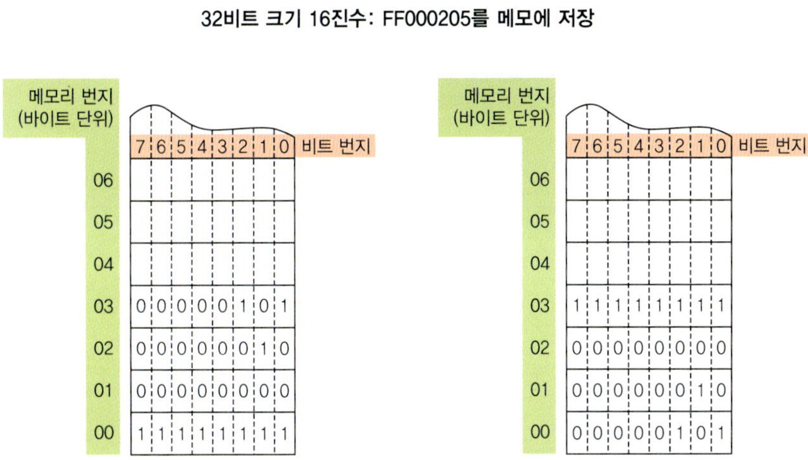

[그림 15-6] 빅 엔디안 방식과 리틀 엔디안 방식의 데이터 저장 형태

모드버스 통신은 빅 엔디안 방식을 사용하여 데이터를 송수신하도록 되어 있다. 빅 엔디안 방식으로 데이터를 저장하는 제어기기(오므론, 지멘스)와 리틀 엔디안 방식으로 데이터를 저장하는 제어기기(LS산전, 미쓰비시)가 통신을 할 때 어떤 문제가 발생하는지 살펴보자.

예를 들어 '0x01, 0x23, 0x45, 0x67, 0x89, 0xAB, 0xCD, 0xEF'라는 전송 순서를 가진 바이트 데이터를 리틀 엔디안 방식으로 16비트 단위의 메모리에 저장한 것을 [표 15-3]에 나타내었다.

[표 15-3] 바이트 데이터를 리틀 엔디안 방식으로 메모리에 저장

워드(16비트)단위 메모리 번지	상위 바이트 데이터	하위 바이트 데이터	바이트(8비트) 단위 메모리 번지	데이터
0x10000	01	23	0	23
			1	01
0x10001	45	67	2	67
			3	45
0x10002	89	AB	4	AB
			5	89
0x10003	CD	EF	6	EF
			7	CD

리틀 엔디안 방식으로 저장한 데이터를 전송하게 되면 0x23 → 0x01 → 0x67 → … → 0xEF → 0xCD 순서로 전송되며, 원하는 순서와는 다르게 데이터가 전송되는 것을 확인할 수 있다. 따라서 통신을 할 때에는 클라이언트와 서버가 어떤 형식의 데이터 저장 방식을 사용하는지 확인해야 한다.

이처럼 리틀 엔디안 방식을 사용하는 PLC는 [표 15-4]와 같이 통신할 데이터를 메모리에 저장할 때 전송 순서에 맞춰서 데이터를 저장하거나 데이터의 전송 순서를 변경하는 통신 옵션을 선택해야 한다.

[표 15-4] 리틀 엔디안 방식의 PLC에서 바이트 단위의 데이터 전송 순서에 맞추어서 데이터를 저장

워드(16비트)단위 메모리 번지	상위 바이트 데이터	하위 바이트 데이터	바이트(8비트) 단위 메모리 번지	데이터
0x10000	23	01	0	01
			1	23
0x10001	67	45	2	45
			3	67
0x10002	AB	89	4	89
			5	AB
0x10003	EF	CD	6	CD
			7	EF

[표 15-4]와 [표 15-3]을 비교해보면 리틀 엔디안 방식으로 데이터를 저장하는 PLC에 데이터를 저장하는 경우, 상위와 하위 바이트의 위치를 변경하면 전송순서에 맞게 데이터가 저장되는 것을 확인할 수 있다. 데이터 통신에서는 데이터 전송의 기본 단위가 바이트이고 데이터를 전송할 때 메모리에 저장된 데이터가 빅 엔디안 방식으로 저장되었다는 것을 전제로, 메모리의 데이터를 상대기기에 전송하도록 되어 있다는 것을 기억해야 한다. 실습에 사용하는 지멘스 S7-1200 PLC는 빅 엔디안 방식을 사용해 데이터를 저장한다.

15.2.3 모드버스 TCP 프로토콜의 송수신 순서

[그림 15-7]은 모드버스 TCP 통신의 송신 절차를 나타낸 것이다. 사용자는 송신할 ADU를 작성한 다음, 이더넷 명령어를 사용하면 2 ~ 4단계는 자동으로 패킷이 만들어진 후에 상대기기에 전송하게 된다.

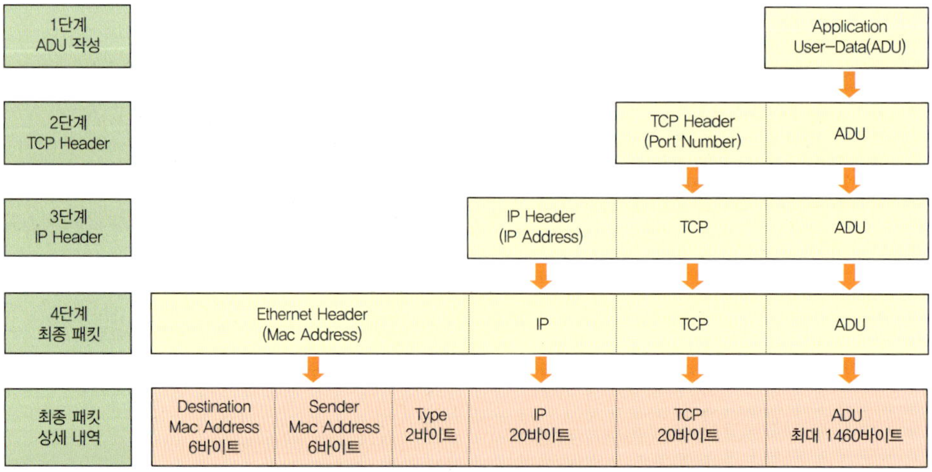

[그림 15-7] 모드버스 TCP의 패킷 구성 절차

15.3 아두이노를 이용한 모드버스 TCP 제어 장치

PLC를 모드버스 TCP의 클라이언트로 사용하고 아두이노는 서버로 사용해서, 모드버스 TCP로 제어되는 FND와 네오픽셀을 제어해보자.

(a) 아두이노 우노 보드

(b) 아두이노용 이더넷 쉴드 보드

[그림 15-8] 아두이노와 이더넷 쉴드 모습

아두이노에는 다양한 오픈 라이브러리가 있는데, [그림 15-9]와 같이 모드버스 TCP 통신을 위한 라이브러리는 다음의 사이트에서 다운로드할 수 있다.

- **모드버스 TCP 통신을 위한 오픈 라이브러리 다운로드 사이트**
  https://github.com/luizcantoni/mudbus

TIP 위의 라이브러리에서는 16비트 크기의 데이터 126개, 비트 크기의 데이터 129개를 모드버스 TCP로 읽거나 쓰는 것이 가능하다.

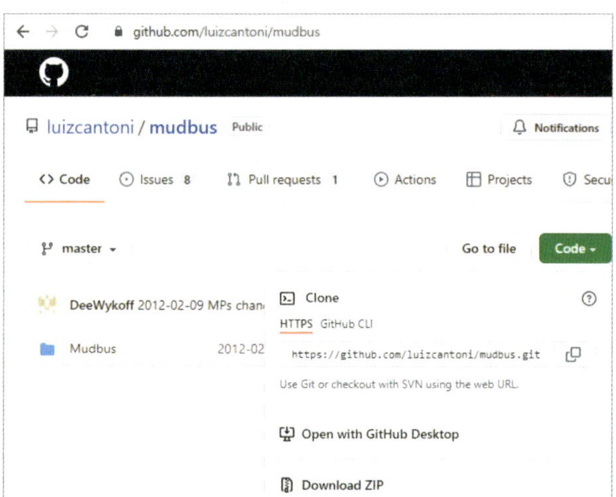

[그림 15-9] 모드버스 TCP 라이브러리 설치

15.3.1 모드버스 TCP용 실습 장치

아두이노를 사용한 모드버스 TCP용 실습 장치는 [그림 15-10]과 같이 통신으로 제어되는 TM1637의 FND 모듈 4개와 8개의 LED로 구성된 원형 네오픽셀을 사용한다.

(a) 아두이노 실습 장치 (b) FND 모듈과 네오픽셀

[그림 15-10] 모드버스 TCP용 실습 장치

FND 모듈과 네오픽셀의 아두이노 연결

TM1637의 FND 모듈과 네오픽셀을 아두이노로 제어하는 방법에 대해서는 아두이노를 PLC처럼 사용하는 방법을 다룬 4장에서 설명하였다. 4개의 TM1637과 1개의 네오픽셀의 결선은 [표 15-5]와 같다.

[표 15-5] FND 모듈과 아두이노 우노의 결선

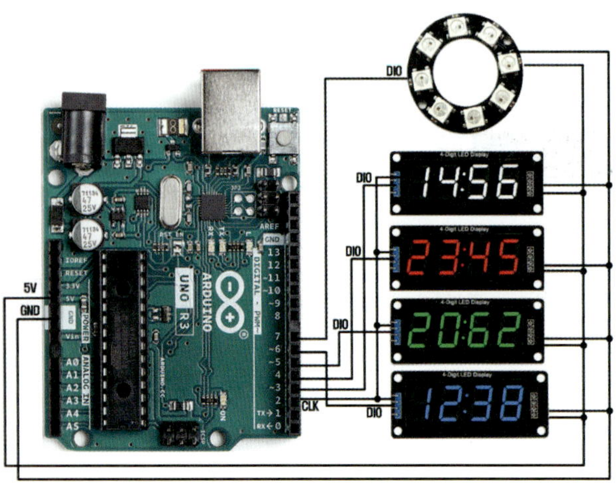

핀 번호	
2	CLK
3	FND_1의 DIO
4	FND_2의 DIO
5	FND_3의 DIO
6	FND_3의 DIO
7	네오픽셀 DIO

FND 모듈의 제어를 위한 아두이노 프로그램 작성

[코드 15-1]은 아두이노에 연결된 4개의 FND와 1개의 네오픽셀을 모드버스 TCP 통신으로 숫자와 램프의 점등을 제어할 수 있는 아두이노 프로그램을 나타낸 것이다. 이때 모드버스 TCP의 16비트 레지스트 Mb.R[0] ~ Mb.R[4]를 사용해서 제어가 이루어진다.

- Mb.R[0] ~ Mb.R[4] : FND 모듈 제어에 사용
- Mb.R[4] : 네오픽셀 제어에 사용

코드 15-1 모드버스 TCP 프로토콜로 네오픽셀과 FND 모듈을 제어하는 아두이노 프로그램

```
#include <SPI.h>                // W5100 이더넷쉴드 보드와의 SPI 통신용
#include <Ethernet.h>           // W5100 이더넷쉴드의 이더넷 통신
#include "Mudbus.h"             // 모드버스 TCP 통신용 라이브러리
#include <plclib.h>             // PLC 라이브러리
#include <Adafruit_NeoPixel.h>  // 네오픽셀용 라이브러리
#include <TM1637Display.h>      // TM1637 라이브러리

#define CLK     2               // CLK 핀 연결
#define DIO_1   3               // TM1637_01의 DIO 핀 연결
#define DIO_2   4               // TM1637_02의 DIO 핀 연결
#define DIO_3   5               // TM1637_03의 DIO 핀 연결
#define DIO_4   6               // TM1637_04의 DIO 핀 연결
#define NEO_1   7               // 네오픽셀의 DI핀 연결

//Function codes  1(read coils), 3(read registers), 5(write coil), 6(write register)
//signed int Mb.R[0 to 125] and bool Mb.C[0 to 128] MB_N_R MB_N_C
//Port 502 (defined in Mudbus.h) MB_PORT
Mudbus Mb;                          // 모드버스 TCP 통신 객체

TM1637Display display_1(CLK, DIO_1); // display 객체 생성
TM1637Display display_2(CLK, DIO_2); // display 객체 생성
TM1637Display display_3(CLK, DIO_3); // display 객체 생성
TM1637Display display_4(CLK, DIO_4); // display 객체 생성

Adafruit_NeoPixel pixel = Adafruit_NeoPixel(8, NEO_1, NEO_GRB + NEO_KHZ800);

uint32_t RED = 0x00ff0000;          // 네오픽셀 색상코드 32비트 16진수로 설정
uint32_t GRE = 0x0000ff00;
uint32_t BLU = 0x000000ff;
uint32_t YEL = 0x00ffff00;
uint32_t ORG = 0x00ff6900;

TON ton1;               // 온 딜레이 타이머 변수
R_TRIG reg1;            // 상승엣지 변수 설정
F_TRIG feg1;            // 하강엣지 변수 설정
boolean sec_clk;
```

```
//아두이노 이더넷 쉴드보드의 MAC 주소와 IP 부여
byte mac[] = {0xDE, 0xAD, 0xBE, 0xEF, 0xFE, 0xEA}; // 아두이노 MAC 주소 설정
byte ip[] = {192, 168, 0, 100};                    // 아두이노 IP 설정
void setup() {
  Ethernet.begin(mac, ip);          // 이더넷 통신포트 오픈
  display_1.setBrightness(7);       // 밝기 조절 0~7까지
  display_1.clear();                // 디스플레이 모두 지우기
  display_2.setBrightness(7);
  display_2.clear();
  display_3.setBrightness(7);
  display_3.clear();
  display_4.setBrightness(7);
  display_4.clear();
  pixel.begin();                    // 네오픽셀
  pixel.setBrightness(200);         // 네오픽셀 밝기 설정
  pixel.clear();                    // 네오픽셀 소등 설정
  pixel.show();                     // 네오픽셀 설정값에 의한 점등
  ton1.PT = 1000;                   // 타이머 시간 설정
}

void loop() {
  Mb.Run();                              // 모드버스 TCP 통신
  display_1.showNumberDec(Mb.R[0]);      // TM1637 FND1에 숫자 표시
  display_2.showNumberDec(Mb.R[1]);      // TM1637 FND2에 숫자 표시
  display_3.showNumberDec(Mb.R[2]);      // TM1637 FND3에 숫자 표시
  display_4.showNumberDec(Mb.R[3]);      // TM1637 FND4에 숫자 표시
//======== 1초 클럭 신호 만들기 =========
  ton1.process(!ton1.Q);
  if(ton1.ET <= 500)
    sec_clk = 1;
  else
    sec_clk = 0;
//==================================
  reg1.process(sec_clk);            // 1초 클럭 상승펄스 처리
  feg1.process(sec_clk);            // 1초 클럭 하강펄스 처리
//======= 적색 램프 =======
  if(Mb.R[4] == 1) {                // 적색 점등
    pixel.fill(RED);
    pixel.show();
  }
  // 점멸 동작은 클럭 신호의 엣지 신호로 동작하기 때문에 레지스터의 값을 유지함
  if((Mb.R[4] == 6) && (reg1.Q == 1)) {  // 적색 점멸(점등)
    pixel.fill(RED);
    pixel.show();
  }
```

```
  if((Mb.R[4] == 6) && (feg1.Q == 1)) {  // 적색 점멸(소등)
    pixel.clear();
    pixel.show();
  }
 //======= 녹색 램프 ========
  if(Mb.R[4] == 2) {                      // 녹색 점등
    pixel.fill(GRE);
    pixel.show();
    Mb.R[0] = 0;
  }
  // 점멸 동작은 클럭 신호의 엣지 신호로 동작하기 때문에 레지스터의 값을 유지함
  if((Mb.R[4] == 7) && (reg1.Q == 1)) {  // 녹색 점멸(점등)
    pixel.fill(GRE);
    pixel.show();
  }


  if((Mb.R[4] == 7) && (feg1.Q == 1)) {  // 녹색 점멸(소등)
    pixel.clear();
    pixel.show();
  }

//======= 청색 램프 ========
  if(Mb.R[4] == 3) {                      // 청색 점등
    pixel.fill(BLU);
    pixel.show();
    Mb.R[4] = 0;
  }

// 점멸 동작은 클럭 신호의 엣지 신호로 동작하기 때문에 레지스터의 값을 유지함
  if((Mb.R[4] == 8) && (reg1.Q == 1)) {  // 청색 점멸(점등)
    pixel.fill(BLU);
    pixel.show();
  }

  if((Mb.R[4] == 8) && (feg1.Q == 1)) {  // 청색 점멸(소등)
    pixel.clear();
    pixel.show();
  }

//======= 황색 램프 ========
  if(Mb.R[4] == 4) {                      // 황색 점등
    pixel.fill(YEL);
    pixel.show();
    Mb.R[4] = 0;
  }
```

```
  // 점멸 동작은 클럭 신호의 엣지 신호로 동작하기 때문에 레지스터의 값을 유지함
  if((Mb.R[4] == 9) && (reg1.Q == 1)) {  // 황색 점멸(점등)
    pixel.fill(YEL);
    pixel.show();
  }
  if((Mb.R[4] == 9) && (feg1.Q == 1)) {  // 황색 점멸(소등)
    pixel.clear();
    pixel.show();
  }
//======= 주황색 램프 =======
  if(Mb.R[4] == 5) {                     // 주황색 점등
    pixel.fill(ORG);
    pixel.show();
    Mb.R[4] = 0;
  }
  // 점멸 동작은 클럭 신호의 엣지 신호로 동작하기 때문에 레지스터의 값을 유지함
  if((Mb.R[4] == 10) && (reg1.Q == 1)) { // 주황색 점멸(점등)
    pixel.fill(ORG);
    pixel.show();
  }
if((Mb.R[4] == 10) && (feg1.Q == 1)) {  // 주황색 점멸(소등)
    pixel.clear();
    pixel.show();
  }

//======= 램프 소등 =======
  if(Mb.R[4] == 11) {
    pixel.clear();
    pixel.show();
    Mb.R[4] = 0;
  }
}
```

15.3.2 아두이노 동작 테스트

모드버스 TCP 통신은 클라이언트와 서버로 역할이 구분되어 있다. 클라이언트는 서버의 데이터를 읽기 또는 쓰기와 같은 프로토콜을 전송하는 역할을 하고, 서버는 클라이언트의 명령에 응답하는 역할을 담당한다. 아두이노는 서버의 역할을 담당한다. 모드버스 TCP 통신은 MAC 주소와 IP를 이용해 장치를 식별하기 때문에 여러 개의 이더넷 통신 장치를 사용할 때에는 MAC 주소와 IP가 충돌하지 않도록 각각 다른 고유의 MAC 주소와 IP가 할당되어야 한다.

아두이노용 이더넷 쉴드에는 별도의 MAC 주소와 IP가 설정되어 있지 않기 때문에 사용자가 프로그램에서 직접 설정해야 한다. [그림 15-11]에는 특정 MAC 주소와 IP가 설정되어 있고, 필요에 따라 해당 MAC 주소와 IP를 변경하면 된다.

```
byte mac[] = {0xDE, 0xAD, 0xBE, 0xEF, 0xFE, 0xEA};
byte ip[] = {192, 168, 0, 100};
```

[그림 15-11] MAC 주소 및 IP 설정

아두이노에 전송된 프로그램이 모드버스 TCP 통신으로 정상적인 제어 동작을 하는지 검사를 해보자. 해당 프로그램은 모드버스 TCP의 펑션코드에 의해 데이터의 송수신이 이루어진다. [표 15-2]의 펑션코드 중에서 워드 제어용 펑션코드 0x06과 0x10을 사용할 수 있다.

ezTerm을 이용한 아두이노 동작 테스트

네오픽셀은 [표 15-6]처럼 모드버스 TCP 통신용 16비트 레지스터 4번지의 설정값에 따라 램프의 점등 색상이 변경될 수 있도록 프로그램이 작성되어 있다.

[표 15-6] 네오픽셀 색상 설정값

설정값	1	2	3	4	5	6	7	8	9	10	11
색상	적색	녹색	청색	황색	주황색	적색 점멸	녹색 점멸	청색 점멸	황색 점멸	주황색 점멸	소등

모드버스 TCP 통신으로 16비트 레지스터에 값을 설정하는 펑션코드는 Write Single Register 기능을 가진 펑션코드 0x06이다. 해당 펑션코드의 구성은 [표 15-7]과 같다.

[표 15-7] 펑션코드 0x06의 구성

바이트 수	1	2	2
기능	펑션코드 설정	레지스터 번지	설정값

펑션코드 0x06을 사용해서 네오픽셀을 제어하기 위한 모드버스 TCP의 전체 프로토콜의 구성은 [표 15-8]과 같다. 이 표는 아두이노에 연결된 네오픽셀을 적색으로 점등하기 위해 설정한 모드버스 TCP 프로토콜을 나타낸 것이다. 바이트 7번이 펑션코드이고, 바이트 8, 9번이 쓰기를 할 메모리 주소, 바이트 10, 11번이 쓰기를 할 데이터이다. [표 15-6]에서 적색램프 점등의 설정값이 1이기 때문에 0x0001을 설정한 것이다.

[표 15-8] 네오픽셀 점등을 위한 전체 프로토콜 구성(설정값은 16진수)

바이트 순서	0	1	2	3	4	5	6	7	8	9	10	11
기능	Transaction ID		Protocol ID		Length		Unit ID	Fun. Code	Memory Address		Setting Value	
설정값	00	00	00	00	00	06	01	06	00	04	00	01

[그림 15-12]는 [표 15-8]의 모드버스 TCP 펑션코드 0x06을 사용해서 적색 램프를 점등하기 위한 송수신 결과를 나타낸 것이다.

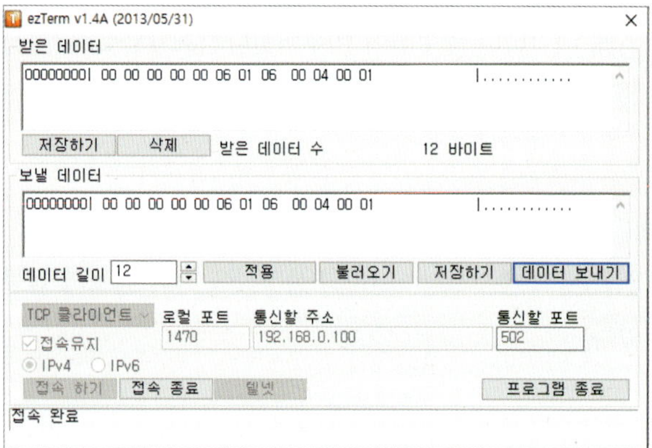

[그림 15-12] 네오픽셀 적색 점등

FND 모듈에 숫자를 표시하기 위해서는 16비트 레지스터 0번지 ~ 3번지에 값을 설정하면 된다. [그림 15-13]은 FND 1번 모듈에 100을 표시하기 위한 송수신 결과를 나타낸 것이다. 이처럼 레지스터 번지와 설정값을 변경하면 FND 모듈에 원하는 숫자값을 설정할 수 있다. 단 숫자값은 10진수가 아닌 표시하고자 하는 10진수값에 해당되는 16진수값을 설정해야 한다.

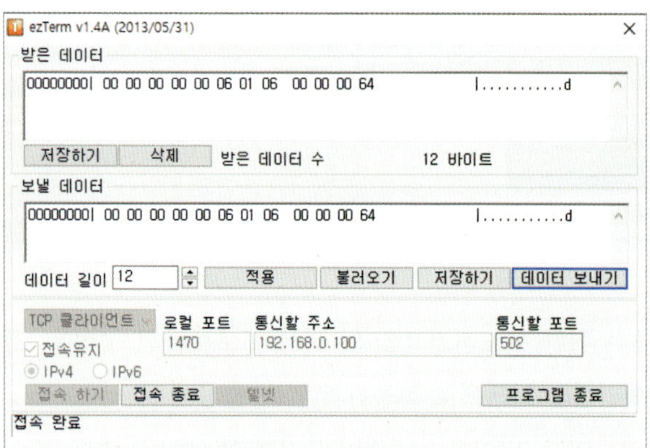

[그림 15-13] FND 1번 모듈에 숫자 표시

네오픽셀과 FND 모듈의 숫자를 한꺼번에 표시하기 위해서는 펑션코드 0x10을 사용하는 방법이 있다. 펑션코드 0x10은 Write Multiple Registers 기능을 가지고 있고 펑션코드의 구성은 [표 15-9]와 같다.

[표 15-9] 펑션코드 0x10을 사용한 네오픽셀 및 FND 모듈 제어

바이트 수	1	2	2	1	~
기능	펑션코드 설정	레지스터 시작 번지	쓰기를 할 레지스터 개수	쓰기를 할 바이트 개수	레지스터 설정값

실습에서 레지스터 시작 번지는 0x00, 쓰기를 할 레지스터 개수는 0x05, 쓰기를 할 바이트 개수는 총 10바이트로 16진수 표현으로 0x10이 된다.

15.4 지멘스 PLC의 모드버스 TCP 통신 명령어

실습에 사용하는 지멘스 CPU 1215C는 모드버스 TCP 통신을 위한 전용 명령어 MB_CLIENT와 MB_SERVER를 지원한다. 해당 명령어는 CPU **펌웨어 버전** 4.2부터 지원한다.

MB_CLIENT

MB_CLIENT는 모드버스 TCP 통신을 통해 지정된 서버와 데이터를 송수신하는 기능을 한다. MB_CLIENT 명령어에서 입력 MB_MODE, MB_DATA_ADDR, MB_DATA_LEN은 모드버스 TCP 통신에 사용되는 펑션코드와 메모리 번지에 따라 서로 연관성을 갖는다.

[표 15-10] 모드버스 TCP 통신용 클라이언트 동작 명령어

MB_CLIENT 블록	입출력		
	변수명	타입	기능
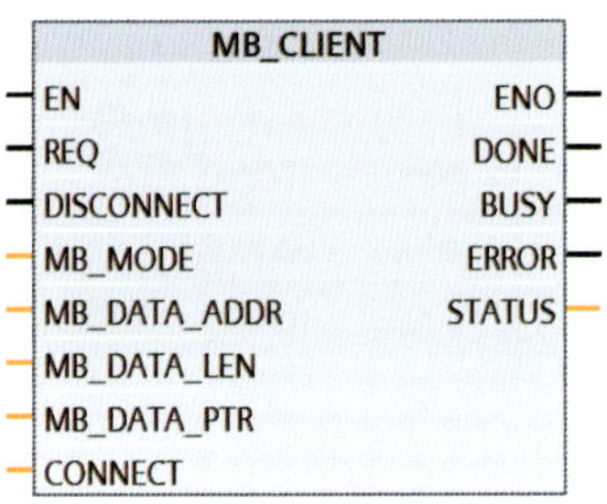	REQ	BOOL	해당 신호가 ON되는 동안 서버로 연속해서 전송 요청을 한다.
	DISCONNECT	BOOL	0 : CONNECT 설정 파트너와 통신 연결 1 : 통신 해제, STATUS에 0x0003 출력
	MB_MODE	USINT	모드버스 펑션코드 설정
	MB_DATA_ADDR	UDINT	모드버스 메모리 시작 번지
	MB_DATA_LEN	UINT	송수신에 사용되는 비트, 바이트 수
	MB_DATA_PTR	VARIANT	송수신 데이터 저장용 DB 설정 번지
	CONNECT	VARIANT	상대방의 TCON_IP_v4 설정
	DONE	BOOL	명령어 실행 완료 출력
	BUSY	BOOL	명령어 실행 중 출력
	ERROR	BOOL	에러 발생
	STATUS	WORD	에러 코드

[표 15-11]처럼 모드버스 TCP 통신에 사용되는 펑션코드와 메모리 번지는 비트와 워드 메모리의 읽기와 쓰기에 따라 정해져 있다.

[표 15-11] 모드버스 TCP 통신에 사용되는 펑션코드의 기능과 메모리 번지

펑션코드	메모리 크기	기능	메모리 번지
01	1비트	Read coils	00001 ~ 10000
02	1비트	Read contacts	10001 ~ 20000
05	1비트	Write a single coil	00001 ~ 10000
15	1비트	Write multiple coil	00001 ~ 10000
03	16비트	Read holding registers	40001 ~ 50000
04	16비트	Read input registers	30001 ~ 40000
06	16비트	Write single register	40001 ~ 50000
16	16비트	Write multiple registers	40001 ~ 50000

[표 15-11]과 같이 정해진 펑션코드에 맞는 메모리 번지를 사용하는 장치도 있지만, 정해진 메모리 번지를 사용하지 않는 장치도 있다. MB_CLIENT 명령어에서는 [표 15-12]에 정해진 펑션코드에 따른 메모리 번지를 사용하는 것과 정해진 메모리 번지를 사용하지 않는 장치에 따라 MB_CLIENT의 입력인 MB_MODE에 설정하는 코드가 달라지게 된다. [표 15-12]에서 MB_MODE는 표준으로 메모리 번지를 사용하는 펑션코드와 0 ~ 65535로 정해진 메모리 번지를 사용하는 펑션코드로 구분되어 있는 것을 확인할 수 있다.

MB_MODE에서 0은 읽기용 펑션코드, 1은 쓰기용 펑션코드로 구분된다. 실습에서 사용하는 아두이노의 메모리 번지는 0 ~ 65535를 사용하기 때문에 101 ~ 116에 해당되는 MB_MODE를 사용한다.

[표 15-12] MB_CLIENT 명령어에 사용되는 MB_MODE

MB_ MODE	MB_DATA_ ADDR	MB_DATA_ LEN	모드버스 TCP 펑션코드 및 메모리 번지	
			기능	메모리 번지
0	1 ~ 9999	1 ~ 2000	01 : Read coils	00001 ~ 10000
0	10001 ~ 19999	1 ~ 2000	02 : Read contacts	10001 ~ 20000
0	40001 ~ 49999	1 ~ 125	03 : Read holding registers	40001 ~ 50000
0	30001 ~ 39999	1 ~ 125	04 : Read input registers	30001 ~ 40000
1	1 ~ 9999	1	05 : Write a single coil	00001 ~ 10000
1	40001 ~ 49999	1	06 : Write single register	40001 ~ 50000
1	1 ~ 9999	2 ~ 1968	15 : Write multiple coil	00001 ~ 10000
1	40001 ~ 49999	2 ~ 123	16 : Write multiple registers	40001 ~ 50000
101	0 ~ 65535	1 ~ 2000	01 : Read coils	0 ~ 65535
102	0 ~ 65535	1 ~ 2000	02 : Read contacts	0 ~ 65535
103	0 ~ 65535	1 ~ 125	03 : Read holding registers	0 ~ 65535
104	0 ~ 65535	1 ~ 125	04 : Read input registers	0 ~ 65535
105	0 ~ 65535	1	05 : Write a single coil	0 ~ 65535
106	0 ~ 65535	1	06 : Write single register	0 ~ 65535
115	0 ~ 65535	1 ~ 1968	15 : Write multiple coil	0 ~ 65535
116	0 ~ 65535	1 ~ 123	16 : Write multiple registers	0 ~ 65535

MB_SERVER

서버의 역할을 하는 PLC는 MB_SERVER 명령어를 사용해서 MB_CLIENT의 요청이 있을 때 지정된 메모리 번지에 데이터를 수신 받아서 저장하거나 데이터를 전송한다.

[표 15-13] 모드버스 TCP 통신용 서버 동작 명령어

MB_SERVER 블록	입출력		
	변수명	타입	기능
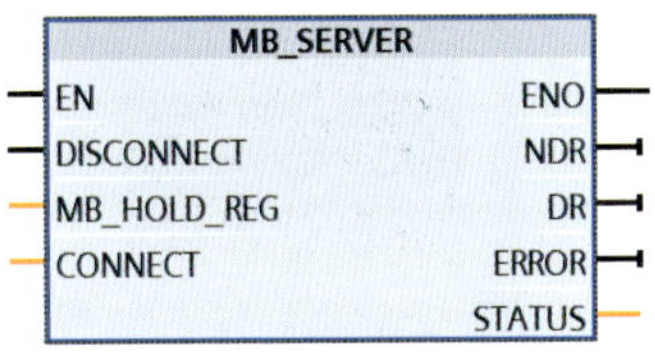	DISCONNECT	BOOL	0 : CONNECT 설정 파트너와 통신 연결 1 : 통신 해제, STATUS에 0x7003 출력
	MB_HOLD_REG	VARIANT	송수신 데이터 저장용 DB 설정 번지
	CONNECT	VARIANT	상대방의 TCON_IP_v4 설정
	NDR	BOOL	0 : 수신 데이터 없음 1 : 수신 데이터 있음
	DR	BOOL	0 : 데이터 읽기 1 : MB_CLIENT에서 데이터 읽음
	ERROR	BOOL	에러 발생
	STATUS	WORD	에러 코드

모드버스 TCP 전용 명령어의 커넥션 설정

모드버스 TCP의 전용 명령어의 MB_CLIENT와 MB_SERVER의 입력에 CONNECT가 있는데, 해당 입력에는 TCON_IP_v4의 명칭을 가진 구조체를 설정해야 한다. 이 구조체의 구성은 [표 15-14]와 같다.

[표 15-14] 모드버스 TCP 통신용 TCON_IP_v4 구조체의 구성

Byte	파라미터 명칭	타입	기능
0..1	InterfaceID	HW_ANY	CPU의 이더넷 포트 하드웨어 ID 번호 설정 (설정범위 : 0 ～ 65535)
2..3	ID	CONN_OUG	연결 식별 고유 ID(설정범위 : 0 ～ 4095)
4	Connection Type	BYTE	커넥션 타입 설정(TCP : 11, UDP : 19)
5	Act_Established	BOOL	연결방법 설정 1 : 자동 연결, 0 : 수동 연결
6..9	RemoteAddress	ARY[1..4]BYTE	상대방의 IP 설정
10..11	RemotePort	UINT	상대의 포트 번호 설정(설정범위 1 ～ 49151) 0 : 포트 번호 자동 설정
12..13	LocalPort	UINT	자신의 포트 번호 설정(설정범위 1 ~ 49151) 0 : 포트 번호 자동 설정

실습과제

15-1 MB_CLIENT로 네오픽셀 제어하기

15.1~15.3절

모드버스 TCP 통신으로 제어되는 아두이노의 네오픽셀 램프의 색상을 HMI에 작화한 버튼과 입력에 연결된 푸시버튼을 사용해서 제어하는 프로그램의 작성법에 대해 살펴보자.

PLC와 아두이노 우노의 이더넷 쉴드보드를 이더넷 케이블로 연결하고 MODBUS-TCP 통신을 사용해서 네오픽셀을 제어하는 프로그램을 작성해보자.

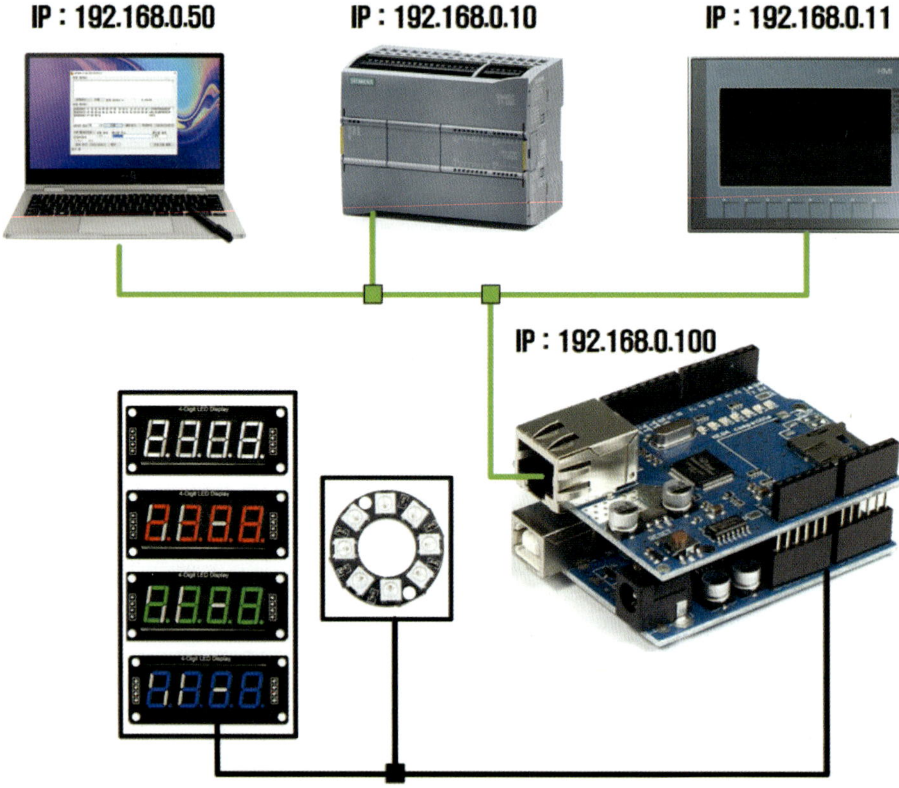

구분	IP	구분	IP
PC	192.168.0.50	HMI	192.168.0.11
PLC CPU	192.168.0.10	아두이노	192.168.0.100

[그림 15-14] 네오픽셀 제어를 위한 시스템 구성

아두이노에 의해 제어되는 네오픽셀은 모드버스 TCP 통신으로 사전에 정의된 모드버스 메모리 4번지에 1 ~ 11의 값을 설정하면 정해진 색상이 점등된다. 지멘스의 입력 %I0.1을 사용하여 해당 푸시버튼이 ON될 때마다 네오픽셀의 색상을 순차적으로 변경하는 모드버스 TCP용 통신 프로그램을 작성해보자.

[표 15-15] 네오픽셀 색상 설정값

번호	1	2	3	4	5	6	7	8	9	10	11
색상	적색	녹색	청색	황색	주황색	적색 점멸	녹색 점멸	청색 점멸	황색 점멸	주황색 점멸	소등

PLC 프로그램 작성

[표 15-16]은 네오픽셀 램프 제어를 위한 PLC 프로그램의 작성법을 나타낸 것이다.

[표 15-16] 모드버스 TCP 통신으로 네오픽셀 램프 제어를 위한 PLC 프로그램 작성

순서	내용	
1	DB 만들기 프로그램 작성에 사용할 글로벌 DB를 새롭게 작성한다.	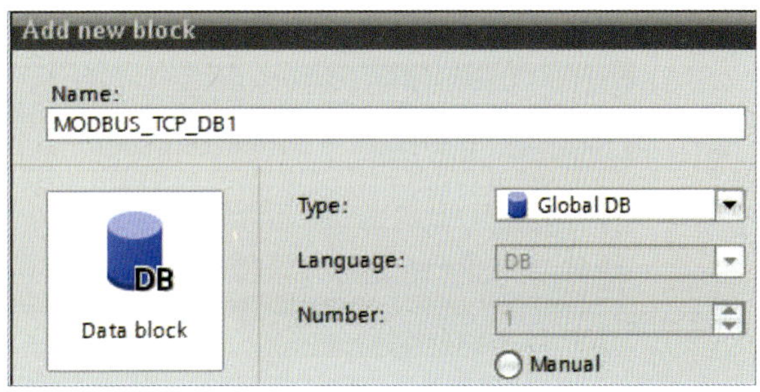
2	MB_CLIENT에 사용할 DB 작성하기 MB_CLIENT에는 연결되는 서버의 다양한 정보를 설정해야 한다. 지멘스 PLC에서는 이러한 다양한 정보를 설정하는 방법으로 DB를 사용한다. DB에 설정되는 내용에서 가장 중요한 TCON_IP_v4의 구조체를 사용해서 모드버스 TCP 연결 방법과 서버의 IP와 포트 번호를 설정하고, 네오픽셀 제어에 사용할 16비트 크기의 워드 데이터(SND_DATA)를 등록한다.	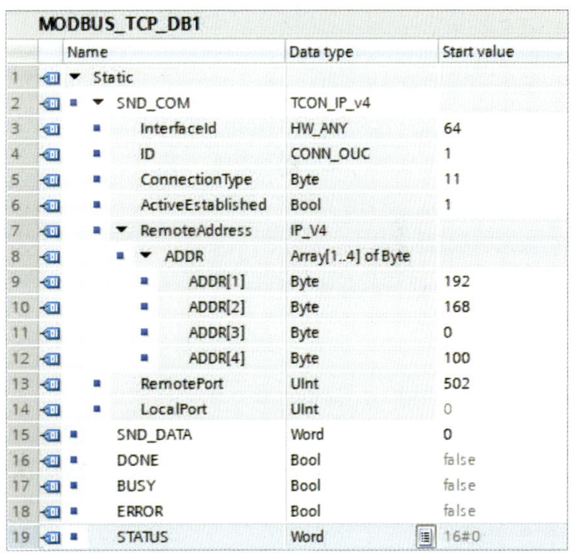

MODBUS_TCP_DB1

	Name	Data type	Start value
1	Static		
2	SND_COM	TCON_IP_v4	
3	InterfaceId	HW_ANY	64
4	ID	CONN_OUC	1
5	ConnectionType	Byte	11
6	ActiveEstablished	Bool	1
7	RemoteAddress	IP_V4	
8	ADDR	Array[1..4] of Byte	
9	ADDR[1]	Byte	192
10	ADDR[2]	Byte	168
11	ADDR[3]	Byte	0
12	ADDR[4]	Byte	100
13	RemotePort	UInt	502
14	LocalPort	UInt	0
15	SND_DATA	Word	0
16	DONE	Bool	false
17	BUSY	Bool	false
18	ERROR	Bool	false
19	STATUS	Word	16#0

3

MB_CLIENT에 사용할 DB에서 사용하는 TCON_IP_v4의 HW_ANY 변수 설정하기

TCON_IP_v4의 구조체 변수 중에서 HW_ANY는 모드버스 TCP 통신에 사용하는 이더넷 포트를 지정한다. Device configuration에서 CPU의 속성 창에서 확인할 수 있다.

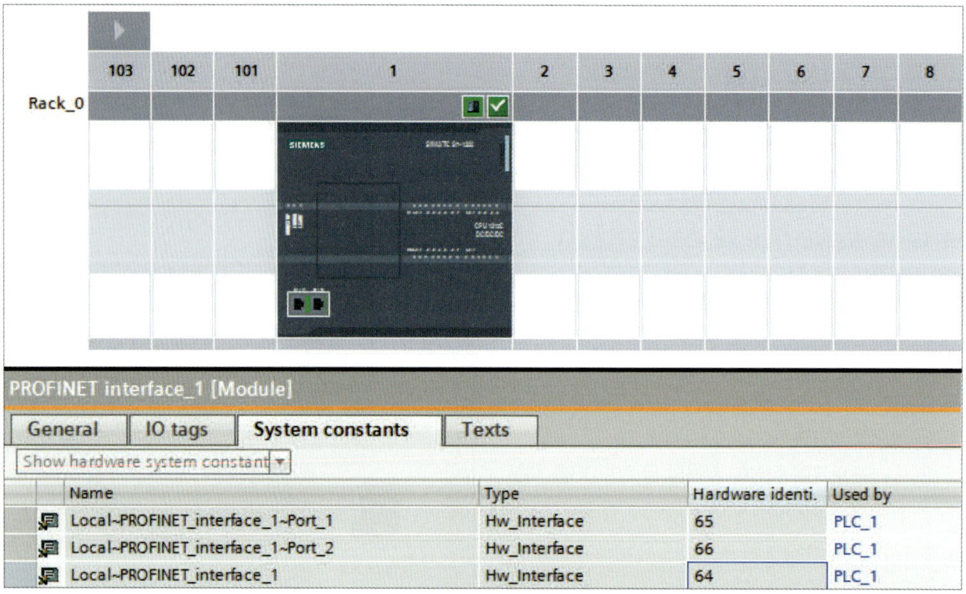

4

DB의 속성 변경하기

모드버스 TCP 통신에 사용하는 DB에 네오픽셀 제어 데이터를 등록했기 때문에 DB의 속성을 변경해야 한다.

[Attributes]에서 'Optimized block access' 부분의 체크 표시를 해제한다.

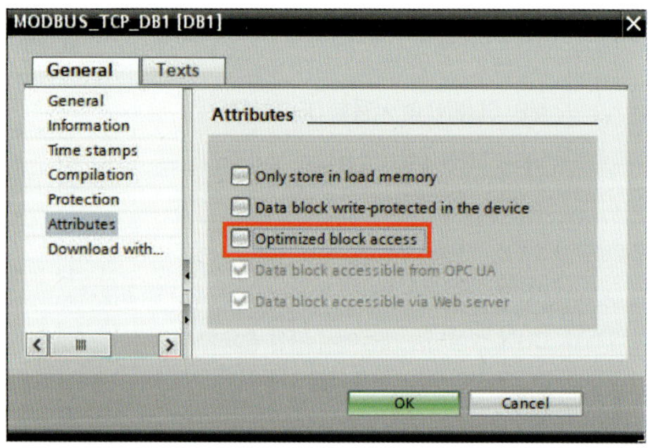

5

DB 번호 변경하기

DB 번호는 FB에서 사용하는 DB 번호와 구분하기 위해 DB100번으로 설정한다.

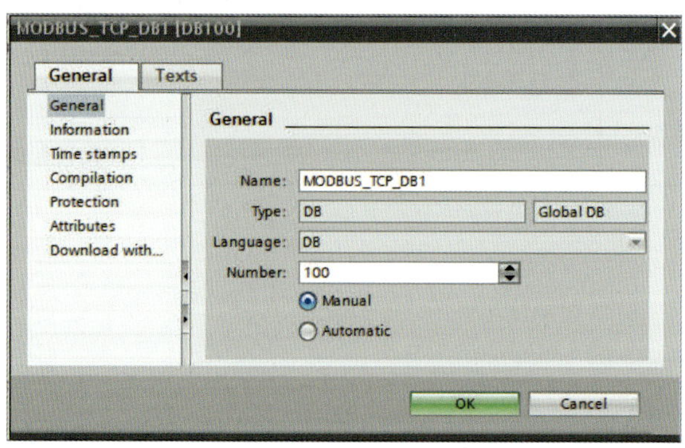

6	**FB1 만들기** 네오픽셀의 램프 색상을 모드버스 TCP 통신으로 제어할 FB를 만든다.	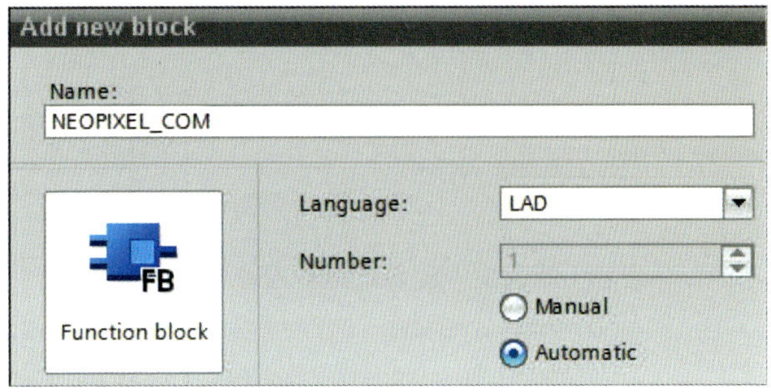
7	**FB1의 내부 변수 설정하기** 프로그램 작성에 필요한 FB1의 내부 변수를 설정한다.	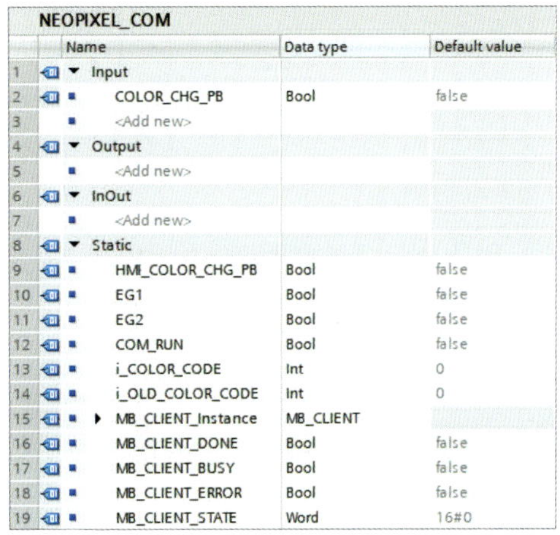
8	**FB1 프로그램 작성하기** (네트워크 1번) 네오픽셀에 표시할 색상 정보를 설정한다. 해당 입력이 ON될 때마다 색상값이 1씩 증가한다.	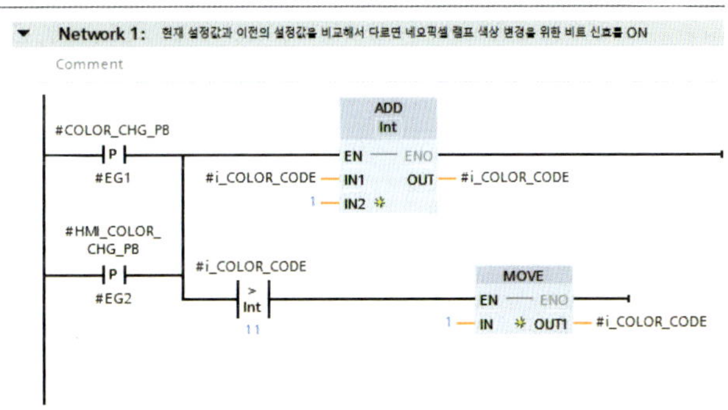
9	**FB1 프로그램 작성하기** (네트워크 2번) 새롭게 변경된 설정값 이전의 값과 다르면 램프 색상을 변경하기 위해 MODBUS_TCP 통신을 요청한다.	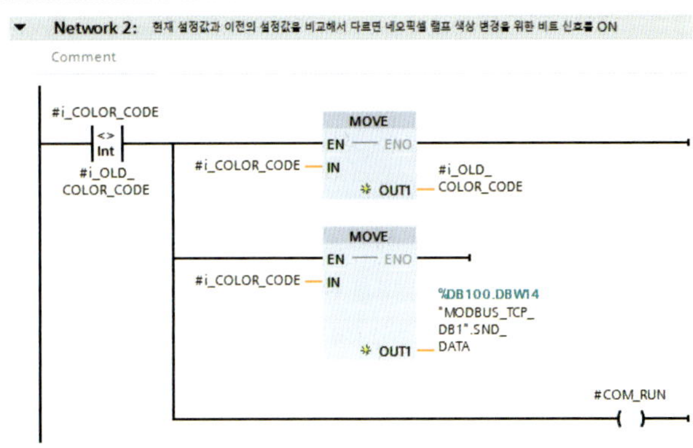

<table>
<tr>
<td>10</td>
<td>

FB1 프로그램 작성하기

(네트워크 3번)

변경된 설정값을 MB_CLIENT를 사용해서 아두이노로 전송한다.

</td>
<td>
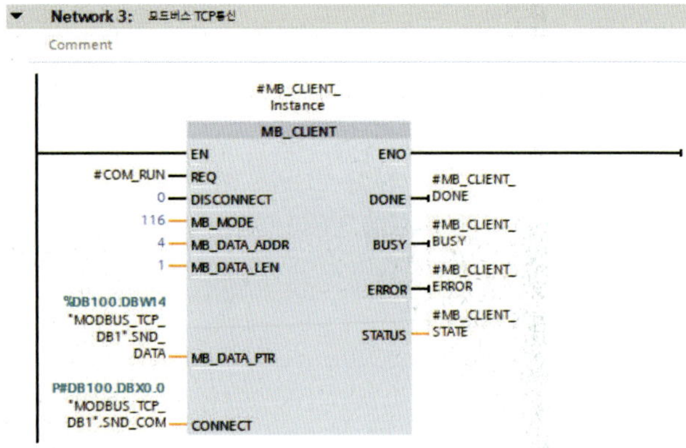

</td>
</tr>
<tr>
<td>11</td>
<td>

FB1 저장 및 컴파일하기

작성한 FB1을 저장한 후에 컴파일한다.

</td>
<td>
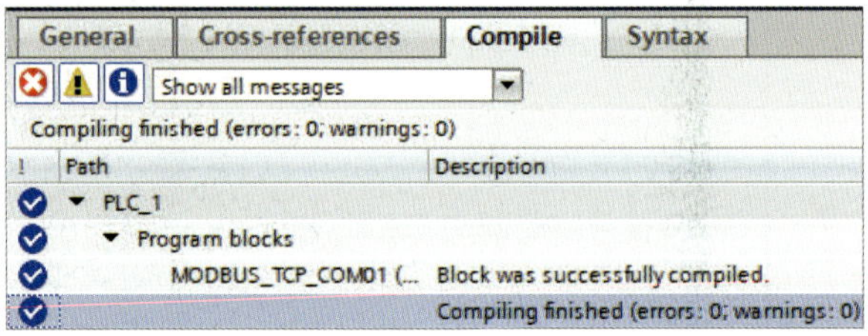

</td>
</tr>
<tr>
<td>12</td>
<td>

OB1에서 FB1을 호출하기

작성한 FB1을 OB1에서 호출하고 입력 변수를 설정한다.

</td>
<td>
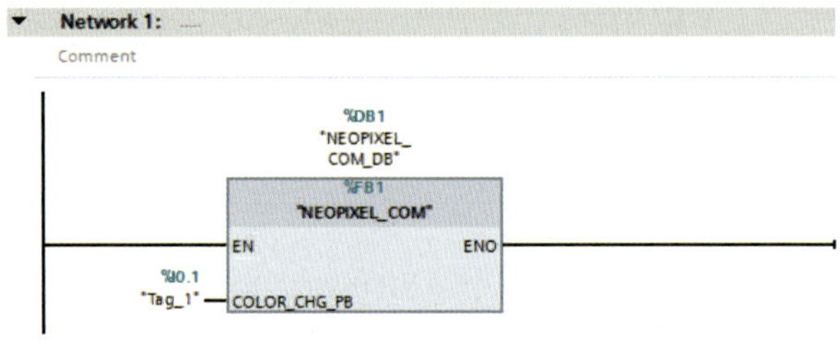

</td>
</tr>
<tr>
<td>13</td>
<td>

OB1을 컴파일 후 다운로드하기

OB1을 컴파일하고 다운로드한 후에 동작되는지 확인하다.

</td>
<td>
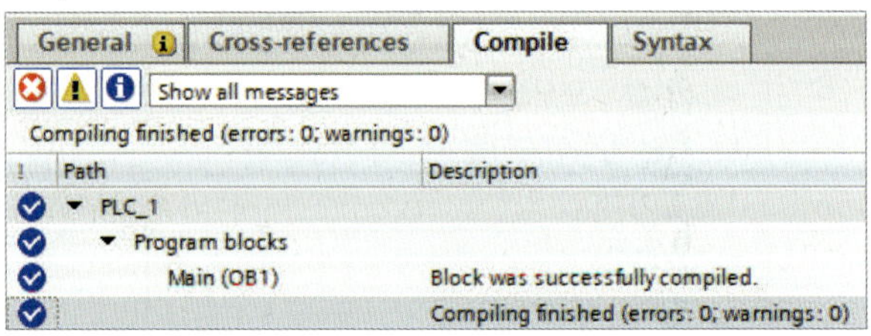

</td>
</tr>
<tr>
<td>14</td>
<td>

HMI 작화하기(램프)

네오픽셀에서 점등되는 색상과 동일한 색상이 표시되는 램프를 만들기 위해 Basic objects에 있는 Rectangle를 사용해서 다양한 색상을 표시할 수 있도록 설정한다.

</td>
<td>
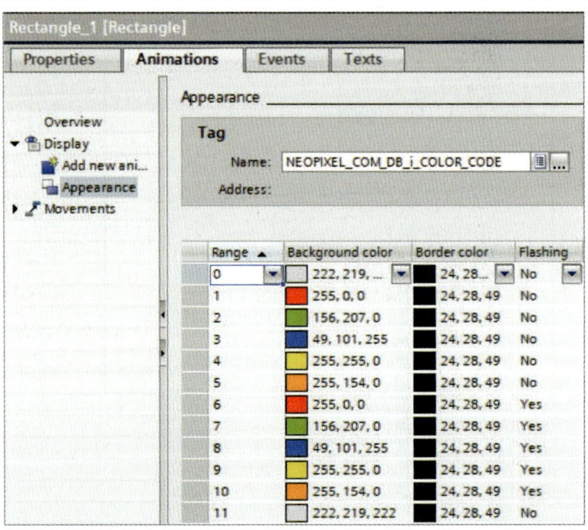

</td>
</tr>
</table>

15

HMI 작화하기(숫자 표시창)

네오픽셀 점등을 위해 설정하는 0~11의 값을 표시하기 위한 숫자 표시창을 만든다.

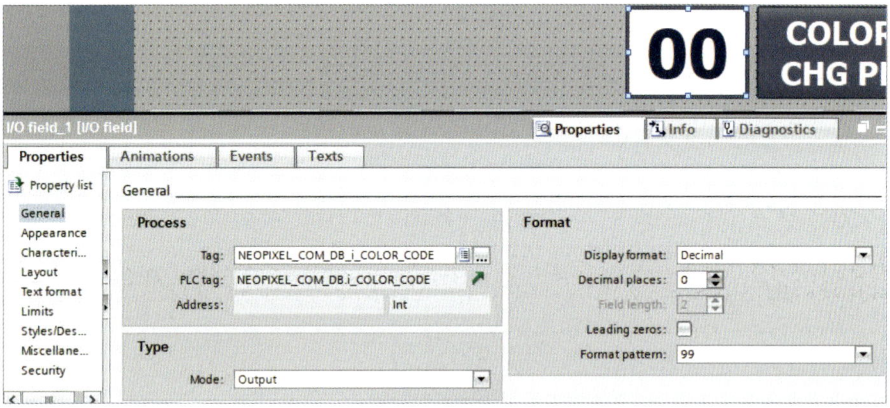

16

HMI 작화하기(푸시버튼)

램프의 색상 값을 변경하기 위한 버튼을 만든다.

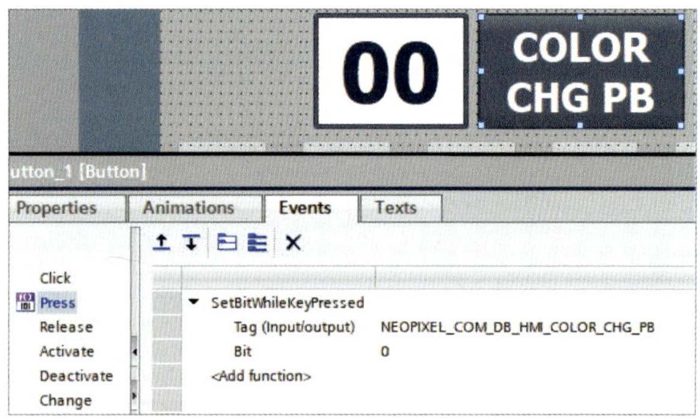

17

HMI 작화하기(모니터링 시간 변경)

HMI에서 사용하는 Tag의 모니터링 시간을 100ms 단위로 변경한다.

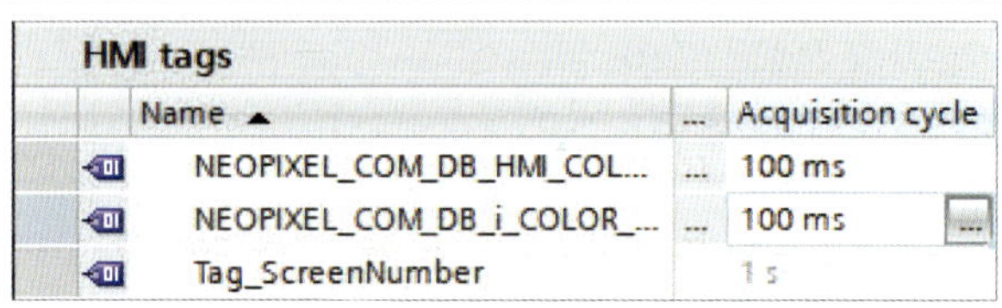

18

HMI 컴파일하기

작업을 완료한 HMI는 컴파일한다. 경고가 발생하는 이유는 HMI의 템플레이트에서 만들어 둔 5개의 버튼에 대한 설정이 없기 때문이다.

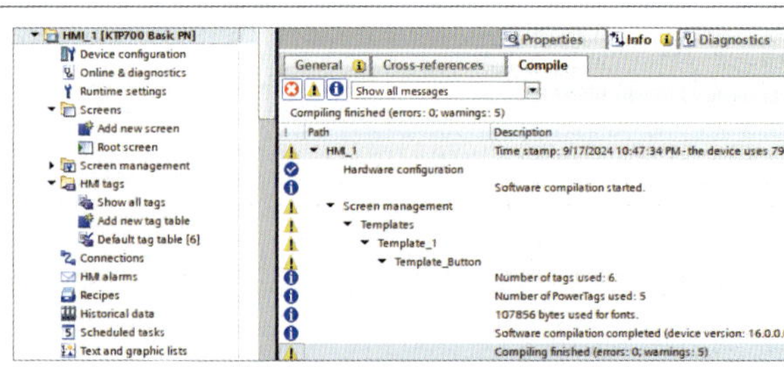

19

PLC 재시작하기

프로그램의 전송을 완료한 후에 Online으로 접속하고 CPU를 STOP으로 변경한 후에 RUN으로 재설정한다.

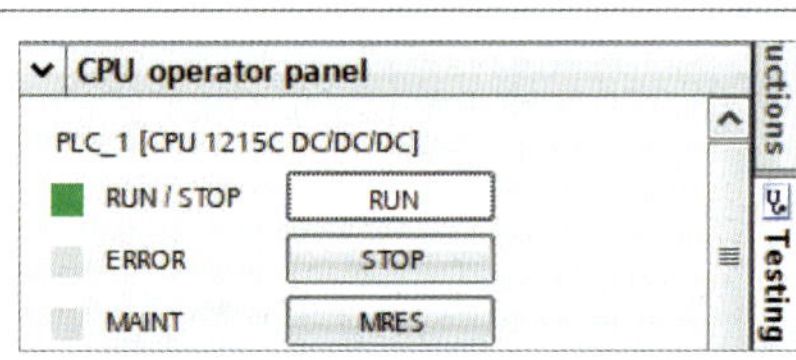

[표 15-17]은 네오픽셀 램프 제어를 위한 HMI 화면을 나타낸 것이다.

[표 15-17] TCP 통신으로 네오픽셀 램프를 제어하기 위한 HMI 화면

구분	기능	변수명	변수위치	구분	타입
표시	색상 표시	i_COLOR_CODE	FB_인스턴스	Static	Int
표시창	숫자 표시	i_COLOR_CODE	FB_인스턴스	Static	Int
COLOR_CHG_PB	푸시버튼	HMI_COLOR_CHG_PB	FB_인스턴스	Static	BOOL

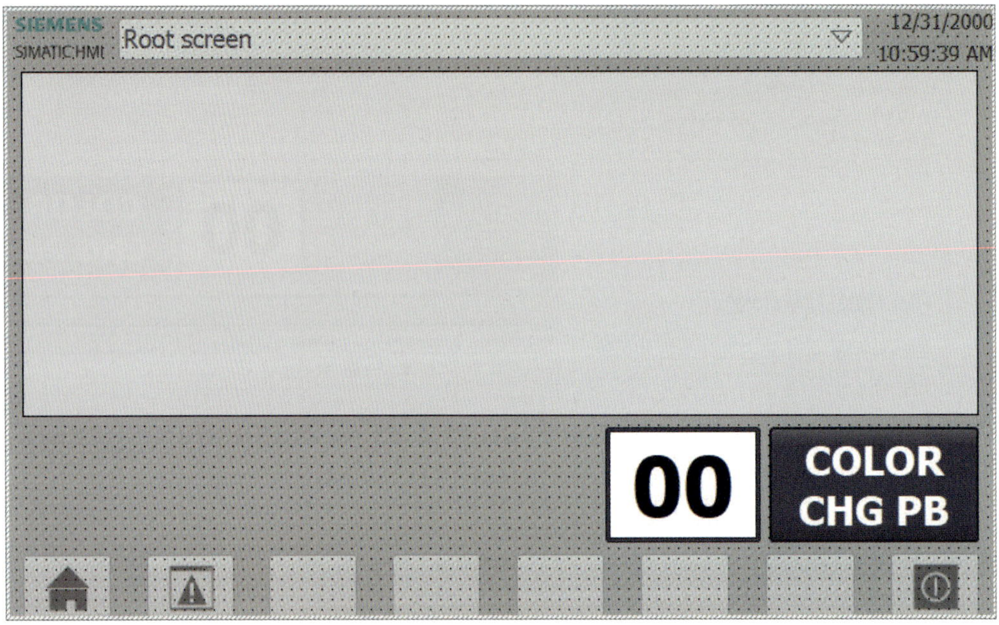

실습과제

15-2 네오픽셀과 TM1637 제어하기

15.1~15.3절

모드버스 TCP 통신으로 네오픽셀의 램프 제어와 함께 TM1637에 HMI에서 설정한 숫자를 표시하는 프로그램의 작성법에 대해 살펴보자.

PLC와 아두이노 우노의 이더넷 쉴드보드를 이더넷 케이블로 연결하고 모드버스 TCP 통신을 사용해서 FND와 네오픽셀을 제어하는 프로그램을 작성해보자.

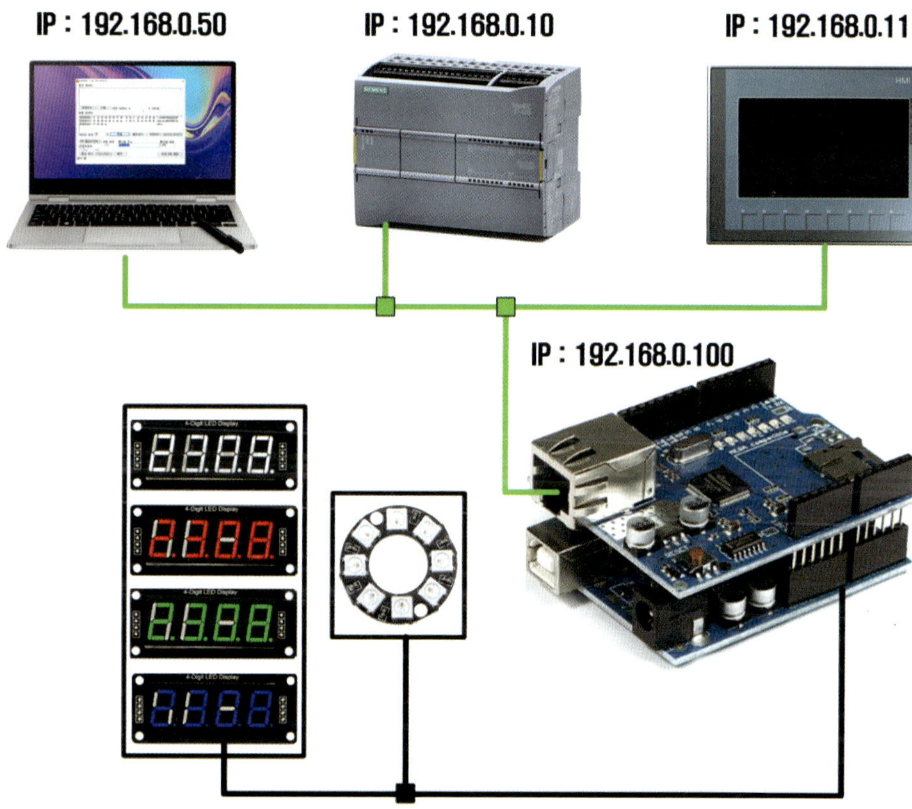

구분	IP	구분	IP
PC	192.168.0.50	HMI	192.168.0.11
PLC CPU	192.168.0.10	아두이노	192.168.0.100/502

[그림 15-15] 네오픽셀 제어를 위한 시스템 구성

아두이노에 의해 제어되는 네오픽셀과 TM1637의 FND 모듈을 사용해서 PLC에서 네오픽셀 램프 점등과 4개의 FND에 표시되는 숫자를 제어하는 프로그램을 작성해보자. 네오픽셀의 색상 설정값은 [표 15-18]과 같다.

[표 15-18] 네오픽셀 색상 설정값

아두이노 메모리 번지	0x0000	0x0001	0x0002	0x0003	0x0004
기능	FND1	FND2	FND3	FND4	네오픽셀

PLC 프로그램 작성

[표 15-19]는 네오픽셀과 FND 모듈 제어를 위한 PLC 프로그램의 작성법을 나타낸 것이다.

[표 15-19] 네오픽셀과 FND 모듈 제어를 위한 PLC 프로그램 작성

순서	내용	
1	**글로벌 DB 만들기** 아두이노의 모드버스 TCP 통신으로 네오픽셀과 FND 모듈을 제어하기 위한 글로벌 DB를 만든다.	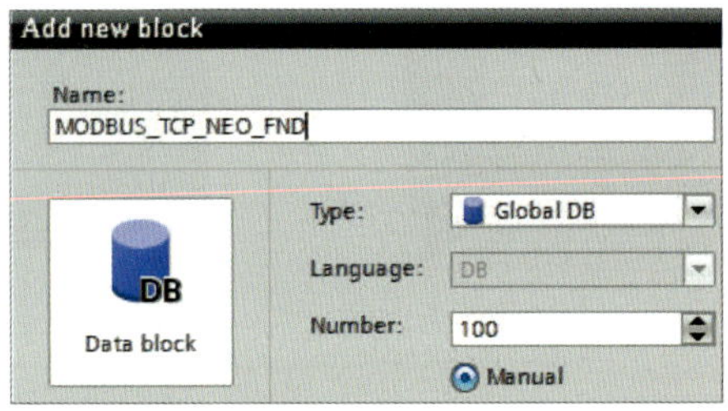
2	**글로벌 DB 메모리 설정하기** MB_CLIENT에 사용할 TCON_IP_v4의 구조체 1개와, FND와 네오픽셀을 제어할 데이터를 저장할 5개의 워드 배열(SND_DATA)을 설정한다. 현재 설정값과 이전 설정값을 비교하기 위해 5개의 워드 배열(OLD_SND_DATA)을 추가로 설정한다.	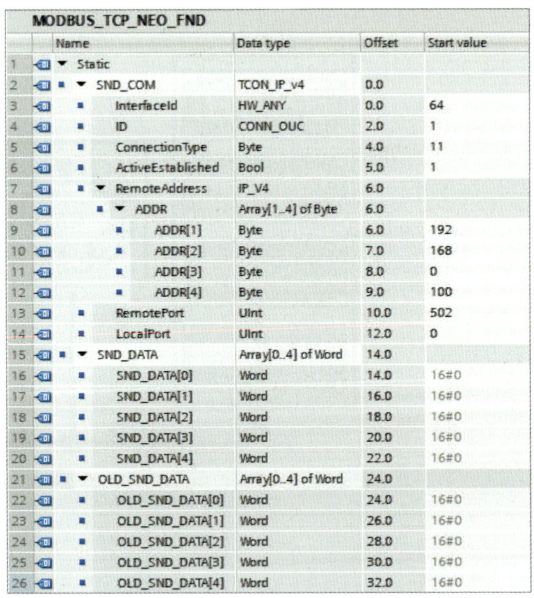
3	**DB의 파라미터 변경하기** ❶ [Program blocks] 폴더에 있는 DB를 선택한 후에 마우스 오른쪽 버튼을 클릭한다. ❷ 'Properties' 항목을 선택해서 나타난 창에서 'Optimized block access' 항목의 체크 표시를 해제한다.	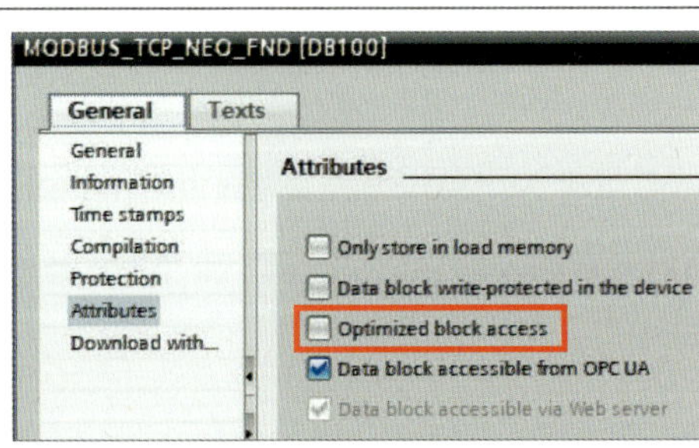

MODBUS_TCP_NEO_FND

	Name	Data type	Offset	Start value
1	Static			
2	SND_COM	TCON_IP_v4	0.0	
3	InterfaceId	HW_ANY	0.0	64
4	ID	CONN_OUC	2.0	1
5	ConnectionType	Byte	4.0	11
6	ActiveEstablished	Bool	5.0	1
7	RemoteAddress	IP_V4	6.0	
8	ADDR	Array[1..4] of Byte	6.0	
9	ADDR[1]	Byte	6.0	192
10	ADDR[2]	Byte	7.0	168
11	ADDR[3]	Byte	8.0	0
12	ADDR[4]	Byte	9.0	100
13	RemotePort	UInt	10.0	502
14	LocalPort	UInt	12.0	0
15	SND_DATA	Array[0..4] of Word	14.0	
16	SND_DATA[0]	Word	14.0	16#0
17	SND_DATA[1]	Word	16.0	16#0
18	SND_DATA[2]	Word	18.0	16#0
19	SND_DATA[3]	Word	20.0	16#0
20	SND_DATA[4]	Word	22.0	16#0
21	OLD_SND_DATA	Array[0..4] of Word	24.0	
22	OLD_SND_DATA[0]	Word	24.0	16#0
23	OLD_SND_DATA[1]	Word	26.0	16#0
24	OLD_SND_DATA[2]	Word	28.0	16#0
25	OLD_SND_DATA[3]	Word	30.0	16#0
26	OLD_SND_DATA[4]	Word	32.0	16#0

4

DB 컴파일하기

❶ 파라미터를 변경한 DB를 마우스 커서로 선택한 후에 컴파일을 실행한다.

❷ 컴파일이 정상 완료되면 해당 DB의 Offset에 변수에 할당되는 메모리 번지가 나타난다.

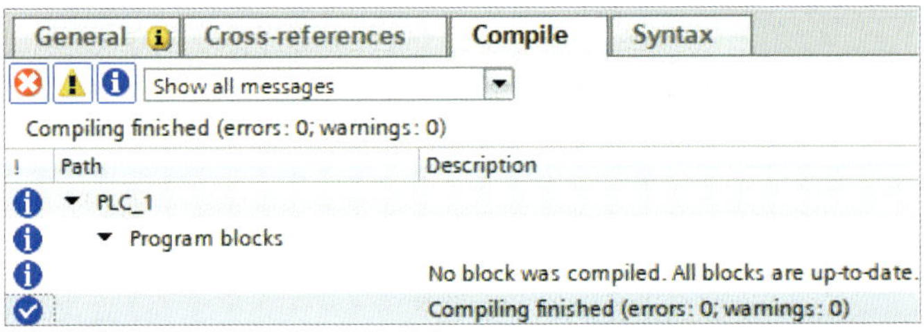

5

FB1 만들기

모드버스 TCP 통신으로 FND 모듈 4개와 1개의 네오픽셀을 제어하기 위한 FB를 만든다.

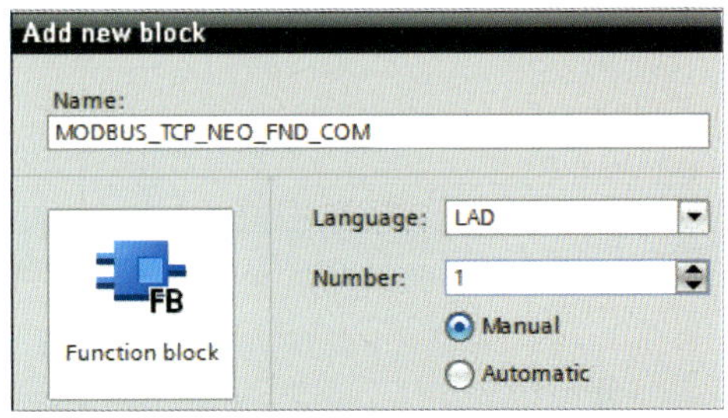

6

FB1의 내부 변수 설정하기

프로그램 작성에 필요한 FB1의 내부 변수를 설정한다.

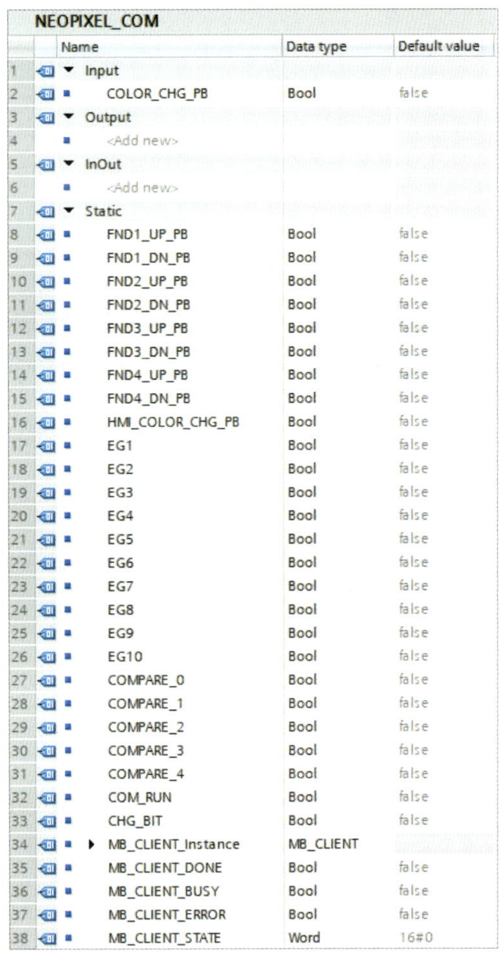

7	**FB1 프로그램 작성하기** (네트워크 1번) FND 1번의 설정값을 0 ~ 9999의 범위에서 1단위로 증가 및 감소시킨다.	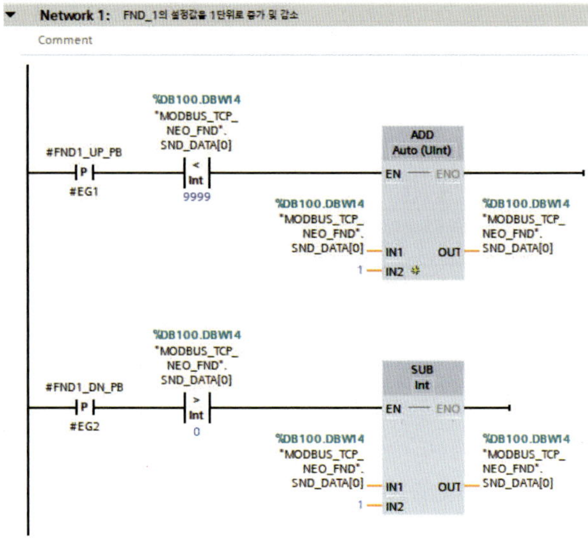
8	**FB1 프로그램 작성하기** (네트워크 2번) FND 2번의 설정값을 0 ~ 9999의 범위에서 1단위로 증가 및 감소시킨다.	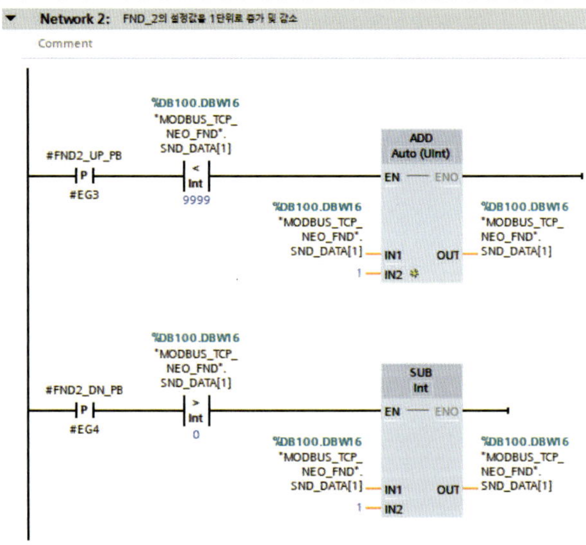
9	**FB1 프로그램 작성하기** (네트워크 3번) FND 3번의 설정값을 0 ~ 9999의 범위에서 1단위로 증가 및 감소시킨다.	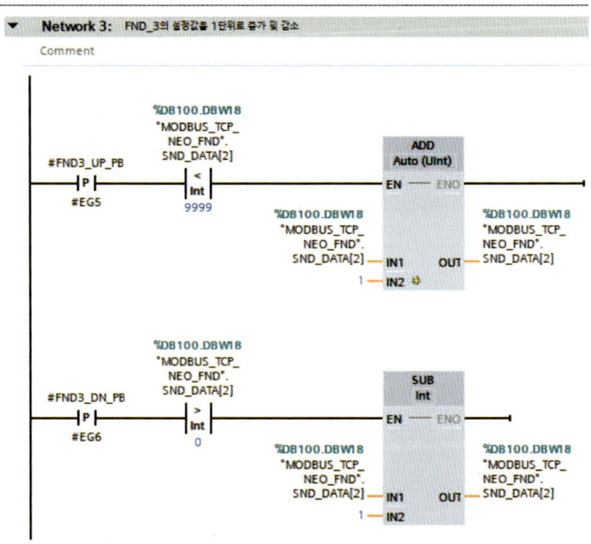

<table>
<tr>
<td>10</td>
<td>FB1 프로그램 작성하기
(네트워크 4번)
FND 4번의 설정값을 0 ~ 9999의 범위에서 1단위로 증가 및 감소시킨다.</td>
<td>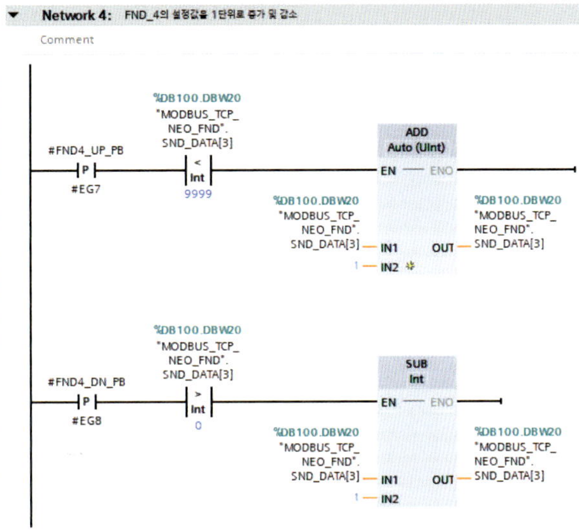
</td>
</tr>
<tr>
<td>11</td>
<td>FB1 프로그램 작성하기
(네트워크 5번)
네오픽셀의 램프 색상 설정값을 0 ~ 11의 범위에서 1단위로 증가시키고 11보다 크면 0으로 재설정한다.</td>
<td>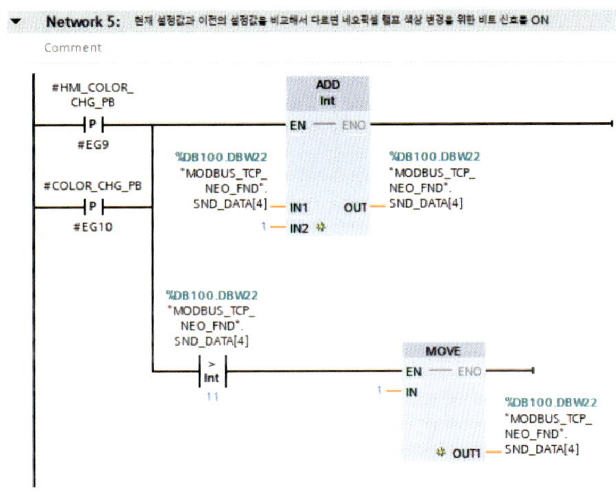
</td>
</tr>
</table>

12	**FB1 프로그램 작성하기** (네트워크 6번) 설정값과 이전의 설정값을 비교해서 다르면 설정값을 이전 설정값 변수에 저장한 후에 전송 요청 비트를 ON한다.	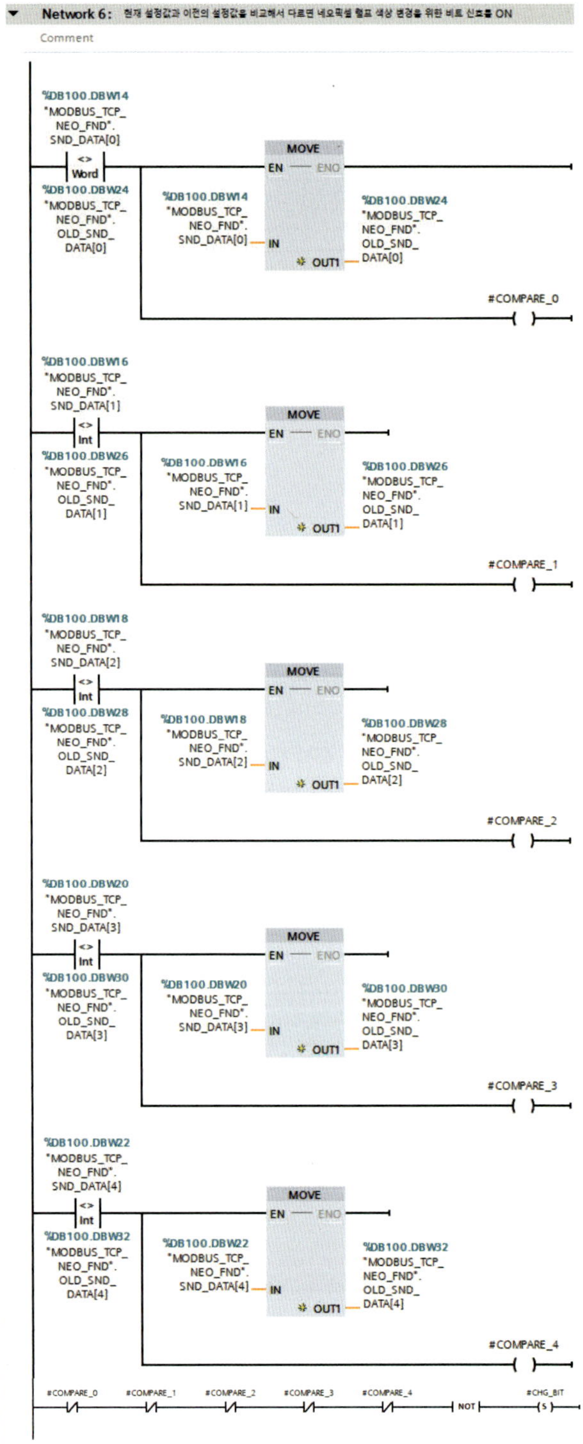

<table>
<tr><td>13</td><td>

FB1 프로그램 작성하기

(네트워크 7번)

MB_CLIENT 명령을 이용해서 변경된 값을 아두이노로 전송한다. 5개의 워드 데이터를 일괄 전송하기 위해 모드버스 펑션 코드 0X10을 사용한다. 아두이노의 메모리 번지가 0 ~ 4번지를 사용하기 때문에 해당 명령어의 MB_MODE는 116을 사용한다.

</td><td>

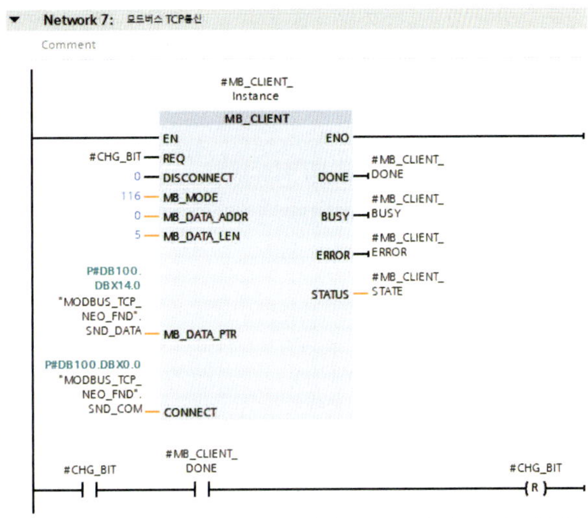

</td></tr>
<tr><td>14</td><td>

FB 컴파일하기

컴파일을 통해서 에러 유무를 확인한다.

</td><td>

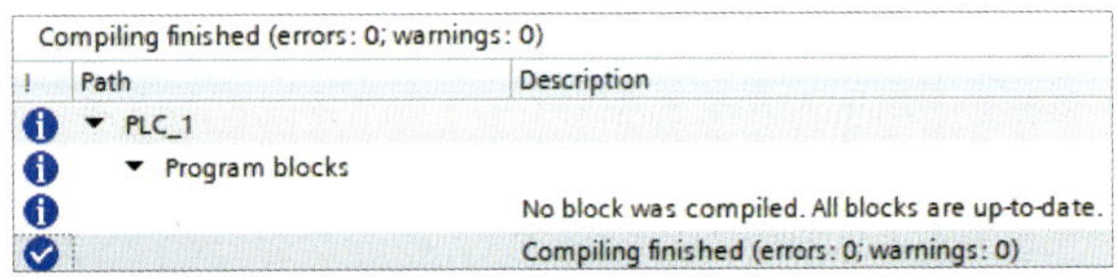

</td></tr>
<tr><td>15</td><td>

OB1 작성하기

FB1을 실행하기 위해 OB1에서 호출한다. 이때 네오픽셀의 램프 색상 변경을 위한 외부 입력을 설정한다.

</td><td>

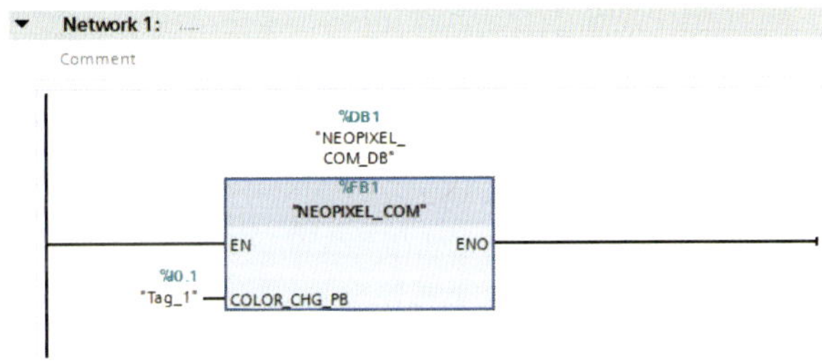

</td></tr>
<tr><td>16</td><td>

OB1 컴파일하기

OB1의 컴파일을 통해서 에러 유무를 확인한다.

</td><td>

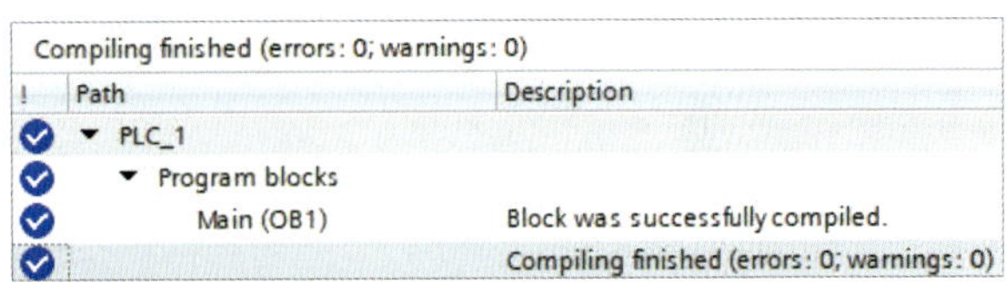

</td></tr>
<tr><td>17</td><td colspan="2">

HMI 작화하기(FND 및 네오픽셀 설정값 숫자 표시창)

HMI에 I/O field 기능을 사용해서 아두이노의 FND와 네오픽셀에 설정되는 값을 표시하기 위한 숫자 표시창 작업을 한다. 숫자창은 설정한 값을 표시할 수 있고 숫자 입력창으로도 사용할 수 있도록 동작 모드를 'Input/Output'으로 설정한다.

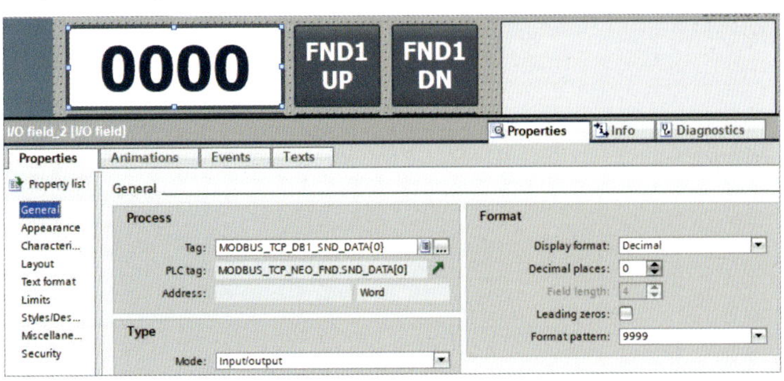

</td></tr>
</table>

18

HMI 작화하기(증가와 감소 버튼)

FND와 네오픽셀의 값을 변경할 수 있는 증가와 감소 버튼을 작업한다.

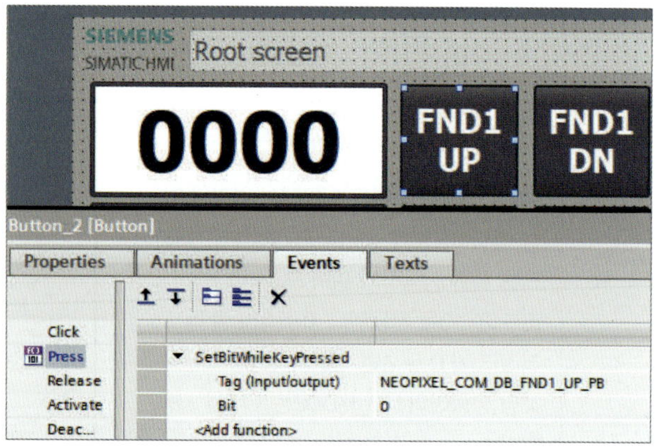

19

HMI 작화하기(태그 시간 설정)

HMI에서 사용하는 태그의 시간을 100ms로 변경한다.

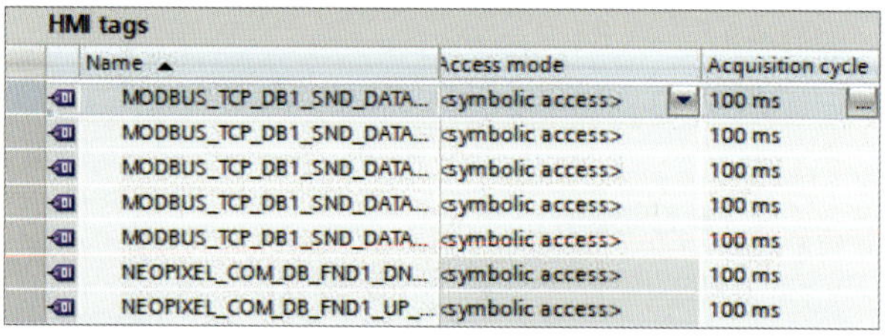

20

HMI 컴파일 및 다운로드하기

작업을 완료한 HMI는 컴파일한다. 경고가 발생하는 이유는 HMI의 템플레이트에서 만들어 둔 5개의 버튼에 대한 설정이 없기 때문이다.

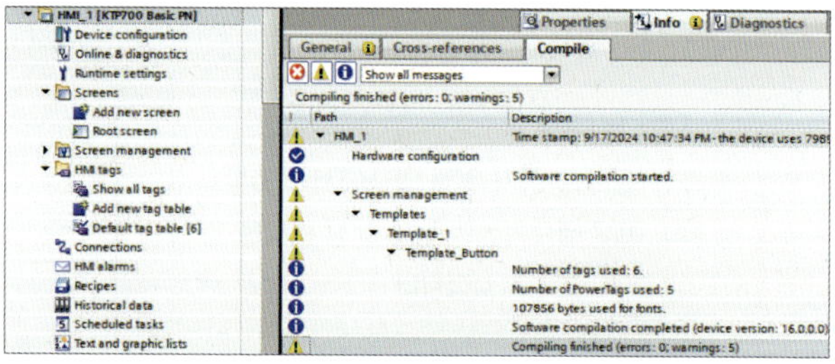

21

PLC 재시작하기

프로그램의 전송을 완료한 후에 Online으로 접속하고 CPU를 STOP으로 변경한 후에 RUN으로 재설정한다.

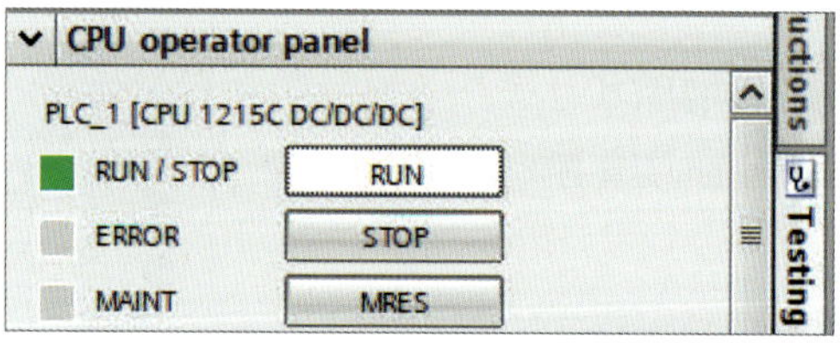

[표 15-20]은 네오픽셀 램프 제어를 위한 HMI 화면을 나타낸 것이다.

[표 15-20] TCP 통신으로 네오픽셀 램프를 제어하기 위한 HMI 화면

번호	구분	기능	변수명	변수위치	구분	타입
❶	숫자 표시 및 입력	색상 표시	SND_DATA[0]	글로벌 DB	Static	Array
❷	숫자 표시 및 입력	색상 표시	SND_DATA[1]	글로벌 DB	Static	Array
❸	숫자 표시 및 입력	색상 표시	SND_DATA[2]	글로벌 DB	Static	Array
❹	숫자 표시 및 입력	색상 표시	SND_DATA[3]	글로벌 DB	Static	Array
❺	숫자 표시 및 입력	색상 표시	SND_DATA[4]	글로벌 DB	Static	Array
❻	색상 표시	숫자 표시	SND_DATA[4]	글로벌 DB	Static	Int
❼	FND1 UP/DN	푸시버튼	FND1_UP_PB FND1_DN_PB	FB_인스턴스	Static	Bool
❽	FND2 UP/DN	푸시버튼	FND2_UP_PB FND2_DN_PB	FB_인스턴스	Static	Bool
❾	FND3 UP/DN	푸시버튼	FND3_UP_PB FND3_DN_PB	FB_인스턴스	Static	Bool
❿	FND4 UP/DN	푸시버튼	FND4_UP_PB FND4_DN_PB	FB_인스턴스	Static	Bool
⓫	COLOR_CHG_PB	푸시버튼	HMI_COLOR_CHG	FB_인스턴스	Static	BOOL

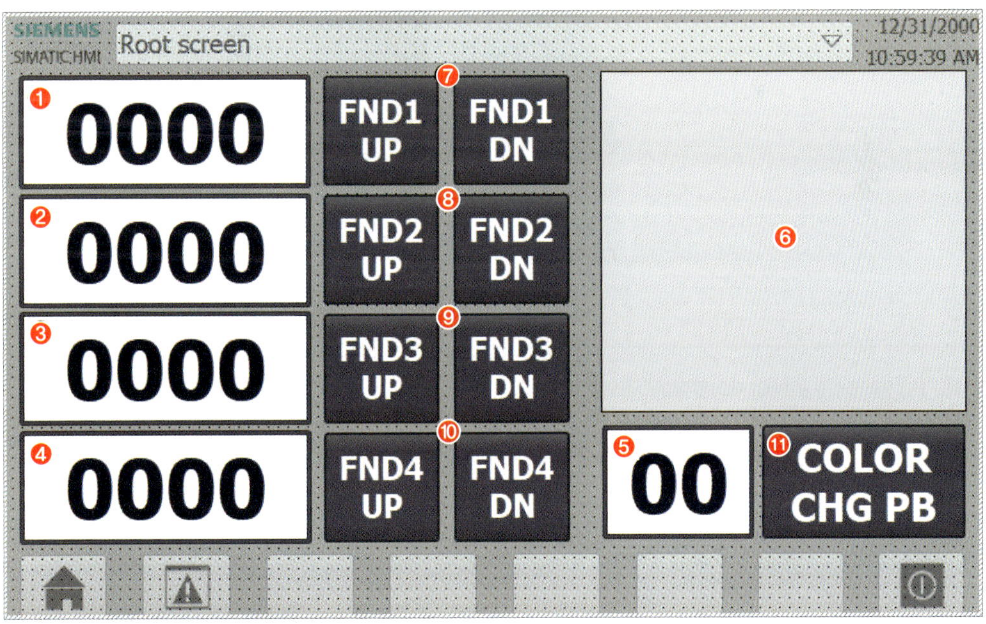

실습과제

15-3 모드버스 TCP로 인버터 통신하기

15.1~15.3절

미쓰비시 사에서 제작 및 시판하는 FR-E800 인버터는 모드버스 TCP 통신을 지원한다. 모드버스 TCP 통신으로 인버터를 제어하는 프로그램의 작성법에 대해 살펴보자.

PLC와 인버터를 이더넷 케이블로 연결하고 모드버스 TCP 통신을 사용해서 인버터의 운전주파수를 제어하는 프로그램을 작성해보자.

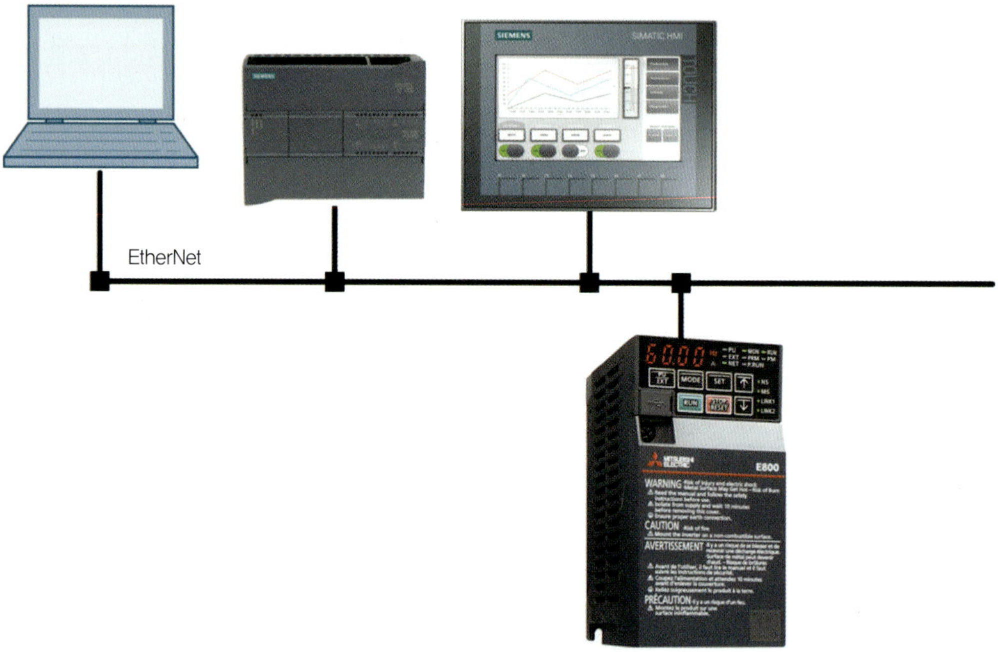

구분	IP	구분	IP
PC	192.168.0.50	HMI	192.168.0.11
PLC CPU	192.168.0.10	인버터	192.168.0.20/502

[그림 15-16] 인버터(FR-E800) 제어를 위한 시스템 구성

[표 15-21] FR-E800 인버터에서 지원하는 이더넷 통신 프로토콜의 종류

구분	CC-Link IE TSN	CC-Link IE Basic	MODBUS TCP	PROFINET	EtherNet/IP	BACnet/IP
FR-E800 EPA	●	●	●		●	●
FR-E800 EPB	●	●	●	●		

생각해봅시다

인버터 살펴보기

실습에 사용하는 인버터는 미쓰비시 사에서 시판하는 FR-E800 EPB 모델이다. 해당 모델은 [표 15-21]처럼 국제 표준인 이더넷 통신 프로토콜을 지원한다.

[표 15-22] 조작 패널 PU의 명칭과 이더넷 케이블 배선 방법

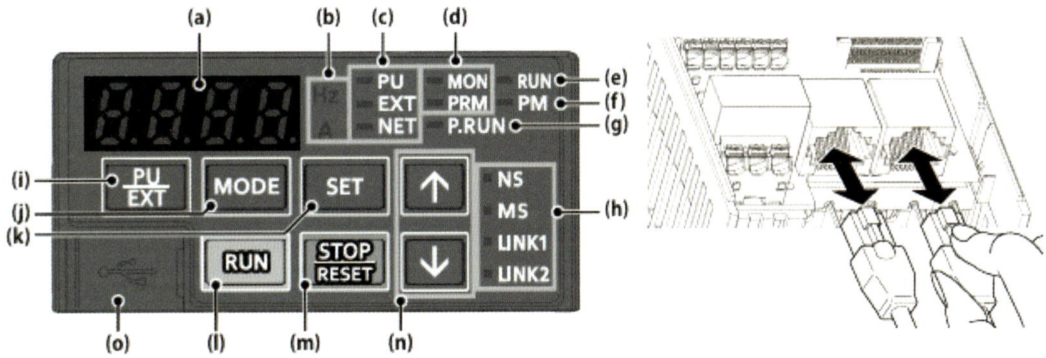

구분	명칭	기능
(a)	모니터(4자리)	운전주파수, 파라미터 번호 등을 표시
(b)	단위 표시	Hz : 주파수 표시, A : 전류, 무표시 : 출력 전압
(c)	운전모드 표시	PU : PU 운전모드, EXT : 외부 운전모드, NET : 네트워크 모드
(d)	조작 패널 상태 표시	MON : 모니터 상태, PRM : 파라미터 설정 상태
(e)	운전 상태 표시	점등 : 정회전 운전, 천천히 점멸 : 역회전 운전
(f)	제어모터 표시	PM 센서리스 벡터 제어 설정 시에 점등
(g)	시퀀스 기능 유효 표시	시퀀스 기능이 동작하고 있는 경우에 점등
(h)	이더넷 통신 상태	이더넷 통신 상태
(i)	PU/EXT키	PU → PU JOG → EXT순으로 모드 전환
(j)	MODE키	모드 전환용 버튼
(k)	SET키	설정값을 확정
(l)	RUN키	시동 지령 버튼
(m)	STOP/RESET키	운전정지 버튼
(n)	상하 키	설정값의 증가와 감소 버튼
(o)	USB 커넥터	USB 접속으로 FR Configurator2를 사용할 때 사용

인버터를 모드버스 TCP 프로토콜을 사용해서 제어하기 위해서는 [표 15-22]의 조작 패널인 PU를 사용하거나 USB 접속을 통해 FR Configurator2의 명칭을 가진 소프트웨어 툴을 사용해서 인버터의 파라미터를 설정해야 한다. 실습에서는 PU를 사용해서 파라미터를 변경한 후에 모드버스 TCP로 인버터를 제어하는 프로그램을 작성한다.

모드버스 TCP 제어를 위한 파라미터

인버터를 모드버스 TCP 프로토콜을 사용해서 제어하기 위한 파라미터 설정을 [표 15-23]에 나타내었다.

[표 15-23] 모드버스 TCP 통신용 파라미터

파라미터 번호	명칭	초기값	설정범위	실습 설정값
1427	이더넷 기능 선택 1	5001	502, 5000~5002 5006~5008, 5010~5013, 9999, 34962	502(MODBUS)
1428	이더넷 기능 선택 2	45237		45237
1429	이더넷 기능 선택 3	45238		45238
1430	이더넷 기능 선택 4	9999		9999
1432	통신 체크 시간 간격	1.5s	0 0.1~999.8s 9999	1.5s
1434	IP 첫 번째 숫자	0	0~255 인버터의 IP 설정	192
1435	IP 두 번째 숫자	0		168
1436	IP 세 번째 숫자	0		0
1437	IP 네 번째 숫자	0		10
1449	IP 첫 번째 숫자	0	0~255 인버터 제어 장치 PLC/PC의 IP	192
1450	IP 두 번째 숫자	0		168
1451	IP 세 번째 숫자	0		0
1452	IP 네 번째 숫자	0		1
1453	IP 세 번째 숫자	9999	0~255, 9999	0
1454	IP 네 번째 숫자	9999		100

Pr.1427 ~ 1430은 FR-E800에서 사용할 통신 프로토콜을 설정한다. 해당 파라미터에 설정된 프로토콜 중 1개를 선택해서 사용한다. MODBUS TCP를 사용하기 위해 Pr.1427에 502를 설정한다.

[표 15-24] 사용 가능한 통신 프로토콜 및 설정값

Pr.1427 ~ Pr.1430 설정값	통신 프로토콜	통신 방식
502	MODBUS TCP	TCP/IP
5000~5008	MELSOFT/FA 기기 접속	TCP/UDP
5010~5013	SLMP	TCP/UDP
34962	PROFINET	–
44818	Ethernet/IP	TCP/UDP
45237	iQSS	UDP
45238	CC-Link IE TSN	–
47808	BACnet/IP	UDP
61450	CC-Link IE 필드 Basic	UDP
9999	미선택	–

Pr.1432는 이더넷 TCP 통신의 Keepalive 기능을 사용하여 설정된 시간 간격으로 통신의 정상 상태를 확인하기 위한 패킷을 보낸다. 송신한 패킷에 대해 응답을 받지 못하면, 인버터는 상대기기와의 통신 케이블 단선으로 판정하고 통신을 차단한다. 9999를 설정하면 통신 체크 기능을 사용하지 않는 것이고, 0을 설정하면 이더넷 통신으로 모니터링 및 파라미터 읽기 등은 가능하지만, NET 운전모드로 변경하는 순간에 알람이 발생한다.

Pr.1434 ~ 1437에는 인버터의 IP를 설정한다. 그리고 Pr.1449 ~ 1454에는 인버터와 이더넷 통신으로 연결할 제어 장치인 PLC 또는 PC의 IP를 설정한다. 실습에서는 PC(IP:192.168.0.50)와 인버터를 연결해서 통신 테스트를 하고, PLC(IP:192.168.0.10)를 인버터와 연결해서 인버터를 제어한다. 따라서 인버터는 2개의 제어기기(PC와 PLC)의 지령을 수신할 수 있도록 해야 한다. 이런 경우에는 [그림 15-17]처럼 제어 장치의 IP 대역을 설정한다.

	Pr.1449	Pr.1450	Pr.1451	Pr.1452
이더넷 조작권 지정 IP	192	168	0	1

			Pr.1453	Pr.1454
이더넷 조작권 지정 IP 범위			9999	50

[그림 15-17] 인버터 제어를 위해 접속 가능한 장치의 IP 대역 설정

[그림 15-17]처럼 설정하면 인버터는 IP가 192.168.0.1 ~ 192.168.0.50인 제어기기로부터 지령을 수신하게 된다. 따라서 PLC와 PC의 IP가 이 범위에 포함되기 때문에 PC 또는 PLC로 인버터를 제어할 수 있다. 더 큰 범위의 IP를 지정한다면 Pr.1453에 범위를 지정할 0 ~ 255의 숫자를 설정하면 된다.

모드버스 통신을 위한 인버터의 내부 메모리 주소와 기능은 [실습과제 14-1]과 동일하다.

ezTerm을 이용한 인버터 동작 확인

인버터의 결선과 파라미터 설정이 끝나면, ezTerm을 이용해서 인버터 동작여부를 확인해보자. 인버터의 운전에 필요한 유지레지스터는 40014, 40009번지이다. ezTerm에서는 4자리 유지 레지스터 번지를 사용하기 때문에 다음과 같이 계산을 통해서 구할 수 있다.

- 운전주파수 설정 번지 : 40014 - 40001 = 13(0x000D)
- 운전지령 설정 번지 : 40009 - 40001 = 8(0x0008)

인버터의 운전은 운전주파수 설정과 운전지령으로 구성된다. 먼저 인버터를 60.00Hz로 운전을 한다고 가정하면 운전주파수 설정 번지 0x000D번지에 6000에 해당되는 0x1770을 설정한다. 그 다음에는 운전지령 설정 번지 0x0008에 [표 15-25]와 같이 비트별 제어를 위해 0x0002를 설정하면 인버터의 연결된 유도전동기는 회전하게 된다. 운전지령 설정 번지 0x0008에 0x0001 또는 0x0000을 설정하면 인버터는 유도전동기의 회전을 감속 정지한다.

[표 15-25] ezTerm을 사용한 인버터 동작 확인

<table>
<tr><th>순서</th><th colspan="2">내용</th></tr>
<tr><td>1</td><td>인버터 운전주파수 설정하기
인버터의 메모리 0x000D번지에 운전주파수 60Hz를 설정하기 위해 6000에 해당되는 16진수 0x1770을 설정한다. 모드버스 TCP 프로토콜에서 Unit ID는 0xFF를 설정한다</td><td>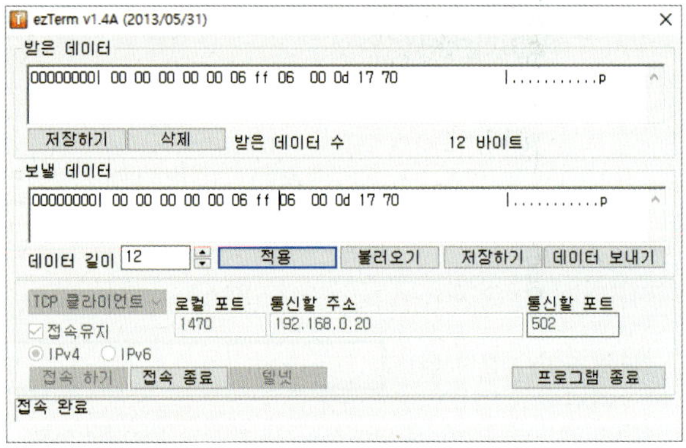
</td></tr>
<tr><td>2</td><td>인버터의 운전지령 설정하기
❶ 인버터의 메모리 0x0008번지에 정회전 운전을 위해 0x0002를 설정한다.
❷ 정지를 위해서는 0x0001 또는 0x0000을 설정한다.</td><td>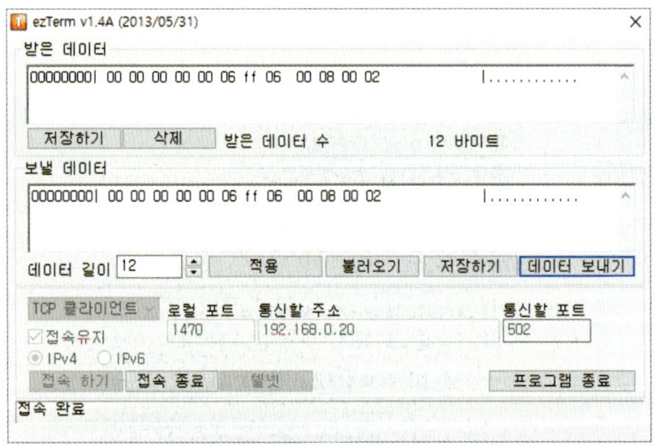
</td></tr>
<tr><td>3</td><td>인버터의 운전데이터 모니터링하기
인버터의 운전데이터를 모니터링하기 위해 0x00C8 ~ 0x00CA까지 3개의 모니터링 데이터를 읽어온다.</td><td>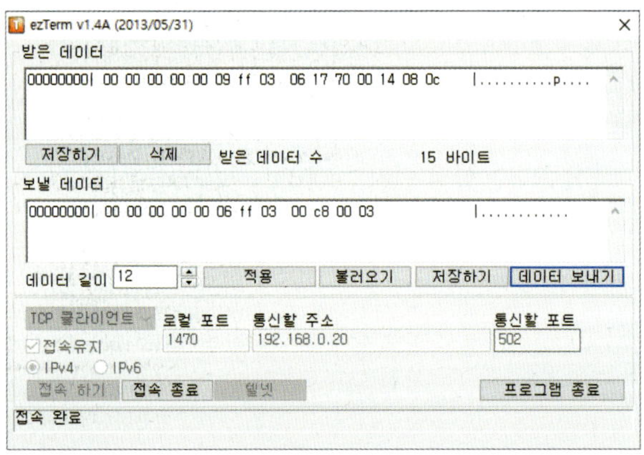
</td></tr>
</table>

PLC 프로그램 작성

모드버스 TCP로 인버터를 제어하기 위해 MB_CLIENT 명령어 3개를 사용해야 한다. 첫 번째 MB_CLIENT는 운전주파수를 설정하고, 두 번째 MB_CLIENT는 운전지령을 설정한다. 그리고 세 번째 MB_CLIENT는 운전데이터 모니터링을 한다. 따라서 MB_CLIENT에서 사용하는 모드버스 TCP를 위한 구조체 TCON_IP_v4를 명령어 각각에 [표 15-26]처럼 글로벌 DB에 설정해서 사용한다. 이때 구조체의 멤버에서 ID를 각각 다르게 설정한다.

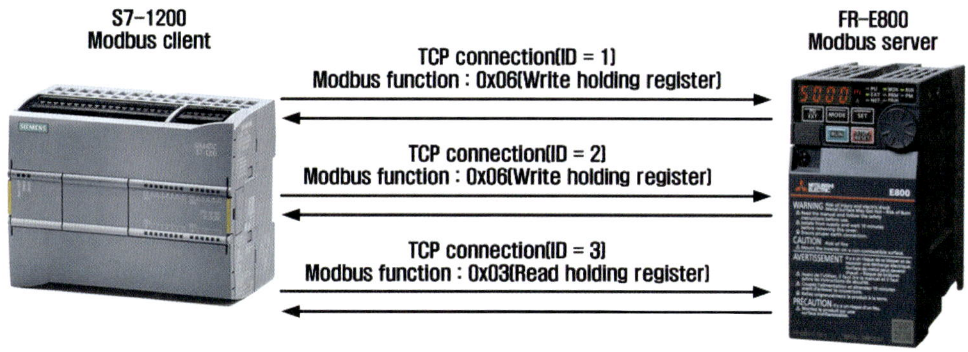

[그림 15-18] MB_CLIENT 명령어를 사용한 인버터와의 통신 절차

[표 15-26] MB_CLIENT에서 사용하는 TCON_IP_v4 구조체의 설정

<table>
<tr><th>순서</th><th colspan="2">내용</th></tr>
<tr><td>1</td><td>모드버스 TCP 커넥션하기
(ID = 1)
인버터의 운전주파수 설정을 위해 펑션코드 0x06을 사용한다.</td><td>
<table>
<tr><td>▼ SND_COM_01</td><td>TCON_IP_v4</td><td>0.0</td><td></td></tr>
<tr><td>InterfaceId</td><td>HW_ANY</td><td>0.0</td><td>64</td></tr>
<tr><td>ID</td><td>CONN_OUC</td><td>2.0</td><td>1</td></tr>
<tr><td>ConnectionType</td><td>Byte</td><td>4.0</td><td>11</td></tr>
<tr><td>ActiveEstablished</td><td>Bool</td><td>5.0</td><td>1</td></tr>
<tr><td>▼ RemoteAddress</td><td>IP_V4</td><td>6.0</td><td></td></tr>
<tr><td>▼ ADDR</td><td>Array[1..4] of Byte</td><td>6.0</td><td></td></tr>
<tr><td>ADDR[1]</td><td>Byte</td><td>6.0</td><td>192</td></tr>
<tr><td>ADDR[2]</td><td>Byte</td><td>7.0</td><td>168</td></tr>
<tr><td>ADDR[3]</td><td>Byte</td><td>8.0</td><td>0</td></tr>
<tr><td>ADDR[4]</td><td>Byte</td><td>9.0</td><td>20</td></tr>
<tr><td>RemotePort</td><td>UInt</td><td>10.0</td><td>502</td></tr>
<tr><td>LocalPort</td><td>UInt</td><td>12.0</td><td>0</td></tr>
</table>
</td></tr>
<tr><td>2</td><td>모드버스 TCP 커넥션하기
(ID = 2)
인버터의 운전지령 설정을 위해 펑션코드 0x06을 사용한다.</td><td>
<table>
<tr><td>▼ SND_COM_02</td><td>TCON_IP_v4</td><td>14.0</td><td></td></tr>
<tr><td>InterfaceId</td><td>HW_ANY</td><td>14.0</td><td>64</td></tr>
<tr><td>ID</td><td>CONN_OUC</td><td>16.0</td><td>2</td></tr>
<tr><td>ConnectionType</td><td>Byte</td><td>18.0</td><td>11</td></tr>
<tr><td>ActiveEstablished</td><td>Bool</td><td>19.0</td><td>1</td></tr>
<tr><td>▼ RemoteAddress</td><td>IP_V4</td><td>20.0</td><td></td></tr>
<tr><td>▼ ADDR</td><td>Array[1..4] of Byte</td><td>20.0</td><td></td></tr>
<tr><td>ADDR[1]</td><td>Byte</td><td>20.0</td><td>192</td></tr>
<tr><td>ADDR[2]</td><td>Byte</td><td>21.0</td><td>168</td></tr>
<tr><td>ADDR[3]</td><td>Byte</td><td>22.0</td><td>0</td></tr>
<tr><td>ADDR[4]</td><td>Byte</td><td>23.0</td><td>20</td></tr>
<tr><td>RemotePort</td><td>UInt</td><td>24.0</td><td>502</td></tr>
<tr><td>LocalPort</td><td>UInt</td><td>26.0</td><td>0</td></tr>
</table>
</td></tr>
</table>

3	**모드버스 TCP 커넥션하기** (ID = 3) 인버터의 운전데이터 모니터링을 위해 펑션코드 0x03을 사용한다.	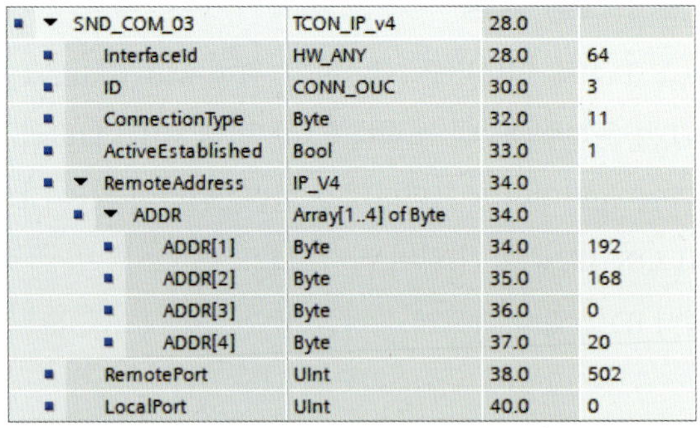
4	**시스템 클럭 메모리 설정하기** 인버터의 운전 데이터는 수시로 변경되기 때문에 시스템 클럭(10Hz)을 사용해서 100ms 간격으로 모니터링을 하기 위해 Device Configuration에서 시스템 클럭 메모리를 설정해서 사용한다.	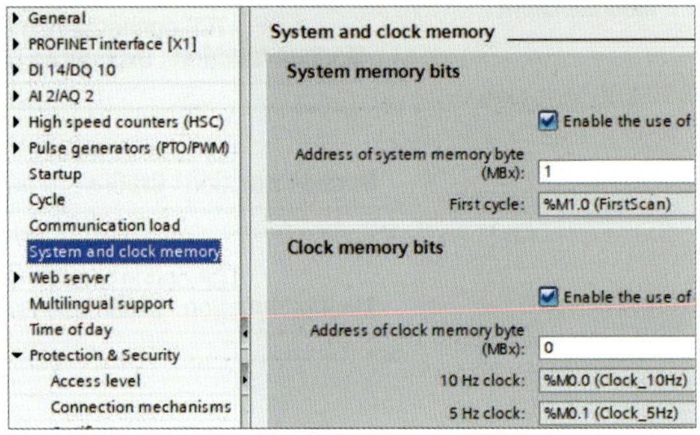

[표 15-27]은 인버터 제어를 위한 PLC 프로그램의 작성법을 나타낸 것이다.

[표 15-27] 인버터 제어를 위한 PLC 프로그램 작성

순서	내용	
1	**글로벌 DB 만들기** 인버터와 통신의 송수신에 필요한 데이터 메모리를 글로벌 DB에 작성한다.	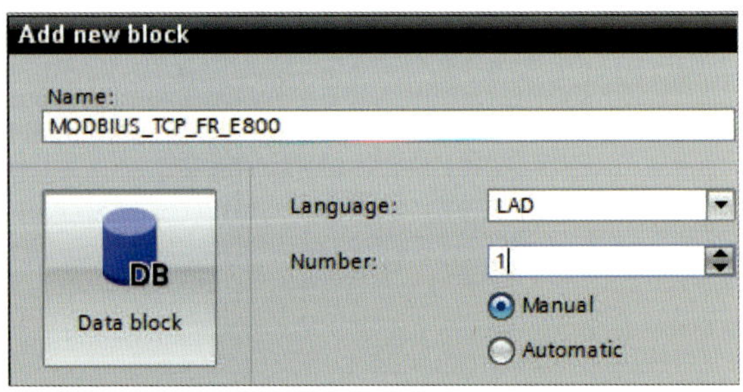
2	**글로벌 DB 메모리 설정하기** MB_CLIENT에 사용할 TCON_IP_v4의 구조체 3개, 인버터 운전주파수, 운전지령 모니터링을 위한 변수를 설정한다.	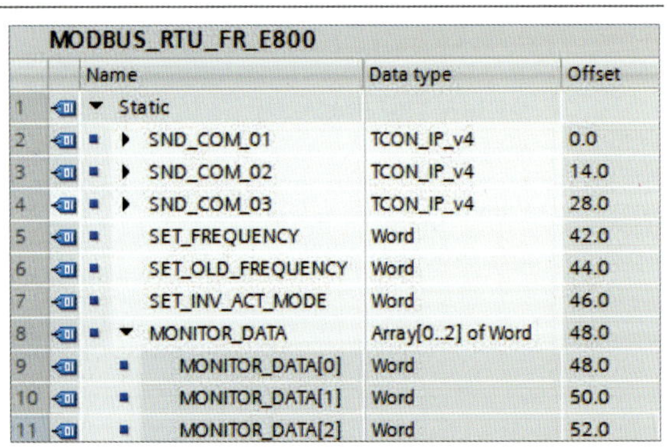

3

DB의 파라미터 변경하기

❶ [Program blocks] 폴더에 있는 DB를 선택한 후에 마우스 오른쪽 버튼을 클릭한다.

❷ 'Properties' 항목을 선택해서 나타난 창에서 'Optimized block access' 항목의 체크 표시를 해제한다.

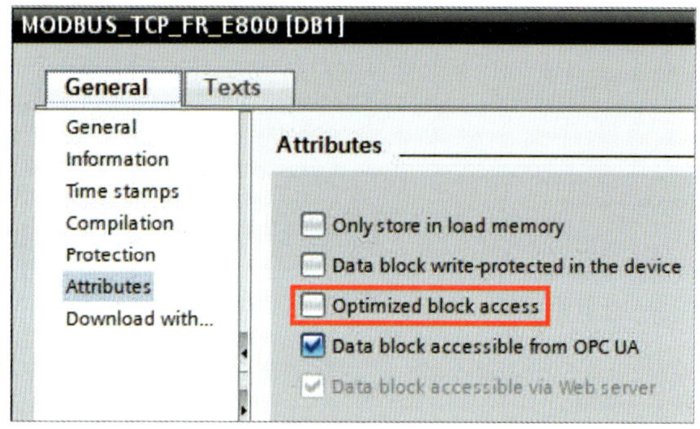

4

DB 컴파일하기

❶ 파라미터를 변경한 DB를 마우스 커서로 선택한 후에 컴파일을 실행한다.

❷ 컴파일이 정상 완료되면 해당 DB의 Offset에 변수에 할당되는 메모리 번지가 나타난다.

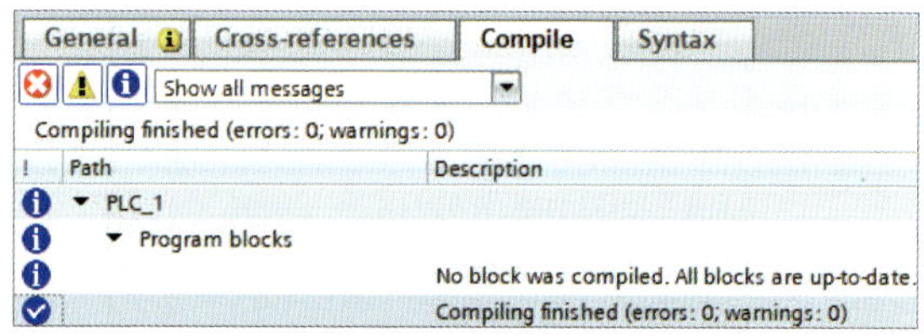

5

FB1 만들기

모드버스 TCP 통신으로 인버터를 제어하기 위한 FB를 만든다.

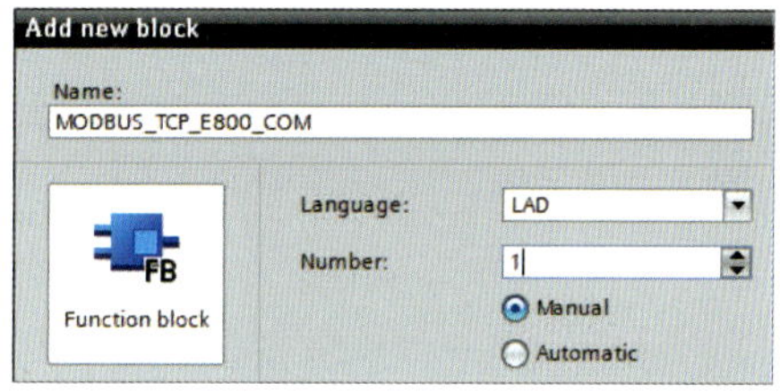

6

FB1의 내부 변수 설정하기

프로그램 작성에 필요한 변수를 설정한다. MB_CLIENT 명령어를 사용할 때 필요한 DB는 멀티플 인스턴스로 FB의 Static에 설정한다.

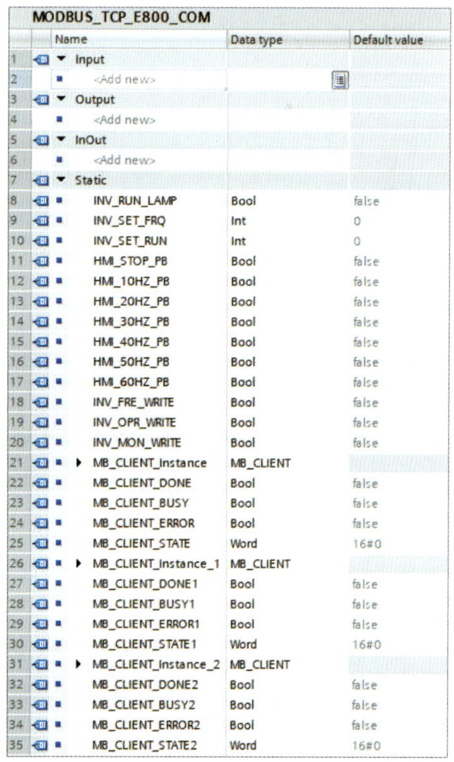

7	**FB1 프로그램 작성하기** (네트워크 1번) HMI에 작화된 버튼이 눌러지면 사전에 설정된 운전주파수를 설정한다.	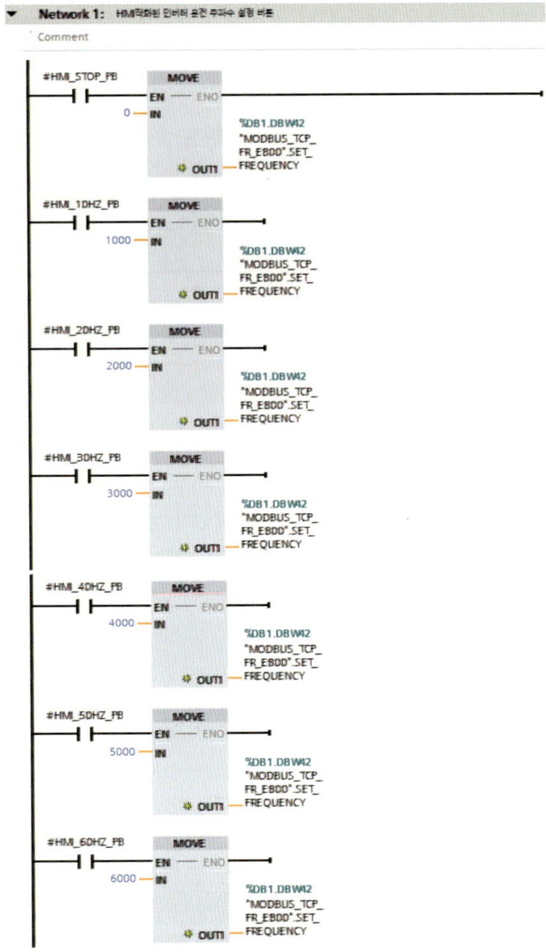
8	**FB1 프로그램 작성하기** (네트워크 2번) 네트워크 1번에서 설정한 운전주파수를 비교해서 0이 아니면 정회전 지령을 위해 2를 설정하고 0이면 정지를 위해 0을 설정한다. 그리고 이전의 운전주파수와 설정운전주파수를 비교해서 다르면 설정한 주파수를 이전의 운전주파수 변수에 저장한 후에 변경된 내용을 인버터에 전송하기 위한 비트 INV_FRE_WRITE를 ON한다.	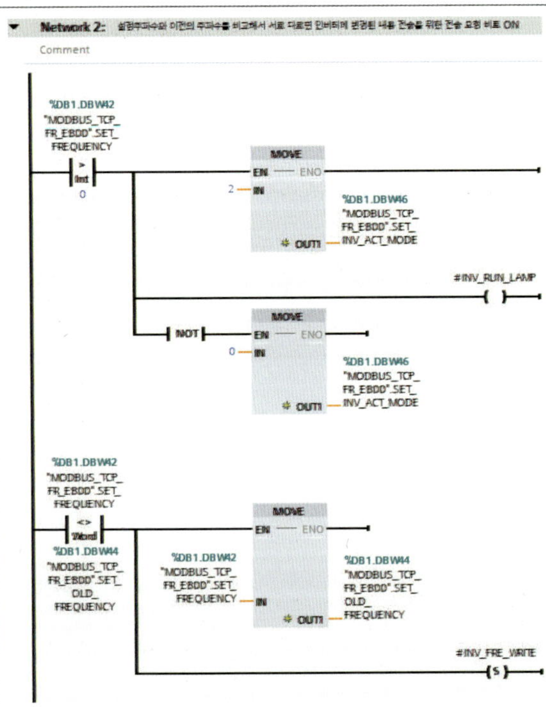

9	**FB1 프로그램 작성하기** (네트워크 3번) 운전주파수를 인버터로 전송하기 위해 MB_CLIENT를 사용한다. 해당 명령어를 운전주파수 설정이 변경될 때만 동작한다.	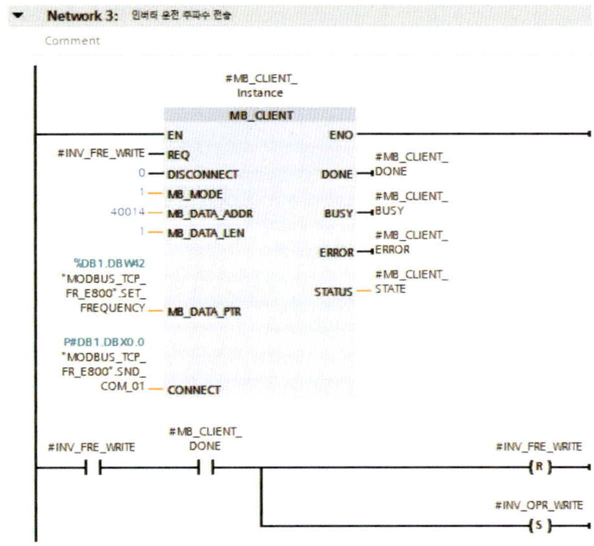
10	**FB1 프로그램 작성하기** (네트워크 4번) 운전지령을 인버터로 전송하기 위해 MB_CLIENT를 사용한다. 해당 명령어를 운전주파수 설정이 변경될 때만 동작한다.	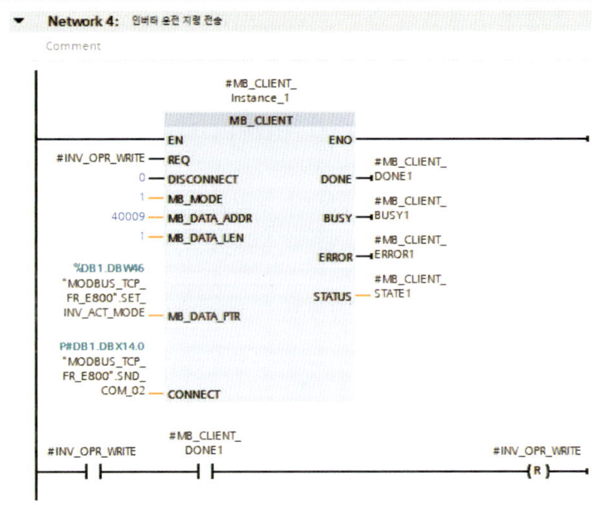
11	**FB1 프로그램 작성하기** (네트워크 5번) 100ms 간격으로 인버터의 운전 데이터를 모니터링하기 위해 MB_CLIENT 명령을 실행한다.	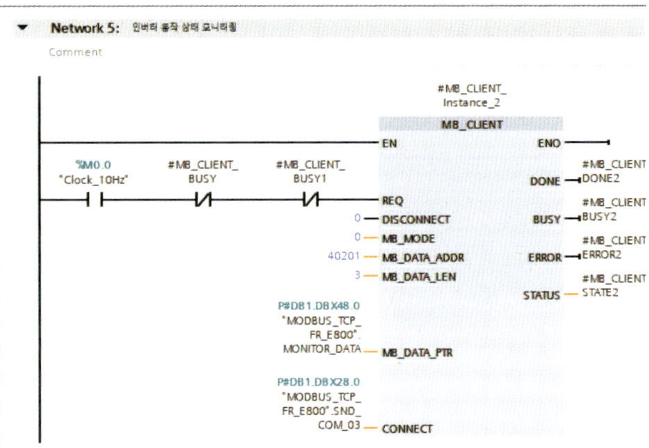

12 **FB1 저장 및 컴파일하기**

작성한 FB1을 저장한 후에 컴파일한다.

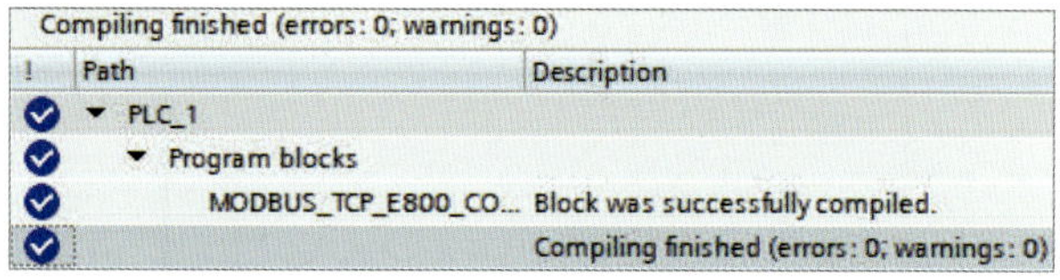

13 **OB1에서 FB1을 호출하기**

작성한 FB1을 OB1에서 호출하고 입력 변수를 설정한다.

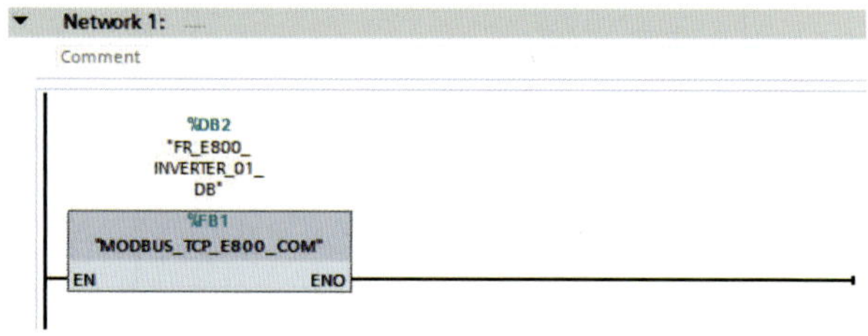

14 **OB1 저장 및 컴파일하기**

작성한 FB1을 저장한 후에 컴파일한다.

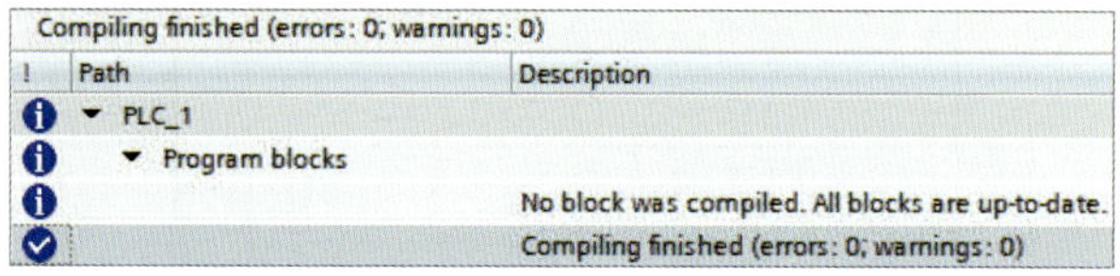

15 **HMI 작화하기(설정주파수 표시창)**

HMI에 I/O field 기능을 사용해서 인버터 제어를 위한 설정주파수 표시창을 만든다. Tag는 글로벌 DB에 설정한 SET_FREQUENCY를 사용한다. 그리고 소수점 설정인 Decimal places는 Tag 변수를 설정했을 때 기능이 활성화된다. 소수점도 자리를 차지하기 때문에 숫자 표시 형태는 소수점 포함 5자리로 설정한다.

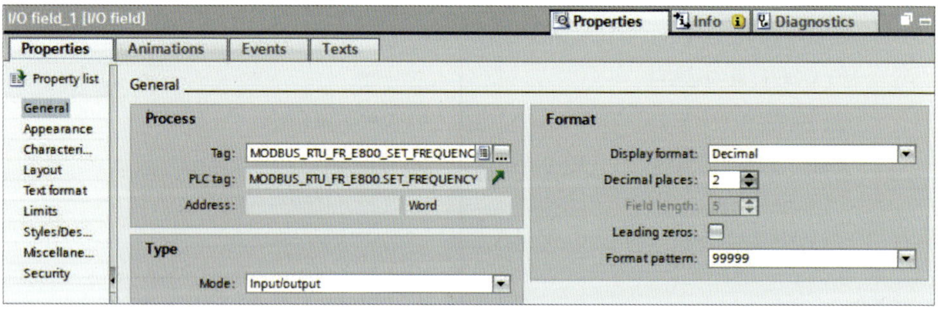

16 **HMI 작화하기(램프)**

인버터의 정지와 운전 상태를 나타내는 램프이다. 정지 상태에서는 녹색, 운전 중에는 적색으로 표시된다. Tag는 FB 내부 변수 INV_RUN_LAMP를 사용한다.

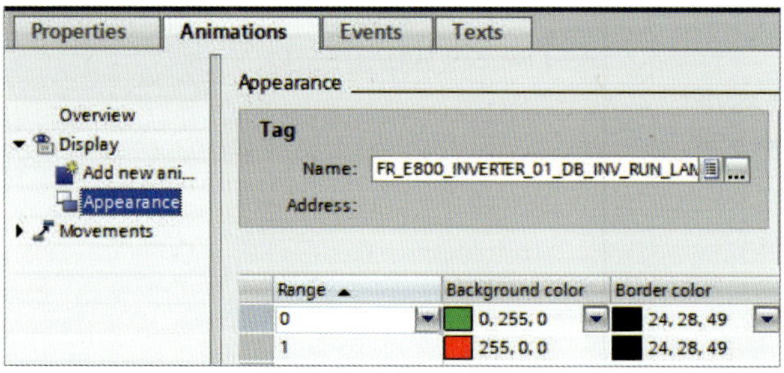

17	**HMI 작화하기(운전주파수 설정 버튼)** 인버터의 운전주파수 설정을 위한 7개의 버튼을 동일한 방법으로 작성한다. 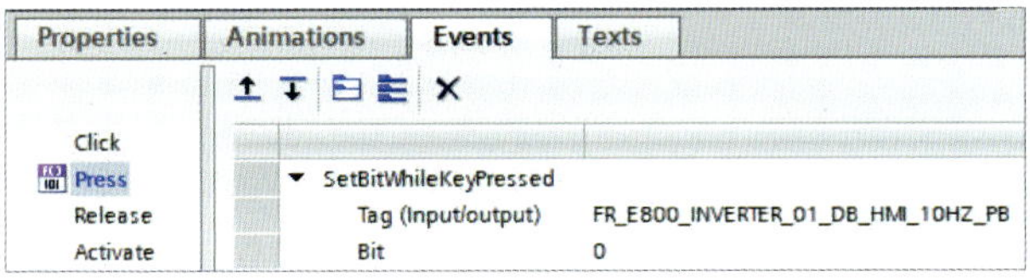
18	**HMI 작화하기(모니터용 숫자 표시창)** 인버터의 동작을 모니터링하는 숫자 표시창 3개를 동일한 방법으로 작화한다. 소수점 설정인 Decimal places는 Tag 변수를 설정했을 때 기능이 활성화된다. 소수점도 자리를 차지하기 때문에 숫자 4자리면 5개의 숫자 표시를 선택해야 한다. 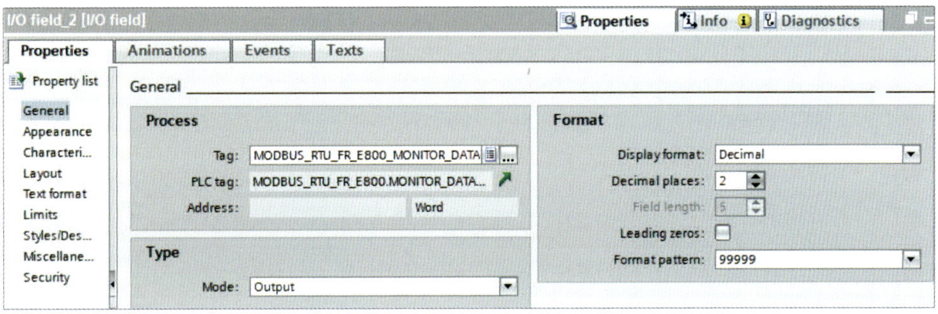
19	**PLC 재시작하기** 프로그램의 전송을 완료한 후에 Online으로 접속하고 CPU를 STOP으로 변경한 후에 RUN으로 재설정한다. 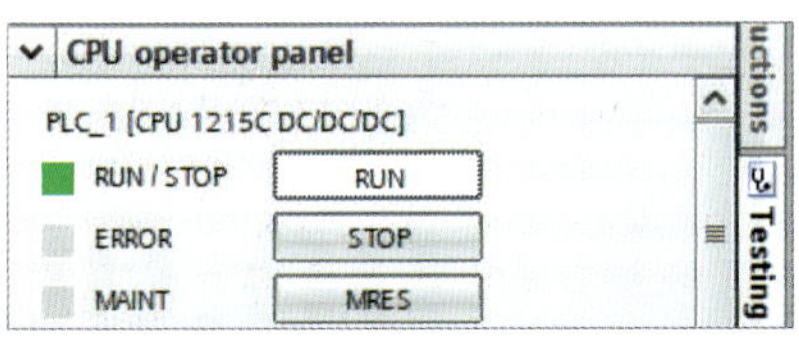

[표 15-28]은 인버터의 운전주파수 제어와 모니터링을 위한 HMI 화면을 나타낸 것이다.

[표 15-28] 인버터 제어를 위한 HMI 화면

번호	구분	기능	변수명	변수위치	구분	타입
❶	설정주파수 표시	숫자 표시	SET_FREQUENCY	글로벌 DB 변수	Static	Word
❷	운전 상태 표시	램프	INV_RUN_LAMP	FB_인스턴스	OUTPUT	Bool
❸	STOP 버튼	푸시버튼	HMI_STOP_PB	FB_인스턴스	INPUT	Bool
❸	주파수 설정(10Hz)	푸시버튼	HMI_10Hz_PB	FB_인스턴스	Static	Bool
❸	주파수 설정(20Hz)	푸시버튼	HMI_20Hz_PB	FB_인스턴스	Static	Bool
❸	주파수 설정(30Hz)	푸시버튼	HMI_30Hz_PB	FB_인스턴스	Static	Bool
❸	주파수 설정(40Hz)	푸시버튼	HMI_40Hz_PB	FB_인스턴스	Static	Bool
❸	주파수 설정(50Hz)	푸시버튼	HMI_50Hz_PB	FB_인스턴스	Static	Bool
❸	주파수 설정(60Hz)	푸시버튼	HMI_60Hz_PB	FB_인스턴스	Static	Bool
❹	운전주파수 표시	숫자 표시	MONITOR_DATA[0]	글로벌 DB 변수	Static	Word
❹	전류 표시	숫자 표시	MONITOR_DATA[1]	글로벌 DB 변수	Static	Word
❹	전압 표시	숫자 표시	MONITOR_DATA[2]	글로벌 DB 변수	Static	Word

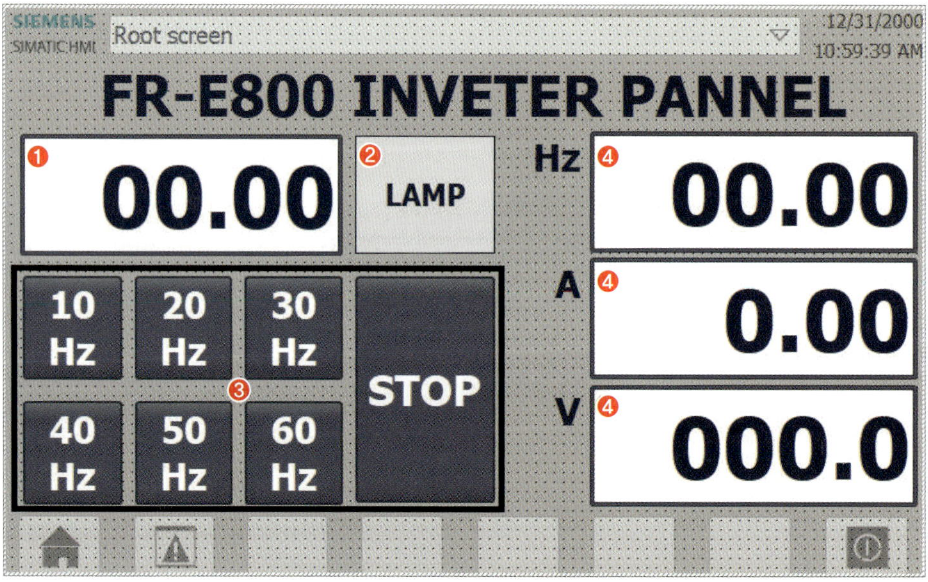

실습과제

15-4 모드버스 TCP로 인버터 및 아두이노와 통신하기

모드버스 TCP 통신으로 인버터를 제어하고 아두이노에 연결된 TM1637과 네오픽셀 램프를 제어해 인버터의 운전 데이터를 표시하는 프로그램의 작성법에 대해 살펴보자.

PLC와 인버터를 이더넷 케이블로 연결하고 모드버스 TCP 통신을 사용해서 인버터의 운전주파수를 제어한다.

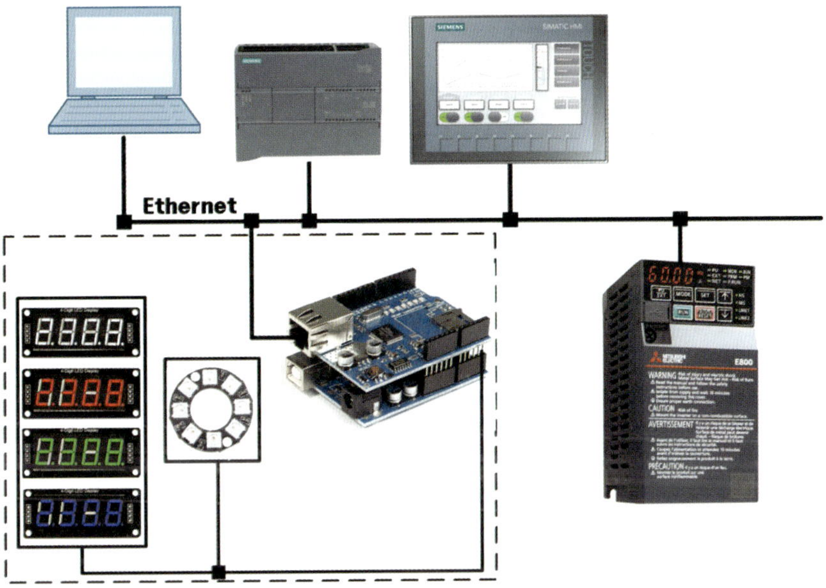

구분	IP	구분	IP
PC	192.168.0.50	인버터	192.168.0.20 / 502
PLC CPU	192.168.0.10	아두이노	192.168.0.100 / 502
HMI	192.168.0.11		

[그림 15-19] 인버터(FR-E800) 제어를 위한 시스템 구성

인버터의 제어와 모니터링을 위한 HMI 화면을 [실습과제 15-3]에서 사용한 [표 15-28]의 HMI 화면과 프로그램을 변경해서 사용한다. 인버터의 운전 데이터는 아두이노에 의해 제어되는 FND와 네오픽셀에 표시된다.

[표 15-29] 인버터 운전 데이터의 FND 및 네오픽셀 표시

구분	운전주파수	전류	전압	-	램프
표시	FND1	FND2	FND3	FND4	네오픽셀

PLC 프로그램 작성

[실습과제 15-3]의 내용에 아두이노로 인버터의 동작 상태와 네오픽셀 램프의 점등 데이터를 전송하기 위한 커넥션을 추가해야 한다. 따라서 [표 15-27]의 프로그램을 수정해서 사용한다. 아두이노로 데이터를 전송하기 위한 MB_CLIENT에 사용할 모드버스 TCP를 위한 구조체 TCON_IP_v4를 글로벌 DB에 추가해서 사용한다. 이때 구조체 멤버에서 ID는 4, ADDR은 192.168.0.100으로 설정한다.

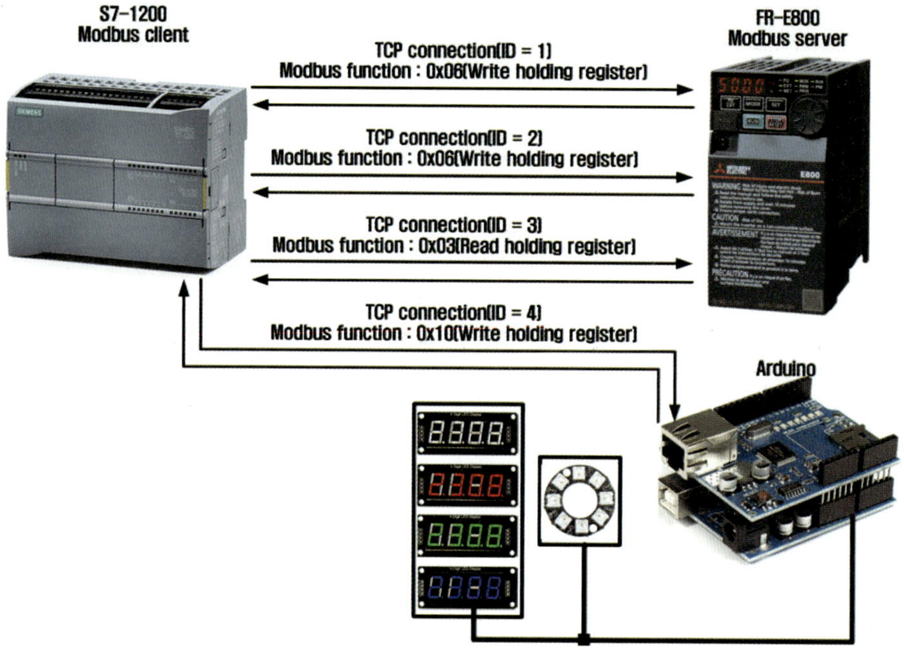

[그림 15-20] 인버터의 운전 데이터를 아두이노에 전송하기 위한 커넥션

[그림 15-21]에서 아두이노와 통신을 위한 TCP 커넥션이 추가로 필요하다. 따라서 [실습과제 15-3]에서 작성한 글로벌 DB에 [그림 15-21]의 TCP 커넥선 SND_COM4의 TCON_IP_v4의 구조체 변수를 추가하고 구조체 변수에서 ID를 4로 설정한다.

이름	데이터 타입	오프셋	값
▼ SND_COM_4	TCON_IP_v4	42.0	
InterfaceId	HW_ANY	42.0	64
ID	CONN_OUC	44.0	4
ConnectionType	Byte	46.0	11
ActiveEstablished	Bool	47.0	1
▼ RemoteAddress	IP_V4	48.0	
▼ ADDR	Array[1..4] of Byte	48.0	
ADDR[1]	Byte	48.0	192
ADDR[2]	Byte	49.0	168
ADDR[3]	Byte	50.0	0
ADDR[4]	Byte	51.0	100
RemotePort	UInt	52.0	502
LocalPort	UInt	54.0	0

[그림 15-21] 글로벌 DB에 아두이노 데이터 전송을 위한 구조체(TCON_IP_v4)의 설정

[표 15-30] 인버터 제어 및 운전 데이터 표시를 위한 PLC 프로그램 작성

순서	내용	
1	**글로벌 DB 만들기** 인버터와 통신의 송수신에 필요한 데이터 메모리를 글로벌 DB에 작성한다.	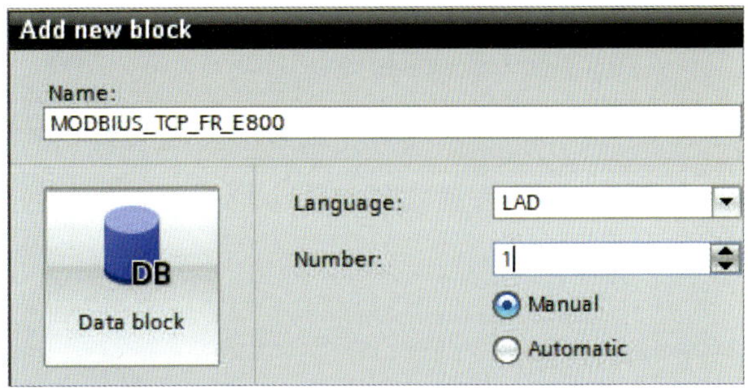
2	**글로벌 DB 메모리 설정하기** 아두이노에 인버터의 운전 데이터를 전송할 MB_CLIENT에 사용할 구조체(TCON_IP_v4)인 SND_COM4를 추가한다. 아두이노에 전송할 데이터를 저장할 4개의 워드 배열(ARDUINO_SND_DATAT)을 추가한다.	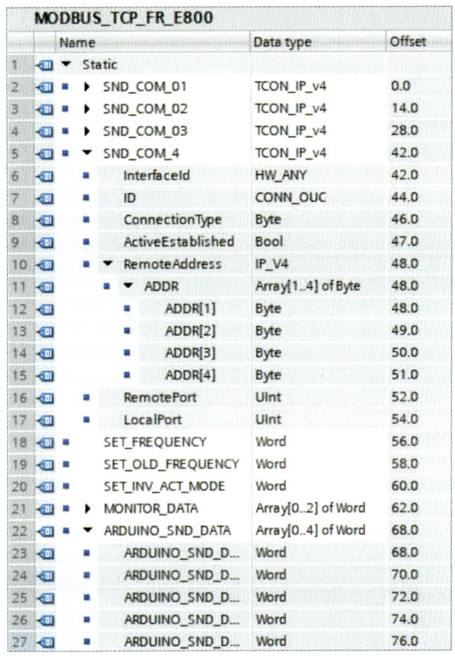
3	**DB의 파라미터 변경하기** ❶ [Program blocks] 폴더에 있는 DB를 선택한 후에 마우스 오른쪽 버튼을 클릭한다. ❷ 'Properties' 항목을 선택해서 나타난 창에서 'Optimized block access' 항목의 체크 표시를 해제한다.	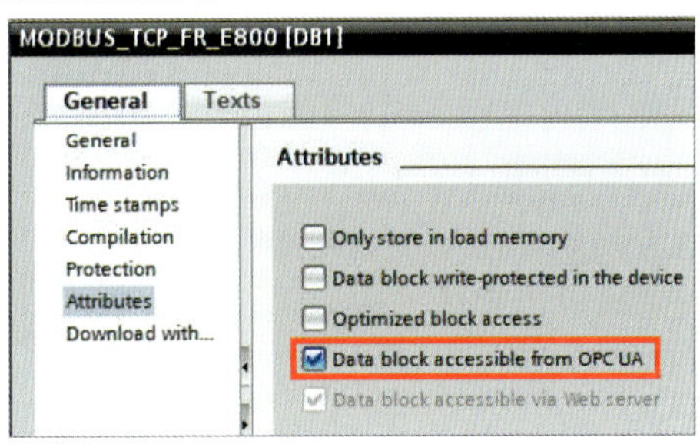
4	**DB 컴파일하기** ❶ 파라미터를 변경한 DB를 마우스 커서로 선택한 후에 컴파일을 실행한다. ❷ 컴파일이 정상 완료되면 해당 DB의 Offset에 변수에 할당되는 메모리 번지가 나타난다.	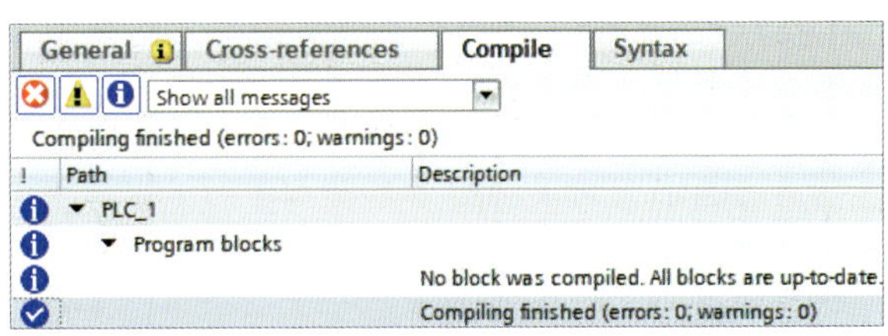

5	**FB1 만들기** 모드버스 TCP 통신으로 인버터를 제어하기 위한 FB를 만든다.	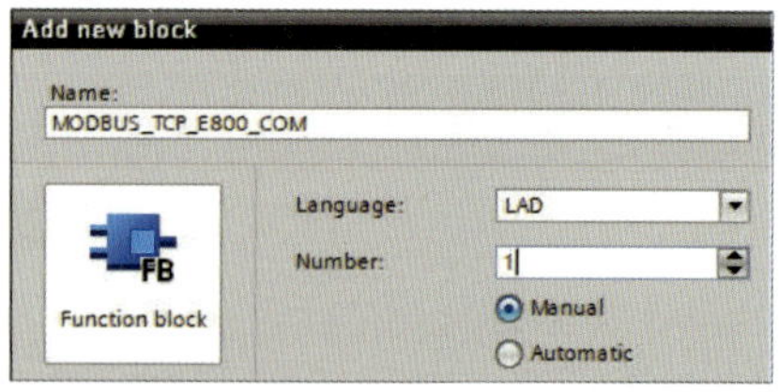
6	**FB1의 내부 변수 설정하기** 아두이노와 통신에 사용할 변수(36번 ~ 41번)를 추가한다. 인스턴스 항목은 MB_CLIENT 명령어를 사용할 때 DB 생성 방법을 멀티플 인스턴스로 설정하면 자동으로 생성된다.	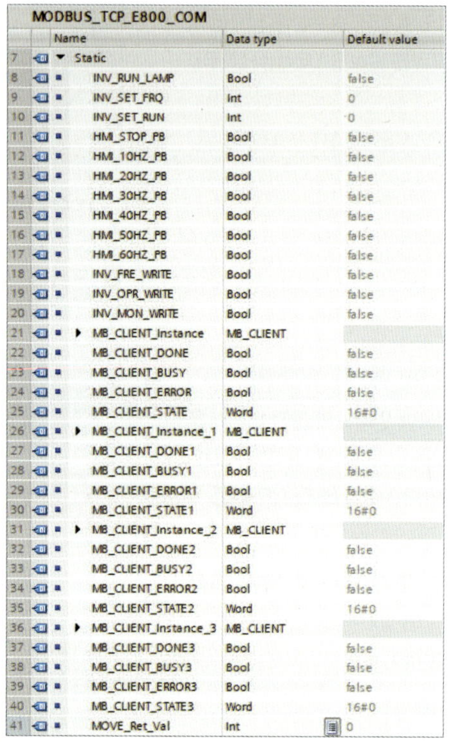
7	**FB1 프로그램 추가하기** (네트워크 6번) 네트워크 1번 ~ 5번까지는 [실습과제 15-3]과 동일하다. 네트워크 5번에서 MB_CLIENT에 의해 읽혀진 인버터의 운전 데이터를 아두이노로 전송하기 위해 운전 데이터를 복사한다. 인버터의 동작 상태를 네오픽셀 램프로 표시하기 위해, 인버터의 동작 상태가 정지 상태이면 녹색 램프 점등을 위해 2를 설정하고 인버터가 운전 상태이면 적색 점등을 위해 1을 설정한다.	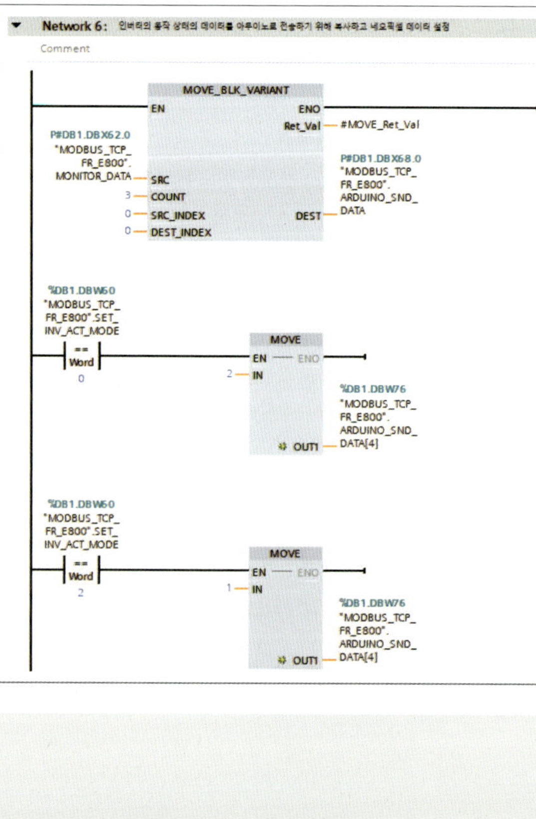

8	**FB1 프로그램 추가하기** (네트워크 7번) 아두이노에 인버터 운전 데이터를 전송하기 위한 MB_CLIENT이다. 5개의 연속 데이터를 전송하기 위해 펑션코드 0X10(16)을 사용하고, 아두이노의 시작 메모리 주소는 0x0000부터 5개의 데이터를 연속해서 전송한다.	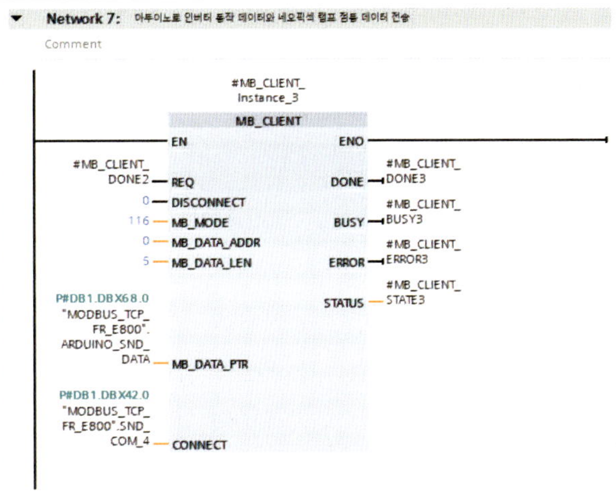
9	**FB1 저장 및 컴파일하기** 작성한 FB1을 저장한 후에 컴파일한다.	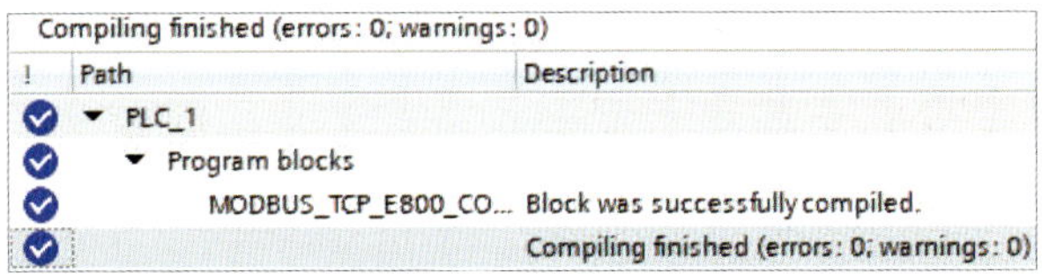
10	**OB1에서 FB1을 호출하기** 작성한 FB1을 OB1에서 호출하고 입력 변수를 설정한다.	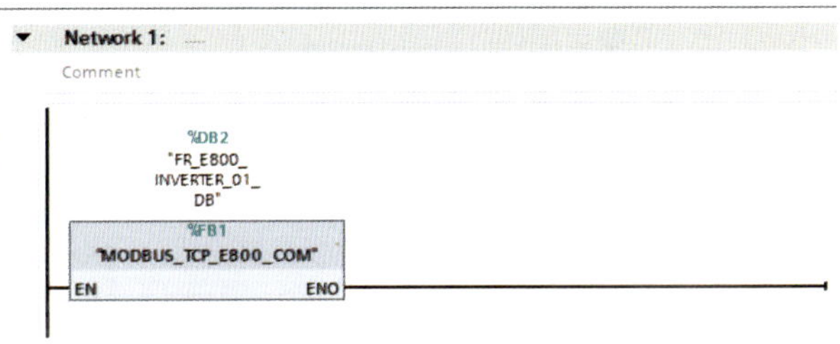
11	**OB1 저장 및 컴파일하기** 작성한 OB1을 저장한 후에 컴파일한다.	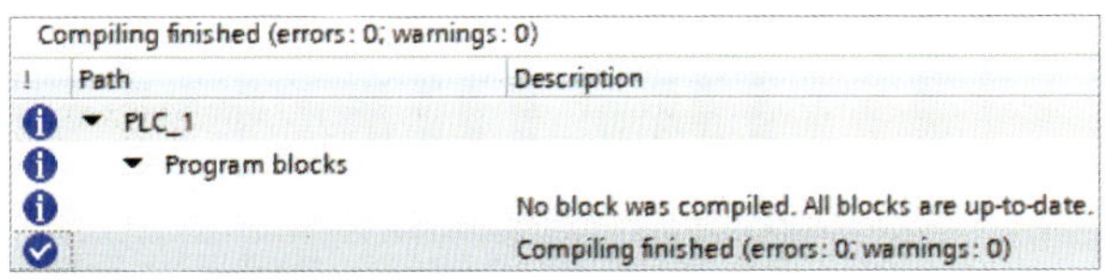
12	**PLC 재시작하기** 프로그램의 전송을 완료한 후에 Online으로 접속하고 CPU를 STOP으로 변경한 후에 RUN으로 재설정한다.	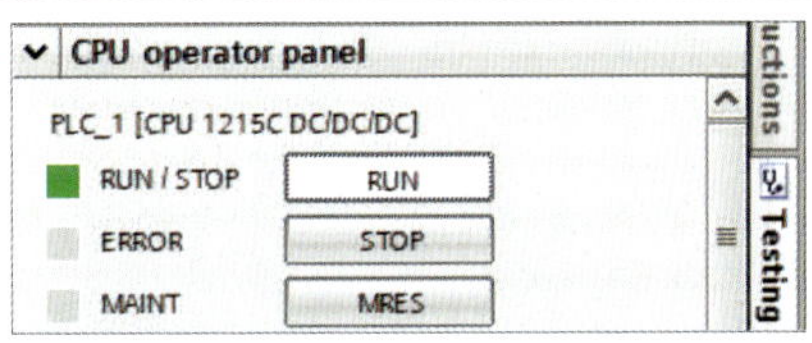

[표 15-31]은 인버터의 운전주파수 제어와 모니터링을 위한 HMI 화면을 나타낸 것이다.

[표 15-31] 인버터 제어를 위한 HMI 화면

번호	구분	기능	변수명	변수위치	구분	타입
❶	설정주파수 표시	숫자 표시	SET_FREQUENCY	글로벌 DB 변수	Static	Word
❷	운전 상태 표시	램프	INV_RUN_LAMP	FB_인스턴스	OUTPUT	Bool
❸	STOP 버튼	푸시버튼	HMI_STOP_PB	FB_인스턴스	INPUT	Bool
❸	주파수 설정(10Hz)	푸시버튼	HMI_10Hz_PB	FB_인스턴스	Static	Bool
❸	주파수 설정(20Hz)	푸시버튼	HMI_20Hz_PB	FB_인스턴스	Static	Bool
❸	주파수 설정(30Hz)	푸시버튼	HMI_30Hz_PB	FB_인스턴스	Static	Bool
❸	주파수 설정(40Hz)	푸시버튼	HMI_40Hz_PB	FB_인스턴스	Static	Bool
❸	주파수 설정(50Hz)	푸시버튼	HMI_50Hz_PB	FB_인스턴스	Static	Bool
❸	주파수 설정(60Hz)	푸시버튼	HMI_60Hz_PB	FB_인스턴스	Static	Bool
❹	운전주파수 표시	숫자 표시	MONITOR_DATA[0]	글로벌 DB 변수	Static	Word
❹	전류 표시	숫자 표시	MONITOR_DATA[1]	글로벌 DB 변수	Static	Word
❹	전압 표시	숫자 표시	MONITOR_DATA[2]	글로벌 DB 변수	Static	Word

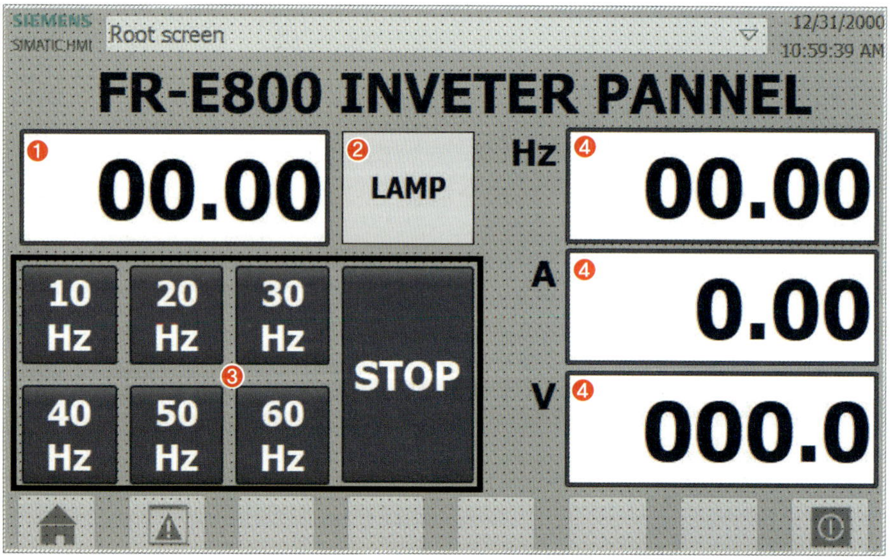

PART

07

이더넷 통신

CONTENTS

PART 07
들어가기 전에

1979년, 모디콘 사에 의해서 RS232C를 이용한 PLC 통신의 역사가 처음 시작되었다. 1990년대에는 RS485 통신을 이용한 필드버스 통신이 널리 사용되었고, 2000년대 후반부터 지금까지 산업용 이더넷이 대세로 자리를 잡게 되었다. 이더넷 통신은 시간 결정성 문제로 인해 산업용 통신으로는 적합하지 않다고 여겨졌지만, 이 문제가 해결되면서 이더넷이 사용하던 스위치와 라우터를 사용해 거의 무한정에 가까운 제어기기를 통신으로 연결할 수 있게 되었다.

새롭게 부각되고 있는 디지털 전환시대에 모든 사물이 유무선 통신망에 연결되는 초연결 사회를 구현하기 위한 통신망으로 이더넷이 주목받고 있다. 제조업에서도 현장에서 발생하는 다양한 데이터를 수집, 축적, 분석하여 AI를 사용한 설비의 진단과 예방보전을 하기 위한 기술을 도입하기 위해 노력하고 있다. 20년 전에는 산업용 네트워크에서는 여러 개의 통신 수단과 프로토콜이 필요했지만, 현재는 모든 산업용 네트워크는 이더넷으로 통합되어가고 있다.

PART 07에서는 이더넷 통신의 기본적인 개념과 함께 아두이노를 사용한 UDP/TCP 통신 방법에 대해 학습한다.

CHAPTER
16
이더넷 통신 살펴보기

자동화 산업현장에서 PLC 통신은 RS232C, RS422/485, 이더넷 통신이 혼재되어 사용되고 있지만, 점차 이더넷으로 통합되고 있는 추세이다. 산업용 이더넷 통신도 필드버스의 개념이 도입된 'PLC 전용 이더넷 통신'과 '일반 이더넷 통신'으로 양분화되어 있다. 이 장에서는 PLC에서 사용 가능한 이더넷 통신에 대해 살펴본다.

Keyword | 이더넷 통신 | IP 주소 | 포트 번호 | 소켓 통신 | UDP 통신 | TCP 통신 |

16.1 지멘스 PLC의 이더넷 통신

지멘스 S7-1200의 CPU에는 프로피넷 통신을 지원하는 이더넷 통신포트가 기본으로 장착되어 있다. 지멘스 PLC의 시스템은 [그림 16-1]처럼 CPU에서 제공하는 통신포트를 사용해 산업현장에서 사용하는 네트워크 구성을 필드Field 레벨, 제어Control 레벨, 관리Management 레벨로 구분하여 구성할 수 있다.

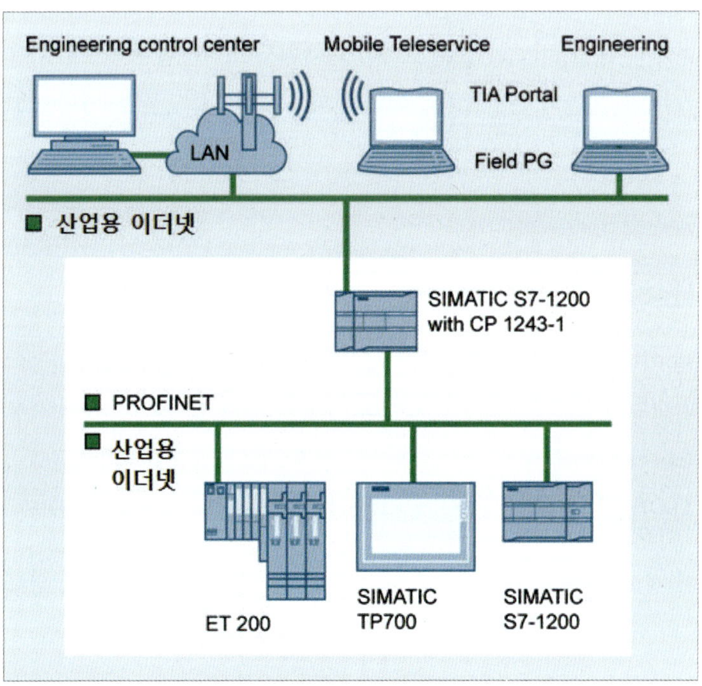

[그림 16-1] S7-1200 PLC의 이더넷 통신 계통도

2000년대 초반에 필드, 제어 레벨은 프로피버스를 이용한 네트워크 구성이 주류를 이루었지만, S7-1200과 S7-1500이 출시된 이후에는 필드, 제어, 관리 레벨 전체가 이더넷 통신을 사용하는 프로피넷으로 구성되고 있다.

16.1.1 산업용 이더넷 통신

이더넷 통신의 표준 프로토콜(TCP/IP, UDP/IP)은 주로 사무용으로 사용되었다. 여기에 산업용으로 사용하던 필드버스 프로토콜을 접목해서 산업 환경에 맞게 개량한 통신이 오늘날의 **산업용 이더넷**Industrial Ethernet **통신**이다.

필드 레벨과 제어 레벨에 사용하는 이더넷 통신은 시간 결정성[1] 문제를 해결하기 위해 PLC 제조사마다 각각 다른 이더넷 프로토콜을 사용하고 있다. 국내에서 많이 사용하는 산업용 이더넷 통신에는 Modbus-TCP, PROFINET, EtherNet/IP, CC-Link IE, EtherCAT, POWERLINK, RAPIEnet 등이 있다.

산업용 이더넷 통신은 일반 이더넷 통신과는 달리 연결 가능한 노드[2]의 개수에 제약이 있다. 산업용 이더넷 통신은 정해진 노드에 정확한 주기에 따라 고속 제어하는 것을 목적으로 하고 있기 때문이다. 최근에는 산업용 이더넷과 함께 무선 이더넷의 사용 범위도 점차 확대되어 가고 있는 추세이다. 무선 이더넷 통신은 제어의 목적보다는 스마트폰, 태블릿 PC와 같은 모바일 기기에서 모니터링 목적으로 활용된다. 하지만 무선 이더넷도 시간 결정성과 보안의 문제가 해결되면 제어의 목적으로도 사용 범위를 넓혀 갈 것이다.

16.1.2 지멘스 PLC에서 지원하는 통신 프로토콜

지멘스 PLC의 CPU에 장착되어 있는 이더넷 포트는 다양한 통신 프로토콜을 지원하는 소켓을 만들어 사용할 수 있다. 사용 가능한 소켓의 개수와 지원 프로토콜은 CPU의 모델에 따라 다르다. 실습에 사용하는 S7-1215C CPU는 32개의 소켓을 사용할 수 있고, 프로토콜은 TCP/IP, ISO-on-TCP(RFC1006), UDP, DHCP, DNS, SNMP, DCP, LLDP, 모드버스 TCP, OPC UA Server를 지원한다.

32개의 소켓은 용도별로 소켓의 수가 정해져 있다. 따라서 사용하는 PLC의 소켓 종류를 확인하기 위해서는 [그림 16-2]와 같이 TIA Portal의 하드웨어 구성에서 설치한 CPU를 더블 클릭하면 된다.

---

1 정해진 시간 내에 필요로 하는 데이터의 송수신 절차를 거쳐 원하는 결과를 얻는 것을 의미한다.

2 이더넷 네트워크에 연결되어 있는 컴퓨터, 제어기기와 같은 장비를 말한다.

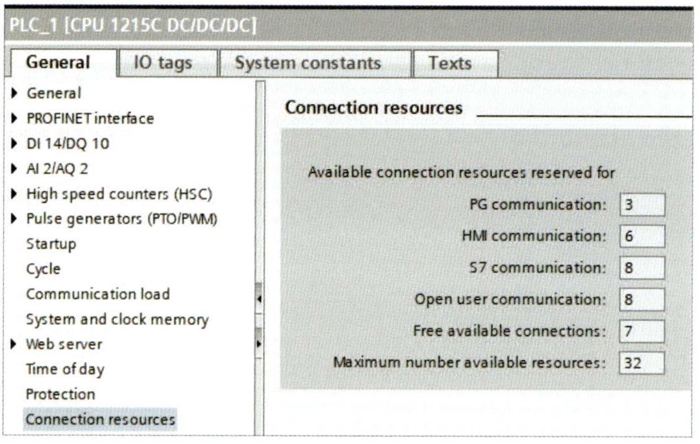

[그림 16-2] S7-1215C CPU의 소켓 종류 확인

[그림 16-3]처럼 TIA Portal에서 PLC와 Online 모드에서 [Device Configuration]을 선택하고, 상단 메뉴에서 [Network view] 탭을 선택하면 현재 사용되는 커넥션의 종류를 확인할 수 있다.

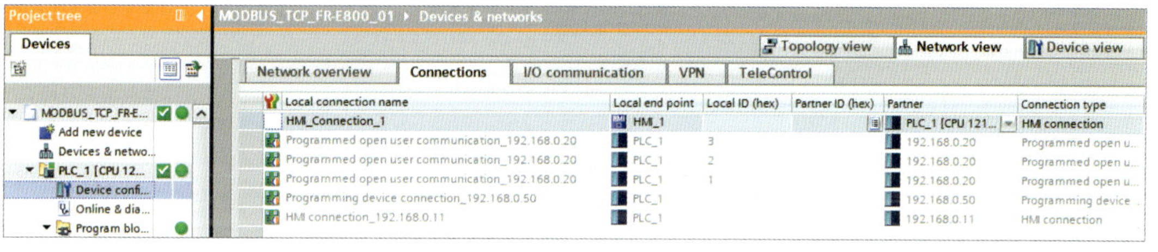

[그림 16-3] S7-1215C CPU에서 사용되는 이더넷 소켓

16.2 IP 주소와 포트 번호

네트워크에 연결되는 PC를 포함한 다양한 통신기기들은 각각을 구분할 수 있는 IP를 가지고 있어야 한다. IP^Internet Protocol^는 인터넷에서 사용하는 주소체계이며, 네 자리로 구분된 숫자로 구성되어 있다. 각각의 자리는 0 ~ 255까지 사용할 수 있고 IP는 0.0.0.0 ~ 255.255.255.255까지 2진수 8비트 4자리를 사용하기 때문에 2^{32}로 약 43억 개의 IP 주소를 표현할 수 있다. 4자리 수 IP 표현 방법을 IPv4라 하는데, 오늘날에는 이더넷에 연결되는 통신 기기의 숫자가 기하급수적으로 늘어서 6자리 수 IP 표현 방법인 IPv6을 사용하여 2^{128}개까지 표현할 수 있는 IP 주소를 사용한다. 산업용 통신에서는 IPv4를 사용한 IP를 사용한다.

16.2.1 IP 주소

인터넷을 사용하기 위해서는 반드시 IP 주소가 있어야 한다. 동일한 네트워크 내에서는 중복된 IP를 사용할 수 없으며, IP는 사용 목적과 방식에 따라 공인 IP 주소, 사설 IP 주소, 고정 IP 주소, 유동 IP 주소로 구분된다.

공인 IP

공인 IP는 인터넷에서 사용하는 IP 주소를 의미한다. 공인 IP 주소는 전 세계에서 유일하게 사용해야 하는 주소이기 때문에 전 세계의 인터넷 주소를 관리하는 국제인터넷주소관리기구ICANN에서 관리한다. 한국에서는 한국인터넷정보센터KRNIC에서 IP 주소를 할당하고 관리한다.

사설 IP

사설 IP는 인터넷과 연결하지 않는 독립적인 이더넷 네트워크에서 사용하는 IP 주소를 의미한다. 즉 인터넷 없이 이더넷을 사용해서 네트워크를 구성할 때 PC 또는 통신기기에 할당하는 IP이며, 각 클래스마다 사용할 수 있는 IP가 정해져 있다. 일반적으로 클래스 C에 할당된 IP를 주로 사용한다.

[표 16-1] IP 클래스

구분	IP
클래스 A	10.0.0 ~ 10.255.255.255
클래스 B	172.16.0.0 ~ 172.31.255.255
클래스 C	192.168.0.0 ~ 192.168.255.255

고정 IP

고정 IP는 IPSInternet Service Provider[3]에서 해당 사용자 전용으로 부여되는 IP로, 반납하기 전까지는 다른 장비에 부여할 수 없다. 공인 IP와 PLC에 할당하는 IP도 고정 IP에 해당된다. 고정 IP는 IP 인증, 웹 서버, 파일 서버, DB 서버 등을 운영하기 위한 용도로 사용한다.

유동 IP

유동 IP는 장비에 고정적으로 IP를 부여하지 않고 해당 장비를 사용할 때 자동으로 부여되는 IP 주소를 의미한다. 따라서 유동 IP를 사용할 때에는 IP를 자동으로 부여하는 기능을 가진 DHCP 서버를 필요로 한다.

---

3 인터넷 서비스를 제공하는 업체를 의미하며, 국내에는 KT, LG 유플러스, SK 브로드밴드와 같은 기업이 있다.

16.2.2 포트 번호

포트PORT 번호는 PC에서 실행되는 각각의 프로그램(프로세서 또는 서버)을 구분하기 위해 사용하는 번호로 0 ~ 65535를 사용할 수 있다.

[그림 16-4] 포트 번호의 동작 원리

PLC 프로그램을 작성하기 위해 사용하는 PC는 1대이고, 각각의 PC에 있는 LAN 포트에는 1개의 IP가 설정된다. PC에서 인터넷에 연결된 여러 개의 프로그램이 실행된다면 각각의 프로그램은 1개의 IP를 가지고 필요로 하는 데이터(패킷)를 송수신해야 한다. 이때 해당 데이터가 어떤 프로그램에서 사용되는지를 알고 있어야 하는데, 이 역할을 하는 것이 **포트 번호**이다. 포트 번호는 0 ~ 65535까지 사용할 수 있는데, IP를 관리하는 인터넷할당번호관리기관IANA에서 할당한 포트 번호는 [표 16-2]와 같이 3종류로 구분되고 공식이 아닌 경우에는 동적 포트Dynamic Port를 사용해야 문제가 발생하지 않는다.

[표 16-2] 포트 번호의 구분

잘 알려진 포트 (Well-known Port)	레지스터 포트 (Registered Port)	동적 포트 (Dynamic Port)
0 ~ 1023	1024 ~ 49151	**49152 ~ 65535**

16.3 소켓 통신

지멘스 PLC의 이더넷 통신은 TCP와 UDP 소켓SOCKET을 사용한 다양한 통신 방식을 지원한다. 이때 사용 가능한 소켓은 15개이다.

16.3.1 소켓의 정의

소켓은 사전적으로 '구멍', '연결', '콘센트'라는 의미를 가지고 있다. 그중에서 우리에게 친숙한 의미는 [그림 16-5]처럼 전기제품에 AC220V의 전원을 연결하는 소켓 또는 백열전구나 형광등을 연결하는 소켓이다.

(a) 소켓 접속

(b) 소켓과 전구

[그림 16-5] 전기적인 소켓의 개념

이더넷 통신의 소켓도 전기접속을 위한 소켓의 의미와 크게 다르지 않다. 통신에서의 소켓은 [그림 16-6]처럼 네트워크 환경에 의해 데이터를 송수신할 수 있도록 논리적으로 만들어진 연결부를 의미한다. 전기 소켓이 전기를 공급받기 위해 정해진 규격(소켓의 형상, 전기규격 등)에 맞게 만들어지듯이 네트워크의 소켓도 정해진 규약, 즉 통신을 위한 프로토콜에 맞게 만들어져야 한다.

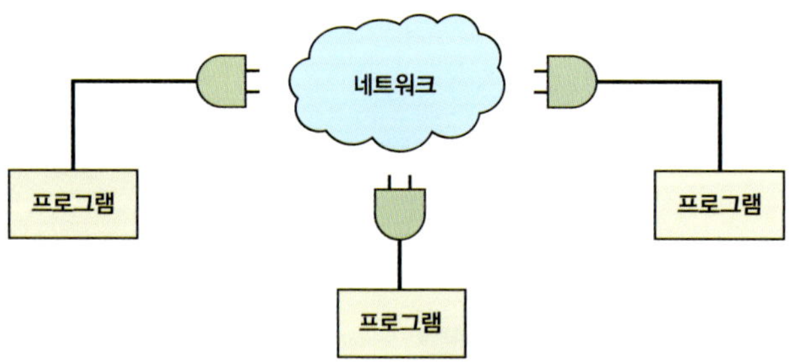

[그림 16-6] 네트워크 소켓의 개념

소켓을 이용한 통신을 할 때 가장 먼저 할 일이 소켓을 생성하는 것이다. 소켓은 TCP 소켓과 UDP 소켓을 구분해서 생성한다. 그리고 소켓이 생성되는 시점에는 연결대상에 대한 임의의 정보를 가지고 소켓을 만들고, 연결대상의 IP와 포트 번호를 지정한 후에 연결 요청을 할 때 소켓이 정상적으로 만들어져 동작하게 된다.

16.3.2 클라이언트 소켓과 서버 소켓

두 대의 기기가 이더넷 통신을 하기 위해서는 각각의 기기에서 데이터를 송수신할 수 있는 소켓을 만들어야 한다. UDP 통신에서는 소켓을 생성한 후에 연결 요청으로 상대기기와 통신할 소켓이 만들어져 데이터를 송수신할 상태가 이루어진다. 그런데 TCP 통신에서는 소켓을 통해 통신 연결을 요청하는 기기와 연결 요청을 받아들이는 기기의 역할이 구분되어 있다. 소켓을 통해 통신 연결을 요청하는 기기를 **클라이언트**Client라 하고 연결요청을 받아들이는 기기를 **서버**Server라 한다.

연결 요청을 하고 연결 요청을 받아들이는 과정을 **커넥션**이라 한다. 이때 연결을 받아들이는 서버 소켓에서 어떤 연결 요청(일반적으로 포트 번호를 식별)을 받아들일 것인지를 미리 정해놓은 후에, 클라이언트의 연결 요청을 대기하다가 연결 요청이 수신되었을 때 연결을 함으로써 데이터 송수신을 하게 된다. 따라서 클라이언트는 연결을 요청할 서버의 IP와 포트 번호를 알고 있어야 한다.

[그림 16-7] 클라이언트와 서버 소켓의 역할

클라이언트와 서버의 통신 절차

클라이언트와 서버가 어떤 절차를 거쳐서 통신을 하는지 [그림 16-8]을 가지고 살펴보자.

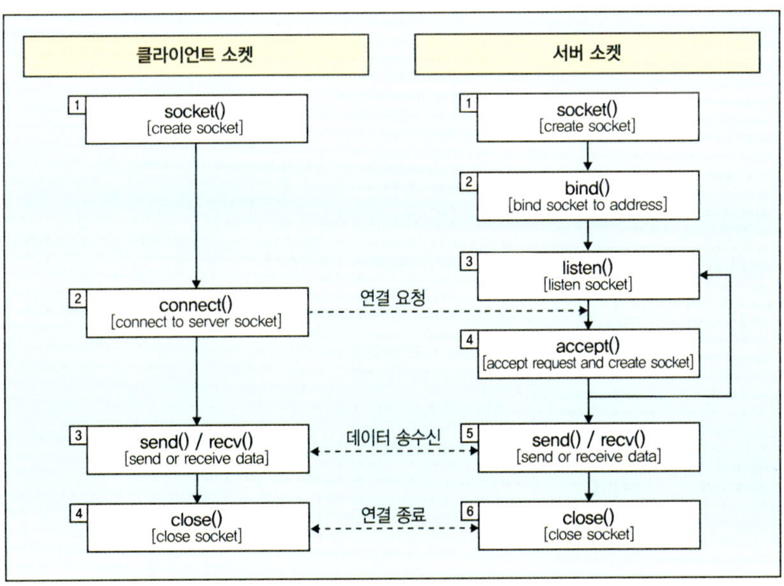

[그림 16-8] 클라이언트와 서버 소켓의 통신 절차

클라이언트로 지정된 기기는 첫 번째 소켓을 생성create한 후에 서버 측에 연결을 요청한다. 서버 소켓과 연결이 되면 데이터를 송수신한 후에 더 이상 데이터 송수신이 필요하지 않다면 소켓을 닫는다close.

서버 기기는 클라이언트에 비해 처리과정이 조금 복잡하다. 먼저 소켓을 생성하고, 다음으로 서버가 사용할 IP 주소와 포트 번호를 생성한 소켓에 결합Bind시킨다. 그러고 나서 클라이언트로부터 연결 요청의 수신을 대기Listen하고, 연결 요청이 수신되면 요청을 받아들여Accept 클라이언트와 데이터 송수신할 소켓을 완성한다. 소켓을 통해 클라이언트와 연결이 수립Established되면 클라이언트와 데이터를 송수신할 수 있게 된다. 데이터 송수신이 완료된 후에 더 이상의 데이터 송수신을 필요로 하지 않을 경우에 소켓을 닫는다.

TCP 통신

TCPTransmission Control Protocol는 연결지향 프로토콜이라 하고, 데이터를 보내면 그에 따른 응답이 오는 특성을 가지고 있다. 데이터의 신뢰도가 중요하다고 판단될 때 사용하는 통신 방식이다. TCP는 커넥션을 할 때 IP와 포트를 데이터에 실어 보내고 이후에는 데이터만 주고 받는다.

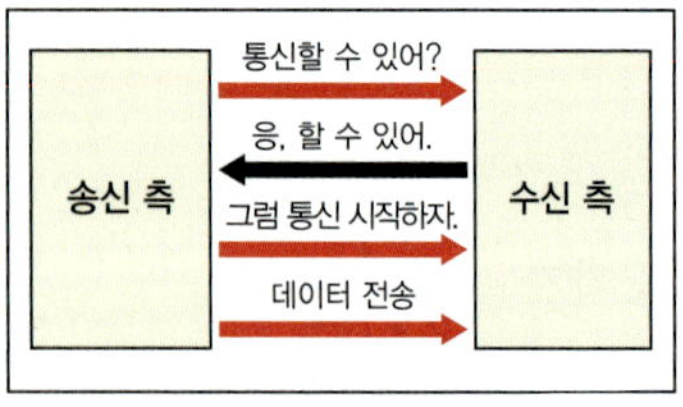

〈TCP Connection〉

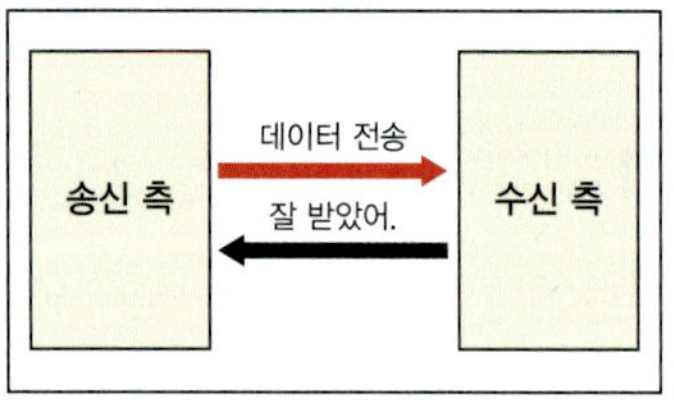

〈TCP Data 전송〉

[그림 16-9] TCP 통신 방식

UDP 통신

UDPUser Datagram Protocol는 비연결지향 프로토콜이라 하고, 데이터를 보내면 그에 따른 응답이 오지 않는 특성을 가지고 있다. 실시간 멀티미디어 같은 정보를 처리할 때 주로 사용하는 통신 방식이다. UDP는 데이터를 보낼 때마다 IP와 포트를 함께 보낸다.

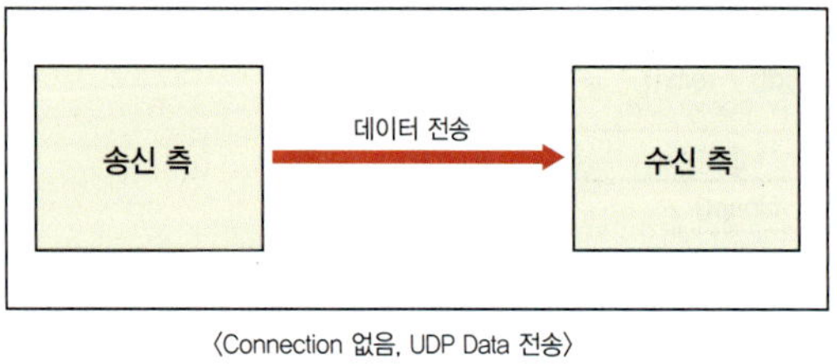

〈Connection 없음, UDP Data 전송〉

[그림 16-10] UDP 통신 방식

[표 16-3]은 TCP와 UDP 통신의 특징을 정리하여 나타낸 것이다.

[표 16-3] TCP와 UDP 통신의 특징

구분	UDP	TCP
연결 방식	비연결형 서비스	연결형 서비스
패킷 교환 방식	데이터그램 방식	가상 회선 방식
전송 순서	전송 순서 바뀔 수 있음	전송 순서 보장
수신 여부 확인	수신 여부 확인하지 않음	수신 여부 확인
통신 방식	1:1 , 1:n , N:N 통신	1:1 통신
신뢰성	낮다	높다
속도	빠르다	느리다

16.4 S7-1200 PLC의 UDP 및 TCP 통신 명령어

S7-1200 PLC에서 UDP와 TCP 통신에 사용하는 명령어를 살펴보자. 통신 명령어는 TIA Portal의 명령어 카탈로그에서 Communication의 [Open user communication] 폴더에 포함되어 있다.

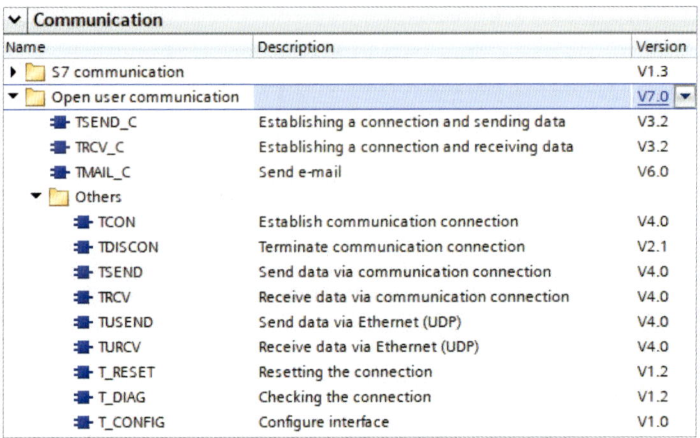

[그림 16-11] 이더넷 통신 명령어

실습에서 사용하는 TSEND_C와 TRCV_C는 UDP와 TCP 통신 양쪽 모두에 사용할 수 있는 명령어로, S7-1200 PLC의 CPU 펌웨어 버전이 4.0 이상인 경우에 사용할 수 있다. 명령어에 대한 자세한 설명은 TIA Portal에서 제공하는 매뉴얼을 참고하기 바란다.

TSEND_C와 TRCV_C

TSEND_C와 TRCV_C 명령어는 비동기식으로 실행될 때 내부적으로 TCON, TSEND, T_DIAG, T_RESET, TDISCON 명령어를 사용해서 통신 연결 구성 및 설정, 기존 통신 연결을 통한 데이터 전송, 통신 연결 끊기 기능을 수행한다.

[표 16-4] TSEND_C 명령어의 구조

TSEND_C 블록	변수명	기능		데이터 타입
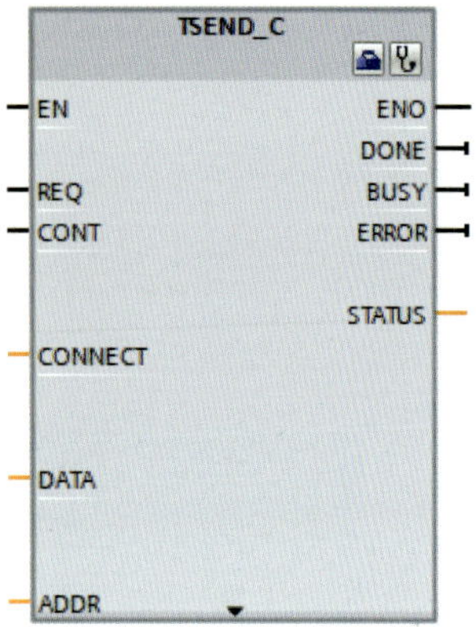	REQ	명령 실행 입력		BOOL
	CONT	통신 연결 제어	0 : 통신 연결 차단	BOOL
			1 : 통신 연결 유지	
	CONNECT	통신 연결 구조체 포인터 설정		VARIANT
	DATA	전송할 데이터 포인터 설정		VARIANT
	ADDR	UDP 통신 수신자 주소정보 포인터		VARIANT
	DONE	실행 완료 비트(1 스캔 동안 ON)		BOOL
	BUSY	전송 중		BOOL
	ERROR	에러 발생		BOOL
	STATUS	에러 및 동작 상태 코드		WORD

[표 16-5] TRCV_C 명령어의 구조

TRCV_C 블록	변수명	기능		데이터 타입
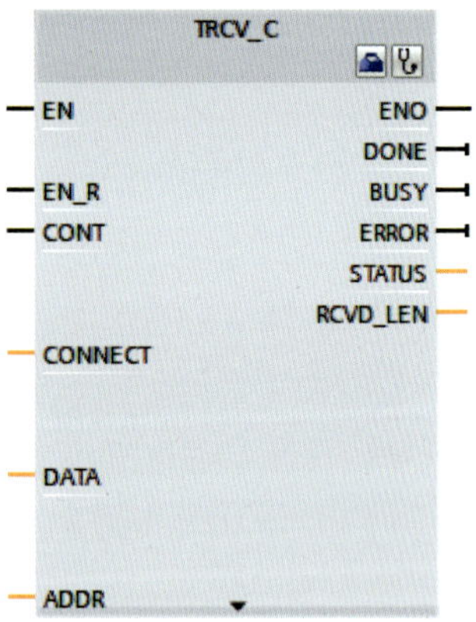	EN_R	수신 활성		BOOL
	CONT	통신 연결 제어	0 : 통신 연결 차단	BOOL
			1 : 통신 연결 유지	
	CONNECT	통신 연결 구조체 포인터 설정		VARIANT
	DATA	수신 메모리 포인터 설정		VARIANT
	ADDR	UDP 통신 커넥션 매개변수 포인터		VARIANT
	DONE	실행 완료 비트(1 스캔 동안 ON)		BOOL
	BUSY	전송 중		BOOL
	ERROR	에러 발생		BOOL
	STATUS	에러 및 동작 상태 코드		WORD
	RCVD_LEN	수신 데이터 바이트 개수		UDINT

[표 16-6] TSEND_C, TRCV_C 명령어의 동작 상태 코드

상태 코드	원인	상태 코드	원인
0000	에러 없이 전송 완료	7002	커넥션 연결 중
0001	커넥션 연결 완료	7003	커넥션 연결 종료 중
0003	커넥션 연결 차단	7004	전송 대기(커넥션 연결 상태)
7000	전송 대기(커넥션 차단 상태)	7005	전송 중
7001	커넥션 연결 시작	7006	수신 중(TRCV_C만 해당)

TCON

TCON은 UDP, TCP 통신의 커넥션을 위한 명령어이다. TDISCON 명령이 실행되거나 CPU가 STOP 모드로 변경되면 커넥션이 차단되는데, 이때 커넥션을 다시 연결하려면 TCON을 다시 실행해야 한다.

[표 16-7] TCON 명령어의 구조

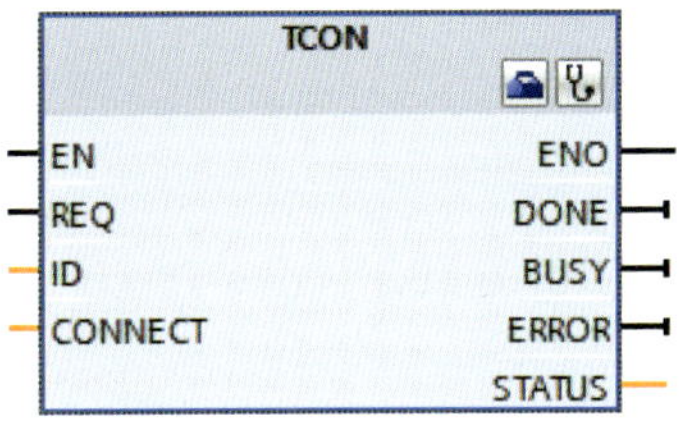

TCON 블록	변수명	기능	데이터 타입
	REQ	명령 실행 입력	BOOL
	ID	커넥션 ID 번호(자동 설정)	BOOL
	CONNECT	통신 연결 구조체 포인터 설정	VARIANT
	DONE	실행 완료 비트(1 스캔 동안 ON)	BOOL
	BUSY	전송 중	BOOL
	ERROR	에러 발생	BOOL
	STATUS	에러 및 동작 상태 코드	WORD

TDISCON

TDISCON은 UDP, TCP 통신의 **커넥션 차단**을 위한 명령어이다. TDISCON 명령이 실행되거나 CPU가 STOP 모드로 변경되면 커넥션이 차단되는데, 이때 커넥션을 다시 연결하려면 TCON을 다시 실행해야 한다.

[표 16-8] TDISCON 명령어의 구조

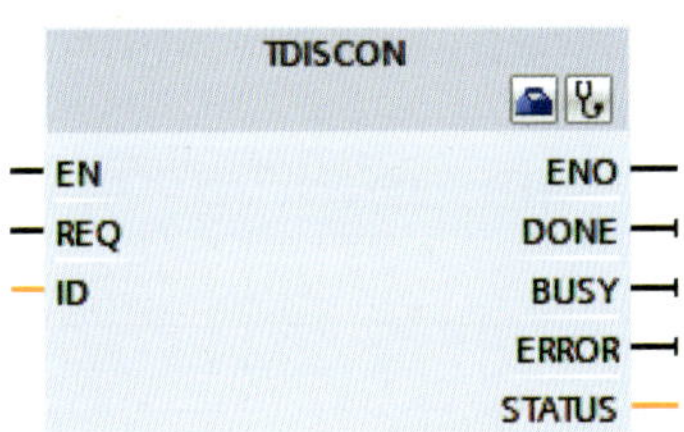

TDISCON 블록	변수명	기능	데이터 타입
	REQ	명령 실행 입력	BOOL
	ID	커넥션 ID 번호(자동 설정)	BOOL
	CONNECT	통신 연결 구조체 포인터 설정	VARIANT
	DONE	실행 완료 비트(1 스캔 동안 ON)	BOOL
	BUSY	전송 중	BOOL
	ERROR	에러 발생	BOOL
	STATUS	에러 및 동작 상태 코드	WORD

T_RESET

T_RESET은 모든 연결(TCP, UDP, ISO-on-TCP)에 해당되는 ID에 지정된 **커넥션의 연결을 재설정**하는 명령어이다. 해당 명령어로 차단된 커넥션은 상대 기기에서 재접속을 하면 TCON 명령어를 새롭게 실행하지 않아도 커넥션이 이루어진다.

[표 16-9] T_RESET 명령어 구조

T_RESET 블록	변수명	기능	데이터 타입
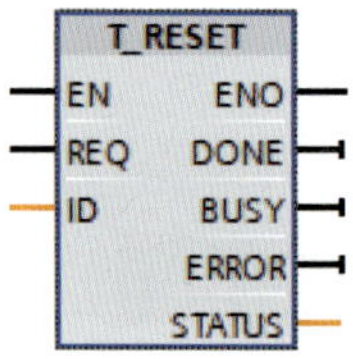	REQ	명령 실행 입력	BOOL
	ID	커넥션 ID 번호(자동 설정)	BOOL
	DONE	실행 완료 비트(1 스캔 동안 ON)	BOOL
	BUSY	전송 중	BOOL
	ERROR	에러 발생	BOOL
	STATUS	에러 및 동작 상태 코드	WORD

T_DIAG

T_DIAG는 [표 16-11]의 구조체를 사용해, 커넥션으로 연결된 상대기기의 통신에 사용된 프로토콜 종류, 연결 상태 및 주고받은 데이터 수 등을 확인할 수 있다.

[표 16-10] T_DIAG 명령어 구조

T_DIAG 블록	변수명	기능	데이터 타입
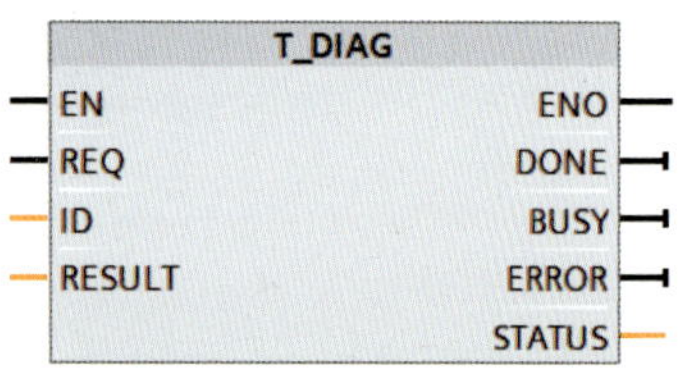	REQ	명령 실행 입력	BOOL
	ID	커넥션 ID 번호	BOOL
	RESULT	구조체 설정(별도의 DB 지정)	TDiag_Status
	DONE	실행 완료 비트(1 스캔 동안 ON)	BOOL
	BUSY	전송 중	BOOL
	ERROR	에러 발생	BOOL
	STATUS	에러 및 동작 상태 코드	WORD

[표 16-11] T_DIAG의 RESULT 입력에 사용되는 TDiag_Status 구조체

명칭	멤버	데이터 타입	
TDiag_Status	InterfaceId	HW_ANY	하드웨어 장치 ID
	ID	CONN_OUC	커넥션 번호
	ConnectionType	Byte	**사용 프로토콜** 0x01 : 사용하지 않음 0x0B : TCP(IP_v4) 0x13 : UDP 0x70 : S7 connection
	ActiveEstablished	Bool	0 : Server 연결 , 1 : Client 연결
	State	Byte	**연결 상태 확인** 0x03 : 연결 대기 중 0x04 : 연결 중
	Kind	Byte	0x03 : TCON, TDISCON에 의한 커넥션
	SendBytes	UDInt	송신 데이터의 바이트 수
	ReceivedBytes	UDInt	수신 데이터의 바이트 수

T_CONFIG

T_CONFIG는 프로그램을 실행하는 과정에서 실시간으로 이더넷 통신과 관련된 프로토콜, IP, 서브넷 마스크, 라우터 주소, 프로피넷 설정 및 장치 이름 할당 등을 변경할 때 사용하는 명령어다.

[표 16-12] T_CONFIG 명령어의 구조

T_CONFIG 블록	변수명	기능	데이터 타입
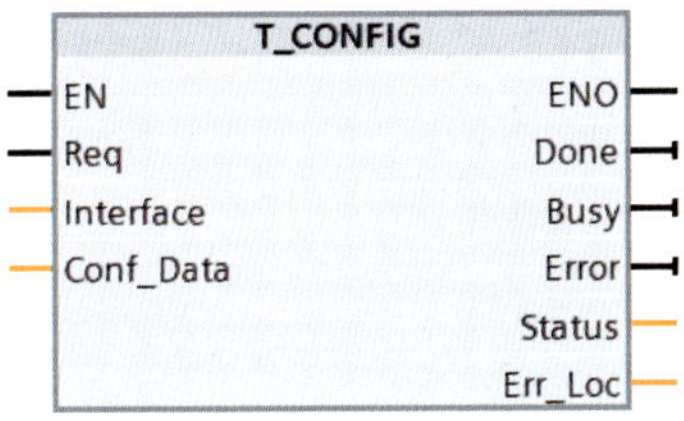	REQ	명령 실행 입력	BOOL
	Interface	HW_INTERFACE	BOOL
	Conf_Data	구조체 설정(별도의 구조체 지정)	사용자 설정
	DONE	실행 완료 비트(1 스캔 동안 ON)	BOOL
	BUSY	전송 중	BOOL
	ERROR	에러 발생	BOOL
	Status	에러 및 동작 상태 코드	DWORD
	Err_Loc	0 : 명령어 실행할 때 오류 발생	DWORD
		〉0 : 구조체 내용 설정 오류 발생	

TSEND

TSEND는 TCON 명령어로 만들어진 커넥션을 사용해 사용자가 설정한 **데이터를 전송**하는 명령어이다. LEN의 입력이 '0'으로 설정되면 최대 8192바이트를 전송할 수 있다.

[표 16-13] TSEND 명령어의 구조

TSEND 블록	변수명	기능	데이터 타입
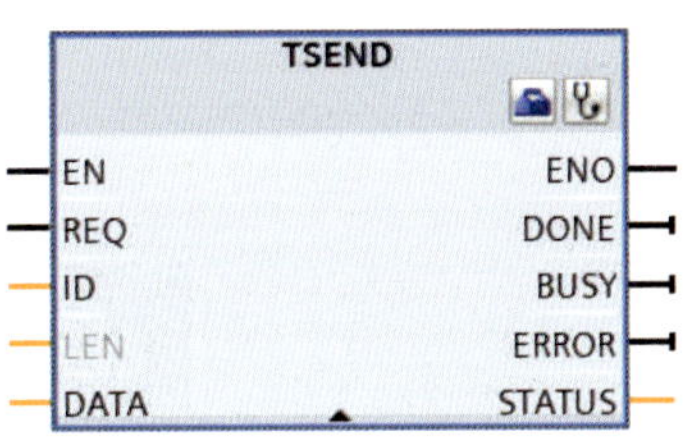	REQ	명령 실행 입력	BOOL
	ID	커넥션 ID	CONN_OUC
	LEN	전송 가능한 최대 바이트 수	UINT
	DATA	전송할 데이터	VARIANT
	DONE	실행 완료 비트(1 스캔 동안 ON)	BOOL
	BUSY	전송 중	BOOL
	ERROR	에러 발생	BOOL
	Status	에러 및 동작 상태 코드	WORD

TRCV

TRCV는 TCON 명령어로 만들어진 커넥션을 사용해 사용자가 설정한 **데이터를 수신**하는 명령어이다. LEN의 입력은 '0'으로 설정되어 있으면 수신 가능한 바이트 수는 8192이고 LEN의 입력은 별도의 조건이 없다면 0으로 설정한다.

[표 16-14] TRCV 명령어의 구조

TRCV 블록	변수명	기능	데이터 타입
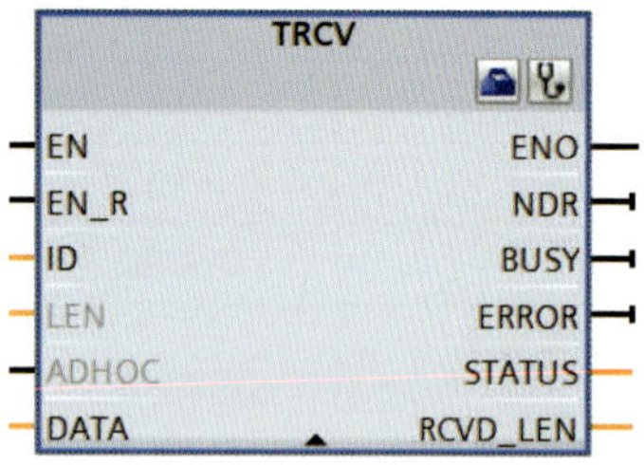	EN_R	명령 실행 입력(1일 때 수신 가능)	BOOL
	ID	커넥션 ID	BOOL
	LEN	수신 가능한 최대 바이트 수	UDINT
	ADHOC	ad-ho(임시)모드 사용할 때 사용	BOOL
	DATA	수신 데이터 저장 메모리	VARIANT
	NDR	실행 완료 비트(1 스캔 동안 ON)	BOOL
	BUSY	전송 중	BOOL
	ERROR	에러 발생	BOOL
	Status	에러 및 동작 상태 코드	DWORD
	RCVD_LEN	수신 바이트 수	UDINT

16.5 이더넷 통신 데이터 확인

이더넷 통신의 송수신 데이터를 육안으로 확인하는 방법은 여러 가지가 있지만, 별도의 계측기 없이 개인 PC에 이더넷 통신 송수신 데이터 확인용 프로그램을 설치하는 방법이 있다. 앞서 시리얼 통신에서는 CFTerm 프로그램을 사용했으며, 이번에는 ezTerm 프로그램을 사용해볼 것이다. 다음과 같이 솔내시스템 사 홈페이지에 접속하면 해당 프로그램을 다운로드할 수 있다.

- **ezTerm 다운로드 사이트**

https://www.sollae.co.kr/ko/download/ezterm

TIP ezTerm 대신 다른 분석 프로그램을 사용하려면, 본인에게 적합한 이더넷 통신 송수신 데이터 분석용 프로그램을 구글에 검색하여 PC에 설치하면 된다.

TCP 클라이언트로 설정하는 방법

ezTerm을 이더넷 통신에서 TCP 클라이언트로 설정하는 방법에 대해 살펴보자. 먼저 PC에서 ezTerm을 실행한 후에 다음과 같은 순서로 파라미터를 설정한다.

[표 16-15] ezTerm의 동작 모드를 TCP 클라이언트로 설정하는 방법

실행 내용	작업화면
❶ 동작 모드를 'TCP 클라이언트'로 설정한다. ❷ TCP 서버의 통신할 주소(IP)와 포트 번호를 설정한다. 실습에서 PC의 포트는 '1470'으로 자동 설정된다. ❸ [접속 하기] 버튼을 클릭하면 설정한 TCP 서버에 접속을 시도하고 접속이 완료되면 버튼 하단의 메시지 창의 '대기 중'이 '접속 완료'로 바뀐다.	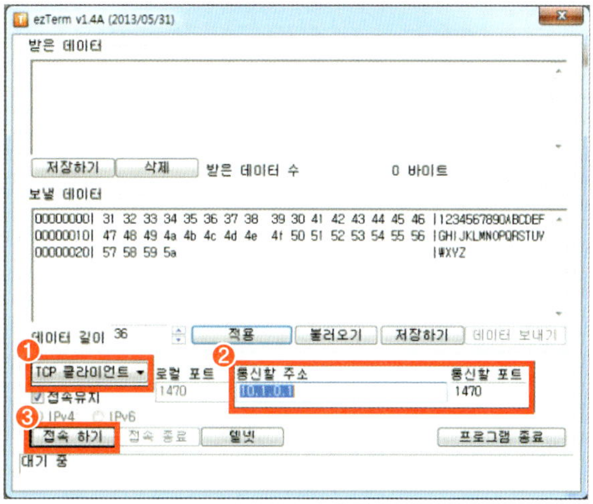

TCP 서버로 설정하는 방법

ezTerm을 이더넷 통신에서 TCP 서버로 설정하는 방법에 대해 살펴보자. 먼저 PC에서 ezTerm을 실행한 후에 다음과 같은 순서로 파라미터를 설정한다.

[표 16-16] ezTerm의 동작 모드를 TCP 서버로 설정하는 방법

실행 내용	작업화면
❶ 동작 모드를 'TCP 서버'로 설정한다. ❷ TCP 서버의 로컬 포트 번호를 설정한다. 통신할 주소(IP)는 ezTerm이 실행되는 PC의 IP를 사용한다. ❸ [접속 하기] 버튼을 클릭하면 TCP 클라이언트에서 접속을 대기할 때 메시지 창에 '대기 중'으로 표시된다. 이후 접속이 완료되면 '접속 완료'가 표시되면서 접속한 TCP 클라이언트의 IP와 포트 번호가 함께 표시된다.	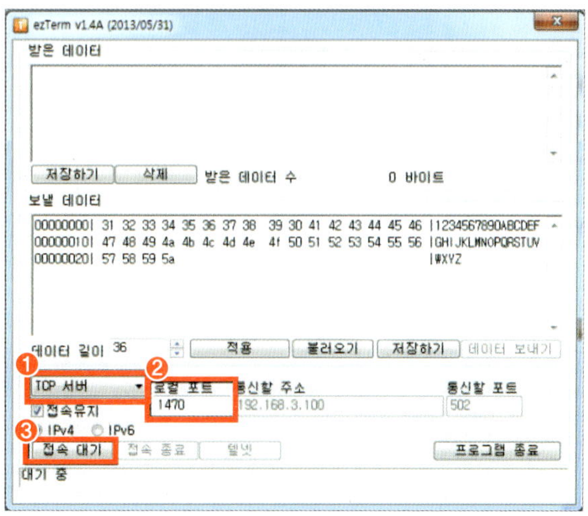

UDP로 설정하는 방법

ezTerm을 이더넷 통신에서 UDP 동작 모드로 설정하는 방법에 대해 살펴보자. 먼저 PC에서 ezTerm을 실행한 후에 다음과 같은 순서로 파라미터를 설정한다.

[표 16-17] ezTerm의 동작 모드를 UDP로 설정하는 방법

실행 내용	작업화면
❶ 동작 모드를 'UDP'로 설정한다. ❷ UDP로 통신할 상대 기기의 주소(IP)와 포트 번호를 설정하고 로컬 포트에는 상대 기기로부터 데이터를 수신할 PC의 소켓 포트 번호를 설정한다. ❸ [접속 하기] 버튼을 클릭하면 UDP 패킷을 송수신할 수 있는 상태가 된다.	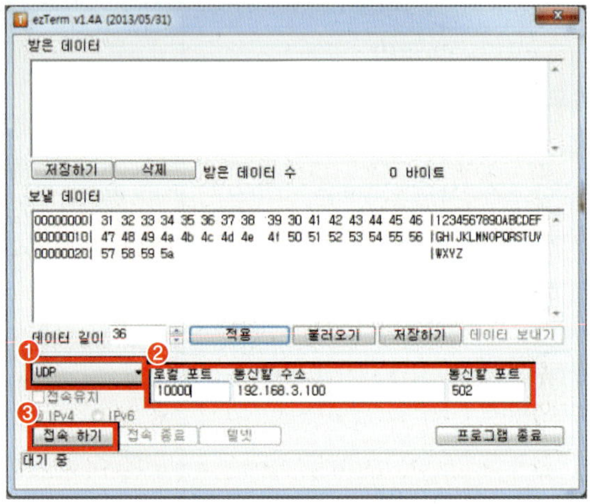

ezTerm을 사용해 이더넷 케이블로 연결된 PC와 PC의 이더넷 통신을 확인하는 방법에 대해 살펴보자. 스위칭 허브를 사용하여 PC1과 PC2를 이더넷 통신 케이블로 통신할 수 있도록 [그림 16-12]와 같이 네트워크 시스템을 구성하고 [표 16-18]처럼 PC의 IP를 설정한다.

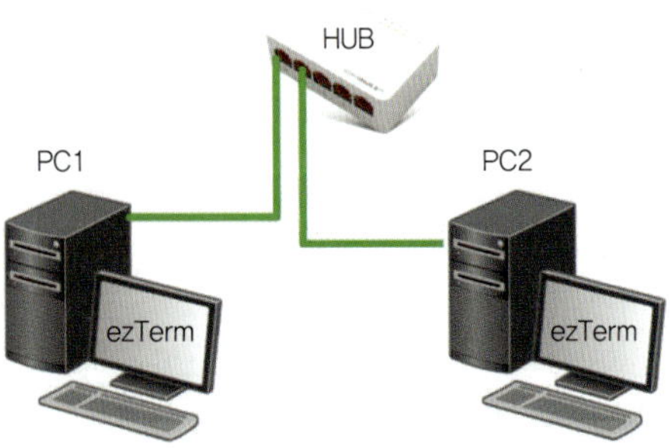

[그림 16-12] ezTerm을 이용한 이더넷 통신 테스트

[표 16-18] PC의 IP 설정

구분	IP	MASK	PORT
PC1	192.168. 3. 50	255.255.255. 0	–
PC2	192.168. 3. 51	255.255.255. 0	–

동작 테스트

[1단계] ipconfig를 사용해서 PC의 IP 확인하기

CMD를 실행시켜서 PC의 설정 IP를 확인한다. IP가 잘못 설정되면 이더넷 통신을 할 수 없기 때문에 IP 확인 절차를 소홀히 하면 안 된다. 먼저 윈도우의 검색창에서 'CMD'를 입력하면 IP를 확인할 수 있는 관리자모드의 CMD 창이 생성된다. CMD 창의 프롬프트에서 'ipconfig'를 입력한 후에 엔터를 누르면 PC의 설정 IP를 확인할 수 있다. 노트북의 경우에는 무선 랜포트와 유선 랜포트가 있기 때문에 2개의 IP가 나타날 수 있는데, [그림 16-13]은 유선 랜을 사용한 경우이므로 유선 랜의 IP를 확인한다.

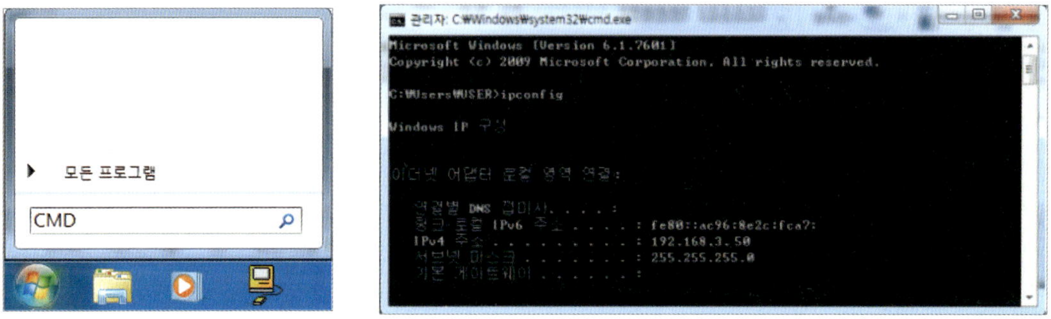

(a) 윈도우 검색창에서 'CMD' 입력

(b) CMD 창에서 'ipconfig' 입력을 통한 PC의 IP 확인

[그림 16-13] CMD 창에서 ipconfig 명령어 실행 방법

[2단계] ping을 사용해서 이더넷 통신 연결 확인하기

PC1과 PC2의 이더넷 통신을 위한 결선이 완료되었고, IP 설정을 끝냈다. 이더넷 통신이 가능한 상태인지를 확인하는 통신 테스트를 해보자. 통신 테스트는 CMD에서 ping packet internet groper[4]을 사용한다.

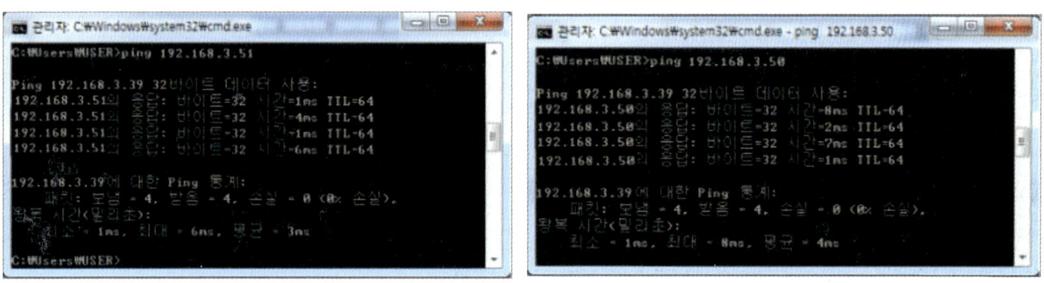

(a) PC1 → PC2로 ping 테스트

(b) PC2 → PC1로 ping 테스트

[그림 16-14] 이더넷 통신 결선 확인을 위한 ping 실행 화면

---

4 ping은 컴퓨터 네트워크 상태를 점검 및 진단하는 명령어이다. 네트워크 상태를 확인하려는 대상 컴퓨터 또는 네트워크 기기로 일정한 크기의 패킷을 송신한 후, 대상 컴퓨터가 이에 대해 응답 메시지를 보내면 이를 수신하여 분석해 대상 컴퓨터의 작동 상태와 네트워크 상태를 파악할 수 있다.

데이터 송수신

이더넷 통신을 위한 시스템 구성에 대한 테스트가 끝났으면 PC에서 ezTerm을 실행시킨 후 UDP와 TCP로 PC ↔ PC로 데이터를 송수신 해보자.

[1단계] UDP 통신하기

UDP 통신을 위해서는 별도의 커넥션 연결 절차 없이 소켓만 오픈해놓으면 된다. 따라서 ezTerm에서 상대기기와 통신을 위한 소켓을 오픈한 후에 데이터를 송수신한다.

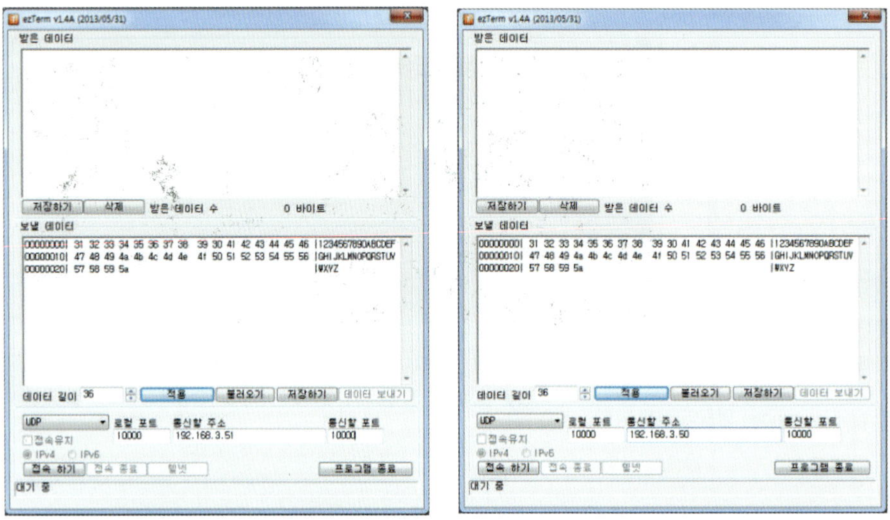

(a) PC1에서 ezTerm의 통신 설정 (b) PC2에서 ezTerm의 통신 설정

[그림 16-15] UDP 통신을 위한 PC1과 PC2의 ezTerm 설정

PC1 ↔ PC2의 UDP 통신을 위해서는 소켓을 만들어야 한다. 소켓을 만들 때 상대기기와의 통신을 위한 포트 번호를 만들어야 하는데, 실습에서는 ezTerm을 실행할 때 [그림 16-15]처럼 설정하면 PC1과 PC2의 이더넷 UDP 통신을 위한 소켓이 [그림 16-16]처럼 포트 번호 10000번으로 만들어진다.

[그림 16-16] PC1과 PC2의 UDP 통신 소켓 생성

PC1과 PC2에 [접속 하기] 버튼을 클릭해 상대 PC와의 UDP 통신을 위한 소켓을 만든 후에 상대 기기에 송신할 데이터를 설정한 다음 [데이터 보내기] 버튼을 클릭하면 상대기기의 '받은 데이터' 표시창에 데이터가 표시된다.

[2단계] TCP 클라이언트 및 TCP 서버와 통신하기

TCP 통신은 UDP 통신과는 다르게 3단계의 절차를 거쳐서 통신이 이루어진다. TCP로 상대기기와 통신을 하려면 클라이언트와 서버의 기능을 각각 구분해서 사용해야 하는데, PC의 경우에는 클라이언트와 서버의 기능을 동시에 병행해서 사용할 수 있다.

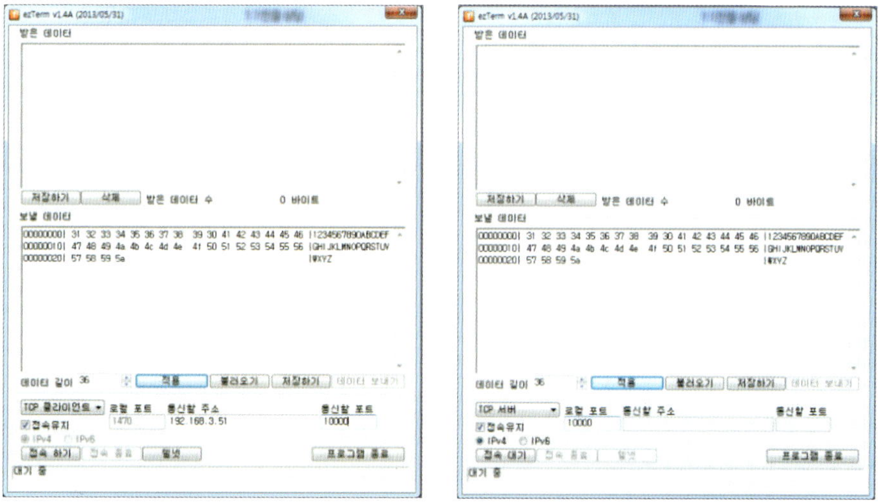

(a) PC1에서 TCP 클라이언트로 소켓 생성 (b) PC2에서 TCP 서버로 소켓 생성

[그림 16-17] TCP 통신을 위한 PC1과 PC2의 ezTerm 설정

PC1에서는 접속할 상대기기(서버)의 IP 주소와 포트 번호를 가지고 상대기기에 접속하기 때문에 PC1에서는 동작 모드가 TCP 클라이언트이고, TCP로 접속할 상대기기의 IP와 포트 번호를 설정해둔다. PC2에서는 TCP 서버로 동작하기 때문에 TCP 서버로 소켓을 생성할 때 포트 번호만 설정해두면 해당 포트 번호로 접속된 TCP 클라이언트와 통신이 이루어진다.

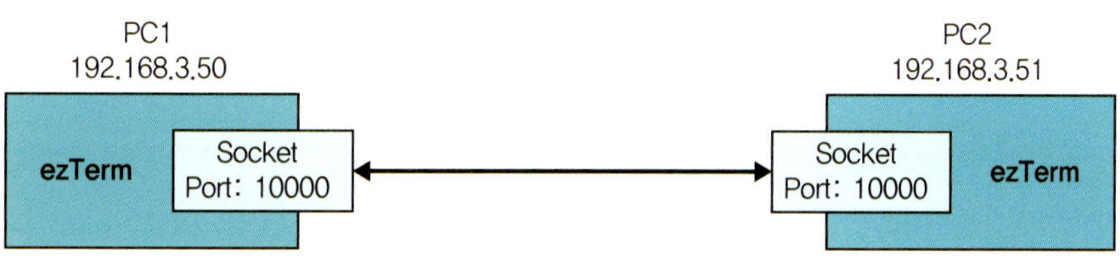

[그림 16-18] PC1과 PC2의 TCP 통신 소켓 생성

CHAPTER 17

아두이노를 이용한 UDP/TCP 통신하기

아두이노는 다양한 쉴드를 활용해 필요한 기능을 확장해서 사용한다. 이 장에서는 국내의 팹리스 기업인 위즈네트에서 개발 및 시판하는 W5100 반도체 칩을 사용한 이더넷 쉴드를 활용해 S7-1200 CPU와 UDP/TCP 통신에 사용하는 방법에 대해 학습한다.

Keyword | 이더넷 쉴드 | W5100 |

17.1 아두이노의 이더넷 쉴드

아두이노에서는 이더넷 통신을 위해 [그림 17-1]과 같은 다양한 쉴드를 제공하고 있다. 이더넷 쉴드의 가장 핵심적인 부품은 W5100이라 할 수 있는데, 이는 국내 팹리스[1] 기업인 위즈네트 사에서 제작한 하드웨어 TCP/IP 칩이다.

(a) 이더넷 쉴드 1 (b) 이더넷 쉴드 2 (c) 이더넷 쉴드(POE 포함)

[그림 17-1] 다양한 종류의 이더넷 쉴드

W5100은 하드웨어 방식의 TCP/IP가 내장된 이더넷 컨트롤러 칩으로, 임베디드 시스템에 이더넷 연결을 쉽게 해주는 역할을 한다. W5100은 하나의 칩에 TCP/IP와 10/100 이더넷 MAC& PHY가 내정되어 안정적인 인터넷 연결을 구현할 수 있도록 최적화되어 있는 반도체이다. 이 칩은 TCP, UDP, IPc4, ICMP, ARP, IGMP, PPPoE 등을 지원한다. W5100은 네트워크 패킷 송수신을 위해 16KB의 내장 버퍼를 지원하고, 심플한 소켓 프로그램을 사용하여 이더넷 기능을 구현할 수 있다. 4개의 독립된 하드웨어 소켓을 동시에 사용할 수 있으며, 8-bit Bus 인터페이스와 SPI(Serial Peripheral Interface)를 통하여 외장 MCU와 인터페이스할 수 있다.

1 반도체 제조 공정 중 설계와 개발만을 전문으로 하는 회사를 가리키며, 제조설비를 의미하는 'Fabrication'과 'Less'를 합성한 단어이다. 해외 대표 기업으로는 퀄컴이 있다.

아두이노 보드와 이더넷 쉴드의 결합

W5100을 사용한 이더넷 쉴드보드는 SPI 통신을 사용해 아두이노 우노 또는 메가 보드와 연결된다. SPI 통신을 위한 신호선은 [그림 17-3]처럼 아두이노 ICSP 헤더에 병렬로 연결되어 있고, 아두이노 우노의 경우 11, 12 및 13번 핀, 메가는 50, 51 및 52번 핀에 연결되어 있기 때문에 SPI 통신을 사용하려면 이들 신호선을 다른 입출력으로 사용할 수 없다. 아두이노 우노와 메가에서 10번 핀은 W5100을 선택하는 핀으로 사용되고 있기 때문에 다른 용도로 사용할 수 없다. 그리고 메가에서 하드웨어 SS핀은 W5100과 SD 카드를 선택하는 데 사용되지 않지만 출력으로 유지해야 한다. 그러지 않으면 SPI 인터페이스가 동작하지 않는다.

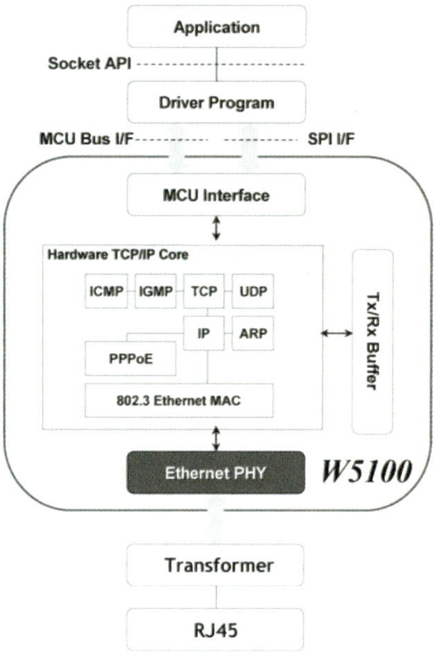

[그림 17-2] W5100 블록 다이어그램

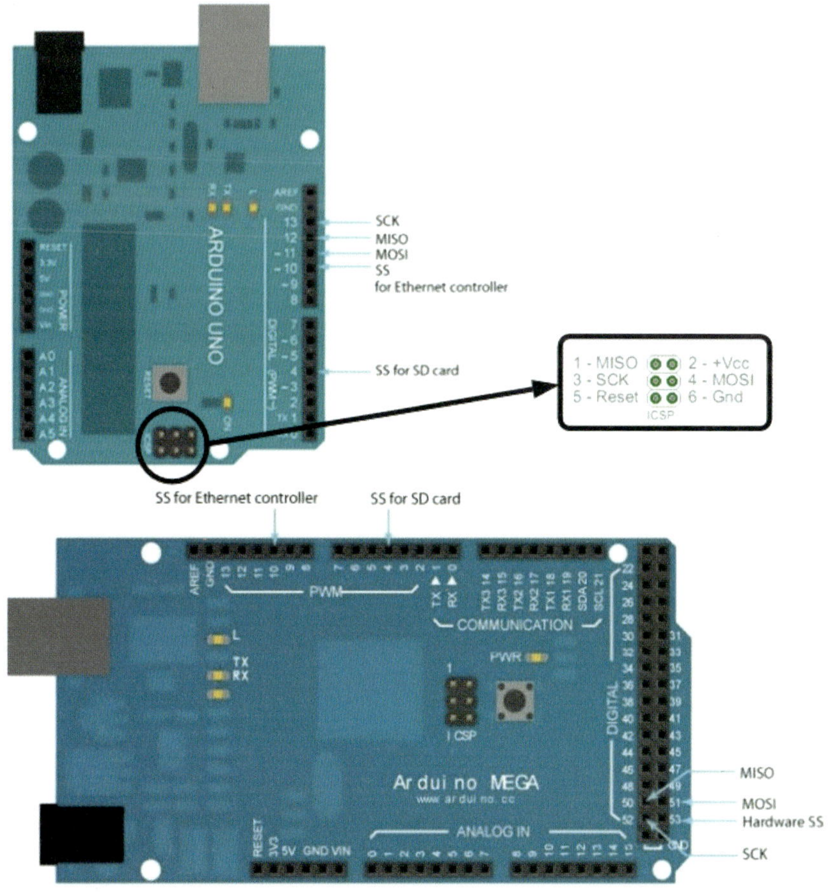

[그림 17-3] 아두이노 우도와 메가보드에서 ICSP의 위치 및 핀 번호

[그림 17-4] 아두이노와 이더넷 쉴드의 결합

17.2 아두이노 UDP를 사용한 데이터 송수신 프로그램

아두이노와 이더넷 쉴드를 사용하여 UDP 통신을 통한 송수신 프로그램에 대해 살펴보자. 아두이노는 필요로 하는 기능 프로그램을 직접 작성할 수도 있지만, 대부분 오픈소스 형태로 제공되는 각종 라이브러리를 활용하여 필요로 하는 기능의 프로그램을 편집하는 형태로 작성한다. 지금부터 UDP를 사용한 아두이노 송수신 프로그램에 대해 살펴보자.

아두이노 UDP를 사용한 수신 프로그램

[코드 17-1]을 살펴보면 이더넷 쉴드 보드와의 SPI 통신을 위한 라이브러리, 이더넷 통신 라이브러리, UDP 통신을 위한 라이브러리가 선언되어 있다.

코드 17-1 아두이노 UDP 수신 프로그램

```
#include <SPI.h>              // W5100 쉴드 보드와의 통신을 위한 라이브러리
#include <Ethernet.h>         // W5100 쉴드 보드의 이더넷 통신용 라이브러리
#include <EthernetUdp.h>      // W5100 쉴드 보드의 UDP 통신 라이브러리

byte mac[] = {0xDE, 0xAD, 0xBE, 0xEF, 0xFE, 0xED}; // MAC 주소
IPAddress ip(192, 168, 0, 100);                     // IP
unsigned int localPort = 10000;                     // 포트 번호
char packetBuffer[UDP_TX_PACKET_MAX_SIZE];          // 수신버퍼 24바이트 설정
EthernetUDP Udp;                                    // UDP 객체 변수 설정

void setup() {
  Ethernet.begin(mac, ip);    // 이더넷 쉴드에 MAC과 IP 설정
  Udp.begin(localPort);       // 이더넷 쉴드에 PORT 설정
  Serial.begin(9600);         // 시리얼 통신 시작
}
```

```
void loop() {
  int packetSize = Udp.parsePacket();
  if (packetSize) {
    memset(packetBuffer, 0, UDP_TX_PACKET_MAX_SIZE);
    Udp.read(packetBuffer, UDP_TX_PACKET_MAX_SIZE);
    Serial.print(" Rcv Data:");
    Serial.println(packetBuffer);
  }
}
```

이더넷 쉴드에는 고정된 MAC 주소가 할당되어 있지 않기 때문에 MAC 주소를 부여하고 이더넷 통신을 위한 IP와 포트 번호를 설정한다. 그리고 setup( ) 함수에서 이더넷 쉴드에 MAC 주소와 IP를 할당하고, UDP 소켓을 생성하면서 해당 소켓의 포트 번호를 설정한다. loop( ) 함수에서는 외부기기로부터 데이터가 수신되면 수신용 메모리를 클리어한 후 소켓 버퍼 메모리로부터 수신한 데이터를 수신용 메모리로 읽어온다. 이때 수신 메모리 크기를 24바이트로 설정했기 때문에 최대 24바이트 크기의 문자열 또는 바이너리 값을 수신할 수 있다.

[코드 17-1]을 아두이노로 업로드 한 후 [그림 17-5(a)]처럼 ezTerm을 UDP로 동작시키고, 아두이노에서는 시리얼 모니터를 실행한 후에 ezTerm에서 [데이터 보내기] 버튼을 클릭하면 시리얼 모니터에는 ezTerm에서 송신한 데이터가 수신되어 표시되는 것을 확인할 수 있다.

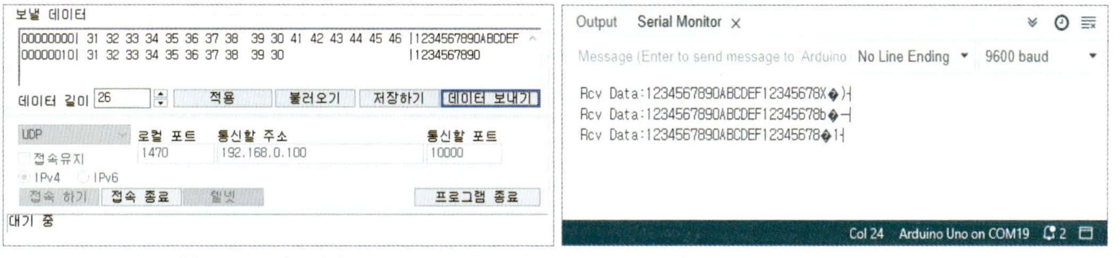

(a) UDP로 데이터 송신 (b) 아두이노에서 UDP로 수신한 결과

[그림 17-5] 아두이노의 UDP 수신 테스트 결과

[그림 17-5(b)]에서 수신된 데이터를 살펴보면 ezTerm에서 송신한 데이터와 차이가 있는 것을 확인할 수 있다. ezTerm에서는 '1 … Z'까지 총 36바이트 크기를 송신했는데 아두이노에서는 24바이트만 수신되어 있는 것을 확인할 수 있다. 이처럼 송수신 데이터의 차이가 발생하는 이유는 다음과 같이 아두이노의 수신버퍼 메모리가 제한되어 있기 때문이다. 수신버퍼 메모리의 크기를 늘리려면 **UDP_TX_PACKET_MAX_SIZE**의 크기를 변경해야 한다.

[그림 17-6]과 같이 [내 PC] 〉 [문서] 〉 [Arduino] 〉 [libraries] 〉 [Ethernet] 〉 [src]의 폴더에서 Ethernet.h의 헤더 파일을 연 다음, **UDP_TX_PACKET_MAX_SIZE**의 크기를 늘리면 된다.

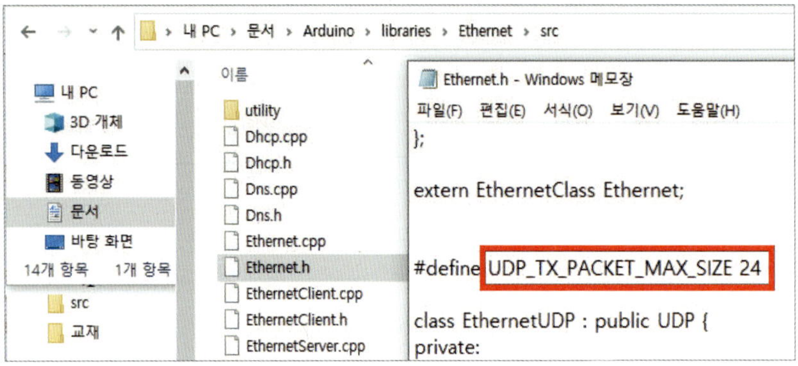

[그림 17-6] 아두이노 UDP 통신의 송수신버퍼 메모리 크기 변경하기

아두이노 UDP를 사용한 송신 프로그램

[코드 17-2]의 송신 프로그램은 0.5초 간격으로 sendMessage 변수에 설정한 값을 상대 기기로 송신하는 것이다.

코드 17-2 아두이노 UDP 송신 프로그램

```
#include <plclib.h>
#include <SPI.h>
#include <Ethernet.h>
#include <EthernetUdp.h>

byte mac[] = {0xDE, 0xAD, 0xBE, 0xEF, 0xFE, 0xED}; // MAC 주소 설정
IPAddress ip(192, 168, 0, 100);                   // IP 주소 설정
unsigned int localPort = 10000;                   // PORT 번호 설정
IPAddress sendip(192, 168, 0, 50);               // 통신할 상대기기 IP 설정
unsigned int sendPort = 10000;                   // 통신할 상대기기 PORT 설정

EthernetUDP Udp;                                  // UDP 통신 객체 선언

R_TRIG rEg1;                                      // 상승펄스 객체 선언
TON t1;                                           // 온 딜레이 타이머 객체 선언
char sendMessage[] = "Hello PLC";                // 전송 메시지 전송
void setup() {
  Ethernet.begin(mac, ip);                       // 이더넷 쉴드에 MAC과 IP 주소 설정
  Udp.begin(localPort);                          // 이더넷 쉴드에 PORT 번호 설정
  Serial.begin(9600);
  t1.PT = 500;                                   // 송신할 타이머 기준시간 설정
}
```

```
void loop() {
  t1.process(!t1.Q);             // 0.5초 주기 타이머 동작
  if (t1.Q) {                    // 0.5초 간격으로 UDP로 메시지 전송
    Udp.beginPacket(sendip, sendPort);
    Udp.write(sendMessage);
    Udp.endPacket();
  }
}
```

PC의 방화벽 해제

[코드 17-2]에서 아두이노와 UDP 통신을 테스트할 PC에 설정된 IP를 주석문 '통신할 상대기기 IP 설정'의 IP로 변경한다. 그리고 PC의 방화벽도 해제를 해야 한다.

[표 17-1] PC의 방화벽 해제 설정

순서	구분	내용
1	**윈도우 검색창 기능 활용하기** 윈도우 검색 창에서 '방화벽 상태'를 입력한 다음 제어판의 '방화벽 상태 확인' 항목을 선택한다.	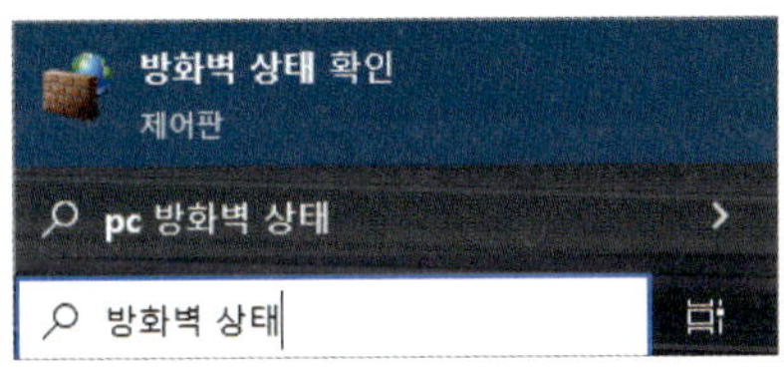
2	**방화벽 설정하기** 오른쪽 그림과 같이 'Windows Defender 방화벽 설정 또는 해제' 항목을 선택한다.	
3	**방화벽 해제하기** 개인 네트워크, 공용 네트워크에서 각각 '방화벽 사용 안 함'을 선택한다. **TIP** 통신 테스트가 끝난 후에는 반드시 '방화벽 사용'으로 설정한다.	

문자열 수신 확인 및 전송

[그림 17-7]은 아두이노로부터 문자열을 수신 받기 위한 화면이다. 이때 기본 설정값은 다음과 같다.

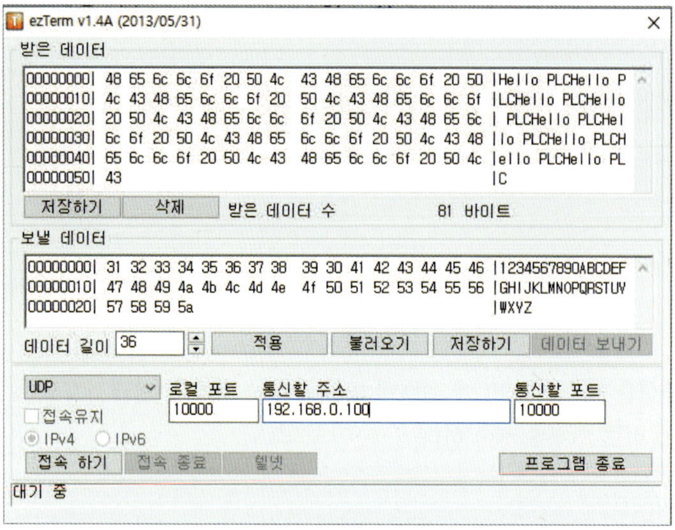

ezTerm의 설정값	아두이노의 설정값
• PC IP : 192.168.0.50	• IP : 192.168.0.100(통신할 주소)
• PC 포트 : 10000(로컬 포트)	• 포트 : 10000(통신할 포트)

[그림 17-7] UDP 통신을 사용한 아두이노로부터 문자열 수신

TCP 통신을 이용해 PC와 아두이노에서 문자열을 송수신하는 방법에 대해 살펴보자. 먼저 아두이노를 TCP 서버로 동작하기 위한 [코드 17-3]을 작성해서 아두이노로 전송한다.

코드 17-3 아두이노 TCP 서버(수신) 프로그램

```
#include <SPI.h>                                  // 아두이노와 이더넷 쉴드 간 SPI 통신
#include <Ethernet.h>                             // 이더넷 통신용

#define TCP_RECEIVE_BUFFER_SIZE  100              // 아두이노 수신 메모리 크기 설정(100Byte)
byte mac[] = {0xDE, 0xAD, 0xBE, 0xEF, 0xFE, 0xED};// 아두이노 MAC 주소
byte ip[] = {192,168, 0, 100};                    // 아두이노 IP
EthernetServer server(10000);                     // 아두이노 포트 번호

char packetBuffer[TCP_RECEIVE_BUFFER_SIZE];       // 수신용 버퍼 설정
void setup() {
  Ethernet.begin(mac, ip);
  server.begin();
  Serial.begin(9600);
}

void loop()   {
  EthernetClient client = server.available();          // 클라이언트의 접속요청 검사
  if (client) {                                        // 클라이언트의 요청이 있다면
    while (client.connected()) {                       // 클리어언트와 접속이 완료되면
      if (client.available()) {                        // 클라이언트로부터 수신 데이터 검사
        memset(packetBuffer, 0,  TCP_RECEIVE_BUFFER_SIZE);  // 수신버퍼 클리어
        client.read(packetBuffer,  TCP_RECEIVE_BUFFER_SIZE); // 수신 데이터 복사
        Serial.print("RCV DATA : ");                   // 문자열 시리얼 모니터에 출력
        Serial.println(packetBuffer);                  // 클라이언트로부터 수신한 문자열 출력
      }
    }
    client.stop();                                     // 클라이언트와 접속 해제
  }
}
```

ezTerm의 동작 모드를 TCP 클라이언트로 설정하고 통신할 IP 주소(192.168.0.100)와 통신할 포트(10000)를 설정한 다음 [접속 하기] 버튼을 클릭한 후 데이터를 아두이노로 전송한다.

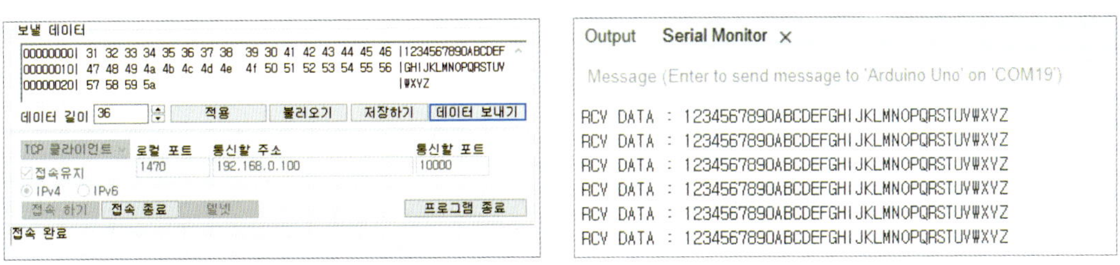

(a) PC(TCP 클라이언트)에서 데이터 송신　　(b) 아두이노(TCP 서버)에서 수신한 결과

[그림 17-8] 아두이노의 TCP 클라이언트의 수신 테스트 결과

실습과제

17-1 UDP 소켓을 이용한 송수신 프로그램 작성하기 17.1~17.2절

지멘스 S7-1200 CPU에서 TSEND_C, TRCV_C 명령어를 사용해서 아두이노와 UDP 통신을 통해 네오픽셀의 램프 점등을 제어하는 프로그램의 작성법에 대해 학습한다.

S7-1200 PLC와 아두이노에 이더넷 쉴드를 결합해서 UDP 통신으로 네오픽셀의 램프 색상을 제어하는 시스템을 [그림 17-9]처럼 구성한다.

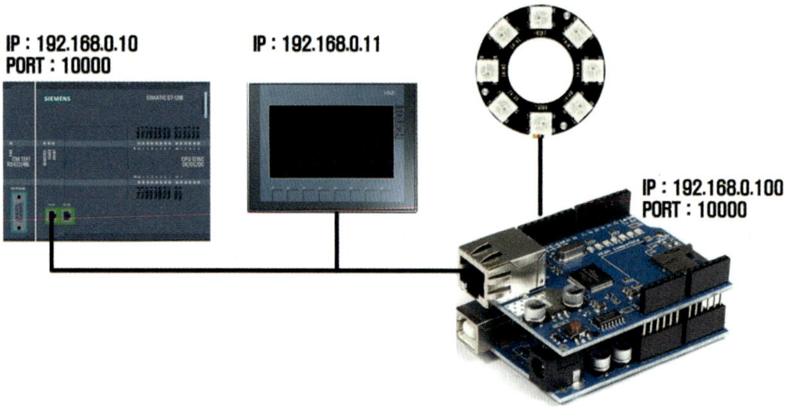

[그림 17-9] UDP 소켓을 이용한 네오픽셀 램프 제어 시스템 구성

아두이노와 이더넷 쉴드를 조합한 후에 8번 핀에 네오픽셀을 연결한다. UDP 통신으로 S7-1200 PLC의 CPU와 아두이노를 연결하여 네오픽셀 램프 제어를 위한 프로그램을 작성한 후 아두이노로 전송한다. 시스템 구성의 IP를 변경해서 사용할 경우에는 아두이노 프로그램에서 이더넷 쉴드의 IP와 포트 번호, 통신할 상대기기의 IP와 포트 번호를 사용자 시스템 구성에 맞추어서 변경해서 사용하면 된다.

[표 17-2] 아두이노에 네오픽셀 연결

아두이노 핀 번호		기능
8	DIO	네오픽셀

동작 조건

❶ HMI에서 작화한 네오픽셀 램프 색상 설정용 4개의 푸시버튼(적색, 녹색, 청색, 소등)을 조작하면 네오픽셀 램프 색상이 변경되고, 아두이노에서 수신한 문자열이 표시창에 표시된다.

❷ UDP 통신에는 TSEND_C, TRCV_C 명령어를 사용한다.

아두이노 프로그램 작성

다음은 PLC와 아두이노 우노를 UDP 통신으로 연결해서 송수신 데이터로 네오픽셀의 램프를 점등하기 위한 프로그램 작성법을 나타낸 것이다.

코드 17-4 아두이노 UDP 통신으로 네오픽셀을 제어하는 프로그램

```
#include <SPI.h>                                        // W5100 쉴드보드와 통신을 위한 라이브러리
#include <Ethernet.h>                                   // W5100 쉴드보드의 이더넷 통신용 라이브러리
#include <EthernetUdp.h>                                // W5100 쉴드보드의 UDP 통신 라이브러리
#include <Adafruit_NeoPixel.h>
#include <Wire.h>

#define NEO_PIN        8                                // 네오픽셀 아두이노 연결 핀 번호
#define NEO_PIXELS     8                                // 네오픽셀 LED 램프 개수

Adafruit_NeoPixel
       pixel = Adafruit_NeoPixel(NEO_PIXELS, NEO_PIN, NEO_GRB + NEO_KHZ800);

uint32_t RED = pixel.Color(255, 0, 0);                  // 적색 색상 변수 선언
uint32_t GREEN = pixel.Color(0, 255, 0);                // 녹색 색상 변수 선언
uint32_t BLUE = pixel.Color(0, 0, 255);                 // 청색 색상 변수 선언

EthernetUDP Udp;                                        // UDP 통신 객체 선언

byte mac[] = {0xDE, 0xAD, 0xBE, 0xEF, 0xFE, 0xED};      // 이더넷 쉴드 MAC 주소 설정
IPAddress ip(192, 168, 0, 100);                         // 이더넷 쉴드 IP 설정
unsigned int localPort = 10000;                         // 이더넷 쉴드 포트 번호 설정

IPAddress sendip(192, 168, 0, 10);                      // 통신할 상대기기 IP 설정(S7-1200 PLC)
unsigned int sendPort = 10000;                          // 통신할 상대기기 포트 설정(UDP 통신포트)

char packetBuffer[UDP_TX_PACKET_MAX_SIZE];              // 수신버퍼 설정
char sendMessage[] = "";                                // 전송 메시지 저장 배열 메모리 설정
boolean X[10], Y[10], M[10];                            // 입출력 및 비트메모리 설정
boolean rcvOK, sndReq;

void setup() {
  Ethernet.begin(mac, ip);                              // 이더넷 쉴드에 IP와 포트 번호 부여
  Udp.begin(localPort);                                 // UDP 소켓 오픈
  pixel.begin();                                        // 네오픽셀 초기화
  pixel.clear();
  pixel.show();
}
```

```
void loop() {
  int packetSize = Udp.parsePacket();                    // UDP 통신으로 데이터 수신
  if (packetSize) {
    memset(packetBuffer, 0, UDP_TX_PACKET_MAX_SIZE);
    Udp.read(packetBuffer, UDP_TX_PACKET_MAX_SIZE);
    rcvOK = 1;                                           // 수신 확인 비트 ON
  }
  if (!strcmp(packetBuffer, "RED") && rcvOK) {           // 수신 데이터가 'RED'를 확인
    pixel.fill(RED);                                     // 네오픽셀 적색 설정
    pixel.show();                                        // 네오픽셀 점등
    rcvOK = 0;                                           // 수신 확인 비트 OFF
    strcpy(sendMessage, "Neopixel RED color ON");        // 송신 데이터 설정
    sndReq = 1;                                          // 송신 요청 비트 ON
  }
  if (!strcmp(packetBuffer, "GRE") && rcvOK) {
    pixel.fill(GREEN);                                   // 네오픽셀 녹색 설정
    pixel.show();                                        // 네오픽셀 점등
    rcvOK = 0;
    strcpy(sendMessage, "Neopixel GREEN color ON");
    sndReq = 1;
  }
  if (!strcmp(packetBuffer, "BLU") && rcvOK) {
    pixel.fill(BLUE);                                    // 네오픽셀 청색 설정
    pixel.show();                                        // 네오픽셀 점등
    rcvOK = 0;
    strcpy(sendMessage, "Neopixel BLUE color ON");
    sndReq = 1;
  }
  if (!strcmp(packetBuffer, "OFF") && rcvOK) {
    pixel.clear();                                       // 네오픽셀 소등 설정
    pixel.show();                                        // 네오픽셀 소등
    rcvOK = 0;
    strcpy(sendMessage, "Neopixel Lamp OFF");
    sndReq = 1;
  }
  if (sndReq) {                                          // 송신 요청 비트가 ON이면
    Udp.beginPacket(sendip, sendPort);                   // UDP 소켓 생성
    Udp.write(sendMessage);                              // UDP로 송신 데이터 전송
    Udp.endPacket();
    sndReq = 0;                                          // 송신 요청 비트 OFF
  }
}
```

아두이노의 동작 확인

아두이노 시스템 구성과 프로그램 전송을 완료하고, PLC와 통신 연결을 하기 전에 아두이노 프로그램의 정상 여부를 ezTerm을 사용해서 확인한다.

[표 17-3] ezTerm을 이용한 동작 확인 절차

<table>
<tr><th>순서</th><th colspan="2">내용</th></tr>
<tr><td>1</td><td colspan="2">❶ ezTerm을 실행할 PC의 IP를 PLC에 설정해 놓은 IP인 192.168.0.10으로 변경하고 PLC와 아두이노만을 이더넷으로 연결한 후에 아두이노 프로그램의 동작 여부를 확인한다. 동작 확인 후에는 PC의 IP를 192.168.0.50으로 변경한다.
❷ ezTerm을 실행하여 설정값을 지정한 후에 [접속 하기] 버튼을 클릭한다.
• 동작 모드 : UDP　　• 로컬포트 : 10000
• 통신할 주소 : 192.168.0.100　　• 통신할 포트 : 10000</td></tr>
<tr><td>2</td><td>네오픽셀 적색 램프 점등하기
데이터 길이는 '3'으로 설정한 후에 [적용] 버튼을 클릭하고 'RED'를 전송한다.</td><td>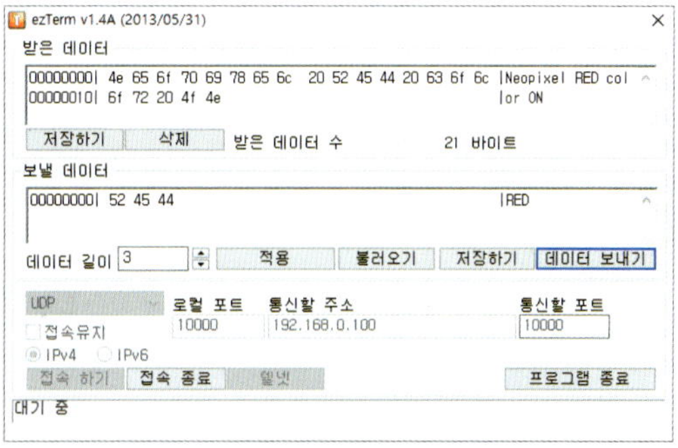
</td></tr>
<tr><td>3</td><td>네오픽셀 녹색 램프 점등하기
데이터 길이는 '3'으로 설정한 후에 [적용] 버튼을 클릭하고 'GRE'를 전송한다.</td><td>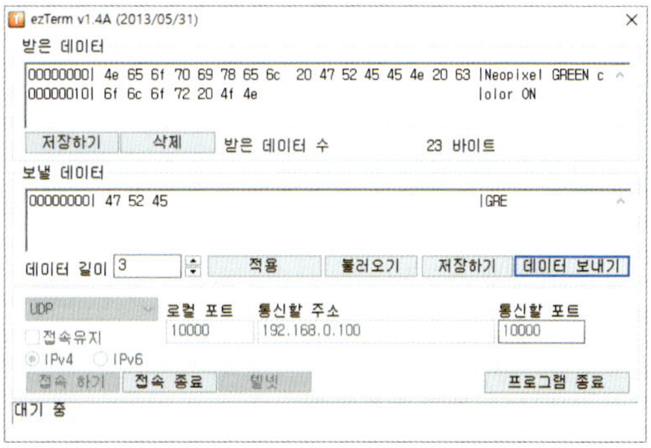
</td></tr>
<tr><td>4</td><td>네오픽셀 램프 소등하기
데이터 길이는 '3'으로 설정한 후에 [적용] 버튼을 클릭하고 'OFF'를 전송한다.</td><td>
</td></tr>
</table>

[표 17-4] 아두이노와 UDP 통신하는 PLC 프로그램 작성

<table>
<tr><th>순서</th><th colspan="2">내용</th></tr>
<tr><td>1</td><td>

PLC의 IP 설정하기

실습에 사용할 PLC의 IP 주소를 시스템 구성에 맞게 새롭게 설정한다.

• IP : 192.168.0.10

</td><td>

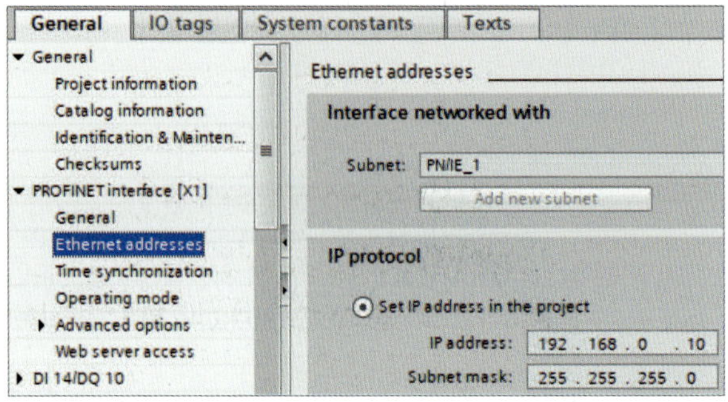

</td></tr>
<tr><td>2</td><td>

System and clock memory 설정하기

PLC에서 사용할 시스템과 클록 비트 메모리 사용을 설정한다.

• System memory : MB1
• Clock memory : MB0

</td><td>

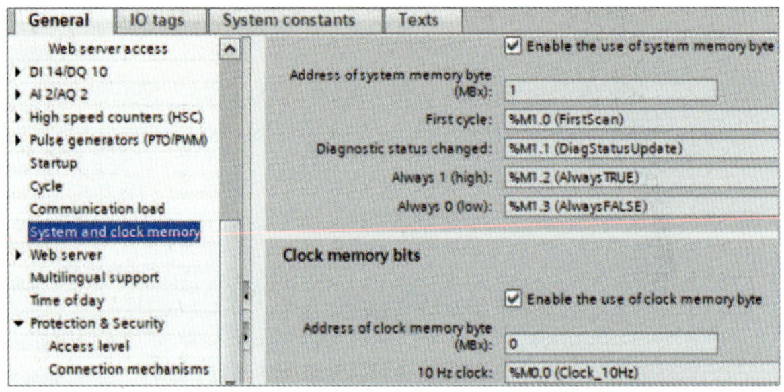

</td></tr>
<tr><td>3</td><td>

글로벌 DB 만들기

아두이노와 UDP 송수신에 필요한 데이터 송수신용 메모리를 글로벌 DB에 만든다.

</td><td>

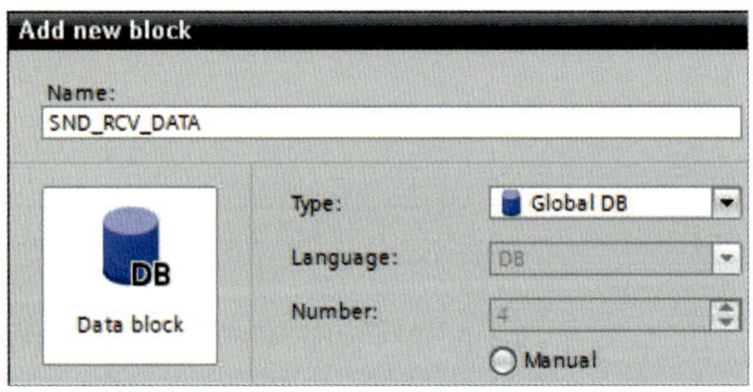

</td></tr>
<tr><td>4</td><td>

글로벌 DB 메모리 설정하기

• SND_DATA : 송신용 문자열 (3바이트 문자 배열)
• RCV_DATA : 수신용 문자열 (30바이트 문자 배열)
• DISP_STRING : HMI 표시용

</td><td>

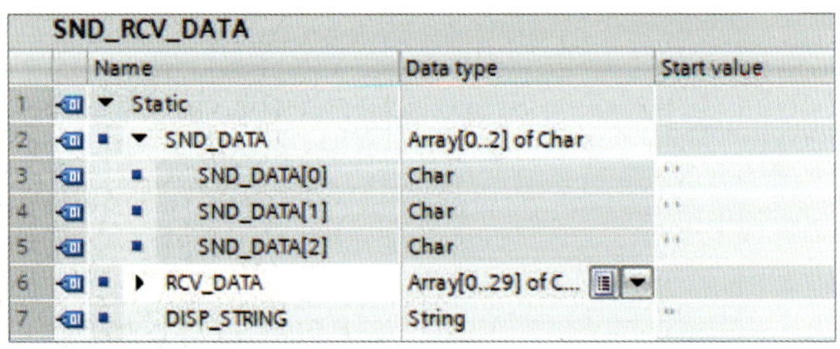

</td></tr>
<tr><td>5</td><td>

DB의 파라미터 변경하기

❶ [Program blocks] 폴더에 있는 DB를 선택한 후에 마우스 오른쪽 버튼을 클릭한다.

❷ 'Properties' 항목을 선택해서 나타난 창에서 'Optimized block access' 항목의 체크 표시를 해제한다.

</td><td>

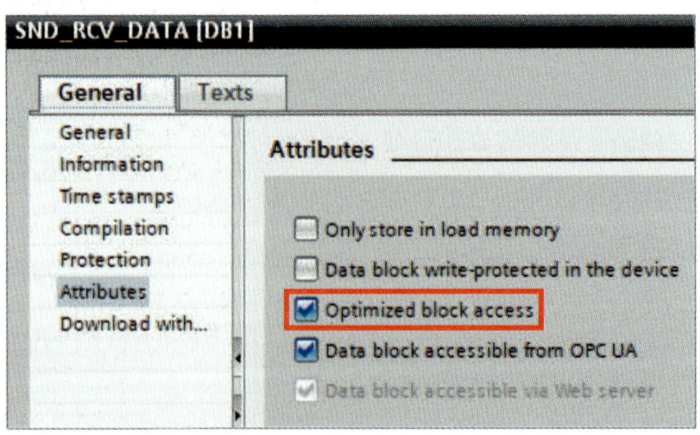

</td></tr>
</table>

6

DB 컴파일하기

❶ 파라미터를 변경한 DB를 마우스 커서로 선택한 후에 컴파일을 실행한다.

❷ 컴파일이 정상 완료되면 해당 DB의 Offset에 변수에 할당되는 메모리 번지가 나타난다.

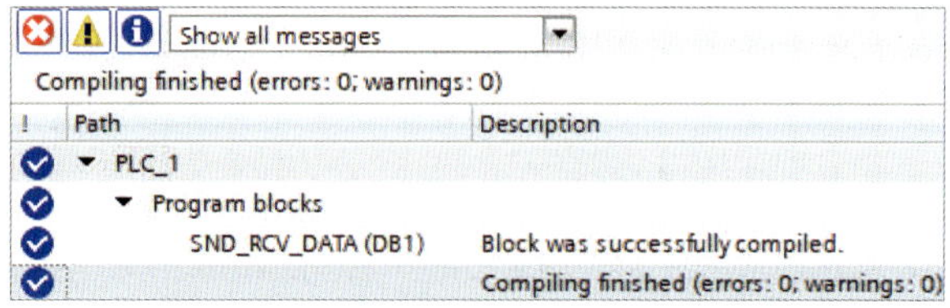

7

FB 만들기

아두이노와 UDP로 통신할 프로그램 작성 FB를 새롭게 만든다.

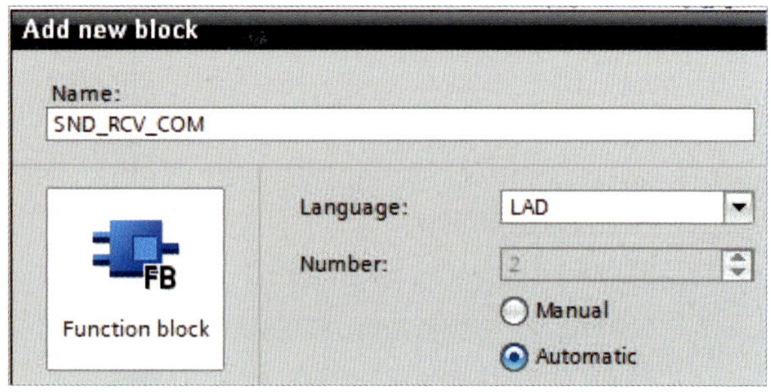

8

FB의 내부 변수 설정하기

프로그램 작성에 필요한 FB의 내부 변수를 설정한다.

TSEND_C와 TRCV_C의 인스턴스는 멀티플 인스턴스로 설정한다.

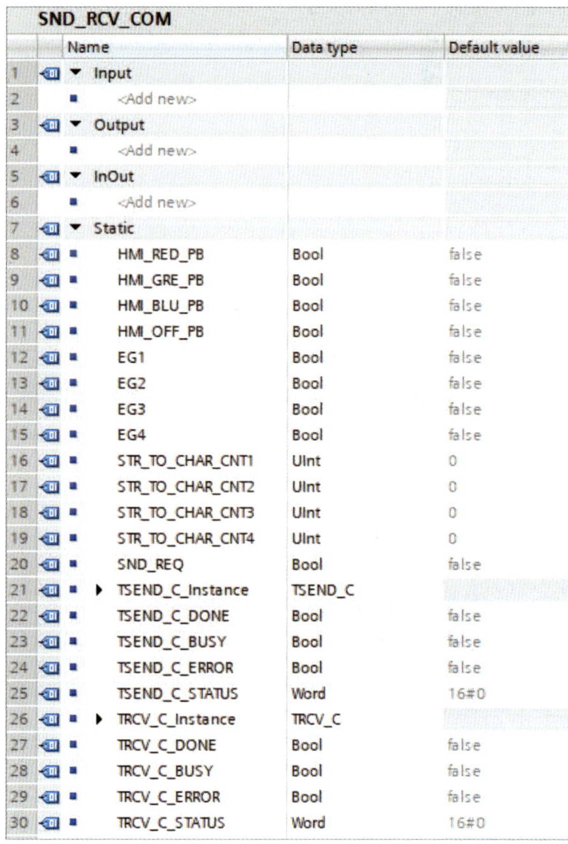

SND_RCV_COM

	Name	Data type	Default value
1	▼ Input		
2	<Add new>		
3	▼ Output		
4	<Add new>		
5	▼ InOut		
6	<Add new>		
7	▼ Static		
8	HMI_RED_PB	Bool	false
9	HMI_GRE_PB	Bool	false
10	HMI_BLU_PB	Bool	false
11	HMI_OFF_PB	Bool	false
12	EG1	Bool	false
13	EG2	Bool	false
14	EG3	Bool	false
15	EG4	Bool	false
16	STR_TO_CHAR_CNT1	UInt	0
17	STR_TO_CHAR_CNT2	UInt	0
18	STR_TO_CHAR_CNT3	UInt	0
19	STR_TO_CHAR_CNT4	UInt	0
20	SND_REQ	Bool	false
21	▶ TSEND_C_Instance	TSEND_C	
22	TSEND_C_DONE	Bool	false
23	TSEND_C_BUSY	Bool	false
24	TSEND_C_ERROR	Bool	false
25	TSEND_C_STATUS	Word	16#0
26	▶ TRCV_C_Instance	TRCV_C	
27	TRCV_C_DONE	Bool	false
28	TRCV_C_BUSY	Bool	false
29	TRCV_C_ERROR	Bool	false
30	TRCV_C_STATUS	Word	16#0

9	**FB 프로그램 작성하기** (네트워크 1번) 네오픽셀 램프 점등을 위해 아두이노에 전송할 색상 문자열을 문자배열에 저장한다.	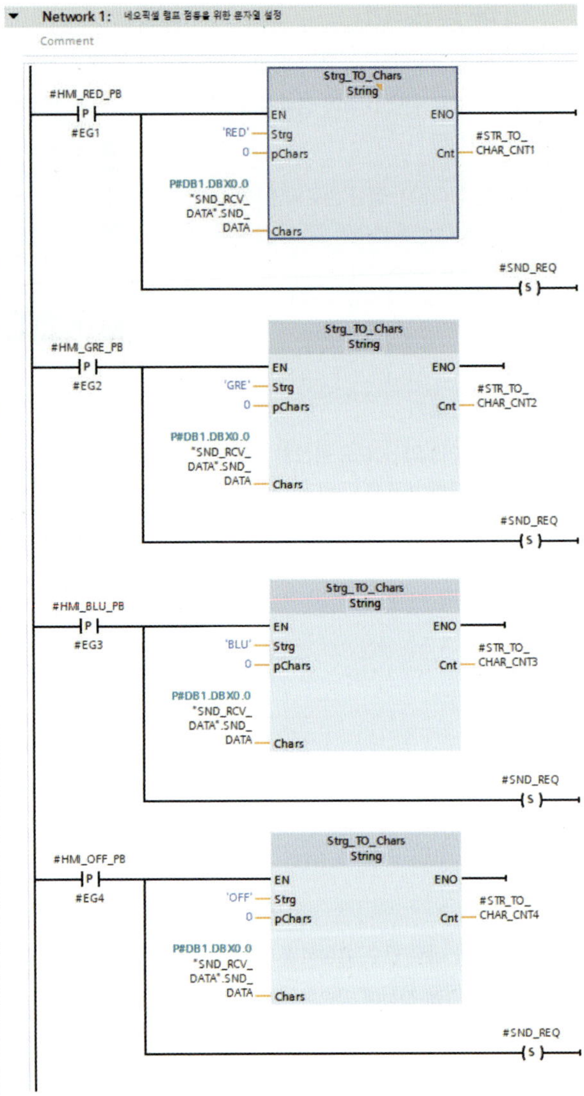
10	**FB 프로그램 작성하기** (네트워크 2번) TSEND_C 명령어를 멀티플 인스턴스로 설정한 후에 명령어 상단 우측에 위치한 첫 번째 아이콘 Start Configuration을 클릭한다.	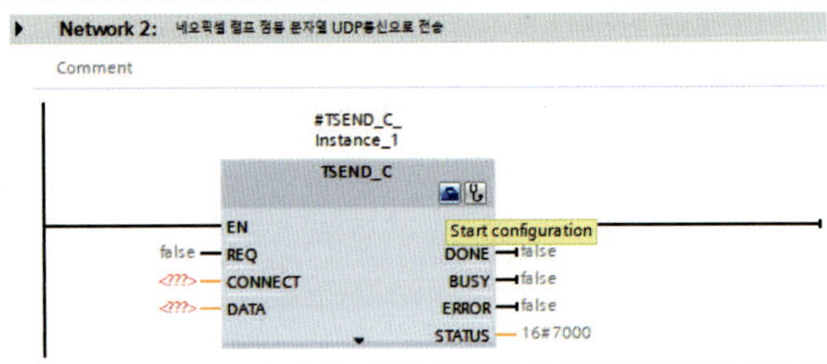

11

FB 프로그램 작성하기(네트워크 2번 : Start Configuration 설정)

PLC와 아두이노의 통신 방식을 설정한다.

❶ Partner를 'Unspecified'로 설정한다.

❷ Connection data 설정에서 '〈new〉'를 설정하면 자동으로 커넥션을 위한 DB가 생성된다.

❸ Connection type을 'UDP'로 설정한다.

❹ Partner의 Address를 '192.168.0.100'(아두이노 IP)으로 설정한다.

❺ Local Port와 Partner Port 번호를 각각 '10000'으로 설정한다.

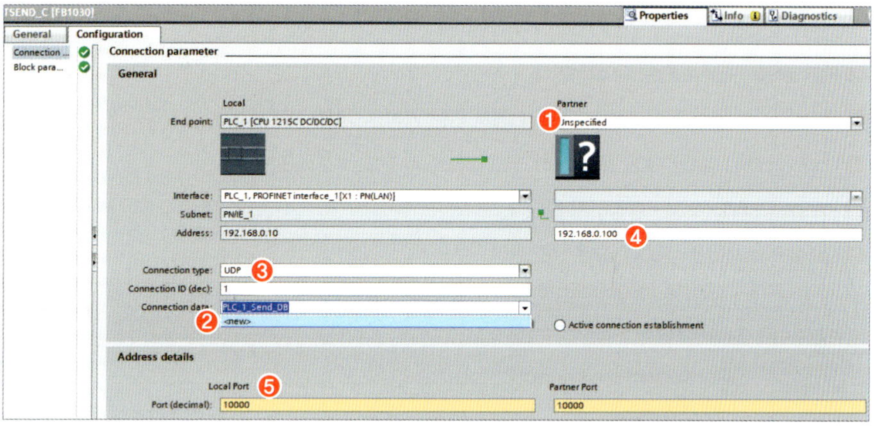

12

커넥션 DB 확인하기

11번의 작업으로 프로젝트 트리의 [System blocks] 폴더에 커넥션 DB인 PLC_1_Send_DB가 생성되어 있는 것을 확인한다.

해당 DB의 내용을 확인하면 11번에서 작업한 내용이 설정되어 있는 것을 볼 수 있다.

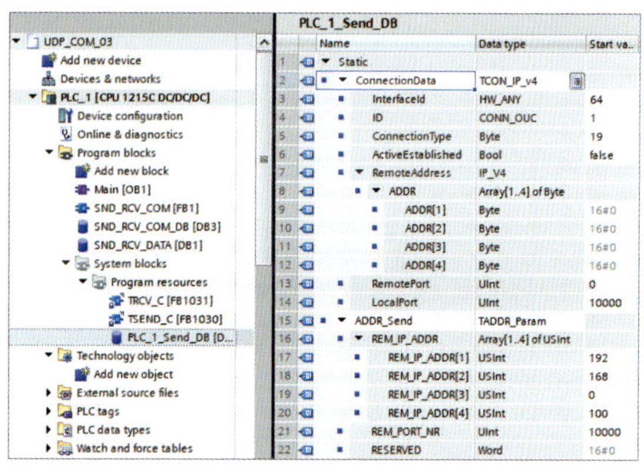

13

FB 프로그램 작성하기

(네트워크 2번)

TSEND_C 명령어의 REQ와 송신할 데이터가 저장되어 있는 DB 메모리 번지를 설정한다.

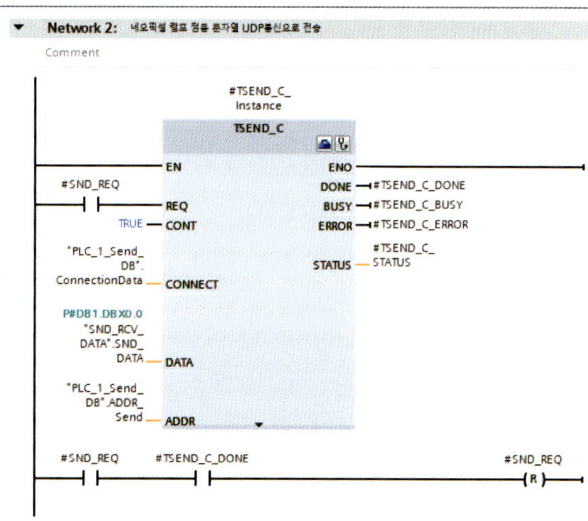

14

FB 프로그램 작성하기

(네트워크 3번)

데이터를 수신할 TRCV_C 명령어를 멀티플 인스턴스로 설정한 후에 명령어 상단 우측의 첫 번째 아이콘 Start Configuration을 클릭한다.

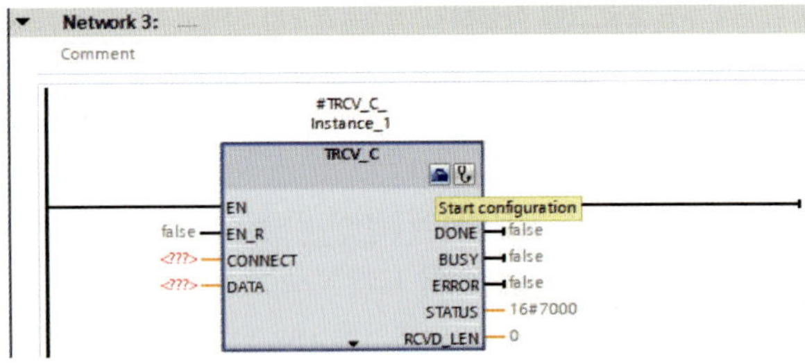

15

FB 프로그램 작성하기(네트워크 3번 : Start Configuration 설정)

PLC와 아두이노의 데이터 수신을 위한 통신 방식을 설정한다.

❶ Partner를 'Unspecified'로 설정한다.

❷ Connection data 설정에서 TSEND_C에서 만든 커넥션 DB를 선택한다.

❸ Connection type을 'UDP'로 설정하고 Connection ID도 '1'로 설정한다.

❹ Partner의 Address는 설정하지 못한다.

❺ Local Port 번호를 '10000'으로 설정한다.

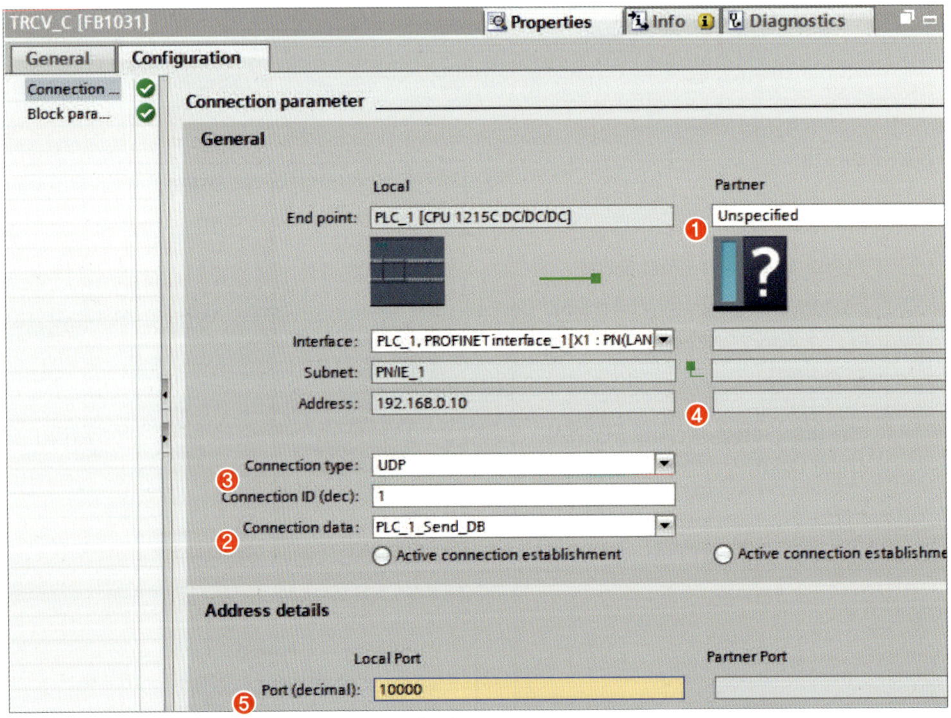

16

커넥션 DB의 데이터 재설정하기

15번의 작업으로 인해 TSEND_C에서 작성한 커넥션 DB인 PLC_1_Send_DB의 설정 내용을 살펴보면 아두이노의 IP 설정이 초기화되어 있는 것을 확인할 수 있다. 따라서 해당 내용을 재설정한다.

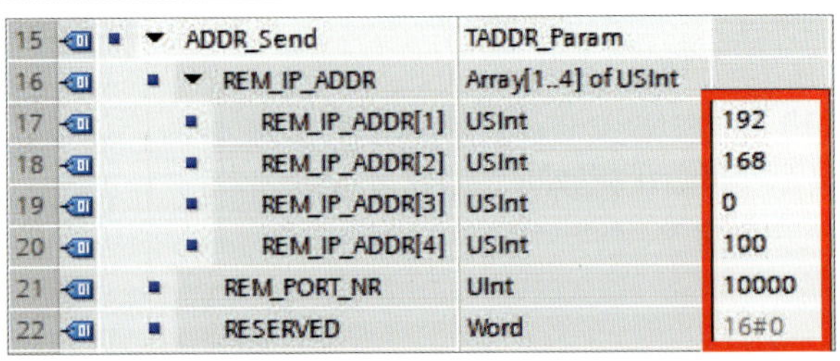

17

FB 프로그램 작성하기

(네트워크 3번)

아두이노로부터 데이터 수신을 위해 EN_R 입력에는 시스템 클럭을 설정하고 DATA에는 글로벌 DB에 만들어둔 수신용 문자 배열의 시작 포인터 주소를 설정한다.

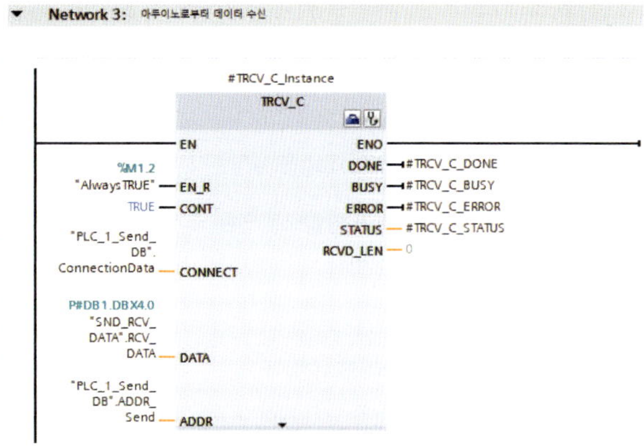

18

FB 프로그램 작성하기

(네트워크 4번)

아두이노에서 수신한 문자 데이터를 HMI에 표시하기 위해 문자 배열 데이터를 문자열(String)로 변환한다.

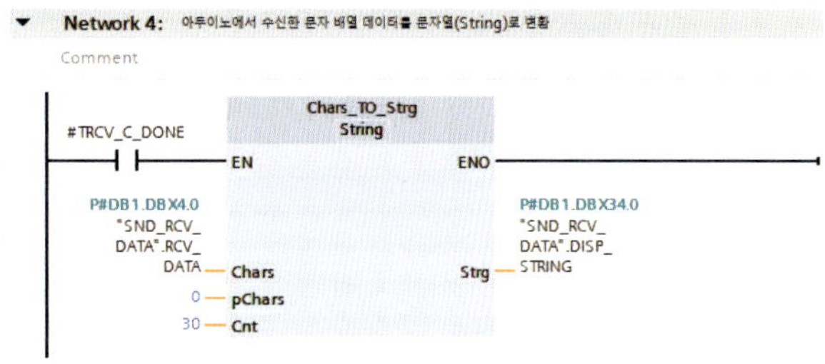

19

FB 컴파일하기

컴파일을 통해서 에러 유무를 확인한다.

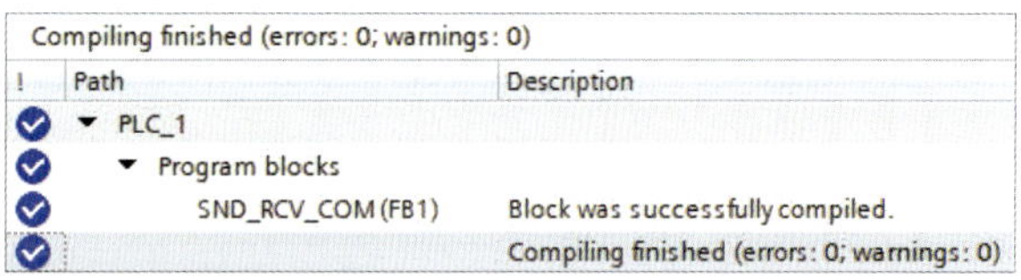

20

OB1에서 FB 호출하기

FB1을 OB1에서 호출하고 입출력 번지를 설정한다.

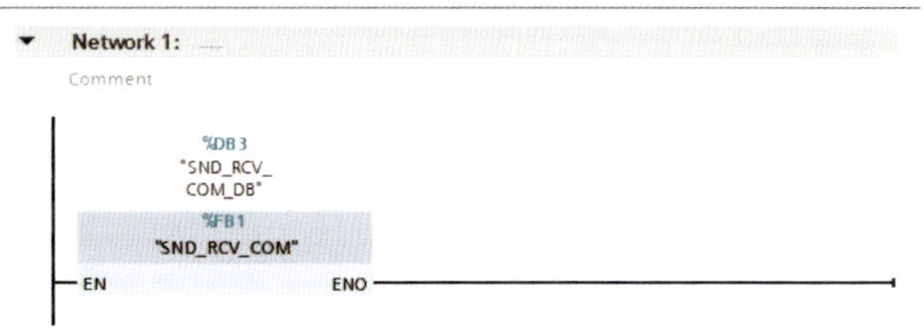

21

프로젝트 전체 컴파일하기

전체 내용의 컴파일을 위해 프로젝트 폴더를 선택하고 작업 내용을 저장한 후에 컴파일한다. 1개의 경고는 보안 설정 경고이다.

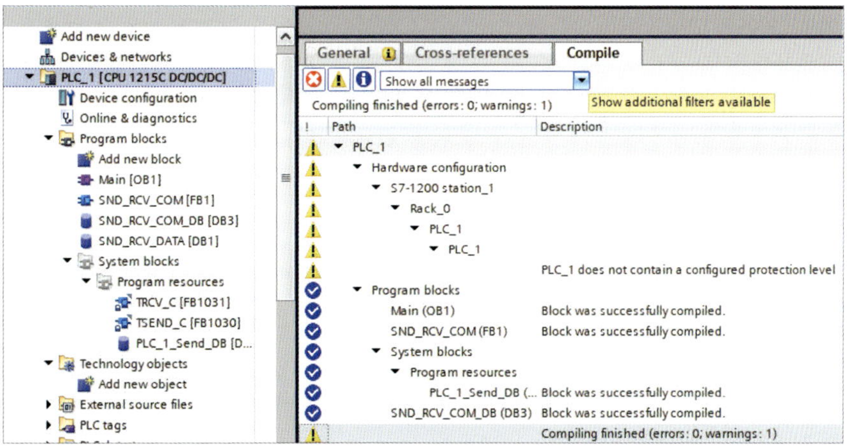

22	**HMI 작화하기(램프)** 네오픽셀 램프 색상 설정을 위한 버튼을 만들고 FB1에서 만든 Tag를 설정한다. 4개의 버튼을 동일한 방법으로 만든 후 각각의 Tag를 설정한다.	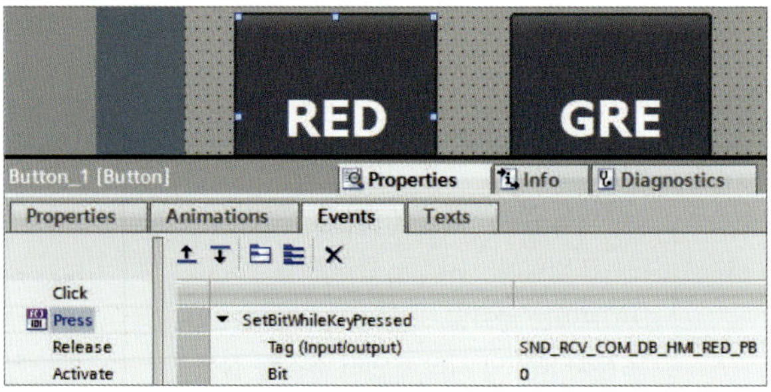
23	**HMI 작화하기(숫자 표시창)** 아두이노에서 수신한 문자열(String)을 표시할 표시창을 만들고 Tag를 설정한다. 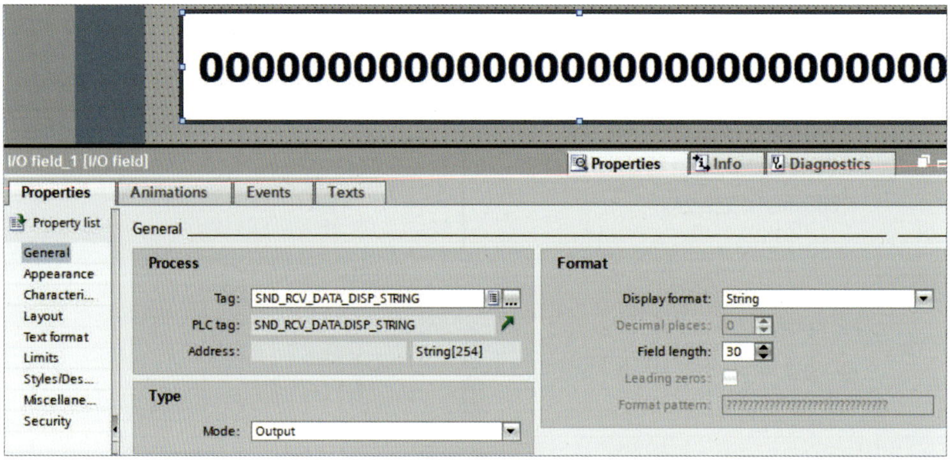	
24	**모니터링 시간 변경하기** HMI에서 사용하는 Tag의 모니터링 시간을 100ms 단위로 변경한다.	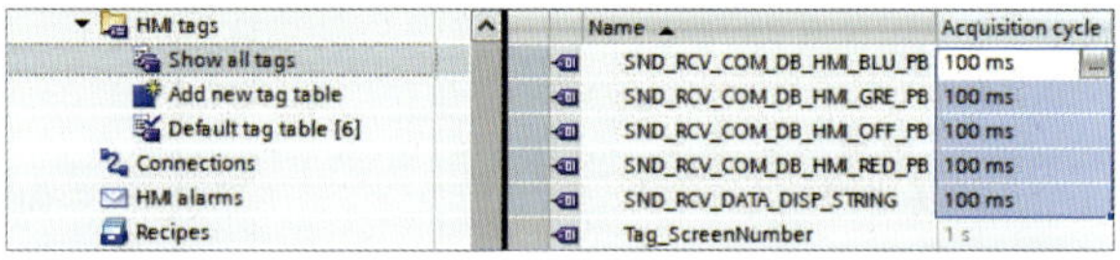
25	**HMI 컴파일하기** 작업을 완료한 HMI는 컴파일을 한다. 경고가 발생하는 이유는 HMI의 템플레이트에서 만들어 둔 5개의 버튼에 대한 설정이 없기 때문이다.	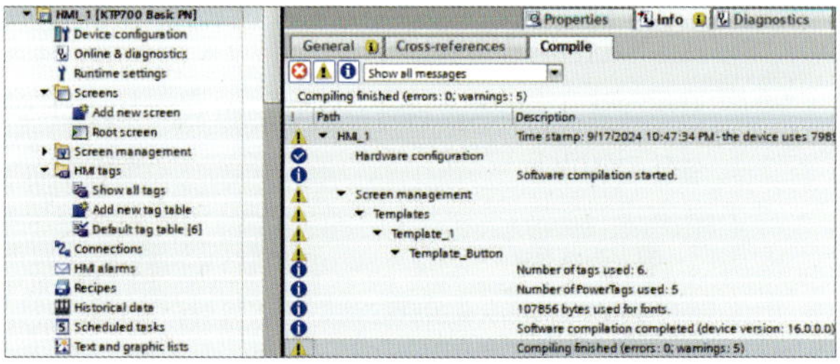

[표 17-5]는 UDP 통신으로 네오픽셀 램프를 제어하기 위한 HMI 화면을 나타낸 것이다.

[표 17-5] UDP 통신으로 네오픽셀 램프를 제어하기 위한 HMI 화면

구분	기능	변수명	변수위치	구분	타입
RED	푸시버튼	HMI_RED_PB	FB_인스턴스	Static	BOOL
GRE	푸시버튼	HMI_GRE_PB	FB_인스턴스	Static	BOOL
BLU	푸시버튼	HMI_BLU_PB	FB_인스턴스	Static	BOOL
표시창	문자	DISP_STRING	글로벌 DB 변수	Static	String

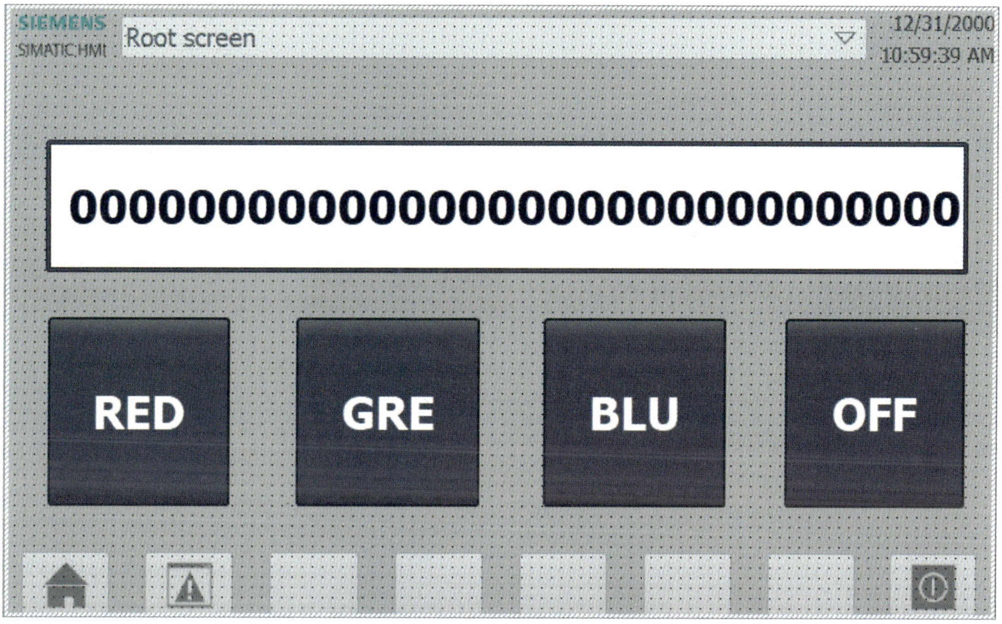

실습과제

17-2 TCP 소켓(서버)을 이용한 송수신 프로그램 작성하기 17.1~17.2절

TCP 소켓을 만들어서, PLC는 서버로 동작하고 PC는 클라이언트로 동작하도록 하여 문자열을 송수신할 수 있는 프로그램의 작성법에 대해 살펴보자.

S7-1200 PLC의 이더넷 통신을 사용해서 PC와 TCP 통신으로 문자열을 송수신하는 프로그램을 작성해 보자. TCP 통신 테스트를 위한 시스템 구성은 [그림 17-10]과 같다. PC의 ezTerm이 TCP 클라이언트로 동작하고 PLC가 서버로 동작한다.

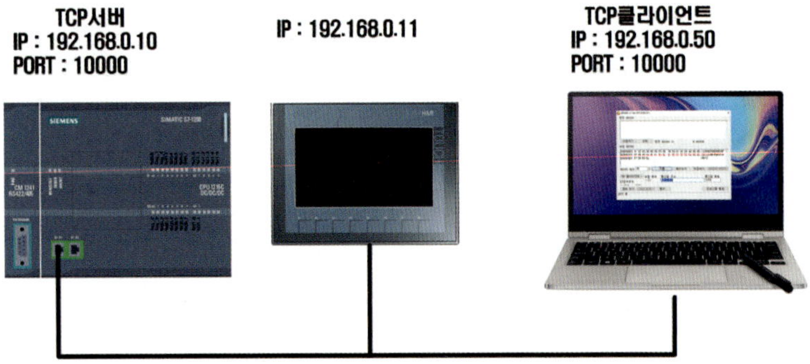

[그림 17-10] TCP 소켓(서버)을 이용한 송수신 시스템의 구성

[표 17-6] PLC의 입출력 할당

입력		출력	
번지	기능	번지	기능
I0.1	SOCKET_OPEN	Q0.0	SOCKET_OPEN_LAMP
I0.2	SOCKET_CLOSE	Q0.1	CON_OK_LAMP
-	-	Q0.2	RCV_OK_LAMP

동작 조건

❶ I0.1에 연결된 버튼을 누르거나 HMI의 SOCKET OPEN 버튼을 누르면 서버 소켓을 생성하고 PC로부터 접속요청을 받을 준비를 한다. 이때 클라이언트의 접속 대기를 표시하기 위해 Q0.0의 램프와 HMI의 SERVER SOCKET OPEN 램프가 점등된다. Q0.0의 램프 점등 중에 PC로부터 접속요청이 있고 정상적으로 소켓이 연결되면 Q0.1의 램프와 HMI의 Connection OK 램프가 점등된다. Q0.1 램프가 점등된 상태에서 데이터의 송수신이 이루어진다.

❷ I0.2 또는 HMI의 SOCKET CLOSE 버튼을 누르면 TCP 서버 소켓이 클로즈되고 Q0.0과 Q0.1의 램프가 소등된다.

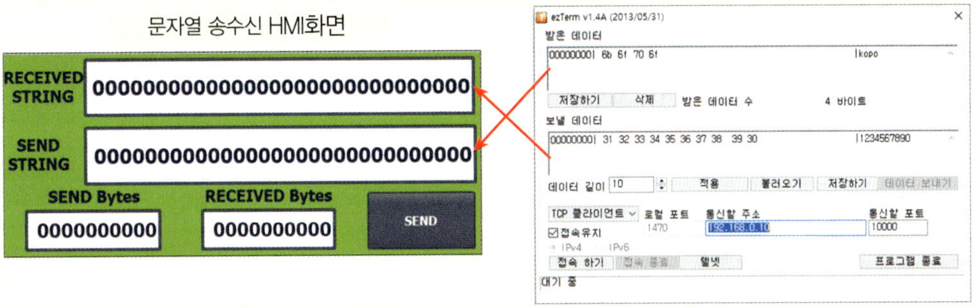

[그림 17-11] TCP 소켓(서버)을 이용한 PC의 ezTerm과의 문자열 송수신

❸ PC에서 ezTerm을 실행하고 PLC와 TCP 통신을 위한 설정을 한다.

❹ HMI에서 전송데이터를 설정한 후에 SEND 버튼을 누르면 ezTerm의 받은 데이터 표시창에 전송한 문자열이 표시된다.

❺ ezTerm의 보낼 데이터 창에서 전송할 문자열을 설정한 후에 데이터 보내기 버튼을 누르면 HMI의 수신 데이터 표시창에 전송한 문자열이 표시된다.

PLC 프로그램 작성

PLC가 TCP 서버로 동작하기 위한 프로그램 작성 절차를 살펴보자.

[표 17-7] PLC의 통신 절차

순서	통신 절차	작업 도구
❶	PLC에서 서버소켓을 생성한다. 이때 클라이언트 IP 주소를 바인딩한다.	TCON 명령어 사용
❷	PLC의 서버 측에서 특정 포트(10000)를 열어서 클라이언트 접속 대기를 위한 listen 상태로 대기한다.	
❸	클라이언트(PC의 ezTerm)에서 서버로 커넥션을 요청한다.	ezTerm에서 접속요청
❹	커넥션이 정상적으로 이루어지면 establish 상태로 전환한다.	T_DIAG 명령어 사용
❺	서버와 클라이언트 사이에 데이터 전송이 이루어진다.	-
❻	서버에서 소켓이 차단된다.	TDISCON 명령어 사용

[표 17-8]은 TCP 소켓을 이용하여 아두이노와 통신하는 PLC 프로그램의 작성법을 나타낸 것이다.

[표 17-8] 아두이노와 통신하는 PLC 프로그램 작성

<table>
<tr><th>순서</th><th>구분</th><th>내용</th></tr>
<tr><td>1</td><td>

PLC의 IP 설정하기

실습에 사용할 PLC의 IP를 시스템 구성에 맞게 새롭게 설정한다.

IP : 192.168.0.10

</td><td>

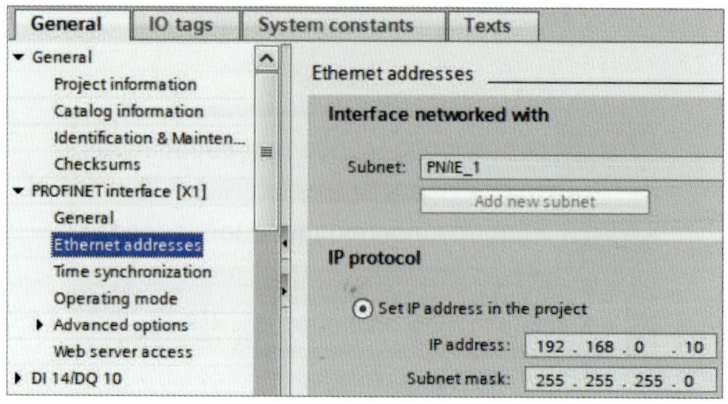

</td></tr>
<tr><td>2</td><td>

System and clock memory 설정하기

PLC에서 사용할 시스템과 클록 비트 메모리 사용을 설정한다.

System memory : MB1
Clock memory : MB0

</td><td>

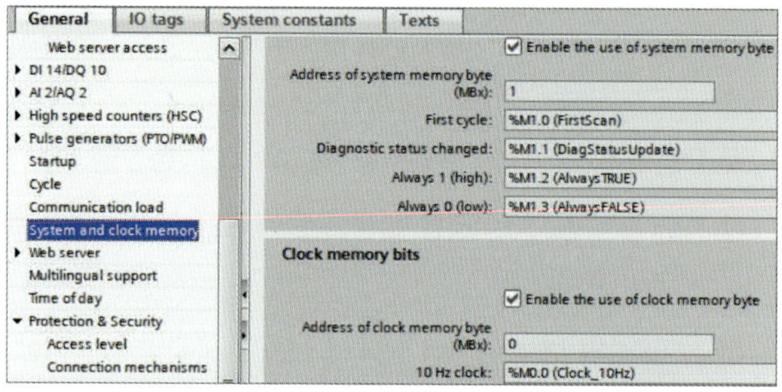

</td></tr>
<tr><td>3</td><td>

글로벌 DB 만들기

아두이노와 TCP 송수신에 사용할 데이터를 저장할 메모리를 글로벌 DB에 만든다.

</td><td>

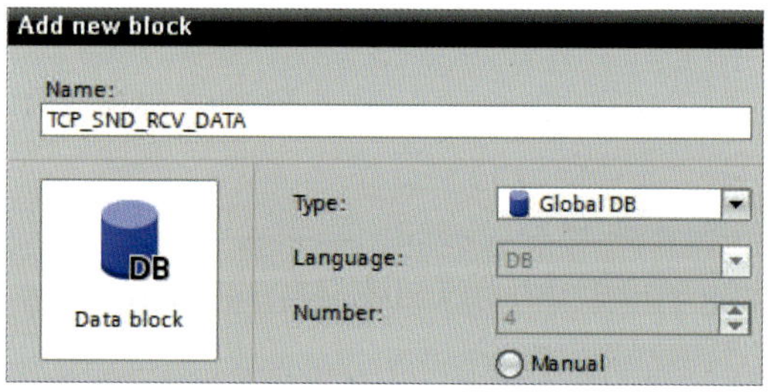

</td></tr>
<tr><td>4</td><td>

글로벌 DB 메모리 설정하기

- SND_DATA : 송신용 문자배열
- RCV_DATA : 수신용 문자배열
- SND_DATA_STRING : HMI 표시용
- RCV_DATA_STRING : HMI 표시용
- TCP_COM_STATE : T_DIAG 명령용 (Data Type : TDiag_Status)

</td><td>

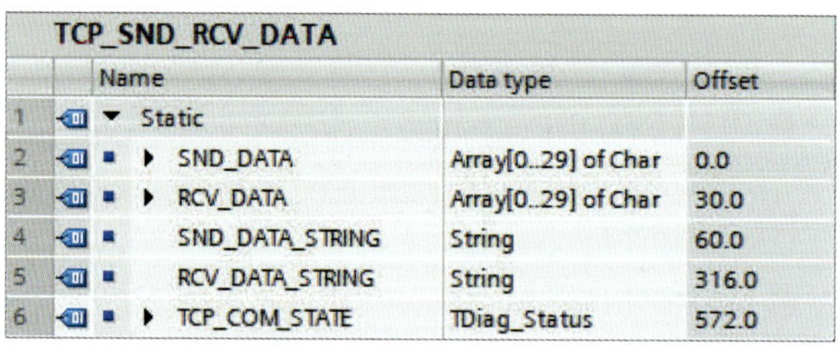

</td></tr>
<tr><td>5</td><td>

DB의 파라미터 변경하기

❶ [Program blocks] 폴더에 있는 DB를 선택한 후에 마우스 오른쪽 버튼을 클릭한다.

❷ 'Properties' 항목을 선택해서 나타난 창에서 'Optimized block access' 항목의 체크 표시를 해제한다.

</td><td>

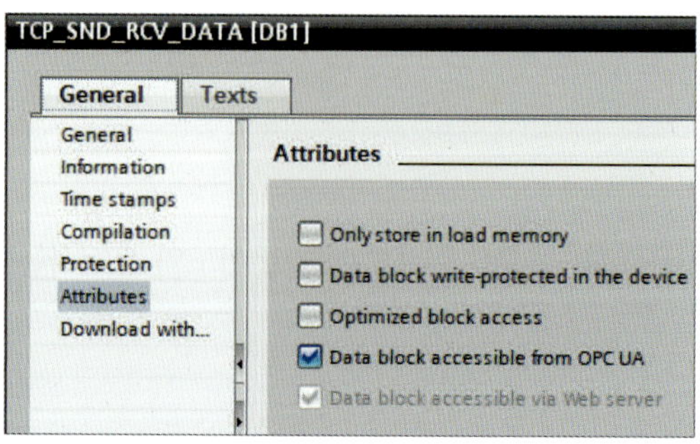

</td></tr>
</table>

6

DB 컴파일하기

❶ 파라미터를 변경한 DB를 마우스 커서로 선택한 후에 컴파일을 실행한다.

❷ 컴파일이 정상 완료되면 해당 DB의 Offset에 변수에 할당되는 메모리 번지가 나타난다.

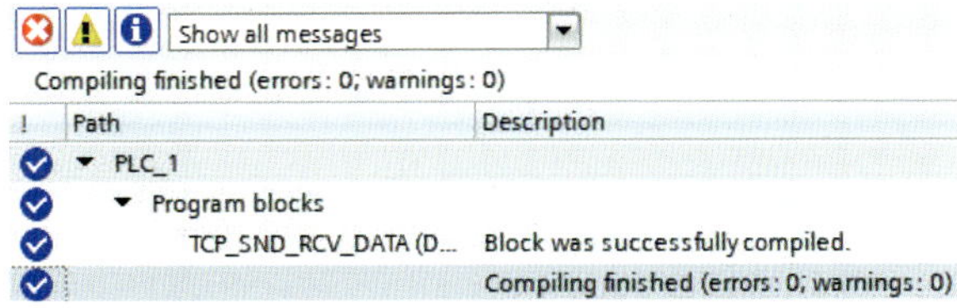

7

FB1 만들기

PLC가 TCP 서버로 동작하는 프로그램 작성 FB를 새롭게 만든다.

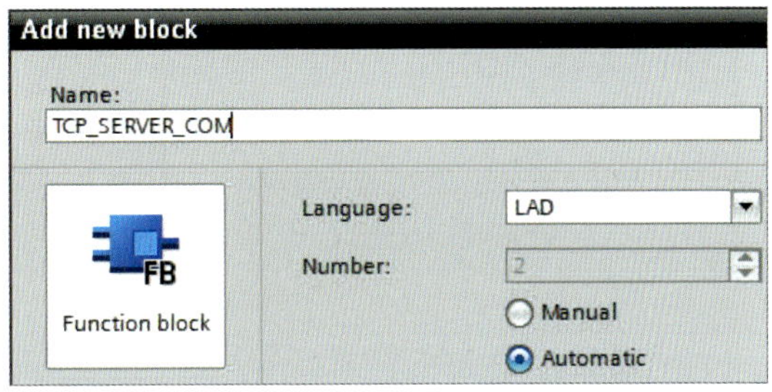

8

FB1의 내부 변수 설정하기

프로그램 작성에 필요한 FB의 내부 변수를 설정한다.

TCON, TDISCON, TSEND_C, TRCV_C, T_DIAG의 인스턴스는 멀티플 인스턴스로 설정한다.

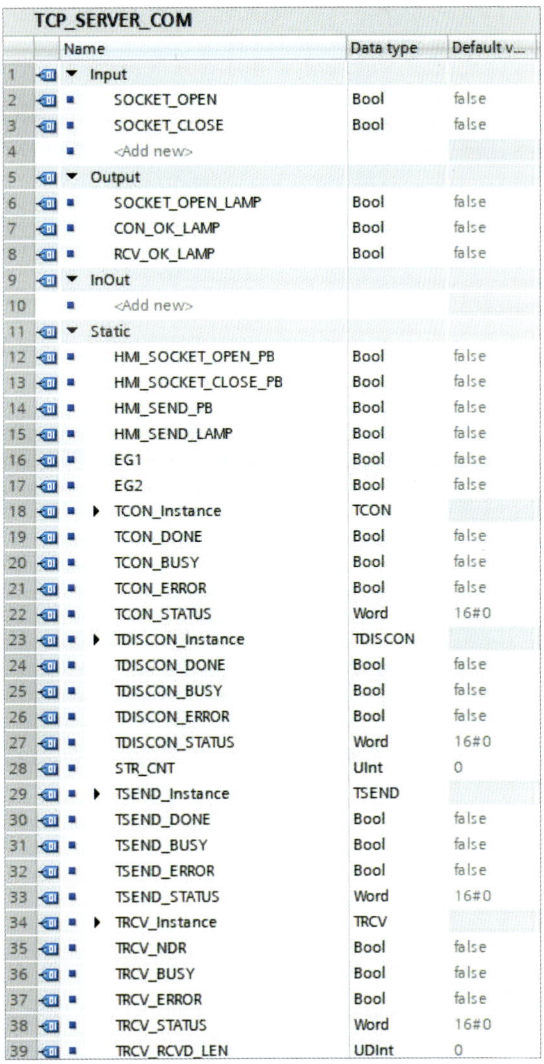

TCP_SERVER_COM

	Name	Data type	Default v...
1	▼ Input		
2	SOCKET_OPEN	Bool	false
3	SOCKET_CLOSE	Bool	false
4	<Add new>		
5	▼ Output		
6	SOCKET_OPEN_LAMP	Bool	false
7	CON_OK_LAMP	Bool	false
8	RCV_OK_LAMP	Bool	false
9	▼ InOut		
10	<Add new>		
11	▼ Static		
12	HMI_SOCKET_OPEN_PB	Bool	false
13	HMI_SOCKET_CLOSE_PB	Bool	false
14	HMI_SEND_PB	Bool	false
15	HMI_SEND_LAMP	Bool	false
16	EG1	Bool	false
17	EG2	Bool	false
18	▶ TCON_Instance	TCON	
19	TCON_DONE	Bool	false
20	TCON_BUSY	Bool	false
21	TCON_ERROR	Bool	false
22	TCON_STATUS	Word	16#0
23	▶ TDISCON_Instance	TDISCON	
24	TDISCON_DONE	Bool	false
25	TDISCON_BUSY	Bool	false
26	TDISCON_ERROR	Bool	false
27	TDISCON_STATUS	Word	16#0
28	STR_CNT	UInt	0
29	▶ TSEND_Instance	TSEND	
30	TSEND_DONE	Bool	false
31	TSEND_BUSY	Bool	false
32	TSEND_ERROR	Bool	false
33	TSEND_STATUS	Word	16#0
34	▶ TRCV_Instance	TRCV	
35	TRCV_NDR	Bool	false
36	TRCV_BUSY	Bool	false
37	TRCV_ERROR	Bool	false
38	TRCV_STATUS	Word	16#0
39	TRCV_RCVD_LEN	UDInt	0

<table>
<tr><td>8</td><td></td><td>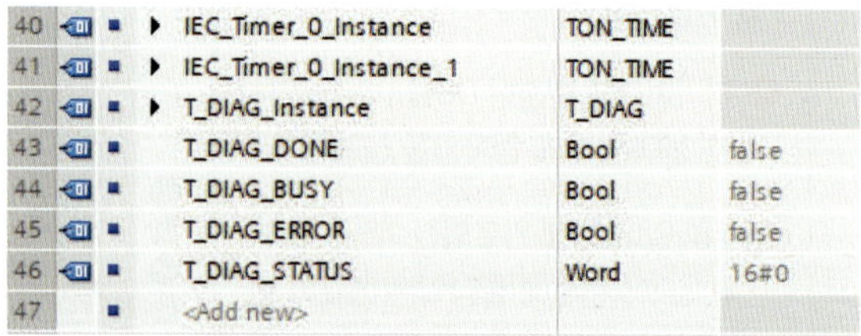
</td></tr>
<tr><td>9</td><td>FB1 프로그램 작성하기
(네트워크 1번)
TCP 서버로 동작할 커넥션을 만들기 위한 TCON 명령어를 사용한다.</td><td>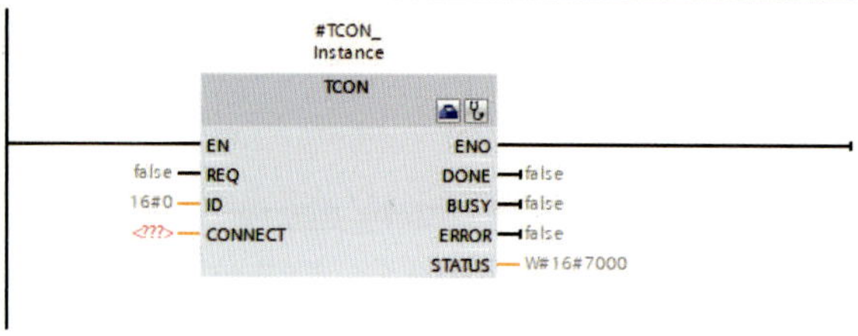
</td></tr>
<tr><td>10</td><td colspan="2">FB1 프로그램 작성하기(네트워크 1번 : Start Configuration 설정)
PLC와 PC의 통신 방식을 설정한다. PLC는 TCP 서버로 동작하기 때문에 TCP 서버로 동작하기 위한 파라미터 설정을 한다.
❶ Partner를 'Unspecified'로 설정한다.
❷ Connection data에서 TCON의 커넥션 DB를 새롭게 만들기 위해 '〈new〉'를 선택하면 'PLC_1_Connection_DB'가 새롭게 만들어진다.
❸ Connection type을 'TCP'로 설정하고 Connection ID를 '1'로 설정한다.
❹ Partner의 Address는 PC의 IP인 '192.168.0.50'으로 설정한다.
Partner가 클라이언트가 되기 때문에 Active connection establishment를 선택한다.
❺ Local 포트 번호는 '10000'으로 설정한다.
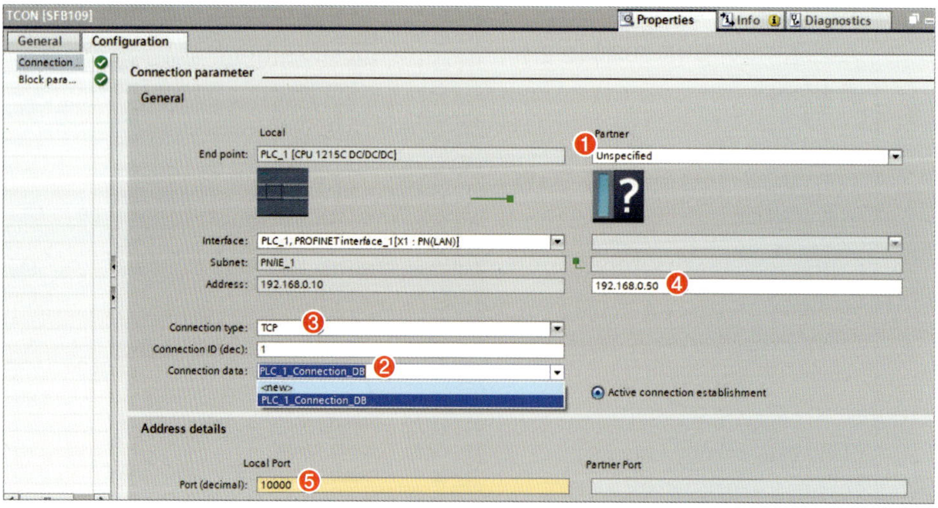
</td></tr>
</table>

11	**FB1 프로그램 작성하기** (네트워크 1번) TCON 명령어를 실행하기 위한 입력과 커넥션을 위한 프로그램을 작성한다. ❶ PLC가 서버로 동작하기 때문에 TCON의 REQ 입력신호의 상승펄스 신호가 입력되면 서버 동작을 위한 커넥션을 만든다. ❷ PC의 클라이언트가 접속하기를 대기하는 동안에 TCON의 BUSY 신호가 ON 상태를 유지한다.	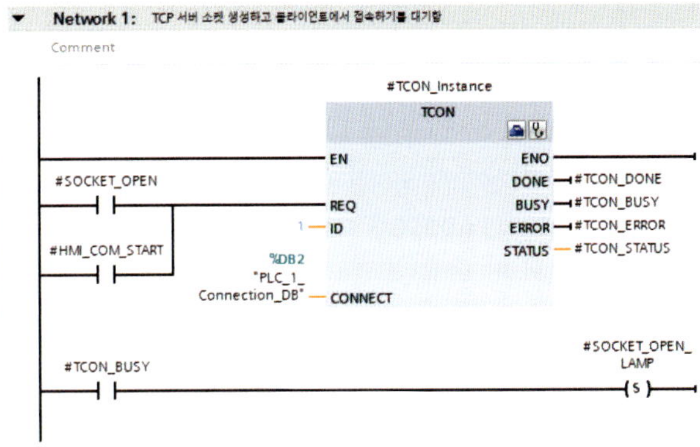
12	**FB1 프로그램 작성하기** (네트워크 2번) ❶ HMI에서 설정한 문자열을 전송하기 위해 입력한 문자열을 문자배열로 변환한 후에 TSEND 명령을 사용해서 PC로 전송한다. ❷ 전송이 완료되면 전송 완료 램프를 점등하기 위해 타이머를 사용해 0.5초간 전송 완료 램프를 점등한다.	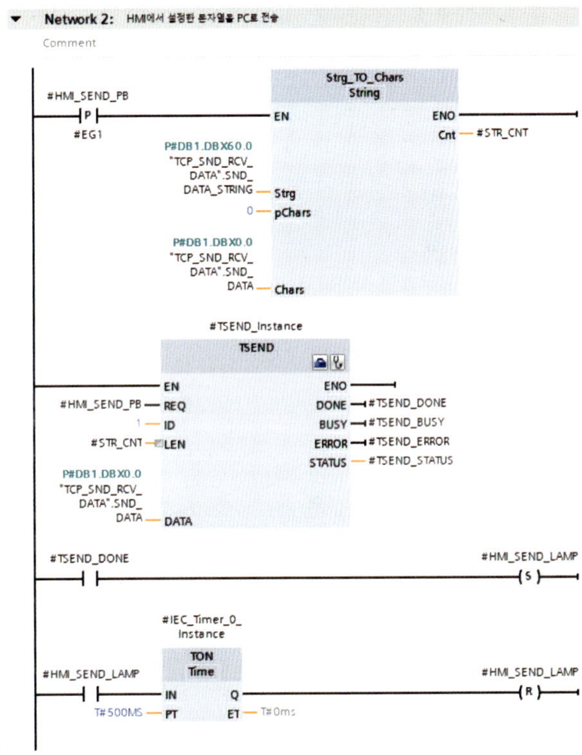
13	**FB1 프로그램 작성하기** (네트워크 3번) PC로부터 문자열을 수신하기 위해 TRCV 명령을 사용하고 시스템 클럭(%M1.2)을 사용해서 항상 수신대기 상태로 설정한다.	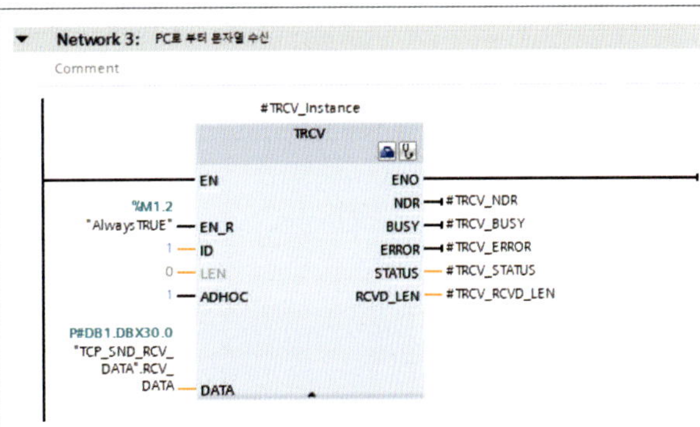

13

LEN을 0 이외의 다른 값으로 설정한 경우에는 설정한 수만큼의 바이트 데이터가 수신되어야 데이터를 사용할 수 있다. 수신 데이터의 바이트 수가 고정되어 있지 않으면 ADHOC를 1로 설정한다. ADHOC가 1로 설정되면 데이터가 수신되면 즉시 사용할 수 있다.

LEN=0, ADHOC=0일 때에는 TRCV의 DATA에 설정한 수신 데이터의 배열 크기인 데이터가 수신되어야 수신 데이터를 사용할 수 있게 된다.

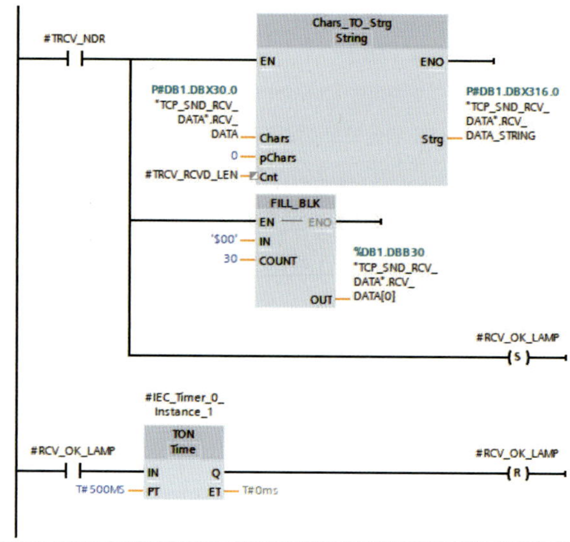

14

FB1 프로그램 작성하기

(네트워크 4번)

❶ PLC에서 만든 서버 소켓의 동작 상태를 모니터링하기 위해 T_DIAG를 사용한다.
TCON에 의해 서버 소켓이 오픈된 상태에서 클라이언트에서 접속하면 TDiag_Status의 State가 16#04로 설정된다.

❷ T_DIAG 명령을 사용해서 PLC의 서버 소켓의 동작 상태를 모니터링한다.

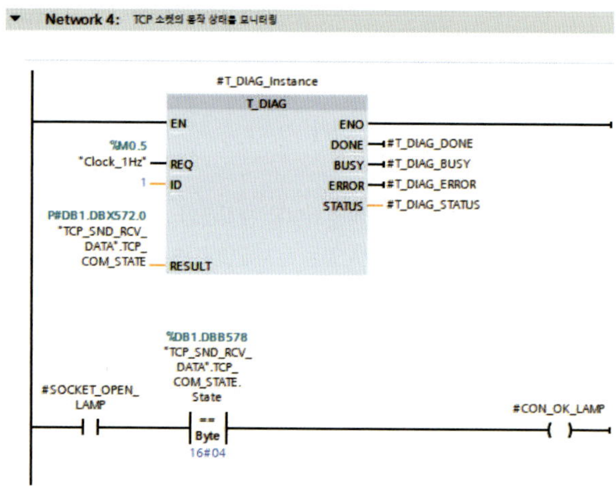

1	▼ Static				
2	▶ SND_DATA	Array[0..29] of Char	0.0		
3	▶ RCV_DATA	Array[0..29] of Char	30.0		
4	SND_DATA_STRING	String	60.0	''	'kopo'
5	RCV_DATA_STRING	String	316.0	''	'1234567890'
6	▼ TCP_COM_STATE	TDiag_Status	572.0		
7	InterfaceId	HW_ANY	572.0	0	64
8	ID	CONN_OUC	574.0	16#0	16#0001
9	ConnectionType	Byte	576.0	16#00	16#0B
10	ActiveEstablished	Bool	577.0	false	FALSE
11	State	Byte	578.0	16#00	16#04
12	Kind	Byte	579.0	16#00	16#03
13	SentBytes	UDInt	580.0	16#00	4
14	ReceivedBytes	UDInt	584.0	16#00	46

15	**FB1 프로그램 작성하기** (네트워크 5번) TDIS_CON 명령을 사용해서 서버 소켓을 클로즈한다.	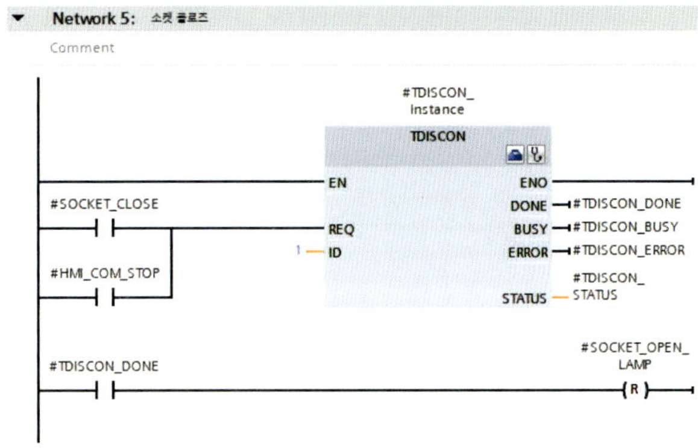
16	**FB1 컴파일하기** 컴파일을 통해서 에러 유무를 확인한다.	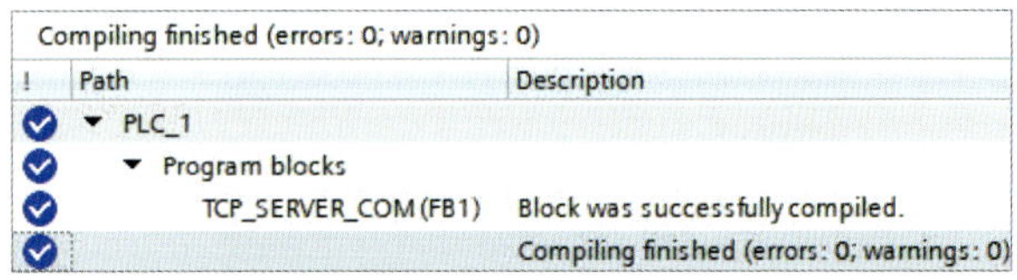
17	**OB1에서 FB1 호출하기** FB1을 OB1에서 호출하고 입출력 번지를 설정한다.	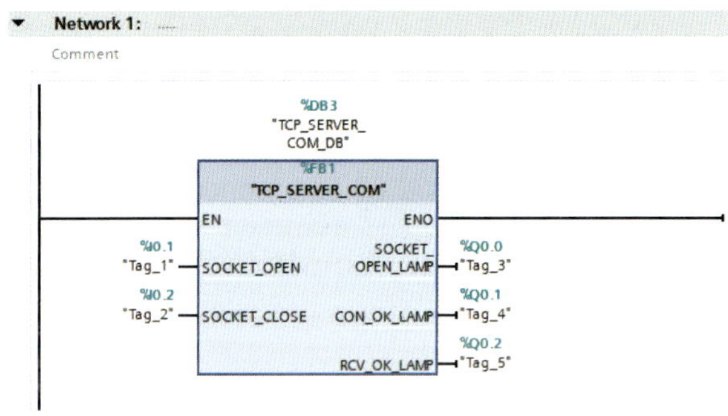
18	**HMI 작화하기(램프)** ❶ Basic objrct에서 Rectangle을 사용해서 4개의 램프를 만든다. ❷ Text 기능을 사용해서 램프의 기능을 표시한다. • SERVER SOCKET OPEN • Connection OK • SEND OK • RECEIVED OK	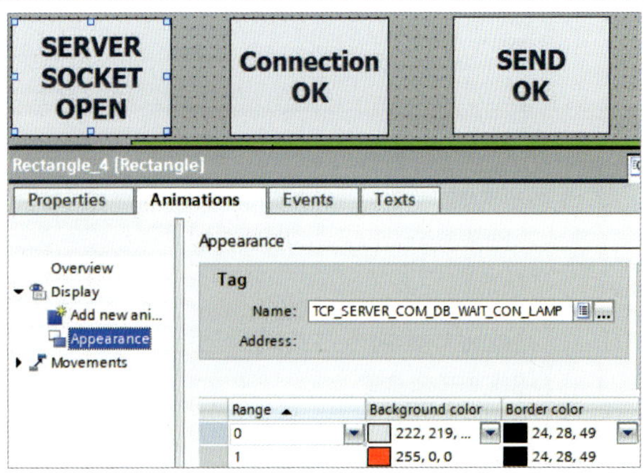

19	**HMI 작화하기(문자열 표시창 및 입력창)** PC에서 수신한 문자열을 표시할 표시창(RECEIVED STRING)과, PLC에서 PC로 전송할 문자열 입력창(SEND STRING)을 만든다. 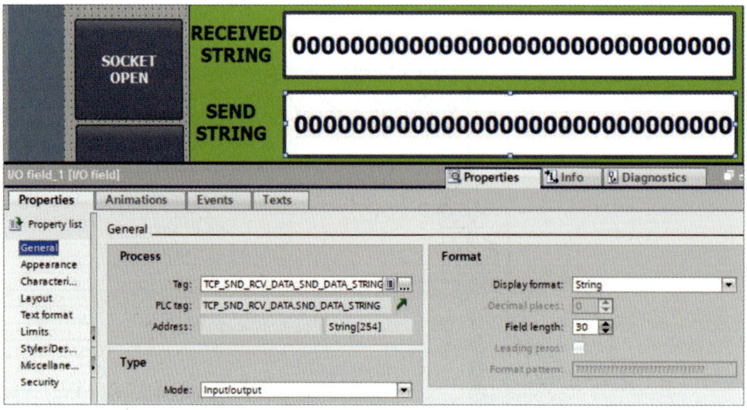
20	**HMI 작화하기(숫자 표시창)** TCP 통신으로 송수신한 문자 데이터의 크기를 표시할 숫자창을 만든다. 해당 숫자 표시창의 Tag는 글로벌 DB의 TDiag_Status의 구조체 멤버인 SendBytes, ReceviedBytes를 사용한다. 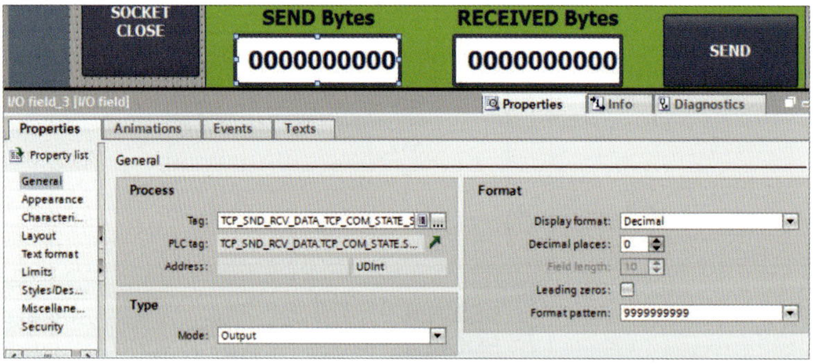
21	**HMI 작화하기(버튼)** 소켓 오픈과 클로즈, 그리고 설정한 문자열을 전송하기 위한 3개의 버튼을 만든다. • SOCKET OPEN • SOCKET CLOSE • SEND 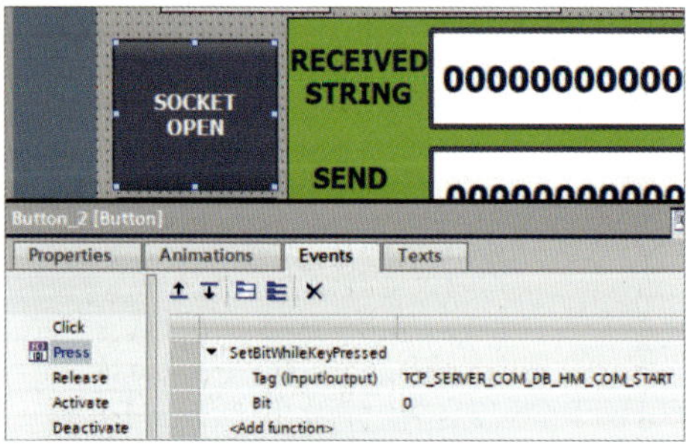
22	**HMI 컴파일하기** 작업을 완료한 HMI는 컴파일을 한다. 이때 경고가 발생하는 이유는 HMI의 템플레이트에서 만들어 둔 5개의 버튼에 대한 설정이 없기 때문이다. 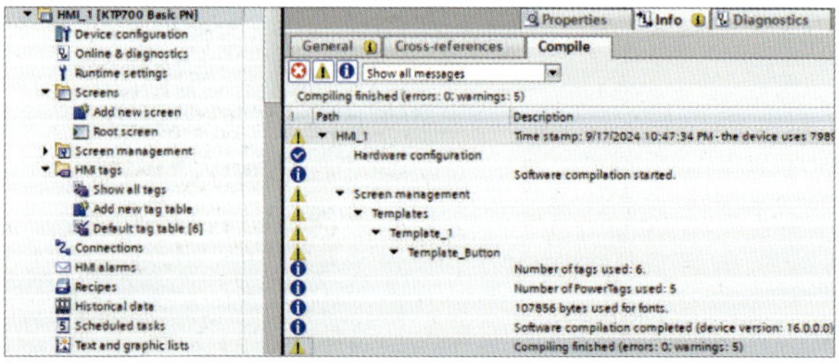

[표 17-9]는 TCP 서버로 문자열을 송수신하기 위한 HMI 화면을 나타낸 것이다.

[표 17-9] TCP 서버로 문자열을 송수신하기 위한 HMI 화면

구분	기능	변수명	변수위치	구분	타입
SERVER SOCKET OPEN	램프	SOCKET_OPEN_LAMP	FB_인스턴스	OUTPUT	BOOL
Connection OK	램프	CON_OK_LAMP	FB_인스턴스	OUTPUT	BOOL
SEND OK	램프	HMI_SEND_LAMP	FB_인스턴스	Static	BOOL
RECEIVE OK	램프	HMI_RECEIVE_LAMP	글로벌 DB 변수	Static	BOOL
SOCKET OPEN	푸시버튼	HMI_SOCKET_OPEN	FB_인스턴스	Static	BOOL
SOCKET CLOSE	푸시버튼	HMI_SOCKET_CLOSE	FB_인스턴스	Static	BOOL
SEND	푸시버튼	HMI_SEND_PB	FB_인스턴스	Static	BOOL
RECEIVED STRING	문자표시	RCV_DATA_STRING	글로벌 DB 변수	Static	String
SEND STRING	문자표시	SND_DATA_STRING	글로벌 DB 변수	Static	String
SEND Bytes	숫자 표시	SendBytes	글로벌 DB 변수	Static	UDINT
RECEIVED Bytes	숫자 표시	ReceivedBytes	글로벌 DB 변수	Static	UDINT

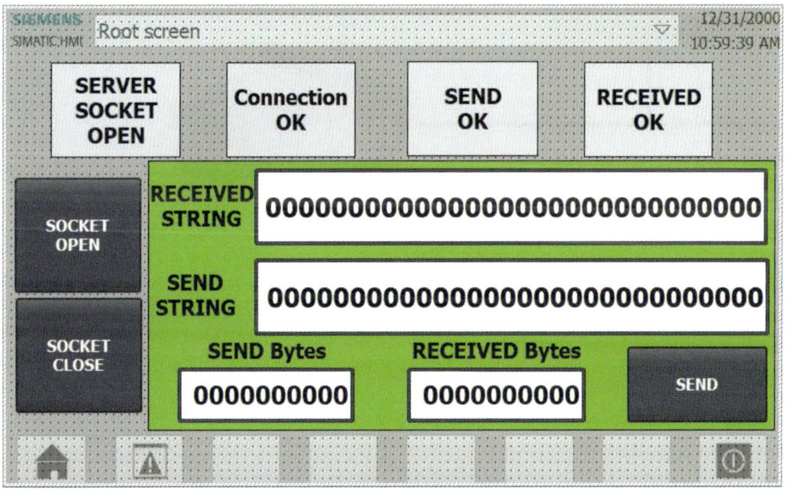

실습과제

17-3 TCP 소켓(클라이언트)을 이용한 송수신 프로그램 작성하기

17.1~17.2절

[실습과제 17-1]에서 사용한 시스템 구성을 활용해, 아두이노를 TCP 서버로 만들어서 PLC에서 네오픽셀 램프 점등을 위한 데이터를 전송하는 프로그램의 작성법에 대해 살펴보자.

S7-1200 PLC를 클라이언트로 설정해서 네오픽셀의 램프 색상을 제어하는 프로그램을 작성해보자. TCP 통신 테스트를 위한 시스템 구성은 [그림 17-12]와 같다. PC의 ezTerm이 TCP 클라이언트로 동작하고 PLC가 서버로 동작한다.

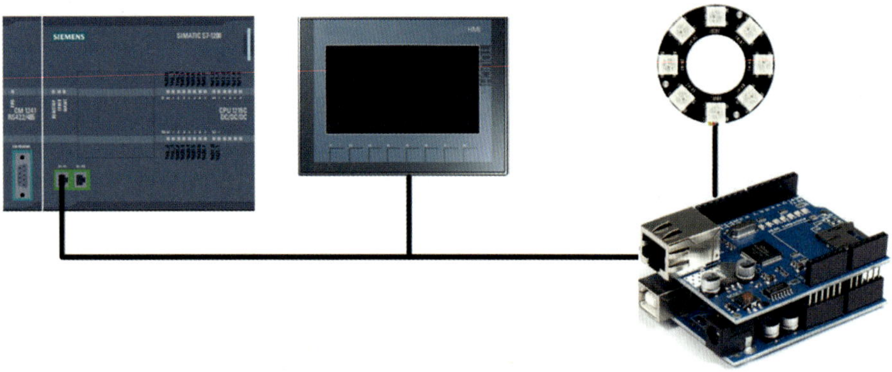

[그림 17-12] TCP 클라이언트 기능을 사용한 아두이노와 통신 시스템 구성

[표 17-10] 아두이노에 네오픽셀 연결

핀 번호		기능
8	DIO	네오픽셀

아두이노와 이더넷 쉴드를 조합한 후에 8번 핀에 네오픽셀을 연결한다. TCP 통신으로 S7-1200 PLC의 CPU와 아두이노를 연결하여 네오픽셀 램프 제어를 위한 프로그램을 작성한 후에 아두이노로 전송한다. 시스템 구성의 IP를 변경해서 사용할 경우에는 아두이노 프로그램에서 이더넷 쉴드의 IP와 포트 번호, 통신할 상대기기의 IP와 포트 번호를 사용자 시스템 구성에 맞추어서 변경해서 사용하면 된다.

동작 조건

❶ HMI에서 작화한 네오픽셀 램프 색상 설정용 4개의 푸시버튼(적색, 녹색, 청색, 소등)을 조작하면 네오픽셀 램프 색상이 변경되고, 아두이노로부터 수신한 문자열이 표시창에 표시된다.

❷ TCP 통신에는 TSEND_C, TRCV_C 명령어를 사용한다.

아두이노 프로그램 작성

다음은 PLC와 아두이노 우노를 TCP 통신으로 연결해서 네오픽셀의 램프를 점등하기 위한 프로그램 작성법을 나타낸 것이다.

코드 17-5 아두이노 TCP 통신으로 네오픽셀 제어하기

```
#include <SPI.h>                    // 아두이노와 이더넷 쉴드 간 SPI 통신
#include <Ethernet.h>               // 이더넷 통신용
#include <Adafruit_NeoPixel.h>      // 네오픽셀 라이브러리
#include <Wire.h>

#define NEO_PIN       8             // 네오픽셀 연결 핀 번호
#define NEO_PIXELS    8             // 네오픽셀 LED 개수

Adafruit_NeoPixel                   // 네오픽셀 객체 선언
       pixel = Adafruit_NeoPixel(NEO_PIXELS, NEO_PIN, NEO_GRB + NEO_KHZ800);
uint32_t RED = pixel.Color(255, 0, 0);          // 적색 색상 변수 선언
uint32_t GRE = pixel.Color(0, 255, 0);          // 녹색 색상 변수 선언
uint32_t BLU = pixel.Color(0, 0, 255);          // 청색 색상 변수 선언
uint32_t YEL = pixel.Color(255, 255, 0);        // 황색 색상 변수 선언
uint32_t WHI = pixel.Color(255, 255, 255);      // 백색 색상 변수 선언
#define TCP_RECEIVE_BUFFER_SIZE  100            // 아두이노 수신 메모리 크기 설정(100Byte)

byte mac[] = {0xDE, 0xAD, 0xBE, 0xEF, 0xFE, 0xED}; // 아두이노 MAC 주소
byte ip[] = {192,168,0,100};                    // 아두이노 IP
EthernetServer server(10000);                   // 이두이노 포트 번호

char packetBuffer[TCP_RECEIVE_BUFFER_SIZE];     // 수신용 버퍼 설정
char sendMessage[] = "";                        // 전송 메시지 저장 배열 메모리 설정
boolean rcvOK, sndReq;                          // 송수신 확인용 비트 변수

void setup() {
  Ethernet.begin(mac, ip);                      // 이더넷 쉴드 초기화
  server.begin();                               // TCP 서버 동작
  pixel.begin();                                // 네오픽셀 초기화
  pixel.clear();
  pixel.show();
}
```

```
void loop()
{
  EthernetClient client = server.available();     // 클라이언트의 접속요청 검사
  if (client) {                                   // 클라이언트의 요청이 있다면
    while (client.connected()) {                  // 클리어언트와 접속이 완료되면
      if (client.available()) {                   // 클라이언트로부터 수신 데이터 검사
       memset(packetBuffer, 0,  TCP_RECEIVE_BUFFER_SIZE);   // 수신버퍼 클리어
       client.read(packetBuffer,  TCP_RECEIVE_BUFFER_SIZE); // 수신 데이터 복사
      rcvOK = 1;                                            // 수신 확인
      }
     if (!strcmp(packetBuffer, "RED") && rcvOK) {
       pixel.fill(RED);                                  // 네오픽셀 적색 설정
       pixel.show();                                     // 네오픽셀 점등
       rcvOK = 0;
       strcpy(sendMessage, "Neopixel RED color ON");     // 전송 문자열 저장
       sndReq = 1;
     }
     if (!strcmp(packetBuffer, "GRE") && rcvOK) {
       pixel.fill(GRE);                                  // 네오픽셀 녹색 설정
       pixel.show();                                     // 네오픽셀 점등
       rcvOK = 0;
       strcpy(sendMessage, "Neopixel GREEN color ON");   // 전송 문자열 저장
       sndReq = 1;
     }
     if (!strcmp(packetBuffer, "BLU") && rcvOK) {
       pixel.fill(BLU);                                  // 네오픽셀 청색 설정
       pixel.show();                                     // 네오픽셀 점등
       rcvOK = 0;
       strcpy(sendMessage, "Neopixel BLUE color ON");    // 전송 문자열 저장
       sndReq = 1;
     }
     if (!strcmp(packetBuffer, "OFF") && rcvOK) {
       pixel.clear();                                    // 네오픽셀 소등 설정
       pixel.show();                                     // 네오픽셀 소등
       rcvOK = 0;
       strcpy(sendMessage, "Neopixel Lamp OFF");         // 전송 문자열 저장
       sndReq = 1;
     }
     if(sndReq) {
       server.write(sendMessage);                        // PLC로 문자열 전송
       sndReq = 0;
     }
    }
```

```
        client.stop();    // 클라이언트와 접속 해제
    }
}
```

아두이노의 동작 확인

아두이노 시스템 구성과 프로그램 전송을 완료한 후에 PLC와 통신 연결을 하기 전에 아두이노 프로그램의 정상 여부를 ezTerm을 사용해서 확인한다. PC를 PLC로 대체해서 사용하는 동작 테스트이기 때문에 PLC에 연결된 이더넷 케이블을 제거하고 PC의 IP를 192.168.0.10으로 변경한 후에 동작 테스트를 실행한다. 아두이노의 동작 테스트가 완료된 후에는 PC의 IP를 192.168.0.50으로 변경하고, PLC의 이더넷 케이블을 연결한 후에 PLC와 통신한다.

[표 17-11] ezTerm을 이용한 통신 확인

순서	작업 내용	작업 화면
1	**네오픽셀 적색 램프 점등하기** ❶ ezTerm을 다음과 같이 설정한다. – 동작 모드 : TCP 클라이언트 – 통신할 주소 : 192.168.0.100 – 통신할 포트 : 10000 ❷ 설정 완료한 후에 [접속 하기] 버튼을 클릭해서 접속 완료를 확인한다. ❸ 데이터 길이를 '3'으로 설정한 후에 적용하기 버튼을 클릭하고 'RED'를 전송한다.	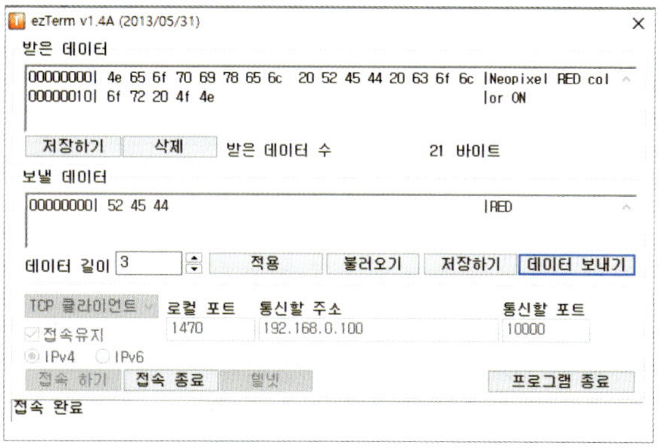
2	**네오픽셀 녹색 램프 점등하기** 데이터 길이를 '3'으로 설정한 후에 적용하기 버튼을 클릭하고 'GRE'를 전송한다.	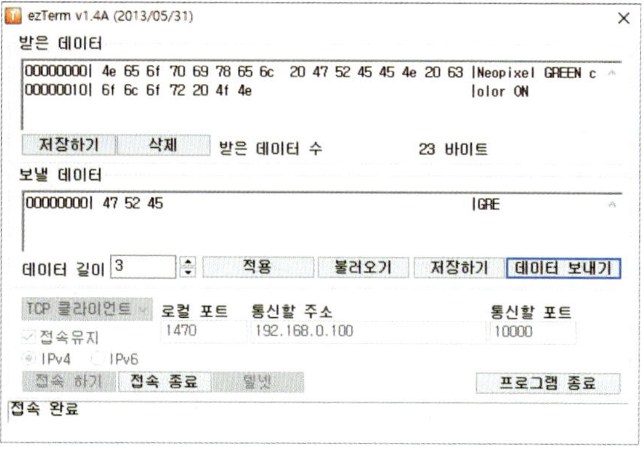

3	**네오픽셀 램프 소등하기** 데이터 길이를 '3'으로 설정한 후에 적용하기 버튼을 클릭하고 'OFF'를 전송한다.	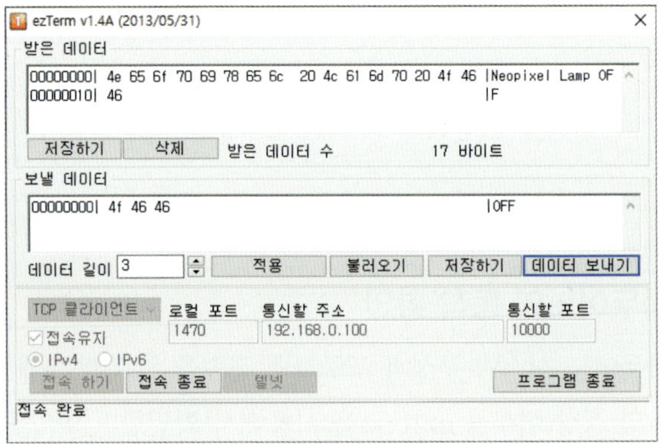

[표 17-12] 아두이노와 TCP 통신하는 PLC 프로그램 작성

순서	구분	내용
1	**PLC의 IP 설정하기** 실습에 사용할 PLC의 IP를 시스템 구성에 맞게 새롭게 설정한다. IP : 192.168.0.10	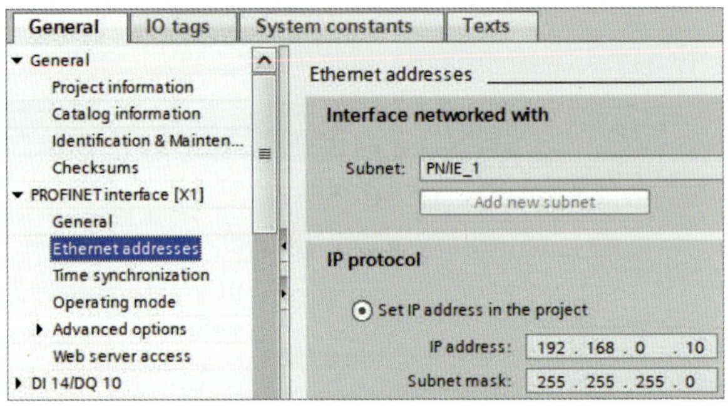
2	**System and clock memory 설정하기** PLC에서 사용할 시스템과 클록 비트 메모리 사용을 설정한다. – System memory : MB1 – Clock memory : MB0	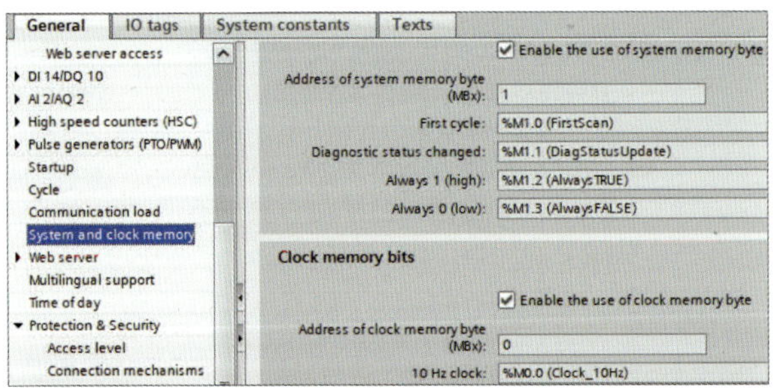
3	**글로벌 DB 만들기** 아두이노와 TCP 통신의 송수신에 필요한 데이터를 글로벌 DB에 만든다.	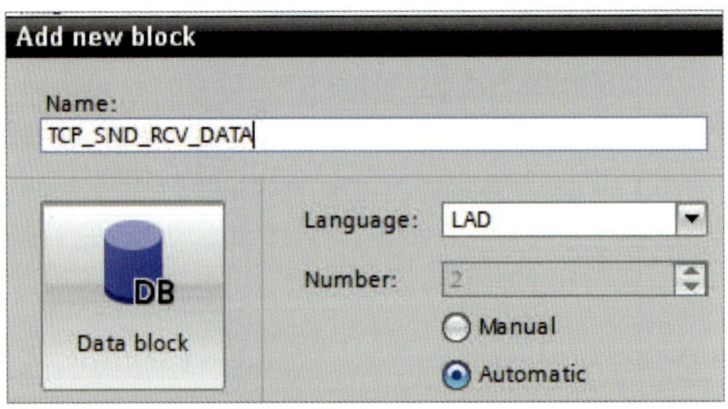

<table>
<tr><td>4</td><td>

글로벌 DB 메모리 설정하기

– TCP_SND_DATA : 송신 문자열
– TCP_RCV_DATA : 수신 문자열
– DISP_RCV_STRING : HMI 표시

</td><td>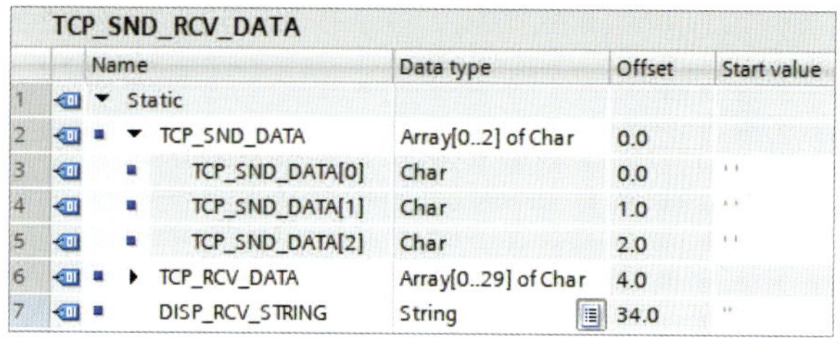
</td></tr>
<tr><td>5</td><td>

DB의 파라미터 변경하기

❶ [Program blocks] 폴더에 있는 DB를 선택한 후에 마우스 오른쪽 버튼을 클릭한다.

❷ 'Properties' 항목을 선택해서 나타난 창에서 'Optimized block access' 항목의 체크 표시를 해제한다.

</td><td>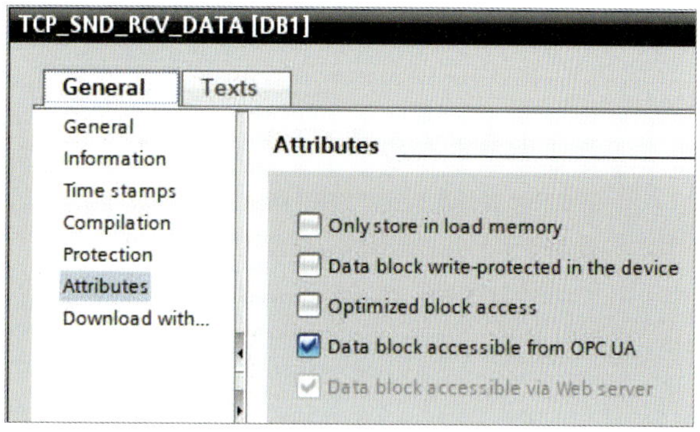
</td></tr>
<tr><td>6</td><td>

DB 컴파일하기

❶ 파라미터를 변경한 DB를 마우스 커서로 선택한 후에 컴파일을 실행한다.

❷ 컴파일이 정상 완료되면 해당 DB의 Offset에 변수에 할당되는 메모리 번지가 나타난다.

</td><td>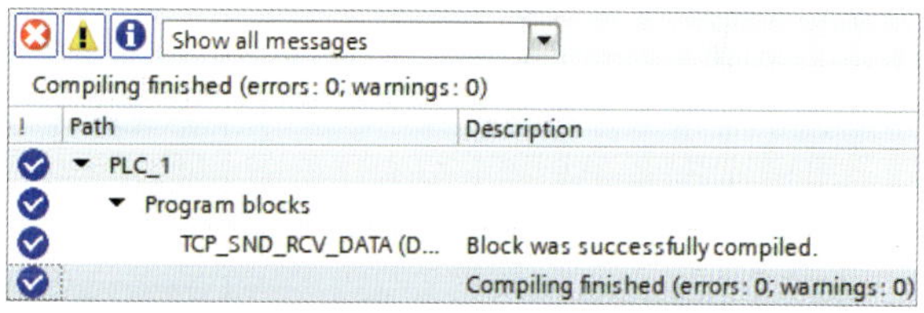
</td></tr>
<tr><td>7</td><td>

FB1 만들기

아두이노와 TCP로 통신할 프로그램 작성 FB를 새롭게 만든다.

</td><td>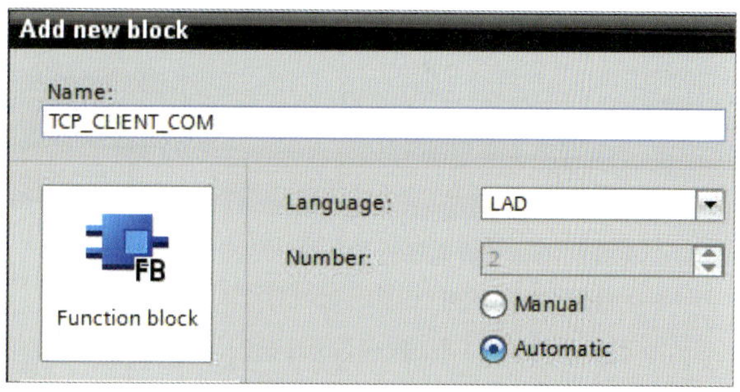
</td></tr>
</table>

8

FB1의 내부 변수 설정하기

프로그램 작성에 필요한 FB의 내부 변수를 설정한다. TSEND_C와 TRCV_C의 인스턴스는 멀티플 인스턴스로 설정한다.

TCP_CLIENT_COM

	Name	Data type	Default value
1	▼ Input		
2	<Add new>		
3	▼ Output		
4	<Add new>		
5	▼ InOut		
6	<Add new>		
7	▼ Static		
8	HMI_RED_PB	Bool	false
9	HMI_GRE_PB	Bool	false
10	HMI_BLU_PB	Bool	false
11	HMI_OFF_PB	Bool	false
12	EG1	Bool	false
13	EG2	Bool	false
14	EG3	Bool	false
15	EG4	Bool	false
16	SND_REQ	Bool	false
17	STR_TO_CHAR_CNT1	UInt	0
18	STR_TO_CHAR_CNT2	UInt	0
19	STR_TO_CHAR_CNT3	UInt	0
20	STR_TO_CHAR_CNT4	UInt	0
21	▶ TSEND_C_Instance	TSEND_C	
22	TSEND_C_DONE	Bool	false
23	TSEND_C_BUSY	Bool	false
24	TSEND_C_ERROR	Bool	false
25	TSEND_C_STATUS	Word	16#0
26	▶ TRCV_C_Instance	TRCV_C	
27	TRCV_C_DONE	Bool	false
28	TRCV_C_BUSY	Bool	false
29	TRCV_C_ERROR	Bool	false
30	TRCV_C_STATUS	Word	16#0
31	TRCV_C_RCVD_LEN	UDInt	0

9

FB1 프로그램 작성하기

(네트워크 1번)

네오픽셀의 적색 램프를 점등하기 위해 HMI에 작화된 RED 버튼이 눌러지면 송신용 문자열에 'RED'를 설정하고 송신 요청 비트(SND_REQ)를 ON한다.

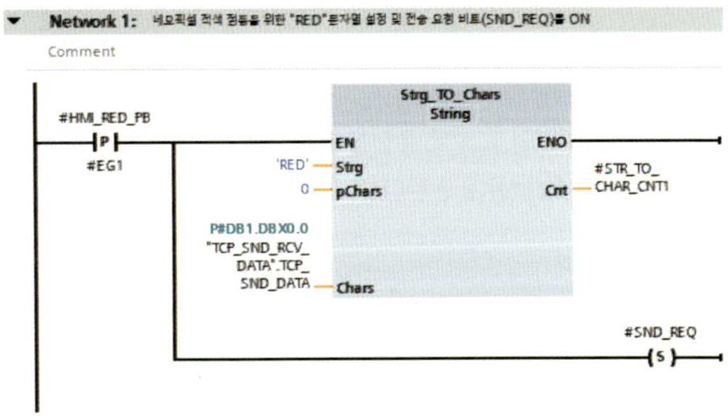

10

FB1 프로그램 작성하기

(네트워크 2번)

네오픽셀의 녹색 램프를 점등하기 위해 HMI에 작화된 GRE 버튼이 눌러지면 송신용 문자열에 'GRE'를 설정하고 송신 요청 비트(SND_REQ)를 ON한다.

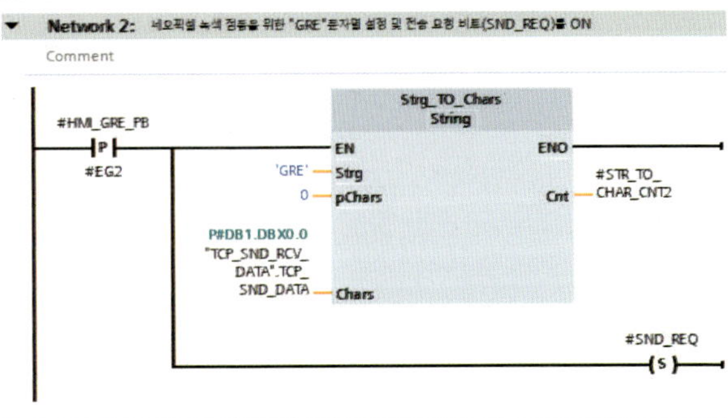

<table>
<tr><td>11</td><td>FB1 프로그램 작성하기
(네트워크 3번)
네오픽셀의 청색 램프를 점등하기 위해 HMI에 작화된 BLU 버튼이 눌러지면 송신용 문자열에 'BLU'를 설정하고 송신 요청 비트(SND_REQ)를 ON한다.</td><td>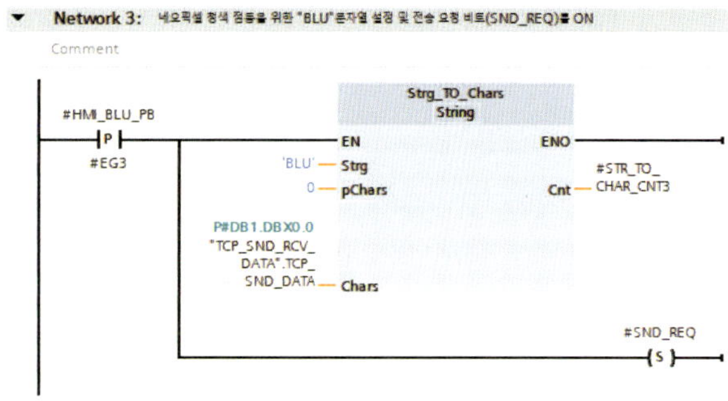
</td></tr>
<tr><td>12</td><td>FB1 프로그램 작성하기
(네트워크 4번)
네오픽셀의 램프를 소등하기 위해 HMI에 작화된 OFF버튼이 눌러지면 송신용 문자열에 'OFF'를 설정하고 송신 요청 비트(SND_REQ)를 ON한다.</td><td>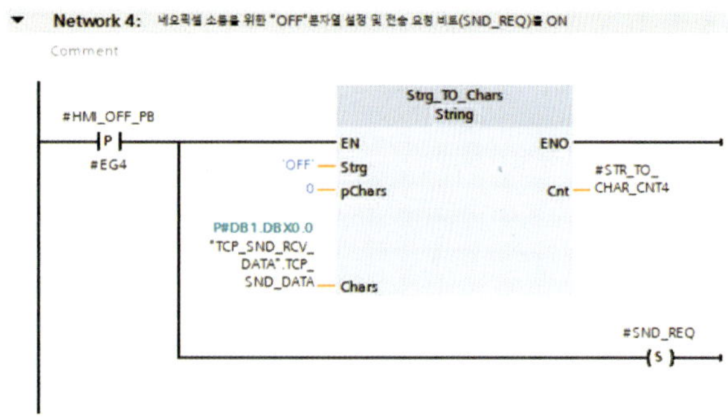
</td></tr>
<tr><td>13</td><td>FB1 프로그램 작성하기
(네트워크 5번)
TSEND_C 명령어를 멀티플 인스턴스로 설정한 후에 명령어 상단 우측에 위치한 첫 번째 아이콘 Start Configuration을 클릭한다.</td><td>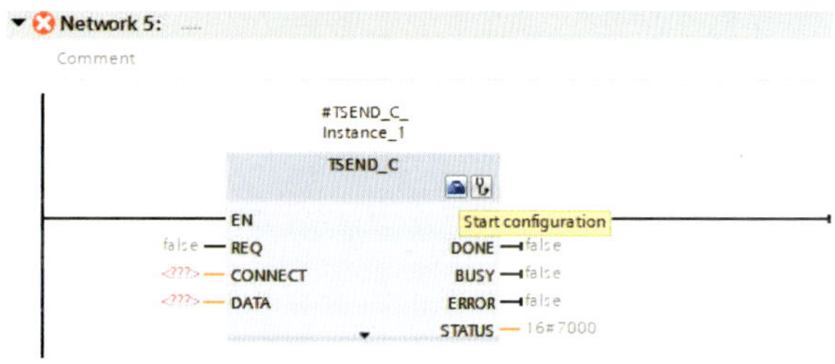
</td></tr>
</table>

14

FB1 프로그램 작성하기(네트워크 5번 : Start Configuration 설정)

PLC가 TCP 클라이언트로 동작하기 위한 파라미터를 설정한다.

❶ Partner를 'Unspecified'로 설정한다.

❷ Connection data에서 '⟨new⟩'를 설정하면 자동으로 커넥션을 위한 DB가 생성된다.

❸ PLC가 클라이언트로 동작하기 때문에 'Active connection establishment'를 선택한다.

❹ Connection type이 'TCP'로 설정되었는지 확인한다.

❺ Partner의 Address를 '192.168.0.100'(아두이노 IP)으로 설정한다.

❻ Local 및 Partner의 PORT 번호를 각각 '10000'으로 설정한다.

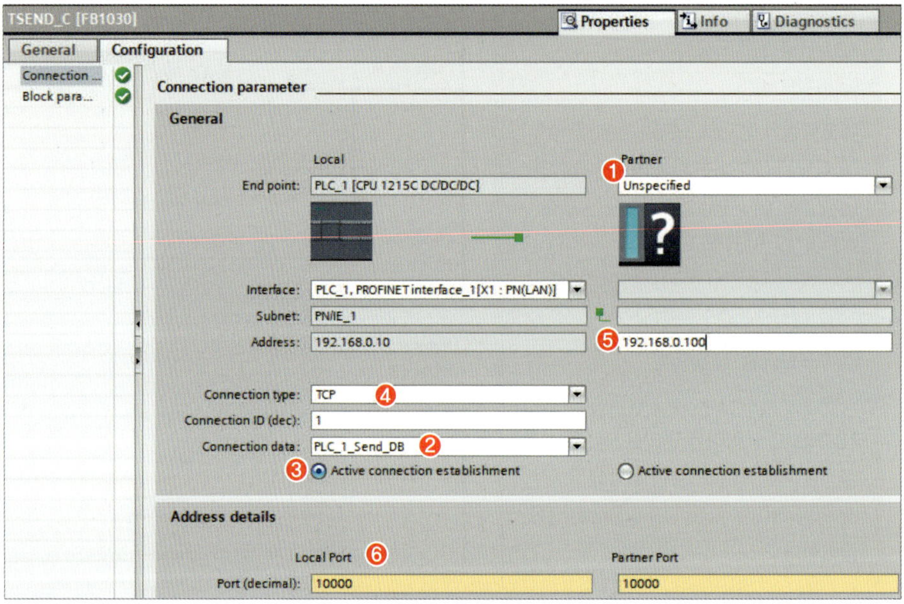

15

커넥션 DB 확인하기

14번의 작업으로 프로젝트 트리의 [System blocks] 폴더에 커넥션 DB인 'PLC_1_Send_DB'가 생성되어 있는 것을 확인한다.

해당 DB의 내용을 확인하면 11번에서 작업한 내용이 설정되어 있는 것을 볼 수 있다.

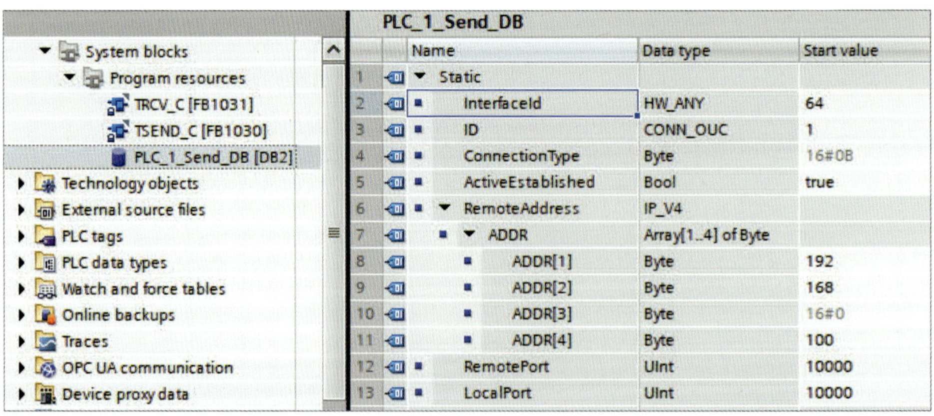

16

FB1 프로그램 작성하기

(네트워크 5번)

TCP 클라이언트로 데이터를 송신하기 위한 TSEND_C를 완성한다.

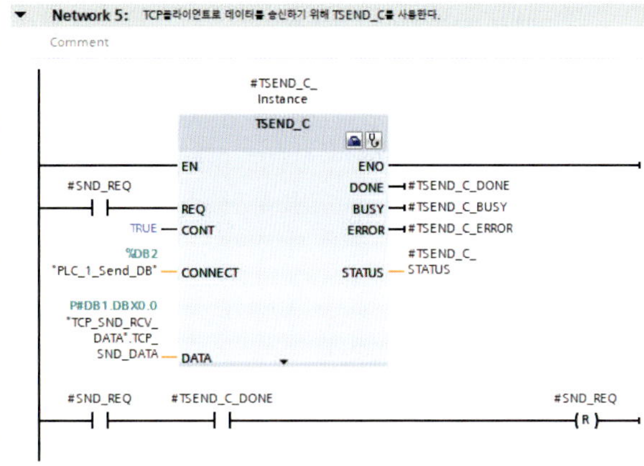

17

FB1 프로그램 작성하기

(네트워크 6번)

데이터를 수신할 TRCV_C 명령어를 멀티플 인스턴스로 설정한 후에 명령어 상단의 우측의 첫 번째 아이콘 Start Configuration을 클릭한다.

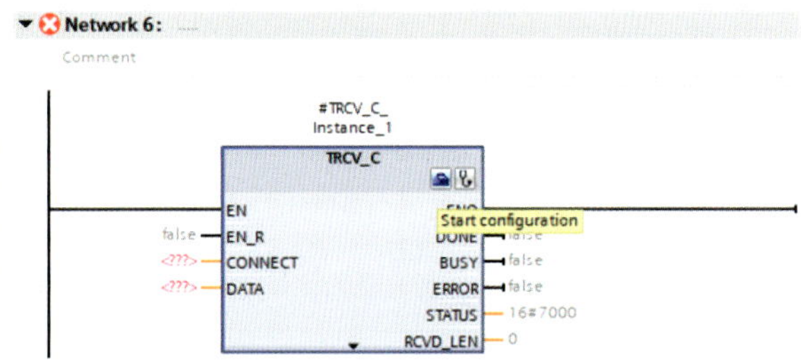

18

FB 프로그램 작성하기(네트워크 6번 : Start Configuration 설정)

PLC와 아두이노와의 데이터 수신을 위한 통신 방식을 설정한다. 'Connection data' 항목에서 TSEND_C에서 생성한 PLC_1_Send_DB를 선택하면 나머지를 자동으로 설정된다.

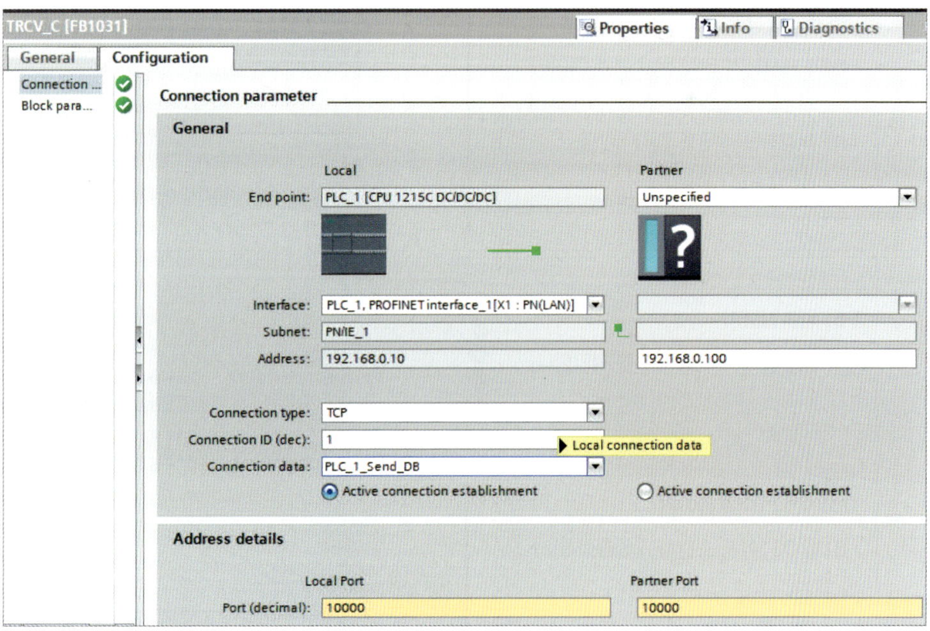

19

커넥션 DB의 데이터 재설정하기

18번의 작업으로 인해 TSEND_C에서 작성한 커넥션 DB인 PLC_1_Send_DB의 설정 내용을 살펴보면 아두이노의 IP 설정이 초기화되어 있는 것을 확인할 수 있다. 따라서 해당 내용을 재설정한다.

15 ▼ ADDR_Send	TADDR_Param	
16 ▼ REM_IP_ADDR	Array[1..4] of USInt	
17 REM_IP_ADDR[1]	USInt	192
18 REM_IP_ADDR[2]	USInt	168
19 REM_IP_ADDR[3]	USInt	0
20 REM_IP_ADDR[4]	USInt	100
21 REM_PORT_NR	UInt	10000
22 RESERVED	Word	16#0

20

FB1 프로그램 작성하기

(네트워크 6번)

아두이노로부터 데이터 수신을 위해 EN_R 입력에는 시스템 클럭을 설정하고 DATA에는 글로벌 DB에 만들어둔 수신용 문자 배열의 시작 포인터 주소를 설정한다. 이때 수신된 문자열 데이터가 설정한 크기보다 작아도 즉시 사용하기 위해 ADHOC를 1로 설정한다.

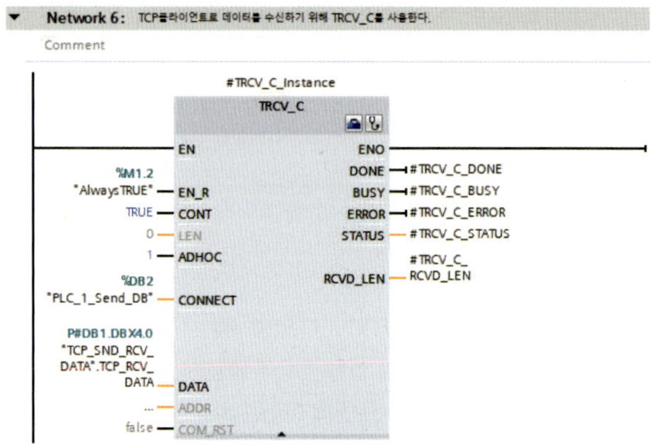

21

FB1 프로그램 작성하기

(네트워크 7번)

아두이노에서 수신한 문자 데이터를 HMI에 표시하기 위해 문자 배열 데이터를 문자열(String)로 변환하고 수신 데이터를 저장하는 배열을 클리어한다.

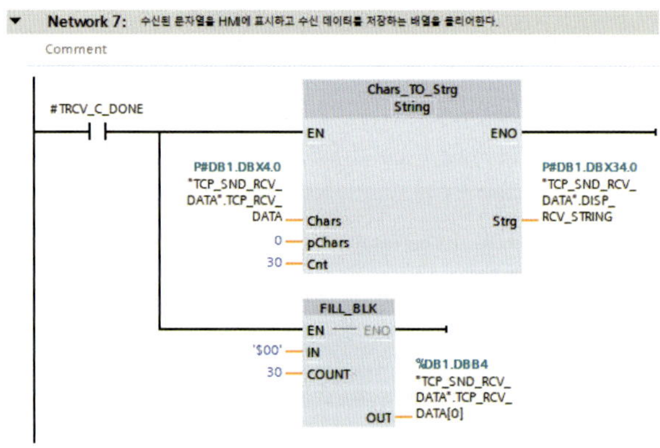

22

FB1 컴파일하기

컴파일을 통해서 에러 유무를 확인한다.

Compiling finished (errors: 0; warnings: 0)

!	Path	Description
✔	▼ PLC_1	
✔	▼ Program blocks	
✔	TCP_CLIENT_COM (FB1)	Block was successfully compiled.
✔		Compiling finished (errors: 0; warnings: 0)

23

OB1에서 FB1 호출하기

FB1을 OB1에서 호출하고 입출력 번지를 설정한다.

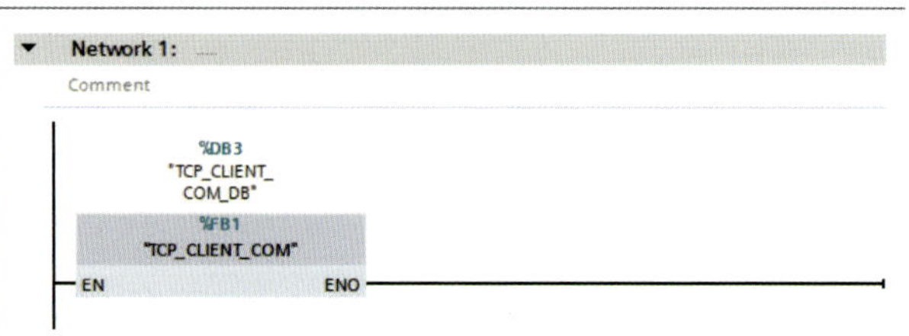

24

프로젝트 전체 컴파일하기

전체 내용의 컴파일을 위해 프로젝트 폴더를 선택하고 작업 내용을 저장한 후에 컴파일한다. 1개의 경고는 보안 설정 경고이다.

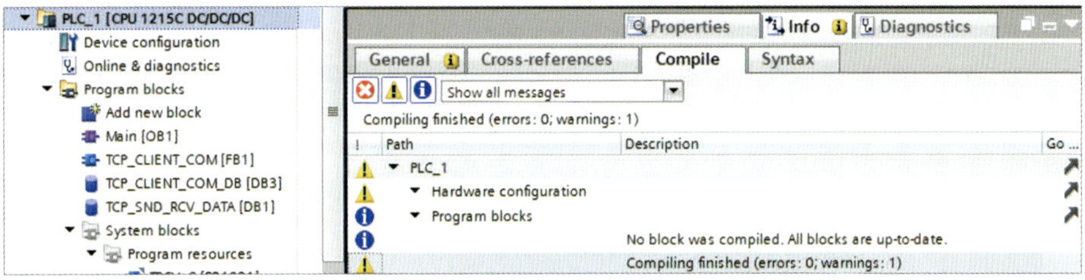

25

HMI 작화하기

❶ 네오픽셀 램프 색상 설정을 위한 버튼을 만들고 FB1에서 만든 Tag를 설정한다.

❷ 4개의 버튼을 동일한 방법으로 만든 후 각각의 Tag를 설정한다.

26

HMI 작화하기

아두이노에서 수신한 문자열(String)을 표시할 표시창을 만들고 Tag를 설정한다.

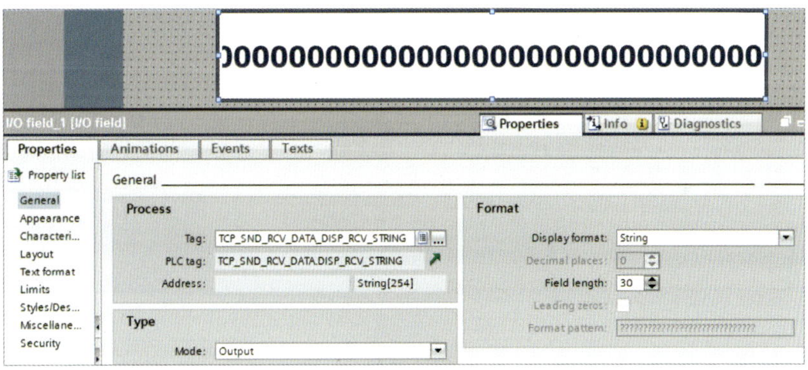

27

HMI 작화하기

HMI에서 사용하는 Tag의 모니터링 시간을 100ms 단위로 변경한다.

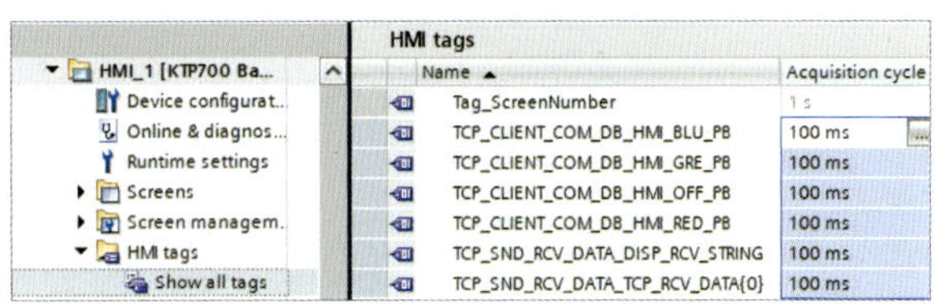

28

HMI 컴파일하기

작업을 완료한 HMI는 컴파일한다. 경고가 발생하는 이유는 HMI의 템플레이트에서 만들어 둔 5개의 버튼에 대한 설정이 없기 때문이다.

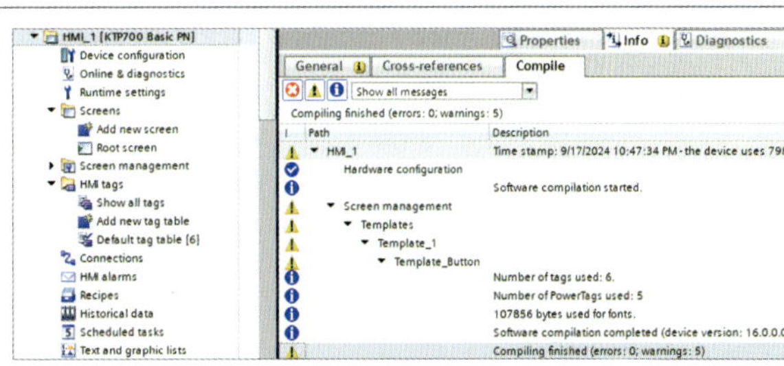

[표 17-13]은 PLC가 TCP 클라이언트가 되어서 TCP 서버로 동작하는 아두이노에 연결된 네오픽셀 램프의 색상을 제어하는 HMI 화면을 나타낸 것이다.

[표 17-13] TCP 통신으로 네오픽셀 램프를 제어하기 위한 HMI 화면

구분	기능	변수명	변수위치	구분	타입
RED	푸시버튼	HMI_RED_PB	FB_인스턴스	Static	BOOL
GRE	푸시버튼	HMI_GRE_PB	FB_인스턴스	Static	BOOL
BLU	푸시버튼	HMI_BLU_PB	FB_인스턴스	Static	BOOL
표시창	문자	DISP_STRING	글로벌 DB 변수	Static	String

V | W

X | Y | Z

숫자